SolidWorks 2013 实例宝典

北京兆迪科技有限公司　编著

中国水利水电出版社
www.waterpub.com.cn

内 容 提 要

本书是全面、系统学习和运用 SolidWorks 2013 软件的实例类型的宝典书籍，内容包括二维草图设计实例、零件及组件设计实例、钣金设计实例、自顶向下设计实例、动画、仿真及渲染实例、模具设计实例、管道与线缆设计实例、渲染实例、有限元结构分析实例和振动分析实例等。

本书是根据北京兆迪科技有限公司给国内外众多著名公司培训的教案整理而成的，具有很强的实用性和广泛的适用性。本书附 2 张多媒体 DVD 学习光盘，制作了 286 个 SolidWorks 应用技巧和具有针对性范例的教学视频并进行了详细的语音讲解，长达 29 个小时（1746 分钟），光盘还包含本书所有的教案文件、范例文件及练习素材文件（2 张 DVD 光盘教学文件容量共计 6.4GB）；另外，为方便 SolidWorks 低版本用户和读者的学习，光盘中特别提供了 SolidWorks 2012 版本的素材源文件。

本书实例的安排次序采用由浅入深、循序渐进的原则。在内容上，针对每一个实例先进行概述，说明该实例的特点、操作技巧及重点内容和要用到的操作命令，使读者对它有一个整体概念，学习也更有针对性，然后是实例的详细操作步骤。读者在系统学习本书后，能够迅速掌握和运用 SolidWorks 2013 软件的各个模块。

本书可作为机械工程设计人员的 SolidWorks 自学教程和参考书籍，也可供大专院校机械专业师生教学参考。

图书在版编目（CIP）数据

SolidWorks 2013实例宝典 / 北京兆迪科技有限公司编著. -- 北京 : 中国水利水电出版社, 2013.7
ISBN 978-7-5170-1047-0

Ⅰ. ①S… Ⅱ. ①北… Ⅲ. ①计算机辅助设计—应用软件 Ⅳ. ①TP391.72

中国版本图书馆CIP数据核字(2013)第158852号

策划编辑：杨庆川/杨元泓　责任编辑：宋俊娥　加工编辑：刘晶平　封面设计：李　佳

书　　名	SolidWorks 2013 实例宝典
作　　者	北京兆迪科技有限公司　编著
出版发行	中国水利水电出版社 （北京市海淀区玉渊潭南路 1 号 D 座　100038） 网址：www.waterpub.com.cn E-mail：mchannel@263.net（万水） sales@waterpub.com.cn 电话：（010）68367658（发行部）、82562819（万水）
经　　售	北京科水图书销售中心（零售） 电话：（010）88383994、63202643、68545874 全国各地新华书店和相关出版物销售网点
排　　版	北京万水电子信息有限公司
印　　刷	三河市铭浩彩色印装有限公司
规　　格	184mm×260mm　16 开本　38.5 印张　722 千字
版　　次	2013 年 7 月第 1 版　2013 年 7 月第 1 次印刷
印　　数	0001—3000 册
定　　价	79.80 元（附 2DVD）

本书导读

为了能更好地学习本书的知识，请您仔细阅读下面的内容。

读者对象

本书是学习 SolidWorks 2013 实例的宝典类书籍，可作为工程技术人员进一步学习 SolidWorks 的自学教程和参考书，也可作为大专院校学生和各类培训学校学员的 SolidWorks 课程上课或上机练习教材。本书内容完整而实用，对于希望能在较短时间内掌握 SolidWorks 所有模块的读者，本书是一本不可多得的快速见效的书籍。

写作环境

本书使用的操作系统为 Windows XP Professional，对于 Windows 7 操作系统，本书的内容和实例也同样适用。

本书采用的写作蓝本是 SolidWorks 2013 版。

光盘使用

本书所附光盘中有完整的素材源文件和全程语音讲解视频，读者学习本书时如果配合光盘使用，将达到最佳的学习效果。

为方便读者练习，特将本书所有素材文件、已完成的实例文件、配置文件和视频语音讲解文件等放入随书附带的光盘中，读者在学习过程中可以打开相应素材文件进行操作和练习。

本书附多媒体 DVD 光盘两张，建议读者在学习本书前，先将两张 DVD 光盘中的所有文件复制到计算机硬盘的 D 盘中，然后再将第二张光盘 sw13in -video2 文件夹中的所有文件复制到第一张光盘的 video 文件夹中。在 D 盘上 sw13in 目录下共有 3 个子目录。

（1）work 子目录：包含本书的全部素材文件和已完成的范例、实例文件。

（2）video 子目录：包含本书讲解中的视频录像文件（含语音讲解）。读者学习时，可在该子目录中按顺序查找所需的视频文件。

（3）before 子目录：为方便 SolidWorks 低版本用户和读者的学习，光盘中特别提供了 SolidWorks 2012 版本的素材源文件。

光盘中带有“ok”扩展名的文件或文件夹表示已完成的范例。

本书约定

- 本书中有关鼠标操作的简略表述说明如下：

- ☑ 单击：将鼠标指针移至某位置处，然后按一下鼠标左键。
- ☑ 双击：将鼠标指针移至某位置处，然后连续快速地按两次鼠标左键。
- ☑ 右击：将鼠标指针移至某位置处，然后按一下鼠标右键。
- ☑ 单击中键：将鼠标指针移至某位置处，然后按一下鼠标中键。
- ☑ 滚动中键：只是滚动鼠标中键，而不能按中键。
- ☑ 选择（选取）某对象：将鼠标指针移至某对象上，单击以选取该对象。
- ☑ 拖移某对象：将鼠标指针移至某对象上，然后按下鼠标左键不放，同时移动鼠标，将该对象移动到指定的位置后再松开鼠标左键。

- 本书中的操作步骤分为 Task、Stage 和 Step 三个级别，说明如下：
  - ☑ 对于一般的软件操作，每个操作步骤以 Step 字符开始。
  - ☑ 每个 Step 操作视其复杂程度，其下面可含有多级子操作，例如 Step1 下可能包含（1）、（2）、（3）等子操作，（1）子操作下可能包含①、②、③等子操作，①子操作下可能包含 a)、b)、c）等子操作。
  - ☑ 如果操作较复杂，需要几个大的操作步骤才能完成，则每个大的操作冠以 Stage1、Stage2、Stage3 等，Stage 级别的操作下再分 Step1、Step2、Step3 等操作。
  - ☑ 对于多个任务的操作，每个任务冠以 Task1、Task2、Task3 等，每个 Task 操作下则可包含 Stage 和 Step 级别的操作。
- 由于已建议读者将随书光盘中的所有文件复制到计算机硬盘的 D 盘中，所以书中在要求设置工作目录或打开光盘文件时，所述的路径均以“D:”开始。

技术支持

本书是根据北京兆迪科技有限公司给国内外一些著名公司（含国外独资和合资公司）的培训教案整理而成的，具有很强的实用性，其主编和参编人员均来自北京兆迪科技有限公司，该公司专门从事 CAD/CAM/CAE 技术的研究、开发、咨询及产品设计与制造服务，并提供 SolidWorks、Ansys、Adams 等软件的专业培训及技术咨询，读者在学习本书的过程中如果遇到问题，可通过访问该公司的网站 http://www.zalldy.com 来获得技术支持。

咨询电话：010-82176248，010-82176249。

前　　言

SolidWorks 是由美国 SolidWorks 公司推出的功能强大的三维机械设计软件系统，自1995年问世以来，以其优异的性能、易用性和创新性，极大地提高了机械工程师的设计效率，在与同类软件的激烈竞争中已经确立了其市场地位，成为三维机械设计软件的标准，其应用范围涉及航空航天、汽车、机械、造船、通用机械、医疗器械和电子等诸多领域。

功能强大、易学易用和技术创新是 SolidWorks 的三大特点，这些特点使得 SolidWorks 成为领先的、主流的三维 CAD 解决方案。SolidWorks 2013 版本在设计创新、易学易用性和提高整体性能等方面都得到了显著的加强。本书是系统、全面学习 SolidWorks 2013 软件的实例宝典类书籍，其特色如下：

- 内容丰富。本书的实例涵盖 SolidWorks 2013 几乎所有模块，特别含有市场上其他书中少见的管道与电缆设计、有限元结构分析和振动分析等模块的实例，有助于读者全面提高 SolidWorks 应用水平。
- 讲解详细，条理清晰，图文并茂，保证自学的读者能够独立学习书中的内容。
- 写法独特。采用 SolidWorks 2013 软件中真实的对话框、按钮和图标等进行讲解，使初学者能够直观、准确地操作软件，从而大大提高学习效率。
- 附加值高。本书附 2 张多媒体 DVD 学习光盘，制作了 286 个 SolidWorks 应用技巧和具有针对性范例的教学视频并进行了详细的语音讲解，长达 29 个小时（1746 分钟）；另外，光盘还包含本书所有的素材文件和已完成的范例文件（2 张 DVD 光盘教学文件容量共计 6.4GB），可以帮助读者轻松、高效地学习。

本书是根据北京兆迪科技有限公司给国内外一些著名公司（含国外独资和合资公司）培训的教案整理而成的，具有很强的实用性，其主编和主要参编人员来自北京兆迪科技有限公司，该公司专门从事 CAD/CAM/CAE 技术的研究、开发、咨询及产品设计与制造服务，并提供 SolidWorks、Ansys、Adams 等软件的专业培训及技术咨询，在编写过程中得到了该公司的大力帮助，在此表示衷心的感谢。

本书由詹迪维主编，参加编写的人员还有冯元超、刘江波、周涛、詹路、刘静、雷保珍、刘海起、魏俊岭、任慧华、赵枫、邵为龙、侯俊飞、龙宇、施志杰、詹棋、高政、孙润、李倩倩、黄红霞、尹泉、李行、詹超、尹佩文、赵磊、王晓萍、陈淑童、周攀、吴伟、王海波、高策、冯华超、周思思、黄光辉、党辉、冯峰、詹聪、平迪、管璇、王平、李友荣、杨慧、龙保卫、李东梅、杨泉英和彭伟辉。本书已经过多次审核，如有疏漏之处，恳请广大读者予以指正。

电子邮箱：zhanygjames@163.com。

编　者

2013 年 5 月

目　录

1

二维草图实例

实例1　二维草图设计 01

实例概述：

本实例从新建一个草图开始，详细介绍了草图的绘制、编辑和标注的过程，从这个简单的草绘实例中可以掌握在 SolidWorks 2013 中创建二维草绘的一般过程和技巧。本实例的草图如图 1.1 所示，其绘制过程如下：

Step 1　新建一个零件模型文件。选择下拉菜单 文件(F) → 新建(N)... 命令，系统弹出“新建 SolidWorks 文件”对话框，选择其中的“零件”模板，单击 确定 按钮，进入零件设计环境。

Step 2　绘制草图前的准备工作。

（1）选择下拉菜单 插入(I) → 草图绘制 命令，选取前视基准面作为草图基准面，系统进入二维草绘环境。

（2）确认 视图(V) 下拉菜单中的 草图几何关系(E) 命令前的按钮已弹起（即不显示草图几何约束）。

Step 3　绘制草图的大致轮廓。

由于 SolidWorks 具有尺寸驱动功能，因此开始绘图时只需绘制大致的形状即可。

（1）绘制中心线。

① 选择命令。选择下拉菜单 工具(T) → 草图绘制实体(K) → 中心线(N) 命令。

② 绘制中心线。绘制经过原点的水平和竖直中心线（两条中心线都是无限长的），结果如图 1.2 所示。

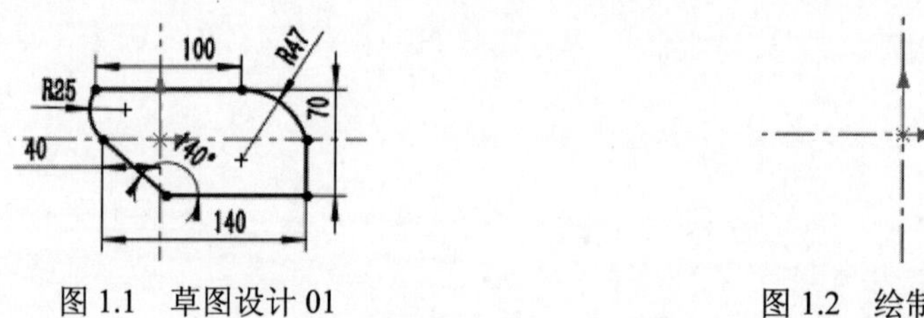

图 1.1　草图设计 01　　图 1.2　绘制中心线

（2）绘制直线。选择下拉菜单 工具(T) → 草图绘制实体(K) → 直线(L) 命令，在图形区中绘制图 1.3 所示的直线。

（3）绘制圆弧。选择下拉菜单 工具(T) → 草图绘制实体(K) → 三点圆弧(3) 命令，在图形区中绘制图 1.4 所示的圆弧。

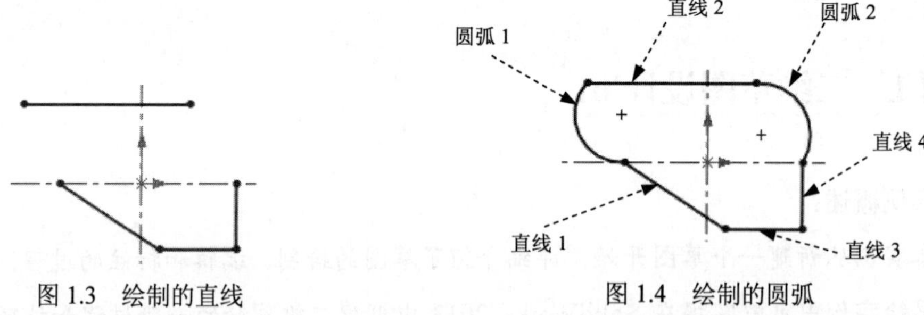

图 1.3　绘制的直线　　图 1.4　绘制的圆弧

Step 4 添加几何约束。添加圆弧 1 与直线 1 的相切约束，圆弧 2 和直线 2 的相切约束，直线 3 添加水平约束，直线 4 添加竖直约束，约束后的图形如图 1.5 所示。

Step 5 添加尺寸。选择下拉菜单 工具(T) → 标注尺寸(S) → 智能尺寸(S) 命令，添加图 1.6 所示的尺寸。

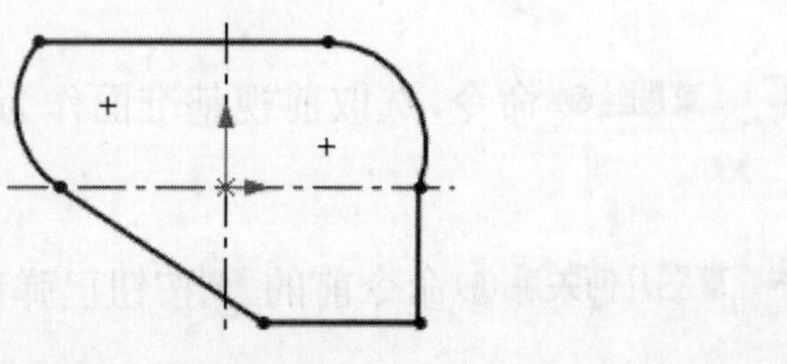

图 1.5　添加几何约束

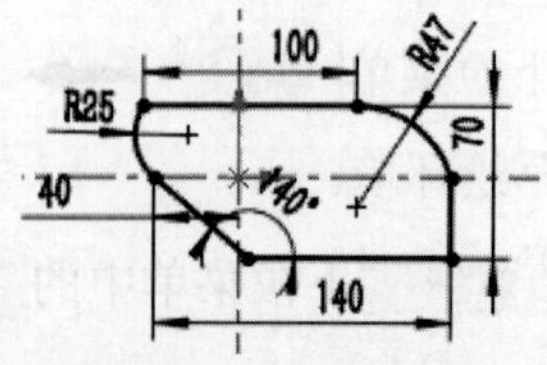

图 1.6　凸台-拉伸 1

Step 6 保存文件。选择下拉菜单 文件(F) → 保存(S) 命令，系统弹出“另存为”对话框，在 文件名(N): 文本框中输入 spsk1.SLDPRT，单击 保存(S) 按钮，完成文件的保存操作。

实例2 二维草图设计02

实例概述：

本实例从新建一个草图开始，详细介绍了草图的绘制、编辑和标注的一般过程。通过本实例的学习，要重点掌握草图修剪、镜像命令的使用和技巧。本实例所绘制的草图如图2.1所示，其绘制过程如下：

Step 1 新建一个零件模型文件。

Step 2 绘制草图前的准备工作。选择下拉菜单 插入(I) → 草图绘制 命令，选取前视基准面作为草绘基准面；确认按钮已弹起（即不显示草图几何约束）。

Step 3 绘制草图的大致轮廓。

（1）绘制中心线。选择下拉菜单 工具(T) → 草图绘制实体(K) → 中心线(N) 命令，绘制图2.2所示的中心线。

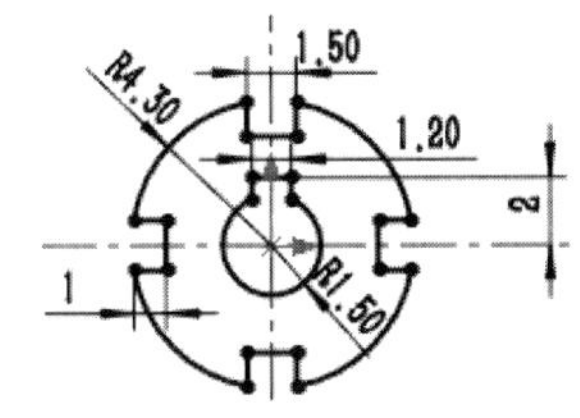

图2.1 二维草图设计02

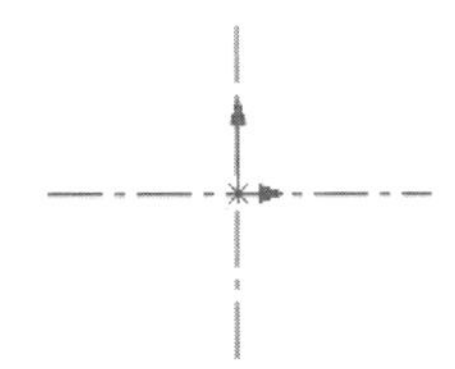

图2.2 绘制中心线

（2）绘制圆弧。选择下拉菜单 工具(T) → 草图绘制实体(K) → 圆(C) 命令，在图形区中绘制图2.3所示的圆。

（3）绘制矩形。选择下拉菜单 工具(T) → 草图绘制实体(K) → 边角矩形(R) 命令，在图形区中绘制图2.4所示的矩形。

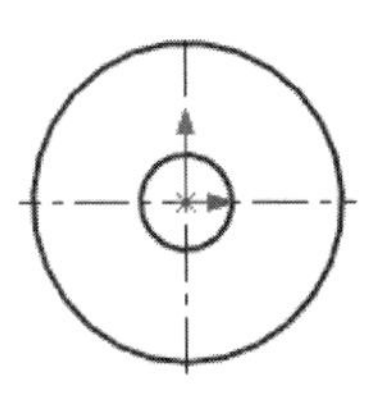

图2.3 绘制圆

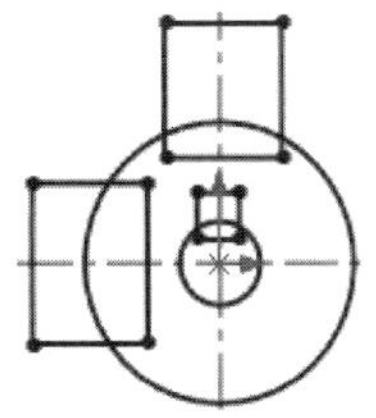

图2.4 绘制矩形

Step 4 修剪草图1。

（1）选择命令。选择下拉菜单 工具(T) → 草图工具(T) → 剪裁(T) 命令。

（2）定义剪裁方式。在“剪裁”窗口中选择 剪裁到最近端(T) 选项。

（3）定义剪裁。在图形区单击图 2.5a 所示的位置 1、位置 2、位置 3、位置 4、位置 5 和位置 6。

（4）单击“剪裁”窗口中的 ✔ 按钮，完成修剪后的图形如图 2.5b 所示。

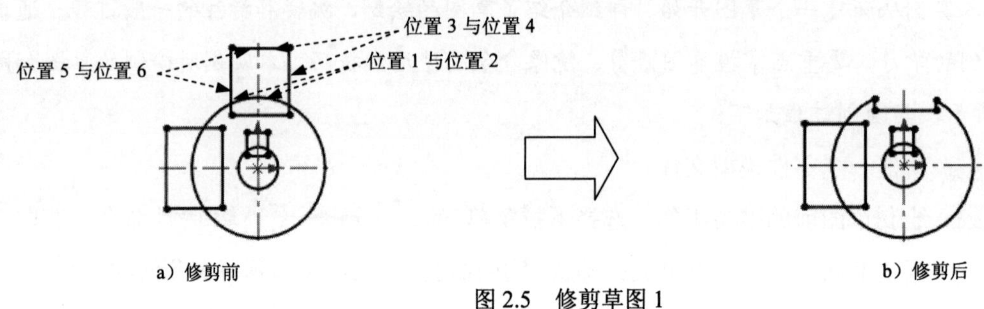

图 2.5　修剪草图 1

Step 5　修剪草图 2。

参照 Step4 的方法修剪草图，如图 2.6 所示。

Step 6　添加对称约束。

（1）添加点 1、点 2 与直线 1 的对称约束。

（2）参照上一步骤添加其他对称约束，如图 2.7 所示。

Step 7　添加相等约束。

（1）添加直线 1 与直线 2 的相等约束。

（2）参照上一步骤添加其余相等约束，如图 2.8 所示。

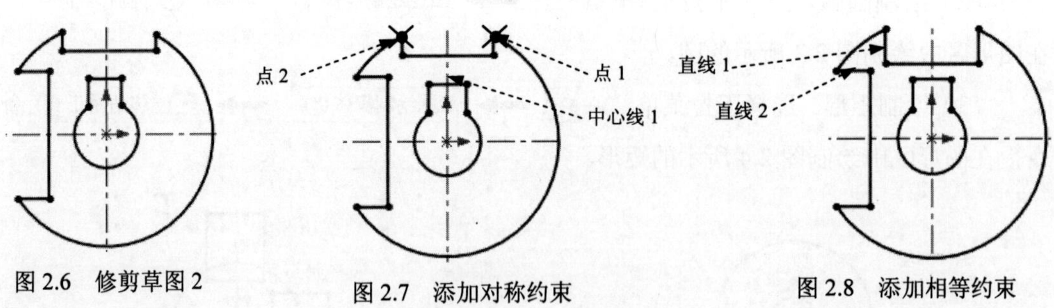

图 2.6　修剪草图 2　　图 2.7　添加对称约束　　图 2.8　添加相等约束

Step 8　镜像草图 1。

（1）选择命令。选择下拉菜单 工具(T) → 草图工具(T) → 镜向(M) 命令。

（2）定义镜像对象。在图形区中选取图 2.9 所示的直线 1、直线 2 和直线 3 作为镜像对象。

（3）定义镜像中心线。选取水平中心线作为镜像中心线，结果如图 2.9 所示。

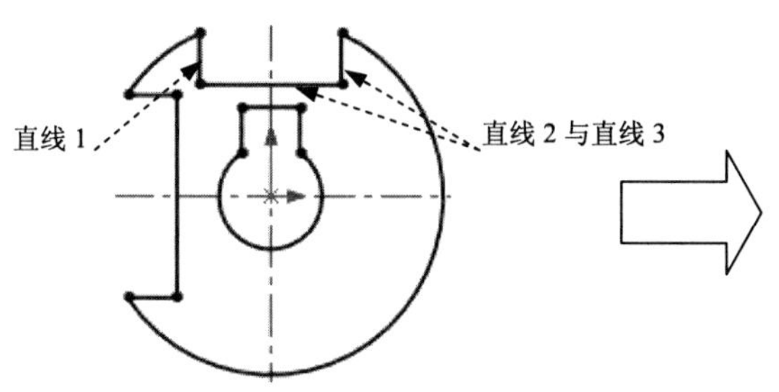

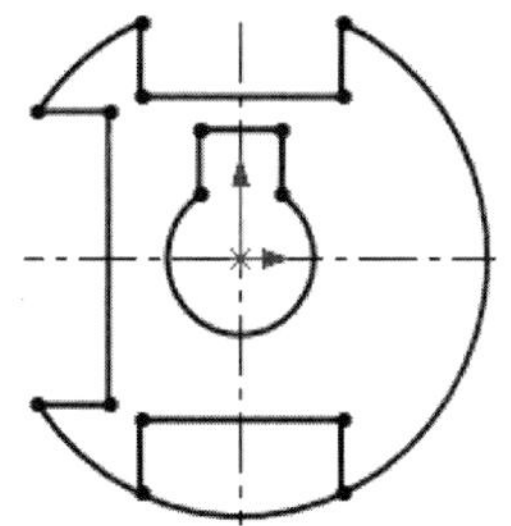

图 2.9　镜像草图 1

Step 9　镜像草图 2。

参照 Step8 的方法镜像草图，如图 2.10 所示。

Step 10　修剪草图 3。

参照 Step4 的方法修剪草图，如图 2.11 所示。

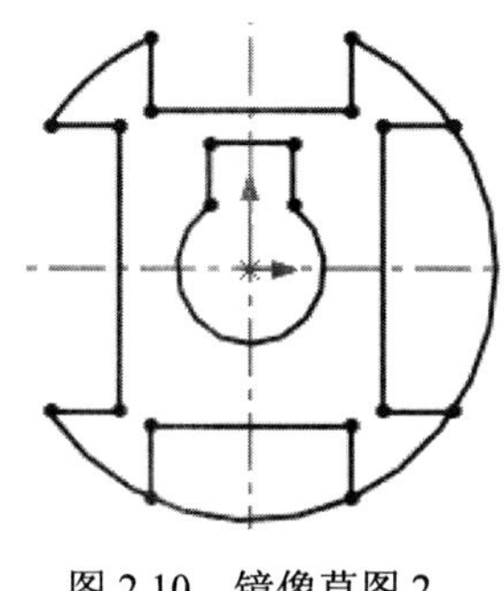

图 2.10　镜像草图 2

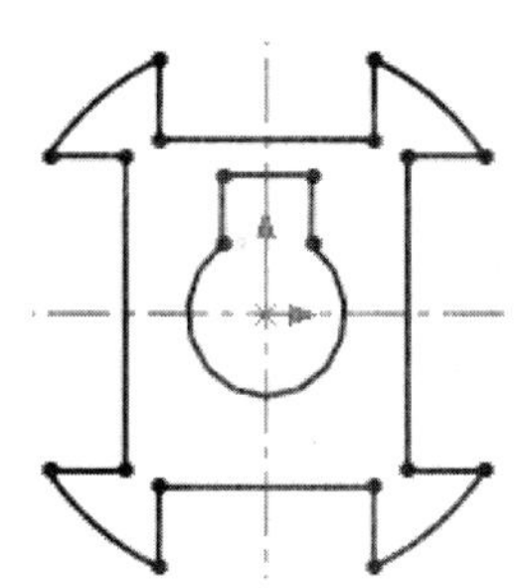

图 2.11　修剪草图 3

Step 11　最后添加图 2.12 所示的尺寸，并修改至设计要求的目标尺寸。

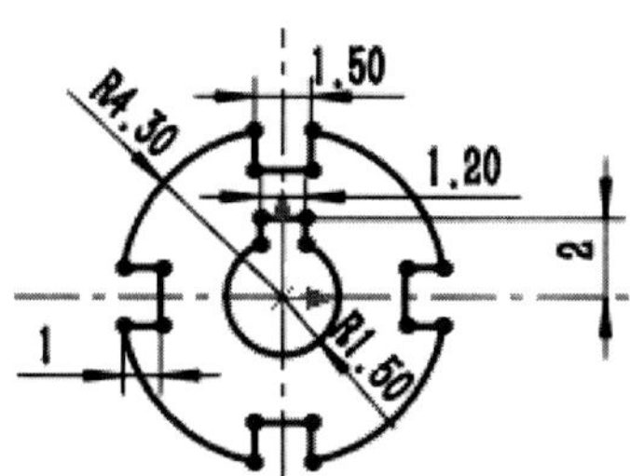

图 2.12　添加尺寸约束

Step 12　选择下拉菜单 文件(F) → 另存为(A)... 命令，系统弹出“另存为”对话框，在其中的 文件名(N): 文本框中输入 spsk2，单击 保存(S) 按钮，完成文件的保存操作。

实例 3　二维草图设计 03

实例概述：

本实例详细介绍了草图的绘制、编辑和标注的一般过程，通过本实例的学习，要重点掌握相切约束、相等约束和对称约束的使用方法及技巧。本实例的草图如图 3.1 所示，其绘制过程如下：

Step 1　新建一个零件模型文件。选择下拉菜单 文件(F) → 新建(N)... 命令，系统弹出"新建 SolidWorks 文件"对话框，选择其中的"零件"模板，单击 确定 按钮，进入零件设计环境。

Step 2　绘制草图前的准备工作。

（1）选择下拉菜单 插入(I) → 草图绘制 命令，选取前视基准面作为草图基准面，系统进入二维草绘环境。

（2）确认 视图(V) 下拉菜单中的 草图几何关系(E) 命令前的按钮已弹起（即不显示草图几何约束）。

Step 3　绘制草图的大致轮廓。

由于 SolidWorks 具有尺寸驱动功能，因此开始绘图时只需绘制大致的形状即可。

（1）绘制中心线。

① 选择命令。选择下拉菜单 工具(T) → 草图绘制实体(K) → 中心线(N) 命令。

② 绘制中心线。绘制经过原点的水平和竖直中心线（两条中心线都是无限长的），结果如图 3.2 所示。

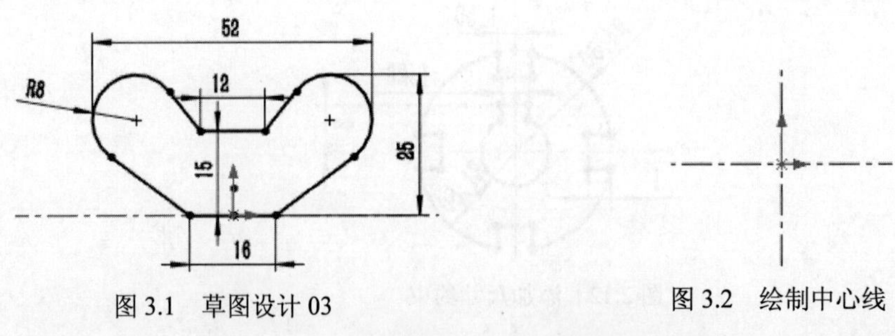

图 3.1　草图设计 03　　　　图 3.2　绘制中心线

（2）绘制直线。选择下拉菜单 工具(T) → 草图绘制实体(K) → 直线(L) 命令，在图形区中绘制图 3.3 所示的直线。

（3）绘制圆弧。选择下拉菜单 工具(T) → 草图绘制实体(K) → 三点圆弧(3) 命令，在图形区中绘制图 3.4 所示的圆弧。

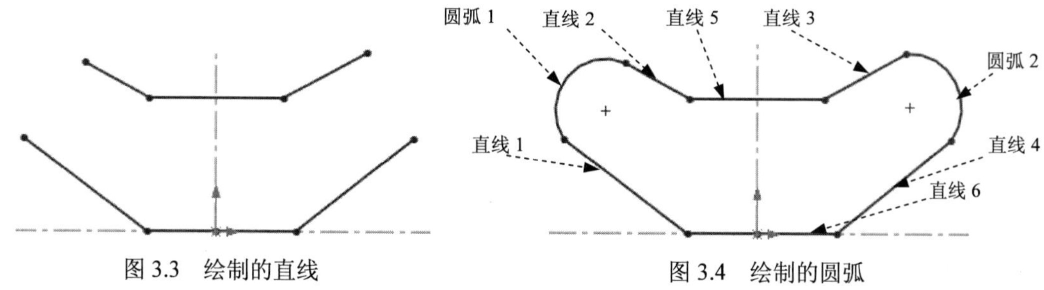

图 3.3　绘制的直线　　　　图 3.4　绘制的圆弧

Step 4　添加几何约束。按住 Ctrl 键，选择直线 6 与水平中心线，在 添加几何关系 区域中单击 共线(L) 按钮。按住 Ctrl 键，选择图 3.4 所示的圆弧 1 和圆弧 2，系统弹出“属性”对话框，在 添加几何关系 区域中单击 = 相等(Q) 按钮。按住 Ctrl 键，选择图 3.4 所示的圆弧 1 与直线 1，在 添加几何关系 区域中单击 相切(A) 按钮。同理，创建圆弧 1 和直线 2 的相切约束，圆弧 2 和直线 3 的相切约束，圆弧 2 和直线 4 的相切约束，按住 Ctrl 键，选择图 3.4 所示的圆弧 1、竖直中心线与圆弧 2，在 添加几何关系 区域中单击 对称(S) 按钮。同理，添加直线 2 与直线 3 关于竖直中心线对称，直线 1 与直线 4 关于竖直中心线对称。按住 Ctrl 键，选择图 3.4 所示的直线 5，在 添加几何关系 区域中单击 — 水平(H) 按钮。同理，添加直线 6 的水平约束。约束后的图形如图 3.5 所示。

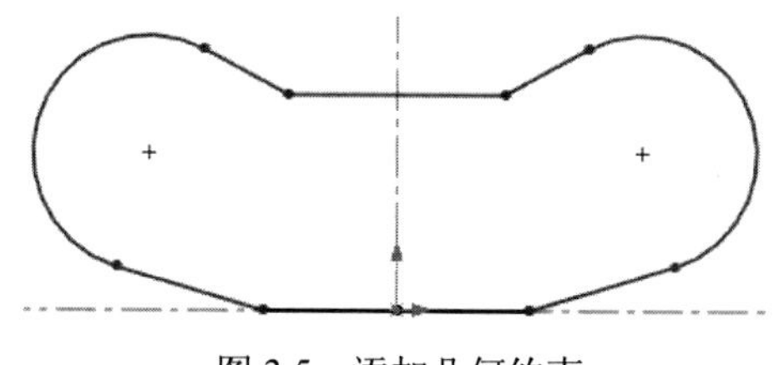

图 3.5　添加几何约束

Step 5　添加尺寸。

选择下拉菜单 工具(T) → 标注尺寸(S) → 智能尺寸(S) 命令，添加图 3.6 所示的尺寸（注：添加图 3.6 所示的尺寸 52、25 时需按住 Shift 键选择圆弧）。

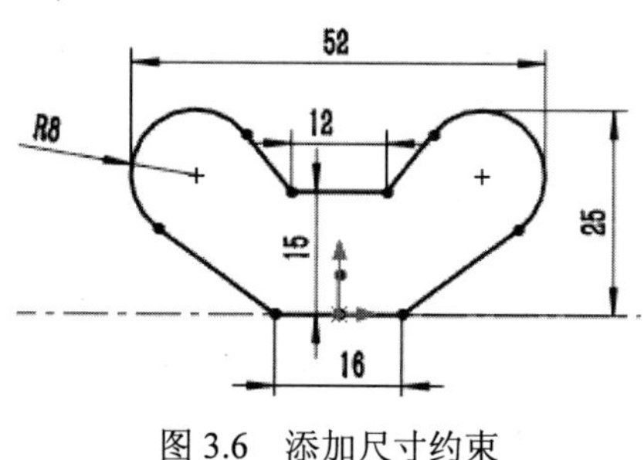

图 3.6　添加尺寸约束

Step 6　保存文件。

1 Chapter

实例 4　二维草图设计 04

实例概述：

通过本实例的学习，要重点掌握捕捉圆心的使用方法和技巧，本实例的草图如图 4.1 所示，其绘制过程如下：

Step 1　新建一个零件模型文件。选择下拉菜单 文件(F) → 新建(N)... 命令，系统弹出“新建 SolidWorks 文件”对话框，选择其中的“零件”模板，单击 确定 按钮，进入零件设计环境。

Step 2　绘制草图前的准备工作。

（1）选择下拉菜单 插入(I) → 草图绘制 命令，选取前视基准面作为草图基准面，系统进入二维草绘环境。

（2）确认 视图(V) 下拉菜单中的 草图几何关系(E) 命令前的 按钮已弹起（即不显示草图几何约束）。

Step 3　绘制草图的大致轮廓。

由于 SolidWorks 具有尺寸驱动功能，因此开始绘图时只需绘制大致的形状即可。

（1）绘制中心线。

① 选择命令。选择下拉菜单 工具(T) → 草图绘制实体(K) → 中心线(N) 命令。

② 绘制中心线。绘制经过原点的水平和竖直中心线（两条中心线都是无限长的），结果如图 4.2 所示。

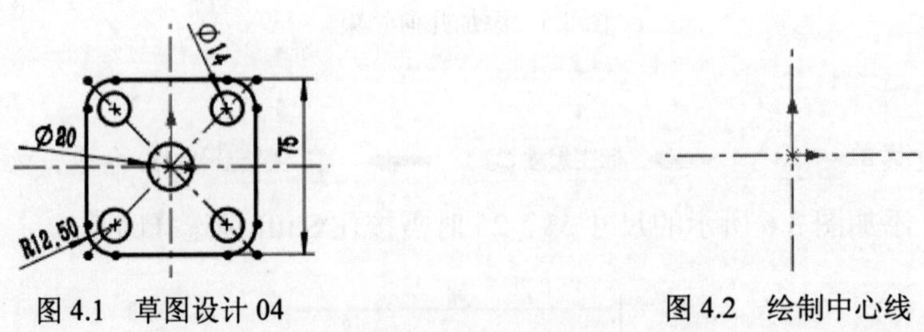

图 4.1　草图设计 04　　　　图 4.2　绘制中心线

（2）绘制矩形。选择下拉菜单 工具(T) → 草图绘制实体(K) → 中心矩形 命令。在图形区中绘制图 4.3 所示的直线。

（3）绘制圆角。选择下拉菜单 工具(T) → 草图工具(T) → 圆角(F)... 命令，在“绘制圆角”对话框的 （半径）文本框中输入圆角半径值 12.5。分别选取图 4.3 所示的直线 1 与直线 2，系统便在这两个边之间创建圆角，同理添加其他圆角，完成后如图 4.4 所示。

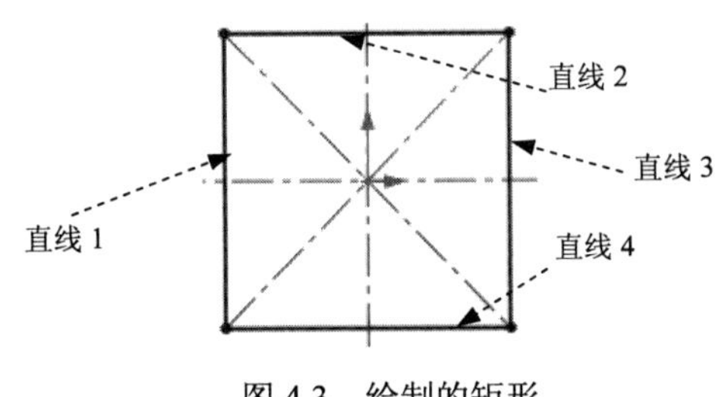

图 4.3 绘制的矩形

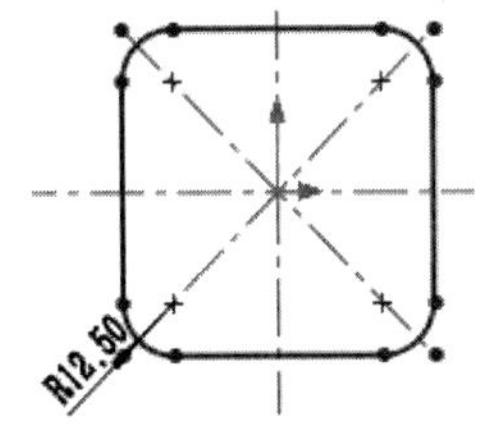

图 4.4 绘制的圆角

（4）绘制圆。选择下拉菜单 工具(T) → 草图绘制实体(K) → 圆(C) 命令，在图形区中绘制图 4.5 所示的圆。

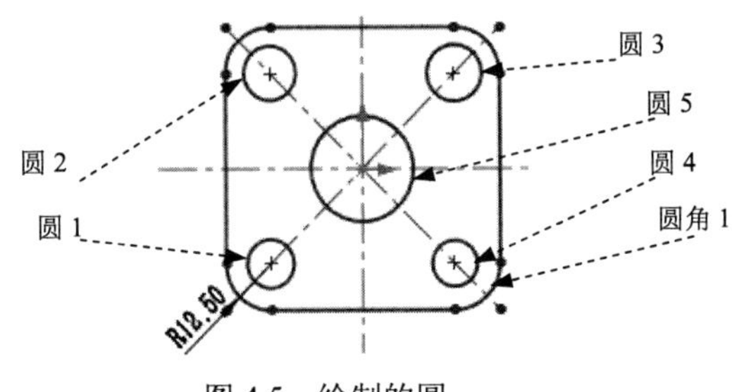

图 4.5 绘制的圆

Step 4 添加几何约束。按住 Ctrl 键，选择图 4.5 所示的圆 4 与圆角 1。系统弹出“属性”对话框，在 添加几何关系 区域单击 同心(N) 按钮。同理，添加其他几个圆与圆角的同心约束。按住 Ctrl 键，选择圆 1、圆 2、圆 3、圆 4，系统弹出“属性”对话框，在 添加几何关系 区域单击 = 相等(Q) 按钮。按住 Ctrl 键，选择圆 5 与原点，系统弹出“属性”对话框，在 添加几何关系 区域单击 重合(D) 按钮。约束后的图形如图 4.6 所示。

Step 5 添加尺寸。选择下拉菜单 工具(T) → 标注尺寸(S) → 智能尺寸(S) 命令，添加图 4.7 所示的尺寸。

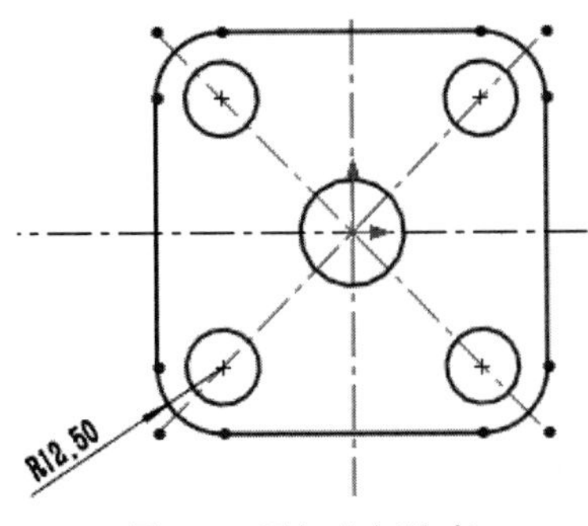

图 4.6 添加几何约束

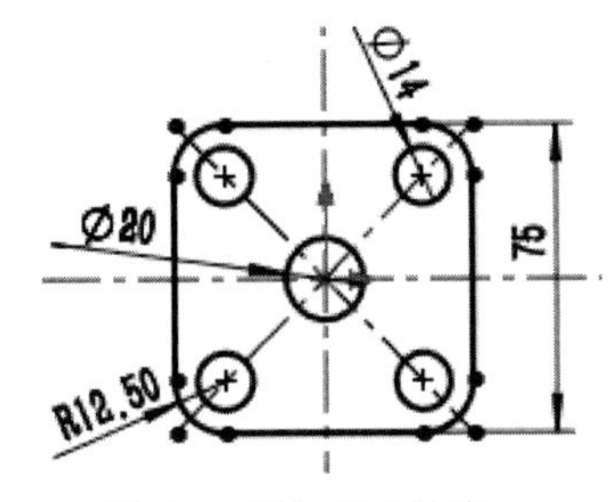

图 4.7 添加尺寸约束

Step 6 保存文件。

实例5　二维草图设计 05

实例概述：

在本实例中，要重点掌握尺寸锁定功能的使用方法和技巧，对于较复杂的草图，在创建新尺寸前，需要对有用的尺寸进行锁定。本实例的草图如图 5.1 所示，其绘制过程如下：

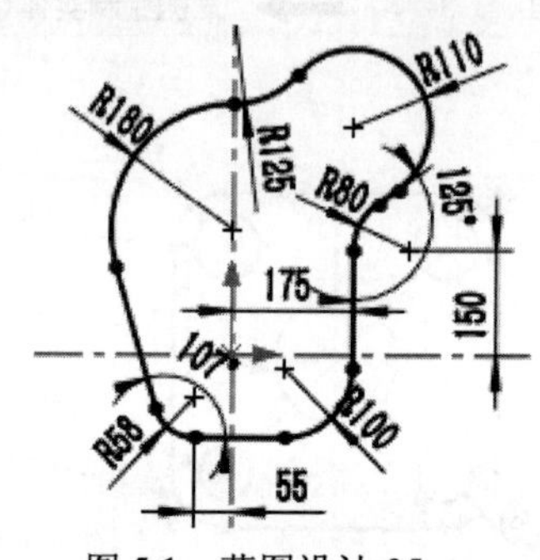

图 5.1　草图设计 05

Step 1 新建一个零件模型文件。选择下拉菜单 文件(F) → 新建(N)... 命令，系统弹出“新建 SolidWorks 文件”对话框，选择其中的“零件”模板，单击 确定 按钮，进入零件设计环境。

Step 2 绘制草图前的准备工作。

（1）选择下拉菜单 插入(I) → 草图绘制 命令，选取前视基准面作为草图基准面，系统进入二维草绘环境。

（2）确认 视图(V) 下拉菜单中的 草图几何关系(E) 命令前的按钮已弹起（即不显示草图几何约束）。

Step 3 绘制草图的大致轮廓。

由于 SolidWorks 具有尺寸驱动功能，因此开始绘图时只需绘制大致的形状即可。

（1）绘制中心线。

① 选择命令。选择下拉菜单 工具(T) → 草图绘制实体(K) → 中心线(N) 命令。

② 绘制中心线。绘制经过原点的水平和竖直中心线（两条中心线都是无限长的），结果如图 5.2 所示。

（2）绘制直线。选择下拉菜单 工具(T) → 草图绘制实体(K) → 直线(L) 命令，在图形区中绘制图 5.3 所示的直线。

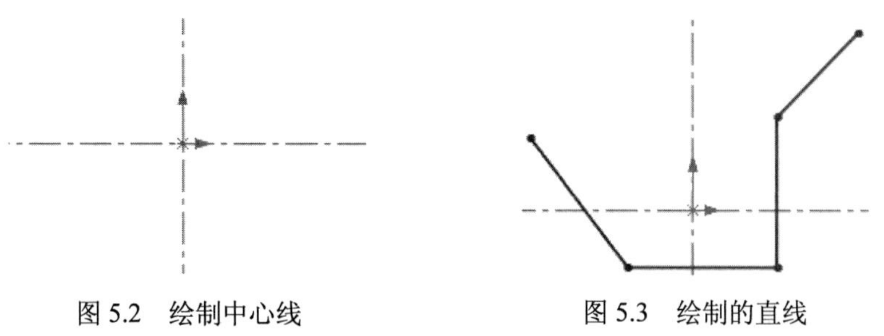

图 5.2　绘制中心线　　　　图 5.3　绘制的直线

（3）绘制圆弧。选择下拉菜单 工具(T) → 草图绘制实体(K) → 三点圆弧(3) 命令，在图形区中绘制图 5.4 所示的圆弧。

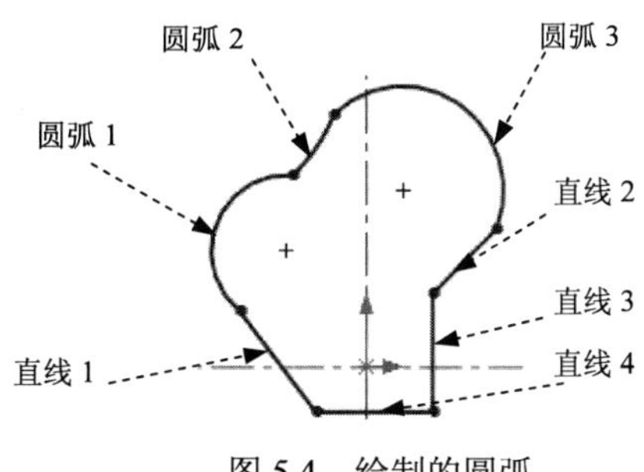

图 5.4　绘制的圆弧

Step 4　添加几何约束。按住 Ctrl 键，选择图 5.4 所示的直线 4，系统弹出“属性”对话框，在 添加几何关系 区域单击 水平(H) 按钮。按住 Ctrl 键，选择图 5.4 所示的直线 1 和圆弧 1，系统弹出“属性”对话框，在 添加几何关系 区域单击 相切(A) 按钮。按住 Ctrl 键，选择图 5.4 所示的圆弧 1 和圆弧 2，系统弹出“属性”对话框，在 添加几何关系 区域单击 相切(A) 按钮。按住 Ctrl 键，选择图 5.4 所示的圆弧 2 和圆弧 3，系统弹出“属性”对话框，在 添加几何关系 区域单击 相切(A) 按钮。按住 Ctrl 键，选择图 5.4 所示的圆弧 3 和直线 2，系统弹出“属性”对话框，在 添加几何关系 区域单击 相切(A) 按钮。按住 Ctrl 键，选择直线 3，系统弹出“属性”对话框，在 添加几何关系 区域单击 竖直(V) 按钮。约束后的图形如图 5.5 所示。

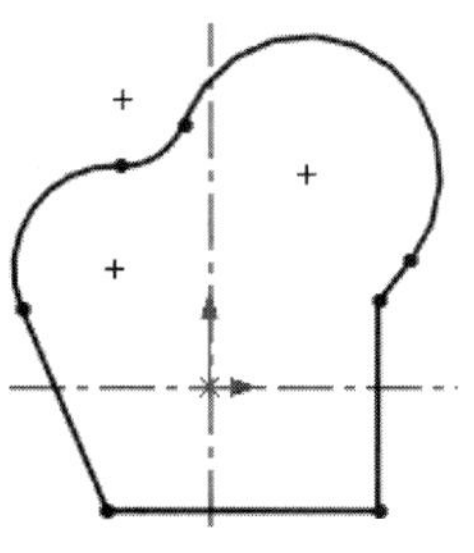

图 5.5　添加几何约束

Step 5 绘制圆角。选择下拉菜单 工具(T) → 草图工具(T) → 圆角(F)... 命令，在“绘制圆角”对话框的（半径）文本框中输入圆角半径值 58。分别选取图 5.4 所示的直线 1 与直线 4，系统便在这两个边之间创建圆角。

Step 6 参考 Step5 的方法创建另外两个圆角，如图 5.6 所示。

Step 7 添加尺寸。选择下拉菜单 工具(T) → 标注尺寸(S) → 智能尺寸(S) 命令，添加图 5.7 所示的尺寸。

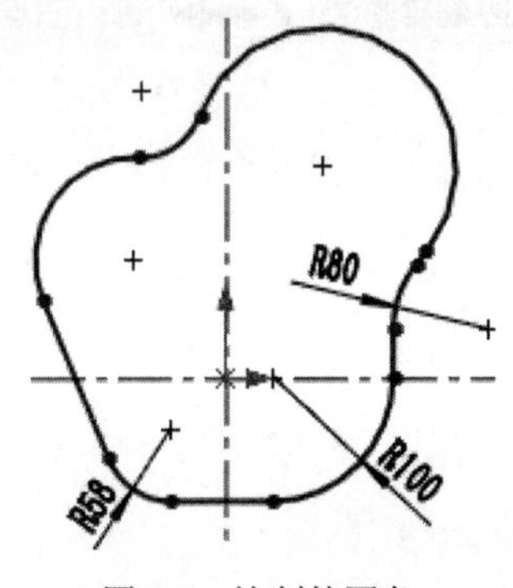

图 5.6 绘制的圆角

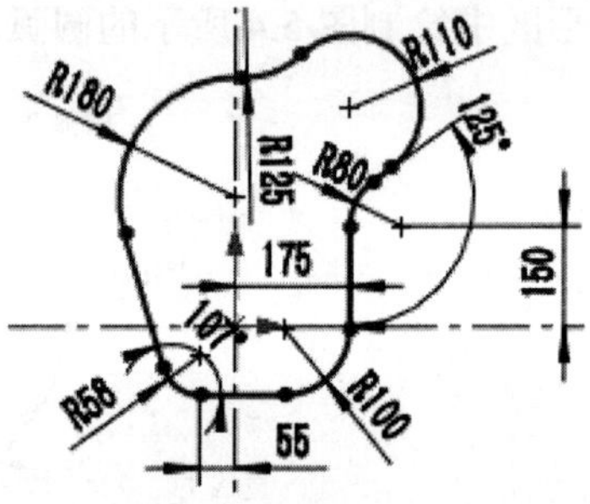

图 5.7 添加尺寸

Step 8 添加几何约束。按住 Ctrl 键，选择图 5.4 所示的圆心 1 与竖直中心线，系统弹出“属性”对话框，在 **添加几何关系** 区域单击 重合(D) 按钮；按住 Ctrl 键，选择图 5.4 所示的圆心 2 与竖直中心线，系统弹出“属性”对话框，在 **添加几何关系** 区域单击 重合(D) 按钮；按住 Ctrl 键，选择图 5.4 所示的圆心 3 与直线 3，系统弹出“属性”对话框，在 **添加几何关系** 区域单击 重合(D) 按钮。

Step 9 修改尺寸。最终图形如图 5.8 所示。

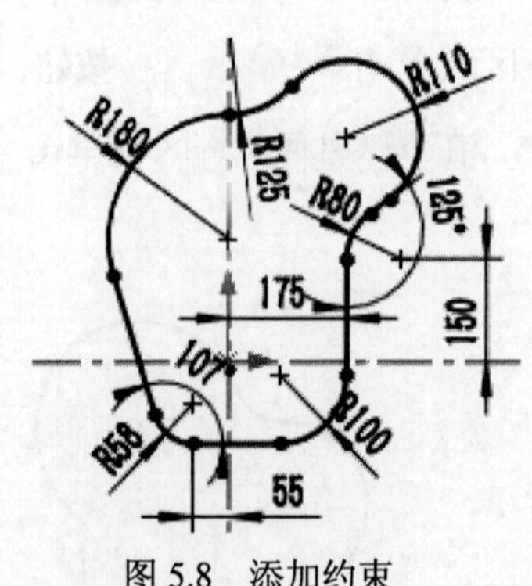

图 5.8 添加约束

Step 10 保存文件。

实例 6　二维草图设计 06

实例概述：

本实例将创建一个较为复杂的草图，如图 6.1 所示，其中添加约束的先后顺序非常重要，由于勾勒的大致形状有所不同，添加约束的顺序也应不同，此点需要读者认真领会。其绘制过程如下：

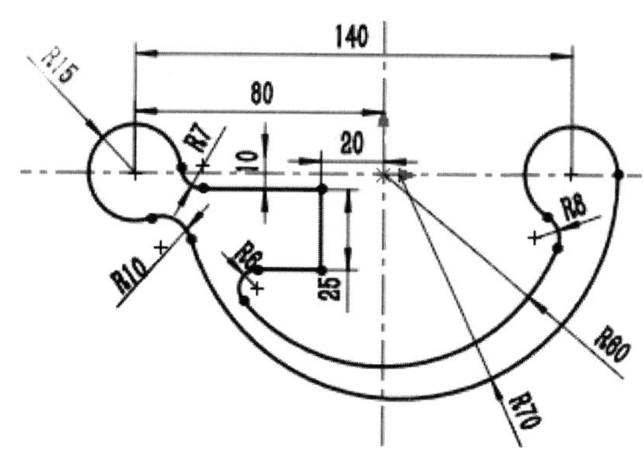

图 6.1　二维草图设计 06

Stage1．新建文件

启动 SolidWorks 软件后，选择下拉菜单 文件(F) → 新建(N)... 命令，系统弹出“新建 SolidWorks 文件”对话框，选择其中的“零件”模板，单击 确定 按钮，进入零件设计环境。

Stage2．绘制草图前的准备工作

Step 1 选择下拉菜单 插入(I) → 草图绘制 命令，然后选择前视基准面为草图基准面，系统进入草图设计环境。

Step 2 确认 视图(V) 下拉菜单中 草图几何关系(E) 命令前的按钮已按下（即显示草图几何约束）。

Stage3．创建草图以勾勒出图形的大概形状

注意：由于 SolidWorks 具有尺寸驱动功能，开始绘图时只需绘制大致的形状即可。

Step 1 选择下拉菜单 工具(T) → 草图绘制实体(K) → 中心线(N) 命令，在图形区绘制图 6.2 所示的中心线。

Step 2 在图形区绘制图 6.3 所示的草图实体大概轮廓。

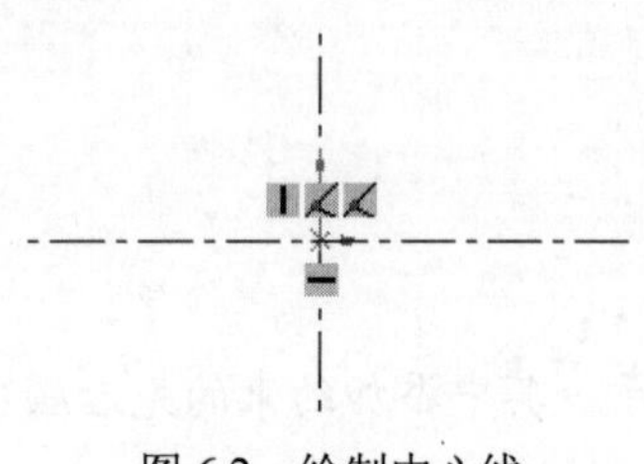

图 6.2　绘制中心线

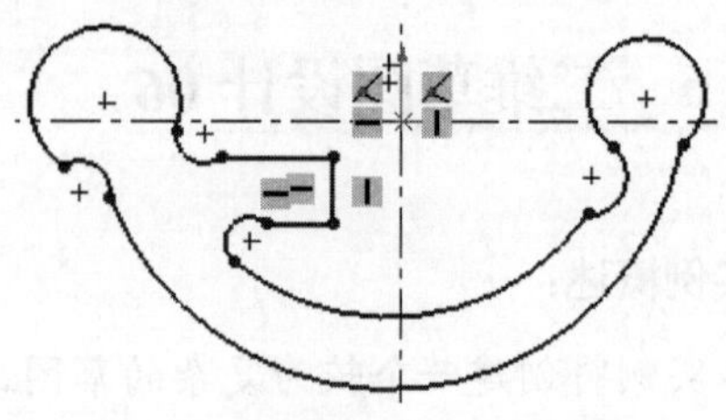

图 6.3　绘制草图实体大概轮廓

Stage4．添加几何约束

Step 1　添加图 6.4 所示的“相等”约束。按住 Ctrl 键，选择图 6.4 所示的圆弧 1 和圆弧 2，系统弹出“属性”对话框，在 添加几何关系 区域中单击 = 相等(Q) 按钮。

Step 2　添加图 6.5 所示的“重合”约束。按住 Ctrl 键，选择图 6.5 所示的圆弧 1 的圆心和水平中心线，系统弹出“属性”对话框，在 添加几何关系 区域中单击 重合(D) 按钮；按住 Ctrl 键，选择图 6.5 所示的圆弧 2 的圆心和水平中心线，系统弹出“属性”对话框，在 添加几何关系 区域中单击 重合(D) 按钮；按住 Ctrl 键，选择图 6.5 所示的圆弧 2 和圆弧 3 的交点，再选中水平中心线，系统弹出“属性”对话框，在 添加几何关系 区域中单击 重合(D) 按钮；按住 Ctrl 键，选择图 6.5 所示的圆弧 4 的圆心和原点，系统弹出“属性”对话框，在 添加几何关系 区域中单击 重合(D) 按钮。

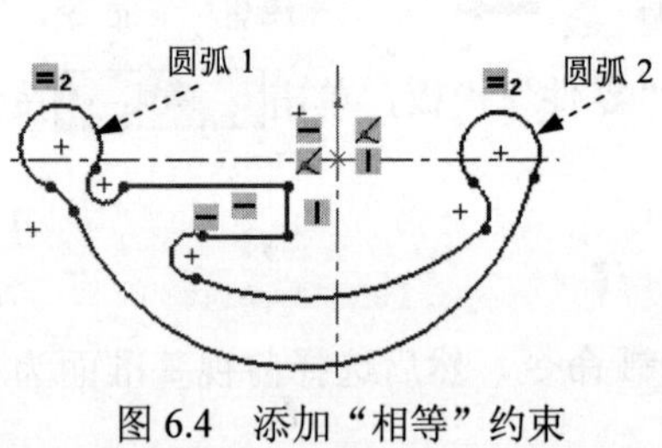

图 6.4　添加“相等”约束

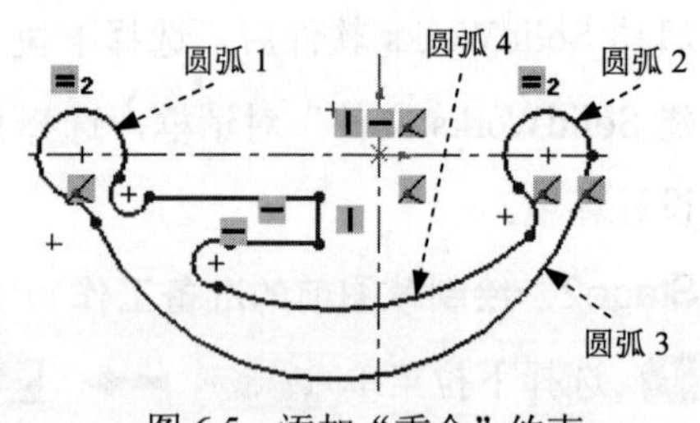

图 6.5　添加“重合”约束

Step 3　添加图 6.6 所示的相切约束及其他必要约束。

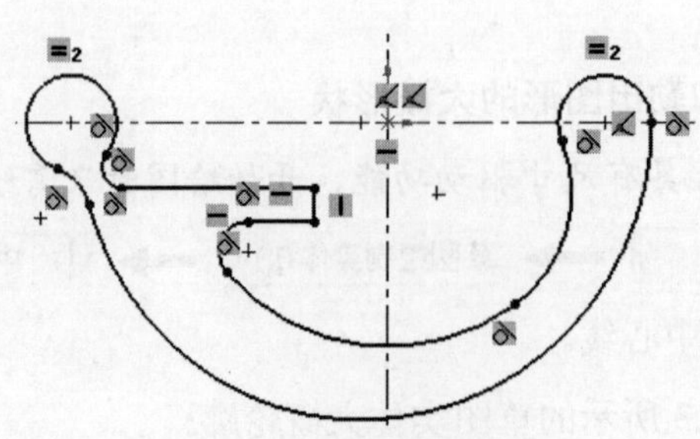

图 6.6　添加相切约束

Step 4 选择 视图(V) → 草图几何关系(E) 关闭草图几何约束显示。

Stage5．添加尺寸约束

选择下拉菜单 工具(T) → 标注尺寸(S) → 智能尺寸(S) 命令，添加图 6.7 所示的尺寸约束。

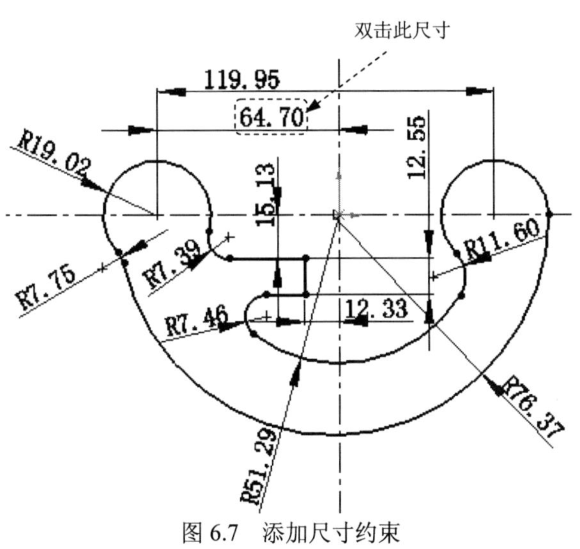

图 6.7　添加尺寸约束

1 Chapter

Stage6．修改尺寸约束

Step 1 双击图 6.7 所示的尺寸值，在系统弹出的“修改”文本框中输入“80”，单击 ✓ 按钮，然后单击“尺寸”对话框中的 ✓ 按钮，修改完成后如图 6.8 所示。

Step 2 按照 Step1 中的操作方法，依次修改其他尺寸约束，修改完成后如图 6.9 所示。

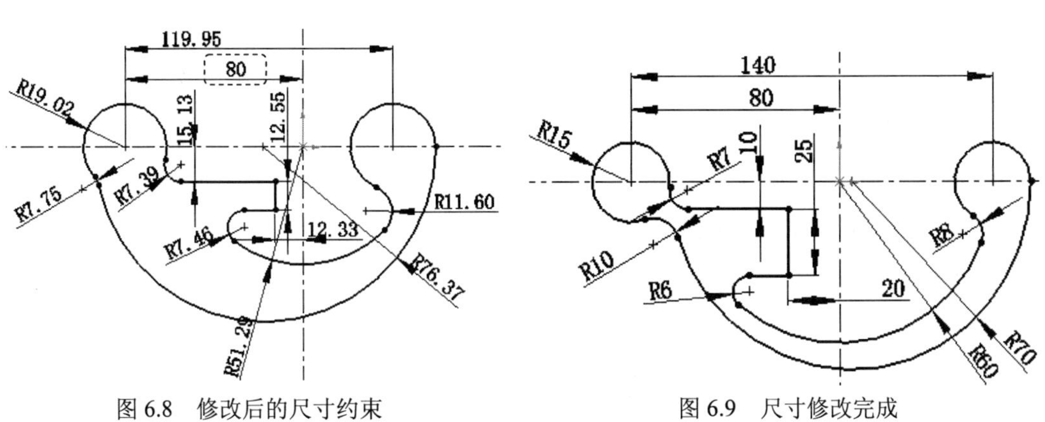

图 6.8　修改后的尺寸约束　　　图 6.9　尺寸修改完成

Stage7．保存文件

实例 7　二维草图设计 07

实例概述：

本实例先绘制出图形的大概轮廓，然后对草图进行约束和标注。通过本实例的学习可以掌握草图的缩放方法及技巧。图形如图 7.1 所示，其绘制过程如下：

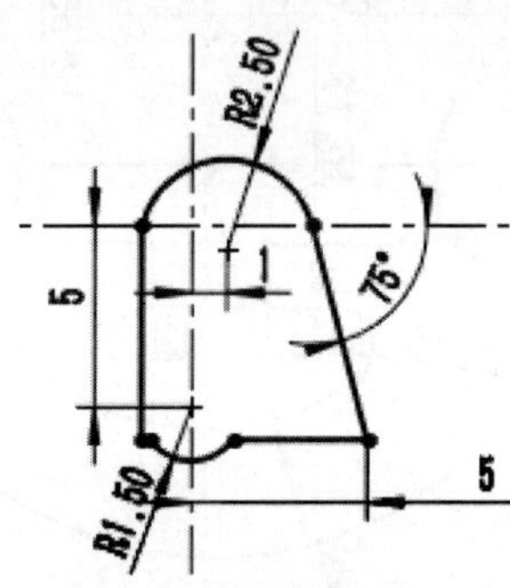

图 7.1　二维草图设计 07

Stage1．新建文件

启动 SolidWorks 软件后，选择下拉菜单 文件(F) → 新建(N)... 命令，系统弹出“新建 SolidWorks 文件”对话框，选择其中的“零件”模板，单击 确定 按钮，进入零件设计环境。

Stage2．绘制草图前的准备工作

Step 1　选择下拉菜单 插入(I) → 草图绘制 命令，然后选择前视基准面为草图基准面，系统进入草图设计环境。

Step 2　确认 视图(V) 下拉菜单中 草图几何关系(E) 命令前的按钮不被按下（即不显示草图几何约束）。

Stage3．创建草图以勾勒出图形的大概形状

注意：由于 SolidWorks 具有尺寸驱动功能，开始绘图时只需绘制大致的形状即可。

Step 1　选择下拉菜单 工具(T) → 草图绘制实体(K) → 中心线(N) 命令，在图形区绘制图 7.2 所示的无限长的中心线。

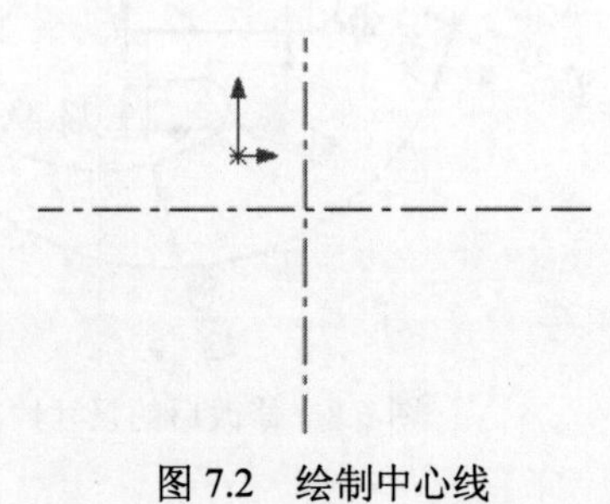

图 7.2　绘制中心线

Step 2　在图形区绘制图 7.3 所示的草图实体大概轮廓。

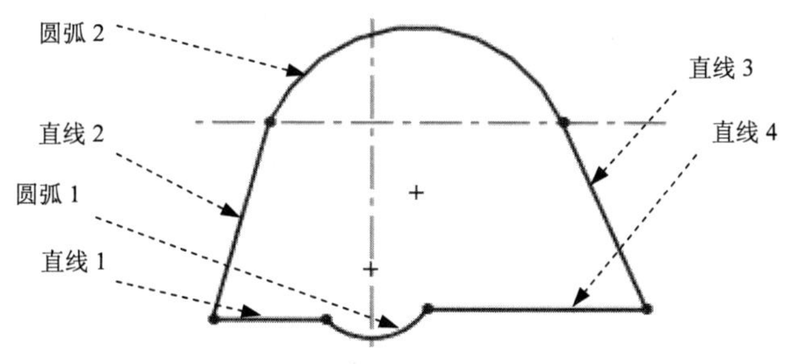

图 7.3　绘制草图实体大概轮廓

Stage4．添加几何约束

按住 Ctrl 键，选择图 7.3 所示的直线 4 与直线 1 及水平中心线，系统弹出“属性”对话框，在添加几何关系区域单击一 水平(H)按钮。按住 Ctrl 键，选择图 7.3 所示的圆弧 2 与直线 3，系统弹出“属性”对话框，在添加几何关系区域单击 相切(A) 按钮。按住 Ctrl 键，选择图 7.3 所示的直线 2，系统弹出“属性”对话框，在添加几何关系区域单击 | 竖直(V) 按钮。按住 Ctrl 键，选择图 7.3 所示的直线 1 与直线 4，系统弹出“属性”对话框，在添加几何关系区域单击 共线(L) 按钮（因草图轮廓的不同，其他所需约束请读者自己根据需要添加）。约束后的图形如图 7.4 所示。

Stage5．添加尺寸约束

选择下拉菜单 工具(T) ➡ 标注尺寸(S) ➡ 智能尺寸(S)命令，添加完成后如图 7.5 所示。

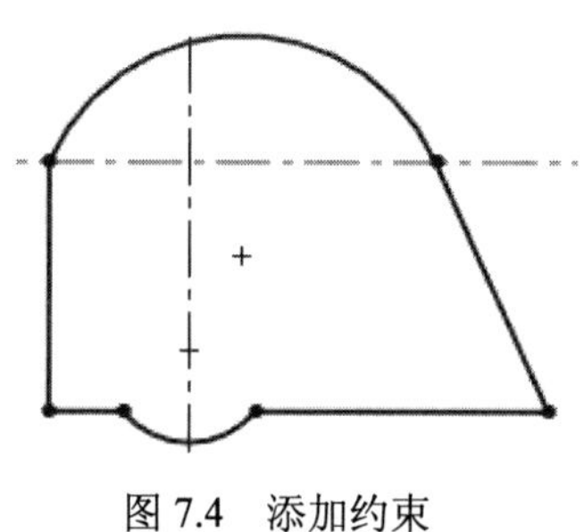

图 7.4　添加约束

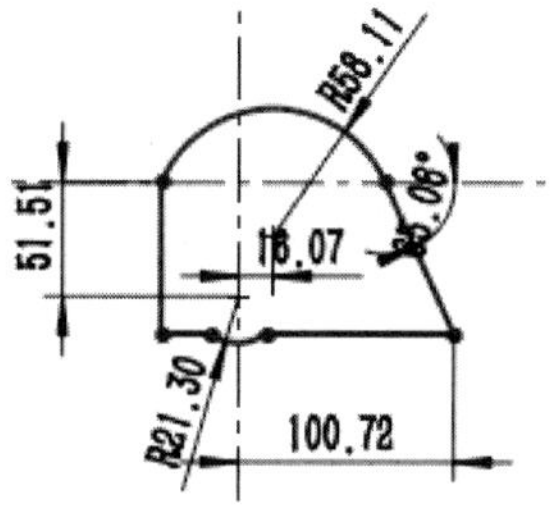

图 7.5　添加尺寸约束

Stage6．修改草图比例

Step 1　用框选的方式选择所有图形及所有标注尺寸。

Step 2　选择下拉菜单 工具(T) ➡ 草图工具(T) ➡ 修改(Y)... 命令，系统弹出图 7.6 所示的“修改草图”对话框。

Step 3　在“修改草图”对话框的缩放因子(F):文本框中输入数值 0.05，按 Enter 键确定。完成后如图 7.7 所示。

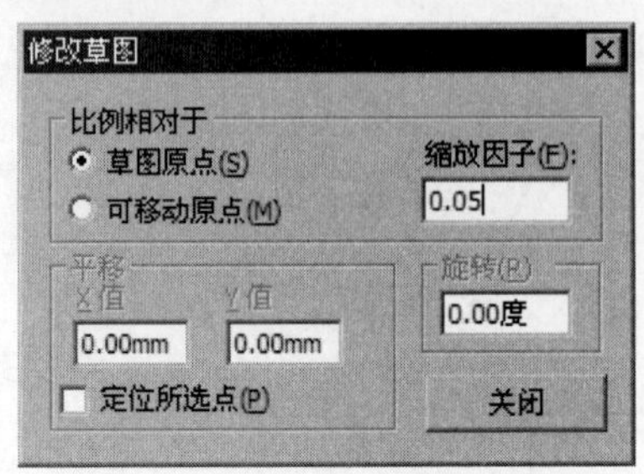

图 7.6 “修改草图”对话框

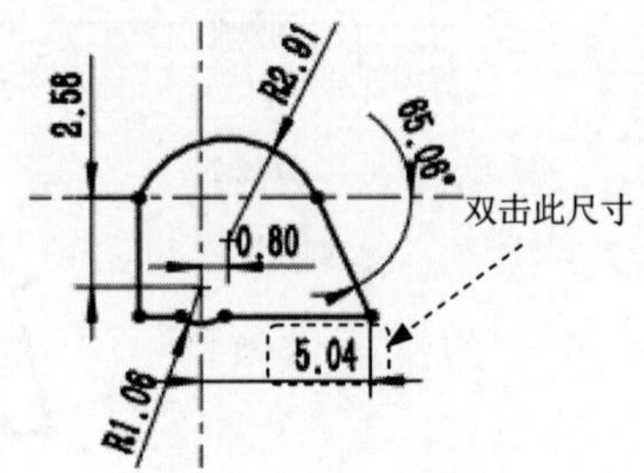

图 7.7 修改比例后草图

Stage7. 修改尺寸约束

Step 1 双击图 7.7 所示的尺寸值，在系统弹出的“修改”文本框中输入 5，单击✓按钮，然后单击“尺寸”对话框中的✓按钮。

Step 2 按照 Step1 中的操作方法，依次修改其他尺寸约束，修改完成后如图 7.8 所示。

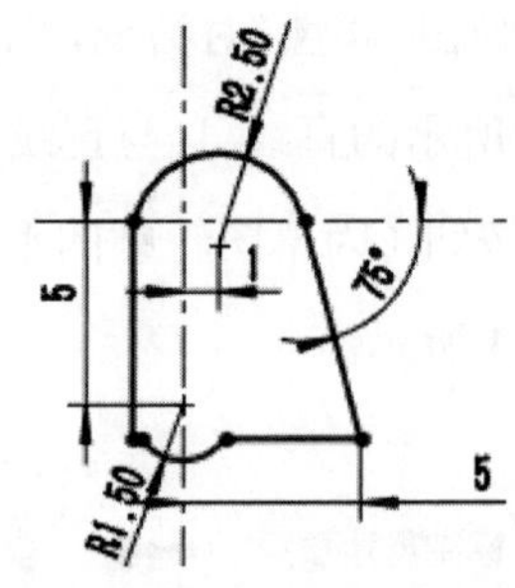

图 7.8 修改后的尺寸约束

Stage8. 添加几何约束

按住 Ctrl 键，选择图 7.9 所示的圆心 1，系统弹出“属性”对话框，在**添加几何关系**区域单击 固定(F) 按钮。添加几何约束后的图形如图 7.9 所示。

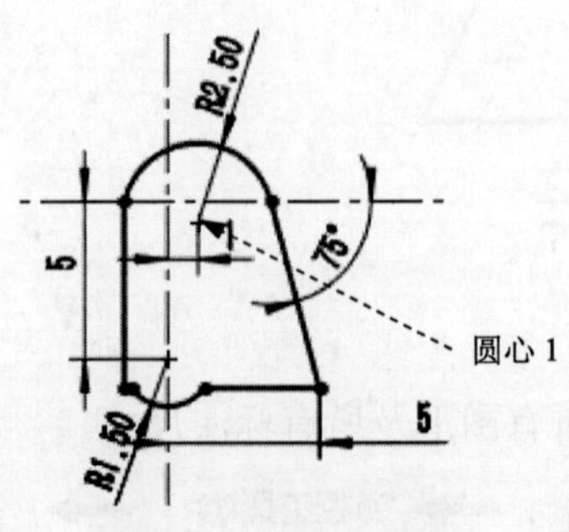

图 7.9 添加几何约束

Stage9. 保存文件

1 Chapter

实例 8　二维草图设计 08

实例概述：

通过本实例的学习，要重点掌握镜像操作的方法及技巧，另外要注意在绘制左右或上下相同的草图时，可以先绘制整个草图的一半，再用镜像命令完成另一半。本实例的草图如图 8.1 所示，其绘制过程如下：

Stage1．新建文件

启动 SolidWorks 软件后，选择下拉菜单 文件(F) → 新建(N)... 命令，系统弹出“新建 SolidWorks 文件”对话框，选择其中的“零件”模板，单击 确定 按钮，进入零件设计环境。

Stage2．绘制草图前的准备工作

Step 1　选择下拉菜单 插入(I) → 草图绘制 命令，然后选择前视基准面为草图基准面，系统进入草图设计环境。

Step 2　确认 视图(V) 下拉菜单中 草图几何关系(E) 命令前的按钮不被按下（即不显示草图几何约束）。

Stage3．创建草图以勾勒出图形的大概形状

注意：由于 SolidWorks 具有尺寸驱动功能，开始绘图时只需绘制大致的形状即可。

Step 1　选择下拉菜单 工具(T) → 草图绘制实体(K) → 中心线(N) 命令，在图形区绘制图 8.2 所示的无限长的中心线。

Step 2　绘制圆弧。选择下拉菜单 工具(T) → 草图绘制实体(K) → 三点圆弧(3) 命令，在图形区中绘制图 8.3 所示的圆弧。

Step 3　绘制直线。选择下拉菜单 工具(T) → 草图绘制实体(K) → 直线(L) 命令，在图形区中绘制图 8.4 所示的直线。

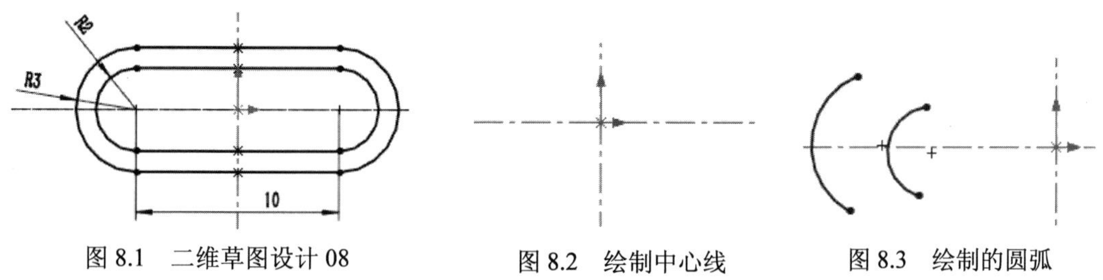

图 8.1　二维草图设计 08　　图 8.2　绘制中心线　　图 8.3　绘制的圆弧

Stage4．添加几何约束

Step 1　按住 Ctrl 键，选择图 8.4 所示的圆心 1 与圆心 2，系统弹出“属性”对话框，在

添加几何关系 区域单击 合并(G) 按钮。完成操作后的图形如图 8.5 所示。

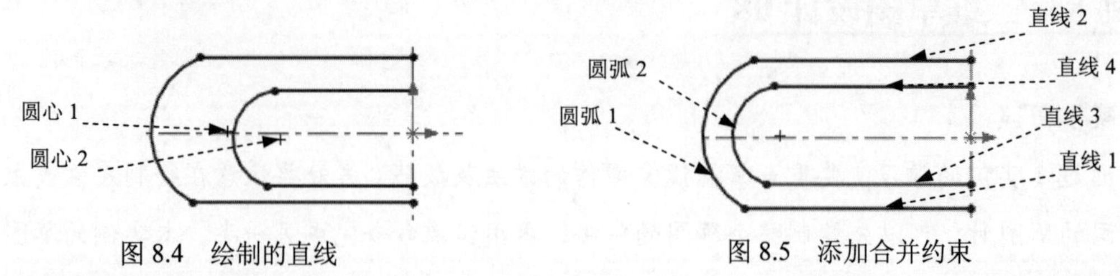

图 8.4 绘制的直线　　　　图 8.5 添加合并约束

Step 2 按住 Ctrl 键，选择圆弧 1 与水平中心线，系统弹出“属性”对话框，在 添加几何关系 区域单击 重合(D) 按钮。按住 Ctrl 键，选择图 8.5 所示的圆弧 1 与直线 1，系统弹出“属性”对话框，在 添加几何关系 区域单击 相切(A) 按钮。按住 Ctrl 键，选择图 8.5 所示的圆弧 1 与直线 2，系统弹出“属性”对话框，在 添加几何关系 区域单击 相切(A) 按钮。按住 Ctrl 键，选择图 8.5 所示的圆弧 2 与直线 3，系统弹出“属性”对话框，在 添加几何关系 区域单击 相切(A) 按钮。按住 Ctrl 键，选择图 8.5 所示的圆弧 2 与直线 4，系统弹出“属性”对话框，在 添加几何关系 区域单击 相切(A) 按钮。完成操作后的图形如图 8.6 所示。

Stage5. 添加镜像

Step 1 选择下拉菜单 工具(T) → 草图工具(T) → 镜向(M) 命令，选取要镜像的草图实体。

Step 2 根据系统 选择要镜向的实体 的提示，在图形区框选所有的草图实体。

Step 3 定义镜像中心线。在“镜向”对话框中单击 镜向点: 下的文本框使其激活，然后在系统 选择镜向所绕的线条或线性模型边线 的提示下，选取竖直中心线为镜像中心线，单击 ✔ 按钮，完成草图实体的镜像操作。完成操作后的图形如图 8.7 所示。

Stage6. 添加并修改尺寸约束

选择下拉菜单 工具(T) → 标注尺寸(S) → 智能尺寸(S) 命令，完成添加后如图 8.8 所示。

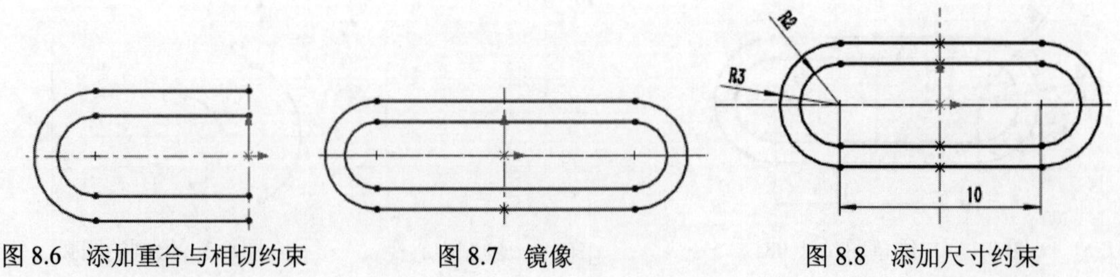

图 8.6 添加重合与相切约束　　　　图 8.7 镜像　　　　图 8.8 添加尺寸约束

Stage7. 保存文件

实例 9　二维草图设计 09

实例概述：

通过本实例的学习，要重点掌握中心线的操作方法及技巧，在绘制一些较复杂的草图时，可多绘制一条或多条中心线，以便更好、更快地调整草图。本实例的草图如图 9.1 所示，其绘制过程如下：

Stage1．新建文件

启动 SolidWorks 软件后，选择下拉菜单 文件(F) → 新建(N)... 命令，系统弹出“新建 SolidWorks 文件”对话框，选择其中的“零件”模板，单击 确定 按钮，进入零件设计环境。

Stage2．绘制草图前的准备工作

Step 1　选择下拉菜单 插入(I) → 草图绘制 命令，然后选择前视基准面为草图基准面，系统进入草图设计环境。

Step 2　确认 视图(V) 下拉菜单中 草图几何关系(E) 命令前的按钮不被按下（即不显示草图几何约束）。

Stage3．创建草图以勾勒出图形的大概形状

注意：由于 SolidWorks 具有尺寸驱动功能，开始绘图时只需绘制大致的形状即可。

Step 1．选择下拉菜单 工具(T) → 草图绘制实体(K) → 中心线(N) 命令，在图形区绘制图 9.2 所示的无限长的中心线。

Step 2　绘制直线。选择下拉菜单 工具(T) → 草图绘制实体(K) → 直线(L) 命令，在图形区中绘制图 9.3 所示的直线。

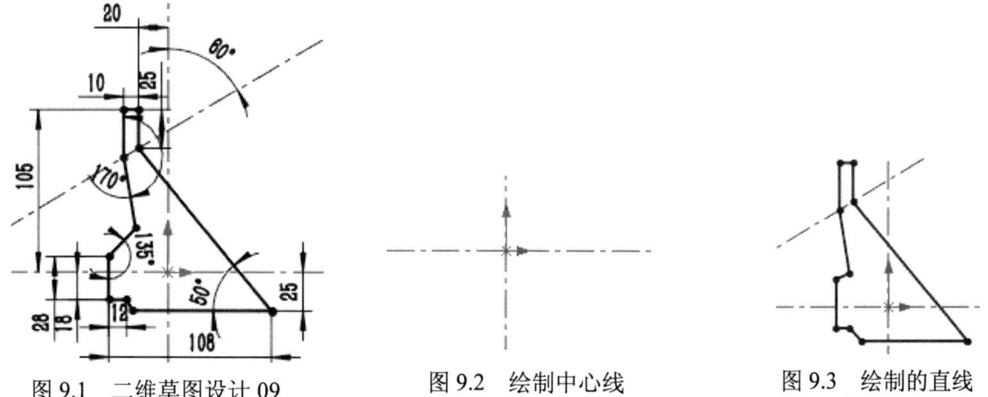

图 9.1　二维草图设计 09　　图 9.2　绘制中心线　　图 9.3　绘制的直线

Stage4．添加尺寸约束

选择下拉菜单 工具(T) → 标注尺寸(S) → 智能尺寸(S) 命令，添加完成后如图 9.4 所示（注：此处尺寸大小不限，只需保证图形大体的形状即可）。

Stage5．修改尺寸约束

Step 1 双击图 9.4 所示的尺寸值，在系统弹出的“修改”文本框中输入 10，单击 ✓ 按钮，然后单击“尺寸”对话框中的 ✓ 按钮。

Step 2 按照 Step1 中的操作方法，依次修改其他尺寸约束，修改完成后如图 9.5 所示。

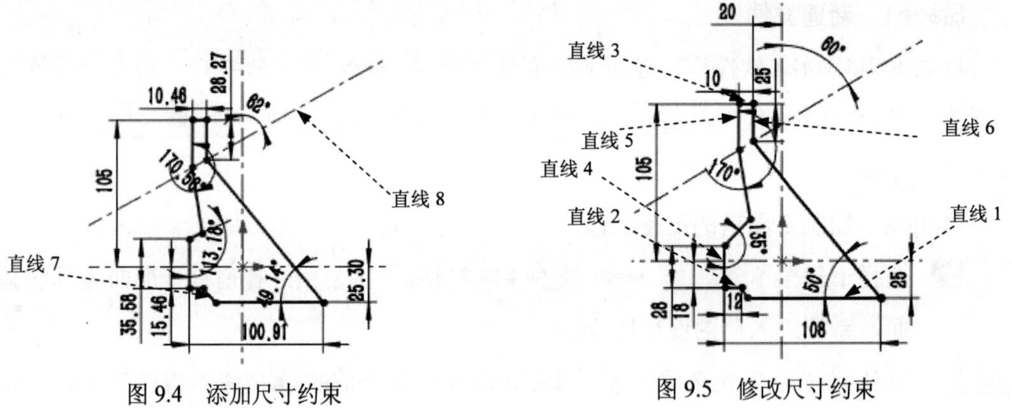

图 9.4 添加尺寸约束　　图 9.5 修改尺寸约束

Stage6．添加几何约束

Step 1 添加“水平”约束。按住 Ctrl 键，选择图 9.5 所示的直线 1、直线 2 和直线 3，系统弹出“属性”对话框，在 添加几何关系 区域单击 — 水平(H) 按钮。

Step 2 添加“竖直”约束。选择图 9.5 所示的直线 4、直线 5 和直线 6，系统弹出“属性”对话框，在 添加几何关系 区域单击 | 竖直(V) 按钮。

Step 3 添加“垂直”约束。选择图 9.4 所示的直线 7、直线 8，系统弹出“属性”对话框，在 添加几何关系 区域单击 ⊥ 垂直(U) 按钮。添加完成后如图 9.6 所示。

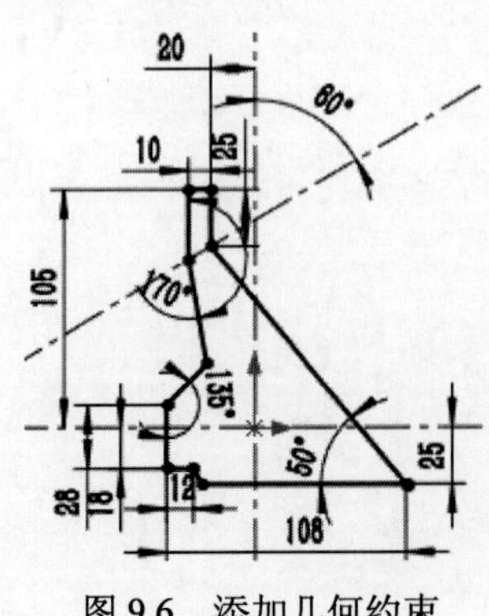

图 9.6 添加几何约束

Stage7．保存文件

实例 10　二维草图设计 10

实例概述：

本实例主要讲解了一个比较复杂草图的创建过程，在创建草图时，首先需要注意绘制草图大概轮廓时的顺序，其次要尽量避免系统自动捕捉到的不必要约束。如果初次绘制的轮廓与目标草图轮廓相差很多，则要拖动最初轮廓到与目标轮廓较接近的形状。图形如图 10.1 所示，其绘制过程如下：

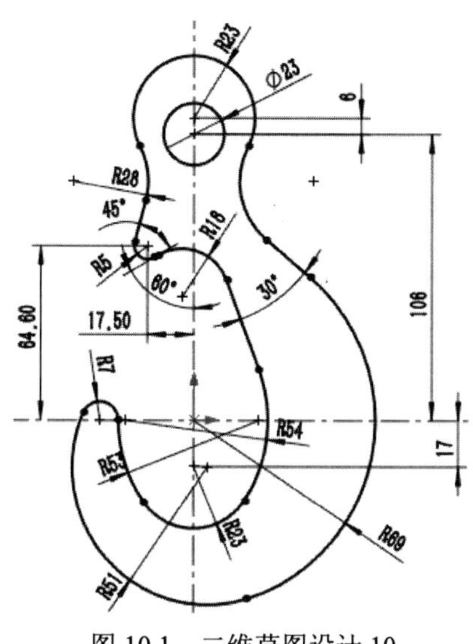

图 10.1　二维草图设计 10

Stage1．新建文件

启动 SolidWorks 软件后，选择下拉菜单 文件(F) ➡ 新建(N)... 命令，系统弹出“新建 SolidWorks 文件”对话框，选择其中的“零件”模板，单击 确定 按钮，进入零件设计环境。

Stage2．绘制草图前的准备工作

Step 1　选择下拉菜单 插入(I) ➡ 草图绘制 命令，然后选择前视基准面为草图基准面，系统进入草图设计环境。

Step 2　确认 视图(V) 下拉菜单中 草图几何关系(E) 命令前的按钮不被按下（即不显示草图几何约束）。

Stage3．创建草图以勾勒出图形的大概形状

注意：由于 SolidWorks 具有尺寸驱动功能，开始绘图时只需绘制大致的形状即可。

Step 1 选择下拉菜单 工具(T) → 草图绘制实体(K) → 中心线(N) 命令，在图形区绘制图 10.2 所示的无限长的中心线。

Step 2 绘制圆弧。选择下拉菜单 工具(T) → 草图绘制实体(K) → 三点圆弧(3) 命令，在图形区绘制图 10.3 所示的圆弧。

Step 3 绘制直线。选择下拉菜单 工具(T) → 草图绘制实体(K) → 直线(L) 命令，在图形区绘制图 10.4 所示的直线。

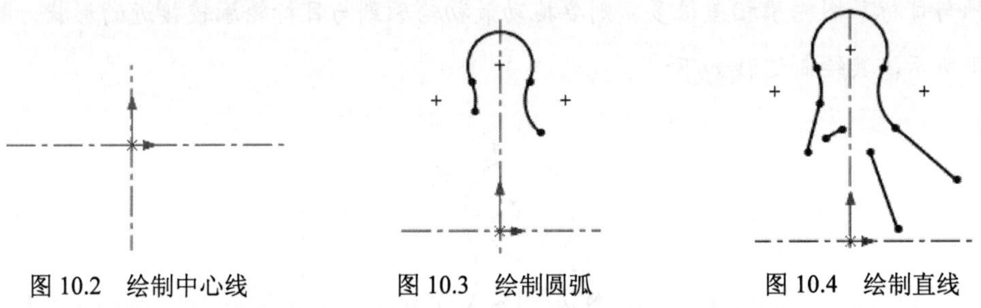

图 10.2　绘制中心线　　图 10.3　绘制圆弧　　图 10.4　绘制直线

Step 4 绘制圆弧。选择下拉菜单 工具(T) → 草图绘制实体(K) → 三点圆弧(3) 命令，在图形区绘制图 10.5 所示的圆弧。

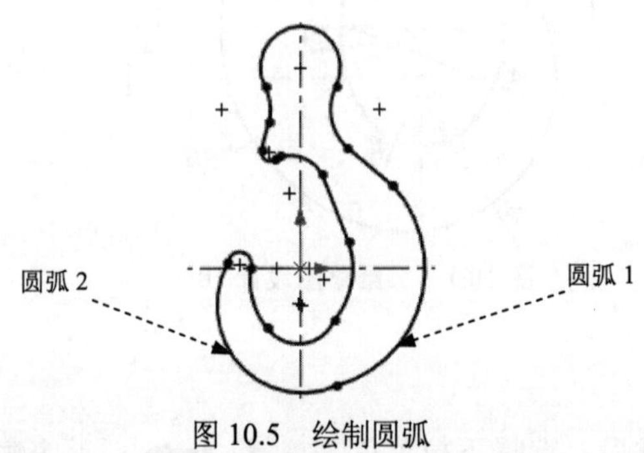

图 10.5　绘制圆弧

Stage4．添加几何约束

Step 1 添加图 10.6 所示的“相切”约束。按住 Ctrl 键，选择图 10.5 所示的圆弧 1 和圆弧 2，系统弹出“属性”对话框，在 添加几何关系 区域中单击 相切(A) 按钮。

Step 2 添加图 10.7 所示的“相切”约束。按住 Ctrl 键，选择图 10.6 所示的直线 1 和圆弧 3，系统弹出“属性”对话框，在 添加几何关系 区域中单击 相切(A) 按钮。

Step 3 参照上步的方法创建图 10.8 所示的其余相切约束。

Step 4 添加图 10.9 所示的“共线”约束。按住 Ctrl 键，选择图 10.8 所示的点 1 和竖直中心线，系统弹出“属性”对话框，在 添加几何关系 区域中单击 重合(D) 按钮。

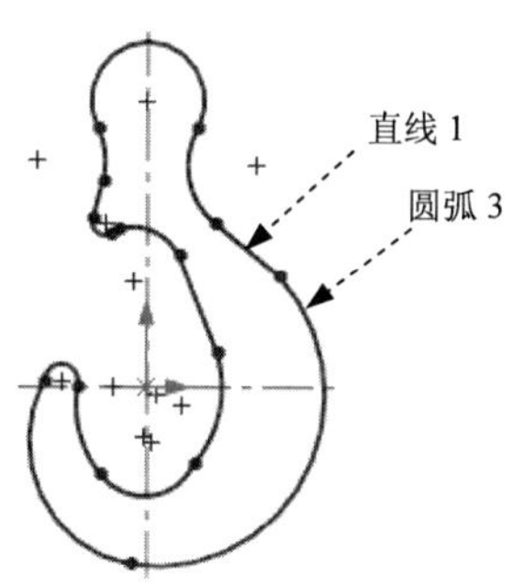

图 10.6 添加相切约束 1

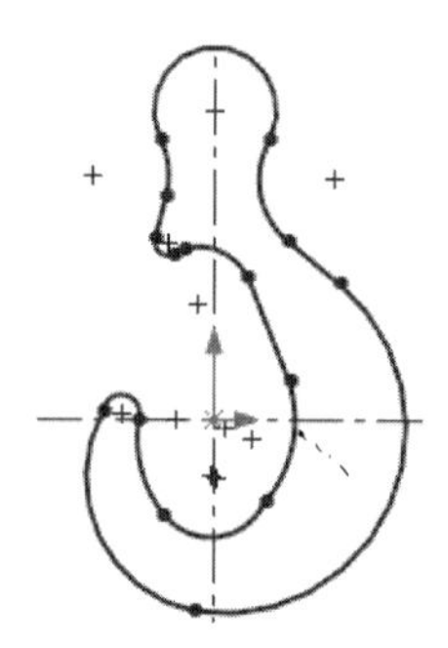
图 10.7 添加相切约束 2

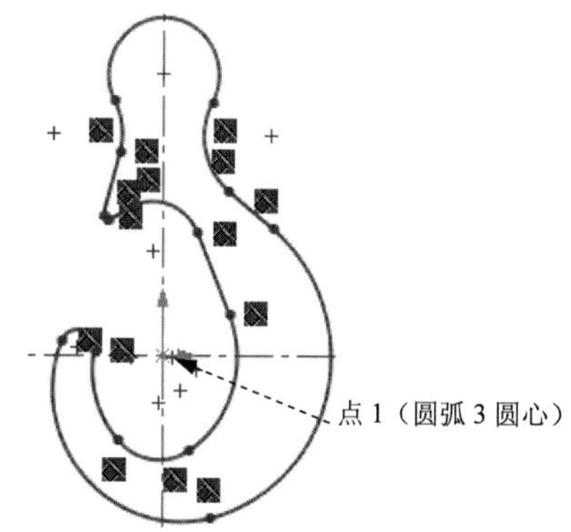

图 10.8 添加其他相切约束

Step 5 添加图 10.10 所示的“共线”约束。按住 Ctrl 键，选择图 10.9 所示的点 2 和竖直中心线，系统弹出“属性”对话框，在 添加几何关系 区域中单击 重合(D) 按钮。

Step 6 添加图 10.11 所示的“共线”约束。按住 Ctrl 键，选择图 10.10 所示的点 3 和水平中心线，系统弹出“属性”对话框，在 添加几何关系 区域中单击 重合(D) 按钮。

Step 7 添加图 10.12 所示的“共线”约束。按住 Ctrl 键，选择图 10.11 所示的点 4 和水平中心线，系统弹出“属性”对话框，在 添加几何关系 区域中单击 重合(D) 按钮。

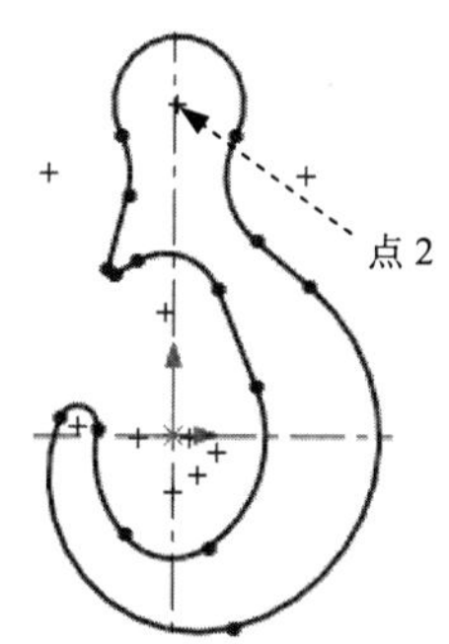

图 10.9 添加共线约束 1

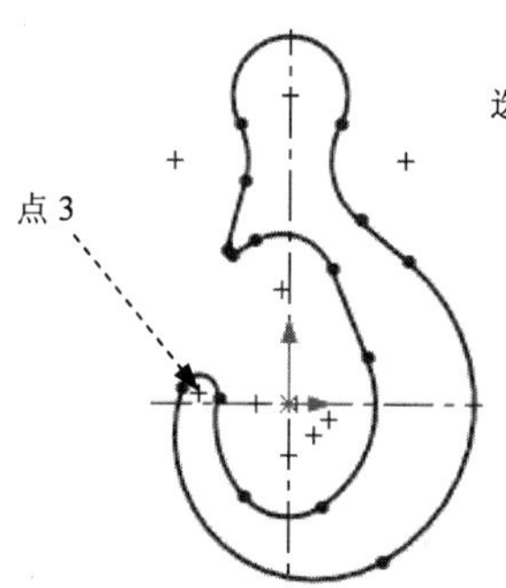

图 10.10 添加共线约束 2

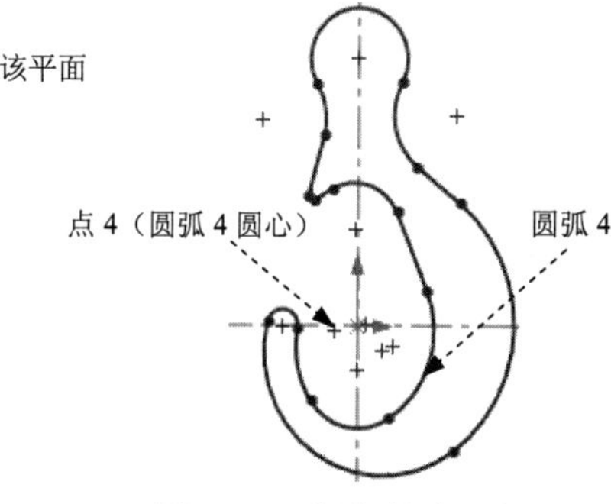

图 10.11 添加共线约束 3

Step 8 添加图 10.13 所示的“共线”约束。按住 Ctrl 键，选择图 10.12 所示的点 5 和水平中心线，系统弹出“属性”对话框，在 添加几何关系 区域中单击 重合(D) 按钮。

Step 9 添加图 10.14 所示的“共线”约束。按住 Ctrl 键，选择图 10.13 所示的点 6 和竖直中心线，系统弹出“属性”对话框，在 添加几何关系 区域中单击 重合(D) 按钮。

Step 10 添加图 10.15 所示的“相等”约束。按住 Ctrl 键，选择图 10.15 所示的圆弧 7 和圆弧 8，系统弹出“属性”对话框，在 添加几何关系 区域中单击 = 相等(Q) 按钮。

Stage5. 绘制圆

选择下拉菜单 工具(T) → 草图绘制实体(K) → 圆(C) 命令，系统弹出“圆”对话框。将圆心约束到与竖直中心线重合，绘制图 10.16 所示的圆。

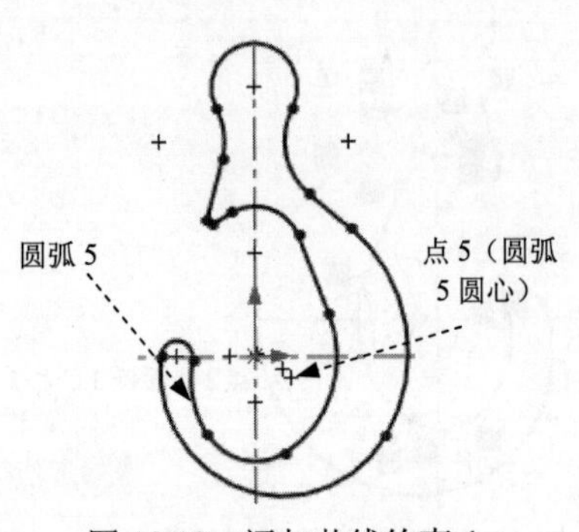

图 10.12 添加共线约束 4

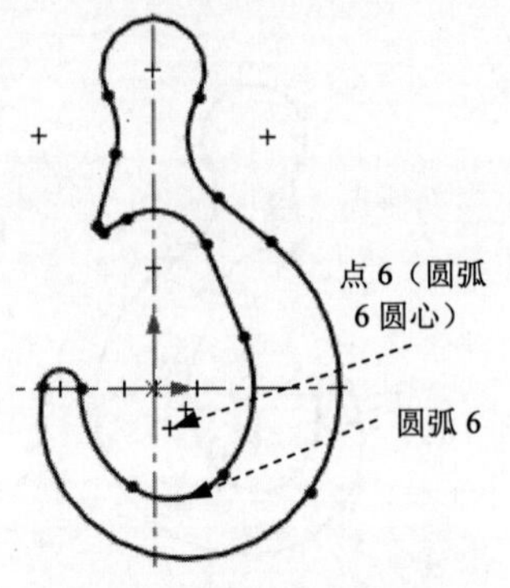

图 10.13 添加共线约束 5

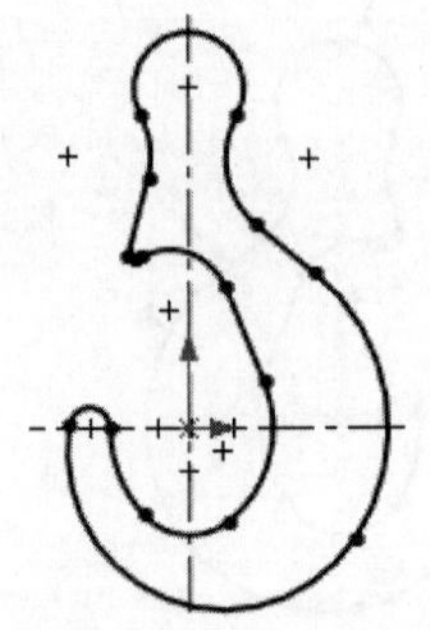

图 10.14 添加共线约束 6

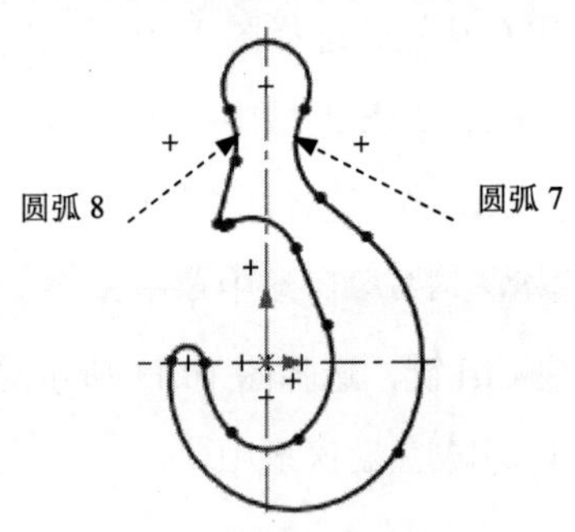

图 10.15 添加相等约束

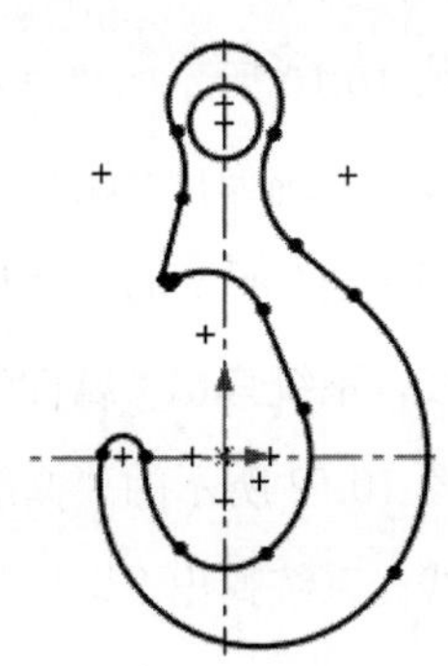

图 10.16 绘制圆

Stage6．添加修改尺寸约束

尺寸完成修改后如图 10.17 所示。

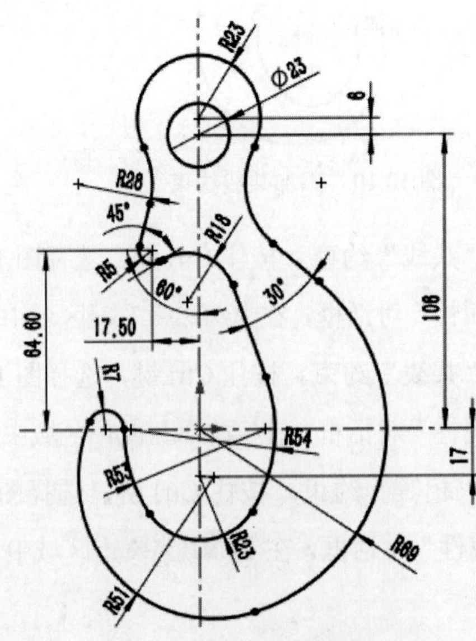

图 10.17 修改尺寸后的图形

Stage7．保存文件

2

零件设计实例

实例 11　塑料旋钮

实例概述：

本实例主要讲解了一款简单的塑料旋钮的设计过程。在该零件的设计过程中运用了拉伸、旋转、阵列等命令，需要读者注意的是创建拉伸特征草绘时的方法和技巧。零件模型和设计树如图 11.1 所示。

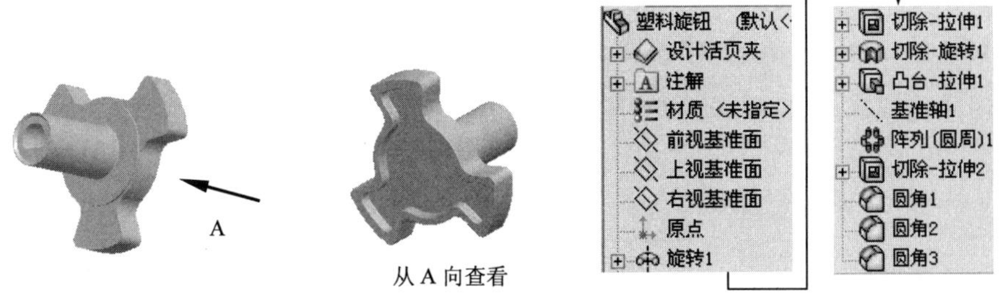

图 11.1　零件模型及设计树

Step 1　新建一个零件模型文件，进入建模环境。

Step 2　创建图 11.2 所示的零件基础特征——凸台-旋转 1。选择下拉菜单 插入(I) ➡ 凸台/基体(B) ➡ 旋转(R)... 命令。选取前视基准面作为草图基准面，绘制图 11.3 所示的横断面草图（包括旋转中心线）。采用草图中绘制的中心线作为旋转轴线，在 方向1 区域的 文本框中输入数值 360.00。

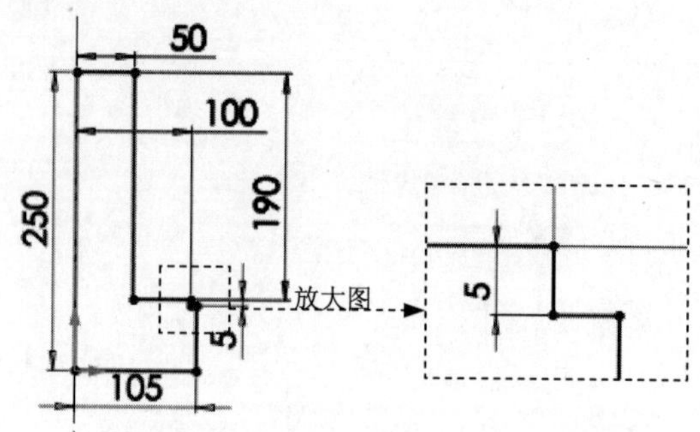

图 11.2 凸台-旋转 1　　　　图 11.3 横断面草图

Step 3 创建图 11.4 所示的零件特征——切除-拉伸 1。选择下拉菜单 插入(I) → 切除(C) → 拉伸(E)... 命令。选取图 11.4 所示的模型表面作为草图基准面，绘制图 11.5 所示的横断面草图。在“切除-拉伸”窗口 方向 1 区域的下拉列表框中选择 给定深度 选项，输入深度值 190.0。

图 11.4 切除-拉伸 1

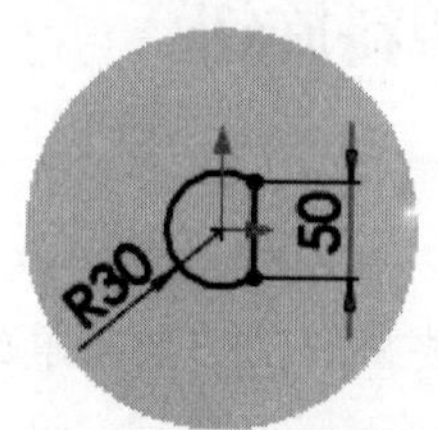

图 11.5 横断面草图

Step 4 创建图 11.6 所示的零件特征——切除-旋转 1。选择下拉菜单 插入(I) → 切除(C) → 旋转(R)... 命令。选取右视基准面作为草图基准面，绘制图 11.7 所示的横断面草图，在“切除-旋转”窗口中输入旋转角度值 360.0。

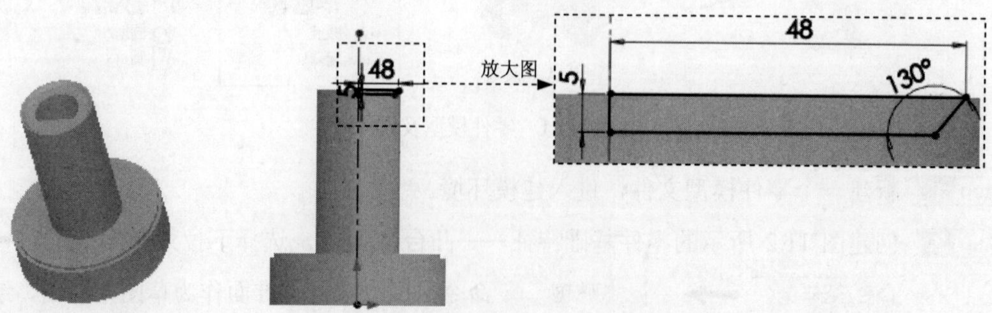

图 11.6 切除-旋转 1　　　　图 11.7 横断面草图

Step 5 创建图 11.8 所示的零件特征——凸台-拉伸 1。选择下拉菜单 插入(I) → 凸台/基体(B) → 拉伸(E)... 命令。选取上视基准面作为草图基准面，绘制图 11.9 所示的横断面草图；在“凸台-拉伸”窗口 方向 1 区域的下拉列表框中选择 给定深度 选项，输入深度值 55.0。

Step 6 创建图 11.10 所示的基准轴 1。选择下拉菜单 插入(I) → 参考几何体(G) → 基准轴(A). 命令；单击 选择(S) 区域中的 圆柱/圆锥面(C) 按钮，选取图 11.10 所示的圆柱面作为基准轴的参考实体。

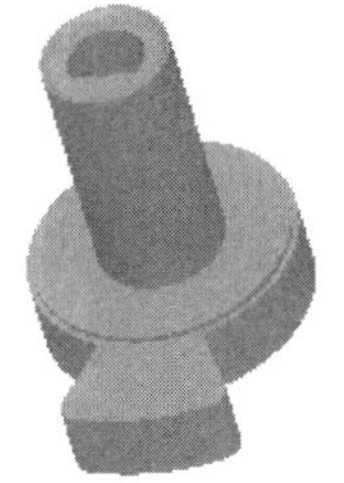
图 11.8 凸台-拉伸 1

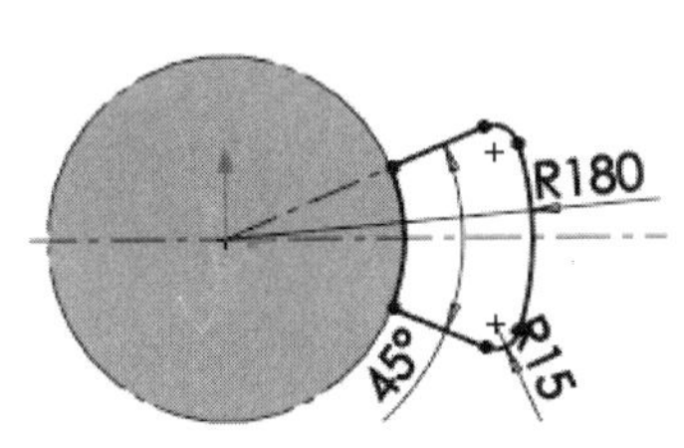

图 11.9 横断面草图

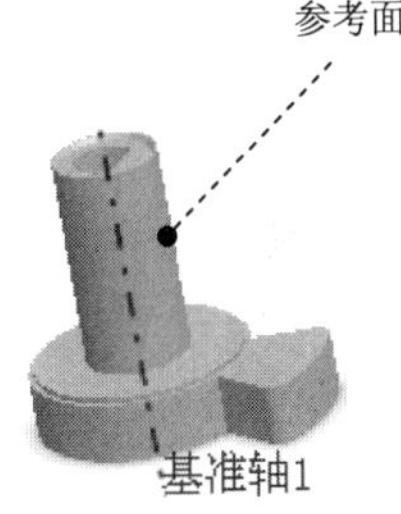

图 11.10 基准轴 1

Step 7 创建图 11.11 所示的圆周阵列 1。选择下拉菜单 插入(I) → 阵列/镜向(E) → 圆周阵列(C)... 命令。选取凸台拉伸 1 为阵列的源特征，选取基准轴 1 为圆周阵列轴；在 参数(P) 区域的后的文本框中输入角度值 120.0，在后的文本框中输入数值 3；单击按钮，完成圆周阵列的创建。

Step 8 创建图 11.12 所示的零件特征——切除-拉伸 2。选择下拉菜单 插入(I) → 切除(C) → 拉伸(E)... 命令。选取上视基准面作为草图基准面，绘制图 11.13 所示的横断面草图，在“切除-拉伸”窗口 方向 1 区域的下拉列表框中选择 给定深度 选项，单击按钮，输入深度值为 20.0。

图 11.11 圆周阵列 1

图 11.12 切除-拉伸 2

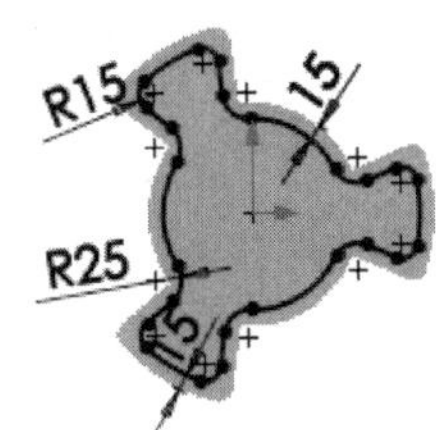

图 11.13 横断面草图

Step 9 创建图 11.14 所示的圆角 1。选择图 11.14a 所示的边线为圆角对象，圆角半径值为 25.0。

2 Chapter

a）圆角前　　b）圆角后

图 11.14　圆角 1

Step 10　创建图 11.15 所示的圆角 2。选择图 11.15a 所示的边链为圆角对象，圆角半径值为 2.0。

a）圆角前　　b）圆角后

图 11.15　圆角 2

Step 11　创建图 11.16 所示的圆角 3。选择图 11.16a 所示的边链为圆角对象，圆角半径值为 2.0。

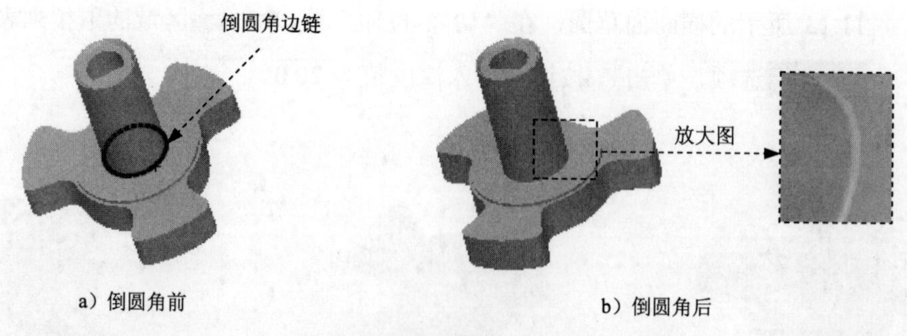

a）倒圆角前　　b）倒圆角后

图 11.16　圆角 3

Step 12　保存零件模型。选择下拉菜单 文件(F) → 保存(S) 命令，将零件模型命名为“塑料旋钮”，即可保存零件模型。

实例12 烟灰缸

实例概述：

本实例介绍了一个烟灰缸的设计过程，该设计过程主要运用了实体建模的一些基础命令，包括实体拉伸、拔模、圆角、阵列、抽壳等，其中拉伸1特征中草图的绘制有一定的技巧，需要读者用心体会。模型及设计树如图12.1所示。

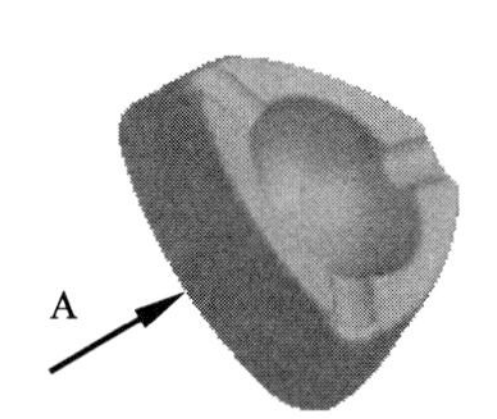

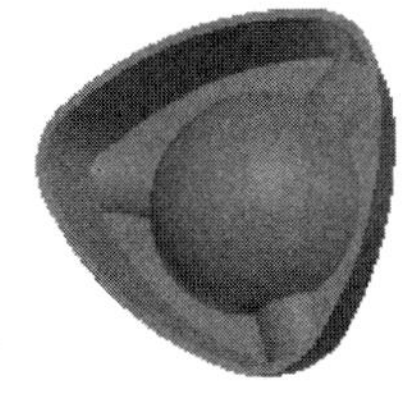

从A向查看

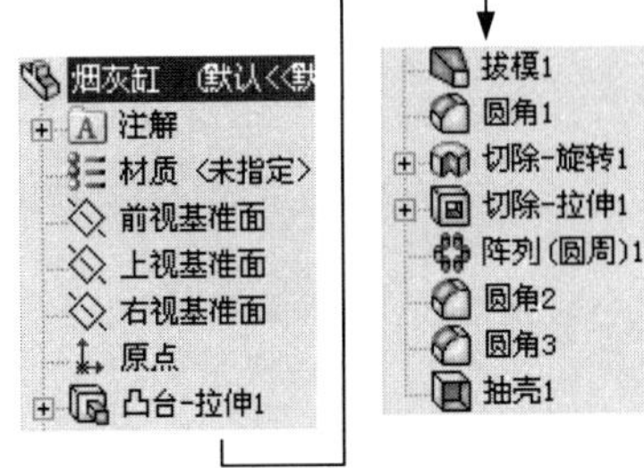

图12.1 零件模型及设计树

Step 1 新建一个零件模型文件，进入建模环境。

Step 2 创建图12.2所示的零件基础特征——凸台-拉伸1。选择下拉菜单 插入(I) → 凸台/基体(B) → 拉伸(E)... 命令。选取上视基准面作为草图基准面，绘制图12.3所示的横断面草图；在“凸台-拉伸”窗口 方向1 区域的下拉列表框中选择 给定深度 选项，输入深度值30.0。

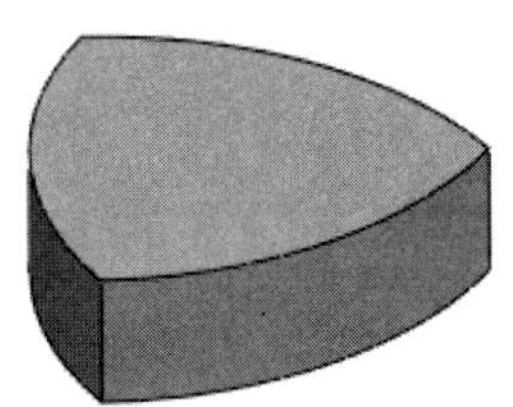

图12.2 凸台-拉伸1

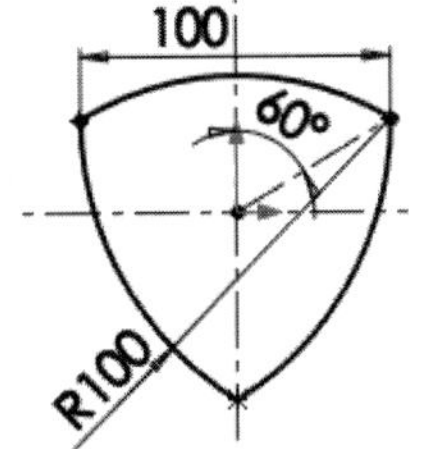

图12.3 横断面草图（草图1）

Step 3 创建图12.4所示的零件特征——拔模1。选择下拉菜单 插入(I) → 特征(F) → 拔模(D)... 命令，在 拔模类型(T) 区域中选中 ⊙ 中性面(E) 单选按钮，在对话框的 拔模角度(G) 区域的文本框中输入角度值10.0，选取图12.4所示的模型下平面作为拔模中性面。选取图12.5所示模型外表面作为拔模面，并单击按钮。

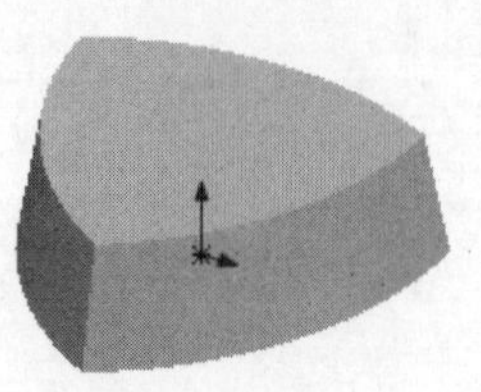

图 12.4 拔模 1

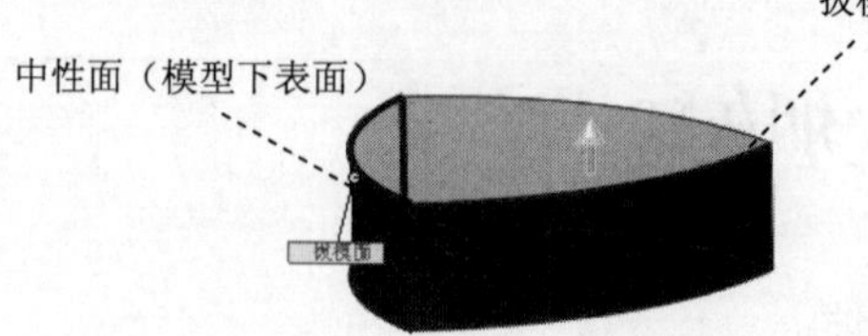

图 12.5 拔模面

Step 4 创建图 12.6 所示的圆角 1。选择图 12.6a 所示的边线为圆角对象，圆角半径值为 20.0。

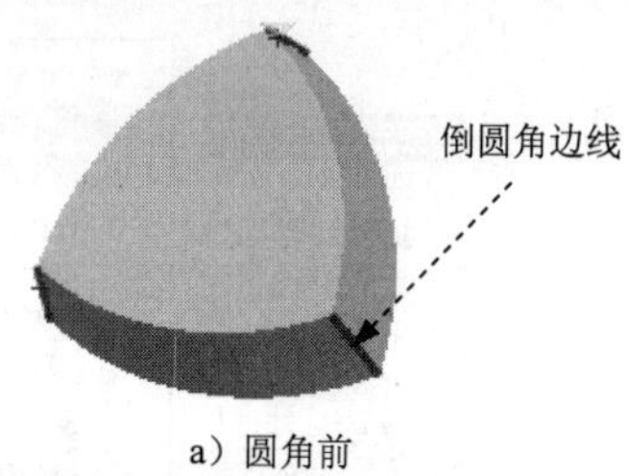

a）圆角前

b）圆角后

图 12.6 圆角 1

Step 5 创建图 12.7 所示的零件特征——切除-旋转 1。选择下拉菜单 插入(I) → 切除(C) → 旋转(R)... 命令。选取右视基准面作为草图基准面，绘制图 12.8 所示的横断面草图。在“切除-旋转”窗口中输入旋转角度值 360.0。

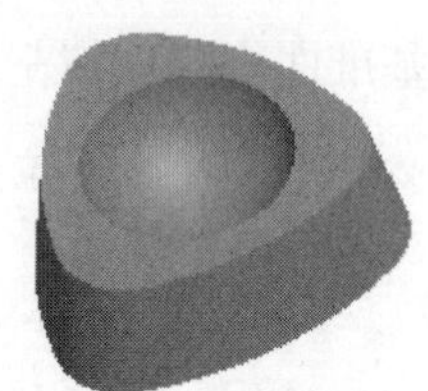

图 12.7 切除-旋转 1

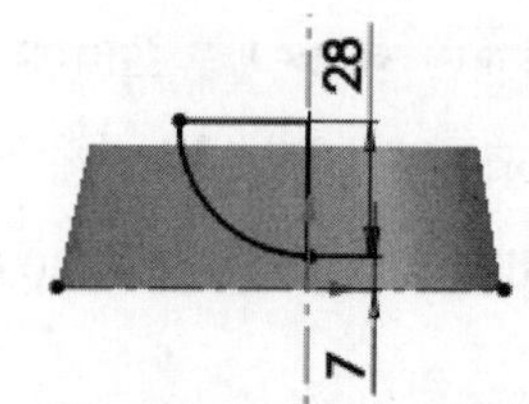

图 12.8 横断面草图（草图 2）

Step 6 创建图 12.9 所示的零件特征——切除-拉伸 1。选择下拉菜单 插入(I) → 切除(C) → 拉伸(E)... 命令。选取前视基准面作为草图基准面，绘制图 12.10 所示的横断面草图。在“切除-拉伸”窗口 方向 1 区域的下拉列表框中选择 完全贯穿 选项，单击 按钮。

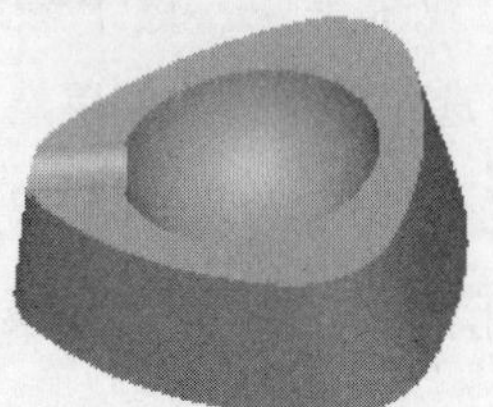

图 12.9 切除-拉伸 1

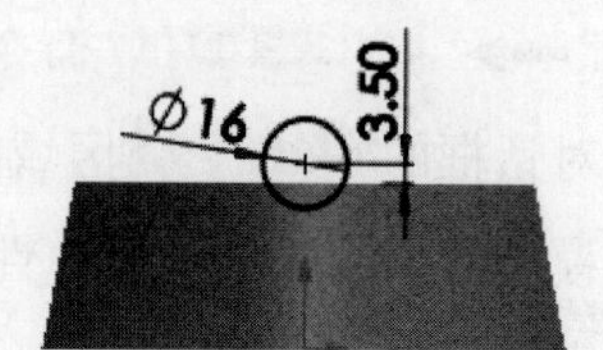

图 12.10 横断面草图（草图 3）

Step 7 创建图 12.11 所示的阵列（圆周）1。选择下拉菜单 插入(I) → 阵列/镜向(E) → 圆周阵列(C)... 命令。选取切除-拉伸 1 为阵列的源特征，选取图 12.8 所示的草图 2 的轴线为圆周阵列轴；在 参数(P) 区域的 后的文本框中输入角度值 120.0，在 后的文本框中输入数值 3；单击 按钮，完成圆周阵列的创建。

Step 8 创建图 12.12b 所示的圆角 2。选择图 12.12a 所示的边线为圆角对象，圆角半径值为 3.0。

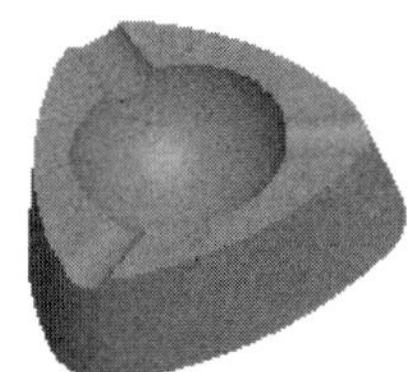

图 12.11 阵列（圆周）1

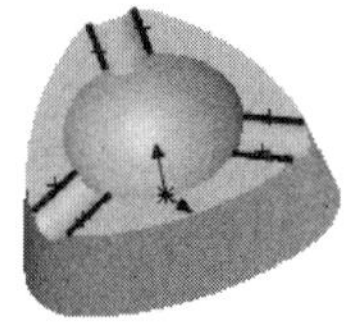

a）圆角前

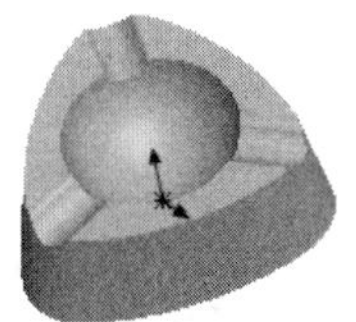

b）圆角后

图 12.12 圆角 2

Step 9 创建图 12.13b 所示的圆角 3。选择图 12.13a 所示的边链为圆角对象，圆角半径值为 3.0。

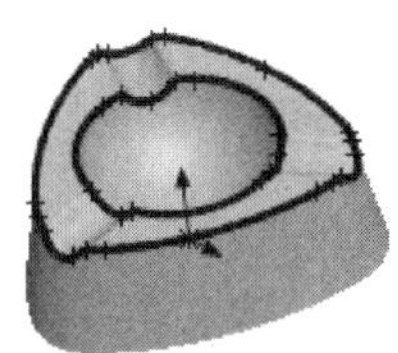

a）圆角前

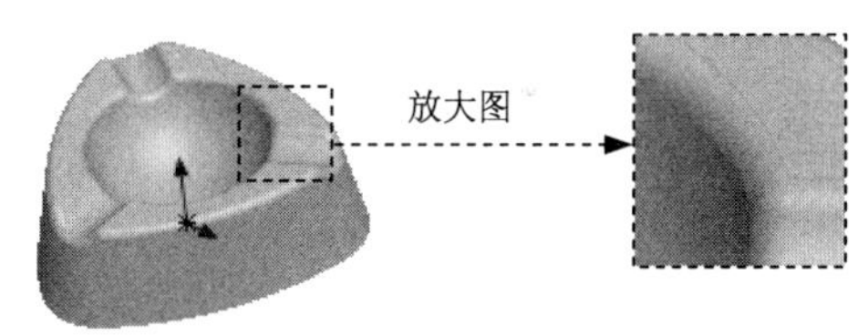

b）圆角后

图 12.13 圆角 3

Step 10 创建图 12.14b 所示的零件特征——抽壳 1。选择下拉菜单 插入(I) → 特征(F) → 抽壳(S)... 命令。选取图 12.14a 所示的模型表面为要移除的面。在“抽壳 1”窗口的 参数(P) 区域输入壁厚值 2.5。

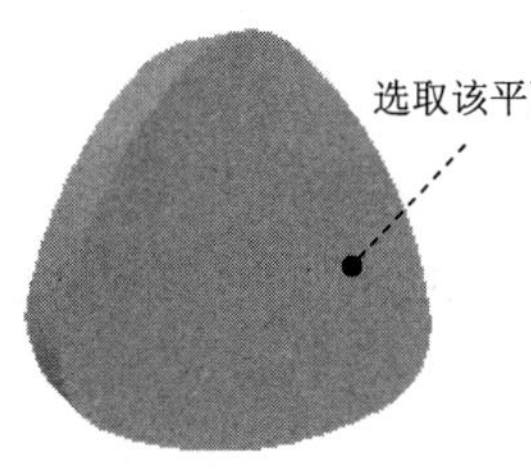

a）抽壳前

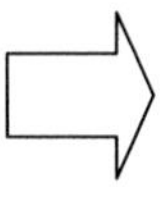

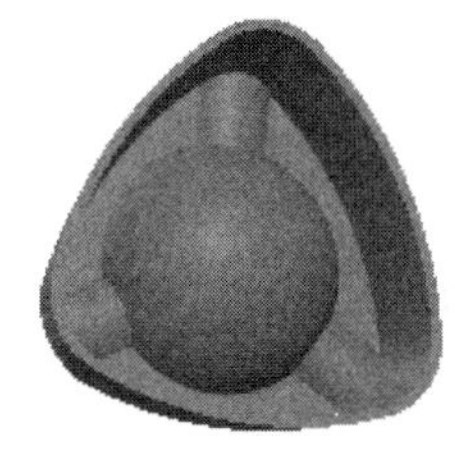

b）抽壳后

图 12.14 抽壳 1

Step 11 保存模型。选择下拉菜单 文件(F) → 保存(S) 命令，将模型命名为“烟灰缸”，保存模型。

实例 13 托架

实例概述：

本实例主要讲述托架的设计过程，运用了以下命令：拉伸、筋、孔和镜像等。其中需要注意的是筋特征的创建过程及其技巧。零件模型及设计树如图 13.1 所示。

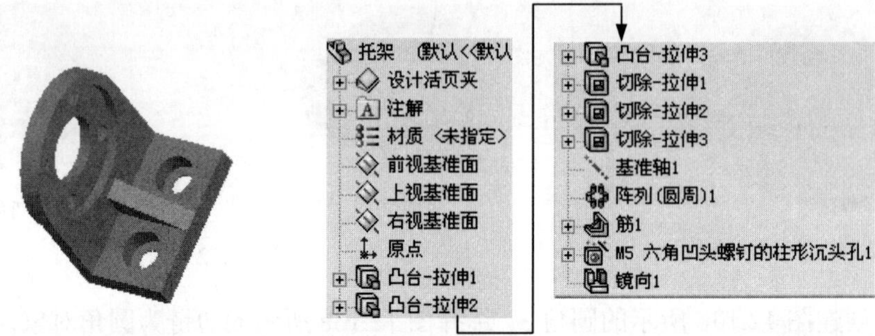

图 13.1 零件模型及设计树

Step 1 新建一个零件模型文件，进入建模环境。

Step 2 创建图 13.2 所示的零件基础特征——凸台-拉伸 1。选择下拉菜单 插入(I) → 凸台/基体(B) → 拉伸(E)... 命令。选取右视基准面作为草图基准面，绘制图 13.3 所示的横断面草图；在“凸台-拉伸”窗口 方向1 区域的下拉列表框中选择 给定深度 选项，输入深度值 5.5。

图 13.2 凸台-拉伸 1

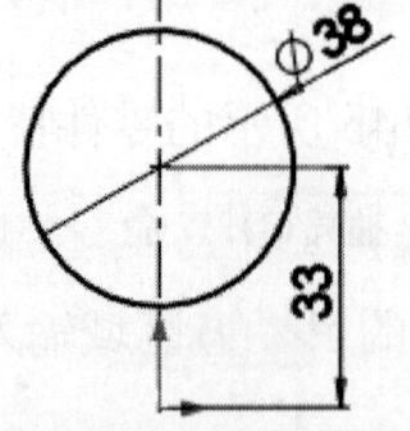

图 13.3 横断面草图（草图 1）

Step 3 创建图 13.4 所示的零件特征——凸台-拉伸 2。选择下拉菜单 插入(I) → 凸台/基体(B) → 拉伸(E)... 命令。选取图 13.4 所示的平面作为草图基准面，绘制图 13.5 所示的横断面草图；单击 按钮，采用系统默认相反的深度方向；在“凸台-拉伸”窗口 方向1 区域的下拉列表框中选择 给定深度 选项，输入深度值 4。

Step 4 创建图 13.6 所示的零件特征——凸台-拉伸 3。选择下拉菜单 插入(I) → 凸台/基体(B) → 拉伸(E)... 命令。选取图 13.4 所示的平面作为草图基准面，绘制图 13.7 所示的横断面草图；采用系统默认的深度方向；在“凸台-拉伸”窗

口 方向1 区域的下拉列表框中选择 给定深度 选项，输入深度值 20。

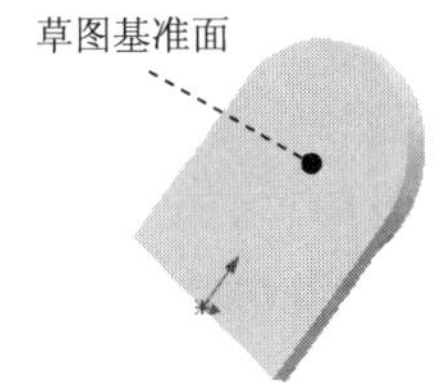

图 13.4 凸台-拉伸 2

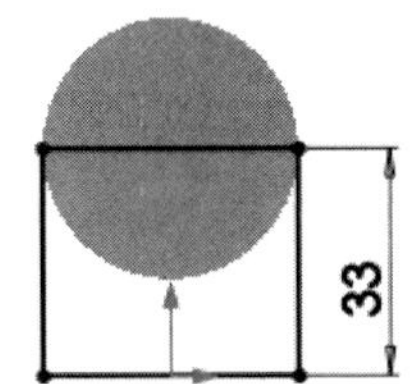

图 13.5 横断面草图（草图 2）

图 13.6 凸台-拉伸 3

Step 5 创建图 13.8 所示的零件特征——切除-拉伸 1。选择下拉菜单 插入(I) → 切除(C) → 拉伸(E)... 命令。选取图 13.4 所示的平面作为草图基准面，绘制图 13.9 所示的横断面草图。在“切除-拉伸”窗口 方向1 区域的下拉列表框中选择 给定深度 选项，输入深度值 2.5。

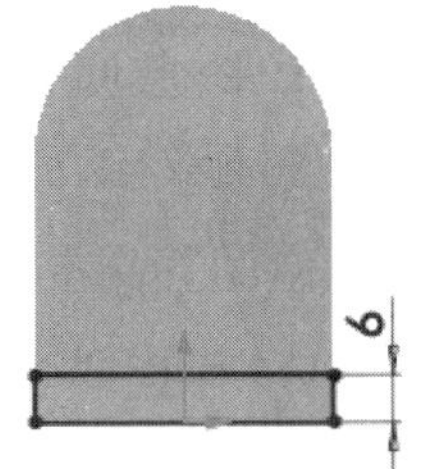

图 13.7 横断面草图（草图 3）

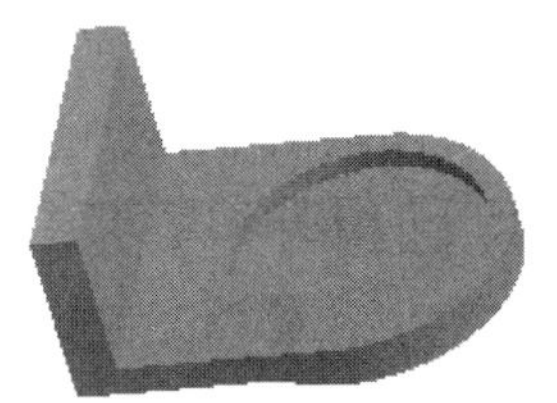
图 13.8 切除-拉伸 1

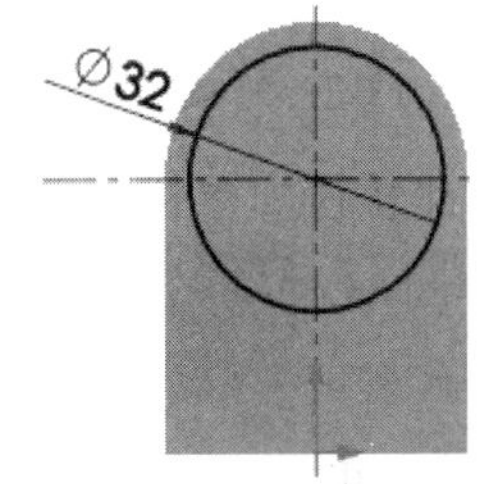

图 13.9 横断面草图（草图 4）

Step 6 创建图 13.10 所示的零件特征——切除-拉伸 2。选择下拉菜单 插入(I) → 切除(C) → 拉伸(E)... 命令。选取图 13.4 所示的平面作为草图基准面，绘制图 13.11 所示的横断面草图。在“切除-拉伸”窗口 方向1 区域的下拉列表框中选择 完全贯穿 选项。

图 13.10 切除-拉伸 2

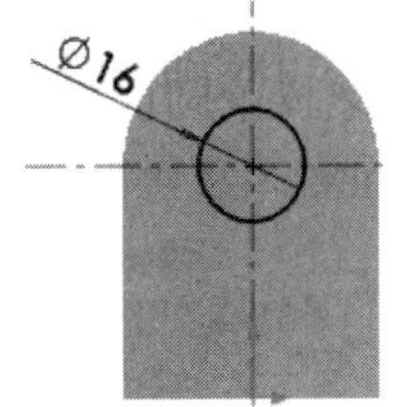

图 13.11 横断面草图（草图 5）

Step 7 创建图 13.12 所示的零件特征——切除-拉伸 3。选择下拉菜单 插入(I) → 切除(C) → 拉伸(E)... 命令。选取图 13.4 所示的平面作为草图基准面，绘制图 13.13 所示的横断面草图。在“切除-拉伸”窗口 方向1 区域的下拉列表框中选择 完全贯穿 选项。

图 13.12　切除-拉伸 3

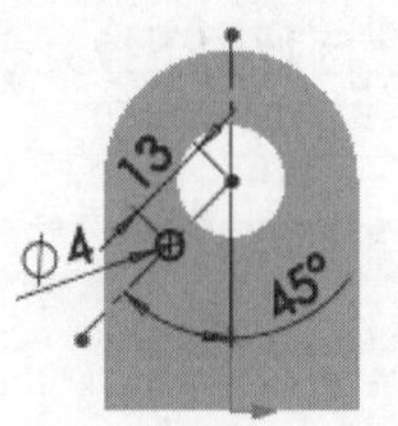

图 13.13　横断面草图（草图 6）

Step 8 创建图 13.14 所示的基准轴 1。选择下拉菜单 插入(I) ➡ 参考几何体(G) ➡ 基准轴(A)... 命令；单击 选择(S) 区域中 圆柱/圆锥面(C) 按钮，选取图 13.15 所示的圆柱面作为基准轴的参考实体。

Step 9 创建图 13.16 所示的圆周阵列 1。选择下拉菜单 插入(I) ➡ 阵列/镜向(E) ➡ 圆周阵列(C)... 命令。选取切除-拉伸 3 为阵列的源特征，选取基准轴 1 为圆周阵列轴；在 参数(P) 区域的 后的文本框中输入角度值 90，在 后的文本框中输入数值 4；单击 ✔ 按钮，完成圆周阵列的创建。

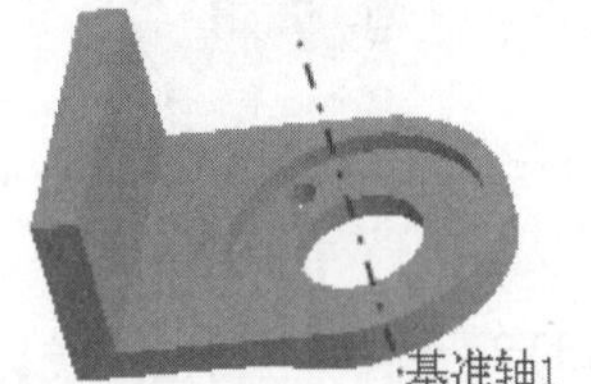

图 13.14　基准轴 1

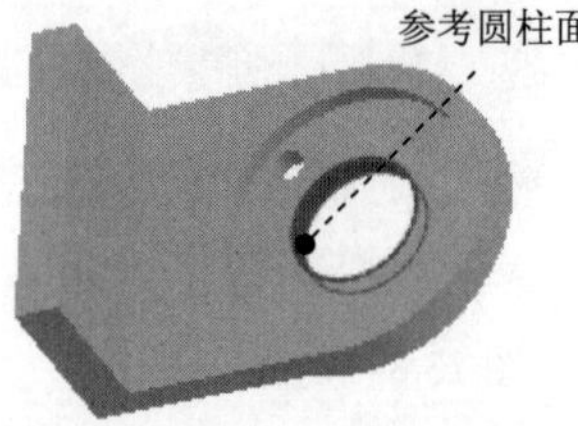

图 13.15　参考圆柱面

图 13.16　圆周阵列 1

Step 10 创建图 13.17 所示的零件特征——筋 1。选择下拉菜单 插入(I) ➡ 特征(F) ➡ 筋(R)... 命令。选取前视基准面作为草图基准面，绘制图 13.18 所示的横断面草图，在“筋”窗口的 参数(P) 区域中单击（两侧）按钮，输入筋厚度值 5.0；在 拉伸方向: 下单击“平行于草图”按钮，选中 ☑ 反转材料方向(F) 复选框。单击 ✔ 按钮，完成筋 1 的创建。

图 13.17　筋 1

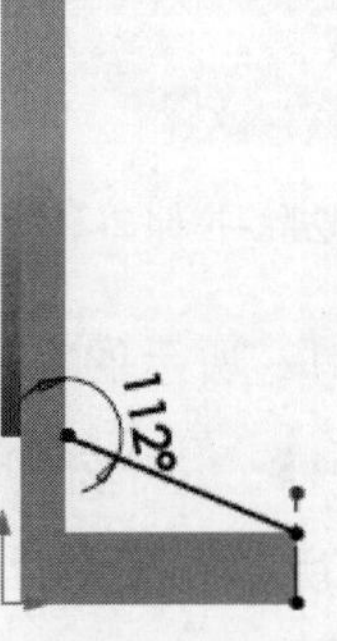

图 13.18　横断面草图（草图 7）

Step 11 创建图 13.19 所示的零件特征——M5 六角头螺栓的柱形沉头孔 1。

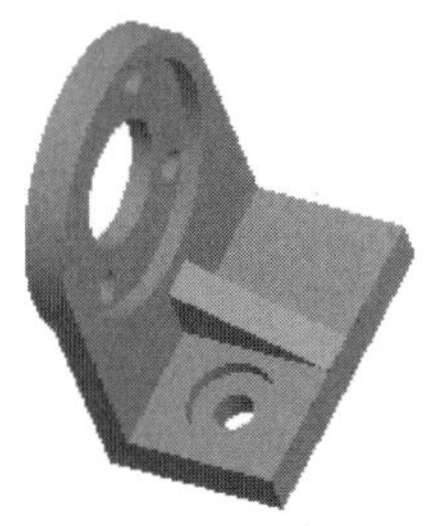

图 13.19 M5 六角头螺栓的柱形沉头孔 1

（1）选择下拉菜单 插入(I) → 特征(F) → 孔(H) → 向导(W)... 命令。

（2）定义孔的位置。在“孔规格”窗口中单击 位置 选项卡，选取图 13.20 所示的模型表面为孔的放置面，在鼠标单击处将出现孔的预览，在“草图（K）”工具栏中单击 按钮，建立图 13.21 所示的尺寸，并修改为目标尺寸。

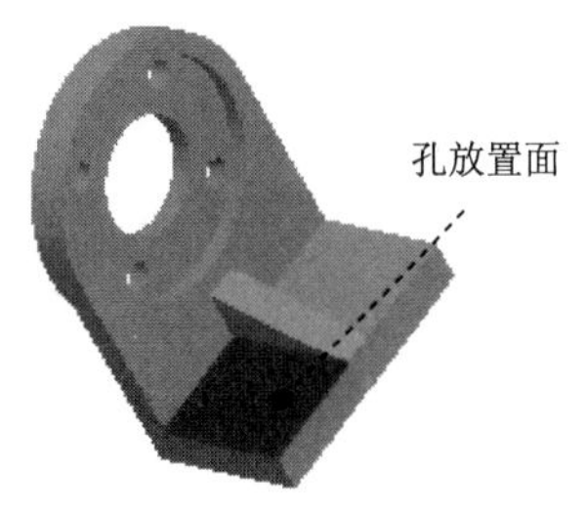

图 13.20 孔放置面

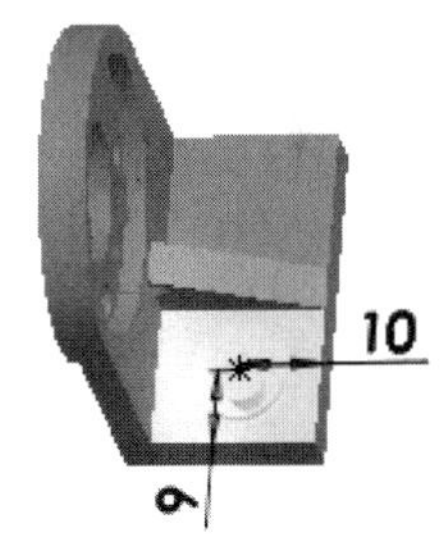

图 13.21 横断面草图（草图 8）

（3）定义孔的参数。在“孔位置”窗口单击 类型 选项卡，在 孔类型(T) 区域选择孔“类型”为（柱孔），标准为 Iso，然后在 终止条件(C) 下拉列表框中选择 完全贯穿 选项。

（4）定义孔的大小。在 孔规格 区域定义孔的大小为 M5，配合为 正常，选中 ☑ 显示自定义大小(Z) 复选项，在后的文本框中输入数值 5.0，在后的文本框中输入数值 11.2，在后的文本框中输入数值 2，单击 ✓ 按钮，完成 M5 六角头螺栓的柱形沉头孔 1 的创建。

Step 12 创建图 13.22 所示的镜像 1。选择下拉菜单 插入(I) → 阵列/镜向(E) → 镜向(M)... 命令。选取前视基准面作为镜像基准面，选取 M5 六角头螺栓的柱形沉头孔 1 作为镜像 1 的对象。

图 13.22 镜像 1

Step 13 保存模型。

实例 14　削笔刀盒

实例概述：

本实例主要运用了实体建模的基本技巧，包括实体拉伸以及切除-拉伸等特征命令，其中圆角的顺序需要读者注意。该零件模型及设计树如图 14.1 所示。

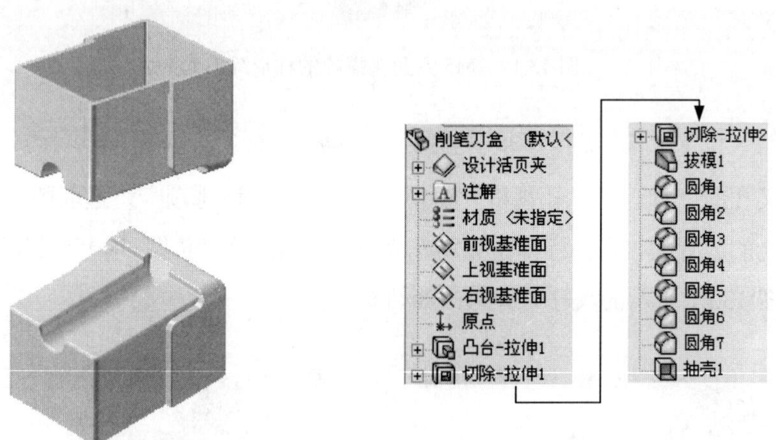

图 14.1　零件模型及设计树

说明：本实例前面的详细操作过程请参见随书光盘中 video\ins14\reference\文件下的语音视频讲解文件——削笔刀盒-r01.avi。

Step 1　打开文件 D:\sw13in\work\ins14\削笔刀盒_ex.SLDPRT。

Step 2　创建图 14.2b 所示的拔模 1。

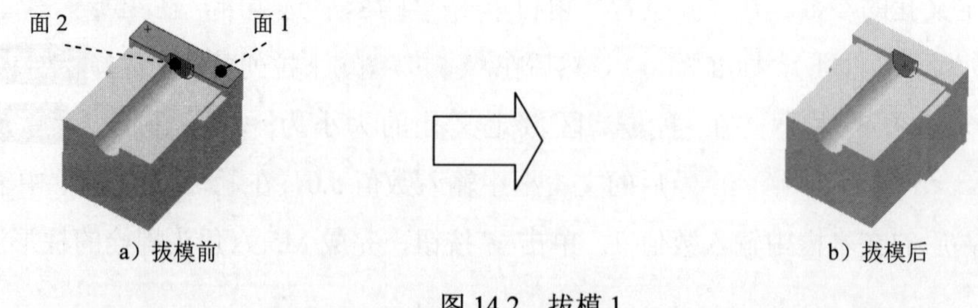

图 14.2　拔模 1

（1）选择命令。选择下拉菜单 插入(I) → 特征(F) → 拔模(D)... 命令（或单击 按钮），系统弹出“拔模”对话框。

（2）选择拔模类型。在 **拔模类型(T)** 选项区域的下拉列表框中选择 **中性面(N)** 选项。

（3）定义拔模角度。在 **拔模角度(G)** 区域中输入拔模角度 10。

（4）添加中性面。单击 **中性面(N)** 选项区域，选择图 14.2a 所示的面 1。

（5）添加拔模面。单击 拔模面(F) 选项区域，选择图 14.2a 所示的面 2。

（6）单击对话框中的 ✔ 按钮，完成拔模 1 的创建。

Step 3 创建图 14.3b 所示的圆角 1。

（1）选择命令。选择下拉菜单 插入(I) → 特征(F) → 圆角(U)... 命令（或单击 按钮），系统弹出“圆角”对话框。

（2）定义圆角类型。在 圆角类型(Y) 选项区域的下拉列表框中选中 ⊙ 等半径(C) 单选按钮。

（3）定义圆角对象。选取图 14.3a 所示的边线为要圆角的对象。

（4）定义圆角的半径。在对话框中输入圆角半径值 3.0。

（5）单击“圆角”对话框中的 ✔ 按钮，完成圆角 1 的创建。

Step 4 创建图 14.4b 所示的圆角 2。

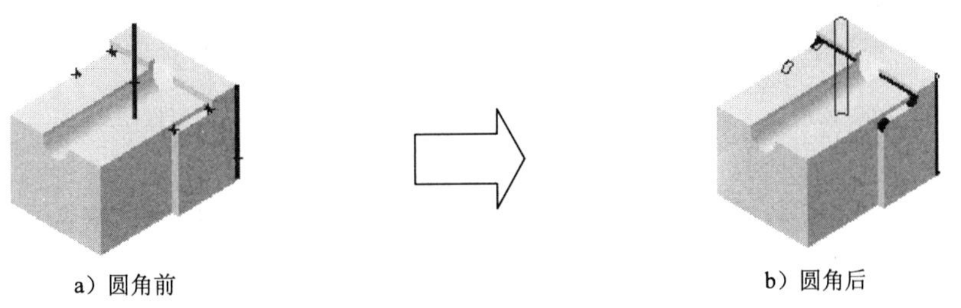

a）圆角前　　b）圆角后

图 14.3　圆角 1

（1）选择命令。选择下拉菜单 插入(I) → 特征(F) → 圆角(U)... 命令（或单击 按钮）。

（2）定义圆角类型。采用系统默认的圆角类型。

（3）定义圆角对象。选取图 14.4a 所示的边线为要圆角的对象。

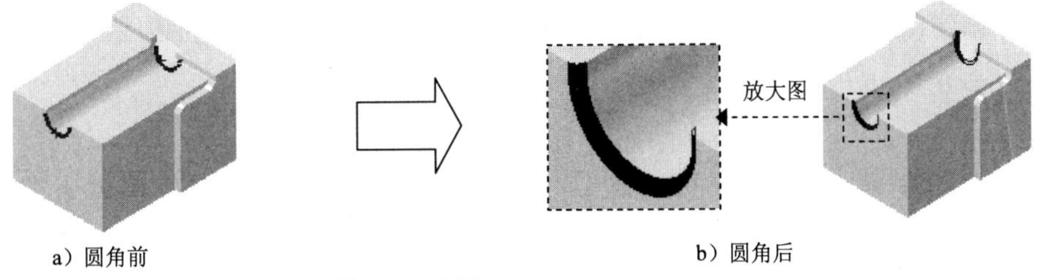

a）圆角前　　b）圆角后

图 14.4　圆角 2

（4）定义圆角的半径。在文本框中输入半径值 1.0。

（5）单击“圆角”对话框中的 ✔ 按钮，完成圆角 2 的创建。

Step 5 创建图 14.5b 所示的圆角 3。要圆角的对象为图 14.5a 所示的边线，圆角半径值为 2.0。

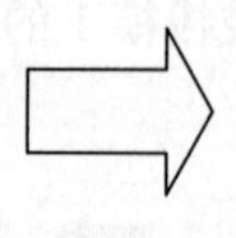

a）圆角前　　b）圆角后

图 14.5　圆角 3

Step 6　创建图 14.6b 所示的圆角 4。要圆角的对象为图 14.6a 所示的边线，圆角半径值为 1.0。

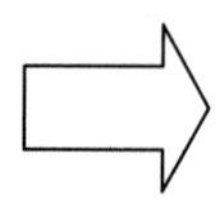

a）圆角前　　b）圆角后

图 14.6　圆角 4

Step 7　创建图 14.7b 所示的圆角 5。要圆角的对象为图 14.7a 所示的边线，圆角半径值为 5.0。

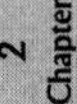

a）圆角前　　b）圆角后

图 14.7　圆角 5

Step 8　创建图 14.8b 所示的圆角 6。要圆角的对象为图 14.8a 所示的边线，圆角半径值为 0. 5。

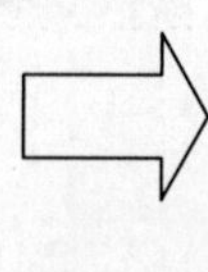

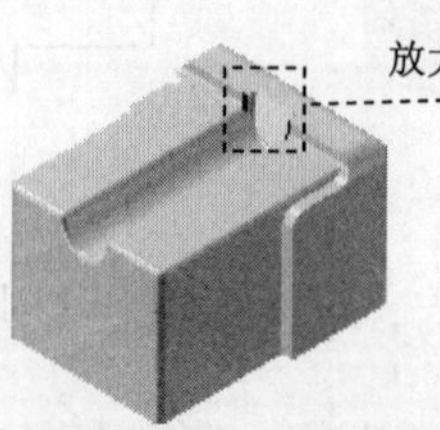

a）圆角前　　b）圆角后

图 14.8　圆角 6

Step 9　创建图 14.9b 所示的圆角 7。要圆角的对象为图 14.9a 所示的边线，圆角半径值为 0.5。

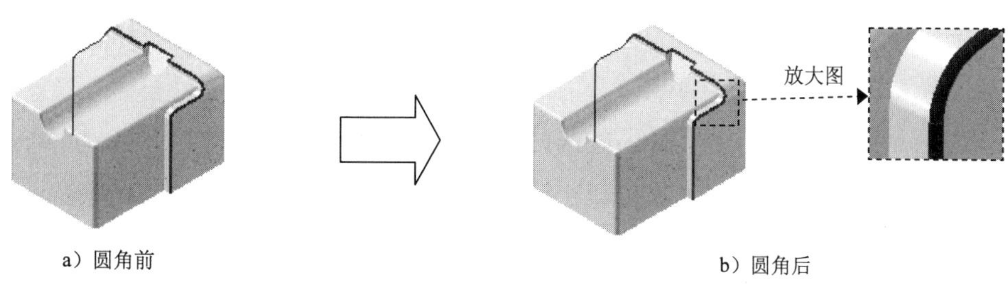

图 14.9　圆角 7

Step 10 创建图 14.10b 所示的零件特征——抽壳 1。

（1）选择下拉菜单 插入(I) → 特征(F) → 抽壳(S)... 命令。

（2）定义要移除的面。选取图 14.10a 所示的模型的面为要移除的面。

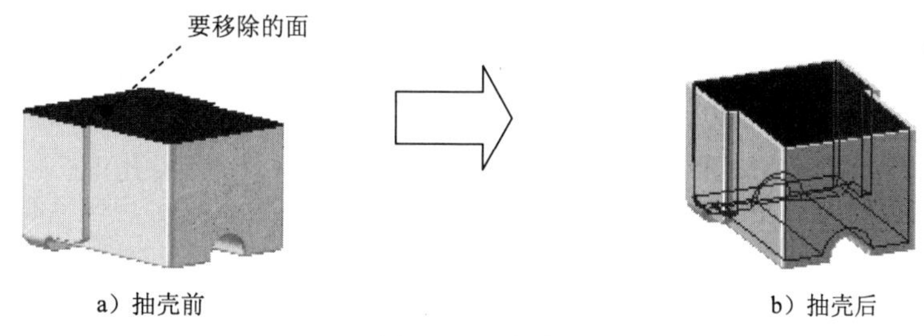

图 14.10　抽壳 1

（3）定义抽壳参数。抽壳厚度为 2.0。

（4）单击“圆角”对话框中的 ✔ 按钮，完成抽壳 1 的创建。

Step 11 保存零件模型。

实例 15　泵盖

实例概述：

本实例介绍了一个普通的泵盖，主要运用了实体建模的一些常用命令，包括实体拉伸、倒角、倒圆角、阵列、镜像等，零件模型及设计树如图 15.1 所示。

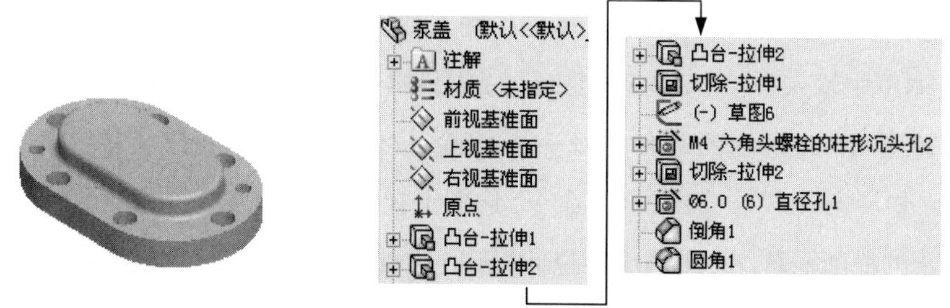

图 15.1　零件模型及设计树

说明：本例前面的详细操作过程请参见随书光盘中 video\ins15\reference\文件下的语音视频讲解文件——泵盖-r01.avi。

Step 1 打开文件 D:\sw13in\work\ins15\泵盖_ex.SLDPRT。

Step 2 创建图 15.2 所示的草图 6。选择下拉菜单 插入(I) → 草图绘制 命令。选取图 15.3 所示的模型表面为草图基准面。绘制图 15.2 所示的草图（显示原点）。

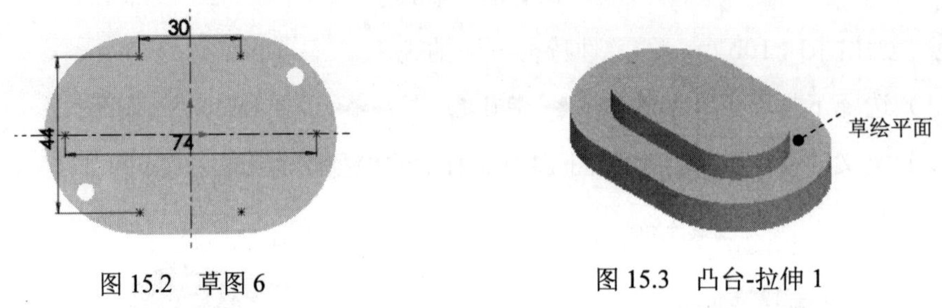

图 15.2 草图 6　　图 15.3 凸台-拉伸 1

Step 3 创建图 15.4 所示的零件特征——M4 六角头螺栓的柱形沉头孔 1。

图 15.4 M4 六角头螺栓的柱形沉头孔 1

（1）选择下拉菜单 插入(I) → 特征(E) → 孔(H) → 向导(W)... 命令。

（2）定义孔的位置。在“孔规格”窗口中单击 位置 选项卡，选取图 15.3 所示的模型表面草绘平面作为孔的放置面，选取上一步所创建的点为孔的放置点。

（3）定义孔的参数。在“孔位置”窗口单击 类型 选项卡，在 孔类型(T) 区域选择孔“类型”为（柱孔），标准为 Gb，然后在 终止条件(C) 下拉列表框中选择 完全贯穿 选项。

（4）定义孔的大小。在 孔规格 区域定义孔的大小为 M4，配合为 正常，选中 ☑ 显示自定义大小(Z) 复选框，在后的文本框中输入数值 4，在后的文本框中输入数值 8，在后的文本框中输入数值 6，单击 ✔ 按钮，完成 M4 六角头螺栓的柱形沉头孔 1 的创建。

Step 4 创建图 15.5 所示的零件特征——切除-拉伸 2。选择下拉菜单 插入(I) → 切除(C) → 拉伸(E)... 命令。选取上视基准面作为草图基准面，绘制图 15.6 所示的横断面草图。在“切除-拉伸”窗口 方向 1 区域的下拉列表框中选择 给定深度 选项，单击 按钮，输入深度值 5.0。

图 15.5 切除-拉伸 2

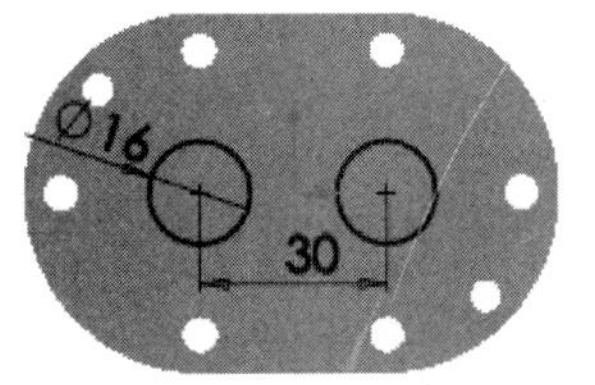

图 15.6 横断面草图（草图 7）

Step 5 创建图 15.7 所示的零件特征——Ø6.0 直径孔 1。

（1）选择下拉菜单 插入(I) ➡ 特征(F) ➡ 孔(H) ➡ 向导(W)... 命令。

（2）定义孔的位置。在“孔规格”窗口中单击 位置 选项卡，选取图 15.7 所示的模型表面为孔的放置面，在鼠标单击处将出现孔的预览，建立图 15.8 所示的重合约束。

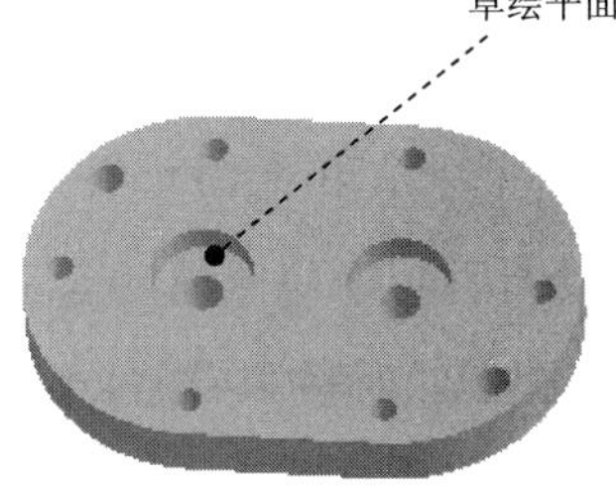

图 15.7 直径孔 1

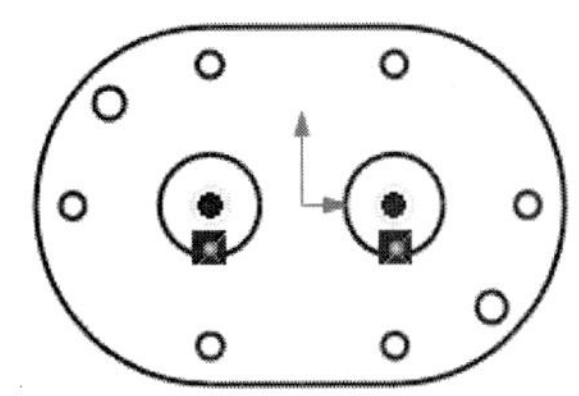

图 15.8 横断面草图（草图 8）

（3）定义孔的参数。在“孔位置”窗口单击 类型 选项卡，在 孔类型(T) 区域选择孔“类型”为 （孔），标准为 Gb，类型为 钻孔大小，然后在 终止条件(C) 下拉列表框中选择 给定深度 选项，输入深度值 9.7mm。

（4）定义孔的大小。在 孔规格 区域定义孔的大小为$\phi 6$，单击 ✔ 按钮，完成直径孔 1 的创建。

Step 6 创建图 15.9b 所示的倒角 1。选取图 15.9a 所示的边链为要倒角的对象，在“倒角”窗口中选中 ⊙ 角度距离(A) 单选按钮，然后在 文本框中输入数值 0.5，在 文本框中输入数值 45.0。

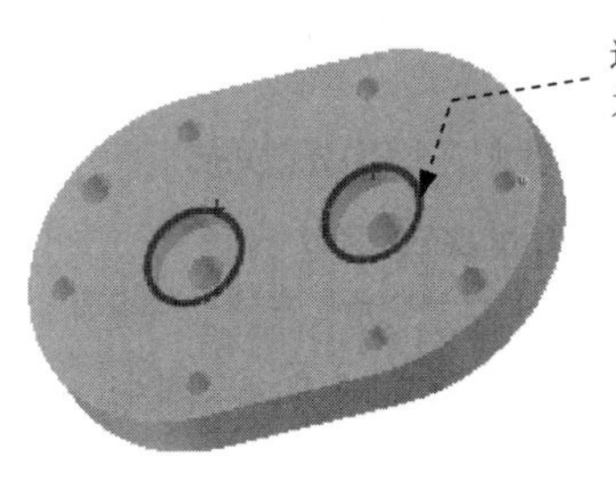

a）倒角前

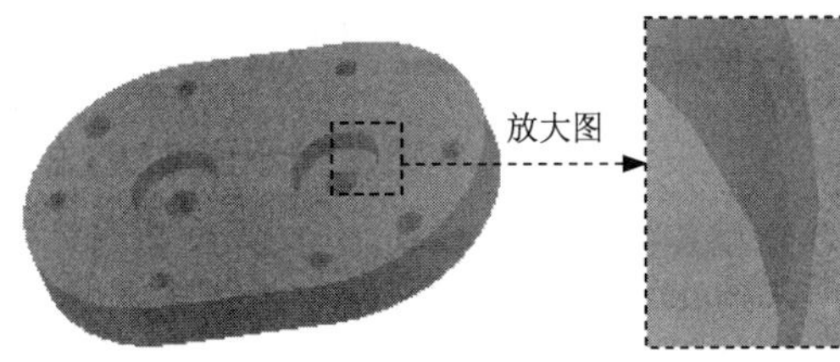

b）倒角后

图 15.9 倒角 1

Step 7　创建图 15.10b 所示的圆角 1。选择图 15.10a 所示的边链为圆角对象，圆角半径值为 2.0。

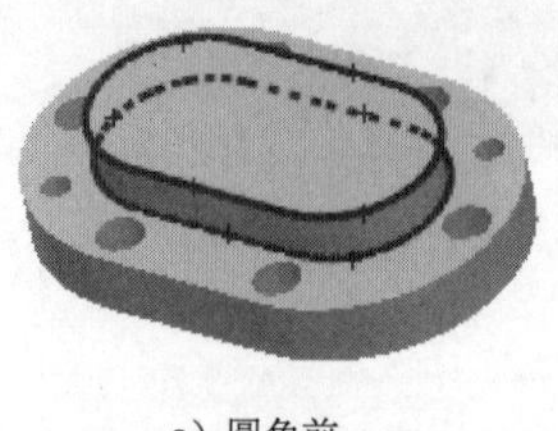

a）圆角前

b）圆角后

图 15.10　圆角 1

Step 8　保存零件模型。

实例 16　洗衣机排水旋钮

实例概述：

本实例讲解了日常生活中常见的洗衣机排水旋钮的设计过程，本实例中运用了简单的曲面建模命令，如边界混合、使用曲面切割等，对于曲面的建模方法需要读者仔细体会。零件实体模型及设计树如图 16.1 所示。

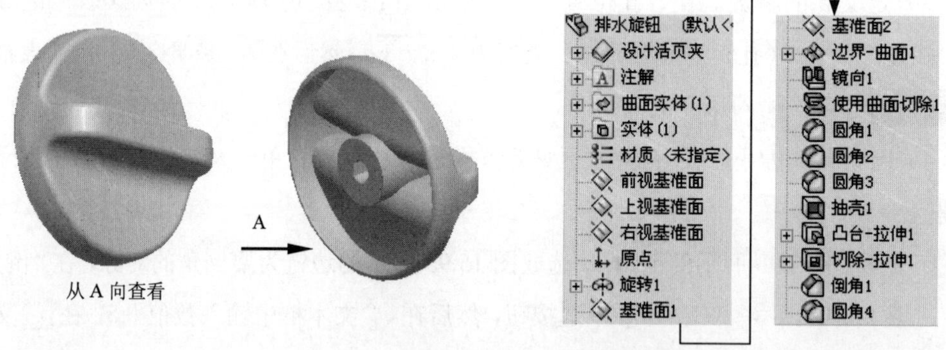

图 16.1　零件模型及设计树

说明：本实例前面的详细操作过程请参见随书光盘中 video\ins16\reference\文件下的语音视频讲解文件——排水旋钮-r01.avi。

Step 1　打开文件 D:\sw13in\work\ins16\排水旋钮_ex.SLDPRT。

Step 2　创建图 16.2 所示的基准面 1。选择下拉菜单 插入(I) → 参考几何体(G) → 基准面(P)... 命令；选取前视基准面作为要创建的基准面的参考实体，在 后的文本框中输入数值 35。

Step 3　创建图 16.3 所示的基准面 2。选择下拉菜单 插入(I) → 参考几何体(G)

→ 基准面(P)... 命令；选取基准面 1 作为要创建的基准面的参考实体，在 ⊢⊣ 后的文本框中输入数值 70，并选中 ☑ 反转 复选框。

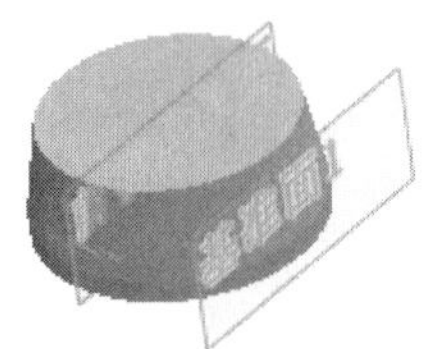

图 16.2　基准面 1

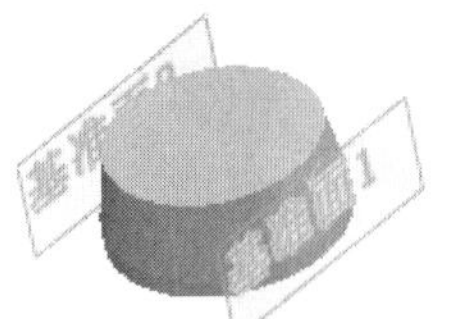

图 16.3　基准面 2

Step 4 创建图 16.4 所示的草图 2。选择下拉菜单 插入(I) → 草图绘制 命令；选取前视基准面作为草图平面，绘制图 16.4 所示的草图。

Step 5 创建图 16.5 所示的草图 3。选择下拉菜单 插入(I) → 草图绘制 命令；选取基准面 1 作为草图平面，绘制图 16.5 所示的草图。

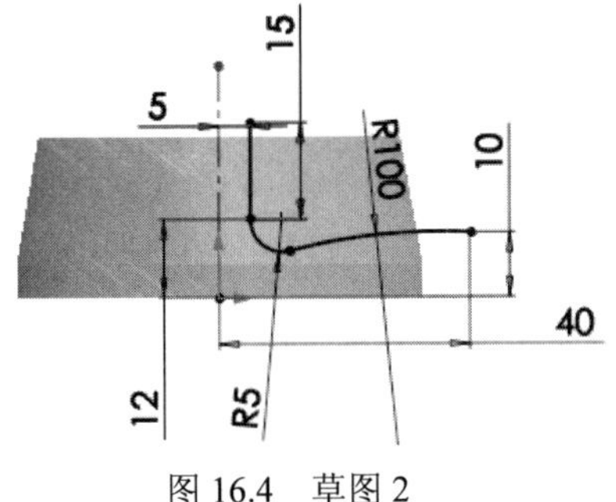

图 16.4　草图 2

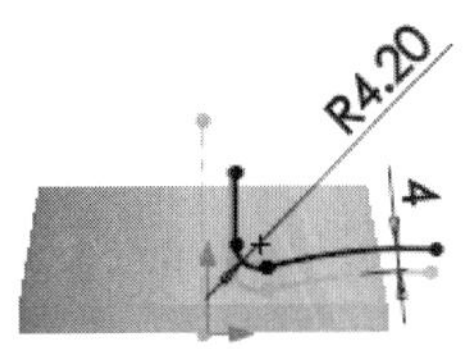

图 16.5　草图 3

Step 6 创建图 16.6 所示的草图 4。选择下拉菜单 插入(I) → 草图绘制 命令；选取基准面 2 作为草图平面，绘制图 16.6 所示的草图。

Step 7 创建图 16.7 所示的边界-曲面 1。选择下拉菜单 插入(I) → 曲面(S) → 边界曲面(B)... 命令，依次选取草图 3、草图 2、草图 4 作为 方向 1 的边界曲线，相切类型采用系统默认设置，单击 ✔ 按钮，完成边界曲面的创建。

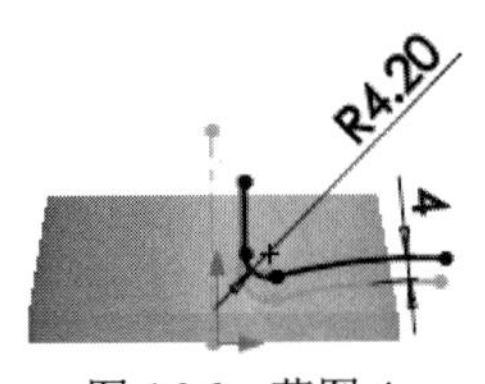

图 16.6　草图 4

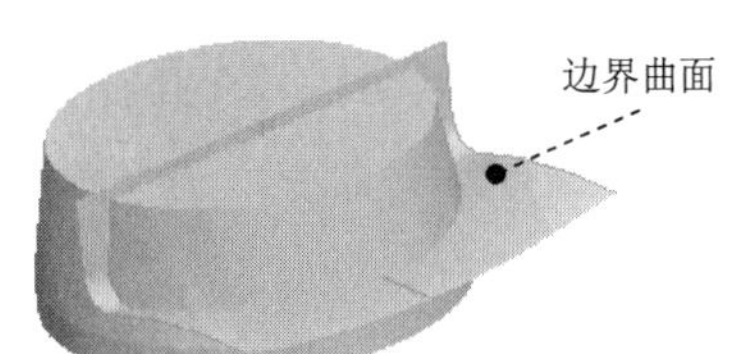

图 16.7　边界-曲面 1

Step 8 创建图 16.8 所示的镜像 1。选择下拉菜单 插入(I) → 阵列/镜向(E) → 镜向(M)... 命令。选取右视基准面作为镜像基准面，选取图 16.8a 所示的曲面作为镜像 1 的对象。

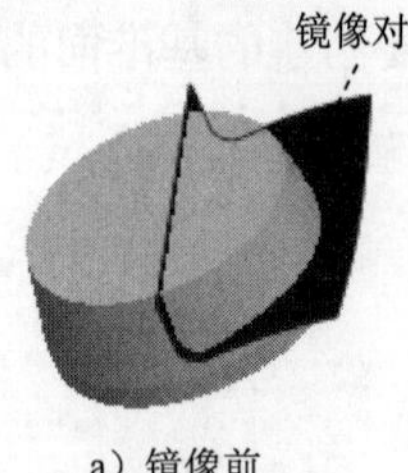

a）镜像前　　b）镜像后

图 16.8　镜像 1

Step 9 创建图 16.9 所示的使用曲面切除 1。选择下拉菜单 插入(I) → 切除(C) → 使用曲面(W)... 命令，选取图 16.10 所示的曲面作为切除曲面。切除方向为如图 16.10 所示的箭头所指方向，单击 ✔ 按钮，完成特征的创建。

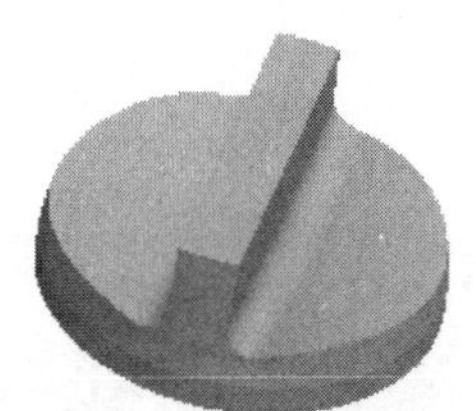

图 16.9　使用曲面切除 1

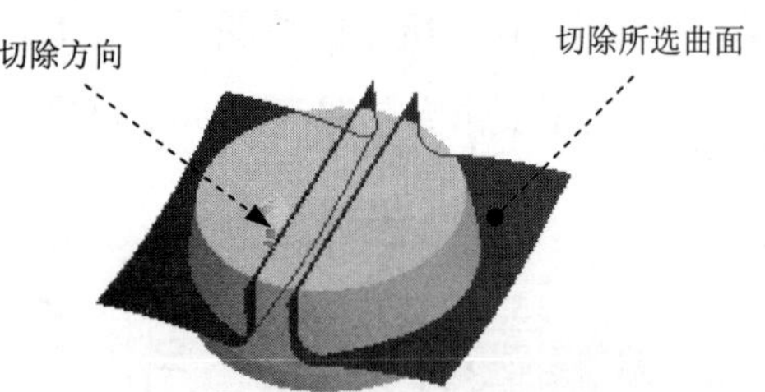

图 16.10　进行切除所选曲面

Step 10 创建图 16.11b 所示的圆角 1。选择下拉菜单 插入(I) → 特征(F) → 圆角(F)... 命令，选择图 16.11a 所示的边线为圆角对象，圆角半径值为 12.0。

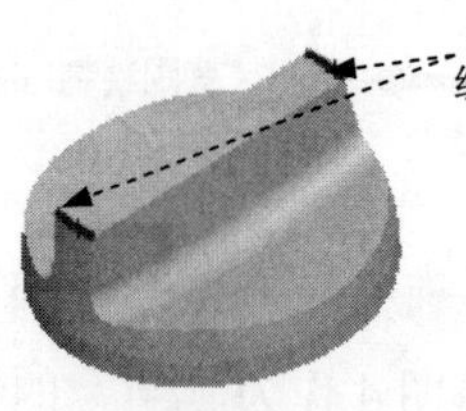

a）圆角前　　b）圆角后

图 16.11　圆角 1

Step 11 创建图 16.12b 所示的圆角 2。选择下拉菜单 插入(I) → 特征(F) → 圆角(F)... 命令，选择图 16.12a 所示的边链为圆角对象，圆角半径值为 2.0。

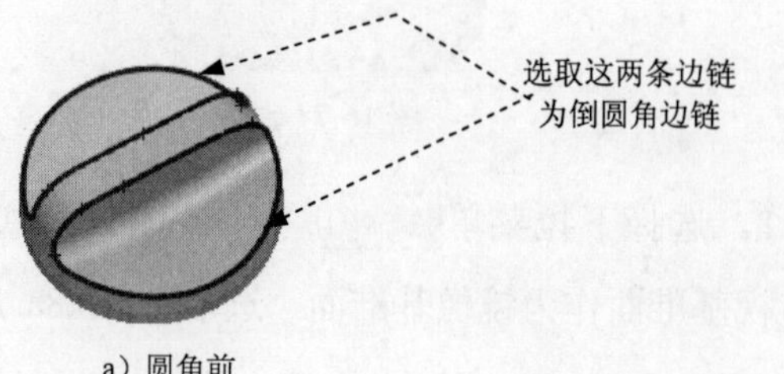

a）圆角前　　b）圆角后

图 16.12　圆角 2

Step 12 创建图 16.13b 所示的圆角 3。选择下拉菜单 插入(I) → 特征(F) → 圆角(F)... 命令，选择图 16.13a 所示的边链为圆角对象，圆角半径值为 15.0。

a）圆角前　　b）圆角后

图 16.13　圆角 3

Step 13 创建图 16.14b 所示的零件特征——抽壳 1。选择下拉菜单 插入(I) → 特征(F) → 抽壳(S)... 命令。选取图 16.14a 所示的模型表面为要移除的面。在“抽壳 1”窗口的 参数(P) 区域输入壁厚值 2.0，并选中 ☑ 壳厚朝外(S) 复选框。

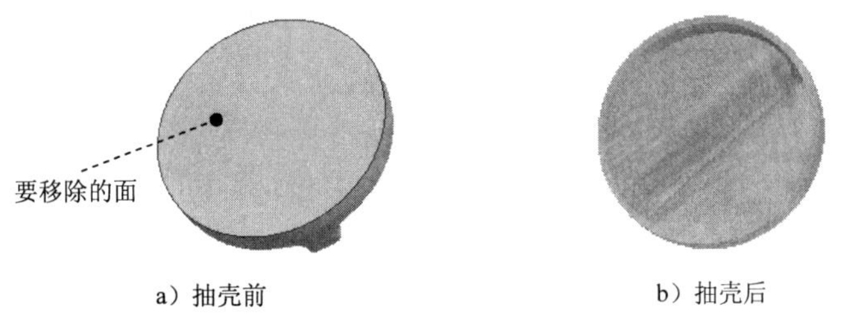

a）抽壳前　　b）抽壳后

图 16.14　抽壳 1

Step 14 创建图 16.15 所示的零件特征——凸台-拉伸 1。选择下拉菜单 插入(I) → 凸台/基体(B) → 拉伸(E)... 命令。选取上视基准面作为草图基准面，绘制图 16.16 所示的横断面草图；在“凸台-拉伸”窗口 方向 1 区域的下拉列表框中选择 成形到实体 选项，选择抽壳 1 作为要成形到的实体。

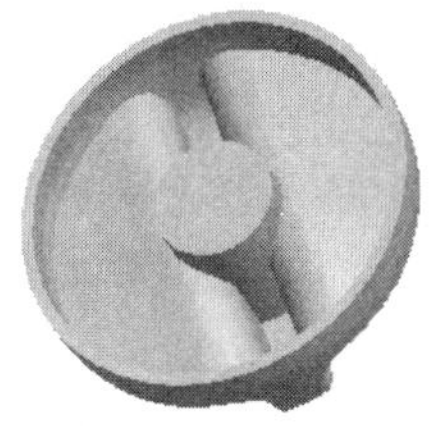

图 16.15　凸台-拉伸 1

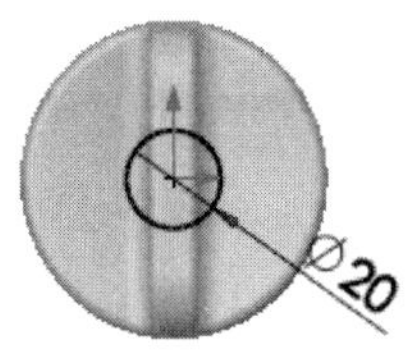

图 16.16　横断面草图（草图 5）

Step 15 后面的详细操作过程请参见随书光盘中 video\ins16\reference\文件下的语音视频讲解文件——排水旋钮-r02.avi。

实例 17 线缆固定支座

实例概述：

本实例主要讲解了一款线缆固定支座的设计过程，在该零件的设计过程中运用了拉伸、旋转、阵列等命令，需要读者注意的是创建拉伸特征草绘时的方法和技巧。零件模型和设计树如图 17.1 所示。

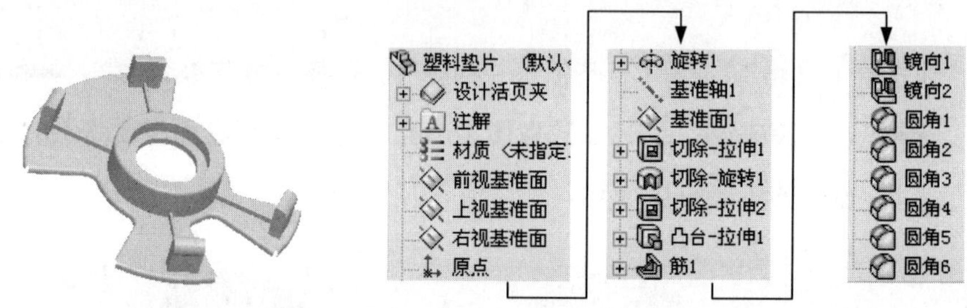

图 17.1 零件模型及设计树

说明：本实例前面的详细操作过程请参见随书光盘中 video\ins17\reference\文件下的语音视频讲解文件——塑料垫片-r01.avi。

Step 1 打开文件 D:\sw13in\work\ins17\塑料垫片_ex.SLDPRT。

Step 2 创建图 17.2 所示的零件特征——切除-拉伸 2。选择下拉菜单 插入(I) → 切除(C) → 拉伸(E)... 命令。选取上视基准面作为草图基准面，绘制图 17.3 所示的横断面草图。在“切除-拉伸”窗口 方向 1 区域的下拉列表框中选择 完全贯穿 选项，单击 按钮。

图 17.2 切除-拉伸 2

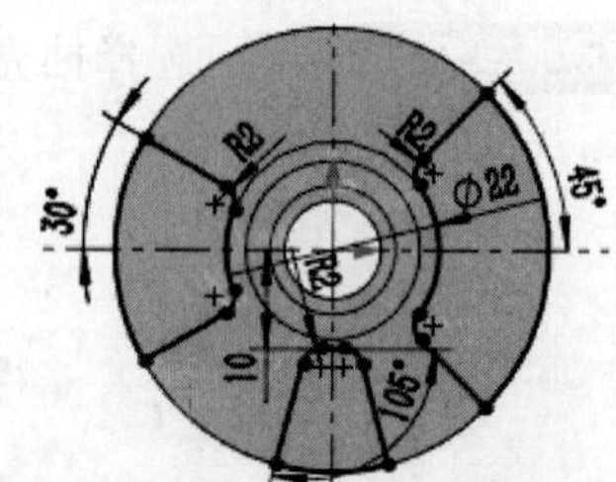

图 17.3 横断面草图（草图 4）

Step 3 创建图 17.4 所示的零件特征——凸台-拉伸 1。选择下拉菜单 插入(I) → 凸台/基体(B) → 拉伸(E)... 命令。选取基准面 1 作为草图基准面，绘制图 17.5 所示的横断面草图；在“凸台-拉伸”窗口 方向 1 区域的下拉列表框中选择 两侧对称 选项，输入深度值 5.0。

图 17.4 凸台-拉伸 1

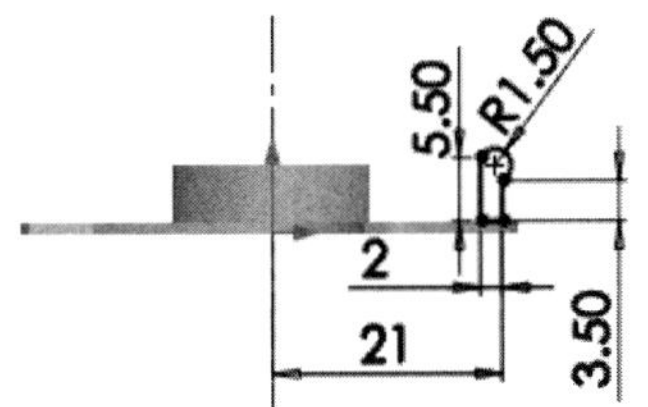

图 17.5 横断面草图（草图 5）

Step 4 创建图 17.6 所示的零件特征——筋 1。选择下拉菜单 插入(I) ➡ 特征(F) ➡ 筋(R)... 命令。选取基准面 1 作为草图基准面，绘制图 17.7 所示的横断面草图，在“筋”窗口的 参数(P) 区域中单击 （两侧）按钮，输入筋厚度值 0.5；在 拉伸方向: 下单击“平行于草图”按钮，选中 ☑ 反转材料方向(F) 复选框。单击 ✔ 按钮，完成筋 1 的创建。

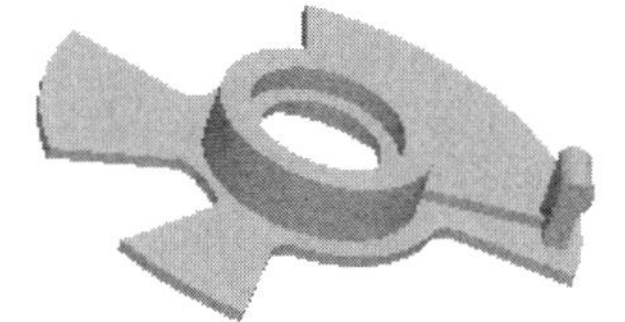
图 17.6 筋 1

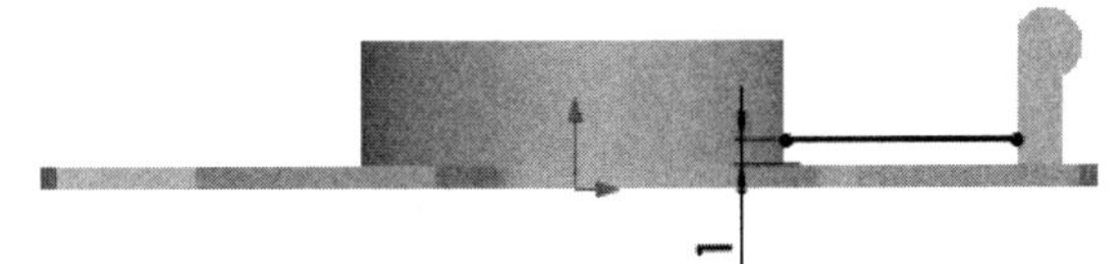

图 17.7 横断面草图

Step 5 创建图 17.8 所示的镜像 1。选择下拉菜单 插入(I) ➡ 阵列/镜向(E) ➡ 镜向(M)... 命令。选取右视基准面作为镜像基准面，选取凸台-拉伸 1 与筋 1 作为镜像 1 的对象。

Step 6 创建图 17.9 所示的镜像 2。选择下拉菜单 插入(I) ➡ 阵列/镜向(E) ➡ 镜向(M)... 命令。选取前视基准面作为镜像基准面，选取镜像 1 作为镜像 2 的对象。

图 17.8 镜像 1

图 17.9 镜像 2

Step 7 创建图 17.10b 所示的圆角 1。选择下拉菜单 插入(I) ➡ 特征(F) ➡ 圆角(F)... 命令，选择图 17.10a 所示的边链为圆角对象，圆角半径值为 0.5。

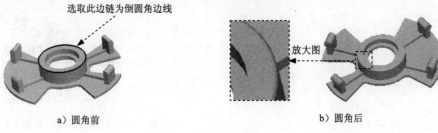

选取此边链为倒圆角边线

a）圆角前

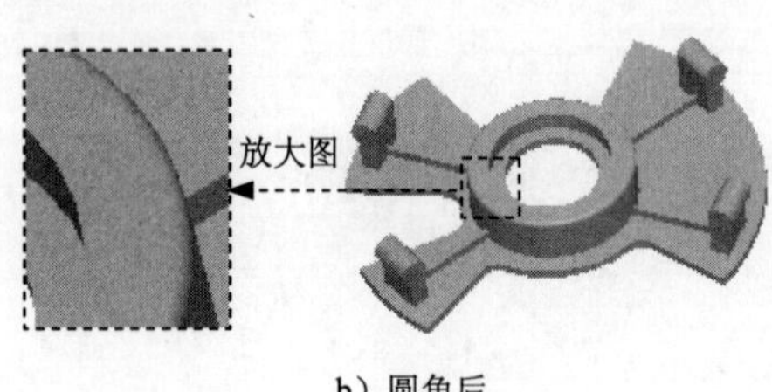

b）圆角后

图 17.10　圆角 1

Step 8 后面的详细操作过程请参见随书光盘中 video\ins17\reference\文件下的语音视频讲解文件——塑料垫片-r02.avi。

实例 18　塑料挂钩

实例概述：

本实例讲解了一个普通的塑料挂钩的设计过程，其中运用了简单建模的一些常用命令，如拉伸、镜像和筋等命令，其中筋特征的运用很巧妙。零件模型及设计树如图 18.1 所示。

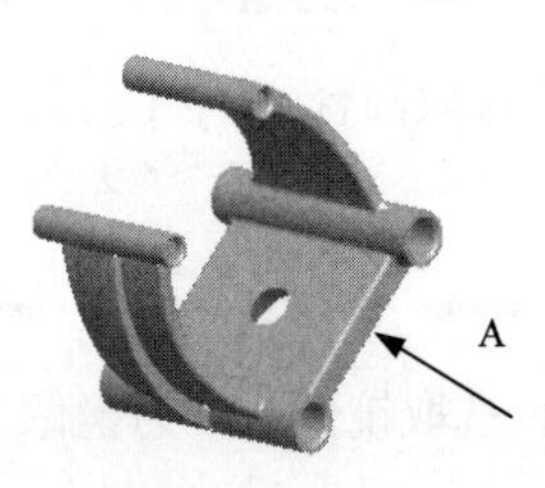

从 A 向查看

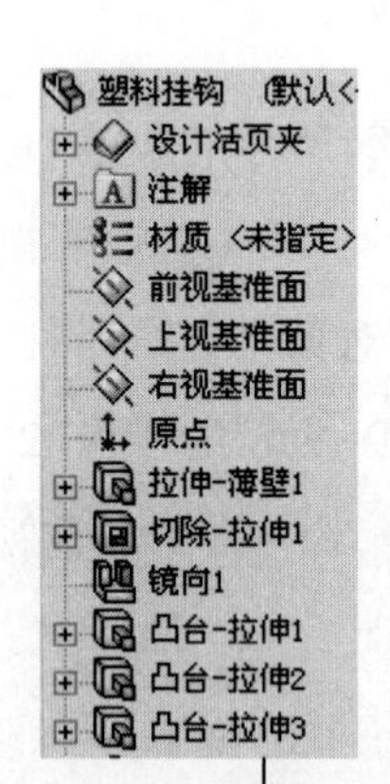

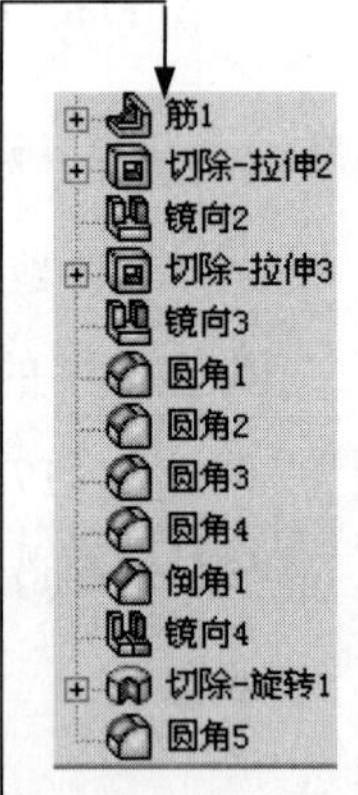

图 18.1　零件模型及设计树

Step 1 新建一个零件模型文件，进入建模环境。

Step 2 创建图 18.2 所示的零件基础特征——拉伸-薄壁 1。选择下拉菜单 插入(I) → 凸台/基体(B) → 拉伸(E)... 命令。选取前视基准面作为草图平面，绘制图 18.3 所示的横断面草图。在“凸台-拉伸”对话框 方向1 区域的下拉列表框中选择 两侧对称 选项，在 D1 文本框中输入深度值 16.0。激活“凸台-拉伸”对话框中的 ☑ 薄壁特征(T) 区域，然后在 后的下拉列表框中选择 单向 选项，并单击 按钮，反转厚度方向。在 ☑ 薄壁特征(T) 区域 后的文本框中输入厚度值 1.5。单击“凸台-拉伸”对话框中的 ✔ 按钮，完成拉伸-薄壁 1 的创建。

图 18.2 凸台-拉伸 1

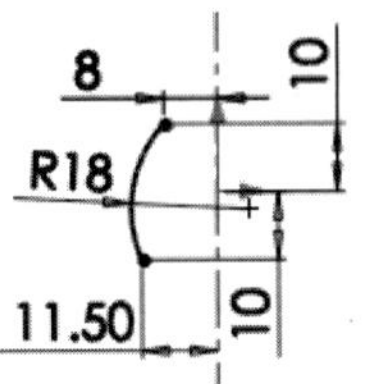

图 18.3 横断面草图（草图 1）

Step 3 创建图 18.4 所示的零件特征——切除-拉伸 1。选择下拉菜单 插入(I) → 切除(C) → 拉伸(E)... 命令。选取右视基准面作为草图基准面，绘制图 18.5 所示的横断面草图。在“切除-拉伸”窗口 方向 1 区域的下拉列表框中选择 完全贯穿 选项。

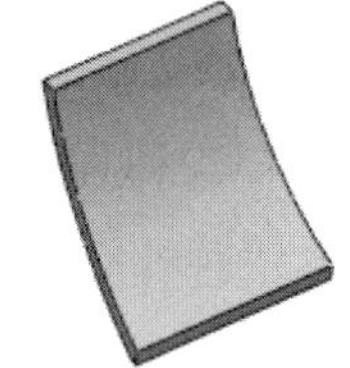
图 18.4 切除-拉伸 1

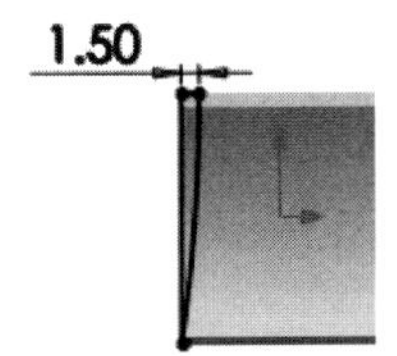

图 18.5 横断面草图（草图 2）

Step 4 创建图 18.6 所示的镜像 1。选择下拉菜单 插入(I) → 阵列/镜向(E) → 镜向(M)... 命令。选取前视基准面作为镜像基准面，选取切除-拉伸 1 作为镜像 1 的对象。

Step 5 创建图 18.7 所示的零件特征——凸台-拉伸 1。选择下拉菜单 插入(I) → 凸台/基体(B) → 拉伸(E)... 命令。选取前视基准面作为草图基准面，绘制图 18.8 所示的横断面草图；在“凸台-拉伸”窗口 方向 1 区域的下拉列表框中选择 两侧对称 选项，输入深度值 24.0。

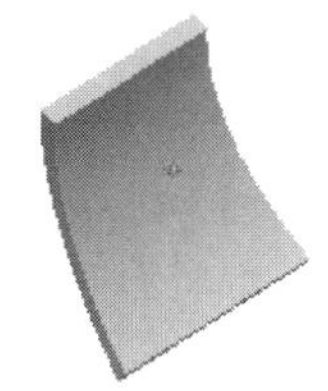
图 18.6 镜像 1

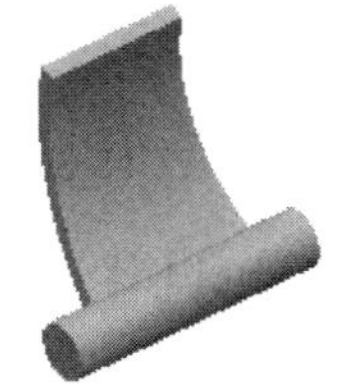
图 18.7 凸台-拉伸 1

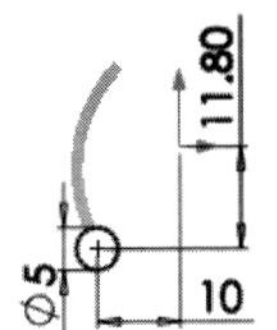

图 18.8 横断面草图（草图 3）

2 Chapter

Step 6 创建图 18.9 所示的零件特征——凸台-拉伸 2。选择下拉菜单 插入(I) → 凸台/基体(B) → 拉伸(E)... 命令。选取前视基准面作为草图基准面，绘制图 18.10 所示的横断面草图；在“凸台-拉伸”窗口 方向 1 区域的下拉列表框中选择 两侧对称 选项，输入深度值 20.0。

Step 7 创建图 18.11 所示的零件特征——凸台-拉伸 3。选择下拉菜单 插入(I) → 凸台/基体(B) → 拉伸(E)... 命令。选取前视基准面作为草图基准面，绘制图 18.12 所示的横断面草图；在“凸台-拉伸”窗口 方向 1 区域的下拉列表框中选择 两侧对称 选项，输入深度值 16.0。

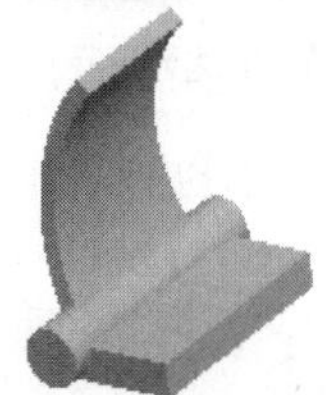

图 18.9 凸台-拉伸 2

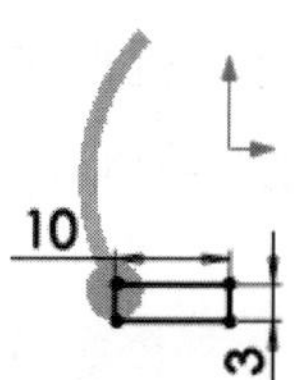

图 18.10 横断面草图（草图 4）

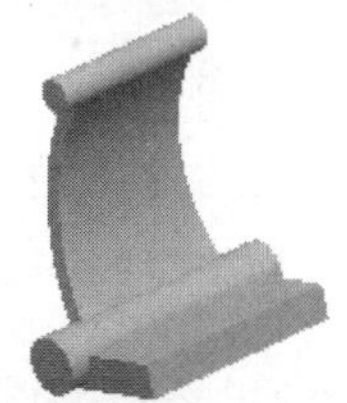

图 18.11 凸台-拉伸 3

Step 8 创建图 18.13 所示的零件特征——筋 1。选择下拉菜单 插入(I) → 特征(F) → 筋(R)... 命令。选取前视基准面作为草图基准面，绘制图 18.14 所示的横断面草图，在“筋”窗口的 参数(P) 区域中单击（两侧）按钮，输入筋厚度值 2.0；在 拉伸方向: 下单击“平行于草图”按钮，单击按钮，完成筋 1 的创建。

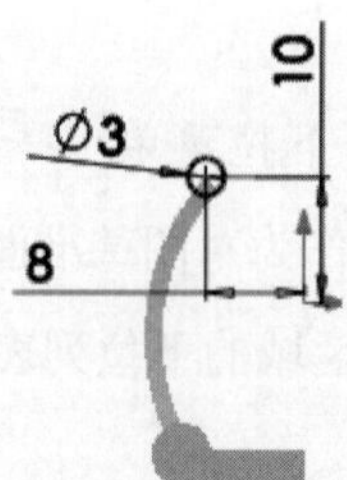

图 18.12 横断面草图（草图 5）

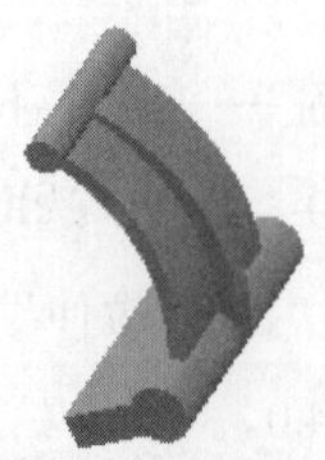

图 18.13 筋 1

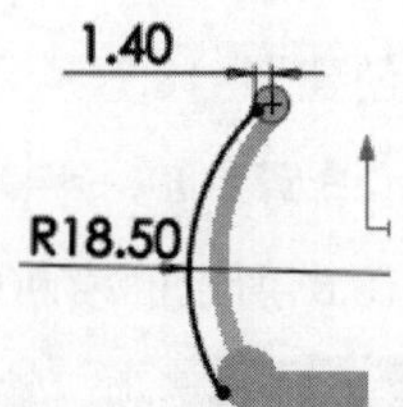

图 18.14 横断面草图（草图 6）

Step 9 创建图 18.15 所示的零件特征——切除-拉伸 2。选择下拉菜单 插入(I) → 切除(C) → 拉伸(E)... 命令。选取图 18.16 所示的平面作为草图基准面，绘制图 18.17 所示的横断面草图。在“切除-拉伸”窗口 方向 1 区域的下拉列表框中选择 给定深度 选项，输入深度值为 1.0。

图 18.15　切除-拉伸 2

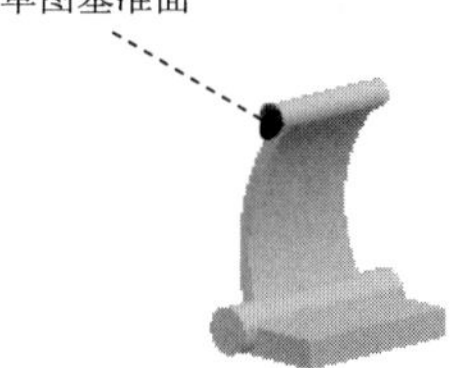

图 18.16　草图基准面

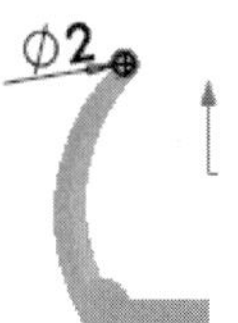

图 18.17　横断面草图（草图 7）

Step 10 创建图 18.18 所示的镜像 2。选择下拉菜单 插入(I) → 阵列/镜向(E) → 镜向(M)... 命令。选取前视基准面作为镜像基准面，选取切除-拉伸 2 作为镜像 2 的对象。

Step 11 创建图 18.19 所示的零件特征——切除-拉伸 3。选择下拉菜单 插入(I) → 切除(C) → 拉伸(E)... 命令。选取图 18.20 所示平面作为草图基准面，绘制图 18.21 所示的横断面草图。在“切除-拉伸”窗口 方向 1 区域的下拉列表框中选择 给定深度 选项，输入深度值为 5.0。

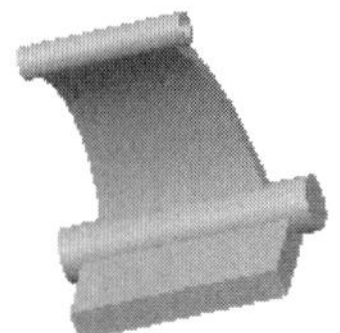

图 18.18　镜像 2

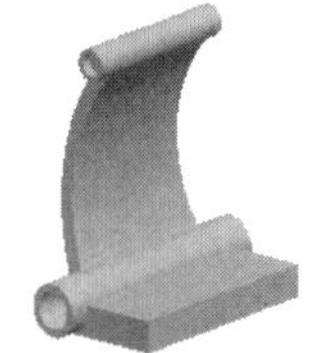

图 18.19　切除-拉伸 3

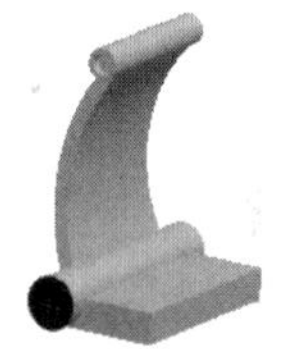

图 18.20　草图基准面

Step 12 创建图 18.22 所示的镜像 3。选择下拉菜单 插入(I) → 阵列/镜向(E) → 镜向(M)... 命令。选取前视基准面作为镜像基准面，选取切除-拉伸 3 作为镜像 3 的对象。

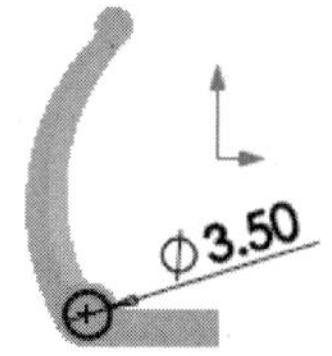

图 18.21　横断面草图（草图 8）

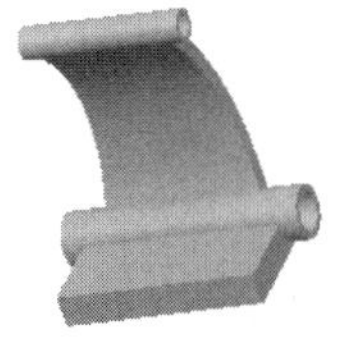

图 18.22　镜像 3

Step 13 创建图 18.23b 所示的圆角 1。选择下拉菜单 插入(I) → 特征(F) → 圆角(F)... 命令，选择图 18.23a 所示的边线为圆角对象，圆角半径值为 0.5。

Step 14 创建图 18.24b 所示的圆角 2。选择下拉菜单 插入(I) → 特征(F) → 圆角(F)... 命令，选择图 18.24a 所示的边线为圆角对象，圆角半径值为 0.2。

a）圆角前

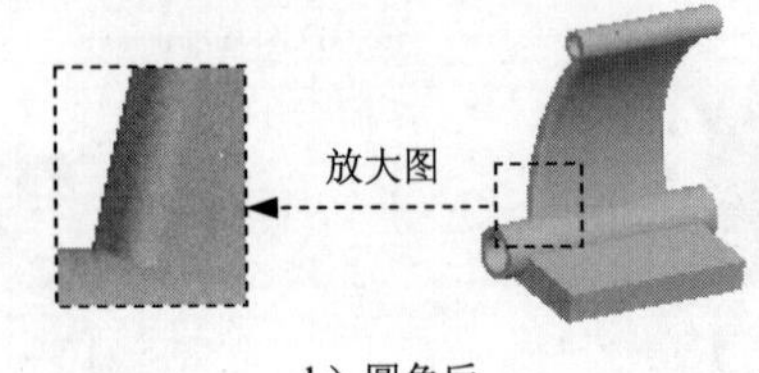

b）圆角后

图 18.23 圆角 1

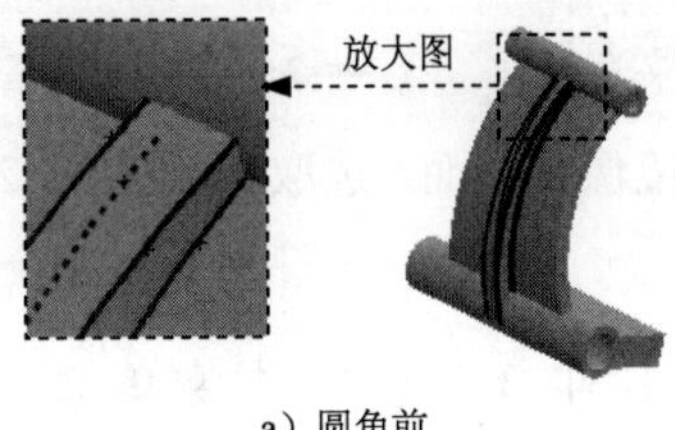

a）圆角前

放大图

b）圆角后

图 18.24 圆角 2

Step 15 创建图 18.25b 所示的圆角 3。选择下拉菜单 插入(I) → 特征(F) → 圆角(F)... 命令，选择图 18.25a 所示的边线为圆角对象，圆角半径值为 0.5。

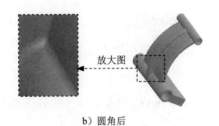

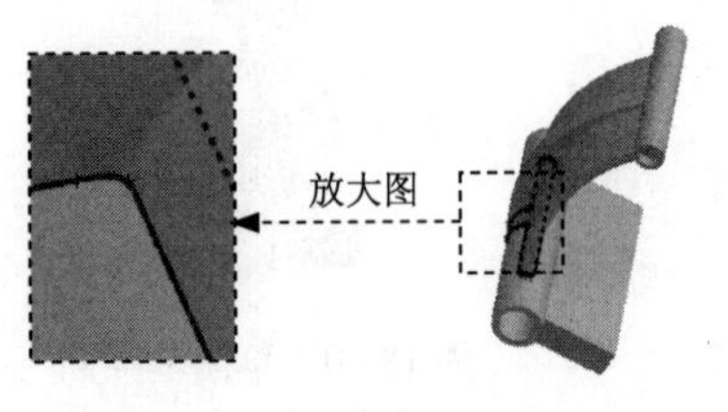

a）圆角前

放大图

b）圆角后

图 18.25 圆角 3

Step 16 创建图 18.26b 所示的圆角 4。选择下拉菜单 插入(I) → 特征(F) → 圆角(F)... 命令，选择图 18.26a 所示的边线为圆角对象，圆角半径值为 0.2。

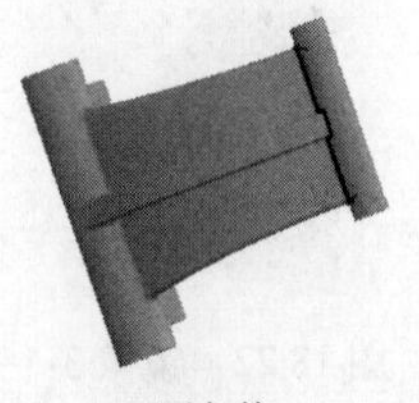

a）圆角前

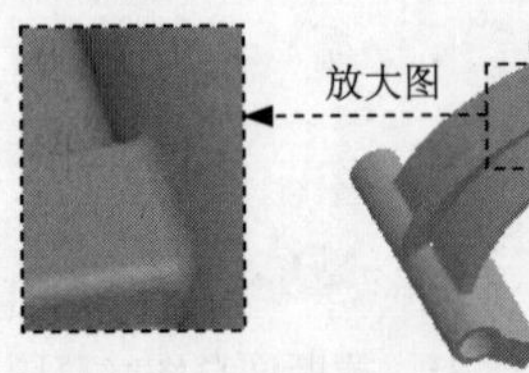

b）圆角后

图 18.26 圆角 4

Step 17 创建图 18.27b 所示的倒角 1。选取图 18.27a 所示的边线为要倒角的对象，在“倒角”窗口中选中 角度距离(A) 单选按钮，然后在 文本框中输入数值 0.3，在 文本框中输入数值 45.0。

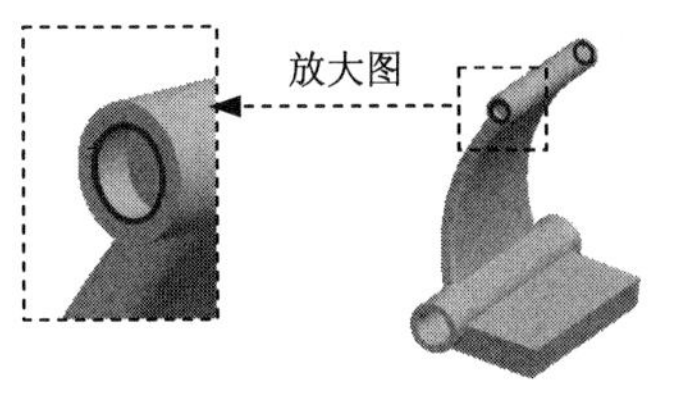

a）倒角前

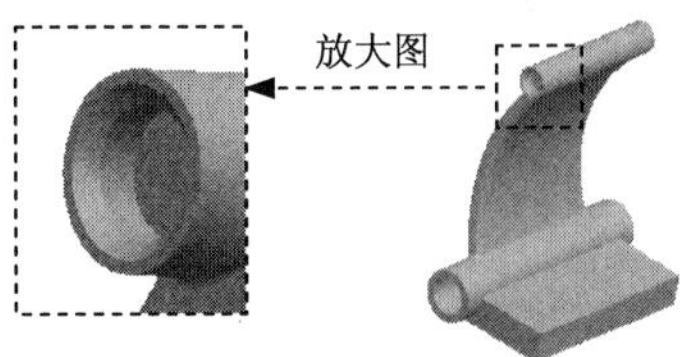

b）倒角后

图 18.27　倒角 1

Step 18 创建图 18.28 所示的镜像 4。选择下拉菜单 插入(I) → 阵列/镜向(E) → 镜向(M)... 命令。选取右视基准面作为镜像基准面，选取图 18.28a 所示的所有特征作为镜像 4 的对象。

a）镜像前

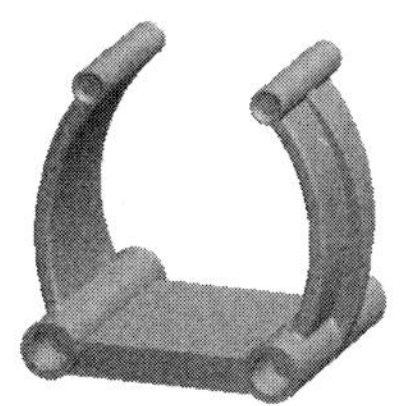

b）镜像后

图 18.28　镜像 4

Step 19 创建图 18.29 所示的零件特征——切除-旋转 1。选择下拉菜单 插入(I) → 切除(C) → 旋转(R)... 命令。选取前视基准面作为草图基准面，绘制图 18.30 所示的横断面草图，采用草图中绘制的中心线作为旋转轴线。在“切除-旋转”窗口中输入旋转角度值 360.0。

图 18.29　切除-旋转 1

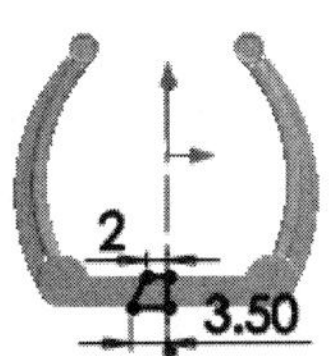

图 18.30　横断面草图（草图 9）

Step 20 创建图 18.31b 所示的圆角 5。选择下拉菜单 插入(I) → 特征(F) → 圆角(F)... 命令，选择图 18.31a 所示的边线为圆角对象，圆角半径值为 0.5。

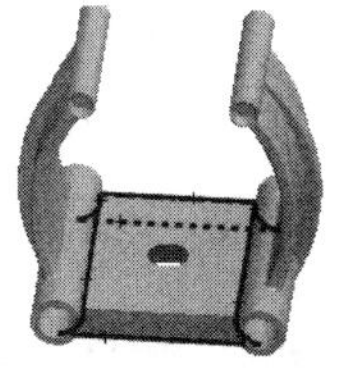

a）圆角前

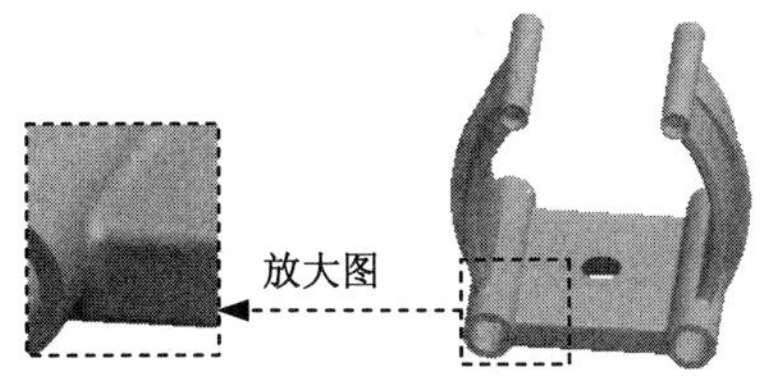

b）圆角后

图 18.31　圆角 5

Step 21 保存模型。选择下拉菜单 文件(F) → 保存(S) 命令，将模型命名为“塑料挂钩”，保存模型。

实例 19　传呼机套

实例概述：

本实例运用巧妙的构思，通过简单的几个特征创建出图 19.1 所示较为复杂的模型，通过对本实例的学习，可以使读者进一步掌握拉伸、抽壳、扫描和旋转等命令。零件模型及设计树如图 19.1 所示。

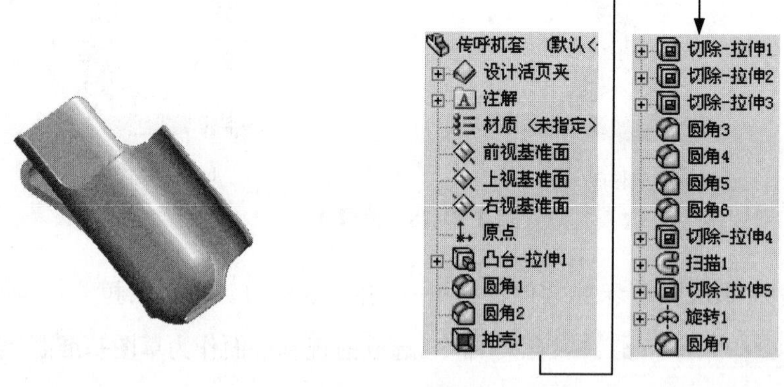

图 19.1　零件模型及设计树

说明：本实例前面的详细操作过程请参见随书光盘中 video\ins19\reference\文件下的语音视频讲解文件——传呼机套-r01.avi。

Step 1 打开文件 D:\sw13in\work\ins19\传呼机套_ex.SLDPRT。

Step 2 创建图 19.2b 所示的圆角 1。选择下拉菜单 插入(I) → 特征(F) → 圆角(F)... 命令，选择图 19.2a 所示的边线为圆角对象，圆角半径值为 8.0。

a）圆角前　　b）圆角后

图 19.2　圆角 1

Step 3 创建图 19.3b 所示的圆角 2。选择下拉菜单 插入(I) → 特征(F) → 圆角(F)... 命令，选择图 19.3a 所示的边线为圆角对象，圆角半径值为 6.0。

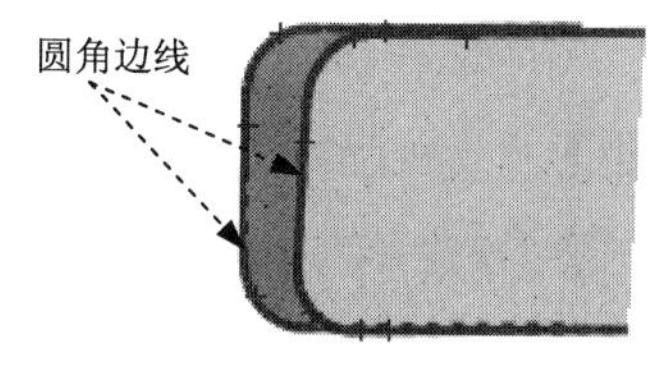

a）圆角前

b）圆角后

图 19.3　圆角 2

Step 4　创建图 19.4b 所示的零件特征——抽壳 1。选择下拉菜单 插入(I) → 特征(F) → 抽壳(S)... 命令。选取图 19.4a 所示的模型表面为要移除的面。在“抽壳 1”窗口的 参数(P) 区域输入壁厚值 1.0。

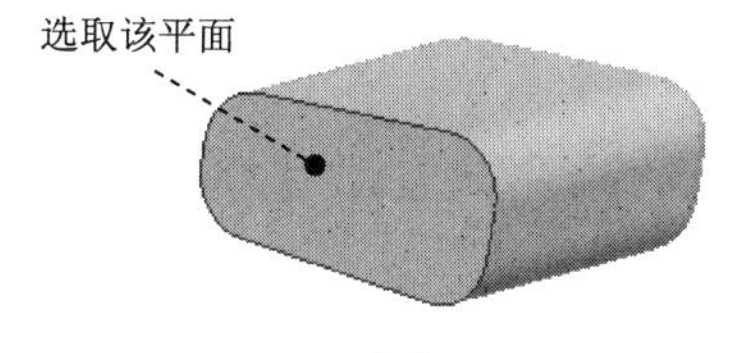

a）抽壳前

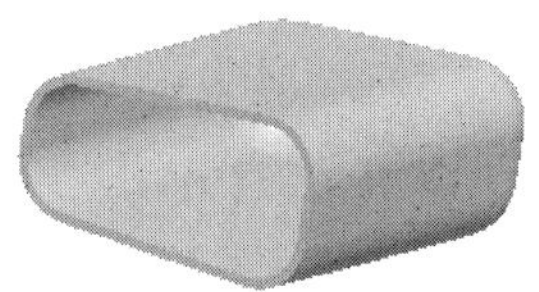

b）抽壳后

图 19.4　抽壳

Step 5　创建图 19.5 所示的零件特征——切除-拉伸 1。选择下拉菜单 插入(I) → 切除(C) → 拉伸(E)... 命令。选取右视基准面作为草图基准面，绘制图 19.6 所示的横断面草图。在“切除-拉伸”窗口 方向 1 区域的下拉列表框中选择 两侧对称 选项，输入数值为 45.0。

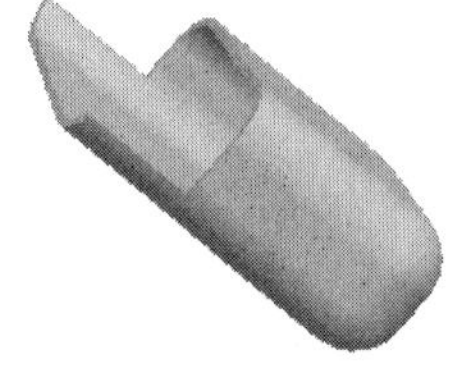

图 19.5　切除-拉伸 1

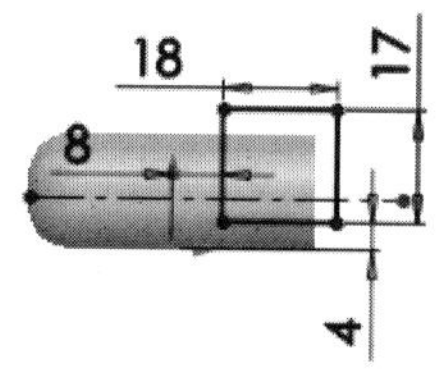

图 19.6　横断面草图（草图 2）

Step 6　创建图 19.7 所示的零件特征——切除-拉伸 2。选择下拉菜单 插入(I) → 切除(C) → 拉伸(E)... 命令。选取前视基准面作为草图基准面，绘制图 19.8 所示的横断面草图。在“切除-拉伸”窗口 方向 1 区域的下拉列表框中选择 两侧对称 选项，输入数值为 55.0。

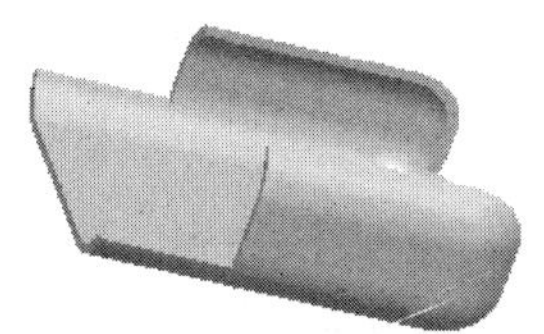

图 19.7　切除-拉伸 2

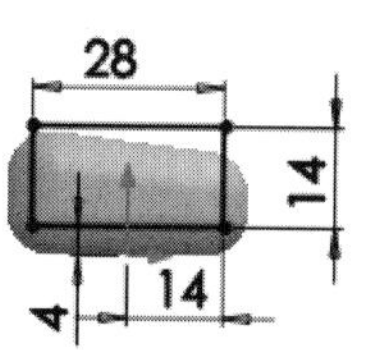

图 19.8　横断面草图（草图 3）

Step 7 创建图 19.9 所示的零件特征——切除-拉伸 3。选择下拉菜单 插入(I) → 切除(C) → 拉伸(E)... 命令。选取右视基准面作为草图基准面，绘制图 19.10 所示的横断面草图。在“切除-拉伸”窗口 方向 1 区域的下拉列表框中选择 两侧对称 选项，输入数值为 55.0。

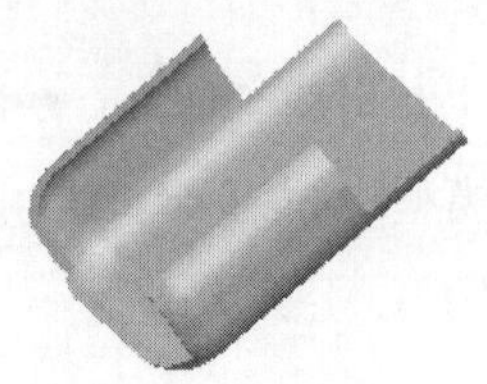

图 19.9 切除-拉伸 3

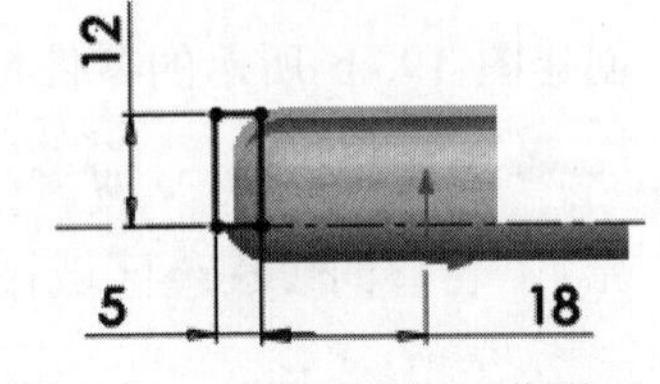

图 19.10 横断面草图（草图 4）

Step 8 创建图 19.11b 所示的圆角 3。选择下拉菜单 插入(I) → 特征(F) → 圆角(F)... 命令，选择图 19.11a 所示的边线为圆角对象，圆角半径值为 2.0。

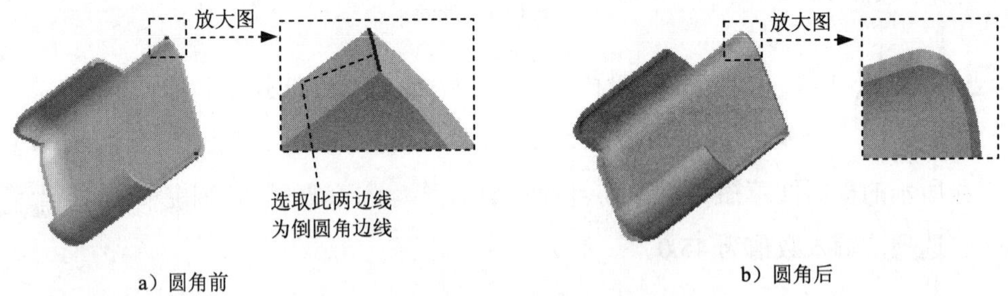

a）圆角前　　b）圆角后

图 19.11 圆角 3

Step 9 创建图 19.12b 所示的圆角 4。选择下拉菜单 插入(I) → 特征(F) → 圆角(F)... 命令，选择图 19.12a 所示的边线为圆角对象，圆角半径值为 4.0。

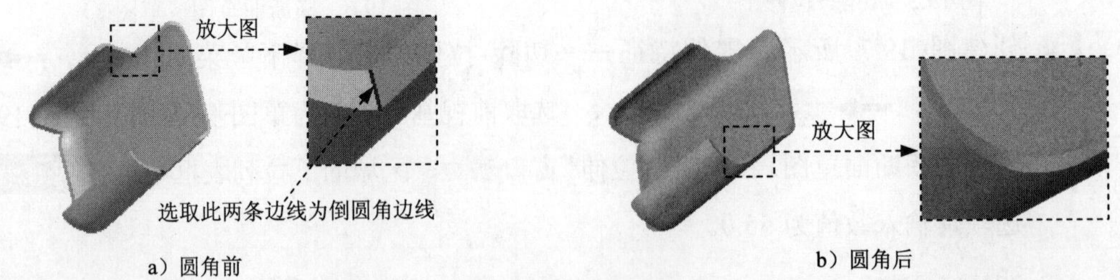

a）圆角前　　b）圆角后

图 19.12 圆角 4

Step 10 创建图 19.13b 所示的圆角 5。选择下拉菜单 插入(I) → 特征(F) → 圆角(F)... 命令，选择图 19.13a 所示的边线为圆角对象，圆角半径值为 3.0。

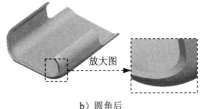

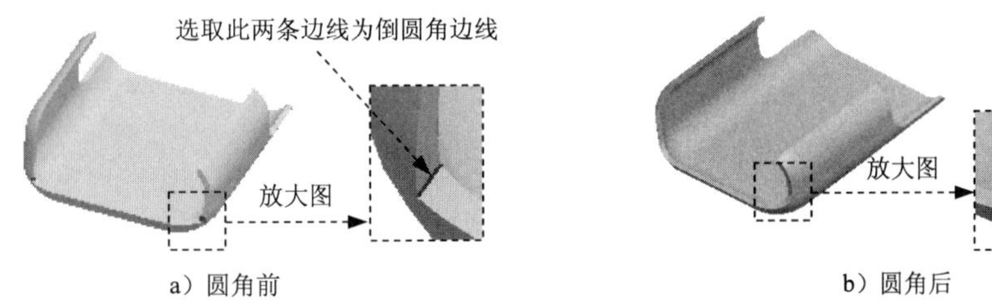

a）圆角前　　b）圆角后

图 19.13　圆角 5

Step 11 创建图 19.14b 所示的圆角 6。选择下拉菜单 插入(I) → 特征(F) → 圆角(F)... 命令，选择图 19.14a 所示的边线为圆角对象，圆角半径值为 1.0。

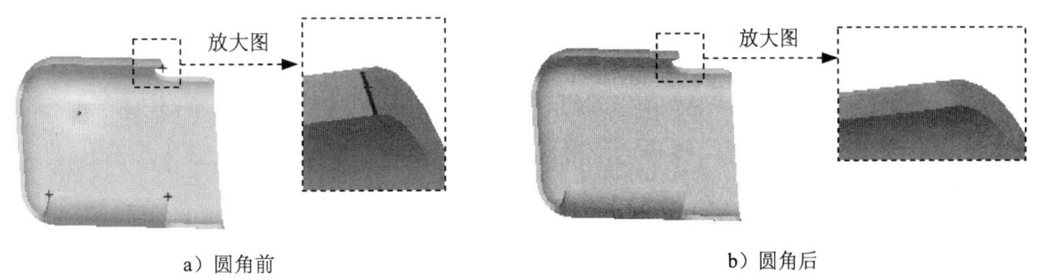

a）圆角前　　b）圆角后

图 19.14　圆角 6

Step 12 创建图 19.15 所示的零件特征——切除-拉伸 4。选择下拉菜单 插入(I) → 切除(C) → 拉伸(E)... 命令。选取图 19.15 所示平面作为草图基准面，绘制图 19.16 所示的横断面草图。在“切除-拉伸”窗口 方向 1 区域的下拉列表框中选择 给定深度 选项，输入深度值为 0.5。

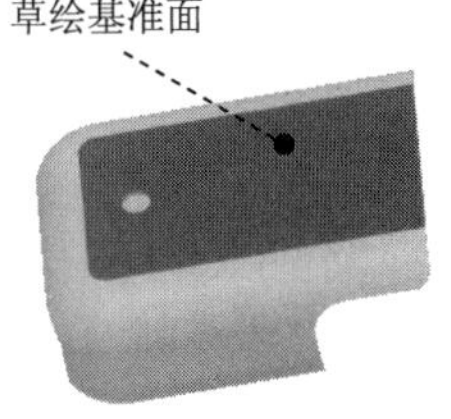

图 19.15　切除-拉伸 4

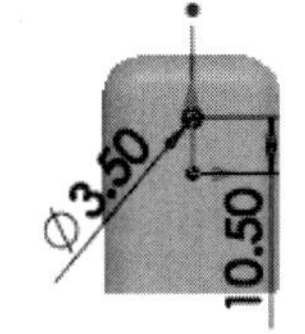

图 19.16　横断面草图（草图 5）

Step 13 创建图 19.17 所示的草图 6。选择下拉菜单 插入(I) → 草图绘制 命令。选取右视基准面为草图基准面，绘制图 19.17 所示的草图 6。

Step 14 创建图 19.18 所示的草图 7。选择下拉菜单 插入(I) → 草图绘制 命令。选取上视基准面为草图基准面，绘制图 19.18 所示的草图 7。

说明：矩形中心与草图 6 有穿透的约束。

Step 15 创建图 19.19 所示的零件特征——扫描 1。选择下拉菜单 插入(I) ➡ 凸台/基体(B) ➡ 扫描(S)... 命令，系统弹出“扫描”对话框。选取草图 7 作为扫描轮廓，选取草图 6 作为扫描路径。

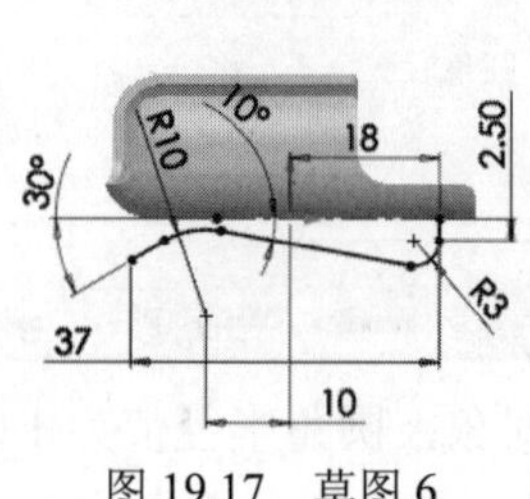

图 19.17 草图 6

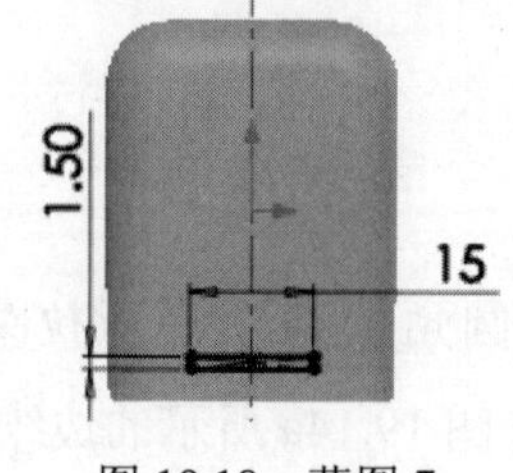

图 19.18 草图 7

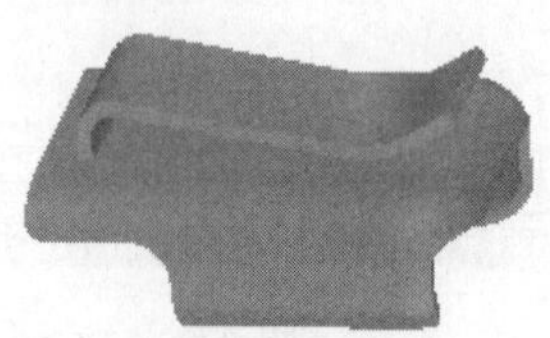
图 19.19 扫描 1

Step 16 创建图 19.20 所示的零件特征——切除-拉伸 5。选择下拉菜单 插入(I) ➡ 切除(C) ➡ 拉伸(E)... 命令。选取上视基准面作为草图基准面，绘制图 19.21 所示的横断面草图。在“切除-拉伸”窗口 方向1 区域的下拉列表框中选择 完全贯穿 选项。

图 19.20 切除-拉伸 5

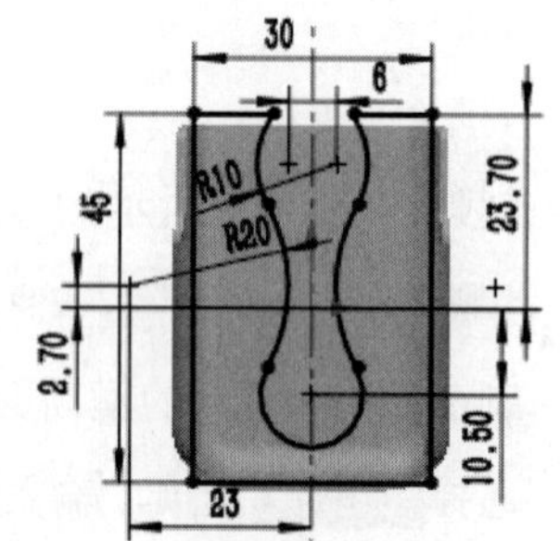

图 19.21 横断面草图（草图 8）

Step 17 后面的详细操作过程请参见随书光盘中 video\ins19\reference\文件下的语音视频讲解文件——传呼机套-r02.avi。

实例 20 热水器电气盒

实例概述：

本实例主要运用了拉伸、抽壳、阵列和孔等命令，在进行“阵列”特征时要注意选择恰当的阵列方式。此外，在绘制拉伸截面草图的过程中要使用转换引用实体命令，以便简化草图的绘制。零件模型和设计树如图 20.1 所示。

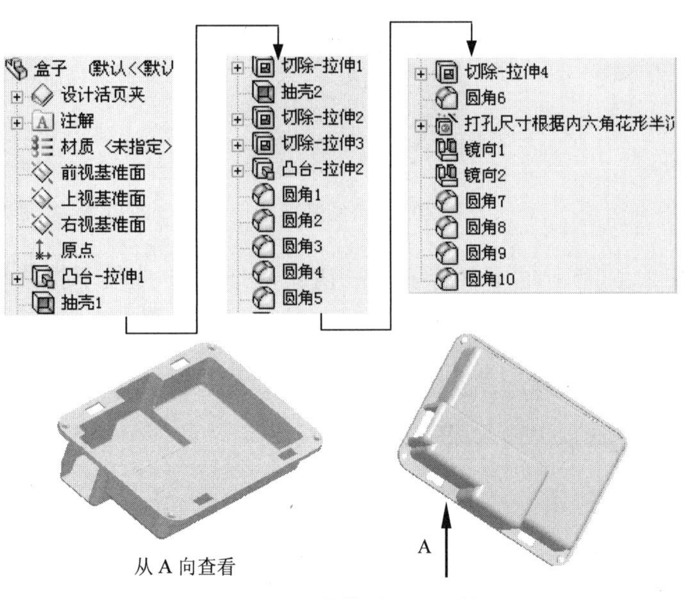

图 20.1 零件模型及设计树

说明：本实例前面的详细操作过程请参见随书光盘中 video\ins20\reference\文件下的语音视频讲解文件——盒子-r01.avi。

Step 1 打开文件 D:\sw13in\work\ins20\盒子_ex.SLDPRT。

Step 2 创建图 20.2b 所示的零件特征——抽壳 2。选择下拉菜单 插入(I) → 特征(F) → 抽壳(S)... 命令。选取图 20.2a 所示的模型表面为要移除的面。在“抽壳 1”窗口的参数(P)区域输入壁厚值 3.0。

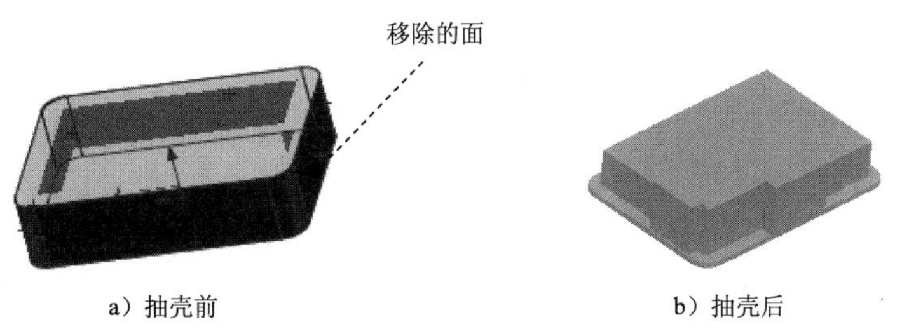

a）抽壳前 b）抽壳后

图 20.2 抽壳 2

Step 3 创建图 20.3 所示的零件特征——切除-拉伸 2。选择下拉菜单 插入(I) → 切除(C) → 拉伸(E)...命令。选取图 20.4 所示平面作为草图基准面，绘制图 20.5 所示的横断面草图。在“切除-拉伸”窗口 方向 1 区域的下拉列表框中选择完全贯穿选项。

图 20.3 切除-拉伸 2

图 20.4 草图基准面

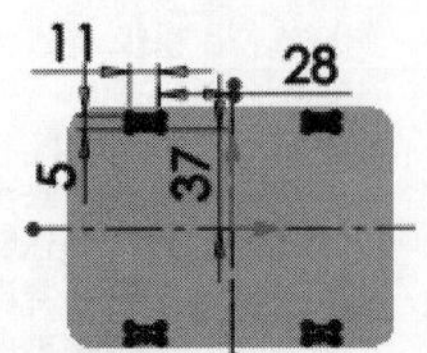

图 20.5 横断面草图（草图 3）

Step 4 创建图 20.6 所示的零件特征——切除-拉伸 3。选择下拉菜单 插入(I) ➡ 切除(C) ➡ 拉伸(E)... 命令。选取图 20.4 所示的平面作为草图基准面，绘制图 20.7 所示的横断面草图。在“切除-拉伸”窗口 方向 1 区域的下拉列表框中选择 给定深度 选项，输入深度值为 29.0。

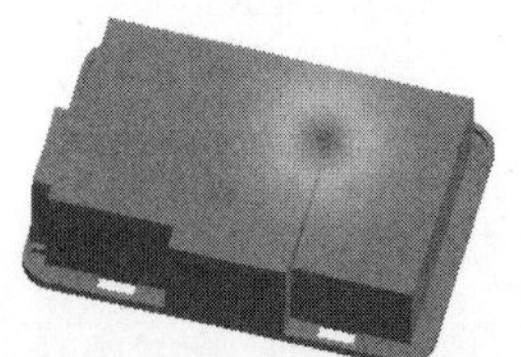

图 20.6 切除-拉伸 3

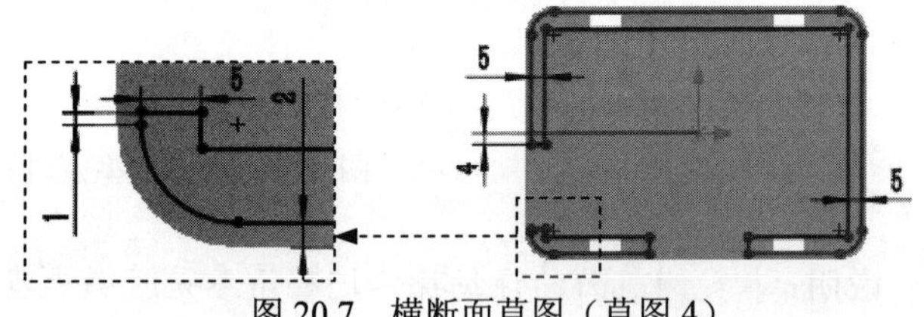

图 20.7 横断面草图（草图 4）

Step 5 创建图 20.8 所示的零件特征——凸台-拉伸 2。选择下拉菜单 插入(I) ➡ 凸台/基体(B) ➡ 拉伸(E)... 命令。选取图 20.9 所示的平面作为草图基准面，绘制图 20.10 所示的横断面草图；在“凸台-拉伸”窗口 方向 1 区域的下拉列表框中选择 给定深度 选项，单击 按钮，输入深度值 3.0。

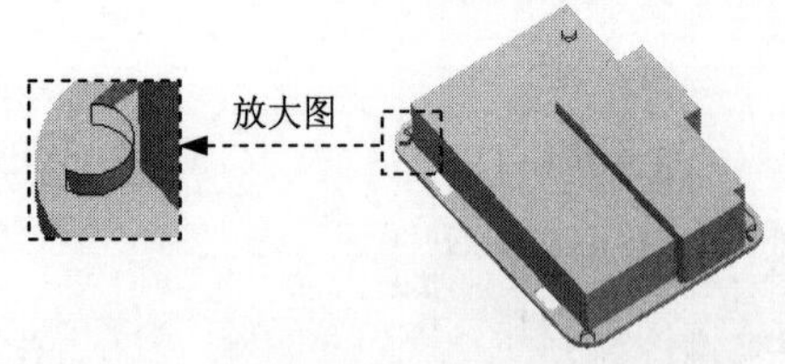

图 20.8 凸台-拉伸 2

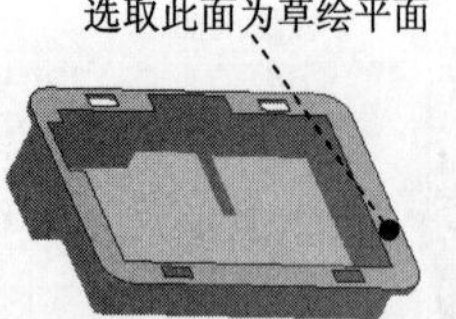

图 20.9 定义草绘平面

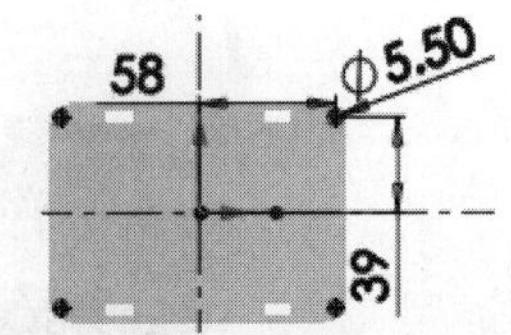

图 20.10 横断面草图（草图 5）

Step 6 创建图 20.11b 所示的圆角 1。选择下拉菜单 插入(I) ➡ 特征(F) ➡ 圆角(F)... 命令，选择图 20.11a 所示的 8 条边线为圆角对象，圆角半径值为 4.0。

a）圆角前

b）圆角后

图 20.11 圆角 1

Step 7 创建图 20.12b 所示的圆角 2。选择下拉菜单 插入(I) → 特征(F) → 圆角(F)...命令，选择图 20.12a 所示的边线为圆角对象，圆角半径值为 4.0。

a）圆角前

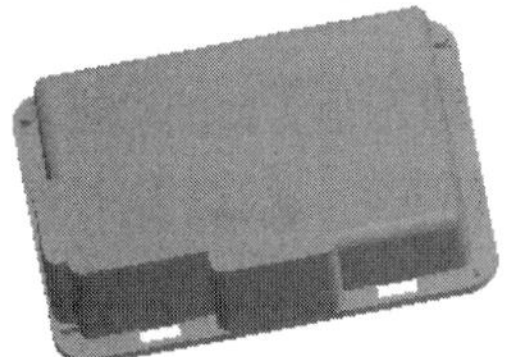

b）圆角后

图 20.12 圆角 2

Step 8 创建图 20.13b 所示的圆角 3。选择下拉菜单 插入(I) → 特征(F) → 圆角(F)...命令，选择图 20.13a 所示的 3 条边线为圆角对象，圆角半径值为 4.0。

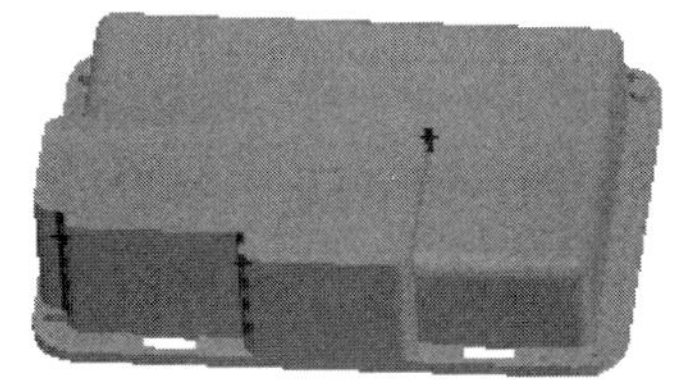

a）圆角前

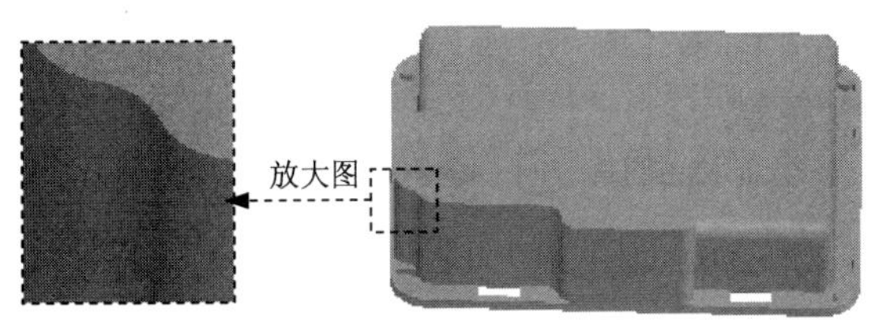

b）圆角后

图 20.13 圆角 3

Step 9 创建图 20.14b 所示的圆角 4。选择下拉菜单 插入(I) → 特征(F) → 圆角(F)...命令，选择图 20.14a 所示的面为圆角对象，圆角半径值为 4.0。

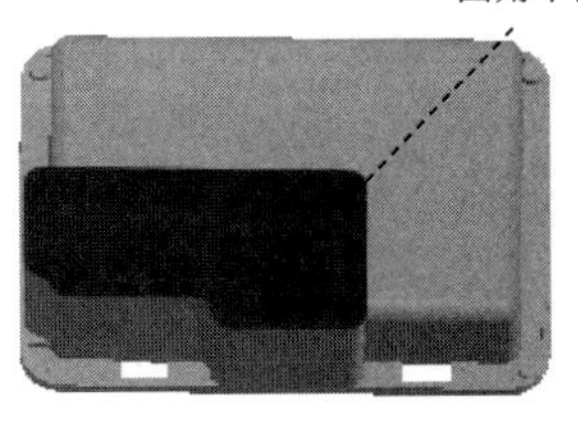

a）圆角前

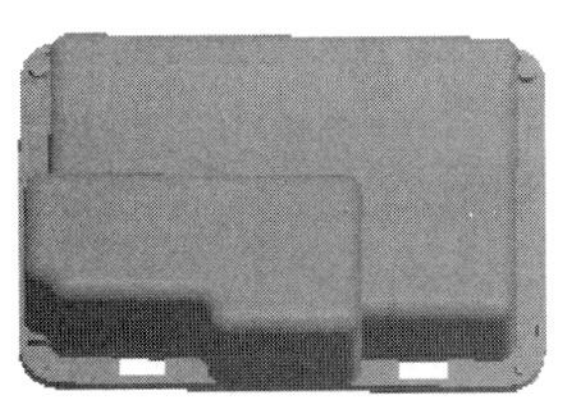

b）圆角后

图 20.14 圆角 4

Step 10 创建图 20.15b 所示的圆角 5。选择下拉菜单 插入(I) → 特征(F) → 圆角(F)...命令，选择图 20.15a 所示的 5 条边线为圆角对象，圆角半径值为 2.0。

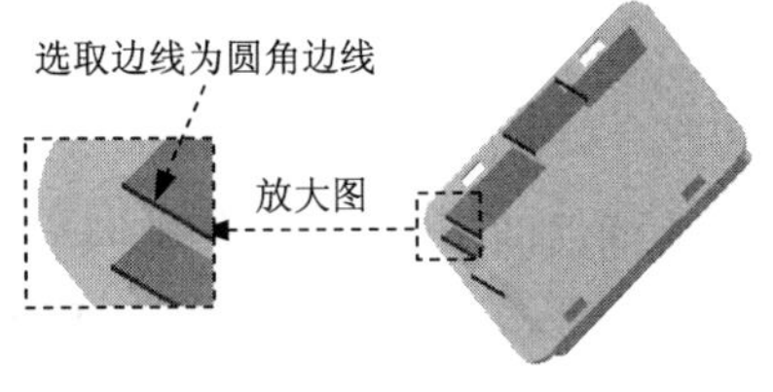

a）圆角前

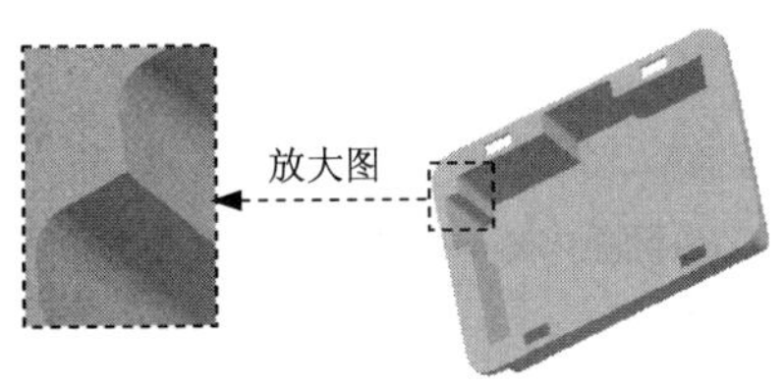

b）圆角后

图 20.15 圆角 5

Step 11 创建图 20.16 所示的零件特征——切除-拉伸 4。选择下拉菜单 插入(I) → 切除(C) → 拉伸(E)... 命令。选取图 20.17 所示的平面作为草图基准面，绘制图 20.18 所示的横断面草图。在“切除-拉伸”窗口 方向1 区域的下拉列表框中选择 给定深度 选项，输入深度值为 10.0。

图 20.16 切除-拉伸 4　　图 20.17 草绘平面　　图 20.18 横断面草图（草图 6）

Step 12 创建图 20.19b 所示的圆角 6。选择下拉菜单 插入(I) → 特征(F) → 圆角(F)... 命令，选择图 20.19a 所示的 3 条边线为圆角对象，圆角半径值为 3.0。

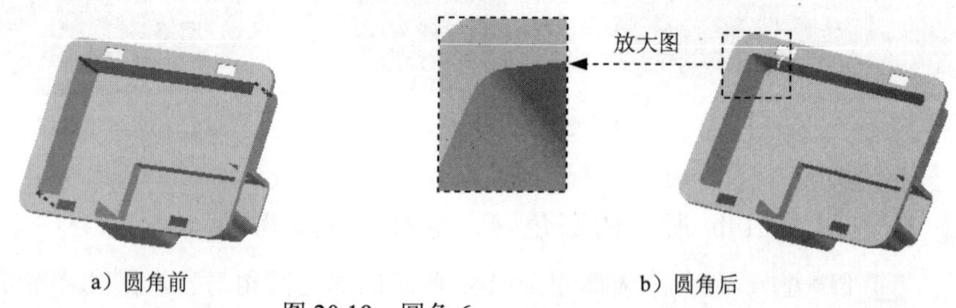

a）圆角前　　b）圆角后

图 20.19 圆角 6

2 Chapter

Step 13 创建图 20.20 所示的零件特征——打孔尺寸根据内六角花形半沉头螺钉的类型 1。

（1）选择下拉菜单 插入(I) → 特征(F) → 孔(H) → 向导(W)... 命令。

（2）定义孔的位置。在“孔规格”窗口中单击 位置 选项卡，选取图 20.21 所示的模型表面为孔的放置面，在鼠标单击处将出现孔的预览，建立图 20.22 所示的同心约束。

图 20.20 孔类型 1　　图 20.21 孔放置面　　图 20.22 尺寸约束

（3）定义孔的参数。在“孔位置”窗口单击 类型 选项卡，在 孔类型(T) 区域选择孔“类型”为（锥形沉头孔），标准为 Gb，然后在 终止条件(C) 下拉列表框中选择 给定深度 选项，输入深度值为 10.0。

（4）定义孔的大小。在 孔规格 区域定义孔的大小为 M6 ，配合为 正常，选中 ☑ 显示自定义大小(Z) 复选框，在后的文本框中输入数值 3，在后的文本框中输入数值 5，在后的文本框中输入数值 90，单击✔按钮，完成打孔尺寸根据内六角花形半沉头螺钉的类型 1 的创建。

Step 14 创建图 20.23 所示的镜像 1。选择下拉菜单 插入(I) → 阵列/镜向(E) → 镜向(M)... 命令。选取右视基准面作为镜像基准面，选取打孔尺寸根据内六角花形半沉头螺钉的类型 1 作为镜像 1 的对象。

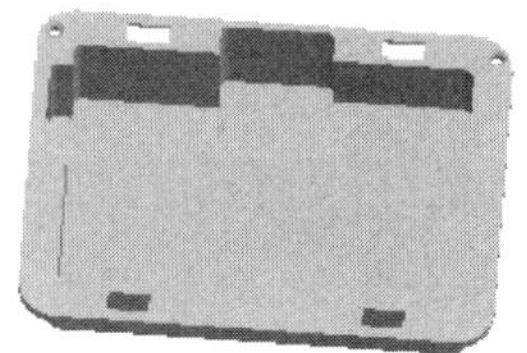

图 20.23 镜像 1

Step 15 后面的详细操作过程请参见随书光盘中 video\ins20\reference\文件下的语音视频讲解文件——盒子-r02.avi。

实例 21 塑 料 凳

实例概述：

本实例详细讲解了一款塑料凳的设计过程，该设计过程运用了以下命令：实体拉伸、拔模、抽壳、阵列和倒圆角等。其中拔模的操作技巧性较强，需要读者用心体会。零件模型及设计树如图 21.1 所示。

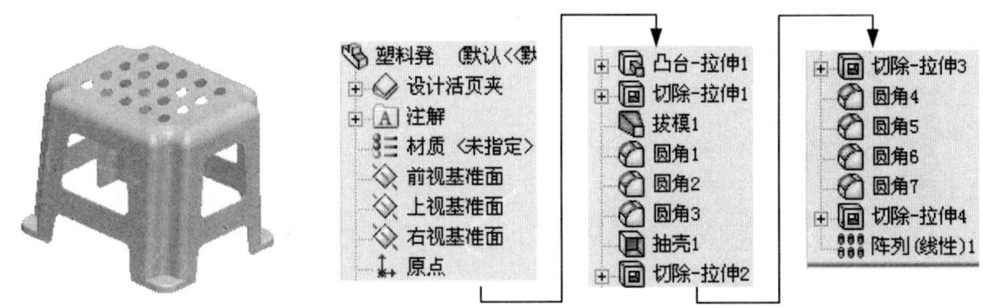

图 21.1 零件模型及设计树

说明：本实例前面的详细操作过程请参见随书光盘中 video\ins21\reference\文件下的语音视频讲解文件——塑料凳-r01.avi。

Step 1 打开文件 D:\sw13in\work\ins21\塑料凳_ex.SLDPRT。

Step 2 创建图 21.2b 所示的零件特征——抽壳 1。选择下拉菜单 插入(I) → 特征(F) → 抽壳(S)... 命令。选取图 21.2a 所示的模型表面为要移除的面，在“抽壳 1”窗口的 参数(P) 区域输入壁厚值 2.0。

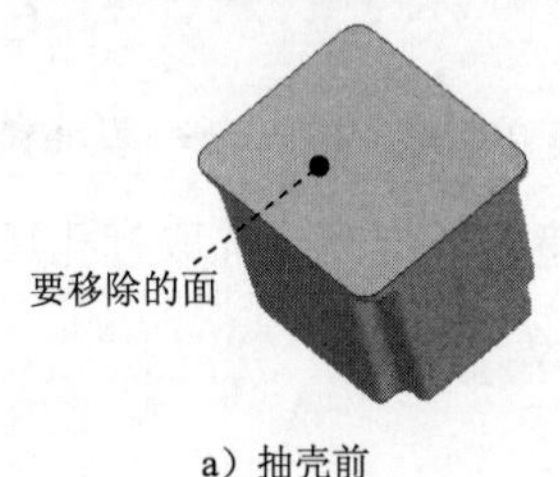

a）抽壳前　　b）抽壳后

图 21.2　抽壳 1

Step 3 创建图 21.3 所示的零件特征——切除-拉伸 2。选择下拉菜单 插入(I) → 切除(C) → 拉伸(E)... 命令，选取前视基准面作为草图基准面，绘制图 21.4 所示的横断面草图。在“切除-拉伸”窗口 方向 1 区域的下拉列表框中选择 两侧对称 选项，输入深度值为 300.0。

图 21.3　切除-拉伸 2

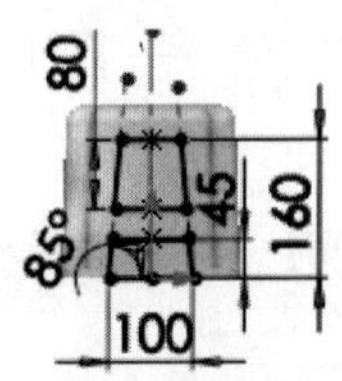

图 21.4　横断面草图（草图 3）

Step 4 创建图 21.5 所示的零件特征——切除-拉伸 3。选择下拉菜单 插入(I) → 切除(C) → 拉伸(E)... 命令。选取右视基准面作为草图基准面，绘制图 21.6 所示的横断面草图。在“切除-拉伸”窗口 方向 1 区域的下拉列表框中选择 两侧对称 选项，输入深度值 300.0。

图 21.5　切除-拉伸 3

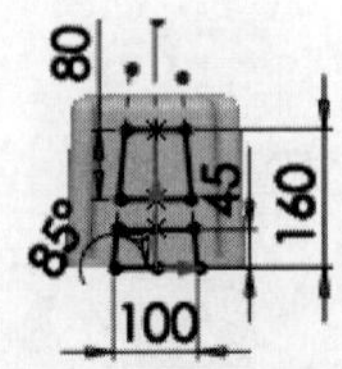

图 21.6　横断面草图（草图 4）

Step 5 创建图 21.7b 所示的圆角 4。选择下拉菜单 插入(I) → 特征(F) → 圆角(F)... 命令，选择图 21.7a 所示的边线为圆角对象，圆角半径值为 3.0。

Step 6 创建图 21.8b 所示的圆角 5。选择下拉菜单 插入(I) → 特征(F) → 圆角(F)... 命令，选择图 21.8a 所示的 8 条边线为圆角对象，圆角半径值为 15.0。

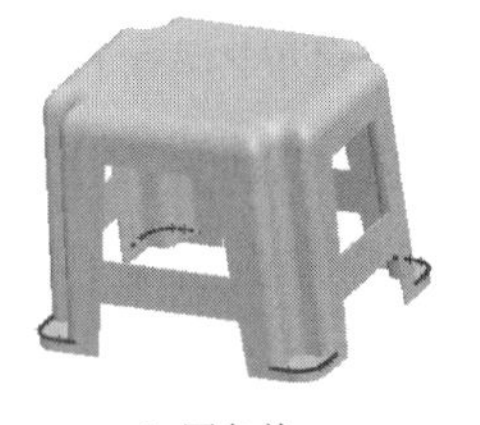

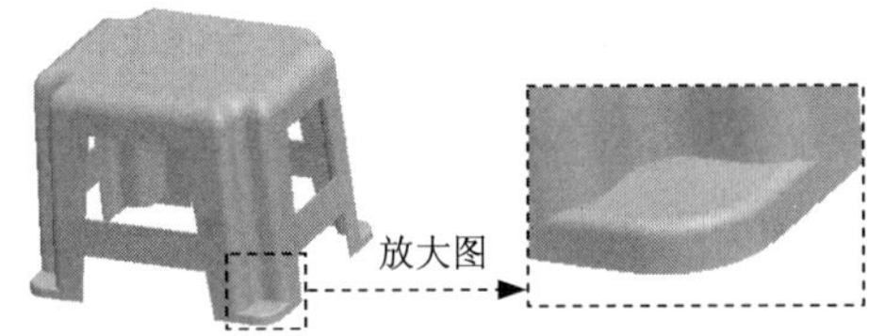

a）圆角前　　b）圆角后

图 21.7　圆角 4

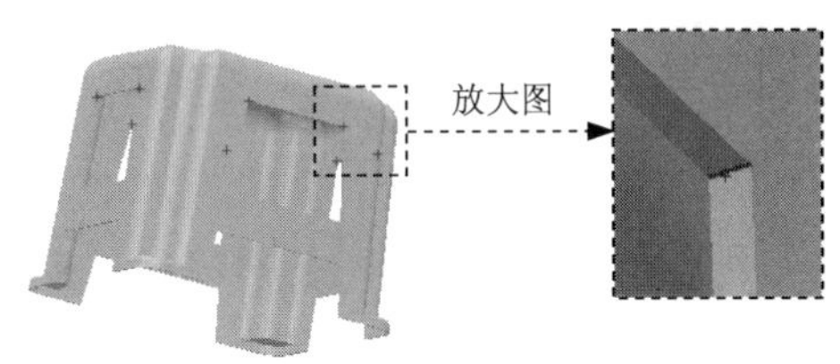

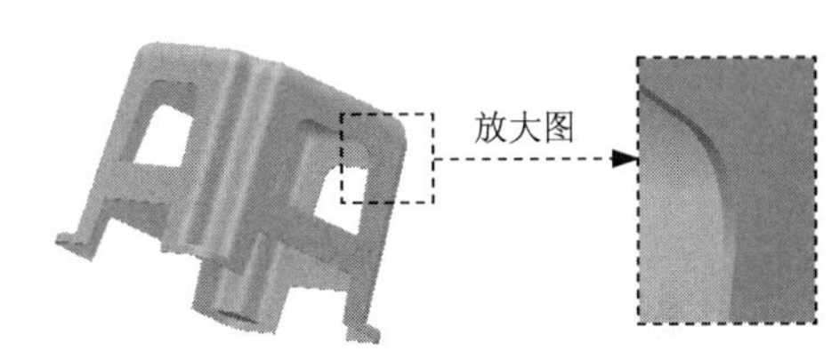

a）圆角前　　b）圆角后

图 21.8　圆角 5

Step 7　创建图 21.9b 所示的圆角 6。选择下拉菜单 插入(I) → 特征(F) → 圆角(F)... 命令，选择图 21.9a 所示的 16 条边线为圆角对象，圆角半径值为 10.0。

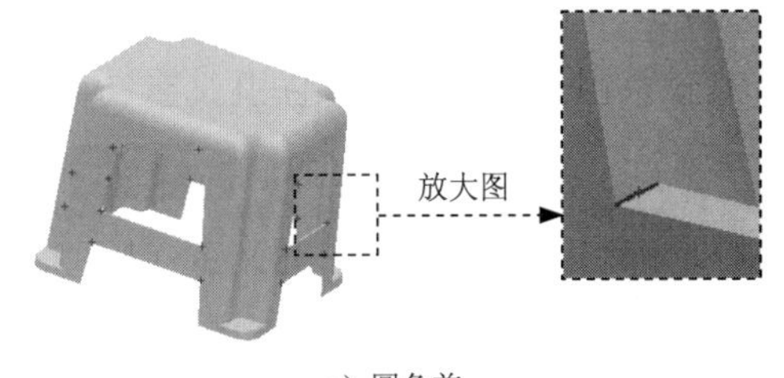

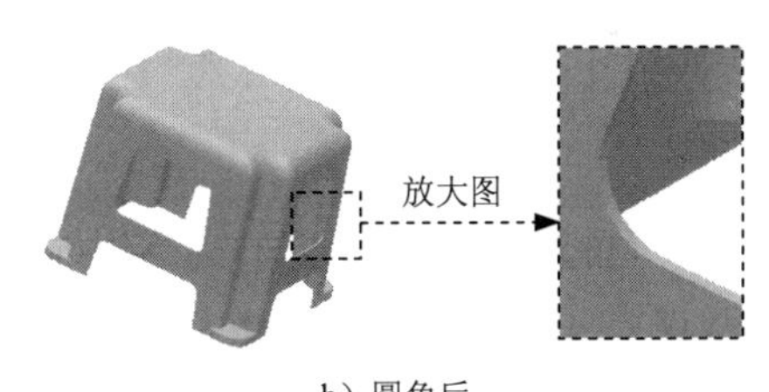

a）圆角前　　b）圆角后

图 21.9　圆角 6

Step 8　创建图 21.10b 所示的圆角 7。选择下拉菜单 插入(I) → 特征(F) → 圆角(F)... 命令，选择图 21.10a 所示的 8 条边线为圆角对象，圆角半径值为 5.0。

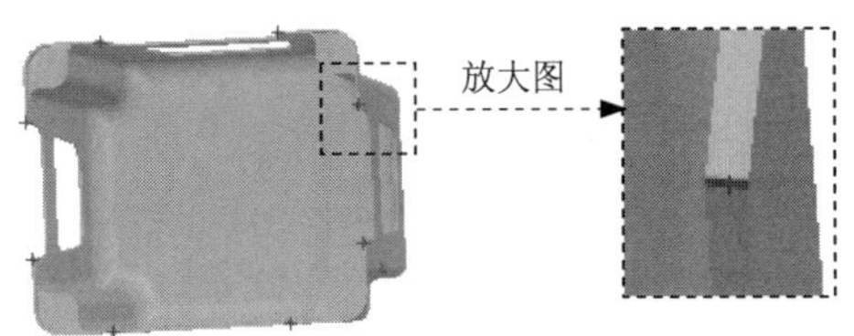

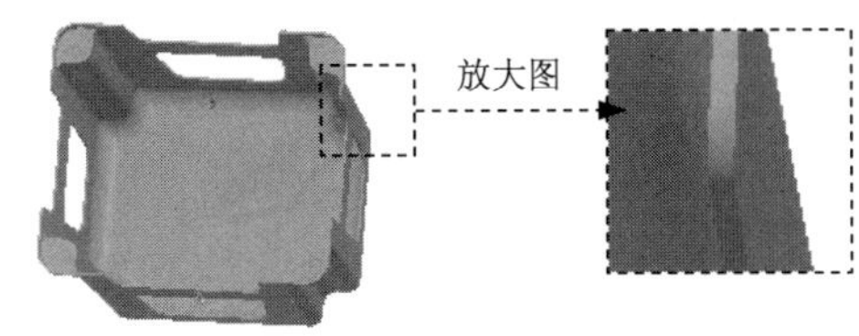

a）圆角前　　b）圆角后

图 21.10　圆角 7

Step 9　创建图 21.11 所示的零件特征——切除-拉伸 4。选择下拉菜单 插入(I) → 切除(C) → 拉伸(E)... 命令。选取图 21.12 所示平面作为草图基准面，绘制图 21.13 所示的横断面草图。在“切除-拉伸”窗口 方向1 区域的下拉列表框中选择 完全贯穿 选项。

图 21.11　切除-拉伸 4

图 21.12　草绘基准面

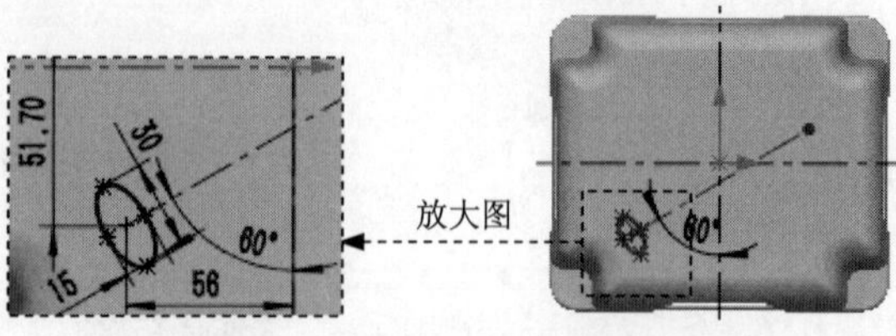

图 21.13　横断面草图（草图 5）

Step 10 创建图 21.14 所示的线性阵列 1。选择下拉菜单 插入(I) → 阵列/镜向(E) → 线性阵列(L)... 命令。选取切除-拉伸 4 作为要阵列的对象，选取图 21.15 所示的边线 1 作为方向 1 的阵列方向线。在 D1 后输入数值 34.0，阵列个数为 5 个。选取图 21.15 所示的边线 2 作为方向 2 的阵列方向线。在 D1 后输入数值 32.0，阵列个数为 4 个。

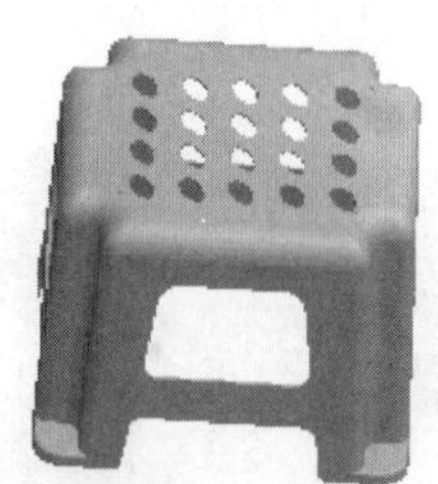
图 21.14　线性阵列 1

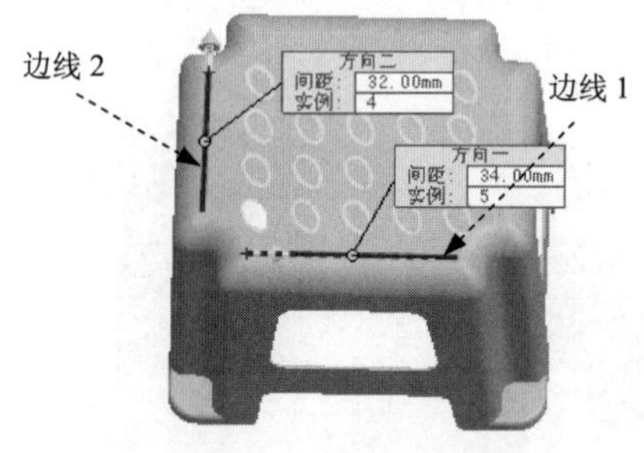

图 21.15　选择阵列边线

Step 11 保存模型。选择下拉菜单 文件(F) → 保存(S) 命令，将模型命名为“塑料凳”，保存模型。

实例 22　泵箱

实例概述：

该零件在进行设计的过程中充分利用了“孔”、“阵列”和“镜像”等命令，在进行断面草图绘制的过程中，要注意草绘平面。零件模型和模型树如图 22.1 所示。

说明：本实例前面的详细操作过程请参见随书光盘中 video\ins22\reference\文件下的语音视频讲解文件——泵箱-r01.avi。

2 Chapter

从 A 向查看
A

泵箱 (默认<<默认
设计活页夹
注解
材质 <未指定>
前视基准面
上视基准面
右视基准面
原点
凸台-拉伸1
切除-拉伸1
切除-拉伸2
凸台-拉伸2
M5 六角凹头螺钉的
切除-拉伸3
镜向1
凸台-拉伸3
切除-拉伸4
旋转1
镜向2
阵列(线性)1
凸台-拉伸4
旋转2
Ø7.0 (7) 直径孔1
阵列(线性)2
镜向3
旋转3
Ø7.0 (7) 直径孔2
阵列(线性)3
Ø7.0 (7) 直径孔3
圆角1
圆角2
圆角3
圆角4
圆角5
圆角6
圆角7
圆角8

图 22.1　零件模型及设计树

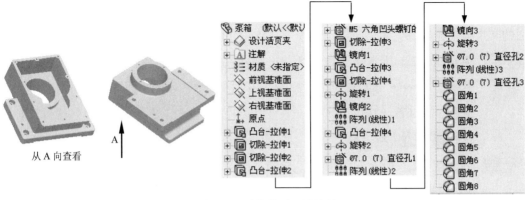

Step 1　打开文件 D:\sw13in\work\ins22\泵箱_ex.SLDPRT。

Step 2　创建图 22.2 所示的零件特征——M5 六角凹头螺栓的柱形沉头孔 1。

图 22.2　M5 六角凹头螺栓的柱形沉头孔 1

（1）选择下拉菜单 插入(I) → 特征(F) → 孔(H) → 向导(W)... 命令。

（2）定义孔的位置。在“孔规格”窗口中单击 位置 选项卡，选取图 22.3 所示的模型表面为孔的放置面，在鼠标单击处将出现孔的预览，在“草图（K）”工具栏中单击 按钮，建立图 22.4 所示的尺寸，并修改为目标尺寸。

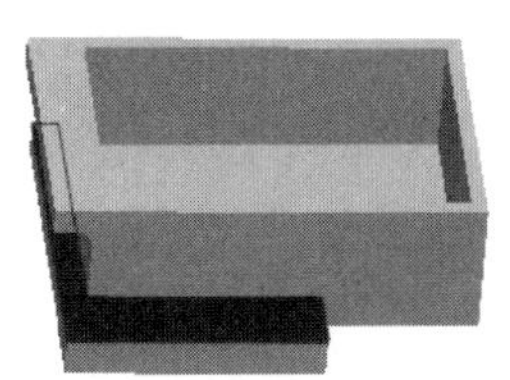

图 22.3　孔的放置面

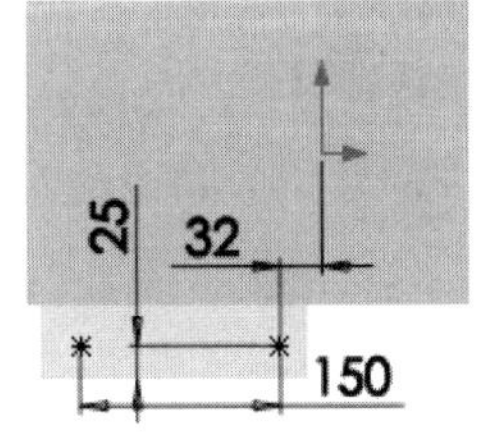

图 22.4　孔位置尺寸（草图 5）

（3）定义孔的参数。在“孔位置”窗口单击 类型 选项卡，在 孔类型(T) 区域选择孔“类型”为 （柱孔），标准为 Iso，类型为 六角凹头 ISO 4762，然后在 终止条件(C) 下拉列表框中选择 完全贯穿 选项。

（4）定义孔的大小。在 孔规格 区域定义孔的大小为 M5，配合为 正常，选中

☑ 显示自定义大小(Z) 复选框，在后的文本框中输入 16，在后的文本框中输入 26，在后的文本框中输入 16，单击✔按钮，完成 M5 六角凹头螺栓的柱形沉头孔 1 的创建。

Step 3 创建图 22.5 所示的零件特征——切除-拉伸 3。选择下拉菜单 插入(I) → 切除(C) → 拉伸(E)... 命令。选取图 22.3 所示的平面作为草图基准面，绘制图 22.6 所示的横断面草图。在“切除-拉伸”窗口 方向1 区域的下拉列表框中选择 完全贯穿 选项。

Step 4 创建图 22.7 所示的镜像 1。选择下拉菜单 插入(I) → 阵列/镜向(E) → 镜向(M)... 命令。选取前视基准面作为镜像基准面，选取切除-拉伸 3、M5 六角凹头螺栓的柱形沉头孔 1、凸台-拉伸 2 作为镜像 1 的对象。

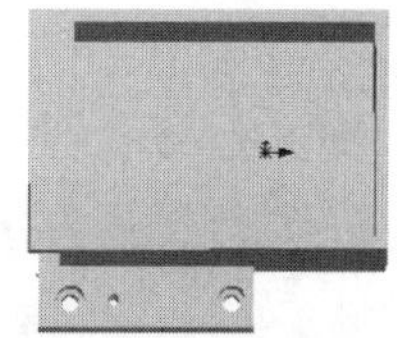

图 22.5 切除-拉伸 3

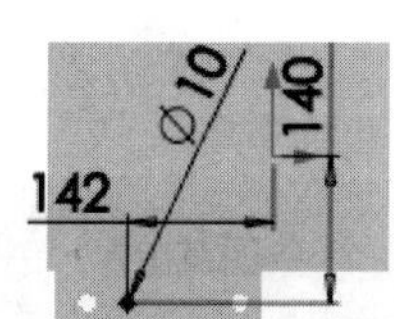

图 22.6 横断面草图（草图 6）

图 22.7 镜像 1

Step 5 创建图 22.8 所示的零件特征——凸台-拉伸 3。选择下拉菜单 插入(I) → 凸台/基体(B) → 拉伸(E)... 命令。选取图 22.9 所示的平面作为草图基准面，绘制图 22.10 所示的横断面草图；在“凸台-拉伸”窗口 方向1 区域的下拉列表框中选择 给定深度 选项，输入深度值 18；在“凸台-拉伸”窗口 方向2 区域的下拉列表框中选择 给定深度 选项，输入深度值 55.0。

图 22.8 凸台-拉伸 3

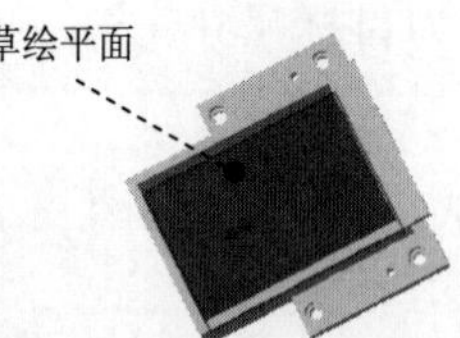

图 22.9 草绘平面

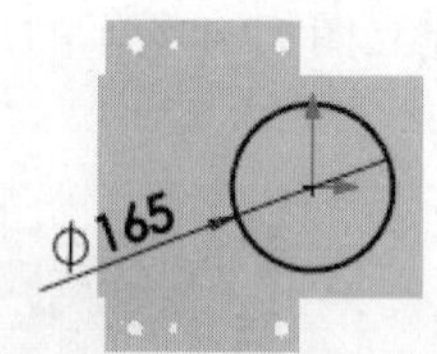

图 22.10 横断面草图（草图 7）

Step 6 创建图 22.11 所示的零件特征——切除-拉伸 4。选择下拉菜单 插入(I) → 切除(C) → 拉伸(E)... 命令。选取图 22.9 所示平面作为草图基准面，绘制图 22.12 所示的横断面草图。在“切除-拉伸”窗口 方向1 区域和 方向2 区域的下拉列表框中选择 完全贯穿 选项。

Step 7 创建图 22.13 所示的零件特征——旋转 1。选择下拉菜单 插入(I) → 凸台/基体(B) → 旋转(R)... 命令。选取图 22.13 所示平面作为草图基准面，绘制图 22.14 所示的横断面草图（包括旋转中心线）。在方向1区域的文本框中输入数值 360.00。

图 22.11　切除-拉伸 4

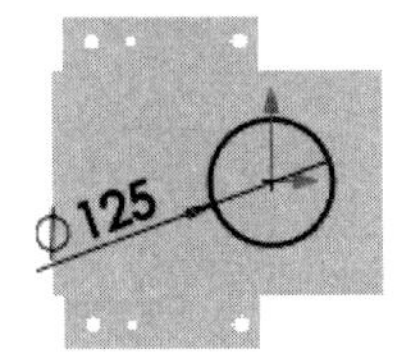

图 22.12　横断面草图（草图 8）

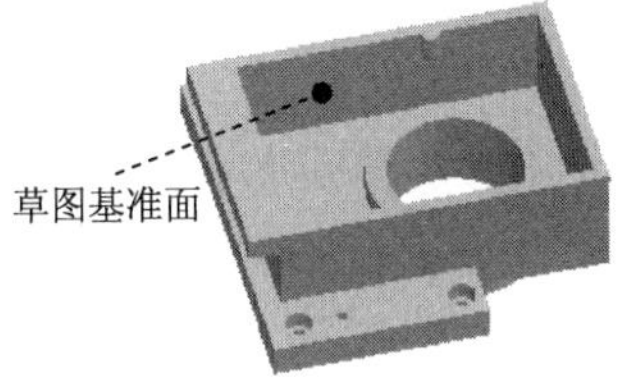

图 22.13　旋转 1

Step 8　创建图 22.15 所示的镜像 2。选择下拉菜单 插入(I) → 阵列/镜向(E) → 镜向(M)... 命令。选取前视基准面作为镜像基准面，选取旋转 1 作为镜像 2 的对象。

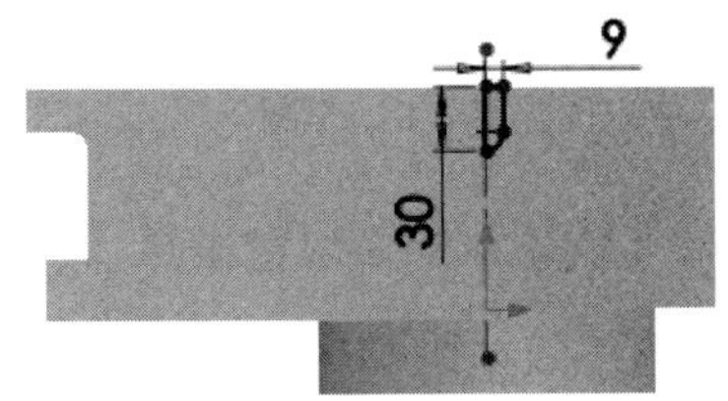

图 22.14　横断面草图（草图 9）

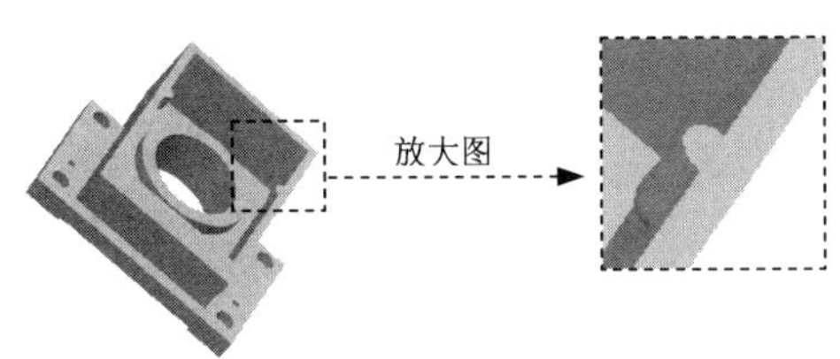

图 22.15　镜像 2

Step 9　创建图 22.16 所示的阵列（线性）1。选择下拉菜单 插入(I) → 阵列/镜向(E) → 线性阵列(L)... 命令。选取旋转 1 与镜像 2 作为要阵列的对象，在图形区选取图 22.17 所示的边线为方向 1 的阵列方向（方向与图 22.17 相同，如果不同则单击方向 1 下的按钮）。在窗口中输入间距值 105.0，输入实例数 2。

图 22.16　阵列（线性）1

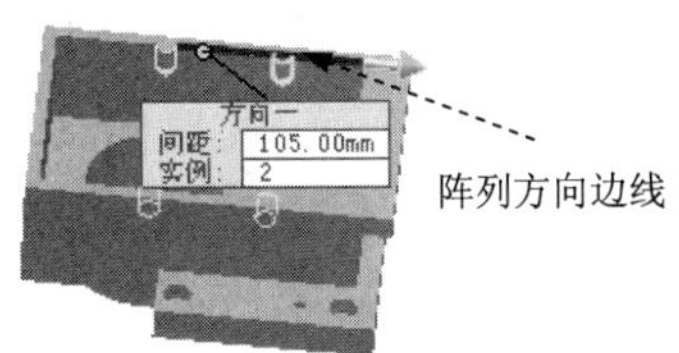

图 22.17　阵列方向边线

Step 10　创建图 22.18 所示的零件特征——凸台-拉伸 4。选择下拉菜单 插入(I) → 凸台/基体(B) → 拉伸(E)... 命令。选取图 22.19 所示平面作为草图基准面，绘制图 22.20 所示的横断面草图；在“凸台-拉伸”窗口方向 1 区域的下拉列表框中选择给定深度选项，单击按钮，输入深度值 15.0。

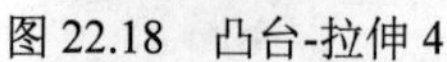

图 22.18 凸台-拉伸 4

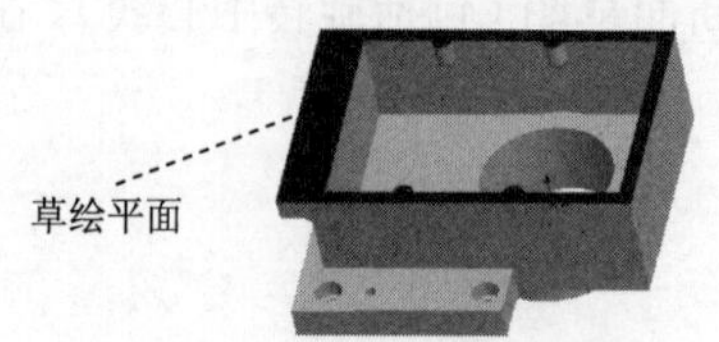

图 22.19 草绘平面

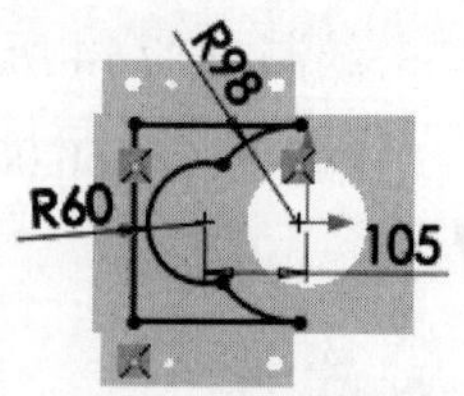

图 22.20 横断面草图（草图 10）

Step 11 创建图 22.21 所示的零件特征——旋转 2。选择下拉菜单 插入(I) → 凸台/基体(B) → 旋转(R)... 命令。选取图 22.22 所示平面作为草图基准面，绘制图 22.23 所示的横断面草图，在 方向1 区域的文本框中输入数值 360. 0。

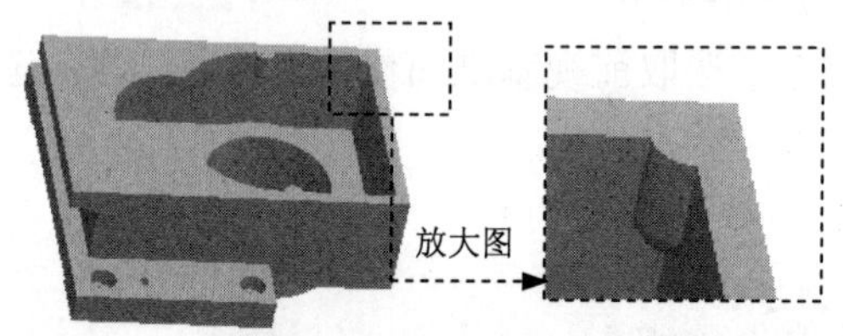

图 22.21 旋转 2

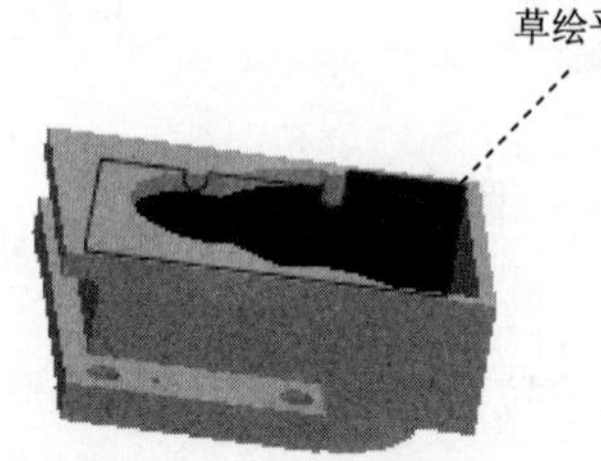

图 22.22 草绘平面

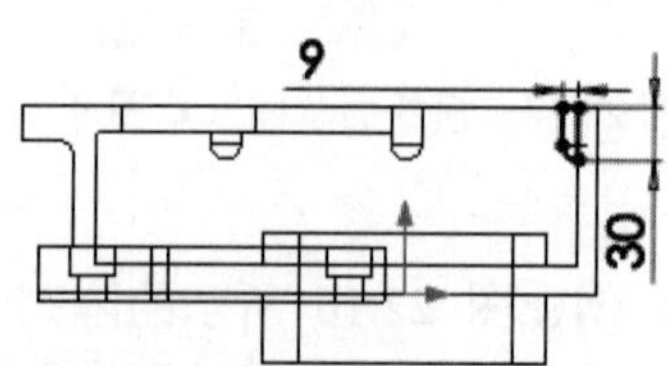

图 22.23 横断面草图（草图 11）

Step 12 创建图 22.24 所示的零件特征——Ø7.0 (7) 直径孔 1。

（1）选择下拉菜单 插入(I) → 特征(F) → 孔(H) → 向导(W)... 命令。

（2）定义孔的位置。在“孔规格”窗口中单击 位置 选项卡，选取图 22.25 所示的模型表面为孔的放置面，在鼠标单击处将出现孔的预览，建立图 22.26 所示的同心约束。

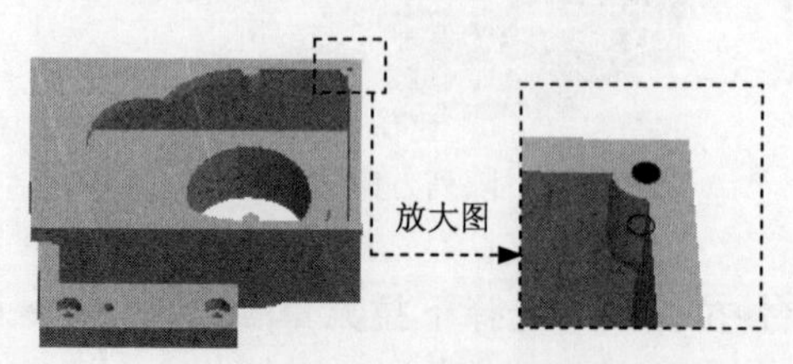

图 22.24 Ø7.0 (7) 直径孔 1

图 22.25 孔放置面

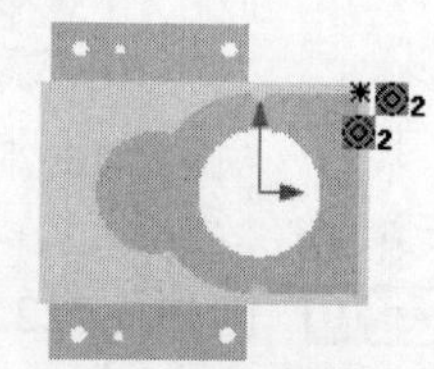

图 22.26 孔定位尺寸

（3）定义孔的参数。在“孔位置”窗口单击 类型 选项卡，在 孔类型(T) 区域选择孔“类型”为（孔），标准为 Gb，然后在 终止条件(C) 下拉列表框中选择 给定深度 选项，输入深度值为 18.0。

（4）定义孔的大小。在 孔规格 区域定义孔的大小为 Ø7.0 ，单击 ✓ 按钮，完成 Ø7.0 (7) 直径孔 1 的创建。

Step 13 创建图 22.27 所示的阵列（线性）2。选择下拉菜单 插入(I) → 阵列/镜向(E) → 线性阵列(L)... 命令。选取 Ø7.0 (7) 直径孔 1 作为要阵列的对象，在图形区选取图 22.28 所示的直线为 方向 1 的阵列方向，在窗口中输入间距值 100.0，输入实例数 4。

Step 14 创建图 22.29 所示的镜像 3。选择下拉菜单 插入(I) → 阵列/镜向(E) → 镜向(M)... 命令。选取前视基准面作为镜像基准面，选取阵列（线性）2、Ø7.0 (7) 直径孔 1、旋转 2 作为镜像 3 的对象。

图 22.27　阵列（线性）2

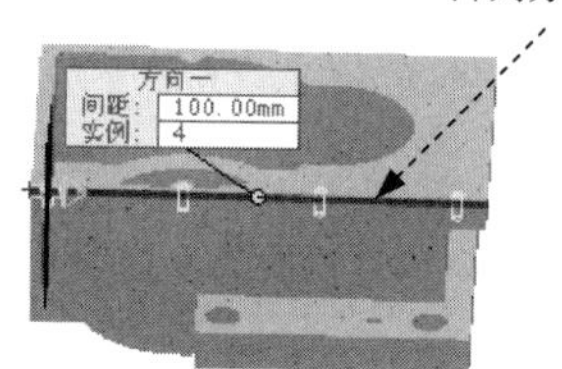

图 22.28　阵列方向边线

图 22.29　镜像 3

Step 15 创建图 22.30 所示的零件特征——旋转 3。选择下拉菜单 插入(I) → 凸台/基体(B) → 旋转(R)... 命令。选取图 22.31 所示的平面作为草图基准面，绘制图 22.32 所示的横断面草图（包括旋转中心线）。采用草图中绘制的中心线作为旋转轴线，在 方向1 区域的 文本框中输入数值 360.00。

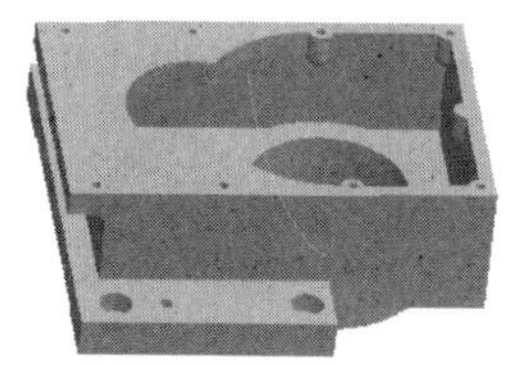
图 22.30　旋转 3

图 22.31　草绘平面

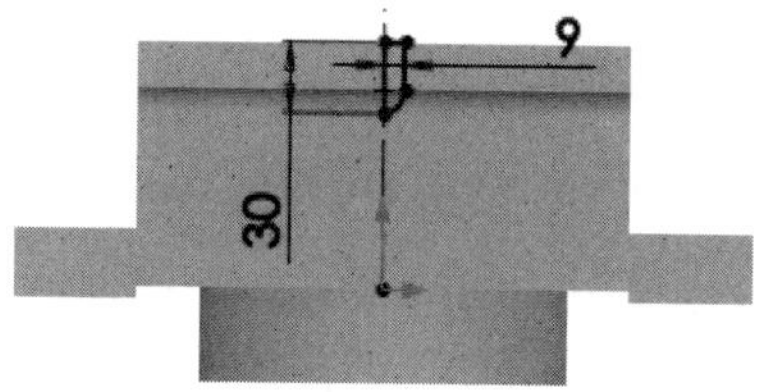

图 22.32　横断面草图（草图 12）

Step 16 创建图 22.33 所示的零件特征——Ø7.0（7）直径孔 2。

（1）选择下拉菜单 插入(I) → 特征(F) → 孔(H) → 向导(W)... 命令。

（2）定义孔的位置。在“孔规格”窗口中单击 位置 选项卡，选取图 22.33 所示的模型表面为孔的放置面，在鼠标点击处将出现孔的预览，建立图 22.34 所示的同心约束。

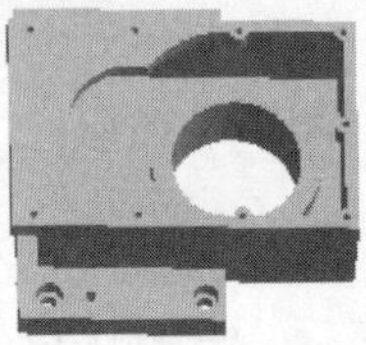

图 22.33　Ø7.0 (7) 直径孔 2

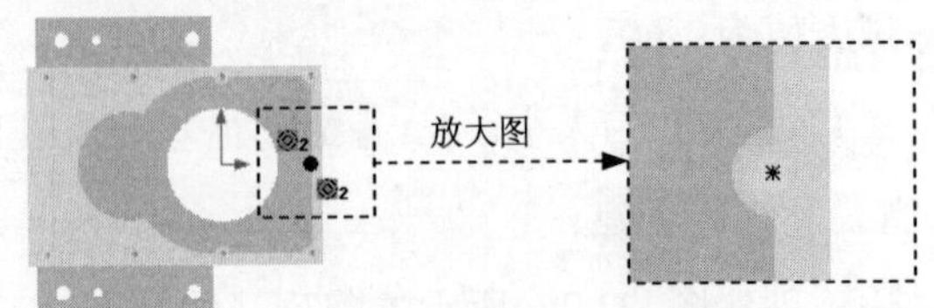

图 22.34　孔定位尺寸

（3）定义孔的参数。在“孔位置”窗口单击 类型 选项卡，在 孔类型(T) 区域选择孔“类型”为（孔），标准为 Gb，然后在 终止条件(C) 下拉列表框中选择 给定深度 选项，输入深度值为 18.0。

（4）定义孔的大小。在 孔规格 区域定义孔的大小为 Ø7.0，单击 ✔ 按钮，完成 Ø7.0 (7) 直径孔 2 的创建。

Step 17 创建图 22.35 所示的阵列（线性）3。选择下拉菜单 插入(I) ➡ 阵列/镜向(E) ➡ 线性阵列(L)... 命令。选取 Ø7.0 (7) 直径孔 2 作为要阵列的对象，在图形区选取图 22.36 所示的直线为 方向 1 的阵列方向。在窗口中输入间距值 300.0，输入实例数 2。

图 22.35　阵列（线性）3

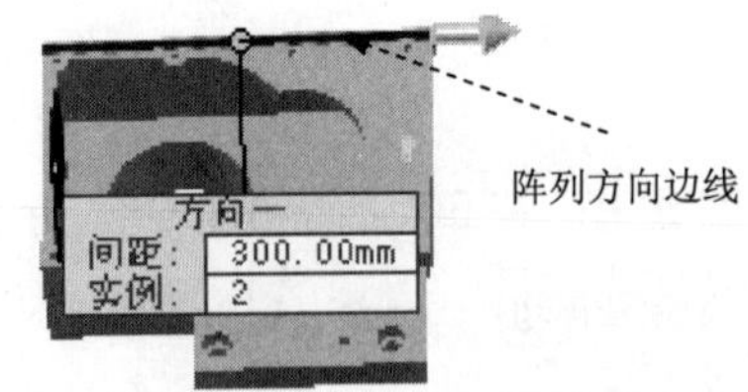

图 22.36　阵列方向边线

Step 18 创建图 22.37 所示的零件特征——Ø7.0 (7) 直径孔 3。

（1）选择下拉菜单 插入(I) ➡ 特征(F) ➡ 孔(H) ➡ 向导(W)... 命令。

（2）定义孔的位置。在“孔规格”窗口中单击 位置 选项卡，选取图 22.38 所示的模型表面为孔的放置面，在鼠标单击处将出现孔的预览，在“草图（K）”工具栏中单击 按钮，建立图 22.39 所示的尺寸，并修改为目标尺寸。

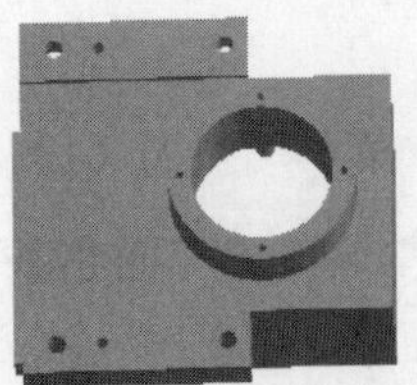

图 22.37　Ø7.0 (7) 直径孔 3

图 22.38　孔放置平面

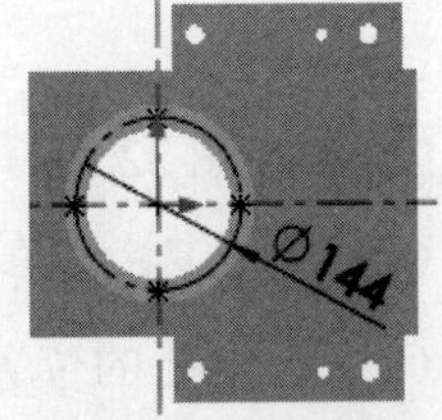

图 22.39　孔定位尺寸

（3）定义孔的参数。在“孔位置”窗口单击 类型 选项卡，在 孔类型(T) 区域选择孔“类型”为 （孔），标准为 Gb，然后在 终止条件(C) 下拉列表框中选择 给定深度 选项，输入深度值为 18.0。

（4）定义孔的大小。在 孔规格 区域定义孔的大小为 Ø7.0 ，单击 ✓ 按钮，完成 Ø7.0 (7) 直径孔 3 的创建。

Step 19 创建图 22.40b 所示的圆角 1。选择下拉菜单 插入(I) ➡ 特征(F) ➡ 圆角(F)... 命令，选择图 22.40a 所示的边线为圆角对象，圆角半径值为 10.0。

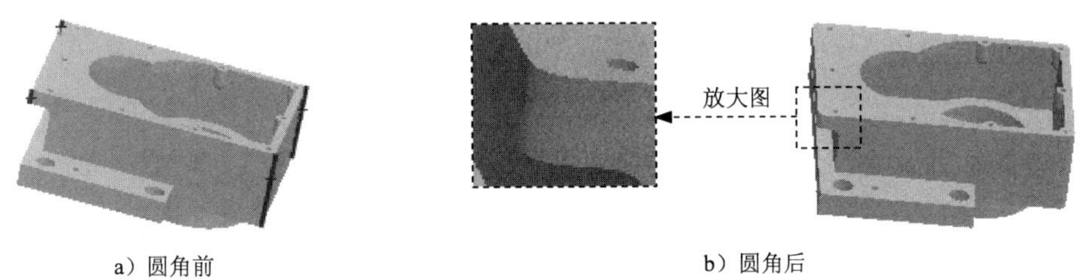

a）圆角前　　b）圆角后

图 22.40　圆角 1

Step 20 后面的详细操作过程请参见随书光盘中 video\ins22\reference\文件下的语音视频讲解文件——泵箱-r02.avi。

实例 23　储物箱手把

实例概述：

本实例设计的零件具有对称性，因此在进行设计的过程中要充分利用“镜像”特征命令。下面介绍了该零件的设计过程，零件模型和设计树如图 23.1 所示。

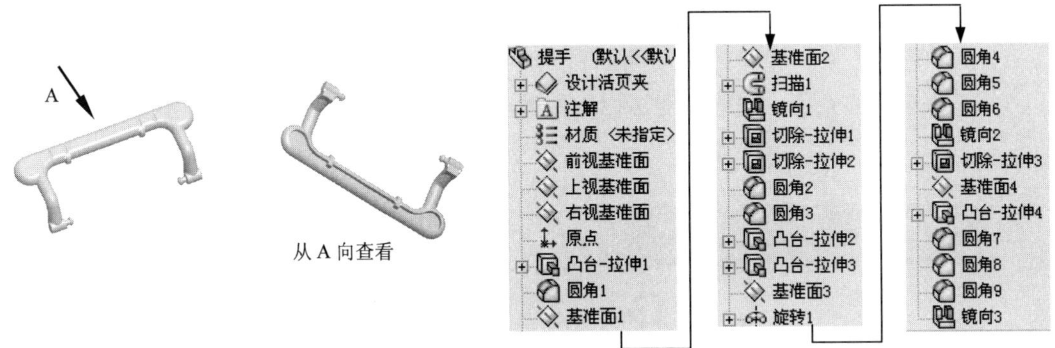

图 23.1　零件模型及设计树

说明： 本实例前面的详细操作过程请参见随书光盘中 video\ins23\reference\文件下的语音视频讲解文件——提手-r01.avi。

Step 1 打开文件 D:\sw13in\work\ins23\提手_ex.SLDPRT。

Step 2 创建图 23.2 所示的基准面 1。选择下拉菜单 插入(I) ➡ 参考几何体(G) ➡ 基准面(P)... 命令；选取右视基准面作为所要创建的基准面的参考实体，在 后文本框中输入数值 46，并选中 ☑ 反转 复选框。

Step 3 创建图 23.3 所示的草图 2。选择下拉菜单 插入(I) ➡ 草图绘制 命令；选取基准面 1 作为草图平面，绘制图 23.3 所示的草图 2。

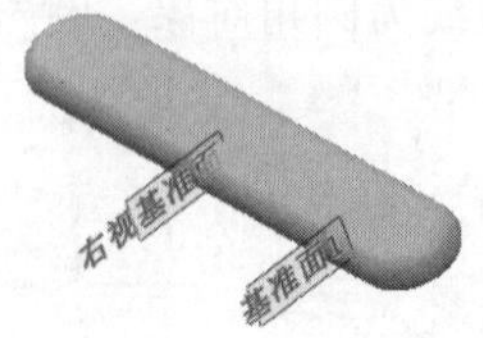

图 23.2 基准面 1

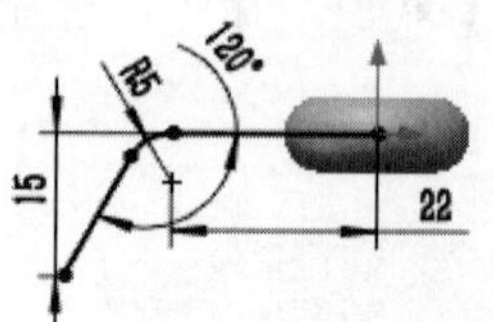

图 23.3 草图 2

Step 4 创建图 23.4 所示的基准面 2。选择下拉菜单 插入(I) ➡ 参考几何体(G) ➡ 基准面(P)... 命令；选取图 23.5 所示点作为所要创建的基准面的第一参考，选取图 23.5 所示的线作为所要创建的基准面的第二参考。

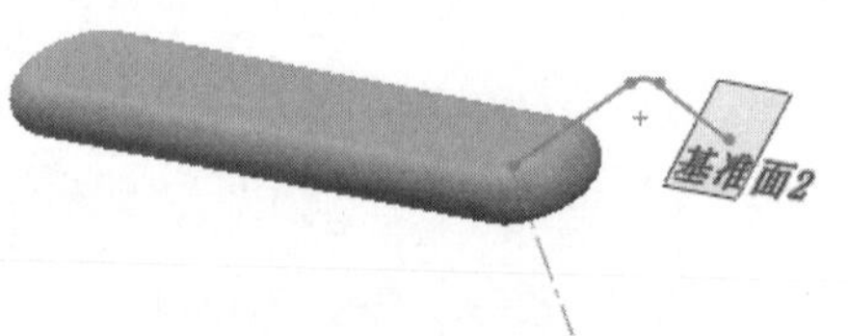

图 23.4 基准面 2

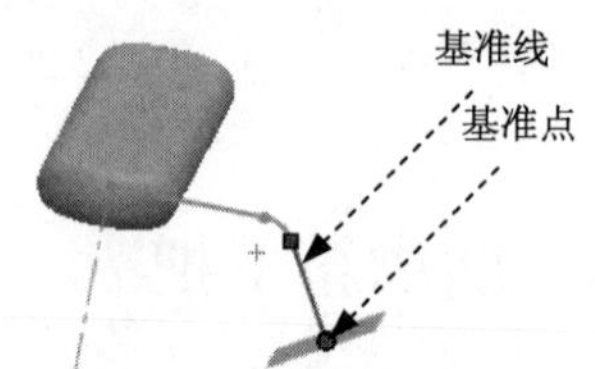

图 23.5 参考点与参考线

Step 5 创建图 23.6 所示的草图 3。选择下拉菜单 插入(I) ➡ 草图绘制 命令；选取基准面 2 作为草图平面，绘制图 23.6 所示的草图 3。

Step 6 创建图 23.7 所示的零件特征——扫描 1。选择下拉菜单 插入(I) ➡ 凸台/基体(B) ➡ 扫描(S)... 命令，系统弹出“扫描”对话框。选取草图 3 作为扫描轮廓，选取草图 2 作为扫描路径。

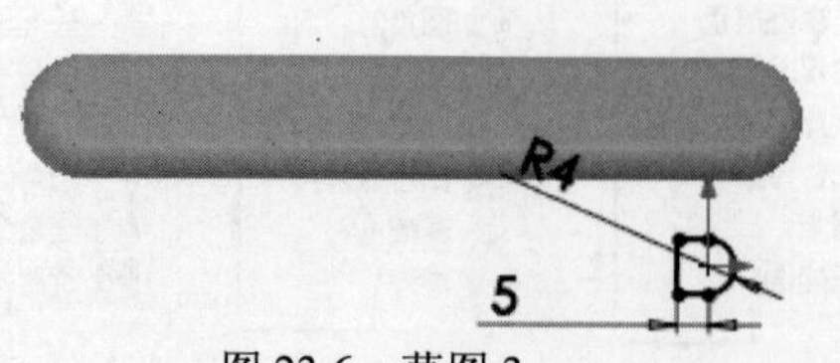

图 23.6 草图 3

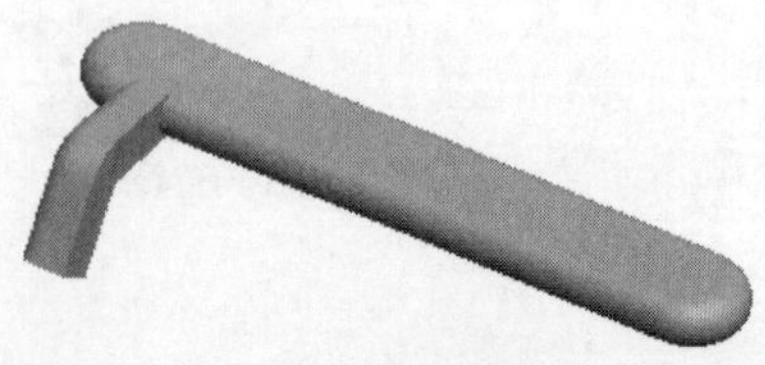
图 23.7 扫描 1

Step 7 创建图 23.8 所示的镜像 1。选择下拉菜单 插入(I) ➡ 阵列/镜向(E) ➡ 镜向(M)... 命令。选取右视基准面作为镜像基准面，选取扫描 1 作为镜像 1 的对象。

Step 8 创建图 23.9 所示的零件特征——切除-拉伸 1。选择下拉菜单 插入(I) → 切除(C) → 拉伸(E)... 命令。选取图 23.10 所示的平面作为草图基准面，绘制图 23.11 所示的横断面草图。在“切除-拉伸”窗口 方向 1 区域的下拉列表框中选择 完全贯穿 选项。

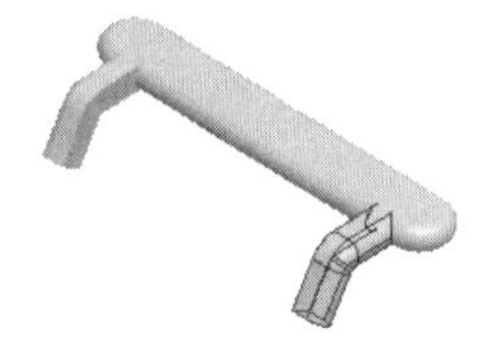

图 23.8　镜像 1

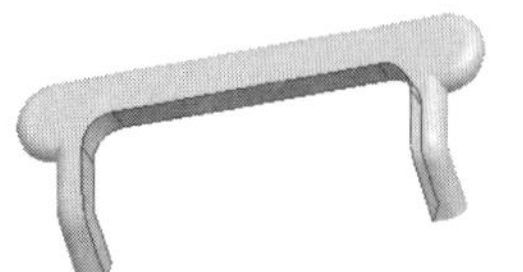

图 23.9　切除-拉伸 1

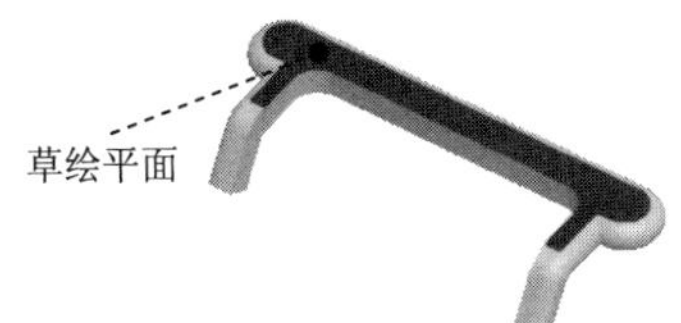

图 23.10　草绘平面

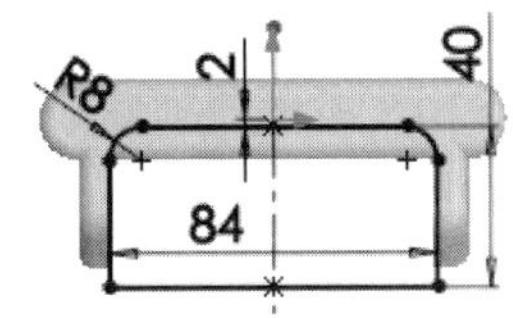

图 23.11　横断面草图（草图 4）

Step 9 创建图 23.12 所示的零件特征——切除-拉伸 2。选择下拉菜单 插入(I) → 切除(C) → 拉伸(E)... 命令。选取图 23.13 所示平面作为草图基准面，绘制图 23.14 所示的横断面草图。在“切除-拉伸”窗口 方向 1 区域的下拉列表框中选择 给定深度 选项，输入深度值 3.0。

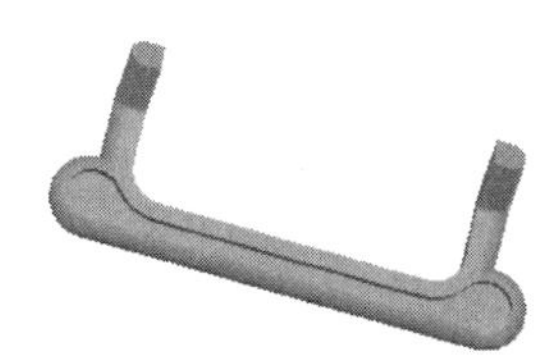

图 23.12　切除-拉伸 2

图 23.13　草绘平面

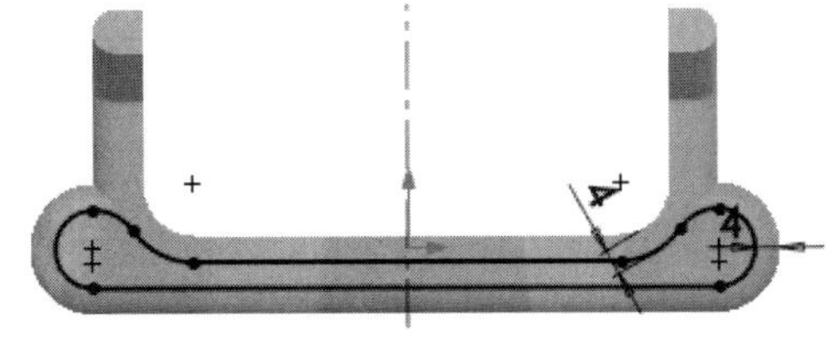

图 23.14　横断面草图（草图 5）

Step 10 创建图 23.15b 所示的圆角 2。选择下拉菜单 插入(I) → 特征(F) → 圆角(F)... 命令，选择图 23.15a 所示的边线为圆角对象，圆角半径值为 4.0。

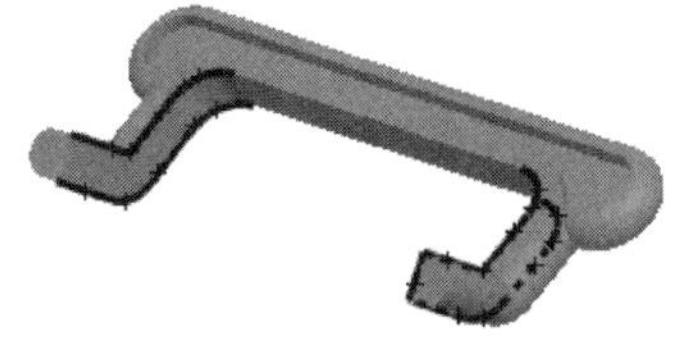

a）圆角前

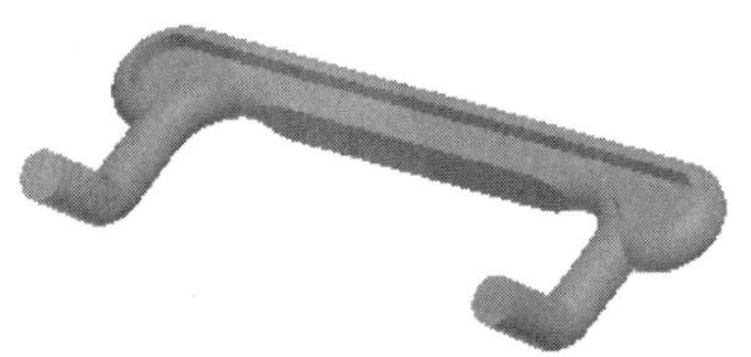

b）圆角后

图 23.15　圆角 2

Step 11 创建图 23.16b 所示的圆角 3。选择下拉菜单 插入(I) → 特征(F) → 圆角(F)... 命令，选择图 23.16a 所示的边线为圆角对象，圆角半径值为 4.0。

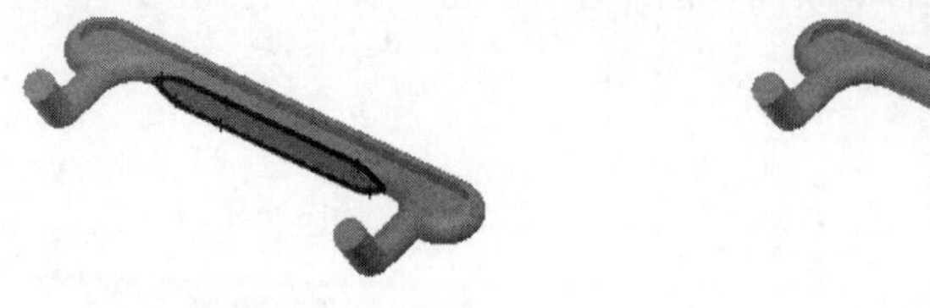

a）圆角前　　b）圆角后

图 23.16　圆角 3

Step 12 创建图 23.17 所示的零件特征——凸台-拉伸 2。选择下拉菜单 插入(I) → 凸台/基体(B) → 拉伸(E)... 命令。选取基准面 1 作为草图基准面，绘制图 23.18 所示的横断面草图；在“凸台-拉伸”窗口 方向 1 区域的下拉列表框中选择 两侧对称 选项，输入深度值 8.0。

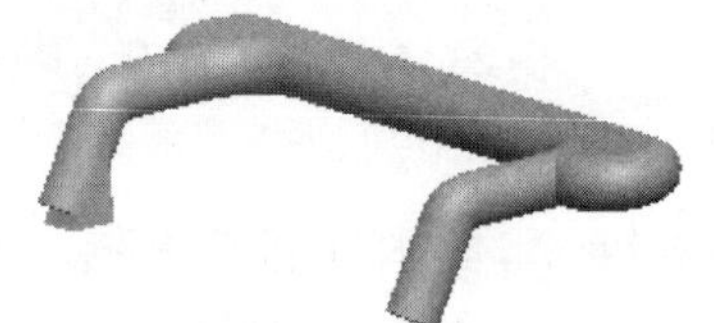

图 23.17　凸台-拉伸 2

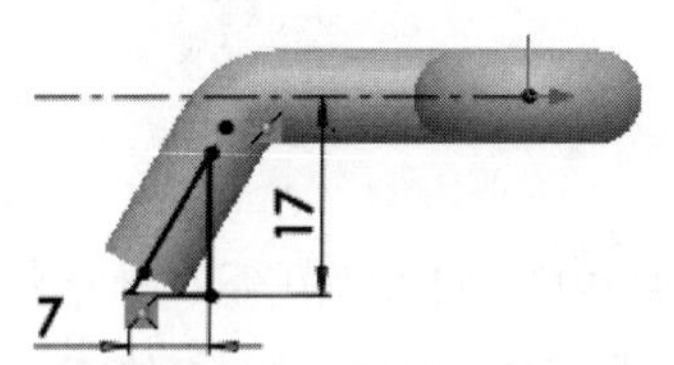

图 23.18　横断面草图（草图 6）

Step 13 创建图 23.19 所示的零件特征——凸台-拉伸 3。选择下拉菜单 插入(I) → 凸台/基体(B) → 拉伸(E)... 命令。选取基准面 1 作为草图基准面，绘制图 23.20 所示的横断面草图；在“凸台-拉伸”窗口 方向 1 区域的下拉列表框中选择 两侧对称 选项，输入深度值 10.0。

Step 14 创建图 23.21 所示的基准面 3。选择下拉菜单 插入(I) → 参考几何体(G) → 基准面(P)... 命令。选取上视基准面为参考实体，输入偏移距离值 14.5，选中 ☑ 反转 复选框，单击 ✔ 按钮，完成基准面 3 的创建。

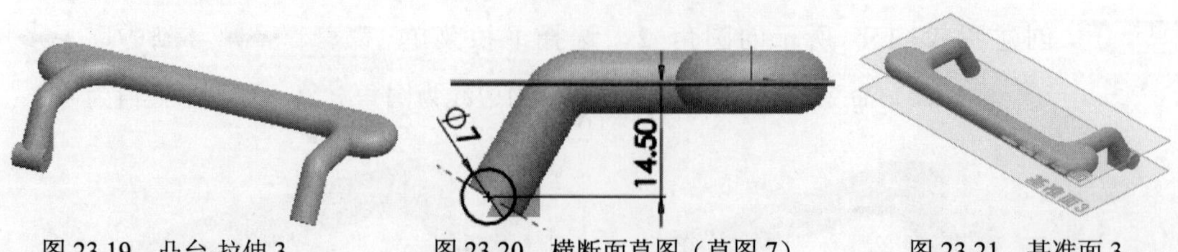

图 23.19　凸台-拉伸 3　　图 23.20　横断面草图（草图 7）　　图 23.21　基准面 3

Step 15 创建图 23.22 所示的零件特征——旋转 1。选择下拉菜单 插入(I) → 凸台/基体(B) → 旋转(R)... 命令。选取基准面 3 作为草图基准面，绘制图 23.23 所示的横断面草图（包括旋转中心线）。采用草图中绘制的中心线作为旋转轴线，在方向1区域的文本框中输入数值 360.0。

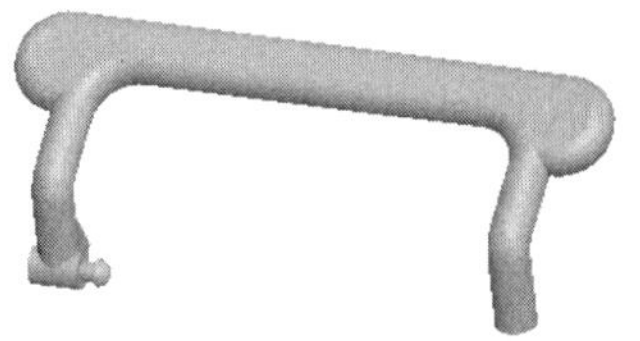

图 23.22　旋转 1

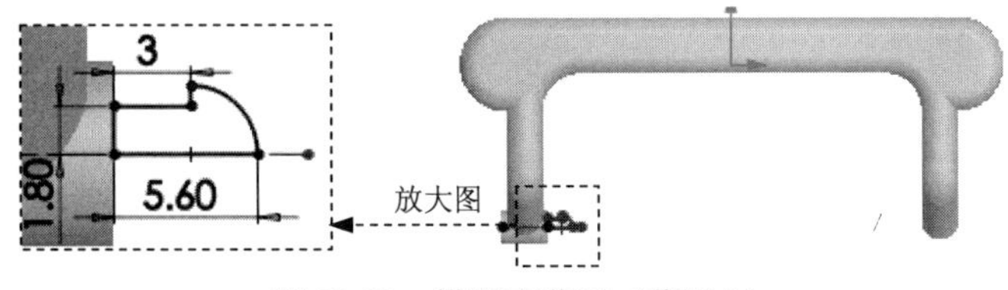

图 23.23　横断面草图（草图 8）

Step 16 创建图 23.24b 所示的圆角 4。选择下拉菜单 插入(I) → 特征(F) → 圆角(F)... 命令，选择图 23.24a 所示的边链为圆角对象，圆角半径值为 0.5。

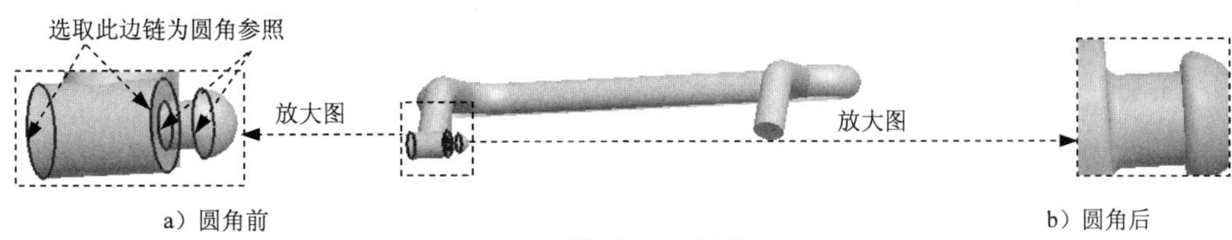

a）圆角前　b）圆角后

图 23.24　圆角 4

Step 17 创建图 23.25b 所示的圆角 5。选择下拉菜单 插入(I) → 特征(F) → 圆角(F)... 命令，选择图 23.25a 所示的边线为圆角对象，圆角半径值为 0.5。

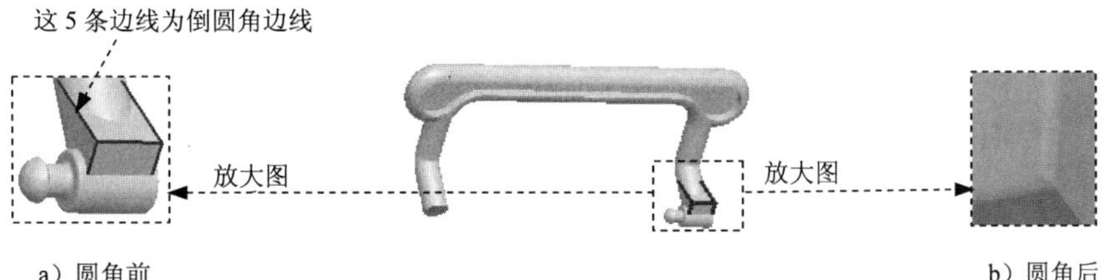

a）圆角前　b）圆角后

图 23.25　圆角 5

Step 18 创建图 23.26b 所示的圆角 6。选择下拉菜单 插入(I) → 特征(F) → 圆角(F)... 命令，选择图 23.26a 所示的边链为圆角对象，圆角半径值为 1.0。

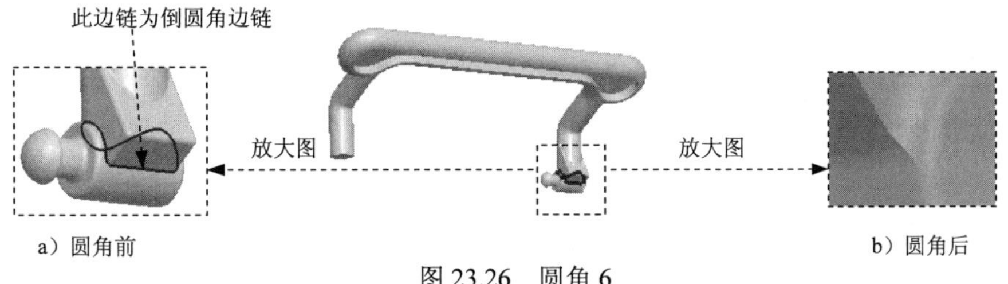

a）圆角前　b）圆角后

图 23.26　圆角 6

Step 19 创建图 23.27 所示的镜像 2。选择下拉菜单 插入(I) → 阵列/镜向(E) →

镜向(M)...命令。选取右视基准面作为镜像基准面，选取凸台-拉伸 2、凸台-拉伸 3、旋转 1、圆角 4、圆角 5、圆角 6 作为镜像 2 的对象。

图 23.27 镜像 2

Step 20 后面的详细操作过程请参见随书光盘中 video\ins23\reference\文件下的语音视频讲解文件——提手-r02.avi。

实例 24 减速箱上盖

实例概述：

本实例介绍了减速器上盖模型的设计过程，其设计过程是先由一个拉伸特征创建出主体形状，再利用抽壳形成箱体，在此基础上创建其他修饰特征，其中筋（肋）的创建是首次出现，需要读者注意。零件模型及设计树如图 24.1 所示。

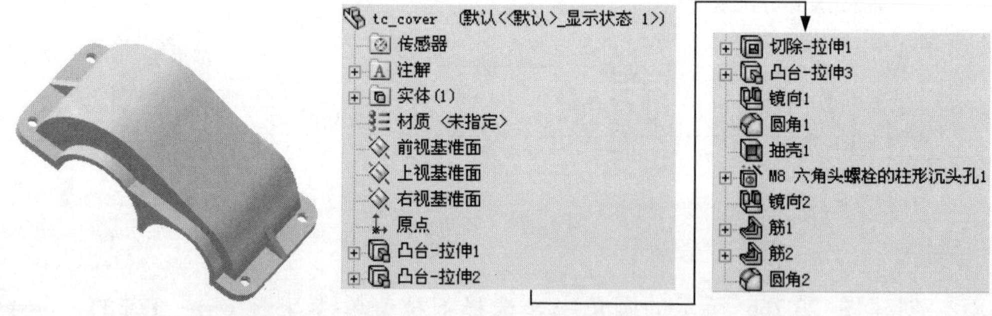

图 24.1 零件模型和设计树

说明：本实例前面的详细操作过程请参见随书光盘中 video\ins24\reference\文件下的语音视频讲解文件——减速器上盖-r01.avi。

Step 1 打开文件 D:\sw13in\work\ins24\tc_cover_ex.SLDPRT。

Step 2 创建图 24.2 所示的零件特征——凸台-拉伸 2。选择下拉菜单 插入(I) → 凸台/基体(B) → 拉伸(E)... 命令；选取上视基准面为草图基准面，在草绘环境中绘制图 24.3 所示的横断面草图；在“凸台-拉伸”窗口 方向 1 区域的下拉列表框中选择 两侧对称 选项，输入深度值 160.0；单击 ✔ 按钮，完成凸台-拉伸 2 的创建。

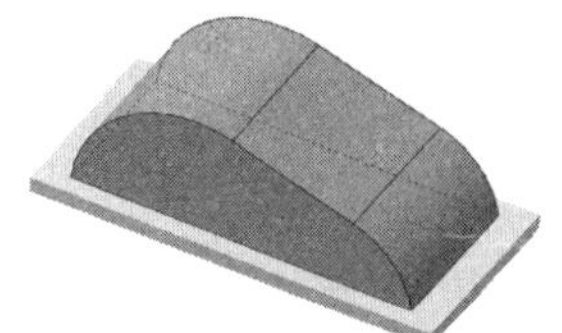
图 24.2 凸台-拉伸 2

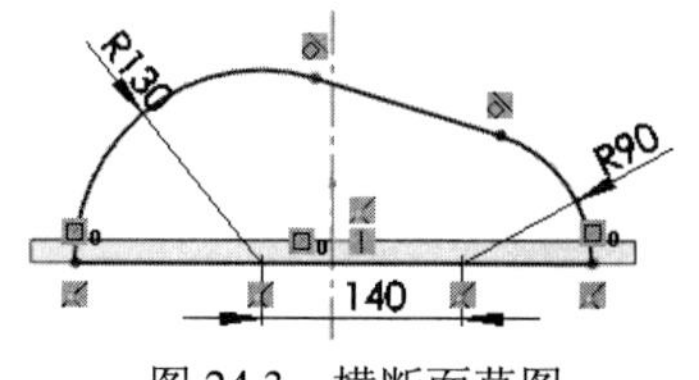

图 24.3 横断面草图

Step 3 创建图 24.4 所示的零件特征——切除-拉伸 1。

（1）选择下拉菜单 插入(I) → 切除(C) → 拉伸(E)... 命令。

（2）定义特征的横断面草图。选取上视基准面为草图基准面，绘制图 24.5 所示的横断面草图。

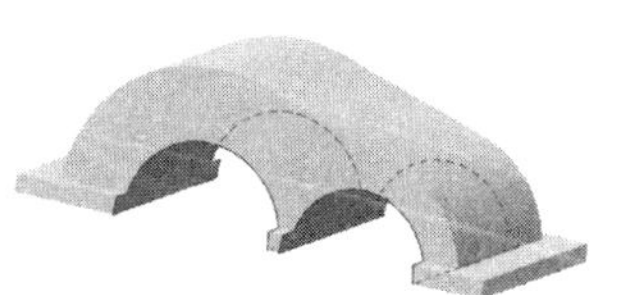
图 24.4 切除-拉伸 1

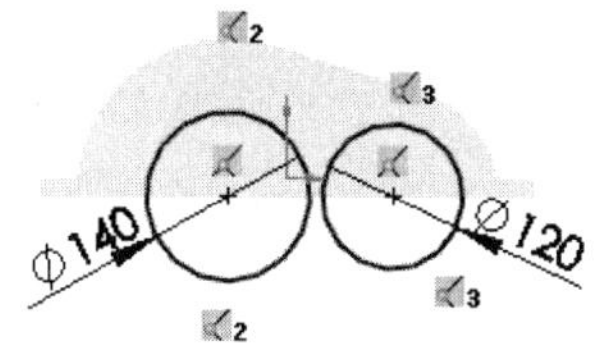

图 24.5 横断面草图

（3）定义切除深度属性。

① 定义切除深度方向。采用系统默认的切除深度方向。

② 定义深度类型和深度值。选中 ☑ 方向 2 复选框，在“切除-拉伸”窗口的 方向 1 区域和 ☑ 方向 2 区域的下拉列表框中均选择 完全贯穿 选项。

（4）单击窗口中的 ✓ 按钮，完成切除-拉伸 1 的创建。

Step 4 创建图 24.6 所示的零件特征——凸台-拉伸 3。选择下拉菜单 插入(I) → 凸台/基体(B) → 拉伸(E)... 命令；选取图 24.7 所示的模型表面作为草图基准面；在草绘环境中绘制图 24.8 所示的横断面草图（绘制时，应使用“转换实体引用”命令和“等距实体”命令先绘制出大体轮廓，然后建立约束并修改为目标尺寸）；采用系统默认的深度方向，在“凸台-拉伸”窗口中 方向 1 区域的下拉列表框中选择 给定深度 选项，输入深度值 20.0；单击 ✓ 按钮，完成凸台-拉伸 3 的创建。

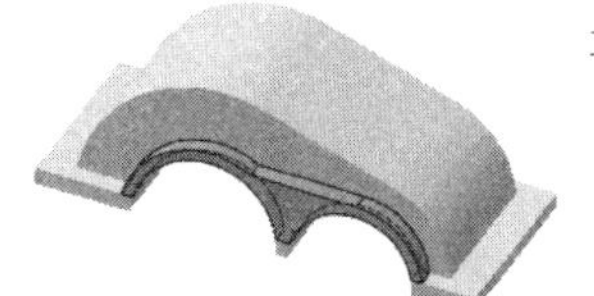
图 24.6 凸台-拉伸 3

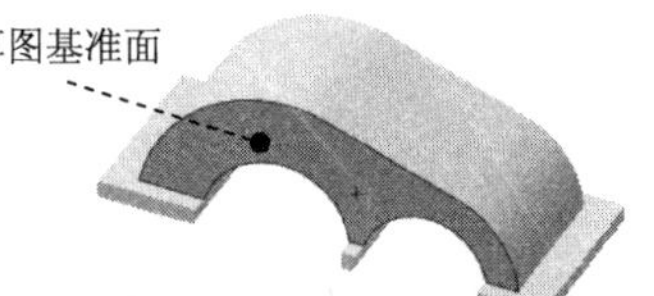

图 24.7 定义草图基准面

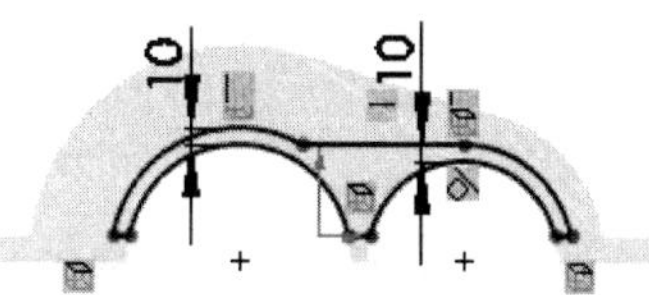

图 24.8 横断面草图

Step 5 创建图 24.9 所示的镜像 1。

a）镜像前　　　　b）镜像后

图 24.9　镜像 1

（1）选择命令。选择下拉菜单 插入(I) → 阵列/镜向(E) → 镜向(M)... 命令。

（2）定义镜像基准面。在设计树中选取上视基准面为镜像基准面。

（3）定义镜像对象。选取凸台-拉伸 3 为镜像 1 的对象。

（4）单击窗口中的 ✓ 按钮，完成镜像 1 的创建。

Step 6　创建图 24.10b 所示的圆角 1。

（1）选择命令。选择下拉菜单 插入(I) → 特征(F) → 圆角(U)... 命令。

（2）定义圆角类型。采用系统默认的圆角类型。

（3）定义圆角对象。选取图 24.10a 所示的边线为要圆角的对象。

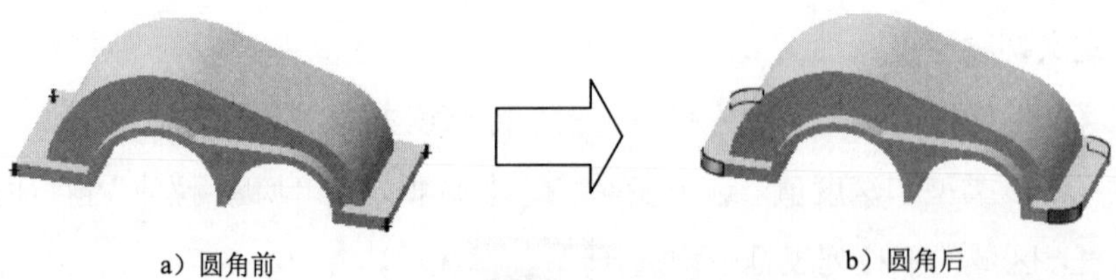

a）圆角前　　　　b）圆角后

图 24.10　圆角 1

（4）定义圆角的半径。在“圆角”窗口中输入半径值 30.0。

（5）单击“圆角”窗口中的 ✓ 按钮，完成圆角 1 的创建。

Step 7　创建图 24.11b 所示的零件特征——抽壳 1。

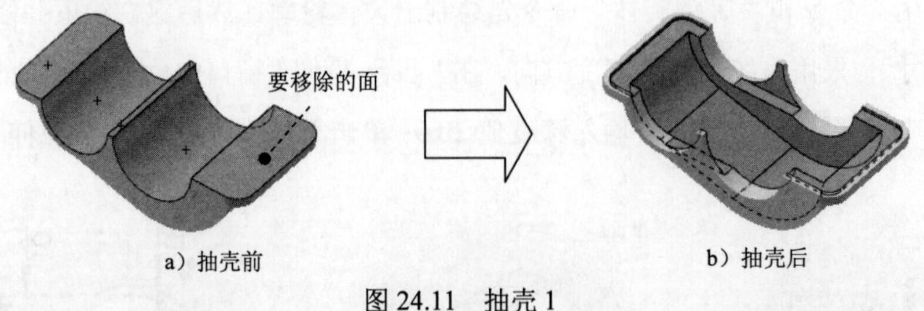

a）抽壳前　　　　b）抽壳后

图 24.11　抽壳 1

（1）选择命令。选择下拉菜单 插入(I) → 特征(F) → 抽壳(S)... 命令。

（2）定义要移除的面。选取图 24.11a 所示的模型表面为要移除的面。

（3）定义抽壳厚度。在“抽壳 1”窗口的 参数(P) 区域 D1 后的文本框中输入壁厚值 10.0。

（4）单击窗口中的✔按钮，完成抽壳1的创建。

Step 8 创建图24.12所示的零件特征——M8六角头螺栓的柱形沉头孔1。

（1）选择下拉菜单 插入(I) ➡ 特征(F) ➡ 孔(H) ➡ 向导(W)... 命令。

（2）定义孔的位置。

① 定义孔的放置面。在“孔规格”窗口中单击 位置 选项卡，选取图24.13所示的模型表面为孔的放置面，在放置面上单击两点将出现孔的预览。

② 建立尺寸。单击按钮，建立图24.14所示的尺寸，并修改为目标尺寸。

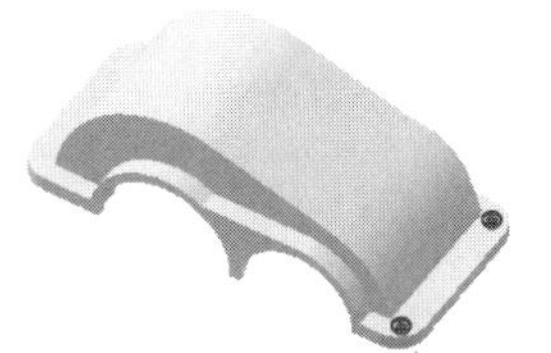

图24.12 M8六角头螺栓的柱形沉头孔1

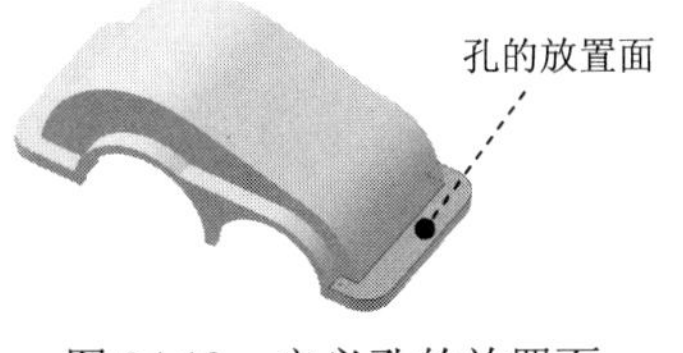

图24.13 定义孔的放置面

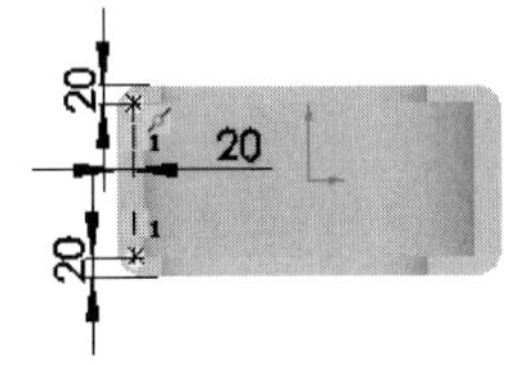

图24.14 建立尺寸

（3）定义孔的参数。

① 定义孔的规格。在“孔位置”窗口单击 类型 选项卡，在 孔类型(T) 区域选择孔“类型”为（柱形沉头孔），标准为 Gb。

② 定义孔的终止条件。采用系统默认的深度方向，然后在 终止条件(C) 下拉列表框中选择 完全贯穿 选项。

（4）定义孔的大小。在 孔规格 区域定义孔选中☑ 显示自定义大小(Z) 复选框，定义孔的大小为 M8，配合为 正常。在后的文本框中输入数值9.0，在后的文本框中输入数值18.0，在后的文本框中输入数值3.0。

（5）单击窗口中的✔按钮，完成M8六角头螺栓的柱形沉头孔1的创建。

Step 9 创建图24.15所示的镜像2。

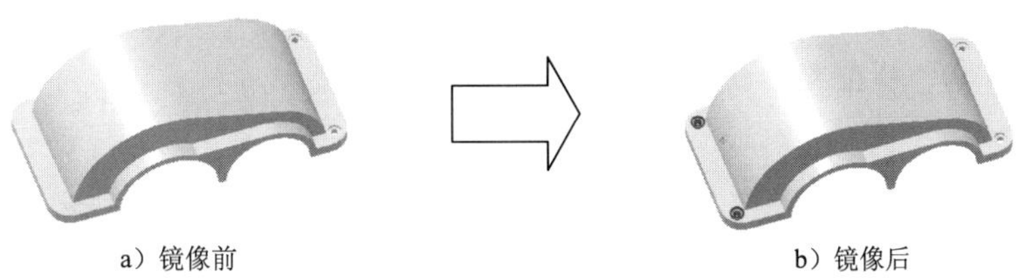

a）镜像前　　b）镜像后

图24.15 镜像2

（1）选择下拉菜单 插入(I) ➡ 阵列/镜向(E) ➡ 镜向(M)... 命令。

（2）选取右视基准面为镜像基准面，选取六角头螺栓的柱形沉头孔1为镜像2的对象。

（3）单击窗口中的✔按钮，完成镜像2的创建。

Step 10 创建图 24.16 所示的零件特征——筋 1。

（1）选择下拉菜单 插入(I) → 特征(F) → 筋(R)... 命令。

（2）定义筋（肋）特征的横断面草图。

① 定义草图基准面。选取上视基准面为草图基准面。

② 绘制图 24.17 所示的横断面草图，建立尺寸和几何约束，并修改为目标尺寸。

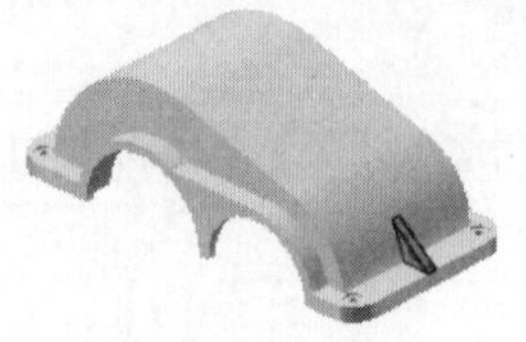

图 24.16　筋 1

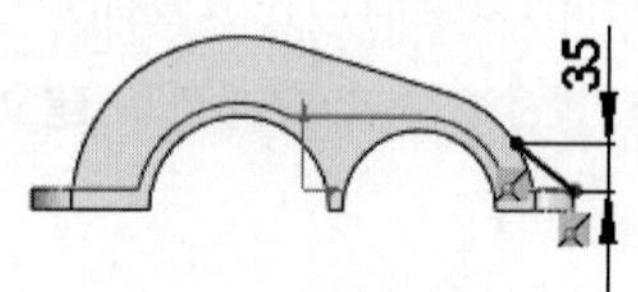

图 24.17　横断面草图

（3）定义筋特征的参数。

① 定义筋的厚度。在“筋”窗口的 参数(P) 区域中单击 （两侧）按钮，输入筋厚度值 10.0。

② 定义筋的生成方向。在 拉伸方向: 下单击“平行于草图”按钮；如有必要，选中 ☑ 反转材料方向(F) 复选框，使筋的生成方向指向实体侧。

（4）单击 ✓ 按钮，完成筋 1 的创建。

Step 11 后面的详细操作过程请参见随书光盘中 video\ins24\reference\文件下的语音视频讲解文件——减速器上盖-r02.avi。

实例 25　蝶形螺母

实例概述：

本实例介绍了一个蝶形螺母的设计过程。在其设计过程中，运用了实体旋转、拉伸、切除-扫描、圆角及变化圆角等特征命令，在创建过程中需要重点掌握变化圆角和切除-扫描的创建方法。零件模型及其设计树如图 25.1 所示。

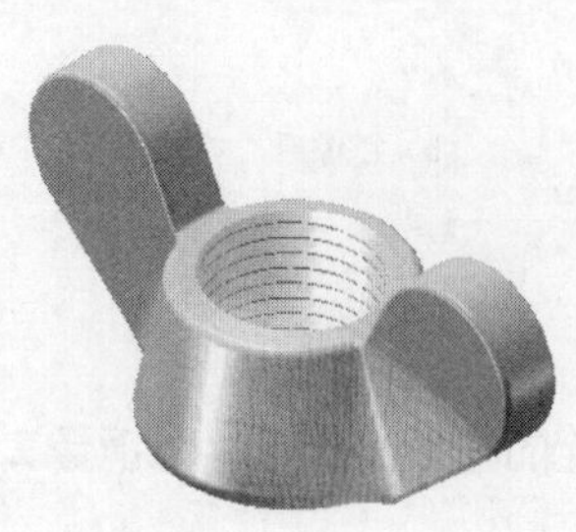

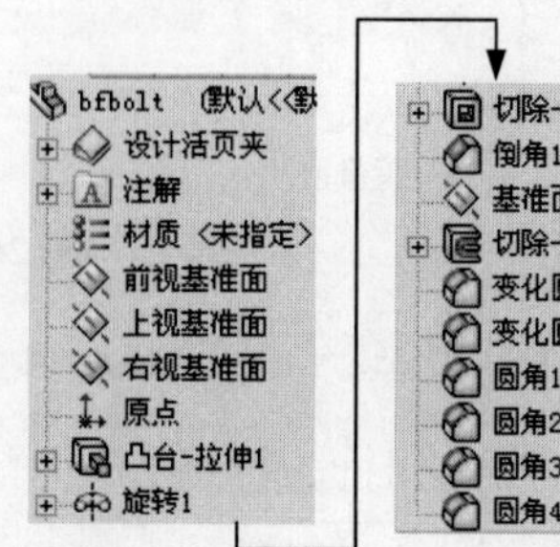

图 25.1　零件模型及设计树

说明：本实例前面的详细操作过程请参见随书光盘中 video\ins25\reference\文件下的语音视频讲解文件——蝶形螺母-r01.avi。

Step 1 打开文件 D:\sw13in\work\ins25\bfbolt_ex.SLDPRT。

Step 2 创建图 25.2 所示的零件基础特征——旋转 1。

（1）选择命令。选择下拉菜单 插入(I) → 凸台/基体(B) → 旋转(R)... 命令（或单击“特征（F）”工具栏中的按钮），系统弹出“旋转”窗口。

（2）定义特征的横断面草图。

① 定义草图基准面。选取前视基准面为草图基准面，进入草绘环境。

② 绘制图 25.3 所示的横断面草图（包括旋转中心线）。

图 25.2 旋转 1

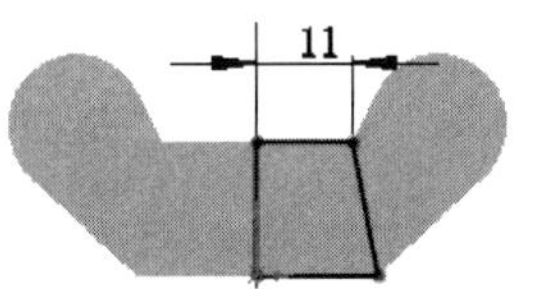

图 25.3 横断面草图

③ 完成草图绘制后，选择下拉菜单 插入(I) → 退出草图命令，退出草绘环境。

（3）定义旋转轴线。采用草图中绘制的中心线为旋转轴线（此时旋转窗口中显示所选中心线的名称）。

（4）定义旋转属性。

① 定义旋转方向。采用系统默认的旋转方向。

② 定义旋转角度。在 方向1 区域的文本框中输入数值 360.0。

（5）单击窗口中的按钮，完成旋转 1 的创建。

Step 3 创建图 25.4 所示的零件特征——切除-拉伸 1。

（1）选择下拉菜单 插入(I) → 切除(C) → 拉伸(E)... 命令。

（2）定义特征的横断面草图。选取上视基准面为草图基准面，绘制图 25.5 所示的横断面草图。

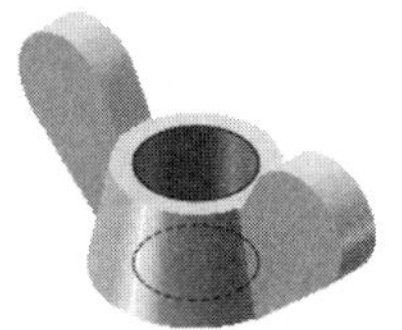

图 25.4 切除-拉伸 1

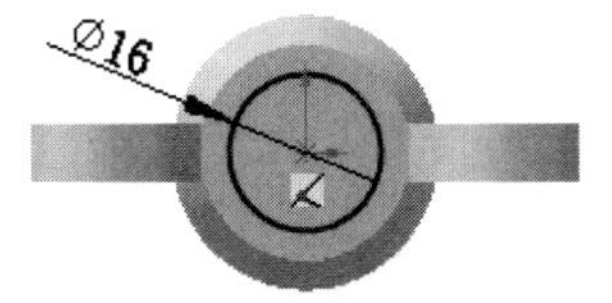

图 25.5 横断面草图

（3）定义切除深度属性。在“切除-拉伸”窗口 方向 1 区域的下拉列表框中选择 完全贯穿 选项，单击按钮。

（4）单击✓按钮，完成切除-拉伸 1 的创建。

Step 4 创建图 25.6 所示的螺旋线 1。

（1）选择命令。选择下拉菜单 插入(I) → 曲线(U) → 螺旋线/涡状线(H)... 命令。

（2）定义螺旋线的横断面。

① 选取图 25.7 所示的模型表面为草图基准面。

② 用“转换实体引用”命令绘制图 25.8 所示的横断面草图。

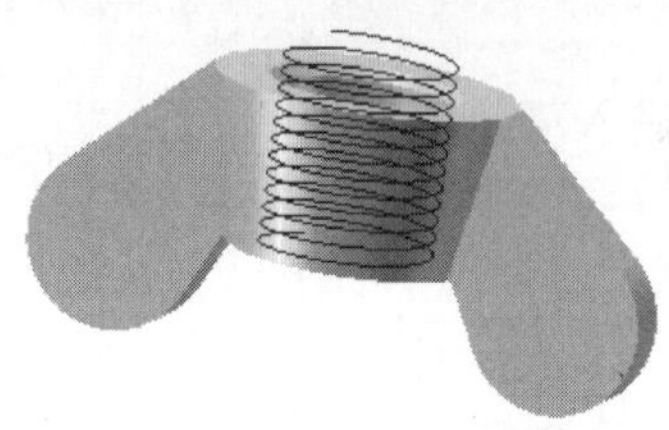

图 25.6 螺旋线 1

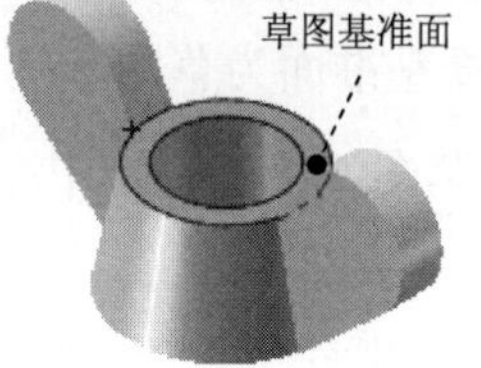

图 25.7 定义草图基准面

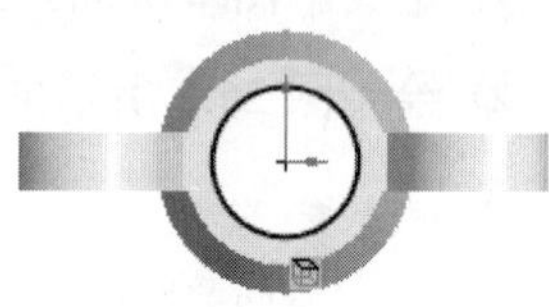

图 25.8 横断面草图

③ 选择下拉菜单 插入(I) → 退出草图命令，退出草绘环境，此时系统弹出“螺旋线/涡状线”窗口。

（3）定义螺旋线的定义方式。在 定义方式(D): 区域的下拉列表框中选择 高度和螺距 选项。

（4）定义螺旋线的参数。

① 定义螺距类型。在“螺旋线/涡状线”窗口的 参数(P) 区域中选中 ⊙ 恒定螺距(C) 单选按钮。

② 定义螺旋方向。在 参数(P) 区域选中 ☑ 反向(V) 复选框。

③ 定义螺旋数值。在 高度(H): 文本框中输入数值 18.0，在 螺距(I): 文本框中输入数值 1.5，在 起始角度(S): 文本框中输入数值 135.0，选中 ⊙ 顺时针(C) 单选按钮。

（5）单击✓按钮，完成螺旋线 1 的创建。

Step 5 创建图 25.9b 所示的倒角 1。

（1）选择下拉菜单 插入(I) → 特征(F) → 倒角(C)... 命令，系统弹出“倒角”窗口。

（2）选取图 25.9a 所示的边链为要倒角的对象。

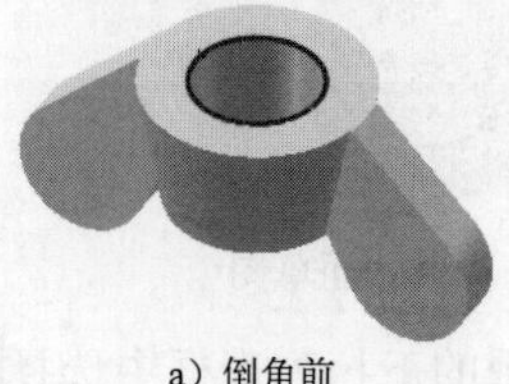

a）倒角前

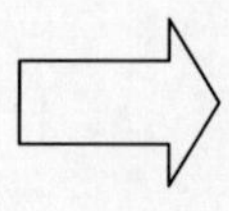

b）倒角后

图 25.9 倒角 1

（3）在“倒角”窗口中选中 ⊙ 角度距离(A) 单选按钮，然后在 文本框中输入数值 1.0，在 文本框中输入数值 45.0。

（4）单击 ✔ 按钮，完成倒角 1 的创建。

Step 6 创建图 25.10 所示的基准面 1。

（1）选择命令。选择下拉菜单 插入(I) → 参考几何体(G) → 基准面(P)... 命令，系统弹出“基准面”窗口。

（2）定义基准面的参考实体。选取图 25.11 所示的螺旋线和螺旋线的一端点为基准面 1 的第一参考实体和第二参考实体。

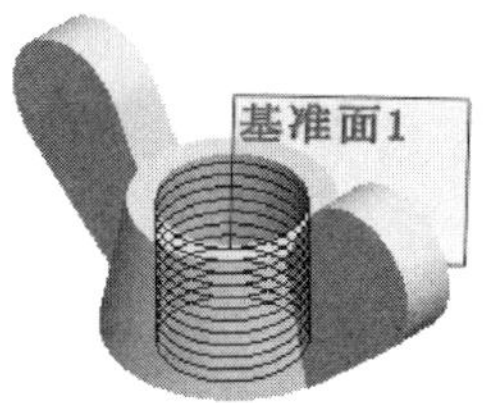

图 25.10 基准面 1

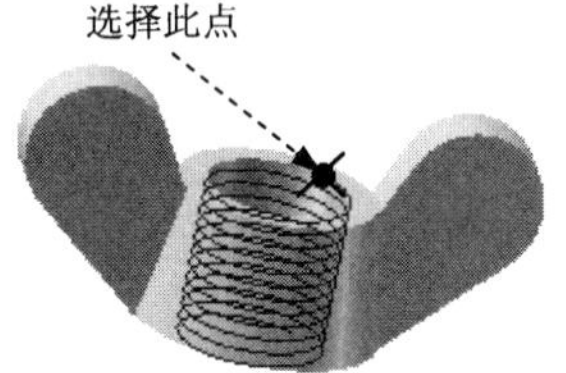

图 25.11 定义参考实体

（3）单击窗口中的 ✔ 按钮，完成基准面 1 的创建。

Step 7 创建图 25.12 所示的草图。

（1）选择命令。选择下拉菜单 插入(I) → 草图绘制 命令（或单击“草图”工具栏中的 按钮）。

（2）定义草图基准面。选取基准面 1 为草图基准面。

（3）在草绘环境中绘制图 25.12 所示的草图。

说明： 草图中的两个定位尺寸参照对象为原点。

（4）选择下拉菜单 插入(I) → 退出草图 命令，完成草图的创建。

Step 8 创建图 25.13 所示的零件特征——切除-扫描 1。

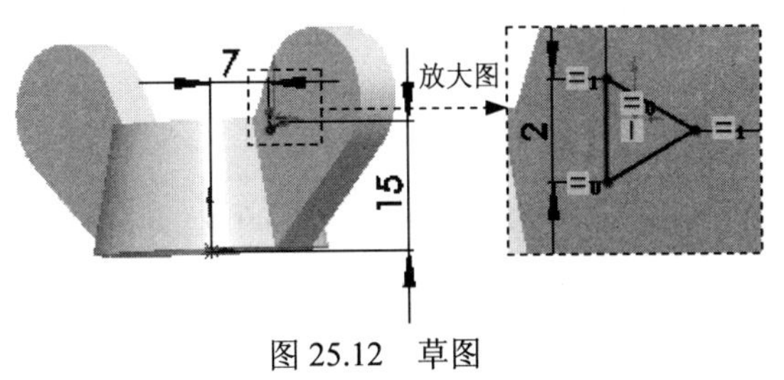

图 25.12 草图

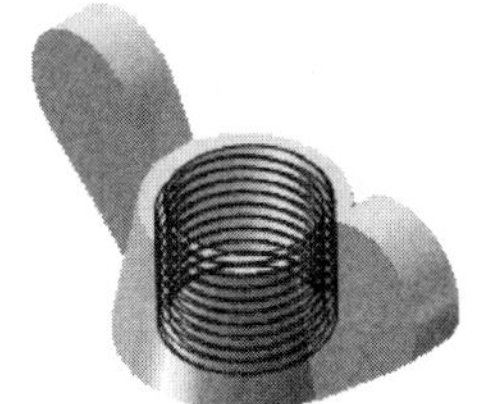
图 25.13 切除-扫描 1

（1）选择命令。选择下拉菜单 插入(I) → 切除(C) → 扫描(S)... 命令，系统弹出“切除-扫描”窗口。

（2）定义切除-扫描的轮廓。在图形区中选取草图为切除-扫描 1 的轮廓。

（3）定义切除-扫描的路径。在图形区中选取螺旋线 1 为切除-扫描 1 的路径。

（4）单击✔按钮，完成切除-扫描 1 的创建。

Step 9 创建图 25.14b 所示的变化圆角 1。

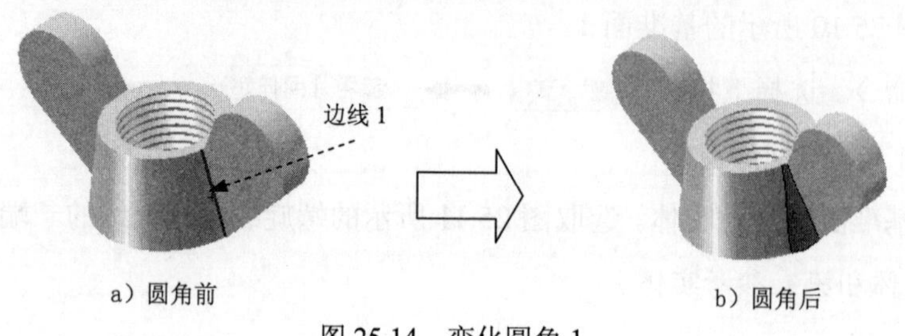

图 25.14 变化圆角 1

（1）选择命令。选择下拉菜单 插入(I) ➡ 特征(F) ➡ 圆角(U)... 命令（或单击“特征（F）”工具栏中的按钮），系统弹出“圆角”窗口。

（2）定义圆角类型。在“圆角”窗口中 手工 选项卡的 圆角类型(Y) 区域中选中 ⊙ 变半径(V) 单选按钮。

（3）选取要圆角的对象。在系统 选择要加圆角的边线 的提示下，选取图 25.14a 所示的边线 1 为要圆角的对象。

（4）定义圆角参数。

① 定义实例数。在“圆角”窗口中 变半径参数(P) 选项组的文本框中输入数值 1。

说明：实例数即所选边线上需要设置半径值的点的数目（除起点和端点外）。

② 定义起点与端点半径。在 变半径参数(P) 区域的列表中选择“v1”（边线的上端点），然后在文本框中输入数值 1.0（即设置左端点的半径），按回车键确定；在列表中选择“v2”（边线的下端点），然后在文本框中输入半径值 5.0，再按回车键确定。

③ 在图形区选中边线 1 的中点（此时点被加入列表中），然后在列表中选择点的表示项“P1”，在文本框中输入数值 3.0，按回车键确定。

（5）单击窗口中的✔按钮，完成变化圆角 1 的创建。

Step 10 创建图 25.15b 所示的变化圆角 2。

（1）选择命令。选择下拉菜单 插入(I) ➡ 特征(F) ➡ 圆角(U)... 命令，系统弹出“圆角”窗口。

（2）定义圆角类型。在“圆角”窗口中 手工 选项卡的 圆角类型(Y) 区域中选中 ⊙ 变半径(V) 单选按钮。

（3）选取要圆角的对象。在系统 选择要加圆角的边线 的提示下，选取图 25.15a 所示的 3 条边线为要圆角的对象。

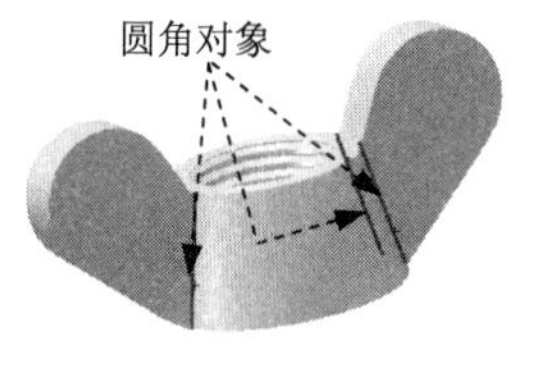

a）圆角前

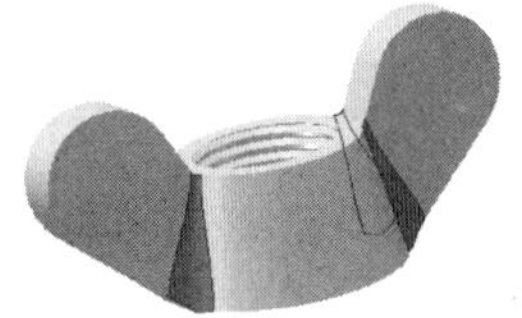

b）圆角后

图 25.15　变化圆角 2

（4）定义圆角参数。

① 在 圆角项目(I) 区域中选中 边线<1>，定义实例数为 1，边线上 3 个点的半径值与变半径圆角 1 中边线的半径值一致。

② 参照 边线<1>，分别设置 边线<2> 与 边线<3> 的圆角半径，圆角数值均一致。

（5）单击窗口中的✔按钮，完成变化圆角 2 的创建。

Step 11 后面的详细操作过程请参见随书光盘中 video\ins25\reference\文件下的语音视频讲解文件——蝶形螺母-r02.avi。

实例 26　排气部件

实例概述：

该实例中使用的命令较多，主要运用了拉伸、扫描、放样、圆角及抽壳等命令，设计思路是先创建互相交叠的拉伸、扫描、放样特征，再对其进行抽壳，从而得到模型的主体结构，其中扫描和放样的综合使用是重点，务必保证草图的正确性；否则此后的圆角将难以创建。该零件模型及设计树如图 26.1 所示。

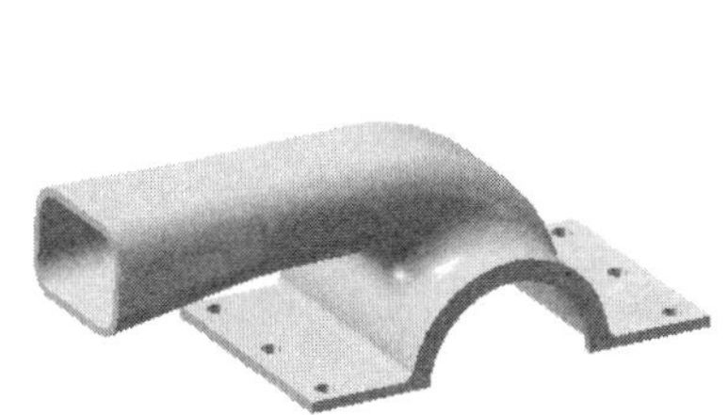

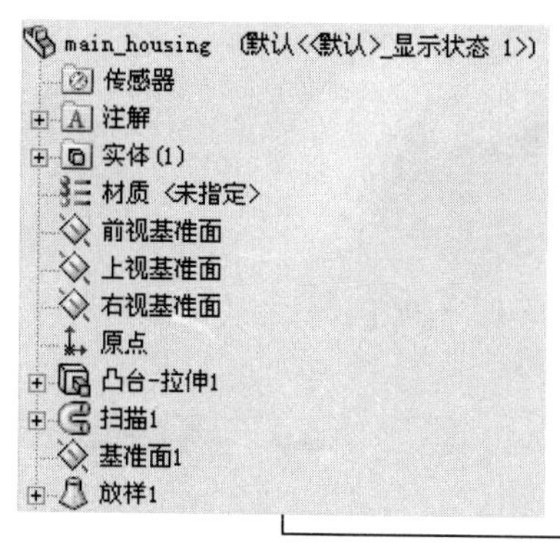

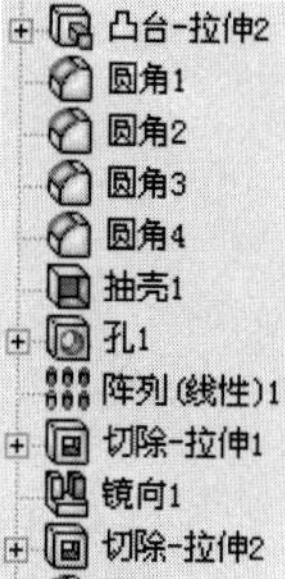

图 26.1　零件模型及设计树

说明：本实例前面的详细操作过程请参见随书光盘中 video\ins26\reference\文件下的语音视频讲解文件——排气部件-r01.avi。

Step 1 打开文件 D:\sw13in\work\ins26\main_housing_ex.SLDPRT。

Step 2 创建图 26.2 所示的草图 2。

（1）选择命令。选择下拉菜单 插入(I) → 草图绘制 命令。

（2）定义草图基准面。选取上视基准面为草图基准面。

（3）绘制草图。在草绘环境中绘制图 26.2 所示的草图。

（4）选择下拉菜单 插入(I) → 退出草图 命令，退出草图设计环境。

Step 3 创建图 26.3 所示的草图 3。选取前视基准面作为草图基准面。

注意：绘制直线和相切弧时，注意添加圆弧和凸台-拉伸 1 边界线的相切约束。

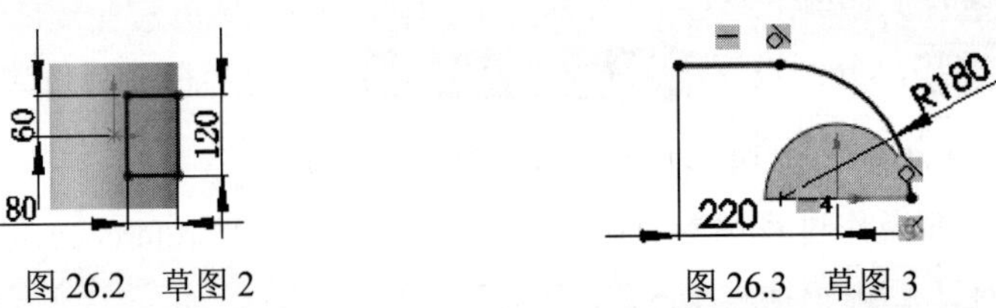

图 26.2 草图 2　　图 26.3 草图 3

Step 4 创建图 26.4 所示的扫描 1。

（1）选择下拉菜单 插入(I) → 凸台/基体(B) → 扫描(S)... 命令，系统弹出“扫描”窗口。

（2）定义扫描特征的轮廓。选取草图 2 作为扫描 1 的轮廓。

（3）定义扫描特征的路径。选取草图 3 作为扫描 1 的路径。

（4）单击窗口中的 ✔ 按钮，完成扫描 1 的创建。

Step 5 创建图 26.5 所示的基准面 1。

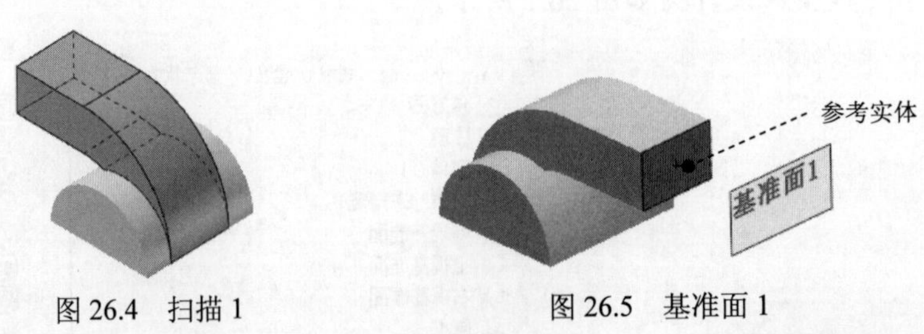

图 26.4 扫描 1　　图 26.5 基准面 1

（1）选择下拉菜单 插入(I) → 参考几何体(G) → 基准面(P)... 命令，系统弹出“基准面”窗口。

（2）定义基准面的参考实体。选取图 26.5 所示的模型表面为参考实体。

（3）定义偏移方向及距离。采用系统默认的偏移方向，在 后输入偏移距离值 160.0。

（4）单击窗口中的 ✔ 按钮，完成基准面 1 的创建。

Step 6 创建图 26.6 所示的草图 4。选取图 26.7 所示的模型表面为草图基准面。在草绘环境中绘制图 26.6 所示的草图时，此草图只需选中图 26.6 所示的边线，然后单击“草图（K）”工具栏中的“转换实体引用”按钮，即可完成创建。

Step 7 创建图 26.8 所示的草图 5。选取基准面 1 为草图基准面，创建时可先绘制中心线，再绘制矩形，然后建立对称和重合约束，最后添加尺寸并修改尺寸值。

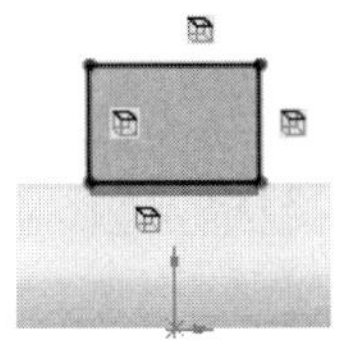

图 26.6 草图 4

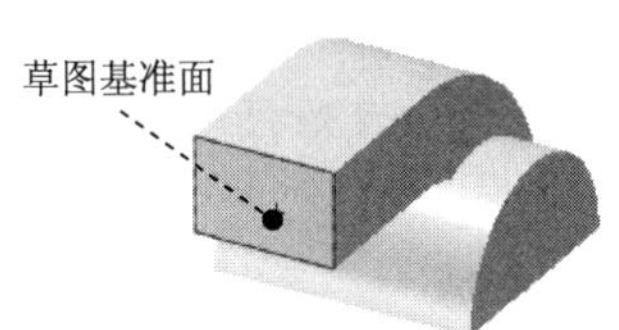

图 26.7 定义草图基准面

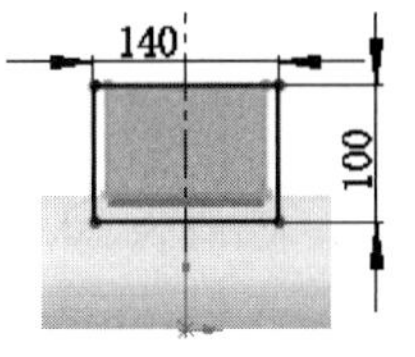

图 26.8 草图 5

Step 8 创建图 26.9 所示的零件特征——放样 1。

（1）选择下拉菜单 插入(I) → 凸台/基体(B) → 放样(L)... 命令，系统弹出“放样”窗口。

（2）定义放样 1 特征的轮廓。选取草图 4 和草图 5 为放样 1 特征的轮廓。

注意： 在选取放样 1 特征的轮廓时，轮廓的闭合点和闭合方向必须一致。

（3）单击窗口中的 ✔ 按钮，完成放样 1 的创建。

Step 9 创建图 26.10 所示的零件特征——凸台-拉伸 2。选择下拉菜单 插入(I) → 凸台/基体(B) → 拉伸(E)... 命令；选取上视基准面作为草图基准面；在草绘环境中绘制图 26.11 所示的横断面草图；采用系统默认的深度方向；定义深度类型和深度值。在“凸台-拉伸”窗口 方向 1 区域的下拉列表框中选择 给定深度 选项，输入深度值 10.0；单击窗口中的 ✔ 按钮，完成凸台-拉伸 2 的创建。

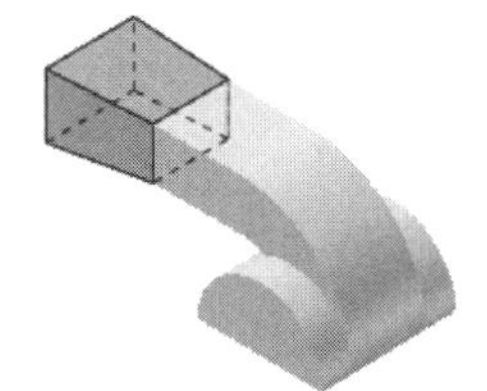

图 26.9 放样 1

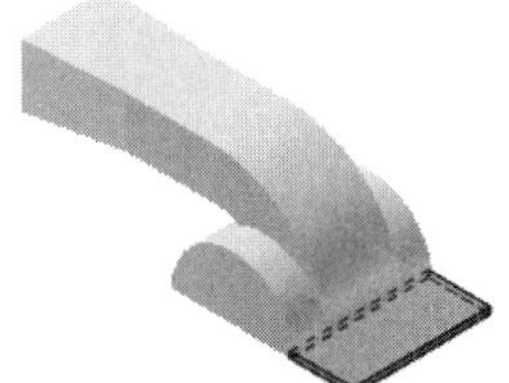

图 26.10 凸台-拉伸 2

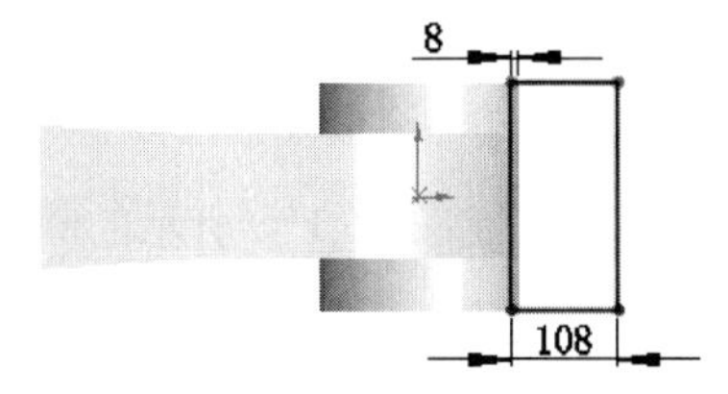

图 26.11 横断面草图

Step 10 创建图 26.12b 所示的圆角 1。

（1）选择下拉菜单 插入(I) → 特征(F) → 圆角(U)... 命令，系统弹出“圆角”窗口。

（2）定义要圆角的对象。选取图 26.12a 所示的边线为要圆角的对象。

2 Chapter

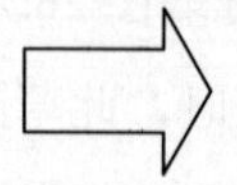
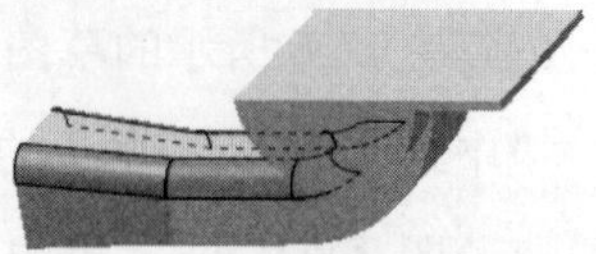

a）圆角前　　　　b）圆角后

图 26.12　圆角 1

（3）定义圆角半径。在“圆角”窗口中输入圆角半径值 30.0。

（4）单击✔按钮，完成圆角 1 的创建。

Step 11　创建图 26.13b 所示的圆角 2。图 26.13a 所示的两条边线为要圆角的对象，圆角半径值为 30.0。

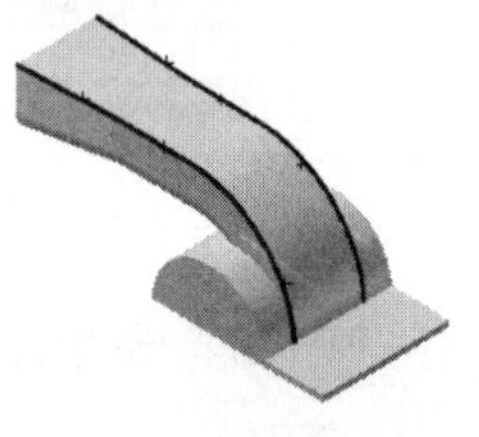
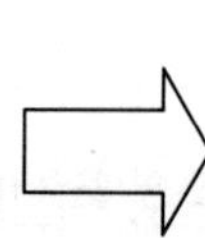
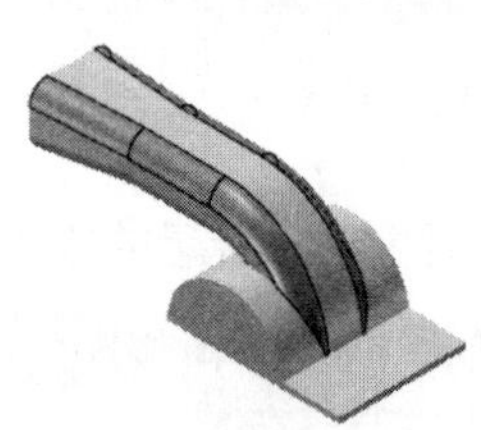

a）圆角前　　　　b）圆角后

图 26.13　圆角 2

注意：圆角的每一段边线都要选取。

Step 12　创建图 26.14b 所示的圆角 3。选取图 26.14a 所示的边线为要圆角的对象，圆角半径值为 30.0。

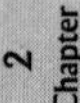

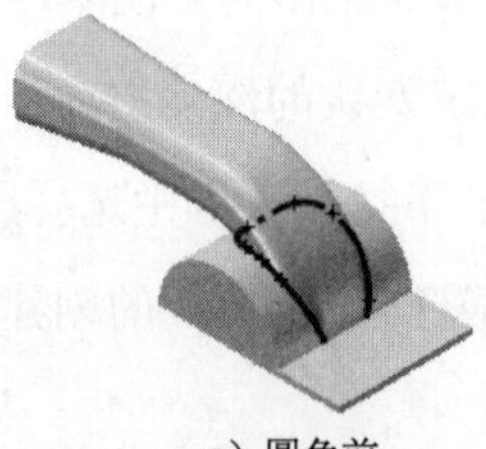
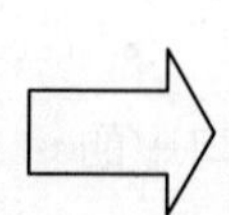
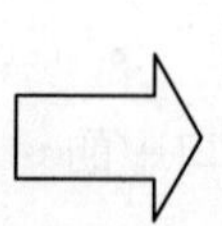

a）圆角前　　　　b）圆角后

图 26.14　圆角 3

Step 13　创建图 26.15b 所示的圆角 4。选取图 26.15a 所示的边线为要圆角的对象，圆角半径值为 400.0。

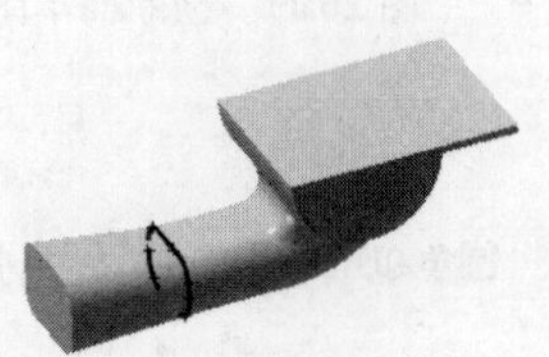
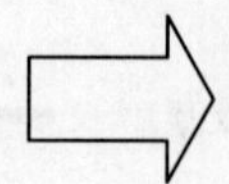
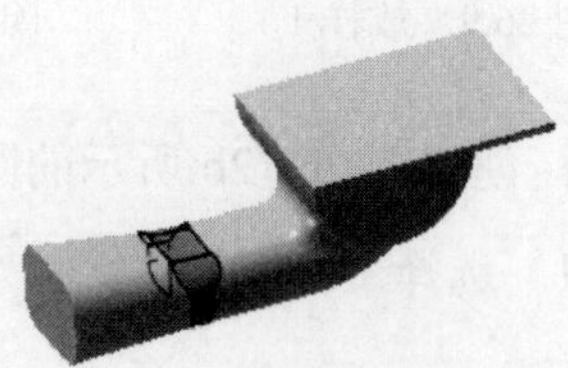

a）圆角前　　　　b）圆角后

图 26.15　圆角 4

Step 14 创建图 26.16b 所示的零件特征——抽壳 1。

（1）选择下拉菜单 插入(I) → 特征(F) → 抽壳(S)... 命令。

（2）定义要移除的面。选取图 26.16a 所示模型的两个端面为要移除的面。

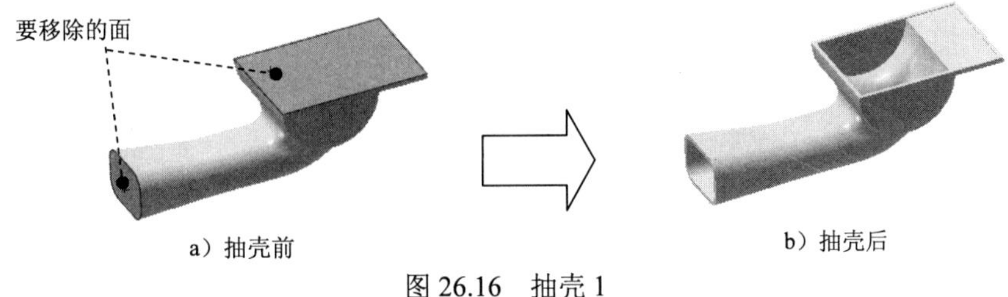

a）抽壳前　　b）抽壳后

图 26.16　抽壳 1

（3）定义抽壳 1 的参数。在“抽壳 1”窗口的 参数(P) 区域输入壁厚值 8.0。

（4）单击窗口中的 ✔ 按钮，完成抽壳 1 的创建。

Step 15 后面的详细操作过程请参见随书光盘中 video\ins26\reference\文件下的语音视频讲解文件——排气部件-r02.avi。

3

曲面设计实例

实例 27　香皂造型设计

实例概述：

本实例主要讲述了一款香皂的创建过程，在整个设计过程中运用了曲面拉伸、旋转、缝合、扫描、倒圆角等命令。零件模型及设计树如图 27.1 所示。

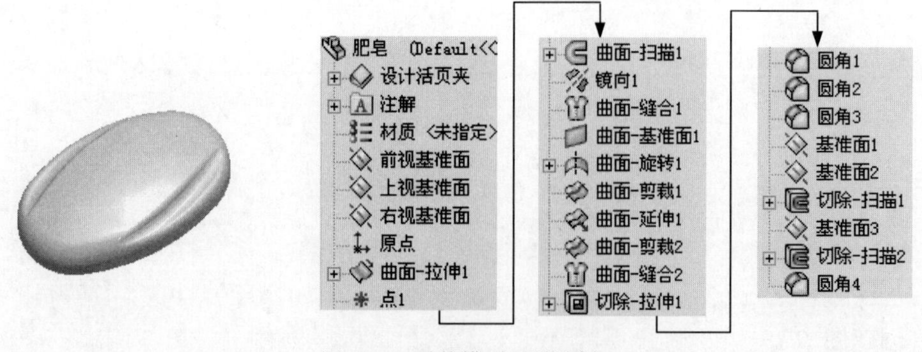

图 27.1　零件模型及设计树

Step 1　新建一个零件模型文件，进入建模环境。

Step 2　创建图 27.2 所示的曲面-拉伸 1。选择下拉菜单 插入(I) → 曲面(S) → 拉伸曲面(E)... 命令；选取上视基准面作为草图平面，绘制图 27.3 所示的横断面草图。采用系统默认的深度方向；在 方向1 区域的下拉列表框中选择 给定深度 选项，在 后的文本框中输入值 18.0。

Step 3 创建图 27.4 所示的草图 2。选择下拉菜单 插入(I) → 草图绘制 命令。选取右视基准面作为草图基准面。绘制图 27.4 所示的草图 2（显示原点）。

Step 4 创建图 27.5 所示的点 1。选择下拉菜单 插入(I) → 参考几何体(G) → 点(O)... 命令，系统弹出“点”对话框。选取草图 2 作为点 1 的参考实体。在“点”对话框中选中 百分比(G) 单选按钮，在 后的文本框中输入数值 50.0。

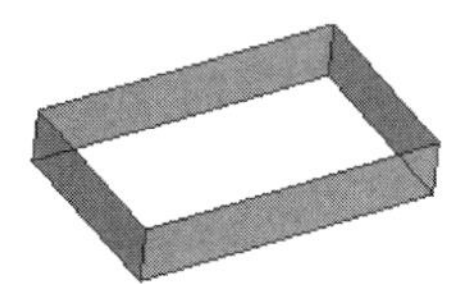
图 27.2 曲面-拉伸 1

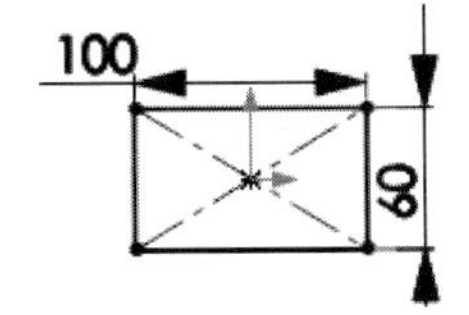

图 27.3 横断面草图（草图 1）

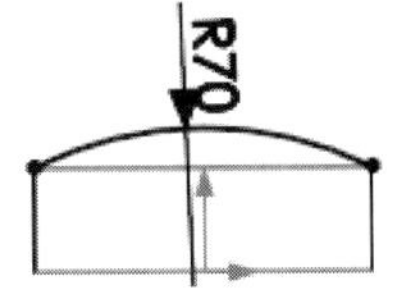

图 27.4 草图 2

Step 5 创建图 27.6 所示的草图 3。选择下拉菜单 插入(I) → 草图绘制 命令。选取前视基准面作为草图基准面。绘制图 27.6 所示的草图 3（显示原点）。

Step 6 创建图 27.7 所示的曲面-扫描 1。选择下拉菜单 插入(I) → 曲面(S) → 扫描曲面(S)... 命令，选择草图 3 作为扫描轮廓，选择草图 2 作为扫描路径。单击 ✔ 按钮，完成扫描曲面的创建。

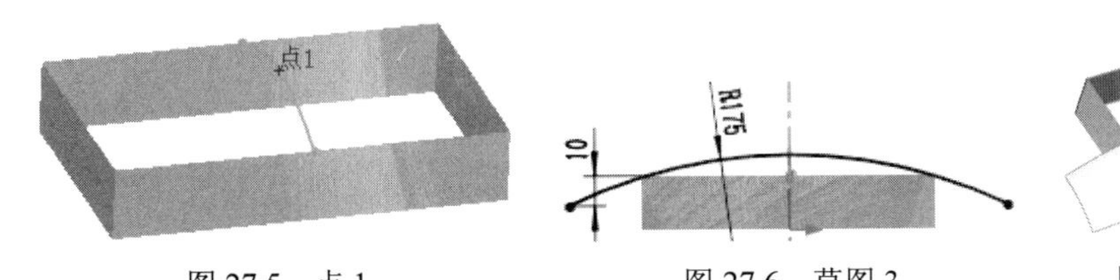

图 27.5 点 1

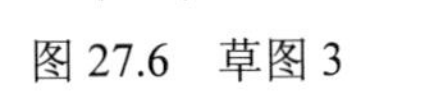
图 27.6 草图 3

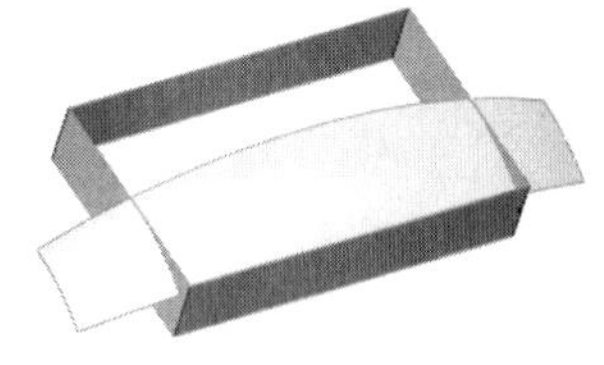
图 27.7 曲面-扫描 1

Step 7 创建图 27.8 所示的镜像 1。选择下拉菜单 插入(I) → 阵列/镜向(E) → 镜向(M)... 命令。选取前视基准面作为镜像基准面，选取曲面-扫描 1 作为镜像 1 的对象。

Step 8 创建图 27.9 所示的曲面-缝合 1。选择下拉菜单 插入(I) → 曲面(S) → 缝合曲面(K)... 命令，系统弹出“曲面-缝合”对话框；在设计树中选取曲面-扫描 1 和镜像 1 作为缝合对象。

Step 9 创建图 27.10 所示的曲面-基准面 1。选择下拉菜单 插入(I) → 曲面(S) → 平面区域(P)... 命令，系统弹出 “平面”对话框，依次选取图 27.11 所示边线 1、边线 2、边线 3、边线 4。

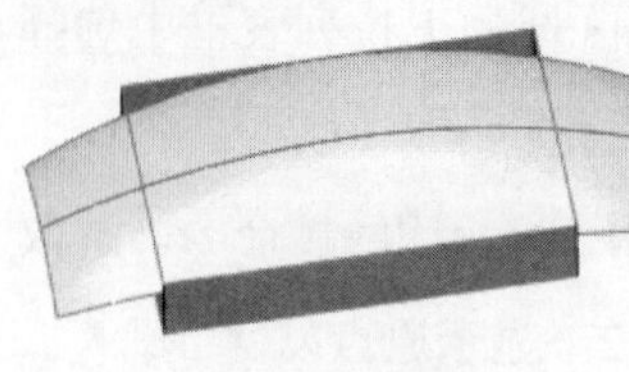
图 27.8 镜像 1

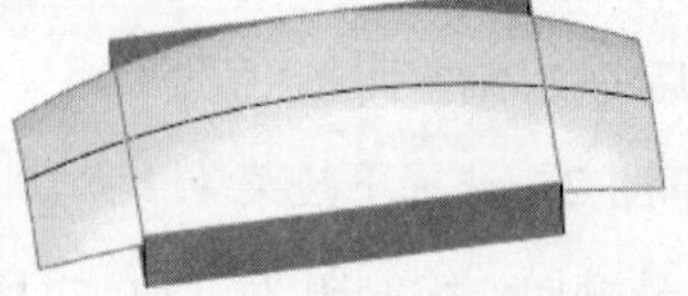
图 27.9 曲面-缝合 1

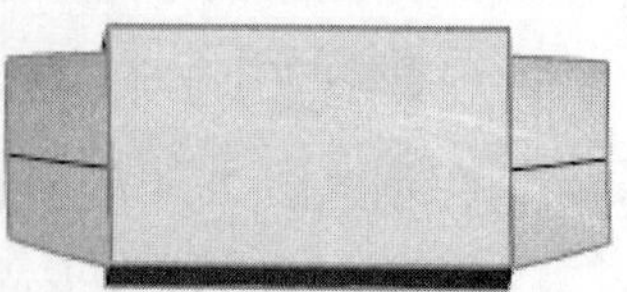
图 27.10 曲面-基准面 1

Step 10 创建图 27.12 所示的曲面-旋转 1。选择下拉菜单 插入(I) → 曲面(S) → 旋转曲面(R)... 命令；选取前视基准面作为草图平面，绘制图 27.13 所示的横断面草图；采用草图中绘制的中心线作为旋转轴，在 方向1 区域后的下拉列表框中选择 给定深度 选项，在后的文本框中输入角度值 360.0。

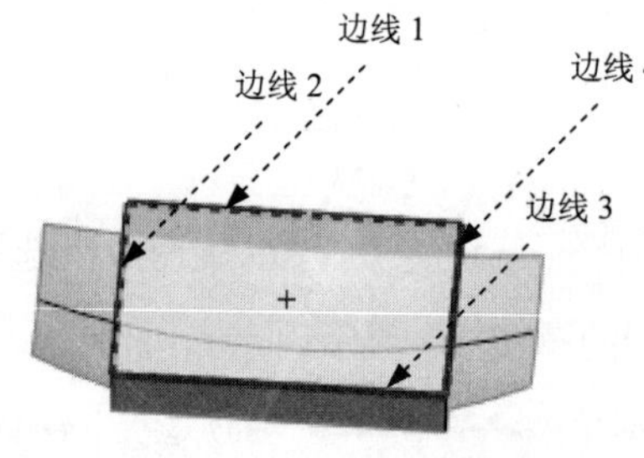

图 27.11 平面区域边线选择

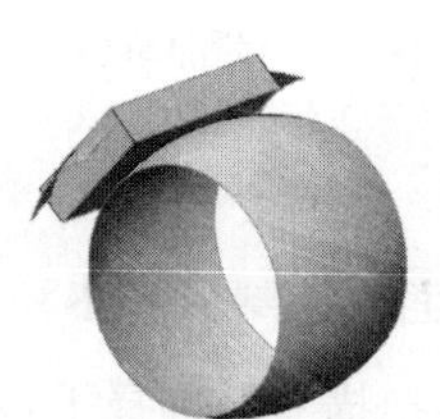
图 27.12 曲面-旋转 1

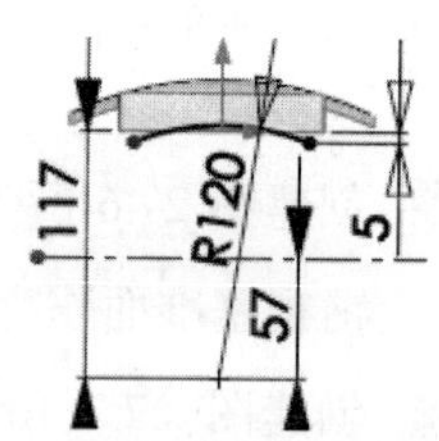

图 27.13 横断面草图（草图 4）

Step 11 创建图 27.14b 所示的曲面-剪裁 1。选择下拉菜单 插入(I) → 曲面(S) → 剪裁曲面(T)... 命令，系统弹出“曲面剪裁”对话框。在“曲面剪裁”对话框的 剪裁类型(T) 区域中选中 相互(M) 单选按钮。选取曲面-旋转 1 和曲面-基准面 1 作为剪裁曲面，选取图 27.14a 所示的曲面作为移除部分；其他参数采用系统默认的设置值。

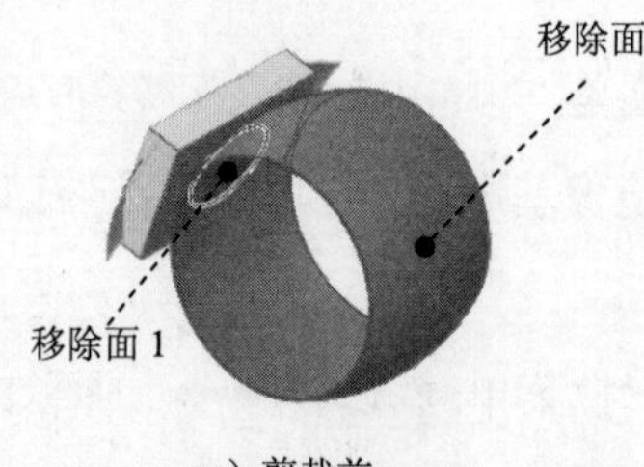

a）剪裁前

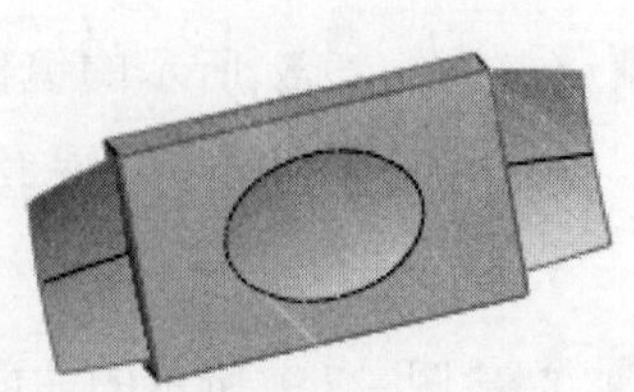
b）剪裁后

图 27.14 曲面-剪裁 1

Step 12 创建图 27.15b 所示的曲面-延伸 1。选择下拉菜单 插入(I) → 曲面(S) → 延伸曲面(X)... 命令，选择图 27.15a 所示的边线作为延伸边线。在 延伸类型(X) 区域中选中 距离(D) 单选按钮。输入距离值 5.0。

3 Chapter

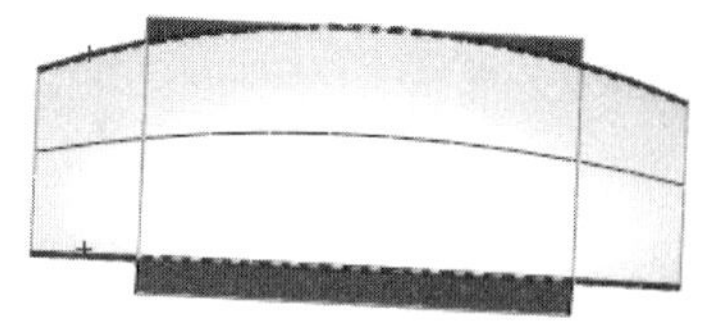

a）曲面延伸前　　　b）曲面延伸后

图 27.15　曲面-延伸 1

Step 13 创建图 27.16b 所示的曲面-剪裁 2。选择下拉菜单 插入(I) ➡ 曲面(S) ➡ 剪裁曲面(T)... 命令，系统弹出“曲面剪裁”对话框。在“曲面剪裁”对话框的 剪裁类型(T) 区域中选中 ⊙ 相互(M) 单选按钮。选取曲面-拉伸 1 和曲面-延伸 1 作为剪裁曲面，选取图 27.16a 所示的曲面作为移除部分；其他参数采用系统默认的设置值。

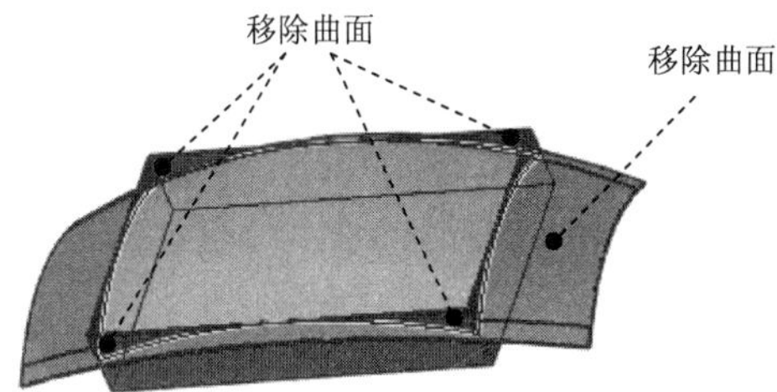

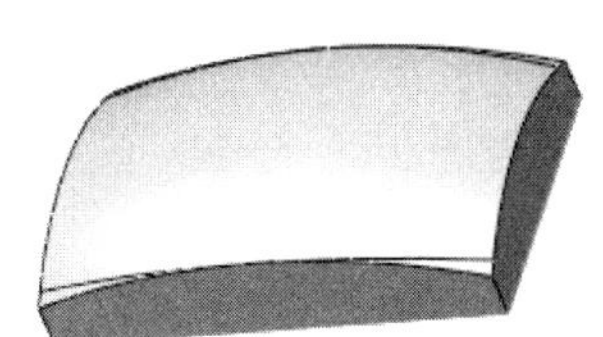

a）曲面剪裁前　　　b）曲面剪裁后

图 27.16　曲面-剪裁 2

Step 14 创建曲面-缝合 2。选择下拉菜单 插入(I) ➡ 曲面(S) ➡ 缝合曲面(K)... 命令，系统弹出“缝合曲面”对话框；在设计树中选取曲面-裁剪 1 和曲面-裁剪 2 作为缝合对象，选中 ☑ 尝试形成实体(T) 复选框，其他接受系统默认参数设置值。

Step 15 创建图 27.17 所示的零件特征——切除-拉伸 1。选择下拉菜单 插入(I) ➡ 切除(C) ➡ 拉伸(E)... 命令。选取上视基准面作为草图基准面，绘制图 27.18 所示的横断面草图。在“切除-拉伸”窗口 方向 1 区域的下拉列表框中选择 完全贯穿 选项，单击 按钮。选中 ☑ 反侧切除(F) 复选框。

图 27.17　切除-拉伸 1

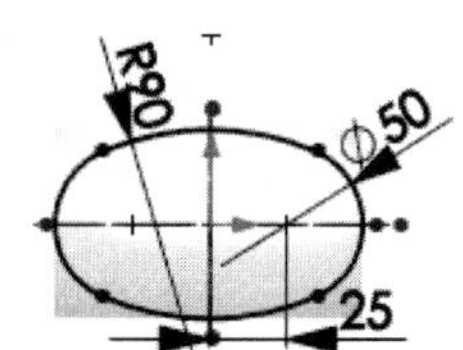

图 27.18　横断面草图（草图 5）

Step 16 创建图 27.19b 所示的圆角 1。选择下拉菜单 插入(I) ➡ 特征(F) ➡ 圆角(F)... 命令，选择图 27.19a 所示的边链为圆角对象，圆角半径值为 10.0。

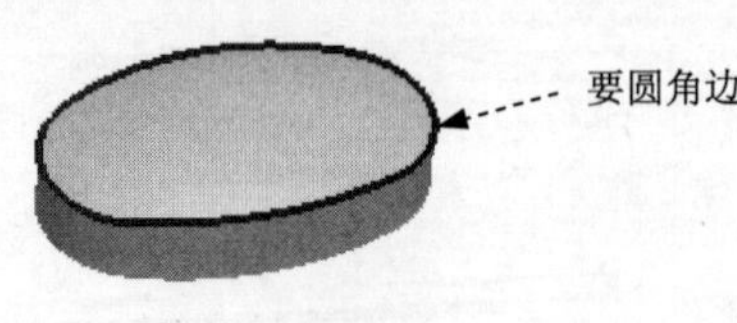

a）圆角前　　b）圆角后

图 27.19　圆角 1

Step 17 创建图 27.20b 所示的圆角 2。选择下拉菜单 插入(I) → 特征(F) → 圆角(F)... 命令，选择图 27.20a 所示的边链为圆角对象，圆角半径值为 5.0。

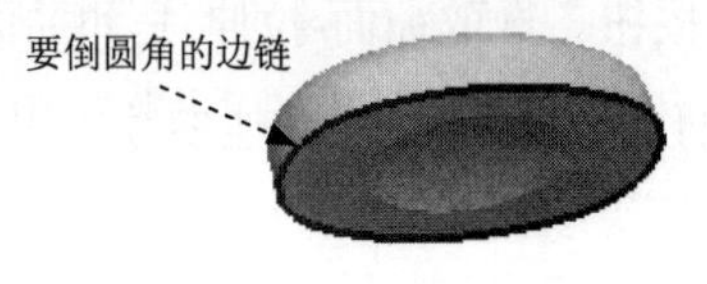

a）圆角前　　b）圆角后

图 27.20　圆角 2

Step 18 创建图 27.21b 所示的圆角 3。选择下拉菜单 插入(I) → 特征(F) → 圆角(F)... 命令，选择图 27.21a 所示的边链为圆角对象，圆角半径值为 10.0。

a）圆角前　　b）圆角后

图 27.21　圆角 3

Step 19 创建图 27.22 所示的基准面 1。选择下拉菜单 插入(I) → 参考几何体(G) → 基准面(P)... 命令；选取上视基准面作为所要创建的基准面的参考实体，在后的文本框中输入 20。

Step 20 创建图 27.23 所示的草图 6。选择下拉菜单 插入(I) → 草图绘制 命令；选取基准面 1 作为草图平面，绘制如图 27.23 所示的草图。

Step 21 创建图 27.24 所示的基准面 2。选择下拉菜单 插入(I) → 参考几何体(G) → 基准面(P)... 命令；选取草图 6 及图 27.24 所示点作为所要创建的基准面的参考实体。

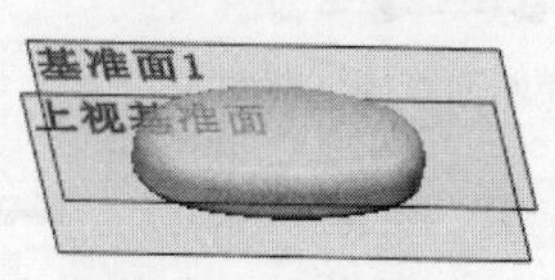

图 27.22　基准面 1

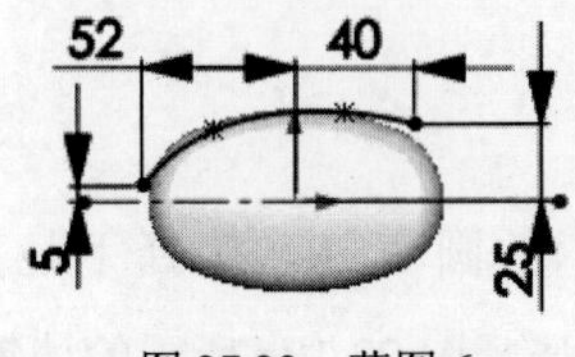

图 27.23　草图 6

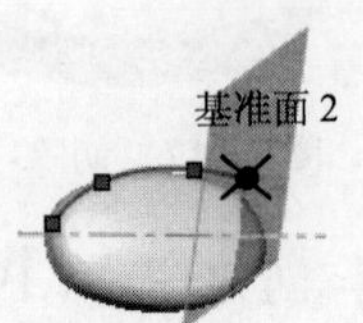

图 27.24　基准面 2

Step 22 创建图 27.25 所示的草图 7。选择下拉菜单 插入(I) → 草图绘制 命令；选取基准面 2 作为草图平面，绘制图 27.25 所示的草图。

Step 23 创建图 27.26 所示的零件特征——切除-扫描 1。选择下拉菜单 插入(I) → 切除(C) → 扫描(S)... 命令。选取草图 7 为轮廓线。选取草图 6 为路径。

Step 24 创建图 27.27 所示的草图 8。选择下拉菜单 插入(I) → 草图绘制 命令；选取基准面 1 作为草图平面，绘制图 27.27 所示的草图。

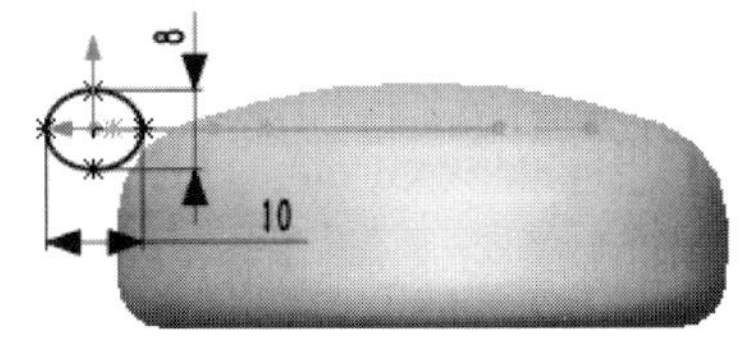

图 27.25　草图 7

图 27.26　切除-扫描 1

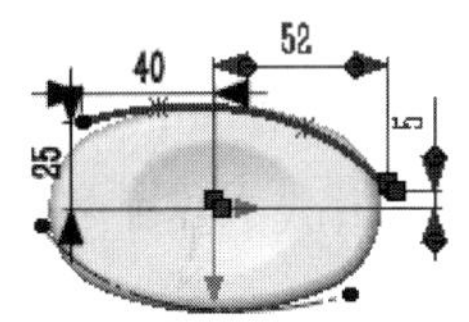

图 27.27　草图 8

Step 25 创建图 27.28 所示的基准面 3。选择下拉菜单 插入(I) → 参考几何体(G) → 基准面(P)... 命令；选取草图 8 及图 27.28 所示点作为所要创建的基准面的参考实体。

Step 26 创建图 27.29 所示的草图 9。选择下拉菜单 插入(I) → 草图绘制 命令；选取基准面 3 作为草图平面，绘制图 27.29 所示的草图。

Step 27 创建图 27.30 所示的零件特征——切除-扫描 2。选择下拉菜单 插入(I) → 切除(C) → 扫描(S)... 命令。选取草图 9 为轮廓线。选取草图 8 为路径。

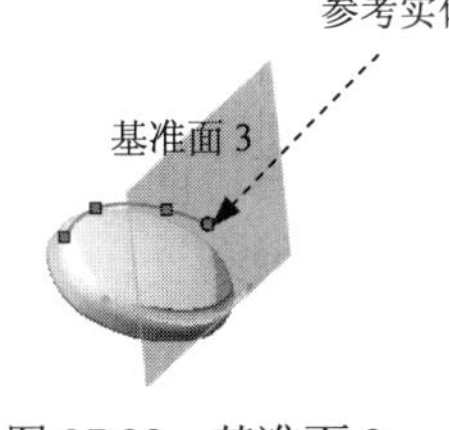

图 27.28　基准面 3

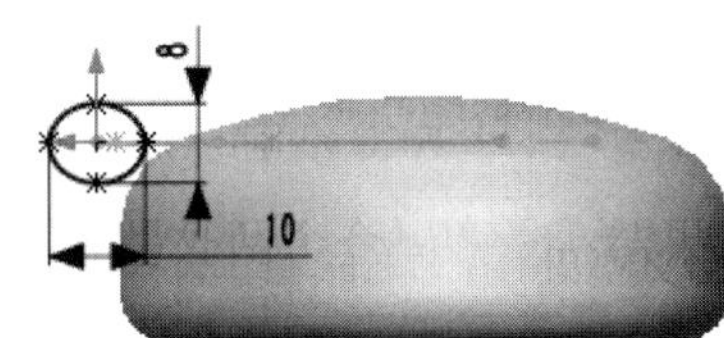

图 27.29　草图 9

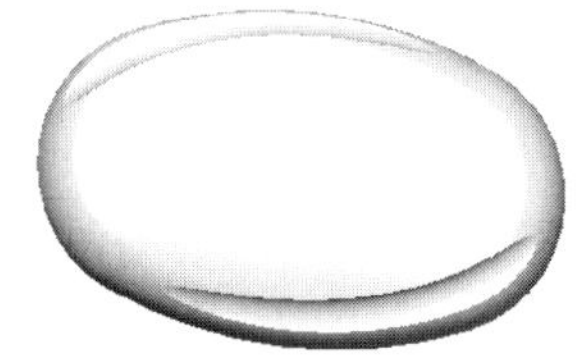

图 27.30　切除-扫描 2

Step 28 创建图 27.31b 所示的圆角 4。选择下拉菜单 插入(I) → 特征(F) → 圆角(F)... 命令，选择图 27.31 所示的边链为圆角对象，圆角半径值为 3.0。

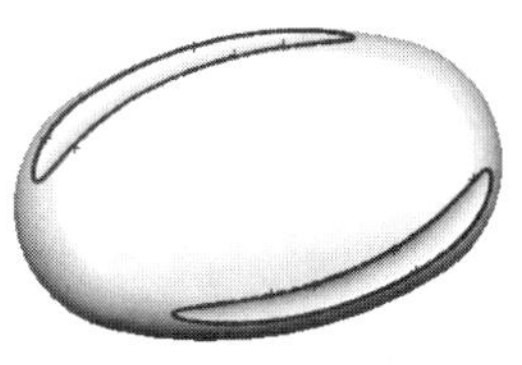

a）圆角前

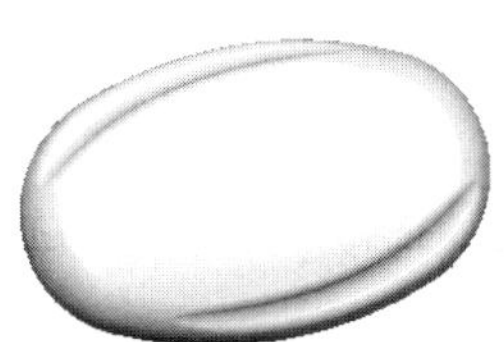

b）圆角后

图 27.31　圆角 4

Step 29 保存模型。选择下拉菜单 文件(F) → 保存(S) 命令，将模型命名为“香皂”，保存模型。

实例 28 笔帽

实例概述：

本实例主要运用了“曲面放样”、“曲面剪裁”、“填充曲面”、“曲面缝合”和“实体化”等命令，在设计此零件的过程中应注意基准面及基准点的创建，便于特征断面草图的绘制。零件模型和设计树如图 28.1 所示。

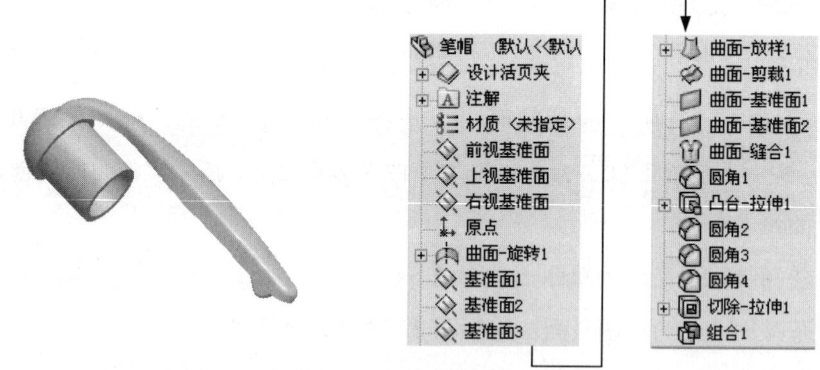

图 28.1 零件模型及设计树

Step 1 新建一个零件模型文件，进入建模环境。

Step 2 创建图 28.2 所示的曲面-旋转 1。选择下拉菜单 插入(I) → 曲面(S) → 旋转曲面(R)... 命令；选取前视基准面作为草图平面，绘制图 28.3 所示的横断面草图；采用草图中绘制的中心线作为旋转轴，在 方向1 区域 后的下拉列表框中选择 给定深度 选项，在 后的文本框中输入角度值 360.0。

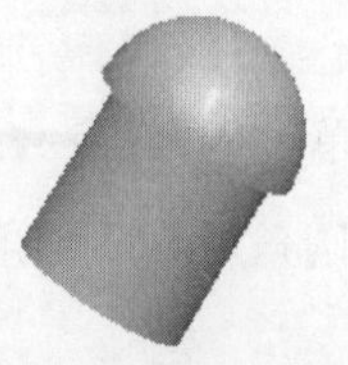

图 28.2 曲面-旋转 1

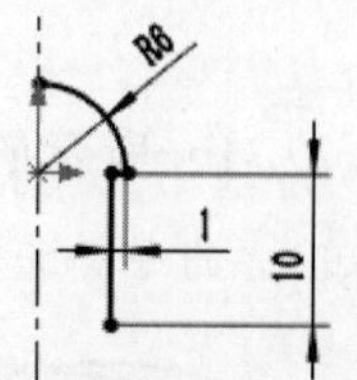

图 28.3 横断面草图（草图 1）

Step 3 创建图 28.4 所示的基准面 1。选择下拉菜单 插入(I) → 参考几何体(G) → 基准面(P)... 命令；选取上视基准面作为所要创建的基准面的参考实体，在 后的文本框中输入数值 3，并选中 ☑ 反转 复选框。

Step 4 创建图 28.5 所示的基准面 2。选择下拉菜单 插入(I) → 参考几何体(G) → 基准面(P)... 命令；选取基准面 1 作为所要创建的基准面的参考实体，在 后的文本框中输入数值 15，并选中 ☑ 反转 复选框。

Step 5 创建图 28.5 所示的基准面 3。选择下拉菜单 插入(I) → 参考几何体(G) → 基准面(P)... 命令；选取基准面 2 作为所要创建的基准面的参考实体，在 后的文本框中输入数值 25，并选中 ☑ 反转 复选框。

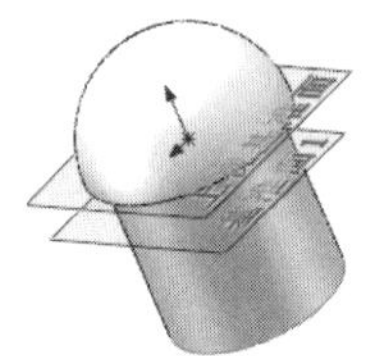

图 28.4 基准面 1

图 28.5 基准面 2、基准面 3

Step 6 创建图 28.6 所示的草图 2。选择下拉菜单 插入(I) → 草图绘制 命令。选取右视基准面为草图基准面。绘制图 28.6 所示的草图 2（显示原点）。

Step 7 创建图 28.7 所示的投影曲线 1。选择下拉菜单 插入(I) → 曲线(U) → 投影曲线(P)... 命令；在 选择(S) 区域的 投影类型: 下选中 ⊙ 面上草图(K) 单选按钮。选择草图 2 作为要投影的草图，选取图 28.8 所示的模型表面作为投影面。

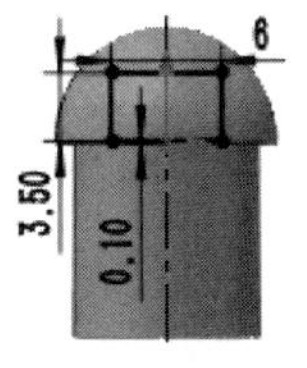

图 28.6 草图 2

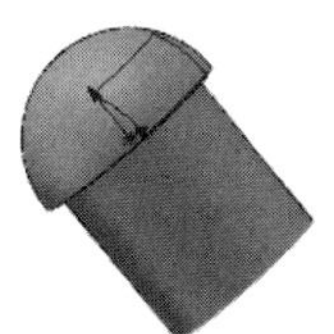

图 28.7 投影曲线 1

此面为投影面

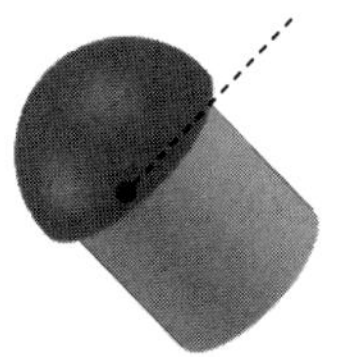

图 28.8 选取投影面

Step 8 创建图 28.9 所示的草图 3。选择下拉菜单 插入(I) → 草图绘制 命令。选取基准面 1 为草图基准面。绘制 28.9 所示的草图 3（显示原点）。

Step 9 创建图 28.10 所示的草图 4。选择下拉菜单 插入(I) → 草图绘制 命令。选取基准面 2 为草图基准面。绘制 28.10 所示的草图 4（显示原点）。

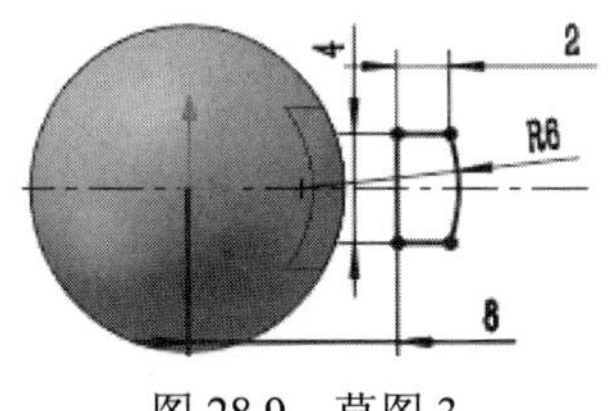

图 28.9 草图 3

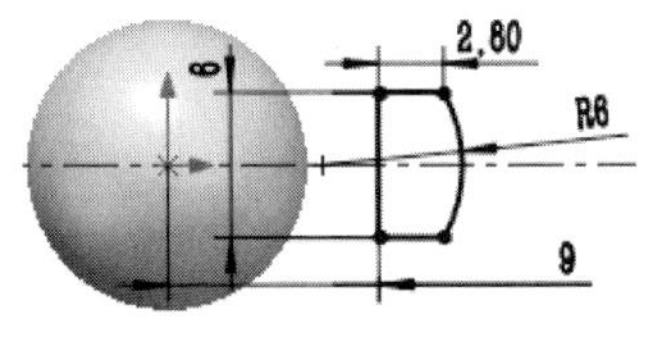

图 28.10 草图 4

Step 10 创建图 28.11 所示的草图 5。选择下拉菜单 插入(I) → 草图绘制 命令。选取基准面 3 为草图基准面。绘制 28.11 所示的草图 5（显示原点）。

Step 11 创建图 28.12 所示的曲面-放样 1。选择下拉菜单 插入(I) → 曲面(S) → 放样曲面(L)... 命令；依次选取曲线 1、草图 3、草图 4 和草图 5 作为曲面-放样 1 的轮廓。

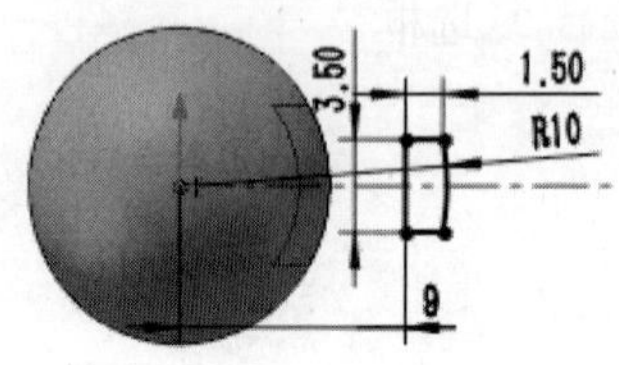

图 28.11　草图 5

图 28.12　曲面-放样 1

Step 12 创建图 28.13b 所示的曲面-剪裁 1。选择下拉菜单 插入(I) → 曲面(S) → 剪裁曲面(T)... 命令，系统弹出“曲面剪裁”对话框。选取曲面-放样 1 作为剪裁工具，选取图 28.13a 所示的曲面作为保留部分；其他参数采用系统默认的设置值。

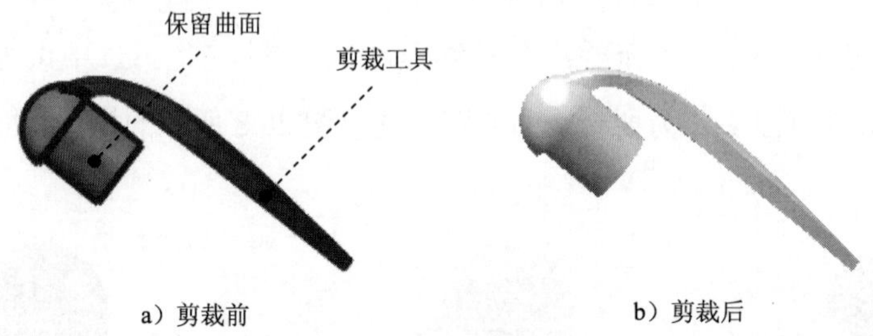

a）剪裁前　　b）剪裁后

图 28.13　曲面-剪裁 1

Step 13 创建图 28.14b 所示的曲面-基准面 1。选择下拉菜单 插入(I) → 曲面(S) → 平面区域(P)... 命令，选取图 28.14a 所示的边线作为平面区域。

a）创建前　　b）创建后

图 28.14　创建平面区域 1

Step 14 创建图 28.15b 所示的曲面-基准面 2。选择下拉菜单 插入(I) → 曲面(S) → 平面区域(P)... 命令，选取图 28.15a 所示的边线作为平面区域。

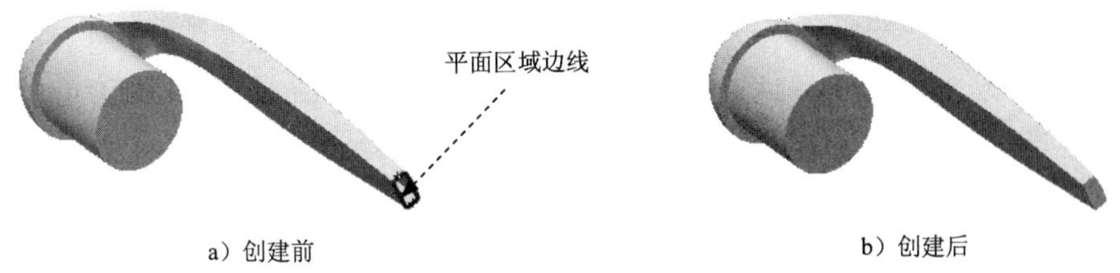

a）创建前　　b）创建后

图 28.15　创建平面区域 2

Step 15 创建曲面-缝合 1。选择下拉菜单 插入(I) → 曲面(S) → 缝合曲面(K)... 命令，系统弹出“缝合曲面”对话框；在设计树中选取曲面-裁剪 1、曲面-放样 1、曲面-基准面 1 和曲面-基准面 2 作为缝合对象，选中 ☑ 尝试形成实体(T) 复选框。

Step 16 创建图 28.16b 所示的圆角 1（完整圆角）。选择下拉菜单 插入(I) → 特征(F) → 圆角(U)... 命令。在“圆角”对话框的 圆角类型(Y) 区域中选中 ⊙ 完整圆角(F) 单选按钮。选择图 28.16a 所示的面 1 作为边侧面组 1。在“圆角”对话框的 圆角项目(I) 区域，单击以激活“中央面组”文本框，然后选择图 28.16a 所示的面 2 作为中央面组。单击以激活“边侧面组 2”文本框，然后选择图 28.16a 所示的面 3 作为边侧面组 2。

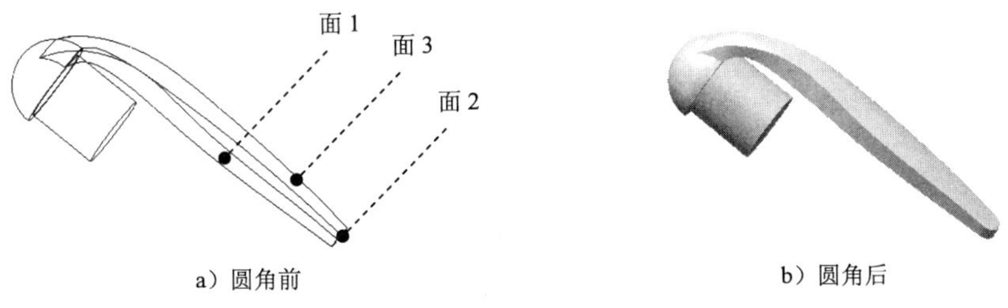

a）圆角前　　b）圆角后

图 28.16　圆角 1

Step 17 创建图 28.17 所示的零件特征——凸台-拉伸 1。选择下拉菜单 插入(I) → 凸台/基体(B) → 拉伸(E)... 命令。选取前视基准面作为草图基准面，绘制图 28.18 所示的横断面草图；在“凸台-拉伸”窗口 方向 1 区域的下拉列表框中选择 两侧对称 选项，输入深度值 2.0，取消 ☐ 合并结果(M) 复选框的勾选。

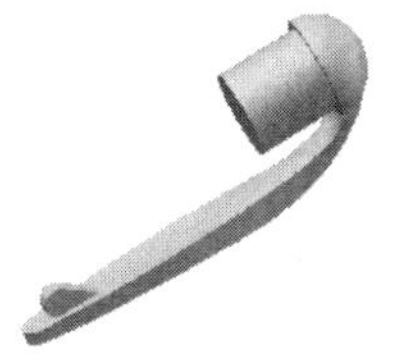

图 28.17　凸台-拉伸 1

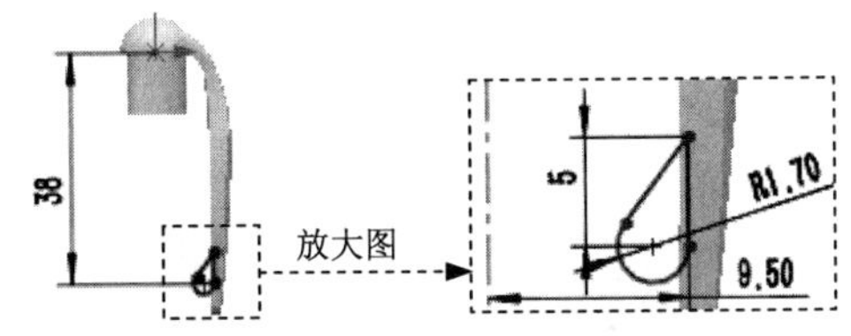

图 28.18　横断面草图（草图 6）

Step 18 创建图 28.19b 所示的圆角 2。选择下拉菜单 插入(I) → 特征(F) →

圆角(F)... 命令。选择图 28.19a 所示的边线为圆角对象，圆角半径值为 1.0。

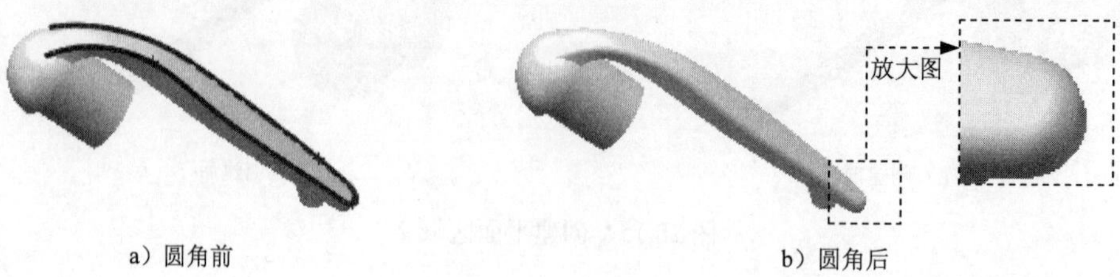

a）圆角前　　b）圆角后

图 28.19　圆角 2

Step 19 创建图 28.20b 所示的圆角 3。选择下拉菜单 插入(I) → 特征(F) → 圆角(F)... 命令。选择图 28.20a 所示的边线为圆角对象，圆角半径值为 0.5。

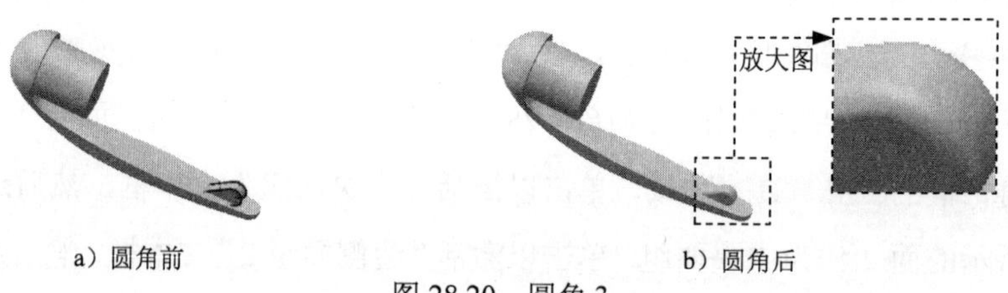

a）圆角前　　b）圆角后

图 28.20　圆角 3

Step 20 创建图 28.21b 所示的圆角 4。选择下拉菜单 插入(I) → 特征(F) → 圆角(F)... 命令。选择图 28.21a 所示的边线为圆角对象，圆角半径值为 1.0。

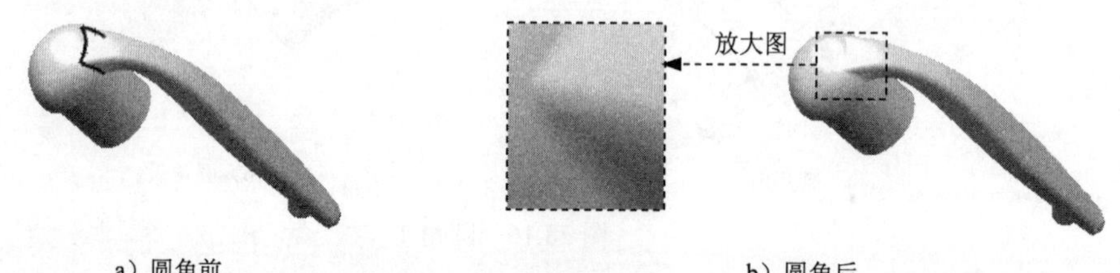

a）圆角前　　b）圆角后

图 28.21　圆角 4

Step 21 创建图 28.22 所示的零件特征——切除-拉伸 1。选择下拉菜单 插入(I) → 切除(C) → 拉伸(E)... 命令。选取图 28.23 所示平面作为草图基准面，绘制图 28.24 所示的横断面草图。在“切除-拉伸”窗口 方向 1 区域的下拉列表框中选择 给定深度 选项，输入数值 10.0。

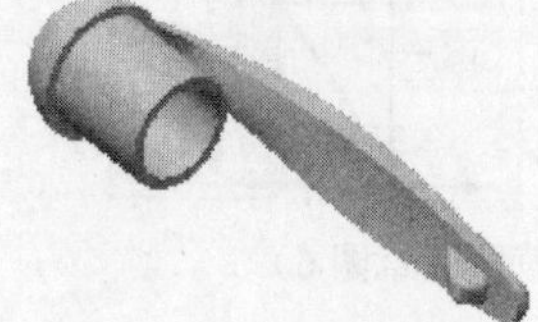

图 28.22　切除-拉伸 1

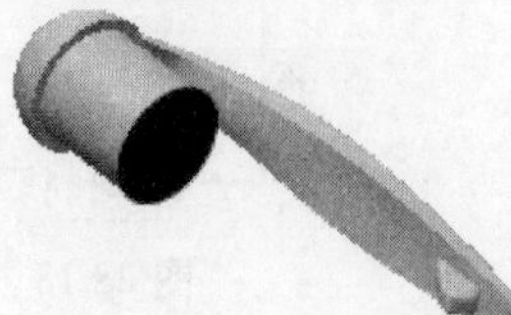

图 28.23　草图基准面

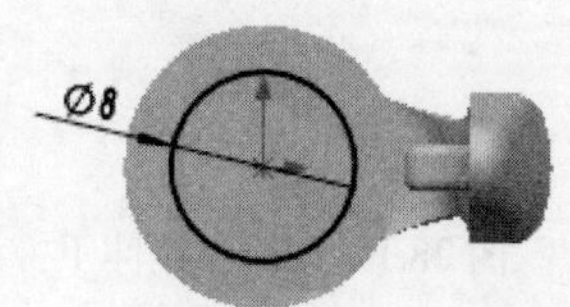

图 28.24　横断面草图（草图 7）

Step 22 创建图 28.25 所示的零件特征——组合 1。选择下拉菜单 插入(I) → 特征(F) → 组合(B)... 命令；选择圆角 3 与切除-拉伸 1 作为要组合的实体。

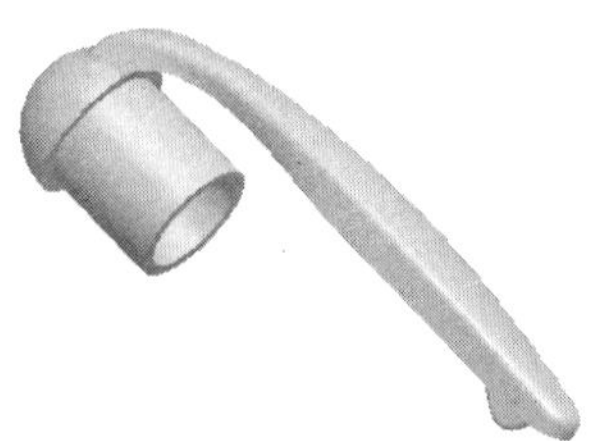

图 28.25 组合 1

Step 23 保存零件模型。

实例 29 台式计算机电源线插头

实例概述：

该零件结构较复杂，在设计的过程中巧妙运用了"边界曲面"、"曲面缝合"、"曲面加厚"、"阵列"和"拔模"等命令。此外，还应注意基准面的创建及拔模面的选择。下面介绍了零件的设计过程，零件模型和设计树如图 29.1 所示。

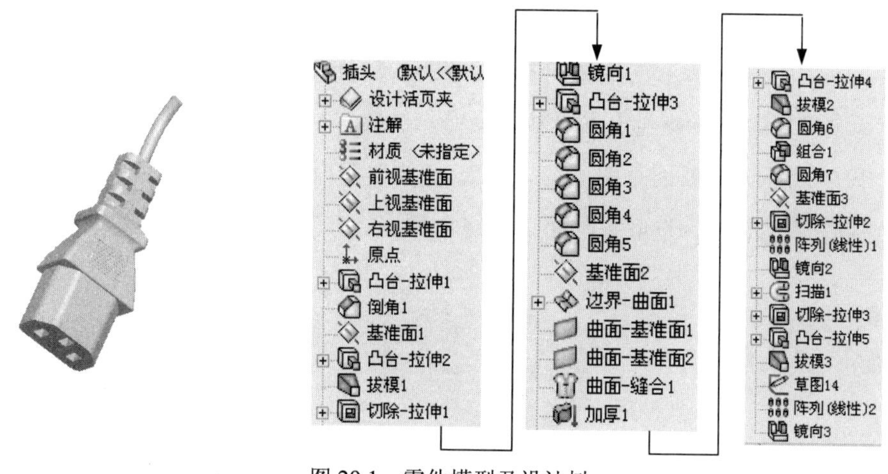

图 29.1 零件模型及设计树

Step 1 新建一个零件模型文件，进入建模环境。

Step 2 创建图 29.2 所示的零件基础特征——凸台-拉伸 1。选择下拉菜单 插入(I) → 凸台/基体(B) → 拉伸(E)... 命令。选取右视基准面作为草图基准面，绘制图 29.3 所示的横断面草图；在"凸台-拉伸"窗口 方向 1 区域的下拉列表框中选择 给定深度 选项，输入深度值 20.0。

图 29.2　凸台-拉伸 1

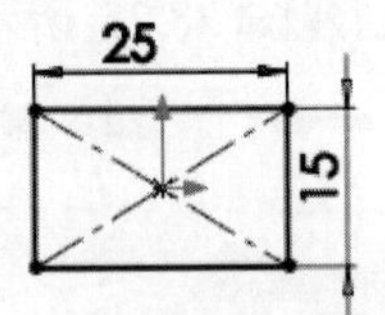

图 29.3　横断面草图（草图 1）

Step 3　创建图 29.4b 所示的倒角 1。选取图 29.4a 所示的边线为要倒角的对象，在“倒角”窗口中选中 角度距离(A) 单选按钮，然后在 文本框中输入数值 5.0，在 文本框中输入数值 45.0。

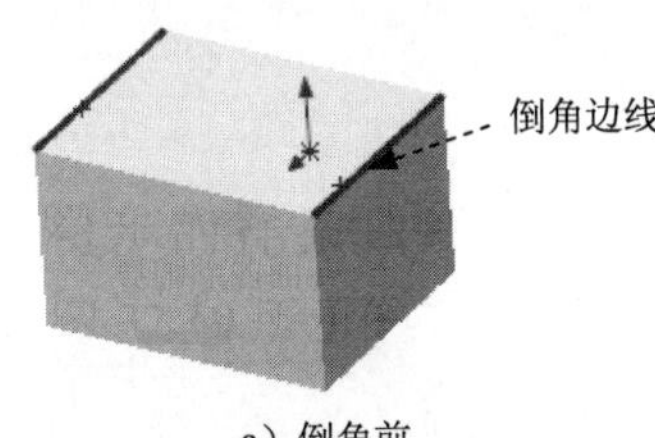

a）倒角前

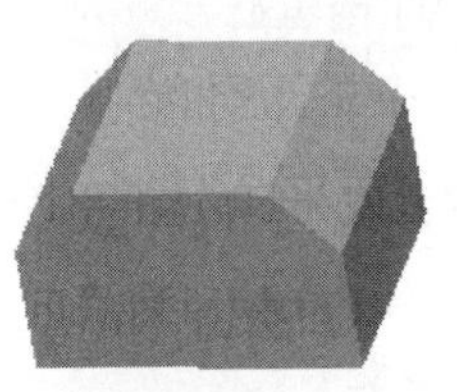

b）倒角后

图 29.4　倒角 1

Step 4　创建图 29.5 所示的基准面 1。选择下拉菜单 插入(I) → 参考几何体(G) → 基准面(P)... 命令。选取右视基准面为参考实体，输入偏移距离值 20.0，选中 反转 复选框，单击 按钮，完成基准面 1 的创建。

Step 5　创建图 29.6 所示的零件特征——凸台-拉伸 2。选择下拉菜单 插入(I) → 凸台/基体(B) → 拉伸(E)... 命令。选取右视基准面作为草图基准面，绘制图 29.7 所示的横断面草图；在“凸台-拉伸”窗口 方向 1 区域的下拉列表框中选择 成形到一面 选项，选取基准面 1 为终止面。

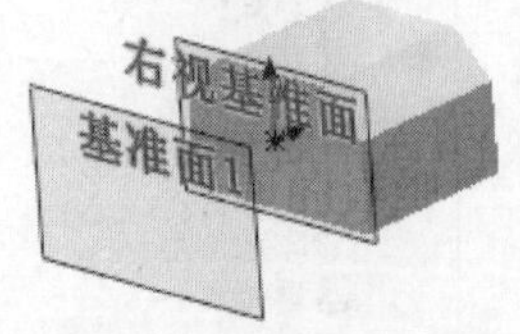

图 29.5　基准面 1

图 29.6　凸台-拉伸 2

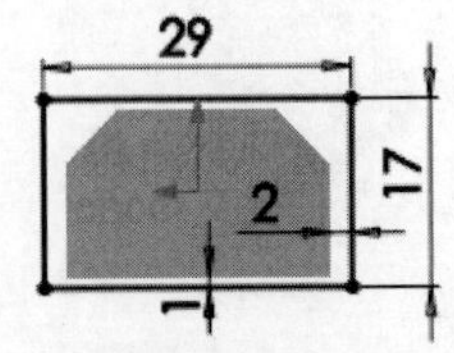

图 29.7　横断面草图（草图 2）

Step 6　创建图 29.8b 所示的拔模 1，选择下拉菜单 插入(I) → 特征(F) → 拔模(D)... 命令。在“拔模”对话框 拔模类型(T) 区域中选中 中性面(E) 单选按钮。单击以激活对话框的 中性面(N) 区域中的文本框，选取图 29.8a 所示的模型表面作为拔模中性面。单击以激活对话框的 拔模面(F) 区域中的文本框，选取图 29.8a 所示的模型表面作为拔模面。拔模方向如图 29.8a 所示，在对话框的 拔模角度(G) 区

域的 文本框中输入角度值 8.0。

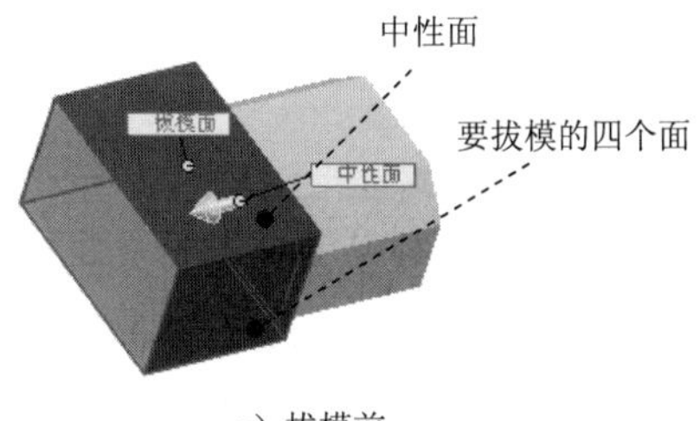

a）拔模前

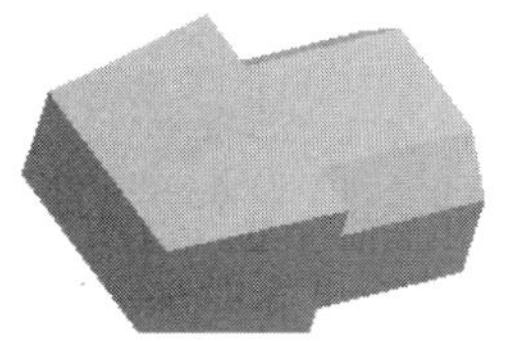
b）拔模后

图 29.8　拔模 1

Step 7　创建图 29.9 所示的零件特征——切除-拉伸 1。选择下拉菜单 插入(I) → 切除(C) → 拉伸(E)... 命令。选取上视基准面作为草图基准面，绘制图 29.10 所示的横断面草图。在“切除-拉伸”窗口 方向1 区域和 方向2 区域的下拉列表框中选择 完全贯穿 选项。

Step 8　创建图 29.11 所示的镜像 1。选择下拉菜单 插入(I) → 阵列/镜向(E) → 镜向(M)... 命令。选取前视基准面作为镜像基准面，选取切除-拉伸 1 作为镜像 1 的对象。

图 29.9　切除-拉伸 1

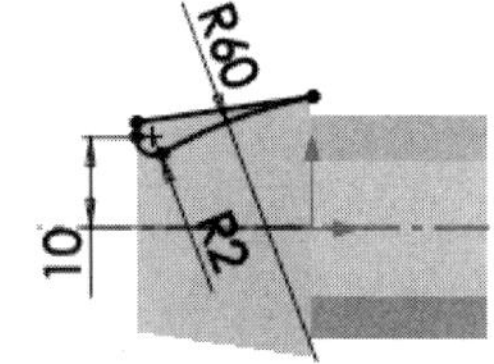

图 29.10　横断面草图（草图 3）

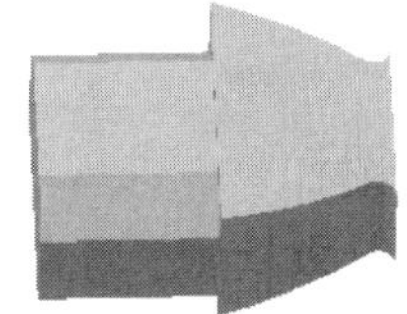
图 29.11　镜像 1

Step 9　创建图 29.12 所示的零件特征——凸台-拉伸 3。选择下拉菜单 插入(I) → 凸台/基体(B) → 拉伸(E)... 命令。选取图 29.13 所示平面作为草图基准面，绘制图 29.14 所示的横断面草图；在“凸台-拉伸”窗口 方向1 区域的下拉列表框中选择 给定深度 选项，输入深度值 3.0。

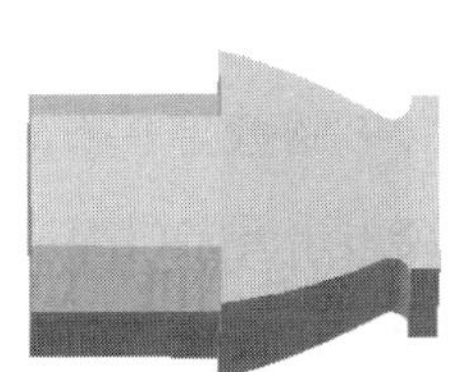
图 29.12　凸台-拉伸 3

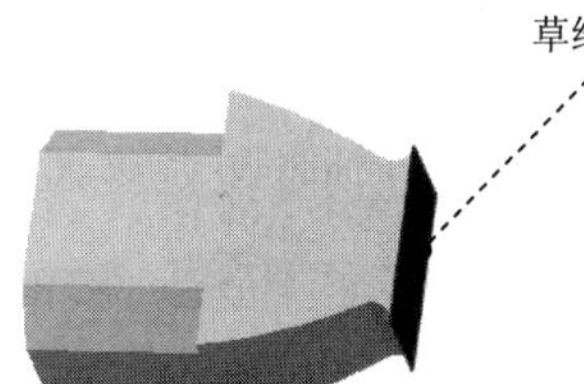

图 29.13　草绘基准面

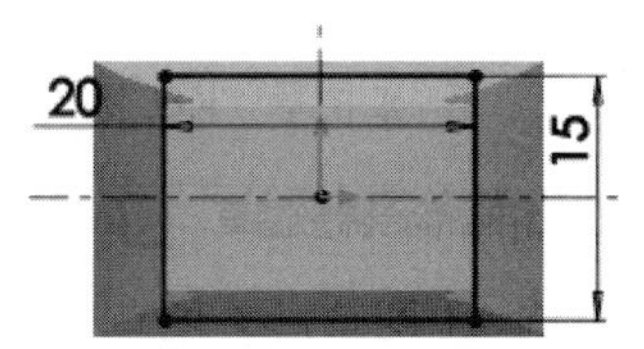

图 29.14　横断面草图（草图 4）

Step 10 创建图 29.15b 所示的圆角 1。选择下拉菜单 插入(I) → 特征(F) → 圆角(F)... 命令，选择图 29.15a 所示的边线为圆角对象，圆角半径值为 3.0。

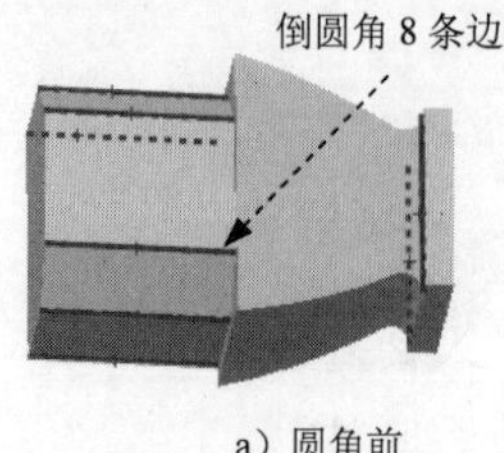

a）圆角前

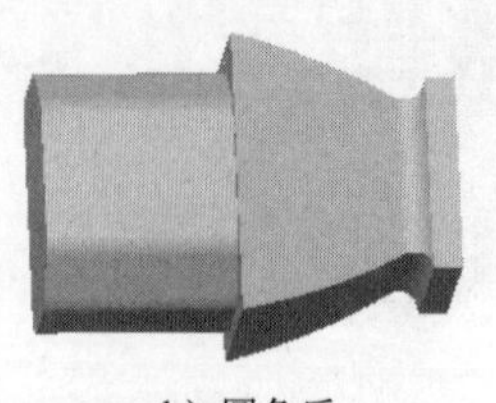
b）圆角后

图 29.15 圆角 1

Step 11 创建图 29.16b 所示的圆角 2。选择下拉菜单 插入(I) → 特征(F) → 圆角(F)... 命令，选择图 29.16a 所示的边线为圆角对象，圆角半径值为 2.0。

a）圆角前

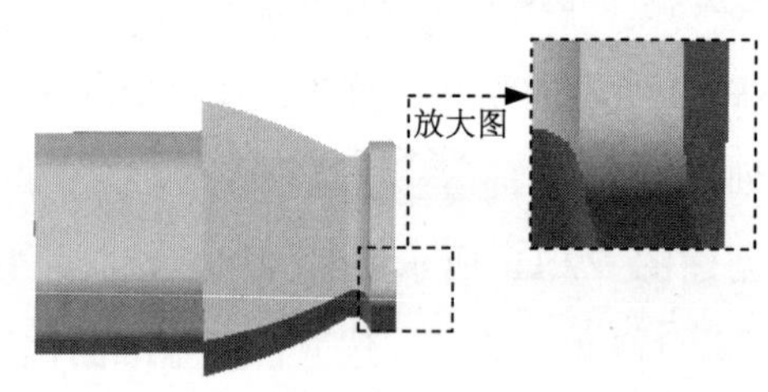

b）圆角后

图 29.16 圆角 2

Step 12 创建图 29.17b 所示的圆角 3。选择下拉菜单 插入(I) → 特征(F) → 圆角(F)... 命令，选择图 29.17a 所示的边线为圆角对象，圆角半径值为 0.5。

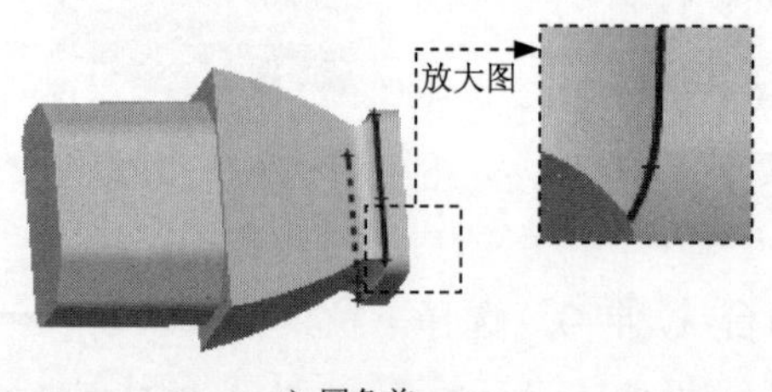

a）圆角前

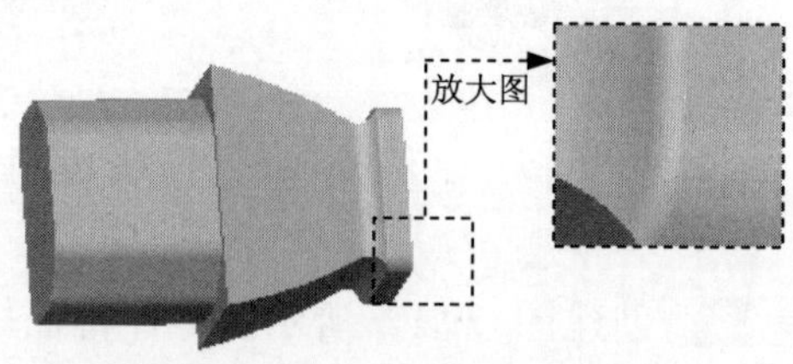

b）圆角后

图 29.17 圆角 3

Step 13 创建图 29.18b 所示的圆角 4。选择下拉菜单 插入(I) → 特征(F) → 圆角(F)... 命令，选择图 29.18a 所示的边线为圆角对象，圆角半径值为 2.0。

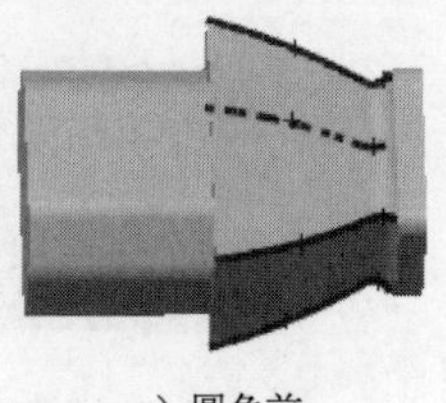
a）圆角前

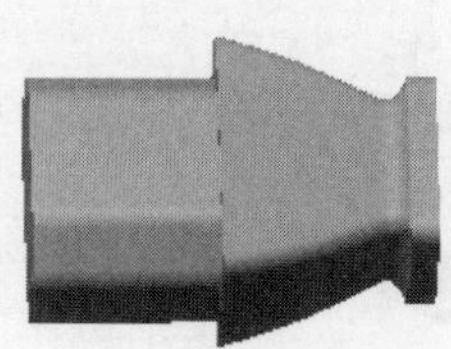
b）圆角后

图 29.18 圆角 4

Step 14 创建图 29.19b 所示的圆角 5。选择下拉菜单 插入(I) → 特征(F) → 圆角(F)... 命令，选择图 29.19a 所示的边线为圆角对象，圆角半径值为 0.5。

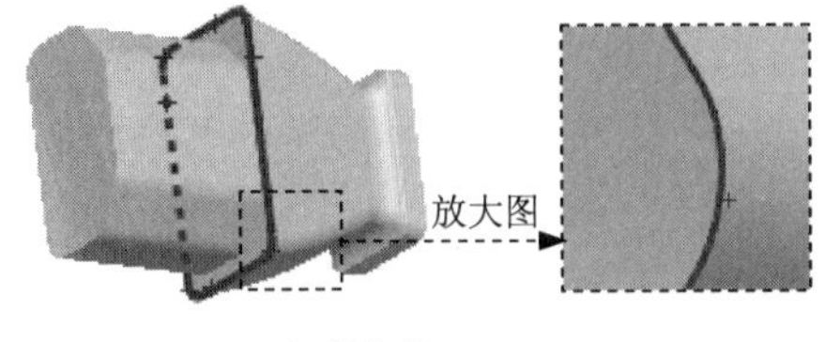

a）圆角前

放大图

b）圆角后

图 29.19　圆角 5

Step 15 创建图 29.20 所示的基准面 2。选择下拉菜单 插入(I) → 参考几何体(G) → 基准面(P)... 命令；选取右视基准面作为所要创建的基准面的参考实体，在 后的文本框中输入数值 25，并选中 ☑ 反转 复选框。

Step 16 创建图 29.21 所示的草图 5。选择下拉菜单 插入(I) → 草图绘制 命令；选取图 29.22 所示平面作为草图平面，绘制图 29.21 所示的草图（注：此草图可通过 工具(T) → 草图工具(T) → 转换实体引用(E) 命令绘制）。

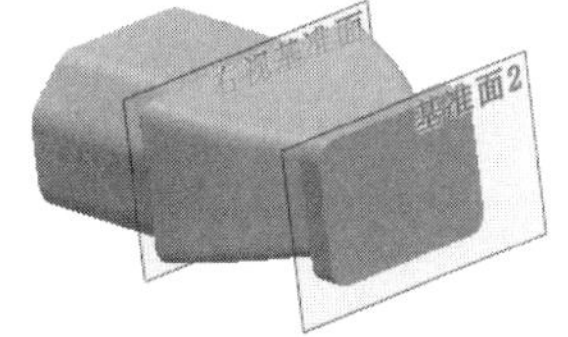

图 29.20　基准面 2

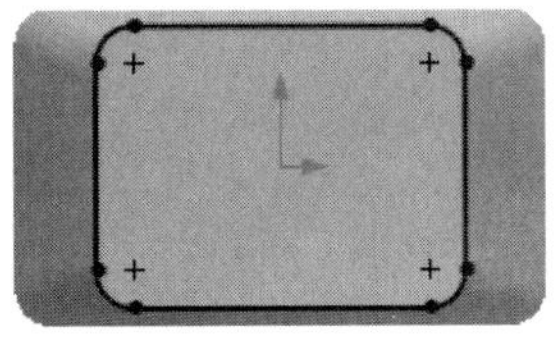

图 29.21　草图 5

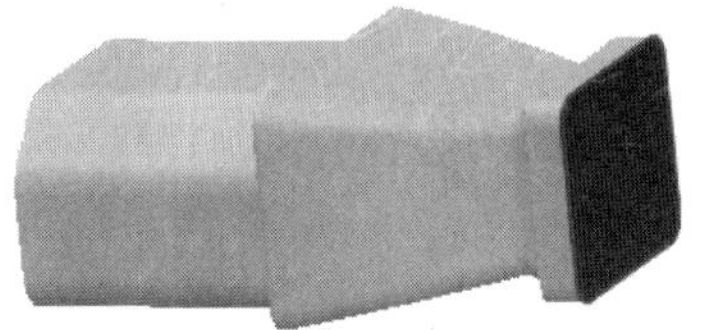

图 29.22　草绘平面

Step 17 创建图 29.23 所示的草图 6。选择下拉菜单 插入(I) → 草图绘制 命令；选取基准面 2 作为草图平面，绘制图 29.23 所示的草图。

Step 18 创建图 29.24 所示的边界-曲面 1。选择下拉菜单 插入(I) → 曲面(S) → 边界曲面(B)... 命令，选取草图 5 和草图 6 作为 方向 1 的边界曲线，相切类型采用系统默认设置。

Step 19 创建图 29.25 所示的曲面-基准面 1。选择下拉菜单 插入(I) → 曲面(S) → 平面区域(P)... 命令，选取图 29.26 所示的边线作为平面区域。

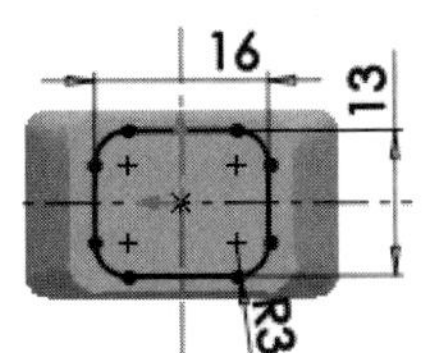

图 29.23　草图 6

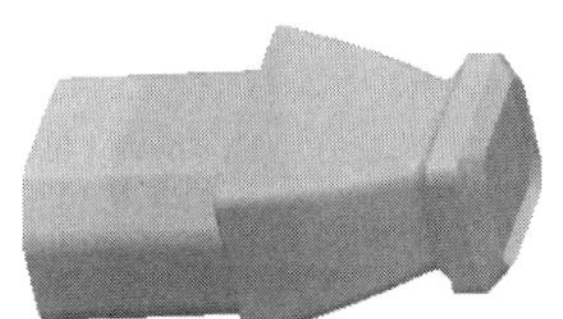

图 29.24　边界-曲面 1

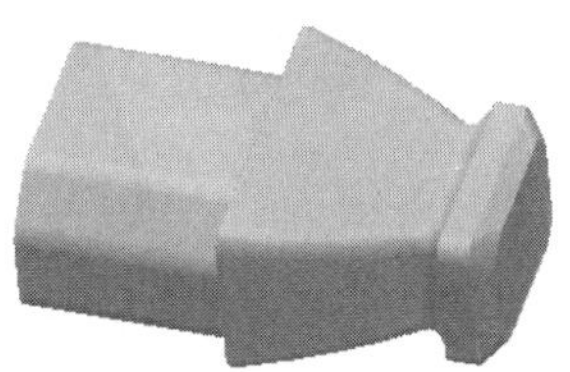

图 29.25　曲面-基准面 1

Step 20 创建图 29.27 所示的曲面-基准面 2。选择下拉菜单 插入(I) → 曲面(S) → 平面区域(P)... 命令，选取图 29.28 所示的边线作为平面区域（注：为方便作图，此时将实体隐藏）。

图 29.26 平面区域边线

图 29.27 曲面-基准面 2

图 29.28 平面区域边线

Step 21 创建曲面-缝合 1。选择下拉菜单 插入(I) → 曲面(S) → 缝合曲面(K)... 命令，系统弹出“缝合曲面”对话框；在设计树中选取曲面-基准面 1、曲面-基准面 2 和边界-曲面 1 作为缝合对象。

Step 22 创建图 29.29 所示的加厚 1。选择下拉菜单 插入(I) → 凸台/基体(B) → 加厚(T)... 命令；选择整个曲面作为加厚曲面；选中 ☑ 从闭合的体积生成实体(C) 复选框（注：将隐藏的实体显示）。

Step 23 创建图 29.30 所示的零件特征——凸台-拉伸 4。选择下拉菜单 插入(I) → 凸台/基体(B) → 拉伸(E)... 命令。选取图 29.31 所示平面作为草图基准面，绘制图 29.32 所示的横断面草图；在“凸台-拉伸”窗口 方向 1 区域的下拉列表框中选择 给定深度 选项，输入深度值 20.0。取消选中 ☐ 合并结果(M) 复选框。

图 29.29 加厚 1

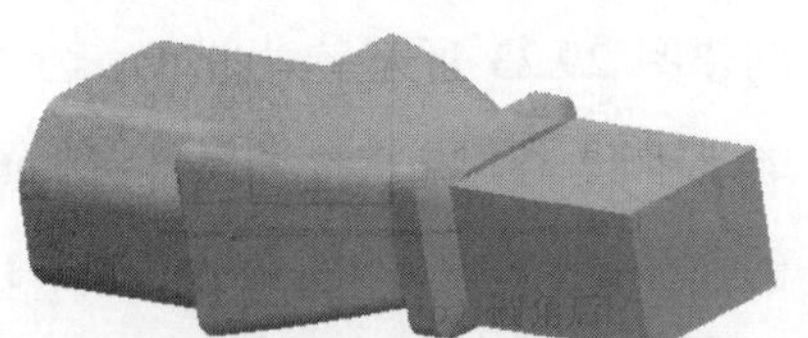
图 29.30 凸台-拉伸 4

图 29.31 草绘平面

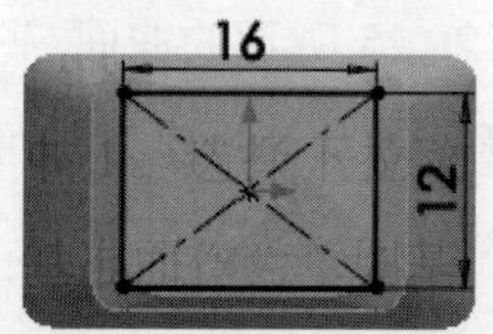

图 29.32 横断面草图（草图 7）

Step 24 创建 29.33b 所示的拔模 2。选择下拉菜单 插入(I) → 特征(F) → 拔模(D)... 命令。在“拔模”对话框 拔模类型(T) 区域中选中 ⊙ 中性面(E) 单选按钮。单击以激活对话框的中性面(N)区域中的文本框，选取图 29.33a 所示的模型表面作为拔模中性面。单击以激活对话框的拔模面(F)区域中的文本框，选取图 29.33a 所示的模型表面作为拔模面。拔模方向如图 29.33a 所示，在对话框的拔模角度(G)区域的文本框中输入角度值 1.0（此处再次隐藏除凸台拉伸 4 之外的其他特征）。

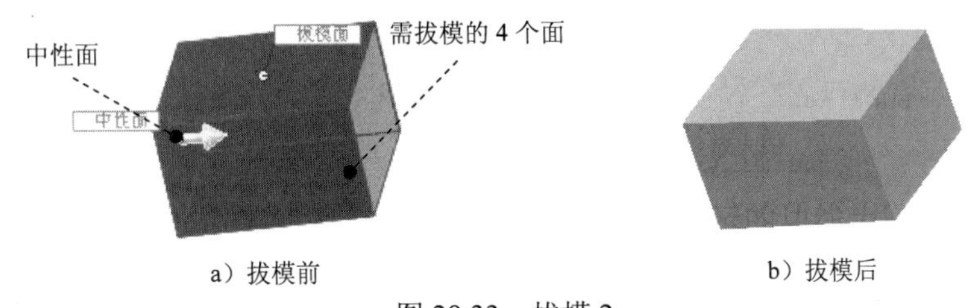

a）拔模前　　b）拔模后

图 29.33　拔模 2

Step 25 创建图 29.34b 所示的圆角 6。选择下拉菜单 插入(I) → 特征(F) → 圆角(F)... 命令，选择图 29.34a 所示的边线为圆角对象，圆角半径值为 3.0。

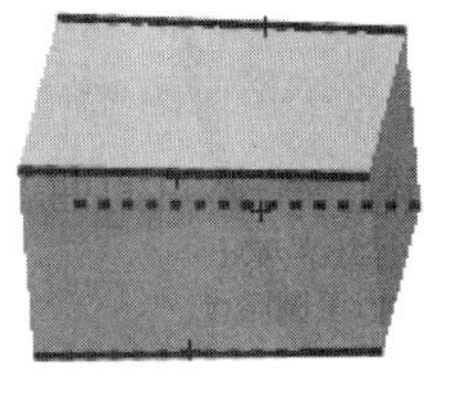

a）圆角前

b）圆角后

图 29.34　圆角 6

Step 26 创建组合 1。选择下拉菜单 插入(I) → 特征(F) → 组合(B) 命令；在“组合 1”对话框的操作类型(O)区域中选中 添加(A) 单选按钮，选取所有实体作为要组合的实体（注：将隐藏的实体显示）。

Step 27 创建图 29.35b 所示的圆角 7。选择下拉菜单 插入(I) → 特征(F) → 圆角(F)... 命令，选择图 29.35a 所示的边线为圆角对象，圆角半径值为 0.5。

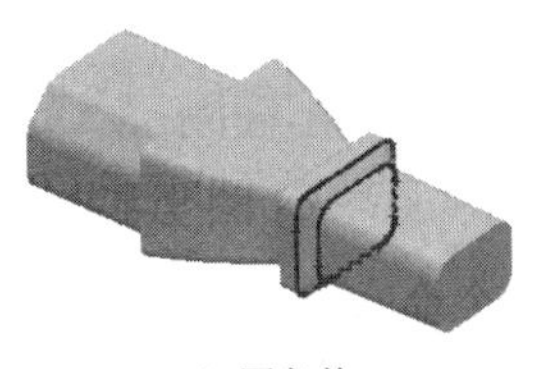

a）圆角前

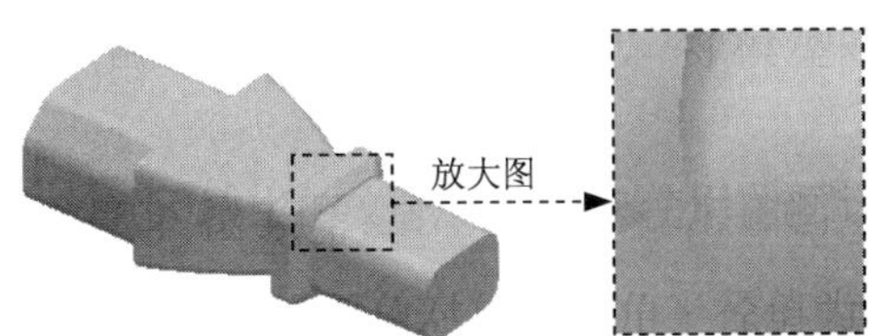

b）圆角后

图 29.35　圆角 7

Step 28 创建图 29.36 所示的基准面 3。选择下拉菜单 插入(I) → 参考几何体(G) → 基准面(P)... 命令；选取基准面 2 作为所要创建的基准面的参考实体，在 后的文本框中输入数值 2，并选中 ☑ 反转 复选框。

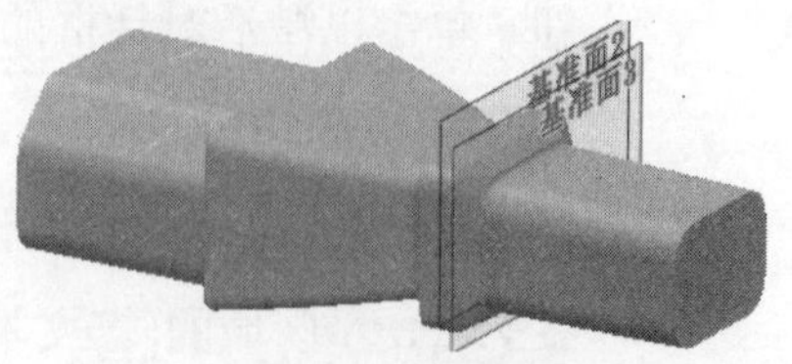

图 29.36　基准面 3

Step 29 创建图 29.37 所示的零件特征——切除-拉伸 2。选择下拉菜单 插入(I) → 切除(C) → 拉伸(E)... 命令。选取基准面 3 作为草图基准面，绘制图 29.38 所示的横断面草图。在“切除-拉伸”窗口 方向 1 区域的下拉列表框中选择 给定深度 选项，输入深度值 3.0。

图 29.37　切除-拉伸 2

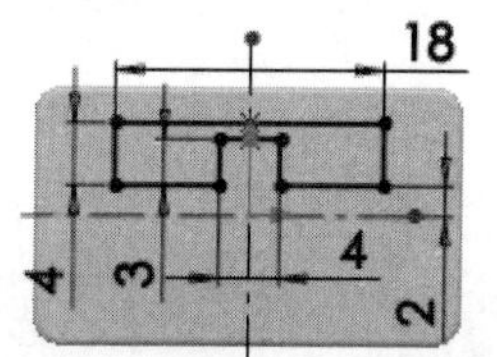

图 29.38　横断面草图（草图 8）

Step 30 创建图 29.39 所示的阵列（线性）1。选择下拉菜单 插入(I) → 阵列/镜向(E) → 线性阵列(L)... 命令。选取切除-拉伸 2 作为要阵列的对象，在图形区选取图 29.40 所示的边线作为 方向 1 的参考实体，在窗口中输入间距值 6.0，输入实例数 3。

Step 31 创建图 29.41 所示的镜像 2。选择下拉菜单 插入(I) → 阵列/镜向(E) → 镜向(M)... 命令。选取上视基准面作为镜像基准面，选取切除-拉伸 2、阵列（线性）1 作为镜像 2 的对象。

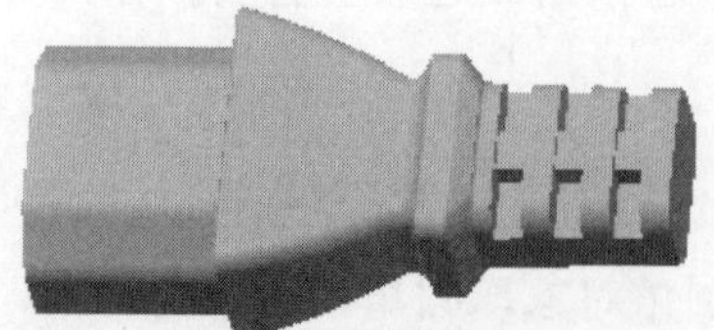

图 29.39　阵列（线性）1

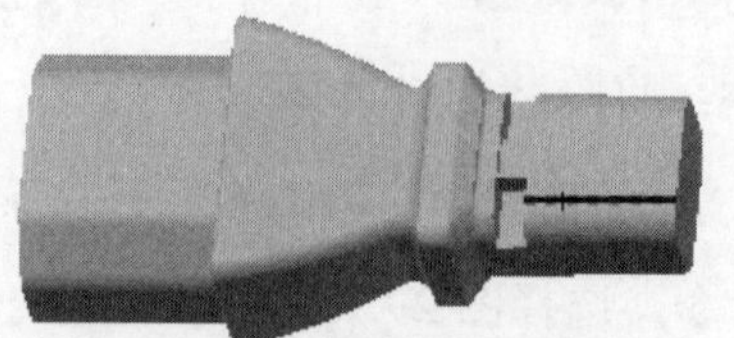

图 29.40　阵列方向边线

图 29.41　镜像 2

Step 32 创建图 29.42 所示的草图 9。选择下拉菜单 插入(I) → 草图绘制 命令；选取前视基准面作为草图平面，绘制图 29.42 所示的草图。

Step 33 创建图 29.43 所示的草图 10。选择下拉菜单 插入(I) → 草图绘制 命令；选取图 29.44 所示平面作为草绘平面，绘制图 29.43 所示的草图。

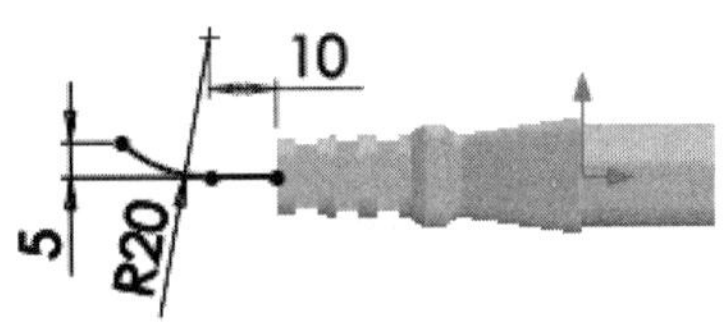

图 29.42　草图 9

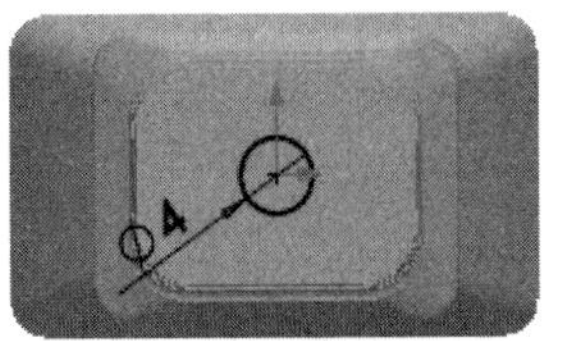

图 29.43　草图 10

Step 34 创建图 29.45 所示的零件特征——扫描 1。选择下拉菜单 插入(I) → 凸台/基体(B) → 扫描(S)... 命令，系统弹出“扫描”对话框。选取草图 10 作为扫描轮廓。选取草图 9 作为扫描路径。

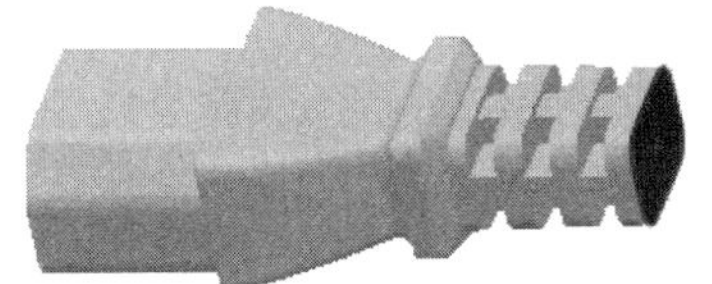

图 29.44　草绘平面

图 29.45　扫描 1

Step 35 后面的详细操作过程请参见随书光盘中 video\ins29\reference\文件下的语音视频讲解文件——插头-r01.avi。

实例 30　曲面上创建文字

实例概述：

本实例介绍了在曲面上创建文字的一般方法，其操作过程是先在平面上创建草绘文字，然后将其印贴（包覆）到曲面上，零件模型及设计树如图 30.1 所示。

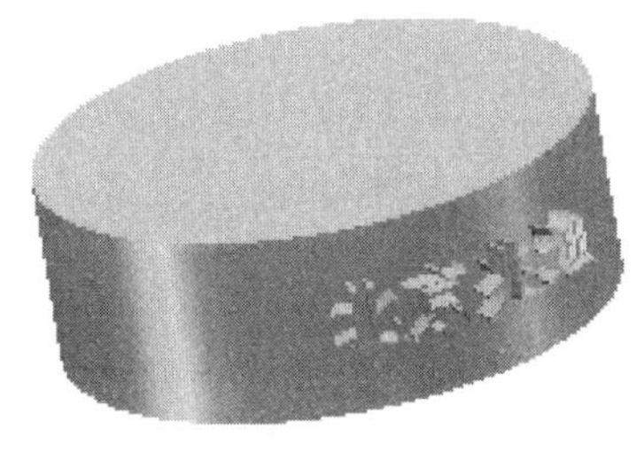

曲面上创建文字
注解
材质 <未指定>
前视基准面
上视基准面
右视基准面
原点
凸台-拉伸1
基准面1
包覆1

图 30.1　零件模型及设计树

Step 1 新建一个零件模型文件，进入建模环境。

Step 2 创建图 30.2 所示的零件基础特征——凸台-拉伸 1。选择下拉菜单 插入(I) → 凸台/基体(B) → 拉伸(E)... 命令。选取上视基准面作为草绘基准面，绘制图 30.3 所示的横断面草图；在“凸台-拉伸”窗口 方向1 区域的下拉列表框中选择 两侧对称 选项，输入深度值 20.0。

Step 3 创建图 30.4 所示的基准面 1。选择下拉菜单 插入(I) ➡ 参考几何体(G) ➡ 基准面(P)... 命令。选取前视基准面为参考实体，采用系统默认的偏移方向，输入偏移距离值 40.0。单击 ✔ 按钮，完成基准面 1 的创建。

图 30.2 凸台-拉伸 1

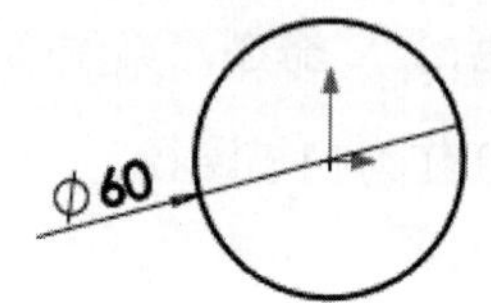

图 30.3 横断面草图（草图 1）

图 30.4 基准面 1

Step 4 创建图 30.5 所示的草图 2。选择下拉菜单 插入(I) ➡ 草图绘制 命令；选取基准面 1 作为草图平面，单击“草图”工具栏中的 A 按钮，在 文字(T) 区域中的文本框中输入“北京兆迪”，在 文字(T) 区域中单击 AB 按钮。在 文字(T) 区域中取消选中 ☐ 使用文档字体(U) 复选框，单击 字体(F)... 按钮，系统弹出如图 30.6 所示的“选择字体”对话框。在“选择字体”对话框的 字体(F): 列表框中选择 Century Gothic，在 字体样式(Y): 列表框中选择 常规 ，在 ⊙ 点(P) 列表框中选择 三号 ，如图 30.6 所示。单击“选择字体”对话框中的 确定 按钮，完成文本的字体设置。标注图 30.5 所示的定位尺寸。

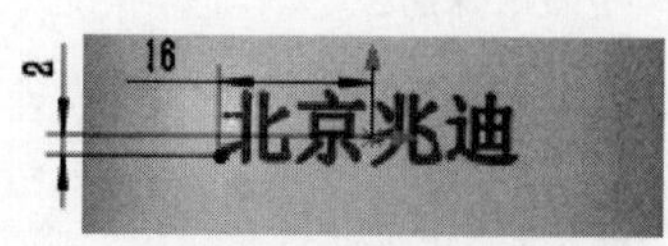

图 30.5 草图 2

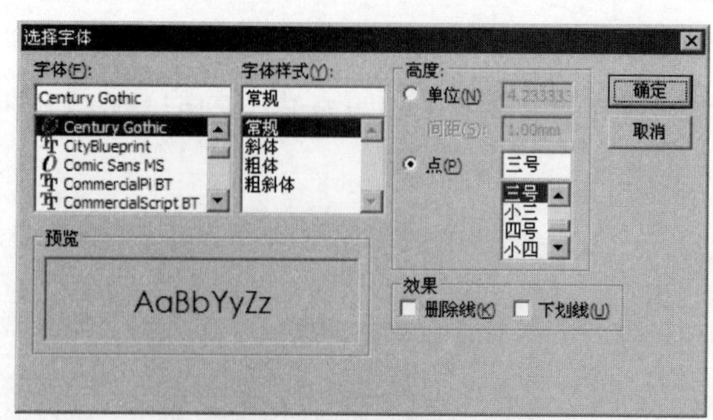

图 30.6 选择字体对话框

Step 5 创建图 30.7 所示的包覆 1。选择下拉菜单 插入(I) ➡ 特征(F) ➡ 包覆(W). 命令。选择草图 2 为特征所使用的现有草图。在 包覆参数(W) 区域中选中 ⊙ 浮雕(M) 单选按钮，激活 后的文本框，在模型上选取图 30.8 所示的面为包覆草图的面，在 后的文本框中输入包覆草图的厚度值 3.0mm。

图 30.7　包覆 1

图 30.8　包覆草图的面

Step 6　保存零件模型。选择下拉菜单 文件(F) → 保存(S) 命令，将零件模型命名为“曲面上创建文字”，保存模型。

实例 31　微波炉门把手

实例概述：

该零件在进行设计的过程中要充分利用创建的曲面，该零件主要运用了“拉伸”、“镜像”、“等距曲面”等特征命令。下面介绍了该零件的设计过程，零件模型和设计树如图 31.1 所示。

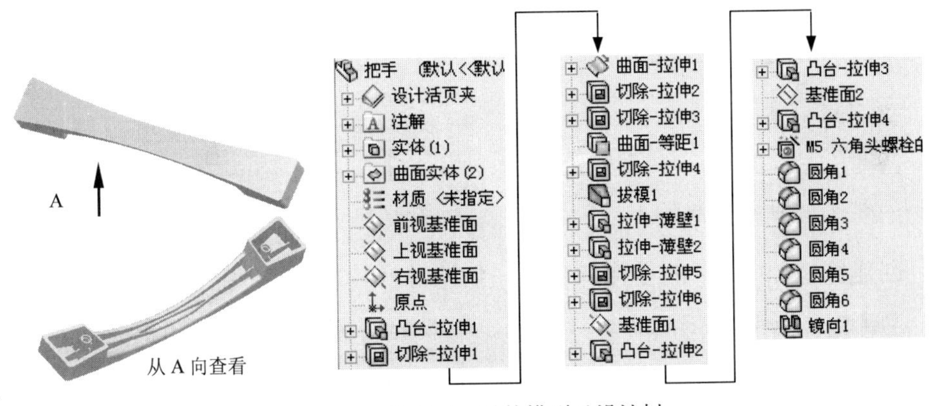

图 31.1　零件模型及设计树

Step 1　新建一个零件模型文件，进入建模环境。

Step 2　创建图 31.2 所示的零件基础特征——凸台-拉伸 1。选择下拉菜单 插入(I) → 凸台/基体(B) → 拉伸(E)... 命令。选取上视基准面作为草图基准面，绘制图 31.3 所示的横断面草图；在“凸台-拉伸”窗口 方向 1 区域的下拉列表框中选择 给定深度 选项，输入深度值 30.0。

图 31.2　凸台-拉伸 1

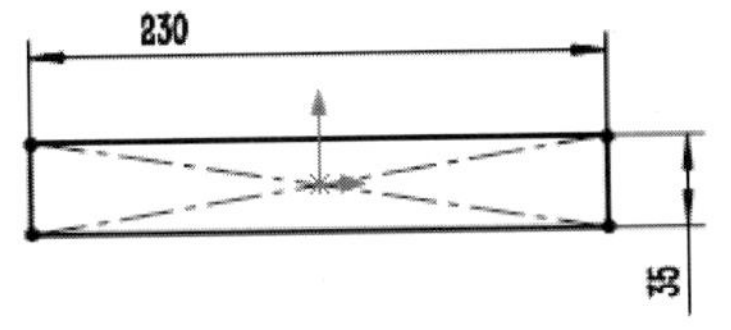

图 31.3　横断面草图（草图 1）

Step 3 创建图 31.4 所示的零件特征——切除-拉伸 1。选择下拉菜单 插入(I) → 切除(C) → 拉伸(E)... 命令。选取图 31.5 所示平面作为草绘基准面，绘制图 31.6 所示的横断面草图。在“切除-拉伸”窗口 方向 1 区域的下拉列表框中选择 完全贯穿 选项。

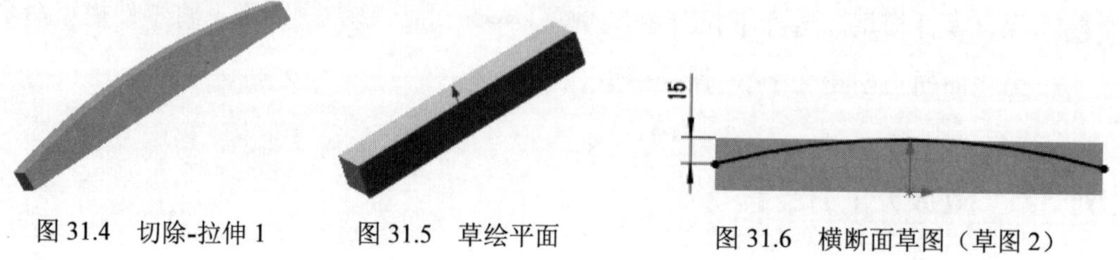

图 31.4 切除-拉伸 1　　图 31.5 草绘平面　　图 31.6 横断面草图（草图 2）

Step 4 创建图 31.7 所示的曲面-拉伸 1。选择下拉菜单 插入(I) → 曲面(S) → 拉伸曲面(E)... 命令，选取前视基准面作为草图基准面，绘制图 31.8 所示的横断面草图。在“曲面-拉伸”窗口 方向 1 区域的下拉列表框中选择 两侧对称 选项，输入深度值为 55.0。

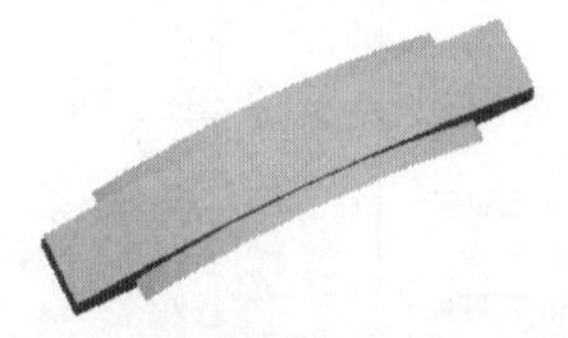

图 31.7 曲面-拉伸 1

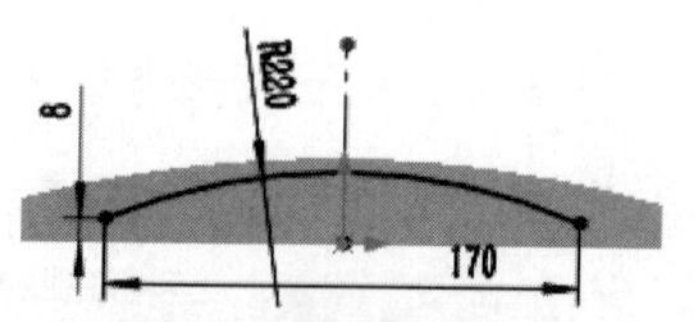

图 31.8 横断面草图（草图 3）

3 Chapter

Step 5 创建图 31.9 所示的零件特征——切除-拉伸 2。选择下拉菜单 插入(I) → 切除(C) → 拉伸(E)... 命令。选取上视基准面作为草图基准面，绘制图 31.10 所示的横断面草图。在“切除-拉伸”窗口 方向 1 区域的下拉列表框中选择 成形到一面 选项，单击 按钮，选择曲面-拉伸 1 为切除终止面。

图 31.9 切除-拉伸 2

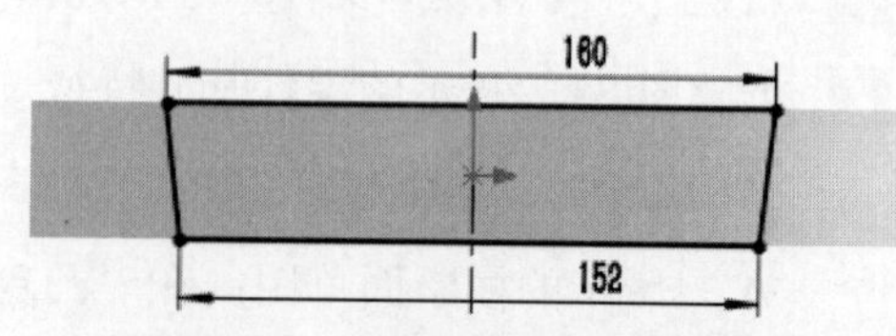

图 31.10 横断面草图（草图 4）

Step 6 创建图 31.11 所示的零件特征——切除-拉伸 3。选择下拉菜单 插入(I) → 切除(C) → 拉伸(E)... 命令。选取上视基准面作为草图基准面，绘制图 31.12 所示的横断面草图。在“切除-拉伸”窗口 方向 1 区域的下拉列表框中选择 完全贯穿 选项，并单击 按钮。选中 ☑ 反侧切除(F) 复选框。

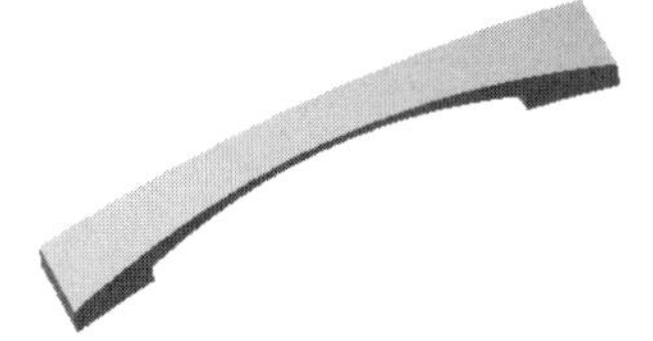
图 31.11 切除-拉伸 3

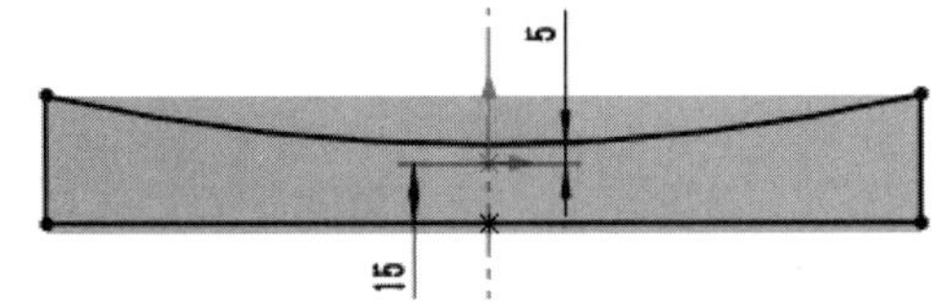

图 31.12 横断面草图（草图 5）

Step 7 创建图 31.13 所示的曲面-等距 1。选择下拉菜单 插入(I) → 曲面(S) → 等距曲面(O)...命令。选取图 31.14 所示的曲面作为等距曲面，在“等距曲面”对话框 等距参数(O) 区域的后的文本框中输入数值 2，并单击按钮。

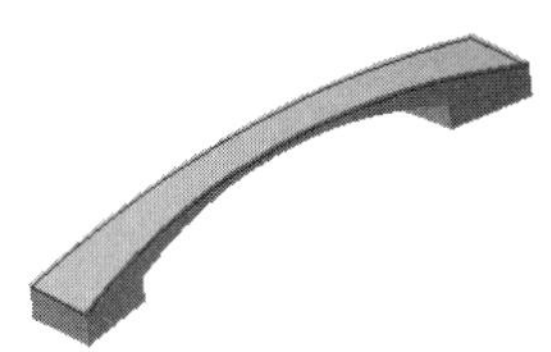
图 31.13 曲面-等距 1

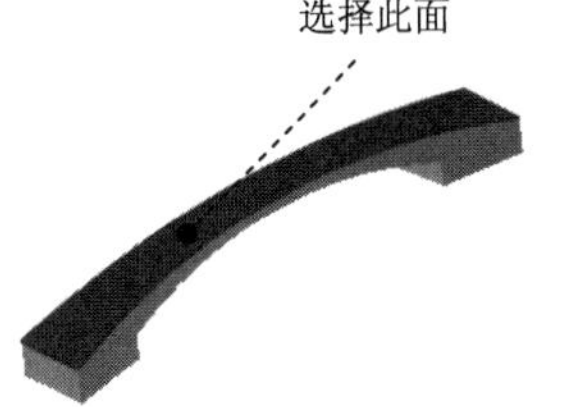

图 31.14 定义等距曲面

Step 8 创建图 31.15 所示的零件特征——切除-拉伸 4。选择下拉菜单 插入(I) → 切除(C) → 拉伸(E)...命令。选取上视基准面作为草图基准面，绘制图 31.16 所示的横断面草图。在“切除-拉伸”窗口 方向 1 区域的下拉列表框中选择 成形到一面 选项，并单击按钮，选择曲面-等距 1 为终止平面。

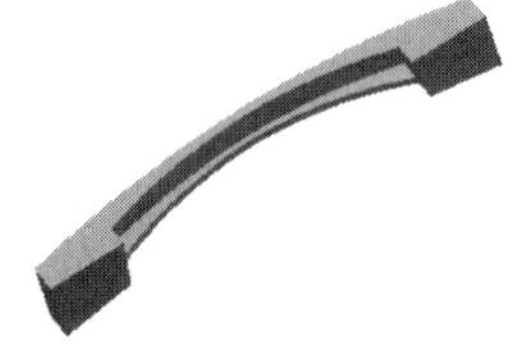
图 31.15 切除-拉伸 4

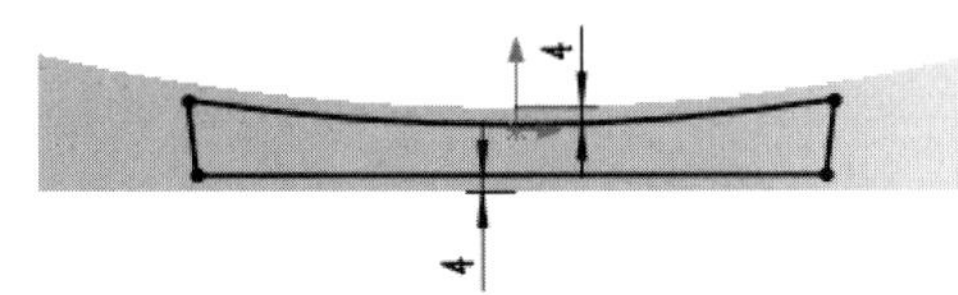

图 31.16 横断面草图（草图 6）

Step 9 创建图 31.17 所示的拔模 1。选择下拉菜单 插入(I) → 特征(F) → 拔模(D)...命令。在“拔模”对话框 拔模类型(T) 区域中选中 中性面(E) 单选按钮。单击以激活对话框的 中性面(N) 区域中的文本框，选取图 31.18 所示的模型表面 1 作为拔模中性面。单击以激活对话框的 拔模面(F) 区域中的文本框，选取模型表面 2 作为拔模面。拔模方向如图 31.18 所示，在对话框的 拔模角度(G) 区域的文本框中输入角度值 8.0。

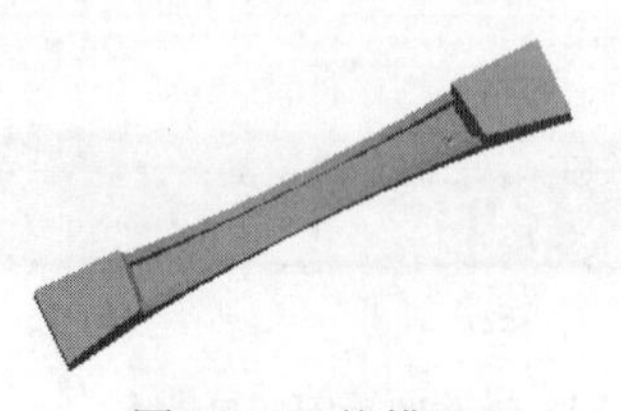

图 31.17　拔模 1

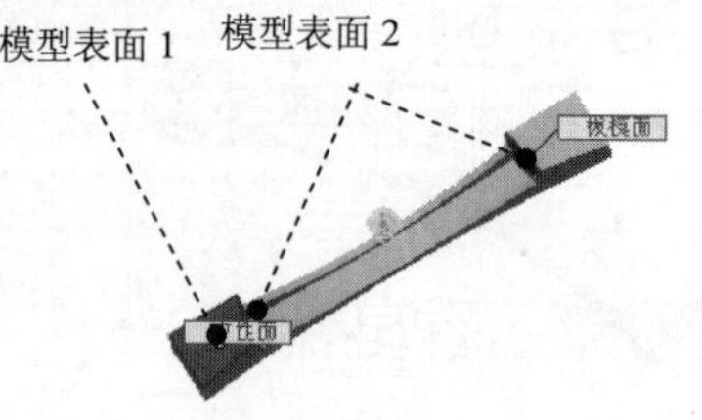

图 31.18　拔模参数设置

Step 10　创建如图 31.19 所示的零件特征——拉伸-薄壁 1。选择下拉菜单 插入(I) → 凸台/基体(B) → 拉伸(E)... 命令。选取图 31.19 所示面作为草图平面，绘制图 31.20 所示的横断面草图。在“凸台-拉伸”对话框 从(F) 区域的下拉列表框中选择 等距 ，输入距离 35.0，并单击 按钮。在“凸台-拉伸”对话框 方向 1 区域的下拉列表框中选择 成形到一面 选项，选择图 31.21 所示平面作为终止面。激活“凸台-拉伸”对话框中的 ☑ 薄壁特征(T) 区域，然后在 后的下拉列表框中选择 单向 选项，并单击 按钮，在 ☑ 薄壁特征(T) 区域 后的文本框中输入厚度值 1.0。单击“凸台-拉伸”对话框中的 ✔ 按钮，完成拉伸-薄壁 1 的创建。

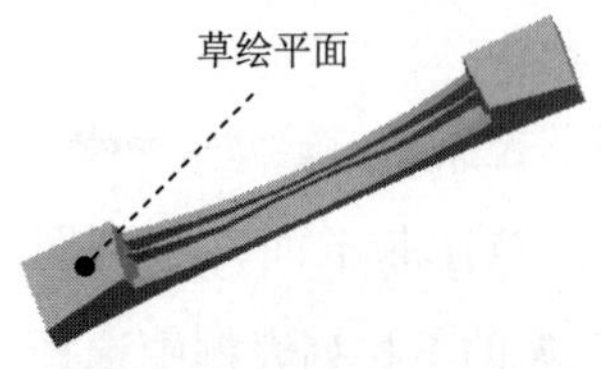

图 31.19　拉伸-薄壁 1

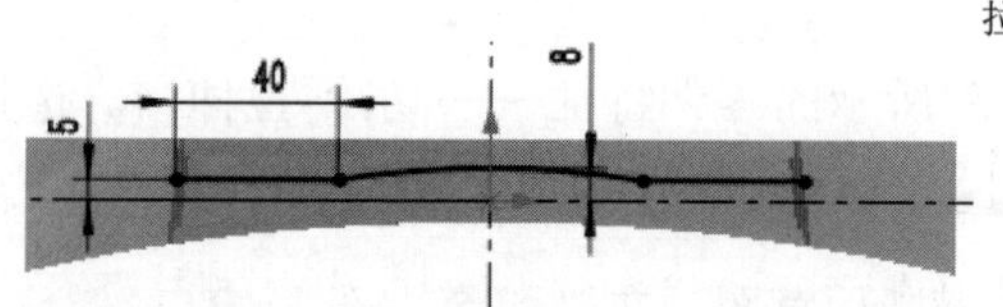

图 31.20　横断面草图（草图 7）

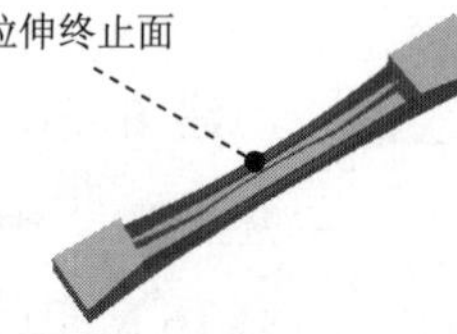

图 31.21　拉伸终止面

Step 11　创建图 31.22 所示的零件特征——拉伸-薄壁 2。选择下拉菜单 插入(I) → 凸台/基体(B) → 拉伸(E)... 命令。选取图 31.19 所示面作为草图平面，绘制图 31.23 所示的横断面草图。在“凸台-拉伸”对话框 从(F) 区域的下拉列表框中选择 等距 ，输入距离 35.0，并单击 按钮。在“凸台-拉伸”对话框 方向 1 区域的下拉列表框中选择 成形到一面 选项，选择图 31.21 所示平面作为终止面。激活“凸台-拉伸”对话框中的 ☑ 薄壁特征(T) 区域，然后在 后的下拉列表框中选择 单向 选项，并单击 按钮，在 ☑ 薄壁特征(T) 区域 后的文本框中输入厚度值 1.0。单击“凸台-拉伸”对话框中的 ✔ 按钮，完成拉伸-薄壁 2 的创建。

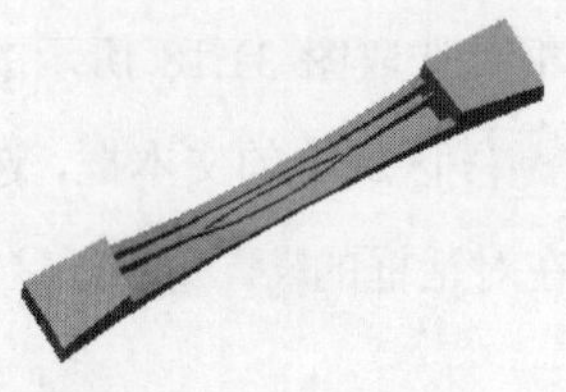

图 31.22　拉伸-薄壁 2

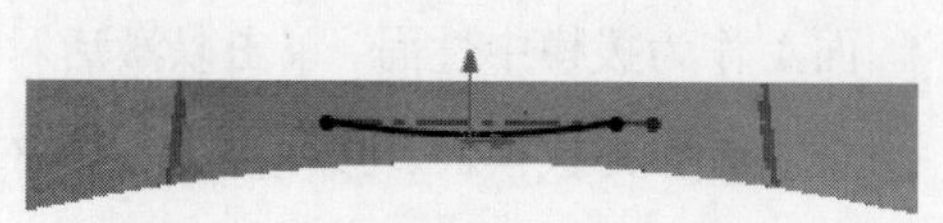

图 31.23　横断面草图（草图 8）

Step 12 后面的详细操作过程请参见随书光盘中 video\ins31\reference\文件下的语音视频讲解文件——把手-r01.avi。

实例 32 香皂盒

实例概述：

本实例主要运用“拉伸”、“使用曲面切除”、“抽壳”等特征命令，在设计此零件的过程中应充分利用“等距曲面”命令，下面介绍该零件的设计过程，零件模型和模型树如图 32.1 所示。

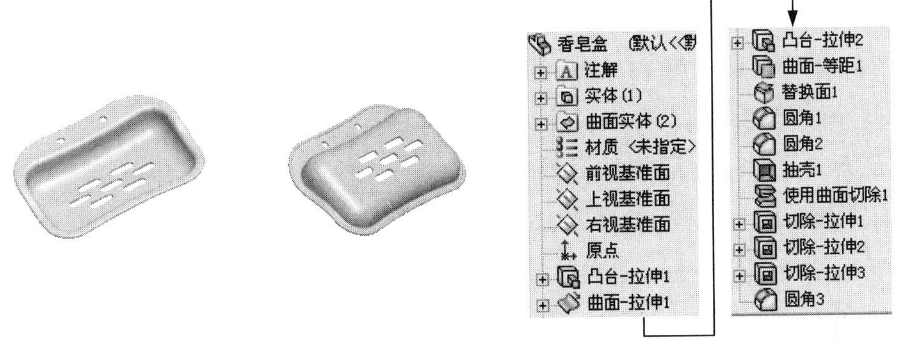

图 32.1 零件模型及设计树

说明：本实例前面的详细操作过程请参见随书光盘中 video\ins32\reference\文件下的语音视频讲解文件——香皂盒-r01.avi。

Step 1 打开文件 D:\sw13in\work\ins32\香皂盒_ex.SLDPRT。

Step 2 创建图 32.2 所示的曲面-拉伸 1。选择下拉菜单 插入(I) → 曲面(S) → 拉伸曲面(E)... 命令，选取右视基准面作为草图基准面，绘制图 32.3 所示的横断面草图；在“曲面-拉伸”窗口 方向1 区域的下拉列表框中选择 两侧对称 选项，输入深度值 150.0。

图 32.2 曲面-拉伸 1

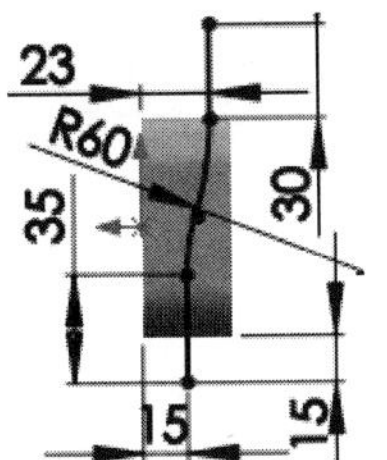

图 32.3 横断面草图（草图 2）

Step 3 创建图 32.4 所示的零件特征——凸台-拉伸 2。选择下拉菜单 插入(I) → 凸台/基体(B) → 拉伸(E)... 命令。选取图 32.5 所示平面作为草绘基准面，绘制图 32.6 所示的横断面草图；在“凸台-拉伸”窗口 方向1 区域的下拉列表框中选择 成形到一面 选项，选择曲面-拉伸 1 为终止平面。

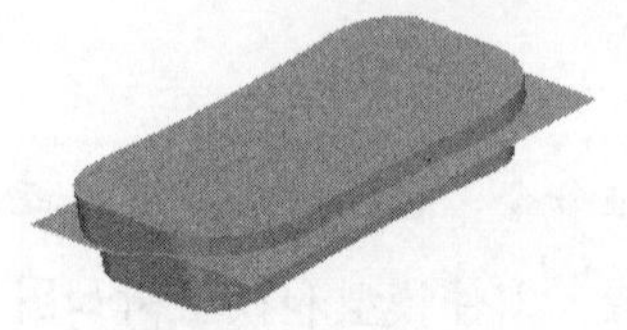
图 32.4 凸台-拉伸 2

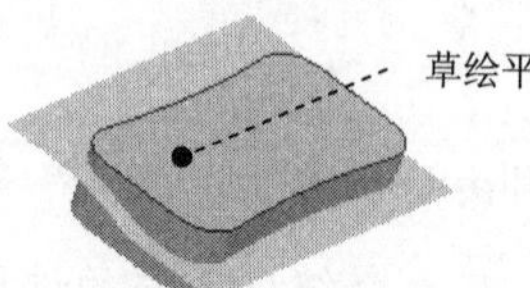

图 32.5 草绘平面

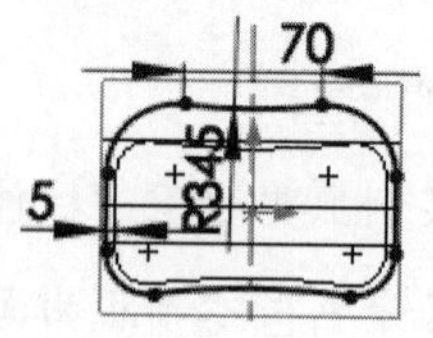

图 32.6 横断面草图（草图 3）

Step 4 创建图 32.7 所示的曲面-等距 1。选择下拉菜单 插入(I) → 曲面(S) → 等距曲面(O)... 命令，选取曲面-拉伸 1 作为等距曲面。在“等距曲面”对话框的 等距参数(O) 区域的文本框中输入数值 3。

Step 5 创建图 32.8 所示的替换面 1。选择下拉菜单 插入(I) → 面(F) → 替换(R)... 命令，选择图 32.5 所示的面作为替换的目标面。单击“替换面”对话框 后的列表框，选取等距曲面 1 作为替换面。

图 32.7 曲面-等距 1

图 32.8 替换面 1

Step 6 创建图 32.9b 所示的圆角 1。选择下拉菜单 插入(I) → 特征(F) → 圆角(F)... 命令，选择图 32.9a 所示的边线为圆角对象，圆角半径值为 12.0。

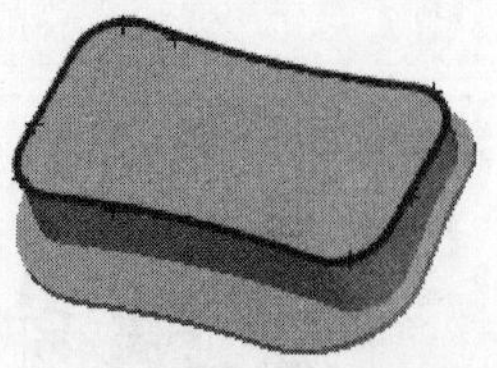
a）圆角前

b）圆角后

图 32.9 圆角 1

Step 7 创建图 32.10b 所示的圆角 2。选择下拉菜单 插入(I) → 特征(F) → 圆角(F)... 命令，选择图 32.10a 所示的边线为圆角对象，圆角半径值为 4.0。

3 Chapter

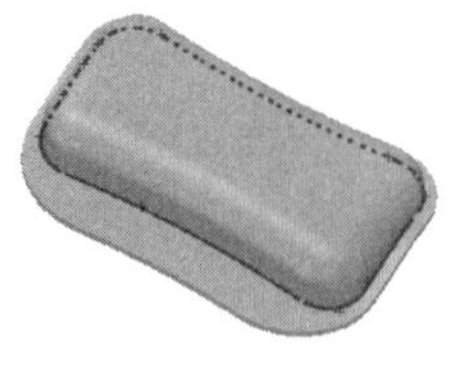

a）圆角前

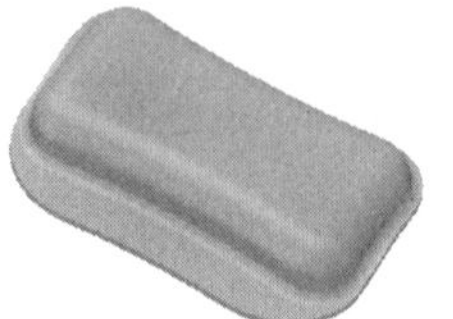

b）圆角后

图 32.10 圆角 2

Step 8 创建图 32.11b 所示的零件特征——抽壳 1。选择下拉菜单 插入(I) → 特征(F) → 抽壳(S)... 命令。选取图 32.11a 所示的模型表面为要移除的面。在“抽壳 1”窗口的 参数(P) 区域输入壁厚值 2.0，选中 ☑ 壳厚朝外(S) 复选框。

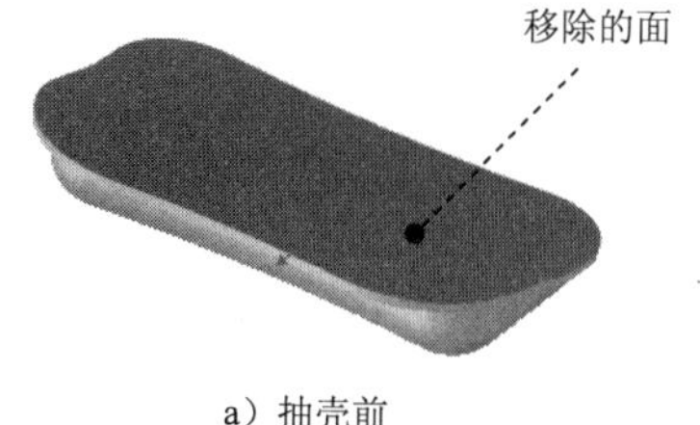

a）抽壳前

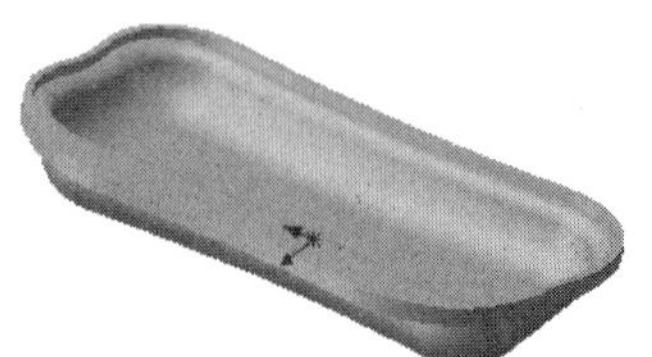

b）抽壳后

图 32.11 抽壳 1

Step 9 创建图 32.12 所示的使用曲面切除 1。选择下拉菜单 插入(I) → 切除(C) → 使用曲面(W) 命令，选取曲面-拉伸 1 作为切除曲面。

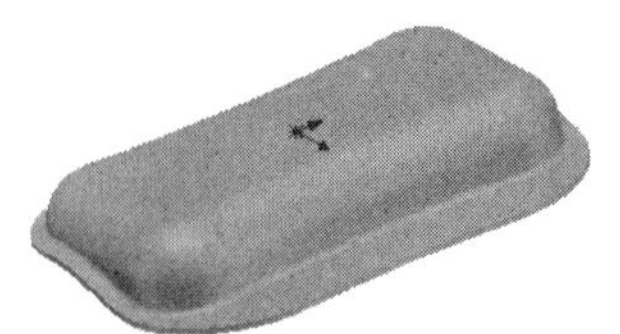

图 32.12 使用曲面切除 1

Step 10 创建图 32.13 所示的零件特征——切除-拉伸 1。选择下拉菜单 插入(I) → 切除(C) → 拉伸(E)... 命令。选取前视基准面作为草绘基准面，绘制图 32.14 所示的横断面草图。在“切除-拉伸”窗口 方向 1 区域的下拉列表框中选择 完全贯穿 选项。

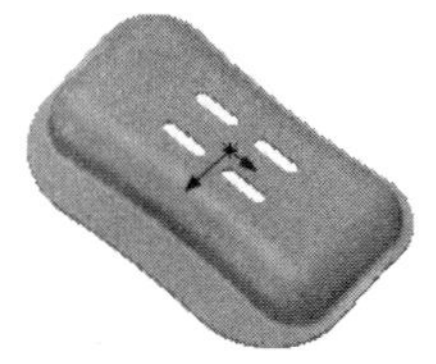

图 32.13 切除-拉伸 1

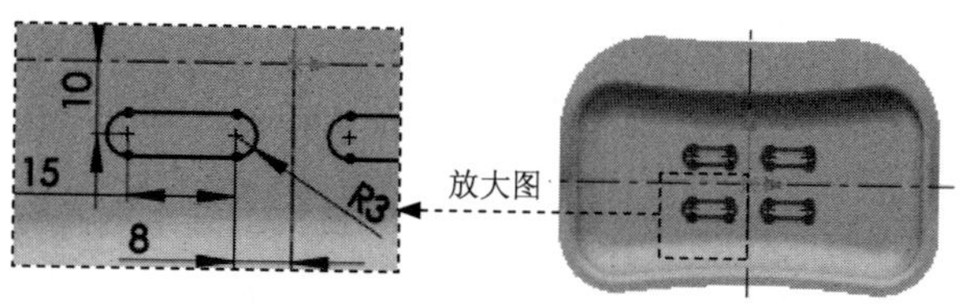

图 32.14 横断面草图（草图 4）

Step 11 创建图 32.15 所示的零件特征——切除-拉伸 2。选择下拉菜单 插入(I) → 切除(C) → 拉伸(E)... 命令。选取前视基准面作为草绘基准面，绘制图 32.16 所示的横断面草图。在“切除-拉伸”窗口 方向1 区域的下拉列表框中选择 完全贯穿 选项。

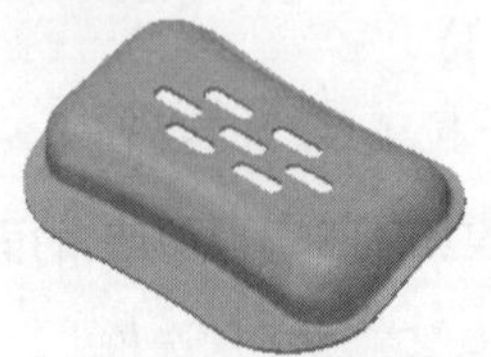

图 32.15 切除-拉伸 2

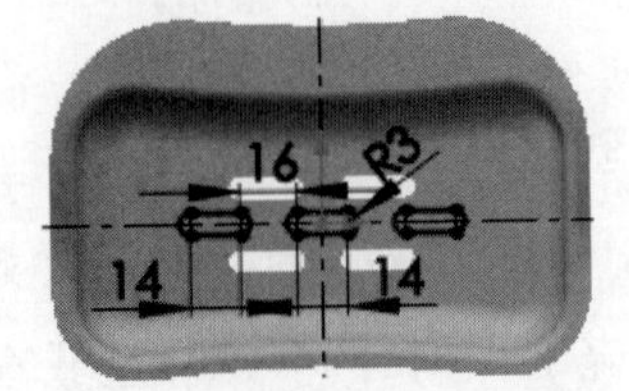

图 32.16 横断面草图（草图 5）

Step 12 创建图 32.17 所示的零件特征——切除-拉伸 3。选择下拉菜单 插入(I) → 切除(C) → 拉伸(E)... 命令。选取图 32.18 所示的平面作为草绘基准面，绘制图 32.19 所示的横断面草图。在“切除-拉伸”窗口 方向1 区域的下拉列表框中选择 完全贯穿 选项。

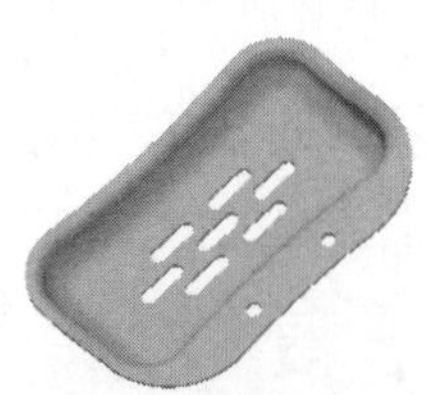

图 32.17 切除-拉伸 3

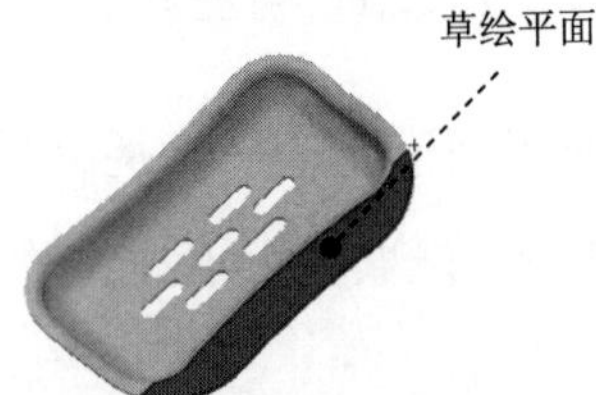

图 32.18 草绘基准面

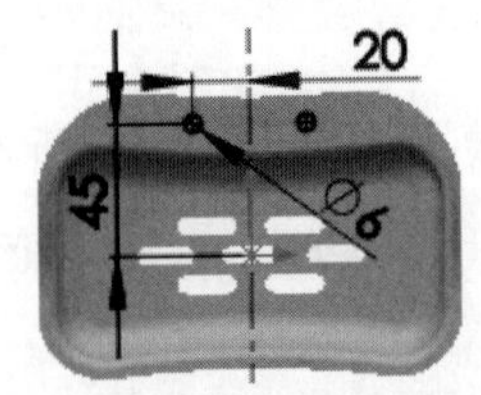

图 32.19 横断面草图（草图 6）

Step 13 创建图 32.20b 所示的圆角 3（完整圆角）。选择下拉菜单 插入(I) → 特征(F) → 圆角(U)... 命令。在“圆角”对话框的 圆角类型(Y) 区域中选中 完整圆角(F) 单选按钮。选择图 32.20a 所示的面 1 作为边侧面组 1。在“圆角”对话框的 圆角项目(I) 区域，单击以激活“中央面组”文本框，然后选择图 32.20a 所示的面 2 作为中央面组。单击以激活“边侧面组 2”文本框，然后选择图 32.20a 所示的面 3 作为边侧面组 2。

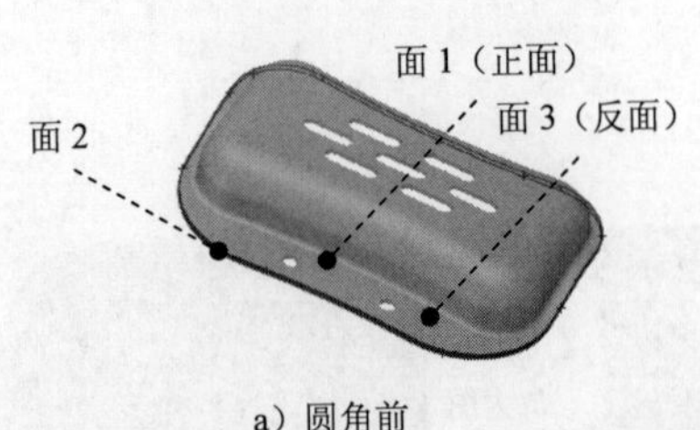

a）圆角前

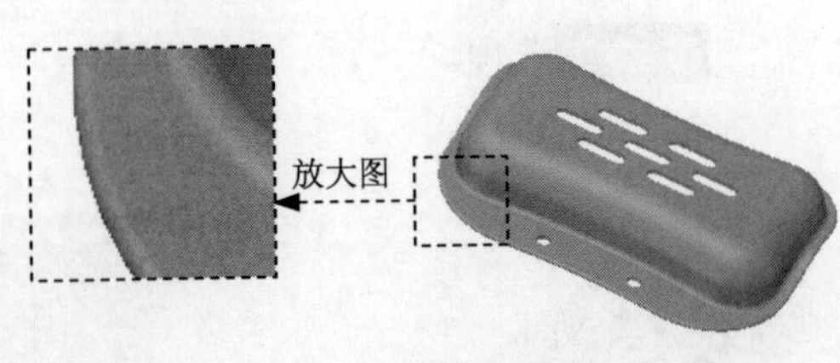

b）圆角后

图 32.20 圆角 3

Step 14 保存零件模型。

实例33 勺子

实例概述：

本实例主要讲述勺子实体建模，建模过程中包括基准点、基准面、边界曲面、曲面缝合和曲面加厚的创建。其中边界曲面的操作技巧性较强，需要读者用心体会。勺子模型和设计树如图33.1所示。

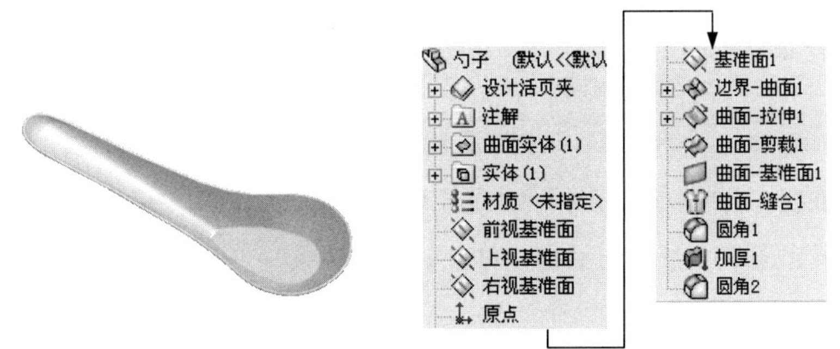

图33.1 零件模型及设计树

Step 1 新建一个零件模型文件，进入建模环境。

Step 2 创建图33.2所示的草图1。选择下拉菜单 插入(I) → 草图绘制 命令；选取上视基准面作为草图平面，绘制图33.2所示的草图。

Step 3 创建图33.3所示的基准面1。选择下拉菜单 插入(I) → 参考几何体(G) → 基准面(P)... 命令；选取上视基准面作为所要创建的基准面的参考实体，在 后的文本框中输入25。

Step 4 创建图33.4所示的草图2。选择下拉菜单 插入(I) → 草图绘制 命令；选取基准面1作为草图平面，绘制图33.4所示的草图。

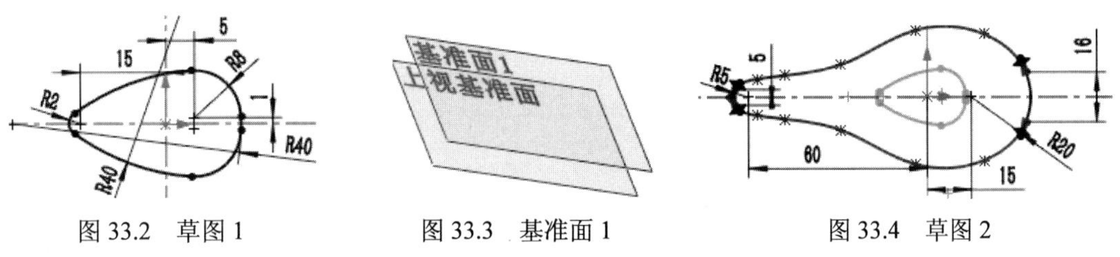

图33.2 草图1　　图33.3 基准面1　　图33.4 草图2

Step 5 创建图33.5所示的草图3。选择下拉菜单 插入(I) → 草图绘制 命令；选取前视基准面作为草图平面，绘制图33.5所示的草图（注草图3与草图1、草图2相交处都添加穿透约束）。

Step 6 创建图 33.6 所示的草图 4。选择下拉菜单 插入(I) → 草图绘制 命令；选取右视基准面作为草图平面，绘制图 33.6 所示的草图（注：草图 4 与草图 1、草图 2 相交处都添加穿透约束）。

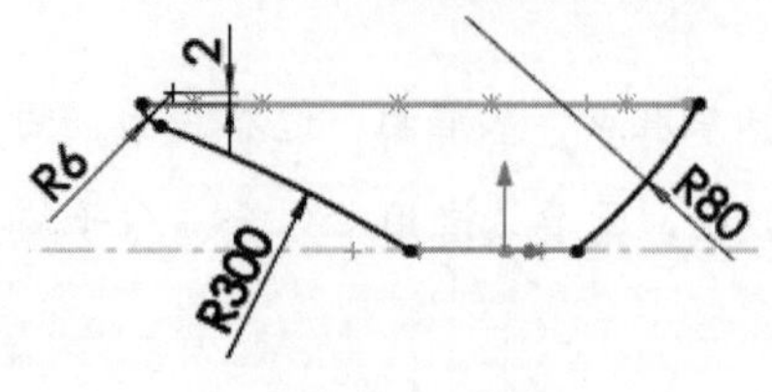

图 33.5 草图 3

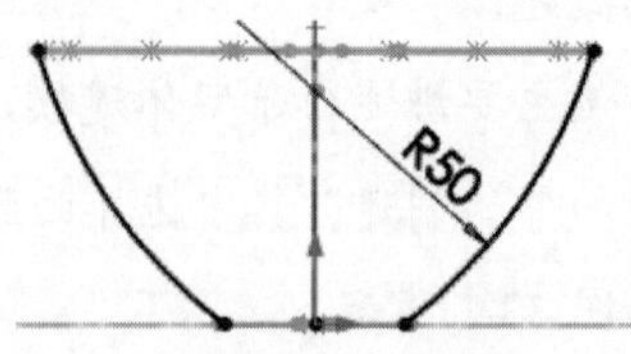

图 33.6 草图 4

Step 7 创建图 33.7 所示的边界-曲面 1。选择下拉菜单 插入(I) → 曲面(S) → 边界曲面(B)... 命令，选取草图 2 和草图 1 作为 方向 1 的边界曲线，选取图 33.8 所示的曲线 1、曲线 2、曲线 3、曲线 4 作为 方向 2 的边界曲线（注：选择曲线后，系统会弹出图 33.9 所示对话框，单击✔按钮即可）。

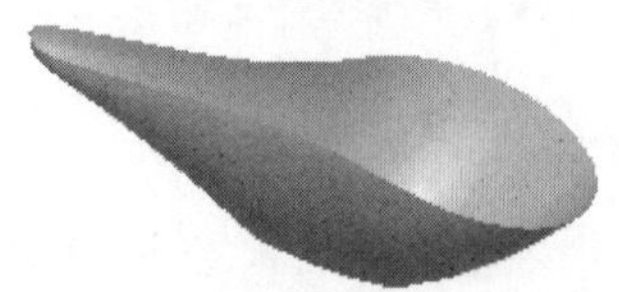
图 33.7 边界-曲面 1

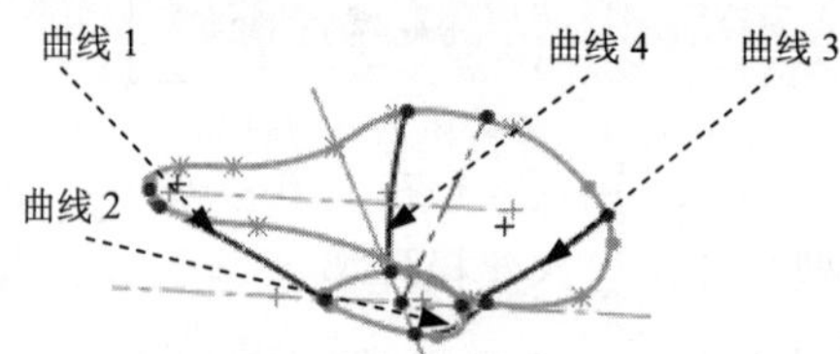

图 33.8 第二方向曲线

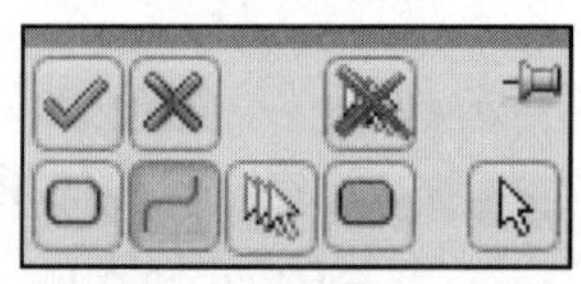
图 33.9 SolidWorks 对话框

Step 8 创建图 33.10 所示的曲面-拉伸 1。选择下拉菜单 插入(I) → 曲面(S) → 拉伸曲面(E)... 命令，选取前视基准面作为草绘基准面，绘制图 33.11 所示的横断面草图；在“曲面-拉伸”对话框的 方向 1 区域的下拉列表框中选择 两侧对称 选项，输入深度值 60.0。

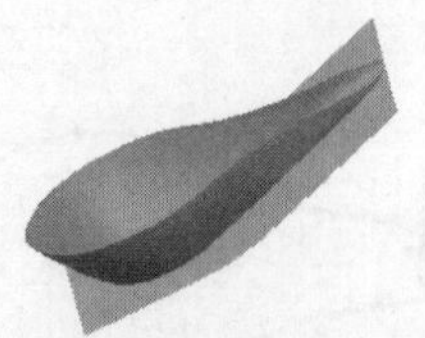
图 33.10 曲面-拉伸 1

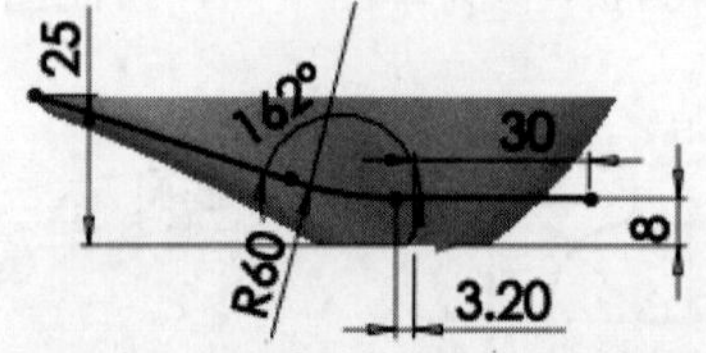

图 33.11 横断面草图（草图 5）

Step 9 创建图 33.12b 所示的曲面-剪裁 1。选择下拉菜单 插入(I) → 曲面(S) → 剪裁曲面(T)... 命令，系统弹出“曲面剪裁”对话框。选取曲面-拉伸 1 作为剪裁工具，选取图 33.12a 所示的曲面作为保留部分；其他参数采用系统默认的设置值。

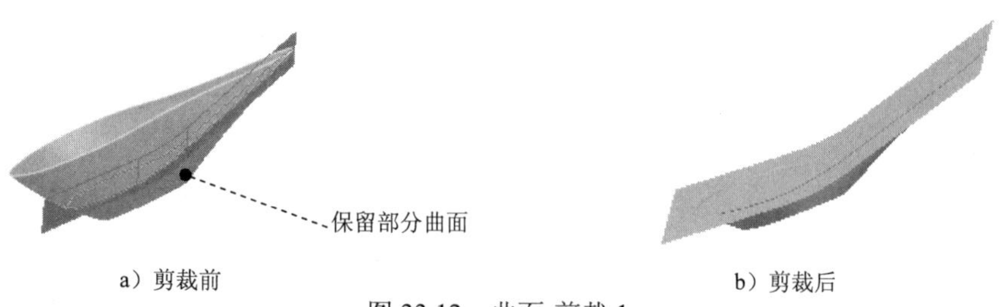

a）剪裁前　　　　b）剪裁后

图 33.12　曲面-剪裁 1

Step 10 创建图 33.13b 所示的曲面-基准面 1。选择下拉菜单 插入(I) → 曲面(S) → 平面区域(P)... 命令，选取图 33.13a 所示的边线作为平面区域。

a）创建前　　　　b）创建后

图 33.13　曲面-基准面 1

Step 11 创建曲面-缝合 1。选择下拉菜单 插入(I) → 曲面(S) → 缝合曲面(K)... 命令，系统弹出“缝合曲面”对话框；在设计树中选取曲面-裁剪 1 和曲面-基准面 1 作为缝合对象。

Step 12 创建圆角 1。选取图 33.14a 所示的边链作为要圆角的对象，圆角半径值为 1.0。

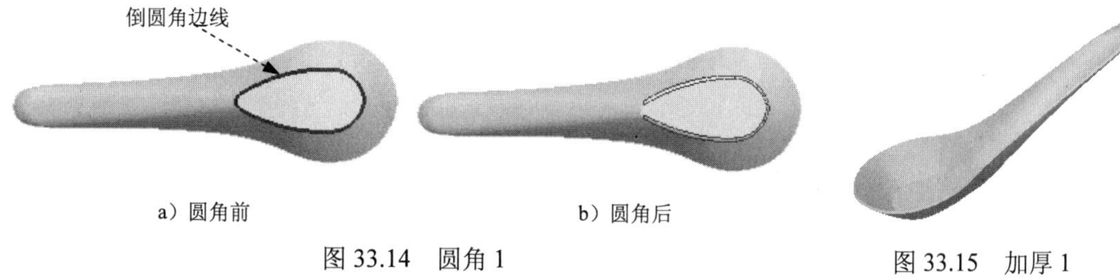

a）圆角前　　　　b）圆角后

图 33.14　圆角 1　　　　图 33.15　加厚 1

Step 13 创建图 33.15 所示的加厚 1。选择下拉菜单 插入(I) → 凸台/基体(B) → 加厚(T)... 命令；选择整个曲面作为加厚曲面；在 加厚参数(I) 区域中单击 按钮，在 后的文本框中输入数值 0.8。

Step 14 创建图 33.16b 所示的圆角 2（完整圆角）。选择下拉菜单 插入(I) → 特征(F) → 圆角(U)... 命令。在“圆角”对话框的 圆角类型(Y) 区域中选中 ⊙ 完整圆角(F) 单选按钮。选择图 33.16a 所示的面 1 作为边侧面组 1。在“圆角”对话框的 圆角项目(I) 区域，单击以激活“中央面组”文本框，然后选择图 33.16a

所示的面 2 作为中央面组。单击以激活“边侧面组 2”文本框，然后选择图 33.16a 所示的面 3 作为边侧面组 2。

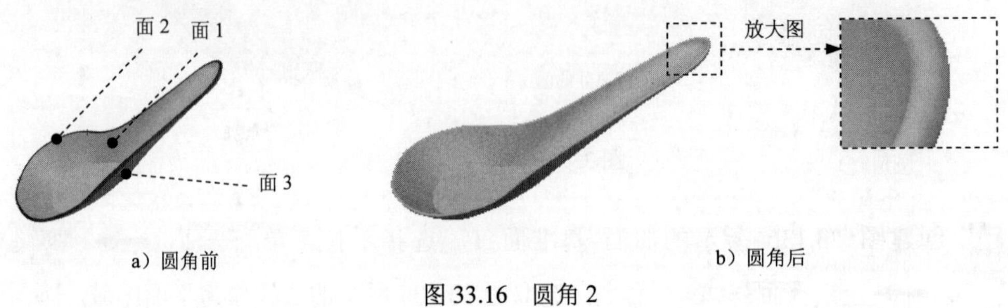

a）圆角前　　b）圆角后

图 33.16　圆角 2

Step 15　保存零件模型。

实例 34　牙刷造型设计

实例概述：

本实例讲解了一款牙刷主体部分的设计过程，本实例的创建方法技巧性较强，而且填充阵列的操作性比较强，需要读者用心体会。零件模型及设计树如图 34.1 所示。

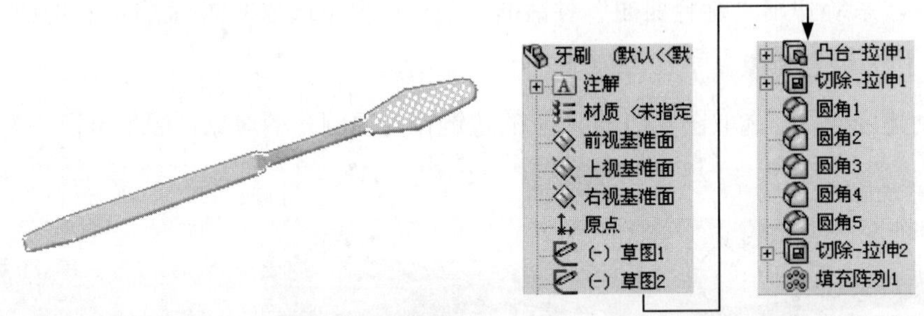

图 34.1　零件模型及设计树

说明：本实例前面的详细操作过程请参见随书光盘中 video\ins34\reference\文件下的语音视频讲解文件——牙刷-r01.avi。

Step 1　打开文件 D:\sw13in\work\ins34\牙刷_ex.SLDPRT。

Step 2　创建图 34.2 所示的零件特征——切除-拉伸 1。选择下拉菜单 插入(I) → 切除(C) → 拉伸(E)... 命令。选取上视基准面作为草图基准面，绘制图 34.3 所示的横断面草图。在“切除-拉伸”窗口 方向 1 区域的下拉列表框中选择 两侧对称 选项，输入深度值 50.0，并选中 ☑ 反侧切除(F) 复选框（此草图上半部分是草图 2 通过 工具(T) → 草图工具(T) → 转换实体引用(E) 绘制而成的，下半部分通过镜像而成）。

图 34.2 切除-拉伸 1

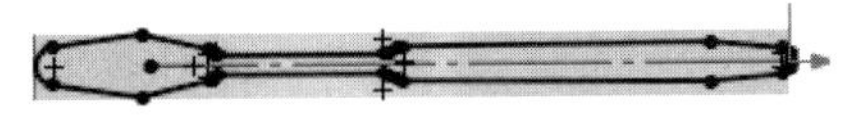

图 34.3 横断面草图

Step 3 创建图 34.4b 所示的圆角 1。选择下拉菜单 插入(I) → 特征(F) → 圆角(F)...命令，选择图 34.4a 所示的边线为圆角对象，圆角半径值为 10.0。

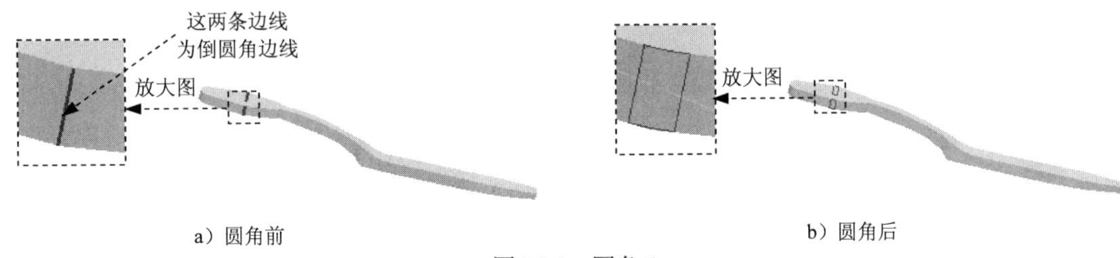

a）圆角前　b）圆角后

图 34.4 圆角 1

Step 4 创建图 34.5b 所示的圆角 2。选择下拉菜单 插入(I) → 特征(F) → 圆角(F)...命令，选择图 34.5a 所示的边线为圆角对象，圆角半径值为 20.0。

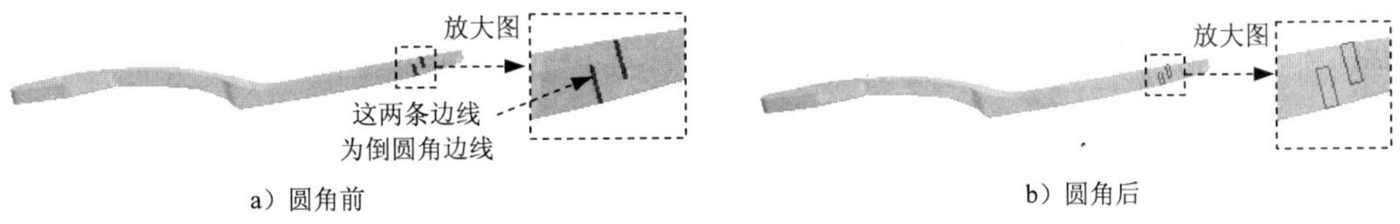

a）圆角前　b）圆角后

图 34.5 圆角 2

Step 5 创建图 34.6b 所示的圆角 3。选择下拉菜单 插入(I) → 特征(F) → 圆角(F)...命令，选择图 34.6a 所示的边线为圆角对象，圆角半径值为 1.5。

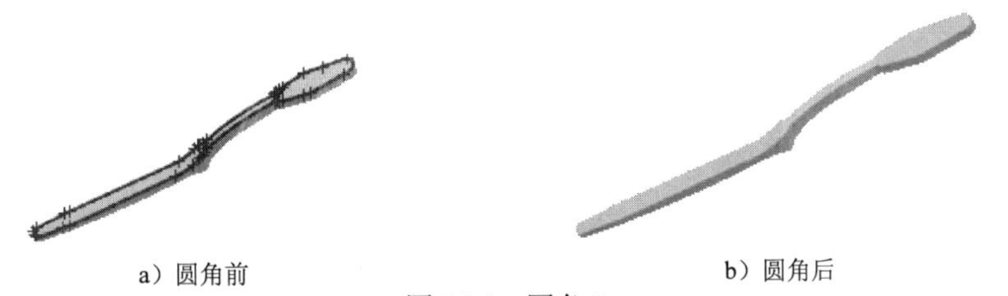

a）圆角前　b）圆角后

图 34.6 圆角 3

Step 6 创建图 34.7b 所示的圆角 4。选择下拉菜单 插入(I) → 特征(F) → 圆角(F)...命令，选择图 34.7a 所示的边线为圆角对象，圆角半径值为 20。

Step 7 创建图 34.8b 所示的圆角 5。选择下拉菜单 插入(I) → 特征(F) → 圆角(F)...命令，选择图 34.8a 所示的边链为圆角对象，圆角半径值为 1.5。

放大图

此边线为
倒圆角边线

a）圆角前

放大图

b）圆角后

图 34.7　圆角 4

此边链为
倒圆角边链

a）圆角前

b）圆角后

图 34.8　圆角 5

Step 8　创建图 34.9 所示的零件特征——切除-拉伸 2。选择下拉菜单 插入(I) → 切除(C) → 拉伸(E)... 命令。选取图 34.9 所示平面作为草绘基准面，绘制图 34.10 所示的横断面草图。在“切除-拉伸”窗口 方向 1 区域的下拉列表框中选择 给定深度 选项，输入深度值为 3.0。

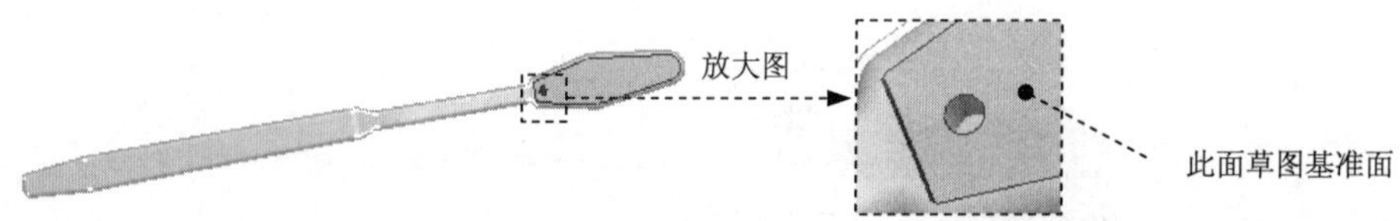

图 34.9　切除-拉伸 2

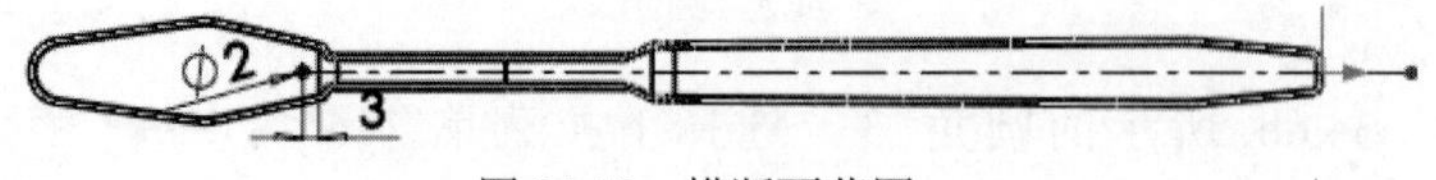

图 34.10　横断面草图

Step 9　创建图 34.11 所示的填充阵列 1。选择下拉菜单 插入(I) → 阵列/镜向(E) → 填充阵列(F)... 命令。单击以激活“填充阵列”对话框 要阵列的特征(F) 区域中的文本框，选择切除-拉伸 2 特征作为阵列的源特征。单击激活 填充边界(L) 区域中的文本框，选择图 34.12 所示的面作为阵列的填充边界，在 阵列布局(O) 区域中单击 按钮，并在 后的文本框中输入数值 3.0；选中 目标间距(T) 单选按钮，在 后的文本框中输入数值 3.0，在 后的文本框中输入数值 0。

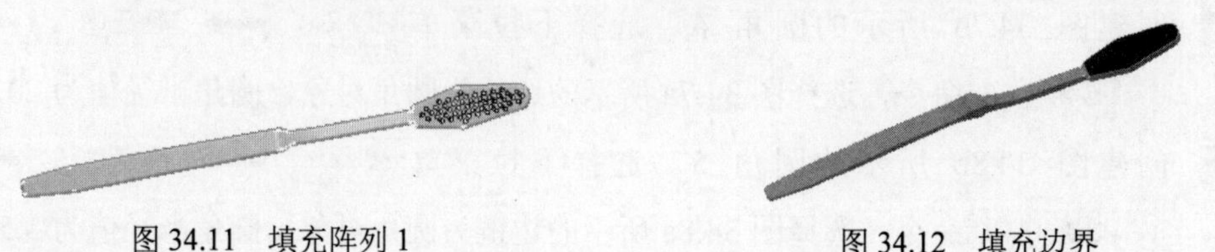

图 34.11　填充阵列 1

图 34.12　填充边界

3 Chapter

Step 10 保存模型。选择下拉菜单 文件(F) ➡ 保存(S) 命令，将模型命名为“牙刷”，保存模型。

实例 35　壁灯灯罩

实例概述：

本实例主要介绍了利用草图创建三维曲线的方法，通过对曲面放样进行加厚操作，就实现了零件的实体特征，在绘制过程中应注意坐标系类型的选择。零件模型和设计树如图 35.1 所示。

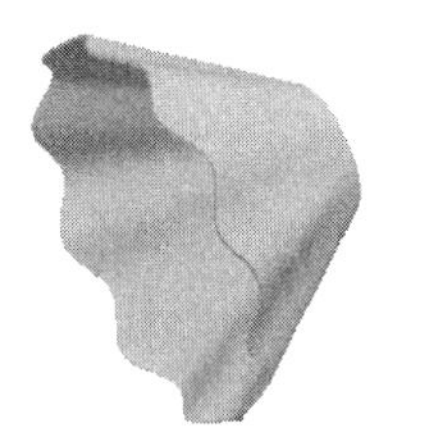

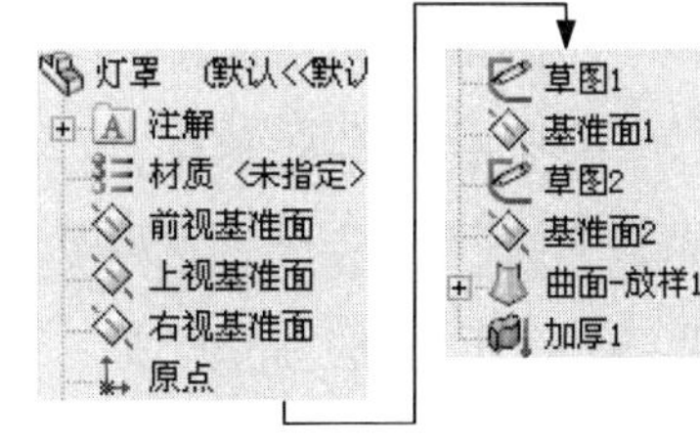

图 35.1　零件模型及设计树

Step 1 新建一个零件模型文件，进入建模环境。

Step 2 创建图 35.2 所示的草图 1。选择下拉菜单 插入(I) ➡ 草图绘制 命令。选取上视基准面为草图基准面。绘制图 35.2 所示的草图 1。

Step 3 创建图 35.3 所示的基准面 1。选择下拉菜单 插入(I) ➡ 参考几何体(G) ➡ 基准面(P)... 命令。选取上视基准面为参考实体，采用系统默认的偏移方向，输入偏移距离值 18.0。单击 ✔ 按钮，完成基准面 1 的创建。

Step 4 创建图 35.4 所示的草图 2。选择下拉菜单 插入(I) ➡ 草图绘制 命令。选取基准面 1 为草图基准面。绘制图 35.4 所示的草图 2。

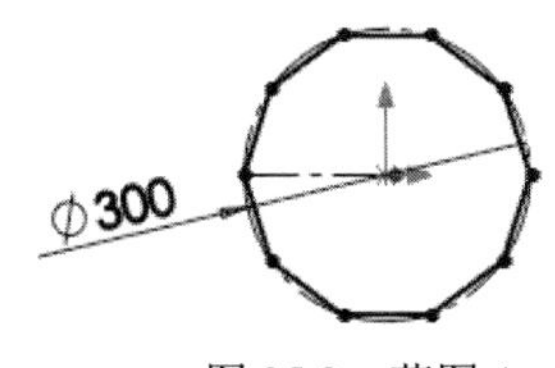

图 35.2　草图 1

图 35.3　基准面 1

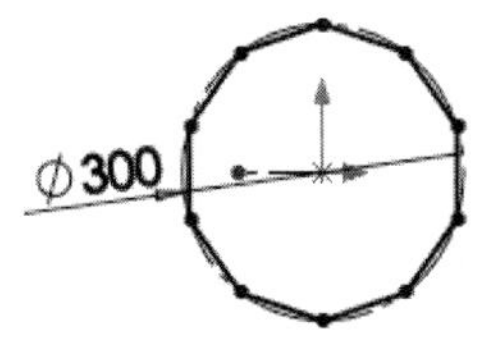

图 35.4　草图 2

Step 5 创建图 35.5 所示的基准面 2。选择下拉菜单 插入(I) ➡ 参考几何体(G) ➡ 基准面(P)... 命令。选取上视基准面为参考实体，采用系统默认的偏移方向，输入偏移距离值 159.0。单击✔按钮，完成基准面 2 的创建。

Step 6 创建图 35.6 所示的草图 4。选择下拉菜单 插入(I) ➡ 草图绘制 命令。选取基准面 2 为草图基准面。绘制图 35.6 所示的草图 4。

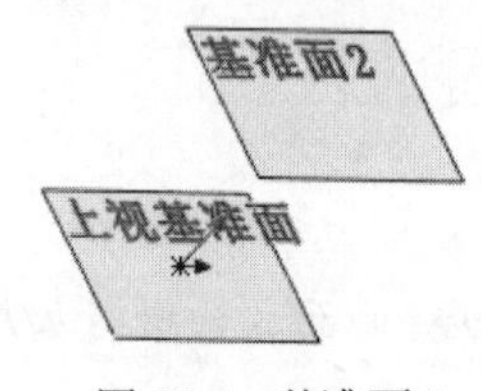

图 35.5 基准面 2

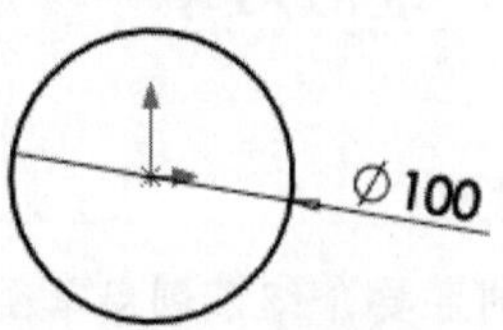

图 35.6 草图 4

Step 7 创建图 35.7 所示的三维草图 1。选择下拉菜单 插入(I) ➡ 3D 草图 命令。绘制图 35.7 所示的三维草图 1。

Step 8 创建图 35.8 所示的曲面-放样 1。选择下拉菜单 插入(I) ➡ 曲面(S) ➡ 放样曲面(L)... 命令；依次选取草图 4 和三维草图 1 作为曲面-放样 1 的轮廓。

Step 9 创建图 35.9 所示的加厚 1。选择下拉菜单 插入(I) ➡ 凸台/基体(B) ➡ 加厚(T)... 命令；选择整个曲面作为加厚曲面；在 加厚参数(T) 区域中单击☰按钮，在 T1 后的文本框中输入数值 3.0。

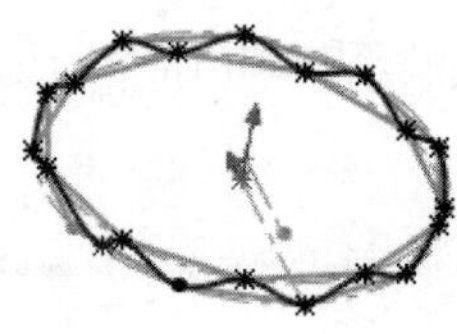

图 35.7 三维草图 1

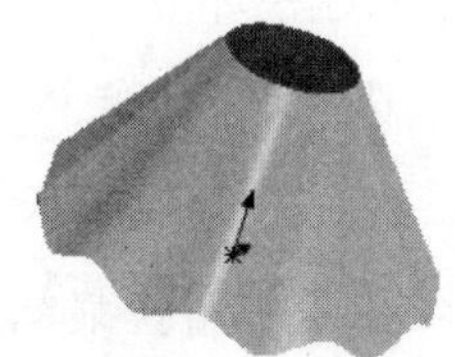

图 35.8 曲面-放样 1

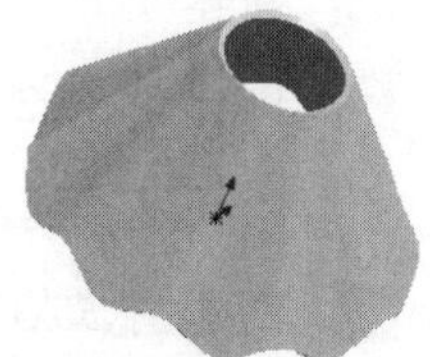

图 35.9 加厚 1

Step 10 保存零件模型。

实例 36 参数化蜗杆的设计

实例概述：

本实例介绍了一个由参数、关系控制的蜗杆模型。设计过程是先创建参数及关系，然后利用这些参数创建出蜗杆模型。用户可以通过修改参数值来改变蜗杆的形状。这是一种典型的系列化产品的设计方法，它使产品的更新换代更加快捷、方便。蜗杆模型及特征树如图 36.1 所示。

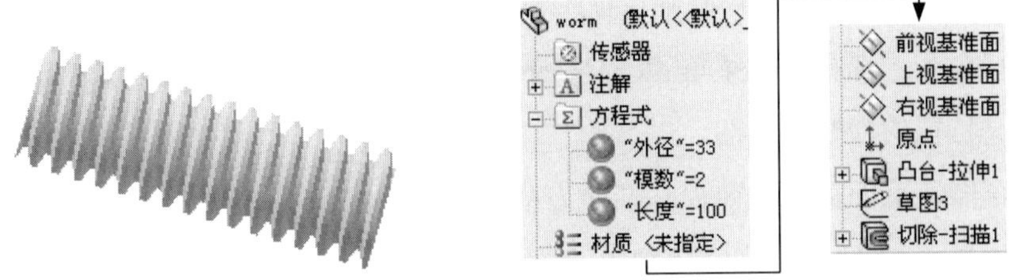

图 36.1　零件模型及特征树

Step 1　新建一个零件模型文件，进入建模环境。

Step 2　添加方程式 1。

（1）选择下拉菜单 工具(T) → 方程式(Q)...，系统弹出“方程式、整体变量及尺寸”对话框，如图 36.2 所示。

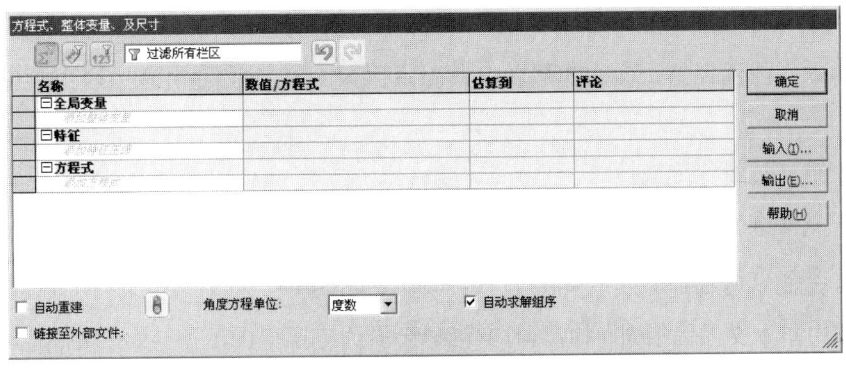

图 36.2　“方程式、整体变量及尺寸”对话框

（2）单击“全局变量”下面的文本框，然后在其文本框中输入“外径”；在“外径”文本框的右侧单击使其激活，然后输入数值 33。

（3）参照步骤（2），创建另外两个全局变量，结果如图 36.3 所示，在“方程式”对话框中单击 确定 按钮，完成方程式的创建。

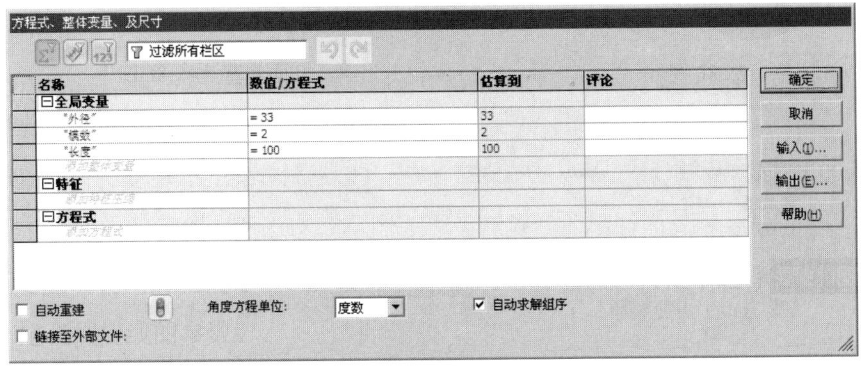

图 36.3　“方程式、整体变量及尺寸”对话框

Step 3 添加图 36.4 所示的零件基础特征——凸台-拉伸 1。

（1）选择命令。选择下拉菜单 插入(I) → 凸台/基体(B) → 拉伸(E)... 命令。

（2）定义特征的横断面草图。

① 定义草图基准面。选取前视基准面为草图基准面。

② 定义横断面草图。在草绘环境中绘制图 36.5 所示的草图 1（注：草图尺寸可以任意给定）。

图 36.4 凸台-拉伸 1

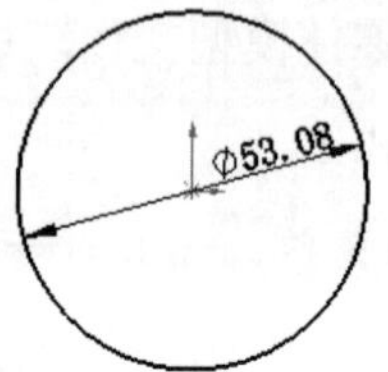

图 36.5 草图 1

③ 选择下拉菜单 插入(I) → 退出草图 命令，退出草绘环境，系统弹出"拉伸"对话框。

（3）定义拉伸深度属性。

① 定义深度方向。采用系统默认的深度方向。

② 定义深度类型和深度值。在"拉伸"对话框 方向 1 区域的下拉列表框中选择 给定深度 选项，深度值为 40（注：可以任意给出深度值）。

（4）单击 ✔ 按钮，完成凸台-拉伸 1 的创建。

Step 4 在模型树中右击 ⊞ A 注解 节点，系统弹出如图 36.6 所示的快捷菜单，选择 显示特征尺寸(C) 命令，在图形区显示出特征尺寸，如图 36.7 所示。

图 36.6 快捷菜单

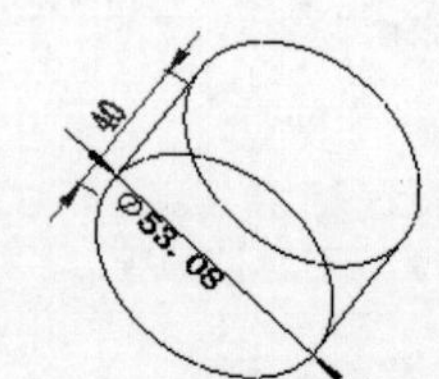

图 36.7 显示特征尺寸

Step 5 连接拉伸尺寸。

（1）选择下拉菜单 工具(T) → ∑ 方程式(Q)... 命令，系统弹出“方程式、整体变量及尺寸”对话框，如图 36.2 所示。

（2）单击“方程式、整体变量及尺寸”下面的文本框，在模型中选择尺寸 40，在右键快捷菜单中选择 全局变量 → 长度 (100) 命令，如图 36.8 所示。

图 36.8　“方程式、整体变量及尺寸”对话框

（3）参照步骤（2），定义尺寸“Ø53.08”等于“外径”，单击 确定 按钮。

（4）单击“重建模型”按钮，再生模型结果如图 36.9 所示。

Step 6　创建图 36.10 所示的草图 2。

（1）选择命令。选择下拉菜单 插入(I) → 草图绘制 命令。

（2）定义草图基准面。选取前视基准面为草图基准面。

（3）绘制草图。在草绘环境中绘制图 36.10 所示的草图。

（4）选择下拉菜单 插入(I) → 退出草图 命令，退出草图设计环境。

Step 7　添加图 36.11 所示的螺旋线 1。

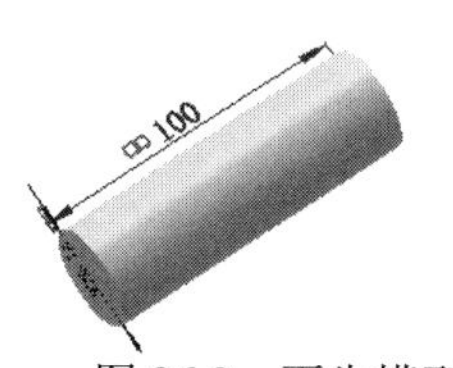

图 36.9　再生模型

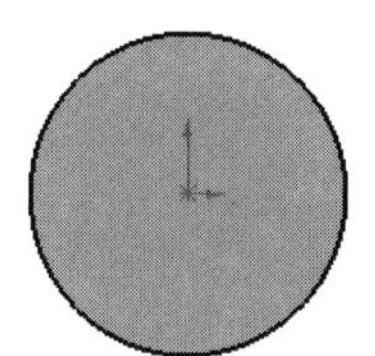

图 36.10　草图 2

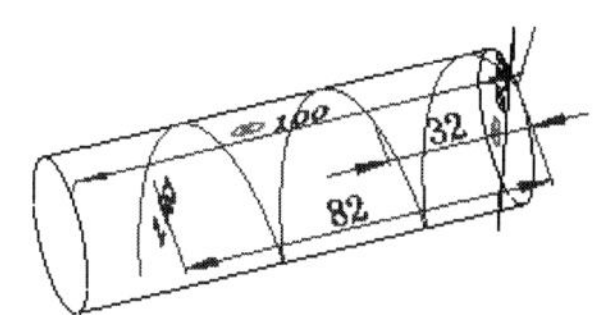

图 36.11　螺旋线 1

（1）选择命令。选择下拉菜单 插入(I) → 曲线(U) → 螺旋线/涡状线(H)... 命令。

（2）定义螺旋线的横断面。选择草图 2 为螺旋线的横断面。

（3）定义螺旋线的定义方式。在 定义方式(D): 区域的下拉列表框中选择 高度和螺距 选项。

（4）定义螺旋线的参数。选择旋转方向为 ⊙ 逆时针(W)，起始角为 0°，其他均按系统默认设置。高度和螺距参数任意给定（这里给出螺距为 32、高度为 82）。

（5）单击 ✓ 按钮，完成螺旋线 1 的创建。

Step 8 添加方程式 2。

（1）选择下拉菜单 工具(T) → 方程式(Q)... 命令，系统弹出“方程式、整体变量及尺寸”对话框。

（2）单击“方程式、整体变量及尺寸”下面的文本框，选择模型中螺距的尺寸 32，输入 pi * "模数"（注：输入时能在操控板中进行的操作都要在操控板中操作）。

（3）单击“方程式、整体变量及尺寸”下面的文本框，选择模型中螺高度的尺寸 82，在右键快捷菜单中选择 全局变量 → 长度(100) 命令，完成设置如图 36.12 所示，单击 确定 按钮。

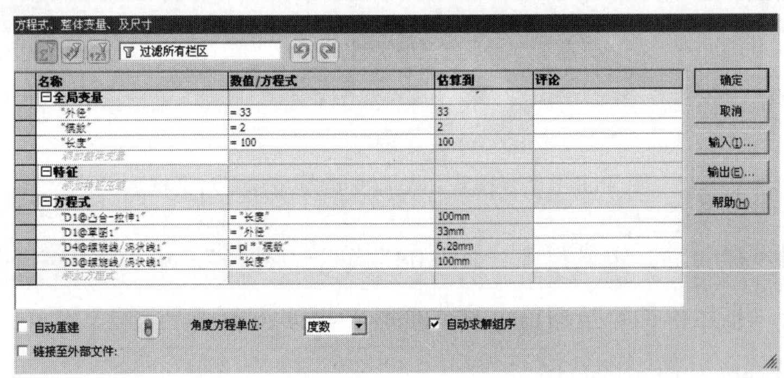

名称	数值/方程式	估算到	评论
全局变量			
"外径"	= 33	33	
"模数"	= 2	2	
"长度"	= 100	100	
添加整体变量			
特征			
添加特征压缩			
方程式			
"D1@凸台-拉伸1"	= "长度"	100mm	
"D1@草图1"	= "外径"	33mm	
"D4@螺旋线/涡状线1"	= pi * "模数"	6.28mm	
"D3@螺旋线/涡状线1"	= "长度"	100mm	
添加方程式			

图 36.12 “添加方程式”对话框

（4）单击重建模型按钮，再生模型结果如图 36.13 所示。

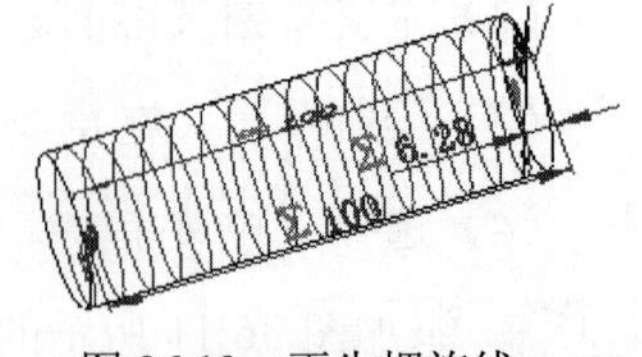

图 36.13 再生螺旋线

Step 9 创建图 36.14 所示的草图 3。选择下拉菜单 插入(I) → 草图绘制 命令，选取上视基准面为草图基准面，在草绘环境中绘制图 36.14 所示的草图（图中尺寸可以任意给定），选择下拉菜单 插入(I) → 退出草图 命令，退出草图设计环境。

Step 10 添加方程式 3。

（1）选择下拉菜单 工具(T) → 方程式(Q)...，系统弹出“方程式、整体变量及尺寸”对话框。

（2）单击“方程式、整体变量及尺寸”下面的文本框，在图形区选择尺寸“12.34”，在操控板中输入("模数" * pi) / 2（注：输入时能在操控板中进行的操作都要在操控板中操作）。

（3）参照步骤（2），创建尺寸 11.98 的方程式为("外径" - 4.2 * "模数") / 2，尺寸 17.27 的方程式为("外径" - 2 * "模数") / 2，单击 确定 按钮，完成方程式的创建。

（4）单击重建模型按钮，再生结果如图 36.15 所示。

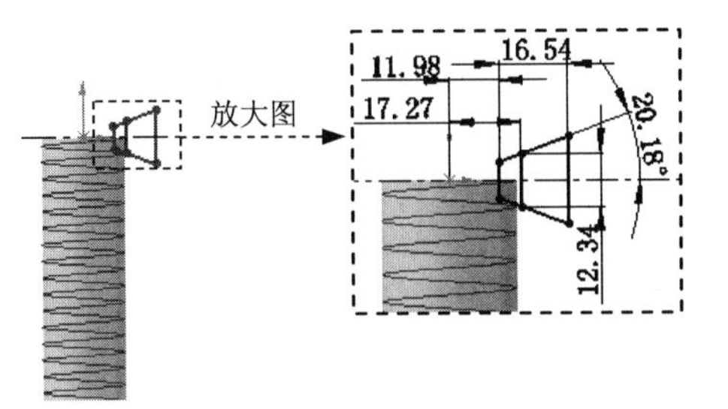

图 36.14　草图 3

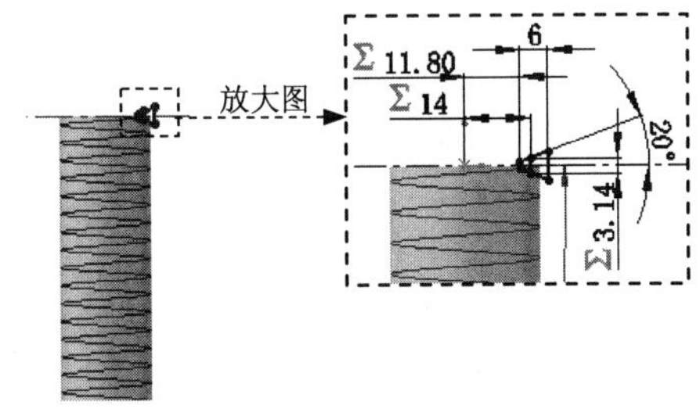

图 36.15　再生草图 3

Step 11　创建图 36.16 所示的草图 4。选择下拉菜单 插入(I) → 草图绘制 命令，选取上视基准面为草图基准面，在草绘环境中绘制图 36.16 所示的草图（使用转换实体引用命令），选择下拉菜单 插入(I) → 退出草图 命令，退出草图设计环境。

Step 12　添加图 36.17 所示的零件特征——切除-扫描 1。

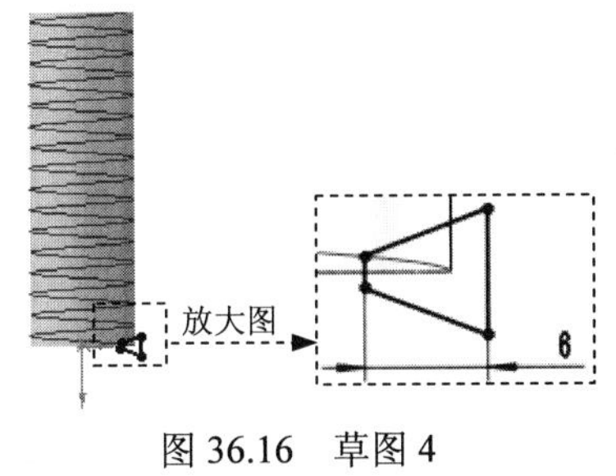

图 36.16　草图 4

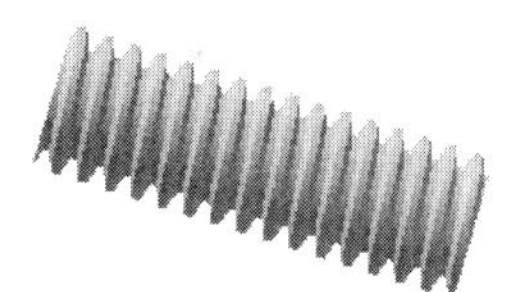

图 36.17　切除-扫描 1

（1）选择下拉菜单 插入(I) → 切除(C) → 扫描(S)... 命令，系统弹出“切除-扫描”对话框。

（2）定义扫描特征的轮廓。选取草图 4 为扫描 1 特征的轮廓。

（3）定义扫描特征的路径。选取螺旋线 1 为扫描 1 特征的路径。

（4）单击对话框中的 按钮，完成切除-扫描 1 的创建。

Step 13　至此，零件模型创建完毕。选择下拉菜单 文件(F) → 保存(S) 命令，命名为 worm，即可保存零件模型。

实例 37　体育馆座椅造型设计

实例概述：

本实例主要介绍一款体育馆座椅的设计过程。主要讲解了样条曲线的定位方法，包括创建基准面、约束点位置和调整样条曲线的曲率等，希望读者能勤加练习，从而达到熟练使用样条曲线的目的。零件实体模型及相应的设计树如图 37.1 所示。

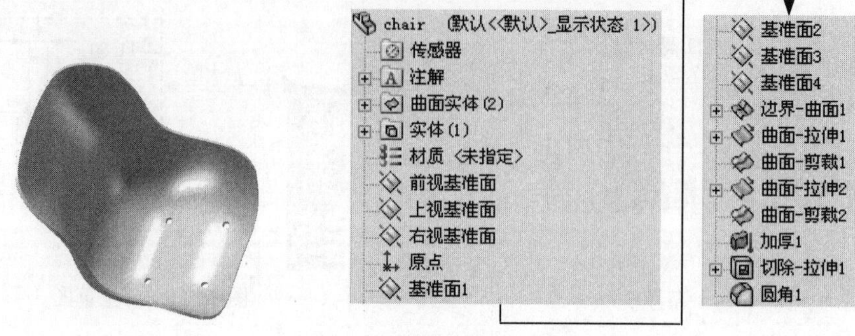

图 37.1　零件模型及设计树

Step 1 新建模型文件。选择下拉菜单 文件(F) → 新建(N)... 命令，在系统弹出的"新建 SolidWorks 文件"对话框中选择"零件"模块，单击 确定 按钮，进入建模环境。

Step 2 创建图 37.2 所示的样条草图 1。

（1）选择下拉菜单 插入(I) → 草图绘制 命令。

（2）定义草图基准面。选取前视基准面作为草图基准面。

（3）绘制草图。

① 创建初步的样条曲线 1 并添加几何约束。选择下拉菜单 工具(T) → 草图绘制实体(K) → 样条曲线(S) 命令，绘制图 37.2 所示初步的样条曲线 1，添加图 37.2 所示的几何约束和图 37.3 所示的尺寸约束。

② 调整样条曲线 1 的曲率。

a. 在图形区单击样条曲线 1，在系统弹出的"样条曲线"窗口的 选项(O) 区域中选中 ☑ 显示曲率(S) 复选框，然后将曲率调整为图 37.4 所示。

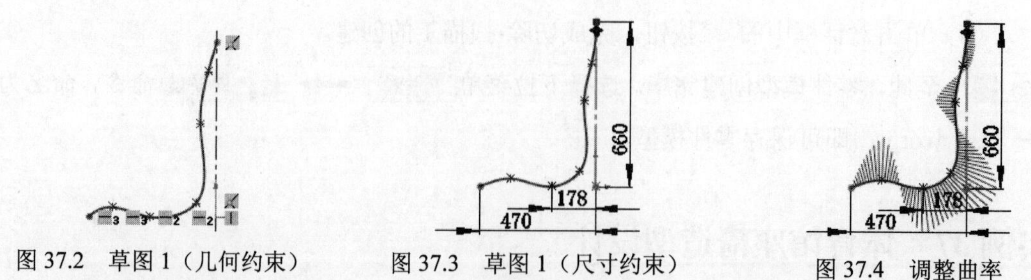

图 37.2　草图 1（几何约束）　　图 37.3　草图 1（尺寸约束）　　图 37.4　调整曲率

b. 调整好曲率后，在图形区单击样条曲线 1，在系统弹出的"样条曲线"窗口的 选项(O) 区域中取消选中 ☐ 显示曲率(S) 复选框，取消曲率图的显示。

（4）选择下拉菜单 插入(I) → 退出草图 命令，退出草图设计环境。

Step 3 创建图 37.5 所示的基准面 1。

（1）选择命令。选择下拉菜单 插入(I) → 参考几何体(G) → 基准面(P)... 命令，系统弹出“基准面”窗口。

（2）定义基准面的参考实体。选取前视基准面作为所要创建的基准面的参考实体。

（3）定义偏移参数。采用系统默认的偏移方向，在按钮后的文本框中输入数值 160.0。

（4）单击窗口中的✓按钮，完成基准面 1 的创建。

Step 4 创建图 37.6 所示的基准面 2。选择下拉菜单 插入(I) → 参考几何体(G) → 基准面(P)... 命令；选取前视基准面作为所要创建的基准面的参考实体；选中 ☑反转 复选框，在按钮后的文本框中输入数值 160.0；单击窗口中的✓按钮，完成基准面 2 的创建。

Step 5 创建图 37.7 所示的基准面 3。选择下拉菜单 插入(I) → 参考几何体(G) → 基准面(P)... 命令；选取前视基准面作为所要创建的基准面的参考实体；采用系统默认的偏移方向，在按钮后的文本框中输入数值 270.0；单击窗口中的✓按钮，完成基准面 3 的创建。

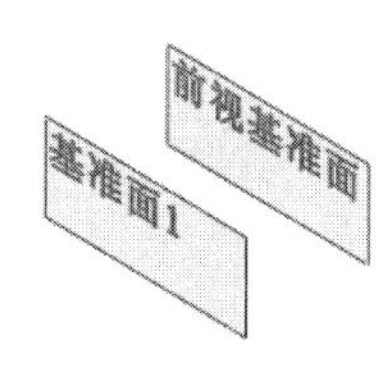

图 37.5 基准面 1

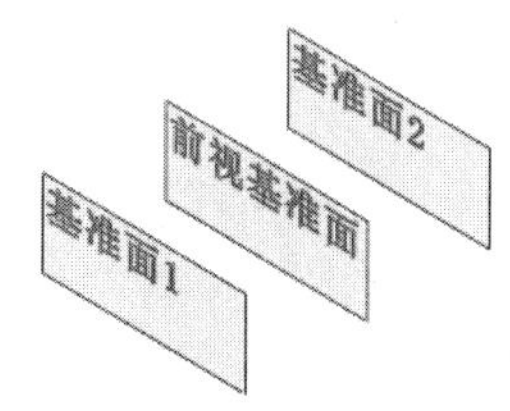

图 37.6 基准面 2

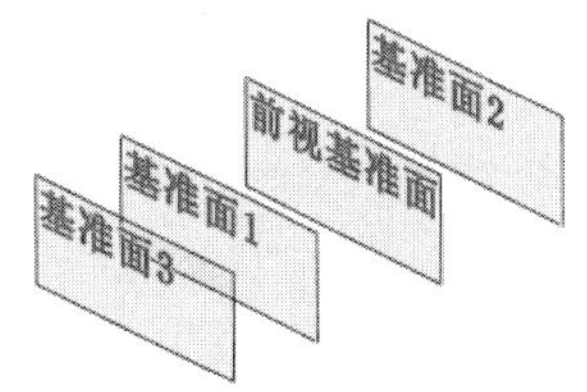

图 37.7 基准面 3

Step 6 创建图 37.8 所示的基准面 4。选择下拉菜单 插入(I) → 参考几何体(G) → 基准面(P)... 命令；定义基准面的创建类型。选取前视基准面作为所要创建的基准面的参考实体；选中 ☑反转 复选框，在按钮后的文本框中输入数值 270.0；单击窗口中的✓按钮，完成基准面 4 的创建。

Step 7 创建图 37.9 所示的草图 2。选取基准面 1 作为草图基准面；选择 工具(T) → 草图工具(T) → 等距实体(O)... 命令，系统弹出“等距实体”窗口。在按钮后的文本框中输入数值 20.0，单击✓按钮。

Step 8 创建图 37.10 所示的草图 3。选取基准面 2 作为草图基准面。选中草图 2 后，单击“草图（K）”工具栏中的按钮，完成草图 3 的绘制。

3 Chapter

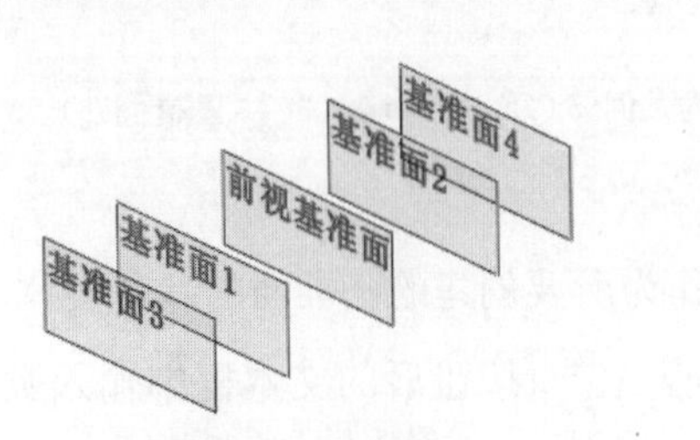

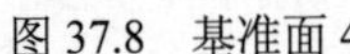

图 37.8 基准面 4

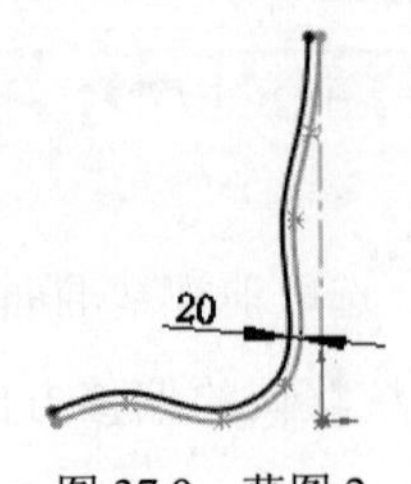
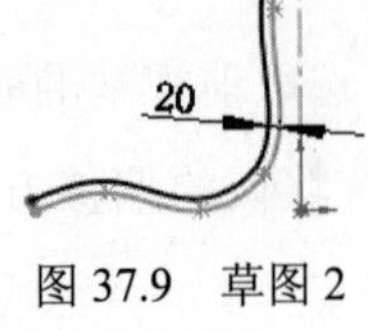

图 37.9 草图 2

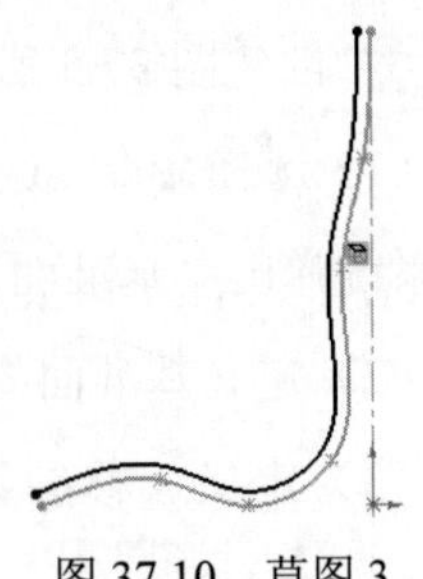

图 37.10 草图 3

Step 9 创建图 37.11 所示的草图 4。

（1）选择下拉菜单 插入(I) ➡ 草图绘制 命令。

（2）定义草图基准面。选取基准面 3 作为草图基准面。

（3）绘制草图。

① 创建初步的样条曲线 1 并添加几何约束。选择下拉菜单 工具(T) ➡ 草图绘制实体(K) ➡ 样条曲线(S) 命令，绘制图 37.11 所示初步的样条曲线 1，添加图 37.11 所示的几何约束和图 37.12 所示的尺寸约束。

② 调整样条曲线 1 的曲率。

a. 在图形区单击样条曲线 1，在系统弹出的“样条曲线”窗口 选项(O) 区域中选中 ☑ 显示曲率(S) 复选框，然后将曲率调整为图 37.13 所示。

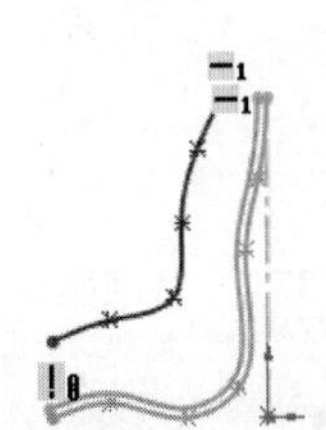

图 37.11 草图 4（几何约束）

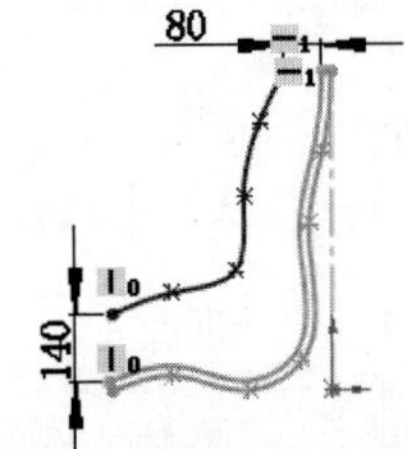

图 37.12 草图 4（尺寸约束）

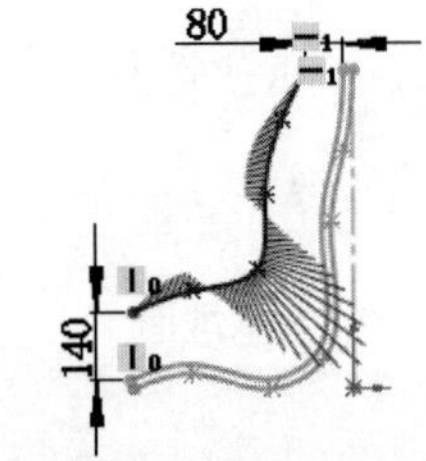

图 37.13 草图 4（曲率）

b. 调整好曲率后，在图形区单击样条曲线 1，在系统弹出的“样条曲线”窗口 选项(O) 区域中取消选中 □ 显示曲率(S) 复选框，取消曲率图的显示。

（4）选择下拉菜单 插入(I) ➡ 退出草图 命令，退出草图。

Step 10 创建图 37.14 所示的草图 5。选取基准面 4 作为草图基准面。绘制草图 5 时，先选中草图 4，然后单击“草图（K）”工具栏中的按钮。

Step 11 创建图 37.15 所示的边界-曲面 1。

（1）选择命令。选择下拉菜单 插入(I) ➡ 曲面(S) ➡ 边界曲面(B)... 命令，系统弹出“边界-曲面”窗口。

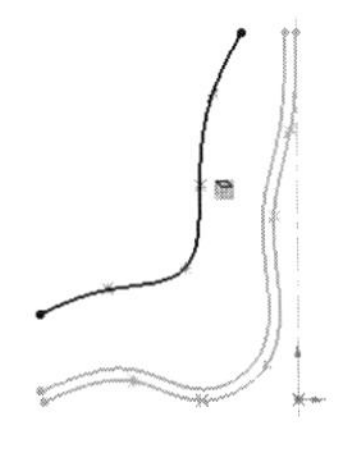

图 37.14 草图 5

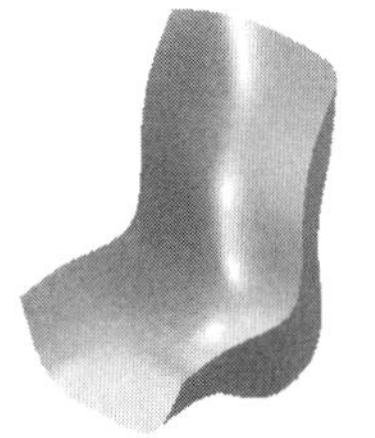

图 37.15 边界-曲面 1

（2）定义边界曲线。在设计树中依次选取草图 5、草图 3、草图 1、草图 2 和草图 4 作为 方向 1 上的边界曲线。

（3）单击 ✔ 按钮，完成边界-曲面 1 的创建。

Step 12 创建图 37.16 所示的曲面-拉伸 1。

（1）选择命令。选择下拉菜单 插入(I) → 曲面(S) → 拉伸曲面(E)... 命令，系统弹出“曲面-拉伸”窗口。

（2）定义特征的横断面草图。

① 选取右视基准面为草图基准面。

② 绘制图 37.17 所示的横断面草图，建立相应约束并修改尺寸，然后选择下拉菜单 插入(I) → 退出草图 命令，此时系统弹出“曲面-拉伸”窗口。

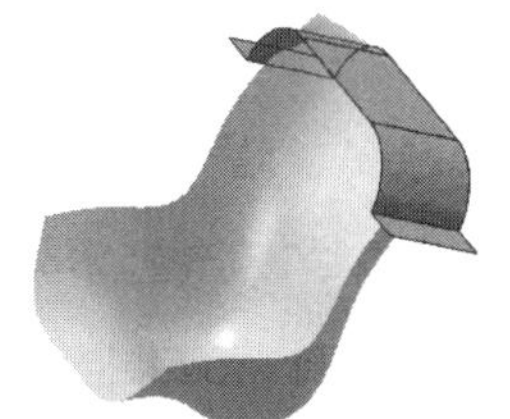

图 37.16 曲面-拉伸 1

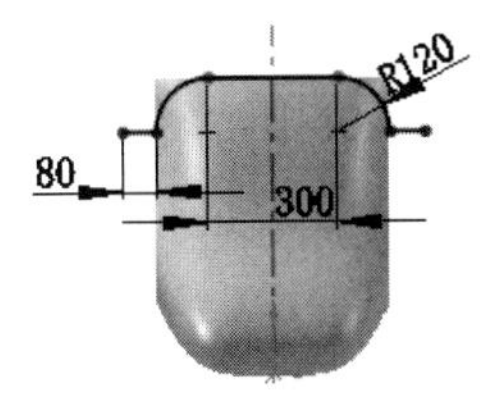

图 37.17 横断面草图

（3）定义拉伸深度属性。

① 定义拉伸方向。单击 方向 1 区域中的 按钮，使拉伸方向反向。

② 定义深度类型及深度值。在“曲面-拉伸”窗口 方向 1 区域的下拉列表框中选择 给定深度 选项，然后输入深度值 200.0。

（4）单击窗口中的 ✔ 按钮，完成曲面-拉伸 1 的创建。

Step 13 创建图 37.18 所示的曲面-剪裁 1。

（1）选择下拉菜单 插入(I) → 曲面(S) → 剪裁曲面(T)... 命令，系统弹出“剪裁曲面”窗口。

（2）剪裁类型为 ⊙ 标准(D)。

（3）选取剪裁工具。选取曲面-拉伸 1 为剪裁工具。

（4）选取保留部分。选中 ⊙ 保留选择(K) 单选按钮，选取图 37.19 所示的面为保留的部分。

（5）单击窗口中的 ✔ 按钮，完成曲面-剪裁 1 的创建。

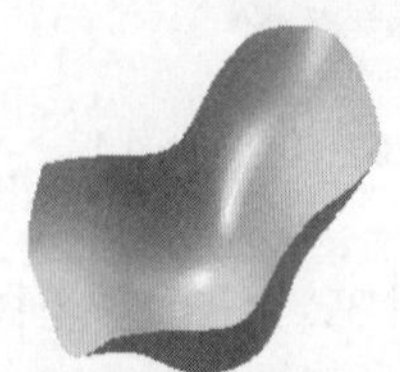
图 37.18　曲面-剪裁 1

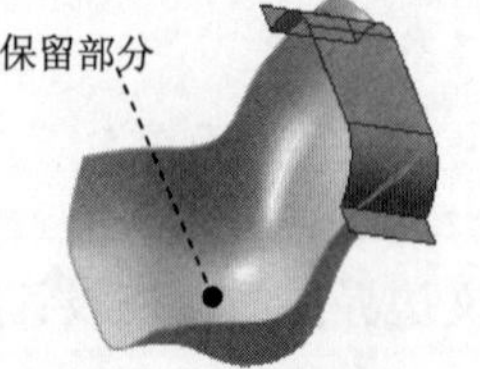

图 37.19　选取保留部分

Step 14　隐藏曲面-拉伸 1。在设计树中右击“曲面-拉伸 1”，在系统弹出的快捷菜单中单击 按钮，即可隐藏此曲面。

Step 15　创建图 37.20 所示的曲面-拉伸 2。

（1）选择命令。选择下拉菜单 插入(I) ➡ 曲面(S) ➡ 拉伸曲面(E)... 命令，系统弹出“曲面-拉伸”窗口。

（2）定义草图基准面。选取前视基准面为草图基准面。

（3）绘制拉伸曲线。绘制图 37.21 所示的曲线为拉伸曲线。

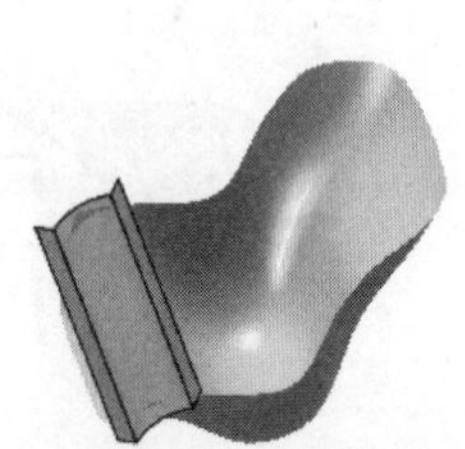
图 37.20　曲面-拉伸 2

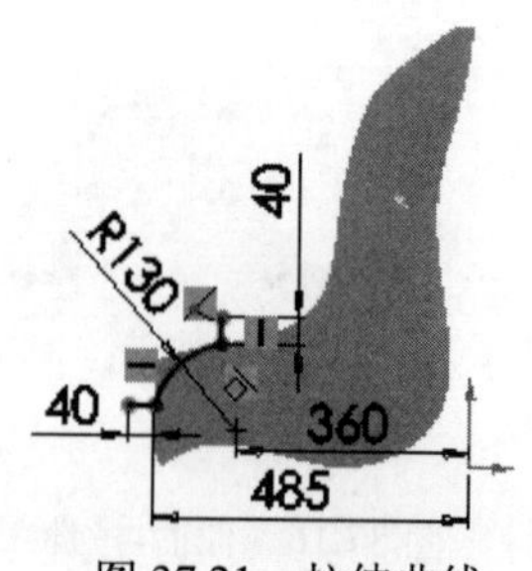

图 37.21　拉伸曲线

（4）定义深度属性。

① 确定拉伸方向。采用系统默认的拉伸方向。

② 定义深度类型和深度值。在“曲面-拉伸”窗口 方向 1 区域的下拉列表框中选择 两侧对称 选项，输入深度值 600.0。

（5）单击窗口中的 ✔ 按钮，完成曲面-拉伸 2 的创建。

Step 16　创建图 37.22 所示的曲面-剪裁 2。

（1）选择下拉菜单 插入(I) ➡ 曲面(S) ➡ 剪裁曲面(T)... 命令，系统弹出“剪裁曲面”窗口。

（2）采用系统默认的剪裁类型。

3 Chapter

（3）选择剪裁工具。选取曲面-拉伸 2 为剪裁工具。

（4）选取保留部分。选中 保留选择(K) 单选按钮，选取图 37.23 所示的曲面为保留的部分。

（5）单击窗口中的✔按钮，完成曲面-剪裁 2 的创建。

Step 17 隐藏曲面-拉伸 2。在设计树中右击“曲面-拉伸 2”，在系统弹出的快捷菜单中单击按钮，即可隐藏此曲面。

Step 18 创建图 37.24 所示的加厚 1。

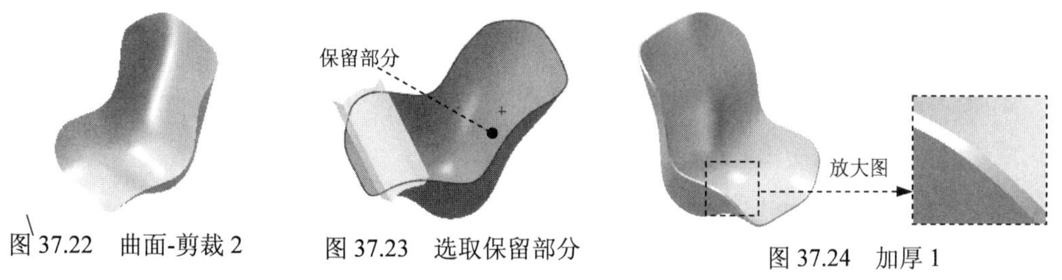

图 37.22 曲面-剪裁 2　　图 37.23 选取保留部分　　图 37.24 加厚 1

（1）选择命令。选择下拉菜单 插入(I) → 凸台/基体(B) → 加厚(T)... 命令，系统弹出“加厚”窗口。

（2）定义加厚曲面。选取曲面-剪裁 2 为要加厚的曲面。

（3）定义加厚方向。在“加厚”窗口的 加厚参数(T) 区域中单击按钮。

（4）定义厚度。在“加厚”窗口 加厚参数(T) 区域的 按钮后的文本框中输入数值 5.0。

（5）单击✔按钮，完成加厚 1 的创建。

Step 19 后面的详细操作过程请参见随书光盘中 video\ins37\reference\文件下的语音视频讲解文件 chair-r01.avi。

实例 38　矿泉水瓶设计

实例概述：

本实例详细介绍了一款矿泉水瓶的设计过程，主要设计思路是先用扫描命令创建一个基础实体，然后利用使用曲面切除、切除旋转、切除扫描等命令来修饰基础实体，最后进行抽壳后得到最终模型。读者应注意其中投影曲线和螺旋线/涡状线的使用技巧。零件实体模型及相应的设计树如图 38.1 所示。

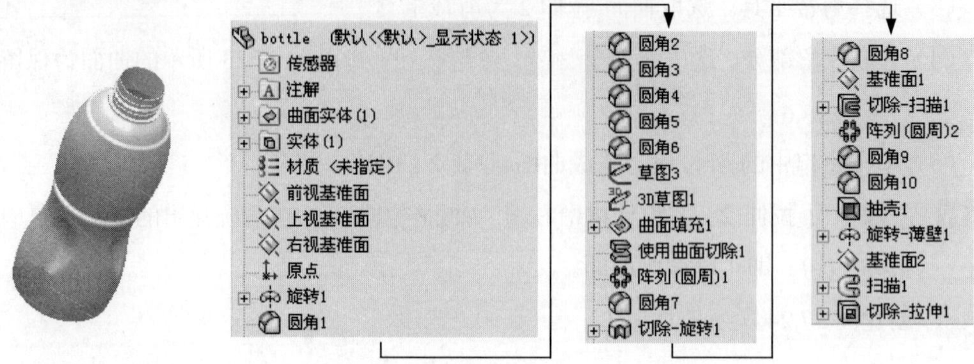

图 38.1 零件模型和设计树

说明：本实例前面的详细操作过程请参见随书光盘中 video\ins38\reference\文件下的语音视频讲解文件 bottle-r01.avi。

Step 1 打开文件 D:\sw13in\work\ins38\bottle_ex.SLDPRT。

Step 2 创建草图 2。选取前视基准面作为草图基准面，在草图环境中，先绘制图 38.2 所示的样条曲线，然后选择下拉菜单 工具(T) ➡ 草图工具(T) ➡ 分割实体(I) 命令，分别单击图 38.2 所示的点 1 和点 2，将样条曲线分割成两段。

Step 3 创建图 38.3 所示的曲线 1。

（1）选择命令。选择下拉菜单 插入(I) ➡ 曲线(U) ➡ 投影曲线(P)... 命令，系统弹出“投影曲线”窗口。

（2）定义投影方式。在“投影曲线”窗口 选择(S) 区域选中 ⊙ 面上草图(K) 单选按钮。

（3）选取草图 2 作为投影曲线，选取图 38.3 所示的模型表面作为投影面，采用系统默认的投影方向。

（4）单击 ✔ 按钮，完成曲线 1 的创建。

Step 4 创建草图 3。选取右视基准面作为草图基准面，绘制图 38.4 所示的草图。

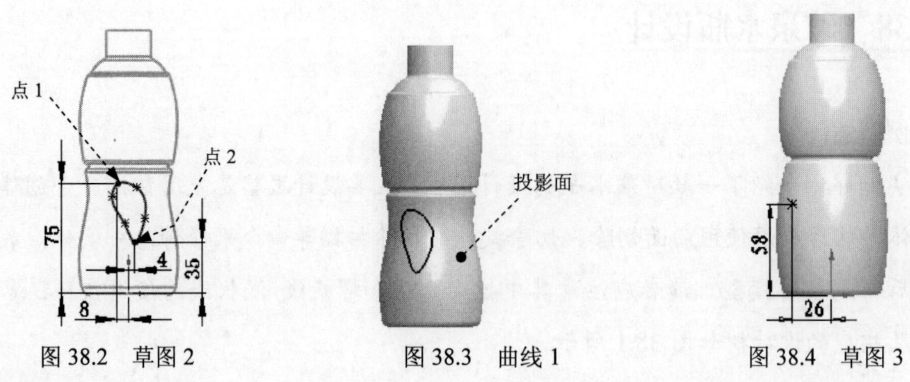

图 38.2 草图 2　　图 38.3 曲线 1　　图 38.4 草图 3

Step 5 创建 3D 草图 1。选择下拉菜单 插入(I) → 3D 草图 命令，绘制图 38.5 所示的两个点，这两个点分别与曲线 1 上的两个分割点重合。

Step 6 创建图 38.6 所示 3D 草图 2。选择下拉菜单 插入(I) → 3D 草图 命令，使用样条曲线命令依次连接草图 2 和 3D 草图 1 上的 3 个点。

Step 7 创建图 38.7 所示的曲面填充 1。

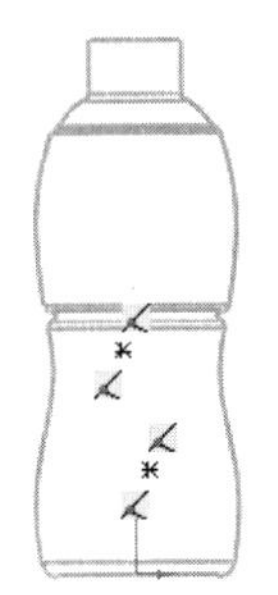

图 38.5 3D 草图 1

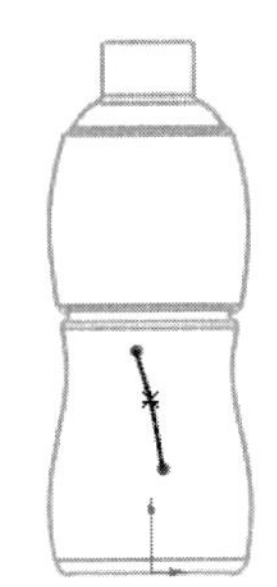

图 38.6 3D 草图 2

图 38.7 曲面填充 1

说明：图 38.17 所示为隐藏“旋转 1”后的效果。

(1) 选择下拉菜单 插入(I) → 曲面(S) → 填充(I)... 命令，系统弹出“填充曲面”窗口。

(2) 定义曲面的修补边界。在设计树中分别选取 曲线1 和 3D草图2 作为曲面的修补边界。

(3) 单击窗口中的 ✔ 按钮，完成曲面填充 1 的创建。

Step 8 创建图 38.8 所示的特征——使用曲面切除 1。

(1) 选择命令。选择下拉菜单 插入(I) → 切除(C) → 使用曲面(W)... 命令，系统弹出“使用曲面切除”窗口。

(2) 选取曲面。在设计树中选取 曲面填充1 为要进行切除的曲面。

(3) 定义切除方向。在“使用曲面切除 1”窗口的 曲面切除参数(P) 区域中单击 按钮。

(4) 单击窗口中的 ✔ 按钮，完成使用曲面切除 1 的创建。

Step 9 创建图 38.9 所示的圆周阵列 1。

(1) 选择下拉菜单 插入(I) → 阵列/镜向(E) → 圆周阵列(C)... 命令，系统弹出“圆周阵列”窗口。

(2) 定义阵列源特征。激活 要阵列的特征(F) 区域中的文本框，选取使用曲面切除 1 作为阵列的源特征。

(3) 定义阵列参数。选取图 38.9 所示的临时轴作为圆周阵列轴。在 参数(P) 区域中 后的文本框中输入数值 360.0。在 后的文本框中输入数值 4.0，选中 ☑ 等间距(E) 复选框。

图 38.8　使用曲面切除 1

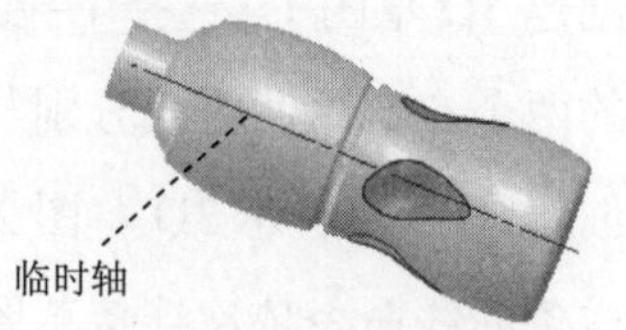

图 38.9　圆周阵列 1

说明：选择下拉菜单 视图(V) ➡ 临时轴(X) 命令，即显示临时轴。

（4）单击窗口中的 ✔ 按钮，完成圆周阵列 1 的创建，完成后将曲面填充 1 隐藏。

Step 10 创建图 38.10b 所示的圆角 7。选取图 38.10a 所示的边线为要圆角的对象，圆角半径值为 5.0。

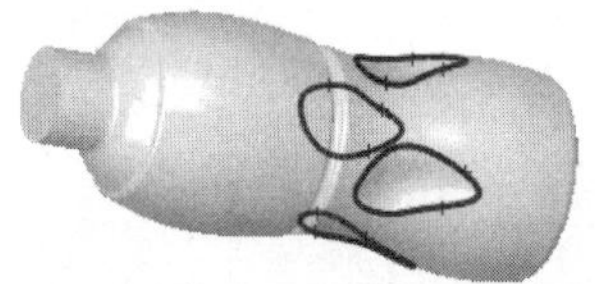

a）圆角前

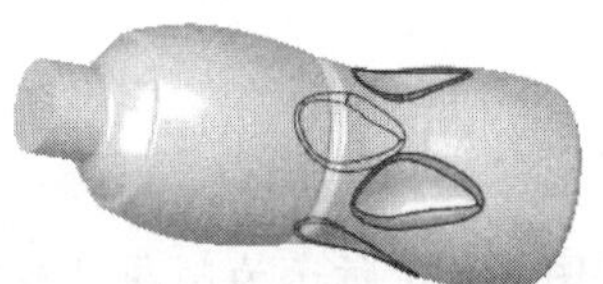

b）圆角后

图 38.10　圆角 7

Step 11 创建图 38.11 所示的零件特征——切除-旋转 1。

（1）选择命令。选择下拉菜单 插入(I) ➡ 切除(C) ➡ 旋转(R)... 命令。

（2）选取前视基准面作为草图基准面，绘制图 38.12 所示的横断面草图。

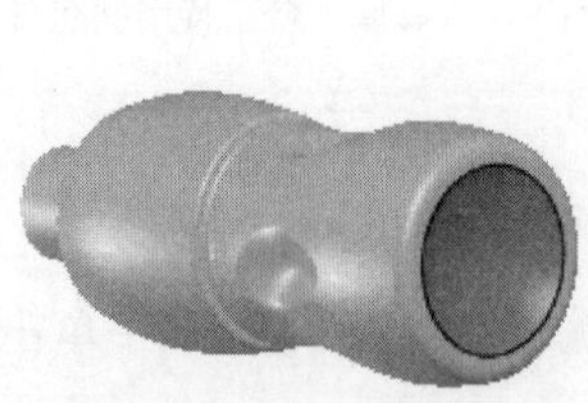

图 38.11　切除-旋转 1

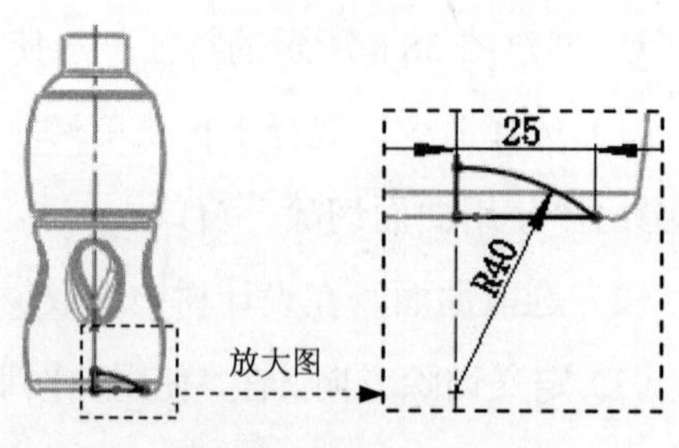

图 38.12　横断面草图

（3）定义旋转轴线。采用草图中绘制的中心线作为旋转轴线。

（4）定义旋转属性。在“切除-旋转”窗口 旋转参数(R) 区域的下拉列表框中选择 给定深度 选项，采用系统默认的旋转方向，在 文本框中输入数值 360.0。

（5）单击窗口中的 ✔ 按钮，完成切除-旋转 1 的创建。

Step 12 创建圆角 8。选取图 38.13 所示的边线为要圆角的对象，圆角半径值为 5.0。

Step 13 创建草图 5。选取前视基准面作为草图基准面，绘制图 38.14 所示的草图 5。

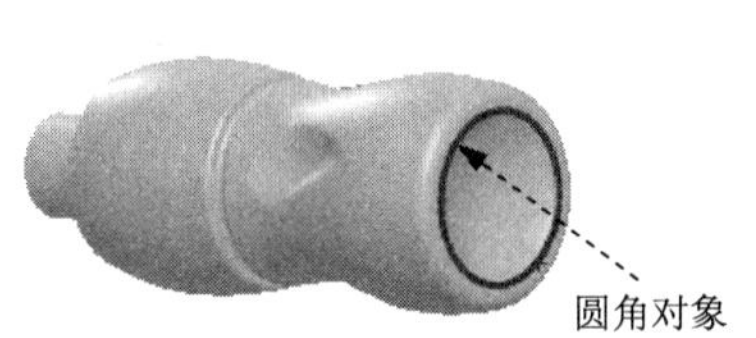

图 38.13 圆角 8

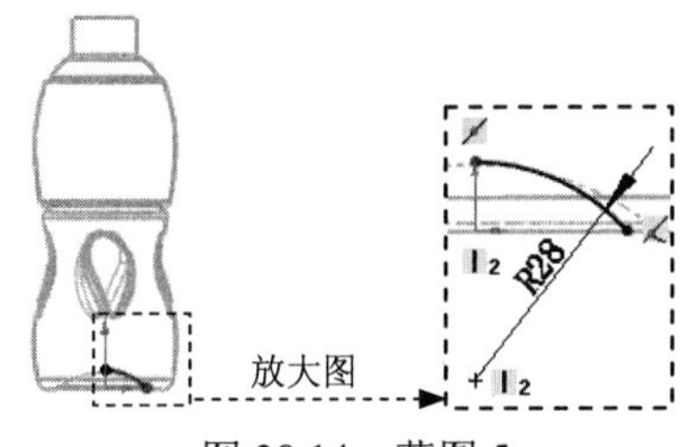

图 38.14 草图 5

Step 14 创建图 38.15 所示的基准面 1。

（1）选择下拉菜单 插入(I) → 参考几何体(G) → 基准面(P)... 命令。

（2）选取草图 5 和草图 5 的右侧端点作为参考实体，如图 38.15 所示。

（3）单击窗口中的 ✔ 按钮，完成基准面 1 的创建。

Step 15 创建草图 6。选取基准面 1 作为草图基准面，绘制图 38.16 所示的草图 6。此草图的圆心和草图 5 的右端点重合。

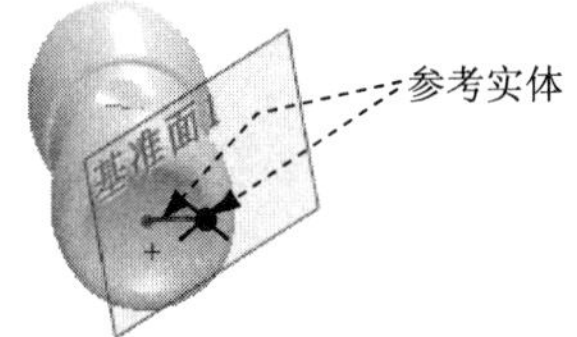

图 38.15 基准面 1

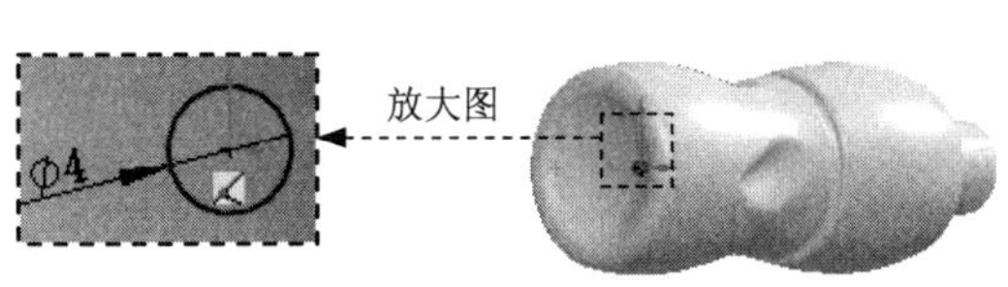

图 38.16 草图 6

Step 16 创建图 38.17 所示的零件特征——切除-扫描 1。

（1）选择下拉菜单 插入(I) → 切除(C) → 扫描(S)... 命令，系统弹出“切除-扫描”窗口。

（2）定义扫描特征的轮廓。选取草图 6 作为切除-扫描 1 特征的轮廓。

（3）定义扫描特征的路径。选取草图 5 作为切除-扫描 1 特征的路径。

（4）单击窗口中的 ✔ 按钮，完成切除-扫描 1 的创建。

Step 17 创建图 38.18 所示的圆周阵列 2。

（1）选择下拉菜单 插入(I) → 阵列/镜向(E) → 圆周阵列(C)... 命令，系统弹出“圆周阵列”窗口。

（2）定义阵列源特征。激活 要阵列的特征(F) 区域中的文本框，选取切除-扫描 1 作为阵列的源特征。

（3）定义阵列参数。选取图 38.18 所示的临时轴作为圆周阵列轴。在 参数(P) 区域中 后的文本框中输入数值 360.0。在 后的文本框中输入数值 5.0，选中 ☑ 等间距(E) 复选框。

说明：选择下拉菜单 视图(V) → 临时轴(X) 命令，即显示临时轴。

图 38.17　切除-扫描 1　　　　图 38.18　圆周阵列 2

（4）单击窗口中的 ✓ 按钮，完成圆周阵列 2 的创建。

Step 18　创建图 38.19b 所示的圆角 9。选取图 38.19a 所示的边线为要圆角的对象，圆角半径值为 4.0。

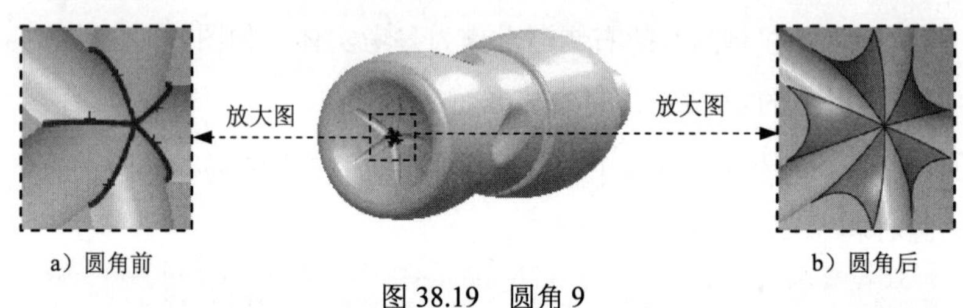

a）圆角前　　b）圆角后

图 38.19　圆角 9

Step 19　创建图 38.20b 所示的圆角 10。选取图 38.20a 所示的边链为要圆角的对象，圆角半径值为 2.0。

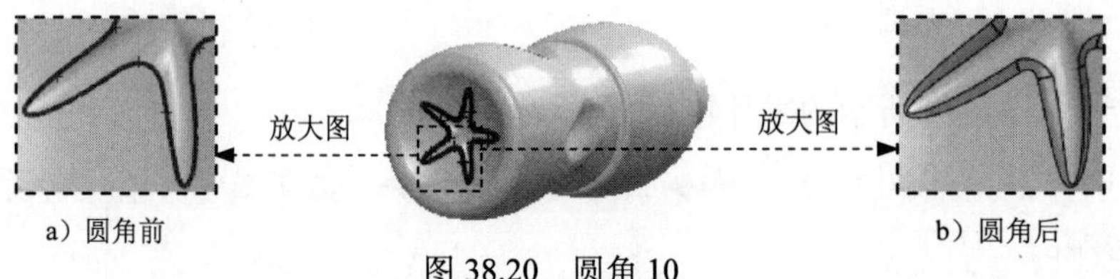

a）圆角前　　b）圆角后

图 38.20　圆角 10

Step 20　创建图 38.21b 所示的零件特征——抽壳 1。

（1）选择命令。选择下拉菜单 插入(I) → 特征(F) → 抽壳(S)... 命令。

（2）定义要移除的面。选取图 38.21a 所示的模型表面为要移除的面。

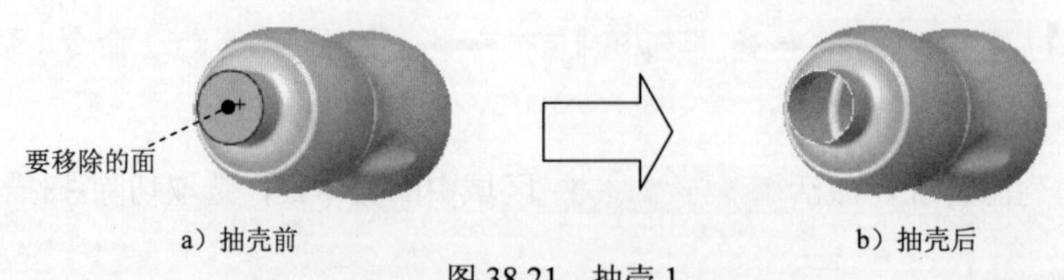

a）抽壳前　　b）抽壳后

图 38.21　抽壳 1

（3）定义抽壳 1 的参数。在“抽壳 1”窗口的 参数(P) 区域输入壁厚值 0.5。

（4）单击窗口中的 ✓ 按钮，完成抽壳 1 的创建。

Step 21　创建图 38.22 所示的零件特征——旋转-薄壁 1。

（1）选择下拉菜单 插入(I) ➡ 凸台/基体(B) ➡ 旋转(R)... 命令。

（2）选取右视基准面作为草图基准面，绘制图 38.23 所示的横断面草图（包括旋转中心线）。

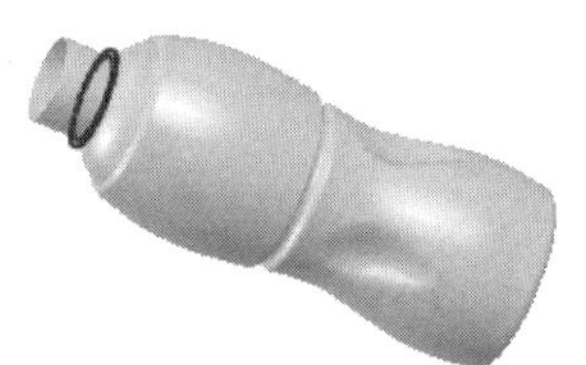
图 38.22　旋转-薄壁 1

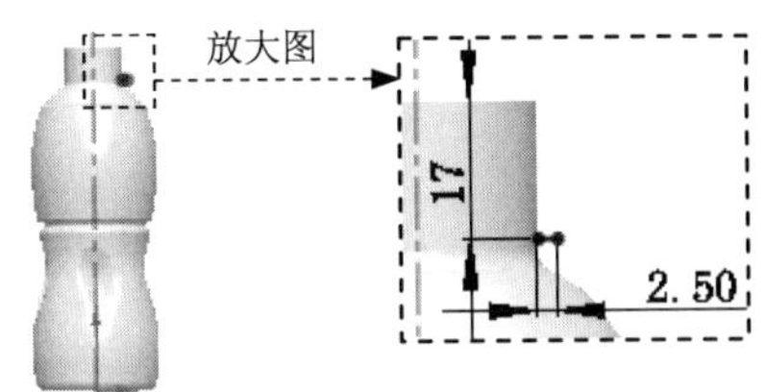

图 38.23　横断面草图

（3）采用草图中绘制的中心线作为旋转轴线，在“旋转”窗口 旋转参数(R) 区域的下拉列表框中选择 给定深度 选项，采用系统默认的旋转方向，在 文本框中输入数值 360.0。

（4）选择旋转类型。在“旋转”窗口中选中 ☑ 薄壁特征(T) 复选框。在 ☑ 薄壁特征(T) 区域的下拉列表框中选择 单向 选项，采用系统默认的厚度方向，在后面的文本框中输入厚度值 1.0。

（5）单击窗口中的 ✔ 按钮，完成旋转-薄壁 1 的创建。

Step 22　创建图 38.24 所示的基准面 2。

（1）选择下拉菜单 插入(I) ➡ 参考几何体(G) ➡ 基准面(P)... 命令。

（2）选取图 38.24 所示的模型表面作为参考实体，在 按钮后的文本框中输入等距距离值 13.0，采用系统默认的等距方向。

（3）单击窗口中的 ✔ 按钮，完成基准面 2 的创建。

Step 23　创建草图 8。选取基准面 2 作为草图基准面，绘制图 38.25 所示的草图 8。

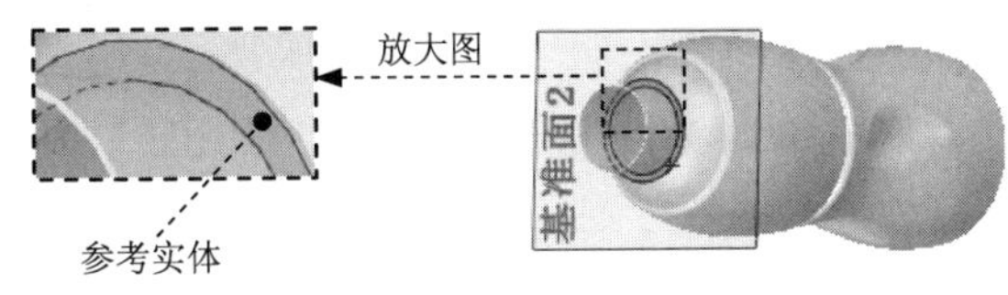

图 38.24　基准面 2

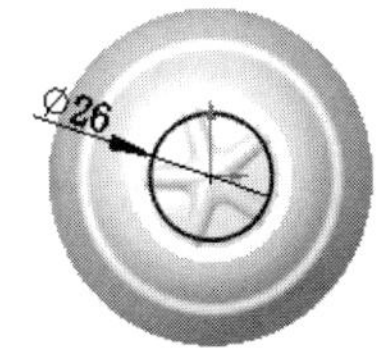

图 38.25　草图 8

Step 24　创建图 38.26 所示的螺旋线/涡状线 1。

（1）选择命令。选择下拉菜单 插入(I) ➡ 曲线(U) ➡ 螺旋线/涡状线(H)... 命令。

（2）定义螺旋线的横断面。选取草图 8 作为螺旋线的横断面。

（3）定义螺旋线的定义方式。在 定义方式(D): 区域的下拉列表框中选择 螺距和圈数 选项。

（4）定义螺旋线的参数。

① 定义螺距类型。在“螺旋线/涡状线”窗口的 参数(P) 区域中选中 ⊙ 可变螺距(L) 单选按钮。

② 定义螺旋线参数。在参数(P)区域中输入图 38.27 所示的参数，选中☑ 反向(V)复选框。其他参数均采用系统默认设置值。

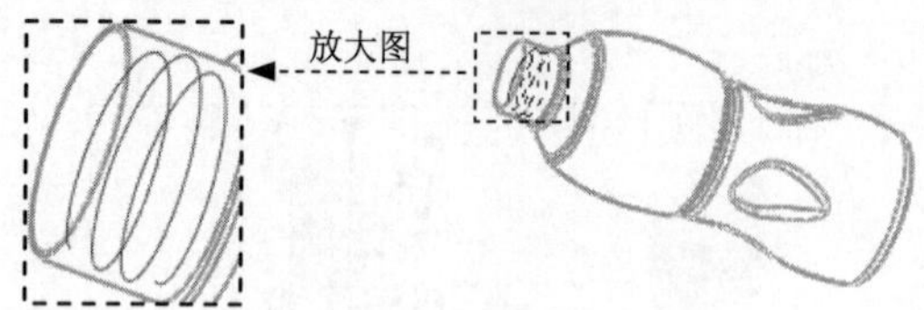

图 38.26　螺旋线/涡状线 1

	螺距	圈数	高度	直径
1	4mm	0	0mm	26mm
2	4mm	1.5	6mm	29mm
3	4mm	3	12mm	26mm
4				26mm

图 38.27　定义螺旋线参数

（5）单击✓按钮，完成螺旋线/涡状线 1 的创建。

Step 25 创建草图 9。选取右视基准面作为草图基准面，绘制图 38.28 所示的草图 9。

Step 26 创建图 38.29 所示的扫描 1。选择下拉菜单 插入(I) ➡ 凸台/基体(B) ➡ 扫描(S)...命令。

（1）定义扫描特征的轮廓。选取草图 9 作为扫描 1 特征的轮廓。

（2）定义扫描特征的路径。选取螺旋线/涡状线 1 作为扫描 1 特征的路径。

（3）单击窗口中的✓按钮，完成扫描 1 的创建。

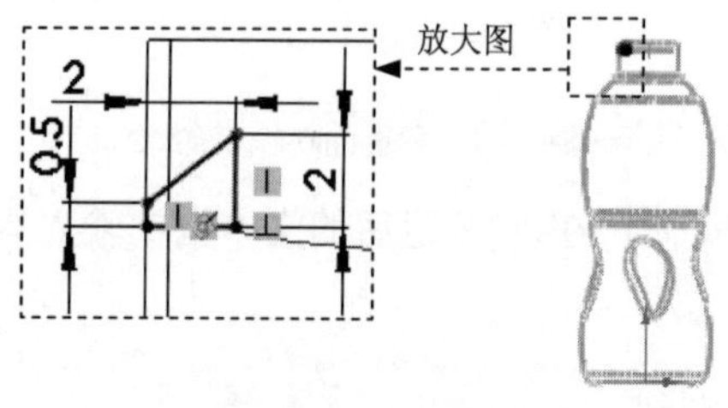

图 38.28　草图 9

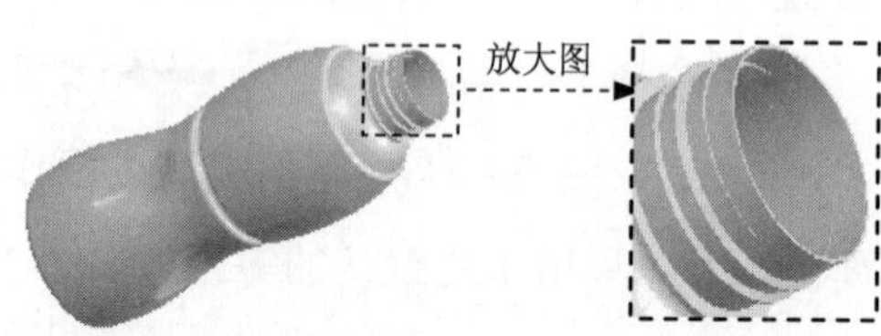

图 38.29　扫描 1

Step 27 添加图 38.30 所示的零件特征——切除-拉伸 1。

（1）选择下拉菜单 插入(I) ➡ 切除(C) ➡ 拉伸(E)...命令。

（2）选取基准面 2 作为草图基准面，绘制图 38.31 所示的横断面草图（引用瓶口内边线）。

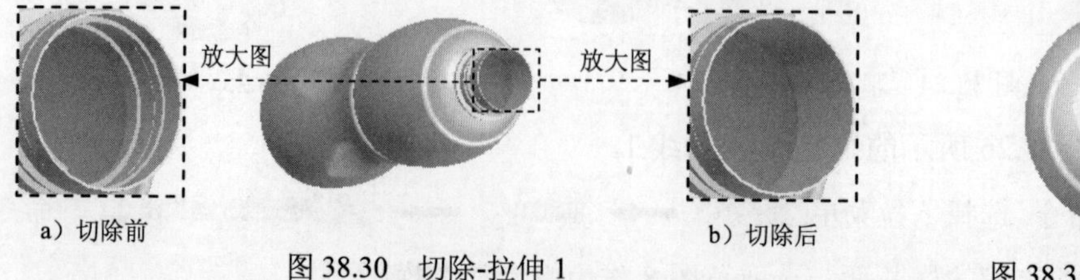

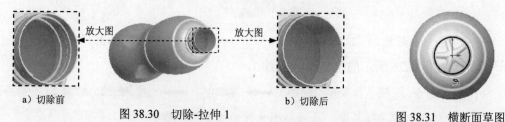

a）切除前　　b）切除后

图 38.30　切除-拉伸 1

图 38.31　横断面草图

（3）在“切除-拉伸”窗口 方向 1 区域的下拉列表框中选择 两侧对称 选项，输入深度值 40.0。

（4）单击窗口中的✓按钮，完成切除-拉伸 1 的创建。

Step 28 保存零件模型。将模型命名为 bottle。

实例 39　挂钟外壳造型设计

实例概述：

该实例的建模思路是先创建一个曲面旋转特征，再创建基准面和基准曲线，利用投影产生的曲线进行曲面填充，然后再将多余的面删除以形成钟表凹面，最后进行圆角和加厚操作。该零件模型及设计树如图 39.1 所示。

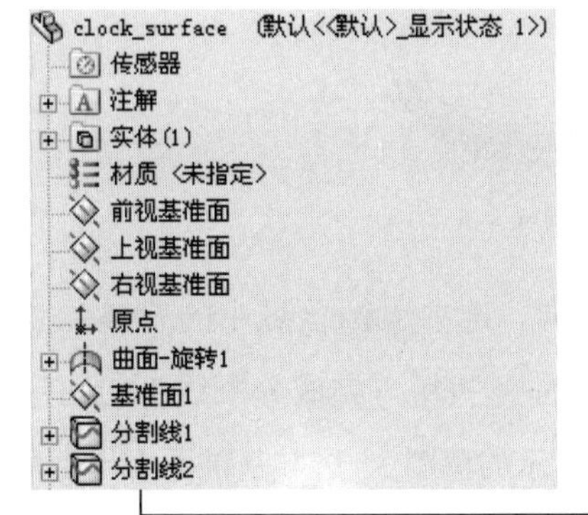

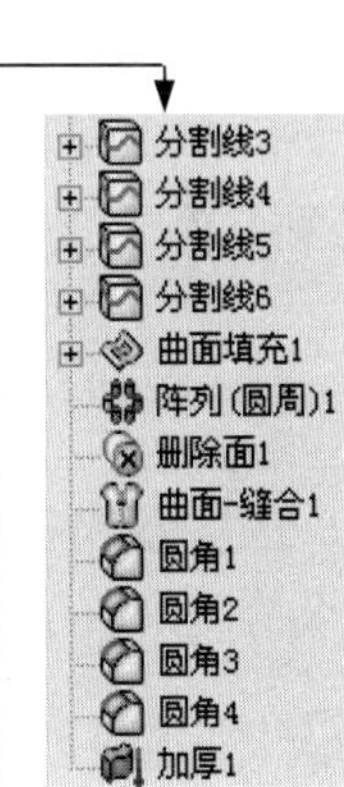

图 39.1　零件模型和设计树

说明：本实例前面的详细操作过程请参见随书光盘中 video\ins39\reference\文件下的语音视频讲解文件 clock_surface-r01.avi。

Step 1　打开文件 D:\sw13in\work\ins39\clock_surface_ex.SLDPRT。

Step 2　创建图 39.2 所示的基准面 1。

（1）选择下拉菜单 插入(I) → 参考几何体(G) → 基准面(P)... 命令。

（2）定义基准面的创建类型和参考实体。选取上视基准面作为参考实体。

（3）定义偏移方向及距离。采用系统默认的偏移方向，在⟷按钮后输入数值 5.0。

（4）单击窗口中的✔按钮，完成基准面 1 的创建。

Step 3　创建图 39.3 所示的草图 2。选取基准面 1 作为草图基准面，绘制图 39.4 所示的草图。此处创建的草图将作为投影草图，以在模型表面形成填充边界。

图 39.2　基准面 1

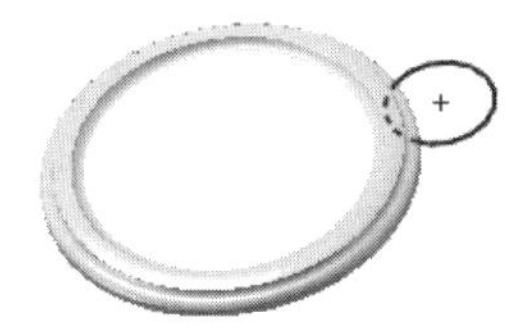

图 39.3　草图 2（建模环境下）

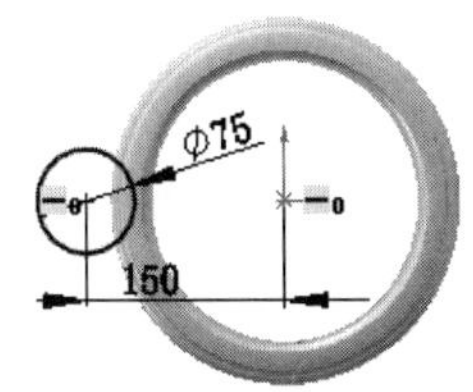

图 39.4　草图 2（草图环境下）

Step 4 创建图 39.5 所示的分割线 1。

(1) 选择命令。选择下拉菜单 插入(I) → 曲线(U) → 分割线(S)... 命令，系统弹出“分割线”窗口。

(2) 定义分割类型。在“分割线”窗口的 分割类型 区域中选中 ⊙ 投影(P) 单选按钮。

(3) 定义要投影的草图。在设计树中选取 草图2 作为要投影的草图。

(4) 定义分割面。选取图 39.6 所示的模型表面为要分割的面。

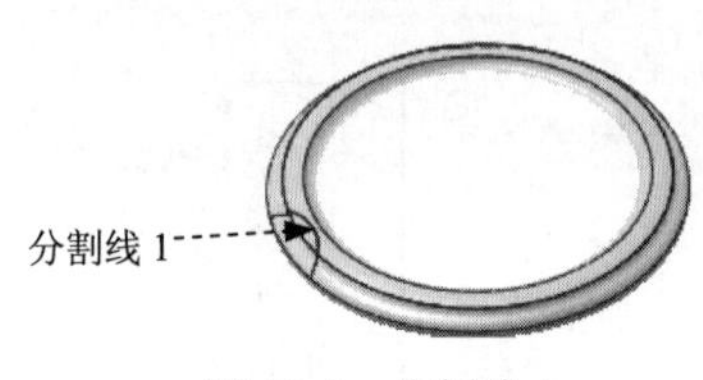

图 39.5 分割线 1

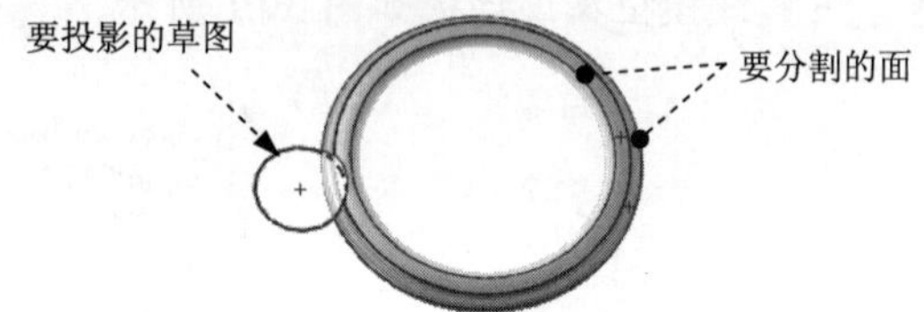

图 39.6 选取要分割的面

(5) 定义分割方向。选中 选择 区域中的 ☑ 单向(D) 和 ☑ 反向(R) 复选框。

(6) 单击窗口中的 ✔ 按钮，完成分割线 1 的创建。

Step 5 创建图 39.7 所示的草图 3。选取基准面 1 作为草图基准面，绘制图 39.8 所示的草图。

图 39.7 草图 3（建模环境下）

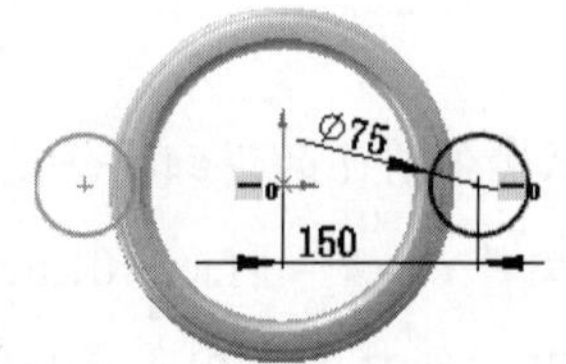

图 39.8 草图 3（草图环境下）

3 Chapter

Step 6 创建图 39.9 所示的分割线 2。

(1) 选择命令。选择下拉菜单 插入(I) → 曲线(U) → 分割线(S)... 命令。

(2) 定义分割类型。在“分割线”窗口的 分割类型 区域中选中 ⊙ 投影(P) 单选项。

(3) 定义要投影的草图。在设计树中选取 草图3 作为要投影的草图。

(4) 定义分割面。选取图 39.10 所示的模型表面为要分割的面。

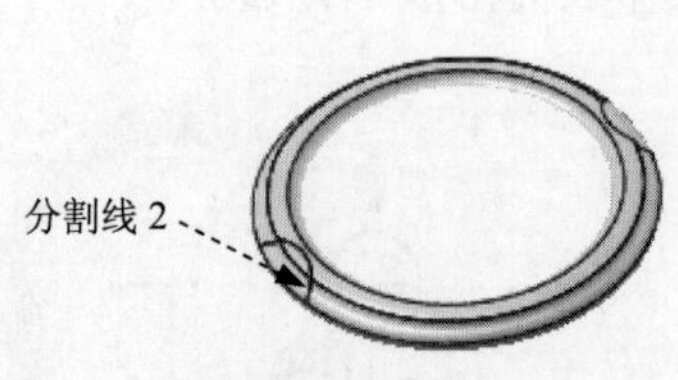

图 39.9 分割线 2

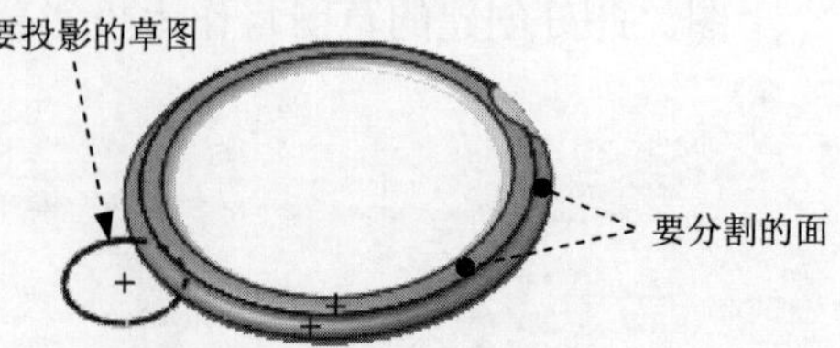

图 39.10 选取要分割的面

(5) 定义分割方向。选中 选择 区域中的 ☑ 单向(D) 和 ☑ 反向(R) 复选框。

（6）单击窗口中的✔按钮，完成分割线 2 的创建。

Step 7　创建图 39.11 所示的草图 4。选取基准面 1 作为草图基准面，绘制图 39.12 所示的草图。

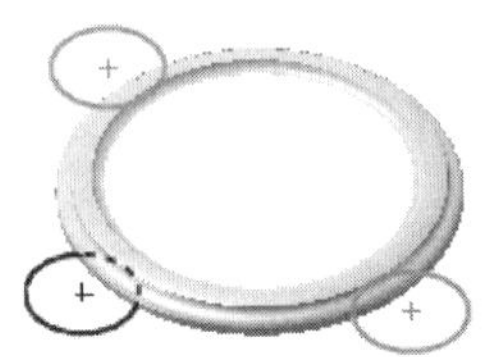

图 39.11　草图 4（建模环境下）

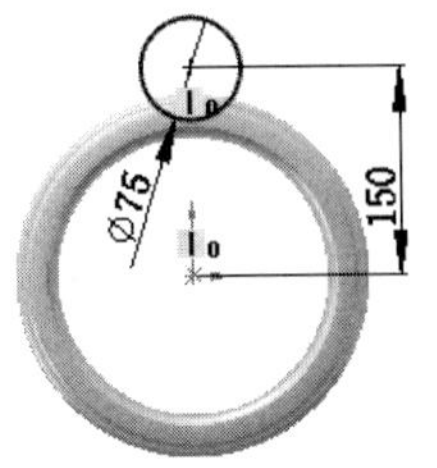

图 39.12　草图 4（草图环境下）

Step 8　创建图 39.13 所示的分割线 3。在设计树中选取 草图4 作为要投影的草图，选取图 39.14 所示的模型表面为要分割的面。具体操作步骤参见 Step7。

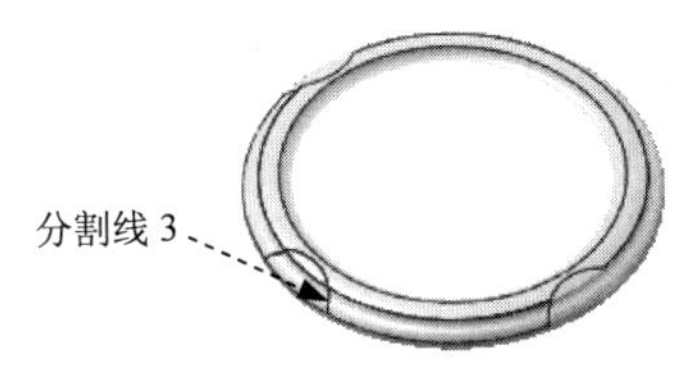

图 39.13　分割线 3

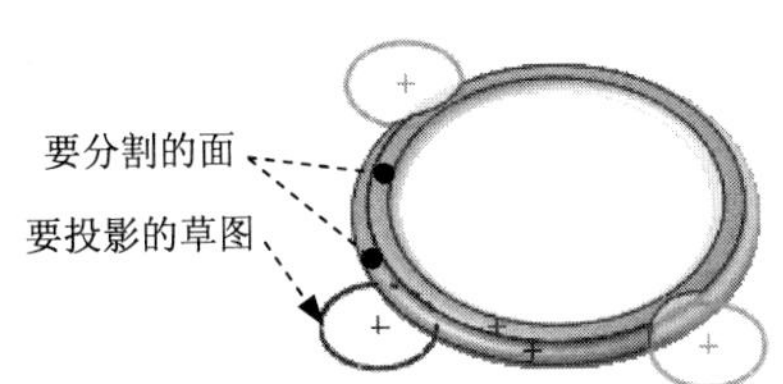

图 39.14　选取要分割的面

Step 9　创建图 39.15 所示的草图 5。选取基准面 1 作为草图基准面，绘制图 39.16 所示的草图。

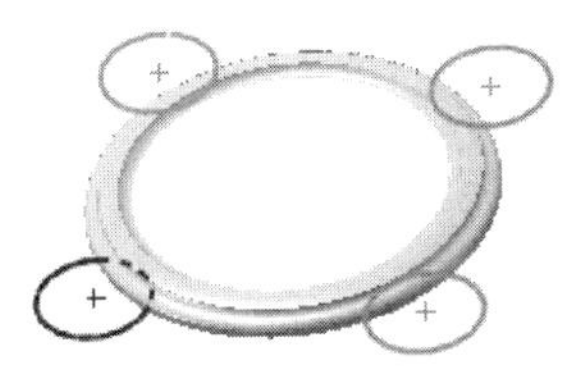

图 39.15　草图 5（建模环境下）

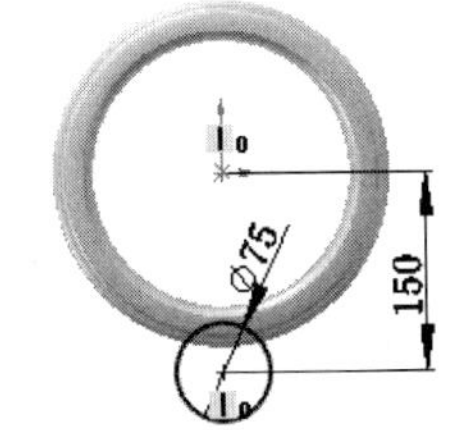

图 39.16　草图 5（草图环境下）

Step 10　创建图 39.17 所示的分割线 4。在设计树中选取 草图5 作为要投影的草图，选取图 39.18 所示的模型表面为要分割的面，具体操作步骤与 Step7 相同。

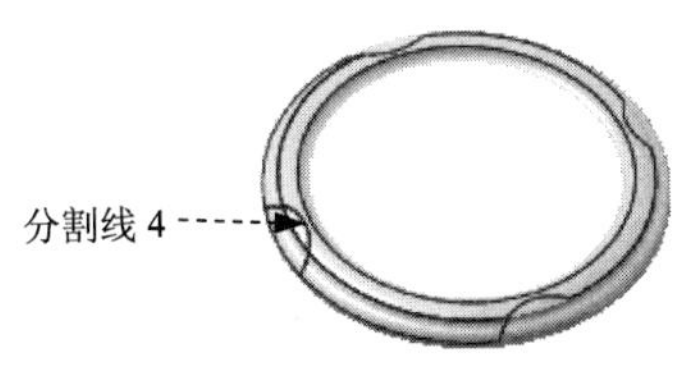

图 39.17　分割线 4

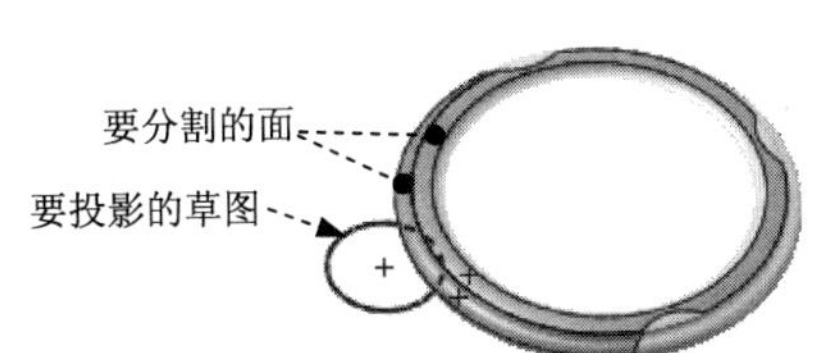

图 39.18　选取要分割的面

Step 11 创建图 39.19 所示的草图 6。选取前视基准面作为草图基准面，绘制图 39.20 所示的草图，此草图投影所生成的分割线将作为填充边界。

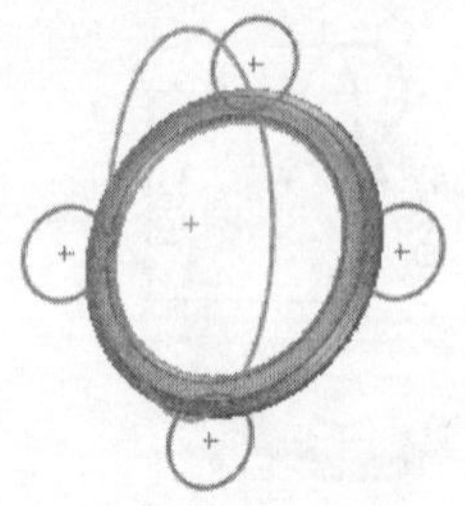

图 39.19 草图 6（建模环境下）

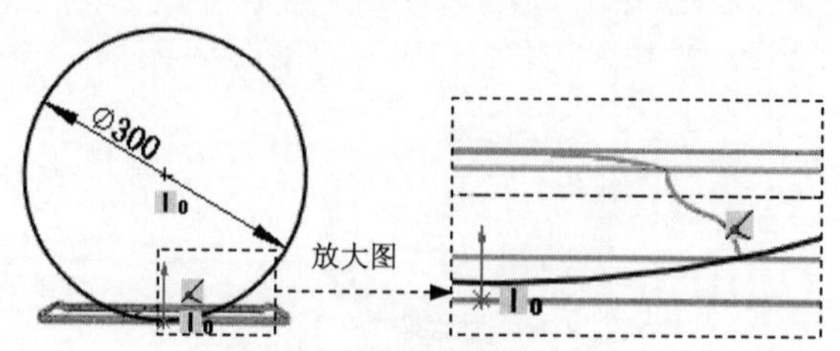

图 39.20 草图 6（草图环境下）

Step 12 创建图 39.21 所示的分割线 5。在设计树中选取 草图6 作为要投影的草图，选取图 39.22 所示的模型表面为要分割的面，采用默认的分割方向，具体操作步骤参见 Step7。

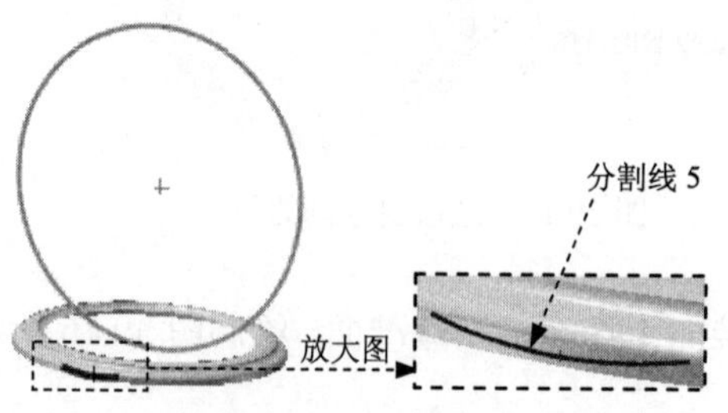

图 39.21 分割线 5

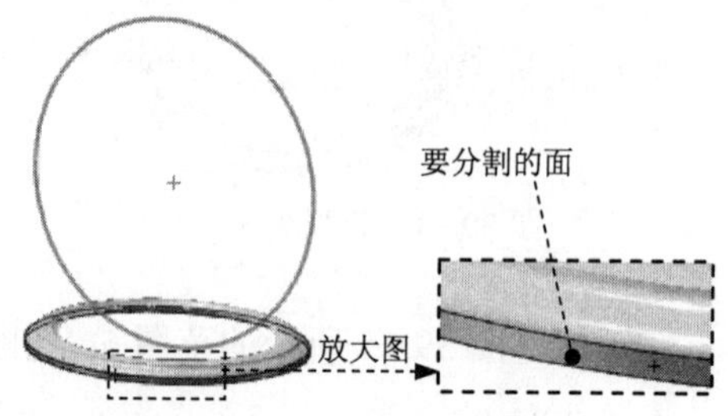

图 39.22 选取要分割的面

Step 13 创建图 39.23 所示的草图 7。选取右视基准面作为草图基准面，绘制图 39.24 所示的草图（此草图中的圆与草图 6 中的圆的圆心相重合）。

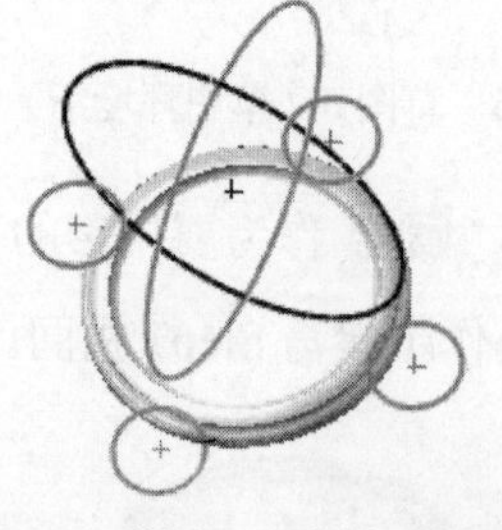

图 39.23 草图 7（建模环境下）

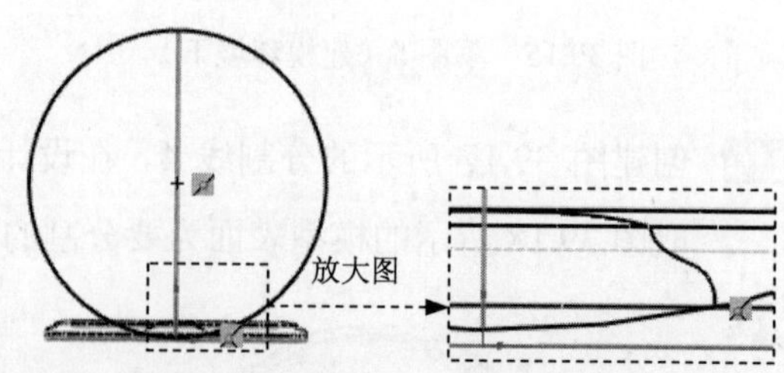

图 39.24 草图 7（草图环境下）

Step 14 创建图 39.25 所示的分割线 6。在设计树中选取 草图7 作为要投影的草图，选取图 39.26 所示的模型表面为要分割的面。具体操作步骤与 Step7 相同。

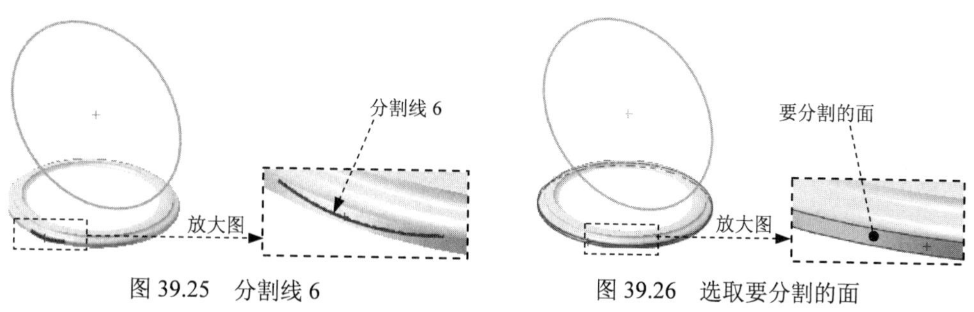

图 39.25 分割线 6　　图 39.26 选取要分割的面

Step 15 创建图 39.27 所示的组合曲线 1。

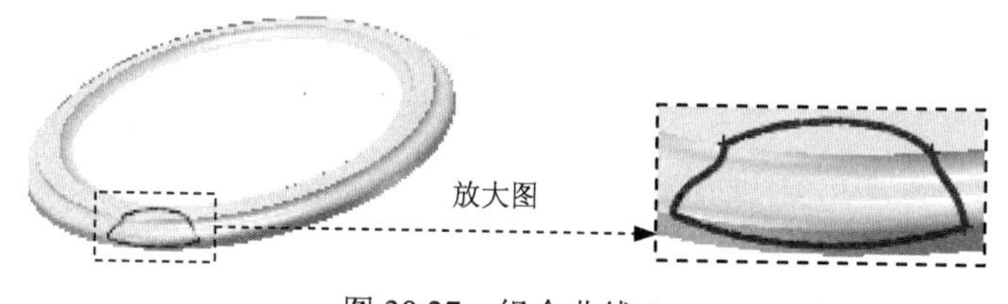

图 39.27 组合曲线 1

（1）选择命令。选择下拉菜单菜单 插入(I) → 曲线(U) → 组合曲线(C)... 命令。

（2）定义要组合的连续边线。选取图 39.27 所示的连续边线作为要组合的曲线。

（3）单击窗口中的 ✔ 按钮，完成组合曲线 1 的创建。

Step 16 创建图 39.28 所示的曲面填充 1。

（1）选择命令。选择下拉菜单 插入(I) → 曲面(S) → 填充(I)... 命令。

（2）定义修补边界。选取组合曲线 1 作为修补边界。

（3）单击窗口中的 ✔ 按钮，完成曲面填充 1 的创建。

Step 17 创建图 39.29 所示的圆周阵列 1。

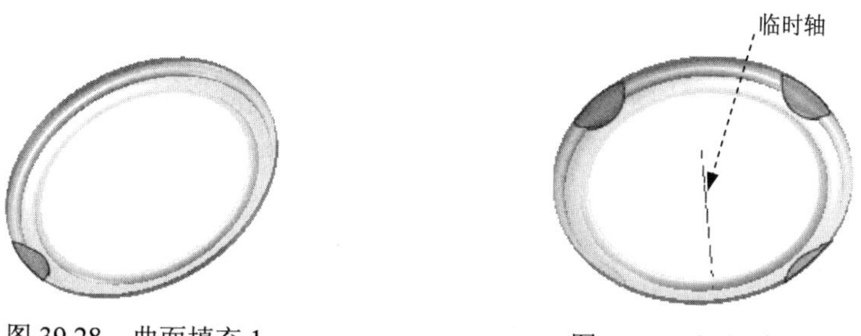

图 39.28 曲面填充 1　　图 39.29 圆周阵列 1

（1）选择下拉菜单 插入(I) → 阵列/镜向(E) → 圆周阵列(C)... 命令，系统弹出“圆周阵列”窗口。

（2）定义阵列源特征。激活 要阵列的实体(B) 区域中的文本框，选取曲面填充 1 作为阵列的源特征。

（3）定义阵列参数。

① 定义阵列轴。选取图 39.29 所示的临时轴作为圆周阵列轴。

说明：选择下拉菜单 视图(V) → 临时轴(X) 命令，即显示临时轴。

② 定义阵列角度。在后的文本框中输入数值 360.0。

③ 定义阵列实例数。在后的文本框中输入数值 4。

（4）单击窗口中的✔按钮，完成圆周阵列 1 的创建。

Step 18 创建图 39.30b 所示的删除面 1。

（1）选择下拉菜单 插入(I) → 面(F) → 删除(D)... 命令。

（2）定义要删除的面。选取图 39.30a 所示的面为要删除的面。

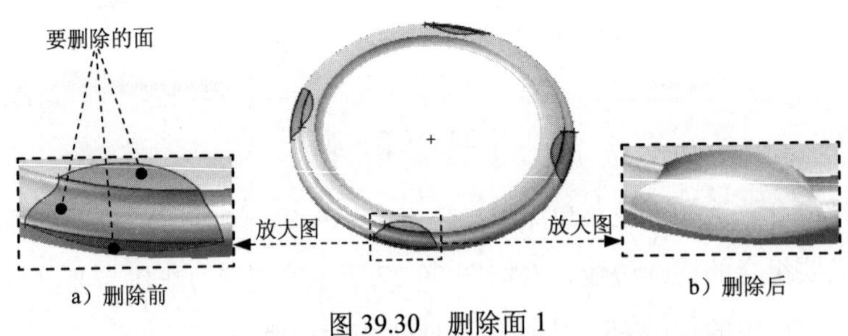

图 39.30　删除面 1

（3）在“删除面”窗口的 选项(O) 区域中选中 ⊙ 删除 单选按钮。

（4）单击窗口中的✔按钮，完成删除面 1 的创建。

Step 19 创建曲面-缝合 1。

（1）选择下拉菜单 插入(I) → 曲面(S) → 缝合曲面(K)... 命令。

（2）定义要缝合的曲面。选取图形中所有的曲面为要缝合的对象。

（3）取消选中 □ 缝隙控制(A) 复选框，单击窗口中的✔按钮，完成曲面-缝合 1 的创建。

Step 20 后面的详细操作过程请参见随书光盘中 video\ins39\reference\文件下的语音视频讲解文件 clock_surface-r02.avi。

4

装配设计实例

实例 40　旅游包锁扣组件

40.1　实例概述

本实例介绍了一款旅游包锁扣组件的设计过程，下面将通过介绍图 40.1 所示扣件的设计，来学习和掌握产品装配的一般过程，熟悉装配的操作流程。本实例先通过设计每个零部件，然后再到装配，循序渐进，由浅入深。

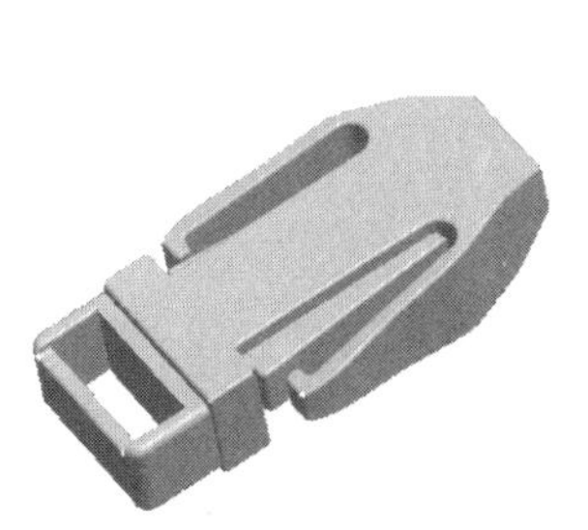
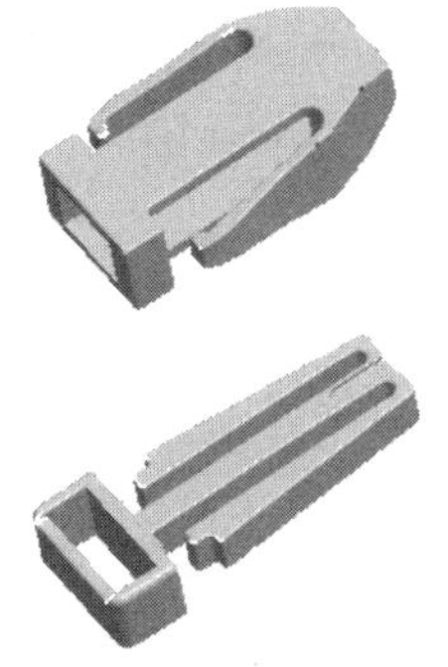

图 40.1　装配模型

40.2　扣件上盖

零件模型及设计树如图 40.2 所示。

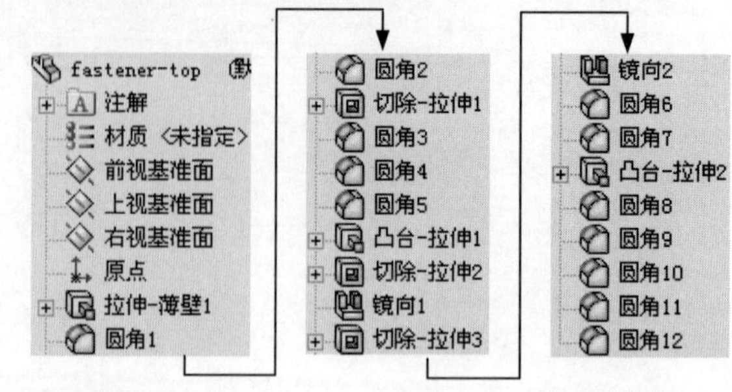

图 40.2 零件模型及设计树

说明：本实例前面的详细操作过程请参见随书光盘中 video\ins40\ch40.02\reference\文件下的语音视频讲解文件 fastener-top-r01.avi。

Step 1 打开文件 D:\sw13in\work\ins40\fastener-top_ex.SLDPRT。

Step 2 创建图 40.3 所示的零件特征——凸台-拉伸 1。选择下拉菜单 插入(I) ➡ 凸台/基体(B) ➡ 拉伸(E)... 命令。选取上视基准面作为草图基准面，绘制图 40.4 所示的横断面草图；在“凸台-拉伸”窗口 方向 1 区域的下拉列表框中选择 两侧对称 选项，输入深度值 3.0。

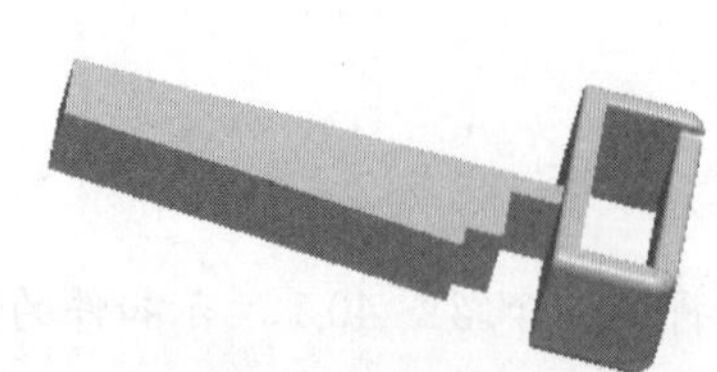

图 40.3 凸台-拉伸 1

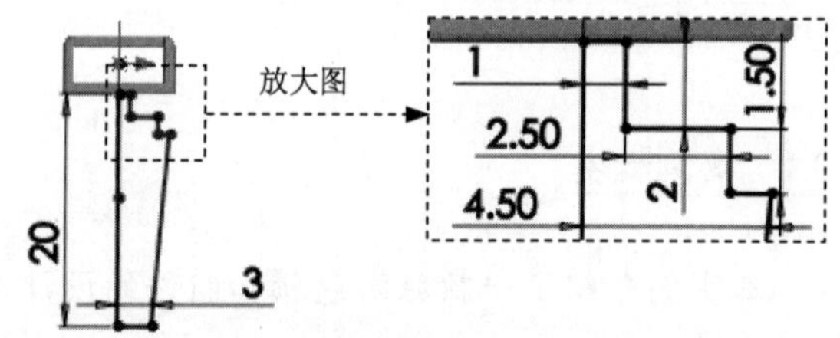

图 40.4 横断面草图（草图 3）

Step 3 创建图 40.5 所示的零件特征——切除-拉伸 2。选择下拉菜单 插入(I) ➡ 切除(C) ➡ 拉伸(E)... 命令。选取上视基准面作为草图基准面，绘制图 40.6 所示的横断面草图。在“切除-拉伸”窗口 方向 1 区域的下拉列表框中选择 两侧对称 选项，输入深度值 3.0。

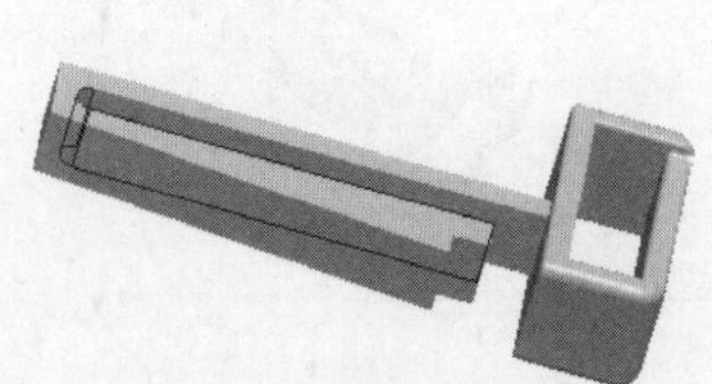

图 40.5 切除-拉伸 2

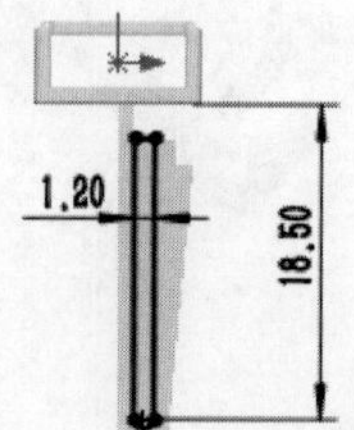

图 40.6 横断面草图（草图 4）

Step 4 创建图 40.7 所示的镜像 1。选择下拉菜单 插入(I) ➡ 阵列/镜向(E) ➡

镜向(M)... 命令。选取右视基准面作为镜像基准面，选取切除-拉伸 3（图 40.8）与凸台-拉伸 1 作为镜像 1 的对象。

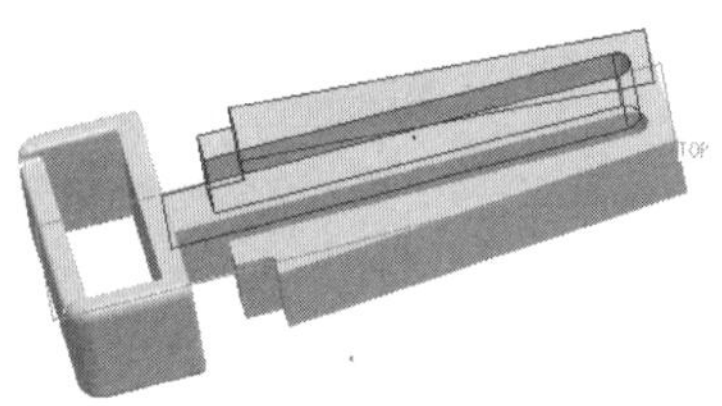

图 40.7 镜像 1

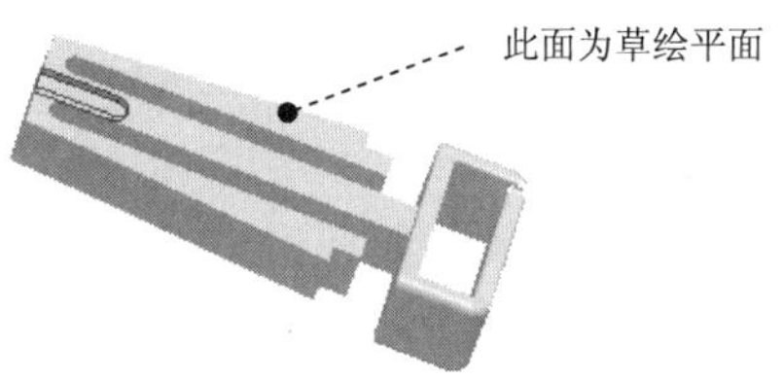

图 40.8 切除-拉伸 3

Step 5 创建图 40.8 所示的零件特征——切除-拉伸 3。选择下拉菜单 插入(I) → 切除(C) → 拉伸(E)... 命令。选取图 40.8 所示的面作为草绘基准面，绘制图 40.9 所示的横断面草图。在“切除-拉伸”窗口 方向1 区域的下拉列表框中选择 给定深度 选项，输入深度值 0.4。

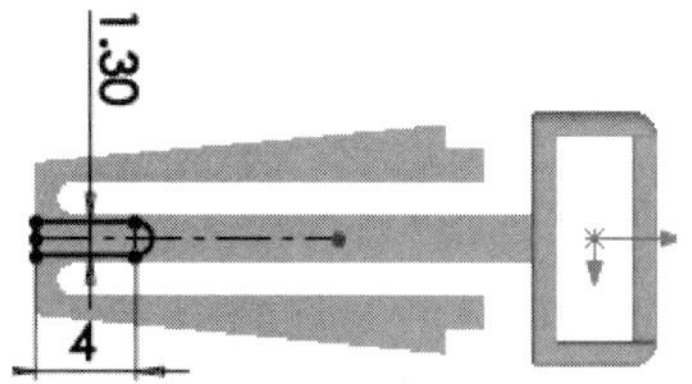

图 40.9 横断面草图（草图 5）

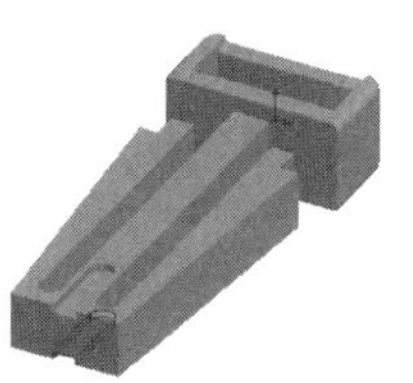

图 40.10 镜像 2

Step 6 创建图 40.10 所示的镜像 2。选择下拉菜单 插入(I) → 阵列/镜向(E) → 镜向(M)... 命令。选取上视基准面作为镜像基准面，选取切除-拉伸 3 作为镜像 2 的对象。

Step 7 创建图 40.11 所示的圆角 6。选择图 40.11 所示的边线为圆角对象，圆角半径值为 0.1。

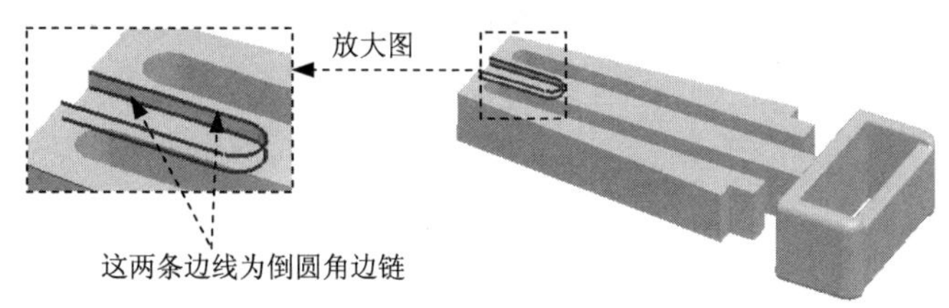

图 40.11 圆角 6

Step 8 创建图 40.12 所示的圆角 7。选择图 40.12 所示的边线为圆角对象，圆角半径值为 0.1。

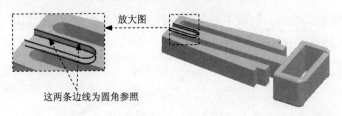

放大图

这两条边线为圆角参照

图 40.12 圆角 7

Step 9 创建图 40.13 所示的零件特征——凸台-拉伸 2。选择下拉菜单 插入(I) → 凸台/基体(B) → 拉伸(E)... 命令。选取图 40.13 所示的面作为草绘基准面，绘制图 40.14 所示的横断面草图；在“凸台-拉伸”窗口 方向 1 区域的下拉列表框中选择 给定深度 选项，输入深度值 0.5。

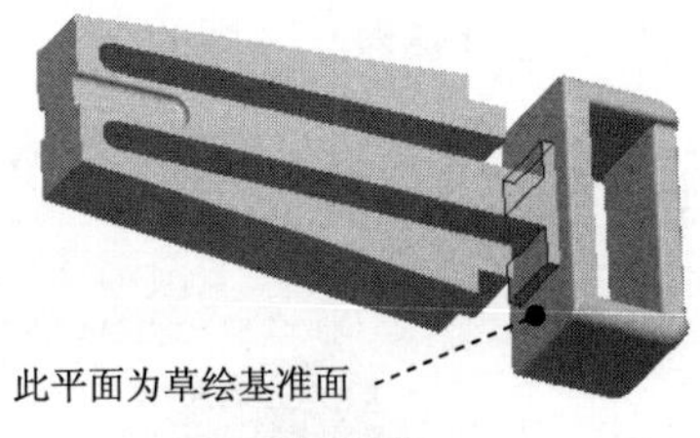

图 40.13 凸台-拉伸 2

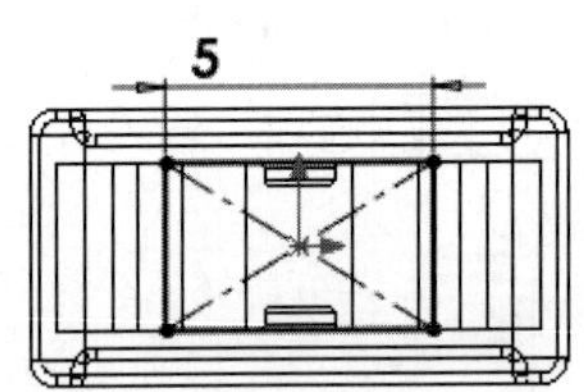

图 40.14 横断面草图（草图 6）

Step 10 创建图 40.15b 所示的圆角 8。选择图 40.15a 所示的边线为倒圆角边线，圆角半径值为 0.3。

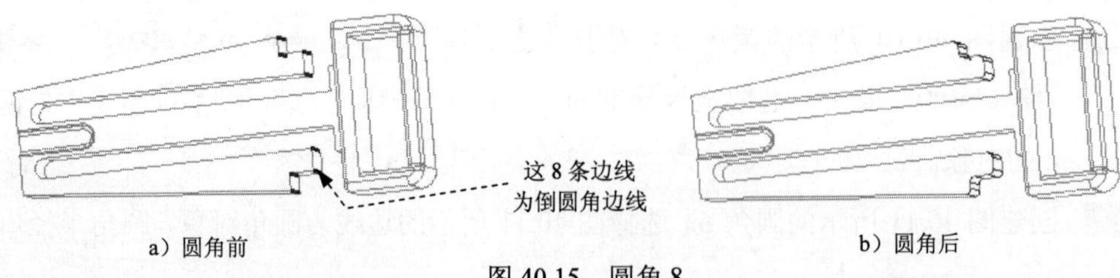

a）圆角前　　b）圆角后

图 40.15 圆角 8

Step 11 创建图 40.16b 所示的圆角 9。选择图 40.16a 所示的边线为圆角边线，圆角半径值为 0.5。

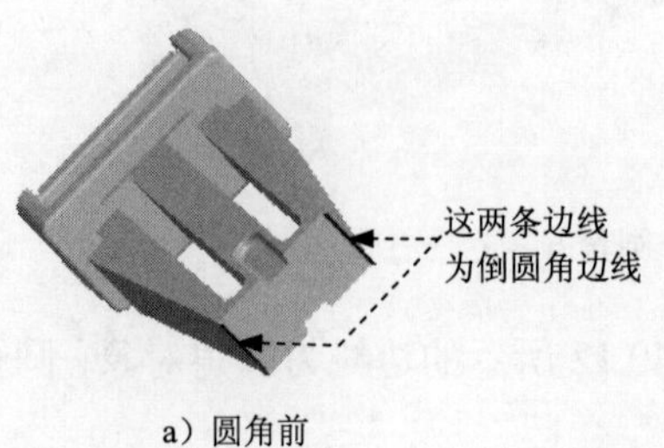

a）圆角前

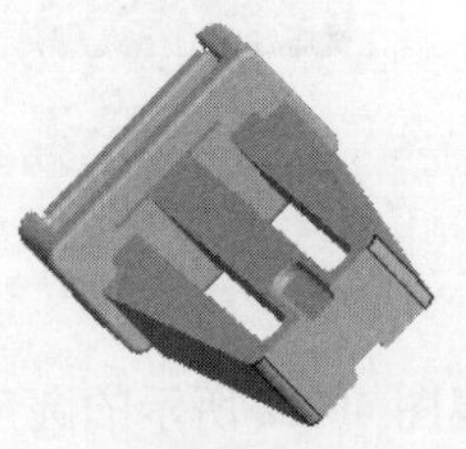

b）圆角后

图 40.16 圆角 9

Step 12　创建图 40.17b 所示的圆角 10。选择图 40.17a 所示的边链为圆角对象，圆角半径值为 0.2。

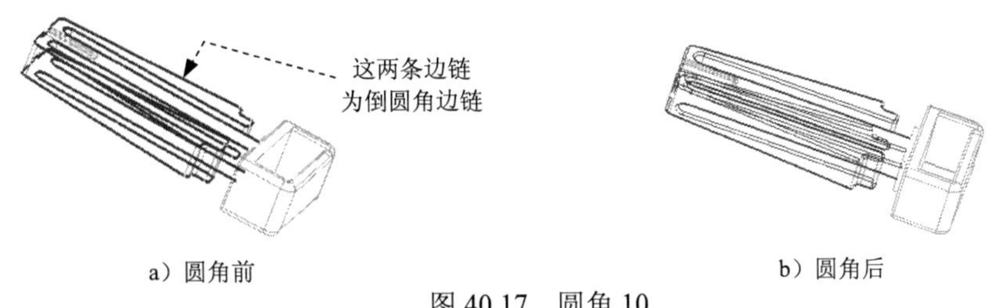

图 40.17　圆角 10

Step 13　创建图 40.18b 所示的圆角 11。选择图 40.18a 所示的边线为圆角对象，圆角半径值为 0.1。

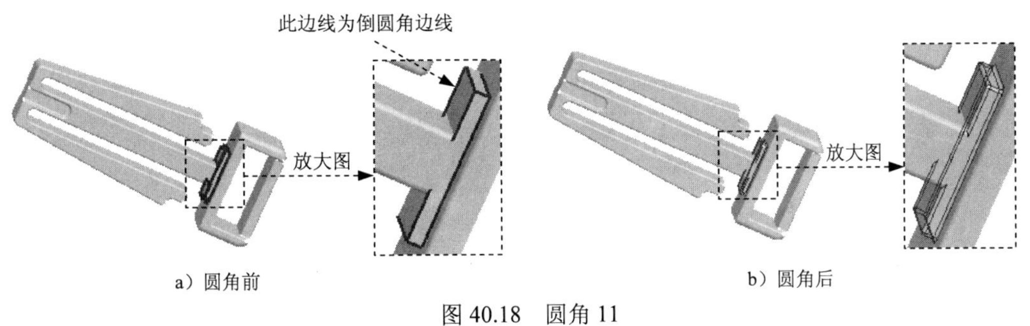

图 40.18　圆角 11

Step 14　创建图 40.19b 所示的圆角 12。选择图 40.19a 所示的边线为圆角对象，圆角半径值为 0.2。

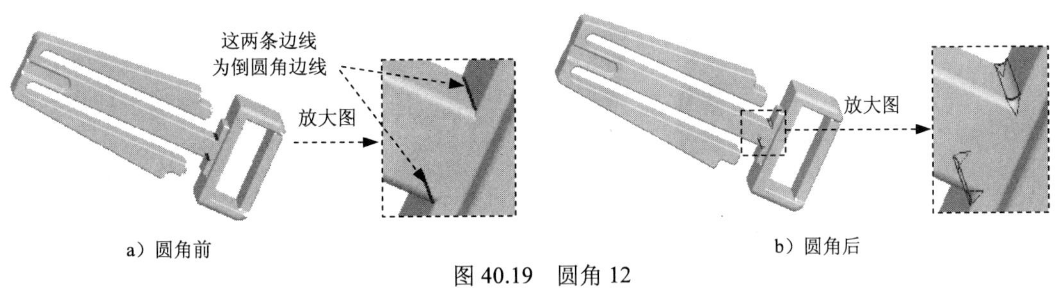

图 40.19　圆角 12

Step 15　保存模型。选择下拉菜单 文件(F) → 保存(S) 命令，将模型命名为“fastener-top.SLDPRT”，保存模型。

40.3　扣件下盖

零件模型及设计树如图 40.20 所示。

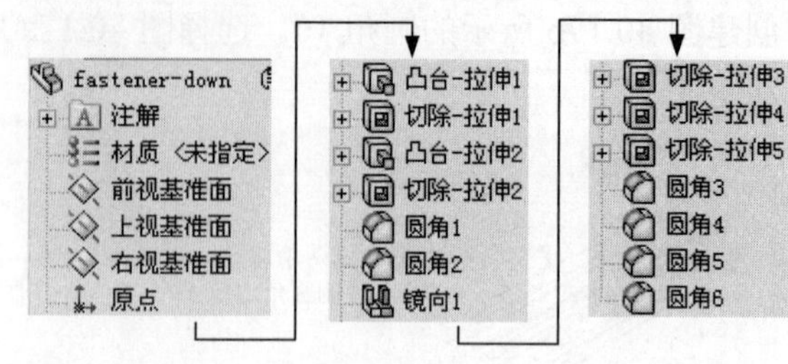

图 40.20 零件模型及设计树

说明：本实例前面的详细操作过程请参见随书光盘中 video\ins40\ch40.03\reference\文件下的语音视频讲解文件 fastener-down-r01.avi。

Step 1 打开文件 D:\sw13in\work\ins40\fastener-down_ex.SLDPRT。

Step 2 创建图 40.21 所示的零件特征——切除-拉伸 1。选择下拉菜单 插入(I) → 切除(C) → 拉伸(E)... 命令。选取前视基准面作为草图基准面，绘制图 40.22 所示的横断面草图。在“切除-拉伸”窗口 方向1 区域的下拉列表框中选择 两侧对称 选项，输入深度值 6.0。

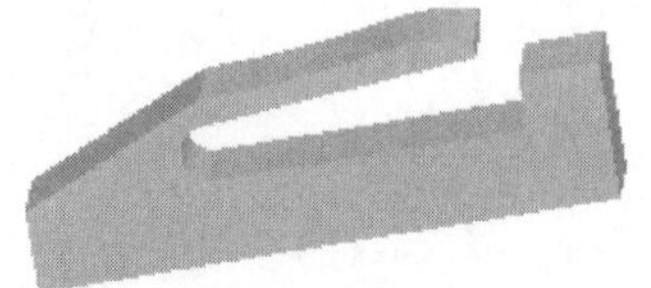

图 40.21 切除-拉伸 1

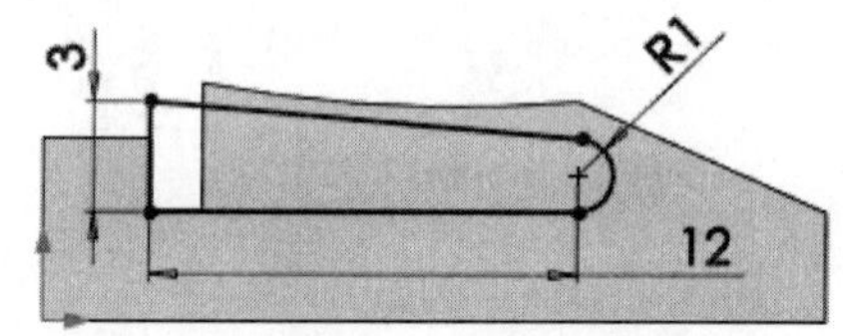

图 40.22 横断面草图（草图 2）

Step 3 创建图 40.23 所示的零件特征——凸台-拉伸 2。选择下拉菜单 插入(I) → 凸台/基体(B) → 拉伸(E)... 命令。选取图 40.24 所示的面作为草图基准面，绘制图 40.25 所示的横断面草图；在“凸台-拉伸”窗口 方向1 区域的下拉列表框中选择 给定深度 选项，输入深度值 1.0。

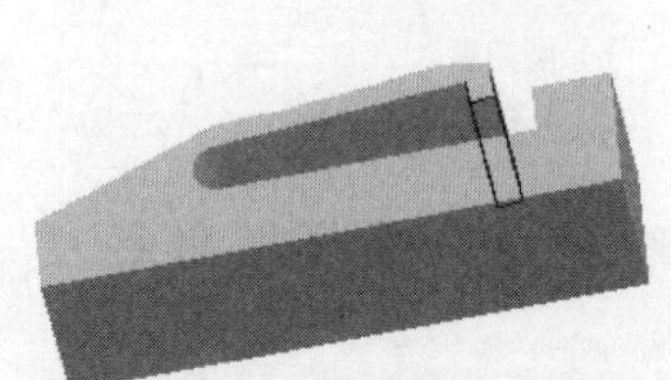

图 40.23 凸台-拉伸 2

此平面为草绘平面

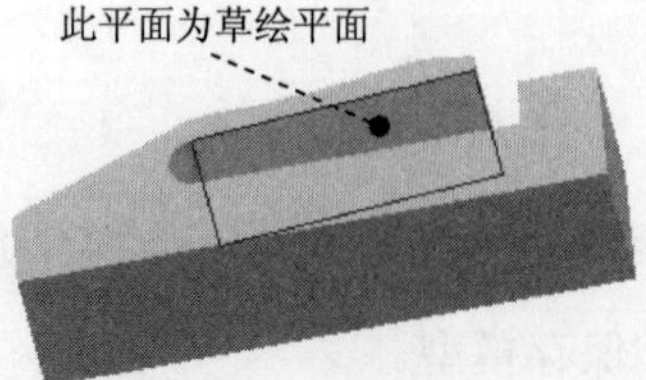

图 40.24 草绘平面

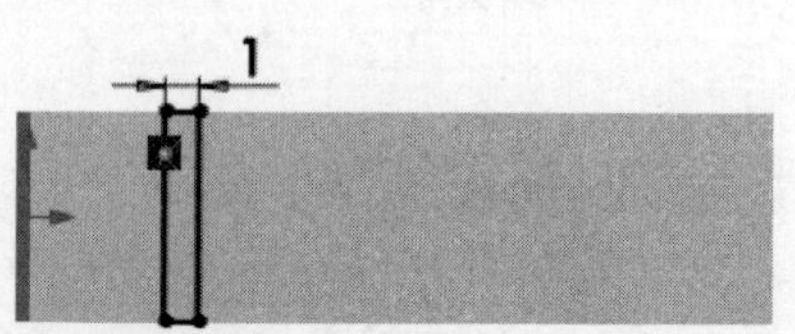

图 40.25 横断面草图（草图 3）

Step 4 创建图 40.26 所示的零件特征——切除-拉伸 2。选择下拉菜单 插入(I) → 切除(C) → 拉伸(E)... 命令。选取图 40.27 所示面作为草绘基准面，绘制

图 40.28 所示的横断面草图。在“切除-拉伸”窗口 方向 1 区域的下拉列表框中选择 完全贯穿 选项，并单击 按钮。

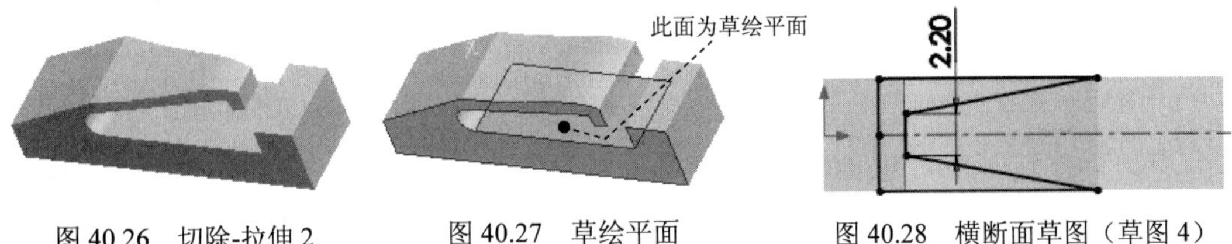

图 40.26 切除-拉伸 2　　图 40.27 草绘平面　　图 40.28 横断面草图（草图 4）

Step 5 创建图 40.29b 所示的圆角 1。选择图 40.29a 所示的边线为圆角对象，圆角半径值为 0.3。

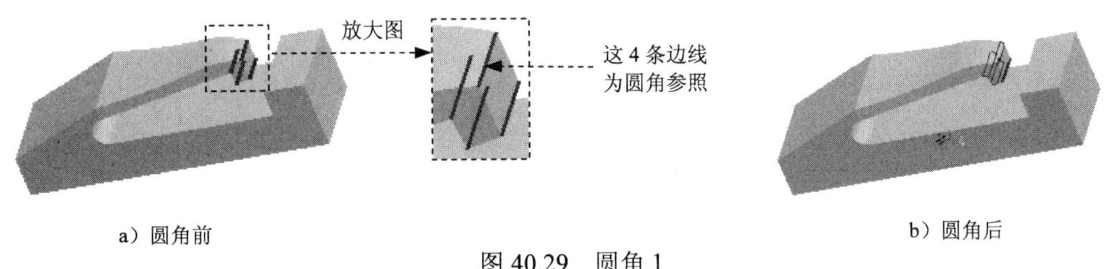

a）圆角前　　b）圆角后

图 40.29 圆角 1

Step 6 创建图 40.30b 所示的圆角 2。选择图 40.30a 所示的边线为圆角对象，圆角半径值为 5.0。

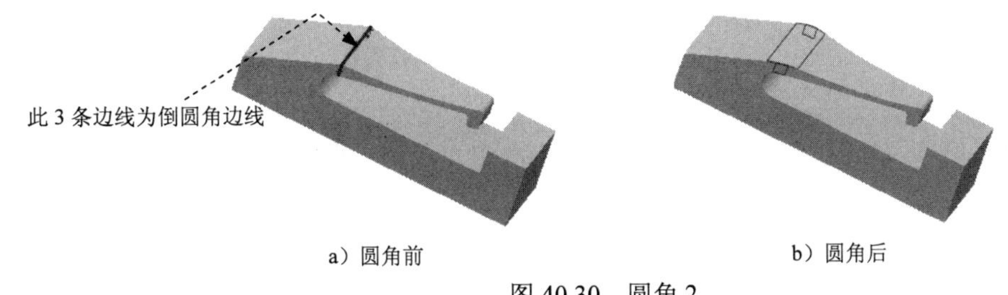

a）圆角前　　b）圆角后

图 40.30 圆角 2

Step 7 创建图 40.31 所示的镜像 1。选择下拉菜单 插入(I) → 阵列/镜向(E) → 镜向(M)... 命令。选取上视基准面作为镜像基准面，选取凸台-拉伸 1、切除-拉伸 1、凸台-拉伸 2、切除-拉伸 2、圆角 1 和圆角 2 作为镜像 1 的对象。

Step 8 创建图 40.32 所示的零件特征——切除-拉伸 3。选择下拉菜单 插入(I) → 切除(C) → 拉伸(E)... 命令。选取前视基准面作为草绘基准面，绘制图 40.33 所示的横断面草图。在“切除-拉伸”窗口 方向 1 区域的下拉列表框中选择 两侧对称 选项，输入深度值为 4.0。

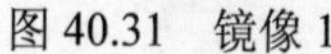

图 40.31　镜像 1

图 40.32　切除-拉伸 3

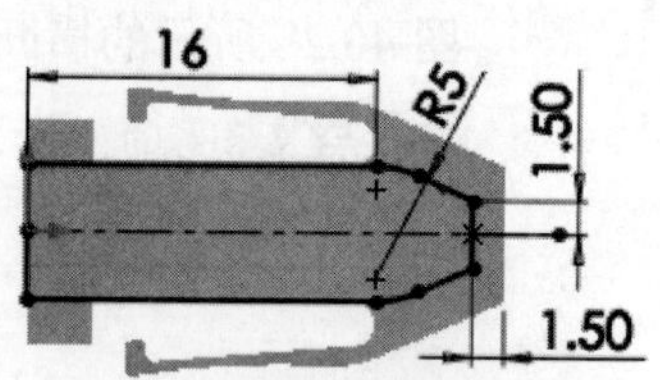

图 40.33　横断面草图（草图 5）

Step 9　创建图 40.34 所示的零件特征——切除-拉伸 4。选择下拉菜单 插入(I) → 切除(C) → 拉伸(E)... 命令。选取上视基准面作为草绘基准面，绘制图 40.35 所示的横断面草图。在“切除-拉伸”窗口 方向 1 区域的下拉列表框中选择 两侧对称 选项，输入深度值为 8.0。

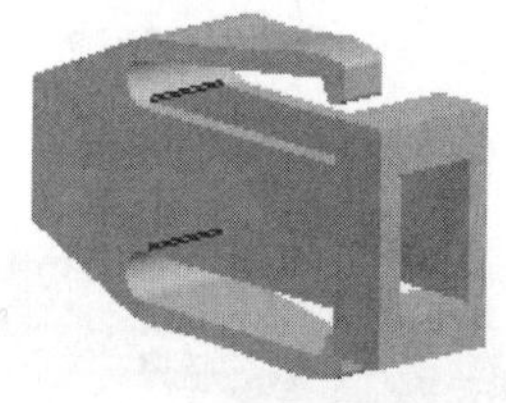

图 40.34　切除-拉伸 4

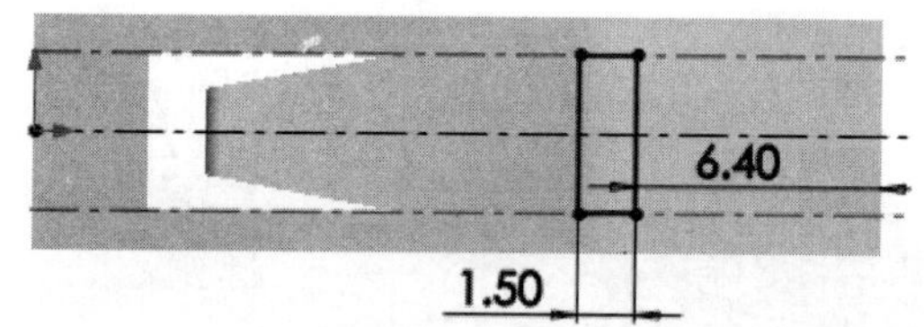

图 40.35　横断面草图（草图 6）

Step 10　创建图 40.36 所示的零件特征——切除-拉伸 5。选择下拉菜单 插入(I) → 切除(C) → 拉伸(E)... 命令。选取上视基准面作为草图基准面，绘制图 40.37 所示的横断面草图。在“切除-拉伸”窗口 方向 1 区域的下拉列表框中选择 两侧对称 选项，输入深度值为 18.0。

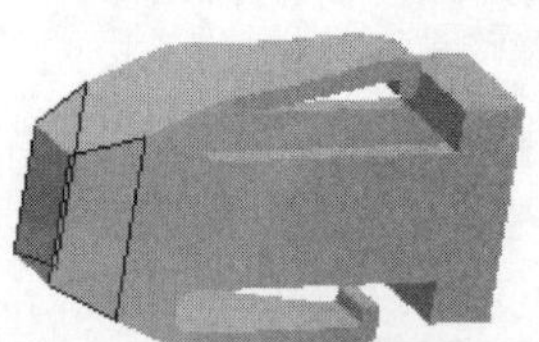

图 40.36　切除-拉伸 5

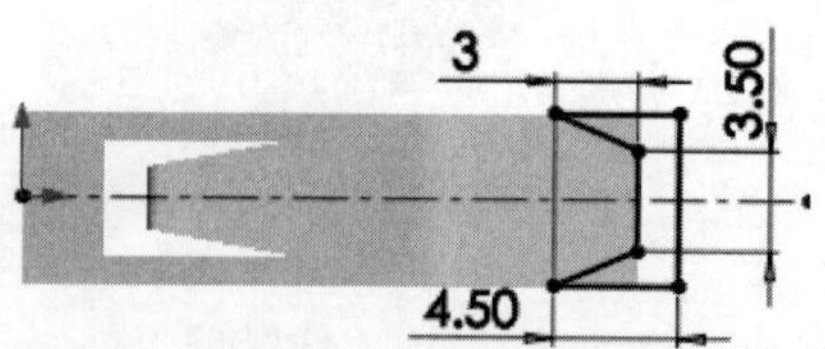

图 40.37　横断面草图（草图 7）

Step 11　创建图 40.38b 所示的圆角 3。选择图 40.38a 所示的边线为圆角对象，圆角半径值为 1.0。

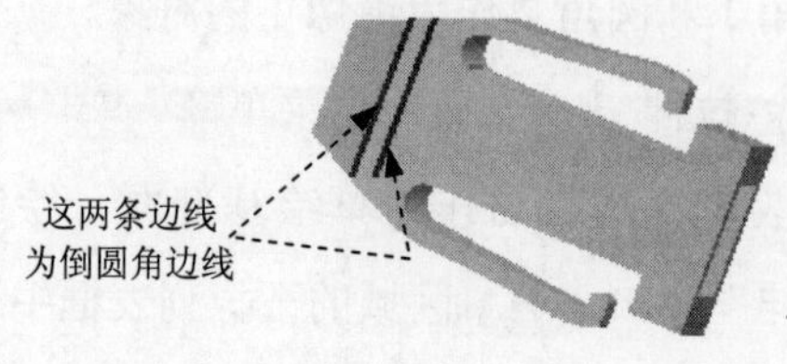

a）圆角前

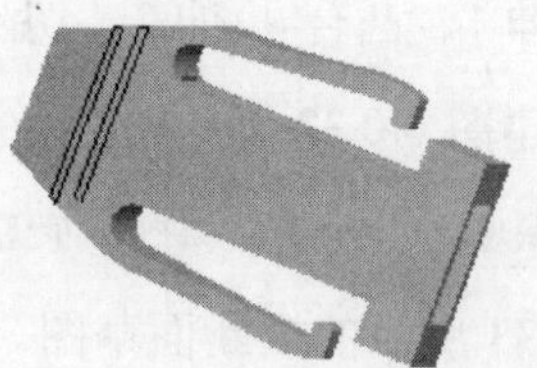

b）圆角后

图 40.38　圆角 3

Step 12 创建图 40.39b 所示的圆角 4。选择图 40.39a 所示的边线为圆角对象，圆角半径值为 0.5。

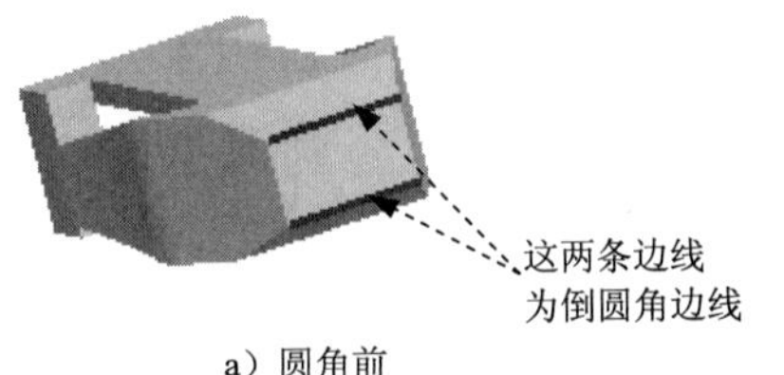

a）圆角前

b）圆角后

图 40.39 圆角 4

Step 13 创建图 40.40b 所示的圆角 5。选择图 40.40a 所示的边线为圆角对象，圆角半径值为 0.2。

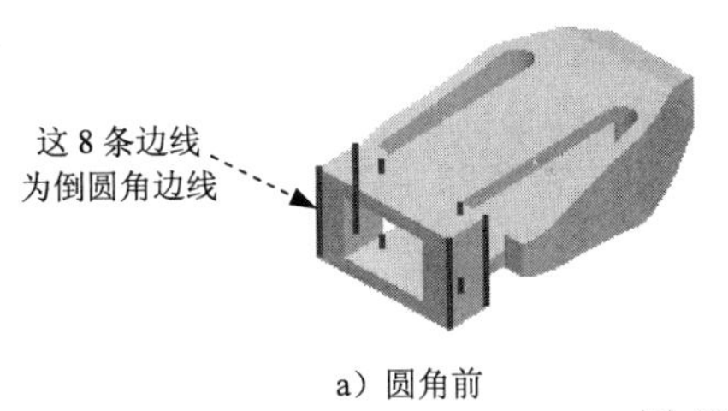

a）圆角前

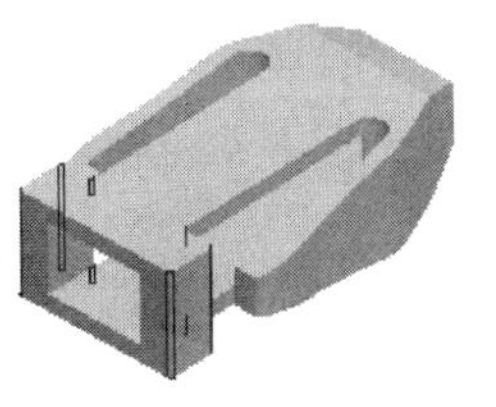

b）圆角后

图 40.40 圆角 5

Step 14 创建图 40.41b 所示的圆角 6。选择图 40.41a 所示的边链为圆角对象，圆角半径值为 0.2。

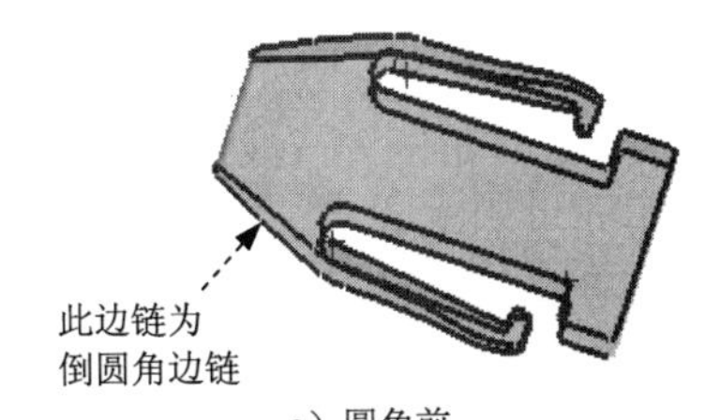

a）圆角前

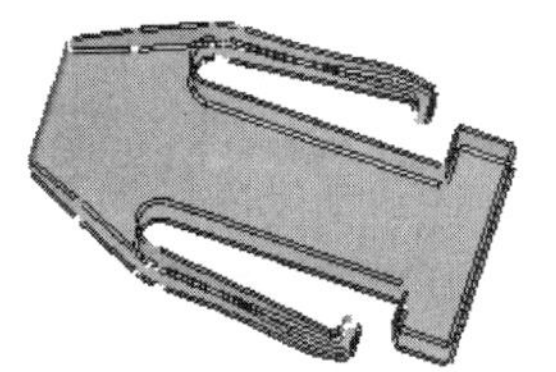

b）圆角后

图 40.41 圆角 6

Step 15 保存模型。选择下拉菜单 文件(F) ➡ 保存(S) 命令，将模型命名为 “fastener-down.SLDPRT”，保存模型。

40.4 装配设计

Step 1 新建一个装配文件。选择下拉菜单 文件(F) ➡ 新建(N)... 命令，在弹出的“新建 SolidWorks 文件”对话框中选择“装配体”选项，单击 确定 按钮，进入装配环境。

Step 2 添加图 40.42 所示的扣件上盖零件模型。进入装配环境后，系统会自动弹出“开始装配体”对话框，单击“开始装配体”对话框中的 浏览(B)... 按钮，在系统弹出的“打开”对话框中选取 fastener-top.SLDPRT，单击 打开(O) 按钮。单击 ✓ 按钮，零件固定在原点位置。

Step 3 添加图 40.43 所示的扣件下盖并定位。

图 40.42 添加扣件上盖零件

图 40.43 添加扣件下盖并定位

（1）引入零件。选择下拉菜单 插入(I) → 零部件(O) → 现有零件/装配体(E)... 命令，系统弹出“插入零部件”对话框。单击对话框中的 浏览(B)... 按钮，在弹出的“打开”对话框中选取 fastener-down.SLDPRT，单击 打开(O) 按钮，然后在合适的位置单击。

（2）添加配合，使零件完全定位。

① 选择下拉菜单 插入(I) → 配合(M)... 命令，系统弹出“配合”对话框。

② 添加“重合”配合 1。单击“配合”对话框中的 按钮，选取图 40.44 所示的两个面作为重合面，单击工具条中的 ✓ 按钮。

③ 添加“重合”配合 2。单击“配合”对话框中的 按钮，选取 fastener-top 零件的上视基准面与 fastener-down 零件的前视基准面（图 40.45）作为重合面，单击工具条中的 ✓ 按钮。

④ 添加“重合”配合 3。单击“配合”对话框中的 按钮，选取 fastener-top 零件的右视基准面与 fastener-down 零件的上视基准面（图 40.46）作为重合面，单击工具条中的 ✓ 按钮。

图 40.44 选取重合面 1

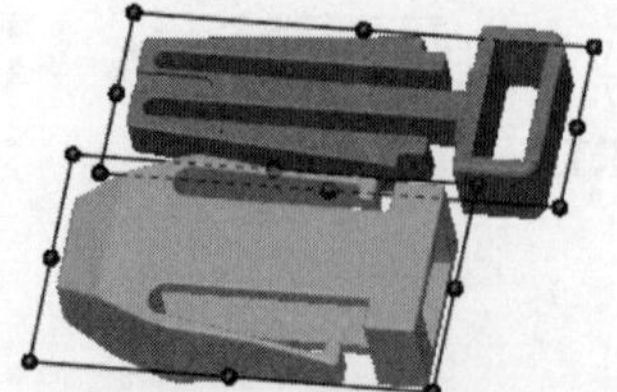

图 40.45 选取重合面 2

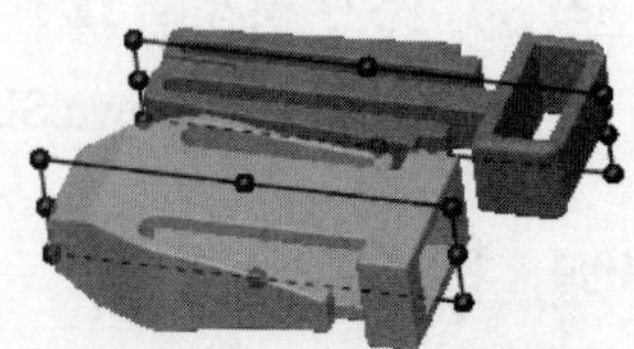

图 40.46 选取重合面 3

⑤ 单击 ✓ 按钮，完成零件的定位。

Step 4 保存装配模型。选择下拉菜单 文件(F) → 保存(S) 命令，将装配模型命名为“fastener.SLDASM”，保存模型。

4 Chapter

实例41 儿童喂药器

41.1 实例概述

本实例是儿童喂药器的设计，在创建零件时首先创建喂药器管、喂药器推杆和橡胶塞的零部件，然后再进行装配设计。相应的装配零件模型如图41.1所示。

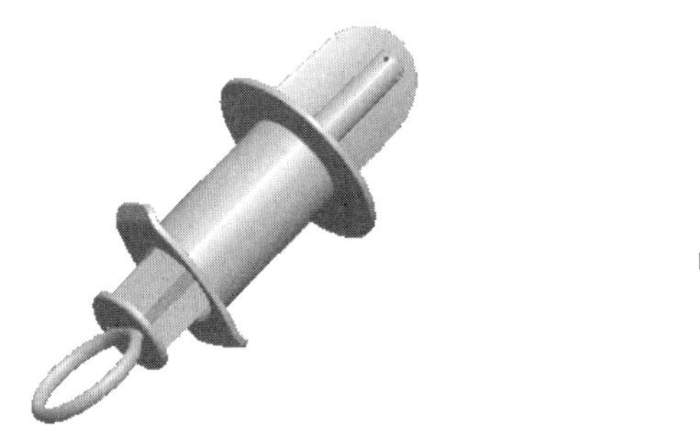

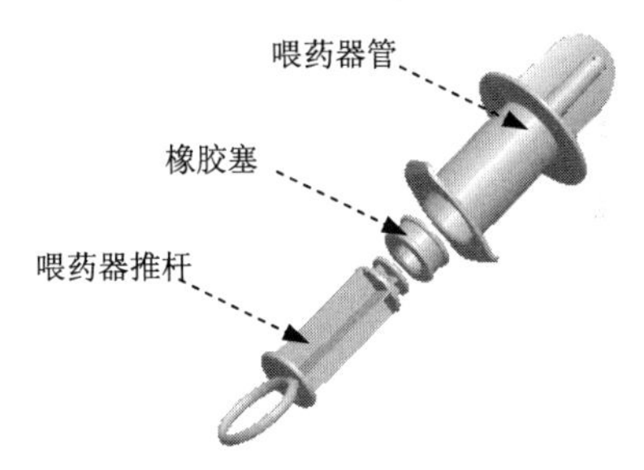

图41.1 装配模型

41.2 喂药器管

零件模型及设计树如图41.2所示。

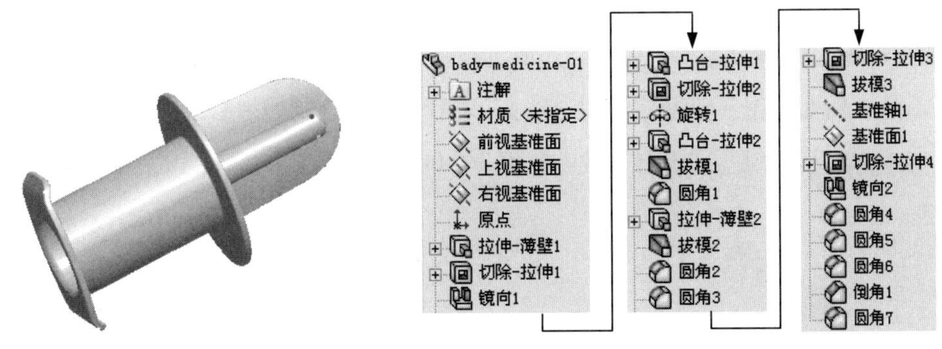

图41.2 零件模型及设计树

说明：本实例前面的详细操作过程请参见随书光盘中 video\ins41\ch41.02\reference\文件下的语音视频讲解文件 bady-medicine-02-r01.avi。

Step 1 打开文件 D:\sw13in\work\ins41\bady-medicine-01_ex.SLDPRT。

Step 2 创建图41.3所示的零件特征——凸台-拉伸1。选择下拉菜单 插入(I) → 凸台/基体(B) → 拉伸(E)... 命令。选取图41.3所示的面作为草绘基准面，绘制图41.4所示的横断面草图；在“凸台-拉伸”窗口 方向1 区域的下拉列表框中选择 给定深度 选项，输入深度值45.0。

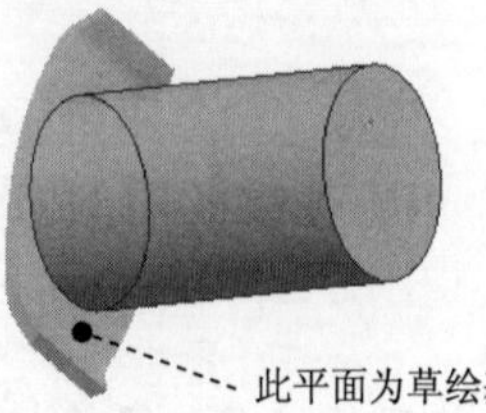

此平面为草绘基准面

图 41.3 凸台-拉伸 1

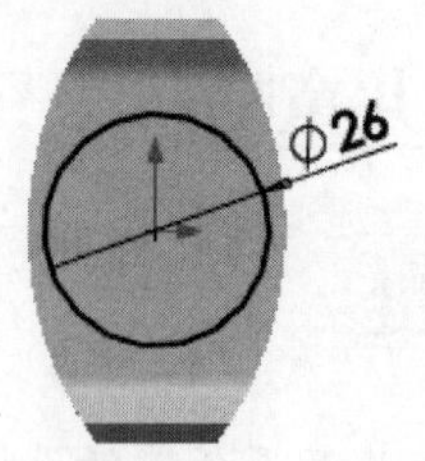

图 41.4 横断面草图（草图 3）

Step 3 创建图 41.5 所示的零件特征——切除-拉伸 1。选择下拉菜单 插入(I) → 切除(C) → 拉伸(E)... 命令。选取图 41.5 所示面作为草绘基准面，绘制图 41.6 所示的横断面草图。在“切除-拉伸”窗口 方向1 区域的下拉列表框中选择 完全贯穿 选项。

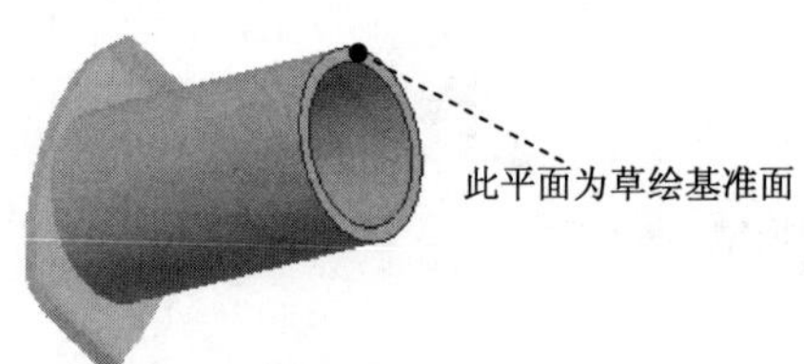

图 41.5 凸台-拉伸 1

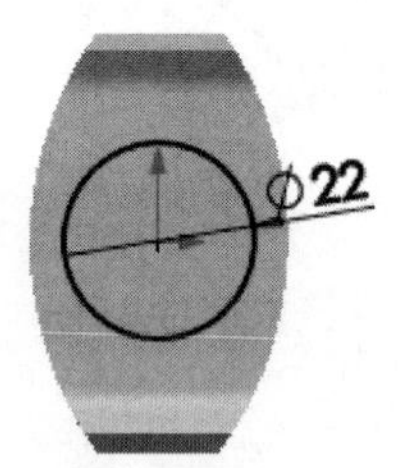

图 41.6 横断面草图（草图 4）

Step 4 创建图 41.7 所示的零件特征——旋转 1。选择下拉菜单 插入(I) → 凸台/基体(B) → 旋转(R)... 命令。选取上视基准面作为草绘基准面，绘制图 41.8 所示的横断面草图（包括旋转中心线）。采用草图中绘制的中心线作为旋转轴线，在 方向1 区域的 文本框中输入数值 360.00。

4 Chapter

图 41.7 旋转 1

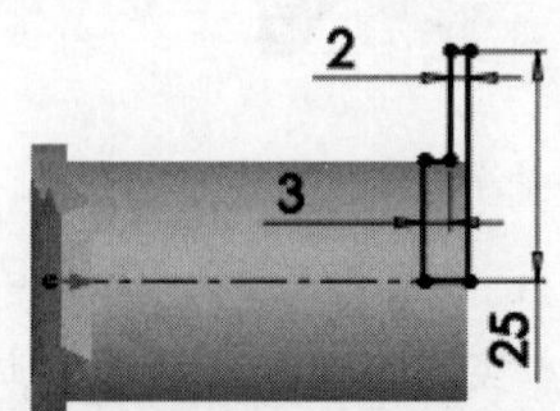

图 41.8 横断面草图（草图 5）

Step 5 创建图 41.9 所示的零件特征——凸台-拉伸 2。选择下拉菜单 插入(I) → 凸台/基体(B) → 拉伸(E)... 命令。选取图 41.9 的模型表面作为草图基准面，绘制图 41.10 所示的横断面草图；在“凸台-拉伸”窗口 方向1 区域的下拉列表框中选择 给定深度 选项，输入深度值 35.0。

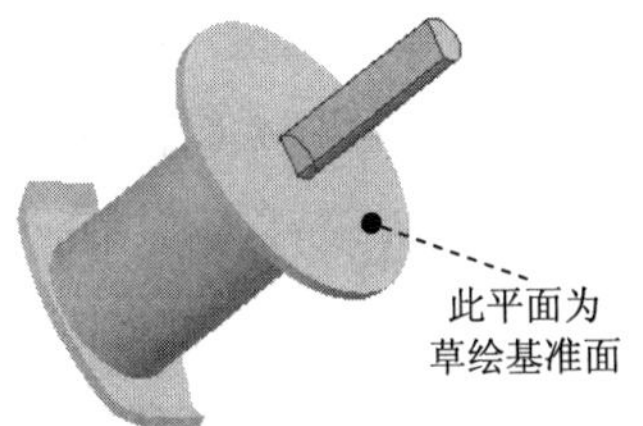

图 41.9 凸台-拉伸 2

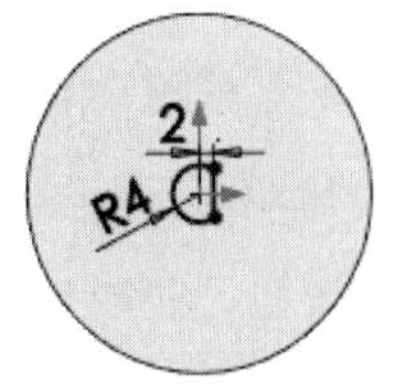

图 41.10 横断面草图（草图 6）

Step 6 创建图 41.11 所示的零件特征——拔模 1。选择下拉菜单 插入(I) → 特征(F) → 拔模(D)... 命令，在“拔模”对话框 拔模类型(T) 区域中选中 中性面(E) 单选按钮。定义拔模中性面。单击以激活对话框的 中性面(N) 区域中的文本框，选取图 41.12 所示的模型表面 1 作为拔模中性面。定义拔模面。单击以激活对话框的 拔模面(F) 区域中的文本框，选取模型表面 2 作为拔模面。拔模方向如图 41.12 所示，在对话框的 拔模角度(G) 区域的 文本框中输入角度值 1.0。

图 41.11 拔模 1

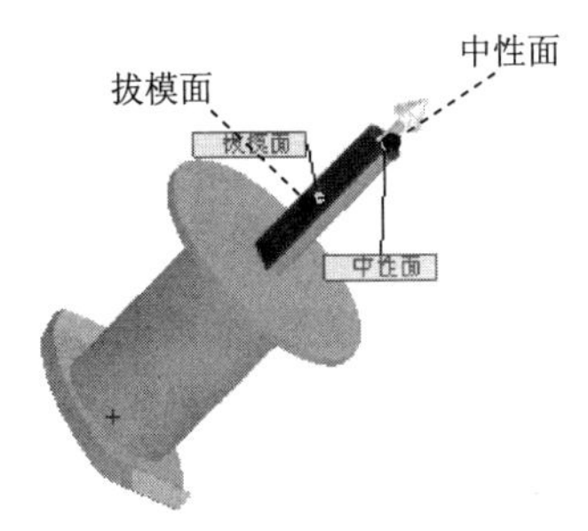

图 41.12 定义拔模参数

Step 7 创建图 41.13b 所示的圆角 1。选择下拉菜单 插入(I) → 特征(F) → 圆角(F)... 命令，选择图 41.13a 所示的边链为圆角对象，圆角半径值为 2.0。

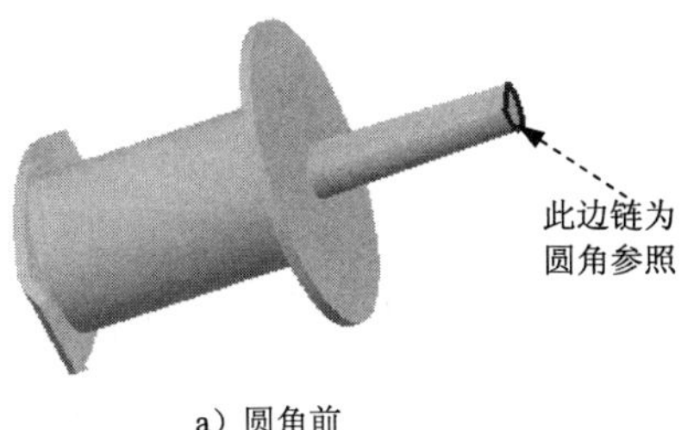

a）圆角前

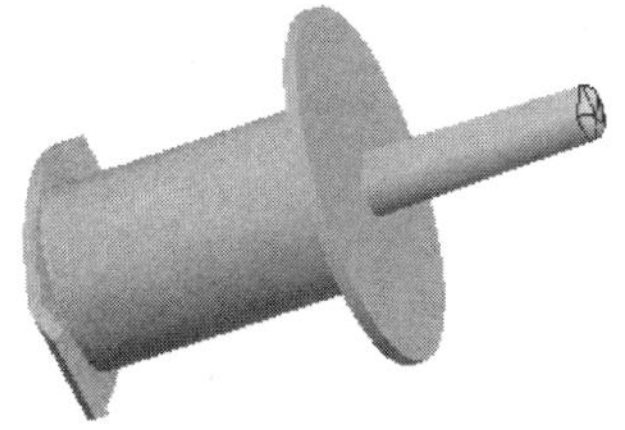

b）圆角后

图 41.13 圆角 1

Step 8 创建图 41.14 所示的零件特征——拉伸-薄壁 2。选择下拉菜单 插入(I) → 凸台/基体(B) → 拉伸(E)... 命令。选取图 41.14 所示的面作为草图平面，绘制如图 41.15 所示的横断面草图。在“凸台-拉伸”对话框 方向 1 区域的下拉列表框中选择给定深度选项，在文本框中输入深度值 40.0。激活“凸台-拉伸”对话框中的☑薄壁特征(T)区域，然后在后的下拉列表框中选择单向选项。在☑薄壁特征(T)区域后的文本框中输入厚度值 2.5。单击“凸台-拉伸”对话框中的✓按钮，完成拉伸-薄壁 2 的创建。

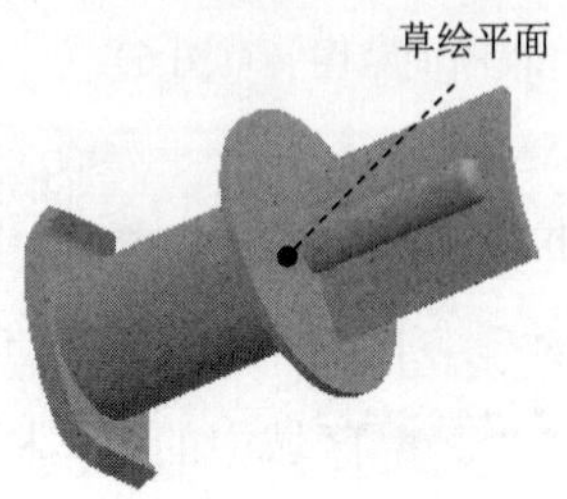

图 41.14 拉伸-薄壁 2

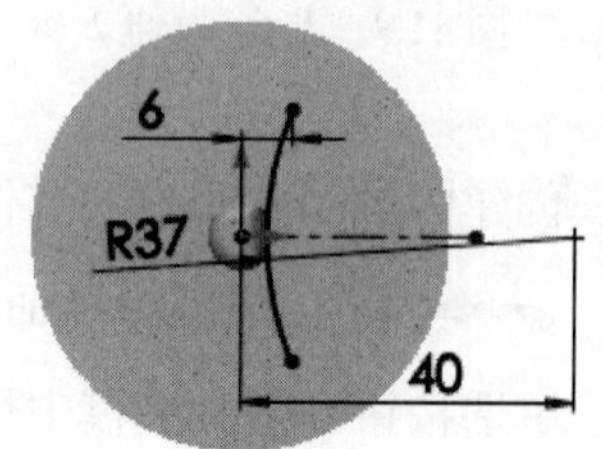

图 41.15 横断面草图（草图 7）

Step 9 创建图 41.16 所示的零件特征——拔模 2。选择下拉菜单 插入(I) → 特征(F) → 拔模(D)... 命令，在“拔模”对话框拔模类型(T)区域中选中 ⊙ 中性面(E) 单选按钮。单击以激活对话框的中性面(N)区域中的文本框，选取图 41.17 所示的模型表面 1 作为拔模中性面。单击以激活对话框的拔模面(F)区域中的文本框，选取模型表面 2 作为拔模面。拔模方向如图 41.17 所示，在对话框拔模角度(G)区域的文本框中输入角度值 3.0。

图 41.16 拔模 2

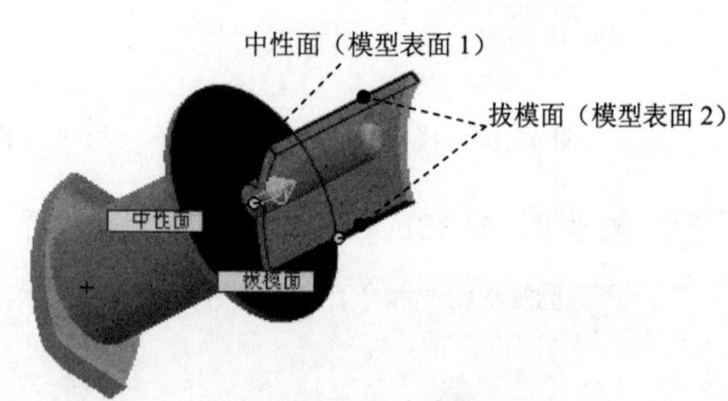

图 41.17 定义拔模参数

Step 10 创建图 41.18b 所示的圆角 2。选择下拉菜单 插入(I) → 特征(F) → 圆角(F)... 命令，选择图 41.18a 所示的边线为圆角对象，圆角半径值为 15.0。

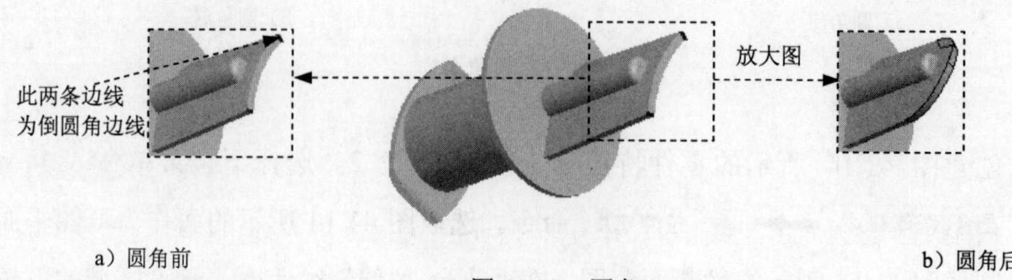

a）圆角前　　b）圆角后

图 41.18 圆角 2

4 Chapter

Step 11 创建图 41.19b 所示的圆角 3。选择下拉菜单 插入(I) → 特征(F) → 圆角(F)... 命令，选择图 41.19a 所示的边线为圆角对象，圆角半径值为 10.0。

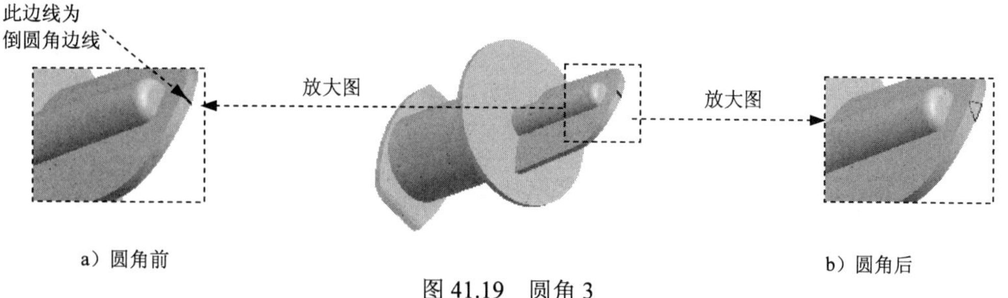

a）圆角前　　b）圆角后

图 41.19　圆角 3

Step 12 创建图 41.20 所示的零件特征——切除-拉伸 3。选择下拉菜单 插入(I) → 切除(C) → 拉伸(E)... 命令。选取图 41.20 所示面作为草绘基准面，绘制图 41.21 所示的横断面草图。在“切除-拉伸”窗口 方向 1 区域的下拉列表框中选择 给定深度 选项，输入深度值为 38.0。

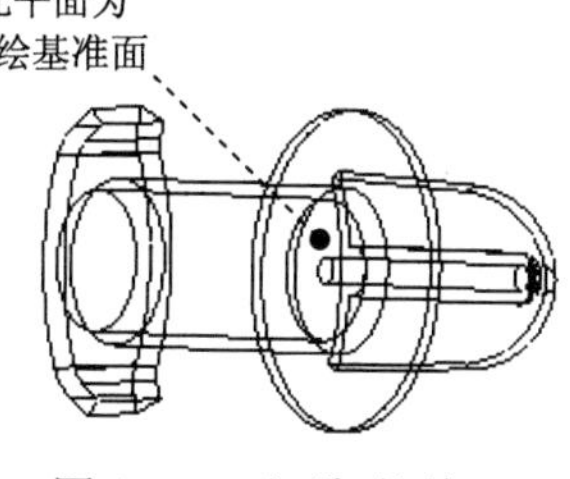

图 41.20　切除-拉伸 3

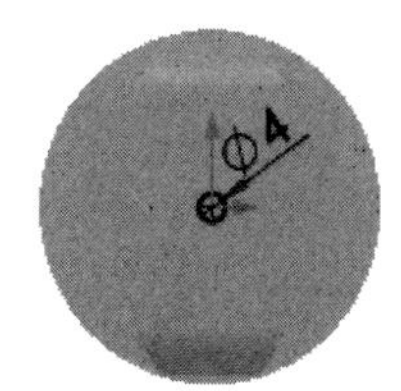

图 41.21　横断面草图（草图 8）

Step 13 创建图 41.22b 所示的零件特征——拔模 3。选择下拉菜单 插入(I) → 特征(F) → 拔模(D)... 命令，在“拔模”对话框 拔模类型(T) 区域中选中 ⊙ 中性面(E) 单选按钮。单击以激活对话框的 中性面(N) 区域中的文本框，选取图 41.23 所示的模型表面作为拔模中性面。单击以激活对话框的 拔模面(F) 区域中的文本框，选取图 41.24 所示的模型表面作为拔模面。拔模方向如图 41.25 所示，在对话框的 拔模角度(G) 区域的 文本框中输入角度值 1.0。

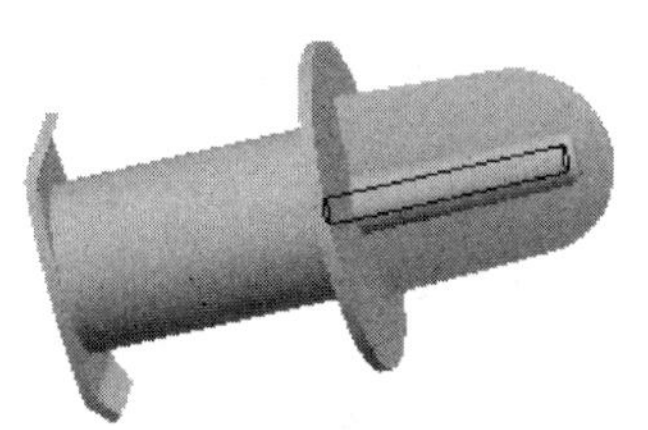
a）拔模前

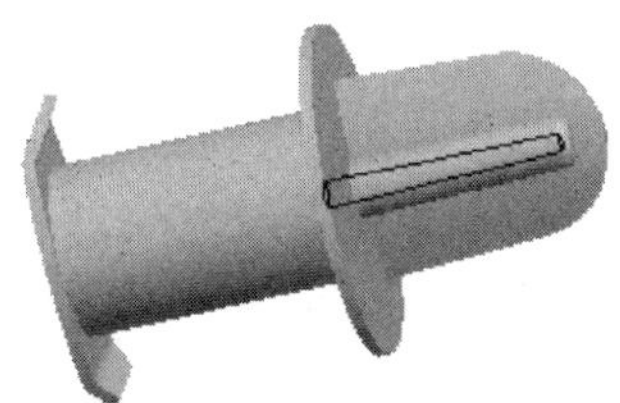
b）拔模后

图 41.22　拔模 3

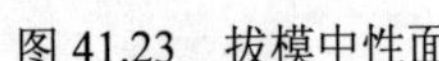

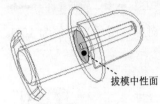

图 41.23　拔模中性面

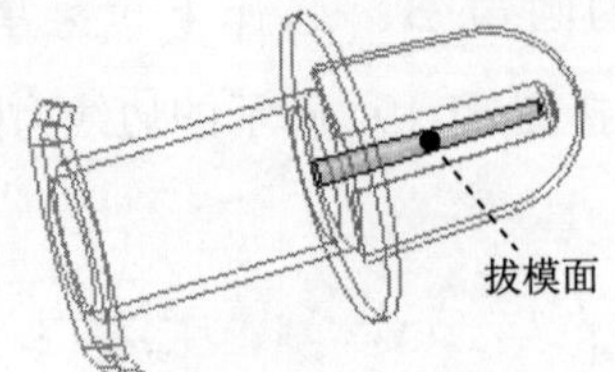

图 41.24　拔模面

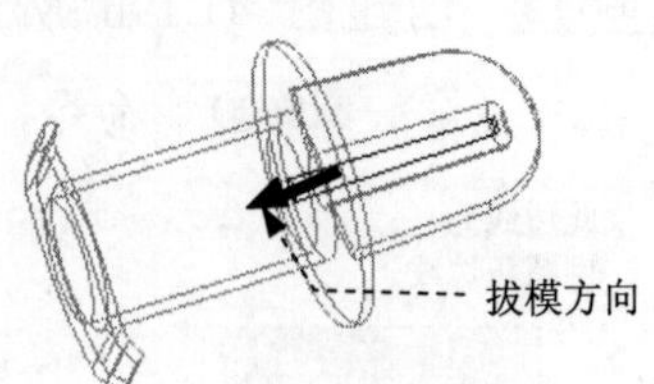

图 41.25　拔模方向

Step 14　后面的详细操作过程请参见随书光盘中 video\ins41\ch41.02\reference\文件下的语音视频讲解文件 bady-medicine-02-r02.avi。

41.3　喂药器推杆

零件模型及设计树如图 41.26 所示。

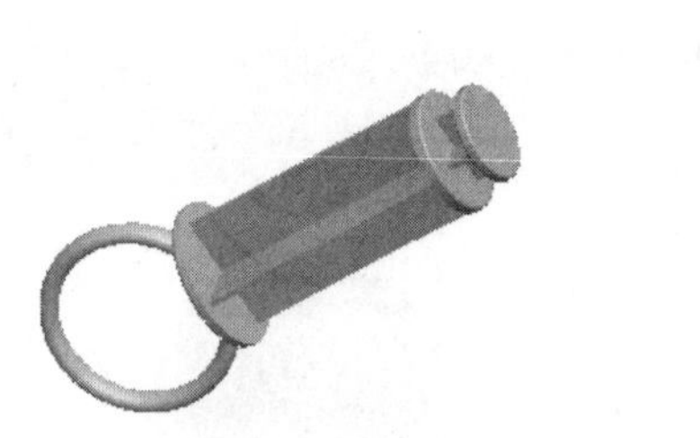

图 41.26　零件模型及设计树

Step 1　新建模型文件。选择下拉菜单 文件(F) → 新建(N)... 命令，在系统弹出的“新建 SolidWorks 文件”对话框中选择“零件”模块，单击 确定 按钮，进入建模环境。

Step 2　创建图 41.27 所示的零件特征——旋转 1。选择下拉菜单 插入(I) → 凸台/基体(B) → 旋转(R)... 命令。选取前视基准面作为草图基准面，绘制图 41.28 所示的横断面草图（包括旋转中心线）。采用草图中绘制的中心线作为旋转轴线，在 方向1 区域的 文本框中输入数值 360.00。

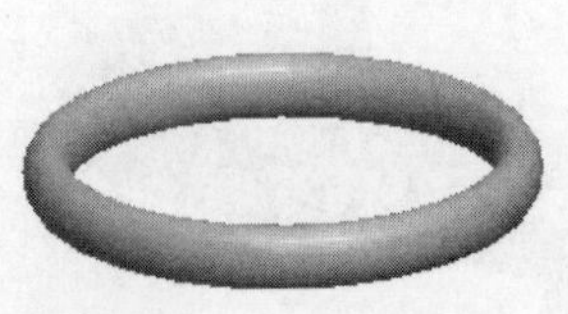

图 41.27　凸台-拉伸 1

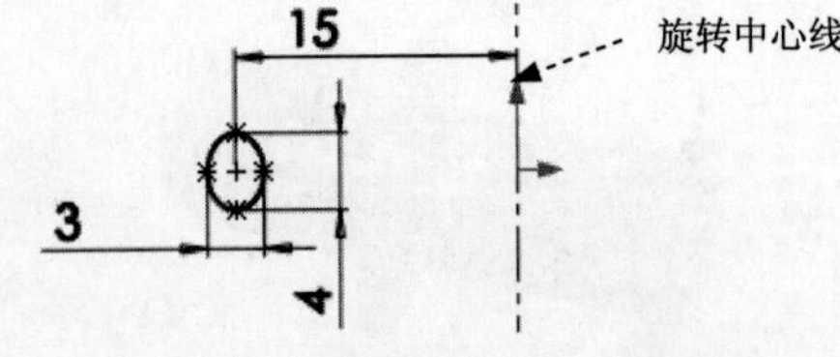

图 41.28　横断面草图（草图 1）

Step 3　创建图 41.29 所示的基准面 1。选择下拉菜单 插入(I) → 参考几何体(G)

➡ 基准面(P)... 命令；选取右视基准面作为所要创建的基准面的参考实体，在后的文本框中输入数值 15，并选中 ☑反转 复选框。

Step 4 创建图 41.30 所示的零件特征——凸台-拉伸 1。选择下拉菜单 插入(I) ➡ 凸台/基体(B) ➡ 拉伸(E)... 命令。选取基准面 1 作为草绘基准面，绘制图 41.31 所示的横断面草图；在“凸台-拉伸”窗口 方向1 区域的下拉列表框中选择 给定深度 选项，单击按钮，输入深度值 2.0。

图 41.29 基准面 1

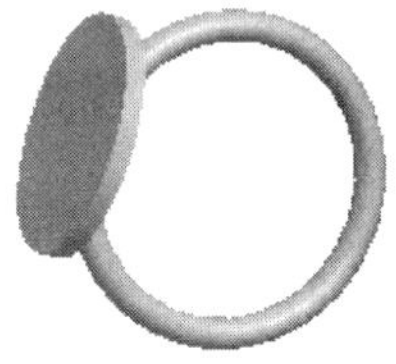

图 41.30 凸台-拉伸 1

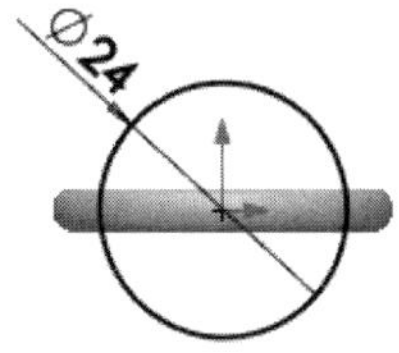

图 41.31 横断面草图（草图 2）

Step 5 创建图 41.32 所示的零件特征——凸台-拉伸 2。选择下拉菜单 插入(I) ➡ 凸台/基体(B) ➡ 拉伸(E)... 命令。选取图 41.32 所示面作为草绘基准面，绘制图 41.33 所示的横断面草图；在“凸台-拉伸”窗口 方向1 区域的下拉列表框中选择 给定深度 选项，输入深度值 45.0。

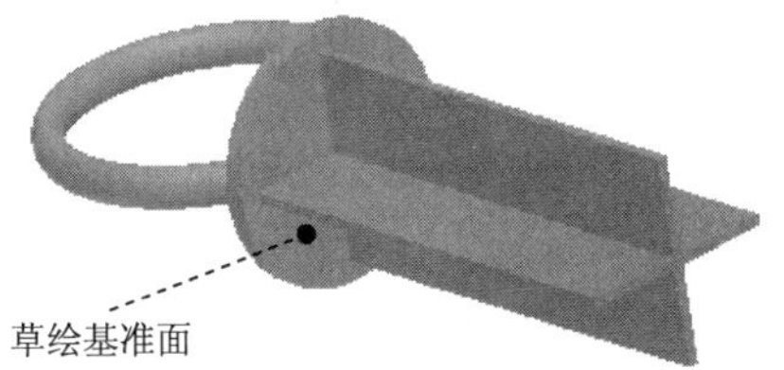

图 41.32 凸台-拉伸 2

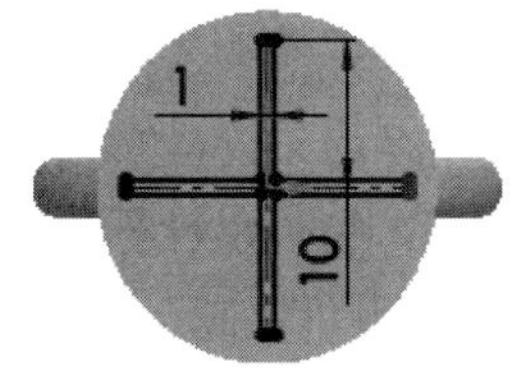

图 41.33 横断面草图（草图 3）

Step 6 创建图 41.34 所示的零件特征——凸台-拉伸 3。选择下拉菜单 插入(I) ➡ 凸台/基体(B) ➡ 拉伸(E)... 命令。选取图 41.35 所示面作为草绘基准面，绘制图 41.36 所示的横断面草图；在“凸台-拉伸”窗口 方向1 区域的下拉列表框中选择 给定深度 选项，输入深度值 2.0。

图 41.34 凸台-拉伸 3

图 41.35 草绘基准面

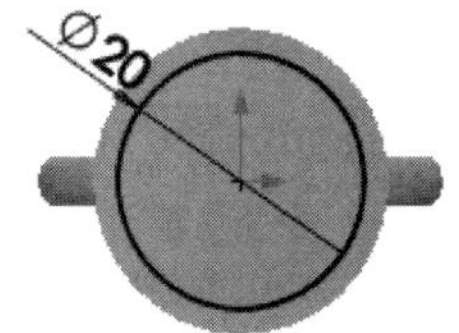

图 41.36 横断面草图（草图 4）

Step 7 创建图 41.37 所示的零件特征——凸台-拉伸 4。选择下拉菜单 插入(I) ➡

凸台/基体(B) → 拉伸(E)... 命令。选取图 41.37 所示面作为草绘基准面，绘制图 41.38 所示的横断面草图；在“凸台-拉伸”窗口 方向 1 区域的下拉列表框中选择 给定深度 选项，输入深度值 5.0。

图 41.37　凸台-拉伸 4

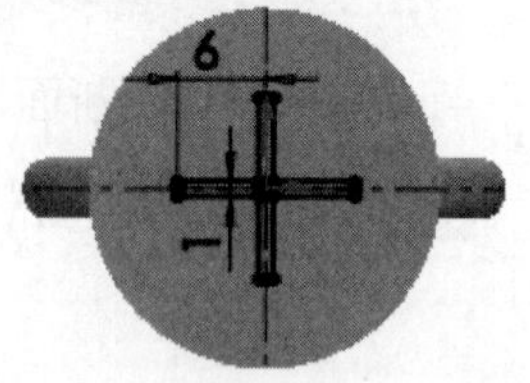

图 41.38　横断面草图（草图 5）

Step 8　后面的详细操作过程请参见随书光盘中 video\ins41\ch41.03\reference\文件下的语音视频讲解文件 bady-medicine-03-r01.avi。

41.4　橡胶塞

零件模型及设计树如图 41.39 所示。

bady-medicine-03
注解
材质 <未指定>
前视基准面
上视基准面
右视基准面
原点
旋转1
切除-旋转1
切除-旋转2
圆角1
圆角2
倒角1

图 41.39　零件模型及设计树

Step 1　新建模型文件。选择下拉菜单 文件(F) → 新建(N)... 命令，在系统弹出的“新建 SolidWorks 文件”对话框中选择“零件”模块，单击 确定 按钮，进入建模环境。

Step 2　创建图 41.40 所示的零件特征——旋转 1。选择下拉菜单 插入(I) → 凸台/基体(B) → 旋转(R)... 命令。选取前视基准面作为草绘基准面，绘制图 41.41 所示的横断面草图（包括旋转中心线）。采用草图中绘制的中心线作为旋转轴线，在 方向1 区域的 文本框中输入数值 360.00。

Step 3　后面的详细操作过程请参见随书光盘中 video\ins41\ch41.04\reference\文件下的语音视频讲解文件 bady-medicine-04-r01.avi。

4 Chapter

图 41.40 旋转 1

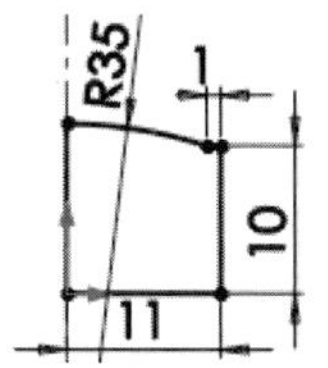

图 41.41 横断面草图（草图 1）

41.5 装配设计

Step 1 新建一个装配文件。选择下拉菜单 文件(F) ➡ 新建(N)... 命令，在弹出的“新建 SolidWorks 文件”对话框中选择“装配体”选项，单击 确定 按钮，进入装配环境。

Step 2 添加图 41.42 所示的底座零件模型。进入装配环境后，系统会自动弹出“开始装配体”对话框，单击“开始装配体”对话框中的 浏览(B)... 按钮，在系统弹出的“打开”对话框中选取 bady-medicine-02.SLDPRT，单击 打开(O) 按钮。单击 ✔ 按钮，零件固定在原点位置。

Step 3 添加图 41.43 所示的 bady-medicine-03 零件并定位。

图 41.42 添加 bady-medicine-02 零件

图 41.43 添加 bady-medicine-03 零件并定位

（1）引入零件。选择下拉菜单 插入(I) ➡ 零部件(O) ➡ 现有零件/装配体(E)... 命令，系统弹出“插入零部件”对话框。单击对话框中的 浏览(B)... 按钮，在弹出的“打开”对话框中选取 bady-medicine-03.SLDPRT，单击 打开(O) 按钮。将零件放置到图 41.44 所示的位置。

（2）添加配合，使零件完全定位。

① 选择下拉菜单 插入(I) ➡ 配合(M)... 命令，系统弹出“配合”对话框。

② 添加“重合”配合 1。单击“配合”对话框中的 重合(C) 按钮，选取图 41.45 所示的两个面作为重合面，单击快捷工具条中的 ✔ 按钮。

③ 添加“同轴心”配合 1。单击“配合”对话框中的 ◎ 按钮，选取图 41.46 所示的两个面作为同轴心面，单击快捷工具条中的 ✔ 按钮。

④ 单击 ✔ 按钮，完成零件的定位。

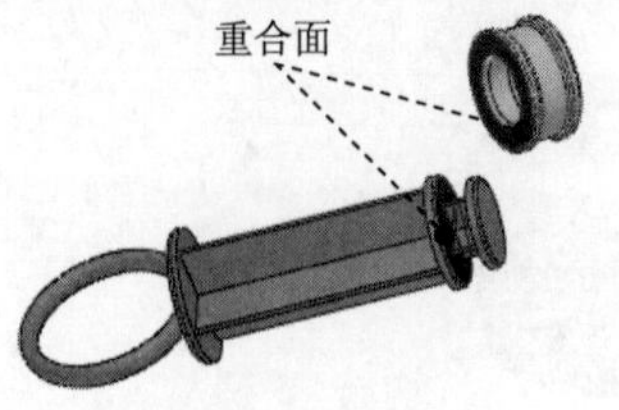

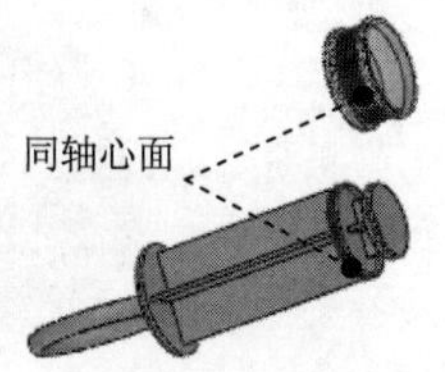

图 41.44　添加零件 bady-medicine-03 零件　　图 41.45　选取重合面　　图 41.46　选取同轴心面

Step 4　添加图 41.47 所示的 bady-medicine-01 零件并定位。

（1）引入零件。选择下拉菜单 插入(I) ➡ 零部件(O) ➡ 现有零件/装配体(E)... 命令，系统弹出“插入零部件”对话框。单击对话框中的 浏览(B)... 按钮，在弹出的“打开”对话框中选取 bady-medicine-01.SLDPRT，单击 打开(O) 按钮。将零件放置到图 41.48 所示的位置。

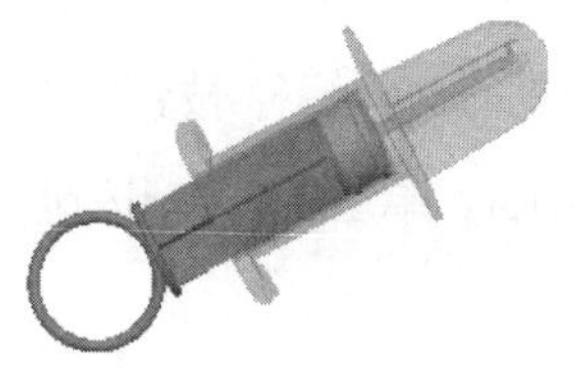

图 41.47　添加 ady-medicine-01 零件并定位

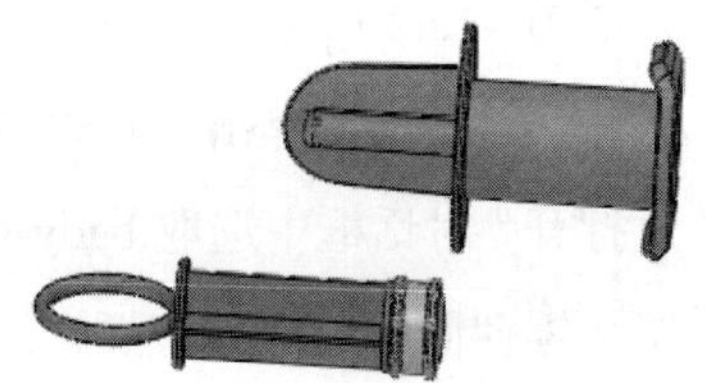

图 41.48　添加 bady-medicine-01 零件

（2）添加配合，使零件完全定位。

① 选择下拉菜单 插入(I) ➡ 配合(M)... 命令，系统弹出“配合”对话框。

② 添加“同轴心”配合 1。单击“配合”对话框中的 ◎ 按钮，选取图 41.49 所示的两个面作为同轴心面，在弹出的快捷工具条中单击 按钮，反转配合的对齐方式，单击快捷工具条中的 ✔ 按钮。

③ 添加“相切”配合 1。单击“配合”对话框中的 相切(T) 按钮，选取图 41.50 所示的两个面作为相切面，单击快捷工具条中的 ✔ 按钮。

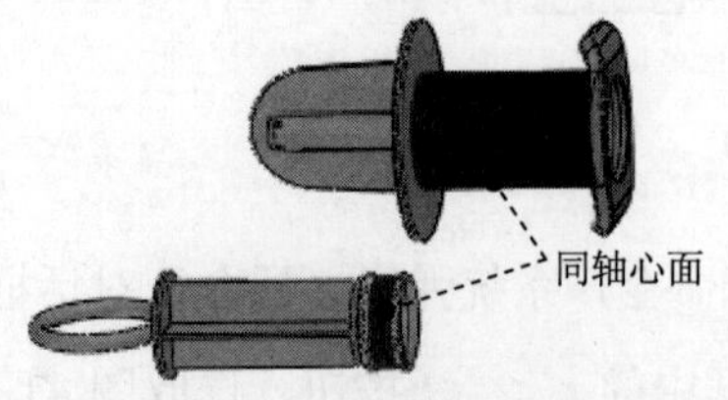

图 41.49　选择同轴心面

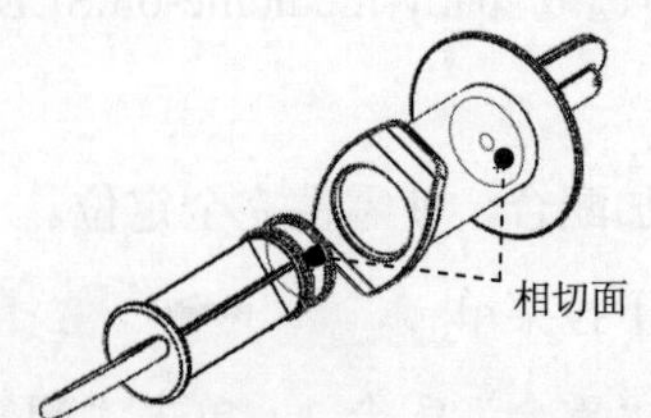

图 41.50　选择相切面

④ 单击 ✔ 按钮，完成零件的定位。

Step 5　保存装配模型。选择下拉菜单 文件(F) ➡ 保存(S) 命令，将装配模型命名为“bady-medicine.SLDASM”，保存模型。

5

自顶向下设计实例

实例 42　无绳电话的自顶向下设计

42.1　实例概述

本实例详细讲解了一款无绳电话的整个设计过程，该设计过程中采用了较为先进的设计方法——自顶向下（Top-Down Design）的设计方法。采用这种方法不仅可以获得较好的整体造型，并且能够大大缩短产品的上市时间。许多家用电器（如计算机机箱、吹风机、计算机鼠标）都可以采用这种方法进行设计。设计流程图如图 42.1 所示。

42.2　创建一级结构

Step 1　新建一个零件模型文件，进入建模环境。

Step 2　创建图 42.2 所示的曲面-拉伸 1。

（1）选择下拉菜单 插入(I) → 曲面(S) → 拉伸曲面(E)... 命令。

（2）定义特征的横断面草图。选取上视基准面为草绘基准面，绘制图 42.3 所示的横断面草图。

（3）定义拉伸深度属性。采用系统默认的拉伸方向；在“拉伸”对话框 方向 1 区域的下拉列表框中选择 两侧对称 选项，在 D1 文本框中输入数值 30。

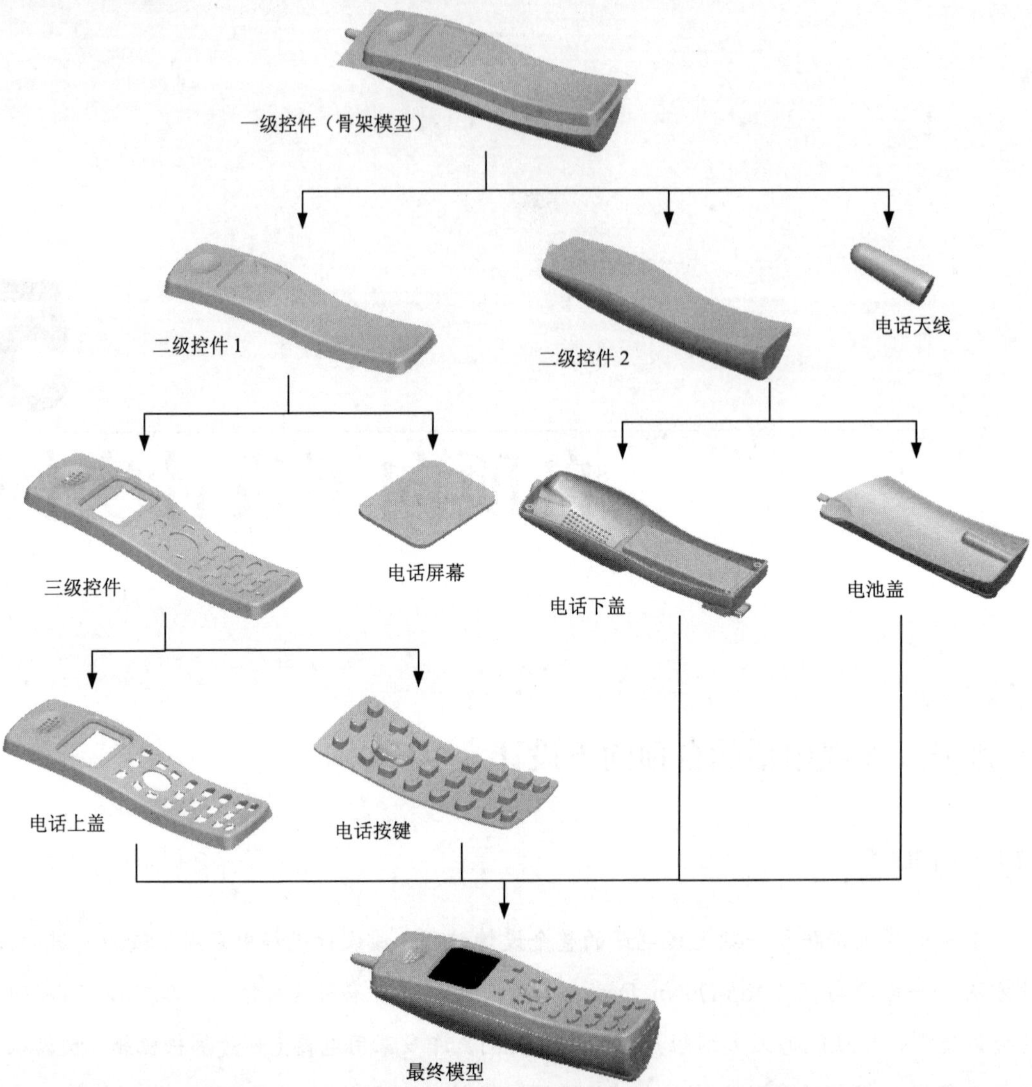

一级控件（骨架模型）

二级控件 1

二级控件 2

电话天线

三级控件

电话屏幕

电话下盖

电池盖

电话上盖

电话按键

最终模型

图 42.1　设计流程图

图 42.2　曲面-拉伸 1

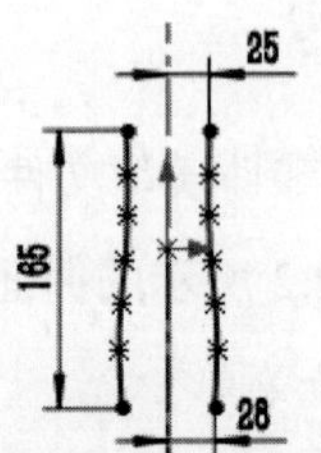

图 42.3　横断面草图（草图 1）

（4）单击对话框中的✓按钮，完成曲面-拉伸 1 的创建。

Step 3　创建图 42.4 所示的曲面-拉伸 2。

（1）选择下拉菜单 插入(I) → 曲面(S) → 拉伸曲面(E)... 命令。

（2）定义特征的横断面草图。选取右视基准面为草绘基准面，绘制图 42.5 所示的横断面草图。

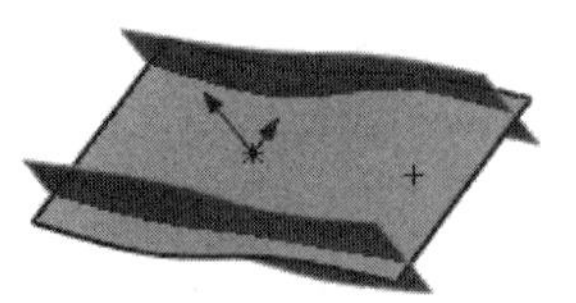
图 42.4 曲面-拉伸 2

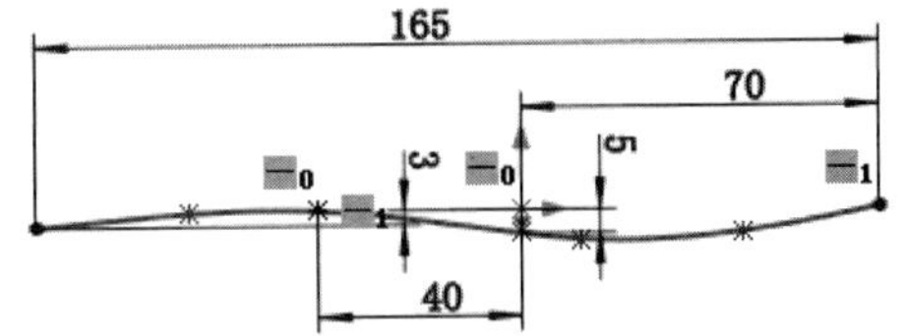

图 42.5 横断面草图（草图 2）

（3）定义拉伸深度属性。采用系统默认的拉伸方向；在“拉伸”对话框 方向 1 区域的下拉列表框中选择 两侧对称 选项，在 D1 文本框中输入数值 70。

（4）单击对话框中的 ✔ 按钮，完成曲面-拉伸 2 的创建。

Step 4 创建图 42.6 所示的分割线。

（1）选择下拉菜单 插入(I) ➡ 曲线(U) ➡ 分割线(S)... 命令。

（2）在“分割线”对话框中的 分割类型(T) 区域选中 ⊙ 交叉点(I) 单选按钮，然后在 选择(E) 区域中选取曲面-拉伸 2 为分割面，选取曲面-拉伸 1 为要分割的面。

（3）单击对话框中的 ✔ 按钮，完成分割线的创建。

Step 5 创建图 42.7 所示的草图 3。

（1）选择命令。选择下拉菜单 插入(I) ➡ 草图绘制 命令。

（2）定义草绘基准面。选取右视基准面为草绘基准面。

（3）在草绘环境中绘制图 42.7 所示的草图。

（4）选择下拉菜单 插入(I) ➡ 退出草图 命令，完成草图 1 的创建。

Step 6 创建图 42.8 所示的基准面 1。

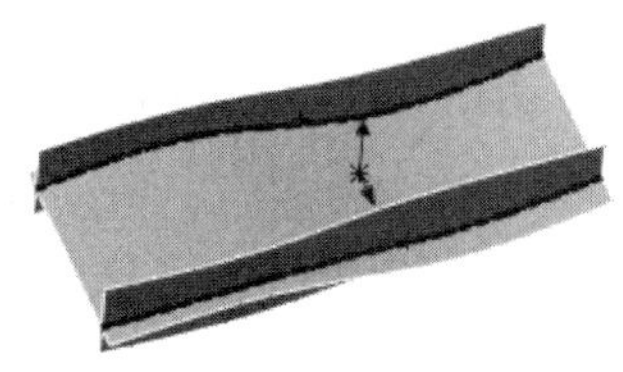
图 42.6 分割线

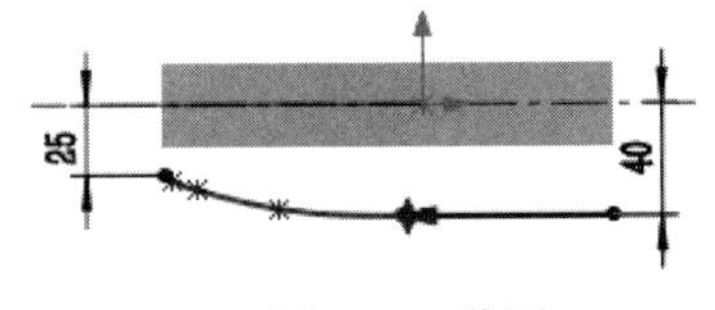

图 42.7 草图 3

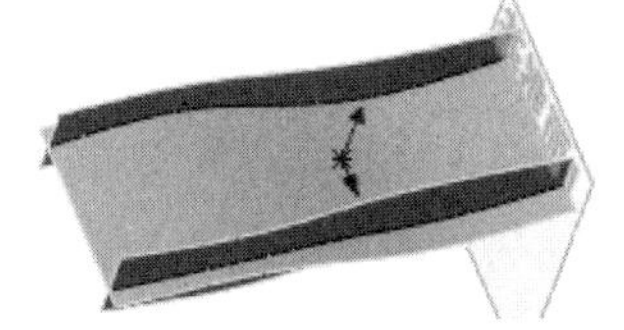
图 42.8 基准面 1

（1）选择下拉菜单 插入(I) ➡ 参考几何体(G) ➡ 基准面(P)... 命令。

（2）选取前视基准面和图 42.9 所示的点 1 作为基准面 1 的参考点。

（3）单击 ✔ 按钮，完成基准面 1 的创建。

Step 7 创建图 42.10 所示的草图 4。选择下拉菜单 插入(I) ➡ 草图绘制 命令；选取基准面 1 为草绘基准面，绘制图 42.10 所示的草图。

Step 8 创建图 42.11 所示的草图 5。选择下拉菜单 插入(I) → 草图绘制 命令；选取前视基准面为草绘基准面，绘制图 42.11 所示的草图。

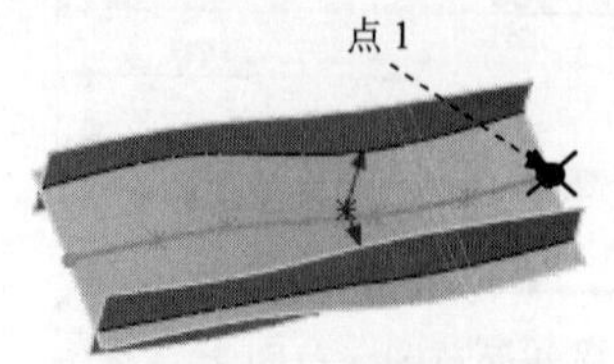

图 42.9 定义参考点

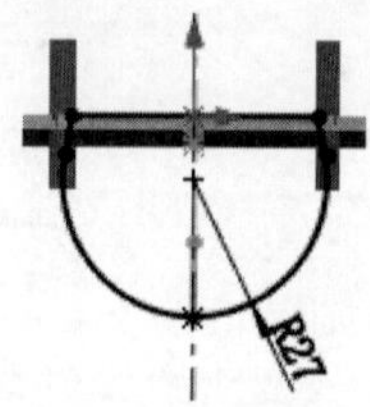

图 42.10 草图 4

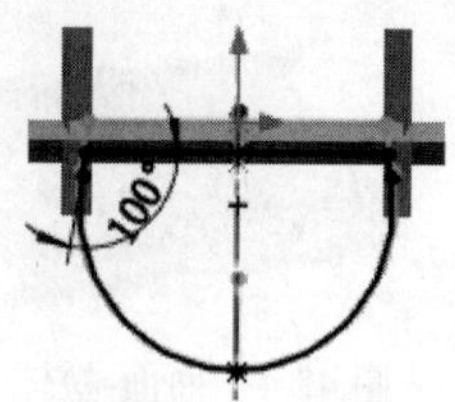

图 42.11 草图 5

Step 9 创建图 42.12 所示的基准面 2。

（1）选择下拉菜单 插入(I) → 参考几何体(G) → 基准面(P)... 命令。

（2）选取前视基准面和图 42.13 所示的点 1 作为基准面 2 的参考实体。

（3）单击 ✓ 按钮，完成基准面 2 的创建。

Step 10 创建图 42.14 所示的草图 6。选择下拉菜单 插入(I) → 草图绘制 命令；选取基准面 2 为草绘基准面，绘制图 42.14 所示的草图。

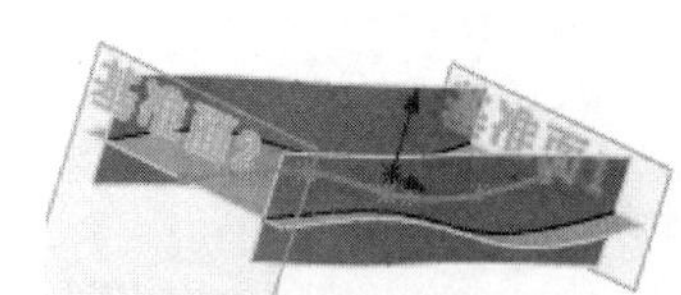

图 42.12 基准面 2

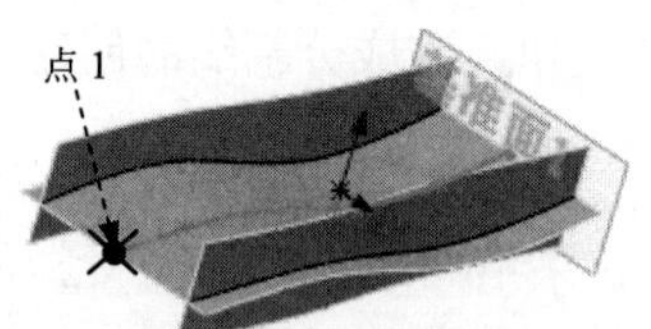

图 42.13 定义参考点

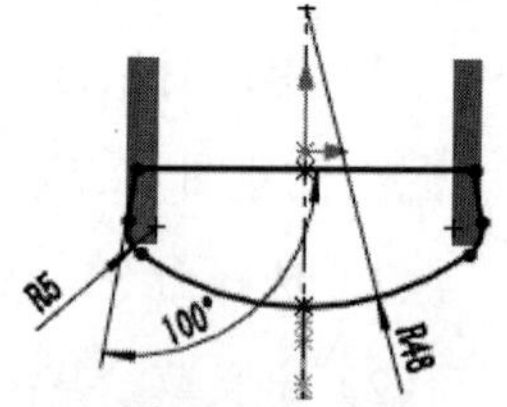

图 42.14 草图 6

Step 11 创建图 42.15 所示的边界-曲面 1。

（1）选择命令。选择下拉菜单 插入(I) → 曲面(S) → 边界曲面(B)... 命令，系统弹出“边界-曲面”对话框。

（2）定义方向 1 的边界曲线。依次选择草图 4、草图 5 和草图 6 为 方向1 的边界曲线。

（3）定义方向 2 的边界曲线。分别选择分割线中的两条曲线和草图 3 为 方向2 的边界曲线。

（4）单击对话框中的 ✓ 按钮，完成边界-曲面 1 的创建。

Step 12 创建图 42.16 所示的曲面-基准面 1。

（1）选择命令。选择下拉菜单 插入(I) → 曲面(S) → 平面区域(P)... 命令，系统弹出“平面”对话框。

（2）定义平面边线。依次选取图 42.17 所示的边界曲线。

（3）单击对话框中的 ✓ 按钮，完成曲面-基准面 1 的创建。

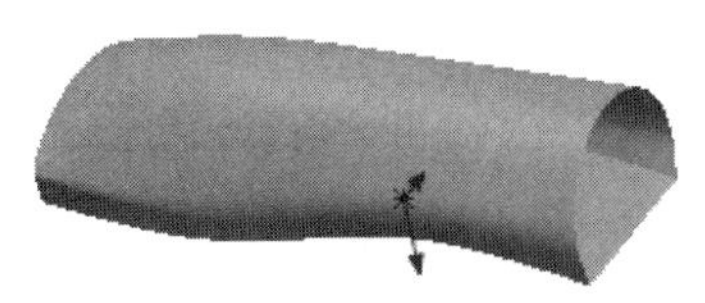
图 42.15　边界-曲面 1

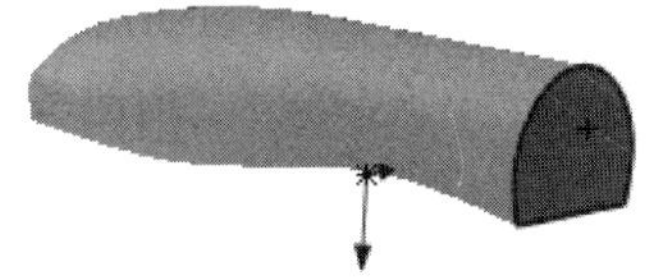
图 42.16　曲面-基准面 1

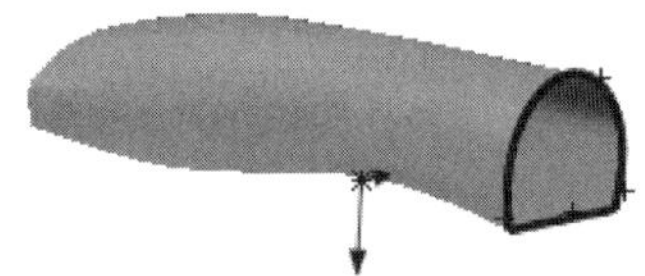
图 42.17　选取边线

Step 13　创建图 42.18 所示的曲面-基准面 2。

（1）选择下拉菜单 插入(I) → 曲面(S) → 平面区域(P)... 命令。

（2）依次选取图 42.19 所示的边界曲线。

（3）单击对话框中的 ✔ 按钮，完成曲面-基准面 2 的创建。

Step 14　创建图 42.20 所示的曲面-缝合 1。

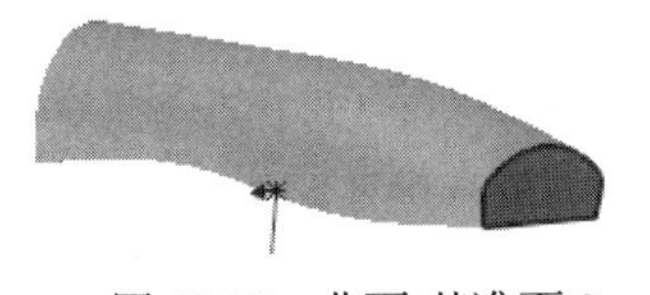
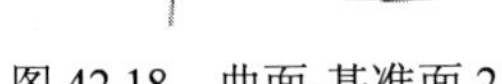
图 42.18　曲面-基准面 2

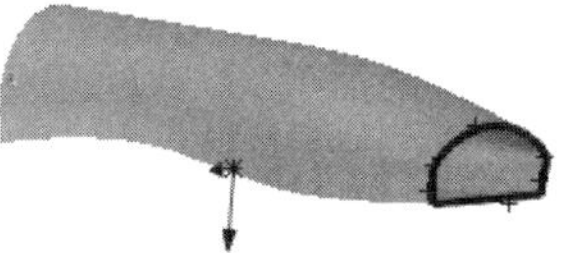
图 42.19　选取边线

图 42.20　曲面-缝合 1

（1）选择下拉菜单 插入(I) → 曲面(S) → 缝合曲面(K)... 命令。

（2）定义要缝合的曲面。选择边界-曲面 1、曲面-基准面 1 和曲面-基准面 2 作为要缝合的面。

（3）定义缝合选项。选中 ☑ 尝试形成实体(T) 复选框。

（4）单击对话框中的 ✔ 按钮，完成曲面-缝合 1 的创建。

Step 15　创建图 42.21 所示的切除-拉伸 1。

（1）选择下拉菜单 插入(I) → 切除(C) → 拉伸(E)... 命令。

（2）选取上视基准面作为草绘基准面，绘制图 42.22 所示的横断面草图。

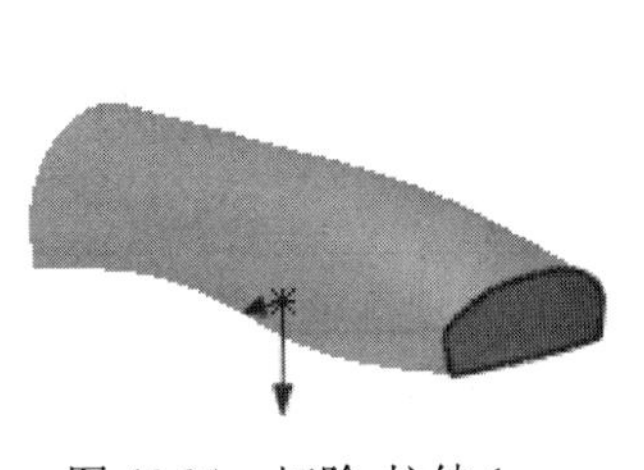
图 42.21　切除-拉伸 1

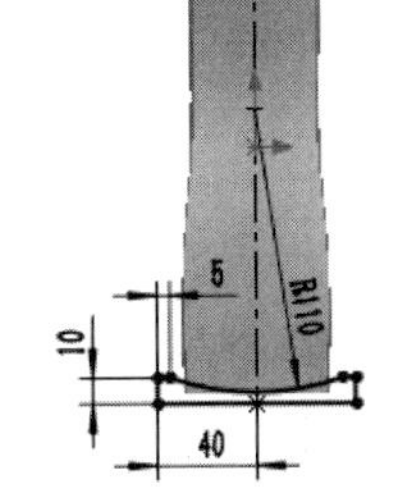

图 42.22　横断面草图（草图 7）

（3）在“切除-拉伸”对话框 方向 1 区域中的下拉列表框中选择 完全贯穿 选项。

（4）单击对话框中的 ✔ 按钮，完成切除-拉伸 1 的创建。

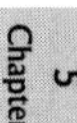

Step 16 创建图 42.23b 所示的圆角 1。

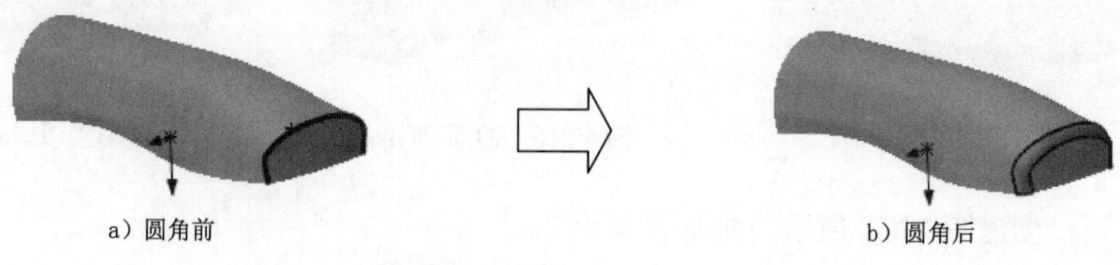

图 42.23 圆角 1

（1）选择下拉菜单 插入(I) ➡ 特征(F) ➡ 圆角(F)... 命令。

（2）选取图 42.23a 所示的边线为要圆角的对象，输入半径值 6.0。

（3）单击“圆角”对话框中的 ✓ 按钮，完成圆角 1 的创建。

Step 17 创建图 42.24 所示的基准面 3。

（1）选择下拉菜单 插入(I) ➡ 参考几何体(G) ➡ 基准面(P)... 命令。

（2）定义基准面 3 的参考实体。选取右视基准面作为基准面 3 的参考实体。

（3）定义偏移方向及距离。选中 ☑ 反转 复选框，输入偏移距离值 15。

（4）单击 ✓ 按钮，完成基准面 3 的创建。

Step 18 创建图 42.25 所示的基准面 4。

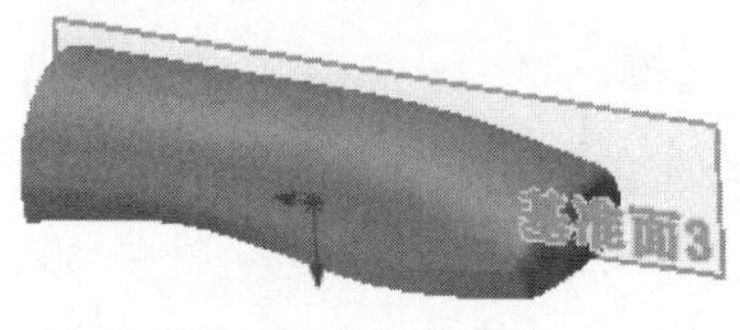

图 42.24 基准面 3

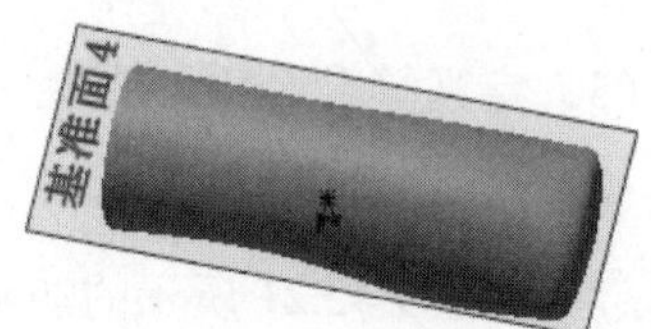

图 42.25 基准面 4

（1）选择下拉菜单 插入(I) ➡ 参考几何体(G) ➡ 基准面(P)... 命令。

（2）定义基准面 4 的参考实体。选取上视基准面作为基准面 4 的参考实体。

（3）定义偏移方向及距离。选中 ☑ 反转 复选框，输入偏移距离值 22。

（4）单击 ✓ 按钮，完成基准面 4 的创建。

Step 19 创建图 42.26 所示的旋转 1。

（1）选择下拉菜单 插入(I) ➡ 凸台/基体(B) ➡ 旋转(R)... 命令。

（2）选取基准面 3 作为草绘基准面，绘制图 42.27 所示的横断面草图。

（3）定义旋转轴线。采用草图中绘制的中心线作为旋转轴线（此时旋转对话框中显示所选中心线的名称）。

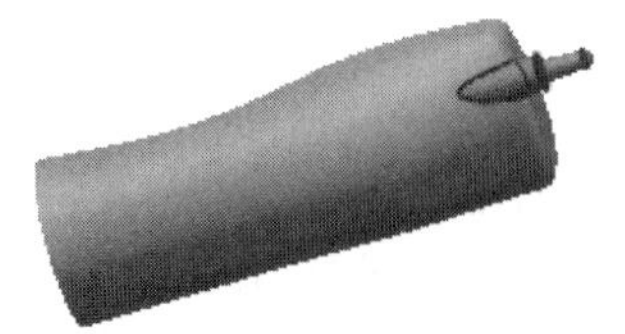

图 42.26　旋转 1

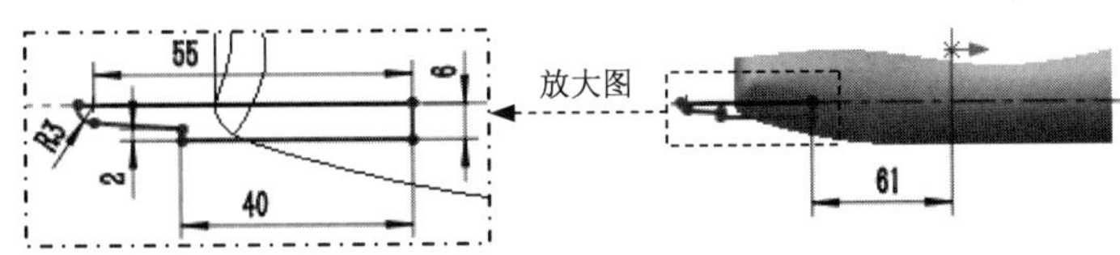

图 42.27　横断面草图（草图 8）

（4）定义旋转属性。在“旋转”对话框的方向1区域的下拉列表框中选择给定深度选项，在文本框中输入数值 360.0。

（5）单击对话框中的按钮，完成旋转 1 的创建。

Step 20　创建图 42.28b 所示的圆角 2。选择下拉菜单插入(I) → 特征(F) → 圆角(F)...命令，选取图 42.28a 所示的边链为要圆角的对象，输入半径值 2.0。

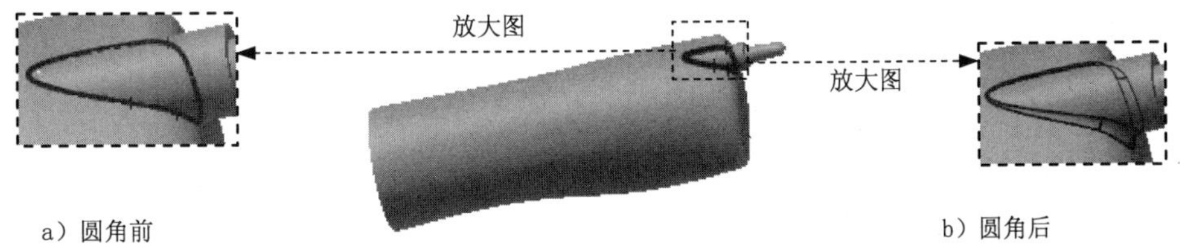

a）圆角前　　b）圆角后

图 42.28　圆角 2

Step 21　创建图 42.29 所示的草图 11。选择下拉菜单插入(I) → 草图绘制命令，选取图 42.30 所示的模型表面为草绘基准面，绘制图 42.29 所示的草图。

Step 22　创建图 42.31 所示的草图 12。选择下拉菜单插入(I) → 草图绘制命令，选取上视基准面为草图基准面，绘制图 42.31 所示的草图。

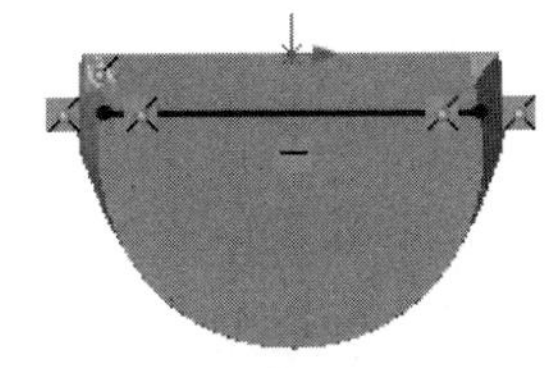

图 42.29　草图 11

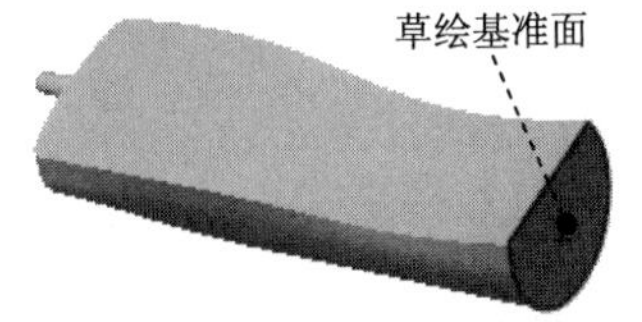

图 42.30　定义草图平面

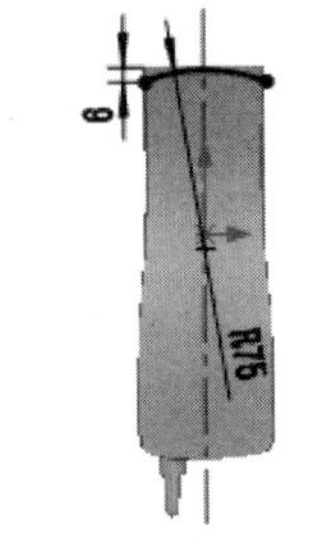

图 42.31　草图 12

Step 23　创建图 42.32 所示的边界-曲面 2。

（1）选择命令。选择下拉菜单插入(I) → 曲面(S) → 边界曲面(B)...命令。

（2）定义方向 1 的边界曲线。依次选择草图 11 和草图 12 为方向1的边界曲线。

（3）单击对话框中的按钮，完成边界-曲面 2 的创建。

Step 24　创建图 42.33 所示的使用曲面切除 1。

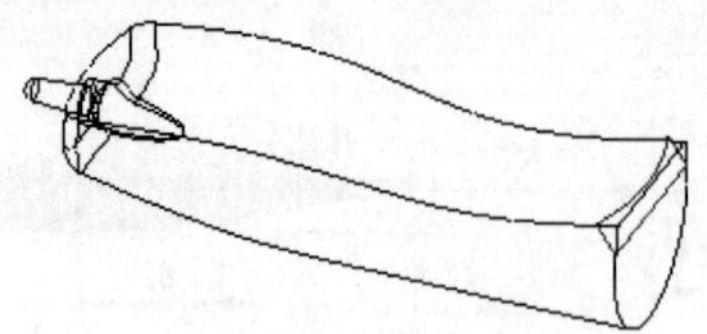
图 42.32 边界-曲面 2

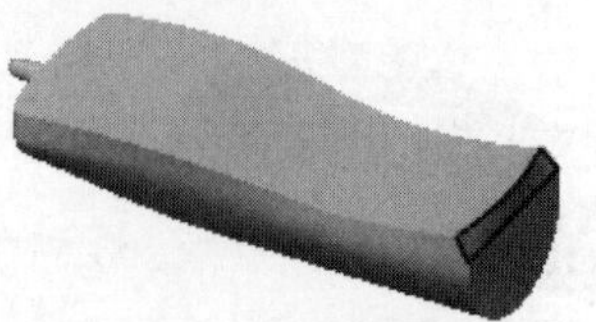
图 42.33 使用面切除 1

（1）选择命令。选择下拉菜单 插入(I) → 切除(C) → 使用曲面(W)... 命令。

（2）定义切除工具。单击激活 **曲面切除参数(P)** 区域中的文本框，选取边界-曲面 2 为切除工具。

（3）单击对话框中的 ✔ 按钮，完成使用面切除 1 的创建。

Step 25 创建图 42.34 所示的基准面 5。选择下拉菜单 插入(I) → 参考几何体(G) → 基准面(P)... 命令，选取上视基准面作为基准面 5 的参考实体，输入偏移距离值 5。

Step 26 创建图 42.35 所示的基准面 6。选择下拉菜单 插入(I) → 参考几何体(G) → 基准面(P)... 命令，选取上视基准面作为基准面 6 的参考实体，输入偏移距离值 1.5，并选中 ☑ 反转 复选框。

Step 27 创建图 42.36 所示的基准面 7。选择下拉菜单 插入(I) → 参考几何体(G) → 基准面(P)... 命令，选取基准面 5 作为基准面 7 的参考实体，输入偏移距离值 35。

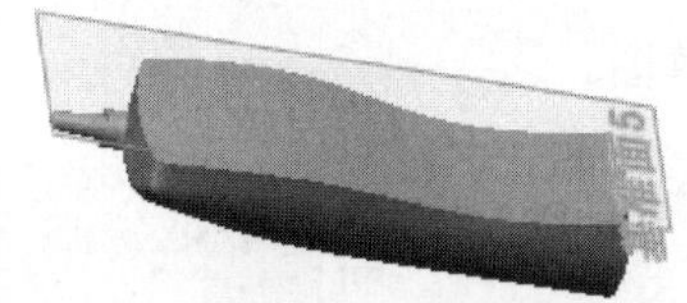

图 42.34 基准面 5

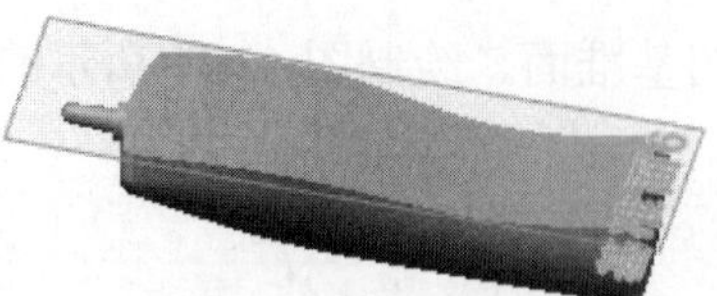

图 42.35 基准面 6

图 42.36 基准面 7

Step 28 创建图 42.37 所示的切除-旋转 1。

（1）选择下拉菜单 插入(I) → 切除(C) → 旋转(R)... 命令。

（2）选取右视基准面作为草绘平面，绘制图 42.38 所示的横断面草图（包括中心线）。

（3）定义旋转轴线。采用图 42.38 中绘制的中心线作为旋转轴线。

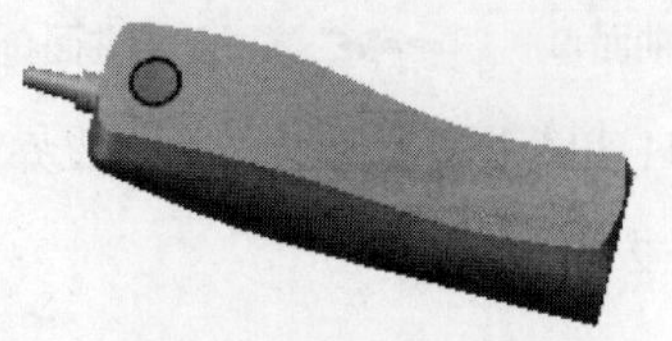
图 42.37 切除-旋转 1

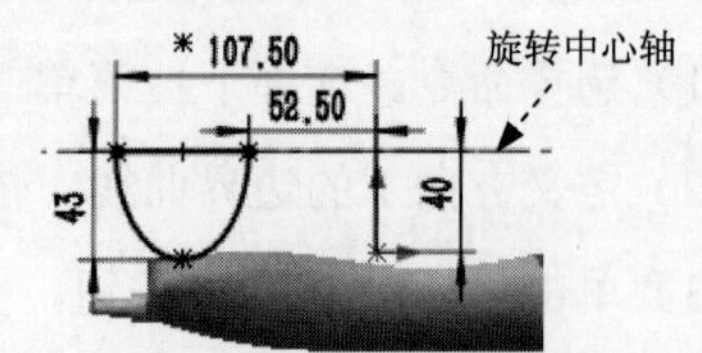

图 42.38 横断面草图（草图 13）

（4）在 方向1 区域的 下拉列表框中选择 给定深度 选项，在 文本框中输入数值 360.0。

（5）单击 按钮，完成切除-旋转 1 的创建。

Step 29 创建图 42.39 所示的切除-拉伸 2。

（1）选择下拉菜单 插入(I) → 切除(C) → 拉伸(E)... 命令。

（2）选取基准面 5 作为草图平面，绘制图 42.40 所示的横断面草图。

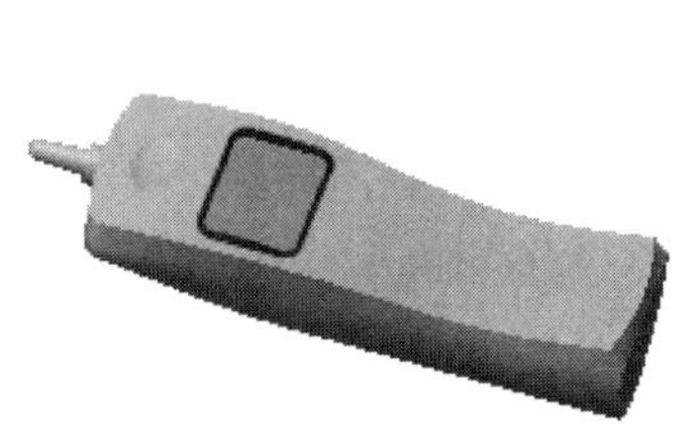

图 42.39 切除-拉伸 2

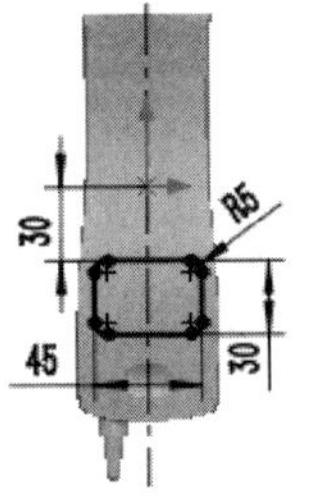

图 42.40 横断面草图（草图 14）

（3）在“凸台-拉伸”对话框的 方向1 区域的 下拉列表框中选择 成形到一面 选项，然后选取基准面 6 为终止面。

（4）单击 按钮，完成切除-拉伸 2 的创建。

Step 30 创建图 42.41 所示的拔模特征。

（1）选择下拉菜单 插入(I) → 特征(F) → 拔模(D) 命令。

（2）在“拔模”对话框 拔模类型(T) 区域中选中 中性面(E) 单选按钮。

（3）定义拔模面。单击激活 拔模面(F) 区域中的文本框，选择图 42.42 所示的模型表面 2 为中性面。

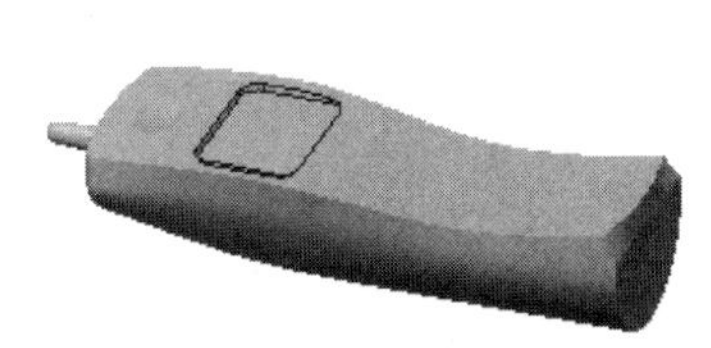

图 42.41 拔模

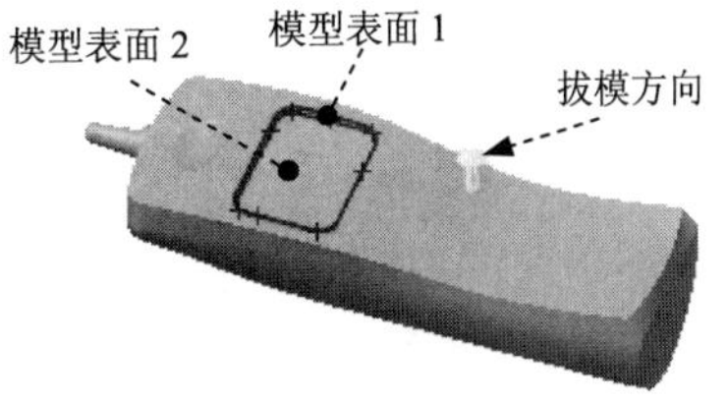

图 42.42 定义拔模面

（4）定义拔模的中性面。单击激活 中性面(N) 区域中的文本框，选择图 42.42 所示的模型表面 1 为拔模面。

（5）定义拔模属性。拔模方向如图 42.42 所示，在 拔模角度(G) 区域中的 文本框中输入角度值 30.0。

（6）单击 按钮，完成拔模 1 的创建。

Step 31 创建图 42.43b 所示的圆角 3。选择下拉菜单 插入(I) → 特征(F) → 圆角(F)... 命令，选取图 42.43a 所示的边链为要圆角的对象，输入半径值 1.0。

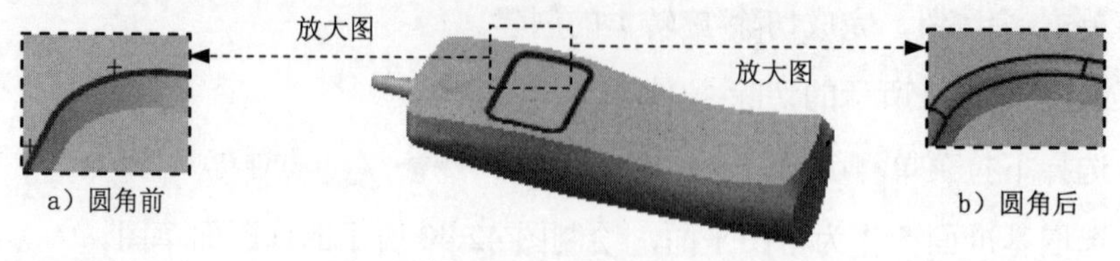

图 42.43 圆角 3

Step 32 创建图 42.44 所示的曲面-拉伸 3。

（1）选择下拉菜单 插入(I) → 曲面(S) → 拉伸曲面(E)... 命令。

（2）选取右视基准面为草图基准面，绘制图 42.45 所示的横断面草图。

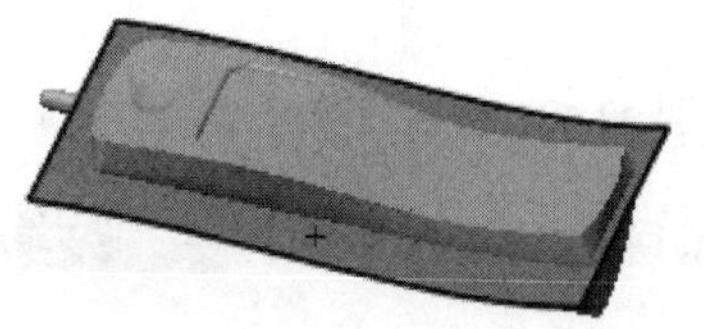

图 42.44 曲面-拉伸 3

图 42.45 横断面草图（草图 15）

（3）在“拉伸”对话框 方向 1 区域的下拉列表框中选择 两侧对称 选项，在 D1 文本框中输入数值 100。

（4）单击对话框中的 ✓ 按钮，完成曲面-拉伸 3 的创建。

Step 33 创建图 42.46 所示的切除-旋转 2。

（1）选择下拉菜单 插入(I) → 切除(C) → 旋转(R)... 命令。

（2）选取右视基准面作为草图平面，绘制图 42.47 所示的横断面草图（包括中心线）。

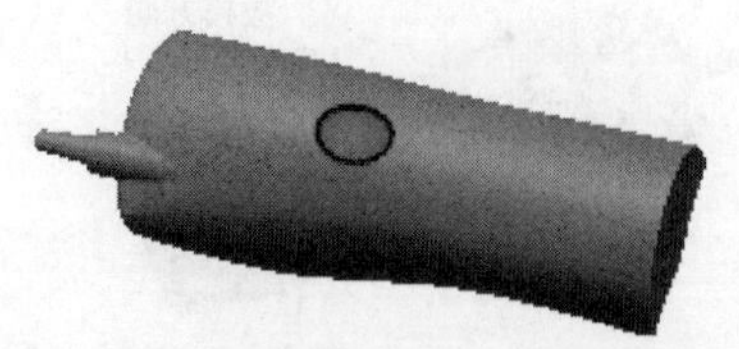

图 42.46 切除-旋转 2

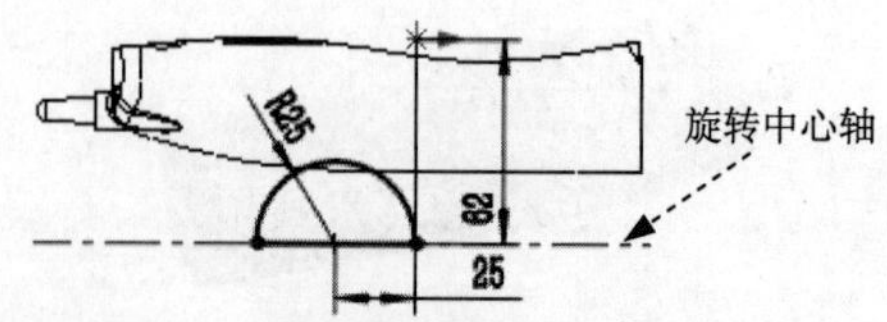

图 42.47 横断面草图（草图 16）

（3）定义旋转轴线。采用图 42.47 中绘制的中心线作为旋转轴线。

（4）在 方向 1 区域的下拉列表框中选择 给定深度 选项，在文本框中输入数值 360.0。

（5）单击 ✓ 按钮，完成切除-旋转 2 的创建。

Step 34 创建图 42.48 所示的基准面 8。选择下拉菜单 插入(I) → 参考几何体(G) → 基准面(P)... 命令，选取上视基准面作为基准面 8 的参考实体，输入偏移距离值 47，并选中 ☑反转 复选框。

Step 35 创建图 42.49 所示的曲面-拉伸 4。

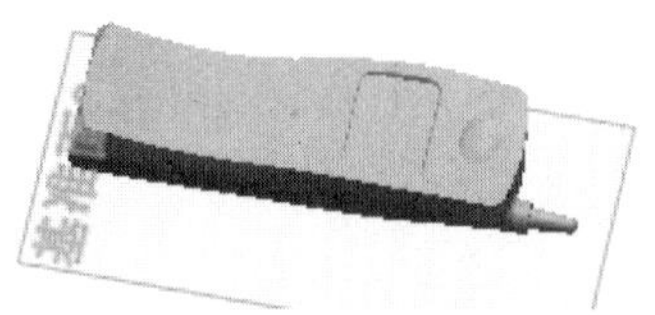

图 42.48 基准面 8

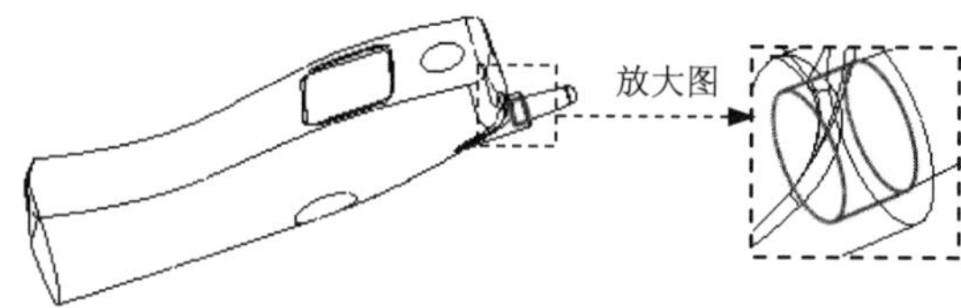

图 42.49 曲面-拉伸 4

（1）选择下拉菜单 插入(I) → 曲面(S) → 拉伸曲面(E)... 命令。

（2）选取图 42.50 所示平面作为草图基准面，绘制图 42.51 所示的横断面草图。

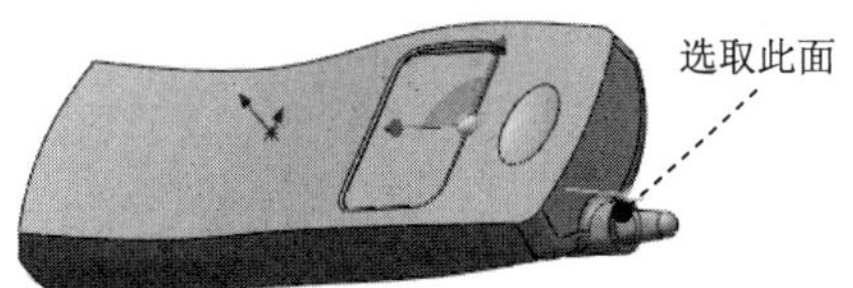

图 42.50 草绘平面

图 42.51 横断面草图（草图 17）

（3）在 方向 1 区域中单击 按钮，并在其后的下拉列表框中选择 给定深度 选项，在 文本框中输入数值 5。

（4）单击对话框中的 ✔ 按钮，完成曲面-拉伸 4 的创建。

Step 36 创建图 42.52 所示的基准面 9。选取基准面 2 作为基准面 9 的参考实体，输入偏移距离值 3。

Step 37 创建图 42.53 所示的曲面-拉伸 5。

（1）选择下拉菜单 插入(I) → 曲面(S) → 拉伸曲面(E)... 命令。

（2）选取基准面 4 为草绘基准面，绘制图 42.54 所示的横断面草图。

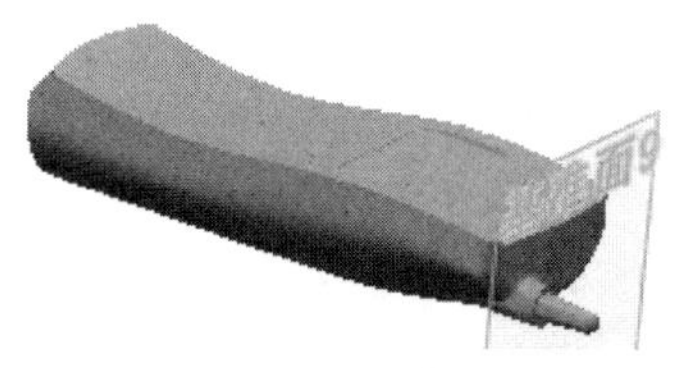

图 42.52 基准面 9

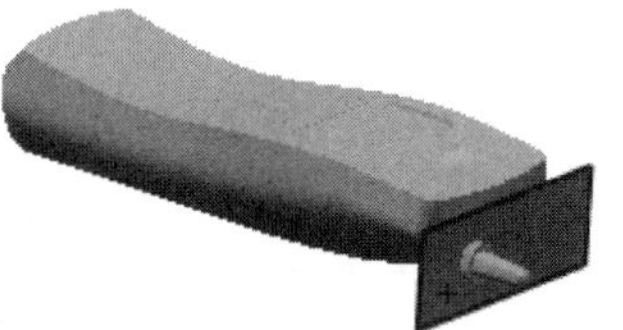

图 42.53 曲面-拉伸 5

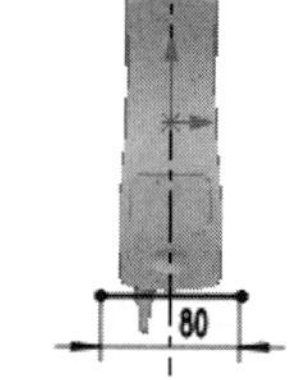

图 42.54 横断面草图（草图 18）

（3）在“拉伸”对话框 方向 1 区域的下拉列表框中选择 两侧对称 选项，在 文本框中输入数值 30。

（4）单击对话框中的 ✔ 按钮，完成曲面-拉伸 5 的创建。

5 Chapter

Step 38 创建图 42.55 所示的曲面-剪裁 1。

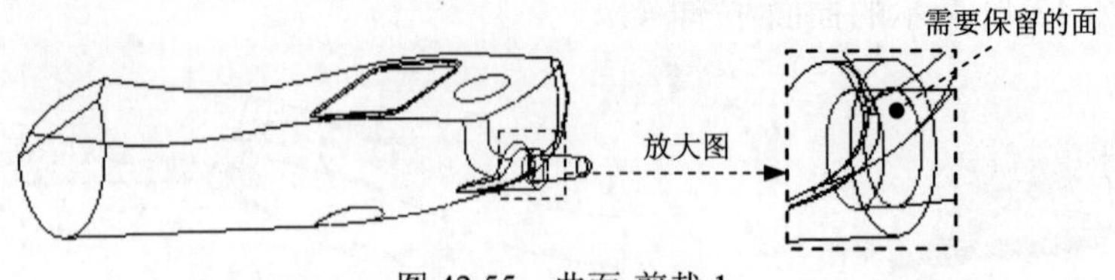

图 42.55 曲面-剪裁 1

（1）选择下拉菜单 插入(I) → 曲面(S) → 剪裁曲面(T)... 命令。

（2）定义剪裁类型。在对话框的 剪裁类型(T) 区域中选中 ⊙ 相互(M) 单选按钮。

（3）定义剪裁参数。

① 定义剪裁工具。在设计树中选取曲面-拉伸 4 和曲面-拉伸 5 为剪裁曲面。

② 定义选择方式。选中 ⊙ 保留选择(K) 单选按钮，然后选取图 42.55 所示的曲面为需要保留的部分。

（4）单击对话框中的 ✓ 按钮，完成曲面-剪裁 1 的创建。

Step 39 创建图 42.56b 所示的圆角 4。选取图 42.56a 所示的边线为圆角对象，在 文本框中输入数值 6。

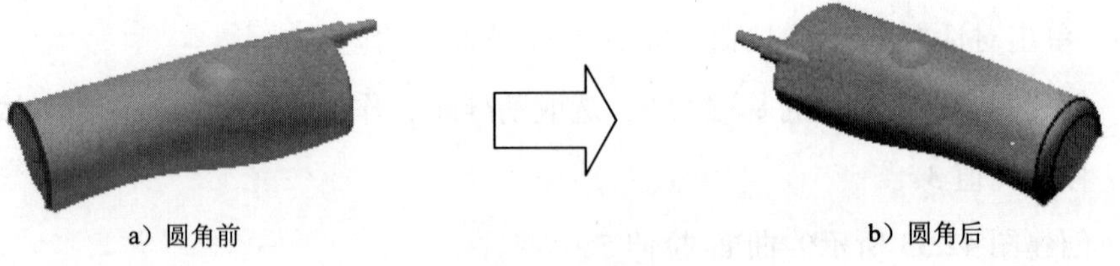

a）圆角前　　b）圆角后

图 42.56 圆角 4

Step 40 创建图 42.57b 所示的圆角 5。选取图 42.57a 所示的边链为圆角对象，在 文本框中输入数值 2.5。

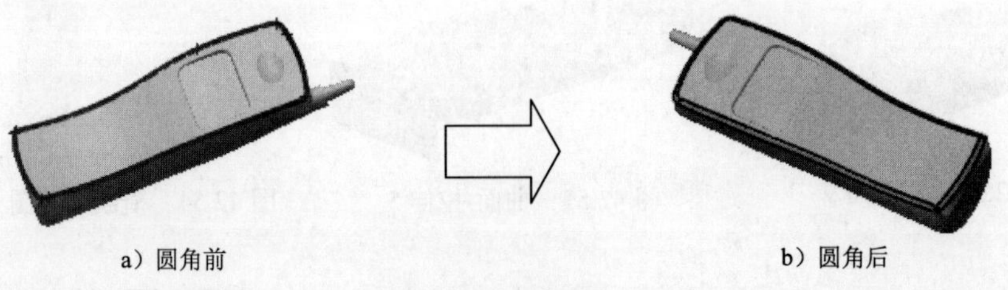

a）圆角前　　b）圆角后

图 42.57 圆角 5

Step 41 创建图 42.58b 所示的圆角 6。选取图 42.58a 所示的边线为圆角对象，在 文本框中输入数值 3。

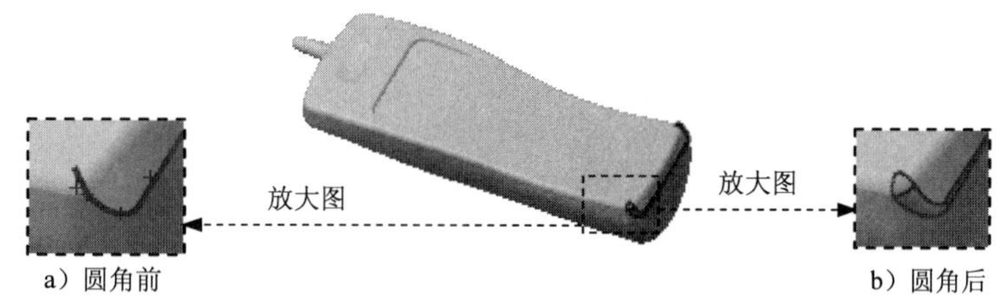

图 42.58 圆角 6

Step 42 创建图 42.59 所示的基准面 10。选择下拉菜单 插入(I) ➡ 参考几何体(G) ➡ 基准面(P)... 命令，选取前视基准面作为基准面 10 的参考实体，输入偏移距离值 64，并选中 ☑ 反转 复选框。

Step 43 创建图 42.60 所示的基准面 11。选取右视基准面作为基准面 11 的参考实体，输入偏移距离值 20。

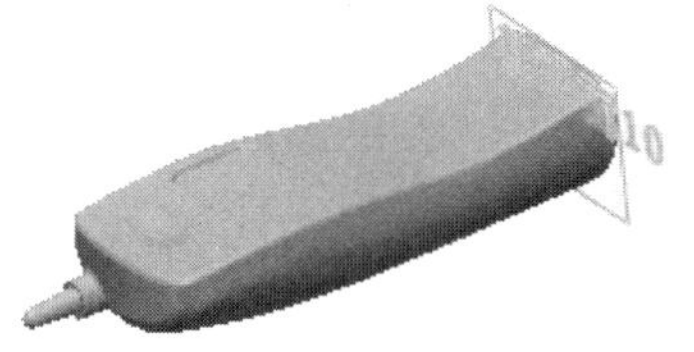

图 42.59 基准面 10

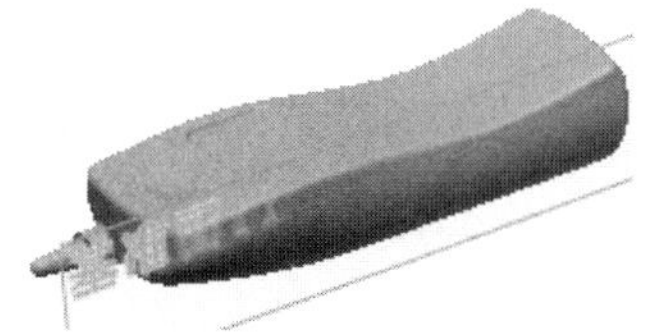

图 42.60 基准面 11

Step 44 创建图 42.61 所示的基准面 12。选取前视基准面作为基准面 12 的参考实体，输入偏移距离值 87。

Step 45 创建图 42.62 所示的基准面 13。选取右视基准面作为基准面 13 的参考实体，输入偏移距离值 20，并选中 ☑ 反转 复选框。

图 42.61 基准面 12

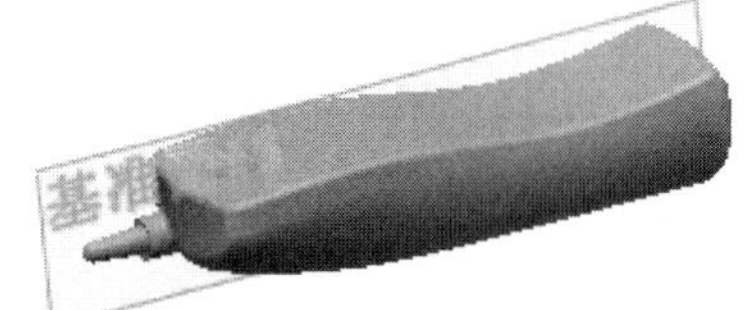

图 42.62 基准面 13

Step 46 创建基准轴 1（注：本步的详细操作过程请参见随书光盘中 video\ins42\ch42.02\reference\文件下的语音视频讲解文件 first-02-r01.avi）。

Step 47 创建基准轴 2（注：本步的详细操作过程请参见随书光盘中 video\ins42\ch42.02\reference\文件下的语音视频讲解文件 first-02-r02.avi）。

Step 48 创建基准轴 3（注：本步的详细操作过程请参见随书光盘中 video\ins42\ch42.02\reference\文件下的语音视频讲解文件 first-02-r03.avi）。

Step 49 保存模型文件。选择下拉菜单 文件(F) ➡ 保存(S) 命令，将模型文件命名为 first.SLDPRT，然后关闭模型。

42.3 创建二级控件 1

模型和设计树如图 42.63 所示。

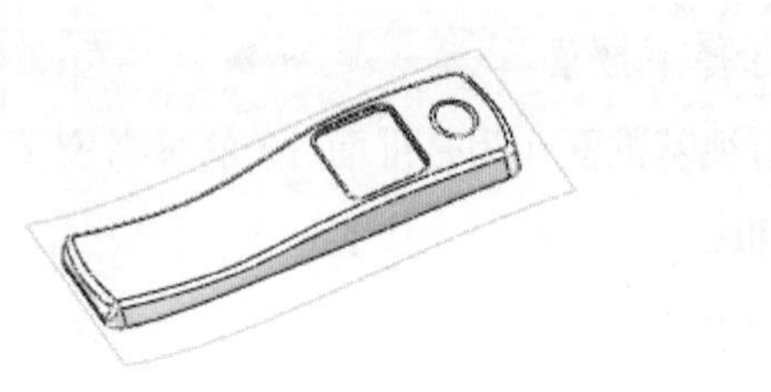

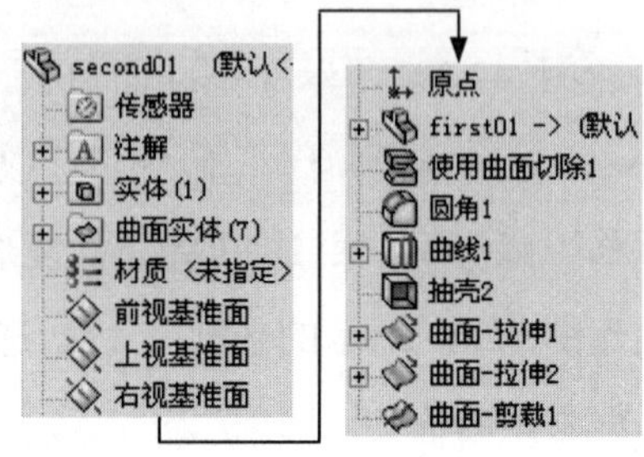

图 42.63 模型和设计树

Step 1 新建一个装配文件。选择下拉菜单 文件(F) ➡ 新建(N)... 命令，在弹出的“新建 SolidWorks 文件”对话框中选择“装配体”选项，单击 确定 按钮，进入装配环境。

Step 2 添加 first 零件。

（1）引入零件。进入装配环境后，系统会自动弹出“插入零部件”对话框，单击“插入零部件”对话框中的 浏览(B)... 按钮，在弹出的“打开”对话框中选取 first.SLDPRT 文件，单击 打开(O) 按钮。

（2）单击对话框中的 ✓ 按钮，将零件固定在系统默认位置。

Step 3 保存装配体。选择下拉菜单 文件(F) ➡ 保存(S) 命令，将装配体文件命名为 handset.SLDASM。

Step 4 在装配中创建新零件。

选择下拉菜单 插入(I) ➡ 零部件(O) ➡ 新零件(N)... 命令，设计树中会增加一个固定的零件，如图 42.64 所示。

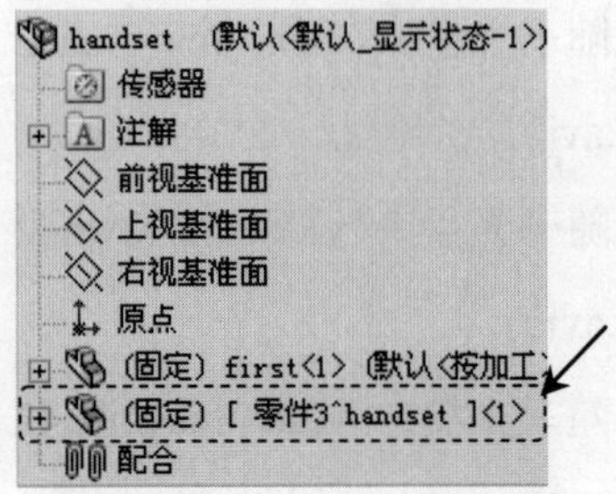

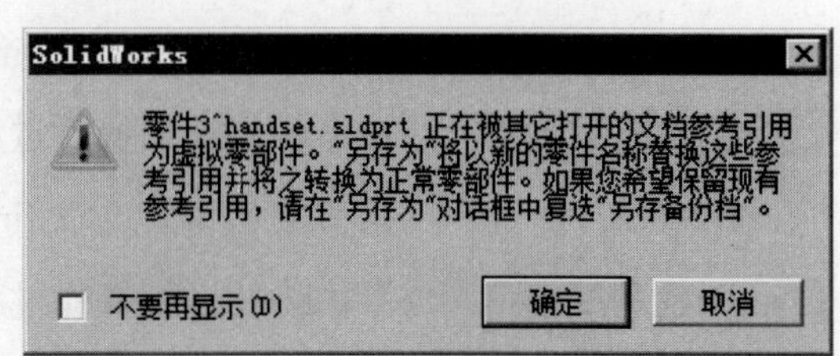

图 42.64 设计树新增零件及 SolidWorks 对话框

Step 5 在设计树中右击刚才新建的零件，从弹出的快捷菜单中选择命令，系统进入空白界面。选择下拉菜单 文件(F) → 另存为(A)... 命令，系统弹出如图 42.64 所示的 SolidWorks 对话框，单击 确定 按钮。将新的零件命名为 second_01.SLDPRT。

Step 6 引入零件，如图 42.65 所示。

（1）选择下拉菜单 插入(I) → 零件(A)… 命令。在系统弹出的“打开”对话框中选择 first.SLDPRT 文件，单击 打开(O) 按钮。

（2）在系统弹出的“插入零件”对话框中的 **转移(T)** 区域选中 ☑ 实体(D)、☑ 曲面实体(S)、☑ 基准轴(A)、☑ 基准面(P) 复选框。

（3）单击“插入零件”对话框中的 ✔ 按钮，完成 first 的引入。

Step 7 创建图 42.66 所示的使用曲面切除 1。

（1）选择命令。选择下拉菜单 插入(I) → 切除(C) → 使用曲面(W)... 命令。

（2）定义切除工具。单击激活 **曲面切除参数(P)** 区域中的文本框，选取图 42.67 所示的曲面为切除工具。

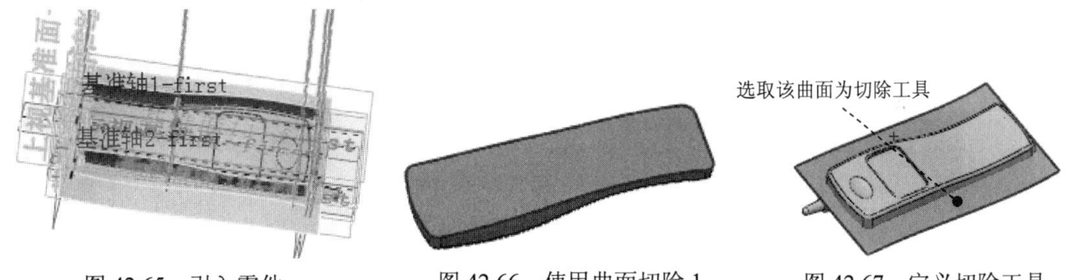

图 42.65 引入零件　　图 42.66 使用曲面切除 1　　图 42.67 定义切除工具

（3）单击对话框中的 ✔ 按钮，完成使用面切除 1 的创建。

Step 8 创建图 42.68b 所示的圆角 1。选取图 42.68a 所示的边链为圆角对象，在文本框中输入数值 5。

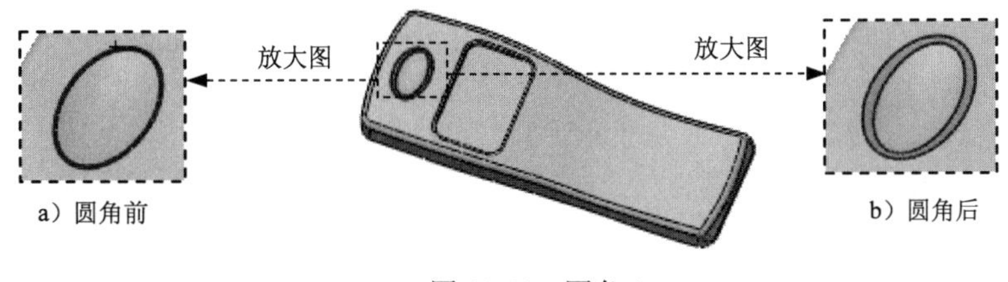

图 42.68 圆角 1

Step 9 创建图 42.69 所示的草图 2。选择下拉菜单 插入(I) → 草图绘制 命令；选取上视基准面为草图基准面，绘制图 42.69 所示的草图。

Step 10 创建图 42.70 所示的投影曲线 1。

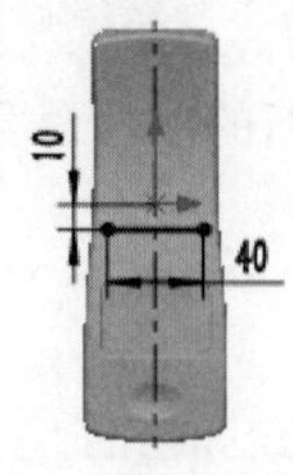

图 42.69 草图 2

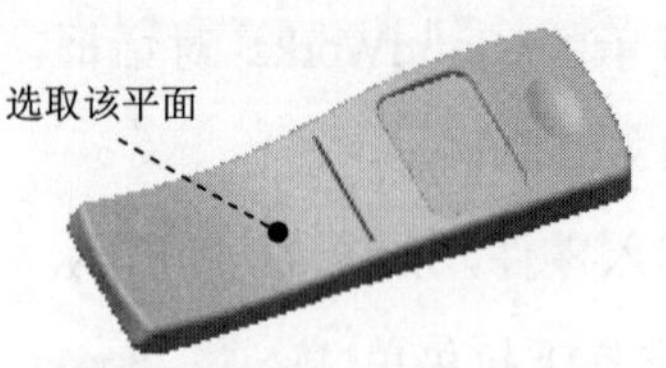

图 42.70 投影曲线 1

（1）选择下拉菜单 插入(I) → 曲线(U) → 投影曲线(P)... 命令。

（2）在 选择(S) 区域中选中 ⊙ 面上草图(K) 单选按钮，然后选取草图 2 为要投影的对象，选取图 42.70 所示的模型表面为投影面，并选中 ☑ 反转投影(R) 复选框。

（3）单击对话框中的 ✔ 按钮，完成投影曲线 1 的创建。

Step 11 创建图 42.71b 所示的抽壳 1。

（1）选择下拉菜单 插入(I) → 特征(F) → 抽壳(S). 命令。

（2）选取图 42.71a 所示的模型表面为要移除的面，输入壁厚值 1.0。

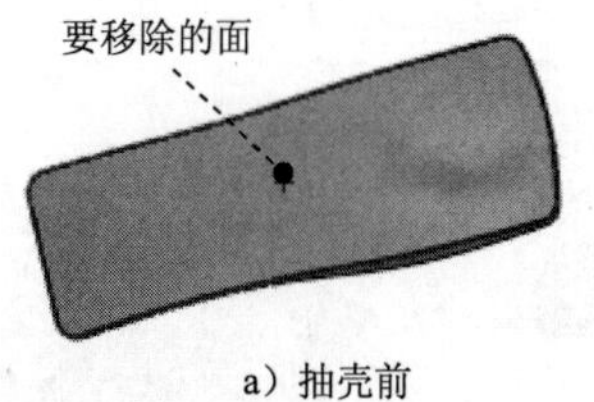

a）抽壳前

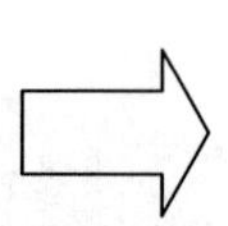

b）抽壳后

图 42.71 抽壳 1

（3）单击对话框中的 ✔ 按钮，完成抽壳 1 的创建。

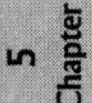

Step 12 创建图 42.72 所示的曲面-拉伸 1。

（1）选择下拉菜单 插入(I) → 曲面(S) → 拉伸曲面(E)... 命令。

（2）选取右视基准面为草图基准面，绘制图 42.73 所示的横断面草图。

图 42.72 曲面-拉伸 1

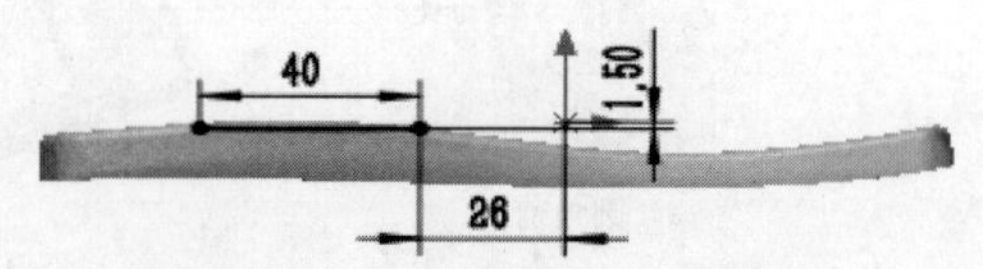

图 42.73 横断面草图（草图 3）

（3）在 方向 1 区域的下拉列表框中选择 两侧对称 选项，在 D1 文本框中输入数值 52。

（4）单击对话框中的 ✔ 按钮，完成曲面-拉伸 1 的创建。

Step 13　创建图 42.74 所示的曲面-拉伸 2。

（1）选择下拉菜单 插入(I) → 曲面(S) → 拉伸曲面(E)... 命令。

（2）选取图 42.74 所示的模型表面为草图基准面，绘制图 42.75 所示的横断面草图。

（3）在 方向 1 区域的下拉列表框中选择 给定深度 选项，在 D1 文本框中输入数值 5。

（4）单击对话框中的 ✔ 按钮，完成曲面-拉伸 2 的创建。

Step 14　创建图 42.76 所示的曲面-剪裁 1。

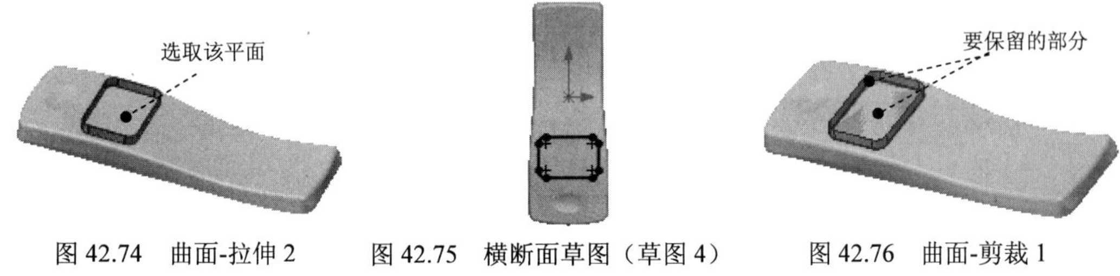

图 42.74　曲面-拉伸 2　　图 42.75　横断面草图（草图 4）　　图 42.76　曲面-剪裁 1

（1）选择下拉菜单 插入(I) → 曲面(S) → 剪裁曲面(T)... 命令。

（2）定义剪裁类型。在对话框的 剪裁类型(T) 区域中选中 ⊙ 相互(M) 单选按钮。

（3）定义剪裁参数。

① 定义剪裁工具。选择曲面-拉伸 1 和曲面-拉伸 2 为剪裁工具。

② 定义选择方式。选中 ⊙ 保留选择(K) 单选按钮，然后选取图 42.76 所示的曲面为需要保留的部分。

（4）单击对话框中的 ✔ 按钮，完成曲面-剪裁 1 的创建。

Step 15　保存模型文件。选择下拉菜单 文件(F) → 保存(S) 命令，将模型存盘。

42.4　创建二级控件 2

模型和设计树如图 42.77 所示。

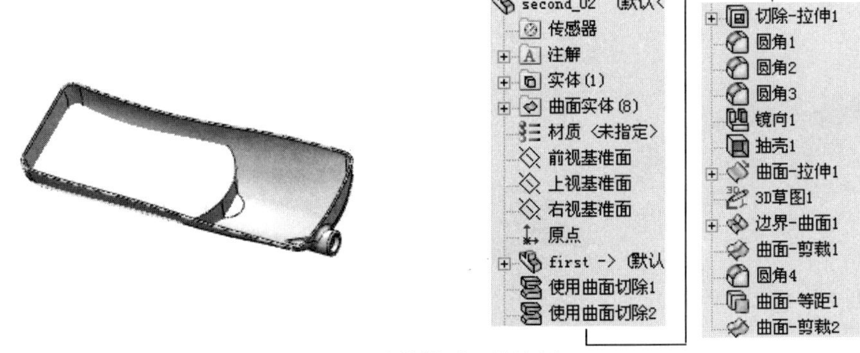

图 42.77　零件模型和设计树

Step 1 在装配中创建新零件。选择下拉菜单 插入(I) → 零部件(O) → 新零件(N)... 命令，设计树中会增加一个固定的零件，如图 42.78 所示。

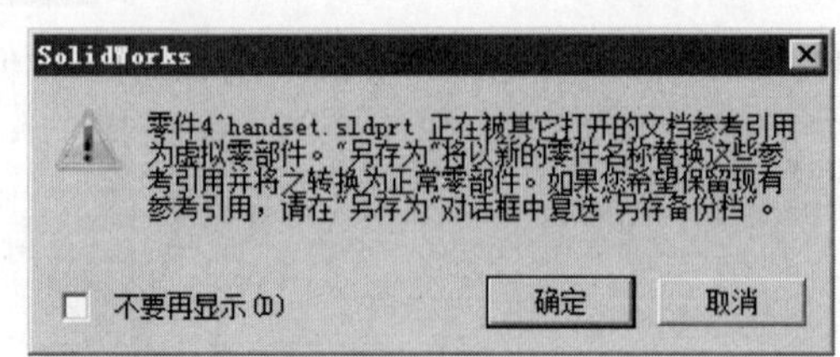

图 42.78 设计树新增零件及 SolidWorks 对话框

Step 2 在设计树中右击刚才新建的零件，从弹出的快捷菜单中选择命令，系统进入空白界面。选择下拉菜单 文件(F) → 另存为(A)... 命令，系统弹出图 42.78 所示的 SolidWorks 对话框，单击该对话框中的 确定 按钮，将新的零件命名为 second_02.LDPRT，并保存模型。

Step 3 引入零件，如图 42.79 所示。

（1）选择下拉菜单 插入(I) → 零件(A)··· 命令。在系统弹出的“打开”对话框中选择 first.sldprt 文件，单击 打开(O) 按钮。

（2）在系统弹出的“插入零件”对话框中的 转移(T) 区域选中 ☑ 实体(D)、☑ 曲面实体(S)、☑ 基准轴(A)、☑ 基准面(P) 复选框。

（3）单击“插入零件”对话框中的 ✓ 按钮，完成 first 的引入。

Step 4 创建图 42.80 所示的使用曲面切除 1。

（1）选择命令。选择下拉菜单 插入(I) → 切除(C) → 使用曲面(W)... 命令。

（2）定义切除工具。单击按钮，并激活 曲面切除参数(P) 区域中的文本框，选取图 42.81 所示的曲面为切除工具。

图 42.79 引入零件　　图 42.80 使用曲面切除 1　　图 42.81 定义切除工具

（3）单击对话框中的 ✓ 按钮，完成使用面切除 1 的创建。

Step 5　创建图 42.82 所示的使用曲面切除 2。

（1）选择命令。选择下拉菜单 插入(I) ➡ 切除(C) ➡ 使用曲面(W)... 命令。

（2）定义切除工具。单击 按钮，并激活 曲面切除参数(P) 区域中的文本框，选取曲面-裁剪 1 为切除工具。

（3）单击对话框中的 ✓ 按钮，完成使用曲面切除 2 的创建。

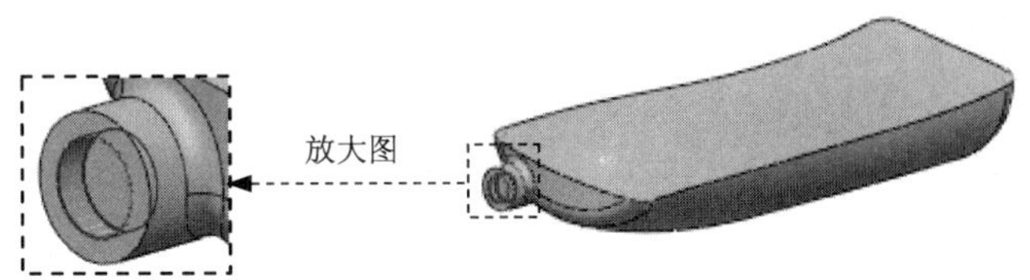

图 42.82　使用曲面切除 2

Step 6　创建图 42.83 所示的切除-拉伸 1。

（1）选择下拉菜单 插入(I) ➡ 切除(C) ➡ 拉伸(E)... 命令。

（2）选取基准面 1 作为草绘基准面，绘制图 42.84 所示的横断面草图。

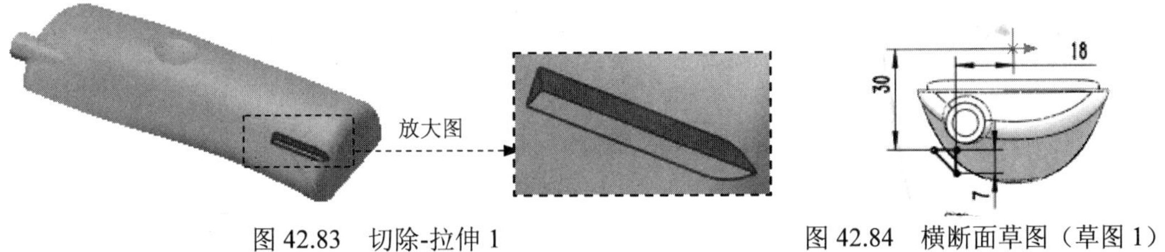

图 42.83　切除-拉伸 1　　图 42.84　横断面草图（草图 1）

（3）在 方向 1 区域中单击 按钮，并在其后的下拉列表框中选择 给定深度 选项，在 D1 文本框中输入深度值 30。

（4）单击对话框中的 ✓ 按钮，完成切除-拉伸 1 的创建。

Step 7　创建图 42.85b 所示的圆角 1。选择下拉菜单 插入(I) ➡ 特征(F) ➡ 圆角(F)... 命令，选取图 42.85a 所示的边线为圆角对象，在 文本框中输入数值 1.0。

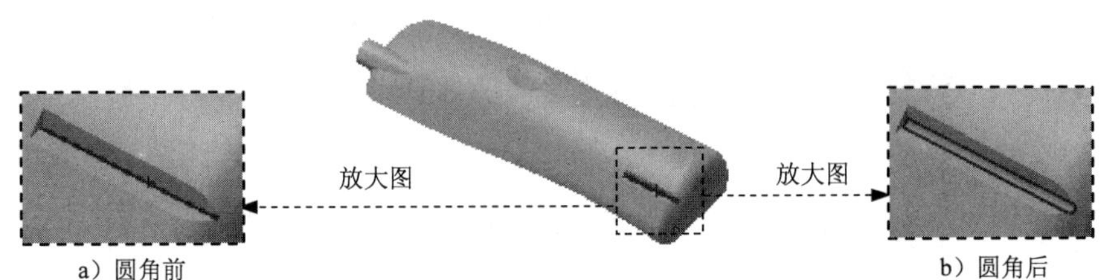

a）圆角前　　b）圆角后

图 42.85　圆角 1

Step 8　创建图 42.86b 所示的圆角 2。选择下拉菜单 插入(I) ➡ 特征(F) ➡

圆角(F)...命令，选取图 42.86a 所示的边线为圆角对象，在文本框中输入数值 0.5。

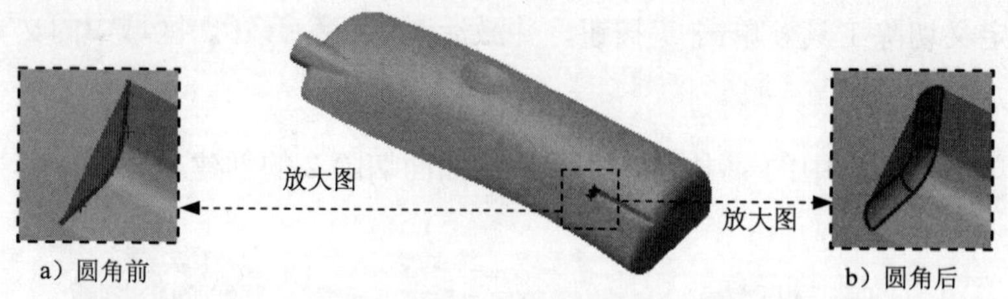

a）圆角前　b）圆角后

图 42.86　圆角 2

Step 9 创建图 42.87b 所示的圆角 3。选择下拉菜单 插入(I) → 特征(F) → 圆角(F)...命令，选取图 42.87a 所示的边链为圆角对象，在文本框中输入数值 2.0。

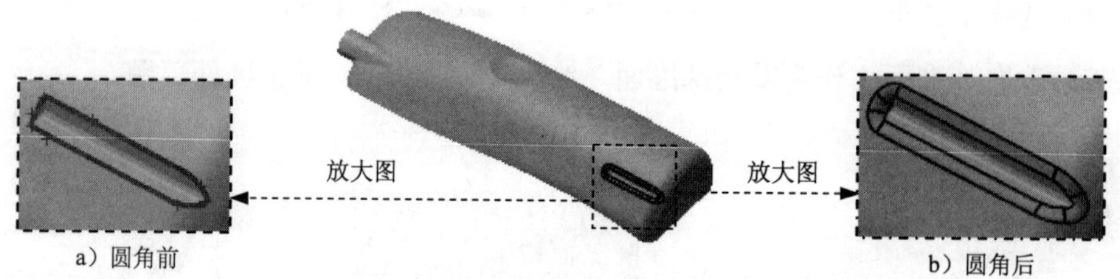

a）圆角前　b）圆角后

图 42.87　圆角 3

Step 10 创建图 42.88b 所示的镜像 1。

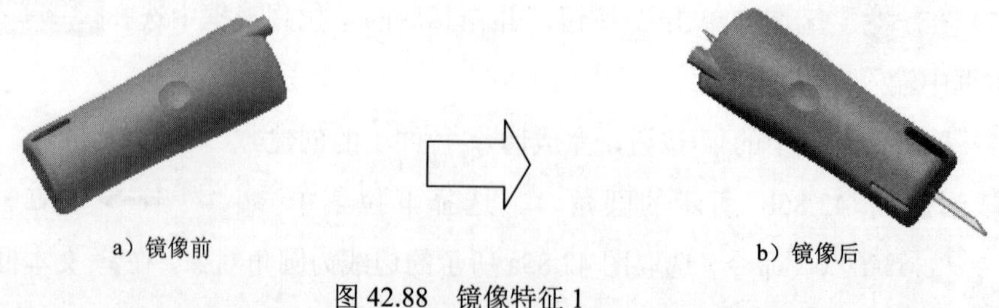

a）镜像前　b）镜像后

图 42.88　镜像特征 1

（1）选择下拉菜单 插入(I) → 阵列/镜向(E) → 镜向(M)...命令。

（2）在设计树中选择 右视基准面-first 为镜像基准面。

（3）在设计树中选择切除-拉伸 1、圆角 1、圆角 2 和圆角 3 为镜像 1 的对象。

（4）单击对话框中的按钮，完成镜像 1 的创建。

Step 11 创建图 42.89 所示的抽壳 1。

（1）选择下拉菜单 插入(I) → 特征(F) → 抽壳(S).命令。

（2）选取图 42.89a 中为要移除的面，输入壁厚值 1.0。

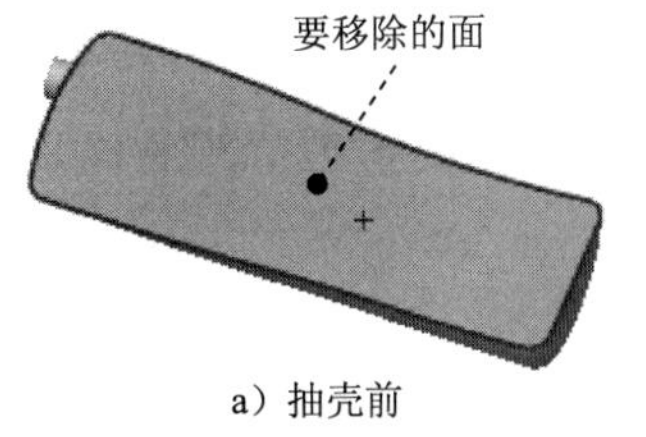

a）抽壳前

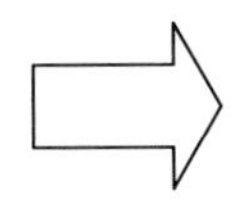

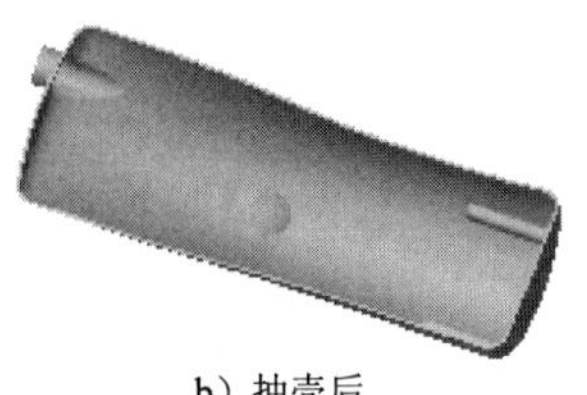
b）抽壳后

图 42.89 抽壳 1

（3）单击对话框中的✔按钮，完成抽壳 1 的创建。

Step 12 创建图 42.90 所示的曲面-拉伸 1。

（1）选择下拉菜单 插入(I) ➡ 曲面(S) ➡ 拉伸曲面(E)... 命令。

（2）在设计树中选取 右视基准面-first 为草绘基准面，绘制图 42.91 所示的草图（绘制的草图模型大致相同即可）。

（3）在"拉伸"对话框 方向 1 区域的下拉列表框中选择 两侧对称 选项，在 文本框中输入数值 70。

（4）单击对话框中的✔按钮，完成曲面-拉伸 1 的创建。

Step 13 创建图 42.92 所示的草图 3。选择下拉菜单 插入(I) ➡ 草图绘制 命令；在设计树中选取 上视基准面-first 为草绘基准面，绘制图 42.92 所示的草图。

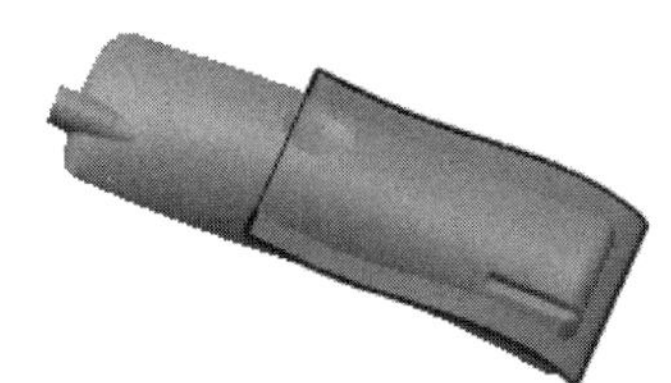
图 42.90 曲面-拉伸 1

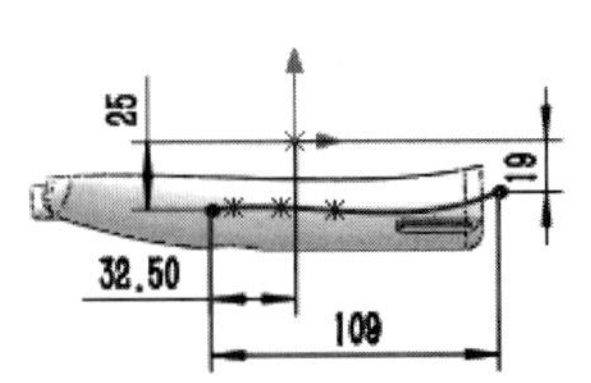

图 42.91 横断面草图（草图 2）

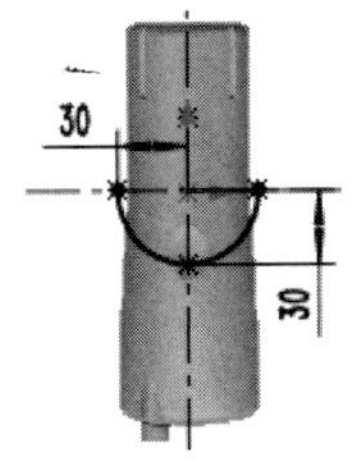

图 42.92 草图 3

Step 14 创建图 42.93 所示的投影曲线 1。

（1）选择下拉菜单 插入(I) ➡ 曲线(U) ➡ 投影曲线(P)... 命令。

（2）在 选择(S) 区域中选中 ⊙ 面上草图(K) 单选按钮，然后选取草图 3 为要投影的对象，选取图 42.93 所示的模型表面为投影面，并选中 ☑ 反转投影(R) 复选框。

（3）单击对话框中的✔按钮，完成投影曲线 1 的创建。

Step 15 创建图 42.94 所示的草图 4。选择下拉菜单 插入(I) ➡ 3D 草图 命令，在草绘环境中，绘制图 42.94 所示的草图。

Step 16 创建图 42.95 所示的草图 5。选择下拉菜单 插入(I) ➡ 草图绘制 命令；在设计树中选取 上视基准面-first 为草绘基准面，绘制图 42.95 所示的草图。

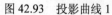

选取该曲面

图 42.93　投影曲线 1

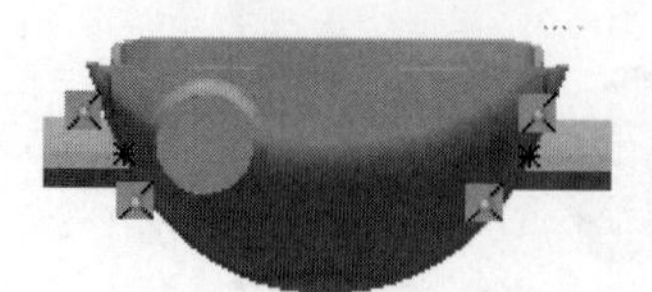

图 42.94　草图 4

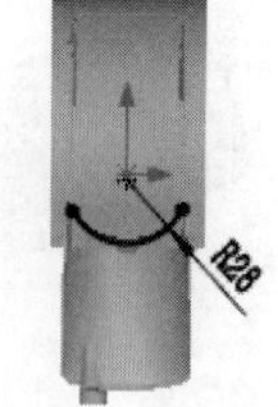

图 42.95　草图 5

Step 17　创建图 42.96 所示的投影曲线 2。

（1）选择下拉菜单 插入(I) → 曲线(U) → 投影曲线(P)... 命令。

（2）在 选择(S) 区域中选中 ⊙ 面上草图(K) 单选按钮，然后选取草图 5 为要投影的对象，选取图 42.96 所示的曲面-拉伸 1 为投影曲面，并选中 ☑ 反转投影(R) 复选框。

（3）单击对话框中的 ✓ 按钮，完成投影曲线 2 的创建。

Step 18　创建图 42.97 所示的边界-曲面 1。

（1）选择命令。选择下拉菜单 插入(I) → 曲面(S) → 边界曲面(B)... 命令，系统弹出“边界-曲面”对话框。

（2）定义方向 1 的边界曲线。依次选择曲线 1 和曲线 2 为 方向 1 的边界曲线。

（3）单击对话框中的 ✓ 按钮，完成边界-曲面 1 的创建。

Step 19　创建图 42.98 所示的曲面-剪裁 1。

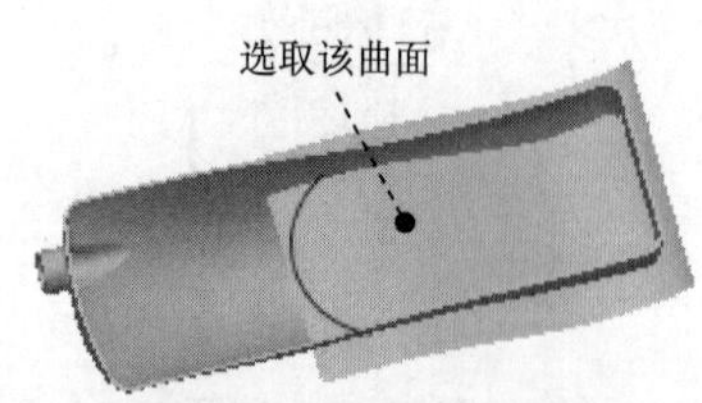

图 42.96　投影曲线 2

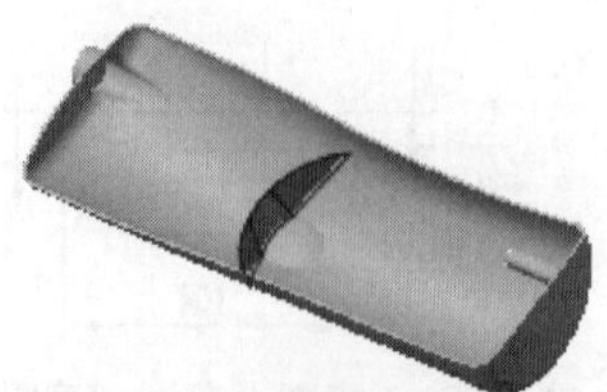

图 42.97　边界-曲面 1

图 42.98　曲面-剪裁 1

（1）选择下拉菜单 插入(I) → 曲面(S) → 剪裁曲面(T)... 命令。

（2）定义剪裁类型。在对话框的 剪裁类型(T) 区域中选中 ⊙ 相互(M) 单选按钮。

（3）定义剪裁参数。

① 定义剪裁工具。在设计树中选取曲面-拉伸 1 和边界-曲面 1 为剪裁曲面。

② 定义选择方式。选中 ⊙ 保留选择(K) 单选按钮，然后选取图 42.98 所示的曲面为需要保留的部分。

（4）单击对话框中的 ✓ 按钮，完成曲面-剪裁 1 的创建。

Step 20　创建图 42.99b 所示的圆角 4。选取图 42.99a 所示的边线为圆角对象，在 文本框中输入数值 1.0。

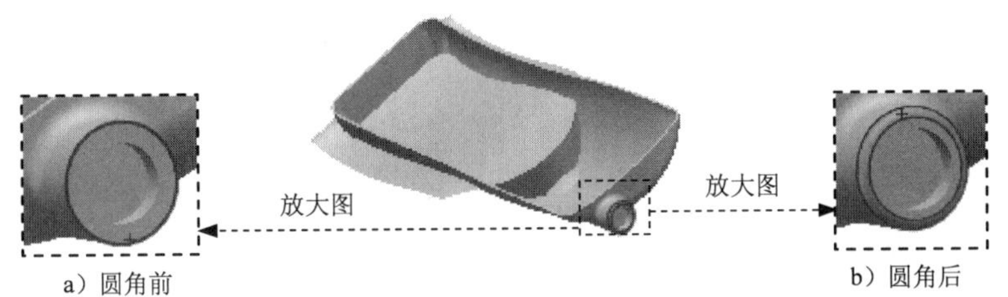

图 42.99　圆角 4

Step 21 创建图 42.100 所示的曲面-等距 1。

（1）选择下拉菜单 插入(I) → 曲面(S) → 等距曲面(O)... 命令。

（2）单击激活 等距参数(O) 区域中的文本框，选取图 42.100 所示的模型表面为参考面，并输入偏移距离值 0。

（3）单击对话框中的 ✓ 按钮，完成曲面-等距 1 的创建。

Step 22 创建图 42.101 所示的曲面-剪裁 2。

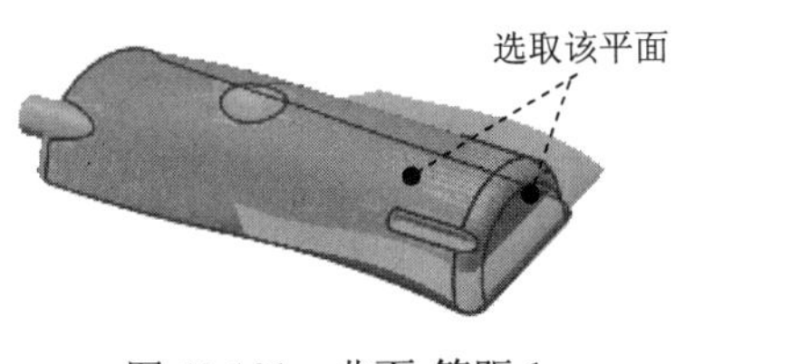

图 42.101　曲面-等距 1

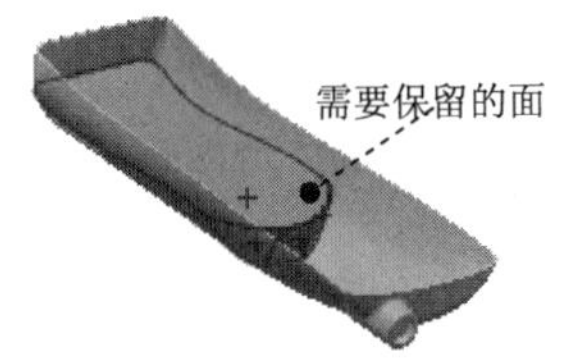

图 42.101　曲面-剪裁 2

（1）选择下拉菜单 插入(I) → 曲面(S) → 剪裁曲面(T)... 命令。

（2）定义剪裁类型。在对话框的 剪裁类型(T) 区域中选中 ⊙ 相互(M) 单选按钮。

（3）定义剪裁参数。

① 定义剪裁工具。在设计树中选取曲面-剪裁 1 和曲面-等距 1 为剪裁曲面。

② 定义选择方式。选中 ⊙ 保留选择(K) 单选按钮，然后选取图 42.101 所示的曲面为需要保留的部分。

（4）单击对话框中的 ✓ 按钮，完成曲面-剪裁 2 的创建。

Step 23 保存模型文件。选择下拉菜单 文件(F) → 保存(S) 命令，将模型存盘。

42.5　创建电话天线

下面讲解电话天线 1（Antenna）的创建过程，零件模型及设计树如图 42.102 所示。

Step 1 在装配中创建新零件。选择下拉菜单 插入(I) → 零部件(O) → 新零件(N)... 命令，设计树中会增加一个固定的零件。

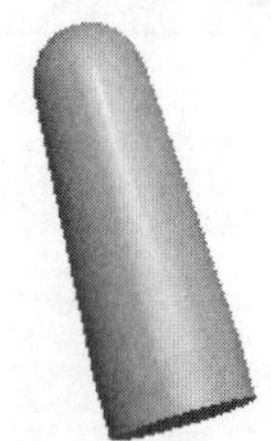

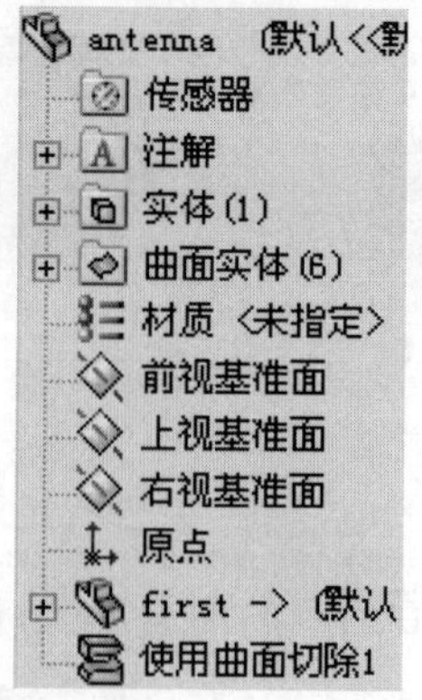

图 42.102　零件模型及设计树

Step 2　在设计树中右击新建的零件，从弹出的快捷菜单中选择命令，系统进入空白界面。选择下拉菜单 文件(F) → 另存为(A)... 命令，系统弹出“SolidWorks 2013”对话框，单击该对话框中的 确定 按钮，将新的零件命名为 Antenna.SLDPRT，并保存模型。

Step 3　引入零件。

（1）选择下拉菜单 插入(I) → 零件(A)… 命令。在系统弹出的“打开”对话框中选择 first.SLDPRT 文件，单击 打开(O) 按钮。

（2）在系统弹出的“插入零件”对话框中的 转移(T) 区域选中 ☑ 实体(D)、☑ 曲面实体(S)、☑ 基准轴(A)、☑ 基准面(P) 复选框。

（3）单击“插入零件”对话框中的 ✔ 按钮，完成 first 的引入。

Step 4　创建图 42.103 所示的使用面切除 1。

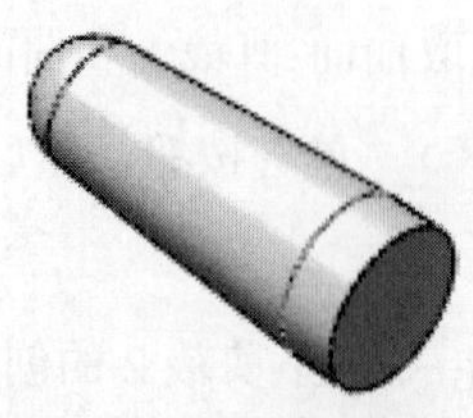

图 42.103　使用面切除 1

（1）选择命令。选择下拉菜单 插入(I) → 切除(C) → 使用曲面(W)... 命令。

（2）定义切除工具。单击激活 曲面切除参数(P) 区域中的文本框，在设计树中选取 <first>-<曲面-剪裁1> 为切除工具。

（3）单击对话框中的 ✔ 按钮，完成使用面切除 1 的创建。

42.6 创建电话下盖

下面讲解电话下盖（DOWN_COVER）的创建过程，零件模型及设计树如图 42.104 所示。

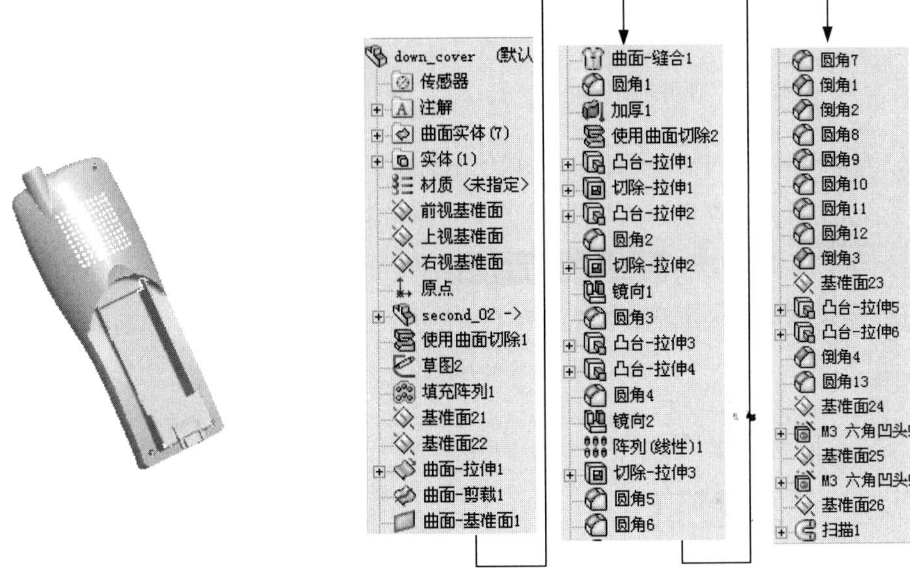

图 42.104 零件模型及设计树

Step 1 在装配中创建新零件。选择下拉菜单 插入(I) → 零部件(O) → 新零件(N)... 命令，设计树中会增加一个固定的零件。

Step 2 在设计树中右击新建的零件，从弹出的快捷菜单中选择 命令，系统进入空白界面。选择下拉菜单 文件(F) → 另存为(A)... 命令，系统弹出“SolidWorks 2013”对话框，单击该对话框中的 确定 按钮，将新的零件命名为 down_cover.SLDPRT，并保存模型。

Step 3 引入零件。

（1）选择下拉菜单 插入(I) → 零件(A)… 命令。在系统弹出的“打开”对话框中选择 second_02.SLDPRT 文件，单击 打开(O) 按钮。

（2）在系统弹出的“插入零件”对话框中的 转移(T) 区域选中 ☑ 实体(D)、☑ 曲面实体(S)、☑ 基准轴(A)、☑ 基准面(P) 复选框。

（3）单击“插入零件”对话框中的 ✔ 按钮，完成 second_02 的引入。

Step 4 创建图 42.105 所示的使用面切除 1。

（1）选择命令。选择下拉菜单 插入(I) → 切除(C) → 使用曲面(W)... 命令。

（2）定义切除工具。单击激活 曲面切除参数(P) 区域中的文本框，选取图 42.106 所示的曲面为切除工具。

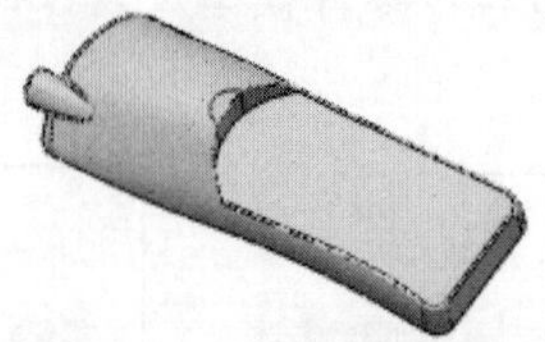
图 42.105　使用曲面切除 1

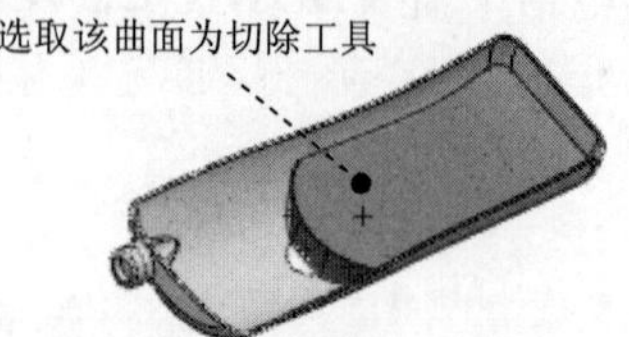

图 42.106　定义切除工具

（3）单击对话框中的 ✔ 按钮，完成使用曲面切除 1 的创建。

Step 5　创建图 42.107 所示的草图 2。选择下拉菜单 插入(I) → 草图绘制 命令；在设计树中选取 上视基准面-second_02 为草绘基准面，绘制图 42.107 所示的草图。

Step 6　创建图 42.108 所示的填充阵列 1。

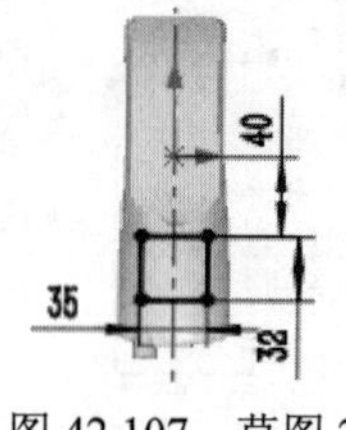

图 42.107　草图 2

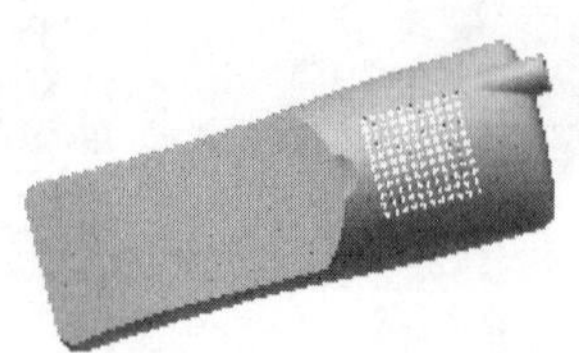
图 42.108　填充阵列

（1）选择下拉菜单 插入(I) → 阵列/镜向(E) → 填充阵列(F) 命令。

（2）定义阵列源特征。在 要阵列的特征(F) 区域中选中 生成源切(C) 单选按钮，然后单击“圆”按钮，并在 文本框中输入数值 2.0。

（3）定义阵列参数。

（4）定义阵列的填充边界。激活 填充边界(L) 区域中的文本框，在设计树中选择 草图2 为阵列的填充边界。

（5）定义阵列布局。

① 定义阵列模式。在对话框的 阵列布局(O) 区域单击 按钮。

② 定义阵列尺寸。在 阵列布局(O) 区域 后的文本框中输入数值 3.0，在 后的文本框中输入数值 0.0。

③ 定义阵列方向。选中 ☑ 反转形状方向(F) 复选框。

（6）单击对话框中的 ✔ 按钮，完成填充阵列 1 的创建。

Step 7　创建图 42.109 所示的基准面 21。

（1）选择下拉菜单 插入(I) → 参考几何体(G) → 基准面(P)... 命令。

（2）在设计树中选取 上视基准面-first-second_02 作为基准面 1 的参考实体。

（3）定义偏移方向及距离。选中 ☑ 反转 复选框，输入偏移距离值 35。

（4）单击✓按钮，完成基准面 21 的创建。

Step 8 创建图 42.110 所示的基准面 22。

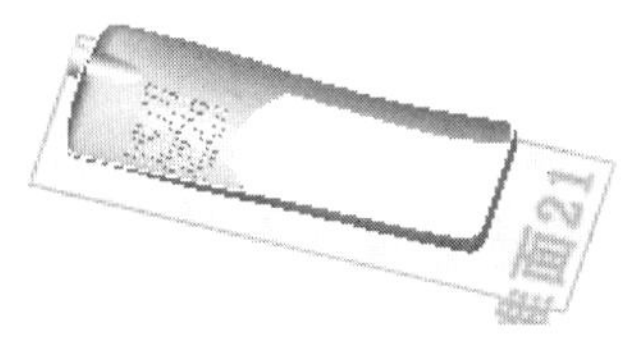

图 42.109 基准面 21

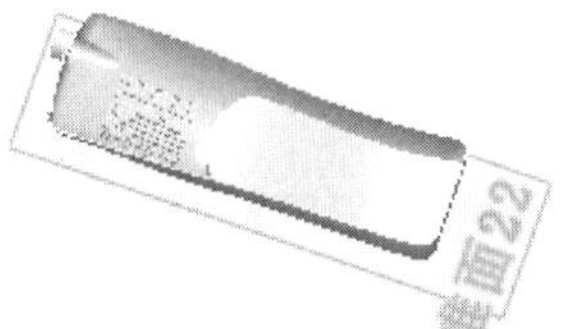

图 42.110 基准面 22

（1）选择下拉菜单 插入(I) → 参考几何体(G) → 基准面(P)... 命令。

（2）在设计树中选取 上视基准面-first-second_02 作为基准面 22 的参考实体。

（3）定义偏移方向及距离。选中 ☑ 反转 复选框，输入偏移距离值 30。

（4）单击✓按钮，完成基准面 22 的创建。

Step 9 创建图 42.111 所示的曲面-拉伸 1。

（1）选择下拉菜单 插入(I) → 曲面(S) → 拉伸曲面(E)... 命令。

（2）选取基准面 22 草图基准面，绘制图 42.112 所示的横断面草图。

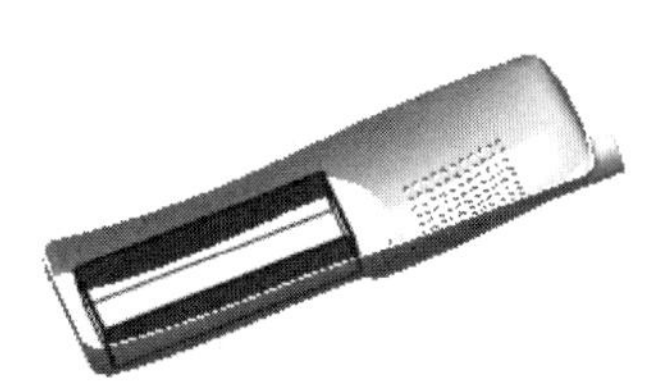

图 42.111 曲面-拉伸 1

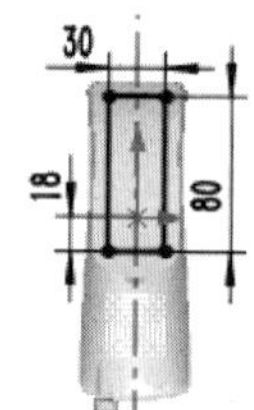

图 42.112 横断面草图（草图 3）

（3）在 方向 1 区域的下拉列表框中选择 给定深度 选项，在 D1 文本框中输入数值 15。

（4）单击对话框中的✓按钮，完成曲面-拉伸 1 的创建。

Step 10 创建图 42.113 所示的曲面-剪裁 1。

（1）选择下拉菜单 插入(I) → 曲面(S) → 剪裁曲面(T)... 命令。

（2）定义剪裁类型。在对话框的 剪裁类型(T) 区域中选中 ⊙ 相互(M) 单选按钮。

（3）定义剪裁参数。

① 定义剪裁工具。选取图 42.114 所示的曲面为剪裁曲面。

② 定义选择方式。选中 ⊙ 保留选择(K) 单选按钮，然后选取图 42.113 所示的曲面为需要保留的部分。

图 42.113　曲面-剪裁 1

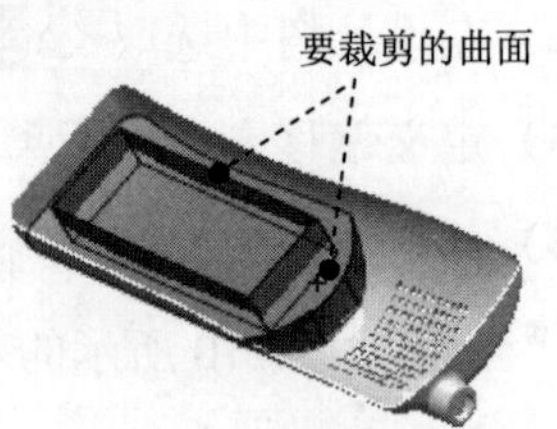

图 42.114　剪裁对象

（4）单击对话框中的✓按钮，完成曲面-剪裁 1 的创建。

Step 11 创建图 42.115 所示的曲面-基准面 1。

（1）选择命令。选择下拉菜单 插入(I) → 曲面(S) → 平面区域(P)... 命令。

（2）定义平面边线。依次选取图 42.116 所示的边界曲线。

（3）单击对话框中的✓按钮，完成曲面-基准面 1 的创建。

Step 12 创建图 42.117 所示的曲面-缝合 1。

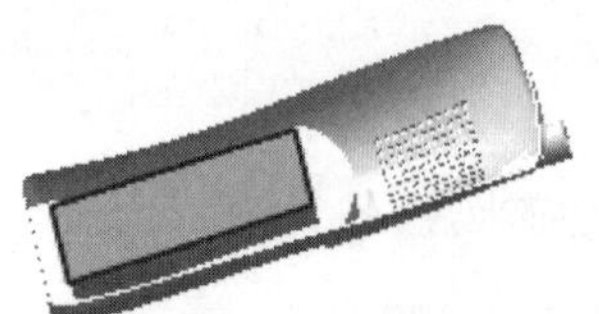

图 42.115　曲面-基准面 1

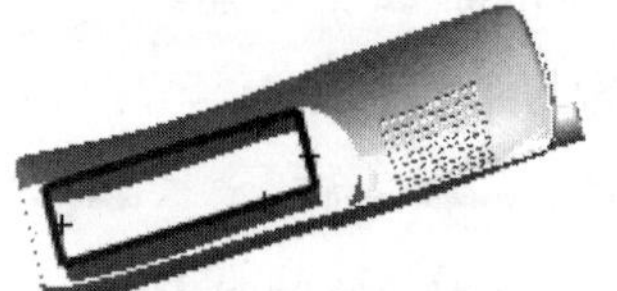

图 42.116　选取边线

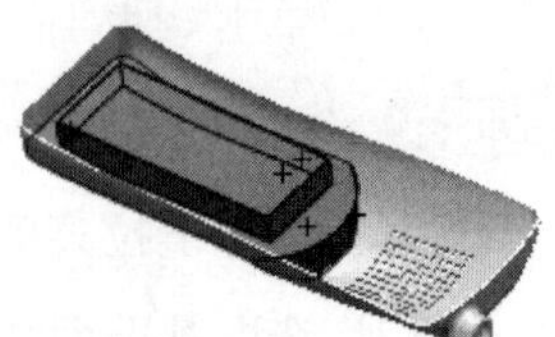

图 42.117　曲面-缝合 1

（1）选择下拉菜单 插入(I) → 曲面(S) → 缝合曲面(K)... 命令。

（2）在设计树中选择曲面-剪裁 1 和曲面-基准面 1 作为要缝合的面。

（3）单击对话框中的✓按钮，完成曲面-缝合 1 的创建。

Step 13 创建图 42.118b 所示的圆角 1。选择下拉菜单 插入(I) → 特征(F) → 圆角(F)...命令，选取图 42.118a 所示的 8 条边线为要圆角的对象，输入半径值 1.0。

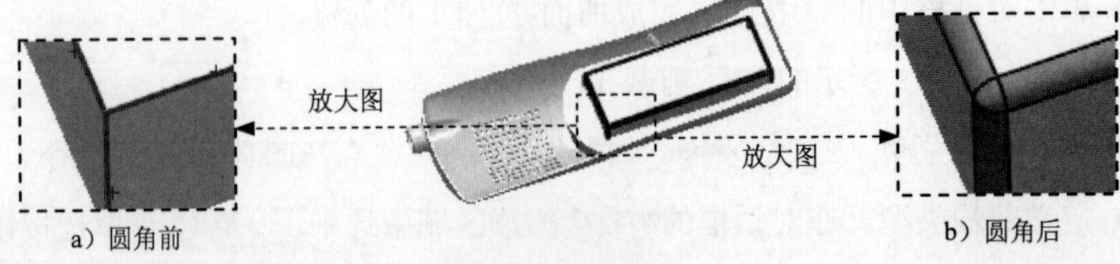

a）圆角前　　b）圆角后

图 42.118　圆角 1

Step 14 创建图 42.119 所示的加厚 1。

（1）选择下拉菜单 插入(I) → 凸台/基体(B) → 加厚(T)... 命令。

（2）在"加厚"对话框中选取图 42.119 所示的面为加厚对象，在文本框中输入厚度值 1.0。

（3）单击对话框中的✔按钮，完成加厚 1 的创建。

Step 15 创建图 42.120 所示的使用曲面切除 2。

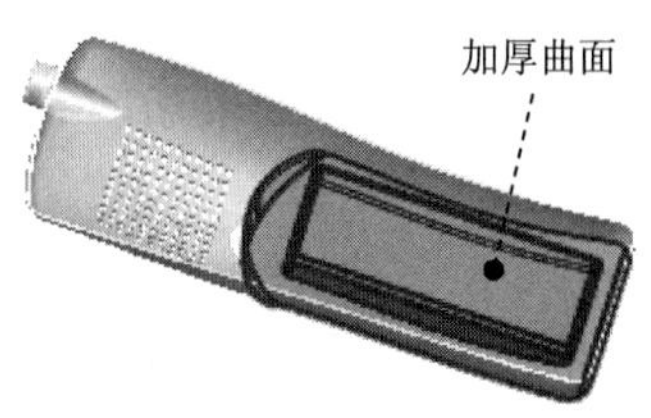

图 42.119 加厚 1

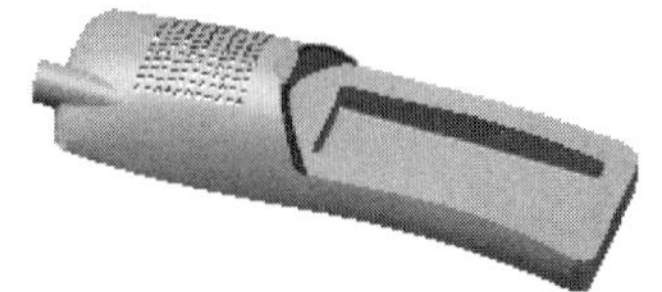

图 42.120 使用曲面切除 2

（1）选择命令。选择下拉菜单 插入(I) → 切除(C) → 使用曲面(W)... 命令。

（2）定义切除工具。在 曲面切除参数(P) 区域中单击 按钮，并在设计树中选取 <second_02>-<曲面-等距1> 为切除工具。

（3）单击对话框中的✔按钮，完成使用曲面切除 2 的创建。

Step 16 创建图 42.121 所示的凸台-拉伸 1。

（1）选择下拉菜单 插入(I) → 凸台/基体(B) → 拉伸(E)... 命令。

（2）选取基准面 2 作为草绘基准面，绘制图 42.122 所示的横断面草图。

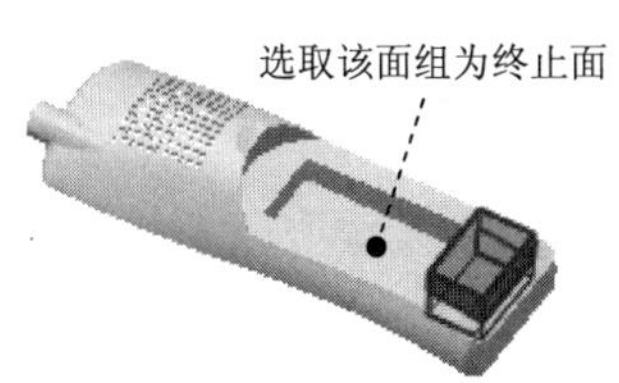

图 42.121 凸台-拉伸 1

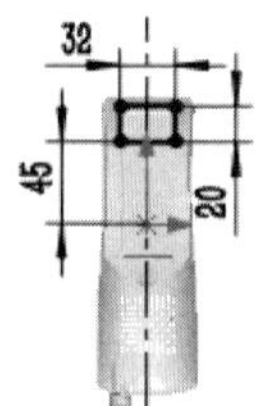

图 42.122 横断面草图（草图 4）

（3）在 方向 1 区域的下拉列表框中选择 成形到一面 选项，然后选择图 42.121 所示的面为终止面。

（4）单击✔按钮，完成凸台-拉伸 1 的创建。

Step 17 创建图 42.123 所示的切除-拉伸 1。

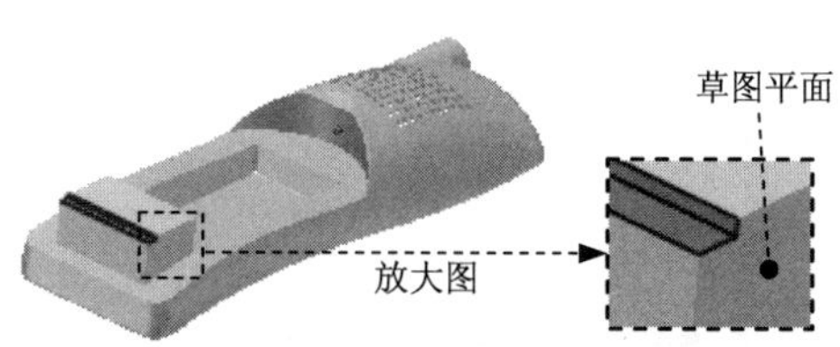

图 42.123 切除-拉伸 1

（1）选择下拉菜单 插入(I) → 切除(C) → 拉伸(E)... 命令。

（2）选取图 42.123 作为草绘基准面，绘制图 42.124 所示的横断面草图。

（3）在“切除-拉伸”对话框的 方向1 区域的下拉列表框中选择 成形到下一面 选项。

（4）单击对话框中的✓按钮，完成切除-拉伸 1 的创建。

Step 18 创建图 42.125 所示的凸台-拉伸 2。

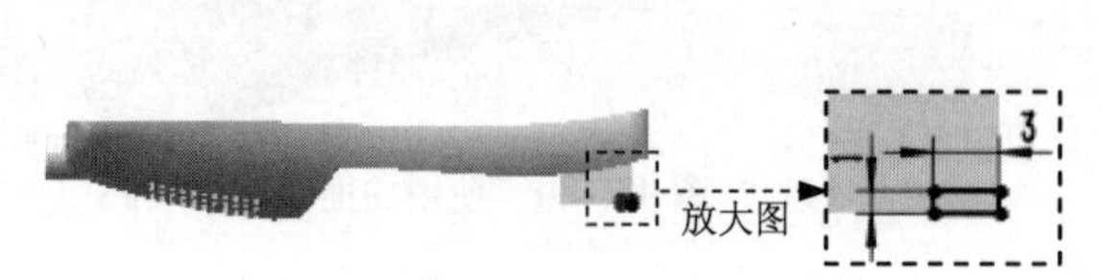

图 42.124　横断面草图（草图 5）

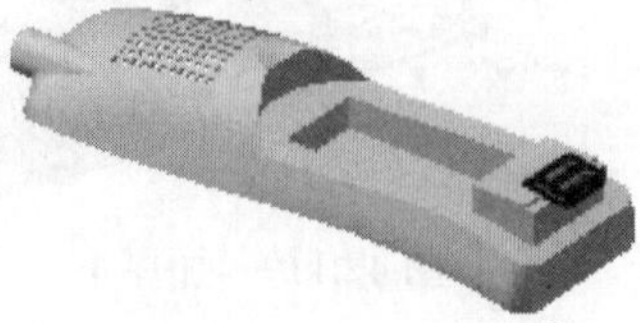

图 42.125　凸台-拉伸 2

（1）选择下拉菜单 插入(I) → 凸台/基体(B) → 拉伸(E)... 命令。

（2）在设计树中选取 右视基准面-first-second_02 作为草绘基准面，绘制图 42.126 所示的横断面草图。

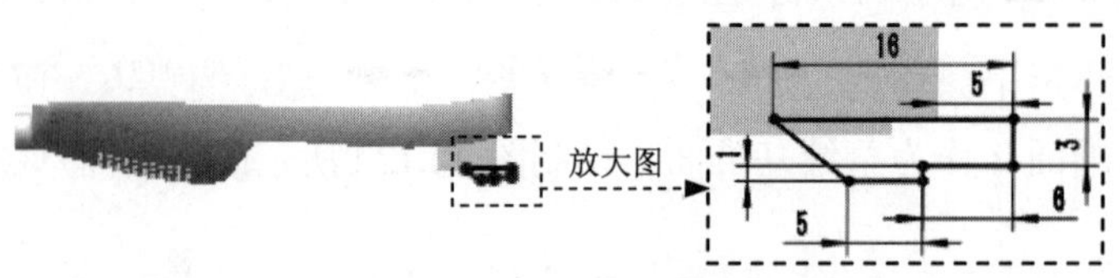

图 42.126　横断面草图（草图 6）

（3）在 方向1 区域的下拉列表框中选择 两侧对称 选项，输入深度值 15.0。

（4）单击✓按钮，完成凸台-拉伸 2 的创建。

Step 19 创建图 42.127b 所示的圆角 2。选取图 42.127a 所示的边线为圆角对象，在 文本框中输入数值 0.5。

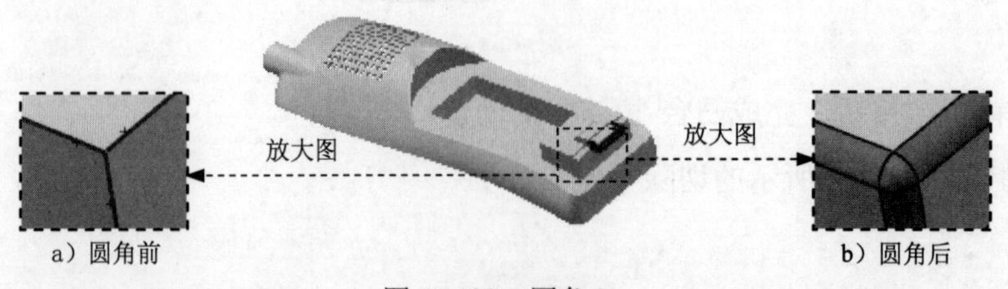

a）圆角前　　b）圆角后

图 42.127　圆角 2

Step 20 创建图 42.128 所示的切除-拉伸 2。

（1）选择下拉菜单 插入(I) → 切除(C) → 拉伸(E)... 命令。

（2）选取图 42.128 作为草图基准面，绘制图 42.129 所示的横断面草图。

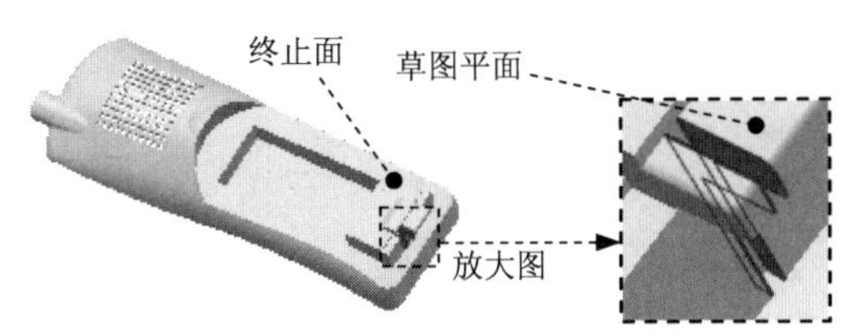

图 42.128　切除-拉伸 2

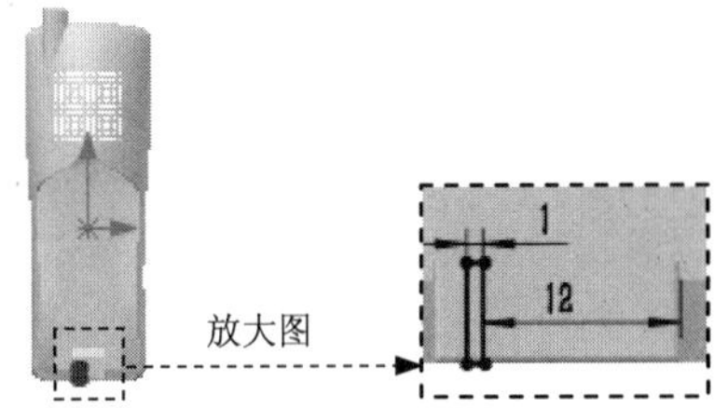

图 42.129　横断面草图（草图 7）

（3）在 方向 1 区域的下拉列表框中选择成形到一面选项，然后选择图 42.128 所示的面为终止面。

（4）单击对话框中的✔按钮，完成切除-拉伸 2 的创建。

Step 21　创建图 42.130b 所示的镜像 1。

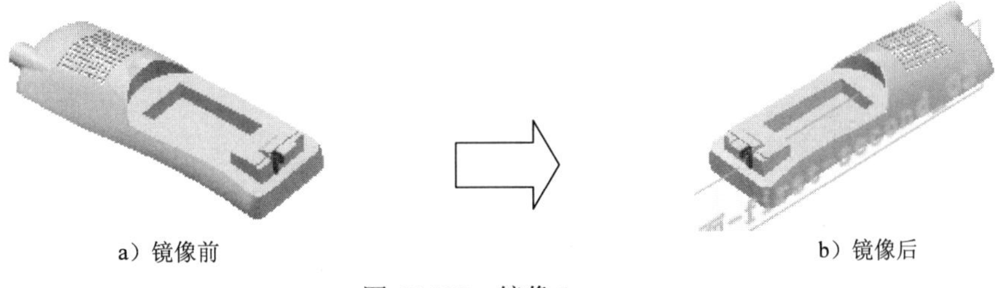
a）镜像前　　b）镜像后

图 42.130　镜像 1

（1）选择下拉菜单 插入(I) ➡ 阵列/镜向(E) ➡ 镜向(M)... 命令。

（2）在设计树中选择 右视基准面-first-second_02 为镜像基准面。

（3）在设计树中选择切除-拉伸 2 为镜像对象。

（4）单击对话框中的✔按钮，完成镜像 1 的创建。

Step 22　创建图 42.131b 所示的圆角 3。选取图 42.131a 所示的边线为圆角对象，在 文本框中输入数值 3.0。

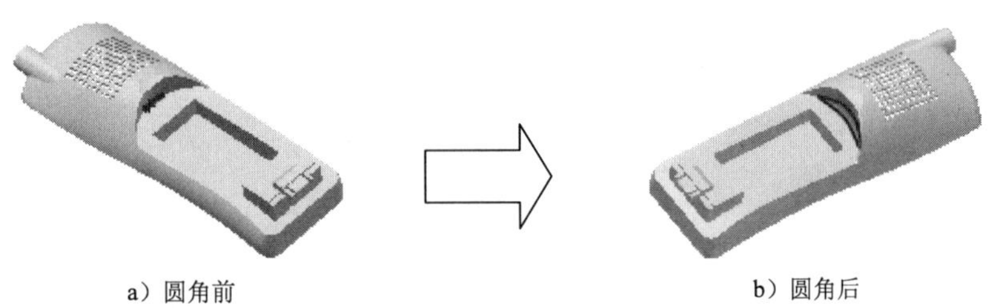
a）圆角前　　b）圆角后

图 42.131　圆角 3

Step 23　创建图 42.132 所示的凸台-拉伸 3。

（1）选择下拉菜单 插入(I) ➡ 凸台/基体(B) ➡ 拉伸(E)... 命令。

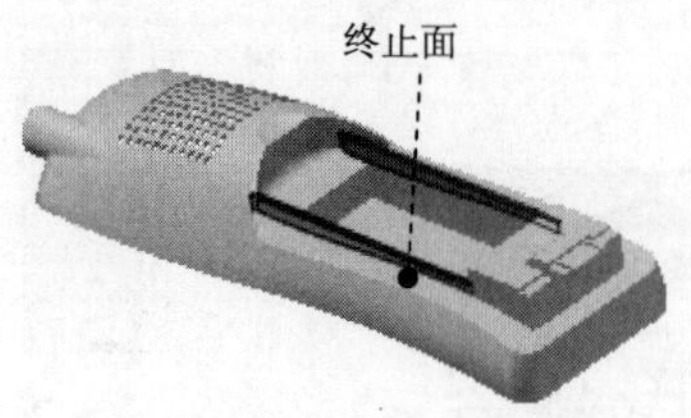

图 42.132　凸台-拉伸 3

（2）在设计树中选取 基准面22 作为草绘基准面，绘制图 42.133 所示的横断面草图。

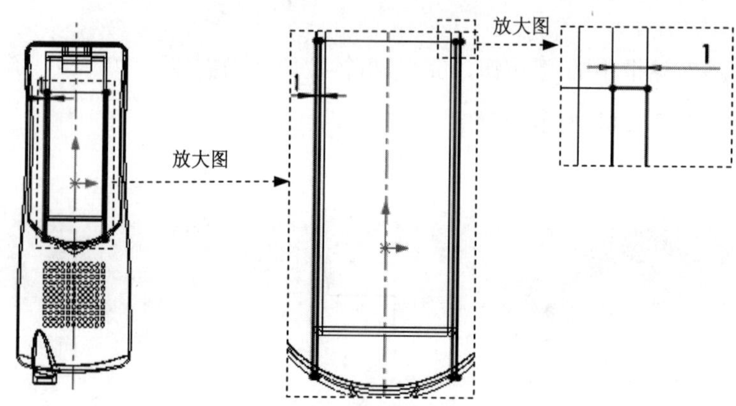

图 42.133　横断面草图（草图 8）

（3）在 方向 1 区域的下拉列表框中选择 成形到一面 选项，然后选择图 42.132 所示的面为终止面。

（4）单击 ✓ 按钮，完成凸台-拉伸 3 的创建。

Step 24　创建图 42.134 所示的凸台-拉伸 4。

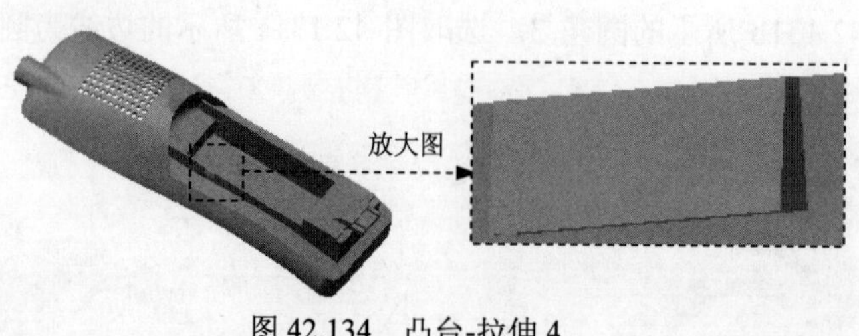

图 42.134　凸台-拉伸 4

（1）选择下拉菜单 插入(I) → 凸台/基体(B) → 拉伸(E)... 命令。

（2）在设计树中选取 前视基准面-first01-second02 作为草绘基准面，绘制图 42.135 所示的横断面草图。

（3）在 方向 1 区域的下拉列表框中选择 给定深度 选项，输入深度值为 5.0。

（4）单击 ✓ 按钮，完成凸台-拉伸 4 的创建。

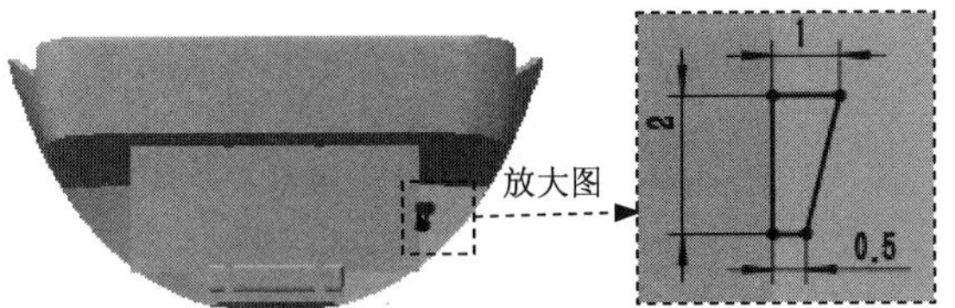

图 42.135　横断面草图（草图 9）

Step 25　创建图 42.136b 所示的圆角 4。选取图 42.136a 所示的边线为圆角对象，在 文本框中输入数值 0.5。

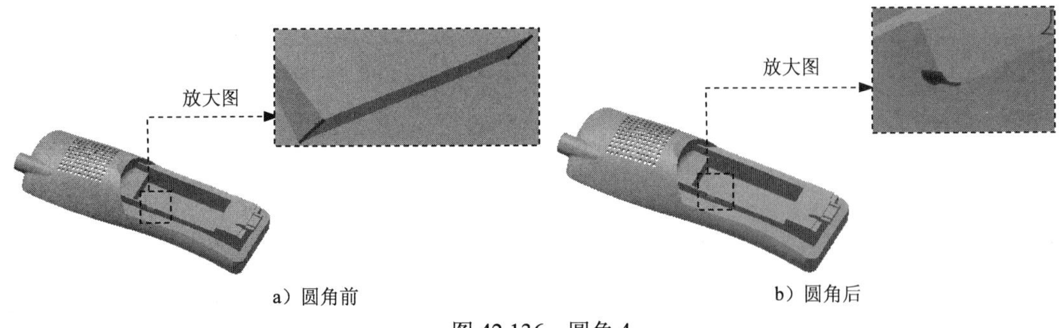

a）圆角前　　b）圆角后

图 42.136　圆角 4

Step 26　创建图 42.137b 所示的镜像 2。

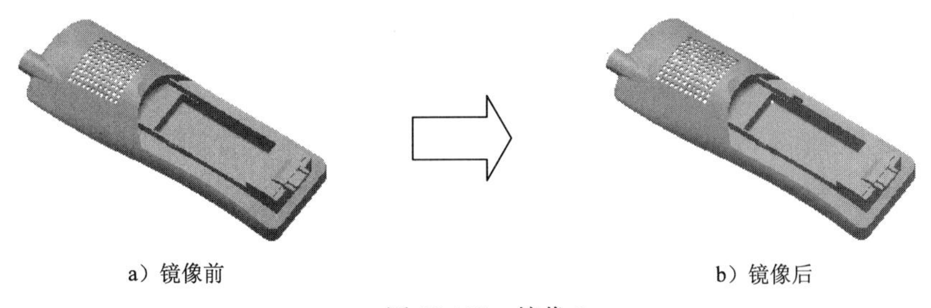

a）镜像前　　b）镜像后

图 42.137　镜像 2

（1）选择下拉菜单 插入(I) → 阵列/镜向(E) → 镜向(M)... 命令。

（2）在设计树中选择 右视基准面-first-second_02 为镜像基准面。

（3）在设计树中选择凸台-拉伸 4 与圆角 5 为镜像对象。

（4）单击对话框中的 ✓ 按钮，完成镜像 2 的创建。

Step 27　创建图 42.138 所示的阵列（线性）1。选择下拉菜单 插入(I) → 阵列/镜向(E) → 线性阵列(L)... 命令。选取凸台-拉伸 4、镜像 2 与圆角 4 作为要阵列的对象，在图形区选取图 42.139 所示的边线作为 方向 1 的参考实体，在窗口中输入间距值 30，输入实例数 2。

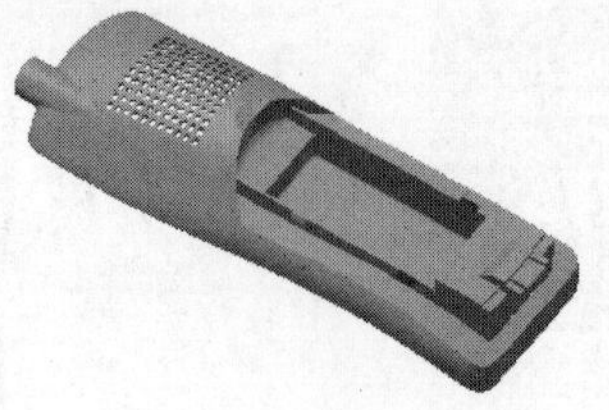

图 42.138　阵列（线性）1

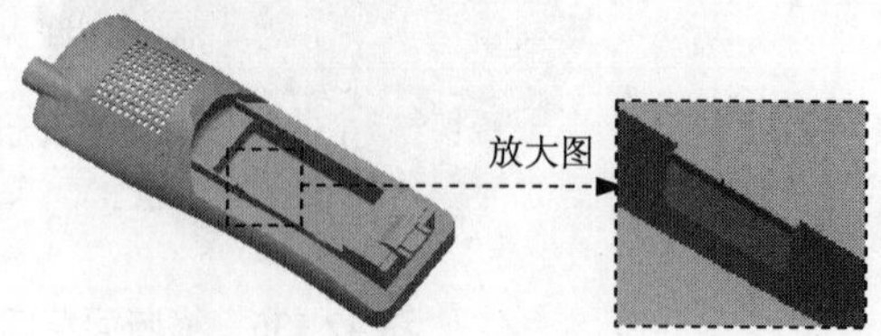

图 42.139　阵列方向边线

Step 28　创建图 42.140 所示的切除-拉伸 3。

（1）选择下拉菜单 插入(I) → 切除(C) → 拉伸(E)... 命令。

（2）在设计树中选取 前视基准面-first01-second02 作为草绘基准面，绘制图 42.141 所示的横断面草图。

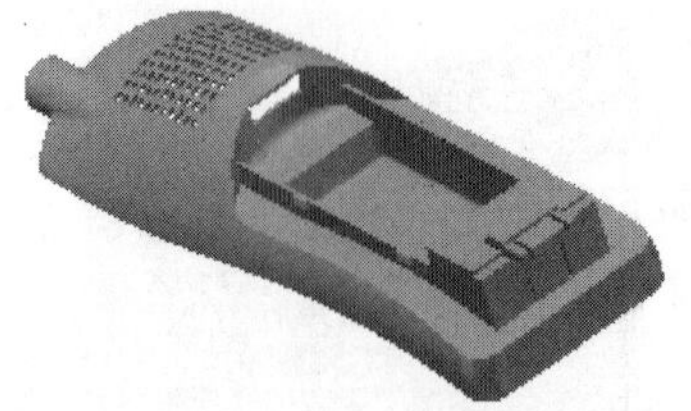

图 42.140　切除-拉伸 3

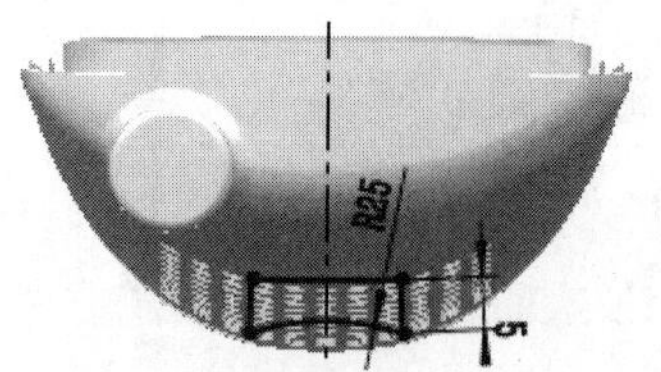

图 42.141　横断面草图（草图 10）

（3）在 方向 1 区域的下拉列表框中选择 给定深度 选项，输入深度值为 35.0，并单击按钮。

（4）单击对话框中的 ✓ 按钮，完成切除-拉伸 3 的创建。

Step 29　创建图 42.142b 所示的圆角 5。选取图 42.142a 所示的边线为圆角对象，在文本框中输入数值 1.0。

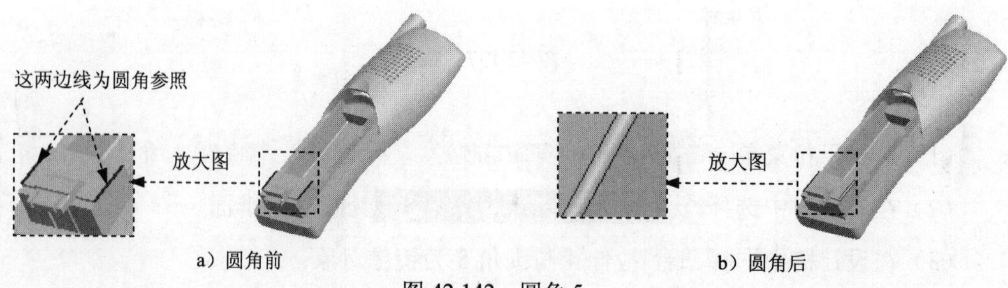

图 42.142　圆角 5

Step 30　创建图 42.143b 所示的圆角 6。选取图 42.143a 所示的边线为圆角对象，在文本框中输入数值 1.0。

Step 31　创建图 42.144b 所示的圆角 7。选取图 42.144a 所示的边线为圆角对象，在文本框中输入数值 1.0。

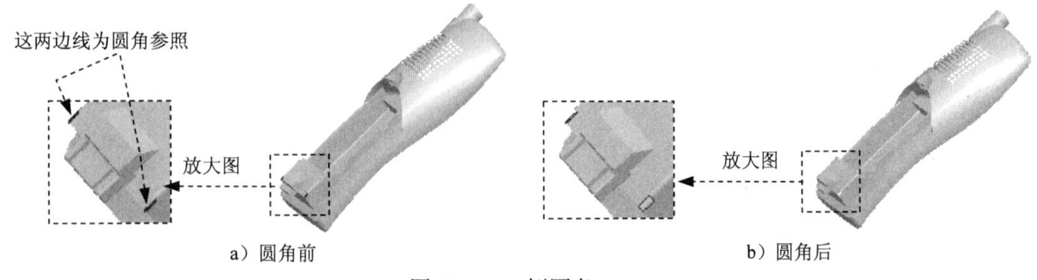

a）圆角前 b）圆角后

图 42.143 倒圆角 6

a）圆角前 b）圆角后

图 42.144 倒圆角 7

Step 32 创建图 42.145b 所示的倒角 1。选取图 42.145a 所示的边线为要倒角的对象，在“倒角”窗口中选中 ⊙ 距离-距离(D) 单选按钮，然后在 D1 文本框中输入数值 0.5，在 D2 文本框中输入数值 2.5。

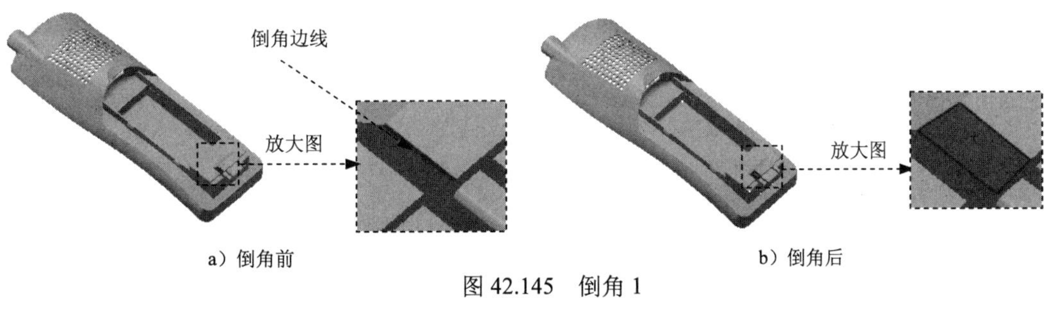

a）倒角前 b）倒角后

图 42.145 倒角 1

Step 33 创建图 42.146b 所示的倒角 2。选取图 42.146a 所示的边线为要倒角的对象，在“倒角”窗口中选中 ⊙ 距离-距离(D) 单选按钮，然后在 D1 文本框中输入数值 2.5，在 D2 文本框中输入数值 0.5。

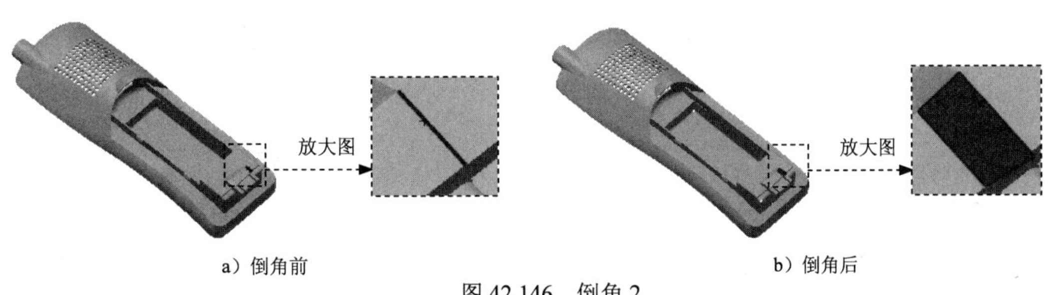

a）倒角前 b）倒角后

图 42.146 倒角 2

Step 34 创建图 42.147b 所示的圆角 8。选取图 42.147a 所示的边线为圆角对象，在 文本框中输入数值 0.5。

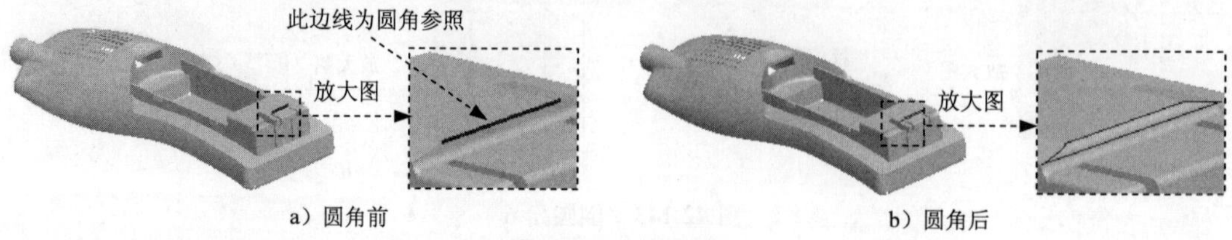

a）圆角前　b）圆角后

图 42.147　倒圆角 8

Step 35 创建图 42.148b 所示的圆角 9。选取图 42.148a 所示的边线为圆角对象，在 文本框中输入数值 1.0。

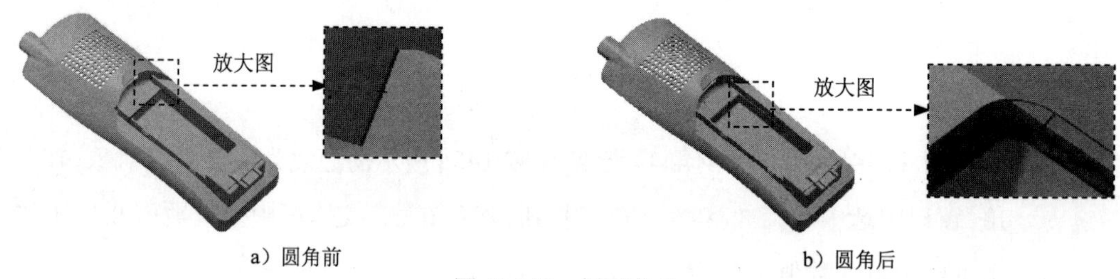

a）圆角前　b）圆角后

图 42.148　倒圆角 9

Step 36 创建图 42.149b 所示的圆角 10。选取图 42.149a 所示的边线为圆角对象，在 文本框中输入数值 1.0。

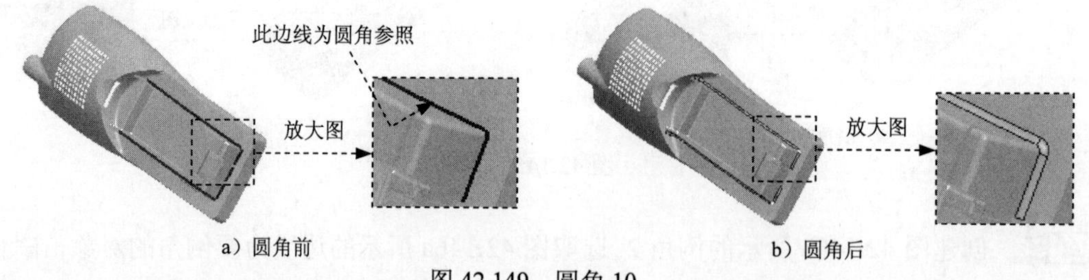

a）圆角前　b）圆角后

图 42.149　圆角 10

Step 37 创建图 42.150b 所示的圆角 11。选取图 42.150a 所示的边线为圆角对象，在 文本框中输入数值 0.2。

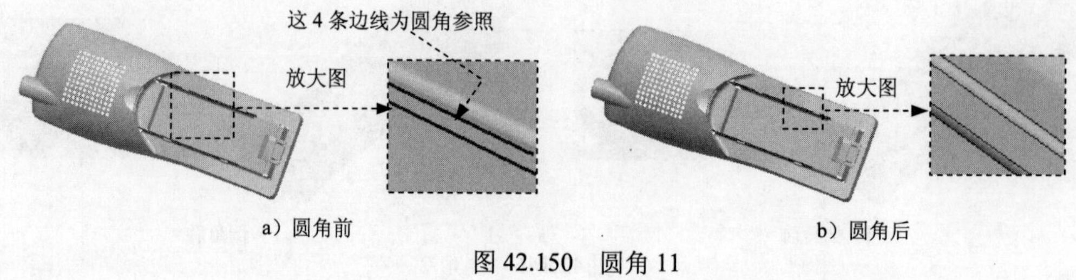

a）圆角前　b）圆角后

图 42.150　圆角 11

Step 38 创建图 42.151b 所示的圆角 12。选取图 42.151a 所示的边线为圆角对象，在文本框中输入数值 0.5。

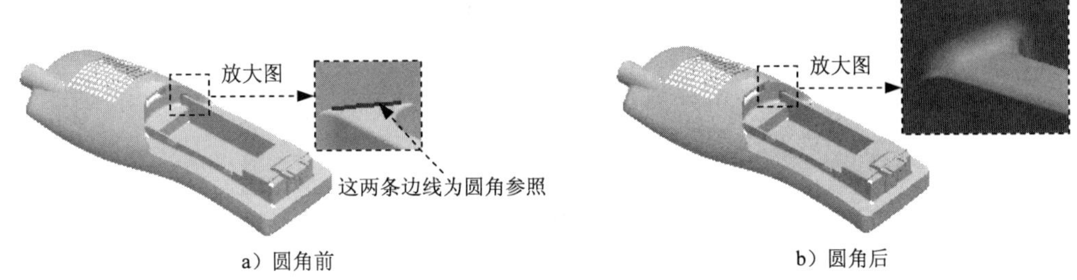

图 42.151 倒圆角 12

Step 39 创建图 42.152b 所示的倒角 3。选取图 42.152a 所示的边线为要倒角的对象，在“倒角”窗口中选中 角度距离(A) 单选按钮，然后在文本框中输入数值 0.2。

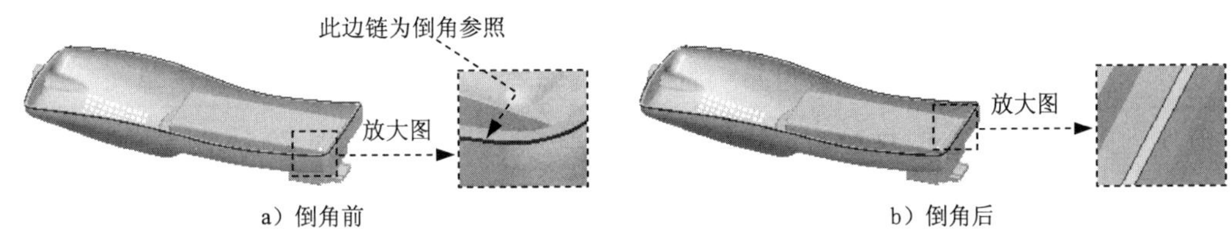

图 42.152 倒角 3

Step 40 创建图 42.153 所示的基准面 23。

（1）选择下拉菜单 插入(I) → 参考几何体(G) → 基准面(P)... 命令。

（2）在设计树中选取 上视基准面-first01-second02 作为基准面 1 的参考实体。

（3）定义偏移方向及距离。选中 反转 复选框，输入偏移距离值 12。

（4）单击 按钮，完成基准面 23 的创建。

Step 41 创建图 42.154 所示的凸台-拉伸 5。

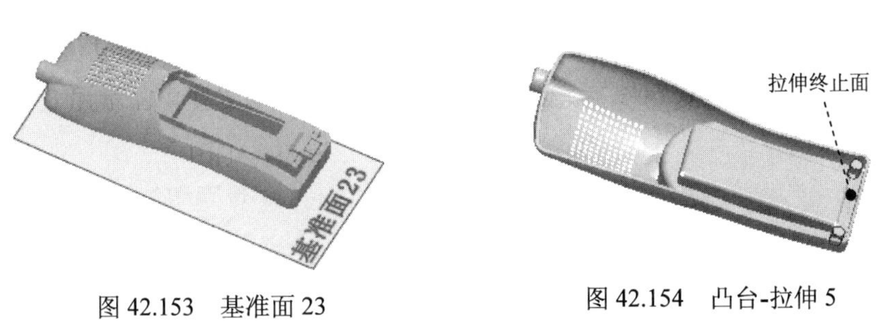

图 42.153 基准面 23

图 42.154 凸台-拉伸 5

（1）选择下拉菜单 插入(I) → 凸台/基体(B) → 拉伸(E)... 命令。

（2）在设计树中选取 基准面23 作为草绘基准面，绘制图 42.155 所示的横断面草图。

（3）在 方向1 区域的下拉列表框中选择 成形到一面 选项，然后选择图 42.154 所示的面为终止面。

（4）单击 ✓ 按钮，完成凸台-拉伸 5 的创建。

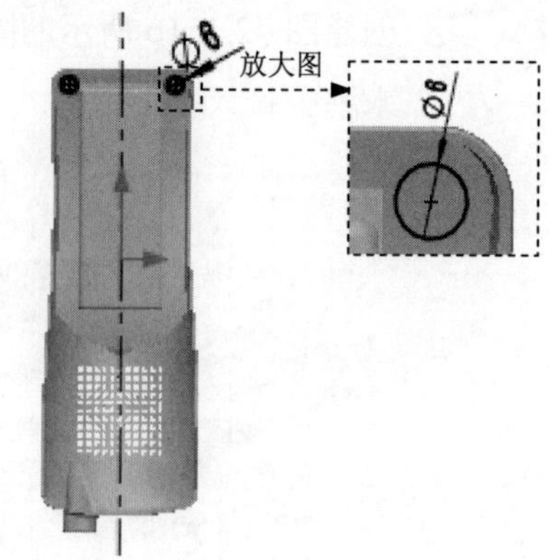

图 42.155　横断面草图（草图 11）

Step 42 创建图 42.156 所示的凸台-拉伸 6。

（1）选择下拉菜单 插入(I) → 凸台/基体(B) → 拉伸(E)... 命令。

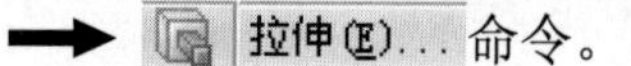

（2）在设计树中选取 基准面23 作为草图基准面，绘制图 42.157 所示的横断面草图。

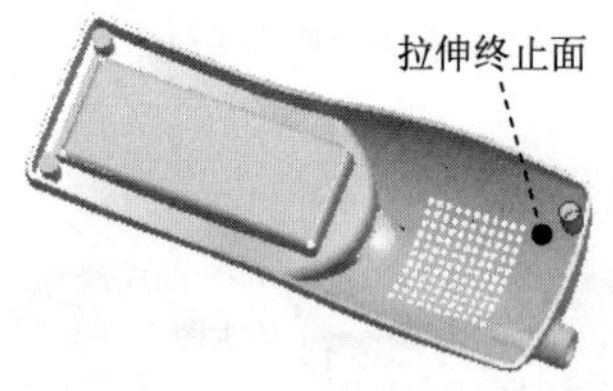

图 42.156　定义拉伸边界

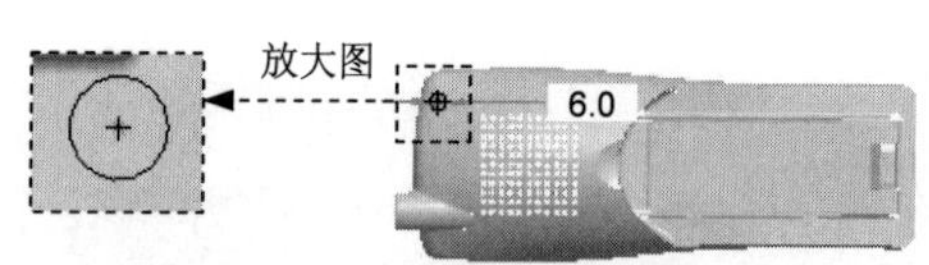

图 42.157　横断面草图（草图 12）

（3）在 方向1 区域的下拉列表框中选择 成形到一面 选项，然后选择图 42.156 所示的面为终止面。

（4）单击 ✓ 按钮，完成凸台-拉伸 6 的创建。

Step 43 创建图 42.158b 所示的倒角 4。选取图 42.158a 所示的边链为圆角对象，在 文本框中输入数值 0.5。

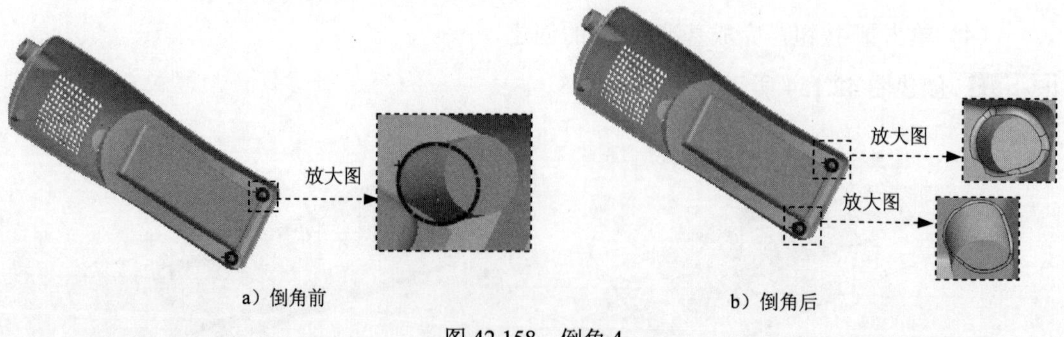

a）倒角前　　b）倒角后

图 42.158　倒角 4

Step 44 创建图 42.159b 所示的圆角 3。选取图 42.159a 所示的边线为圆角对象，在 文本框中输入数值 0.5。

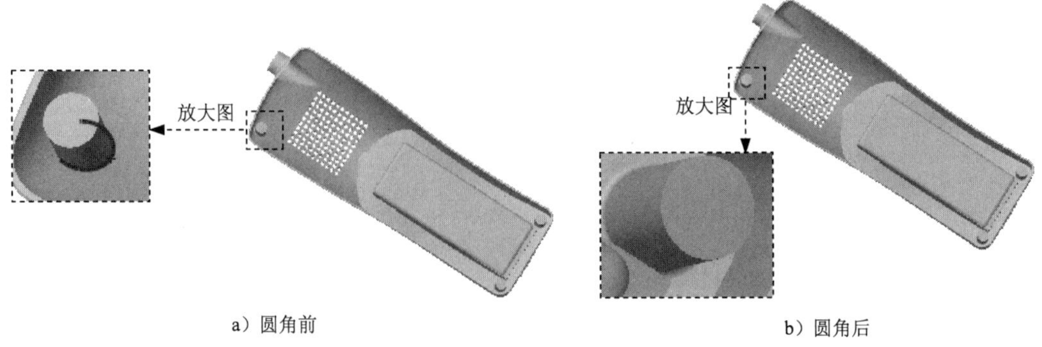

a）圆角前　　b）圆角后

图 42.159　圆角 13

Step 45 创建图 42.160 所示的基准面 24。

（1）选择下拉菜单 插入(I) ➡ 参考几何体(G) ➡ 基准面(P)... 命令。

（2）在设计树中选取 上视基准面-first01-second02 作为基准面 1 的参考实体。

（3）定义偏移方向及距离。选中 ☑ 反转 复选框，输入偏移距离值 26。

（4）单击 ✔ 按钮，完成基准面 24 的创建。

Step 46 创建图 42.161 所示的零件特征——M3 六角凹头螺钉的柱形沉头孔 1。

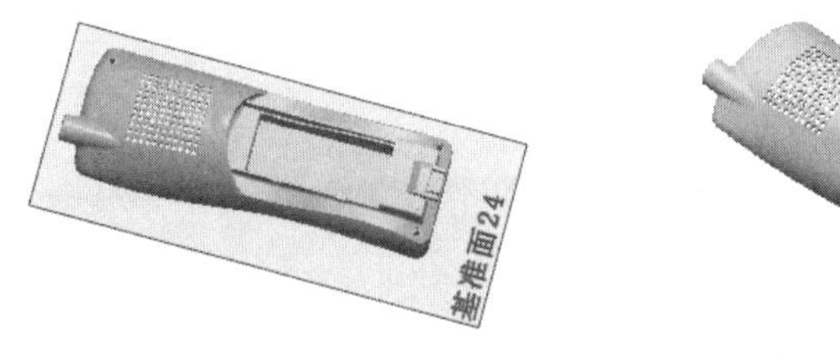

图 42.160　基准面 24

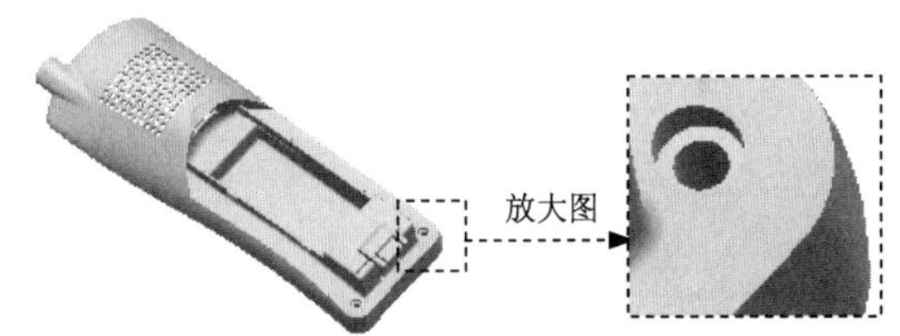

图 42.161　M3 六角凹头螺钉的柱形沉头孔 1

（1）选择下拉菜单 插入(I) ➡ 特征(F) ➡ 孔(H) ➡ 向导(W)... 命令。

（2）定义孔的位置。在“孔规格”窗口中单击 位置 选项卡，选取基准面 24 为孔的放置面，在鼠标单击处将出现孔的预览，在“草图（K）”工具栏中单击 按钮，建立图 42.162 所示的尺寸，并修改为目标尺寸。

（3）定义孔的参数。在“孔位置”窗口单击 类型 选项卡，在 孔类型(T) 区域选择孔“类型”为 （柱孔），标准为 Iso ，然后在 终止条件(C) 下拉列表框中选择 完全贯穿 选项。

（4）定义孔的大小。在 孔规格 区域定义孔的大小为 M3 ，配合为 正常 ，选中 ☑ 显示自定义大小(Z) 复选框，在 后的文本框中输入数值 2.5，在 后的文本框中输入数值 4，在 后的文本框中输入数值 2，单击 ✔ 按钮，完成 M3 六角凹头螺钉的柱形沉头孔 1 的创建。

Step 47 创建图 42.163 所示的基准面 25。

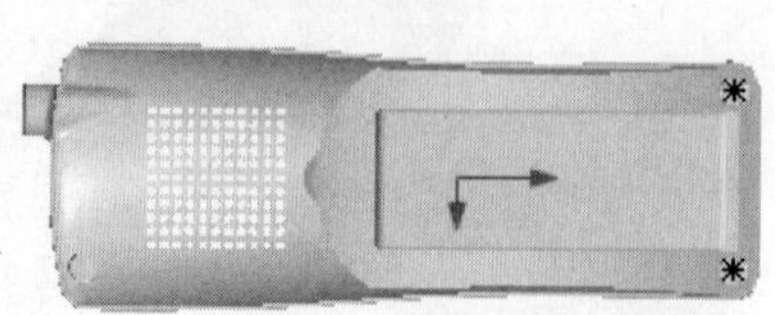
图 42.162 孔位置尺寸

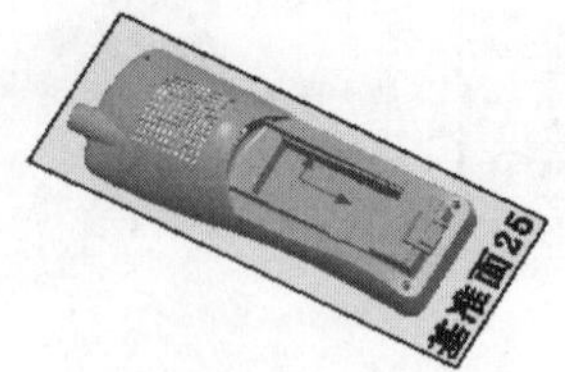

图 42.163 基准面 25

（1）选择下拉菜单 插入(I) → 参考几何体(G) → 基准面(P)... 命令。

（2）在设计树中选取 基准面5 作为基准面 25 的参考实体。

（3）定义偏移方向及距离。选中 ☑ 反转 复选框，输入偏移距离值 1.0。

（4）单击 ✔ 按钮，完成基准面 25 的创建。

Step 48 创建图 42.164 所示的零件特征——M3 六角凹头螺钉的柱形沉头孔 2。

（1）选择下拉菜单 插入(I) → 特征(F) → 孔(H) → 向导(W)... 命令。

（2）定义孔的位置。在“孔规格”窗口中单击 位置 选项卡，选取基准面 25 为孔的放置面，在鼠标单击处将出现孔的预览，在“草图（K）”工具栏中单击 按钮，建立图 42.165 所示的尺寸，并修改为目标尺寸。

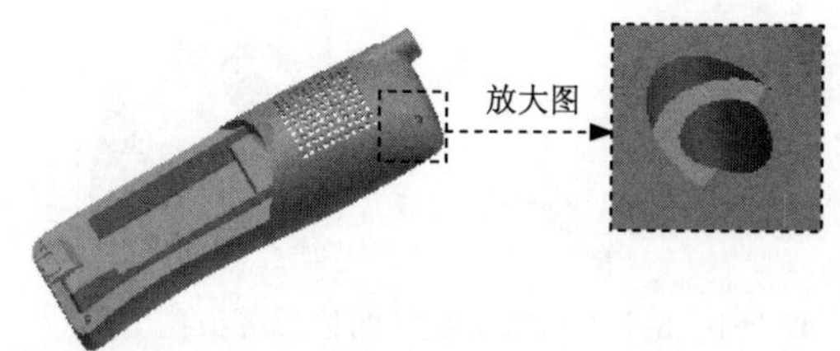

图 42.164 M3 六角凹头螺钉的柱形沉头孔 2

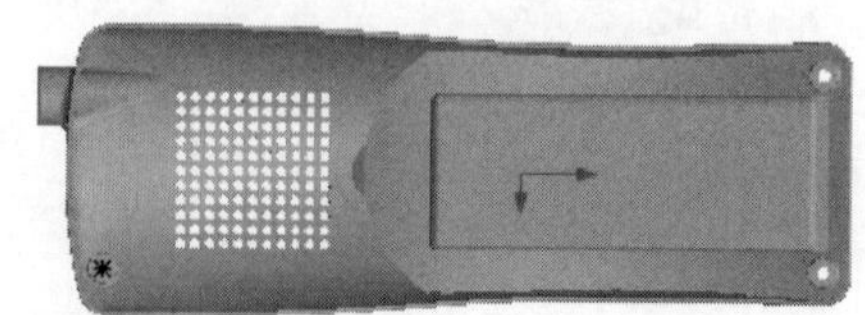
图 42.165 孔位置尺寸

（3）定义孔的参数。在“孔位置”窗口单击 类型 选项卡，在 孔类型(T) 区域选择孔“类型”为 （柱孔），标准为 Iso ，然后在 终止条件(C) 下拉列表框中选择 完全贯穿 选项。

（4）定义孔的大小。在 孔规格 区域定义孔的大小为 M3 ，配合为 正常 ，选中 ☑ 显示自定义大小(Z) 复选框，在 后的文本框中输入数值 2.5，在 后的文本框中输入数值 4，在 后的文本框中输入数值 4，单击 ✔ 按钮，完成 M3 六角凹头螺钉的柱形沉头孔 2 的创建。

Step 49 创建图 42.166 所示的基准面 26。

（1）选择下拉菜单 插入(I) → 参考几何体(G) → 基准面(P)... 命令。

（2）选取图 42.166 所示的曲线及点为参考实体。

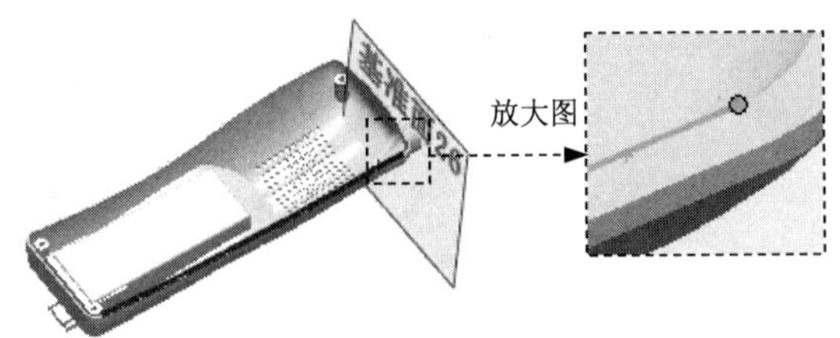

图 42.166　基准面 26

（3）单击✔按钮，完成基准面 26 的创建。

Step 50　创建图 42.167 所示的草图 18。

（1）选择命令。选择下拉菜单 插入(I) ➡ 草图绘制 命令。

（2）定义草绘基准面。选取基准面 26 为草绘基准面。

（3）在草绘环境中绘制图 42.167 所示的草图。

（4）选择下拉菜单 插入(I) ➡ 退出草图 命令，完成草图 18 的创建。

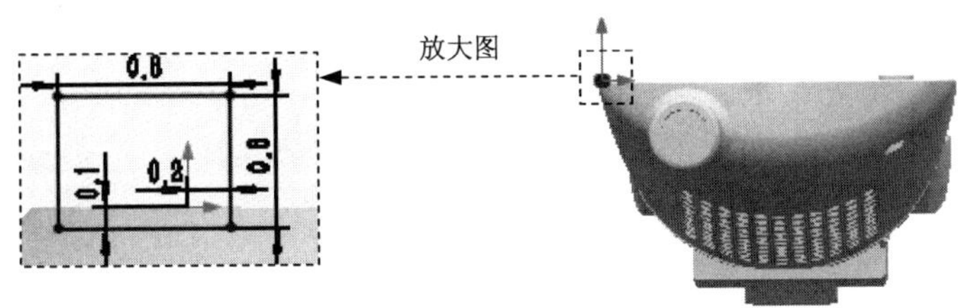

图 42.167　草图 18

Step 51　创建图 42.168 所示的组合曲线 1。

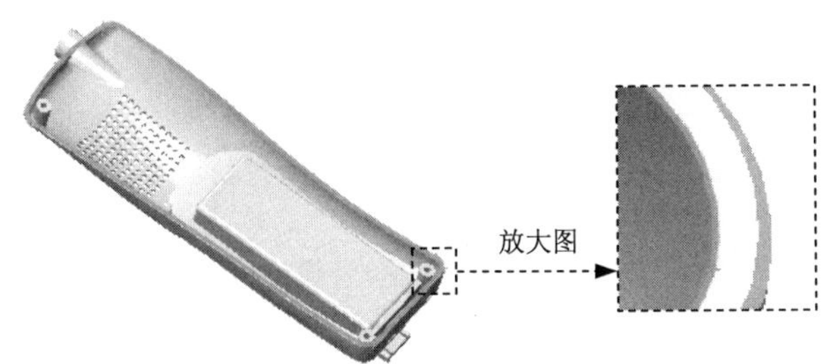

图 42.168　组合曲线 1

（1）选择命令。选择下拉菜单 插入(I) ➡ 曲线(U) ➡ 组合曲线(C)... 命令。

（2）选择图 42.168 所示的曲线。

（3）单击✔按钮，完成组合曲线 1 的创建。

Step 52　创建如图 42.169 所示的零件特征——扫描 1。选择下拉菜单 插入(I) ➡

凸台/基体(B) ➡ 扫描(S)... 命令，系统弹出“扫描”对话框。选取草图 3 作为扫描轮廓。选取组合曲线 1 作为扫描路径。

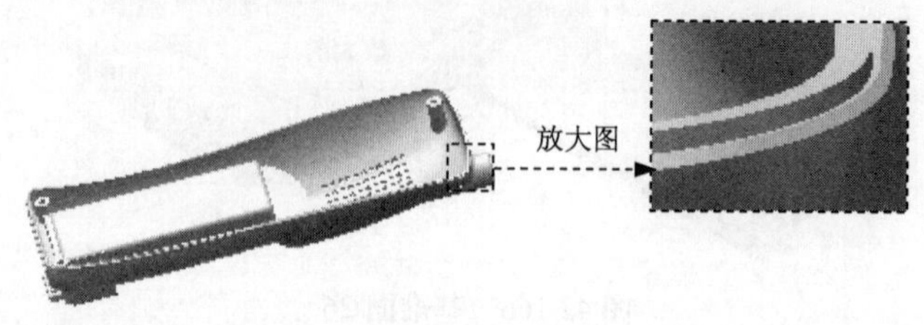

图 42.169　扫描 1

Step 53 保存模型文件。选择下拉菜单 文件(F) ➡ 保存(S) 命令，将模型存盘。

42.7　创建电话上盖

下面讲解电话上盖（UP_COVER.PRT）的创建过程，零件模型及设计树如图 42.170 所示。

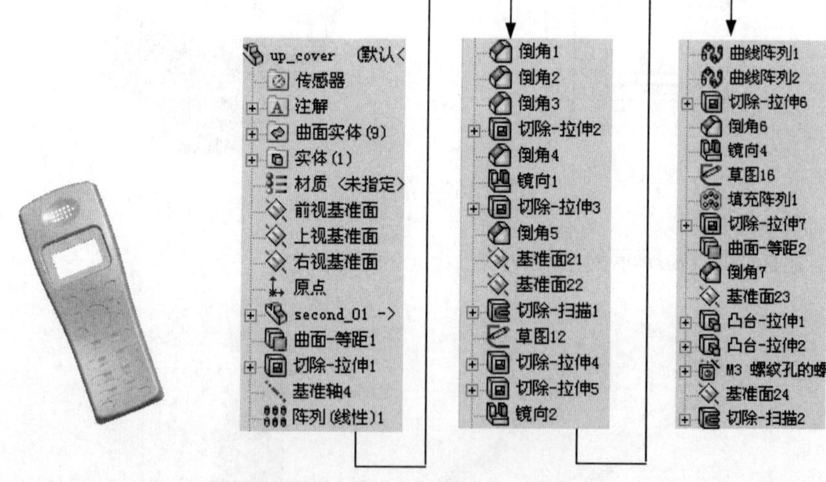

图 42.170　零件模型及设计树

Step 1 在装配中创建新零件。选择下拉菜单 插入(I) ➡ 零部件(O) ➡ 新零件(N)... 命令，设计树中会增加一个固定的零件。

Step 2 在设计树中右击新建的零件，从弹出的快捷菜单中选择 命令，系统进入空白界面。选择下拉菜单 文件(F) ➡ 另存为(A)... 命令，系统弹出“SolidWorks 2013”对话框，单击该对话框中的 确定 按钮，将新的零件命名为 up_cover.SLDPRT，并保存模型。

Step 3 引入零件。

（1）选择下拉菜单 插入(I) → 零件(A)… 命令。在系统弹出的“打开”对话框中选择 second_01.SLDPRT 文件，单击 打开(O) 按钮。

（2）在系统弹出的“插入零件”对话框中的 转移(T) 区域选中 ☑ 实体(D)、☑ 曲面实体(S)、☑ 基准轴(A)、☑ 基准面(P) 复选框。

（3）单击“插入零件”对话框中的 ✔ 按钮，完成 second_02 的引入。

Step 4 创建图 42.171 所示的曲面-等距 1。选择下拉菜单 插入(I) → 曲面(S) → 等距曲面(O) 命令，选取图 42.171 所示的曲面作为等距曲面。在“等距曲面”对话框的 等距参数(O) 区域的文本框中输入数值 0。

Step 5 创建图 42.172 所示的切除-拉伸 1。

（1）选择下拉菜单 插入(I) → 切除(C) → 拉伸(E)... 命令。

（2）在设计树中选取 上视基准面-first01-second01 作为草绘基准面，绘制图 42.173 所示的横断面草图。

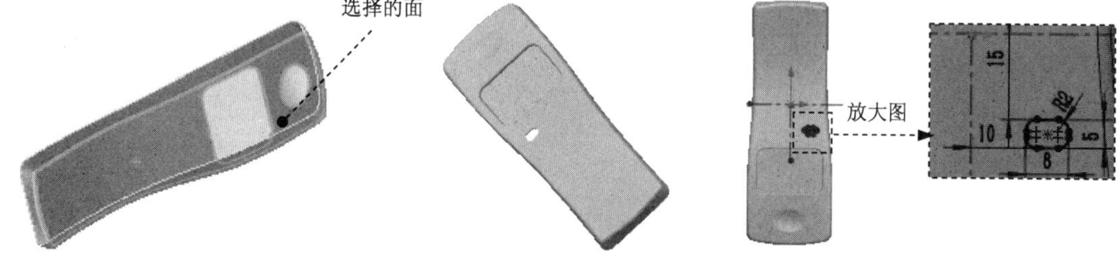

图 42.171　等距-曲面 1　　图 42.172　切除-拉伸 4　　图 42.173　横断面草图（草图 1）

（3）在 方向 1 区域的下拉列表框中选择 给定深度 选项，输入深度值为 35.0。

（4）单击对话框中的 ✔ 按钮，完成切除-拉伸 1 的创建。

Step 6 创建图 42.174 所示的基准轴 4。选择下拉菜单 插入(I) → 参考几何体(G) → 基准轴(A). 命令；单击 选择(S) 区域中 两平面(T) 按钮，在设计树中选取 前视基准面-first01-second01 与 上视基准面-first01-second01。

Step 7 创建图 42.175 所示的阵列（线性）1。选择下拉菜单 插入(I) → 阵列/镜向(E) → 线性阵列(L)... 命令。选取切除-拉伸 1 作为要阵列的对象，在设计树中选取基准轴 1 作为 方向 1 的阵列方向，并单击 按钮。在窗口中输入间距值 15.0，输入实例数 3。

Step 8 创建图 42.176b 所示的倒角 1。选取图 42.176a 所示的边链为要倒角的对象，在“倒角”窗口中选中 ⦿ 角度距离(A) 单选按钮，然后在 文本框中输入数值 0.5，在 文本框中输入数值 45.0。

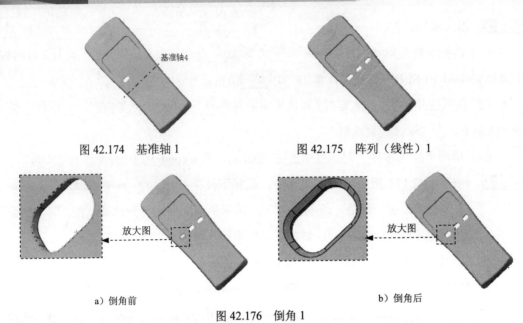

基准轴4

图 42.174　基准轴 1

图 42.175　阵列（线性）1

放大图

a）倒角前

放大图

b）倒角后

图 42.176　倒角 1

Step 9 创建图 42.177b 所示的倒角 2。选取图 42.177a 所示的边链为要倒角的对象，在“倒角”窗口中选中 ⊙ 角度距离(A) 单选按钮，然后在 文本框中输入数值 0.5，在 文本框中输入数值 45.0。

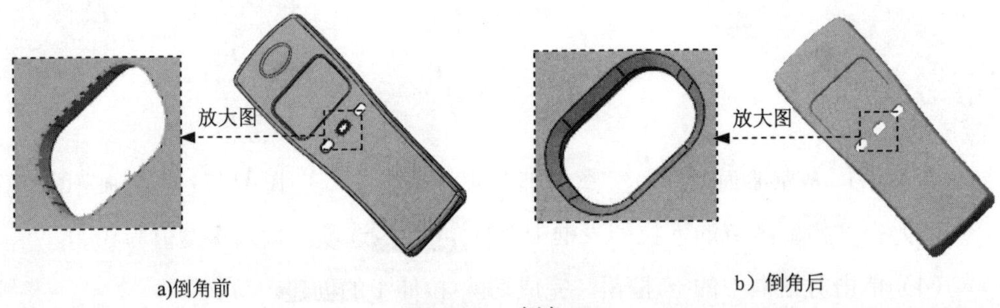

图 42.177　倒角 2

Step 10 创建图 42.178b 所示的倒角 3。选取图 42.178a 所示的边链为要倒角的对象，在“倒角”窗口中选中 ⊙ 角度距离(A) 单选按钮，然后在 文本框中输入数值 0.5，在 文本框中输入数值 45.0。

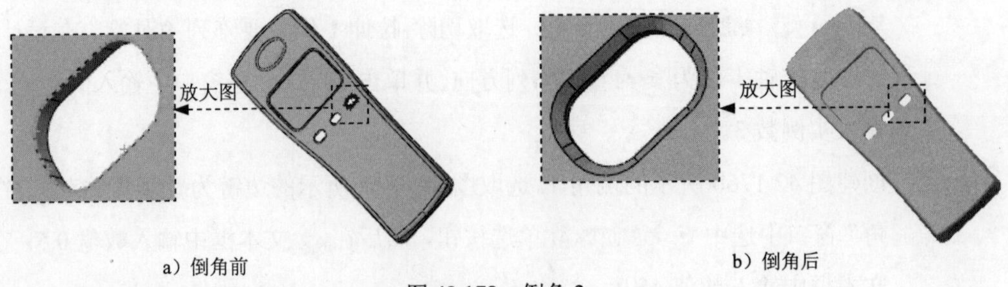

图 42.178　倒角 3

Step 11 创建图 42.179 所示的切除-拉伸 2。

（1）选择下拉菜单 插入(I) → 切除(C) → 拉伸(E)... 命令。

（2）在设计树中选取 上视基准面-first01-second01 作为草绘基准面，绘制图 42.180 所示的横断面草图。

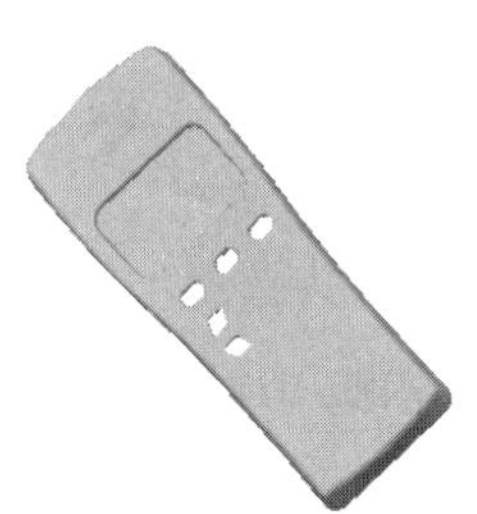

图 42.179 切除-拉伸 2

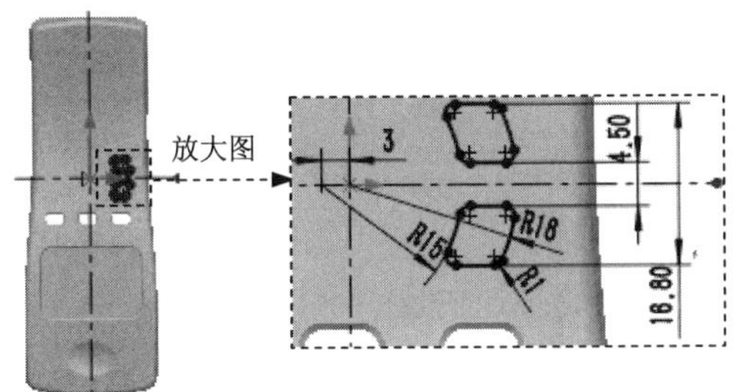

图 42.180 横断面草图（草图 2）

（3）在 方向 1 区域的下拉列表框中选择 给定深度 选项，输入深度值为 10.0。

（4）单击对话框中的 ✓ 按钮，完成切除-拉伸 2 的创建。

Step 12 创建图 42.181b 所示的倒角 4。选取图 42.181a 所示的边线为要倒角的对象，在“倒角”窗口中选中 ⊙ 角度距离(A) 单选按钮，然后在 文本框中输入数值 0.5，在 文本框中输入数值 45.0。

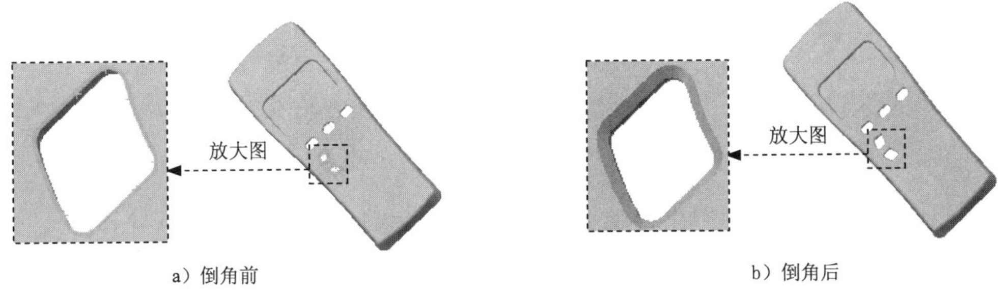

a）倒角前 b）倒角后

图 42.181 倒角 4

Step 13 创建图 42.182 所示的镜像 1。选择下拉菜单 插入(I) → 阵列/镜向(E) → 镜向(M)... 命令。选取 右视基准面-first01-second01 作为镜像基准面，选取切除-拉伸 2、倒角 4 作为镜像 1 的对象。

Step 14 创建图 42.183 所示的切除-拉伸 3。

（1）选择下拉菜单 插入(I) → 切除(C) → 拉伸(E)... 命令。

（2）在设计树中选取 上视基准面-first01-second01 作为草绘基准面，绘制图 42.184 所示的横断面草图。

（3）在 方向 1 区域的下拉列表框中选择 给定深度 选项，输入深度值为 10.0。

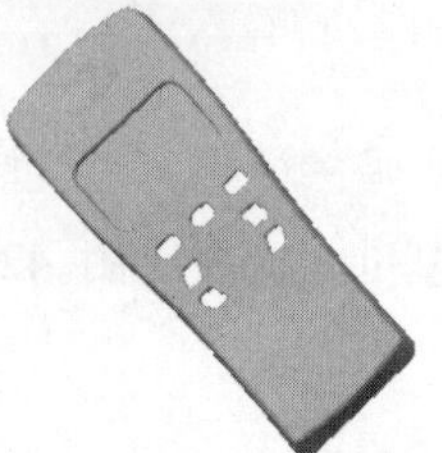

图 42.182　镜像 1

图 42.183　切除-拉伸 3

图 42.184　横断面草图（草图 3）

（4）单击对话框中的✔按钮，完成切除-拉伸 3 的创建。

Step 15　创建图 42.185b 所示的倒角 5。选取图 42.185a 所示的边线为要倒角的对象，在“倒角”窗口中选中 ⊙ 角度距离(A) 单选按钮，然后在文本框中输入数值 0.5，在文本框中输入数值 45.0。

a）倒角前

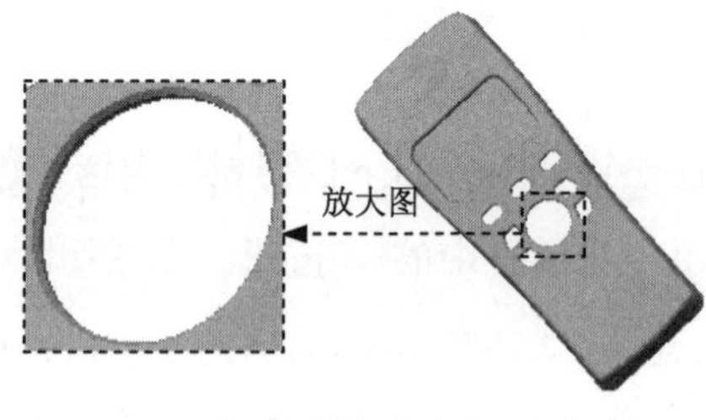

b）倒角后

图 42.185　倒角 5

Step 16　创建图 42.186 所示的基准面 21。

（1）选择下拉菜单 插入(I) ➡ 参考几何体(G) ➡ 基准面(P)... 命令。

（2）在设计树中选取 前视基准面-first01-second01 作为基准面 1 的参考实体。

（3）定义偏移方向及距离。选中 ☑ 反转 复选框，输入偏移距离值 17.0。

（4）单击✔按钮，完成基准面 21 的创建。

Step 17　创建图 42.187 所示的草图 5。选择下拉菜单 插入(I) ➡ 草图绘制 命令；选取基准面 21 作为草图平面，绘制图 42.187 所示的草图。

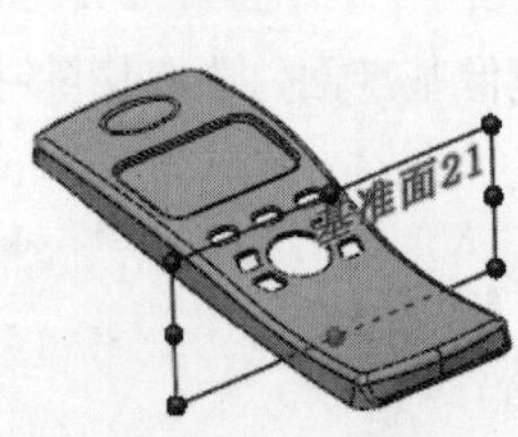

图 42.186　基准面 21

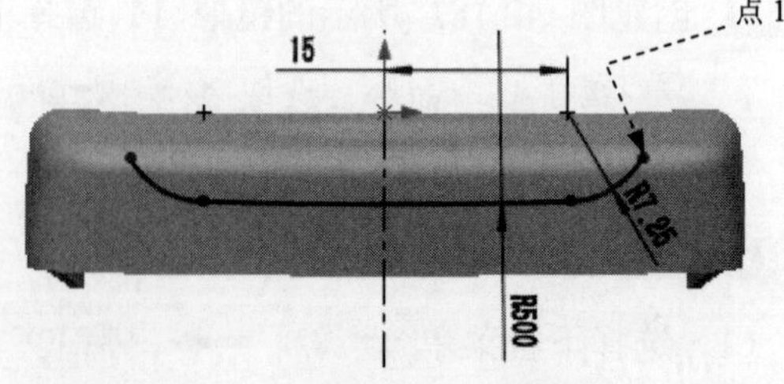

图 42.187　草图 5

Step 18　创建图 42.188 所示的基准面 22。

（1）选择下拉菜单 插入(I) ➡ 参考几何体(G) ➡ 基准面(P)... 命令。

（2）选取草图5及图42.187所示的点1。

（3）单击✔按钮，完成基准面22的创建。

Step 19 创建图42.189所示的草图6。选择下拉菜单 插入(I) → 草图绘制 命令；选取基准面3为草图平面，绘制图42.189所示的草图。

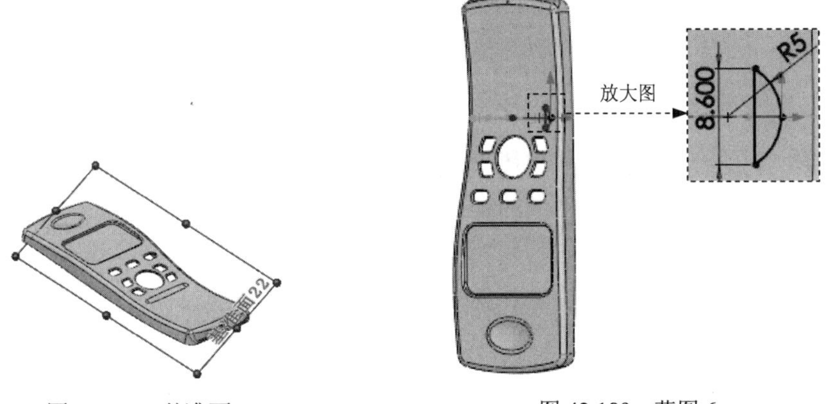

图42.188 基准面22　　图42.189 草图6

Step 20 创建图42.190所示的切除-扫描1。选择下拉菜单 插入(I) → 切除(C) → 扫描(S)... 命令。选取草图6的轮廓线。选取草图5为路径。

Step 21 创建图42.191所示的草图12。选择下拉菜单 插入(I) → 草图绘制 命令；在设计树中选取 右视基准面-first01-second01 为草绘平面。绘制图42.191的草图。

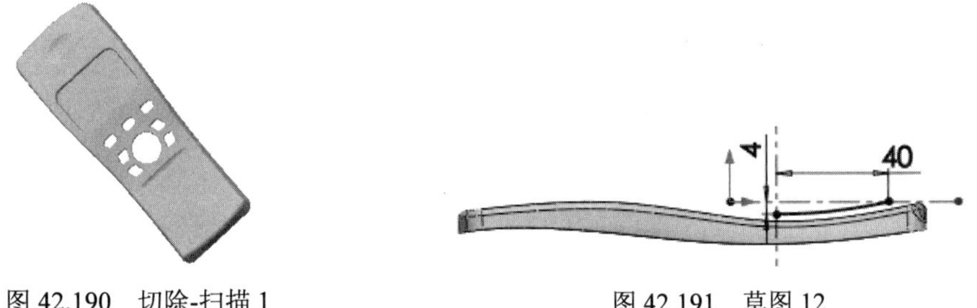

图42.190 切除-扫描1　　图42.191 草图12

Step 22 创建图42.192所示的切除-拉伸4。

（1）选择下拉菜单 插入(I) → 切除(C) → 拉伸(E)... 命令。

（2）在设计树中选取 上视基准面-first01-second01 作为草绘基准面，绘制图42.193所示的横断面草图。

（3）在 方向1 区域的下拉列表框中选择 给定深度 选项，输入深度值为10.0。

（4）单击对话框中的✔按钮，完成切除-拉伸4的创建。

图 42.192　切除-拉伸 4

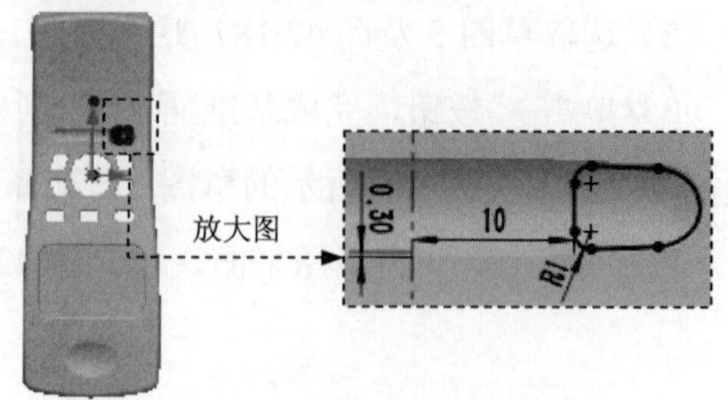

图 42.193　横断面草图（草图 8）

Step 23　创建图 42.194 所示的切除-拉伸 5。

（1）选择下拉菜单 插入(I) ➡ 切除(C) ➡ 拉伸(E)... 命令。

（2）在设计树中选取 上视基准面-first01-second01 作为草绘基准面，绘制图 42.195 所示的横断面草图。

图 42.194　切除-拉伸 5

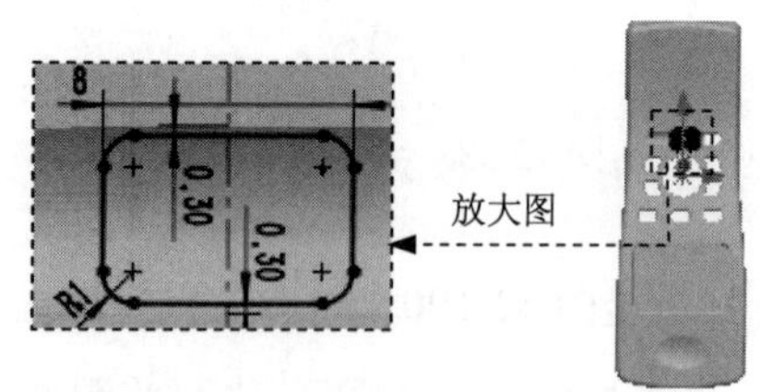

图 42195　横断面草图（草图 9）

（3）在 方向 1 区域的下拉列表框中选择 给定深度 选项，输入深度值为 10.0。

（4）单击对话框中的 ✔ 按钮，完成切除-拉伸 5 的创建。

Step 24　创建图 42.196 所示的镜像 2。选择下拉菜单 插入(I) ➡ 阵列/镜向(E) ➡ 镜向(M)... 命令。选取 右视基准面-first01-second01 作为镜像基准面，选取切除-拉伸 4 作为镜像 2 的对象。

Step 25　创建图 42.197 所示的曲线阵列 1。选择下拉菜单 插入(I) ➡ 阵列/镜向(E) ➡ 曲线驱动的阵列(R)... 命令。选择草图 7 作为阵列方向边线。在 后输入实例数 4，在 后输入间距值 12.0。曲线方法选中 ⊙ 与曲线相切(T) 单选按钮，对其方法选中 ⊙ 转换曲线(R) 单选按钮。选取切除-扫描 1 作为要阵列的对象。

Step 26　创建图 42.198 所示的曲线阵列 2。选择下拉菜单 插入(I) ➡ 阵列/镜向(E) ➡ 曲线驱动的阵列(R)... 命令。选择草图 7 作为阵列方向边线。在 后输入实例数值 4，在 后输入间距值 12.0。曲线方法选中 ⊙ 与曲线相切(T) 单选按钮，对其方法选中 ⊙ 转换曲线(R) 单选按钮。选取切除-拉伸 4、切除-拉伸 5 和镜像 2 作为要阵列的对象。

图 42.196 镜像 2

图 42.197 曲线阵列 1

图 42.198 曲线阵列 2

Step 27 创建图 42.199 所示的切除-拉伸 6。

（1）选择下拉菜单 插入(I) → 切除(C) → 拉伸(E)... 命令。

（2）在设计树中选取 上视基准面-first01-second01 作为草绘基准面，绘制图 42.200 所示的横断面草图。

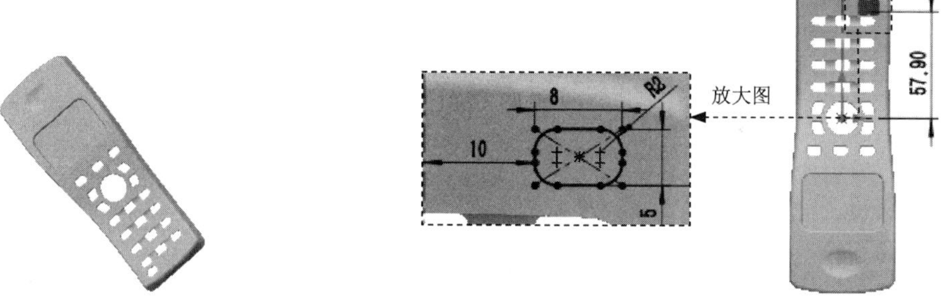

图 42.199 切除-拉伸 6

图 42.200 横断面草图（草图 10）

（3）在 方向 1 区域的下拉列表框中选择 给定深度 选项，输入深度值为 10.0。

（4）单击对话框中的 ✔ 按钮，完成切除-拉伸 6 的创建。

Step 28 创建图 42.201 所示的倒角 6。选取图 42.201a 所示的边线为要倒角的对象，在“倒角”窗口中选中 ⊙ 角度距离(A) 单选项，然后在 文本框中输入数值 0.5，在 文本框中输入数值 45.0。

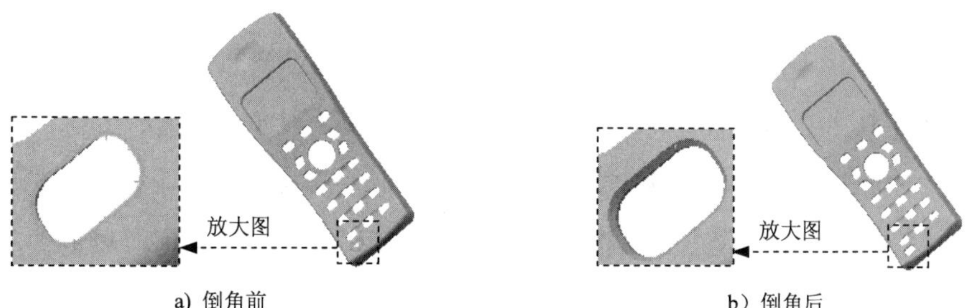

a）倒角前

b）倒角后

图 42.201 倒角 6

Step 29 创建图 42.202 所示的镜像 4。选择下拉菜单 插入(I) → 阵列/镜向(E) → 镜向(M)... 命令。选取 右视基准面-first01-second01 作为镜像基准面，选取切除-拉伸6、与倒角 4 作为镜像 4 的对象。

Step 30 创建图 42.203 所示的草图 16。选择下拉菜单 插入(I) → 草图绘制 命令；在设计树中选取 上视基准面-first01-second01 作为草绘基准面，绘制图 42.203 所示的草图。

Step 31 创建图 42.204 所示的填充阵列 1。

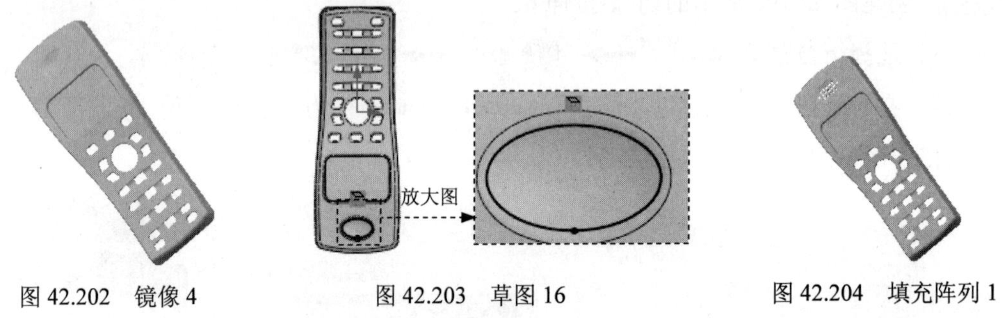

图 42.202　镜像 4　　图 42.203　草图 16　　图 42.204　填充阵列 1

（1）选择下拉菜单 插入(I) → 阵列/镜向(E) → 填充阵列(F) 命令。

（2）定义阵列源特征。在 要阵列的特征(F) 区域中选中 ⊙ 生成源切(C) 单选按钮，然后单击“圆”按钮，并在文本框中输入数值 2.0。

（3）定义阵列参数。

（4）定义阵列的填充边界。激活 填充边界(L) 区域中的文本框，在设计树中选择草图6 为阵列的填充边界。

（5）定义阵列布局。

① 定义阵列模式。在对话框的 阵列布局(O) 区域中单击按钮。

② 定义阵列尺寸。在 阵列布局(O) 区域中的文本框中输入数值 3.0，在 阵列布局(O) 区域中后的文本框中输入数值 3.0，在后的文本框中输入数值 0.0。

③ 定义阵列方向。选取草图 12 中的中心线为阵列方向线。

（6）单击对话框中的按钮，完成填充阵列的创建。

Step 32 创建图 42.205 所示的切除-拉伸 7。

（1）选择下拉菜单 插入(I) → 切除(C) → 拉伸(E)... 命令。

（2）在设计树中选取 上视基准面-first01-second01 作为草绘基准面，绘制图 42.206 所示的横断面草图。

（3）在 方向 1 区域的下拉列表框中选择 给定深度 选项，输入深度值为 10.0。

图 42.205　切除-拉伸 7

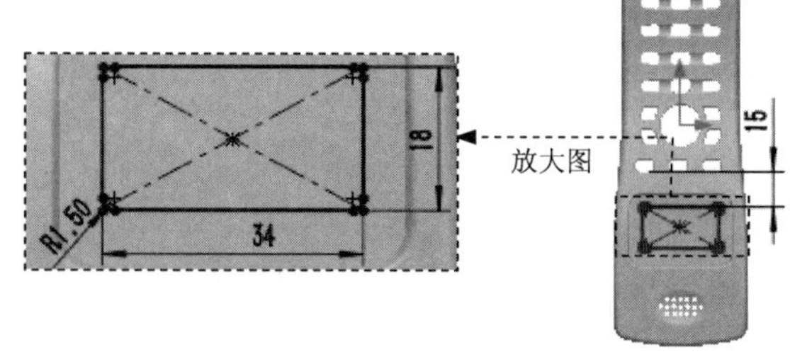

图 42.206　横断面草图（草图 12）

（4）单击对话框中的✔按钮，完成切除-拉伸 7 的创建。

Step 33　创建图 42.207 所示的曲面-等距 2。选择下拉菜单 插入(I) ➡ 曲面(S) ➡ 等距曲面(O)... 命令，选取图 42.207 所示的曲面作为等距曲面。在“等距曲面”对话框的 等距参数(O) 区域的文本框中输入数值 0。

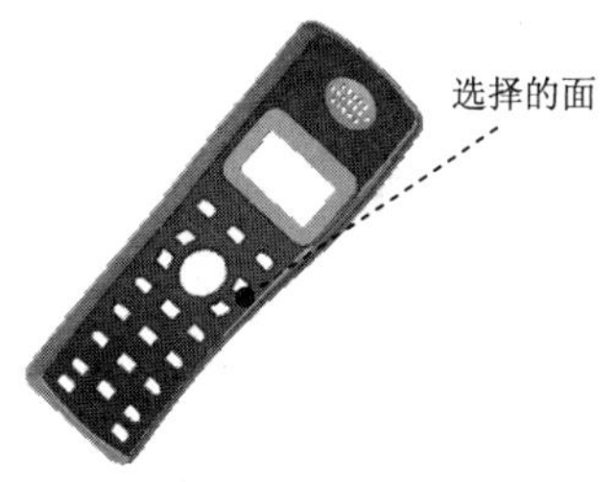

图 42.207　曲面-等距 2

Step 34　创建图 42.208 所示的倒角 7。选取图 42.208a 所示的边线为要倒角的对象，在“倒角”窗口中选中 ⊙ 角度距离(A) 单选按钮，然后在文本框中输入数值 0.2，在文本框中输入数值 45.0。

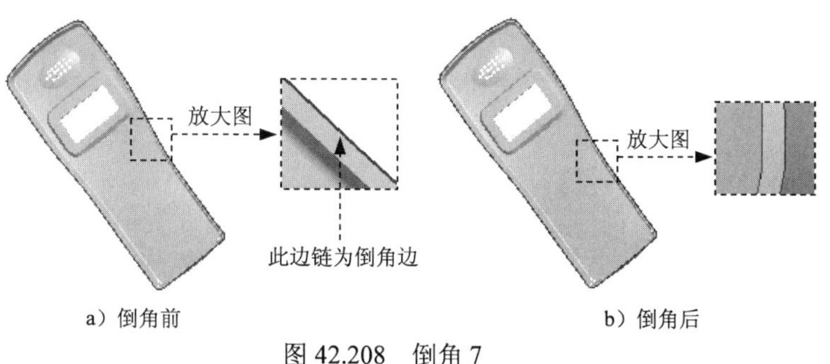

a）倒角前　　b）倒角后

图 42.208　倒角 7

Step 35　创建图 42.209 所示的基准面 23。

（1）选择下拉菜单 插入(I) ➡ 参考几何体(G) ➡ 基准面(P)... 命令。

（2）在设计树中选取 上视基准面-first01-second01 作为基准面 23 的参考实体。

（3）定义偏移方向及距离。选中 ☑ 反转 复选框，输入偏移距离值 2.8。

（4）单击✔按钮，完成基准面 23 的创建。

Step 36　创建图 42.210 所示的凸台-拉伸 1。

（1）选择下拉菜单 插入(I) ➡ 凸台/基体(B) ➡ 拉伸(E)... 命令。

（2）在设计树中选取 基准面23 作为草绘基准面，绘制图 42.211 所示的横断面草图。

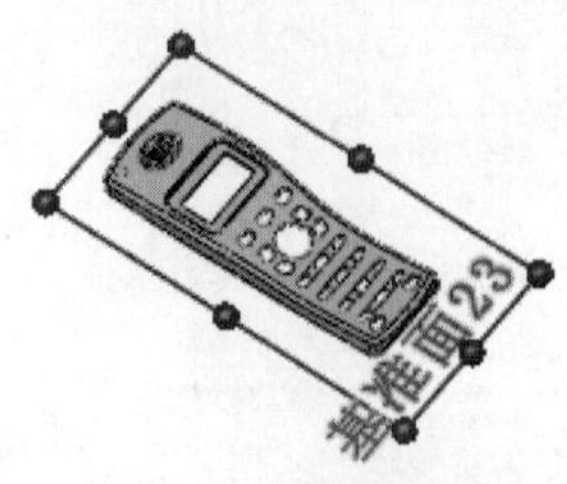

图 42.209　基准面 23

图 42.210　凸台-拉伸 1

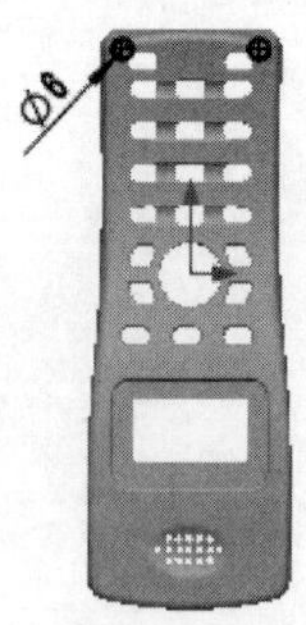

图 42.211　横断面草图（草图 13）

（3）在 方向 1 区域的下拉列表框中选择 给定深度 选项，单击 按钮。输入深度值为 9。

（4）单击 ✓ 按钮，完成凸台-拉伸 1 的创建（注：两圆心分别与基准轴 1 和基准轴 2 重合）。

Step 37　创建图 42.212 所示的凸台-拉伸 2。

（1）选择下拉菜单 插入(I) → 凸台/基体(B) → 拉伸(E)... 命令。

（2）在设计树中选取 基准面23 作为草绘基准面，绘制图 42.213 所示的横断面草图。

图 42.212　凸台-拉伸 1

图 42.213　截面草图（草图 14）

5 Chapter

（3）在 方向 1 区域的下拉列表框中选择 给定深度 选项，单击 按钮。输入深度值为 9。

（4）单击 ✓ 按钮，完成凸台-拉伸 2 的创建（注：圆心与基准轴 3 重合）。

Step 38　创建图 42.214 所示的零件特征——M3 螺纹孔的螺纹孔钻头 1。

（1）选择下拉菜单 插入(I) → 特征(F) → 孔(H) → 向导(W)... 命令。

（2）定义孔的位置。在“孔规格”窗口中单击 位置 选项卡，选取基准面 23 为孔的放置面，在鼠标单击处将出现孔的预览，在“草图（K）”工具栏中单击 按钮，建立图 42.215 所示的尺寸，并修改为目标尺寸。

（3）定义孔的参数。在“孔位置”窗口单击 类型 选项卡，在 孔类型(T) 区域选择孔“类型”为 （孔），标准为 Gb，类型为 螺纹钻孔，然后在 终止条件(C) 下拉列表框中选择 给定深度 选项，输入深度值为 5.0。

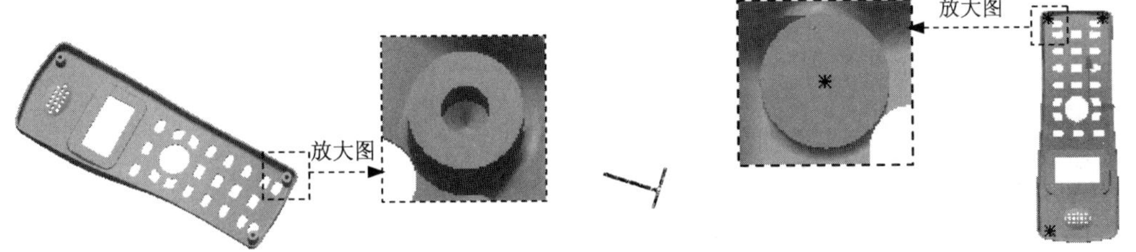

图 42.214　M3 螺纹孔的螺纹孔钻头 1　　　图 42.215　孔位置尺寸

（4）定义孔的大小。在 **孔规格** 区域定义孔的大小为 M3 ，单击 ✓ 按钮，完成 M3 角凹头螺钉的柱形沉头孔 1 的创建。

Step 39　创建图 42.216 所示的基准面 24。

（1）选择下拉菜单 插入(I) → 参考几何体(G) → 基准面(P)... 命令。

（2）选取图 42.217 所示的曲线及图 42.216 所示的点。

（3）单击 ✓ 按钮，完成基准面 24 的创建。

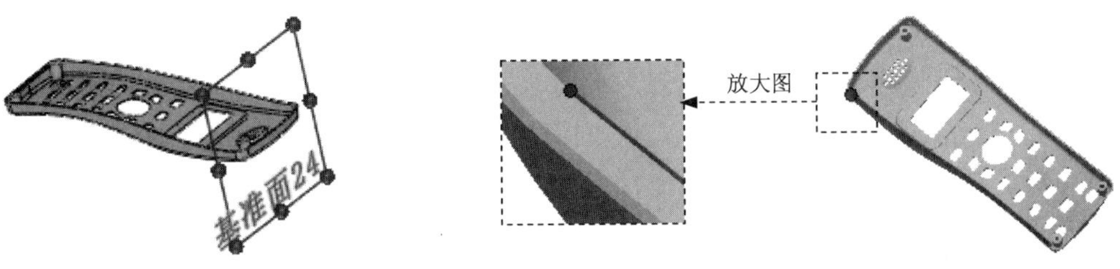

图 42.216　基准面 24　　　图 42.217　基准面参照

Step 40　创建图 42.218 所示的草图 27。选择下拉菜单 插入(I) → 草图绘制 命令；选取基准面 24 作为草图平面，绘制图 42.218 所示的草图。

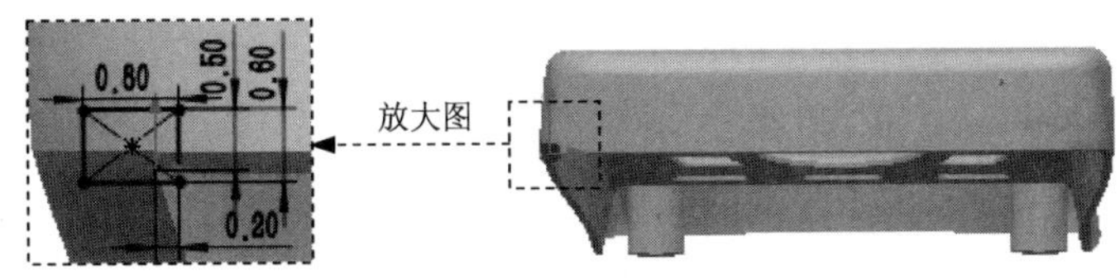

图 42.218　草图 27

Step 41　创建图 42.219 所示的组合曲线 1。

（1）选择命令。选择下拉菜单 插入(I) → 曲线(U) → 组合曲线(C)... 命令。

（2）选择图 42.219 所示的曲线。

（3）单击 ✓ 按钮，完成组合曲线的创建。

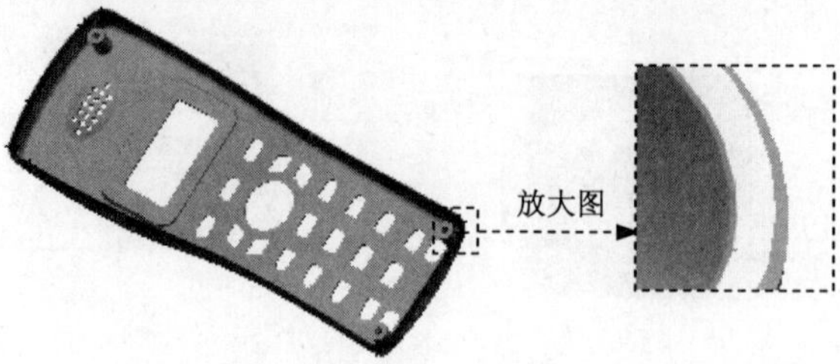

图 42.219　组合曲线 1

Step 42　创建图 42.220 所示的零件特征——切除-扫描 2。选择下拉菜单 插入(I) → 切除(C) → 扫描(S)... 命令。选取草图 27 为轮廓线。选取组合曲线 1 为路径。

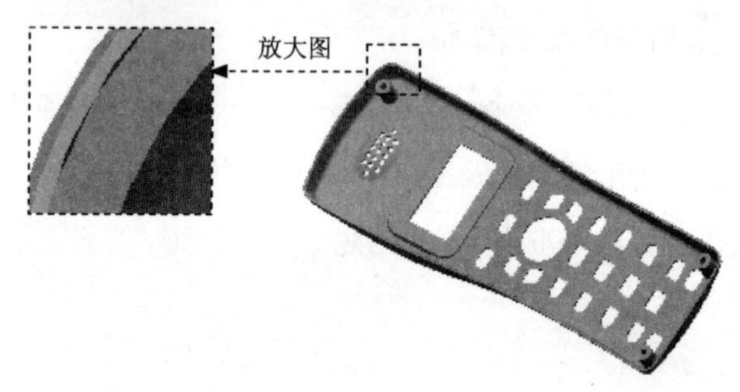

图 42.220　切除-扫描 2

Step 43　保存模型文件。选择下拉菜单 文件(F) → 保存(S) 命令，将模型存盘。

42.8　创建电话屏幕

下面讲解电话屏幕（screen.PRT）的创建过程，零件模型及设计树如图 42.221 所示。

Step 1　在装配中创建新零件。选择下拉菜单 插入(I) → 零部件(O) → 新零件(N)... 命令，设计树中会增加一个固定的零件。

Step 2　在设计树中右击新建的零件，从弹出的快捷菜单中选择 命令，系统进入空白界面。选择下拉菜单 文件(F) → 另存为(A)... 命令，系统弹出“SolidWorks 2013”对话框，单击该对话框中的 确定 按钮，将新的零件命名为 screen.SLDPRT，并保存模型。

Step 3　引入零件。

（1）选择下拉菜单 插入(I) → 零件(A)... 命令。在系统弹出的“打开”对话框中选择 second_01.SLDPRT 文件，单击 打开(O) 按钮。

（2）在系统弹出的“插入零件”对话框中的 转移(T) 区域选中 ☑ 实体(D)、☑ 曲面实体(S)、☑ 基准轴(A)、☑ 基准面(P) 复选框。

（3）单击“插入零件”对话框中的 ✔ 按钮，完成 second_02 的引入。

Step 4 创建图 42.222 所示的曲面-等距 1。选择下拉菜单 插入(I) → 曲面(S) → 等距曲面(O)... 命令，选取图 42.222 所示的曲面作为等距曲面。在“等距曲面”对话框的 等距参数(O) 区域的文本框中输入数值 0（注：此时只将 <second01>-<曲面-剪裁1> 显示，其余均隐藏）。

Step 5 创建图 42.223 所示的加厚 1。选择下拉菜单 插入(I) → 凸台/基体(B) → 加厚(T)... 命令；选择整个曲面-等距 1 作为加厚曲面；在 加厚参数(T) 区域中单击 按钮，在 后的文本框中输入数值 1.5（注：此时将 <second01>-<曲面-剪裁1> 隐藏）。

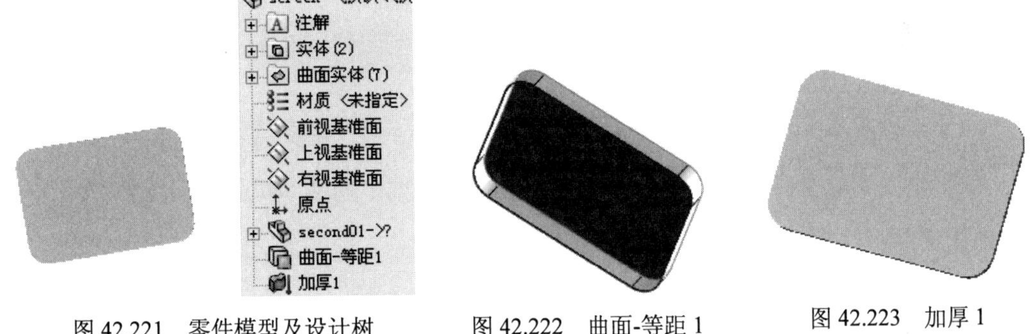

图 42.221 零件模型及设计树　　图 42.222 曲面-等距 1　　图 42.223 加厚 1

Step 6 保存模型文件。选择下拉菜单 文件(F) → 保存(S) 命令，将模型存盘。

42.9 建立电池盖

创建图 42.224 所示的电池盖 CELL_COVER 及设计树。

下面讲解电池盖（Cell_cover.PRT）的创建过程，零件模型及设计树如图 42.224 所示。

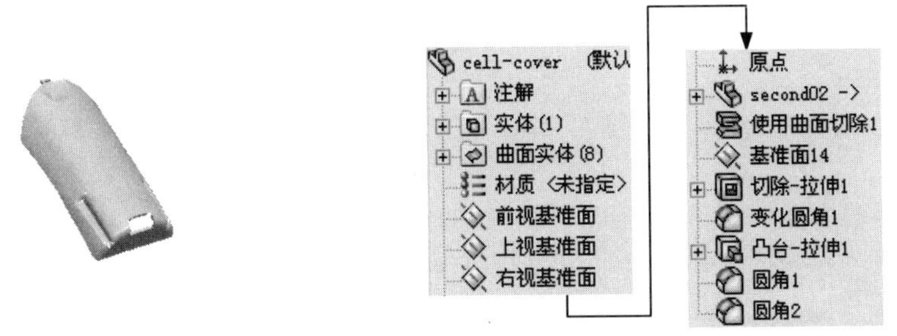

图 42.224 零件模型及设计树

Step 1 在装配中创建新零件。选择下拉菜单 插入(I) → 零部件(O) → 新零件(N)... 命令，设计树中会增加一个固定的零件。

Step 2 在设计树中右击新建的零件，从弹出的快捷菜单中选择命令，系统进入空白界面。选择下拉菜单 文件(F) → 另存为(A)... 命令，系统弹出“SolidWorks 2013”对话框，单击该对话框中的 确定 按钮，将新的零件命名为 cell-cover.sldprt，并保存模型。

Step 3 引入零件。

（1）选择下拉菜单 插入(I) → 零件(A)… 命令。在系统弹出的“打开”对话框中选择 second_02.SLDPRT 文件，单击 打开(O) 按钮。

（2）在系统弹出的“插入零件”对话框中的 **转移(T)** 区域选中 ☑ 实体(D)、☑ 曲面实体(S)、☑ 基准轴(A)、☑ 基准面(P) 复选框。

（3）单击“插入零件”对话框中的✔按钮，完成 second_02 的引入。

Step 4 创建图 42.225 所示的使用曲面切除 1。

（1）选择命令。选择下拉菜单 插入(I) → 切除(C) → 使用曲面(W)... 命令。

（2）定义切除工具。单击激活 **曲面切除参数(P)** 区域中的文本框，选取图 42.226 所示的曲面为切除工具，并单击按钮。

（3）单击对话框中的✔按钮，完成使用曲面切除 1 的创建。

Step 5 创建图 42.227 所示的基准面 14。选择下拉菜单 插入(I) → 参考几何体(G) → 基准面(P)... 命令；在设计树中选取 上视基准面-first01-second02 作为所要创建的基准面的参考实体，在后的文本框中输入数值 40，并选中 ☑ 反转 复选框。

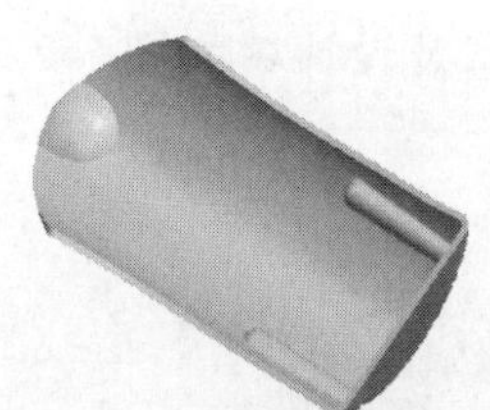

图 42.225 使用曲面切除 1

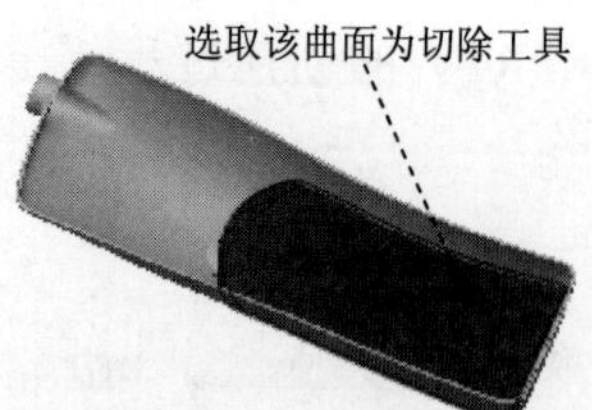

图 42.226 定义切除工具

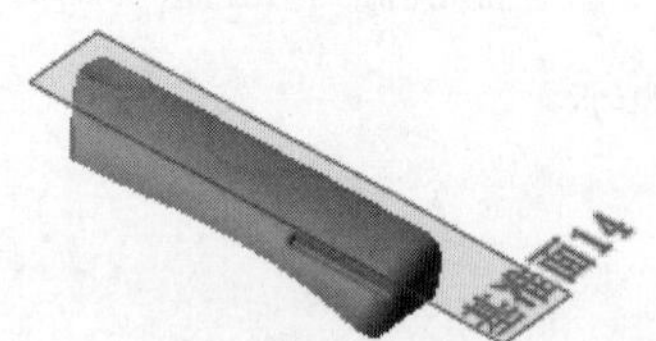

图 42.227 基准面 14

Step 6 创建图 42.228 所示的零件特征——切除-拉伸 1。选择下拉菜单 插入(I) → 切除(C) → 拉伸(E)... 命令。选取基准面 14 作为草绘基准面，绘制图 42.229 所示的横断面草图。在“切除-拉伸”窗口 **方向 1** 区域的下拉列表框中选择 给定深度 选项，输入深度值为 6.0，并单击按钮。

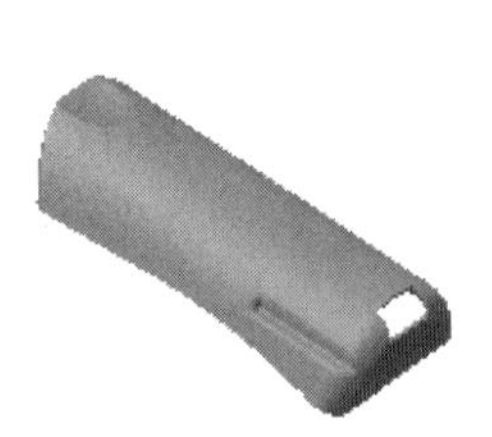

图 42.228 切除-拉伸 1

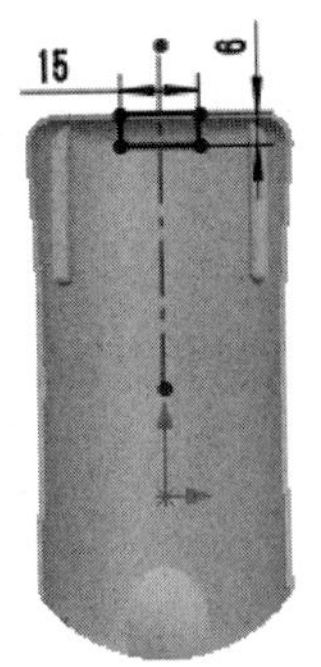

图 42.229 横断面草图（草图 1）

Step 7 创建图 42.230b 所示的变化圆角 1。选择下拉菜单 插入(I) → 特征(F) → 圆角(F)... 命令。在“圆角”窗口中 手工 选项卡的 圆角类型(Y) 区域中选择 ⊙ 变半径(V) 单选按钮。选取图 42.230a 所示的边线为要圆角的对象。在列表中选择“v1”（边线的下端点），然后在文本框中输入数值 2.0，按 Enter 键确定；在列表中选择“v2”（边线的上端点），然后在文本框中输入半径值 1.0，在列表中选择“v3”（边线的下端点），然后在文本框中输入数值 2.0，按 Enter 键确定；在列表中选择“v4”（边线的上端点），然后在文本框中输入半径值 1.0，再按 Enter 键确定。单击按钮，完成变化圆角 1 的创建。

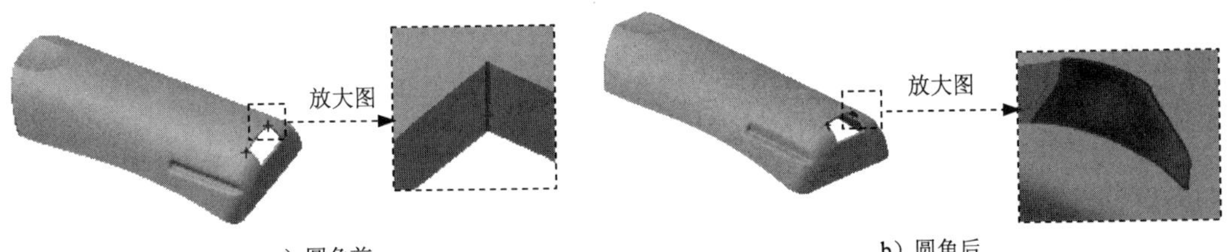

a）圆角前　　b）圆角后

图 42.230 变化圆角 1

Step 8 创建图 42.231 所示的零件特征——凸台-拉伸 1。选择下拉菜单 插入(I) → 凸台/基体(B) → 拉伸(E)... 命令。在设计树中选取选取 右视基准面-first01-second02 作为草绘基准面，绘制图 42.232 所示的横断面草图；在“凸台-拉伸”窗口 方向 1 区域的下拉列表框中选择 两侧对称 选项，输入深度值 5.0。

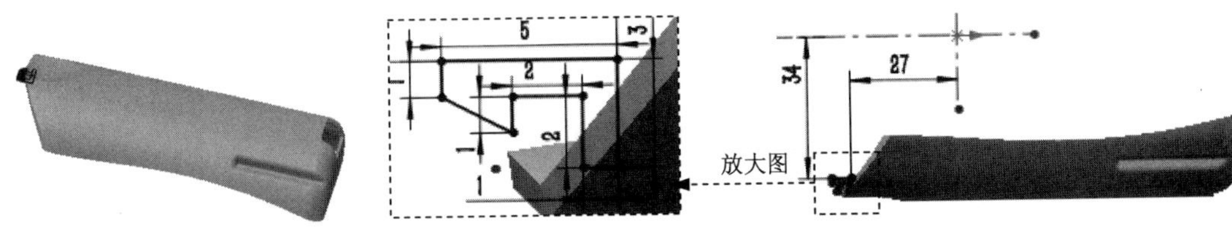

图 42.231 凸台-拉伸 1

图 42.232 横断面草图（草图 2）

Step 9 创建图 42.233b 所示的圆角 1。选择下拉菜单 插入(I) → 特征(F) → 圆角(F)... 命令，选择图 42.233a 所示的边链为圆角对象，圆角半径值为 0.5。

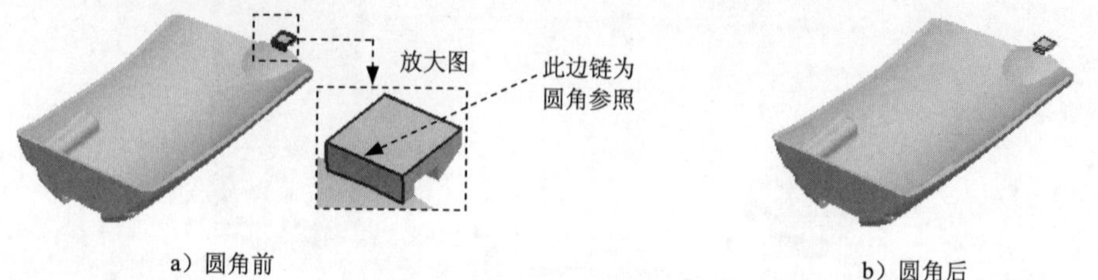

图 42.233 圆角 1

Step 10 创建图 42.234b 所示的圆角 2。选择下拉菜单 插入(I) → 特征(F) → 圆角(F)... 命令，选择图 42.234a 所示的边线为圆角对象，圆角半径值为 0.5。

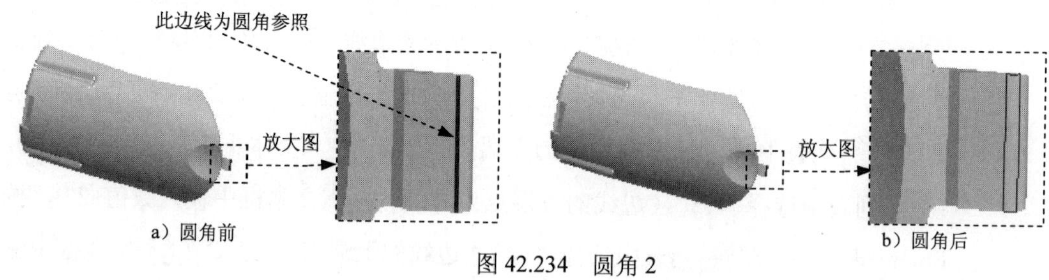

图 42.234 圆角 2

Step 11 保存模型文件。选择下拉菜单 文件(F) → 保存(S) 命令，将模型存盘。

42.10 创建电话按键

下面讲解电话屏幕（key_press.PRT）的创建过程，零件模型及设计树如图 42.235 所示。

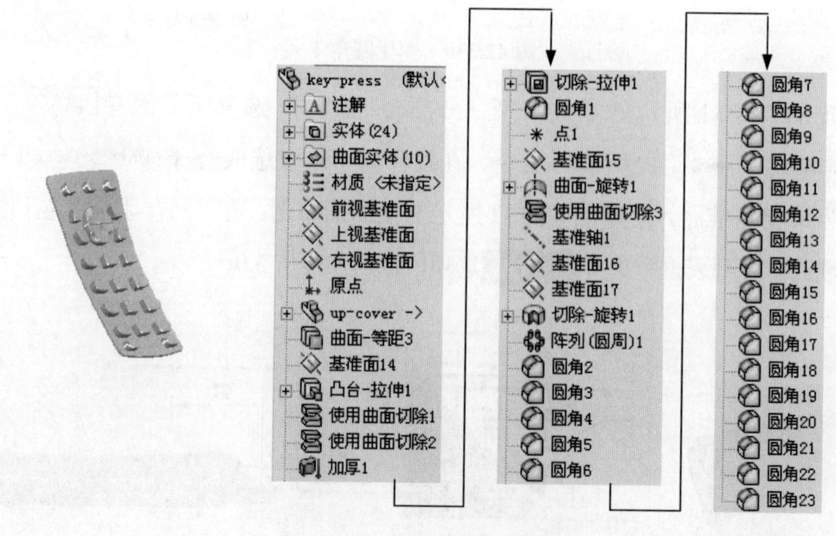

图 42.235 零件模型及设计树

Step 1 在装配中创建新零件。选择下拉菜单 插入(I) → 零部件(O) → 新零件(N)... 命令，设计树中会增加一个固定的零件。

Step 2 在设计树中右击新建的零件，从弹出的快捷菜单中选择 命令，系统进入空白界面。选择下拉菜单 文件(F) → 另存为(A)... 命令，系统弹出“SolidWorks 2013”对话框，单击该对话框中的 确定 按钮，将新的零件命名为 key_press.SLDPRT，并保存模型。

Step 3 引入零件。

（1）选择下拉菜单 插入(I) → 零件(A)... 命令。在系统弹出的“打开”对话框中选择 second_01.SLDPRT 文件，单击 打开(O) 按钮。

（2）在系统弹出的“插入零件”对话框中的 转移(T) 区域选中 ☑ 曲面实体(S)、☑ 基准面(P) 复选框。

（3）单击“插入零件”对话框中的 ✔ 按钮，完成 up-cover 的引入。

Step 4 创建图 42.236 所示的曲面-等距 3。选择下拉菜单 插入(I) → 曲面(S) → 等距曲面(O)... 命令，在设计树中选取 <up-cover>-<曲面-等距1> 作为等距曲面。在“等距曲面”对话框的 等距参数(O) 区域的文本框中输入数值 3.5，单击 按钮。

Step 5 创建图 42.237 所示的基准面 14。

（1）选择下拉菜单 插入(I) → 参考几何体(G) → 基准面(P)... 命令。

（2）在设计树中选取 上视基准面-first01-second01-up-cover 作为基准面 14 的参考实体。

（3）定义偏移方向及距离。选中 ☑ 反转 复选框，输入偏移距离值 8.0。

（4）单击 ✔ 按钮，完成基准面 14 的创建。

Step 6 创建图 42.238 所示的零件特征——凸台-拉伸 1。选择下拉菜单 插入(I) → 凸台/基体(B) → 拉伸(E)... 命令。选取基准面 14 作为草绘基准面，绘制图 42.239 所示的横断面草图（此草图通过转换引用实体命令制作而成）；在 所选轮廓(S) 区域下的选择所有草图轮廓。在“凸台-拉伸”窗口 方向 1 区域的下拉列表框中选择 给定深度 选项，输入深度值 10.0。

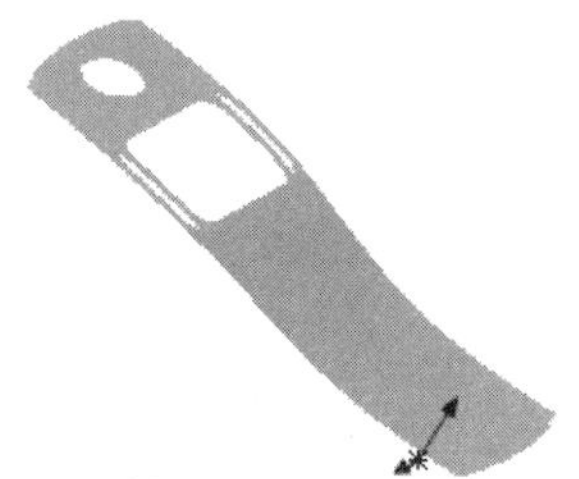
图 42.236 曲面-等距 3

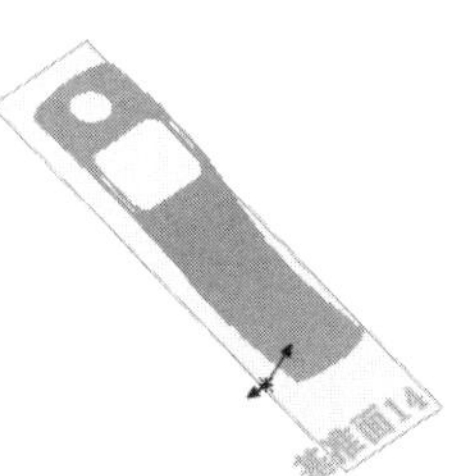

图 42.237 基准面 14

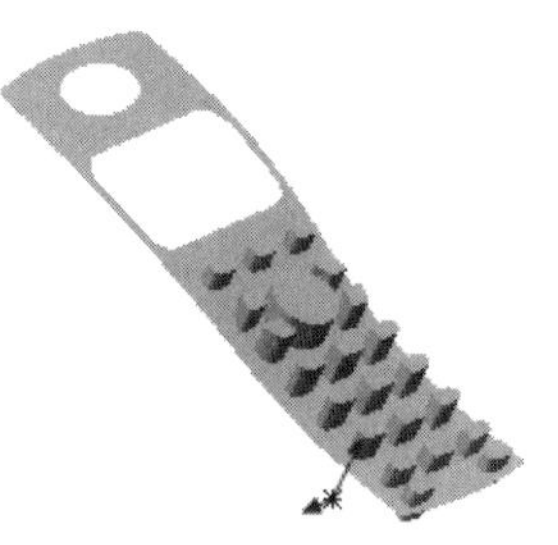
图 42.238 凸台-拉伸 1

Step 7 创建图 42.240 所示的使用曲面切除 1。

（1）选择下拉菜单 插入(I) → 切除(C) → 使用曲面(W) 命令。

（2）在设计树中选择曲面-等距 1 作为切除曲面。

（3）单击✓按钮，完成使用曲面切除 1 的创建。

Step 8 创建图 42.241 所示的使用曲面切除 2。

图 42.239 横断面草图（草图 1）

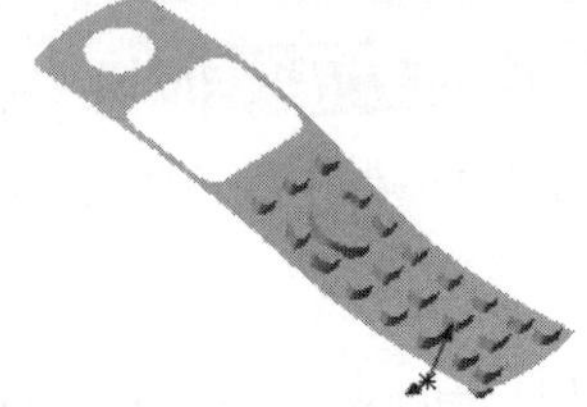

图 42.240 使用曲面切除 1

图 42.241 使用曲面切除 2

（1）选择下拉菜单 插入(I) → 切除(C) → 使用曲面(W) 命令。

（2）在设计树中选择 <up-cover>-<曲面-等距1> 作为切除曲面。

（3）单击“使用曲面切除”对话框中的按钮。

（4）单击✓按钮，完成使用曲面切除 1 的创建。

Step 9 创建图 42.242 所示的加厚 1。选择下拉菜单 插入(I) → 凸台/基体(B) → 加厚(T)... 命令；在设计树中选择 <up-cover>-<曲面-等距2> 作为加厚曲面；在 加厚参数(T) 区域中单击按钮，在后的文本框中输入数值 2.0。

Step 10 创建图 42.243 所示的零件特征——切除-拉伸 1。选择下拉菜单 插入(I) → 切除(C) → 拉伸(E)... 命令。选取 上视基准面-first01-second01-up-cover 作为草图基准面，绘制图 42.244 所示的横断面草图。在“切除-拉伸”窗口 方向 1 区域的下拉列表框中选择 完全贯穿 选项。

图 42.242 加厚 1

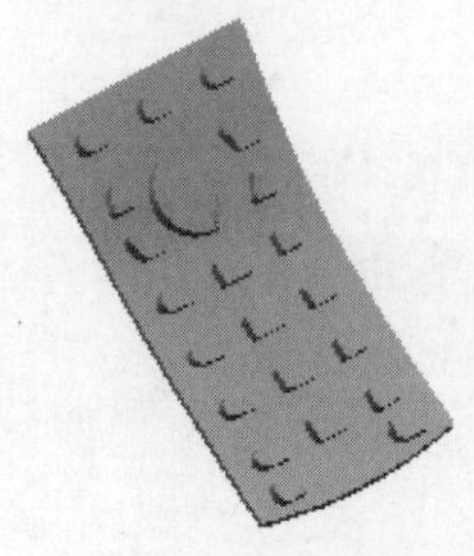

图 42.243 切除-拉伸 1

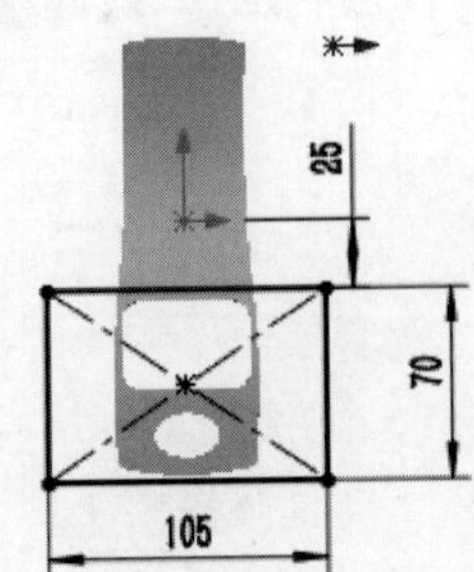

图 42.244 横断面草图（草图 2）

Step 11 创建图 42.245b 所示的圆角 1。选择下拉菜单 插入(I) → 特征(F) → 圆角(F)... 命令。选择图 42.245a 所示的边线为圆角对象，圆角半径值为 2.0。

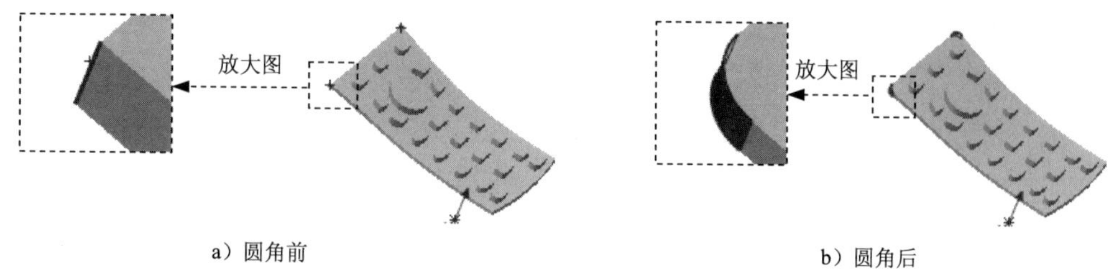

图 42.245　圆角 1

Step 12 创建图 42.246 所示的点 1。选择下拉菜单 插入(I) → 参考几何体(G) → 点(O)... 命令，系统弹出“点”对话框。选取图 42.246 所示的面作为点 1 的参考实体。

Step 13 创建图 42.247 所示的基准面 15。选择下拉菜单 插入(I) → 参考几何体(G) → 基准面(P)... 命令；选取图 42.246 所示的线与点 1 作为所要创建的基准面的参考实体。

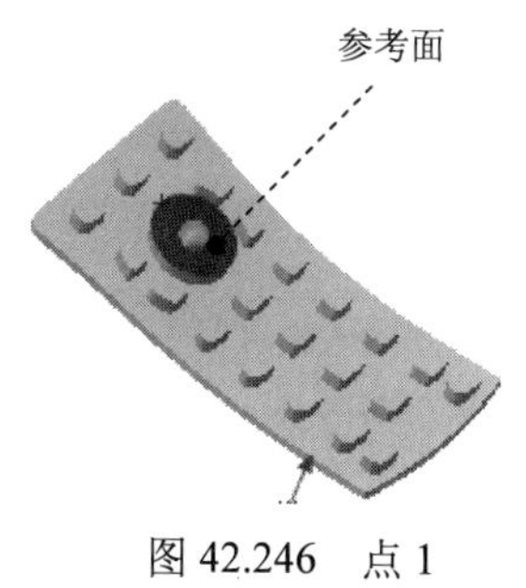

图 42.246　点 1

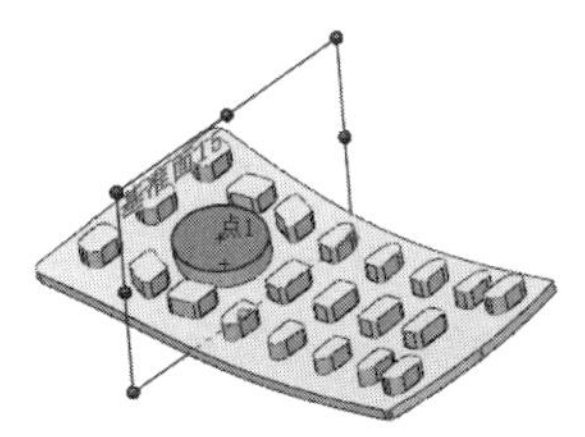

图 42.247　基准面 15

Step 14 创建图 42.248 所示的曲面-旋转 1。选择下拉菜单 插入(I) → 曲面(S) → 旋转曲面(R)... 命令，选取基准面 15 作为草图平面，绘制图 42.249 所示的横断面草图；采用草图中绘制的中心线作为旋转轴，在 方向 1 区域后的下拉列表框中选择 给定深度 选项，在后的文本框中输入角度值 360.0。

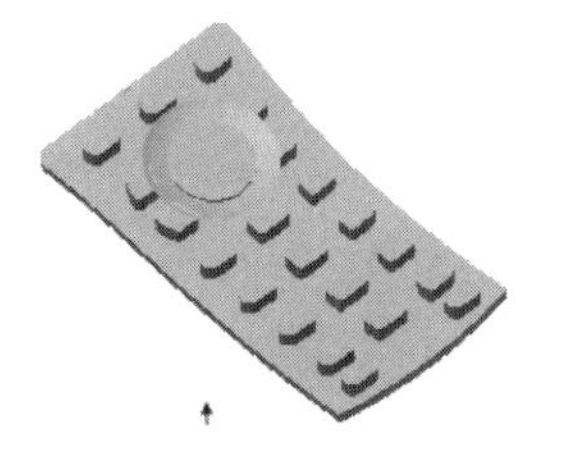

图 42.248　曲面-旋转 1

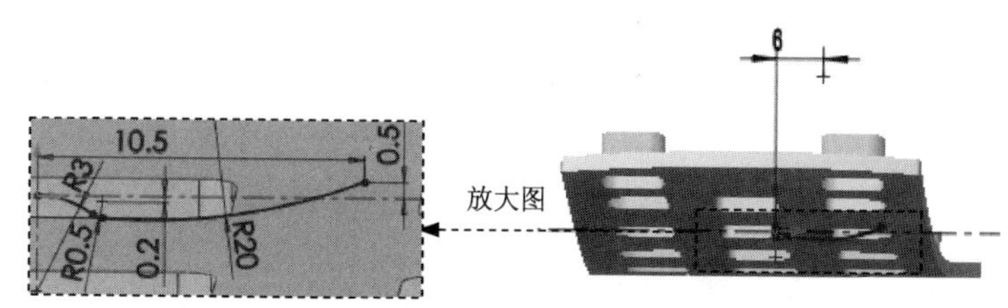

图 42.249　横断面草图（草图 3）

Step 15 创建图 42.250 所示的使用曲面切除 3。

（1）选择下拉菜单 插入(I) → 切除(C) → 使用曲面(W) 命令。

（2）在设计树中选择曲面-旋转 1 作为切除曲面。

（3）单击"使用曲面切除"对话框中的按钮。

（4）单击按钮，完成使用曲面切除 3 的创建。

Step 16 创建图 42.251 所示的基准轴 1。选择下拉菜单 插入(I) → 参考几何体(G) → 基准轴(A) 命令；单击 选择(S) 区域中 两平面(T) 按钮，在设计树中选取 基准面15 与 右视基准面-first01-second01-up-cover 作为参考实体。

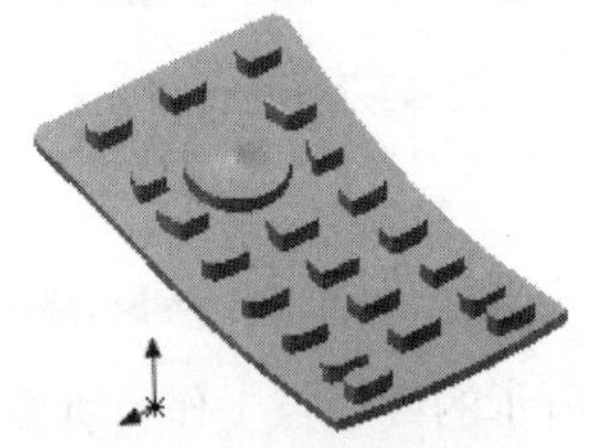

图 42.250 使用曲面切除 3

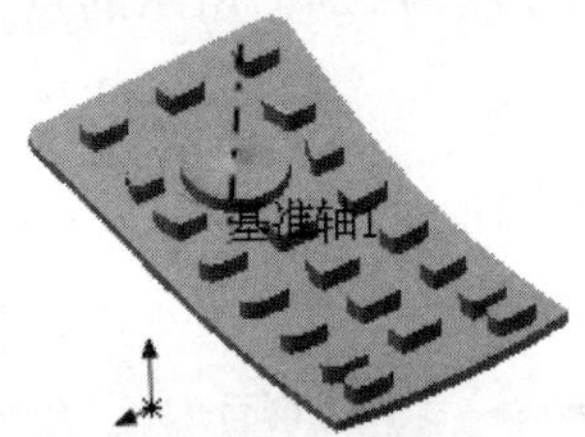

图 42.251 基准轴 1

Step 17 创建图 42.252 所示的基准面 16。选择下拉菜单 插入(I) → 参考几何体(G) → 基准面(P)... 命令；在设计树中选取基准轴 1 与 基准面15 作为所要创建的基准面的参考实体。在后的文本框中输入角度值 45。并选中 反转 复选框。

Step 18 创建图 42.253 所示的基准面 17。选择下拉菜单 插入(I) → 参考几何体(G) → 基准面(P)... 命令；在设计树中选取 基准面16 作为所要创建的基准面的参考实体，在后的文本框中输入 8.5。

图 42.252 基准面 16

图 42.253 基准面 17

Step 19 创建图 42.254 所示的零件特征——切除-旋转 1。选择下拉菜单 插入(I) → 切除(C) → 旋转(R)... 命令。选取基准面 17 作为草图基准面，绘制图 42.255 所示的横断面草图。采用草图中绘制的中心线作为旋转轴线。在"切除-旋转"窗口中输入旋转角度值 360.0。

图 42.254 切除-旋转 1

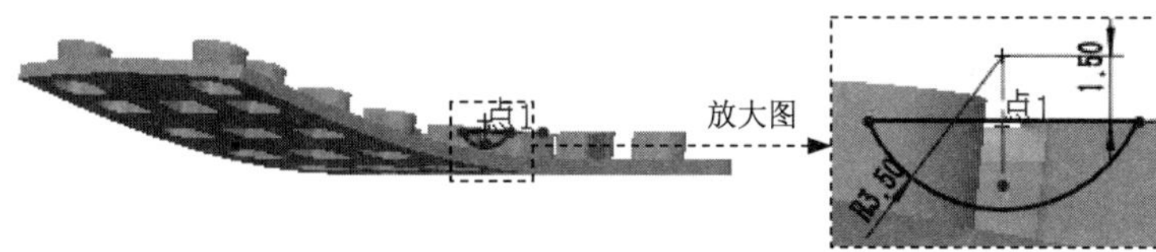

图 42.255 横断面草图（草图 4）

Step 20 创建图 42.256 所示的阵列（圆周）1。选择下拉菜单 插入(I) → 阵列/镜向(E) → 圆周阵列(C)... 命令。选取切除-旋转 1 为阵列的源特征，在设计树中选取 基准轴1 为圆周阵列轴；在 参数(P) 区域的 后的文本框中输入角度值 90.0，在 后的文本框中输入数值 4；单击 按钮，完成圆周阵列的创建。

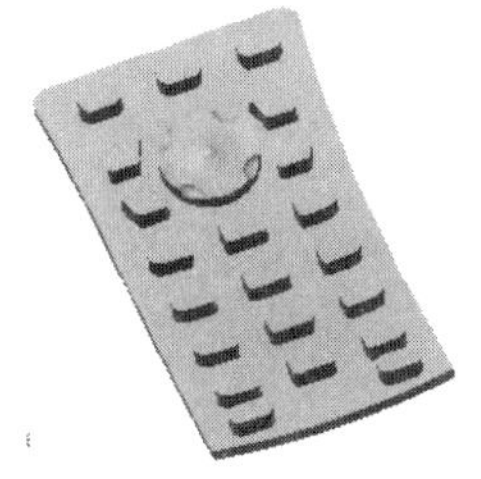
图 42.256 阵列（圆周）1

Step 21 创建图 42.257b 所示的圆角 2。选择下拉菜单 插入(I) → 特征(F) → 圆角(F)... 命令。选择图 42.257a 所示的边线为圆角对象，圆角半径值为 0.5。

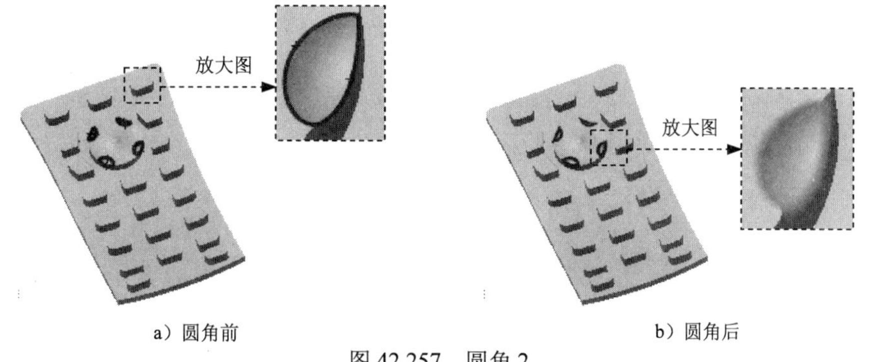

a）圆角前 b）圆角后
图 42.257 圆角 2

Step 22 创建图 42.258b 所示的圆角 3。选择下拉菜单 插入(I) → 特征(F) → 圆角(F)... 命令。选择图 42.258a 所示的边线为圆角对象，圆角半径值为 0.5。

Step 23 创建图 42.259b 所示的圆角 4。选择下拉菜单 插入(I) → 特征(F) → 圆角(F)... 命令。选择图 42.259a 所示的边线为圆角对象，圆角半径值为 0.5。

a）圆角前　　b）圆角后

图 42.258　圆角 3

a）圆角前　　b）圆角后

图 42.259　圆角 4

Step 24 参照 Step23 的方法步骤，创建其余圆角。完成后如图 42.260 所示。

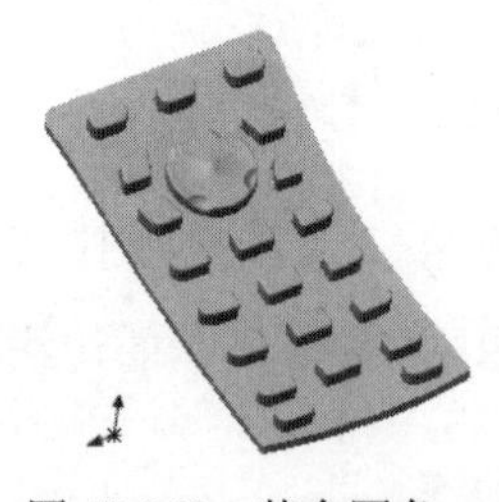

图 42.260　其余圆角

Step 25 保存模型文件。选择下拉菜单 文件(F) → 保存(S) 命令，将模型存盘。

实例 43　微波炉钣金外壳的自顶向下设计

43.1　实例概述

本实例详细讲解了采用自顶向下（Top-Down Design）设计方法创建图 43.1 所示微波炉外壳的整个设计过程，其设计过程是先确定微波炉内部原始文件的尺寸，然后根据该文件建立一个骨架模型，通过该骨架模型将设计意图传递给微波炉的各个外壳钣金零件后，再对其进行细节设计，设计流程如图 43.2 所示。

a）方位 1

b）方位 2

c）方位 3

图 43.1　微波炉外壳

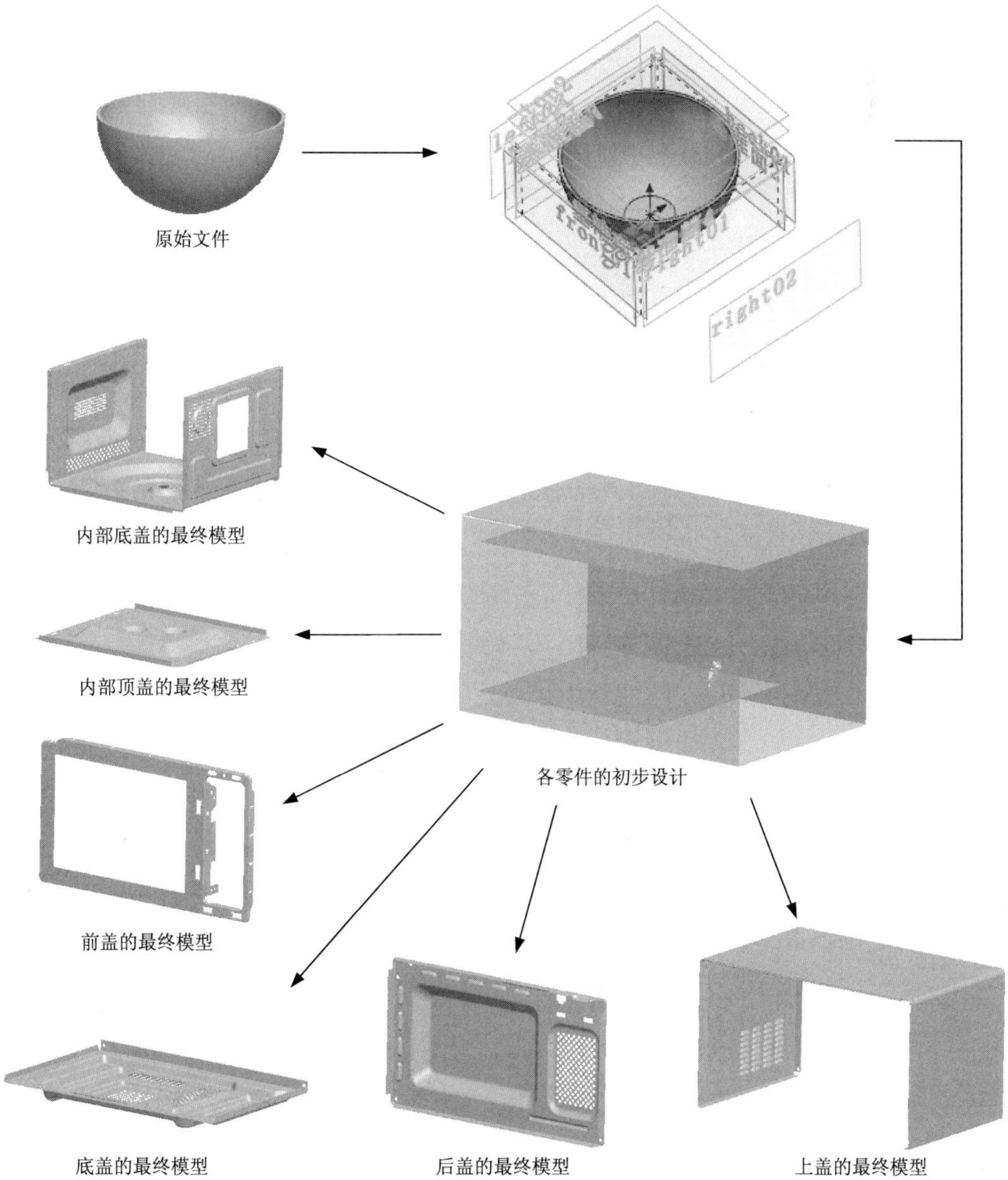

原始文件

内部底盖的最终模型

内部顶盖的最终模型

各零件的初步设计

前盖的最终模型

底盖的最终模型

后盖的最终模型

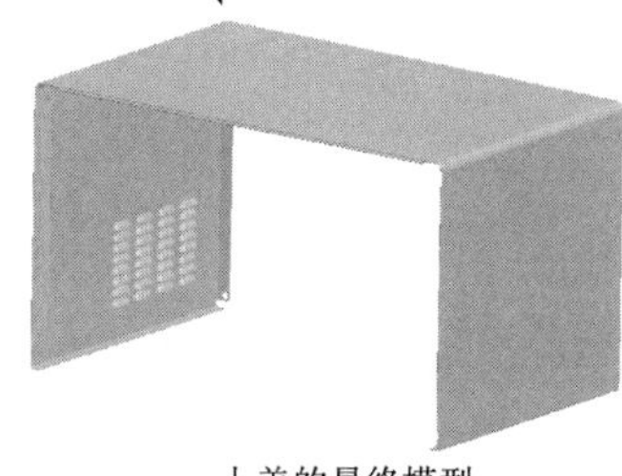
上盖的最终模型

图 43.2　设计流程图

骨架模型是根据装配体内各元件之间的关系而创建的一种特殊的零件模型，或者说它是一个装配体的 3D 布局，是自顶向下设计的一个强有力的工具。

当微波炉外壳完成后，只需要更改内部原始文件的尺寸，微波炉的尺寸就随之更改。该设计方法可以加快产品的更新速度，非常适用于系列化的产品设计。

43.2 准备原始文件

原始数据文件（图 43.3）是控制微波炉总体尺寸的一个模型文件，它是一个用于盛装需要加热食物的碗，该模型通常是由上游设计部门提供。

Step 1 新建模型文件。选择下拉菜单 文件(F) → 新建(N)... 命令，在系统弹出的“新建 SolidWorks 文件”对话框中选择“零件”模块，单击 确定 按钮，进入建模环境。

Step 2 创建图 43.4 所示的曲面-旋转 1。选择下拉菜单 插入(I) → 曲面(S) → 旋转曲面(R)... 命令；选取前视基准面作为草图平面，绘制图 43.5 所示的横断面草图；采用草图中绘制的中心线作为旋转轴，在 方向1 区域后的下拉列表框中选择 给定深度 选项，在后的文本框中输入角度值 360.0。

图 43.3 原始文件

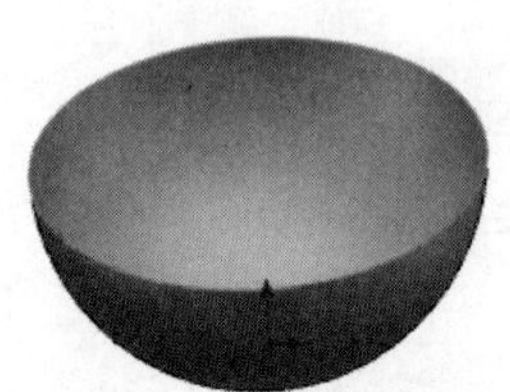

图 43.4 曲面-旋转 1

Step 3 创建图 43.6 所示的加厚 1。选择下拉菜单 插入(I) → 凸台/基体(B) → 加厚(T)... 命令；选择整个曲面作为加厚曲面；在 加厚参数(T) 区域中单击按钮，在后的文本框中输入数值 5.0。

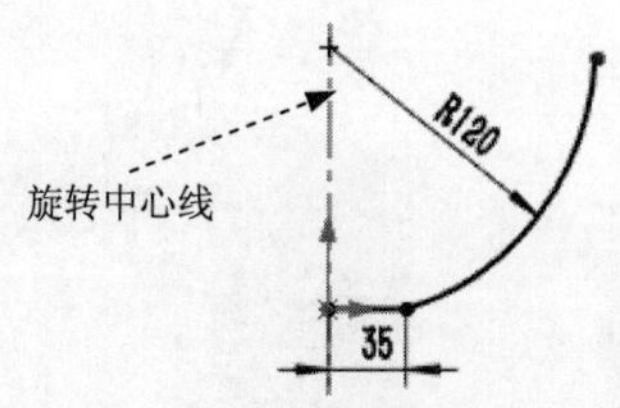

图 43.5 横断面草图（草图 1）

图 43.6 加厚 1

Step 4 保存模型。选择下拉菜单 文件(F) → 保存(S) 命令，将模型命名为 DISH，保存模型。

43.3 构建微波炉外壳的总体骨架

微波炉外壳总体骨架的创建在整个微波炉的设计过程中是非常重要的，只有通过骨架文件才能把原始文件的数据传递给外壳中的每个零件。总体骨架如图 43.7 所示。

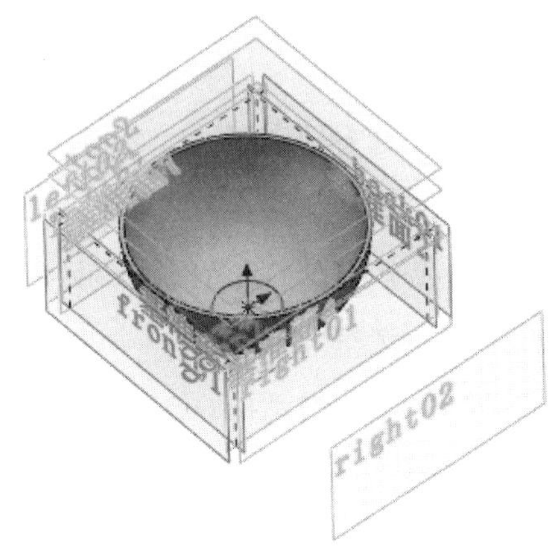

图 43.7 构建微波炉的总体骨架

骨架中各基准面的作用如下：

- down01：用于确定微波炉内部底盖的位置。
- left01：用于确定微波炉内部底盖的位置。
- right01：用于确定微波炉内部底盖的位置。
- top01：用于确定微波炉内部顶盖的位置。
- front01：用于确定微波炉前盖的位置。
- back01：用于确定微波炉后盖的位置。
- down 02：用于确定微波炉下盖的位置。
- left 02：用于确定微波炉上盖的位置。
- right 02：用于确定微波炉上盖的位置。
- top 02：用于确定微波炉上盖的位置。

43.3.1 新建微波炉外壳总体装配文件

新建一个装配文件。选择下拉菜单 文件(F) → 新建(N)... 命令，在弹出的“新建 SolidWorks 文件”对话框中选择“装配体”选项，单击 确定 按钮，进入装配环境。

43.3.2 导入原始文件

添加图 43.8 所示原始零件模型。进入装配环境后，系统会自动弹出“开始装配体”对话框，单击“开始装配体”对话框中的 浏览(B)... 按钮，在系统弹出的“打开”对话框中选取 D:\ sw13in\work\ins43\DISH.SLDPRT，单击 打开(O) 按钮。单击 ✔ 按钮，零件固定在原点位置。

43.3.3 创建骨架模型

Task1．建立各基础平面

Step 1 打开骨架模型。在设计树中右击 (固定) dish<2>，在弹出的快捷菜单中选择 命令。

Step 2 创建图 43.8 所示的点 1。选择下拉菜单 插入(I) ➡ 参考几何体(G) ➡ 点(O)... 命令，系统弹出“点”对话框。选取图 43.8 所示的曲线作为点 1 的参考实体。在“点”对话框中选中 百分比(G) 单选按钮，在 后的文本框中输入 75。

Step 3 创建图 43.8 所示的点 2。选择下拉菜单 插入(I) ➡ 参考几何体(G) ➡ 点(O)... 命令，系统弹出“点”对话框。选取图 43.8 所示的曲线作为点 2 的参考实体。在“点”对话框中选中 百分比(G) 单选按钮，在 后的文本框中输入数值 25。

Step 4 创建图 43.9 所示的基准面 1。选择下拉菜单 插入(I) ➡ 参考几何体(G) ➡ 基准面(P)... 命令；选取右视基准面与基准点 1 作为所要创建的基准面的参考实体。

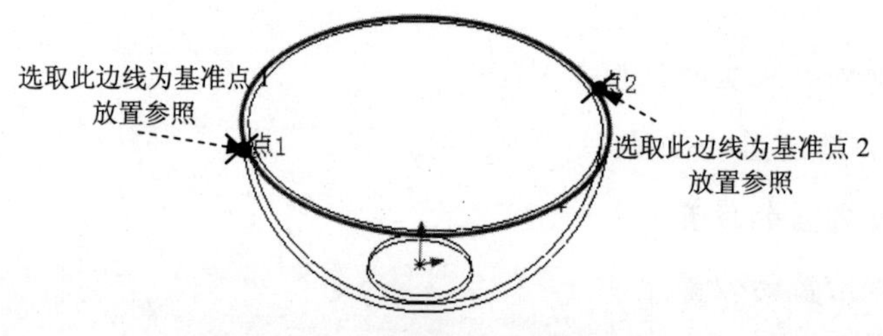

图 43.8 基准点 1 与基准点 2

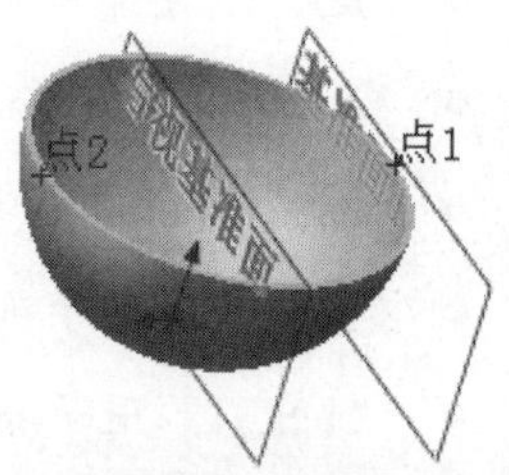

图 43.9 基准面 1

Step 5 创建图 43.10 所示的基准面 2。选择下拉菜单 插入(I) ➡ 参考几何体(G) ➡ 基准面(P)... 命令；选取右视基准面与基准点 2 作为所要创建的基准面的参考实体。

Step 6 创建图 43.11 所示的基准平面——front01。选择下拉菜单 插入(I) ➡ 参考几何体(G) ➡ 基准面(P)... 命令；选取基准面 1 作为要创建的基准面的参考实体，在 后的文本框中输入数值 20，并选中 ☑ 反转 复选框，单击 ✔ 按钮。在设计树中右击新建的基准平面，在弹出的快捷菜单中选择 属性... (R) 命令，修改基准面名称为 front01。

图 43.10 基准面 2

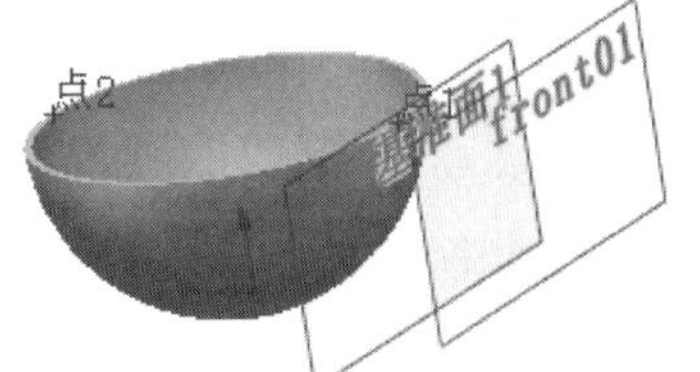

图 43.11 基准面 front01

Step 7 创建图 43.12 所示的基准平面——back01。选择下拉菜单 插入(I) → 参考几何体(G) → 基准面(P)... 命令；选取基准面 2 作为所要创建的基准面的参考实体，在后的文本框中输入数值 20。单击 ✓ 按钮。在设计树中右击新建的基准平面，在弹出的快捷菜单中选择 属性... (R) 命令，修改基准面名称为 back01。

Step 8 创建图 43.13 所示的点 3。选择下拉菜单 插入(I) → 参考几何体(G) → 点(O)... 命令，系统弹出“点”对话框。选取图 43.13 所示的曲线作为点 3 的参考实体。在“点”对话框中选中 ⊙ 百分比(G) 单选按钮，在后的文本框中输入数值 0。

Step 9 创建图 43.13 所示的点 4。选择下拉菜单 插入(I) → 参考几何体(G) → 点(O)... 命令，系统弹出“点”对话框。选取图 43.13 所示的曲线作为点 4 的参考实体。在“点”对话框中选中 ⊙ 百分比(G) 单选按钮，在后的文本框中输入数值 50。

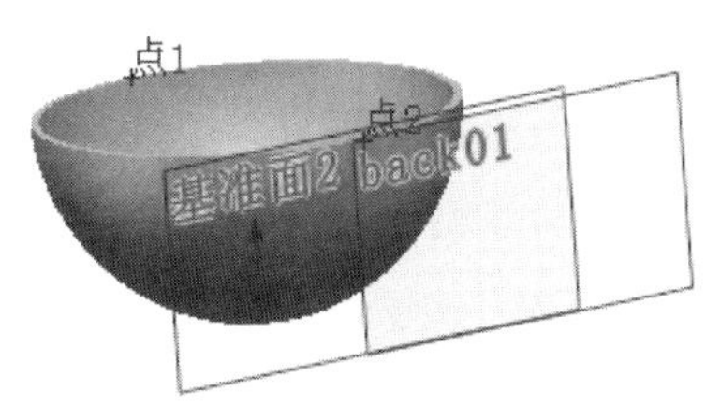

图 43.12 基准面 back01

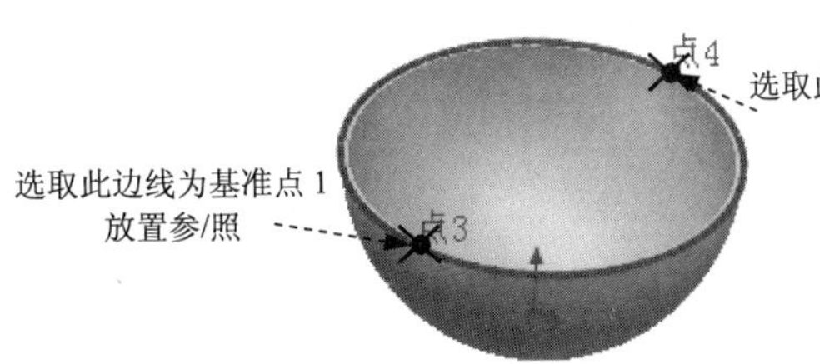

图 43.13 基准点 3 与基准点 4

Step 10 创建图 43.14 所示的基准面 3。选择下拉菜单 插入(I) → 参考几何体(G) → 基准面(P)... 命令；选取前视基准面与基准点 4 作为所要创建的基准面的参考实体。

Step 11 创建图 43.15 所示的基准面 left01。选择下拉菜单 插入(I) → 参考几何体(G) → 基准面(P)... 命令；选取基准面 3 作为所要创建的基准面的参考实体。在后的文本框中输入 20，并选中 ☑ 反转 复选框，单击 ✓ 按钮。在设计树中右击新建的基准平面，在弹出的快捷菜单中选择 属性... (R) 命令，修改基准面名称为 left01。

Step 12 创建图 43.16 所示的基准面 left02。选择下拉菜单 插入(I) → 参考几何体(G)

➡ 基准面(P)... 命令；选取 left01 作为所要创建的基准面的参考实体。在后的文本框中输入数值 30，并选中 反转 复选框，单击 ✔ 按钮。在设计树中选中右击新建的基准平面，在弹同的快捷菜单中选择 属性... (R) 命令，修改基准面名称为 left02。

Step 13 创建图 43.17 所示的基准面 4。选择下拉菜单 插入(I) ➡ 参考几何体(G) ➡ 基准面(P)... 命令；选取前视基准面与基准点 3 作为所要创建的基准面的参考实体。

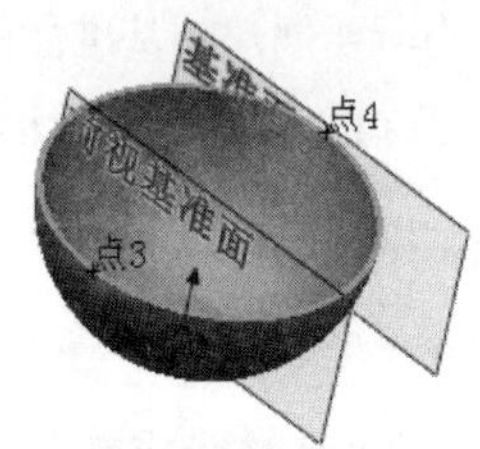

图 43.14 基准面 3

图 43.15 基准面 left01

图 43.16 基准面 left02

Step 14 创建图 43.18 所示的基准面 right01。选择下拉菜单 插入(I) ➡ 参考几何体(G) ➡ 基准面(P)... 命令；选取基准面 4 作为所要创建的基准面的参考实体。在后的文本框中输入数值 20。单击 ✔ 按钮。在设计树中右击新建的基准平面，在弹出的快捷菜单中选择 属性... (R) 命令，修改基准面名称为 right01。

Step 15 创建图 43.19 所示的基准面 right02。选择下拉菜单 插入(I) ➡ 参考几何体(G) ➡ 基准面(P)... 命令；选取基准面 right01 作为所要创建的基准面的参考实体。在后的文本框中输入数值 140。单击 ✔ 按钮。在设计树中右击新建的基准平面右击，在弹出的快捷菜单中选择 属性... (R) 命令，修改基准面名称为 right02。

图 43.17 基准面 4

图 43.18 基准面 right01

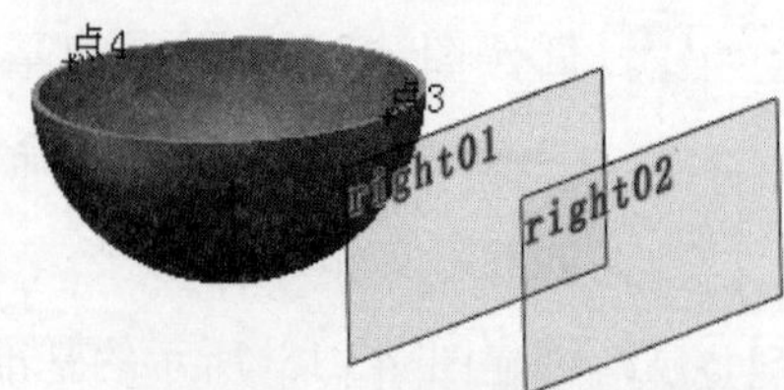

图 43.19 基准面 right02

Step 16 创建图 43.20 所示的基准面 5。选择下拉菜单 插入(I) ➡ 参考几何体(G) ➡ 基准面(P)... 命令；选取上视基准面与基准点 3 作为所要创建的基准面的参考实体。

Step 17 创建图 43.21 所示的基准面 top01。选择下拉菜单 插入(I) ➡ 参考几何体(G)

→ 基准面(P)... 命令；选取基准面 5 作为所要创建的基准面的参考实体。在后的文本框中输入数值 60。单击 ✔ 按钮。在设计树中右击新建的基准平面，在弹出的快捷菜单中选择 属性... (R) 命令，修改基准面名称为 top01。

图 43.20　基准面 5

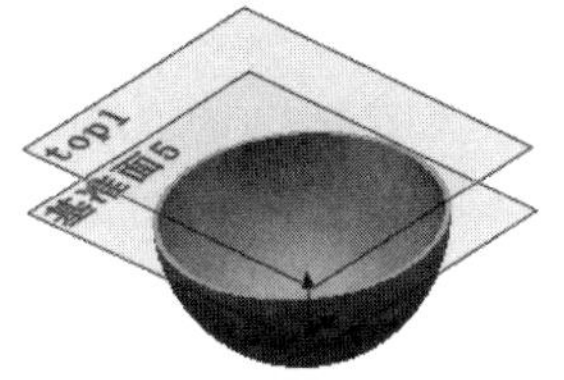

图 43.21　基准面 top01

Step 18 创建基准面 top02（注：本步的详细操作过程请参见随书光盘中 video\ch43\ch43.03\reference\文件下的语音视频讲解文件 MICROWAVE_OVEN_CASE-03-r01.avi）。

Step 19 创建基准面 down01（注：本步的详细操作过程请参见随书光盘中 video\ch43\ch43.03\reference\文件下的语音视频讲解文件 MICROWAVE_ OVEN_CASE-03-r02.avi）。

Step 20 创建基准面 down02（注：本步的详细操作过程请参见随书光盘中 video\ch43\ch43.03\reference\文件下的语音视频讲解文件 MICROWAVE_OVEN_CASE-03-r03.avi）。

Step 21 保存零件模型文件。

Step 22 保存总装配模型文件。将模型命名为 MICROWAVE_OVEN_CASE。

43.4　微波炉外壳各零件的初步设计

初步设计是通过骨架文件创建出每个零件的第一步，设计出微波炉外壳的大致结构，经过验证数据传递无误后，再对每个零件进行具体细节的设计。

Task1．创建图 43.22 所示的微波炉外壳内部底盖初步模型

Step 1 返回到 MICROWAVE_OVEN_CASE。

Step 2 新建零件模型。选择下拉菜单 插入(I) → 零部件(O) → 新零件(N)... 命令，设计树中会增加一个固定的零件。

Step 3 在设计树中右击刚才新建的零件，从弹出的快捷菜单中选择命令，系统进入空白界面。选择下拉菜单 文件(F) → 另存为(A)... 命令，系统弹出图 43.23 所示的“SolidWorks”对话框，单击 确定 按钮。将新的零件命名为 INSIDE_COVER_01.SLDPRT。

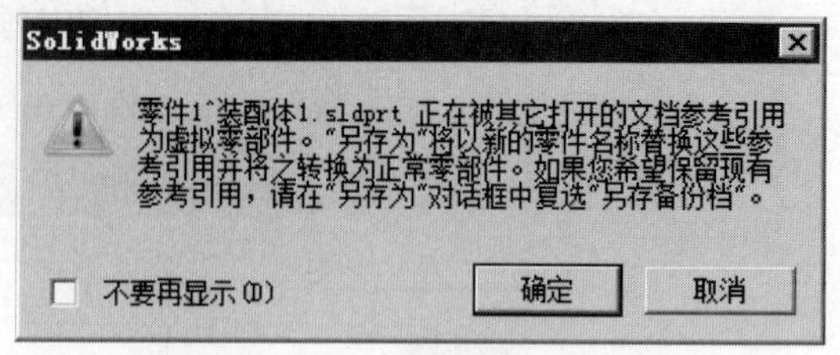

图 43.22　创建微波炉外壳内部底盖　　　　图 43.23　“SolidWorks”对话框

Step 4　引入零件，如图 43.24 所示。

（1）选择下拉菜单 插入(I) → 零件(A)... 命令。在系统弹出的“打开”对话框中选择 dish.SLDPRT 文件，单击 打开(O) 按钮。

（2）在系统弹出的“插入零件”对话框中的 **转移(T)** 区域选中 ☑ 实体(D)、☑ 基准面(P) 复选框。

（3）单击“插入零件”对话框中的 ✔ 按钮，完成骨架模型的引入。

Step 5　创建图 43.25 所示的钣金特征——基体-法兰 1。

（1）选择命令。选择下拉菜单 插入(I) → 钣金(H) → 基体法兰(A)... 命令。

（2）定义特征的横断面草图。选择 DOWN01 基准面作为草图基准面，绘制图 43.26 所示的横断面草图（注：此处只将 RIGHT01 基准面、FRONT01 基准面、LEFT01 基准面、BACK01 基准面和 DOWN01 基准面显示）。

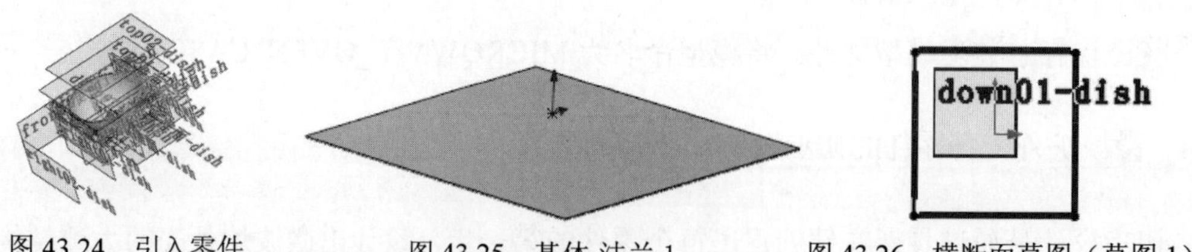

图 43.24　引入零件　　　图 43.25　基体-法兰 1　　　图 43.26　横断面草图（草图 1）

（3）定义钣金参数属性。

① 定义钣金参数。在 **钣金参数(S)** 区域的 T_1 文本框中输入厚度值 1.0。

② 定义钣金折弯系数。在 **折弯系数(A)** 区域的下拉列表框中选择 K 因子 选项，把文本框 **K** 的因子系数设为 0.5。

③ 定义钣金自动切释放槽类型。在 **自动切释放槽(T)** 区域的下拉列表框中选择 矩形 选项，选中 ☑ 使用释放槽比例(A) 复选框，在 比例(T): 文本框中输入比例系数 0.5。

（4）单击 ✔ 按钮，完成基体-法兰 1 的创建。

Step 6　返回到 MICROWAVE_OVEN_CASE。

Task2. 创建图 43.27 所示的微波炉外壳内部顶盖初步模型

Step 1 详细操作过程参见 Task1 的 Step1、Step2 和 Step3，创建微波炉外壳内部顶盖零件模型，文件名为 INSIDE_COVER_02.SLDPRT。

Step 2 引入零件，如图 43.28 所示。

（1）选择下拉菜单 插入(I) → 零件(A)… 命令。在系统弹出的“打开”对话框中选择 dish.SLDPRT 文件，单击 打开(O) 按钮。

（2）在系统弹出的“插入零件”对话框中的 转移(T) 区域选中 ☑ 实体(D)、☑ 基准面(P) 复选框。

（3）单击“插入零件”对话框中的 ✔ 按钮，完成骨架模型的引入。

Step 3 创建图 43.29 所示的钣金特征——基体-法兰 2。

（1）选择命令。选择下拉菜单 插入(I) → 钣金(H) → 基体法兰(A)... 命令。

（2）定义特征的横断面草图。选择 TOP01 基准面作为草图基准面，绘制图 43.30 所示的横断面草图（注：此处只将 TOP01、FRONT01、BACK01、RIGHT01 和 LEFT01 基准面显示）。

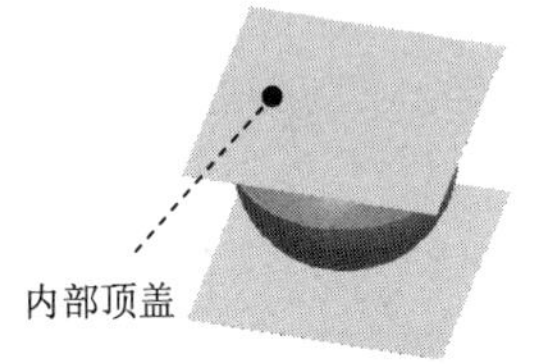

图 43.27 创建微波炉外壳内部顶盖

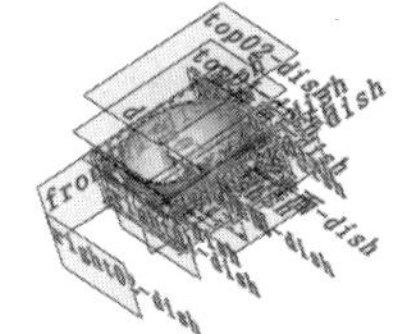
图 43.28 引入零件

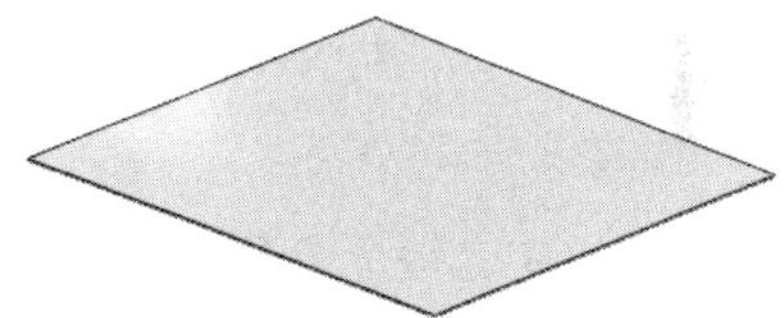
图 43.29 基体-法兰 2

（3）定义钣金参数属性。

① 定义钣金参数。在 钣金参数(S) 区域的 T_1 文本框中输入厚度值 1.0，选中 ☑ 反向(E) 复选框。

② 定义钣金折弯系数。在 ☑ 折弯系数(A) 区域的下拉列表框中选择 K 因子 选项，把文本框 K 的因子系数设为 0.5。

③ 定义钣金自动切释放槽类型。在 ☑ 自动切释放槽(T) 区域的下拉列表框中选择 矩形 选项，选中 ☑ 使用释放槽比例(A) 复选框，在 比例(T): 文本框中输入比例系数 0.5。

（4）单击 ✔ 按钮，完成基体-法兰 2 的创建。

Step 4 返回到 MICROWAVE_OVEN_CASE。

Task3. 创建图 43.31 所示的微波炉外壳前盖初步模型

Step 1 详细操作过程参见 Task1 的 Step1、Step2 和 Step3，创建微波炉外壳内部顶盖零件模型，文件名为 FRONT_COVER.SLDPRT。

Step 2 引入零件，如图 43.32 所示。

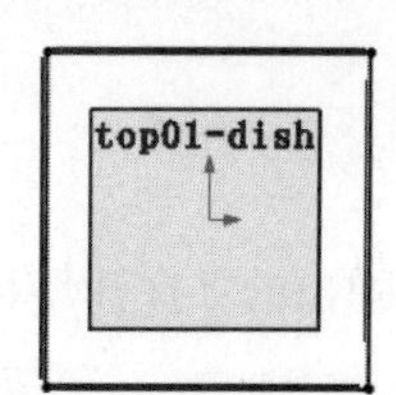

图 43.30 横断面草图（草图）

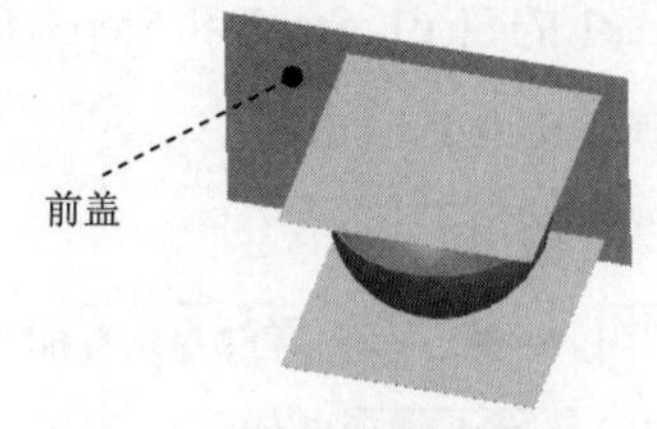

图 43.31 创建微波炉外壳前盖

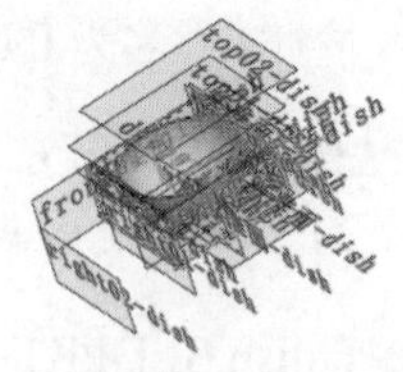

图 43.32 引入零件

（1）选择下拉菜单 插入(I) → 零件(A)... 命令。在系统弹出的“打开”对话框中选择 dish.SLDPRT 文件，单击 打开(O) 按钮。

（2）在系统弹出的“插入零件”对话框中的 **转移(T)** 区域选中 ☑ 实体(D)、☑ 基准面(P) 复选框。

（3）单击“插入零件”对话框中的 ✔ 按钮，完成骨架模型的引入。

Step 3 创建图 43.33 所示的钣金特征——基体-法兰 3。

（1）选择命令。选择下拉菜单 插入(I) → 钣金(H) → 基体法兰(A)... 命令。

（2）定义特征的横断面草图。选择 FRONT01 基准面作为草绘基准面，绘制图 43.34 所示的横断面草图（注：此处只将 RIGHT02、DOWN02、LEFT02、TOP02 和 FRONT01 基准面显示）。

（3）定义钣金参数属性。

① 定义钣金参数。在 **钣金参数(S)** 区域的 T_1 文本框中输入厚度值 1.0。

② 定义钣金折弯系数。在 ☑ **折弯系数(A)** 区域的下拉列表框中选择 K 因子 选项，把文本框 **K** 的因子系数设为 0.5。

③ 定义钣金自动切释放槽类型。在 ☑ **自动切释放槽(T)** 区域的下拉列表框中选择 矩形 选项，选中 ☑ 使用释放槽比例(A) 复选框，在 比例(T): 文本框中输入比例系数 0.5。

（4）单击 ✔ 按钮，完成基体-法兰 3 的创建。

Step 4 返回到 MICROWAVE_OVEN_CASE。

Task4. 创建图 43.35 所示的微波炉外壳下盖初步模型

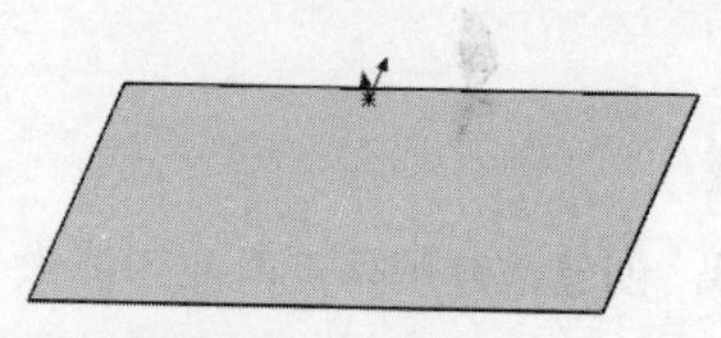

图 43.33 基体-法兰 3

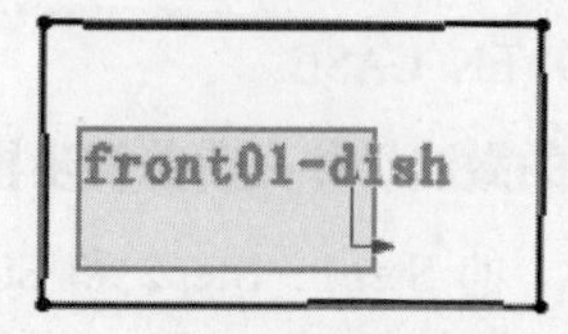

图 43.34 横断面草图（草图 2）

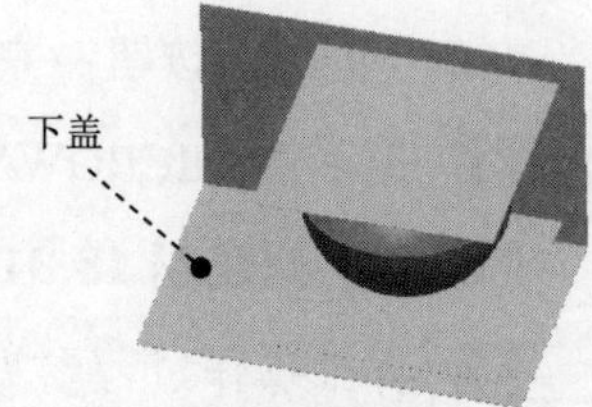

图 43.35 创建微波炉外壳下盖

Step 1　详细操作过程参见 Task1 的 Step1 和 Step2，创建微波炉外壳下盖零件模型，文件名为 DOWN_COVER.SLDPRT。

Step 2　引入零件，如图 43.36 所示。

（1）选择下拉菜单 插入(I) → 零件(A)… 命令。在系统弹出的“打开”对话框中选择 dish.SLDPRT 文件，单击 打开(O) 按钮。

（2）在系统弹出的“插入零件”对话框中的 转移(T) 区域选中 ☑ 实体(D)、☑ 基准面(P) 复选框。

（3）单击“插入零件”对话框中的 ✓ 按钮，完成骨架模型的引入。

Step 3　创建图 43.37 所示的钣金特征——基体-法兰 4。

（1）选择命令。选择下拉菜单 插入(I) → 钣金(H) → 基体法兰(A)... 命令。

（2）定义特征的横断面草图。选择 DOWN02 基准面作为草绘基准面，绘制图 43.38 所示的横断面草图（注：此处只将 BACK01 基准面、LEFT02 基准面、FORNT01 基准面、RIGHT02 基准面和 DOWN02 基准面显示）。

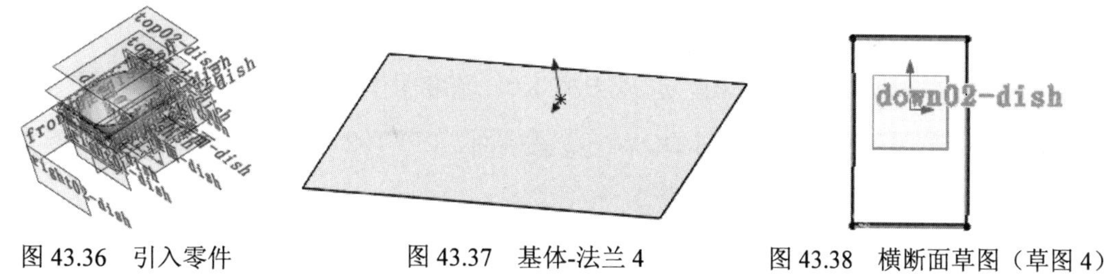

图 43.36　引入零件　　图 43.37　基体-法兰 4　　图 43.38　横断面草图（草图 4）

（3）定义钣金参数属性。

① 定义钣金参数。在 钣金参数(S) 区域的 T1 文本框中输入厚度值 1.0，选中 ☑ 反向(E) 复选框。

② 定义钣金折弯系数。在 ☑ 折弯系数(A) 区域的下拉列表框中选择 K 因子 选项，把文本框 K 的因子系数设为 0.5。

③ 定义钣金自动切释放槽类型。在 ☑ 自动切释放槽(T) 区域的下拉列表框中选择 矩形 选项，选中 ☑ 使用释放槽比例(A) 复选框，在 比例(T): 文本框中输入比例系数 0.5。

（4）单击 ✓ 按钮，完成基体-法兰 4 的创建。

Step 4　返回到 MICROWAVE_OVEN_CASE。

Task5．创建图 43.39 所示的微波炉外壳后盖初步模型

Step 1　详细操作过程参见 Task1 的 Step1 和 Step2，创建微波炉外壳后盖零件模型，文件名为 BACK_COVER.SLDPRT。

Step 2 引入零件，如图 43.40 所示。

（1）选择下拉菜单 插入(I) → 零件(A)... 命令。在系统弹出的“打开”对话框中选择 dish.SLDPRT 文件，单击 打开(O) 按钮。

（2）在系统弹出的“插入零件”对话框中的 转移(T) 区域选中 ☑ 实体(D)、☑ 基准面(P) 复选框。

（3）单击“插入零件”对话框中的 ✔ 按钮，完成骨架模型的引入。

Step 3 创建图 43.41 所示的钣金特征——基体-法兰 5。

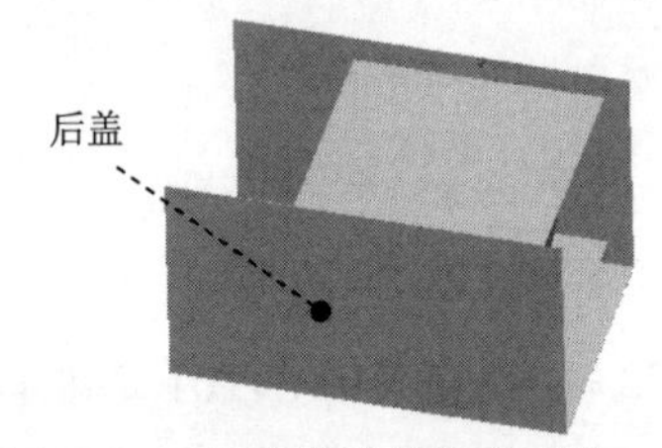

图 43.39 创建微波炉外壳后盖

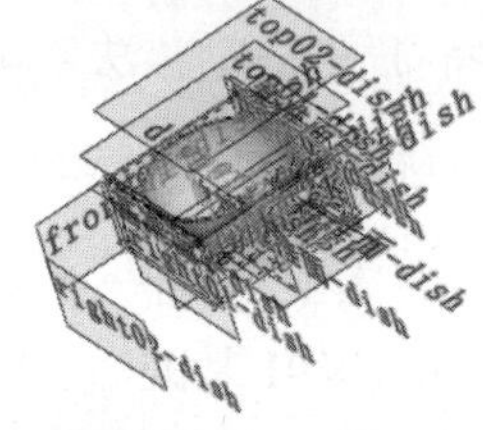

图 43.40 引入零件

图 43.41 基体-法兰 5

（1）选择命令。选择下拉菜单 插入(I) → 钣金(H) → 基体法兰(A)... 命令。

（2）定义特征的横断面草图。选择 BACK01 基准面作为草绘基准面，绘制图 43.42 所示的横断面草图（注：此处只将 DOWN02 基准面、LEFT02 基准面、RIGHT02 基准面、TOP02 基准面和 BACK01 基准面显示）。

（3）定义钣金参数属性。

① 定义钣金参数。在 钣金参数(S) 区域的 T1 文本框中输入厚度值 1.0，选中 ☑ 反向(E) 复选框。

② 定义钣金折弯系数。在 折弯系数(A) 区域的下拉列表框中选择 K 因子 选项，把文本框 K 的因子系数设为 0.5。

③ 定义钣金自动切释放槽类型。在 自动切释放槽(T) 区域的下拉列表框中选择 矩形 选项，选中 ☑ 使用释放槽比例(A) 复选框，在 比例(T): 文本框中输入比例系数 0.5。

（4）单击 ✔ 按钮，完成基体-法兰 5 的创建。

Step 4 返回到 MICROWAVE_OVEN_CASE。

Task6. 创建图 43.43 所示的微波炉外壳顶盖初步模型

Step 1 详细操作过程参见 Task1 的 Step1 和 Step2，创建微波炉外壳顶盖零件模型，文件名为 TOP_COVER.SLDPRT。

Step 2 引入零件，如图 43.44 所示。

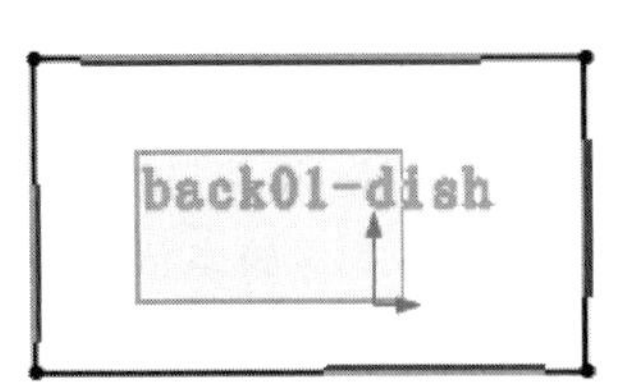

图 43.42 横断面草图（草图 5）

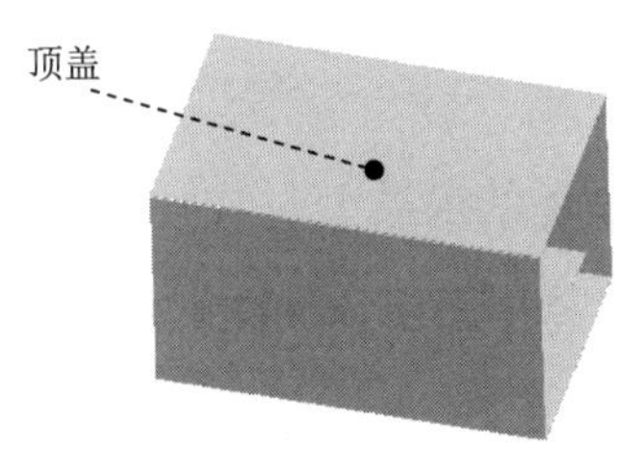

图 43.43 创建微波炉外壳顶盖

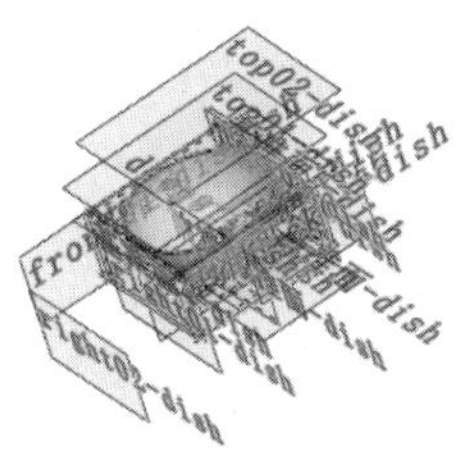

图 43.44 引入零件

（1）选择下拉菜单 插入(I) → 零件(A)… 命令。在系统弹出的“打开”对话框中选择 dish.SLDPRT 文件，单击 打开(O) 按钮。

（2）在系统弹出的“插入零件”对话框中的 转移(T) 区域选中 ☑ 实体(D)、☑ 基准面(P) 复选框。

（3）单击“插入零件”对话框中的 ✓ 按钮，完成骨架模型的引入。

Step 3 创建图 43.45 所示的钣金特征——基体-法兰 6。

（1）选择命令。选择下拉菜单 插入(I) → 钣金(H) → 基体法兰(A)... 命令。

（2）定义特征的横断面草图。选择 TOP02 作为草图基准面，绘制图 43.46 所示的横断面草图（注：此处只将 TOP02 基准面、RIGHT02 基准面、LEFT02 基准面、BACK01 基准面和 FORNT01 基准面显示）。

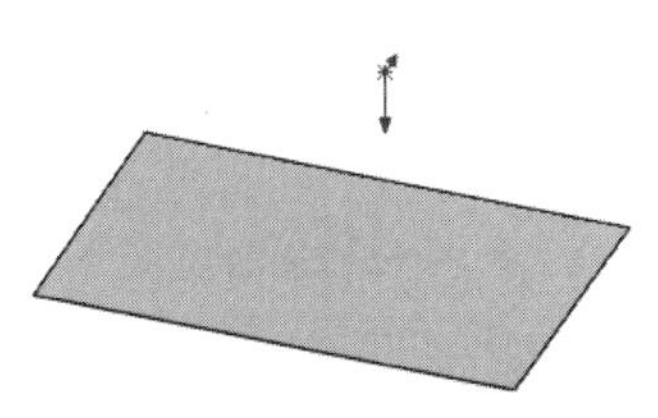

图 43.45 基体-法兰 6

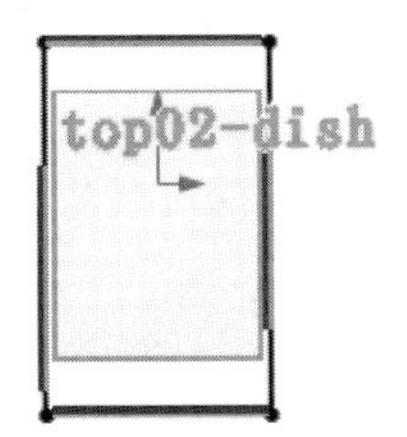

图 43.46 横断面草图（草图 6）

（3）定义钣金参数属性。

① 定义钣金参数。在 钣金参数(S) 区域的 T_1 文本框中输入厚度值 1.0，选中 ☑ 反向(E) 复选框。

② 定义钣金折弯系数。在 折弯系数(A) 区域的下拉列表框中选择 K 因子 选项，把文本框 K 的因子系数设为 0.5。

③ 定义钣金自动切释放槽类型。在 自动切释放槽(T) 区域的下拉列表框中选择 矩形 选项，选中 ☑ 使用释放槽比例(A) 复选框，在 比例(T): 文本框中输入比例系数 0.5。

（4）单击 ✓ 按钮，完成基体-法兰 6 的创建。

Step 4 返回到 MICROWAVE_OVEN_CASE。

43.5 微波炉外壳内部底盖的细节设计

Task1. 创建图 43.47 所示的模具 1

说明：本实例中创建的所有模具都是为后面的钣金成形（印贴）而准备的实体模型。

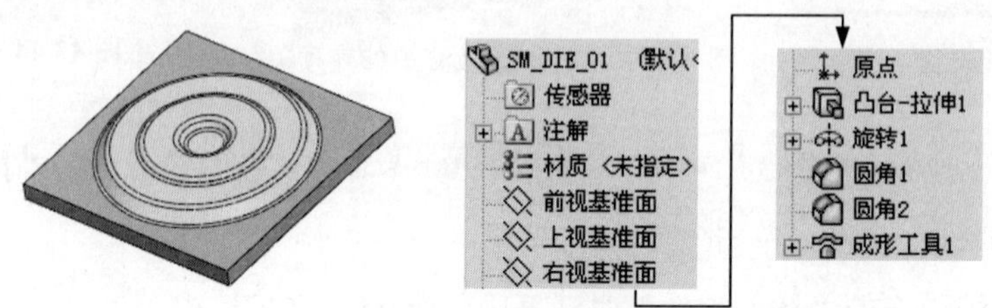

图 43.47 模型及设计树

Step 1 新建模型文件。选择下拉菜单 文件(F) ➡ 新建(N)... 命令，在系统弹出的“新建 SolidWorks 文件”对话框中选择“零件”模块，单击 确定 按钮，进入建模环境。

Step 2 创建图 43.48 所示的零件特征——凸台-拉伸 1。选择下拉菜单 插入(I) ➡ 凸台/基体(B) ➡ 拉伸(E)... 命令。选取上视基准面作为草绘基准面，绘制图 43.49 所示的横断面草图；在“凸台-拉伸”对话框 方向1 区域的下拉列表框中选择 给定深度 选项，输入深度值 20.0。

图 43.48 凸台-拉伸 1

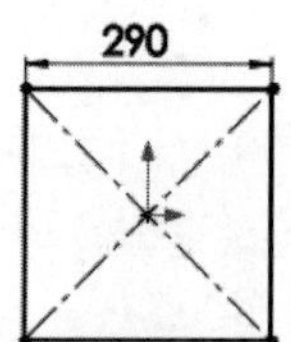

图 43.49 横断面草图（草图 1）

Step 3 创建图 43.50 所示的零件特征——旋转 1。选择下拉菜单 插入(I) ➡ 凸台/基体(B) ➡ 旋转(R)... 命令。选取前视基准面作为草绘基准面，绘制图 43.51 所示的横断面草图（包括旋转中心线）。采用草图中绘制的中心线作为旋转轴线，在 方向1 区域的 文本框中输入数值 360.00。

图 43.50 旋转 1

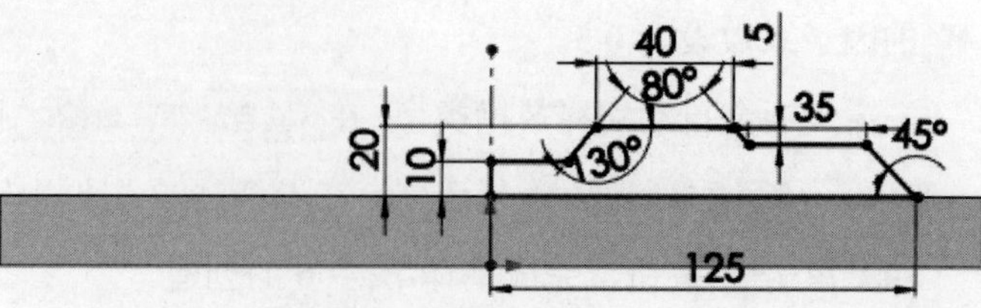

图 43.51 横断面草图（草图 2）

Step 4 创建图 43.52b 所示的圆角 1。选择图 43.52a 所示的边链为圆角对象，圆角半径值为 5.0。

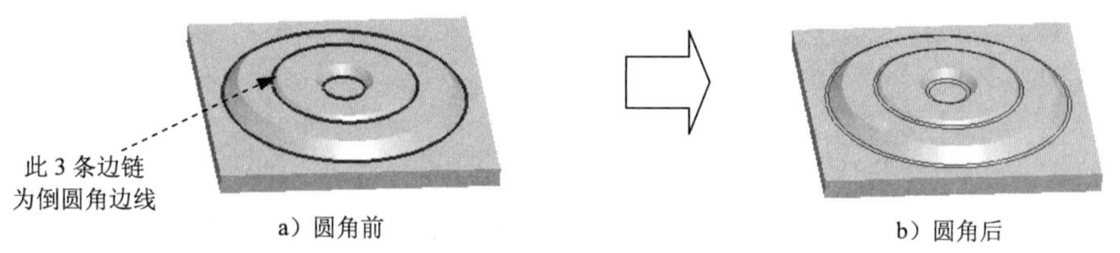

a）圆角前　　b）圆角后

图 43.52　圆角 1

Step 5 创建图 43.53b 所示的圆角 2。选择图 43.53a 所示的边链为圆角对象，圆角半径值为 8.0。

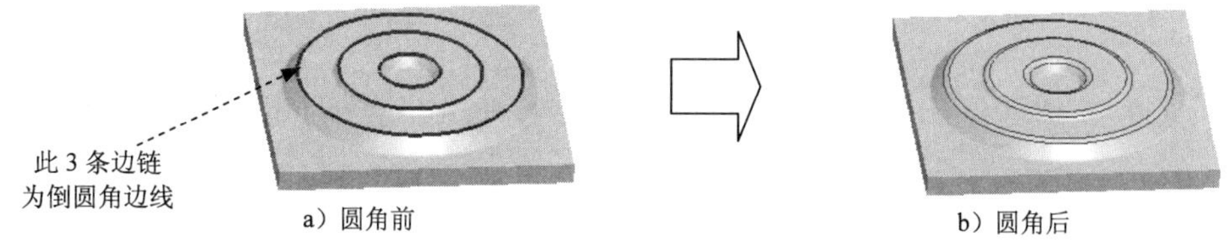

a）圆角前　　b）圆角后

图 43.53　圆角 2

Step 6 创建图 43.54 所示的零件特征——成形工具 1。

（1）选择命令。选择下拉菜单 插入(I) → 钣金(H) → 成形工具 命令。

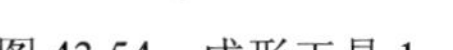

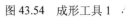

图 43.54　成形工具 1

（2）定义成形工具属性。

定义停止面。激活“成形工具”对话框 **停止面** 区域，选取图 43.54 所示的模型表面为成形工具的停止面。

（3）单击✔按钮，完成成形工具 1 的创建。

Step 7 至此，成形工具模型创建完毕。选择下拉菜单 文件(F) → 另存为(A)... 命令，把模型保存于 D:\sw13in\work\ins43 中，并命名为 SM_DIE_01。

Step 8 将成形工具调入设计库。

（1）单击任务窗格中的“设计库”按钮，打开“设计库”对话框。

（2）在“设计库”对话框中单击“添加文件位置”按钮，弹出“选取文件夹”对话框，在查找范围(I):下拉列表框中找到 D:\sw13in\work\ins43 文件夹后，单击 确定 按钮。

（3）此时在设计库中出现 ins43 节点，右击该节点，在系统弹出的快捷菜单中单击 成形工具文件夹 命令，完成成形工具调入设计库设置。

Task2. 创建图 43.55 所示的模具 2

Step 1 新建模型文件。选择下拉菜单 文件(F) ➡ 新建(N)... 命令，在系统弹出的“新建 SolidWorks 文件”对话框中选择“零件”模块，单击 确定 按钮，进入建模环境。

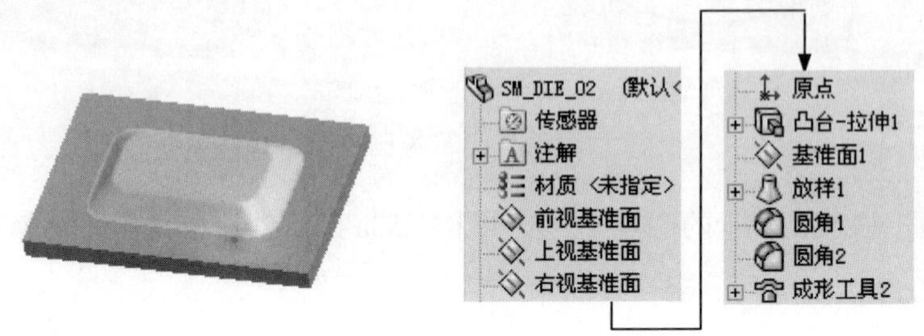

图 43.55 模型及设计树

Step 2 创建图 43.56 所示的零件特征——凸台-拉伸 1。选择下拉菜单 插入(I) ➡ 凸台/基体(B) ➡ 拉伸(E)... 命令。选取前视基准面作为草绘基准面，绘制图 43.57 所示的横断面草图；在“凸台-拉伸”对话框 方向1 区域的下拉列表框中选择 给定深度 选项，输入深度值 20.0。

Step 3 创建图 43.58 所示的基准面 1。选择下拉菜单 插入(I) ➡ 参考几何体(G) ➡ 基准面(P)... 命令。选取前视基准面为参考实体，采用系统默认的偏移方向，输入偏移距离值 40.0。单击 ✓ 按钮，完成基准面 1 的创建。

图 43.56 凸台-拉伸 1

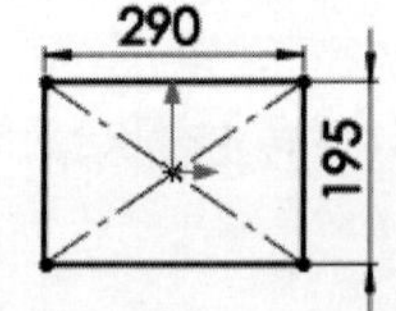

图 43.57 横断面草图（草图 1）

图 43.58 基准面 1

5 Chapter

Step 4 创建图 43.59 所示的草图 2。选择下拉菜单 插入(I) ➡ 草图绘制 命令。选取图 43.60 所示的模型表面为草绘基准面。绘制图 43.59 所示的草图 2（显示原点）。

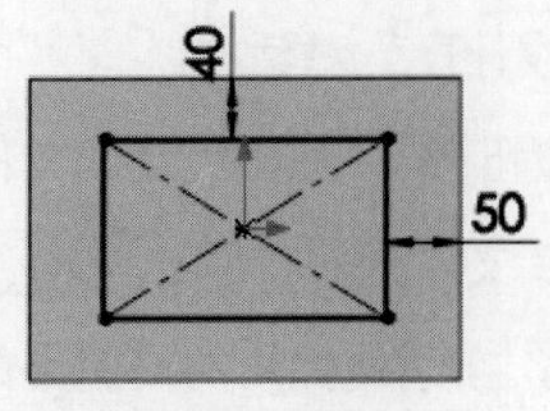

图 43.59 草图 2

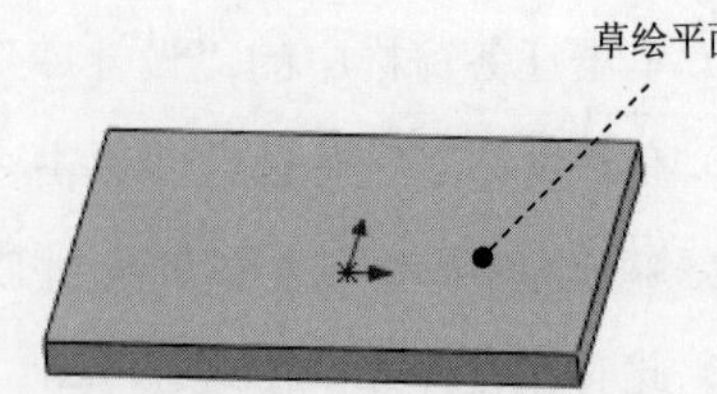

图 43.60 草绘平面

Step 5　创建图 43.61 所示的草图 3。选择下拉菜单 插入(I) ➡ 草图绘制 命令。选取基准面 1 为草绘基准面。绘制图 43.61 所示的草图 3（显示原点）。

Step 6　创建图 43.62 所示的放样 1。选择下拉菜单 插入(I) ➡ 凸台/基体(B) ➡ 放样(L)... 命令，系统弹出“放样”对话框。依次选择草图 2 和草图 3 作为放样 1 特征的截面轮廓。

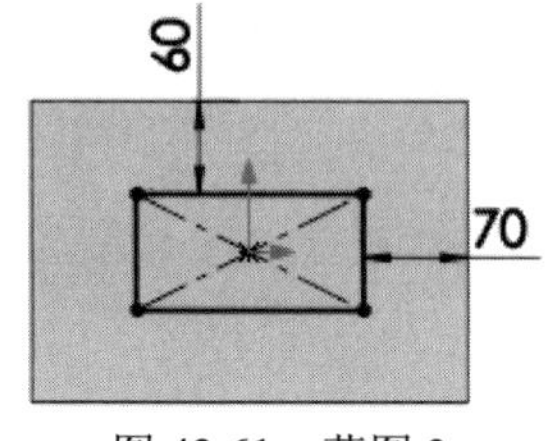

图 43.61　草图 3

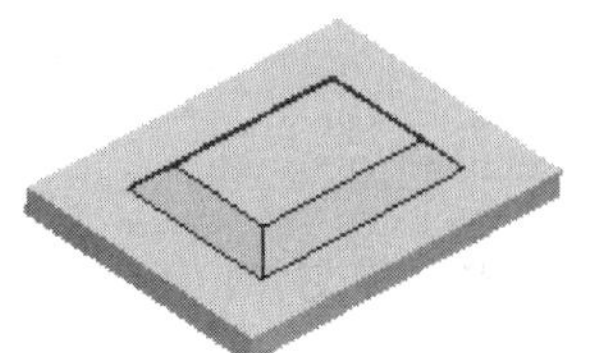
图 43.62　放样 1

Step 7　创建图 43.63b 所示的圆角 1。选择图 43.63a 所示的边线为圆角对象，圆角半径值为 30.0。

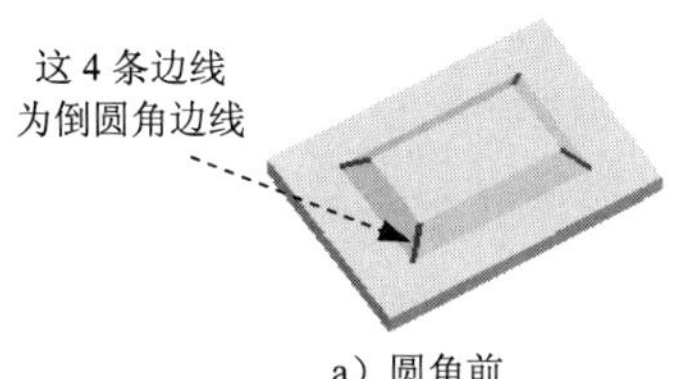

a）圆角前

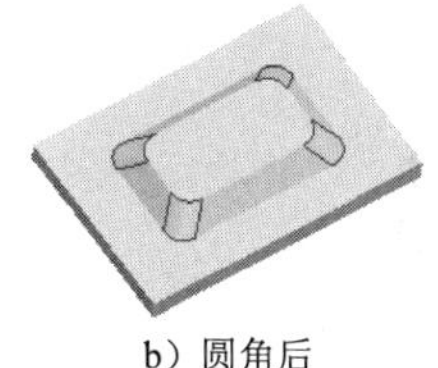
b）圆角后

图 43.63　圆角 1

Step 8　创建图 43.64b 所示的圆角 2。选择图 43.64a 所示的边链为圆角对象，圆角半径值为 8.0。

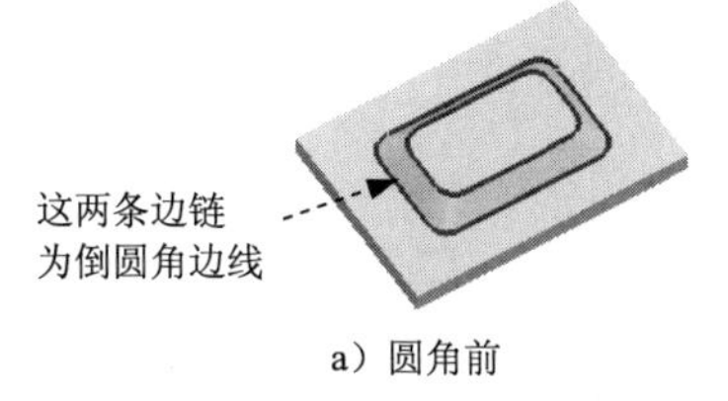

a）圆角前

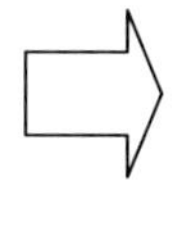

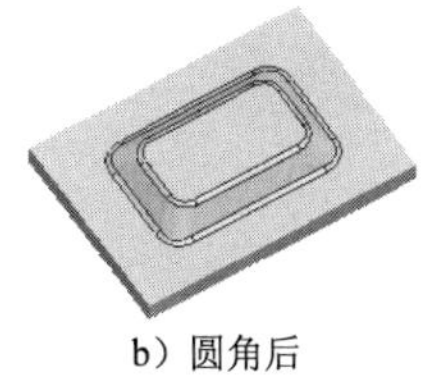
b）圆角后

图 43.64　圆角 2

Step 9　创建图 43.65 所示的零件特征——成形工具 2。

（1）选择命令。选择下拉菜单 插入(I) ➡ 钣金(H) ➡ 成形工具 命令。

（2）定义停止面。选取图 43.65 所示的模型表面作为成形工具的停止面。

（3）单击 ✔ 按钮，完成成形工具 2 的创建。

停止面

图 43.65　成形工具 2

Step 10　至此，成形工具模型创建完毕。选择下拉菜单 文件(F) → 另存为(A)... 命令，把模型保存于 D:\ sw13in\work\ins43 中，并命名为 SM_DIE_02。

Task3. 创建图 43.66 所示的模具 3

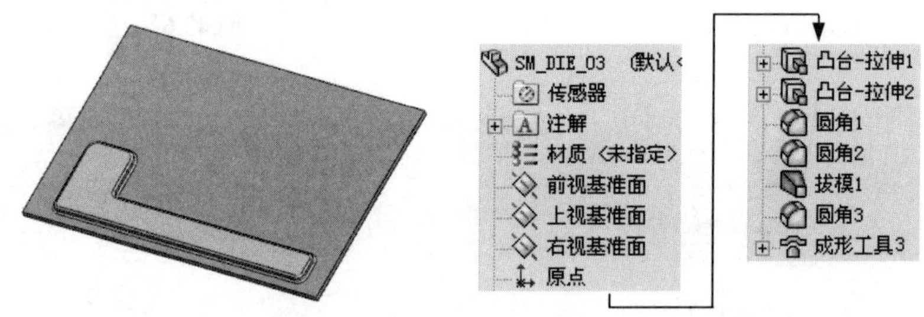

图 43.66　模型及设计树

Step 1　新建模型文件。选择下拉菜单 文件(F) → 新建(N)... 命令，在系统弹出的“新建 SolidWorks 文件”对话框中选择“零件”模块，单击 确定 按钮，进入建模环境。

Step 2　创建图 43.67 所示的零件特征——凸台-拉伸 1。选择下拉菜单 插入(I) → 凸台/基体(B) → 拉伸(E)... 命令。选取前视基准面作为草绘基准面，绘制图 43.68 所示的横断面草图；在“凸台-拉伸”对话框 方向 1 区域的下拉列表框中选择 给定深度 选项，输入深度值 5.0。

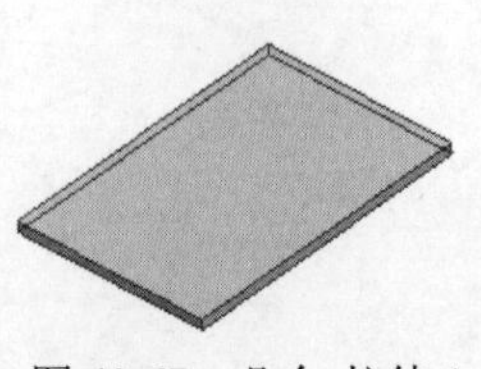

图 43.67　凸台-拉伸 1

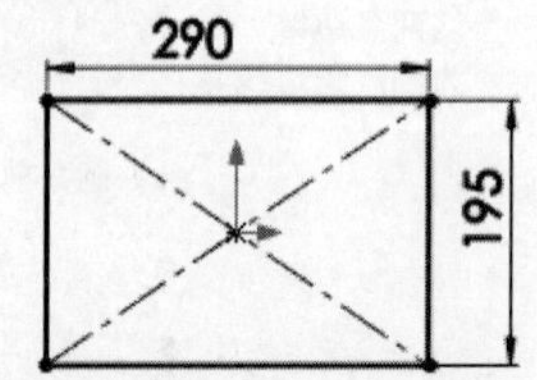

图 43.68　横断面草图（草图 4）

Step 3　创建图 43.69 所示的零件特征——凸台-拉伸 2。选择下拉菜单 插入(I) → 凸台/基体(B) → 拉伸(E)... 命令。选取图 43.69 作为草绘基准面，绘制图

5 Chapter

43.70 所示的横断面草图；在“凸台-拉伸”对话框 方向 1 区域的下拉列表框中选择 给定深度 选项，输入深度值 5.0。

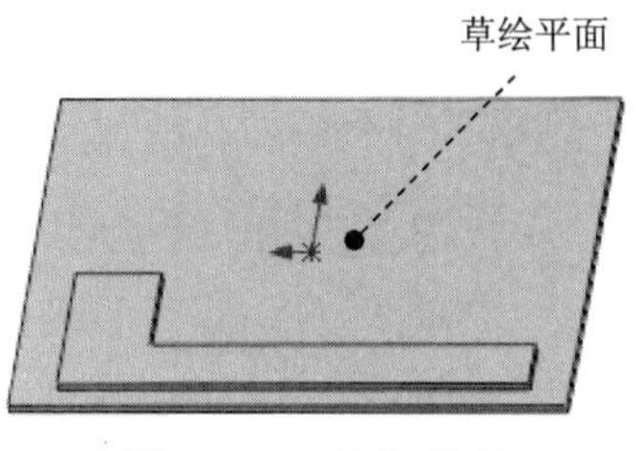

图 43.69　凸台-拉伸 2

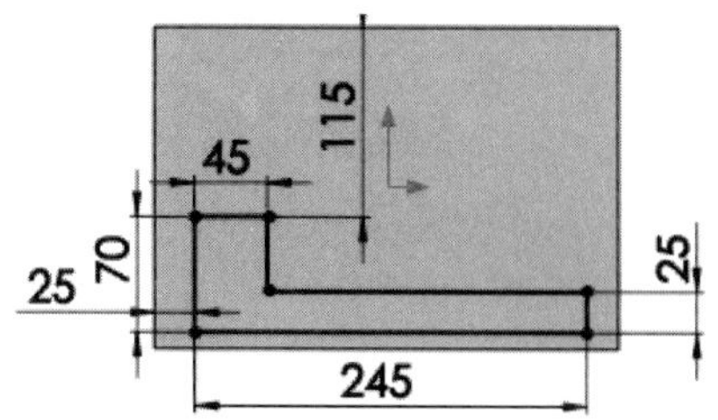

图 43.70　横断面草图（草图 5）

Step 4 创建图 43.71b 所示的圆角 1。选择图 43.71a 所示的边线为圆角对象，圆角半径值为 5.0。

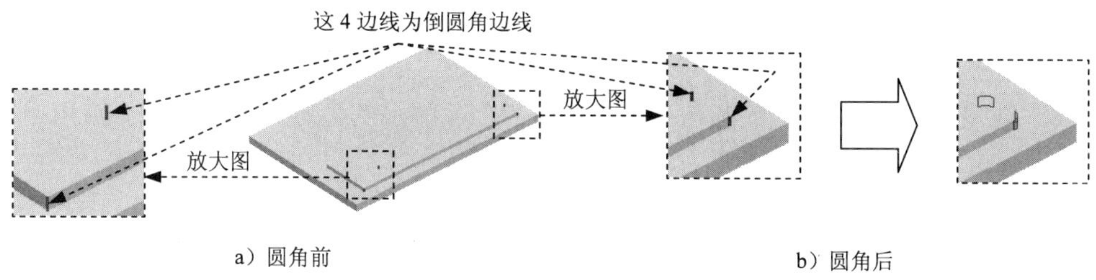

图 43.71　圆角 1

Step 5 创建图 43.72b 所示的圆角 2。选择图 43.72a 所示的边线为圆角对象，圆角半径值为 10.0。

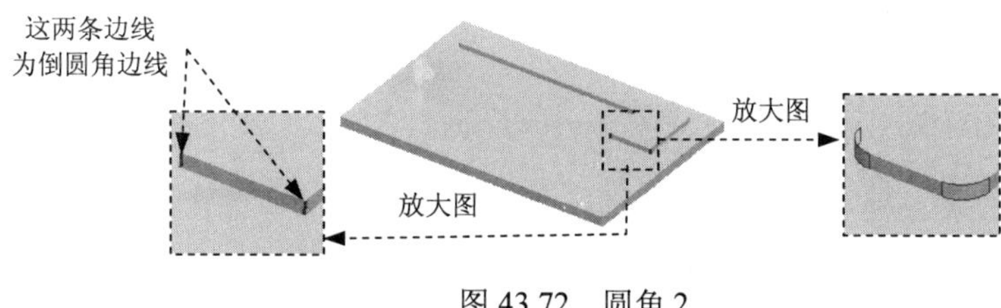

图 43.72　圆角 2

Step 6 创建图 43.73 所示的零件特征——拔模 1。选择下拉菜单 插入(I) ➡ 特征(F) ➡ 拔模(D)... 命令，在“拔模”对话框 拔模类型(T) 区域中选中 ⊙ 中性面(E) 单选按钮。单击以激活对话框的 中性面(N) 区域中的文本框，选取图 43.74 所示的模型表面作为拔模中性面；单击以激活对话框的 拔模面(F) 区域中的文本框，选取图 43.74 所示的模型表面作为拔模面。拔模方向如图 43.74 所示，在对话框的 拔模角度(G) 区域的 文本框中输入角度值 15。

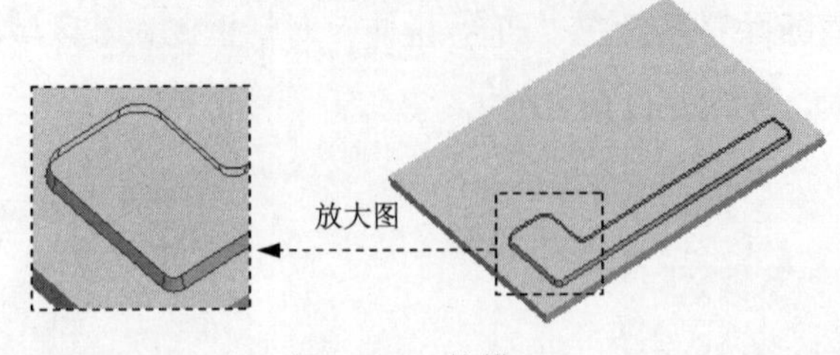

图 43.73　拔模 1

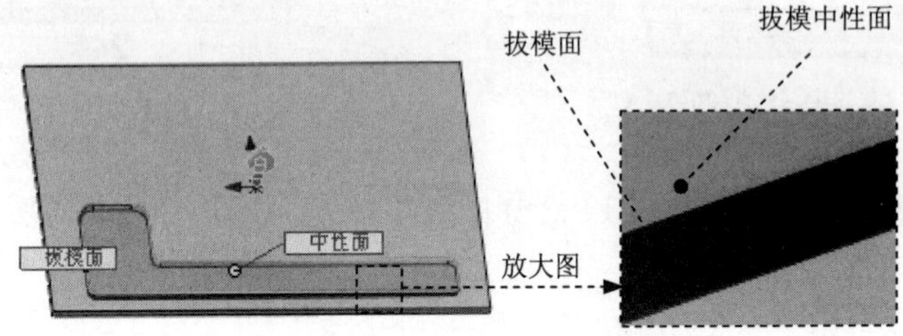

图 43.74　定义拔模参数

Step 7　创建图 43.75b 所示的圆角 3。选择图 43.75a 所示的边链为圆角对象，圆角半径值为 2.0。

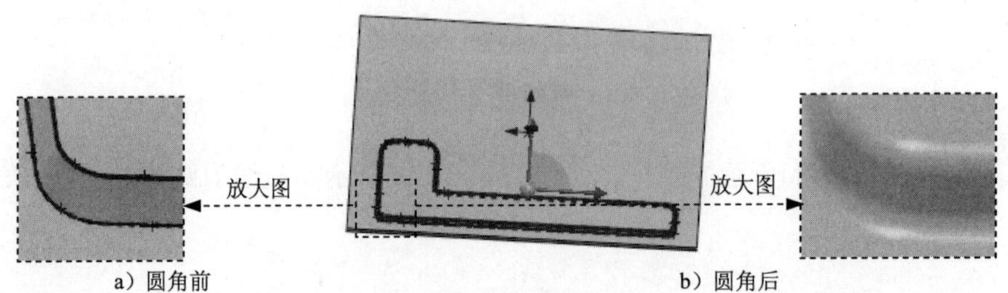

图 43.75　圆角 3

Step 8　创建图 43.76 所示的零件特征——成形工具 3。

（1）选择命令。选择下拉菜单 插入(I) ➡ 钣金(H) ➡ 成形工具 命令。

（2）定义停止面。选取图 43.76 所示的模型表面作为成形工具的停止面。

图 43.76　成形工具 3

（3）单击 ✔ 按钮，完成成形工具 3 的创建。

Step 9　至此，成形工具模型创建完毕。选择下拉菜单 文件(F) → 另存为(A)... 命令，把模型保存于 D:\ sw13in\work\ins43 中，并命名为 SM_DIE_03。

Task4. 创建图 43.77 所示的模具 4

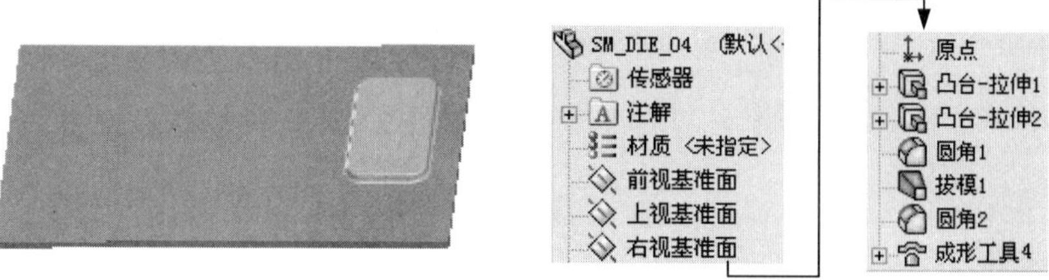

图 43.77　模型及设计树

Step 1　新建模型文件。选择下拉菜单 文件(F) → 新建(N)... 命令，在系统弹出的“新建 SolidWorks 文件”对话框中选择“零件”模块，单击 确定 按钮，进入建模环境。

Step 2　创建图 43.78 所示的零件特征——凸台-拉伸 1。选择下拉菜单 插入(I) → 凸台/基体(B) → 拉伸(E)... 命令。选取前视基准面作为草绘基准面，绘制图 43.79 所示的横断面草图；在“凸台-拉伸”对话框 方向 1 区域的下拉列表框中选择 给定深度 选项，输入深度值 5.0。

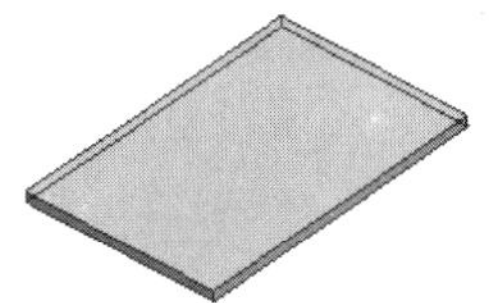

图 43.78　凸台-拉伸 1

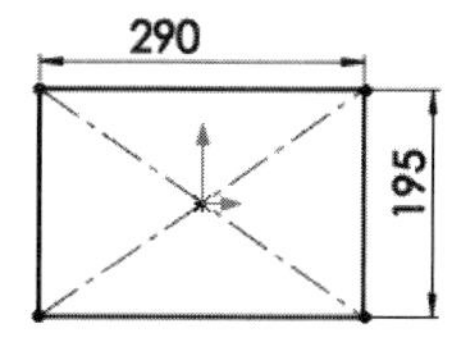

图 43.79　横断面草图（草图 6）

Step 3　创建图 43.80 所示的零件特征——凸台-拉伸 2。选择下拉菜单 插入(I) → 凸台/基体(B) → 拉伸(E)... 命令。选取图 43.80 作为草绘基准面，绘制图 43.81 所示的横断面草图；在“凸台-拉伸”对话框 方向 1 区域的下拉列表框中选择 给定深度 选项，输入深度值 5.0。

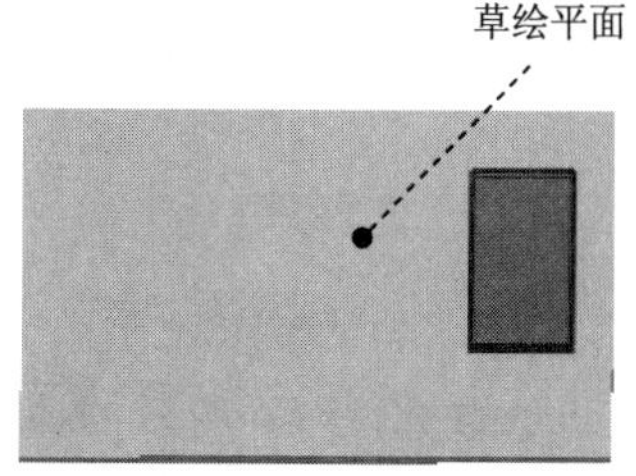

图 43.80　凸台-拉伸 2

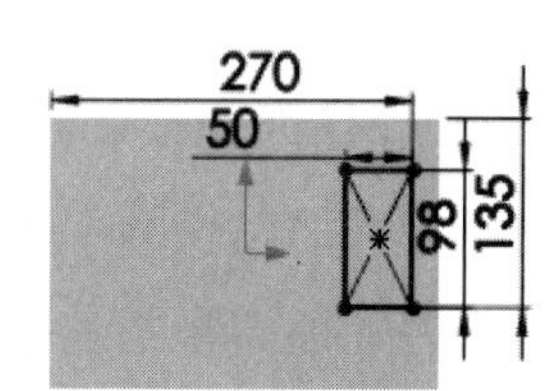

图 43.81　横断面草图（草图 7）

Step 4 创建图 43.82 所示的圆角 1。选择图 43.82 所示的边线为圆角对象，圆角半径值为 10.0。

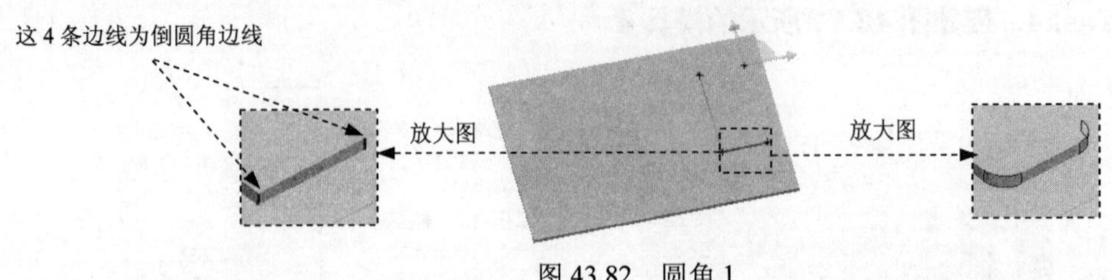

图 43.82 圆角 1

Step 5 创建图 43.83 所示的零件特征——拔模 1。选择下拉菜单 插入(I) → 特征(F) → 拔模(D)... 命令，在“拔模”对话框 拔模类型(T) 区域中选中 中性面(E) 单选按钮。单击以激活对话框的 中性面(N) 区域中的文本框，选取图 43.84 所示的模型表面作为拔模中性面。单击以激活对话框的 拔模面(F) 区域中的文本框，选取图 43.84 所示的模型表面作为拔模面。拔模方向如图 43.84 所示，在对话框的 拔模角度(G) 区域的文本框中输入角度值 15.0。

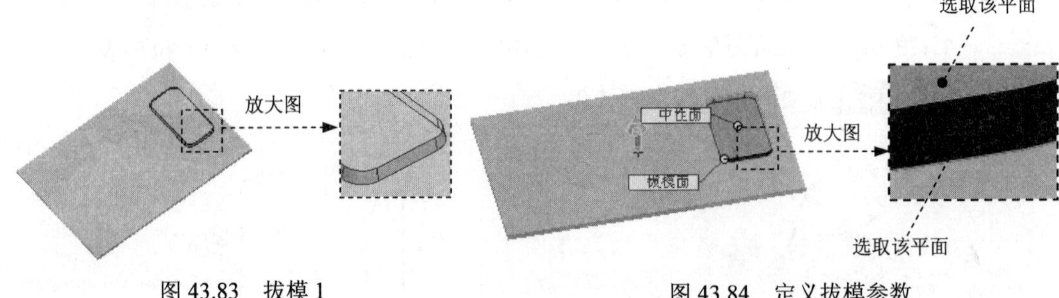

图 43.83 拔模 1　　图 43.84 定义拔模参数

Step 6 创建图 43.85 所示的圆角 2。选择图 43.85 所示的边链为圆角对象，圆角半径值为 2.0。

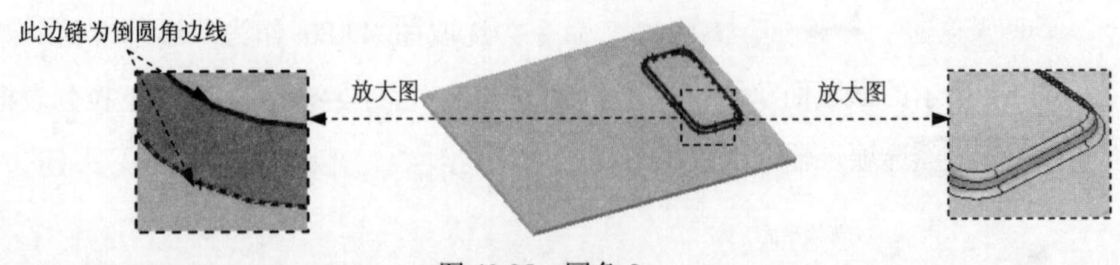

图 43.85 圆角 2

Step 7 创建图 43.86 所示的零件特征——成形工具 4。

（1）选择命令。选择下拉菜单 插入(I) → 钣金(H) → 成形工具 命令。

（2）定义停止面。激活“成形工具”对话框 停止面 区域，选取图 43.86 所示的模型表面为成形工具的停止面。

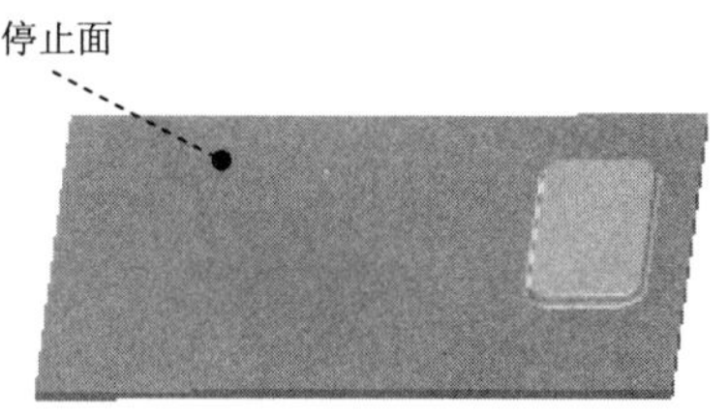

图 43.86　成形工具 4

（3）单击✔按钮，完成成形工具 4 的创建。

Step 8　至此，成形工具模型创建完毕。选择下拉菜单 文件(F) ➡ 另存为(A)... 命令，把模型保存于 D:\ sw13in\work\ins43 中，并命名为 SM_DIE_04。

Task5．创建图 43.87 所示的模具 5

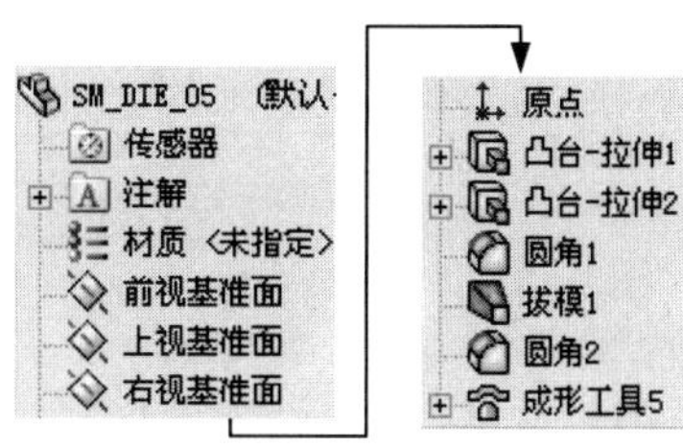

图 43.87　模型及设计树

Step 1　新建模型文件。选择下拉菜单 文件(F) ➡ 新建(N)... 命令，在系统弹出的“新建 SolidWorks 文件”对话框中选择“零件”模块，单击 确定 按钮，进入建模环境。

Step 2　创建图 43.88 所示的零件特征——凸台-拉伸 1。选择下拉菜单 插入(I) ➡ 凸台/基体(B) ➡ 拉伸(E)... 命令。选取前视基准面作为草绘基准面，绘制图 43.89 所示的横断面草图；在“凸台-拉伸”对话框 方向 1 区域的下拉列表框中选择 给定深度 选项，输入深度值 5.0。

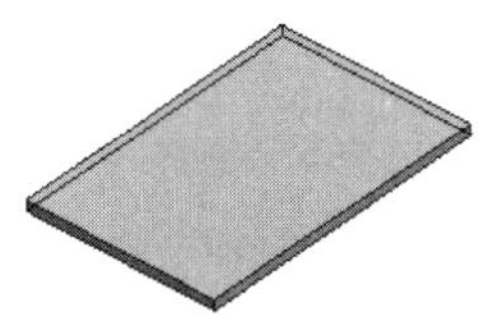

图 43.88　凸台-拉伸 1

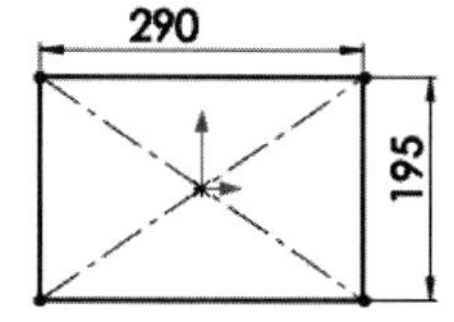

图 43.89　横断面草图（草图 1）

Step 3　创建图 43.90 所示的零件特征——凸台-拉伸 2。选择下拉菜单 插入(I) ➡ 凸台/基体(B) ➡ 拉伸(E)... 命令。选取图 43.91 作为草绘基准面，绘制图 43.91 所示的横断面草图；在“凸台-拉伸”对话框 方向 1 区域的下拉列表框中选择 给定深度 选项，输入深度值 5.0。

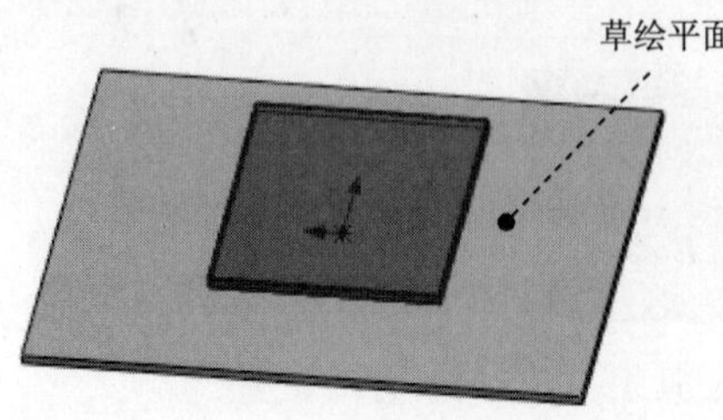

图 43.90 凸台-拉伸 2

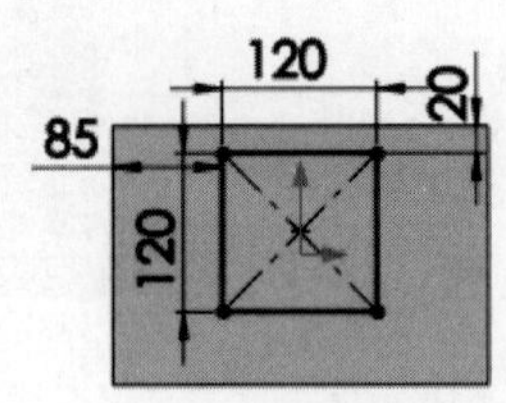

图 43.91 横断面草图（草图 2）

Step 4 创建图 43.92 所示的圆角 1。选择图 43.92 所示的边线为圆角对象，圆角半径值为 15.0。

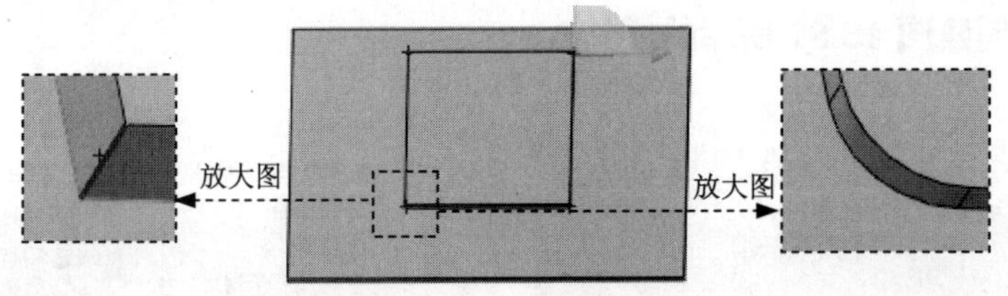

图 43.92 圆角 1

Step 5 创建图 43.93 所示的零件特征——拔模 1。选择下拉菜单 插入(I) → 特征(F) → 拔模(D)... 命令，在“拔模”对话框 拔模类型(T) 区域中选中 ⊙ 中性面(E) 单选按钮。单击以激活对话框的 中性面(N) 区域中的文本框，选取图 43.94 所示的模型表面作为拔模中性面。单击以激活对话框的 拔模面(F) 区域中的文本框，选取图 43.94 所示的模型表面作为拔模面。拔模方向如图 43.94 所示，在对话框的 拔模角度(G) 区域的 文本框中输入角度值 15.0。

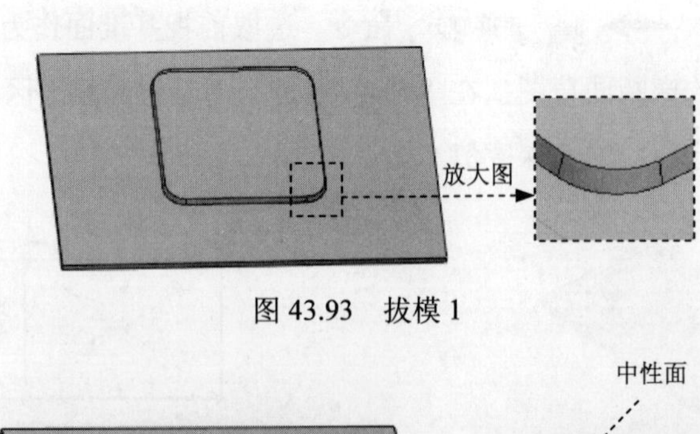

图 43.93 拔模 1

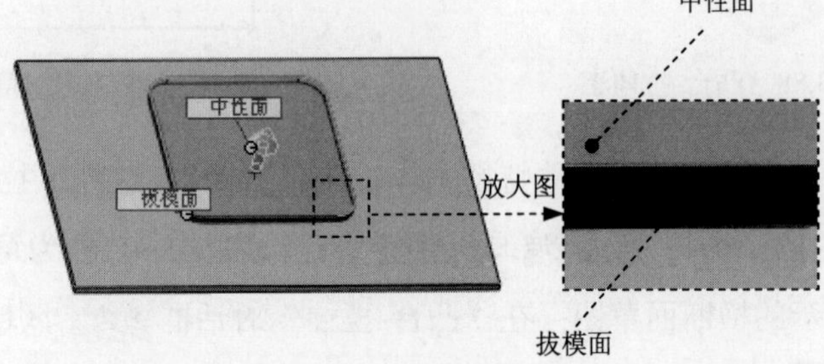

图 43.94 拔模参数设置

Step 6 创建图 43.95 所示的圆角 2。选择图 43.95 所示的边线为圆角对象，圆角半径值为 2.0。

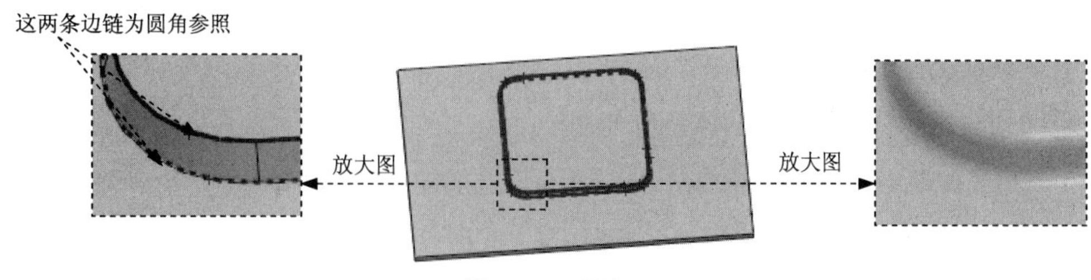

图 43.95 圆角 2

Step 7 创建图 43.96 所示的零件特征——成形工具 5。

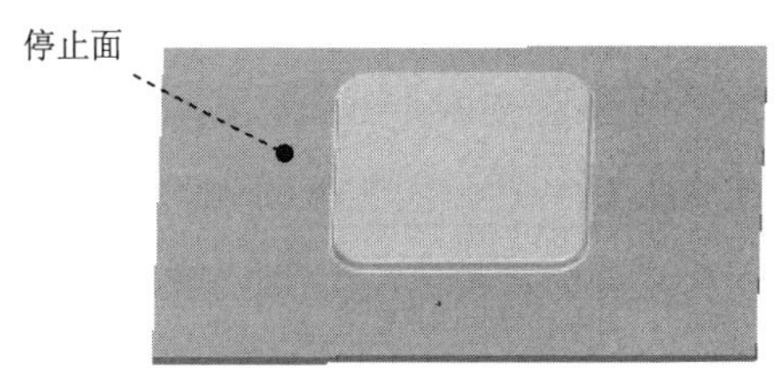

图 43.96 成形工具 5

（1）选择命令。选择下拉菜单 插入(I) → 钣金(H) → 成形工具 命令。

（2）定义停止面。激活“成形工具”对话框 停止面 区域，选取图 43.96 所示的模型表面为成形工具的停止面。

（3）单击✔按钮，完成成形工具 5 的创建。

Step 8 至此，成形工具模型创建完毕。选择下拉菜单 文件(F) → 另存为(A)... 命令，把模型保存于 D:\ sw13in\work\ins43 中，并命名为 SM_DIE_05。

Task6. 创建图 43.97 所示的模具 6

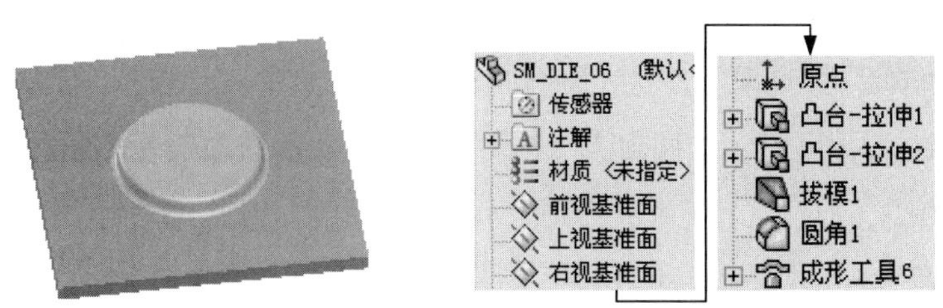

图 43.97 模型及设计树

Step 1 新建模型文件。选择下拉菜单 文件(F) → 新建(N)... 命令，在系统弹出的“新建 SolidWorks 文件”对话框中选择“零件”模块，单击 确定 按钮，进入建模环境。

Step 2 创建图 43.98 所示的零件特征——凸台-拉伸 1。选择下拉菜单 插入(I) → 凸台/基体(B) → 拉伸(E)... 命令。选取前视基准面作为草绘基准面，绘制图 43.99 所示的横断面草图；在“凸台-拉伸”对话框 方向 1 区域的下拉列表框中选择 给定深度 选项，输入深度值 5.0。

Step 3 创建图 43.100 所示的零件特征——凸台-拉伸 2。选择下拉菜单 插入(I) → 凸台/基体(B) → 拉伸(E)... 命令。选取图 43.100 所示平面作为草绘基准面，绘制图 43.101 所示的横断面草图；在“凸台-拉伸”对话框 方向 1 区域的下拉列表框中选择 给定深度 选项，输入深度值 5.0。

图 43.98 凸台-拉伸 1

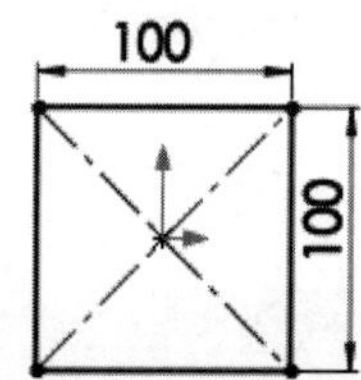

图 43.99 横断面草图（草图 1）

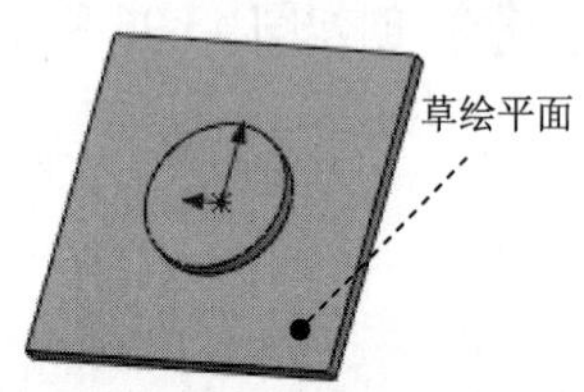

图 43.100 凸台-拉伸 2

Step 4 创建图 43.102 所示的零件特征——拔模 1。选择下拉菜单 插入(I) → 特征(F) → 拔模(D)... 命令，在“拔模”对话框 拔模类型(T) 区域中选中 ⊙ 中性面(E) 单选按钮。单击以激活对话框的 中性面(N) 区域中的文本框，选取图 43.103 所示的模型表面作为拔模中性面。单击以激活对话框的 拔模面(F) 区域中的文本框，选取图 43.103 所示的模型表面作为拔模面。拔模方向如图 43.103 所示，在对话框的 拔模角度(G) 区域的文本框中输入角度值 15.0。

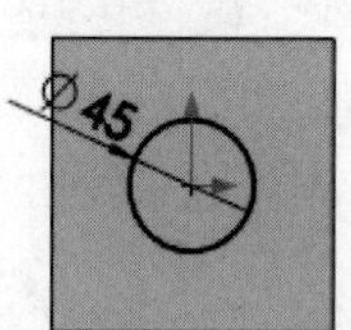

图 43.101 横断面草图（草图 2）

图 43.102 拔模 1

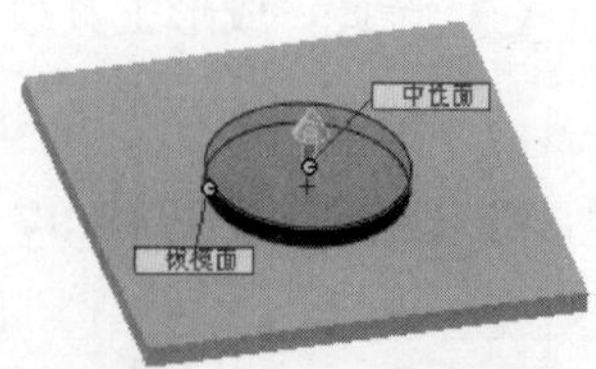

图 43.103 定义拔模参照

Step 5 创建图 43.104 所示的圆角 1。选择图 43.104 所示的边链为圆角对象，圆角半径值为 2.0。

这两条边线为倒圆角边线

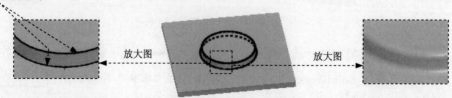

放大图

放大图

图 43.104 圆角 1

Step 6 创建图 43.105 所示的零件特征——成形工具 6。

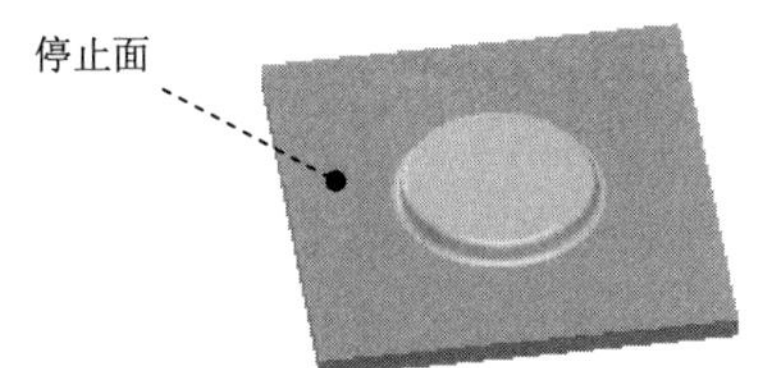

图 43.105 成形工具 6

(1) 选择命令。选择下拉菜单 插入(I) → 钣金(H) → 成形工具 命令。

(2) 定义停止面。激活"成形工具"对话框 停止面 区域，选取图 43.105 所示的模型表面为成形工具的停止面。

(3) 单击✔按钮，完成成形工具 6 的创建。

Step 7 至此，成形工具模型创建完毕。选择下拉菜单 文件(F) → 另存为(A)... 命令，把模型保存于 D:\ sw13in\work\ins43 中，并命名为 SM_DIE_06。

Task7. 进行图 43.106 所示的微波炉外壳内部底盖的细节设计

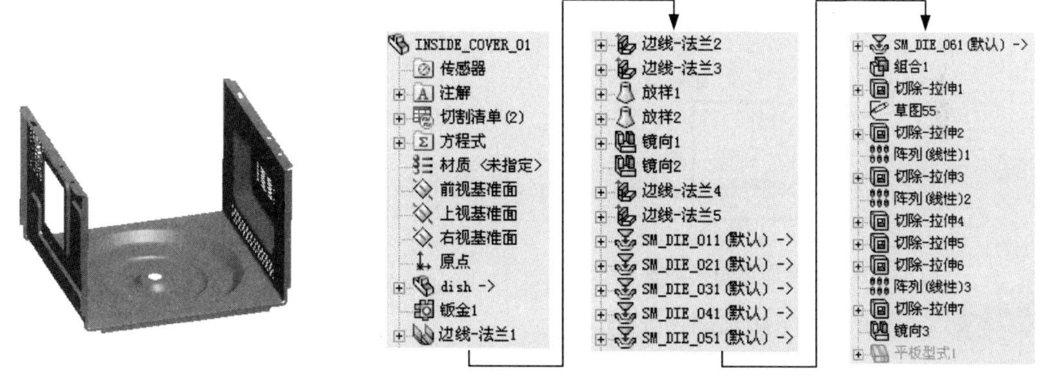

图 43.106 微波炉外壳内部底盖及设计树

Step 1 在装配件中打开微波炉外壳内部底盖零件（INSIDE_COVER_01）。在模型树中选择 (固定) INSIDE_COVER_01<1>，然后右击，在弹出的快捷菜单中选择 命令。

Step 2 创建图 43.107 所示的钣金特征——边线-法兰 1。

(1) 选择命令。选择下拉菜单 插入(I) → 钣金(H) → 边线法兰(E)... 命令，系统弹出"边线-法兰"对话框。

(2) 定义特征的边线。选取图 43.108 所示的模型边线为生成的边线法兰的边线。

(3) 定义法兰参数。

① 定义折弯半径。在 法兰参数(P) 区域中取消选中 ☐ 使用默认半径(U) 复选框，在 文本框中输入折弯半径值为 0.7。

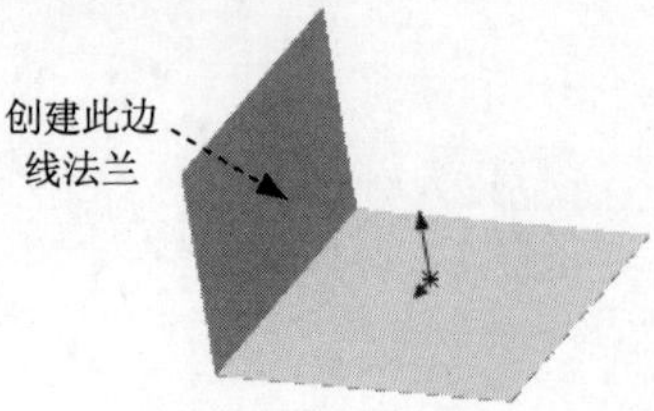

创建此边线法兰

图 43.107 边线-法兰 1

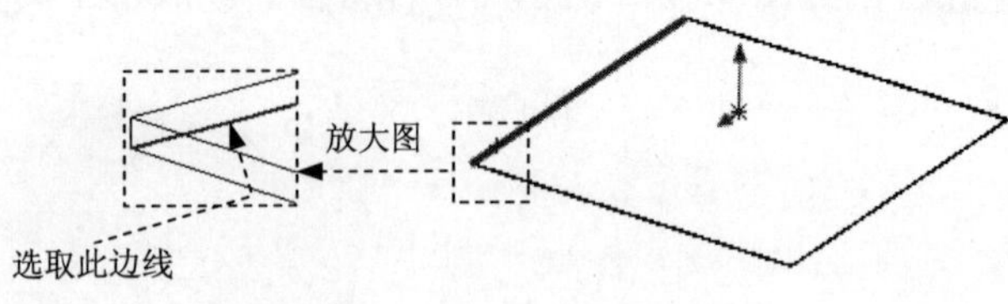

图 43.108 定义特征的边线

② 定义法兰角度值。在 角度(G) 区域的文本框中输入角度值 90.0。

③ 定义长度类型和长度值。在"边线法兰"对话框 法兰长度(L) 区域的下拉列表框中选择 给定深度 选项。

④ 定义法兰位置。在 法兰位置(N) 区域中单击"材料在内"按钮。

（4）单击按钮，完成边线-法兰 1 的初步创建。

（5）编辑边线-法兰 1 的草图。在设计树中的 边线-法兰1 上右击，在系统弹出的快捷菜单中单击命令，系统进入草图环境。绘制图 43.109 所示的横断面草图。退出草图环境，此时系统完成边线-法兰 1 的创建（此处将 top01-DISH 显示）。

Step 3 用相同的方法创建另一侧的边线法兰 2（图 43.110），详细操作步骤参见上一步。

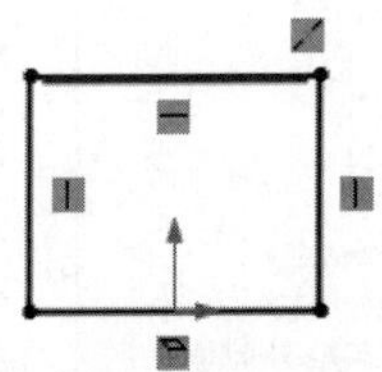

图 43.109 横断面草图（草图 1）

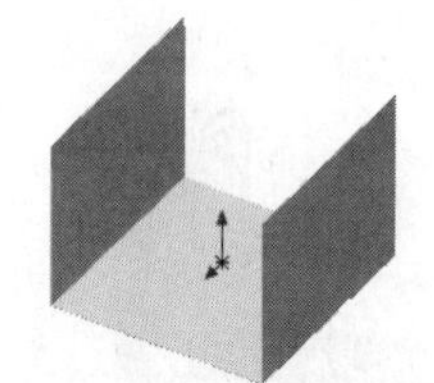

图 43.110 边线-法兰 2

Step 4 创建图 43.111 所示的边线-法兰 3。

（1）选择命令。选择下拉菜单 插入(I) ➡ 钣金(H) ➡ 边线法兰(E)... 命令，系统弹出"边线-法兰"对话框。

（2）定义特征的边线。选取图 43.112 所示的模型边线为生成的边线法兰的边线。

图 43.111 边线-法兰 3

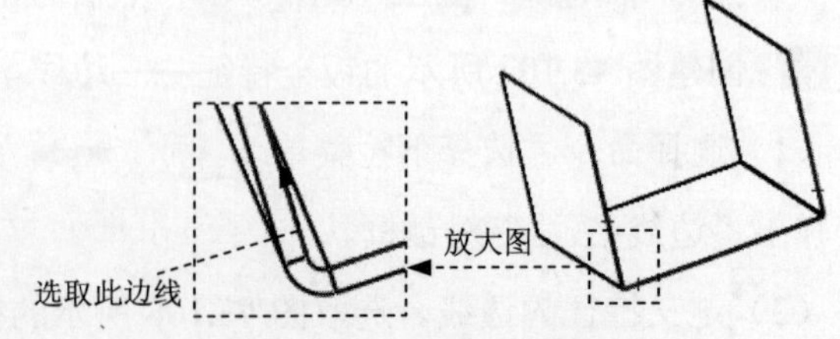

图 43.112 定义特征的边线

（3）定义法兰参数。

① 定义折弯半径。在 法兰参数(P) 区域中取消选中 □ 使用默认半径(U) 复选框，在文

本框中输入折弯半径值为 0.7。

② 定义法兰角度值。在 角度(G) 区域的 文本框中输入角度值 90.0。

③ 定义长度类型和长度值。在“边线法兰”对话框 法兰长度(L) 区域的下拉列表框中选择 给定深度 选项，在 文本框中输入深度值 10.0。

④ 定义法兰位置。在 法兰位置(N) 区域中单击“材料在内”按钮 。

（4）单击 按钮，完成边线-法兰 3 的创建。

Step 5 创建图 43.113 所示的草图 12。选择下拉菜单 插入(I) ➡ 草图绘制 命令。选取图 43.114 所示的基准面为草绘基准面。绘制图 43.113 所示的草图（显示原点）。

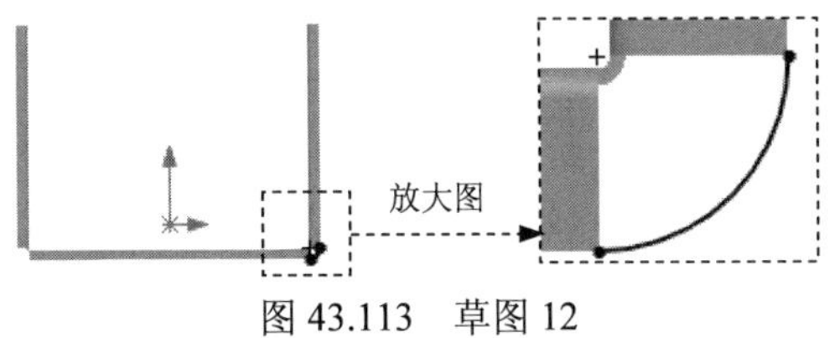

图 43.113　草图 12

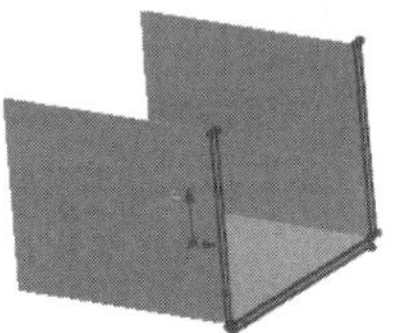
图 43.114　草绘平面

Step 6 创建图 43.115 所示的放样 1。选择下拉菜单 插入(I) ➡ 凸台/基体(B) ➡ 放样(L)... 命令，系统弹出“放样”对话框。依次选择图 43.116 所示平面 1 和平面 2 作为放样 1 特征的截面轮廓。定义放样引导线，选择草图 12 与边线 1 为放样引导线。取消选中 □ 合并结果(R) 复选框。

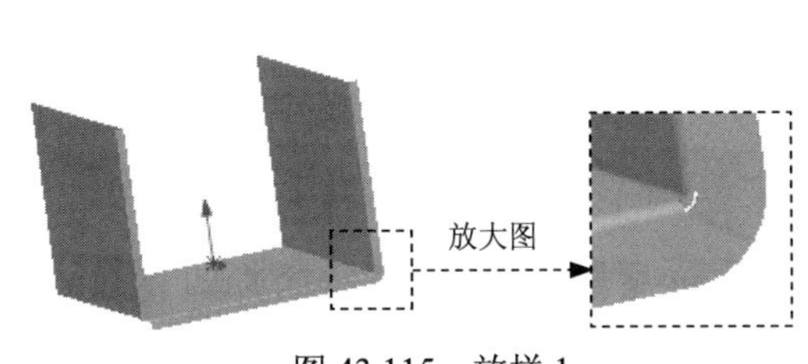

图 43.115　放样 1

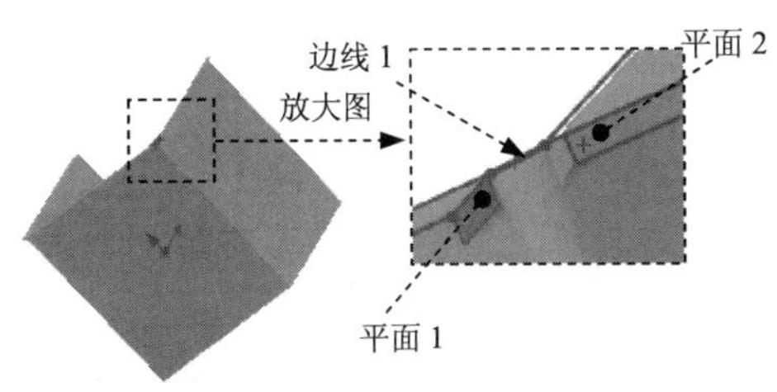

图 43.116　放样参数设置

Step 7 参照步骤 6 创建另外一侧的放样 2。结果如图 43.117 所示。

Step 8 创建图 43.118 所示的镜像 1。选择下拉菜单 插入(I) ➡ 阵列/镜向(E) ➡ 镜向(M)... 命令。选取右视基准面作为镜像基准面，选取边线-法兰 3 作为镜像 1 的对象。

Step 9 创建图 43.119 所示的镜像 2。选择下拉菜单 插入(I) ➡ 阵列/镜向(E) ➡ 镜向(M)... 命令。选取右视基准面作为镜像基准面，选取放样 1 和放样 2 作为镜像 2 的对象。

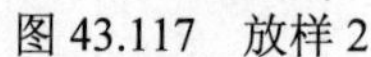

图 43.117　放样 2

图 43.118　镜像 1

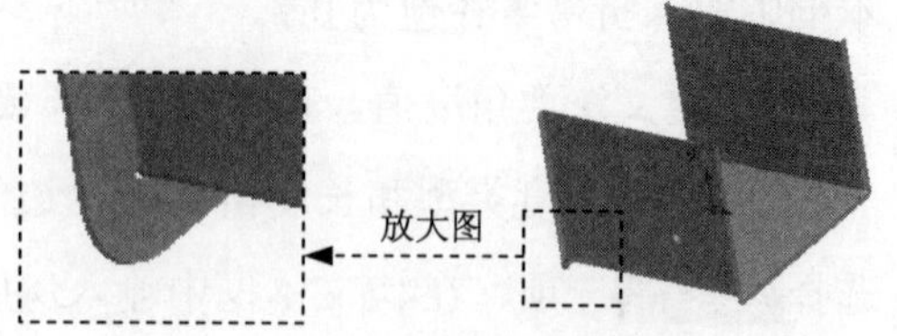

图 43.119　镜像 2

Step 10　创建图 43.120 所示的钣金特征——边线-法兰 4。

（1）选择命令。选择下拉菜单 插入(I) → 钣金(H) → 边线法兰(E)... 命令，系统弹出“边线-法兰”对话框。

（2）定义特征的边线。选取图 43.121 所示的模型边线为生成的边线法兰的边线。

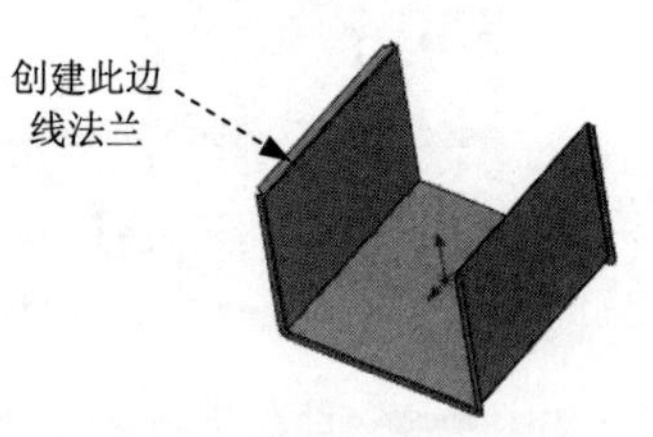

图 43.120　边线-法兰 4

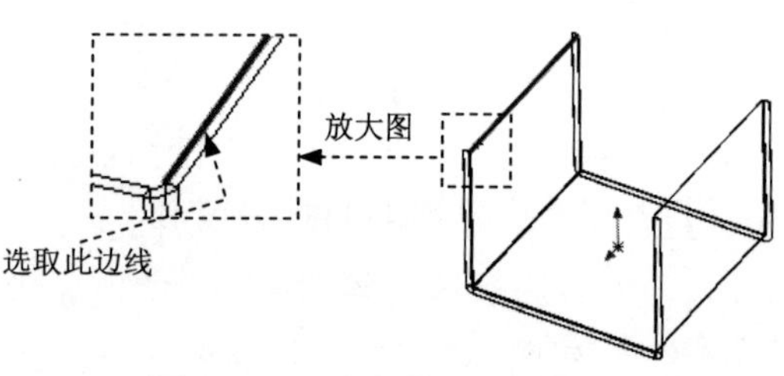

图 43.121　定义特征的边线

（3）定义法兰参数。

① 定义折弯半径。在 法兰参数(P) 区域中取消选中 □ 使用默认半径(U) 复选框，在文本框中输入折弯半径值为 0.7。

② 定义法兰角度值。在 角度(G) 区域的文本框中输入角度值 90.0。

③ 定义长度类型和长度值。在“边线法兰”对话框 法兰长度(L) 区域的下拉列表框中选择 给定深度 选项。

④ 定义法兰位置。在 法兰位置(N) 区域中单击“材料在内”按钮。

（4）单击按钮，完成边线-法兰 4 的初步创建。

（5）编辑边线-法兰 4 的草图。在设计树中的 边线-法兰4 上右击，在系统弹出的快捷菜单中单击命令，系统进入草图环境。绘制图 43.122 所示的横断面草图。退出草图环境，此时系统完成边线-法兰 4 的创建。

Step 11　用相同的方法创建另一侧的边线-法兰 5（图 43.123），详细操作步骤参见上一步。

Step 12　创建图 43.124 所示的成形特征 1。

（1）单击任务窗格中的“设计库”按钮，打开“设计库”对话框。

（2）单击“设计库”对话框中的 ins43 节点，在设计库下部的列表框中选择

“SM_DIE_01”文件并拖动到图 43.124 所示的平面，在系统弹出的“成形工具特征”对话框中单击✔按钮。

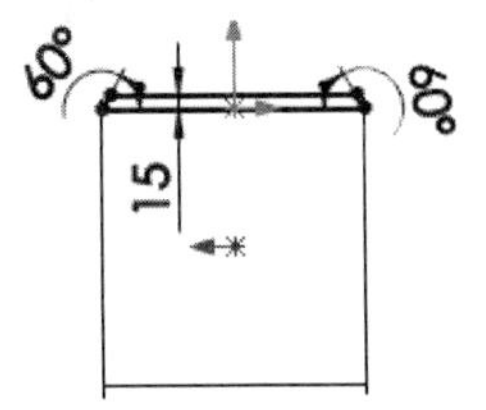

图 43.122　横断面草图（草图 13）

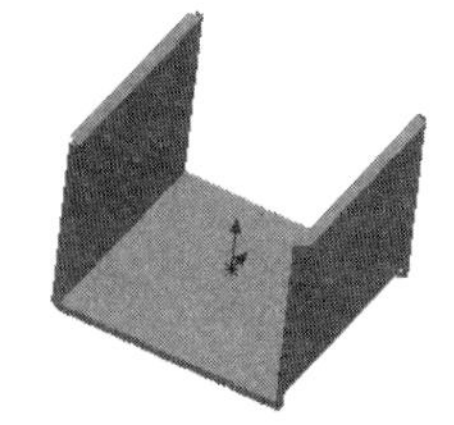
图 43.123　边线-法兰 5

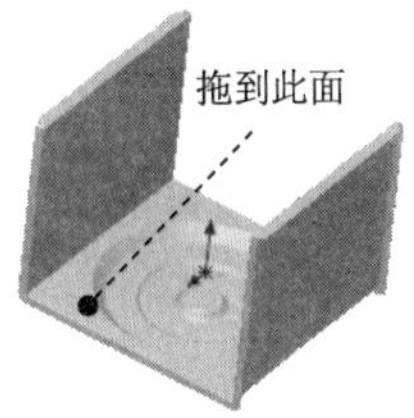

图 43.124　成形特征 1

（3）单击设计树中 SM_DIE_011 (默认) -> 节点前的“加号”，右击 草图34 特征，在系统弹出的快捷菜单中单击按钮，进入草图环境。

（4）编辑草图，如图 43.125 所示。退出草图环境，完成成形特征 1 的创建。

Step 13　创建图 43.126 所示的成形特征 2。

（1）单击任务窗格中的“设计库”按钮，打开“设计库”对话框。

（2）单击“设计库”对话框中的 ins43 节点，在设计库下部的列表框中选择“SM_DIE_02”文件并拖动到图 43.126 所示的平面，在系统弹出的“成形工具特征”对话框中单击✔按钮。

（3）单击设计树中 SM_DIE_021 (默认) ->节点前的“加号”，右击 草图36 特征，在系统弹出的快捷菜单中单击按钮，进入草图环境。

（4）编辑草图，如图 43.127 所示。退出草图环境，完成成形特征 2 的创建。

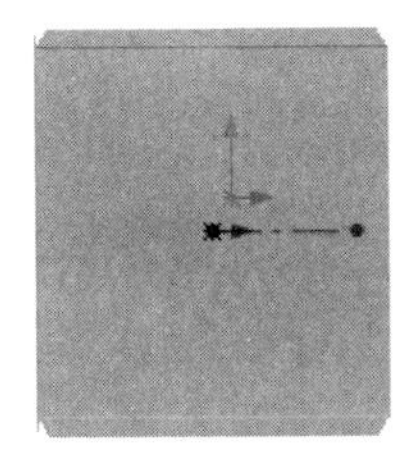
图 43.125　横断面草图（草图 14）

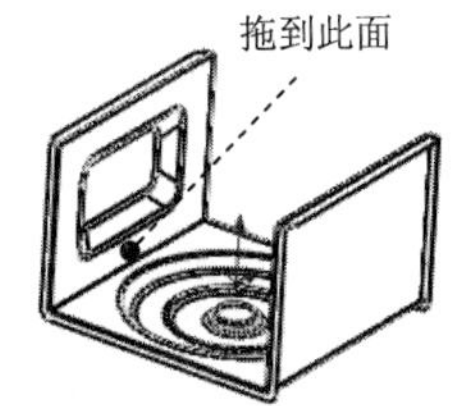

图 43.126　成形特征 2

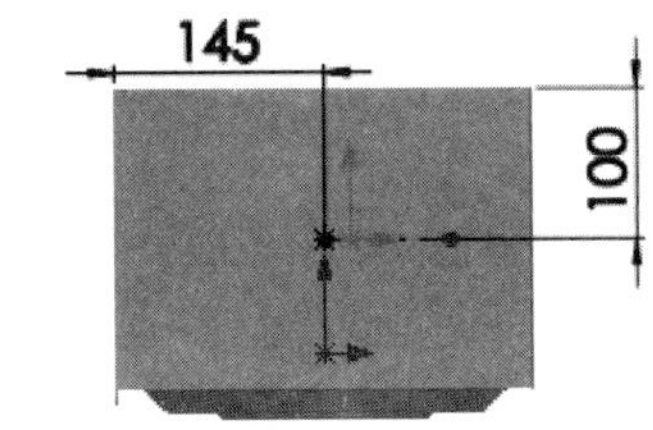

图 43.127　横断面草图（草图 15）

Step 14　创建图 43.128 所示的成形特征 3。

（1）单击任务窗格中的“设计库”按钮，打开“设计库”对话框。

（2）单击“设计库”对话框中的 ins43 节点，在设计库下部的列表框中选择“SM_DIE_03”文件并拖动到图 43.128 所示的平面，在系统弹出的“成形工具特征”对话框 **旋转角度(A)** 区域的文本框中输入 180，单击✔按钮。

（3）单击设计树中 SM_DIE_031 (默认) ->节点前的“加号”，右击 (-) 草图38 特征，在系统弹出的快捷菜单中单击按钮，进入草图环境。

（4）编辑草图，如图 43.129 所示（注：若草图方向不对。可通过 工具(T) → 草图工具(T) → 修改(Y)... 命令，在 旋转(R) 对话框中输入角度修改）。退出草图环境，完成成形特征 3 的创建。

Step 15 创建图 43.130 所示的成形特征 4。

（1）单击任务窗格中的“设计库”按钮，打开“设计库”对话框。

（2）单击“设计库”对话框中的 ins43 节点，在设计库下部的列表框中选择“SM_DIE_04”文件并拖动到图 43.130 所示的平面，在系统弹出的“成形工具特征”对话框 旋转角度(A) 区域的文本框中输入 180，单击按钮。

（3）单击设计树中 SM_DIE_041 (默认) -> 节点前的“加号”，右击 草图40 特征，在系统弹出的快捷菜单中单击按钮，进入草图环境。

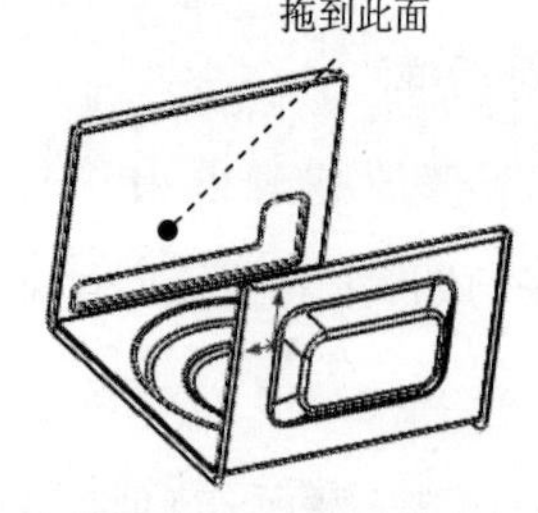

图 43.128 成形特征 3

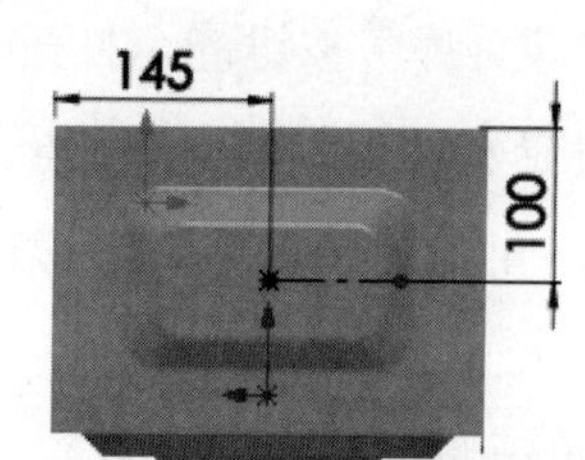

图 43.129 横断面草图（草图 16）

图 43.130 成形特征 4

（4）编辑草图，如图 43.131 所示（注：若草图方向不对，可通过 工具(T) → 草图工具(T) → 修改(Y)... 命令，在 旋转(R) 对话框中输入角度修改）。退出草图环境，完成成形特征 4 的创建。

Step 16 创建图 43.132 所示的成形特征 5。

（1）单击任务窗格中的“设计库”按钮，打开“设计库”对话框。

（2）单击“设计库”对话框中的 ins43 节点，在设计库下部的列表框中选择“SM_DIE_05”文件并拖动到图 43.132 所示的平面，在系统弹出的“成形工具特征”对话框 旋转角度(A) 区域的文本框中输入 180，单击按钮。

（3）单击设计树中 SM_DIE_051 (默认) -> 节点前的“加号”，右击 草图42 特征，在系统弹出的快捷菜单中单击按钮，进入草图环境。

（4）编辑草图，如图 43.133 所示（注：若草图方向不对，可通过 工具(T) → 草图工具(T) → 修改(Y)... 命令，在 旋转(R) 对话框中输入角度修改）。退出草图环境，完成成形特征 5 的创建。

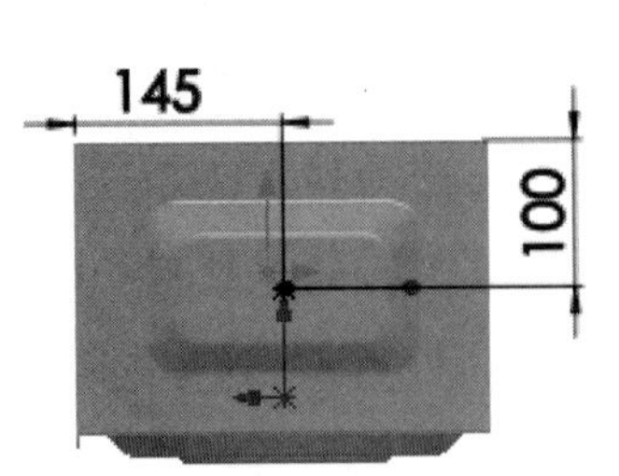

图 43.131 横断面草图（草图 17）

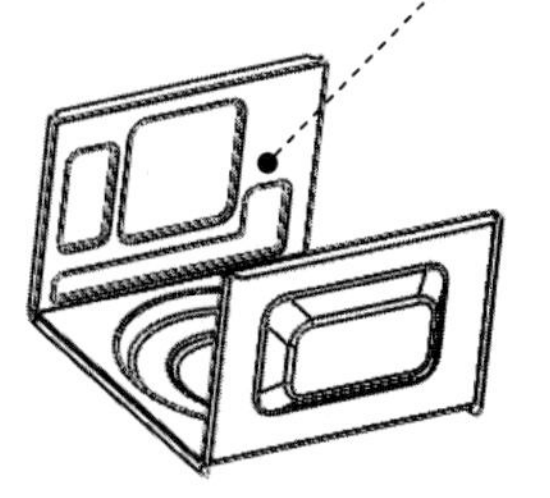

图 43.132 成形特征 5

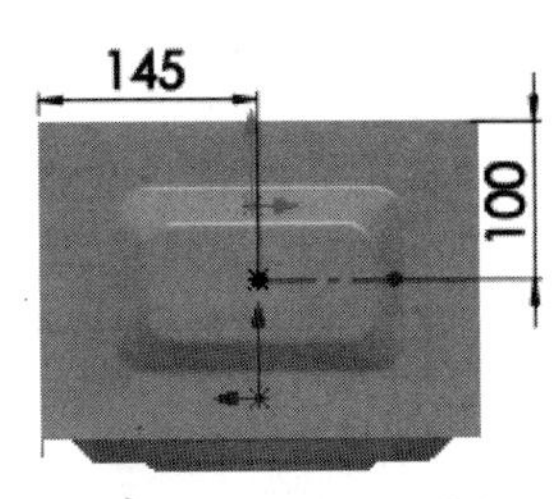

图 43.133 横断面草图（草图 18）

Step 17 创建图 43.134 所示的成形特征 6。

（1）单击任务窗格中的“设计库”按钮，打开“设计库”对话框。

（2）单击“设计库”对话框中的 ins43 节点，在设计库下部的列表框中选择“SM_DIE_06”文件并拖动到图 43.134 所示的平面，在系统弹出的“成形工具特征”对话框中单击✓按钮。

（3）单击设计树中 SM_DIE_061 (默认) ->节点前的“加号”，右击 (-) 草图44 特征，在系统弹出的快捷菜单中单击按钮，进入草图环境。

（4）编辑草图，如图 43.135 所示（注：若草图方向不对，可通过 工具(T) → 草图工具(T) → 修改(Y)... 命令，在 旋转(R) 对话框中输入角度修改）。退出草图环境，完成成形特征 6 的创建。

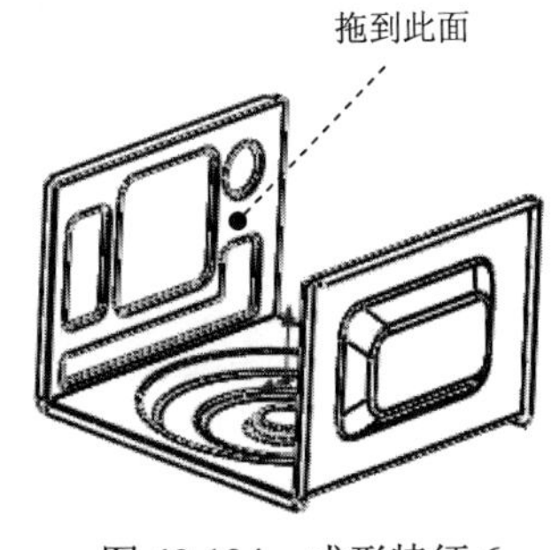

图 43.134 成形特征 6

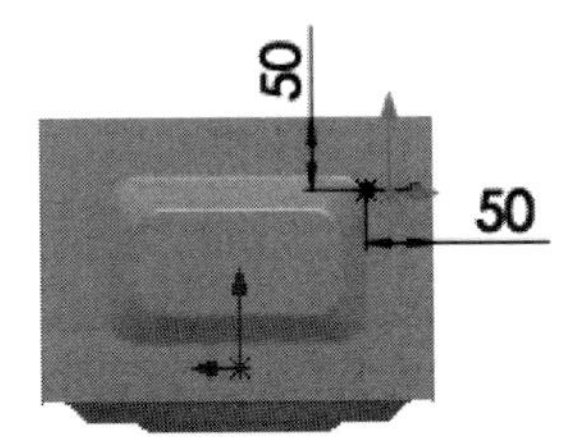

图 43.135 横断面草图（草图 19）

Step 18 创建图 43.136 所示的组合 1。

（1）选择命令。选择下拉菜单 插入(I) → 特征(F) → 组合(B) 命令；系统弹出“组合 1”对话框。

（2）定义组合类型。在“组合 1”对话框的 **操作类型(O)** 区域中选中 ⊙ 添加(A) 单选按钮。

（3）定义要组合的实体。选择所有实体作为要组合的实体。

（4）单击“组合 1”对话框中的✓按钮，完成组合 1 的创建。

Step 19 创建图 43.137 所示的零件特征——切除-拉伸 1。选择下拉菜单 插入(I) →

切除(C) ➡ 拉伸(E)...命令。选取右视基准面作为草绘基准面，绘制图 43.137 所示的横断面草图。在"切除-拉伸"对话框 方向1 区域和 方向2 区域的下拉列表框中选择 完全贯穿 选项。

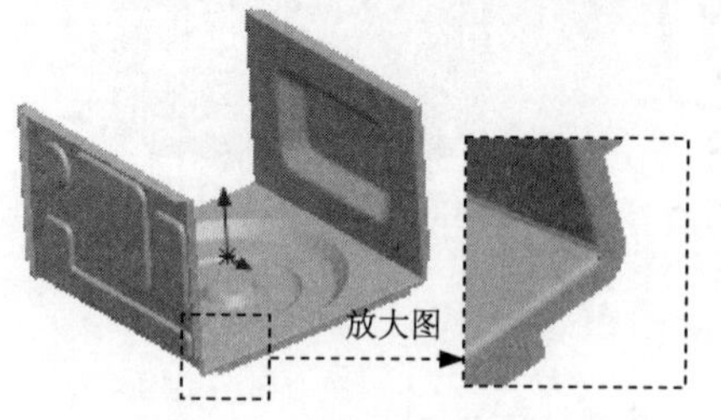

图 43.136　切除-拉伸 1

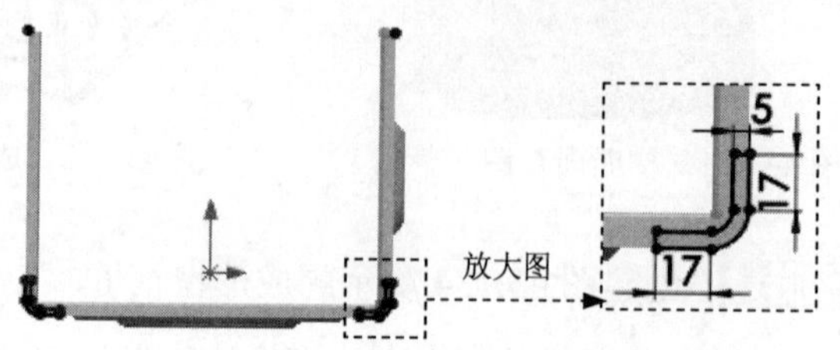

图 43.137　横断面草图（草图 20）

Step 20 创建图 43.138 所示的草图 55。选择下拉菜单 插入(I) ➡ 草图绘制 命令。选取图 43.139 所示平面为草绘基准面。绘制图 43.138 所示的草图。

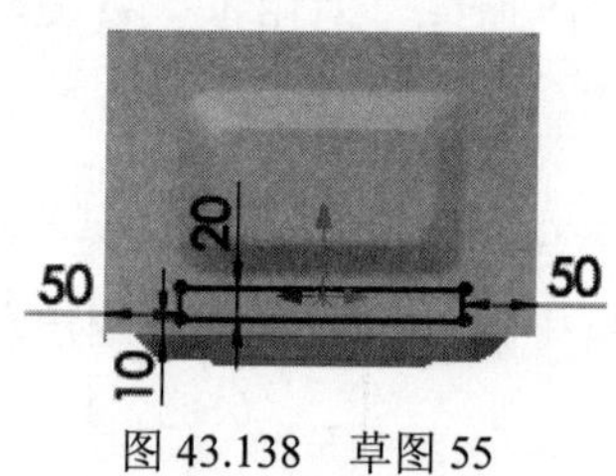

图 43.138　草图 55

图 43.139　草绘平面

Step 21 创建图 43.140 所示的零件特征——切除-拉伸 2。选择下拉菜单 插入(I) ➡ 切除(C) ➡ 拉伸(E)...命令。选取图 43.139 所示平面作为草绘基准面，绘制图 43.141 所示的横断面草图(此草图圆心与图 43.138 所示草图的左上点重合)。在"切除-拉伸"对话框 方向1 区域的下拉列表框中选择 给定深度 选项，输入深度值 10.0。

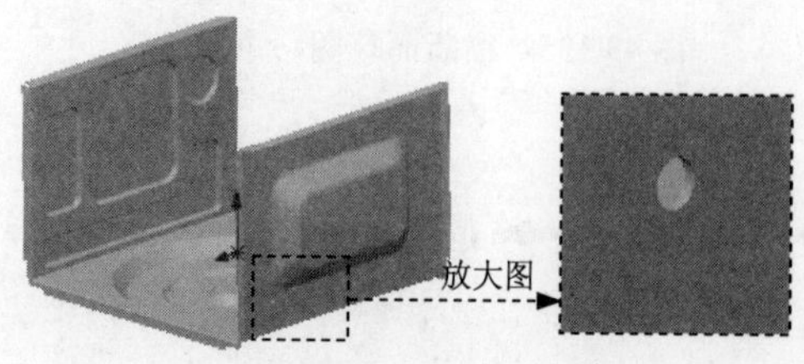

图 43.140　切除-拉伸 2

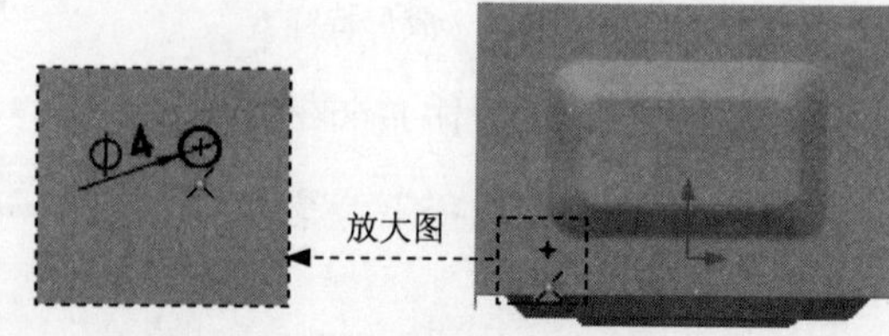

图 43.141　横断面草图（草图 21）

Step 22 创建图 43.142 所示的阵列（线性）1。选择下拉菜单 插入(I) ➡ 阵列/镜向(E) ➡ 线性阵列(L)...命令。选取切除-拉伸 2 作为要阵列的对象，在图形区选取图 43.143 所示的边线 1 为 方向1 的参考实体，在对话框中输入间距值 5.0，输

5 Chapter

入实例数 39。在图形区选取图 43.142 所示的边线 2 为 方向 2 的参考实体。在对话框中输入间距值 5.0，输入实例数 5。

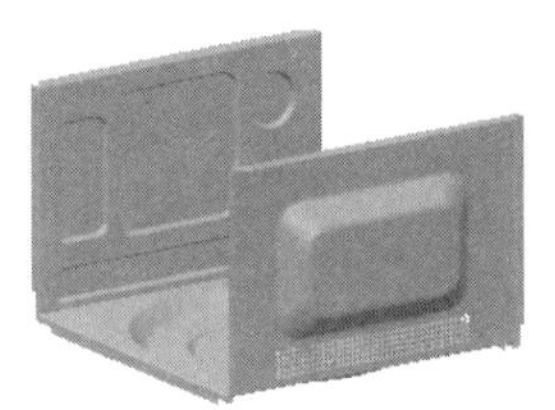

图 43.142　阵列（线性）1

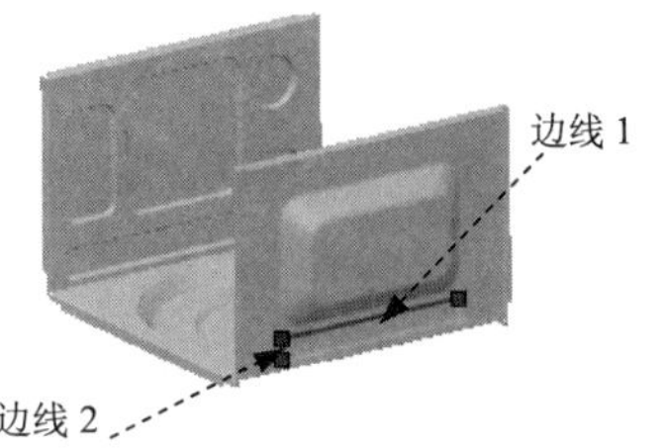

图 43.143　阵列参数设置

Step 23 创建图 43.144 所示的零件特征——切除-拉伸 3。选择下拉菜单 插入(I) → 切除(C) → 拉伸(E)... 命令。选取图 43.139 所示平面作为草绘基准面，绘制图 43.145 所示的横断面草图。在“切除-拉伸”对话框 方向 1 区域的下拉列表框中选择 完全贯穿 选项。

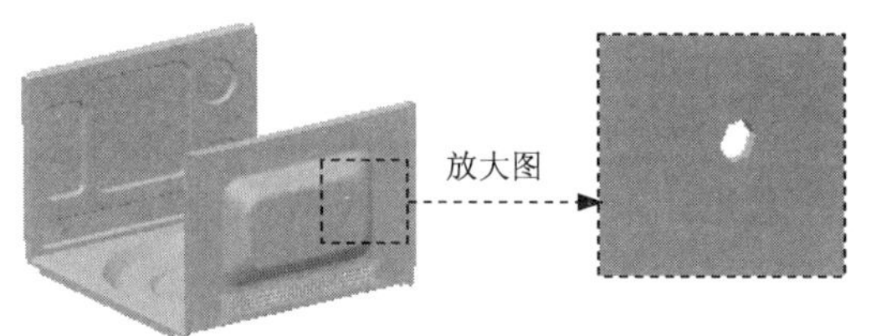

图 43.144　切除-拉伸 3

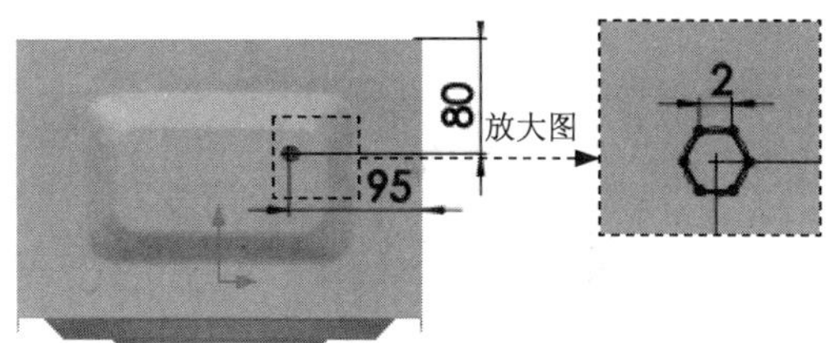

图 43.145　横断面草图（草图 22）

Step 24 创建图 43.146 所示的阵列（线性）2。选择下拉菜单 插入(I) → 阵列/镜向(E) → 线性阵列(L)... 命令。选取切除-拉伸 3 作为要阵列的对象，在图形区选取图 43.147 所示的边线 1 为 方向 1 的参考实体，在对话框中输入间距值 5.0，输入实例数 20。在图形区选取图 43.147 所示的边线 2 为 方向 2 的参考实体。在对话框中输入间距值 6.0，输入实例数 7。

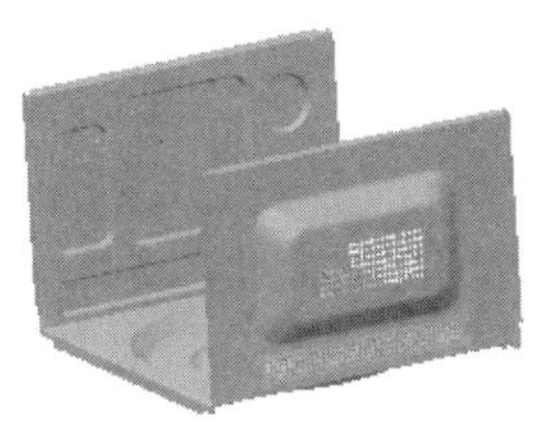

图 43.146　阵列（线性）2

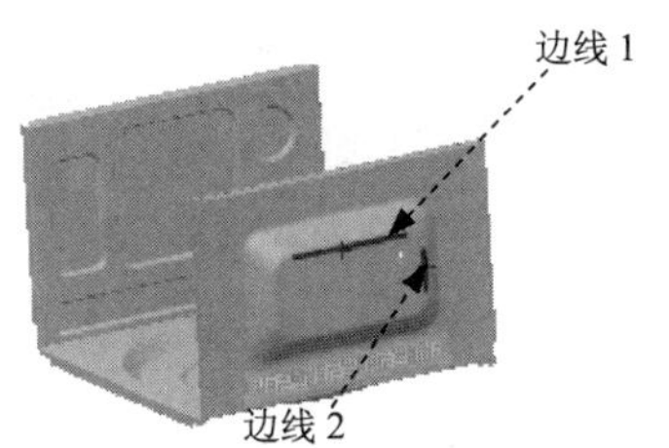

图 43.147　阵列参数设置

Step 25 创建图 43.148 所示的零件特征——切除-拉伸 4。选择下拉菜单 插入(I) → 切除(C) → 拉伸(E)... 命令。选取上视基准面作为草绘基准面，绘制图

43.149 所示的横断面草图。在“切除-拉伸”对话框 方向 1 区域的下拉列表框中选择 完全贯穿 选项。

图 43.148 凸台-拉伸 1

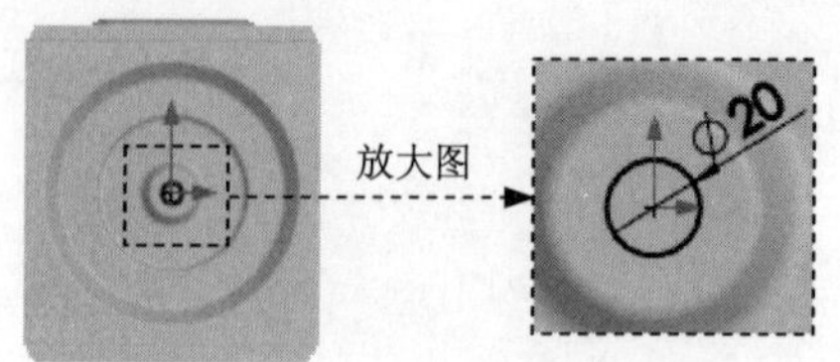

图 43.149 横断面草图（草图 23）

Step 26 创建图 43.150 所示的零件特征——切除-拉伸 5。选择下拉菜单 插入(I) → 切除(C) → 拉伸(E)... 命令。选取前视基准面作为草图基准面，绘制图 43.151 所示的横断面草图。在“切除-拉伸”对话框 方向 1 区域的下拉列表框中选择 完全贯穿 选项，并单击按钮。

图 43.150 切除-拉伸 5

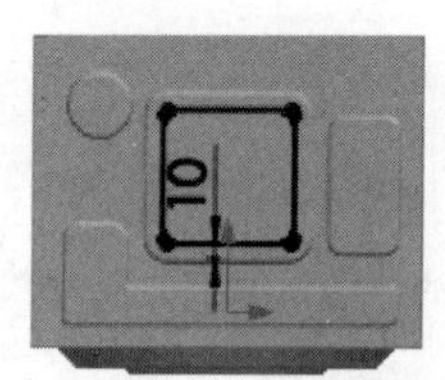

图 43.151 横断面草图（草图 24）

Step 27 创建图 43.152 所示的零件特征——切除-拉伸 6。选择下拉菜单 插入(I) → 切除(C) → 拉伸(E)... 命令。选取前视基准面作为草绘基准面，绘制图 43.153 所示的横断面草图。在“切除-拉伸”对话框 方向 1 区域的下拉列表框中选择 完全贯穿 选项，并单击按钮。

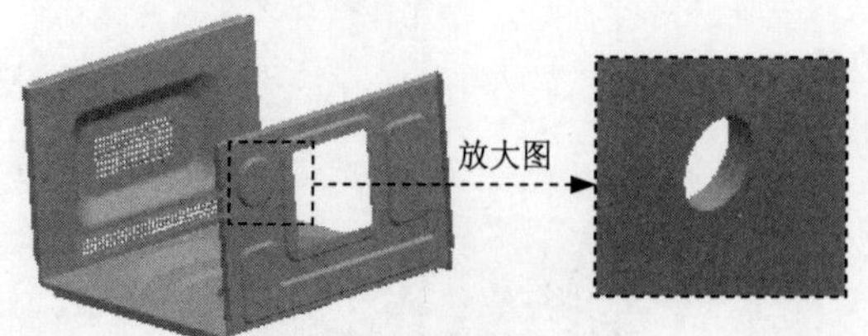

图 43.152 切除-拉伸 6

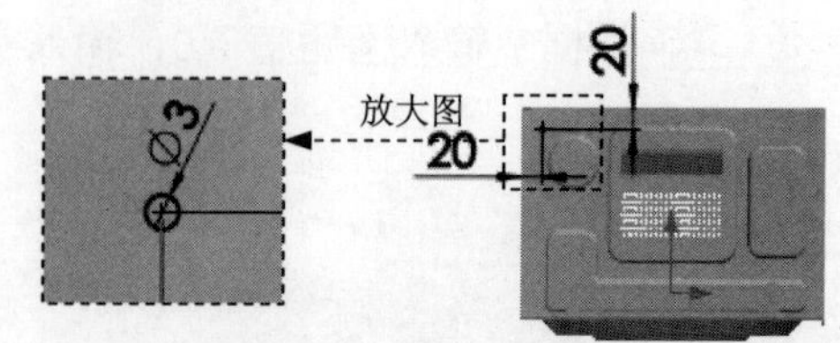

图 43.153 横断面草图（草图 25）

Step 28 创建图 43.154 所示的阵列（线性）3。选择下拉菜单 插入(I) → 阵列/镜向(E) → 线性阵列(L)... 命令。选取切除-拉伸 6 作为要阵列的对象，在图形区选取图 43.155 所示的边线 1 为 方向 1 的参考实体，在对话框中输入间距值 5.0，输入实例数 13。在图形区选取图 43.155 所示的边线 2 为 方向 2 的参考实体。在对话框中输入间距值 5.0，输入实例数 13。

Step 29 创建图 43.156 所示的零件特征——切除-拉伸 7。选择下拉菜单 插入(I) → 切除(C) → 拉伸(E)... 命令。选取图 43.156 所示的模型表面为草绘基准面，绘制图 43.157 所示的横断面草图。在“切除-拉伸”对话框 方向 1 区域的下拉列表框中选择 给定深度 选项，输入深度值为 10.0。

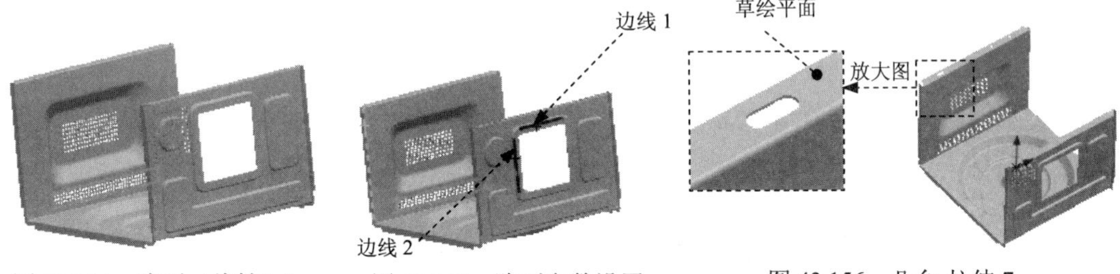

图 43.154　阵列（线性）3　图 43.155　阵列参数设置　图 43.156　凸台-拉伸 7

Step 30 创建图 43.158 所示的镜像 3。选择下拉菜单 插入(I) → 阵列/镜向(E) → 镜向(M)... 命令。选取前视基准面作为镜像基准面，选取切除-拉伸 7 作为镜像 1 的对象。

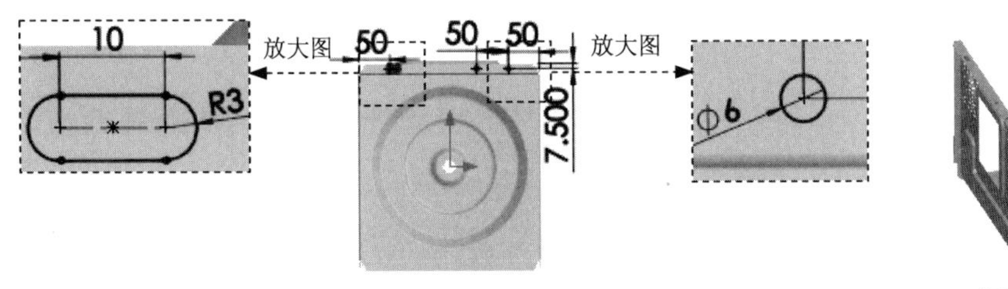

图 43.157　横断面草图（草图 26）

图 43.158　镜像 3

Step 31 保存模型。选择下拉菜单 文件(F) → 保存(S) 命令，保存模型。

43.6　微波炉外壳内部顶盖的细节设计

Task1. 创建图 43.159 所示的模具 7

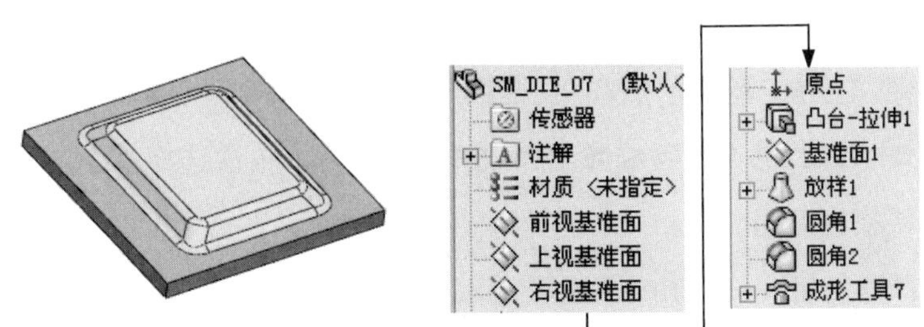

图 43.159　模型及设计树

Step 1 新建模型文件。选择下拉菜单 文件(F) → 新建(N)... 命令，在系统弹出的“新建 SolidWorks 文件”对话框中选择“零件”模块，单击 确定 按钮，进入建模环境。

Step 2 创建图 43.160 所示的零件特征——凸台-拉伸 1。选择下拉菜单 插入(I) → 凸台/基体(B) → 拉伸(E)... 命令。选取上视基准面作为草图基准面，绘制图 43.161 所示的横断面草图；在“凸台-拉伸”对话框 方向 1 区域的下拉列表框中选择 给定深度 选项，输入深度值 20.0。

Step 3 创建图 43.162 所示的基准面 1。选择下拉菜单 插入(I) → 参考几何体(G) → 基准面(P)... 命令。选取上视基准面为参考实体，采用系统默认的偏移方向，输入偏移距离值 40.0。单击 ✓ 按钮，完成基准面 1 的创建。

图 43.160 凸台-拉伸 1

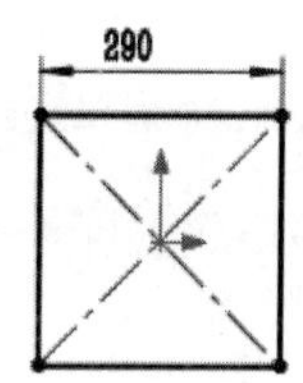

图 43.161 横断面草图（草图 1）

图 43.162 基准面 1

Step 4 创建图 43.163 所示的草图 2。选择下拉菜单 插入(I) → 草图绘制 命令。选取图 43.164 所示平面为草绘基准面。绘制图 43.163 所示的草图 2。

Step 5 创建图 43.165 所示的草图 3。选择下拉菜单 插入(I) → 草图绘制 命令。选取基准面 1 为草图基准面。绘制图 43.165 所示的草图 3。

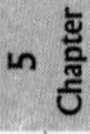

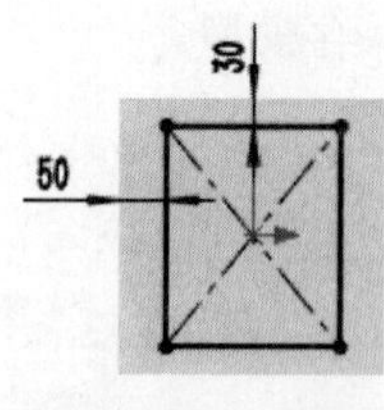

图 43.163 草图 2

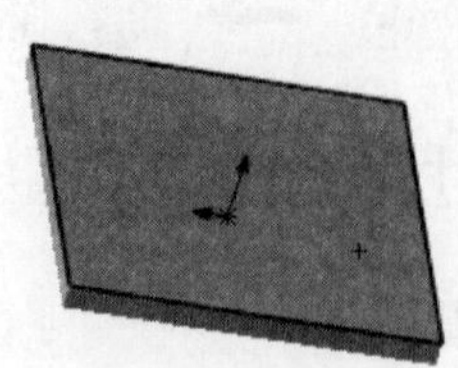

图 43.164 草绘平面

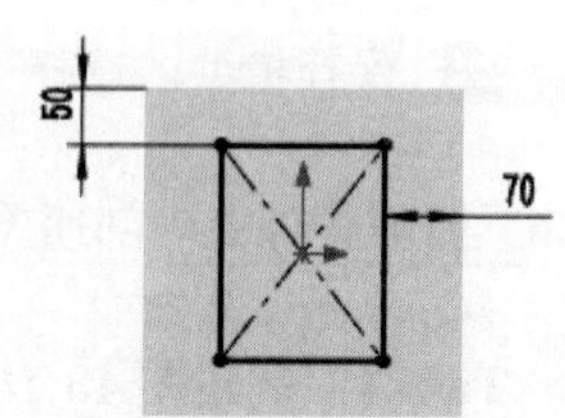

图 43.165 草图 3

Step 6 创建图 43.166 所示的放样 1。选择下拉菜单 插入(I) → 凸台/基体(B) → 放样(L)... 命令，系统弹出“放样”对话框。依次选择草图 2 和草图 3 作为放样 1 特征的截面轮廓。

Step 7 创建圆角特征——圆角 1。选取图 43.167 所示的边链为圆角放置参照，圆角半径为 25.0。

Step 8 创建圆角特征——圆角 2。选取图 43.168 所示的边链为圆角放置参照，圆角半径为 15.0。

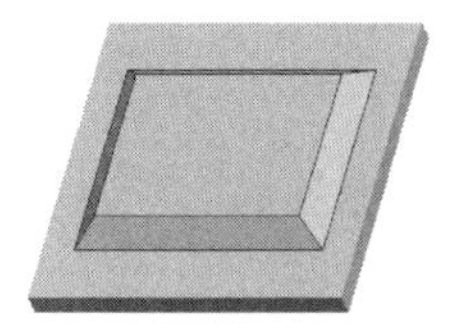
图 43.166 放样 1

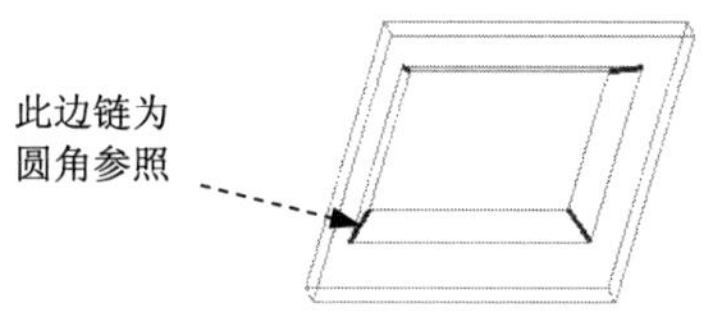

图 43.167 定义圆角 1 的参照

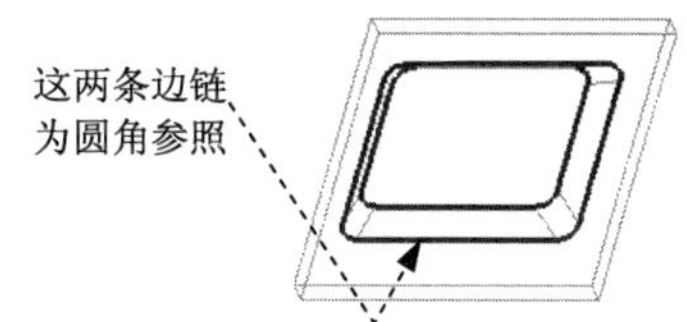

图 43.168 定义圆角 2 的参照

Step 9 创建图 43.169 所示的零件特征——成形工具 7。

（1）选择命令。选择下拉菜单 插入(I) → 钣金(H) → 成形工具 命令。

（2）定义成形工具属性。

定义停止面。激活“成形工具”对话框的 停止面 区域，选取图 43.169 所示的模型表面作为成形工具的停止面。

（3）单击✔按钮，完成成形工具 7 的创建。

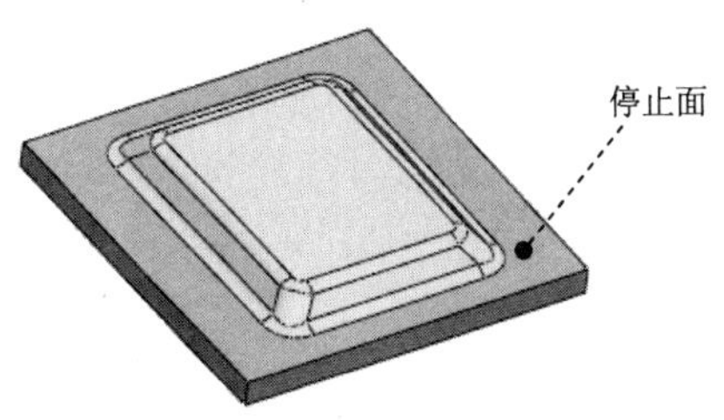

图 43.169 成形工具 7

Step 10 至此，成形工具模型创建完毕。选择下拉菜单 文件(F) → 保存(S) 命令，将模型保存于 D:\ sw13in\work\ins43，并命名为 SM_DIE_07。

Task2. 创建图 43.170 所示的模具 8

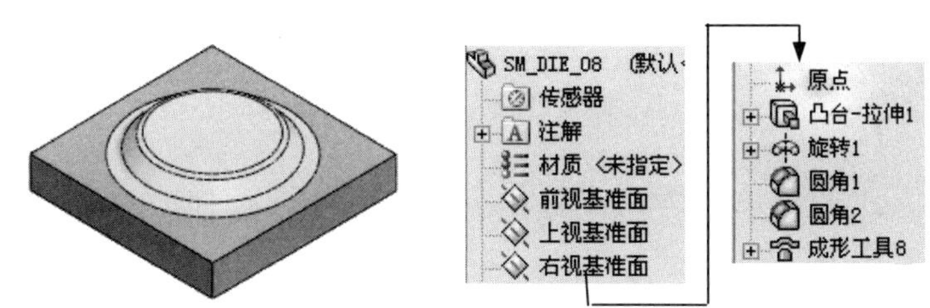

图 43.170 模型及设计树

Step 1 新建模型文件。选择下拉菜单 文件(F) → 新建(N)... 命令，在系统弹出的“新建 SolidWorks 文件”对话框中选择“零件”模块，单击 确定 按钮，进入建模环境。

Step 2 创建图 43.171 所示的零件特征——凸台-拉伸 1。选择下拉菜单 插入(I) → 凸台/基体(B) → 拉伸(E)... 命令。选取上视基准面作为草绘基准面，绘制图 43.172 所示的横断面草图；在“凸台-拉伸”对话框 方向 1 区域的下拉列表框中选择 给定深度 选项，输入深度值 10.0。

图 43.171　凸台-拉伸 1

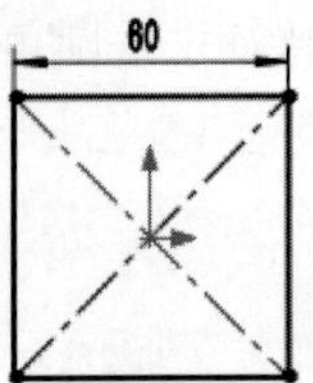

图 43.172　横断面草图（草图 1）

Step 3 创建图 43.173 所示的零件特征——旋转 1。选择下拉菜单 插入(I) → 凸台/基体(B) → 旋转(R)... 命令。选取前视基准面作为草绘基准面，绘制图 43.174 所示的横断面草图（包括旋转中心线）。采用草图中绘制的中心线作为旋转轴线，在 方向1 区域的 文本框中输入数值 360.00。

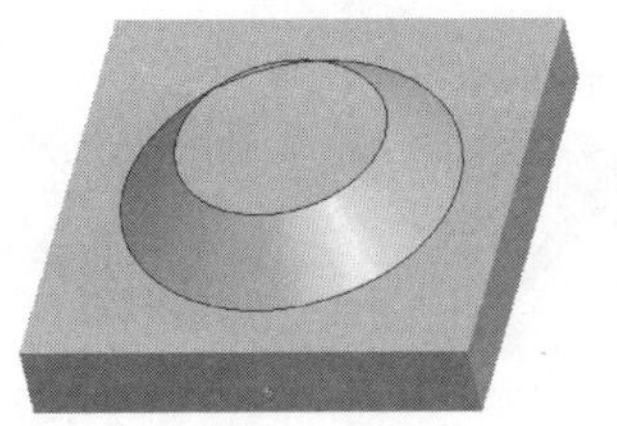

图 43.173　旋转 1

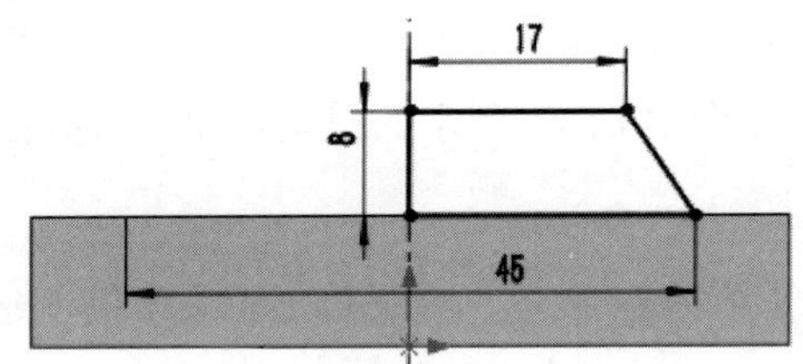

图 43.174　横断面草图（草图 2）

Step 4 添加圆角特征——圆角 1。选取图 43.175 所示的边链为圆角放置参照，圆角半径为 5.0。

Step 5 添加圆角特征——圆角 2。选取图 43.176 所示的边链为圆角放置参照，圆角半径为 2.0。

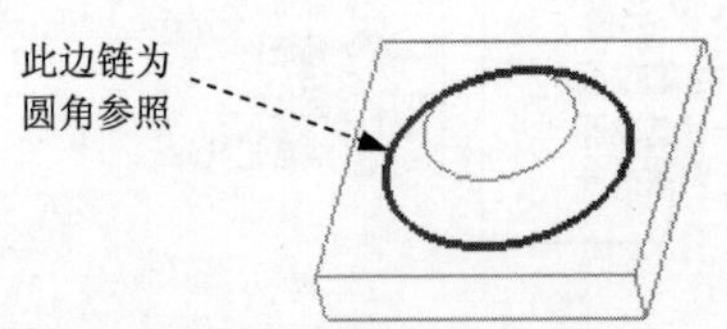

图 43.175　定义倒圆角 1 的参照（一）

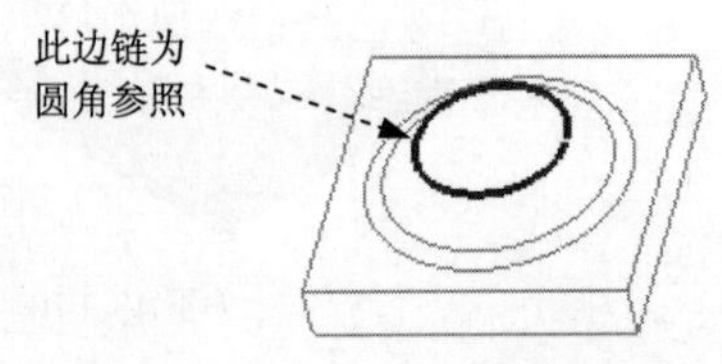

图 43.176　定义倒圆角 2 的参照（二）

Step 6 创建图 43.177 所示的零件特征——成形工具 8。

（1）选择命令。选择下拉菜单 插入(I) → 钣金(H) → 成形工具 命令。

（2）定义成形工具属性。

定义停止面。激活“成形工具”对话框的 停止面 区域，选取图 43.177 所示的模型表面作为成形工具的停止面。

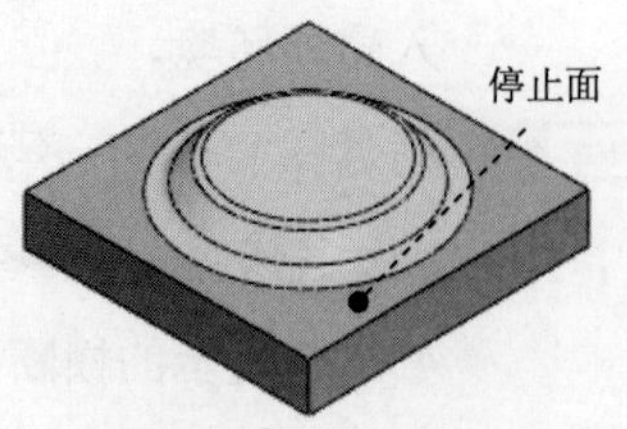

图 43.177　成形工具 8

（3）单击✓按钮，完成成形工具 8 的创建。

Step 7 至此，成形工具模型创建完毕。选择下拉菜单 文件(F) → 保存(S) 命令，将模型保存于 D:\ sw13in\work\ins43 中，并命名为 SM_DIE_08。

Task3. 进行图 43.178 所示的微波炉外壳内部顶盖的细节设计

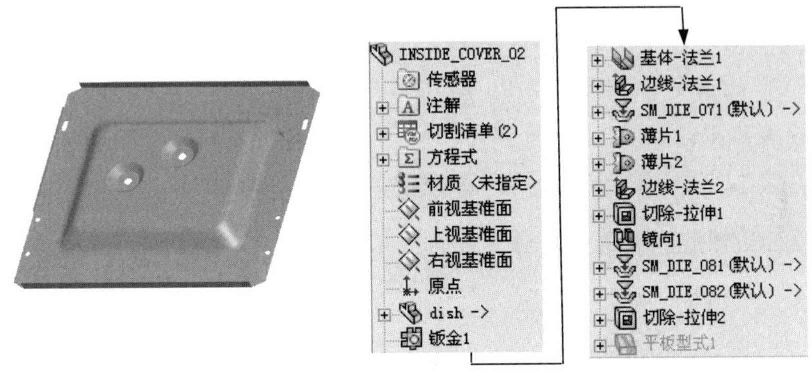

图 43.178　微波炉外壳内部顶盖模型及设计树

Step 1 在装配件中打开微波炉外壳内部顶盖（INSIDE_COVER_02.SLDPRT）。在设计树中选择 (固定) INSIDE_COVER_02<1>，然后右击，在系统弹出的快捷菜单中单击按钮。

Step 2 创建图 43.179 所示的钣金特征——边线-法兰 1。

（1）选择命令。选择下拉菜单 插入(I) → 钣金(H) → 边线法兰(E)... 命令。系统弹出“边线法兰”对话框。

（2）定义特征的边线。选取图 43.180 所示的模型边线为生成的边线法兰的边线。

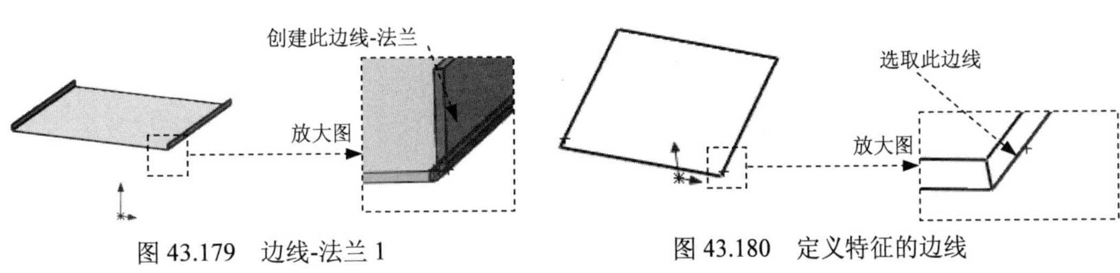

图 43.179　边线-法兰 1　　图 43.180　定义特征的边线

（3）定义法兰参数。在 法兰参数(P) 区域中取消选中 使用默认半径(U) 复选框，在文本框中输入折弯半径值为 0.7；在 角度(G) 区域的文本框中输入角度值 90.0。在“边线法兰”对话框 法兰长度(L) 区域的下拉列表框中选择 给定深度 选项，输入深度值 10.0。在此区域中单击“内部虚拟交点”按钮。在 法兰位置(N) 区域中单击“材料在内”按钮。

（4）单击✓按钮，完成边线-法兰 1 的创建。

5 Chapter

Step 3 创建图 43.181 所示的成形特征 1。

（1）单击任务窗格中的“设计库”按钮，打开“设计库”对话框。

（2）单击“设计库”对话框中的 ins43 节点，在设计库下部的列表框中选择“SM_DIE_07”文件并拖动到图 43.181 所示的平面，并拖动到图 43.181 所示的平面，在系统弹出的“成形工具特征”对话框 旋转角度(A) 区域的文本框中输入 0，单击按钮。

（3）单击设计树中 SM_DIE_071 (默认) -> 节点前的“加号”，右击 草图9 特征，在系统弹出的快捷菜单中单击按钮，进入草图环境。

（4）编辑草图，如图 43.182 所示（注：若草图方向不对，可通过 工具(T) → 草图工具(T) → 修改(Y)... 命令，在 旋转(R) 对话框中输入角度修改）。退出草图环境，完成成形特征 1 的创建（注意此步骤的方向）。

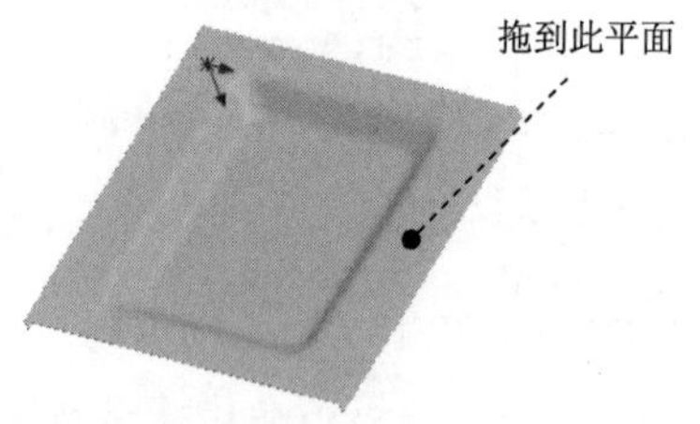

图 43.181　成形工具 1

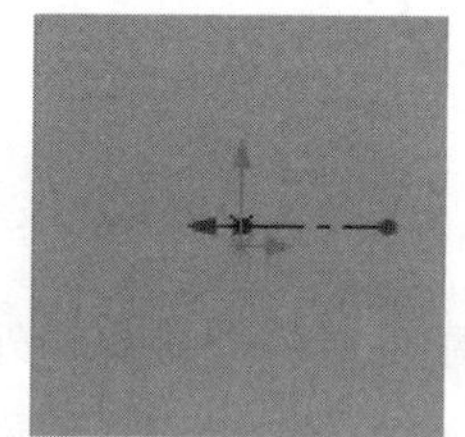
图 43.182　横断面草图（草图 1）

Step 4 创建图 43.183 所示的钣金特征——薄片 1。

（1）选择命令。选择下拉菜单 插入(I) → 钣金(H) → 基体法兰(A)... 命令。

（2）定义特征的横断面草图。选取图 43.184 所示的模型表面作为草绘基准面，绘制图 43.185 所示的横断面草图。

图 43.183　薄片 1

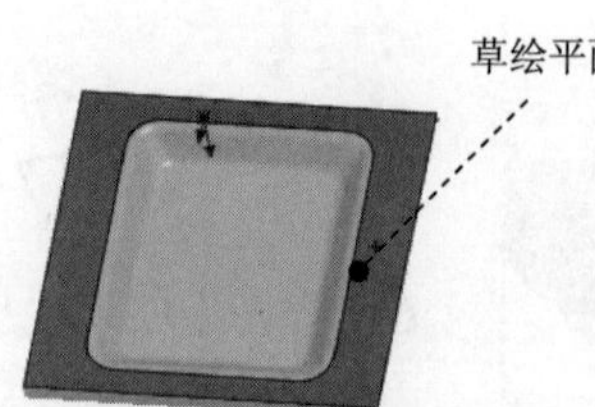

图 43.184　草绘平面

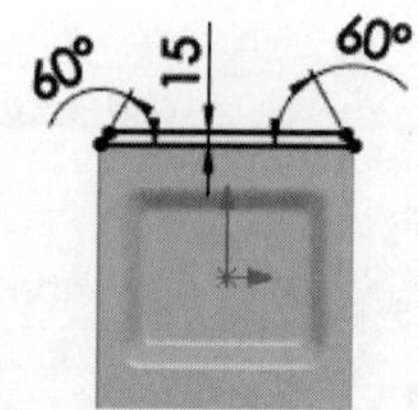

图 43.185　横断面草图（草图 2）

Step 5 创建图 43.186 所示的钣金特征——薄片 2。详细操作过程参见 Step4。

Step 6 创建图 43.187 所示的钣金特征——边线-法兰 2。

（1）选择命令。选择下拉菜单 插入(I) → 钣金(H) → 边线法兰(E)... 命令。系统弹出“边线法兰”对话框。

（2）定义特征的边线。选取图 43.188 所示的模型边线为生成的边线法兰的边线。

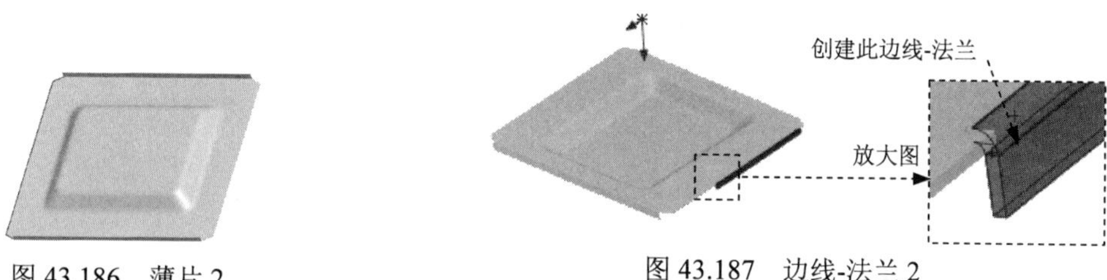

图 43.186 薄片 2

图 43.187 边线-法兰 2

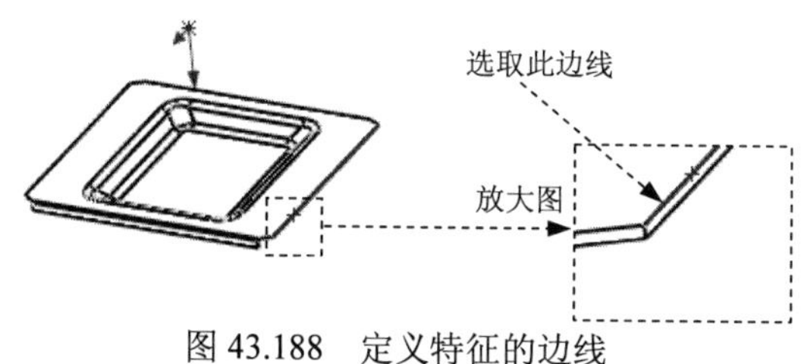

图 43.188 定义特征的边线

（3）定义法兰参数。在 法兰参数(P) 区域中取消选中 □ 使用默认半径(U) 复选框，在文本框中输入折弯半径值为 0.7；在 角度(G) 区域的文本框中输入角度值 90.0。在“边线法兰”对话框 法兰长度(L) 区域的下拉列表框中选择 给定深度 选项，输入深度值 10.0。在此区域中单击“内部虚拟交点”按钮。在 法兰位置(N) 区域中单击“材料在内”按钮。在“边线法兰”对话框 ☑ 自定义释放槽类型(R) 区域的下拉列表框中选择 撕裂形 选项，在此区域中单击“切口”按钮。

（4）单击✔按钮，完成边线法兰 2 的初步创建。

（5）编辑边线-法兰 2 的草图。在设计树的 边线-法兰2 上右击，在系统弹出的快捷菜单中单击命令，系统进入草图环境，绘制图 43.189 所示的横断面草图。退出草图环境，此时系统完成边线-法兰 2 的创建。

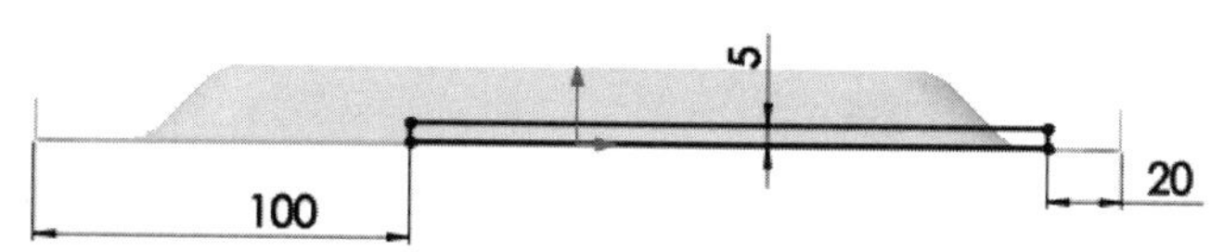

图 43.189 横断面草图（草图 2）

Step 7 创建图 43.190 所示的零件特征——切除-拉伸 1。选择下拉菜单 插入(I) → 切除(C) → 拉伸(E)... 命令。选取图 43.191 所示平面作为草绘基准面，绘制图 43.191 所示的横断面草图。在“切除-拉伸”对话框 方向 1 区域的下拉列表框中选择 完全贯穿 选项。

图 43.190 切除-拉伸 1

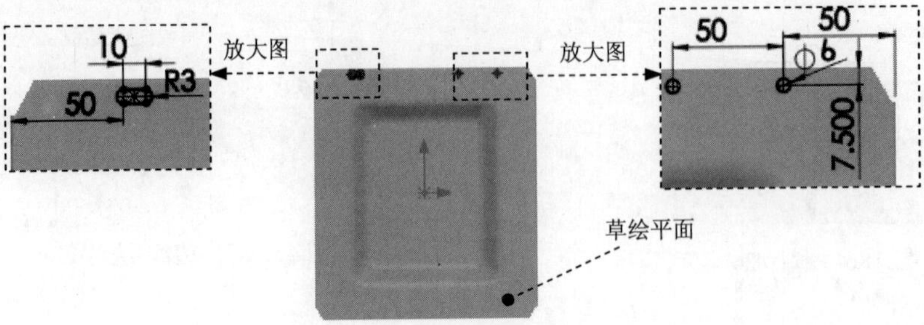

图 43.191　横断面草图（草图 3）

Step 8 创建图 43.192 所示的镜像 1。选择下拉菜单 插入(I) ➡ 阵列/镜向(E) ➡ 镜向(M)... 命令。选取前视基准面作为镜像基准面，选取切除-拉伸 1 作为镜像 1 的对象。

Step 9 创建图 43.193 所示的成形特征 2。

（1）单击任务窗格中的“设计库”按钮，打开“设计库”对话框。

（2）单击“设计库”对话框中的 ins43 节点，在设计库下部的列表框中选择“SM_DIE_08”文件并拖动到图 43.193 所示的平面，在系统弹出的“成形工具特征”对话框中单击✓按钮。

（3）单击设计树中 SM_DIE_081 (默认) -> 节点前的“加号”，右击 (-) 草图15 特征，在系统弹出的快捷菜单中单击按钮，进入草图环境。

（4）编辑草图，如图 43.194 所示（注：若草图方向不对，可通过 工具(T) ➡ 草图工具(T) ➡ 修改(Y)... 命令，在 旋转(R) 对话框中输入角度修改）。退出草图环境，完成成形特征 2 的创建。

图 43.192　镜像 1

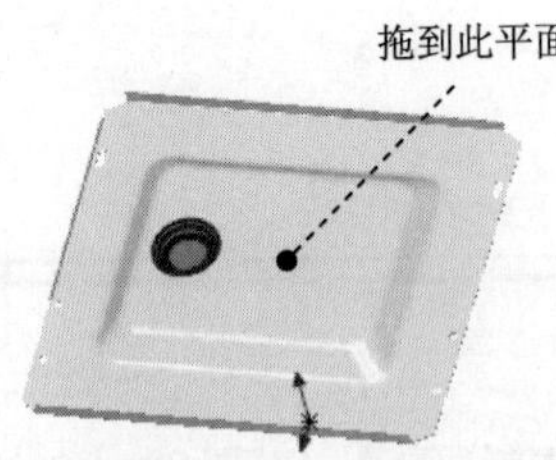

图 43.193　成形工具 2

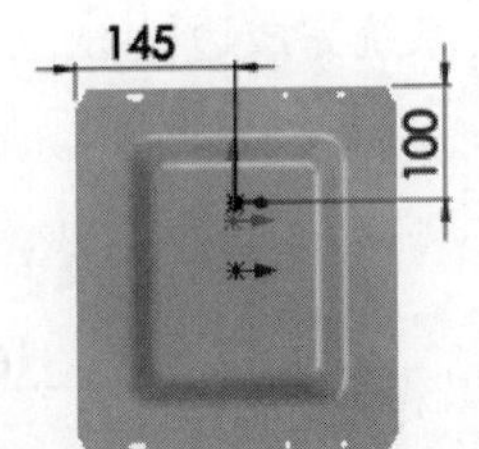

图 43.194　横断面草图（草图 4）

Step 10 创建图 43.195 所示的成形特征 3。

（1）单击任务窗格中的“设计库”按钮，打开“设计库”对话框。

（2）单击“设计库”对话框中的 ins43 节点，在设计库下部的列表框中选择“SM_DIE_08”文件并拖动到图 43.196 所示的平面，在系统弹出的“成形工具特征”对话框中单击✓按钮。

（3）单击设计树中 SM_DIE_082（默认）-> 节点前的“加号”，右击 草图17 特征，在系统弹出的快捷菜单中单击按钮，进入草图环境。

（4）编辑草图，如图 43.196 所示（注：若草图方向不对。可通过 工具(T) ➡ 草图工具(T) ➡ 修改(Y)... 命令，在 旋转(R) 对话框中输入角度修改）。退出草图环境，完成成形特征 3 的创建。

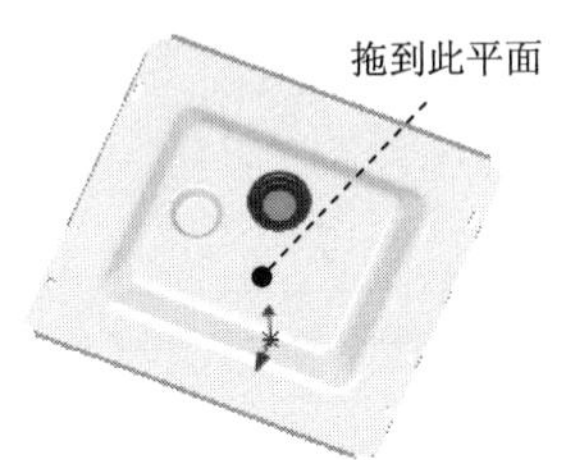

图 43.195　成形工具 3

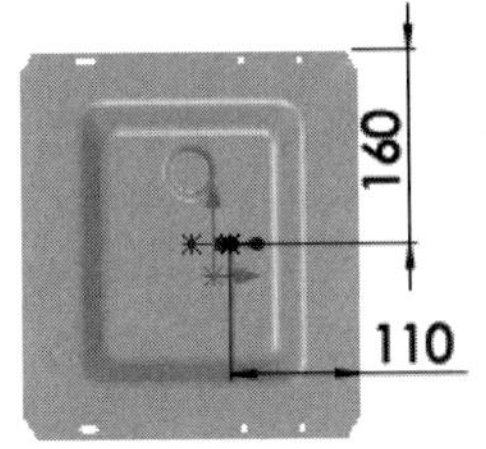

图 43.196　横断面草图（草图 5）

Step 11　创建图 43.197 所示的零件特征——切除-拉伸 2。选择下拉菜单 插入(I) ➡ 切除(C) ➡ 拉伸(E)... 命令。选取图 43.197 作为草绘基准面，绘制图 43.198 所示的横断面草图。在“切除-拉伸”对话框 方向1 区域的下拉列表框中选择 完全贯穿 选项，并单击按钮。

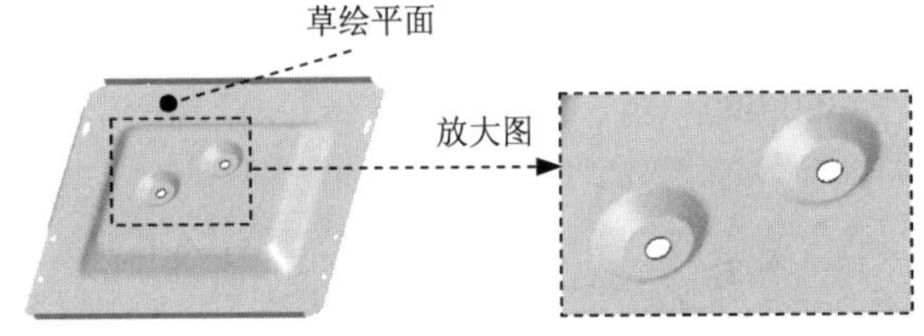

图 43.197　切除-拉伸 2

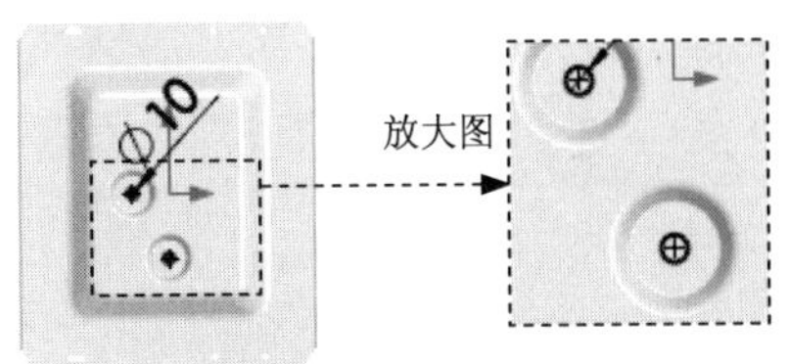

图 43.198　横断面草图（草图 6）

Step 12　保存模型。选择下拉菜单 文件(F) ➡ 保存(S) 命令，保存模型。

43.7　微波炉外壳前盖的细节设计

Task1．创建图 43.199 所示的模具 9

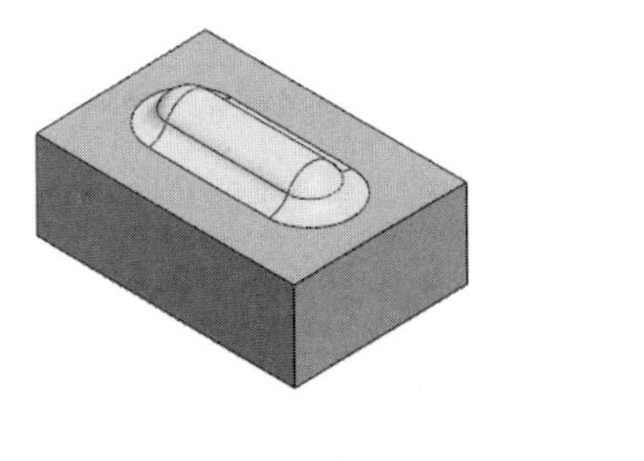
SM_DIE_09 （默认<
传感器
注解
材质 <未指定>
前视基准面
上视基准面
右视基准面
原点
凸台-拉伸1
旋转1
圆角1
成形工具9

图 43.199　模型及设计树

Step 1 新建模型文件。选择下拉菜单 文件(F) → 新建(N)... 命令，在系统弹出的“新建 SolidWorks 文件”对话框中选择“零件”模块，单击 确定 按钮，进入建模环境。

Step 2 创建图 43.200 所示的零件特征——凸台-拉伸 1。选择下拉菜单 插入(I) → 凸台/基体(B) → 拉伸(E)... 命令。选取上视基准面作为草绘基准面，绘制图 43.201 所示的横断面草图；在“凸台-拉伸”对话框 方向 1 区域的下拉列表框中选择 给定深度 选项，输入深度值 5.0。

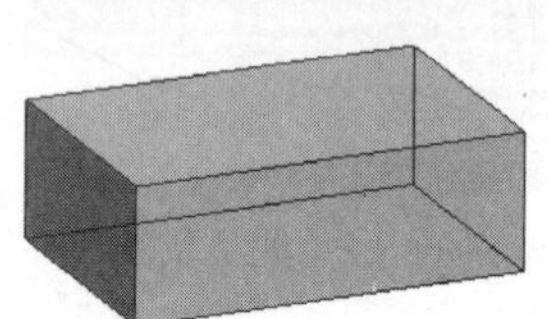

图 43.200 凸台-拉伸 1

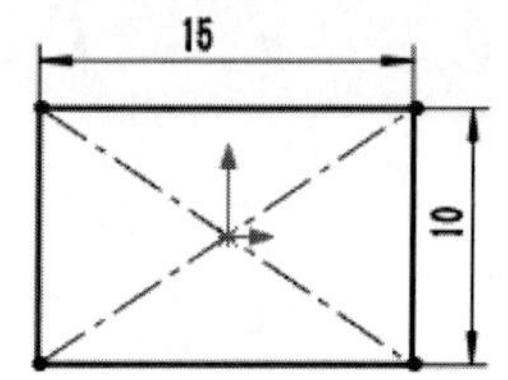

图 43.201 横断面草图（草图 1）

Step 3 创建图 43.202 所示的零件特征——旋转 1。选择下拉菜单 插入(I) → 凸台/基体(B) → 旋转(R)... 命令。选取前视基准面作为草绘基准面，绘制图 43.203 所示的横断面草图（包括旋转中心线）。采用草图中绘制的中心线作为旋转轴线，在 方向1 区域的 文本框中输入数值 360.00。

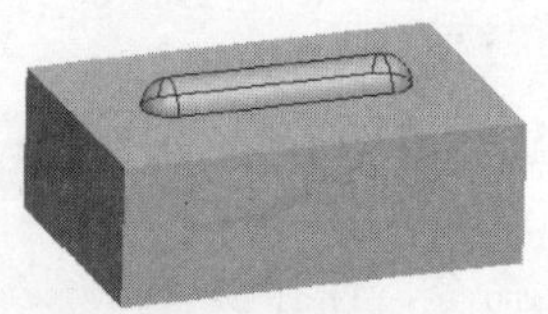

图 43.202 旋转 1

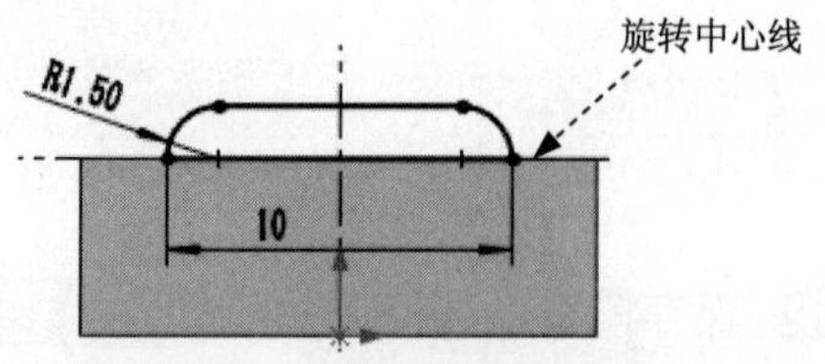

图 43.203 横断面草图（草图 2）

Step 4 创建图 43.204b 所示的圆角 1。选择图 43.204a 所示的边链为圆角对象，圆角半径值为 1.2。

Step 5 创建图 43.205 所示的零件特征——成形工具 9。

（1）选择命令。选择下拉菜单 插入(I) → 钣金(H) → 成形工具 命令。

（2）定义成形工具属性。

定义停止面。激活“成形工具”对话框的 停止面 区域，选取图 43.205 所示的模型表面作为成形工具的停止面。

（3）单击 ✓ 按钮，完成成形工具 9 的创建。

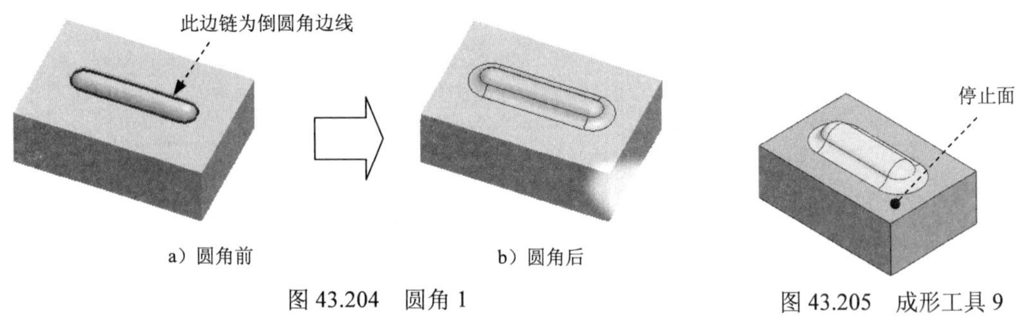

a）圆角前 b）圆角后

图 43.204 圆角 1

图 43.205 成形工具 9

Step 6 至此，成形工具模型创建完毕。选择下拉菜单 文件(F) → 保存(S) 命令，把模型保存于 D:\ sw13in\work\ins43 中，并命名为 SM_DIE_09。

Task2. 进行图 43.206 所示的微波炉外壳前盖的细节设计

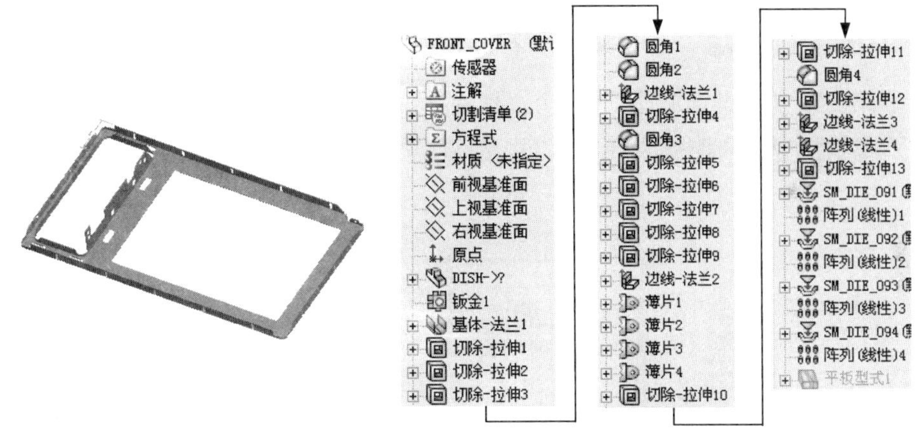

图 43.206 微波炉外壳前盖模型及设计树

Step 1 在装配件中打开微波炉外壳前盖（FRONT_COVER.SLDPRT）。在设计树中选择 (固定) FRONT_COVER<1>，然后右击，在系统弹出的快捷菜单中单击按钮。

Step 2 创建图 43.207 所示的零件特征——切除-拉伸 1。选择下拉菜单 插入(I) → 切除(C) → 拉伸(E)... 命令。选取右视基准面作为草绘基准面，绘制图 43.208 所示的横断面草图。在“切除-拉伸”对话框 方向 1 区域的下拉列表框中选择 完全贯穿 选项（此时为了绘图的方便。将 LEFT01-DISH、RIGHT01-DISH、TOP01-DISH、DOWN01-DISH 基准面显示）。

Step 3 创建图 43.209 所示的零件特征——切除-拉伸 2。选择下拉菜单 插入(I) → 切除(C) → 拉伸(E)... 命令。选取右视基准面作为草绘基准面，绘制图 43.210 所示的横断面草图。在“切除-拉伸”对话框 方向 1 区域的下拉列表框中选择 完全贯穿 选项。

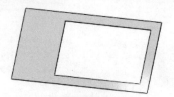

图 43.207 切除-拉伸 1

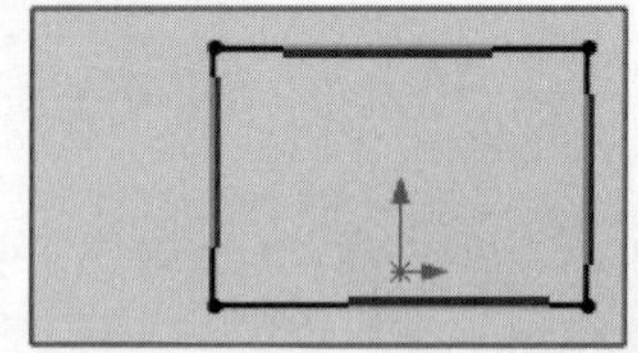

图 43.208 横断面草图（草图 3）

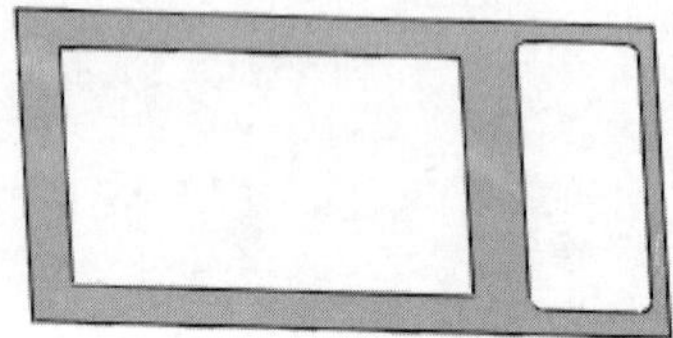

图 43.209 切除-拉伸 2

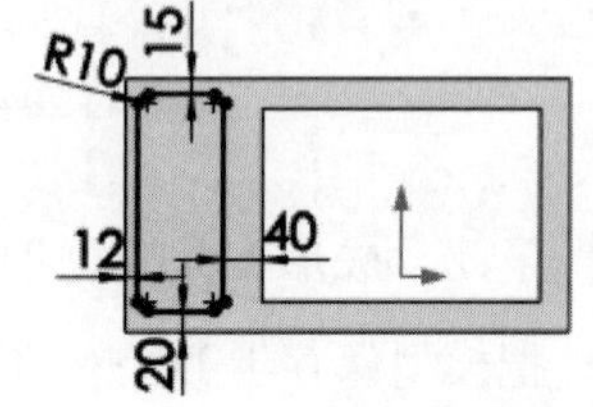

图 43.210 横断面草图（草图 4）

Step 4 创建图 43.211 所示的零件特征——切除-拉伸 3。选择下拉菜单 插入(I) ➡ 切除(C) ➡ 拉伸(E)... 命令。选取右视基准面作为草图基准面，绘制图 43.212 所示的横断面草图。在“切除-拉伸”对话框 方向 1 区域的下拉列表框中选择 完全贯穿 选项。

图 43.211 切除-拉伸 3

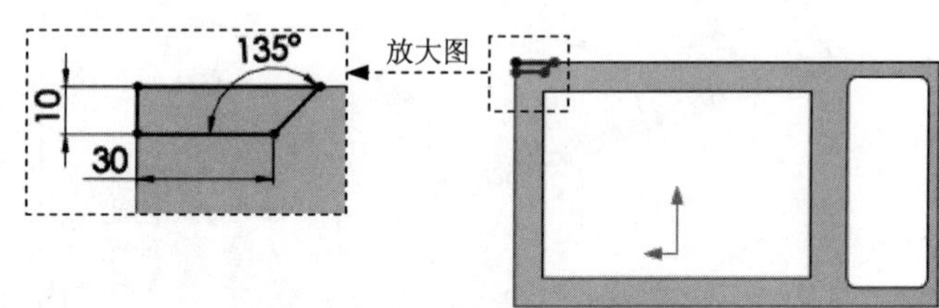

图 43.212 横断面草图（草图 5）

Step 5 创建图 43.213 所示的圆角 1。选择图 43.213 所示的边线为倒圆角对象，圆角半径值为 5.0。

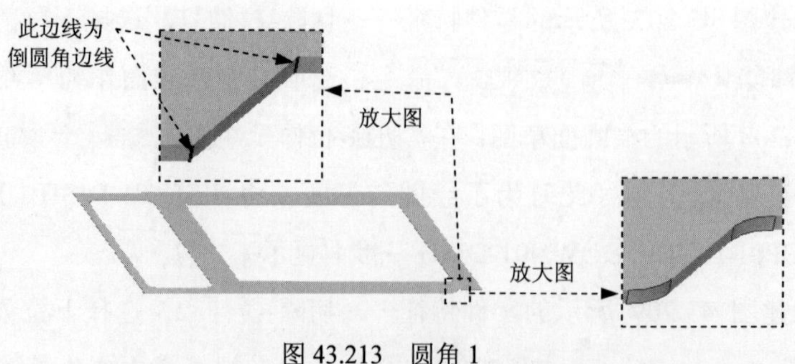

图 43.213 圆角 1

Step 6 创建图 43.214 所示的圆角 2。选择图 43.214 所示的边线为圆角对象，圆角半径值为 5.0。

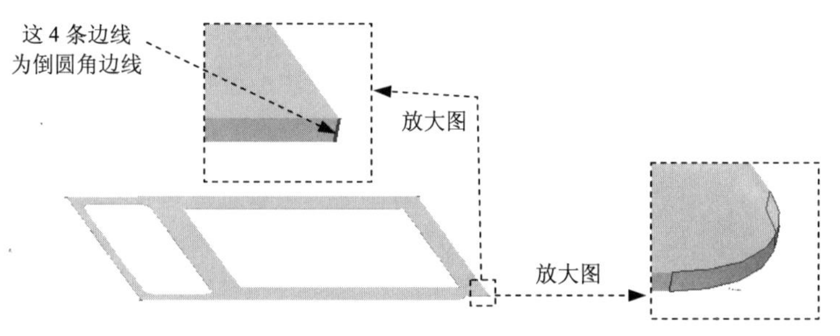

图 43.214　圆角 2

Step 7　创建图 43.215 所示的钣金特征——边线-法兰 1。

（1）选择命令。选择下拉菜单 插入(I) ➡ 钣金(H) ➡ 边线法兰(E)... 命令，系统弹出“边线法兰”对话框。

（2）定义特征的边线。选取图 43.216 所示的模型边链为生成的边线法兰的边线。

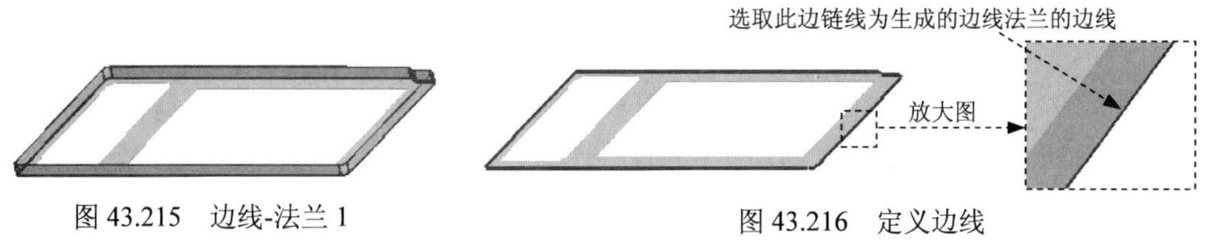

图 43.215　边线-法兰 1

图 43.216　定义边线

（3）定义法兰参数。

① 定义折弯半径。在 法兰参数(P) 区域中取消选中 □ 使用默认半径(U) 复选框，在 文本框中输入折弯半径值为 0.7。

② 定义法兰角度值。在 角度(G) 区域的 文本框中输入角度值 90.0。

③ 定义长度类型和长度值。在“边线法兰”对话框的 法兰长度(L) 区域的下拉列表框中选择 给定深度 选项，输入深度值 15.0。在此区域中单击“内部虚拟交点”按钮。

④ 定义法兰位置。在 法兰位置(N) 区域中单击“折弯在内”按钮。

Step 8　创建图 43.217 所示的零件特征——切除-拉伸 4。选择下拉菜单 插入(I) ➡ 切除(C) ➡ 拉伸(E)... 命令。选取图 43.217 所示平面作为草绘基准面，绘制图 43.218 所示的横断面草图。在“切除-拉伸”对话框 方向 1 区域的下拉列表框中选择 给定深度 选项，输入深度值 22.0。

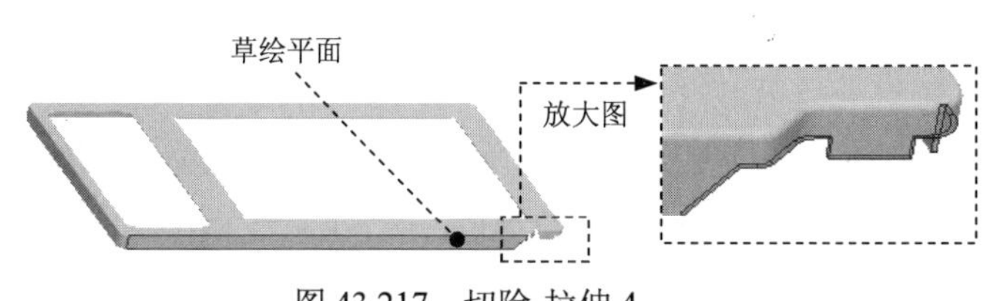

图 43.217　切除-拉伸 4

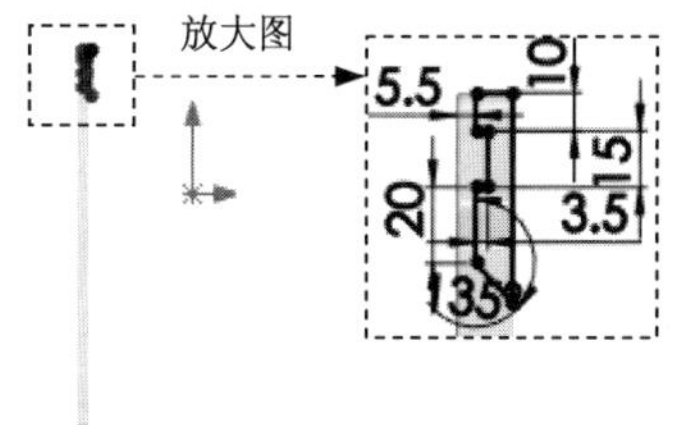

图 43.218　横断面草图（草图 6）

Step 9 创建图 43.219 所示的圆角 3。选择图 43.219 所示的边线为圆角对象，圆角半径值为 2.0。

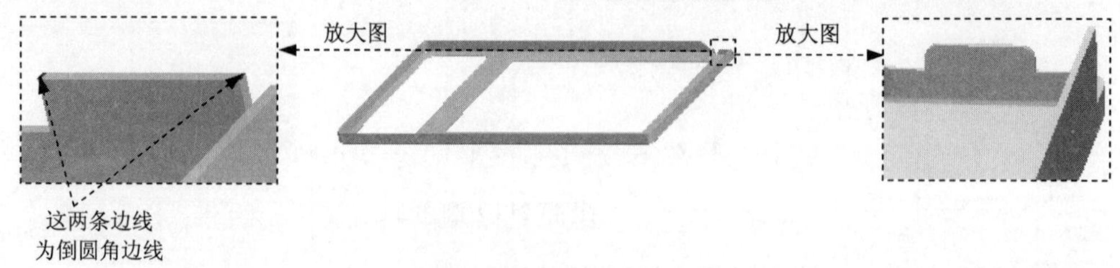

图 43.219　圆角 3

Step 10 创建图 43.220 所示的零件特征——切除-拉伸 5。选择下拉菜单 插入(I) → 切除(C) → 拉伸(E)... 命令。选取图 43.220 所示平面作为草绘基准面，绘制图 43.221 所示的横断面草图。在“切除-拉伸”对话框 方向 1 区域的下拉列表框中选择 给定深度 选项，输入深度值 20.0。

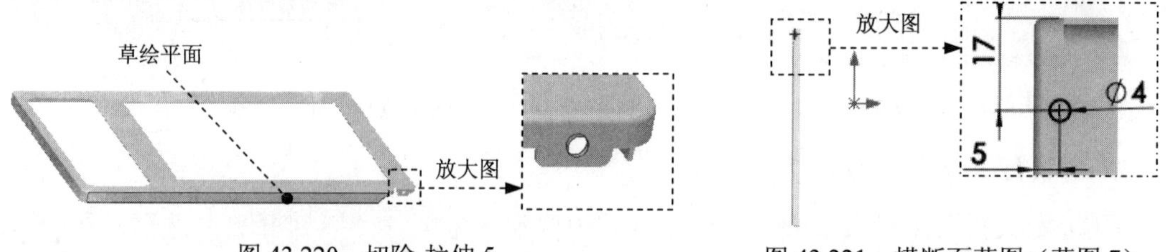

图 43.220　切除-拉伸 5

图 43.221　横断面草图（草图 7）

Step 11 创建图 43.222 所示的零件特征——切除-拉伸 6。选择下拉菜单 插入(I) → 切除(C) → 拉伸(E)... 命令。选取图 43.222 所示平面作为草绘基准面，绘制图 43.223 所示的横断面草图。在“切除-拉伸”对话框 方向 1 区域的下拉列表框中选择 给定深度 选项，输入深度值 20.0。

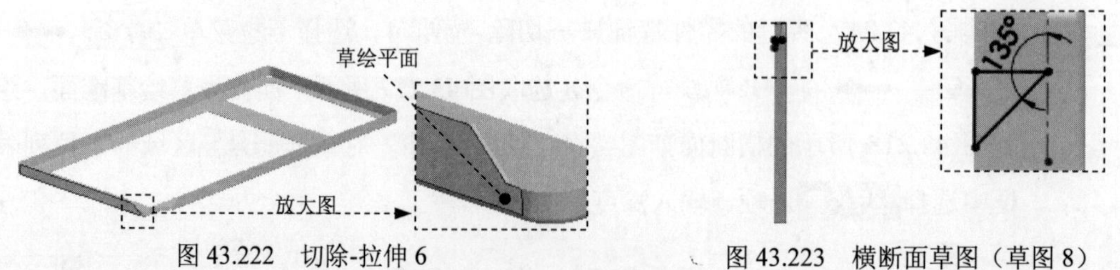

图 43.222　切除-拉伸 6

图 43.223　横断面草图（草图 8）

Step 12 创建图 43.224 所示的零件特征——切除-拉伸 7。选择下拉菜单 插入(I) → 切除(C) → 拉伸(E)... 命令。选取图 43.224 所示平面作为草绘基准面，绘制图 43.225 所示的横断面草图。在“切除-拉伸”对话框 方向 1 区域的下拉列表框中选择 给定深度 选项，输入深度值 20.0。

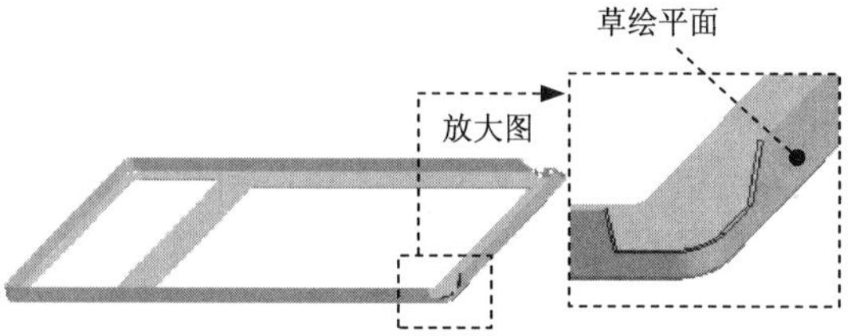

图 43.224 切除-拉伸 7

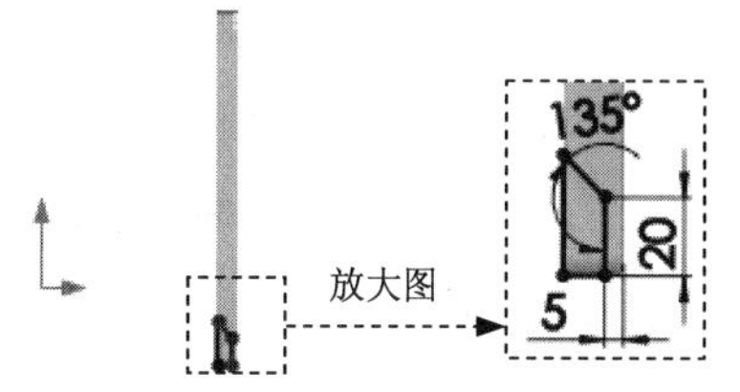

图 43.225 横断面草图（草图 9）

Step 13 创建图 43.226 所示的零件特征——切除-拉伸 8。选择下拉菜单 插入(I) → 切除(C) → 拉伸(E)... 命令。选取图 43.226 所示平面作为草绘基准面，绘制图 43.227 所示的横断面草图。在“切除-拉伸”对话框 方向 1 区域的下拉列表框中选择 给定深度 选项，输入深度值 20.0。

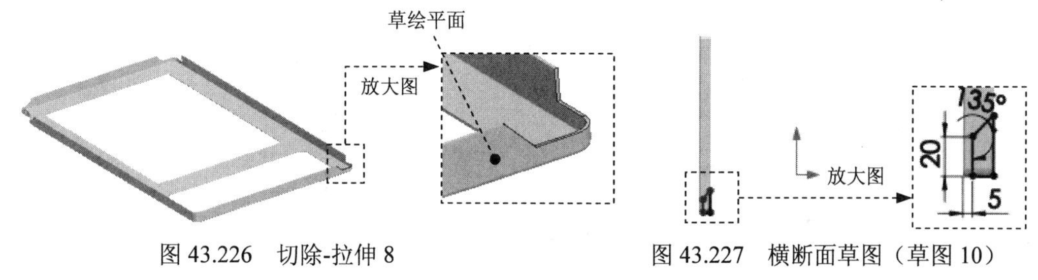

图 43.226 切除-拉伸 8　　图 43.227 横断面草图（草图 10）

Step 14 创建图 43.228 所示的零件特征——切除-拉伸 9。其详细创建方法参见切除-拉伸 8。

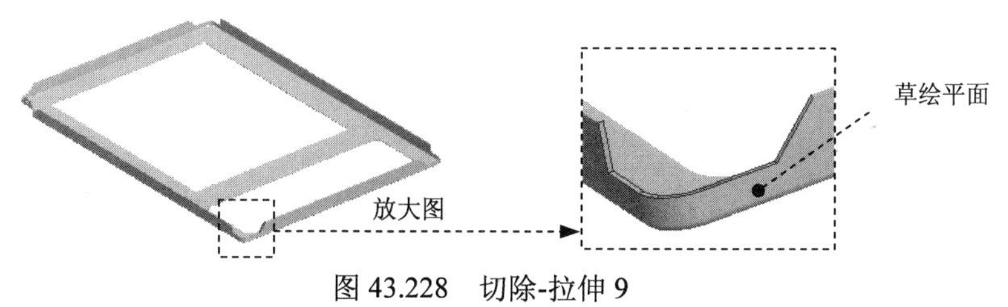

图 43.228 切除-拉伸 9

Step 15 创建图 43.229 所示的钣金特征——边线-法兰 2。

（1）选择命令。选择下拉菜单 插入(I) → 钣金(H) → 边线法兰(E)... 命令，系统弹出“边线法兰”对话框。

（2）定义特征的边线。选取图 43.230 所示的模型边线为生成的边线法兰的边线。

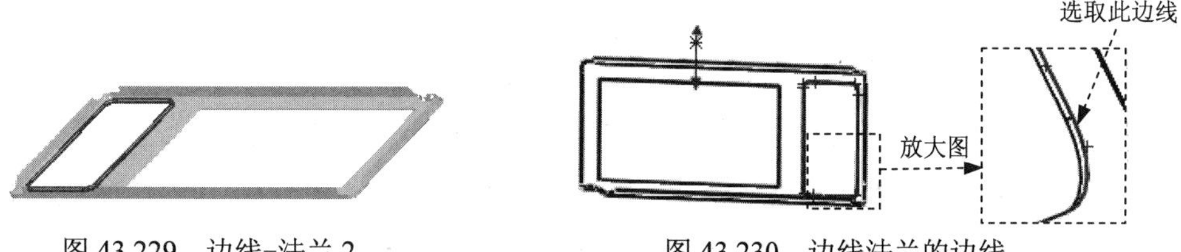

图 43.229 边线-法兰 2　　图 43.230 边线法兰的边线

5 Chapter

（3）定义法兰参数。

① 定义法兰角度值。在 角度(G) 区域的 文本框中输入角度值 75.0。

② 定义长度类型和长度值。在“边线法兰”对话框的 法兰长度(L) 区域的下拉列表框中选择 给定深度 选项，输入深度值 5.0。在此区域中单击“内部虚拟交点”按钮。

③ 定义法兰位置。在 法兰位置(N) 区域中单击“材料在内”按钮。

（4）单击 按钮，完成边线-法兰 2 的创建。

Step 16 创建图 43.231 所示的钣金特征——薄片 1。

（1）选择命令。选择下拉菜单 插入(I) ➡ 钣金(H) ➡ 基体法兰(A)... 命令。

（2）定义特征的横断面草图。选取图 43.231 所示的模型表面作为草绘基准面，绘制图 43.232 所示的横断面草图；退出草图平面，此时系统自动生成薄片 1。

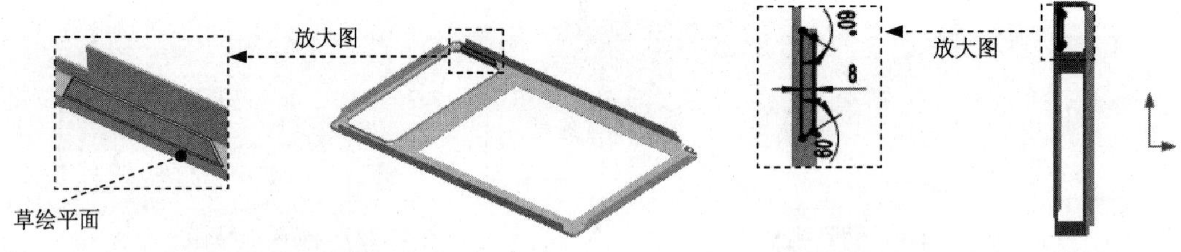

图 43.231 薄片 1　　　图 43.232 横断面草图（草图 11）

Step 17 创建图 43.233 所示的钣金特征——薄片 2。详细创建方法参见上一步。

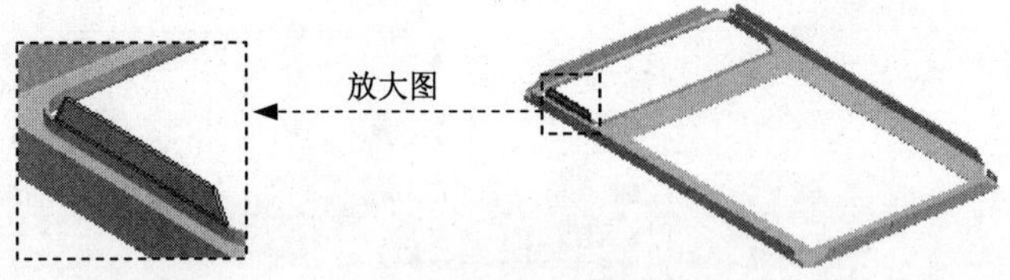

图 43.233 薄片 2

Step 18 创建图 43.234 所示的钣金特征——薄片 3。详细创建方法参见薄片 1。

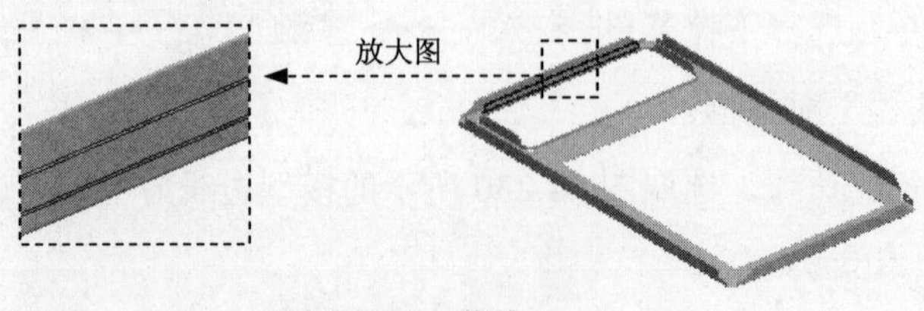

图 43.234 薄片 3

Step 19 创建图 43.235 所示的钣金特征——薄片 4。

（1）选择命令。选择下拉菜单 插入(I) ➡ 钣金(H) ➡ 基体法兰(A)... 命令。

（2）定义特征的横断面草图。选取图 43.235 所示的模型表面作为草绘基准面，绘制

图 43.236 所示的横断面草图；退出草图平面，此时系统自动生成薄片 4。

Step 20　创建图 43.237 所示的零件特征——切除-拉伸 10。选择下拉菜单 插入(I) → 切除(C) → 拉伸(E)... 命令。选取图 43.237 所示平面作为草绘基准面，绘制图 43.238 所示的横断面草图。在“切除-拉伸”对话框 方向1 区域的下拉列表框中选择 给定深度 选项，输入深度值 10.0 并单击 按钮（将 TOP01-DISH 基准面显示）。

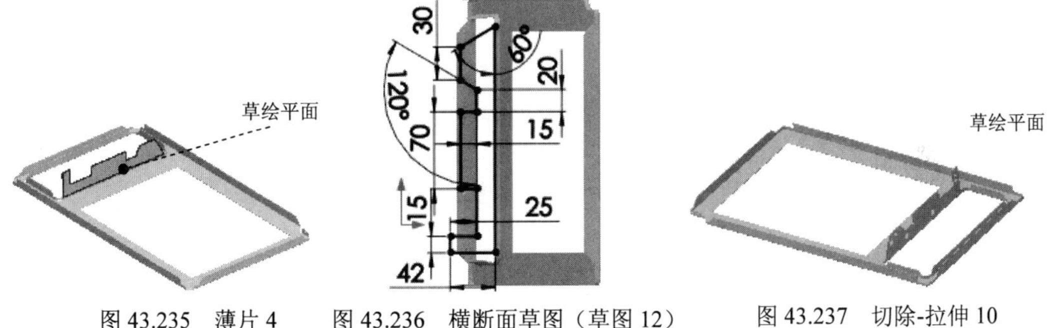

图 43.235　薄片 4　　图 43.236　横断面草图（草图 12）　　图 43.237　切除-拉伸 10

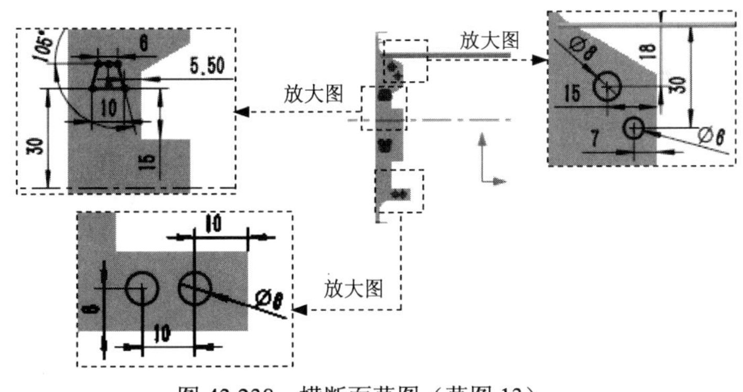

图 43.238　横断面草图（草图 13）

Step 21　创建图 43.239 所示的零件特征——切除-拉伸 11。选择下拉菜单 插入(I) → 切除(C) → 拉伸(E)... 命令。选取图 43.239 所示平面作为草绘基准面，绘制图 43.240 所示的横断面草图。在“切除-拉伸”对话框 方向1 区域的下拉列表框中选择 给定深度 选项，输入深度值 10.0。

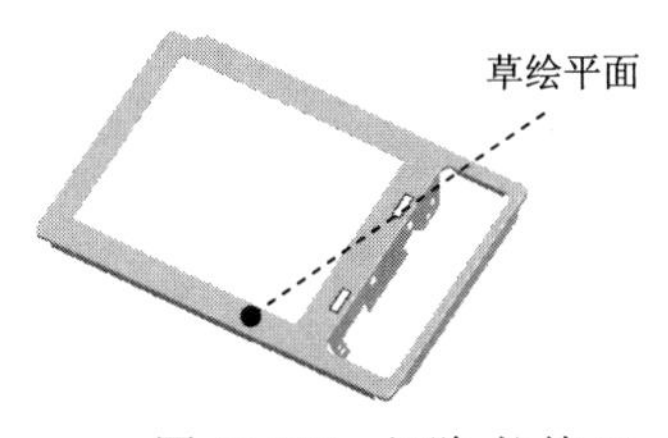

图 43.239　切除-拉伸 11

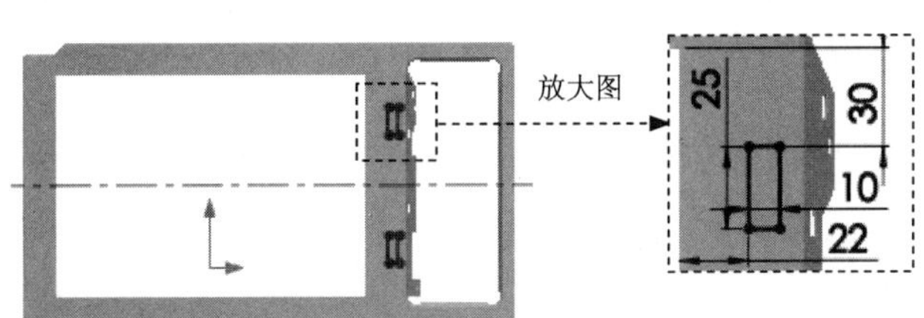

图 43.240　横断面草图（草图 14）

Step22 创建图 43.241 所示的圆角 4。选择下拉菜单 插入(I) → 特征(F) → 圆角(F)... 命令，选择图 43.241 所示的边线为圆角对象，圆角半径值为 2.0。

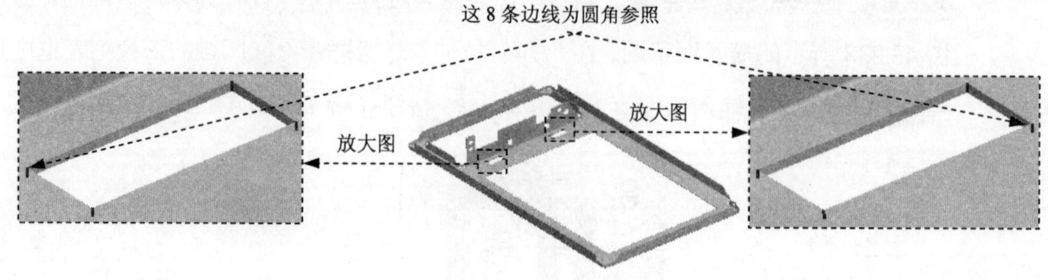

图 43.241 圆角 4

Step23 创建图 43.242 所示的零件特征——切除-拉伸 12。选择下拉菜单 插入(I) → 切除(C) → 拉伸(E)... 命令。选取图 43.242 所示平面作为草绘基准面，绘制图 43.243 所示的横断面草图。在“切除-拉伸”对话框 方向 1 区域的下拉列表框中选择 给定深度 选项，输入深度值 10.0。

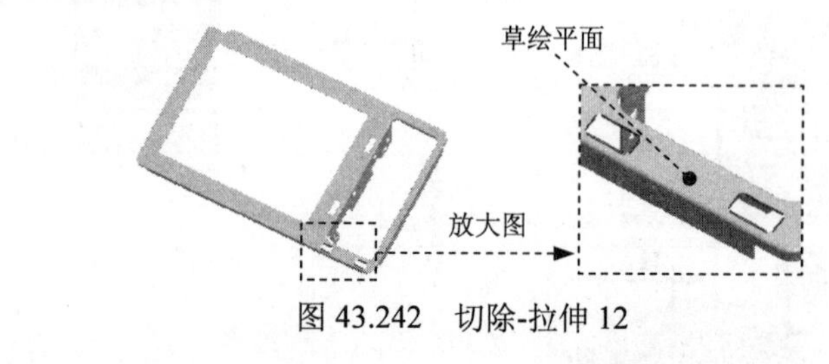

图 43.242 切除-拉伸 12

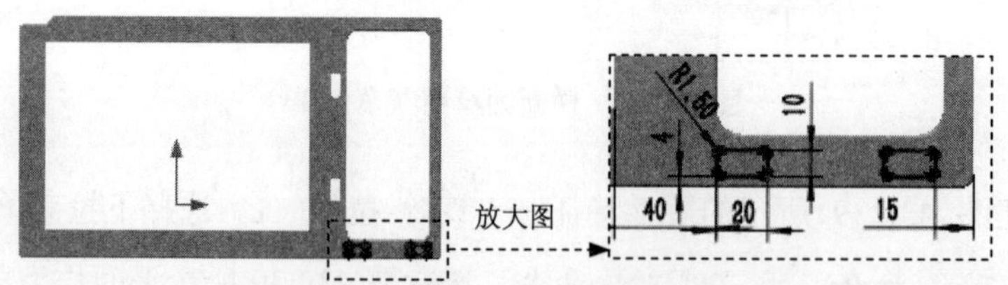

图 43.243 横断面草图（草图 15）

Step24 创建图 43.244 所示的钣金特征——边线-法兰 3。

（1）选择命令。选择下拉菜单 插入(I) → 钣金(H) → 边线法兰(E)... 命令，系统弹出“边线法兰”对话框。

（2）定义特征的边线。选取图 43.245 所示的模型边线为生成的边线法兰的边线。

（3）定义法兰参数。

① 定义折弯半径。在 法兰参数(P) 区域中取消选中 □ 使用默认半径(U) 复选框，在 文本框中输入折弯半径值为 0.7。

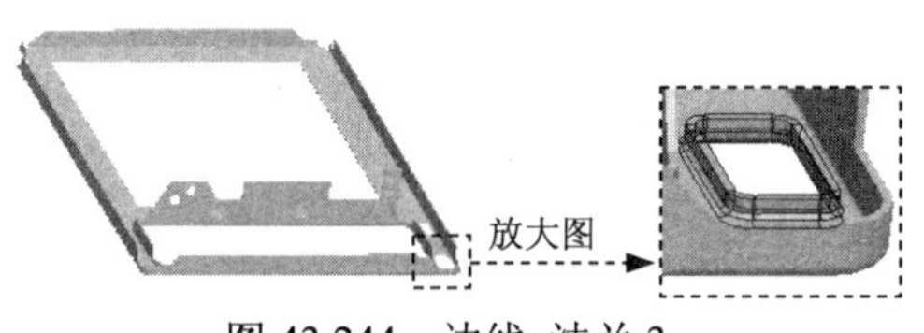

图 43.244 边线-法兰 3

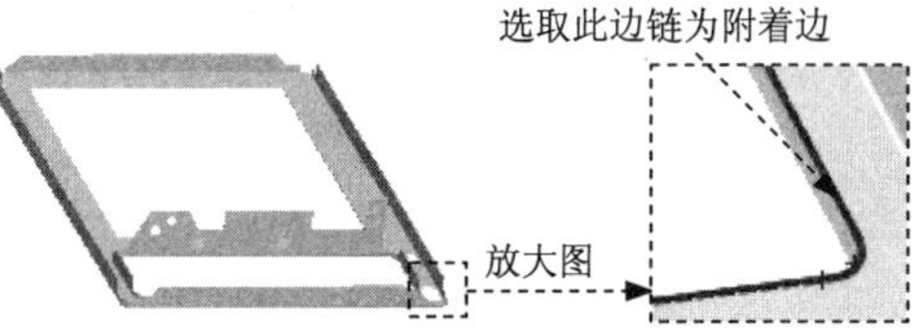

图 43.245 边线法兰的边线

② 定义法兰角度值。在 **角度(G)** 区域的文本框中输入角度值 90.0。

③ 定义长度类型和长度值。在“边线法兰”对话框的 **法兰长度(L)** 区域的下拉列表框中选择 给定深度 选项，输入深度值 3.0。在此区域中单击“内部虚拟交点”按钮。

④ 定义法兰位置。在 **法兰位置(N)** 区域中单击“材料在内”按钮。

（4）单击按钮，完成边线-法兰 3 的创建。

Step 25 创建图 43.246 所示的钣金特征——边线-法兰 4。详细创建方法参见边线-法兰 3 的创建。

Step 26 创建图 43.247 所示的零件特征——切除-拉伸 13。选择下拉菜单 插入(I) → 切除(C) → 拉伸(E)... 命令。选取图 43.247 所示平面作为草绘基准面，绘制图 43.248 所示的横断面草图。在“切除-拉伸”对话框 **方向 1** 区域的下拉列表框中选择 给定深度 选项，输入深度值 10.0。

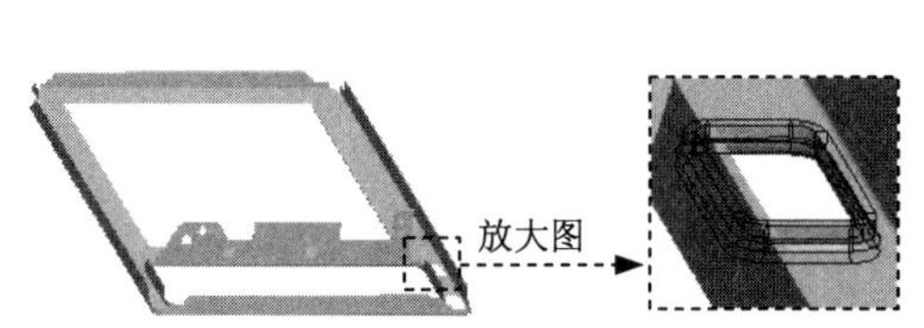

图 43.246 边线-法兰 4

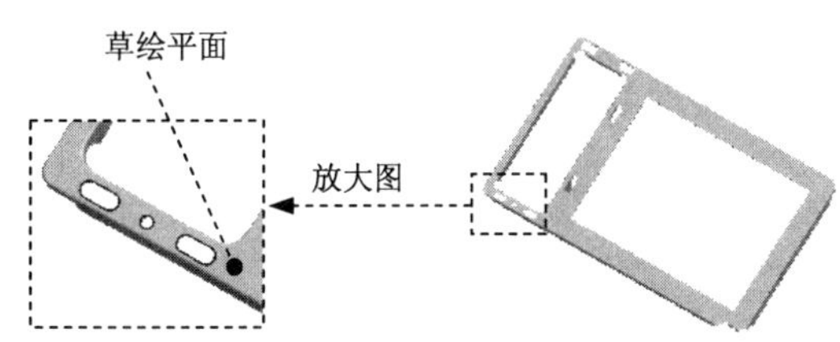

图 43.247 切除-拉伸 13

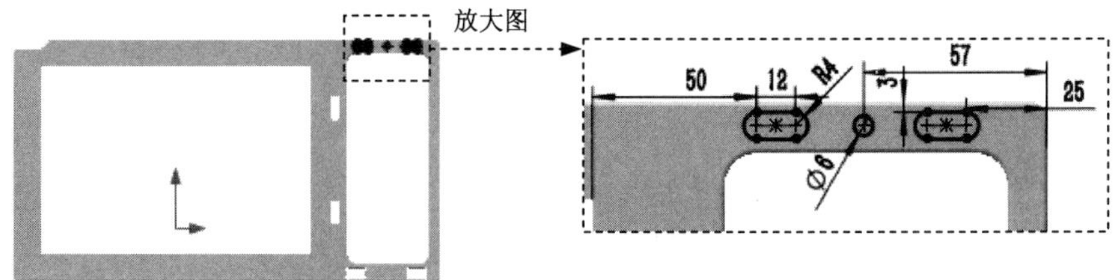

图 43.248 横断面草图（草图 16）

Step 27 创建图 43.249 所示的成形特征 1。

（1）单击任务窗格中的“设计库”按钮，打开“设计库”对话框。

（2）单击“设计库”对话框中的 ins43 节点，在设计库下部的列表框中选择“SM_DIE_09”文件并拖动到图 43.249 所示的平面，在系统弹出的“成形工具特征”对话框中单击✔按钮。

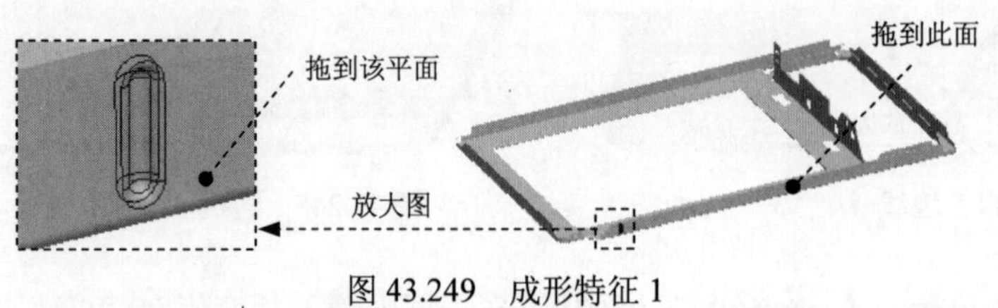

图 43.249　成形特征 1

（3）单击设计树中 SM_DIE_091 (默认) ->节点前的“加号”，右击 草图24 特征，在系统弹出的快捷菜单中单击按钮，进入草图环境。

（4）编辑草图，如图 43.250 所示（注：若草图方向不对。可通过 工具(T) ➡ 草图工具(T) ➡ 修改(Y)...命令，在 旋转(R)对话框中输入角度修改）。退出草图环境，完成成形特征 1 的创建。

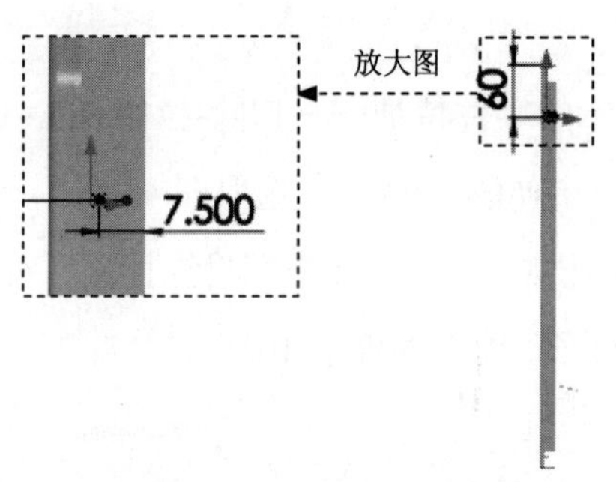

图 43.250　横断面草图（草图 17）

Step 28 创建图 43.251 所示的阵列（线性）1。选择下拉菜单 插入(I) ➡ 阵列/镜向(E) ➡ 线性阵列(L)...命令。选取成形特征 1 作为要阵列的对象，在图形区选取图 43.252 所示的边线为 方向 1 的参考方向(单击边线如图 43.252 所指的位置)。在对话框中输入间距值 85，输入实例数 5。

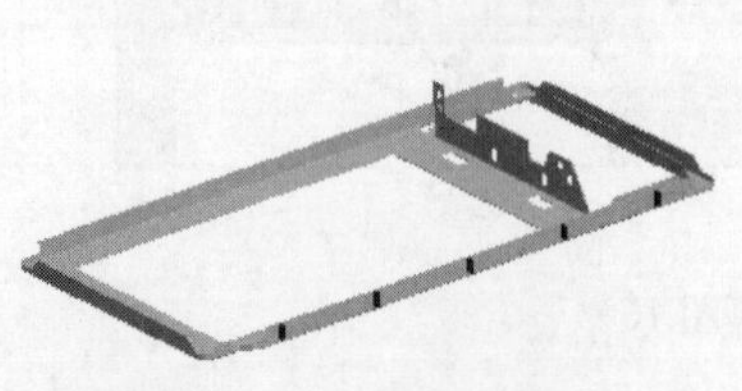

图 43.251　阵列（线性）1

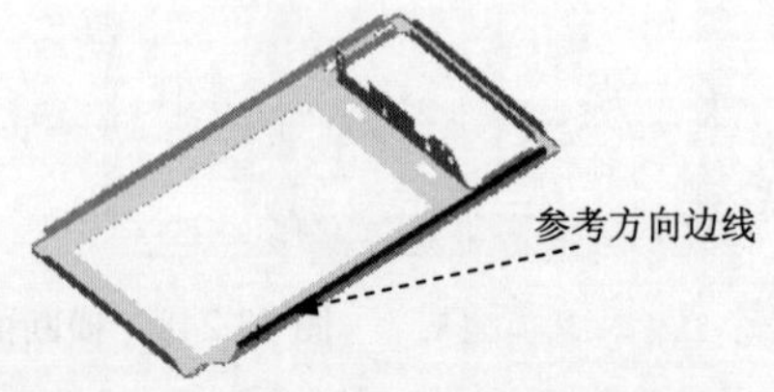

图 43.252　阵列参考方向边线

Step 29 创建图 43.253 所示的成形特征 2。

（1）单击任务窗格中的“设计库”按钮，打开“设计库”对话框。

（2）单击“设计库”对话框中的 ins43 节点，在设计库下部的列表框中选择“SM_

DIE_09”文件，并拖动到图 43.253 所示的平面，在系统弹出的“成形工具特征”对话框中单击✔按钮。

（3）单击设计树中 SM_DIE_092（默认）-> 节点前的“加号”，右击 草图26 特征，在系统弹出的快捷菜单中单击按钮，进入草图环境。

（4）编辑草图，如图 43.254 所示（注：若草图方向不对，可通过 工具(T) ➡ 草图工具(T) ➡ 修改(Y)... 命令，在 旋转(R) 对话框中输入角度修改）。退出草图环境，完成成形特征 2 的创建。

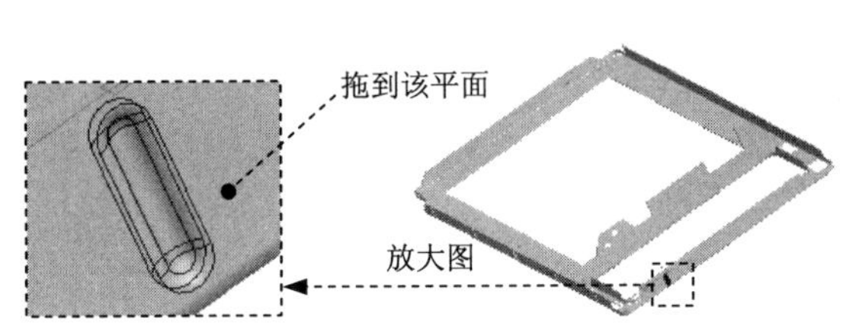

图 43.253 成形特征 2

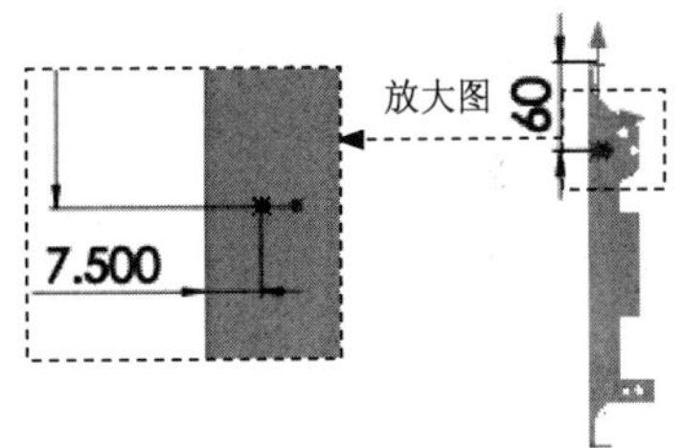

图 43.254 横断面草图（草图 18）

Step30 创建图 43.255 所示的阵列（线性）2。选择下拉菜单 插入(I) ➡ 阵列/镜向(E) ➡ 线性阵列(L)... 命令。选取成形特征 2 作为要阵列的对象，在图形区选取图 43.256 所示的边线为 方向1 的参考方向(单击边线如图 43.256 所指的位置)。在对话框中输入间距值 50，输入实例数 4。

图 43.255 阵列（线性）2

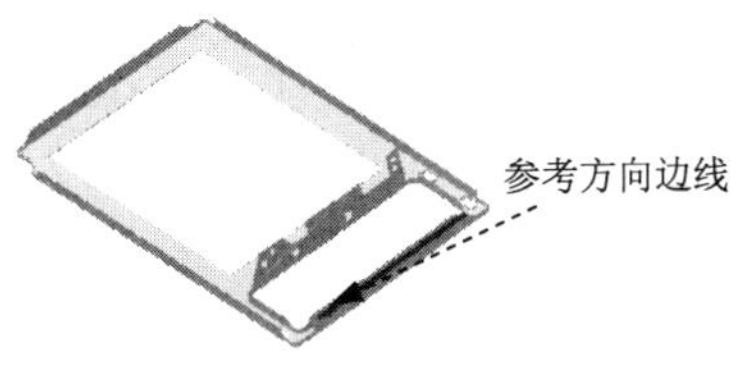

图 43.256 阵列参考方向边线

Step31 创建图 43.257 所示的成形特征 3。

（1）单击任务窗格中的“设计库”按钮，打开“设计库”对话框。

（2）单击“设计库”对话框中的 ins43 节点，在设计库下部的列表框中选择“SM_DIE_09”文件，并拖动到图 43.257 所示的平面，在系统弹出的“成形工具特征”对话框中单击✔按钮。

（3）单击设计树中 SM_DIE_093（默认）-> 节点前的“加号”，右击 草图28 特征，在系统弹出的快捷菜单中单击按钮，进入草图环境。

（4）编辑草图，如图 43.258 所示（注：若草图方向不对，可通过 工具(T) ➡ 草图工具(T) ➡ 修改(Y)... 命令，在 旋转(R) 对话框中输入角度修改）。退出草图环境，完成成形特征 3 的创建。

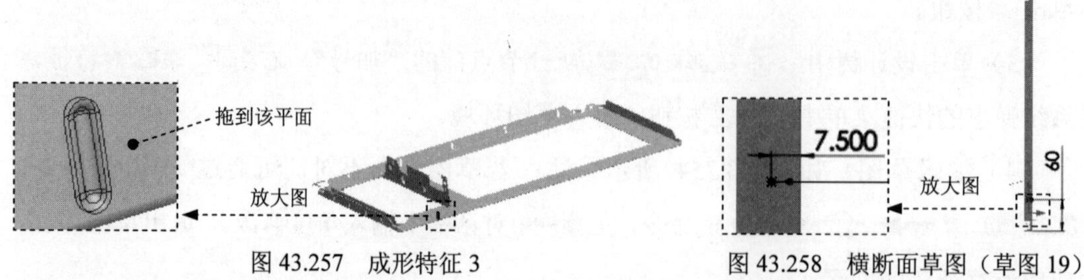

图 43.257 成形特征 3　　　　图 43.258 横断面草图（草图 19）

Step 32 创建图 43.259 所示的阵列（线性）3。选择下拉菜单 插入(I) → 阵列/镜向(E) → 线性阵列(L)... 命令。选取成形特征 3 作为要阵列的对象，在图形区选取图 43.260 所示的边线为 方向 1 的参考方向（单击边线如图 43.260 所指的位置）。在对话框中输入间距值 85，输入实例数 5。

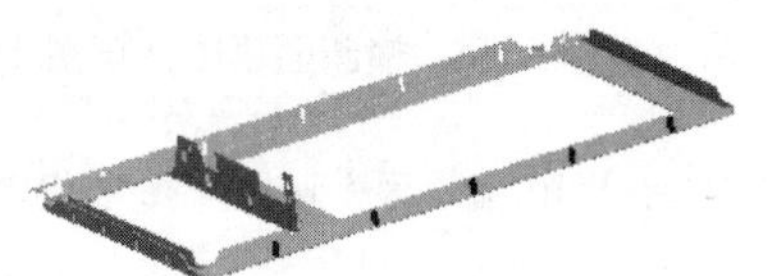

图 43.259 阵列（线性）3

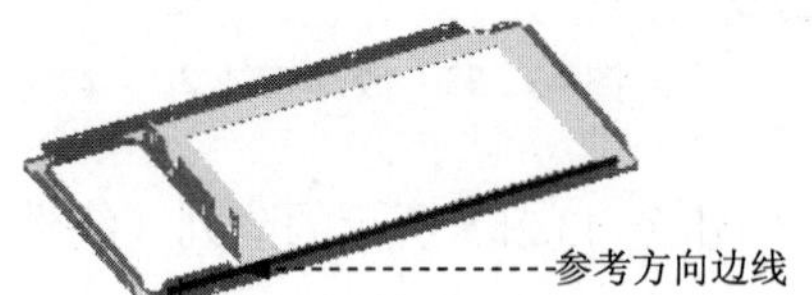

图 43.260 阵列参考方向边线

Step 33 创建图 43.261 所示的成形特征 4。

（1）单击任务窗格中的“设计库”按钮，打开“设计库”对话框。

（2）单击“设计库”对话框中的 ins43 节点，在设计库下部的列表框中选择“SM_DIE_09”文件，并拖动到图 43.261 所示的平面，在系统弹出的“成形工具特征”对话框中单击✓按钮。

（3）单击设计树中 SM_DIE_094 (默认) -> 节点前的“加号”，右击 草图30 特征，在系统弹出的快捷菜单中单击按钮，进入草图环境。

（4）编辑草图，如图 43.262 所示（注：若草图方向不对，可通过 工具(T) → 草图工具(T) → 修改(Y)... 命令，在 旋转(R) 对话框中输入角度修改）。退出草图环境，完成成形特征 4 的创建。

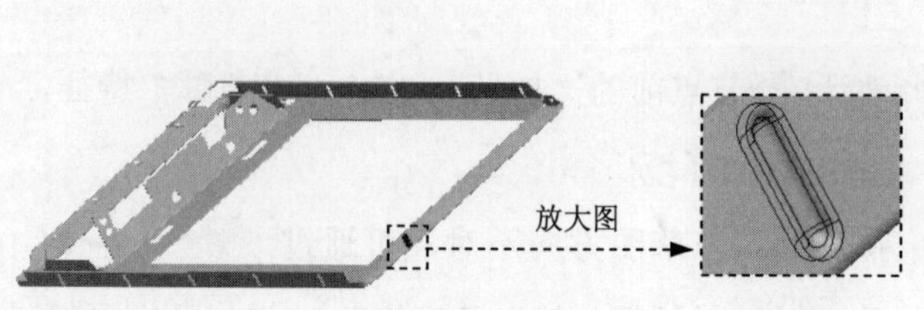

图 43.261 成形特征 4

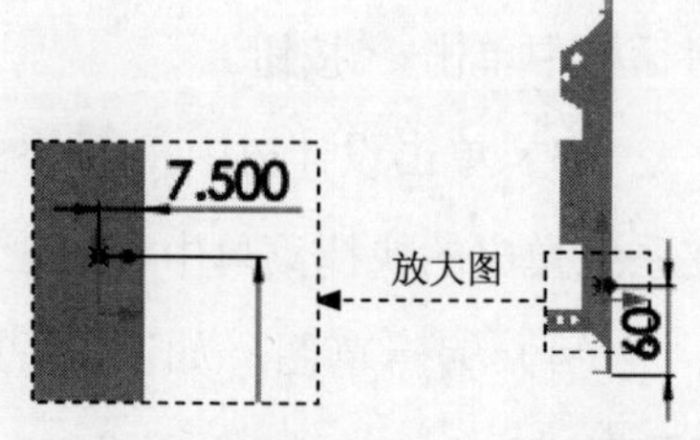

图 43.262 横断面草图（草图 20）

Step 34 创建图 43.262 所示的阵列（线性）4。选择下拉菜单 插入(I) → 阵列/镜向(E) → 线性阵列(L)... 命令。选取成形特征 4 作为要阵列的对象，在图形区选取图 43.263 所示的边线为 方向 1 的参考方向(单击边线如图 43.263 所指的位置)。在对话框中输入间距值 50，输入实例数 4。

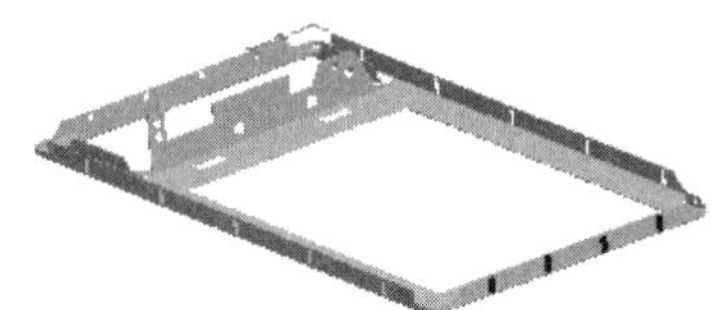
图 43.263　阵列（线性）4

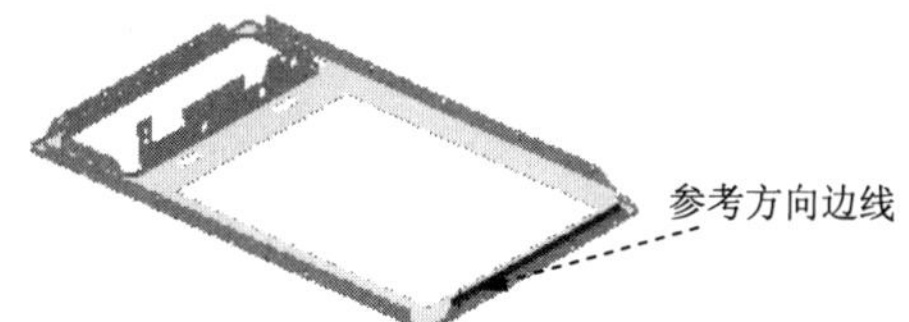

图 43.264　阵列参考方向边线

Step 35 保存模型。选择下拉菜单 文件(F) → 保存(S) 命令，保存模型。

43.8　创建微波炉外壳底板

Task1．创建图 43.265 所示的模具 10

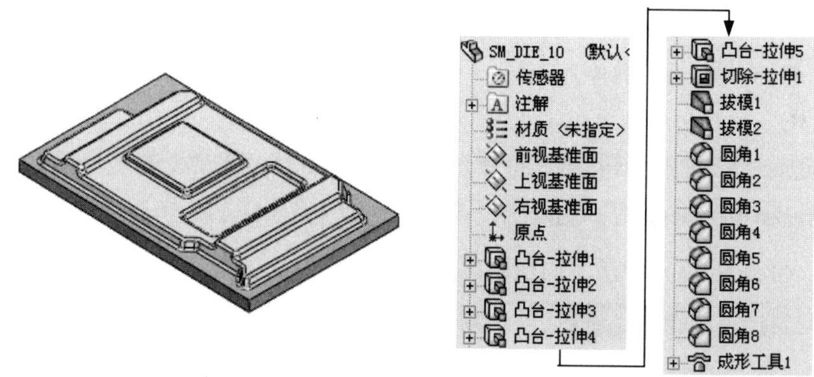

图 43.265　模型及设计树

Step 1 新建模型文件。选择下拉菜单 文件(F) → 新建(N)... 命令，在系统弹出的“新建 SolidWorks 文件”对话框中选择“零件”模块，单击 确定 按钮，进入建模环境。

Step 2 创建图 43.266 所示的零件特征——凸台-拉伸 1。选择下拉菜单 插入(I) → 凸台/基体(B) → 拉伸(E)... 命令。选取上视基准面作为草绘基准面，绘制图 43.267 所示的横断面草图；在“凸台-拉伸”对话框 方向 1 区域的下拉列表框中选择 给定深度 选项，输入深度值 20.0。

图 43.266 凸台-拉伸 1

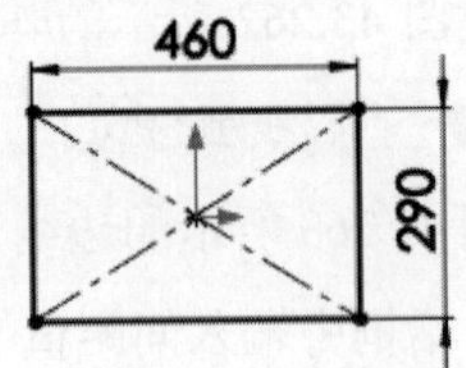

图 43.267 横断面草图（草图 1）

Step 3 创建图 43.268 所示的零件特征——凸台-拉伸 2。选择下拉菜单 插入(I) → 凸台/基体(B) → 拉伸(E)... 命令。选取图 43.268 所示平面作为草绘基准面，绘制图 43.269 所示的横断面草图；在“凸台-拉伸”对话框 方向 1 区域的下拉列表框中选择 给定深度 选项，输入深度值 15.0。

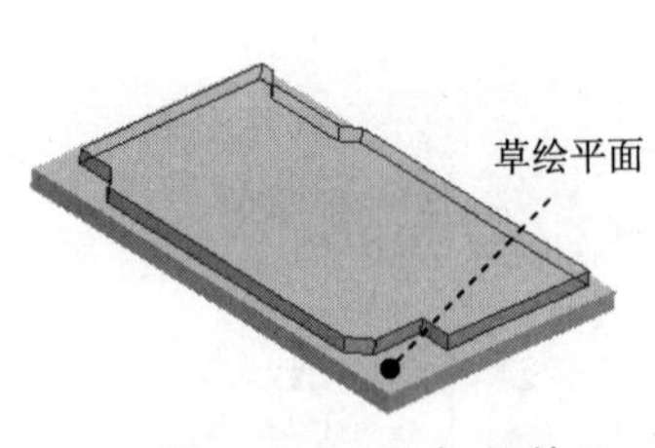

图 43.268 凸台-拉伸 2

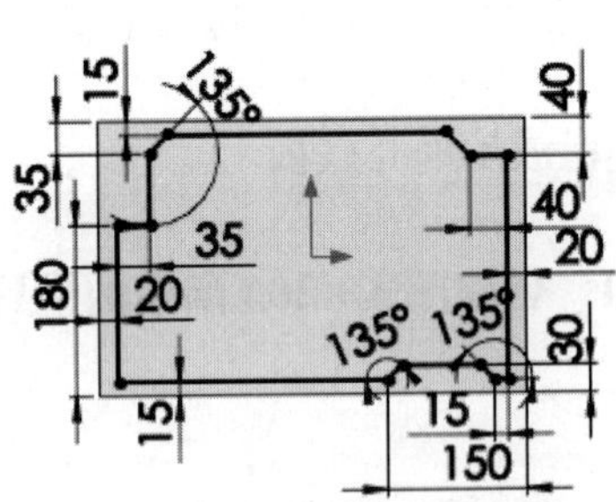

图 43.269 横断面草图（草图 2）

Step 4 创建图 43.270 所示的零件特征——凸台-拉伸 3。选择下拉菜单 插入(I) → 凸台/基体(B) → 拉伸(E)... 命令。选取上图 43.270 所示平面作为草绘基准面，绘制图 43.271 所示的横断面草图；在“凸台-拉伸”对话框 方向 1 区域的下拉列表框中选择 给定深度 选项，输入深度值 10.0。

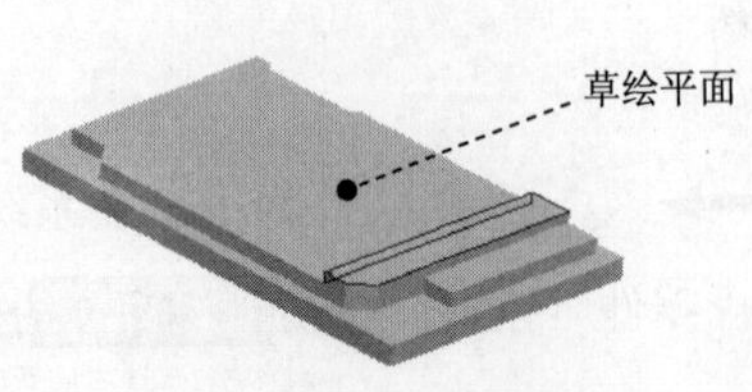

图 43.270 凸台-拉伸 3

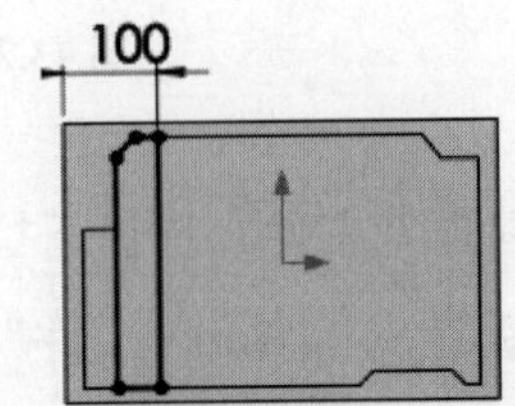

图 43.271 横断面草图（草图 3）

Step 5 创建图 43.272 所示的零件特征——凸台-拉伸 4。选择下拉菜单 插入(I) → 凸台/基体(B) → 拉伸(E)... 命令。选取图 43.272 所示平面作为草绘基准面，绘制图 43.273 所示的横断面草图；在“凸台-拉伸”对话框 方向 1 区域的下拉列表框中选择 给定深度 选项，输入深度值 10.0。

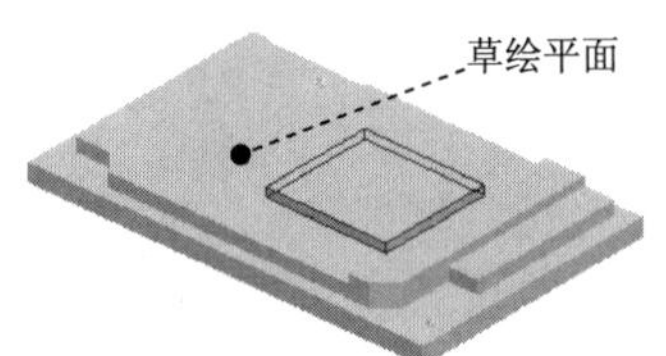

图 43.272　凸台-拉伸 4

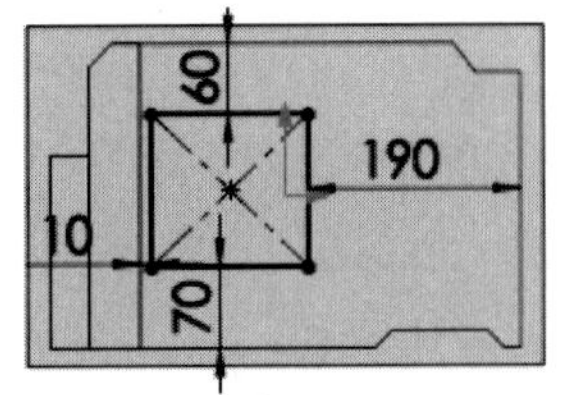

图 43.273　横断面草图（草图 4）

Step 6　创建图 43.274 所示的零件特征——凸台-拉伸 5。选择下拉菜单 插入(I) → 凸台/基体(B) → 拉伸(E)... 命令。选取图 43.274 所示平面作为草绘基准面，绘制图 43.275 所示的横断面草图；在“凸台-拉伸”对话框 方向 1 区域的下拉列表框中选择 给定深度 选项，输入深度值 10.0。

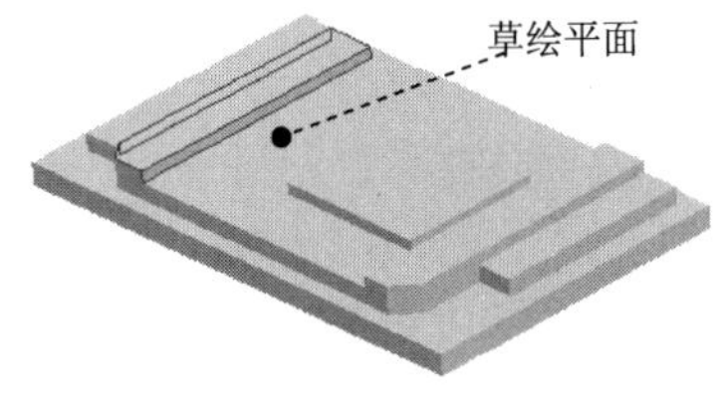

图 43.274　凸台-拉伸 5

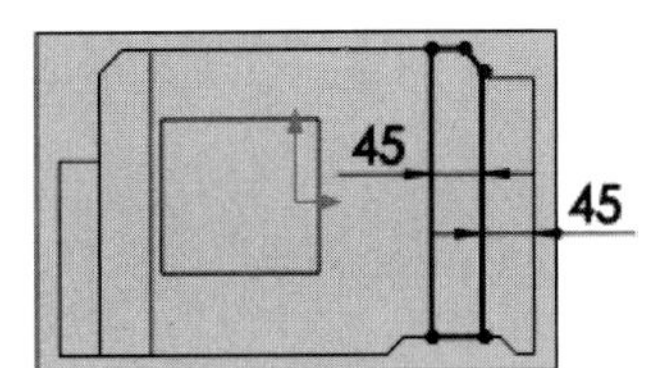

图 43.275　横断面草图（草图 5）

Step 7　创建图 43.276 所示的零件特征——切除-拉伸 1。选择下拉菜单 插入(I) → 切除(C) → 拉伸(E)... 命令。选取图 43.276 所示平面作为草绘基准面，绘制图 43.277 所示的横断面草图。在“切除-拉伸”对话框 方向 1 区域和 方向 2 区域的下拉列表框中选择 给定深度 选项，输入深度值 8.0。

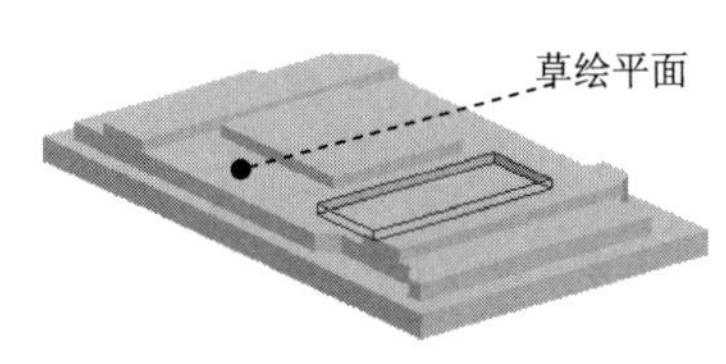

图 43.276　切除-拉伸 1

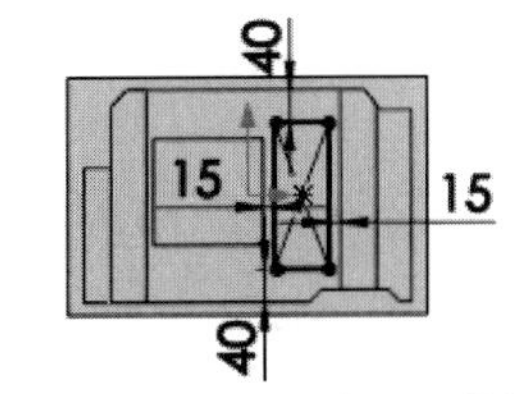

图 43.277　横断面草图（草图 6）

Step 8　创建图 43.278 所示的零件特征——拔模 1。选择下拉菜单 插入(I) → 特征(F) → 拔模(D)... 命令，在“拔模”对话框 拔模类型(T) 区域中选中 中性面(E) 单选按钮。单击以激活对话框的 中性面(N) 区域中的文本框，选取图 43.279 所示的模型表面作为拔模中性面。单击以激活对话框的 拔模面(F) 区域中的文本框，选取模型表面作为拔模面。拔模方向如图 43.279 所示，在对话框的 拔模角度(G) 区域的 文本框中输入角度值 20.0。

图 43.278　拔模 1

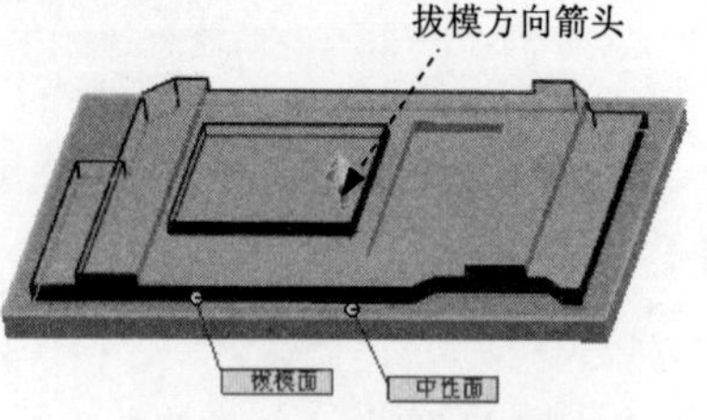

图 43.279　定义拔模参照

Step 9 创建图 43.280 所示的零件特征——拔模 2。选择下拉菜单 插入(I) → 特征(F) → 拔模(D)... 命令，在“拔模”对话框 拔模类型(T) 区域中选中 ⊙ 中性面(E) 单选按钮。单击以激活对话框的 中性面(N) 区域中的文本框，选取图 43.281 所示的模型表面作为拔模中性面。单击以激活对话框的 拔模面(F) 区域中的文本框，选取模型表面作为拔模面。拔模方向如图 43.281 所示，在对话框的 拔模角度(G) 区域的文本框中输入角度值 20.0。

图 43.280　拔模 2

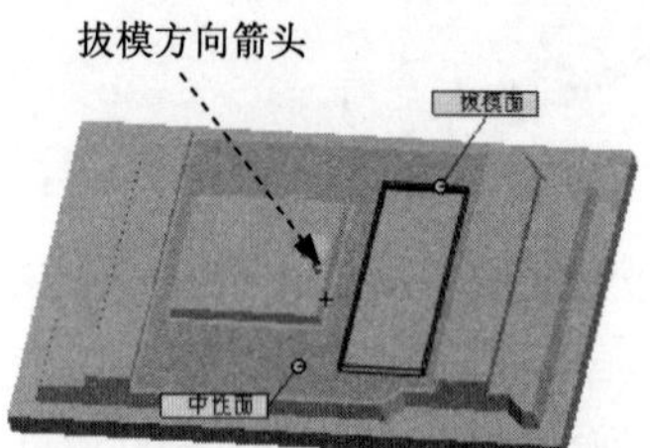

图 43.281　定义拔模参照

Step 10 创建图 43.282 所示的圆角 1。选择图 43.282 所示的边线为圆角对象，圆角半径值为 10。

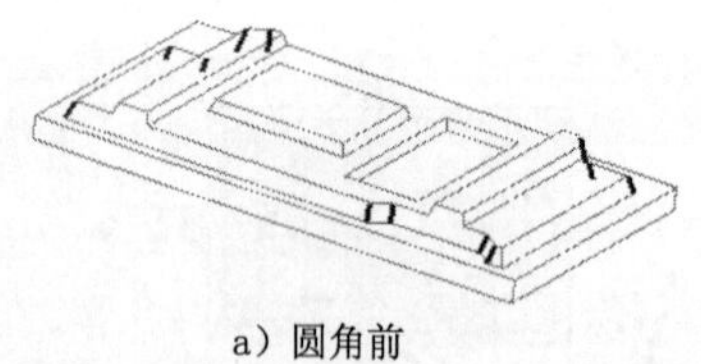

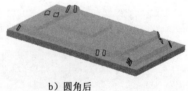

a）圆角前

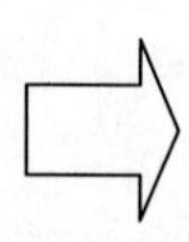

b）圆角后

图 43.282　圆角 1

Step 11 创建图 43.283 所示的圆角 2。选择图 43.283 所示的边线为圆角对象，圆角半径值为 5。

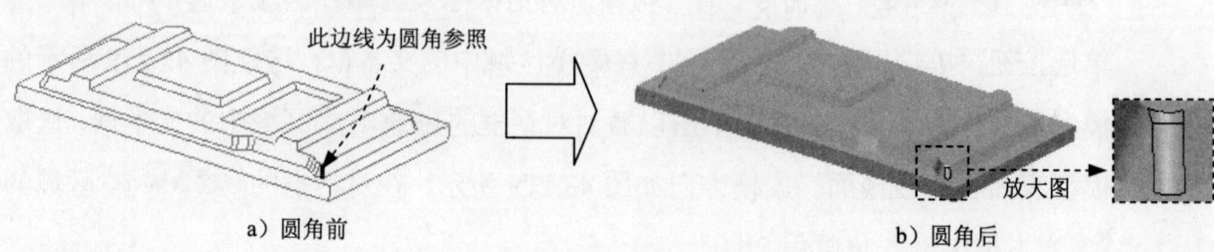

a）圆角前　　b）圆角后

图 43.283　圆角 2

Step 12　创建图 43.284 所示的圆角 3。选择图 43.284 所示的边链为圆角对象，圆角半径值为 8.0。

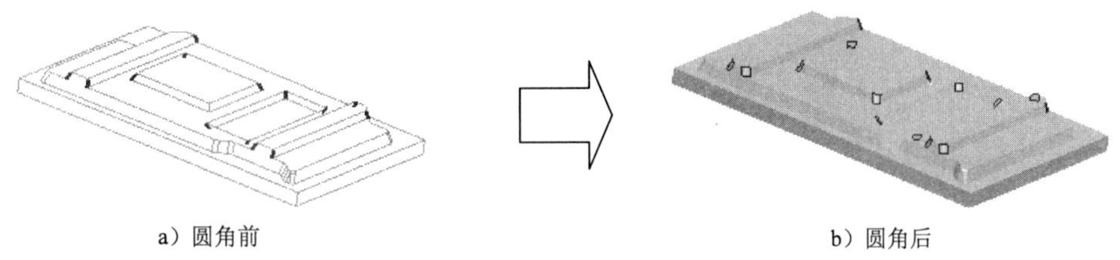

图 43.284　圆角 3

Step 13　创建图 43.285 所示的圆角 4。选择图 43.285 所示的边链为圆角对象，圆角半径值为 5.0。

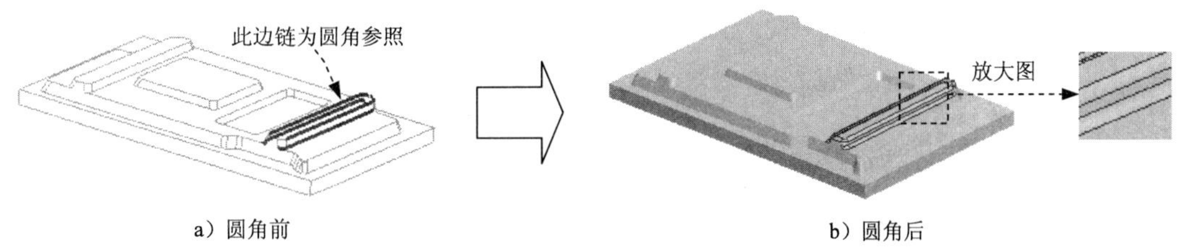

图 43.285　圆角 4

Step 14　创建图 43.286 所示的圆角 5。选择图 43.286 所示的边链为圆角对象，圆角半径值为 5.0。

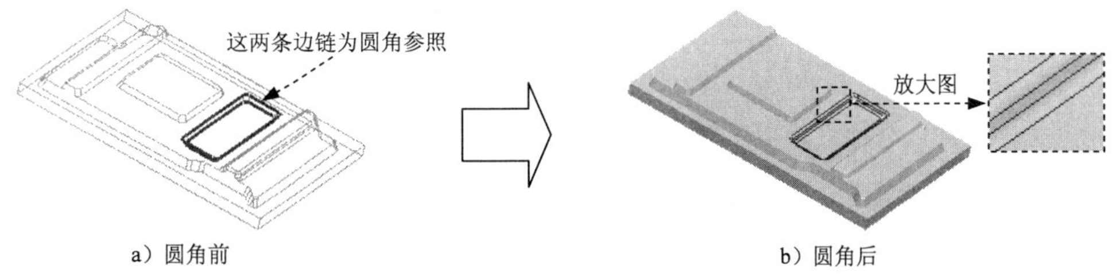

图 43.286　圆角 5

Step 15　创建图 43.287 所示的圆角 6。选择图 43.287 所示的边链为圆角对象，圆角半径值为 5.0。

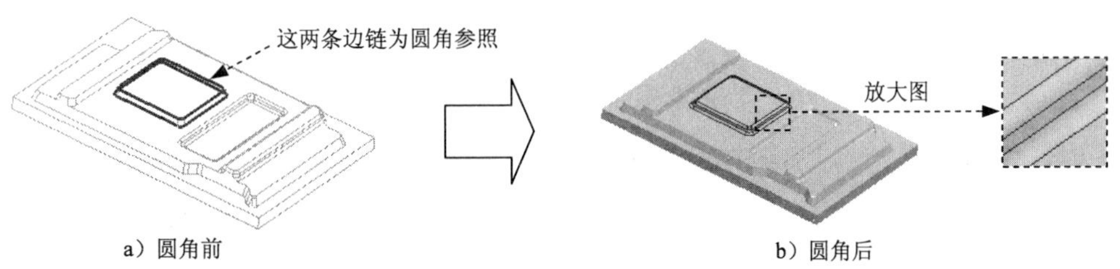

图 43.287　圆角 6

Step 16 创建图 43.288 所示的圆角 7。选择图 43.288 所示的边链为圆角对象，圆角半径值为 5.0。

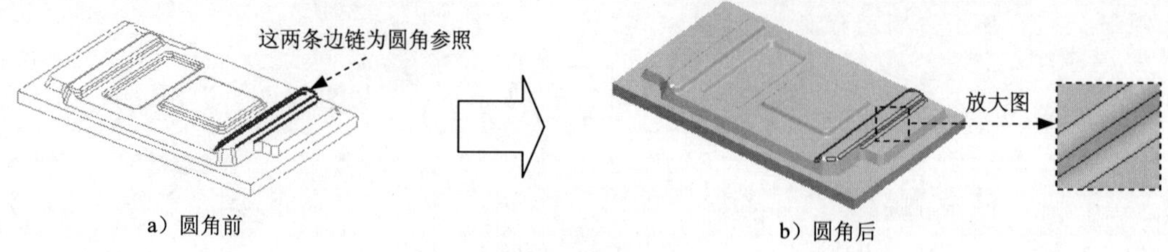

图 43.288 倒圆角 7

Step 17 创建图 43.289 所示的圆角 8。选择图 43.289 所示的边链为圆角对象，圆角半径值为 5.0。

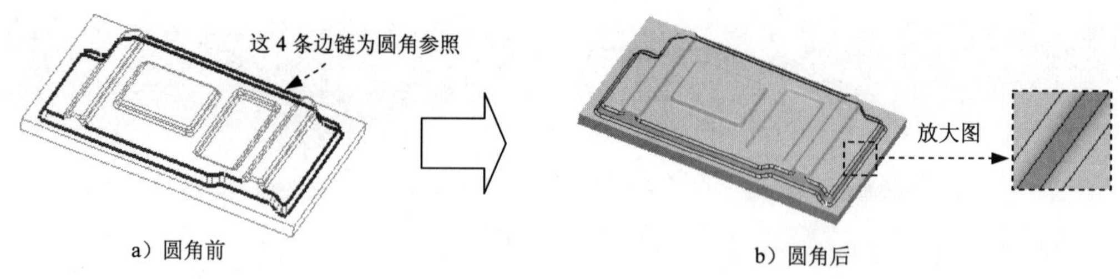

图 43.289 圆角 8

Step 18 创建图 43.290 所示的零件特征——成形工具 1。

（1）选择命令。选择下拉菜单 插入(I) → 钣金(H) → 成形工具 命令。

（2）定义成形工具属性。

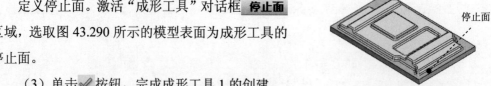

定义停止面。激活“成形工具”对话框 停止面 区域，选取图 43.290 所示的模型表面为成形工具的停止面。

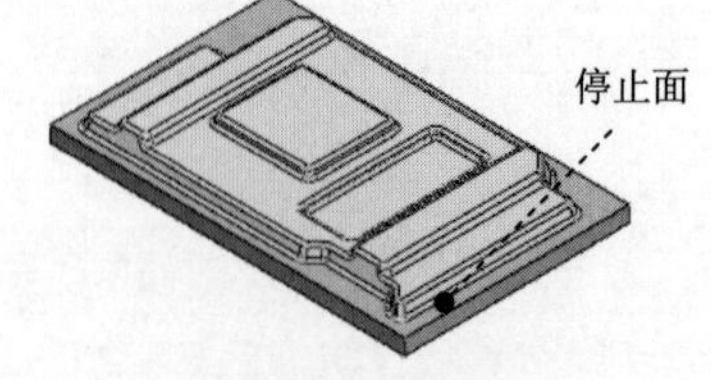

图 43.290 成形工具 1

（3）单击✓按钮，完成成形工具 1 的创建。

Step 19 至此，成形工具模型创建完毕。选择下拉菜单 文件(F) → 另存为(A)... 命令，把模型保存于 D:\ sw13in\work\ins43 中，并命名为 SM_DIE_10。

Task2. 创建图 43.291 所示的模具 11

Step 1 新建模型文件。选择下拉菜单 文件(F) → 新建(N)... 命令，在系统弹出的“新建 SolidWorks 文件”对话框中选择“零件”模块，单击 确定 按钮，进入建模环境。

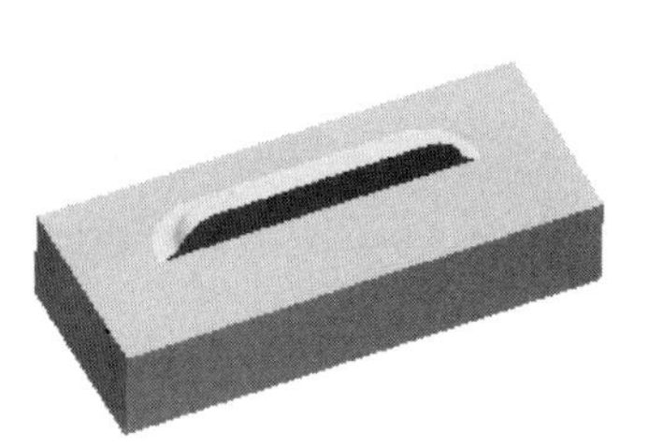

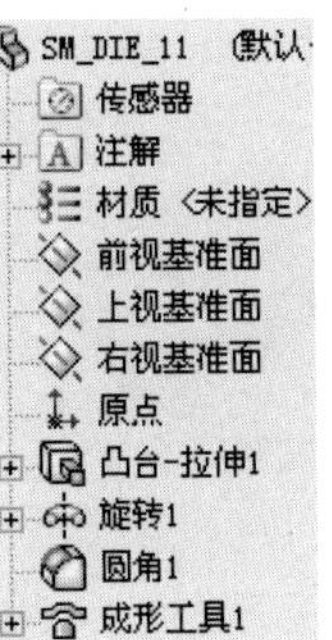

图 43.291 模型及设计树

Step 2 创建图 43.292 所示的零件特征——凸台-拉伸 1。选择下拉菜单 插入(I) → 凸台/基体(B) → 拉伸(E)... 命令。选取上视基准面作为草绘基准面，绘制图 43.293 所示的横断面草图；在“凸台-拉伸”对话框 方向1 区域的下拉列表框中选择 给定深度 选项，输入深度值 10.0。

图 43.292 凸台-拉伸 1

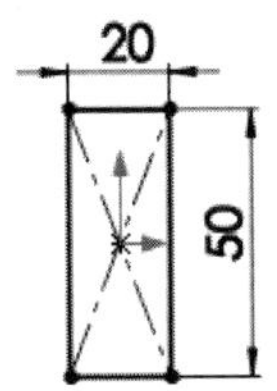

图 43.293 横断面草图（草图 1）

Step 3 创建图 43.294 所示的零件特征——旋转 1。选择下拉菜单 插入(I) → 凸台/基体(B) → 旋转(R)... 命令。选取图 43.294 所示的平面作为草绘基准面，绘制图 43.295 所示的横断面草图（包括旋转中心线）。采用草图中绘制的中心线作为旋转轴线，在 方向1 区域的 文本框中输入数值 90.00。

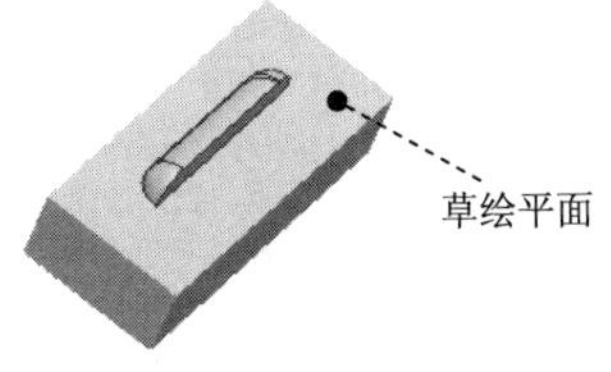

图 43.294 旋转 1

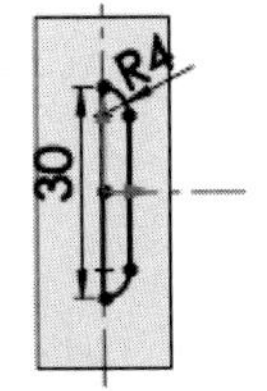

图 43.295 横断面草图（草图 2）

Step 4 创建图 43.296 所示的圆角 1。选择图 43.296 所示的边线为圆角对象，圆角半径值为 2.5。

Step 5 创建图 43.297 所示的零件特征——成形工具 1。

（1）选择命令。选择下拉菜单 插入(I) → 钣金(H) → 成形工具 命令。

此边链为圆角参照

a）圆角前

b）圆角后

图 43.296 圆角 1

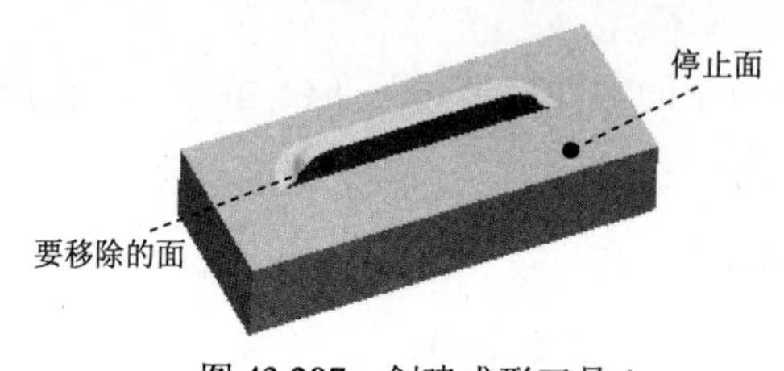

图 43.297 创建成形工具 1

（2）定义成形工具属性。

① 定义停止面。激活“成形工具”对话框的 **停止面** 区域，选取图 43.297 所示的模型表面作为成形工具的停止面。

② 定义移除面。激活“成形工具”对话框的 **要移除的面** 区域，选取图 43.297 所示的模型表面作为成形工具的移除面。

（3）单击✓按钮，完成成形工具 1 的创建。

Step 6 至此，成形工具模型创建完毕。选择下拉菜单 文件(F) ➡ 保存(S) 命令，把模型保存于 D:\ sw13in\work\ins43 中，并命名为 SM_DIE_11。

5 Chapter

Task3. 创建图 43.298 所示的微波炉外壳底盖

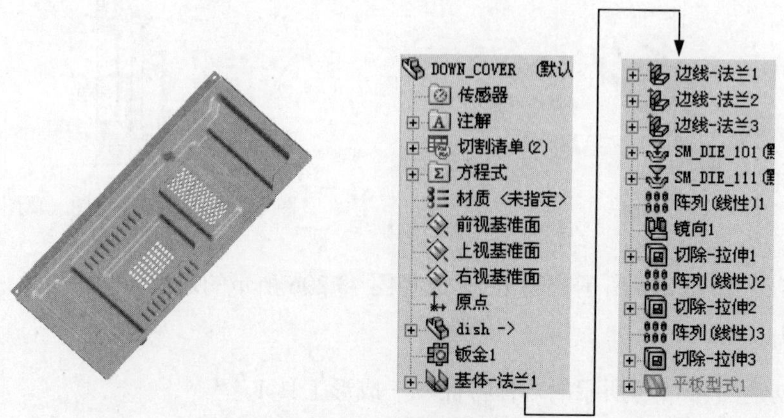

图 43.298 微波炉外壳底盖模型及设计树

Step 1　在装配件中打开机箱前盖零件（DOWN_COVER）。在设计树中选择 (固定) DOWN_COVER<1>，然后右击，在系统弹出的快捷菜单中单击按钮。

Step 2　创建图 43.299 所示的钣金特征——边线-法兰 1。

（1）选择命令。选择下拉菜单 插入(I) → 钣金(H) → 边线法兰(E)... 命令，系统弹出“边线法兰”对话框。

（2）定义特征的边线。选取图 43.300 所示的模型边线为生成的边线法兰的边线。

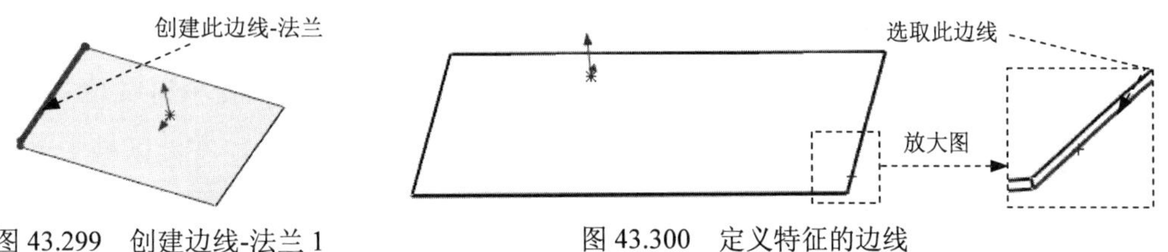

图 43.299　创建边线-法兰 1　　　图 43.300　定义特征的边线

（3）定义法兰参数。在 法兰参数(P) 区域中取消选中 □ 使用默认半径(U) 复选框，在文本框中输入折弯半径为 0.7。在 角度(G) 区域中的文本框中输入角度值 90.0。在此区域中单击“内部虚拟交点”按钮。在 法兰位置(N) 区域中单击“折弯在外”按钮。

（4）单击按钮，完成边线-法兰 1 的初步创建。

（5）编辑边线-法兰草图。在设计树的 边线-法兰1 上右击，在系统弹出的快捷菜单上单击命令，系统进入草图环境。绘制图 43.301 所示的横断面草图。退出草图环境，此时系统完成边线-法兰 1 的创建。

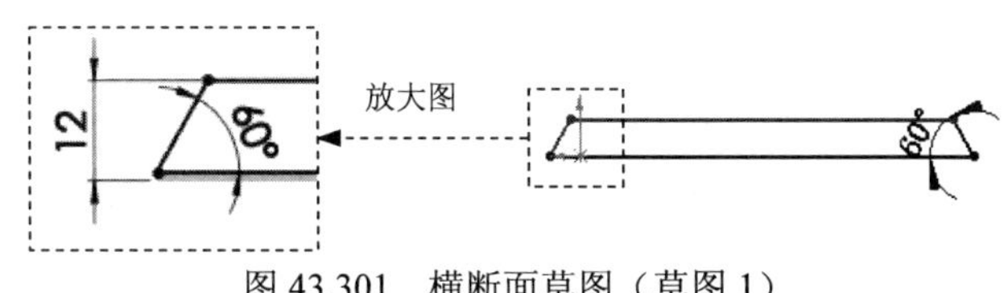

图 43.301　横断面草图（草图 1）

Step 3　创建图 43.302 所示的钣金特征——边线-法兰 2。详细操作过程参见 Step2。

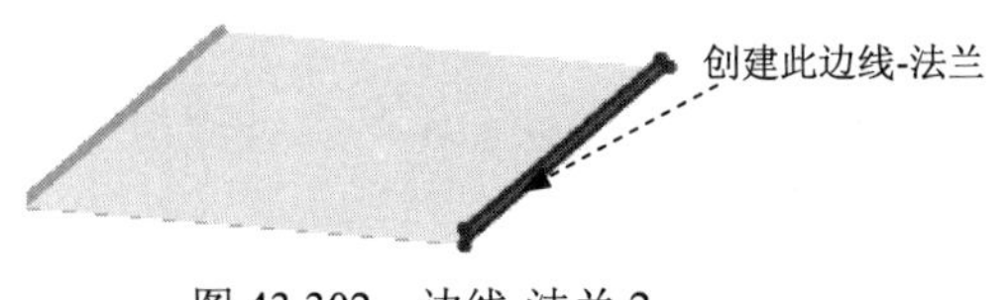

图 43.302　边线-法兰 2

Step 4　创建图 43.303 所示的钣金特征——边线-法兰 3。

（1）选择命令。选择下拉菜单 插入(I) → 钣金(H) → 边线法兰(E)... 命令，系统弹出“边线法兰”对话框。

（2）定义特征的边线。选取图 43.304 所示的模型边线为生成的边线法兰的边线。

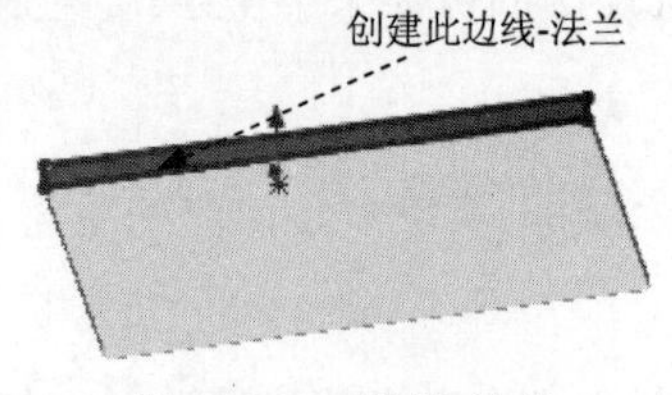

图 43.303　边线-法兰 3

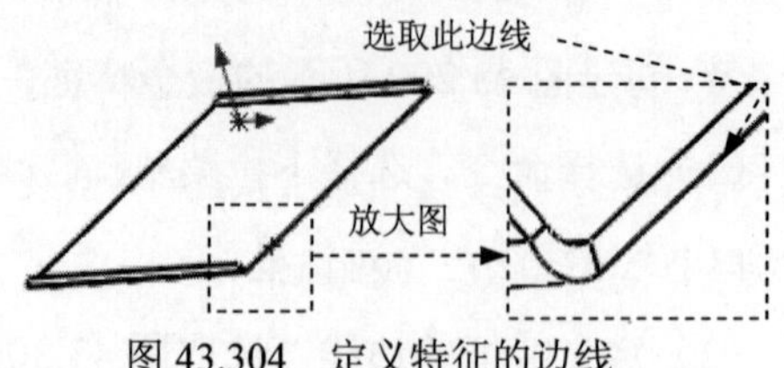

图 43.304　定义特征的边线

（3）定义法兰参数。在 法兰参数(P) 区域中取消选中 □ 使用默认半径(U) 复选框，在文本框中输入折弯半径为 0.7。在 角度(G) 区域中的文本框中输入角度值 90.0。在 法兰长度(L) 区域的下拉列表框中选择 给定深度 选项，输入深度值 20.0。在此区域中单击“内部虚拟交点”按钮。在 法兰位置(N) 区域中单击“折弯在外”按钮。并选中 ☑ 等距(F) 复选框，输入深度值为 2.0。

（4）单击按钮，完成边线-法兰 3 的创建。

Step 5　创建图 43.305 所示的成形特征 1。

（1）单击任务窗格中的“设计库”按钮，打开“设计库”对话框。

（2）单击“设计库”对话框中的 ins43 节点，在设计库下部的列表框中选择“sm_diel0”文件，并拖动到图 43.305 所示的平面，在系统弹出的“成形工具特征”对话框 旋转角度(A) 区域的文本框中输入 270，单击按钮。

（3）单击设计树中 SM_DIE_101 (默认) -> 节点前的“加号”，右击 草图6 特征，在系统弹出的快捷菜单中单击命令，进入草图平面。

（4）编辑草图（注：若草图方向不对，可通过 工具(T) → 草图工具(T) → 修改(Y)... 命令，在 旋转(R) 对话框中输入角度修改）。如图 43.306 所示，退出草图平面。

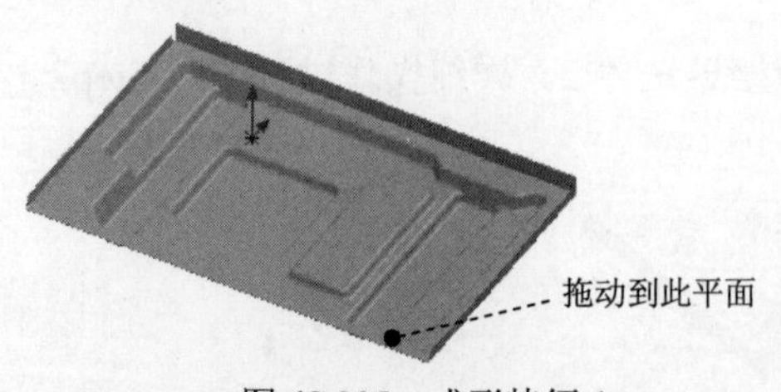

图 43.305　成形特征 1

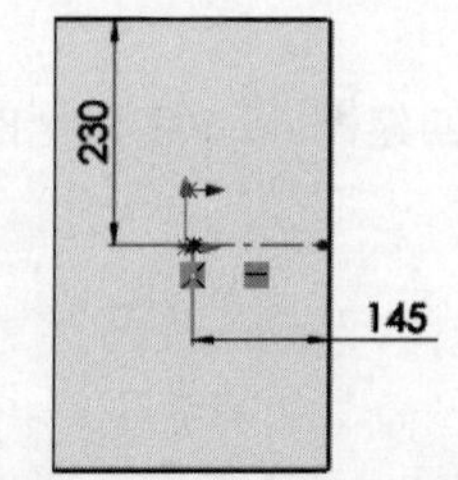

图 43.306　横断面草图（草图 2）

Step 6　创建图 43.307 所示的成形特征 2。

（1）单击任务窗格中的“设计库”按钮，打开“设计库”对话框。

（2）单击“设计库”对话框中的 ins43 节点，在设计库下部的列表框中选择

"SM_DIEL1"文件，并拖动到图 43.307 所示的平面，然后按 Tab 键，在系统弹出的"成形工具特征"对话框 旋转角度(A) 区域的文本框中输入 90，单击按钮。

（3）单击设计树中 SM_DIE_111 (默认) -> 节点前的"加号"，右击 (-) 草图8 特征，在系统弹出的快捷菜单中单击命令，进入草图平面。

（4）编辑草图。如图 43.308 所示，退出草图平面。

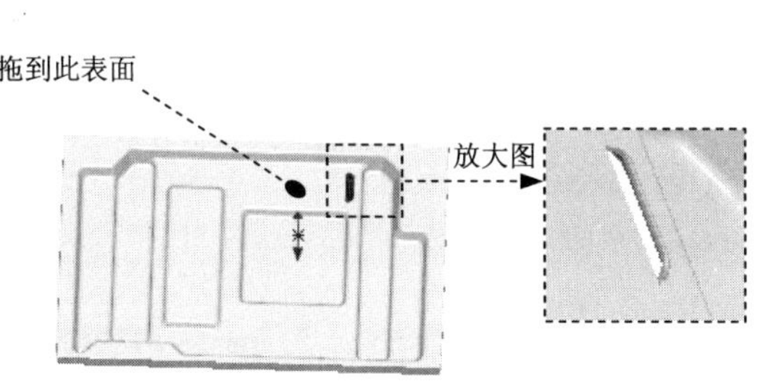

图 43.307　成形特征 2

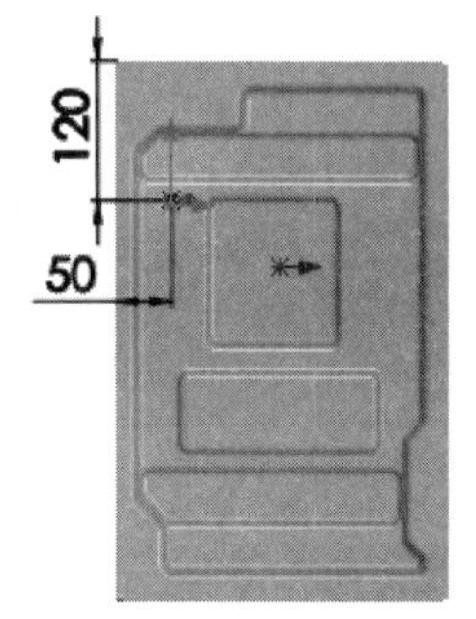

图 43.308　横断面草图（草图 3）

Step 7　创建图 43.309 所示的阵列（线性）1。选择下拉菜单 插入(I) → 阵列/镜向(E) → 线性阵列(L)... 命令。选取成形特征 2 作为要阵列的对象，在图形区选取图 43.310 所示的线为 方向 1 的阵列方向，并确定单击按钮被按下，在对话框中输入间距值 12.0，输入实例数 10。

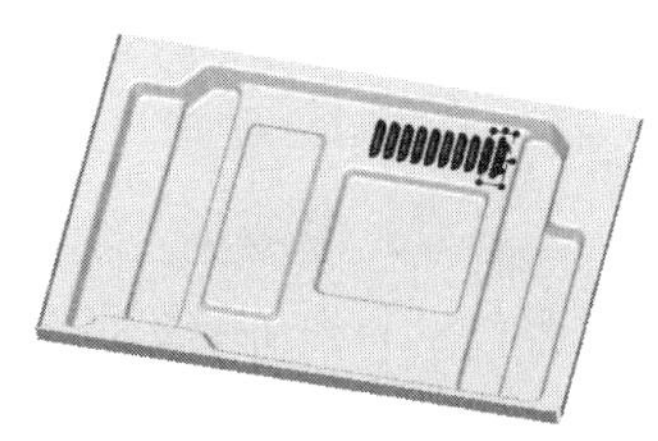

图 43.309　阵列（线性）1

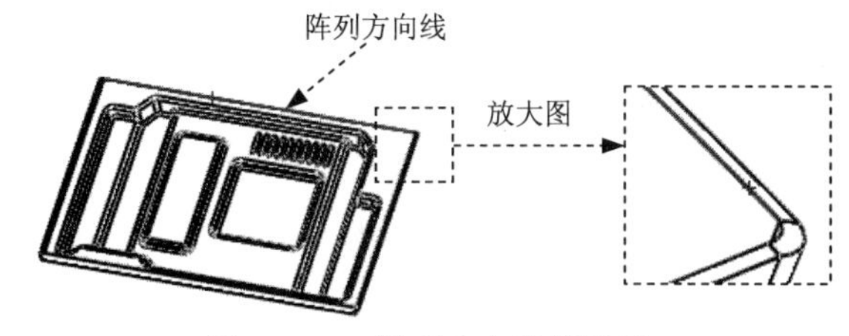

图 43.310　阵列方向边线设置

Step 8　创建图 43.311 所示的镜像 1。选择下拉菜单 插入(I) → 阵列/镜向(E) → 镜向(M)... 命令。选取右视基准面作为镜像基准面，选取阵列（线性）1 作为镜像 1 的对象。

Step 9　创建图 43.312 所示的零件特征——切除-拉伸 1。选择下拉菜单 插入(I) → 切除(C) → 拉伸(E)... 命令。选取图 43.312 所示平面作为草绘基准面，绘制图 43.313 所示的横断面草图。在"切除-拉伸"对话框 方向 1 区域的下拉列表框中选择 给定深度 选项，输入深度值 10.0。

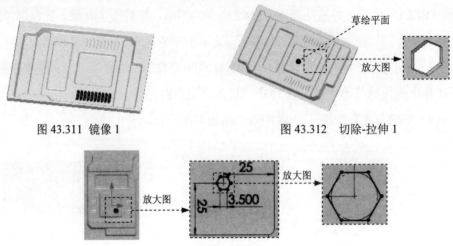

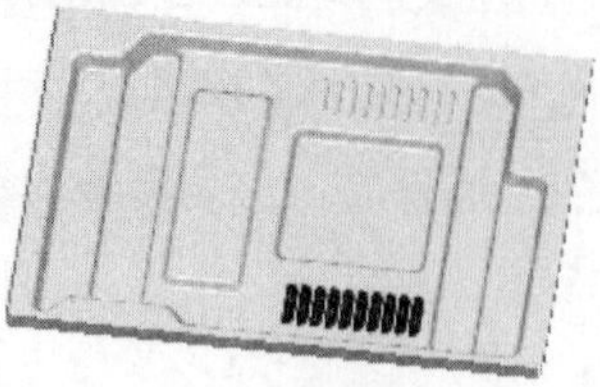

图 43.311 镜像 1

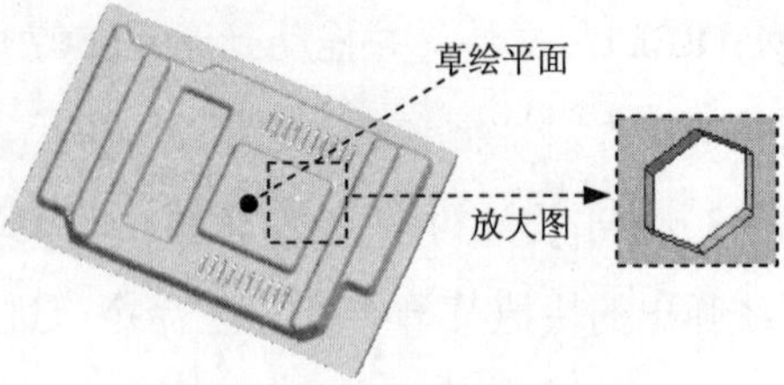

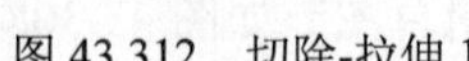

图 43.312 切除-拉伸 1

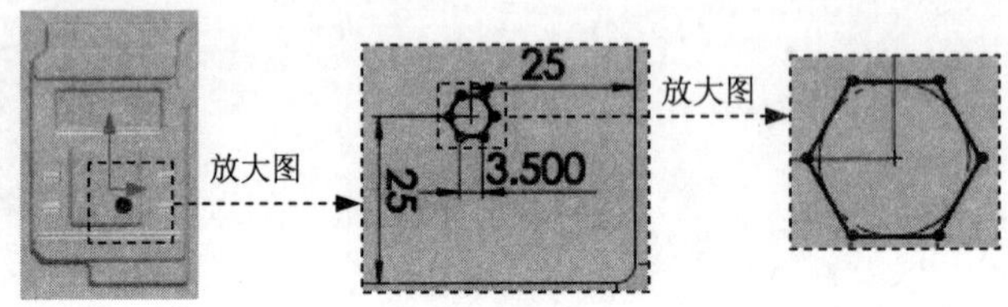

图 43.313 横断面草图（草图 4）

Step 10 创建图 43.314 所示的阵列（线性）2。选择下拉菜单 插入(I) → 阵列/镜向(E) → 线性阵列(L)... 命令。选取切除-拉伸 1 作为要阵列的对象，在图形区选取图 43.315 所示的边线 1 为 方向 1 的阵列方向，在对话框中输入间距值 10.0，输入实例数 7。选取图 43.315 所示的边线 2 为 方向 2 的阵列方向。在对话框中输入间距值 10.0，输入实例数 6。

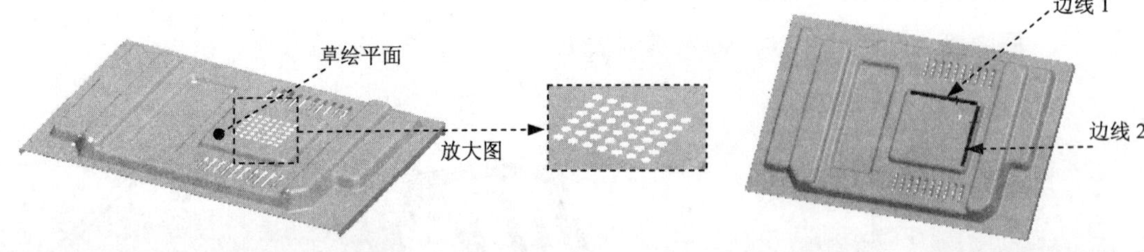

图 43.314 阵列（线性）2　　图 43.315 阵列方向边线设置

Step 11 创建图 43.316 所示的零件特征——切除-拉伸 2。选择下拉菜单 插入(I) → 切除(C) → 拉伸(E)... 命令。选取图 43.316 所示平面作为草绘基准面，绘制图 43.317 所示的横断面草图。在“切除-拉伸”对话框 方向 1 区域的下拉列表框中选择 给定深度 选项，输入深度值 10.0。

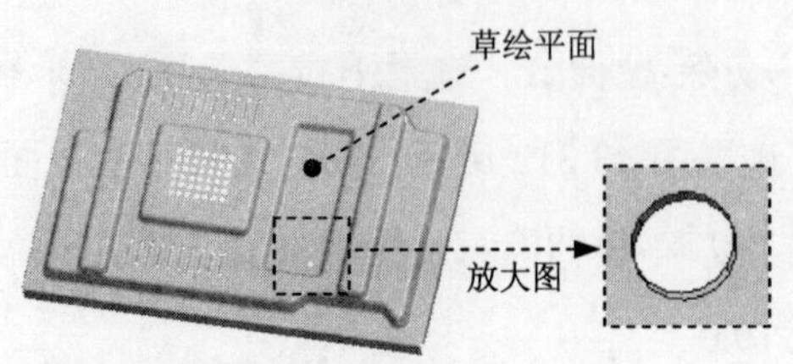

图 43.316 切除-拉伸 2

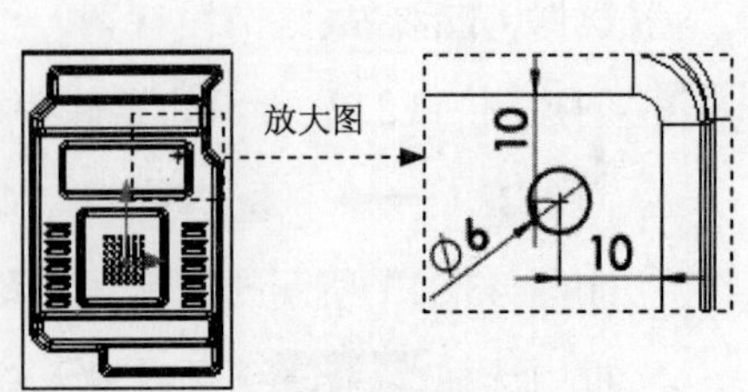

图 43.317 横断面草图（草图 5）

Step 12 创建图 43.318 所示的阵列（线性）3。选择下拉菜单 插入(I) → 阵列/镜向(E) → 线性阵列(L)... 命令。选取切除-拉伸 2 作为要阵列的对象，在图形区选取图 43.319 所示的边线 1 为 方向 1 的阵列方向，在对话框中输入间距值 8.0，输入实例数 19。选取图 43.319 所示的边线 2 为 方向 2 的阵列方向，并确定 按钮被按下。在对话框中输入间距值 9.0，输入实例数 5。

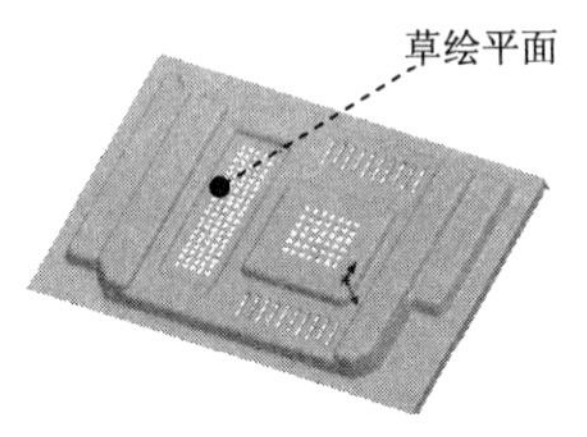

图 43.318 阵列（线性）3

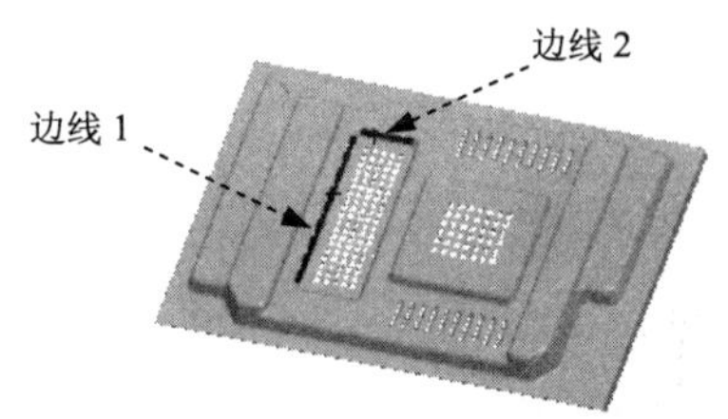

图 43.319 阵列方向边线设置

Step 13 创建图 43.320 所示的零件特征——切除-拉伸 3。选择下拉菜单 插入(I) → 切除(C) → 拉伸(E)... 命令。选取图 43.320 所示平面作为草绘基准面，绘制图 43.321 所示的横断面草图。在“切除-拉伸”对话框 方向 1 区域的下拉列表框中选择 给定深度 选项，输入深度值 10.0。

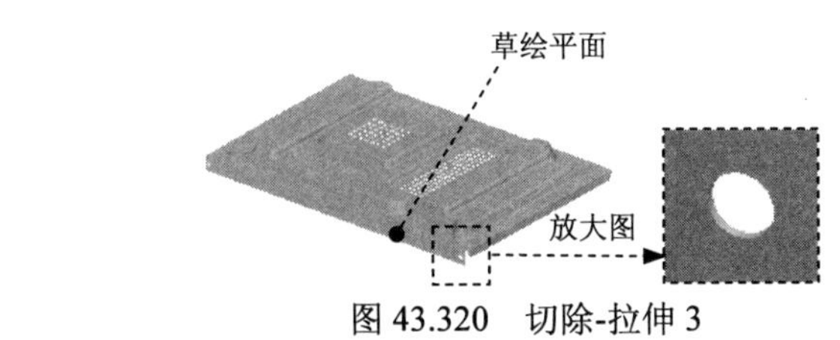

图 43.320 切除-拉伸 3

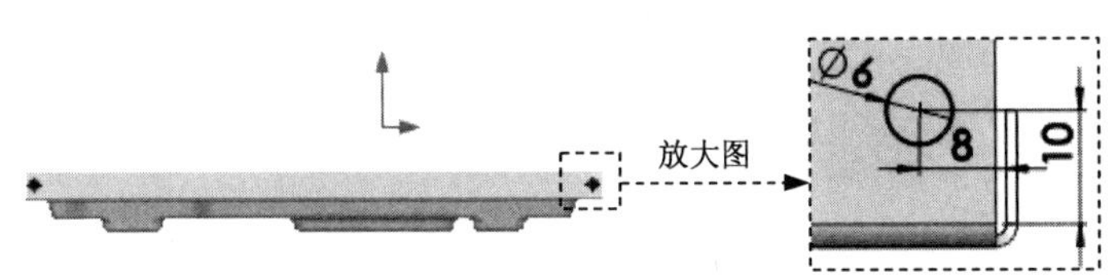

图 43.321 横断面草图（草图 6）

Step 14 保存模型。选择下拉菜单 文件(F) → 保存(S) 命令，保存模型。

43.9 微波炉外壳后盖的细节设计

Task1. 创建图 43.322 所示的模具 12

Step 1 新建模型文件。选择下拉菜单 文件(F) → 新建(N)... 命令，在系统弹出的“新建 SolidWorks 文件”对话框中选择“零件”模块，单击 确定 按钮，进入建模环境。

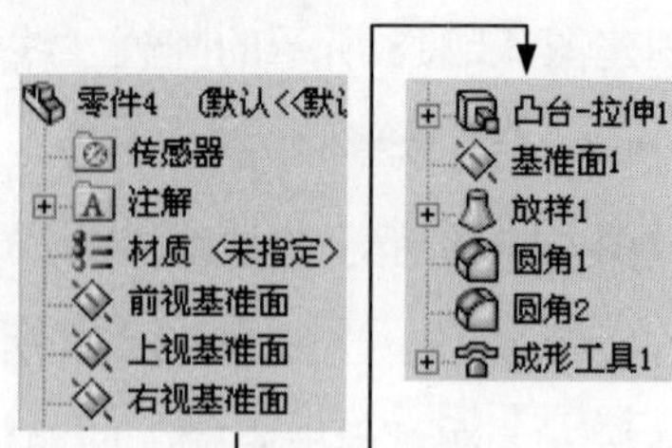

图 43.322 模型及设计树

Step 2 创建图 43.323 所示的零件特征——凸台-拉伸 1。选择下拉菜单 插入(I) → 凸台/基体(B) → 拉伸(E)... 命令。选取前视基准面作为草绘基准面，绘制图 43.324 所示的横断面草图；在“凸台-拉伸”对话框 方向 1 区域的下拉列表框中选择 给定深度 选项，输入深度值 20.0。

图 43.323 凸台-拉伸 1

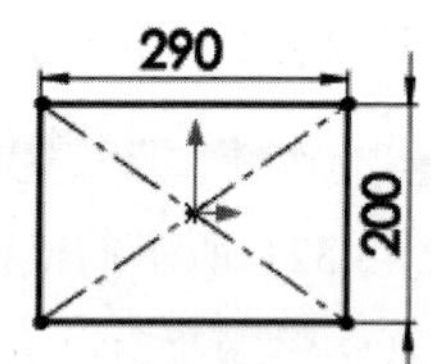

图 43.324 横断面草图（草图 1）

Step 3 创建图 43.325 所示的草图 2。选择下拉菜单 插入(I) → 草图绘制 命令。选取图 43.326 所示的平面作为草绘基准面。绘制图 43.325 所示的草图 2（显示原点）。

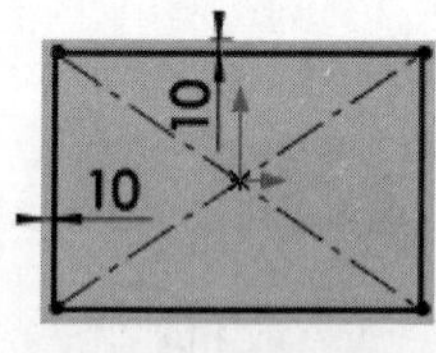

图 43.325 草图 2

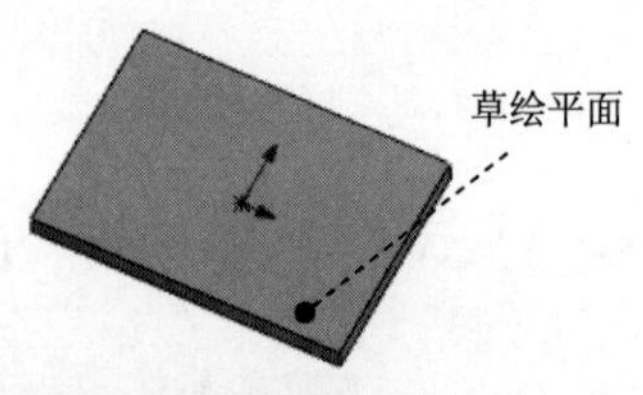

图 43.326 草绘平面

Step 4 创建图 43.327 所示的基准面 1。选择下拉菜单 插入(I) → 参考几何体(G) → 基准面(P)... 命令。选取图 43.325 所示的平面为参考，采用系统默认的偏移方向，输入偏移距离值 25.0。单击 ✔ 按钮，完成基准面 1 的创建。

Step 5 创建图 43.328 所示的草图 3。选择下拉菜单 插入(I) → 草图绘制 命令。选取基准面 1 作为草绘基准面。绘制图 43.328 所示的草图 3（显示原点）。

Step 6 创建图 43.329 所示的放样 1。选择下拉菜单 插入(I) → 凸台/基体(B) → 放样(L)... 命令，系统弹出“放样”对话框。依次选择草图 2 和草图 3 作为放样 1 特征的截面轮廓。

图 43.327 基准面 1

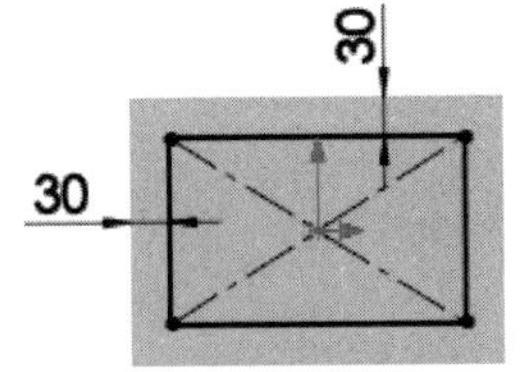

图 43.328 草图 3

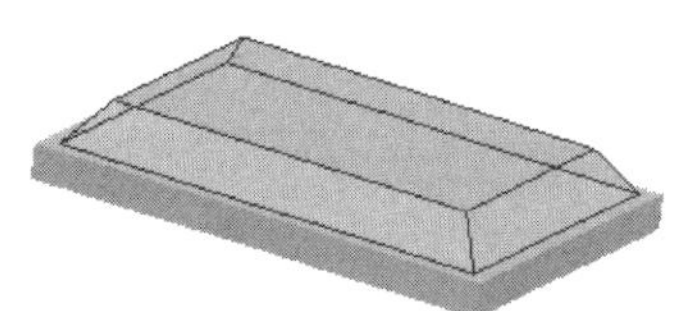
图 43.329 放样 1

Step 7 创建图 43.330b 所示的圆角 1。选择图 43.330a 所示的边线为圆角对象，圆角半径值为 25.0。

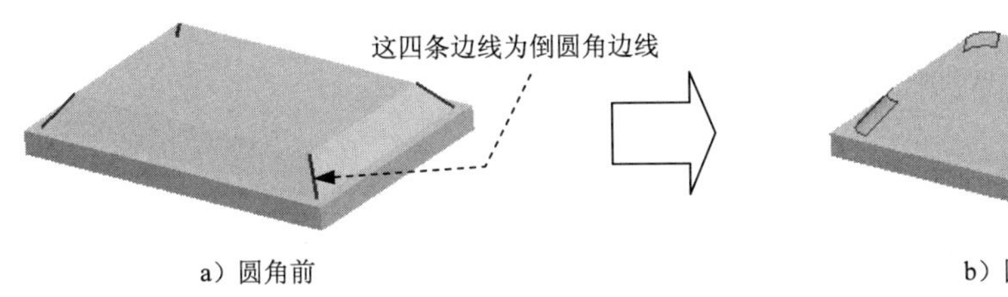

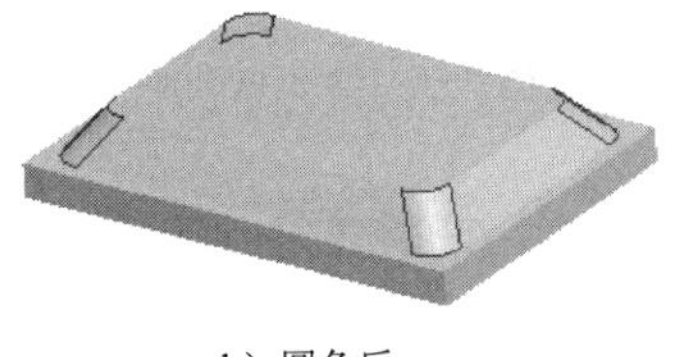

图 43.330 圆角 1

Step 8 创建图 43.331b 所示的圆角 2。选择图 43.331a 所示的边链为圆角对象，圆角半径值为 8.0。

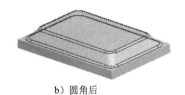

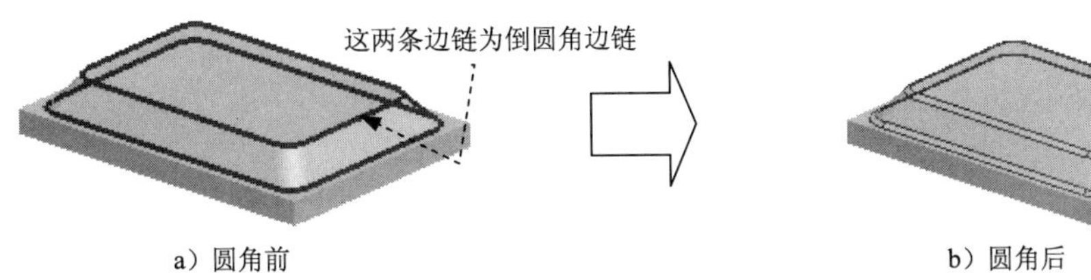

图 43.331 圆角 2

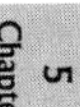

Step 9 创建图 43.332 所示的零件特征——成形工具 1。

（1）选择命令。选择下拉菜单 插入(I) → 钣金(H) → 成形工具 命令。

（2）定义成形工具属性。

定义停止面。激活“成形工具”对话框的 停止面 区域，选取图 43.332 所示的模型表面作为成形工具的停止面。

（3）单击✓按钮，完成成形工具 1 的创建。

Step 10 至此，成形工具模型创建完毕。选择下拉菜单 文件(F) → 保存(S) 命令，把模型保存于 D:\sw13in\work\ins43 中，并命名为 SM_DIE_12。

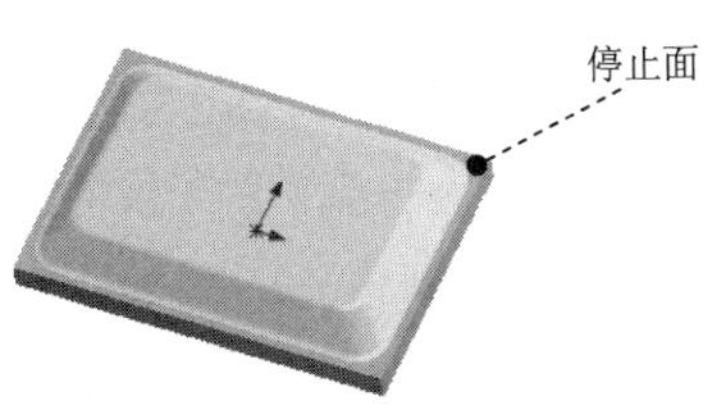

图 43.332 成形工具 1

Task2. 创建图 43.333 所示的模具 13

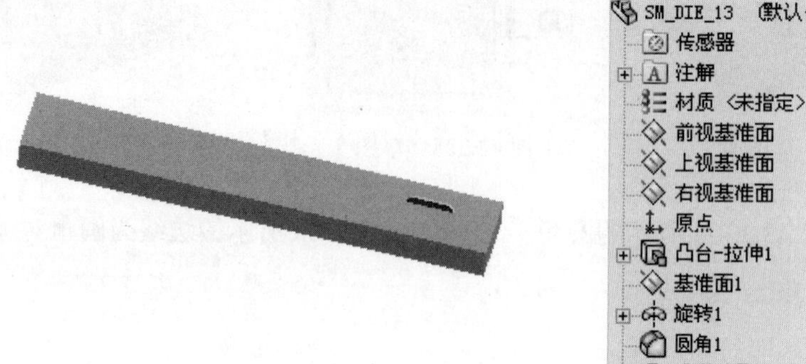

图 43.333 模型及设计树

Step 1 新建模型文件。选择下拉菜单 文件(F) → 新建(N)... 命令，在系统弹出的"新建 SolidWorks 文件"对话框中选择"零件"模块，单击 确定 按钮，进入建模环境。

Step 2 创建图 43.334 所示的零件特征——凸台-拉伸 1。选择下拉菜单 插入(I) → 凸台/基体(B) → 拉伸(E)... 命令。选取前视基准面作为草绘基准面，绘制图 43.335 所示的横断面草图；在"凸台-拉伸"对话框 方向1 区域的下拉列表框中选择 给定深度 选项，输入深度值 20.0。

图 43.334 凸台-拉伸 1

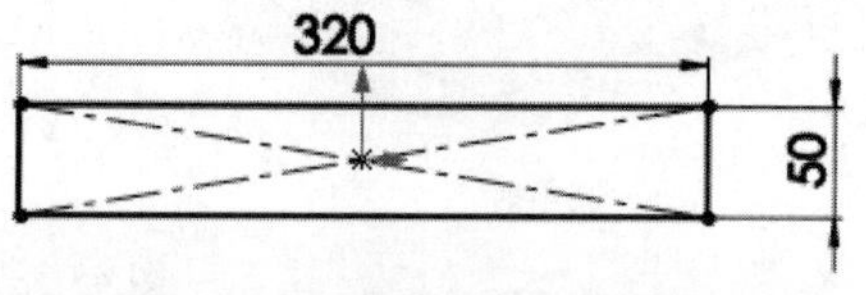

图 43.335 横断面草图（草图 1）

Step 3 创建图 43.336 所示的基准面 1。选择下拉菜单 插入(I) → 参考几何体(G) → 基准面(P)... 命令。选取上视基准面为参考实体，采用系统默认的偏移方向，输入偏移距离值 5.0。单击 ✓ 按钮，完成基准面 1 的创建。

Step 4 创建图 43.337 所示的零件特征——旋转 1。选择下拉菜单 插入(I) → 凸台/基体(B) → 旋转(R)... 命令。选取基准面 1 作为草绘基准面，绘制图 43.338 所示的横断面草图（包括旋转中心线）。选取图 43.338 所示的线为旋转轴，在 方向1 区域的 文本框中输入数值 90.00。

Step 5 创建图 43.339b 所示的圆角 1。选择图 43.339a 所示的边线为圆角对象，圆角半径值为 2.0。

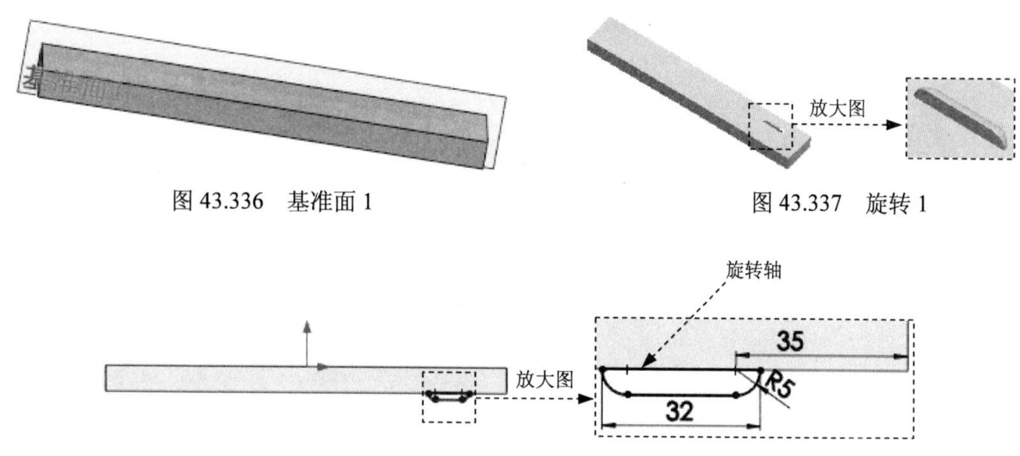

图 43.336　基准面 1

图 43.337　旋转 1

图 43.338　横断面草图（草图 2）

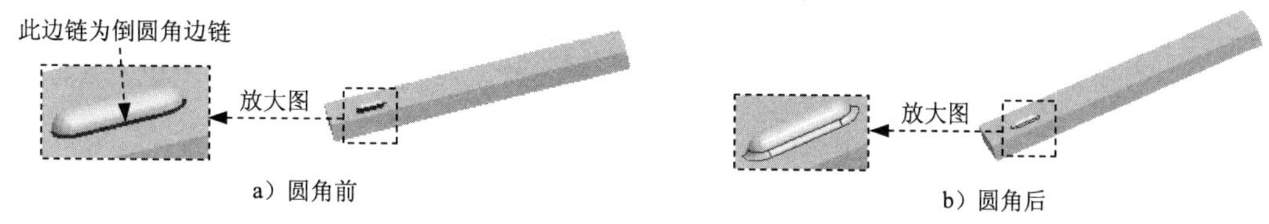

a）圆角前

b）圆角后

图 43.339　圆角 1

Step 6　创建图 43.340 所示的零件特征——成形工具 1。

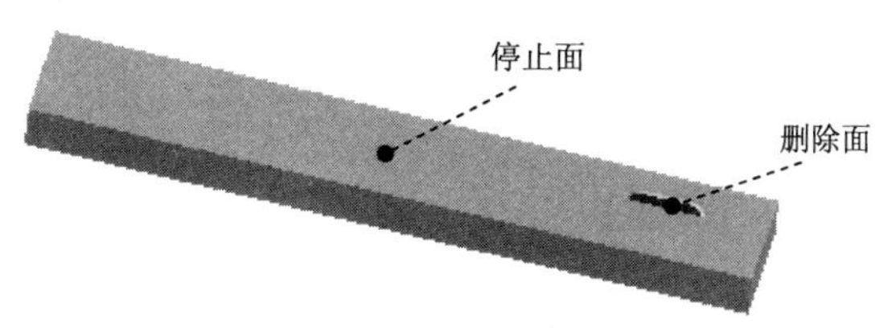

图 43.340　成形工具 1

（1）选择命令。选择下拉菜单 插入(I) → 钣金(H) → 成形工具 命令。

（2）定义成形工具属性。

① 定义停止面。激活“成形工具”对话框的 **停止面** 区域，选取图 43.340 所示的模型表面作为成形工具的停止面。

② 定义移除面。激活“成形工具”对话框的 **要移除的面** 区域，选取图 43.340 所示的模型表面作为成形工具的移除面。

（3）单击✓按钮，完成成形工具 1 的创建。

Step 7　至此，成形工具模型创建完毕。选择下拉菜单 文件(F) → 保存(S) 命令，把模型保存于 D:\ sw13in\work\ins43 中，并命名为 SM_DIE_13。

Task3. 创建图 43.341 所示的模具 14

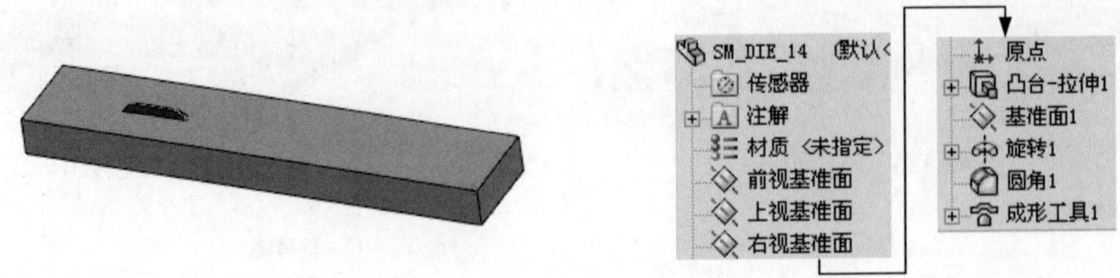

图 43.341 模型及设计树

Step 1 新建模型文件。选择下拉菜单 文件(F) → 新建(N)... 命令，在系统弹出的“新建 SolidWorks 文件”对话框中选择“零件”模块，单击 确定 按钮，进入建模环境。

Step 2 创建图 43.342 所示的零件特征——凸台-拉伸 1。选择下拉菜单 插入(I) → 凸台/基体(B) → 拉伸(E)... 命令。选取前视基准面作为草绘基准面，绘制图 43.343 所示的横断面草图；在“凸台-拉伸”对话框 方向 1 区域的下拉列表框中选择 给定深度 选项，输入深度值 20.0。

图 43.342 凸台-拉伸 1

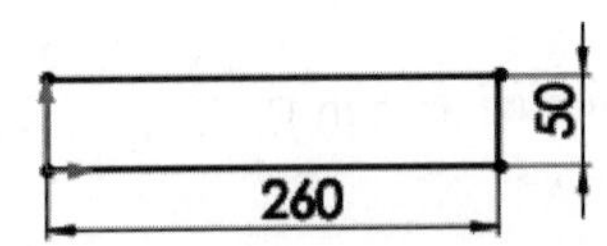

图 43.343 横断面草图（草图 1）

Step 3 创建图 43.344 所示的基准面 1。选择下拉菜单 插入(I) → 参考几何体(G) → 基准面(P)... 命令。选取上视基准面为参考实体，采用系统默认的偏移方向，输入偏移距离值 20.0。单击 ✓ 按钮，完成基准面 1 的创建。

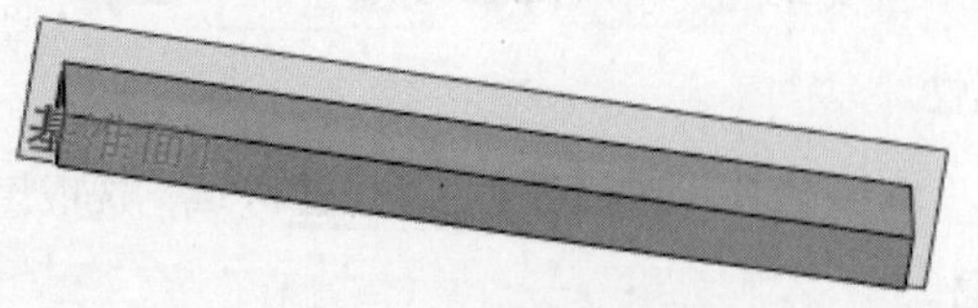

图 43.344 基准面 1

Step 4 创建图 43.345 所示的零件特征——旋转 1。选择下拉菜单 插入(I) → 凸台/基体(B) → 旋转(R)... 命令。选取基准面 1 作为草绘基准面，绘制图 43.346 所示的横断面草图（包括旋转中心线）。选取图 43.346 所示的线为旋转轴，在 方向1 区域的 文本框中输入数值 90.00。

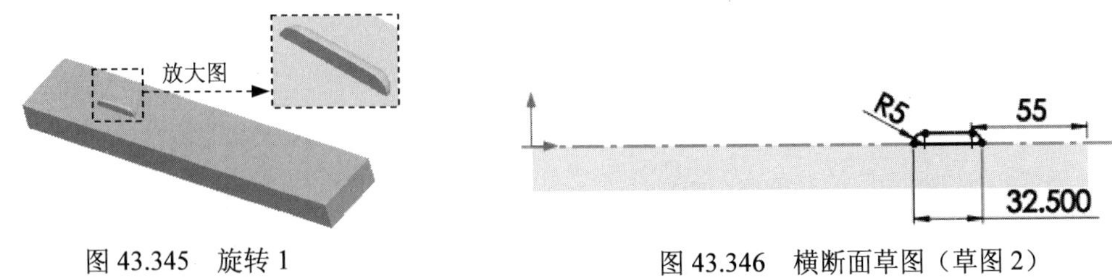

图 43.345 旋转 1　　　图 43.346 横断面草图（草图 2）

Step 5 创建图 43.347b 所示的圆角 1。选择图 43.347a 所示的边线为圆角对象，圆角半径值为 2.0。

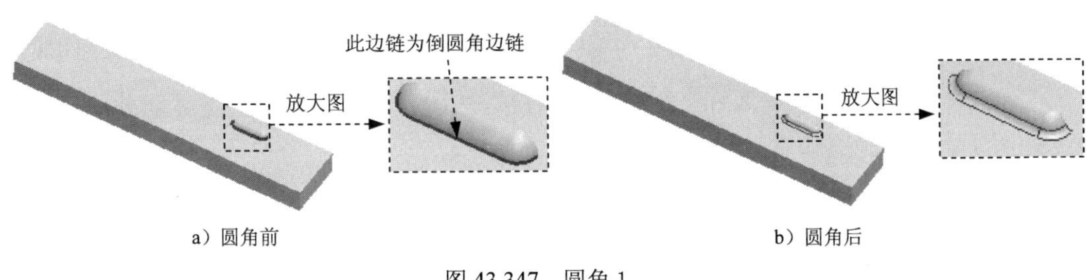

a）圆角前　　b）圆角后

图 43.347 圆角 1

Step 6 创建图 43.348 所示的零件特征——成形工具 1。

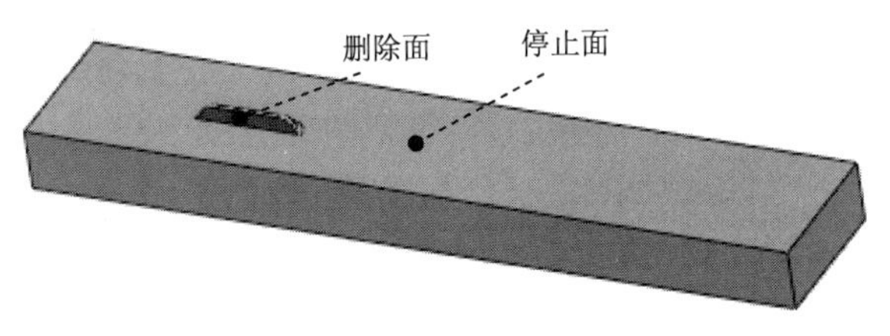

图 43.348 成形工具 1

（1）选择命令。选择下拉菜单 插入(I) → 钣金(H) → 成形工具 命令。

（2）定义成形工具属性。

① 定义停止面。激活“成形工具”对话框的 **停止面** 区域，选取图 43.348 所示的模型表面作为成形工具的停止面。

② 定义移除面。激活“成形工具”对话框的 **要移除的面** 区域，选取图 43.348 所示的模型表面作为成形工具的移除面。

（3）单击✓按钮，完成成形工具 1 的创建。

Step 7 至此，成形工具模型创建完毕。选择下拉菜单 文件(F) → 保存(S) 命令，把模型保存于 D:\ sw13in\work\ins43 中，并命名为 SM_DIE_14。

Task4. 创建图 43.349 所示模具 15

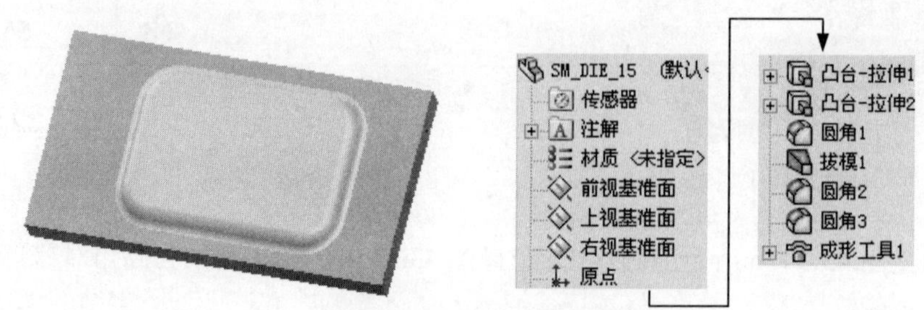

图 43.349 模型及设计树

Step 1 新建模型文件。选择下拉菜单 文件(F) → 新建(N)... 命令，在系统弹出的“新建 SolidWorks 文件”对话框中选择“零件”模块，单击 确定 按钮，进入建模环境。

Step 2 创建图 43.350 所示的零件特征——凸台-拉伸 1。选择下拉菜单 插入(I) → 凸台/基体(B) → 拉伸(E)... 命令。选取前视基准面作为草绘基准面，绘制图 43.351 所示的横断面草图；在“凸台-拉伸”对话框 方向 1 区域的下拉列表框中选择 给定深度 选项，输入深度值 20.0。

图 43.350 凸台-拉伸 1

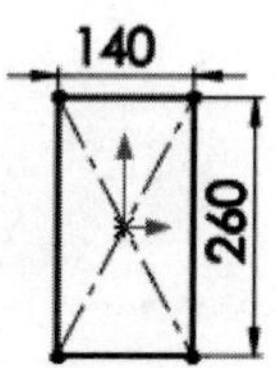

图 43.351 横断面草图（草图 1）

Step 3 创建图 43.352 所示的零件特征——凸台-拉伸 2。选择下拉菜单 插入(I) → 凸台/基体(B) → 拉伸(E)... 命令。选取图 43.352 所示的平面作为草绘基准面，绘制图 43.353 所示的横断面草图；在“凸台-拉伸”对话框 方向 1 区域的下拉列表框中选择 给定深度 选项，输入深度值 8.0。

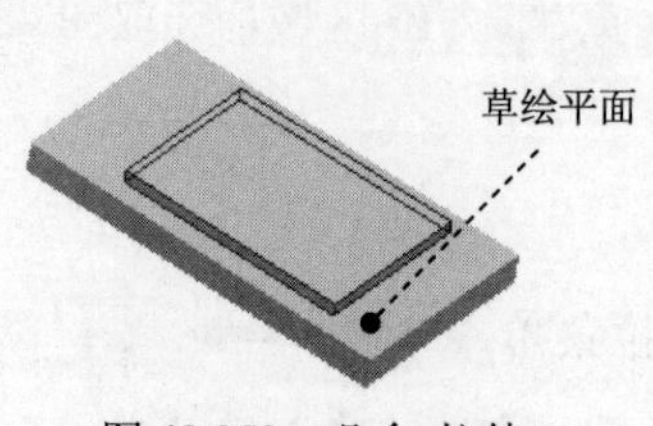

图 43.352 凸台-拉伸 1

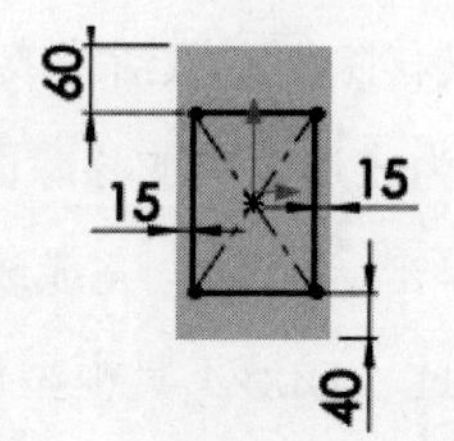

图 43.353 横断面草图（草图 2）

Step 4 创建图 43.354b 所示的圆角 1。选择图 43.354a 所示的边线为圆角对象，圆角半径值为 25.0。

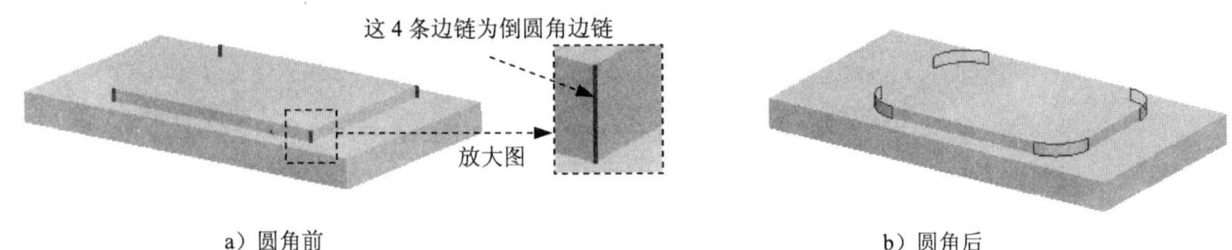

a）圆角前　　b）圆角后

图 43.354　圆角 1

Step 5 创建图 43.355 所示的零件特征——拔模 1。选择下拉菜单 插入(I) → 特征(F) → 拔模(D)... 命令，在“拔模”对话框 拔模类型(T) 区域中选中 中性面(E) 单选按钮。单击以激活对话框的中性面(N) 区域中的文本框，选取图 43.356 所示的模型表面作为拔模中性面。单击以激活对话框的 拔模面(F) 区域中的文本框，选取模型表面作为拔模面。拔模方向如图 43.356 所示，在对话框的拔模角度(G) 区域的 文本框中输入角度值 30.0。

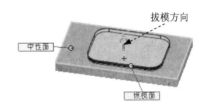

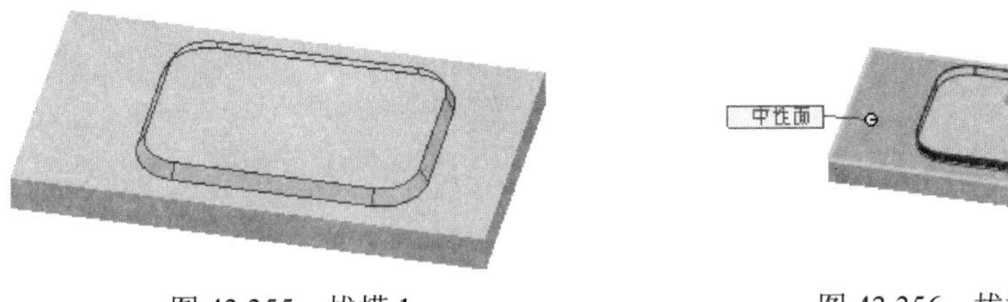

图 43.355　拔模 1　　图 43.356　拔模参数设置

Step 6 创建图 43.357b 所示的圆角 2。选择图 43.357a 所示的边链为圆角对象，圆角半径值为 10.0。

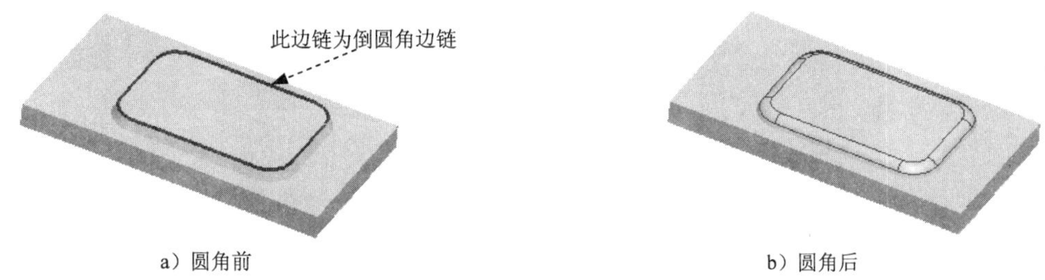

a）圆角前　　b）圆角后

图 43.357　圆角 2

Step 7 创建图 43.358b 所示的圆角 3。选择图 43.358a 所示的边链为圆角对象，圆角半径值为 6.0。

此边链为倒圆角边链

a）圆角前

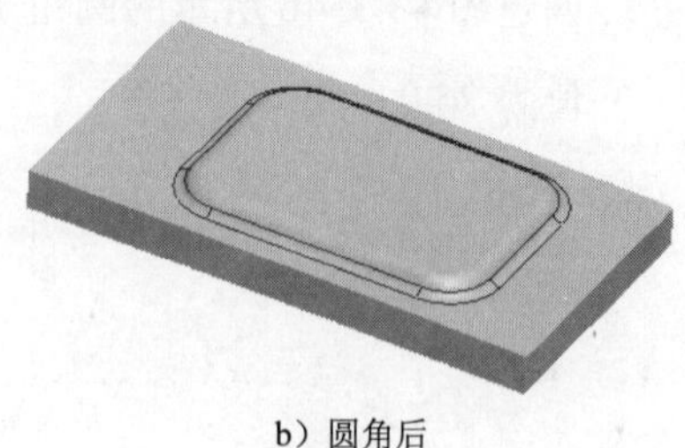

b）圆角后

图 43.358　圆角 3

Step 8 创建图 43.359 所示的零件特征——成形工具 1。

（1）选择命令。选择下拉菜单 插入(I) → 钣金(H) → 成形工具 命令。

（2）定义成形工具属性。

定义停止面。激活“成形工具”对话框的 **停止面** 区域，选取图 43.359 所示的模型表面作为成形工具的停止面。

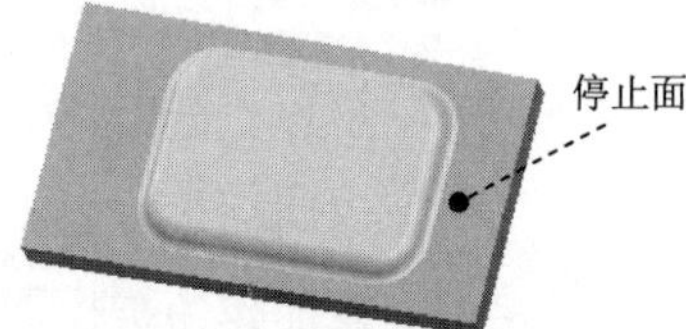

图 43.359　成形工具 1

（3）单击✔按钮，完成成形工具 1 的创建。

Step 9 至此，成形工具模型创建完毕。选择下拉菜单 文件(F) → 保存(S) 命令，把模型保存于 D:\ sw13in\work\ins43 中，并命名为 SM_DIE_15。

Task5．创建如图 43.360 所示的模具 16

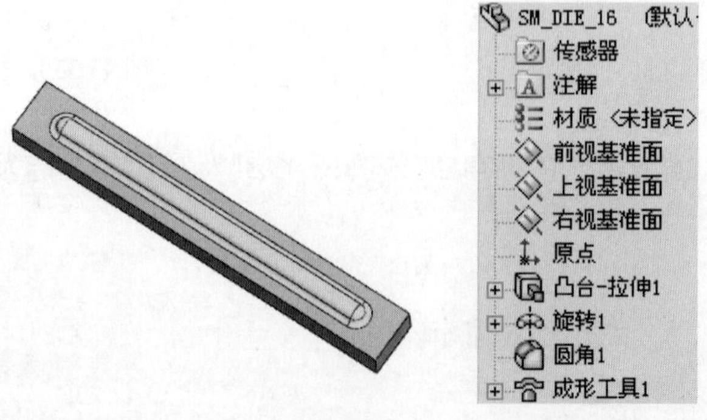

图 43.360　模型及设计树

Step 1 新建模型文件。选择下拉菜单 文件(F) → 新建(N)... 命令，在系统弹出的“新建 SolidWorks 文件”对话框中选择“零件”模块，单击 确定 按钮，进入建模环境。

Step 2 创建图 43.361 所示的零件特征——凸台-拉伸 1。选择下拉菜单 插入(I) → 凸台/基体(B) → 拉伸(E)... 命令。选取上视基准面作为草绘基准面，绘制图

5 Chapter

43.362 所示的横断面草图；在“凸台-拉伸”对话框 方向 1 区域的下拉列表框中选择 给定深度 选项，输入深度值 10.0。

图 43.361　凸台-拉伸 1

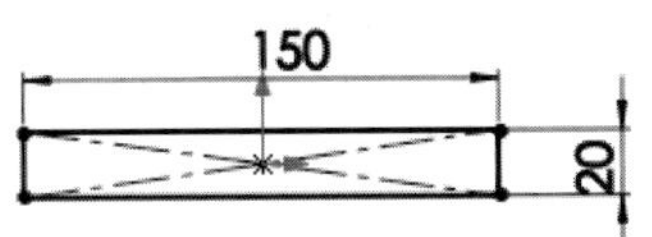

图 43.362　横断面草图（草图 1）

Step 3 创建图 43.363 所示的零件特征——旋转 1。选择下拉菜单 插入(I) → 凸台/基体(B) → 旋转(R)... 命令。选取前视基准面作为草绘基准面，绘制图 43.364 所示的横断面草图（包括旋转中心线）。采用草图中绘制的中心线作为旋转轴线，在 方向1 区域的 文本框中输入数值 360.00。

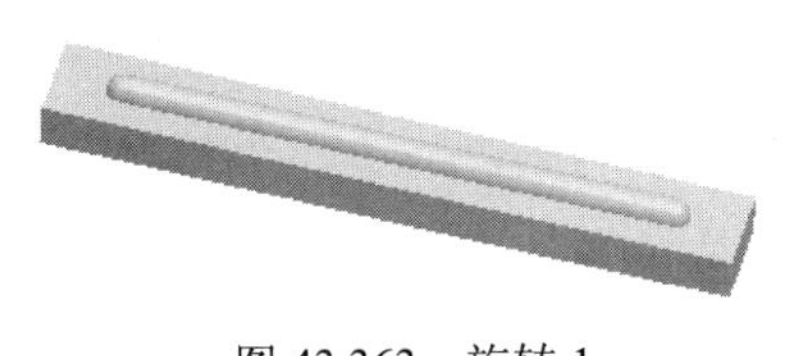

图 43.363　旋转 1

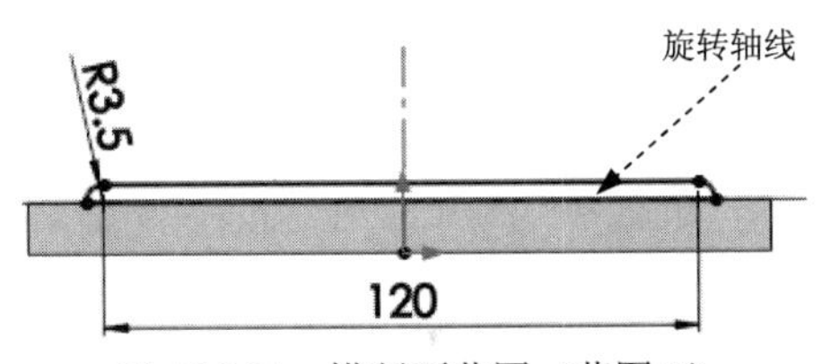

图 43.364　横断面草图（草图 2）

Step 4 创建图 43.365b 所示的圆角 1。选择图 43.365a 所示的边链为圆角对象，圆角半径值为 2.5。

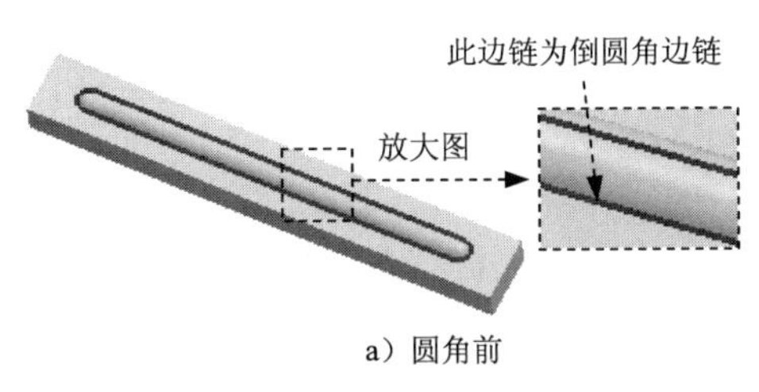

a）圆角前

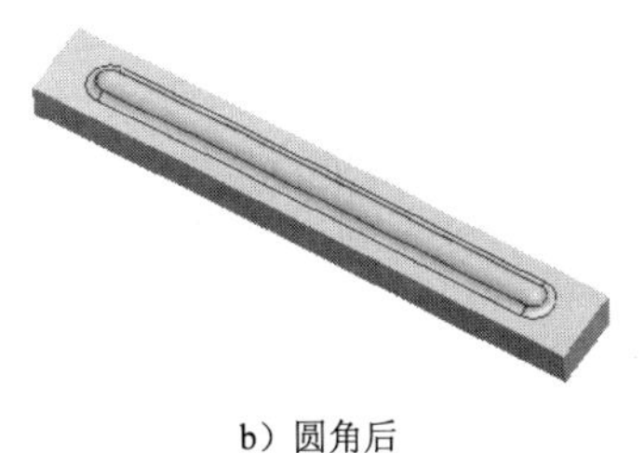

b）圆角后

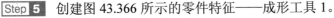

图 43.365　圆角 1

Step 5 创建图 43.366 所示的零件特征——成形工具 1。

（1）选择命令。选择下拉菜单 插入(I) → 钣金(H) → 成形工具 命令。

（2）定义成形工具属性。定义停止面。激活“成形工具”对话框的 停止面 区域，选取图 43.366 所示的模型表面作为成形工具的停止面。

（3）单击 ✓ 按钮，完成成形工具 1 的创建。

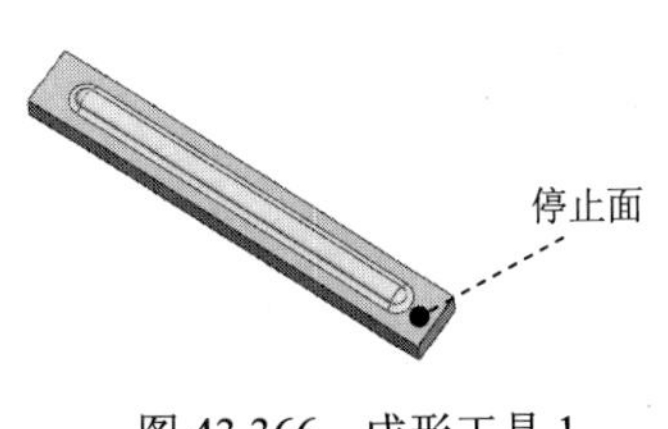

图 43.366　成形工具 1

Step 6 至此，成形工具模型创建完毕。选择下拉菜单文件(F) ➡ 保存(S) 命令，把模型保存于 D:\ sw13in\work\ins43 中，并命名为 SM_DIE_16。

Task6. 创建图 43.367 所示的模具 17

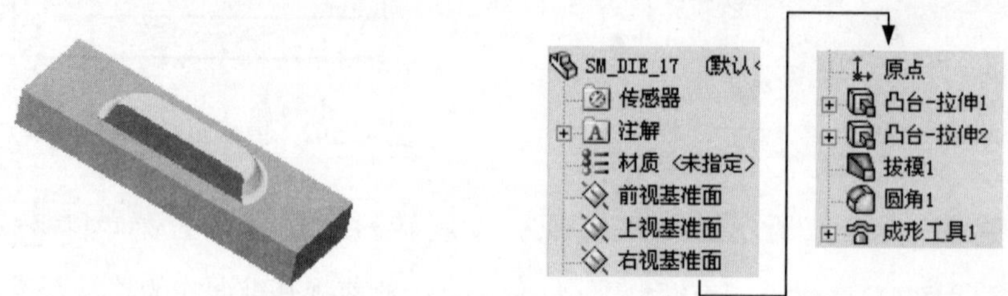

图 43.367　模型及设计树

Step 1 新建模型文件。选择下拉菜单 文件(F) ➡ 新建(N)... 命令，在系统弹出的"新建 SolidWorks 文件"对话框中选择"零件"模块，单击 确定 按钮，进入建模环境。

Step 2 创建图 43.368 所示的零件特征——凸台-拉伸 1。选择下拉菜单 插入(I) ➡ 凸台/基体(B) ➡ 拉伸(E)... 命令。选取上视基准面作为草绘基准面，绘制图 43.369 所示的横断面草图；在"凸台-拉伸"对话框 方向 1 区域的下拉列表框中选择 给定深度 选项，输入深度值 10.0。

图 43.368　凸台-拉伸 1

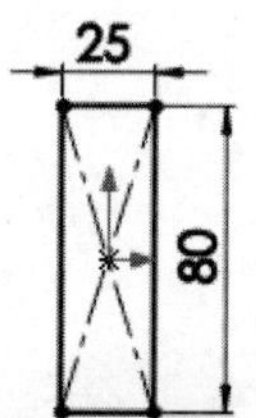

图 43.369　横断面草图（草图 1）

Step 3 创建图 43.370 所示的零件特征——凸台-拉伸 2。选择下拉菜单 插入(I) ➡ 凸台/基体(B) ➡ 拉伸(E)... 命令。选取图 43.370 所示的平面作为草绘基准面，绘制图 43.371 所示的横断面草图；在"凸台-拉伸"对话框 方向 1 区域的下拉列表框中选择 给定深度 选项，输入深度值 5.0。

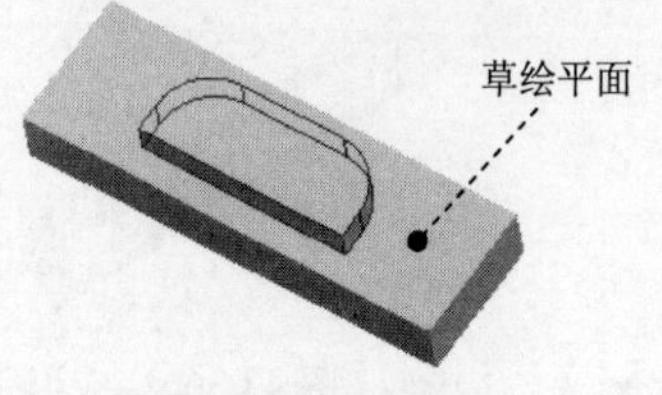

图 43.370　凸台-拉伸 2

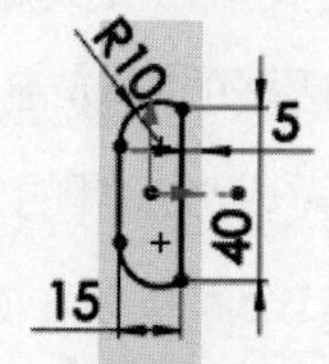

图 43.371　横断面草图（草图 2）

Step 4　创建图 43.372 所示的零件特征——拔模 1。选择下拉菜单 插入(I) → 特征(F) → 拔模(D)... 命令，在“拔模”对话框 拔模类型(T) 区域中选中 ⊙ 中性面(E) 单选按钮。单击以激活对话框的 中性面(N) 区域中的文本框，选取图 43.373 所示的模型表面作为拔模中性面。单击以激活对话框的 拔模面(F) 区域中的文本框，选取模型表面作为拔模面。拔模方向如图 43.373 所示，在对话框的 拔模角度(G) 区域的 文本框中输入角度值 30.0。

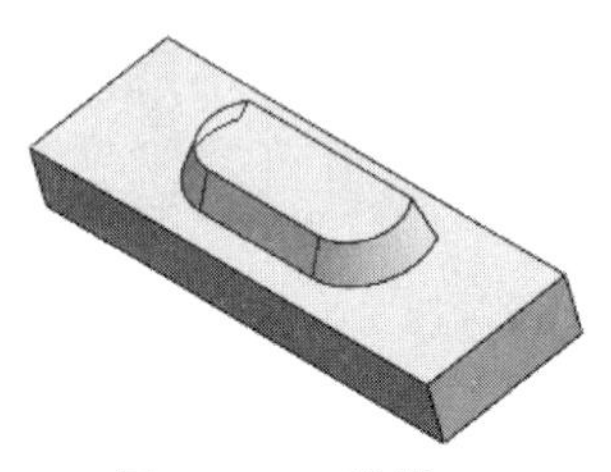

图 43.372　拔模 1

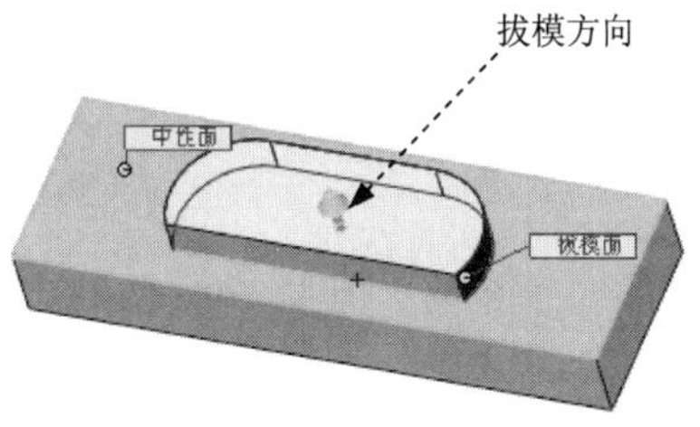

图 43.373　拔模参数设置

Step 5　创建图 43.374b 所示的圆角 1。选择图 43.374a 所示的边线为圆角对象，圆角半径值为 2.5。

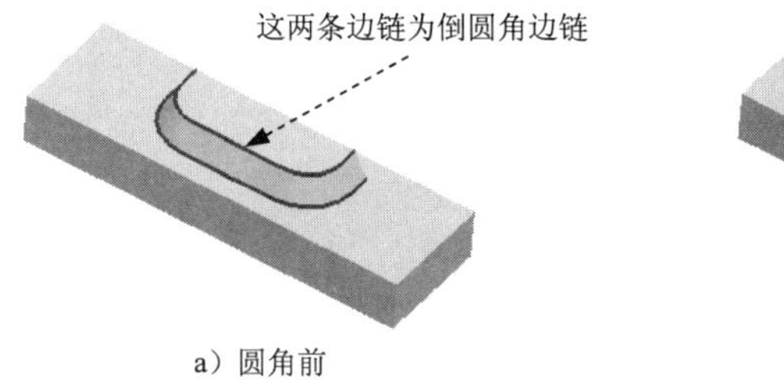

a）圆角前　　b）圆角后

图 43.374　圆角 1

Step 6　创建图 43.375 所示的零件特征——成形工具 1。

（1）选择命令。选择下拉菜单 插入(I) → 钣金(H) → 成形工具 命令。

（2）定义成形工具属性。

① 定义停止面。激活“成形工具”对话框的 停止面 区域，选取图 43.375 所示的模型表面作为成形工具的停止面。

② 定义移除面。激活“成形工具”对话框的 要移除的面 区域，选取图 43.375 所示的模型表面作为成形工具的移除面。

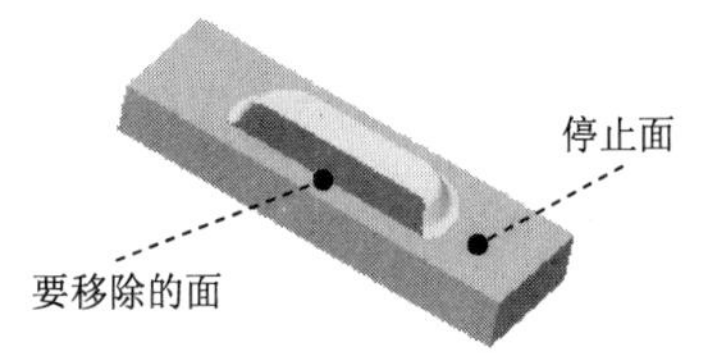

图 43.375　成形工具 1

（3）单击✓按钮，完成成形工具 1 的创建。

Step 7　至此，成形工具模型创建完毕。选择下拉菜单 文件(F) → 保存(S) 命令，把模型保存于 D:\ sw13in\work\ins43 中，并命名为 SM_DIE_17。

Task7. 图 43.376 所示的微波炉外壳后盖的细节设计

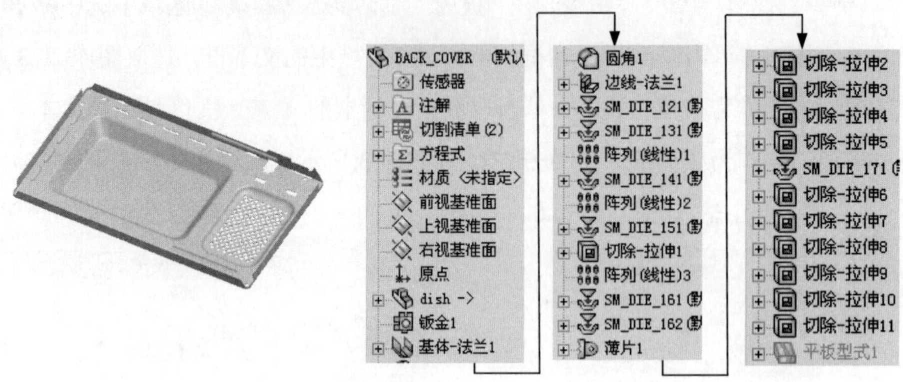

图 43.376 微波炉外壳侧板模型及设计树

Step 1 在装配件中打开微波炉后盖（BACK_COVER）。在设计树中选择 (固定) BACK_COVER 后右击，在系统弹出的快捷菜单中单击按钮。

Step 2 创建图 43.377b 所示的圆角 1。选择图 43.377a 所示的边线为圆角对象，圆角半径值为 8.0。

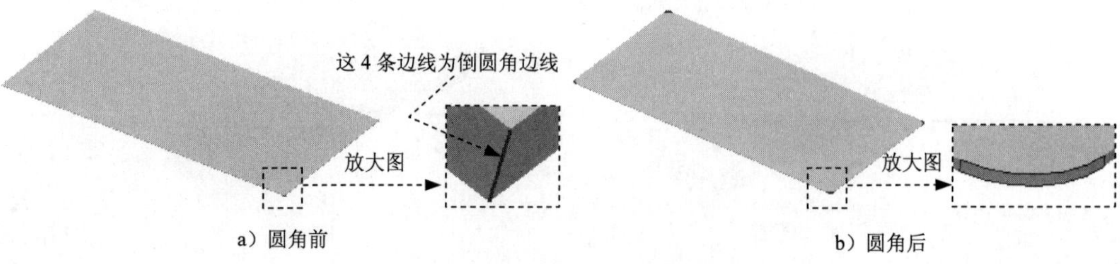

a）圆角前 b）圆角后

图 43.377 圆角 1

Step 3 创建图 43.378 所示的钣金特征——边线-法兰 1。

（1）选择命令。选择下拉菜单 插入(I) → 钣金(H) → 边线法兰(E)... 命令，系统弹出“边线法兰”对话框。

（2）定义特征的边线。选取图 43.379 所示的模型边链为生成的边线法兰的边线。

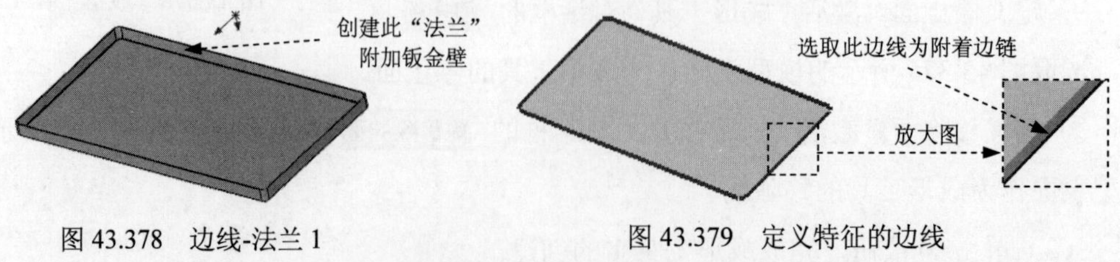

图 43.378 边线-法兰 1　　图 43.379 定义特征的边线

（3）定义法兰参数。在 法兰参数(P) 区域中取消选中 使用默认半径(U) 复选框，在文本框中输入折弯半径为 0.7。在 角度(G) 区域中的文本框中输入角度值 90.0。在法兰长度(L)区域的下拉列表框中选择给定深度选项，输入深度值 20.0。在此区域中单击“内部虚拟交点”按钮。在法兰位置(N)区域中单击“材料在内”按钮。

（4）单击按钮，完成边线-法兰 1 的初步创建。

Step 4 创建图 43.380 所示的成形特征 1。

（1）单击任务窗格中的“设计库”按钮，打开“设计库”对话框。

（2）单击“设计库”对话框中的 ins43 节点，在设计库下部的列表框中选择“SM_DIE_12”文件并拖动到图 43.380 所示的平面，在系统弹出的“成形工具特征”对话框中单击按钮。

（3）单击设计树中 SM_DIE_121 (默认) ->节点前的“加号”，右击 草图5 特征，在系统弹出的快捷菜单中选择命令，进入草图环境。

（4）编辑草图，如图 43.381 所示（注：若草图方向不对，可通过工具(T) → 草图工具(T) → 修改(Y)...命令，在旋转(R)对话框中输入角度修改）。退出草图环境，完成成形特征 1 的创建。

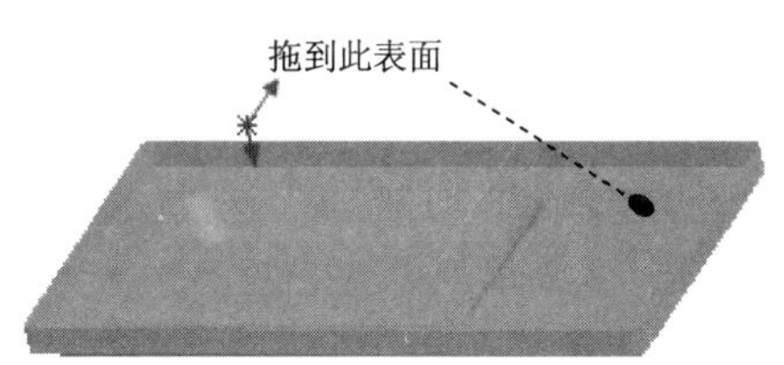

图 43.380 创建成形特征 1

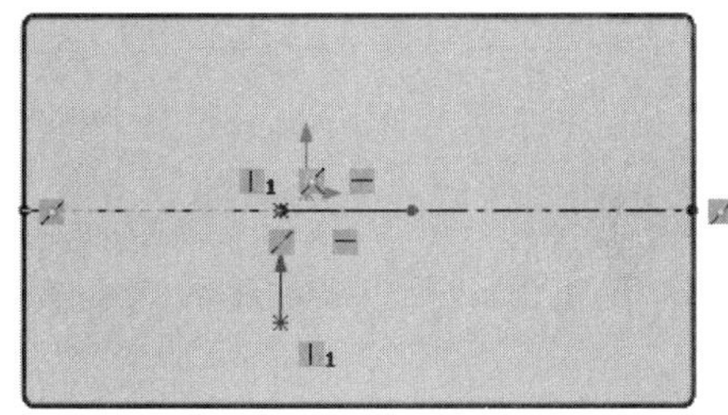
图 43.381 横断面草图（草图 1）

Step 5 创建图 43.382 所示的成形特征 2。

（1）单击任务窗格中的“设计库”按钮，打开“设计库”对话框。

（2）单击“设计库”对话框中的 ins43 节点，在设计库下部的列表框中选择“SM_DIE_13 文件并拖动到图 46.382 所示的平面，在系统弹出的“成形工具特征”对话框旋转角度(A)区域的文本框中输入 180，单击按钮。

（3）单击设计树中 SM_DIE_131 (默认) ->节点前的“加号”，右击 (-) 草图7 特征，在系统弹出的快捷菜单中选择命令，进入草图环境。

（4）编辑草图如图 43.383 退出草图环境，完成成形特征 2 创建。

Step 6 创建图 43.384 所示的阵列（线性）1。选择下拉菜单插入(I) → 阵列/镜向(E) → 线性阵列(L)...命令。选取成形特征 2 作为要阵列的对象，在图形区选取图 43.385 所示的边线为方向 1 的参考方向(单击边线如图 43.385 所指的位置)。在对话框中输入间距值 50.0，输入实例数 5。

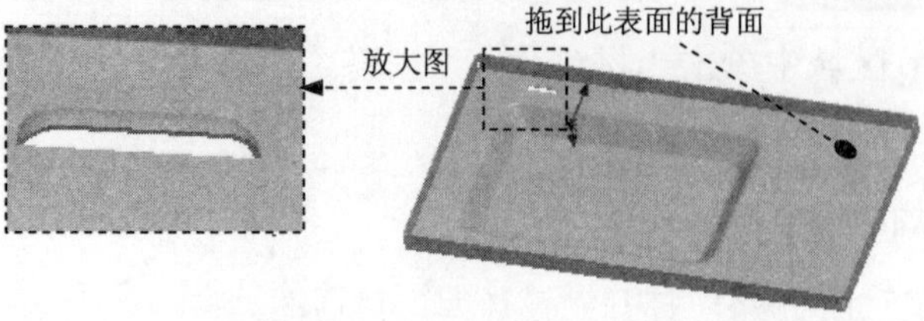

图 43.382　成形工具 2 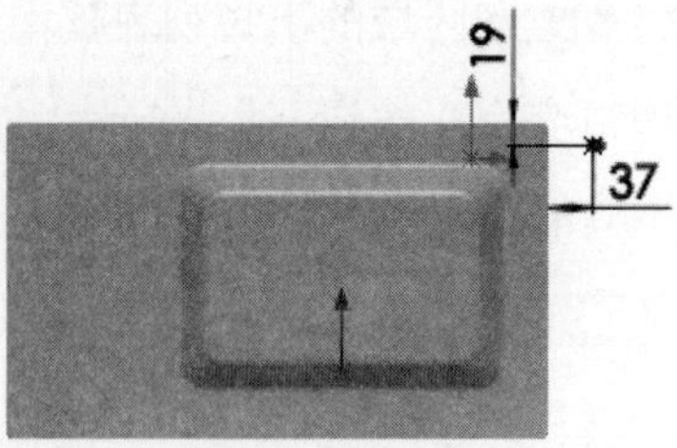　　　图 43.383　横断面草图（草图 2）

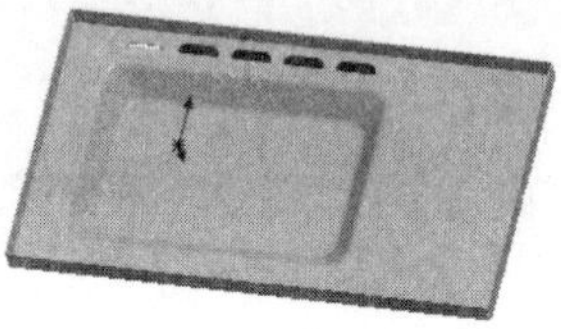

图 43.384　阵列（线性）1 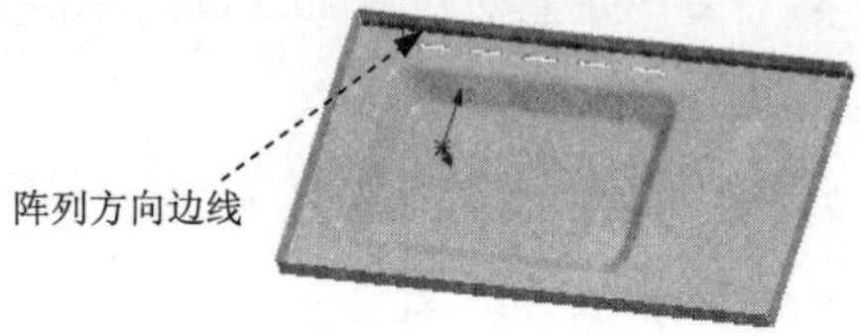　　　图 43.385　阵列参考方向边线

Step 7 创建图 43.386 所示的成形特征 3。

（1）单击任务窗格中的“设计库”按钮，打开“设计库”对话框。

（2）单击“设计库”对话框中的 ins43 节点，在设计库下部的列表框中选择“SM_DIE_14 文件并拖动到图 49.387 所示的平面，在系统弹出的“成形工具特征”对话框 旋转角度(A) 区域的文本框中输入 270，单击按钮。

（3）单击设计树中 SM_DIE_141 (默认) -> 节点前的“加号”，右击 草图9 特征，在系统弹出的快捷菜单中选择命令，进入草图环境。

（4）编辑草图，如图 43.387 所示（注：若草图方向不对，可通过 工具(T) → 草图工具(T) → 修改(Y)... 命令，在 旋转(R) 对话框中输入角度修改）。退出草图环境，完成成形特征 3 创建。

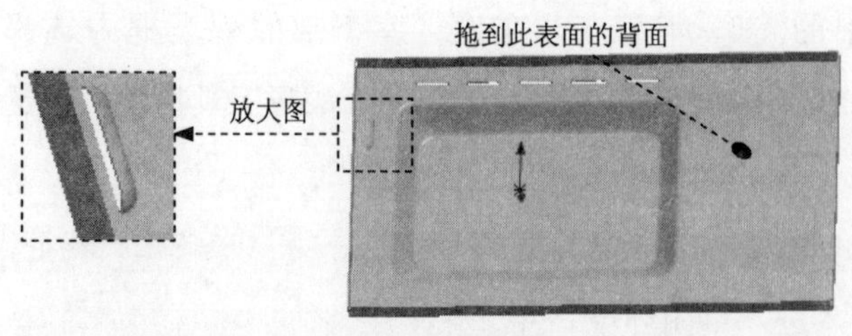

图 43.386　成形特征 3

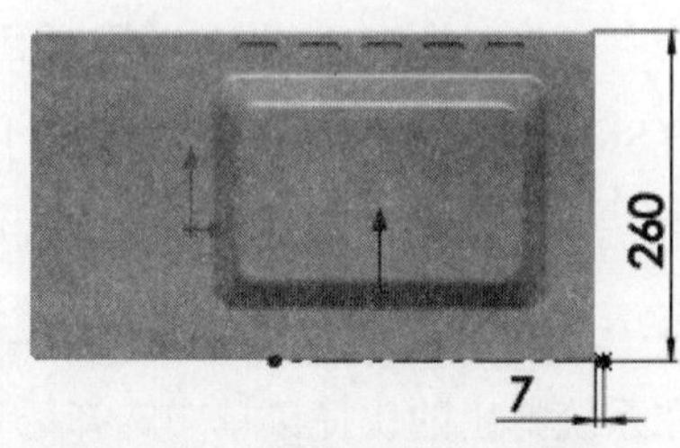

图 43.387　横断面草图（草图 3）

Step 8 创建图 43.388 所示的阵列（线性）2。选择下拉菜单 插入(I) → 阵列/镜向(E) → 线性阵列(L)... 命令。选取成形特征 3 作为要阵列的对象，在图形区选取图 43.389 所示的边线为 方向 1 的参考方向（单击边线如图 43.389 所指的位置）。在对话框中输入间距值 45.0，输入实例数 4。

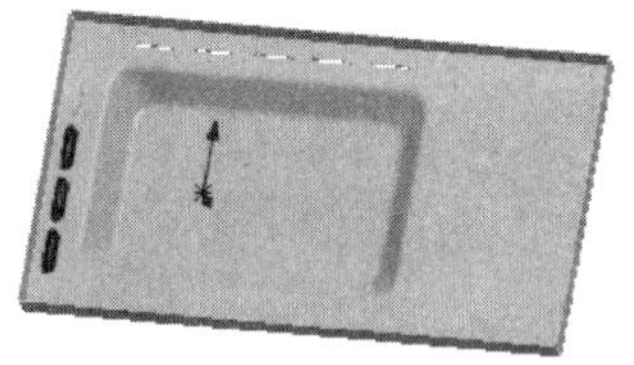

图 43.388　阵列（线性）2

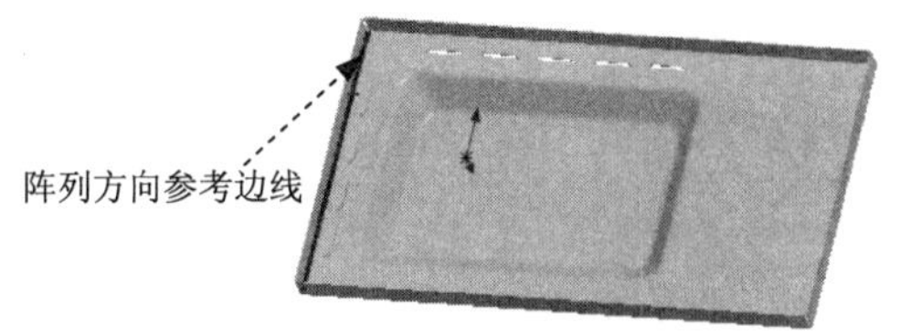

图 43.389　阵列参考方向边线

Step 9　创建图 43.390 所示的成形特征 4。

（1）单击任务窗格中的“设计库”按钮，打开“设计库”对话框。

（2）单击“设计库”对话框中的 ins43 节点，在设计库下部的列表框中选择“SM_DIE_15”文件并拖动到图 43.390 所示的平面，在系统弹出的“成形工具特征”对话框 旋转角度(A) 区域的文本框中输入 180，单击按钮。

（3）单击设计树中 SM_DIE_151 (默认) -> 节点前的“加号”，右击 草图11 特征，在系统弹出的快捷菜单中选择命令，进入草图环境。

（4）编辑草图，如图 43.391 所示（注：若草图方向不对，可通过 工具(T) → 草图工具(T) → 修改(Y)... 命令，在 旋转(R) 对话框中输入角度修改）。退出草图环境，完成成形特征 4 的创建。

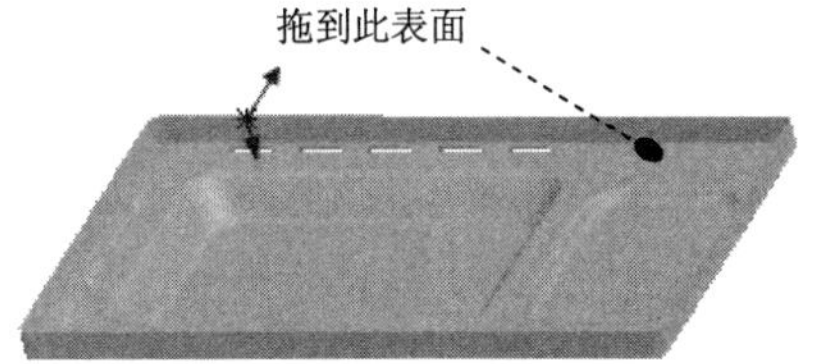

图 43.390　成形特征 4

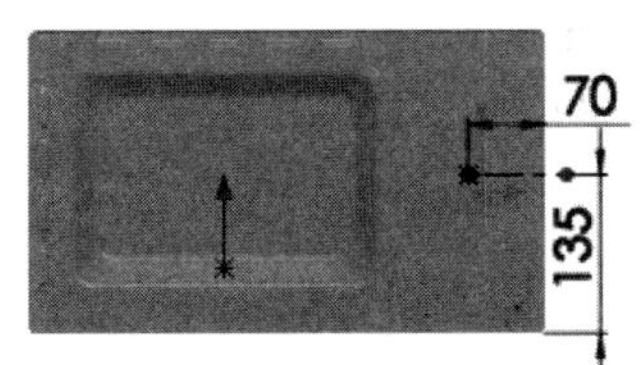

图 43.391　横断面草图（草图 4）

Step 10　创建图 43.392 所示的零件特征——切除-拉伸 1。选择下拉菜单 插入(I) → 切除(C) → 拉伸(E)... 命令。选取图 43.392 所示平面作为草绘基准面，绘制图 43.393 所示的横断面草图。在“切除-拉伸”对话框 方向 1 区域的下拉列表框中选择 完全贯穿 选项。

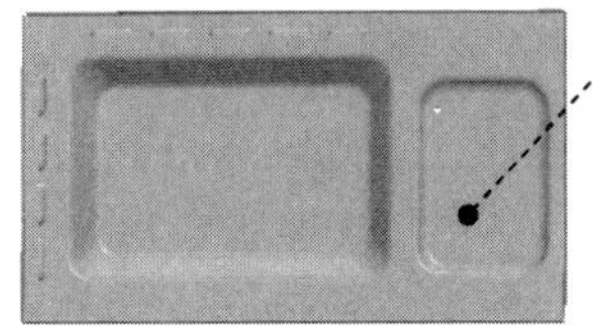

图 43.392　切除-拉伸 1

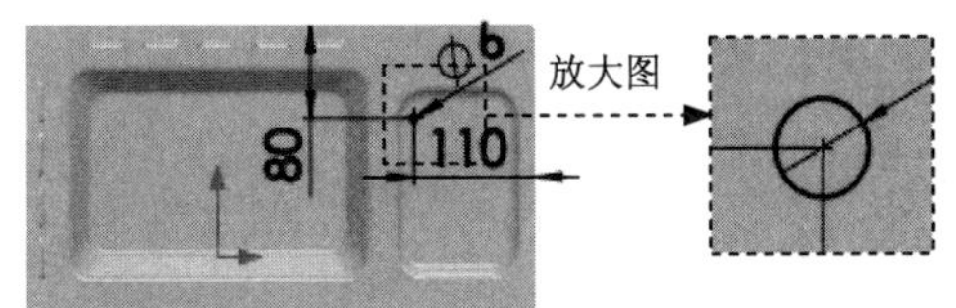

图 43.393　横断面草图（草图 5）

Step 11　创建图 43.394 所示的阵列（线性）3。选择下拉菜单 插入(I) → 阵列/镜向(E) → 线性阵列(L)... 命令。选取切除-拉伸 1 作为要阵列的对象，在图形区选

5 Chapter

取图 43.395 所示的边线为 方向1 的参考方向（单击边线如图 43.395 所指的位置）。在对话框中输入间距值 8.0，输入实例数 11。在图形区选取图 43.395 所示的边线为 方向2 的参考方向（单击边线如图所指的位置）。在对话框中输入间距值 10.0，输入实例数 12。

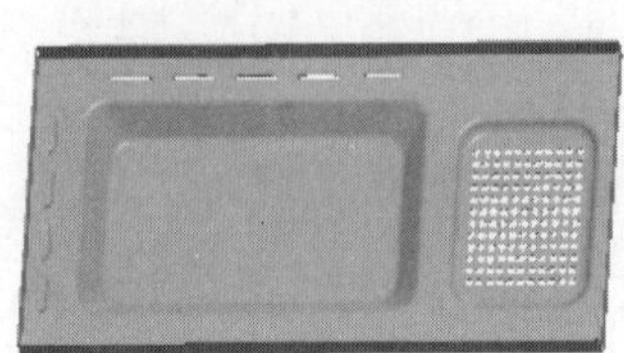

图 43.394　阵列（线性）3

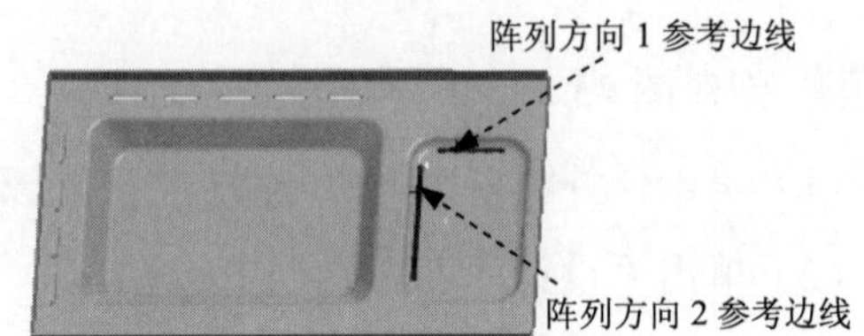

图 43.395　阵列参考方向边线

Step 12 创建图 43.396 所示的成形特征 5。

（1）单击任务窗格中的“设计库”按钮，打开“设计库”对话框。

（2）单击“设计库”对话框中的 ins43 节点，在设计库下部的列表框中选择“SM_DIE_16”文件并拖动到图 43.396 所示的平面，在系统弹出的“成形工具特征”对话框 旋转角度(A) 区域的文本框中输入 0，单击按钮。

（3）单击设计树中 SM_DIE_161 (默认) -> 节点前的“加号”，右击 草图14 特征，在系统弹出的快捷菜单中选择命令，进入草图环境。

（4）编辑草图，如图 43.397 所示（注：若草图方向不对，可通过 工具(T) → 草图工具(T) → 修改(Y)... 命令，在 旋转(R) 对话框中输入角度修改）。退出草图环境，完成成形特征 5 的创建。

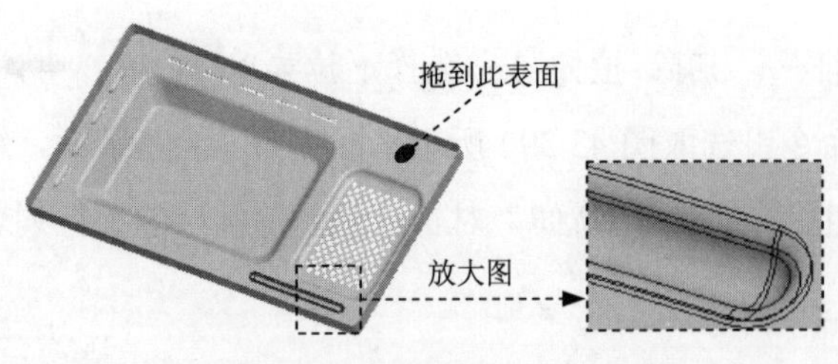

图 43.396　成形特征 5

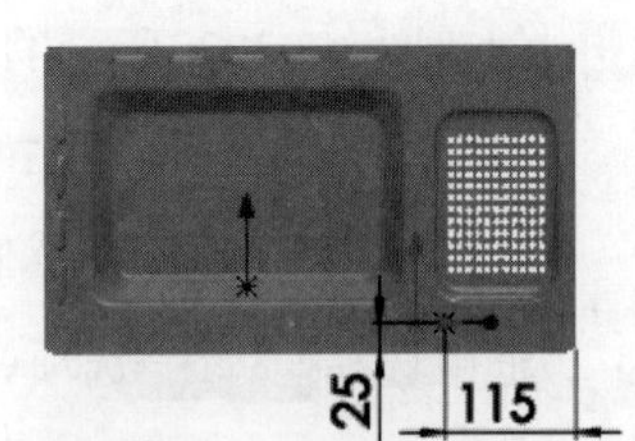

图 43.397　横断面草图（草图 6）

Step 13 创建图 43.398 所示的成形特征 6。

（1）单击任务窗格中的“设计库”按钮，打开“设计库”对话框。

（2）单击“设计库”对话框中的 ins43 节点，在设计库下部的列表框中选择“SM_DIE_16”文件并拖动到图 43.398 所示的平面，在系统弹出的“成形工具特征”对话框中单击按钮。

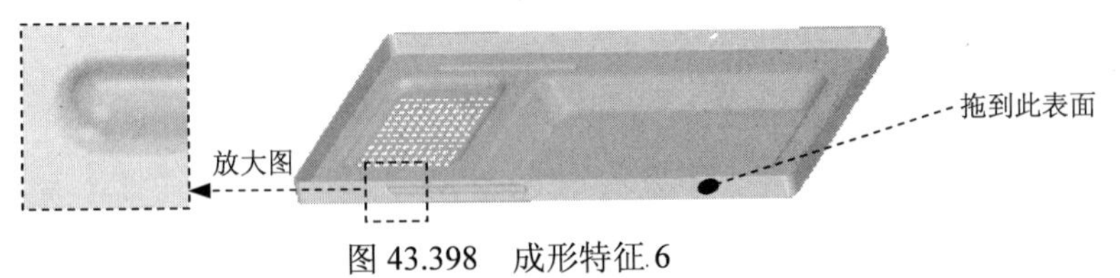

图 43.398 成形特征 6

（3）单击设计树中 SM_DIE_161 (默认) ->节点前的“加号”，右击 草图16 特征，在系统弹出的快捷菜单中选择命令，进入草图环境。

（4）编辑草图，如图 43.399 所示（注：若草图方向不对。可通过 工具(T) → 草图工具(T) → 修改(Y)... 命令，在旋转(R)对话框中输入角度修改）。退出草图环境，完成成形特征 6 的创建。

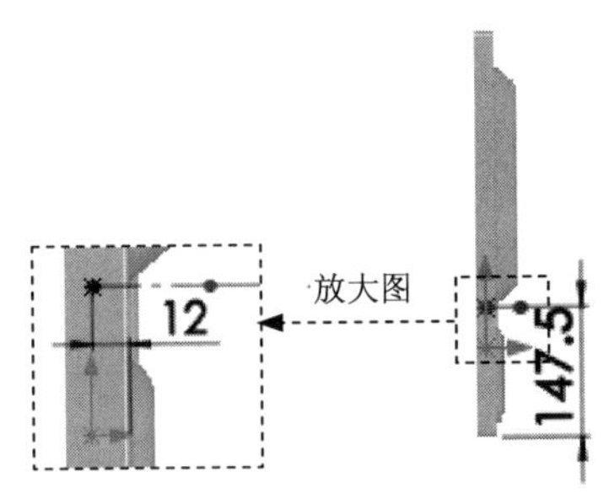

图 43.399 横断面草图（草图 7）

Step 14 创建图 43.400 所示的钣金特征——薄片 1。

（1）选择命令。选择下拉菜单 插入(I) → 钣金(H) → 基体法兰(A)... 命令。

（2）定义特征的横断面草图。选取图 43.400 作为草绘基准面，绘制图 43.401 所示的横断面草图；退出草图平面，此时系统自动生成薄片 1。

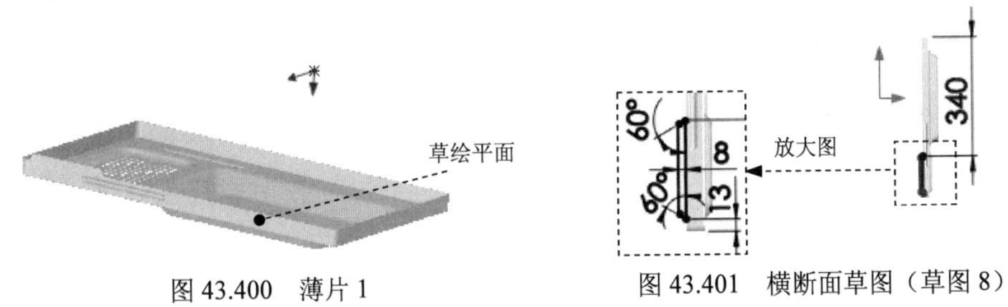

图 43.400 薄片 1　　图 43.401 横断面草图（草图 8）

Step 15 创建图 43.402 所示的特征——切除-拉伸 2。选择下拉菜单 插入(I) → 切除(C) → 拉伸(E)... 命令。选取图 43.402 所示平面作为草绘基准面，绘制图 43.403 所示的横断面草图。在“切除-拉伸”对话框 方向1 区域的下拉列表框中选择 给定深度 选项，输入深度值 20.0。

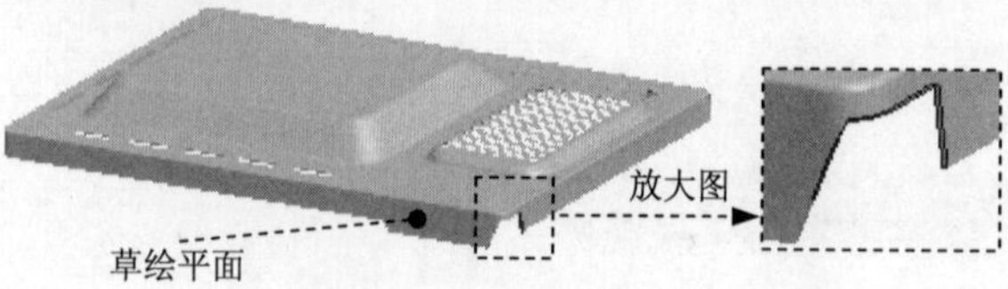

放大图

草绘平面

图 43.402　切除-拉伸 2

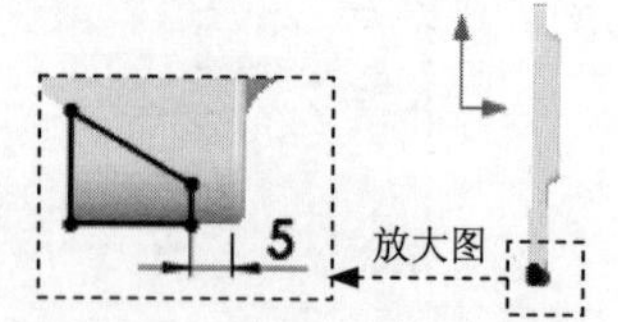

图 43.403　横断面草图（草图 9）

Step 16 创建图 43.404 所示的特征——切除-拉伸 3。选择下拉菜单 插入(I) → 切除(C) → 拉伸(E)... 命令。选取图 43.404 所示平面作为草绘基准面，绘制图 43.405 所示的横断面草图。在“切除-拉伸”对话框 方向 1 区域的下拉列表框中选择 给定深度 选项，输入深度值 20.0。

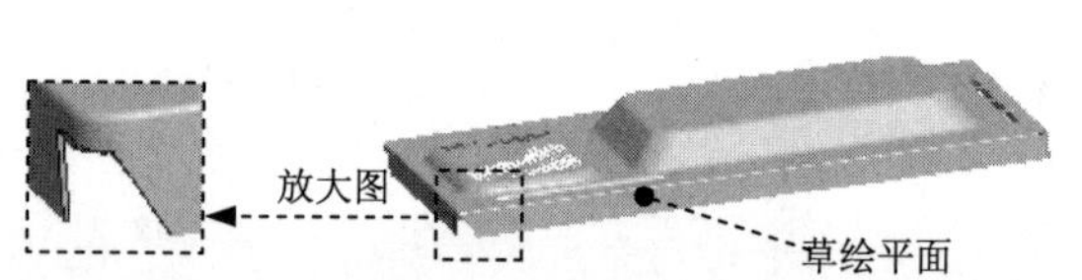

图 43.404　切除-拉伸 3

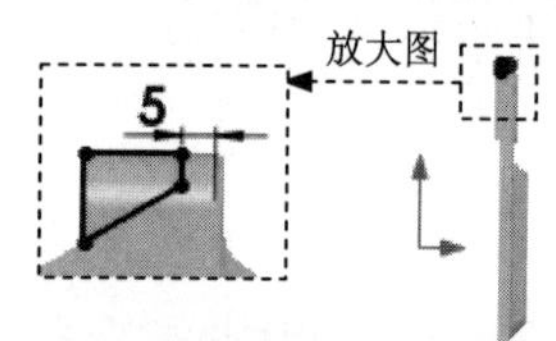

图 43.405　横断面草图（草图 10）

Step 17 创建图 43.406 所示的特征——切除-拉伸 4。选择下拉菜单 插入(I) → 切除(C) → 拉伸(E)... 命令。选取图 43.406 所示平面作为草绘基准面，绘制图 43.407 所示的横断面草图。在“切除-拉伸”对话框 方向 1 区域的下拉列表框中选择 给定深度 选项，输入深度值 20.0。

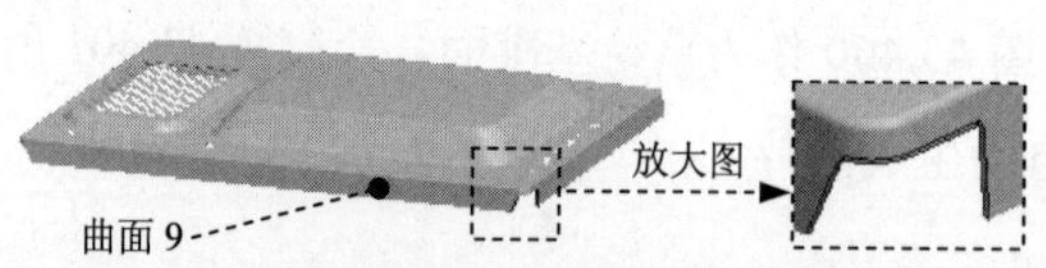

图 43.406　切除-拉伸 4

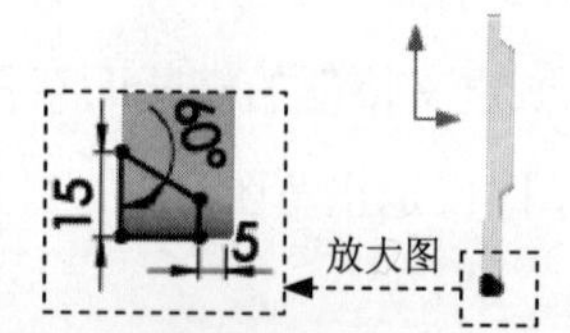

图 43.407　横断面草图（草图 11）

Step 18 创建图 43.408 所示的特征——切除-拉伸 5。选择下拉菜单 插入(I) → 切除(C) → 拉伸(E)... 命令。选取图 43.408 所示平面作为草绘基准面，绘制图 43.409 所示的横断面草图。在“切除-拉伸”对话框 方向 1 区域的下拉列表框中选择 给定深度 选项，输入深度值 20.0。

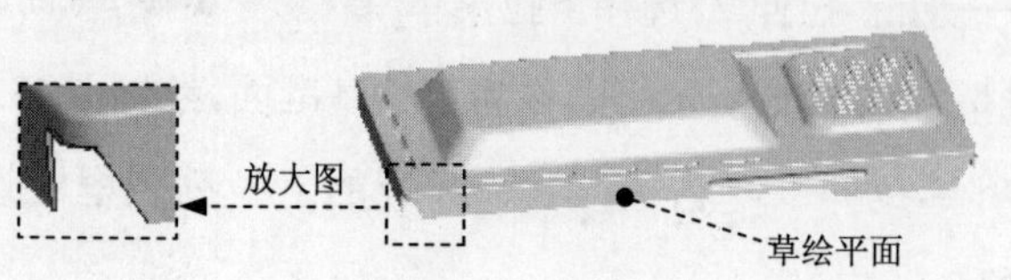

图 43.408　切除-拉伸 5

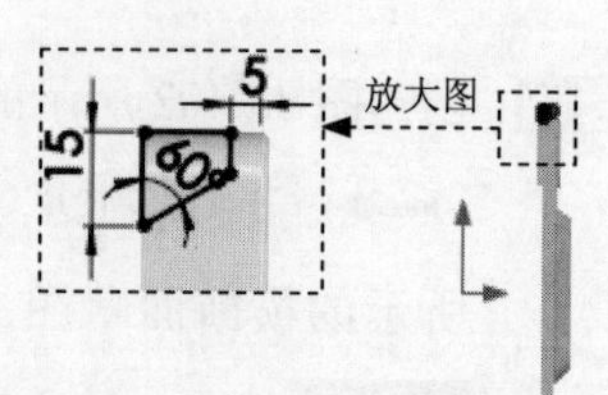

图 43.409　横断面草图（草图 12）

Step 19　创建图 43.410 所示的成形特征 7。

（1）单击任务窗格中的“设计库”按钮，打开“设计库”对话框。

（2）单击“设计库”对话框中的 ins43 节点，在设计库下部的列表框中选择“SM_DIE_17”文件并拖动到图 43.410 所示的平面，在系统弹出的“成形工具特征”对话框旋转角度(A)区域的文本框中输入 180，单击✔按钮。

（3）单击设计树中 SM_DIE_171 (默认) ->节点前的“加号”，右击 (-) 草图23 特征，在系统弹出的快捷菜单中选择命令，进入草图环境。

（4）编辑草图，如图 43.411 所示（注：若草图方向不对，可通过 工具(T) ➡ 草图工具(T) ➡ 修改(Y)... 命令，在旋转(R)对话框中输入角度修改）。退出草图环境，完成成形特征 7 的创建。

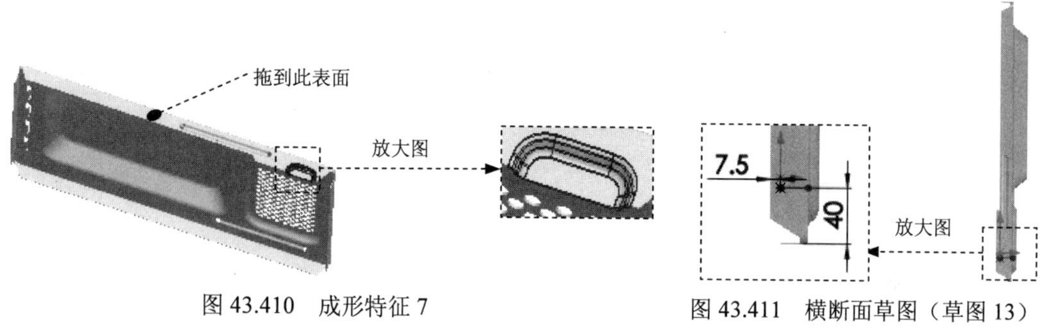

图 43.410　成形特征 7　　　图 43.411　横断面草图（草图 13）

Step 20　创建图 43.412 所示的特征——切除-拉伸 6。选择下拉菜单 插入(I) ➡ 切除(C) ➡ 拉伸(E)... 命令。选取图 43.412 所示平面作为草绘基准面，绘制图 43.413 所示的横断面草图。在“切除-拉伸”对话框 方向 1 区域的下拉列表框中选择 给定深度 选项，输入深度值 3.0。

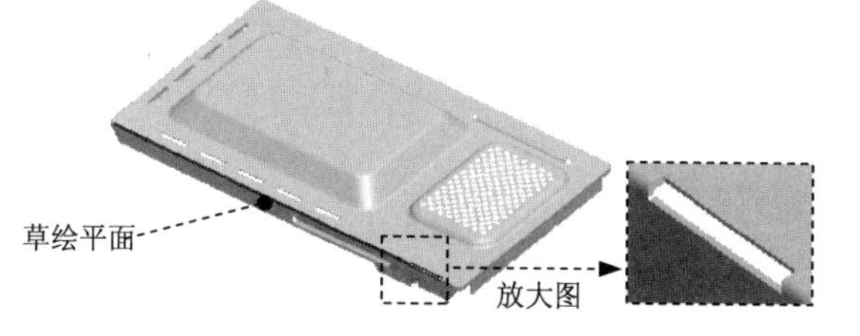

图 43.412　切除-拉伸 6

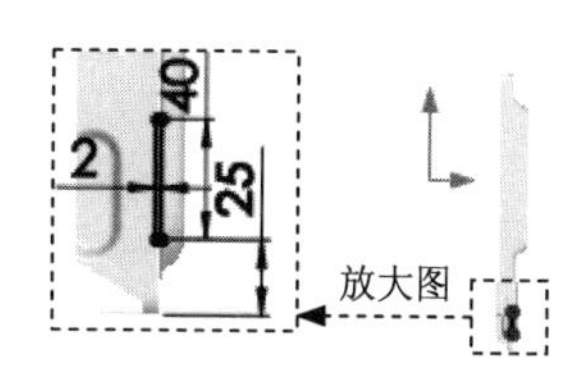

图 43.413　横断面草图（草图 14）

Step 21　创建图 43.414 所示的特征——切除-拉伸 7。选择下拉菜单 插入(I) ➡ 切除(C) ➡ 拉伸(E)... 命令。选取图 43.414 所示平面作为草图基准面，绘制图 43.415 所示的横断面草图。在“切除-拉伸”对话框 方向 1 区域的下拉列表框中选择 给定深度 选项，输入深度值 5.0。

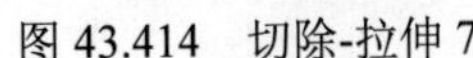

图 43.414　切除-拉伸 7

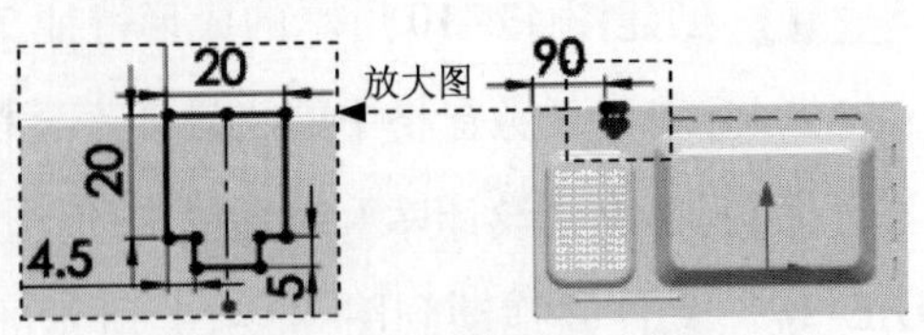

图 43.415　横断面草图（草图 15）

Step 22 创建图 43.416 所示的特征——切除-拉伸 8。选择下拉菜单 插入(I) → 切除(C) → 拉伸(E)... 命令。选取图 43.416 所示平面作为草绘基准面，绘制图 43.417 所示的横断面草图。在“切除-拉伸”对话框 方向 1 区域的下拉列表框中选择 给定深度 选项，输入深度值 3.0。

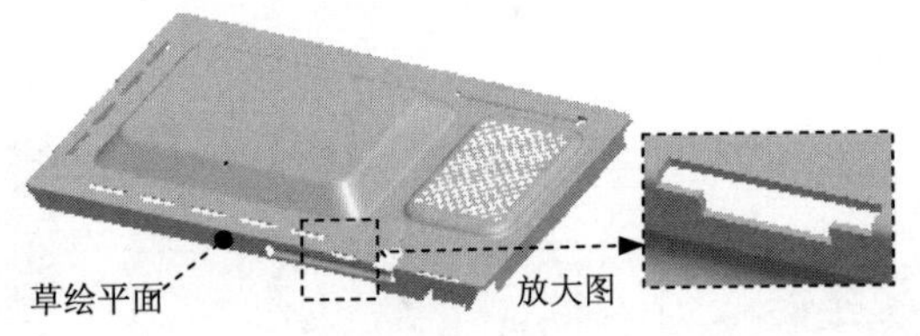

图 43.416　切除-拉伸 8

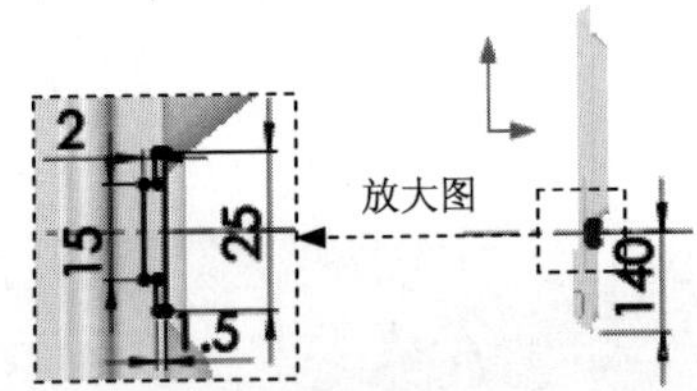

图 43.417　横断面草图（草图 16）

Step 23 创建图 43.418 所示的特征——切除-拉伸 9。选择下拉菜单 插入(I) → 切除(C) → 拉伸(E)... 命令。选取图 43.418 所示平面作为草绘基准面，绘制图 43.419 所示的横断面草图。在“切除-拉伸”对话框 方向 1 区域的下拉列表框中选择 给定深度 选项，输入深度值 3.0。

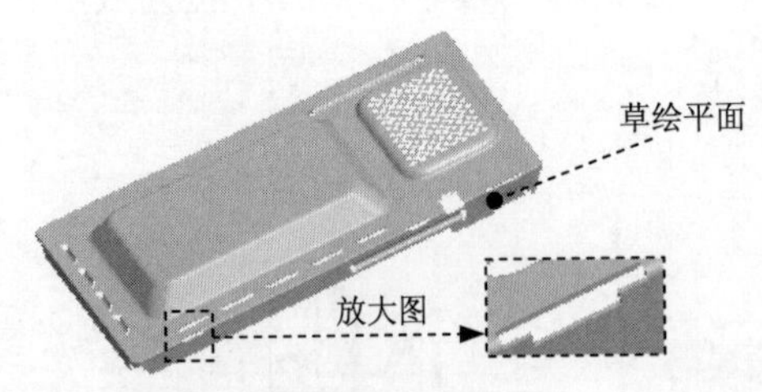

图 43.418　切除-拉伸 9

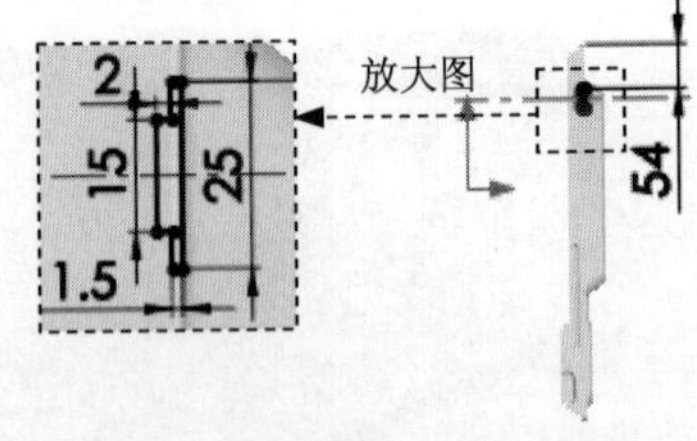

图 43.419　横断面草图（草图 17）

Step 24 创建图 43.420 所示的特征——切除-拉伸 10。选择下拉菜单 插入(I) → 切除(C) → 拉伸(E)... 命令。选取图 43.420 所示平面作为草绘基准面，绘制图 43.421 所示的横断面草图。在“切除-拉伸”对话框 方向 1 区域的下拉列表框中选择 给定深度 选项，输入深度值 3.0。

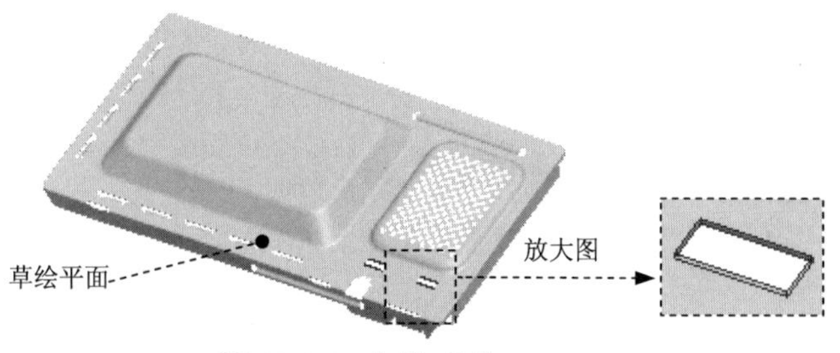

图 43.420 切除-拉伸 10

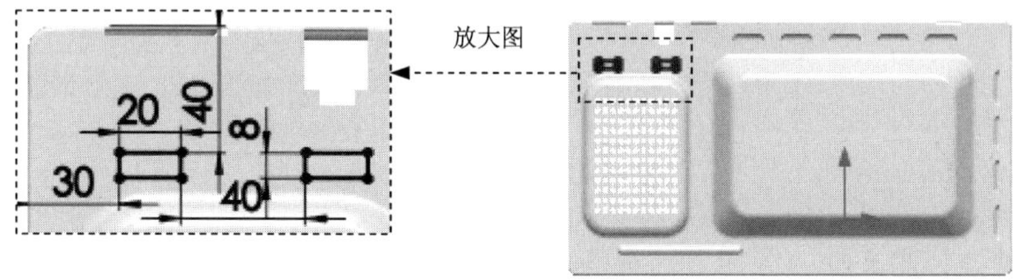

图 43.421 横断面草图（草图 18）

Step 25 创建图 43.422 所示的特征——切除-拉伸 11。选择下拉菜单 插入(I) → 切除(C) → 拉伸(E)... 命令。选取图 43.422 所示平面作为草绘基准面，绘制图 43.423 所示的横断面草图。在"切除-拉伸"对话框 方向 1 区域的下拉列表框中选择 给定深度 选项，输入深度值 3.0。

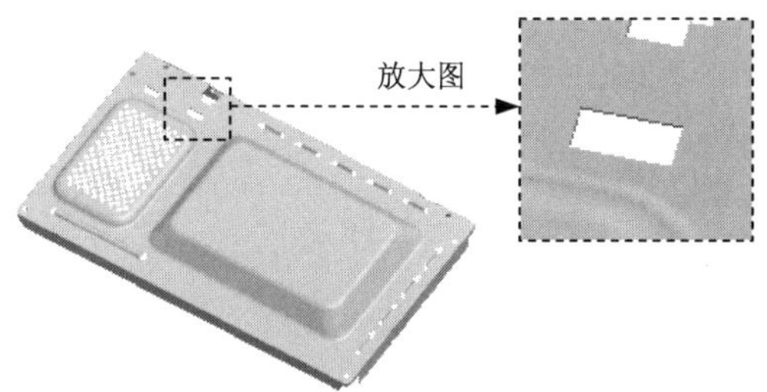

图 43.422 切除-拉伸 11

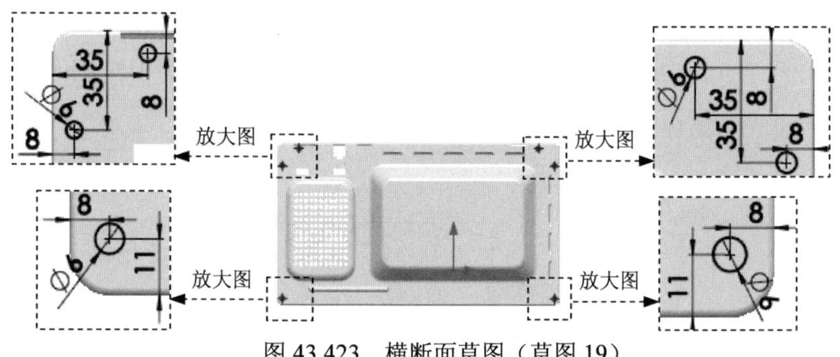

图 43.423 横断面草图（草图 19）

Step 26 保存模型。选择下拉菜单 文件(F) → 保存(S) 命令，保存模型。

43.10 创建微波炉外壳顶盖

Task1. 创建如图 43.424 所示的模具 18

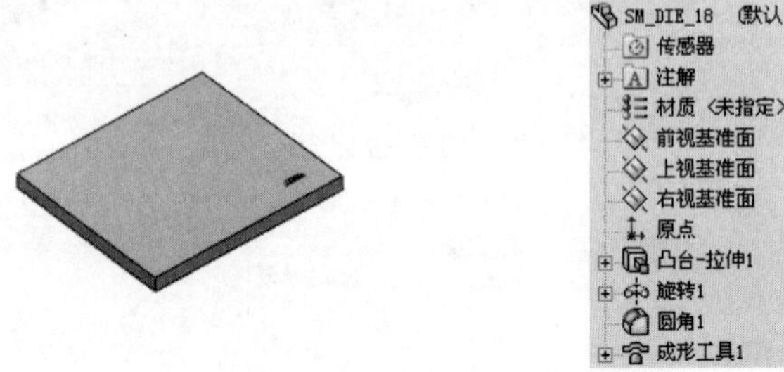

图 43.424 模型及设计树

Step 1 新建模型文件。选择下拉菜单 文件(F) → 新建(N)... 命令，在系统弹出的“新建 SolidWorks 文件”对话框中选择“零件”模块，单击 确定 按钮，进入建模环境。

Step 2 创建图 43.425 所示的零件特征——凸台-拉伸 1。选择下拉菜单 插入(I) → 凸台/基体(B) → 拉伸(E)... 命令。选取右视基准面作为草绘基准面，绘制图 43.426 所示的横断面草图；在“凸台-拉伸”对话框 方向 1 区域的下拉列表框中选择 给定深度 选项，输入深度值 20.0。

图 43.425 凸台-拉伸 1

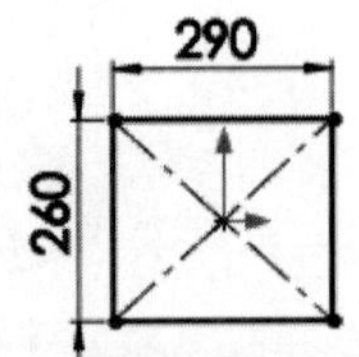

图 43.426 横断面草图（草图 1）

Step 3 创建图 43.427 所示的零件特征——旋转 1。选择下拉菜单 插入(I) → 凸台/基体(B) → 旋转(R)... 命令。选取图 43.427 所示平面作为草绘基准面，绘制图 43.428 所示的横断面草图（包括旋转中心线）。采用草图中绘制的中心线作为旋转轴线，在 方向1 区域的 文本框中输入数值 90.00。

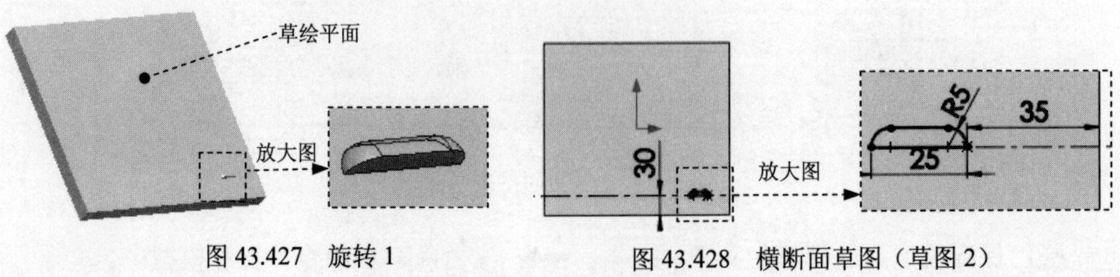

图 43.427 旋转 1

图 43.428 横断面草图（草图 2）

Step 4 创建图 43.429b 所示的圆角 1。选择图 43.429a 所示的边线为圆角对象，圆角半径值为 2.5。

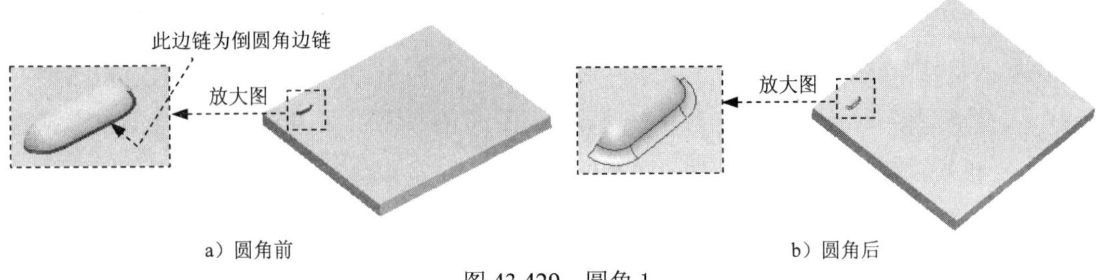

a）圆角前 b）圆角后

图 43.429 圆角 1

Step 5 创建图 43.430 所示的零件特征——成形工具 1。

（1）选择命令。选择下拉菜单 插入(I) → 钣金(H) → 成形工具 命令。

（2）定义成形工具属性。

① 定义停止面。激活“成形工具”对话框的 **停止面** 区域，选取图 43.430 所示的模型表面作为成形工具的停止面。

② 定义移除面。激活“成形工具”对话框的 **要移除的面** 区域，选取图 43.430 所示的模型表面作为成形工具的移除面。

（3）单击✓按钮，完成成形工具 1 的创建。

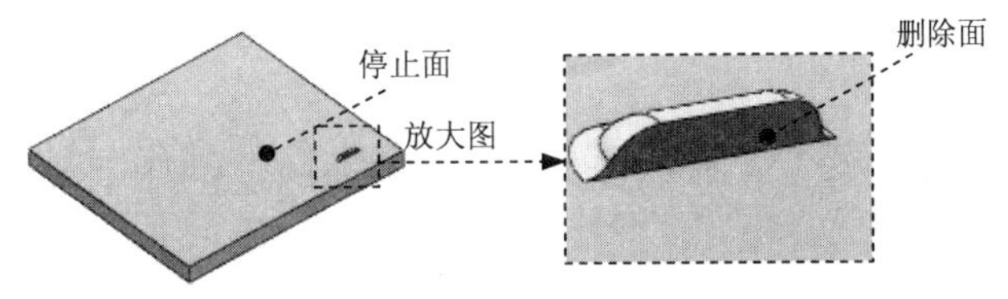

图 43.430 成形工具 1

Step 6 至此，成形工具模型创建完毕。选择下拉菜单 文件(F) → 保存(S) 命令，把模型保存于 D:\ sw13in\work\ins43 中，并命名为 SM_DIE_18。

Task2. 创建如图 43.431 所示模具 19

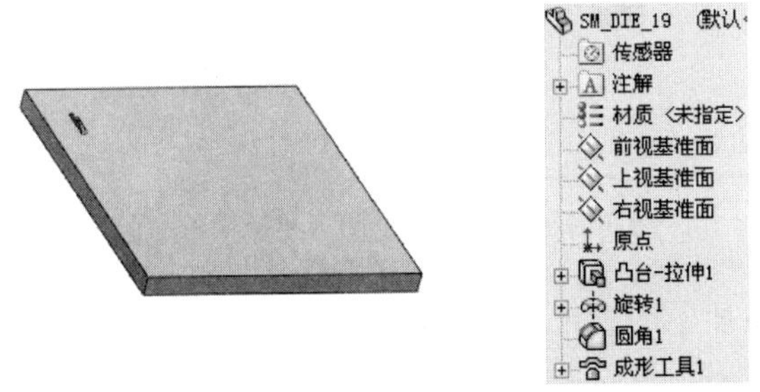

图 43.431 模型及设计树

Step 1 新建模型文件。选择下拉菜单 文件(F) → 新建(N)... 命令，在系统弹出的“新建 SolidWorks 文件”对话框中选择“零件”模块，单击 确定 按钮，进入建模环境。

Step 2 创建图 43.432 所示的零件特征——凸台-拉伸 1。选择下拉菜单 插入(I) → 凸台/基体(B) → 拉伸(E)... 命令。选取右视基准面作为草绘基准面，绘制图 43.433 所示的横断面草图；在“凸台-拉伸”对话框 方向 1 区域的下拉列表框中选择 给定深度 选项，输入深度值 20.0。

图 43.432　凸台-拉伸 1

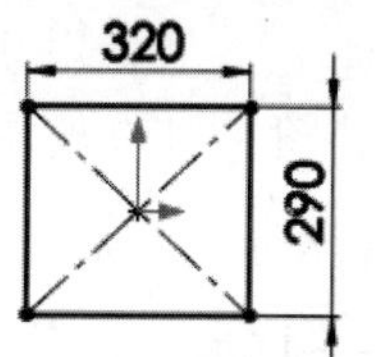

图 43.433　横断面草图（草图 1）

Step 3 创建图 43.434 所示的零件特征——旋转 1。选择下拉菜单 插入(I) → 凸台/基体(B) → 旋转(R)... 命令。选取图 43.434 所示平面作为草绘基准面，绘制图 43.435 所示的横断面草图（包括旋转中心线）。采用草图中绘制的中心线作为旋转轴线，在 方向1 区域的 文本框中输入数值 270.00。

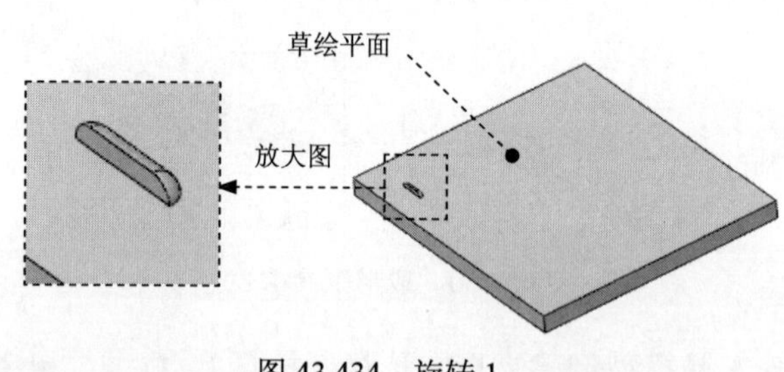

图 43.434　旋转 1

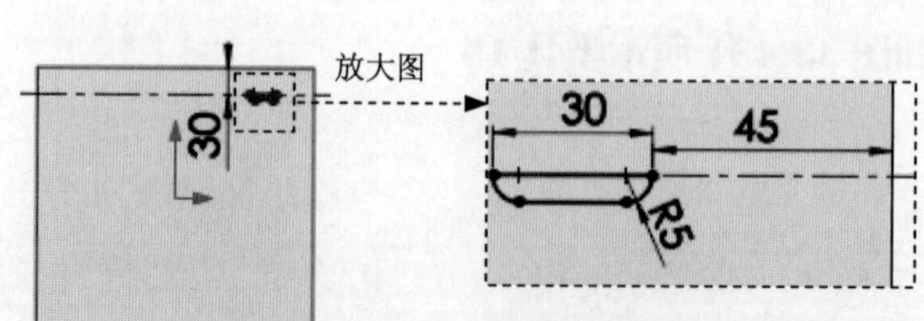

图 43.435　横断面草图（草图 2）

Step 4 创建图 43.436b 所示的圆角 1。选择图 43.436a 所示的边线为圆角对象，圆角半径值为 2.5。

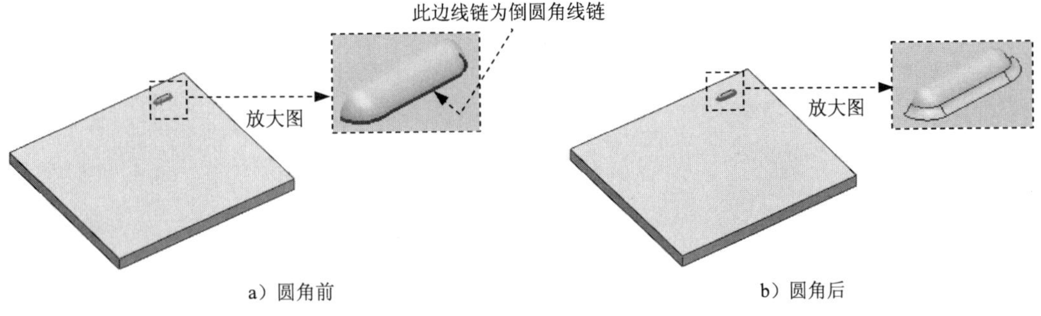

图 43.436　圆角 1

Step 5　创建图 43.437 所示的零件特征——成形工具 1。

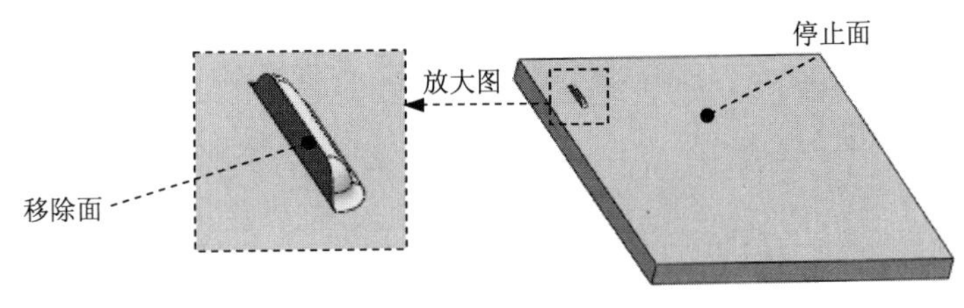

图 43.437　成形工具 1

（1）选择命令。选择下拉菜单 插入(I) → 钣金(H) → 成形工具 命令。

（2）定义成形工具属性。

① 定义停止面。激活“成形工具”对话框的 停止面 区域，选取图 43.437 所示的模型表面作为成形工具的停止面。

② 定义移除面。激活“成形工具”对话框的 要移除的面 区域，选取图 43.437 所示的模型表面作为成形工具的移除面。

（3）单击✔按钮，完成成形工具 1 的创建。

Step 6　至此，成形工具模型创建完毕。选择下拉菜单 文件(F) → 保存(S) 命令，把模型保存于 D:\ sw13in\work\ins43 中，并命名为 SM_DIE_19。

Task3．创建图 43.438 所示的微波炉外壳侧板

Step 1　在装配件中打开机箱主板支撑盖零件（TOP_COVER.SLDPRT）。在设计树中选择 (固定) TOP_COVER<1>，然后右击，在系统弹出的快捷菜单中单击按钮。

Step 2　创建图 43.439 所示的钣金特征——边线-法兰 1。

（1）选择命令。选择下拉菜单 插入(I) → 钣金(H) → 边线法兰(E)... 命令，系统弹出“边线法兰”对话框。

（2）定义特征的边线。选取图 43.440 所示的模型边线为生成的边线法兰的边线。

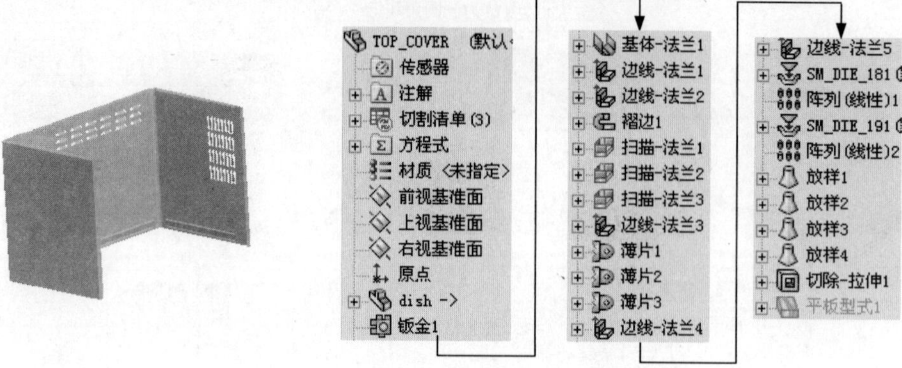

图 43.438 微波炉外壳侧板模型及设计树

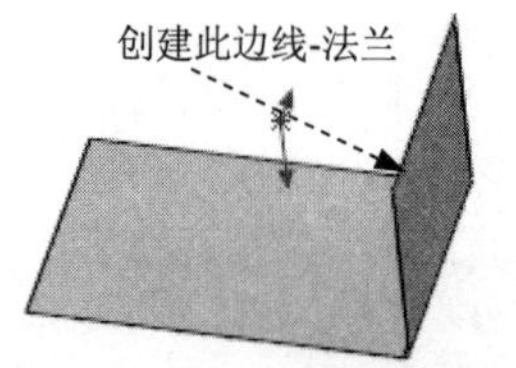

图 43.439 创建边线-法兰 1

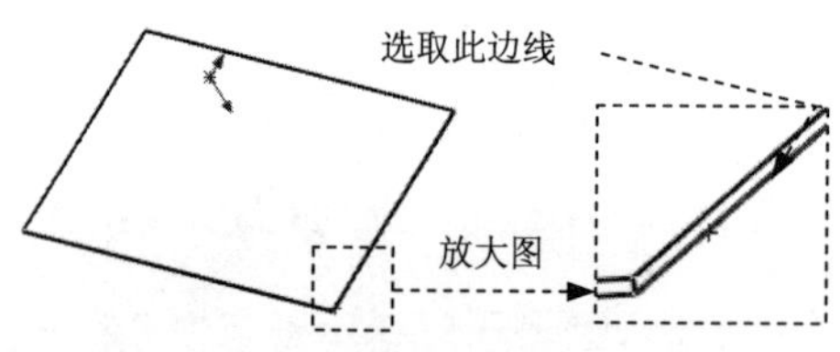

图 43.440 定义特征的边线

（3）定义法兰参数。在 法兰参数(P) 区域中取消选中 □ 使用默认半径(U) 复选框，在文本框中输入折弯半径为 8.0。在 角度(G) 区域中的文本框中输入角度值 90.0。在 法兰长度(L) 区域的下拉列表框中选择 给定深度 选项。在此区域中单击“内部虚拟交点”按钮。在 法兰位置(N) 区域中单击“材料在外”按钮。选中 ☑ 等距(F) 复选框。输入深度值为 1。

（4）单击✓按钮，完成边线-法兰 1 的初步创建。

（5）编辑边线-法兰草图。在设计树的 边线-法兰1 上右击，在系统弹出的快捷菜单上单击命令，系统进入草图环境。绘制图 43.441 所示的横断面草图。退出草图环境，此时系统完成边线-法兰 1 的创建（注：为了绘图的方便，可将 DOWN02-DISH 基准面显示）。

Step 3 创建图 43.442 所示的钣金特征——边线-法兰 2。详细操作步骤参照 Step2。

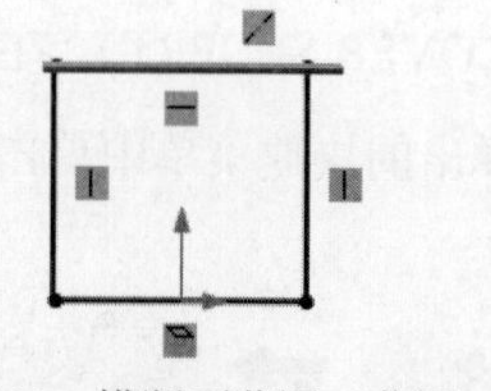

图 43.441 横断面草图（草图 1）

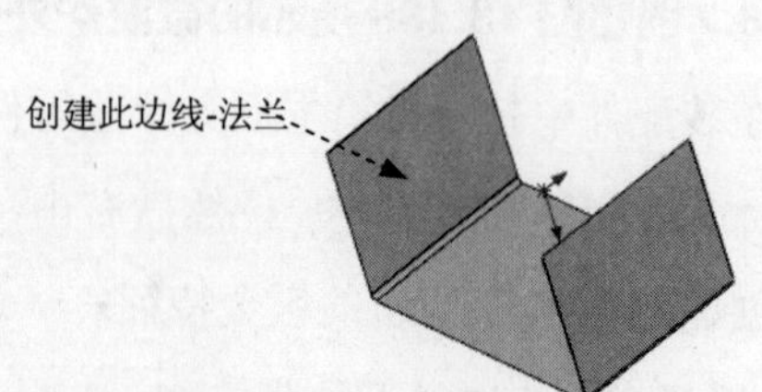

图 43.442 边线-法兰 2

Step 4 创建图 43.443 所示的褶边 1。

（1）选择命令。选择下拉菜单 插入(I) ➡ 钣金(H) ➡ 褶边(H)... 命令，系统弹出“褶边”对话框。

（2）定义特征的边线。选取图 43.444 所示的模型边线为生成褶边的边线，并单击“折弯在外”按钮。

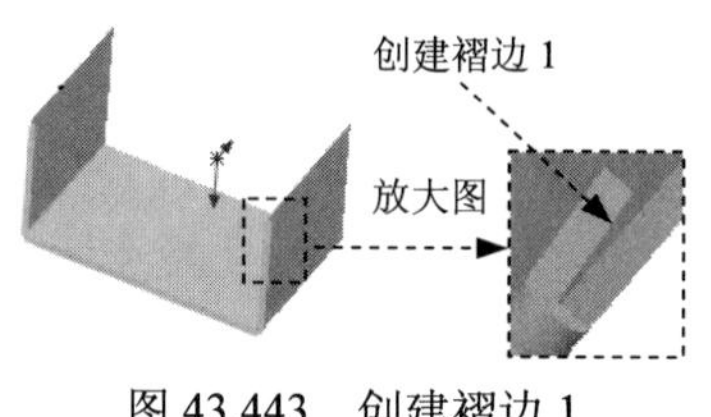

图 43.443　创建褶边 1

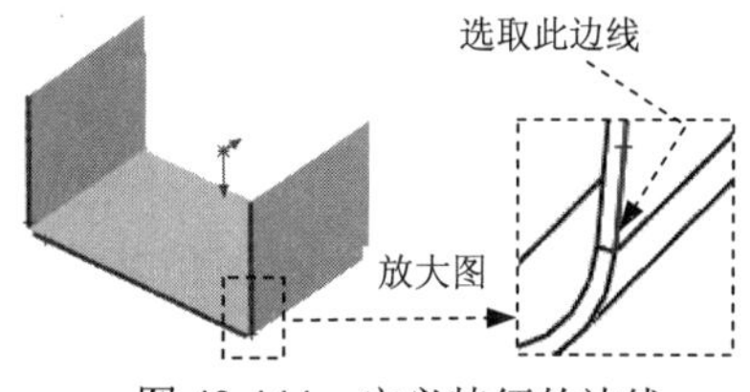

图 43.444　定义特征的边线

（3）定义褶边类型和大小。在 **类型和大小(T)** 区域中，选择“闭合”选项。在文本框中输入角度值 10.0。

（4）单击✓按钮，完成褶边 1 的初步创建。

（5）编辑边线-法兰草图 5。单击设计树中 褶边1 节点前的“加号”，右击 草图5 特征，在系统弹出的快捷菜单中单击命令，进入草图平面，绘制图 43.445 所示的横断面草图。退出草图环境。

（6）编辑边线-法兰草图 7。绘制图 43.446 所示的横断面草图。具体操步骤参照上一步。

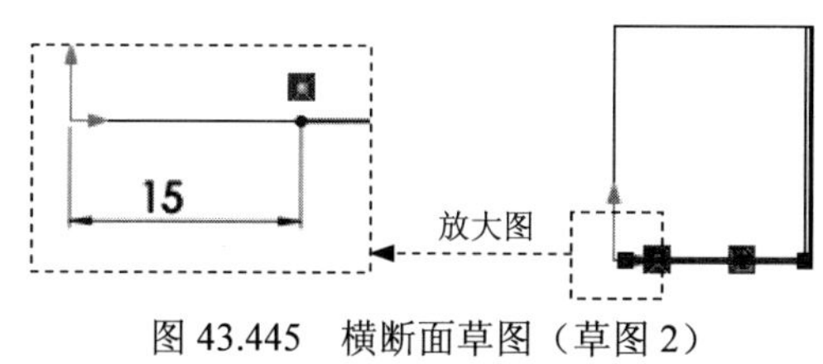

图 43.445　横断面草图（草图 2）

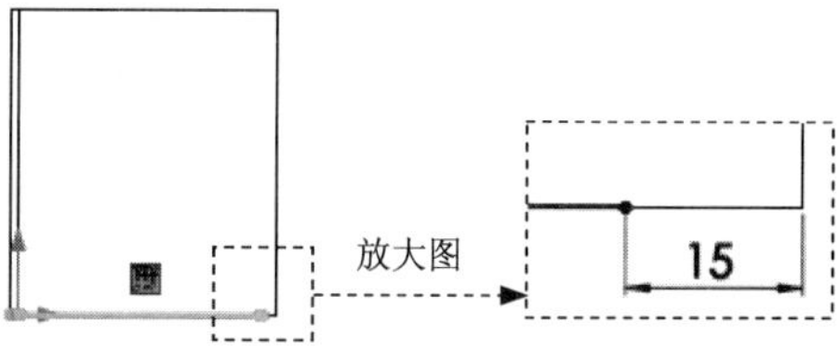

图 43.446　横断面草图（草图 3）

Step 5　创建图 43.447 所示的草图 8。选择下拉菜单 插入(I) ➡ 草图绘制 命令。选取图 43.448 为草图基准面。绘制图 43.447 所示的草图 8。

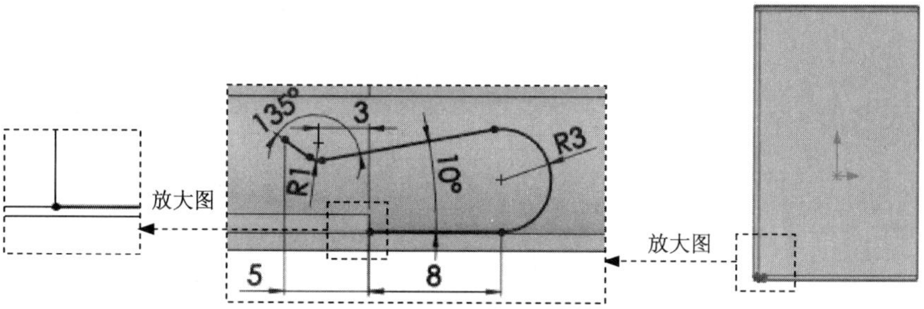

图 43.447　草图 8

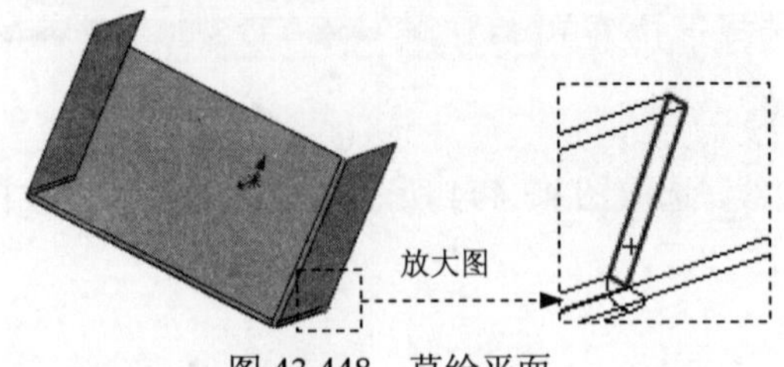

图 43.448　草绘平面

Step 6　创建图 43.449 所示的扫描-法兰 1。

（1）选择命令。选择下拉菜单 插入(I) → 钣金(H) → 扫描法兰(W)... 命令，系统弹出“扫描法兰”对话框。

（2）定义扫描法兰的轮廓和路径。在 轮廓和路径(P) 区域中，单击后的文本框，在设计树中选择草图 8 作为轮廓线。单击后的文本框，在图形区域选择图 43.450 所示的线作为路径。

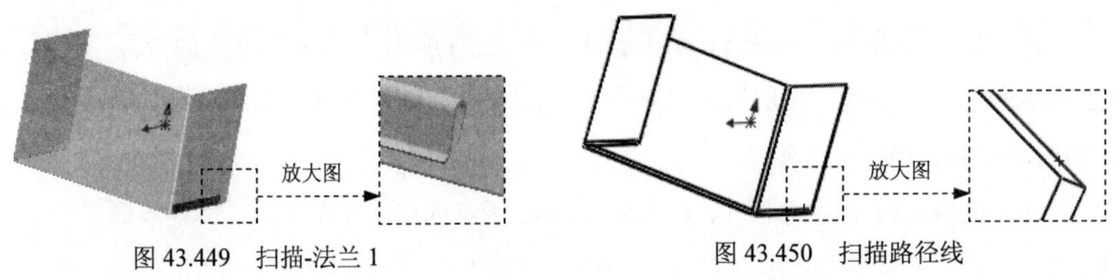

图 43.449　扫描-法兰 1　　　　图 43.450　扫描路径线

（3）定义扫描法兰的起始结束处等距。在 启始/结束处等距(O) 区域中，在后输入开始等距距离值 20。在后输入结束等距距离值 15。

（4）单击按钮，完成扫描-法兰 1 的创建。

Step 7　创建图 43.451 所示的草图 10。选择下拉菜单 插入(I) → 草图绘制 命令。选取图 43.452 为草图基准面。绘制图 43.452 所示的草图 10。

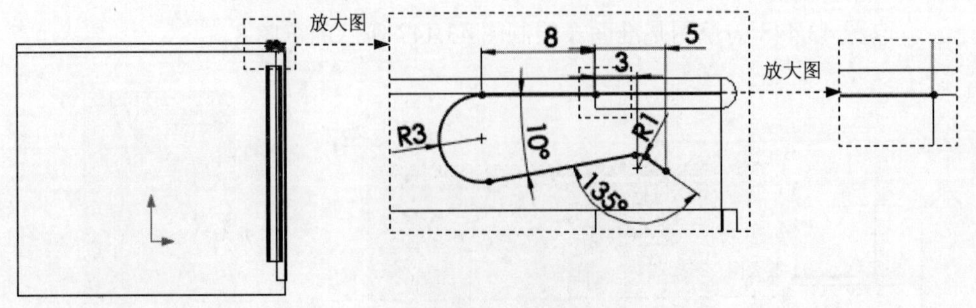

图 43.451　草图 10

草绘平面

放大图

图 43.452　草绘平面

Step 8　创建图 43.453 所示的扫描-法兰 2。

（1）选择命令。选择下拉菜单 插入(I) → 钣金(H) → 扫描法兰(W)... 命令，系统弹出“扫描法兰”对话框。

（2）定义扫描法兰的轮廓和路径。在 **轮廓和路径(P)** 区域中，单击 后的文本框，在设计树中选择草图 10 作为轮廓线。单击 后的文本框，在图形区域选择图 43.454 所示的线作为路径。

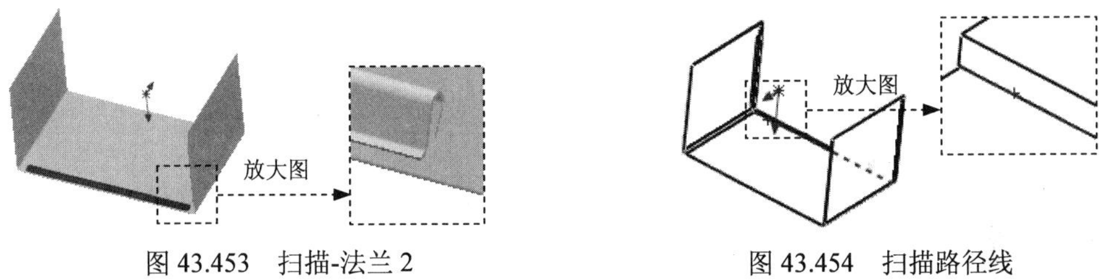

图 43.453　扫描-法兰 2　　　　图 43.454　扫描路径线

（3）定义扫描法兰的起始结束处等距。在 **启始/结束处等距(O)** 区域中，在 后输入开始等距距离值 15。在 后输入结束等距距离值 15。

Step 9　创建图 43.455 所示的草图 12。选择下拉菜单 插入(I) → 草图绘制 命令。选取图 43.456 为草图基准面。绘制图 43.455 所示的草图 12。

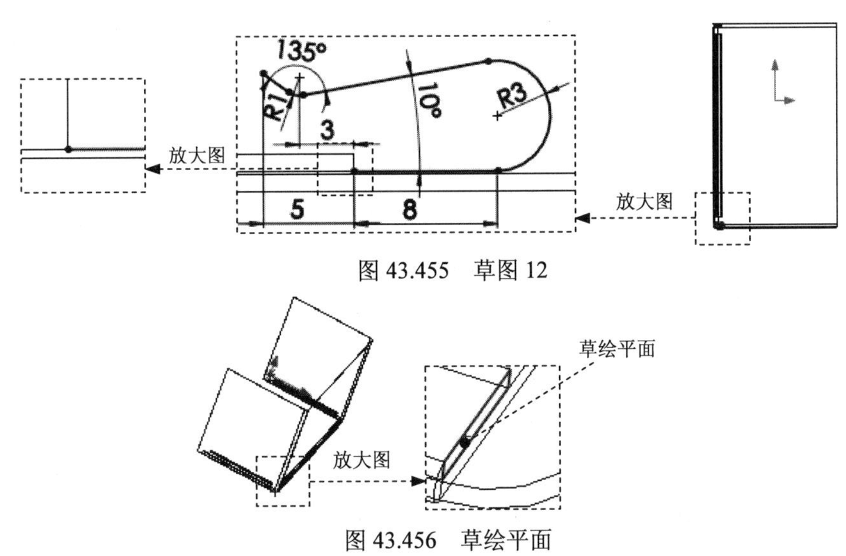

图 43.455　草图 12

图 43.456　草绘平面

Step 10 创建图 43.457 所示的扫描-法兰 3。

（1）选择命令。选择下拉菜单 插入(I) ➡ 钣金(H) ➡ 扫描法兰(W)... 命令，系统弹出“扫描法兰”对话框。

（2）定义扫描法兰的轮廓和路径。在 轮廓和路径(P) 区域中，单击后的文本框，在设计树中选择草图 12 作为轮廓线。单击后的文本框，在图形区域选择图 43.458 所示的线作为路径。

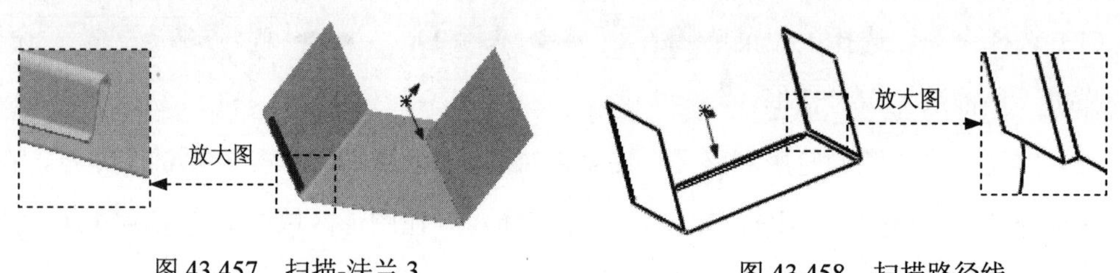

图 43.457 扫描-法兰 3　　图 43.458 扫描路径线

（3）定义扫描法兰的起始结束处等距。在 启始/结束处等距(O) 区域中，在后输入开始等距距离值 5。在后输入结束等距距离值 20。

Step 11 创建图 43.459 所示的钣金特征——边线-法兰 3。

（1）选择命令。选择下拉菜单 插入(I) ➡ 钣金(H) ➡ 边线法兰(E)... 命令，系统弹出“边线法兰”对话框。

（2）定义特征的边线。选取图 43.460 所示的模型边线为生成的边线法兰的边线。

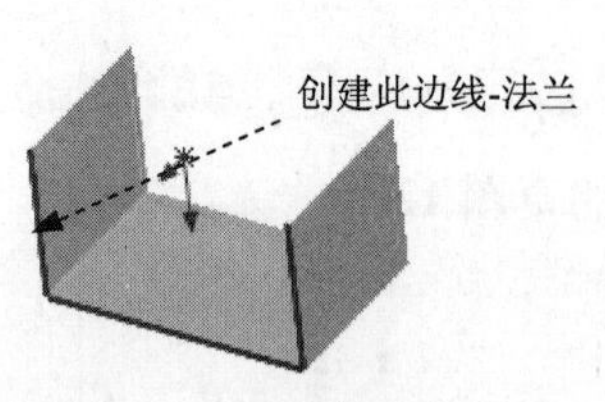

图 43.459 边线-法兰 3

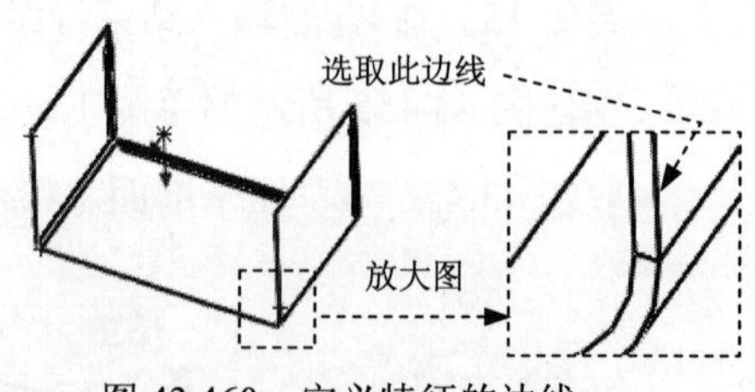

图 43.460 定义特征的边线

5 Chapter

（3）定义法兰参数。在 法兰参数(P) 区域中取消选中 □ 使用默认半径(U) 复选框，在文本框中输入折弯半径值 1.0。在 角度(G) 区域中的文本框中输入角度值 90.0。在 法兰长度(L) 区域的下拉列表框中选择 给定深度 选项，输入深度值 5.0。在此区域中单击“内部虚拟交点”按钮。在 法兰位置(N) 区域中单击“折弯在外”按钮。

（4）单击按钮，完成边线-法兰 3 的初步创建。

Step 12 创建图 43.461 所示的钣金特征——薄片 1。

（1）选择命令。选择下拉菜单 插入(I) ➡ 钣金(H) ➡ 基体法兰(A)... 命令（或单击“钣金”工具栏上的“基体法兰/薄片”按钮）。

（2）定义特征的横断面草图。选取图 43.461 作为草绘基准面，绘制图 43.462 所示的横断面草图；退出草图平面，此时系统自动生成薄片 1。

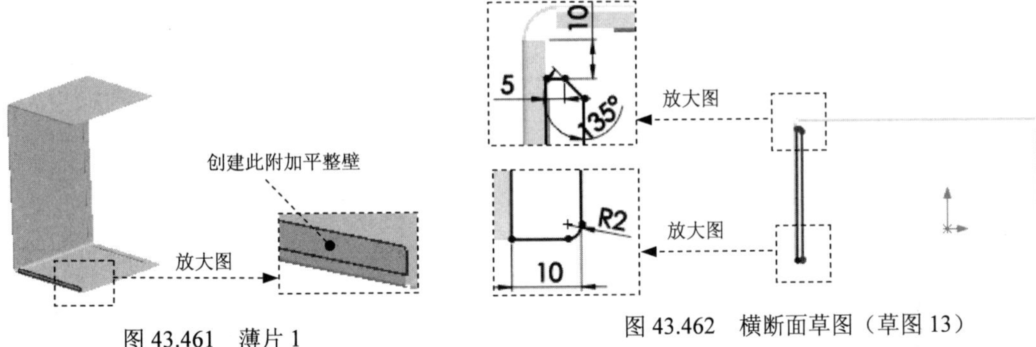

图 43.461　薄片 1

图 43.462　横断面草图（草图 13）

Step 13　创建图 43.463 所示的钣金特征——薄片 2。

（1）选择命令。选择下拉菜单 插入(I) → 钣金(H) → 基体法兰(A)... 命令（或单击“钣金”工具栏上的“基体法兰/薄片”按钮）。

（2）定义特征的横断面草图。选取图 43.463 作为草绘基准面，绘制图 43.464 所示的横断面草图；退出草图平面，此时系统自动生成薄片 2。

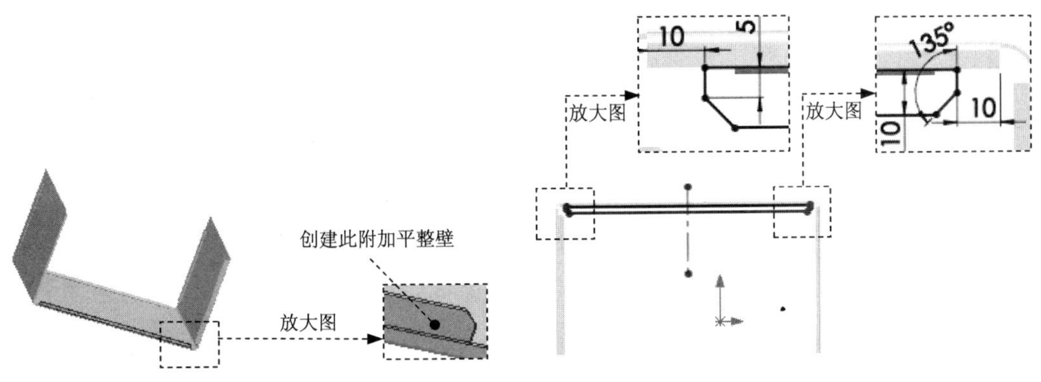

图 43.463　薄片 2

图 43.464　横断面草图（草图 14）

Step 14　创建图 43.465 所示的钣金特征——薄片 3。

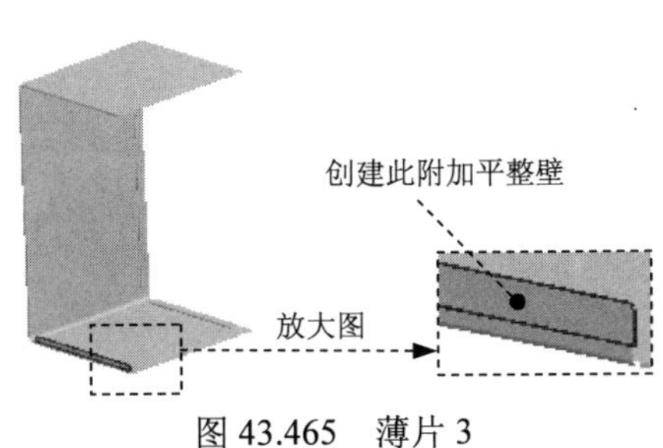

图 43.465　薄片 3

（1）选择命令。选择下拉菜单 插入(I) → 钣金(H) → 基体法兰(A)... 命令（或单击“钣金”工具栏上的“基体法兰/薄片”按钮）。

（2）定义特征的横断面草图。选取图 43.465 作为草绘基准面，绘制图 43.466 所示的横断面草图；退出草图平面，此时系统自动生成薄片 3。

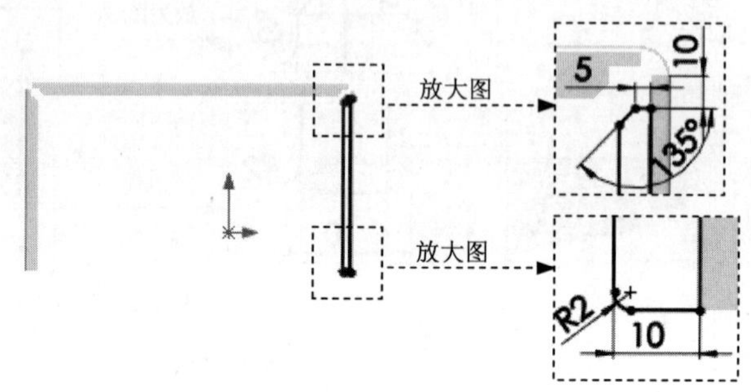

图 43.466 横断面草图（草图 15）

Step 15 创建图 43.467 所示的钣金特征——边线-法兰 4。

（1）选择命令。选择下拉菜单 插入(I) → 钣金(H) → 边线法兰(E)... 命令，系统弹出“边线法兰”对话框。

（2）定义特征的边线。选取图 43.468 所示的模型边线为生成的边线法兰的边线。

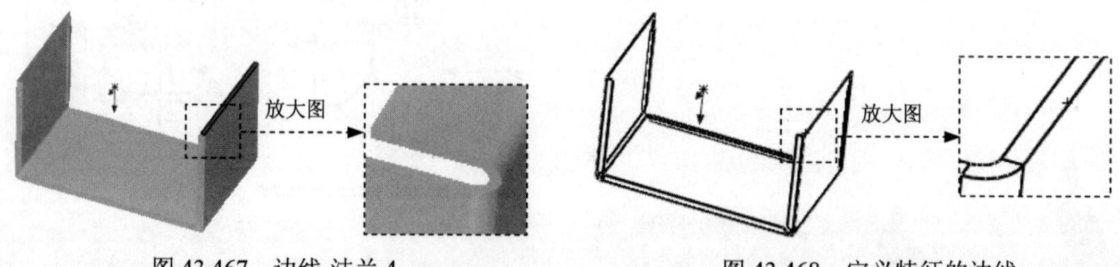

图 43.467 边线-法兰 4

图 43.468 定义特征的边线

（3）定义法兰参数。在 法兰参数(P) 区域中取消选中 □ 使用默认半径(U) 复选框，在文本框中输入折弯半径为 1.0。在 角度(G) 区域中的文本框中输入角度值 90.0。在 法兰长度(L) 区域的下拉列表框中选择 给定深度 选项，输入深度值 10.0。在此区域中单击“内部虚拟交点”按钮。在 法兰位置(N) 区域中单击“折弯在外”按钮。

（4）单击按钮，完成边线-法兰 4 的创建。

Step 16 创建图 43.469 所示的钣金特征——边线-法兰 5。

（1）选择命令。选择下拉菜单 插入(I) → 钣金(H) → 边线法兰(E)... 命令，系统弹出“边线法兰”对话框。

（2）定义特征的边线。选取图 43.470 所示的模型边线为生成的边线法兰的边线。

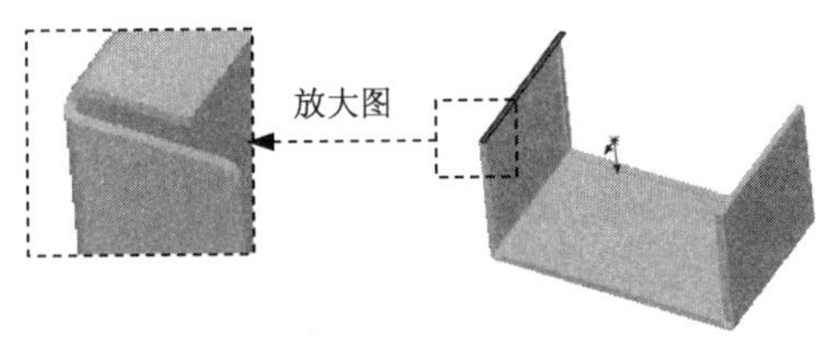

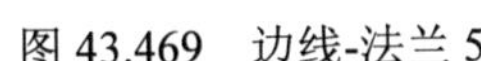
图 43.469 边线-法兰 5

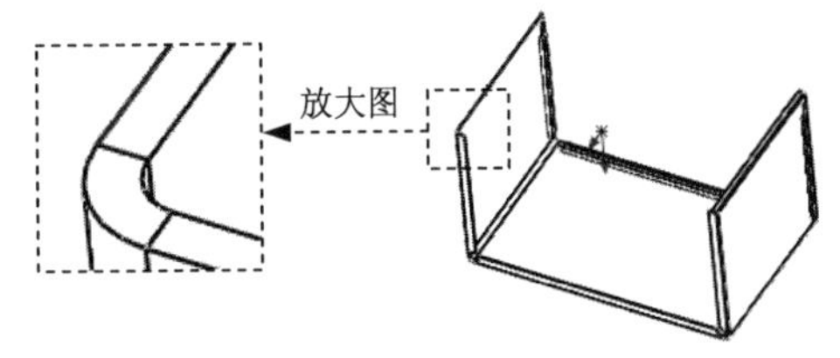

图 43.470 定义特征的边线

（3）定义法兰参数。在 法兰参数(P) 区域中取消选中 使用默认半径(U) 复选框，在 文本框中输入折弯半径值 1.0。在 角度(G) 区域中的 文本框中输入角度值 90.0。在 法兰长度(L) 区域的下拉列表框中选择 给定深度 选项，输入深度值 10.0。在此区域中单击“内部虚拟交点”按钮 。在 法兰位置(N) 区域中单击“折弯在外”按钮 。

（4）单击 按钮，完成边线-法兰 5 的创建。

Step 17 创建图 43.471 所示的成形特征 1。

（1）单击任务窗格中的“设计库”按钮 ，打开“设计库”对话框。

（2）单击“设计库”对话框中的 ins43 节点，在设计库下部的列表框中选择“SM_DIE_18”文件并拖动到图 43.471 所示的平面，在系统弹出的“成形工具特征”对话框 旋转角度(A) 区域的 文本框中输入 180，单击 按钮。

（3）单击设计树中 SM_DIE_181 (默认) -> 节点前的“加号”，右击 草图22 特征，在系统弹出的快捷菜单中单击 按钮，进入草图环境。

（4）编辑草图，如图 43.472 所示（注：若草图方向不对，可通过 工具(T) → 草图工具(T) → 修改(Y)... 命令，在 旋转(R) 对话框中输入角度修改）。退出草图环境，完成成形特征 1 的创建。

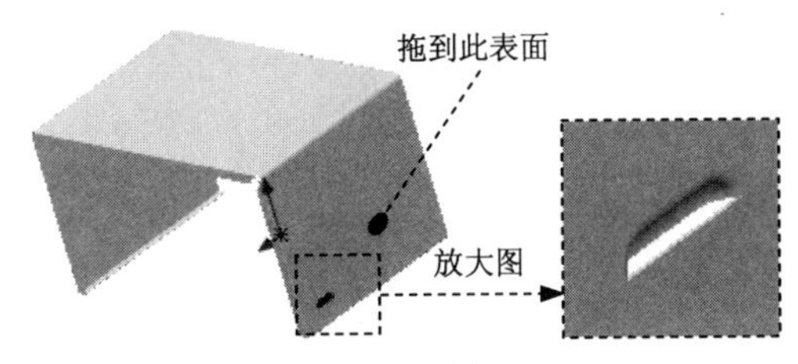

图 43.471 成形特征 1

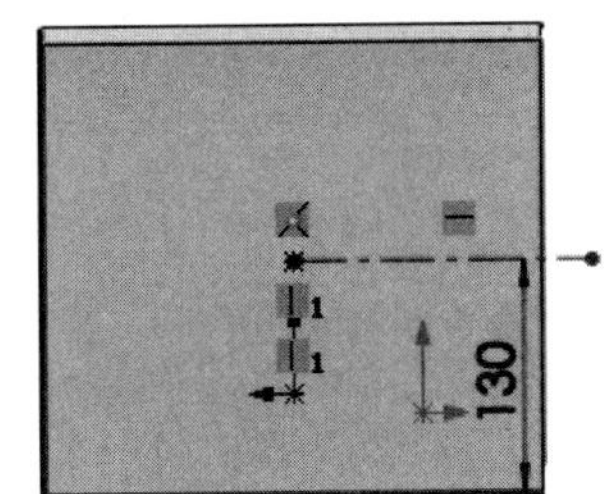

图 43.472 横断面草图（草图 16）

Step 18 创建图 43.473 所示的阵列（线性）1。选择下拉菜单 插入(I) → 阵列/镜向(E) → 线性阵列(L)... 命令。选取成形特征 1 作为要阵列的对象，在图形区选取图 43.474 所示的边线为 方向 1 的参考方向（单击边线如图 43.474 所指的位置）。在对话框中输入间距值 35.0，输入实例数 4。在图形区选取图 43.474 所示的边线

为 方向2 的参考方向（单击边线如图 43.474 所指的位置）。在对话框中输入间距值 10.0，输入实例数 8。

图 43.473　阵列（线性）1

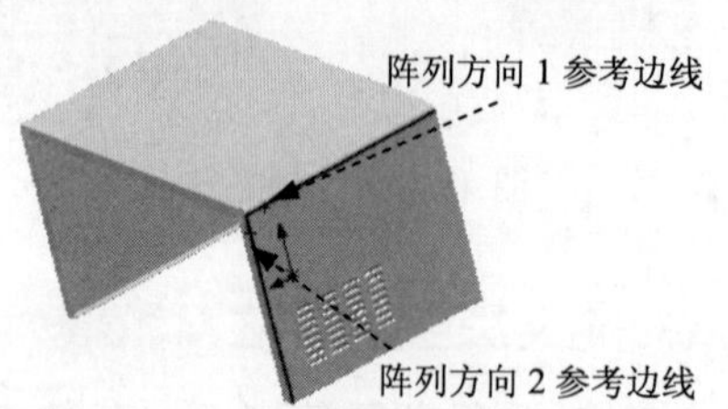

图 43.474　阵列参考方向边线

Step 19　创建图 43.475 所示的成形特征 2。

（1）单击任务窗格中的“设计库”按钮，打开“设计库”对话框。

（2）单击“设计库”对话框中的 ins43 节点，在设计库下部的列表框中选择“SM_DIE_18”文件并拖动到图 43.475 所示的平面，在系统弹出的“成形工具特征”对话框 旋转角度(A) 区域的文本框中输入 90，单击✔按钮。

（3）单击设计树中 SM_DIE_191 (默认) -> 节点前的“加号”，右击 草图24 特征，在系统弹出的快捷菜单中单击按钮，进入草图环境。

（4）编辑草图，如图 43.476 所示（注：若草图方向不对。可通过 工具(T) ➡ 草图工具(T) ➡ 修改(Y)... 命令，在 旋转(R) 对话框中输入角度修改）。退出草图环境，完成成形特征 2 的创建。

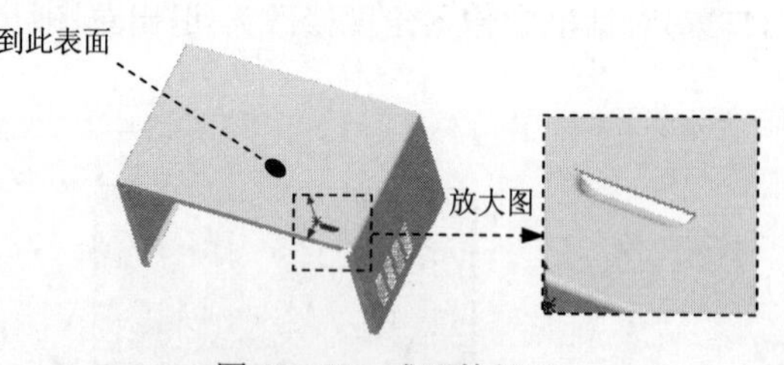

图 43.475　成形特征 2

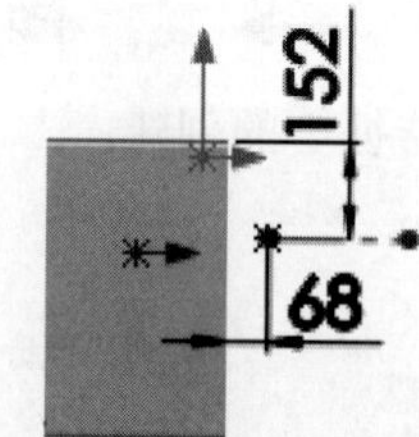

图 43.476　横断面草图（草图 17）

Step 20　创建图 43.477 所示的阵列（线性）2。选择下拉菜单 插入(I) ➡ 阵列/镜向(E) ➡ 线性阵列(L)... 命令。选取成形特征 2 作为要阵列的对象，在图形区选取图 43.478 所示的边线为 方向1 的参考方向（单击边线如图所指的位置）。在对话框中输入间距值 15.0，输入实例数 3。在图形区选取图 43.478 所示的边线为 方向2 的参考方向（单击边线如图 43.478 所指的位置）。在对话框中输入间距值 45.0，输入实例数 6。

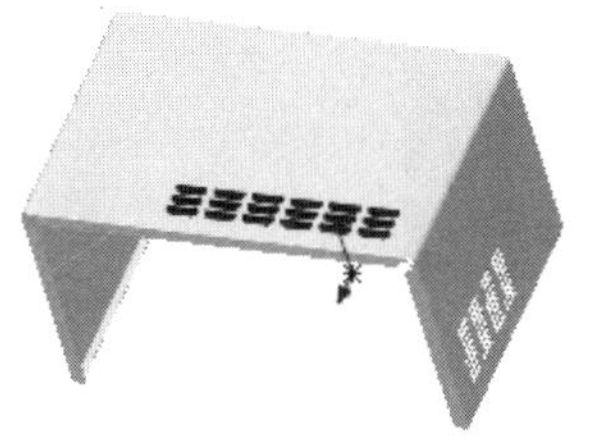

图 43.477 阵列（线性）2

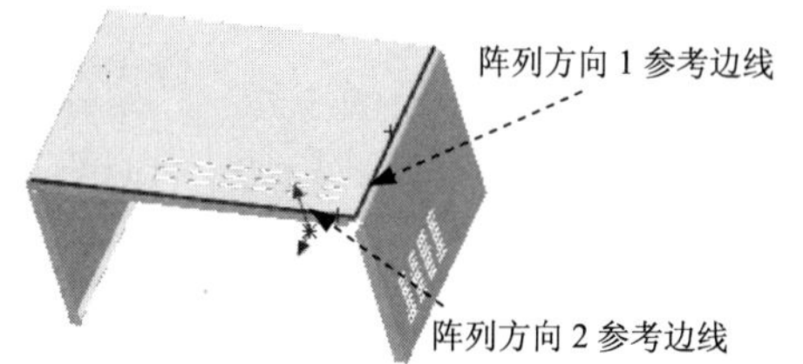

图 43.478 阵列参考方向边线

Step 21 创建图 43.479 所示的草图 26。选择下拉菜单 插入(I) → 草图绘制 命令。选取图 43.480 所示平面为草绘基准面。利用转换实体引用的方法绘制图 43.479 所示的草图 26。

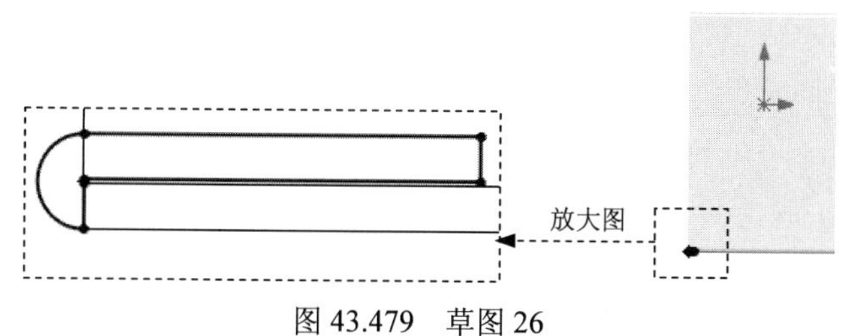

图 43.479 草图 26

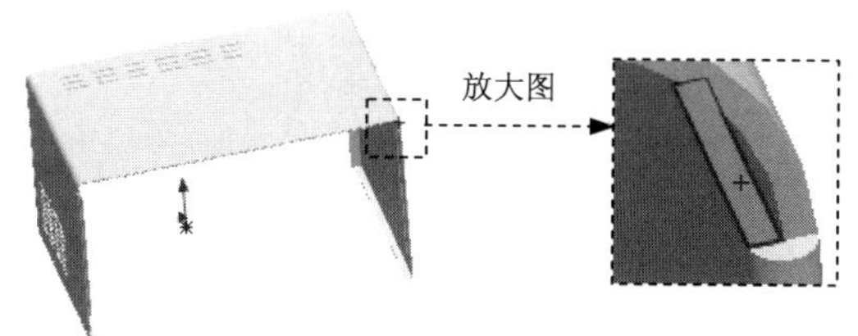

图 43.480 草绘平面

Step 22 创建图 43.481 所示的草图 27。选择下拉菜单 插入(I) → 草图绘制 命令。选取图 43.482 所示平面为草绘基准面。利用转换实体引用的方法绘制图 43.481 所示的草图 27。

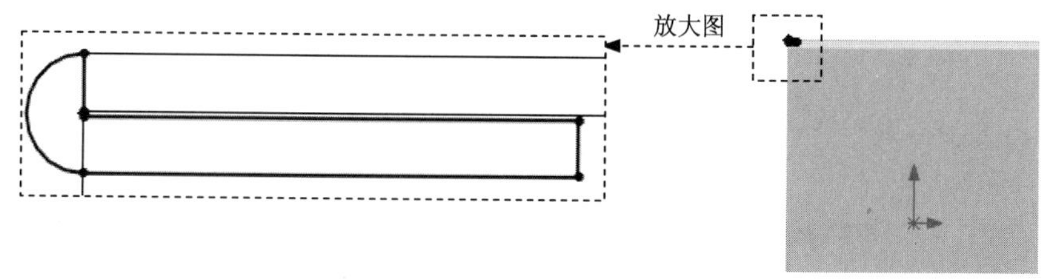

图 43.481 草图 27

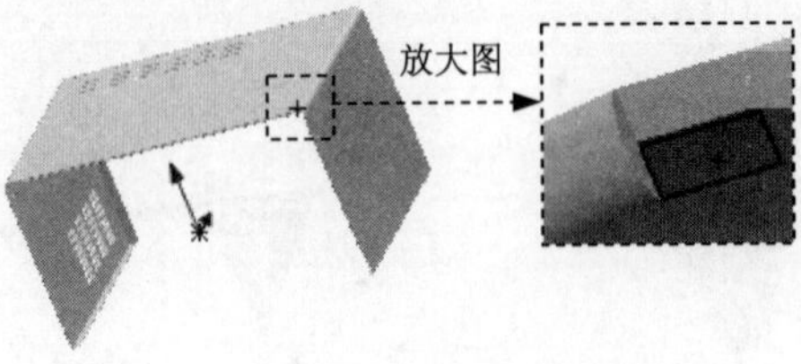

图 43.482　草绘平面

Step 23　创建图 43.483 所示的放样 1。选择下拉菜单 插入(I) ➡ 凸台/基体(B) ➡ 放样(L)... 命令，系统弹出“放样”对话框。依次选择草图 26 和草图 27 作为放样 1 特征的截面轮廓。定义放样引导线，采用图 43.484 所示的边线作为放样的引导线。

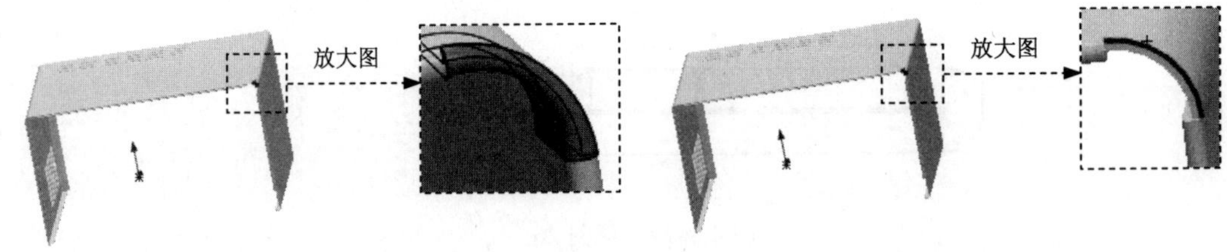

图 43.483　放样 1　　　　图 43.484　放样引导线

Step 24　创建图 43.485 所示的放样 2。详细步骤参照 Step21、Step22、Step23。

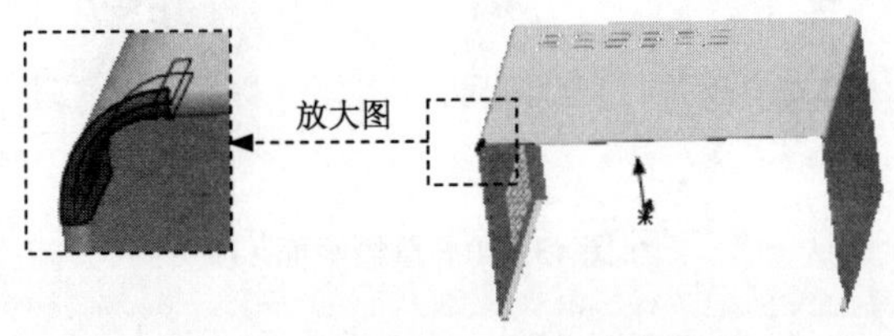

图 43.485　放样 2

Step 25　创建图 43.486 所示的草图 30。选择下拉菜单 插入(I) ➡ 草图绘制 命令；选取图 43.487 作为草图平面，利用转换实体引用的方法绘制图 43.486 所示的草图。

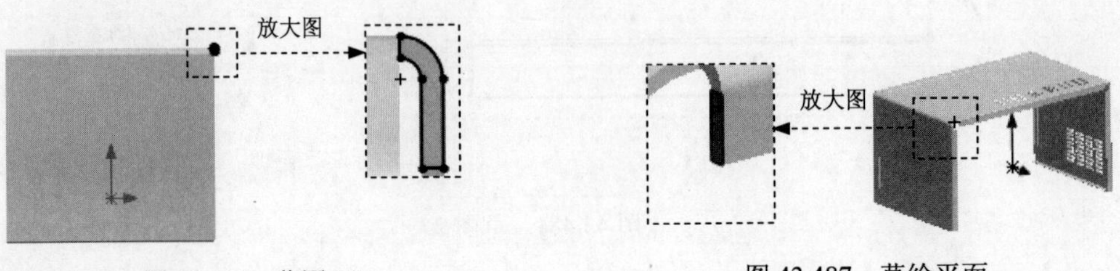

图 43.486　草图 30　　　　图 43.487　草绘平面

Step 26 创建图 43.488 所示的草图 31。选择下拉菜单 插入(I) → 草图绘制 命令；选取图 43.489 作为草图平面，利用转换实体引用的方法绘制图 43.488 所示的草图。

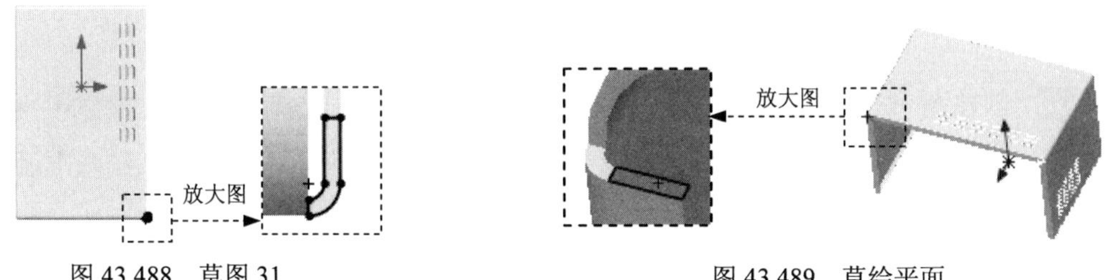

图 43.488 草图 31

图 43.489 草绘平面

Step 27 创建图 43.490 所示的草图 32。选择下拉菜单 插入(I) → 草图绘制 命令；选取图 43.491 作为草图平面，利用转换实体引用的方法绘制图 43.490 所示的草图。

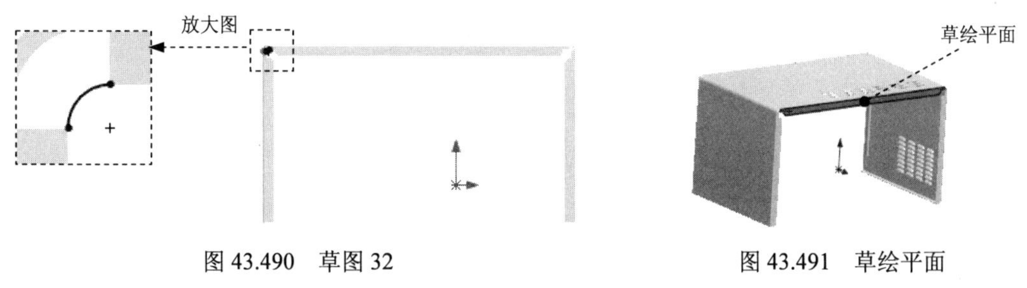

图 43.490 草图 32

图 43.491 草绘平面

Step 28 创建图 43.491 所示的放样 3。选择下拉菜单 插入(I) → 凸台/基体(B) → 放样(L)... 命令，系统弹出“放样”对话框。依次选择草图 30 和草图 31 作为放样 3 特征的截面轮廓。定义放样引导线，采用图 43.493 所示线与草图 32 作为放样的引导线。

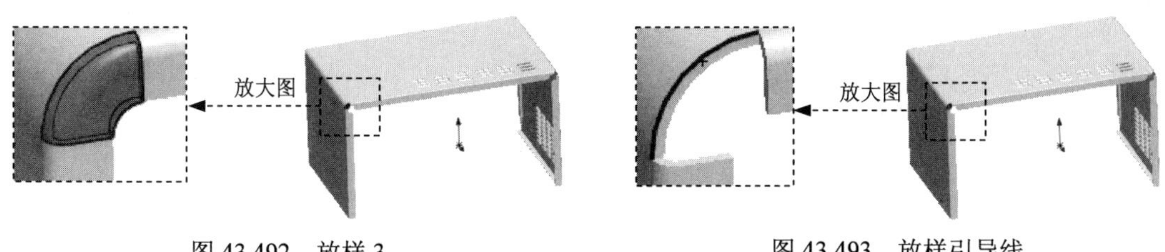

图 43.492 放样 3

图 43.493 放样引导线

Step 29 创建图 43.494 所示的放样 4。详细步骤参照 Step26、Step27、Step28。

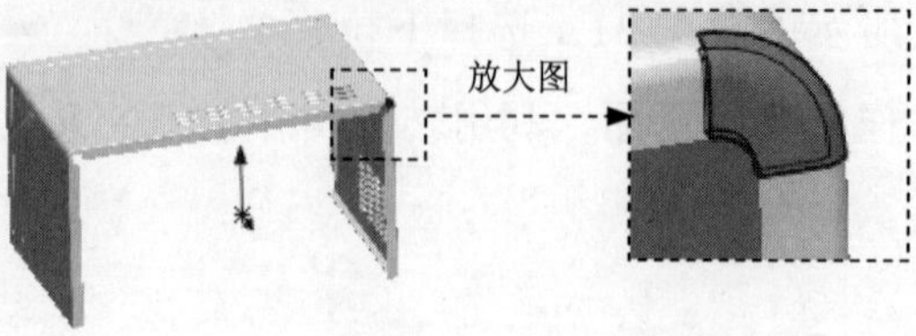

放大图

图 43.494　放样 4

Step 30 创建图 43.495 所示的零件特征——切除-拉伸 1。选择下拉菜单 插入(I) → 切除(C) → 拉伸(E)... 命令。选取图 43.496 所示平面作为草绘基准面，绘制图 43.497 所示的横断面草图。在“切除-拉伸”对话框 方向 1 区域的下拉列表框中选择 给定深度 选项，输入深度值 10.0。

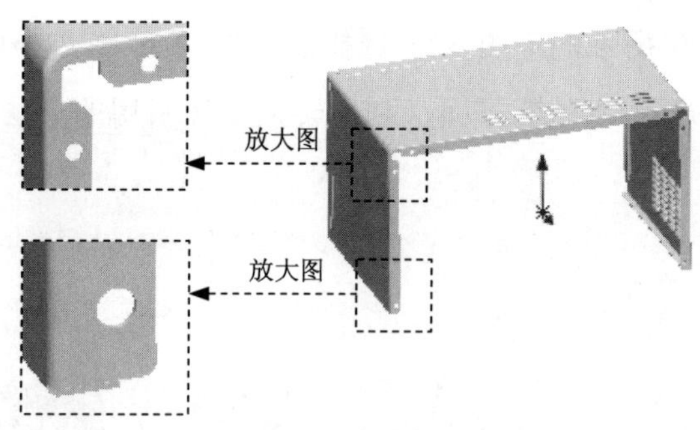

图 43.495　切除-拉伸 1

图 43.496　草绘平面

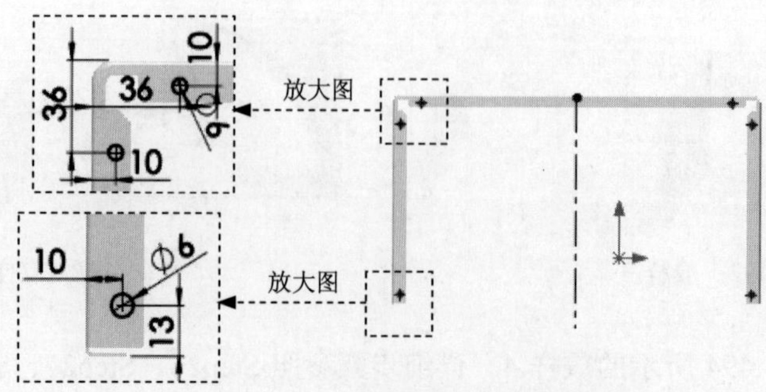

图 43.497　横断面草图（草图 28）

43.11 设置各元件的外观

为了便于区别各个元件，建议将各元件设置为不同的外观颜色，并具有一定的透明度。每个元件的设置方法基本相同，下面仅以设置微波炉的内部底盖零件模型 inside_cover_01.SLDPRT、内部顶盖零件模型 inside_cover_02.SLDPRT、前盖零件模型 front_cover.SLDPRT 和后盖零件模型 back_cover.SLDPRT 下盖零件模型 down_cover.SLDPRT，顶盖零件模型 top_cover.SLDPRT 的外观为例，说明其一般操作过程。

Step 1 设置微波炉的内部底盖零件模型 inside_cover_01.SLDPRT 的外观。

（1）在设计树的 (固定) INSIDE_COVER_01<1>上右击，在系统弹出的快捷菜单中选择 → INSIDE_COVE... 命令，系统弹出图 43.498 所示的“颜色”对话框。

（2）参照图 43.498 所示的常用类型区域定义颜色参数。

（3）设置透明度。单击高级区域的照明度选项卡，在透明量(T):选项下的文本框中输入数值 0.2。

（4）参照图 43.499 在“颜色”对话框中定义完成颜色和透明参数，单击按钮，此时完成模型外观的定义。

图 43.498 “颜色”对话框

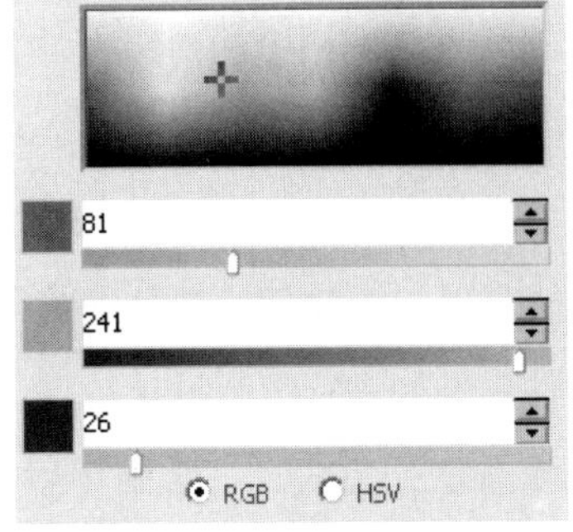

图 43.499 设置颜色和透明参数

Step 2 参照 Step1 的操作步骤，设置其他各元件的外观。

实例 44　玩具风扇设计

44.1　设计思路

本实例详细讲解了一款玩具风扇的整个设计过程，该设计过程中采用了较为先进的设计方法——自顶向下设计（Top-Down Design）。采用此方法，不仅可以获得较好的整体造型，并且能够大大缩短产品的设计周期。许多家用电器（如计算机机箱、吹风机和计算机鼠标等）都可以采用这种方法进行设计。本例设计的产品成品模型如图 44.1 所示。

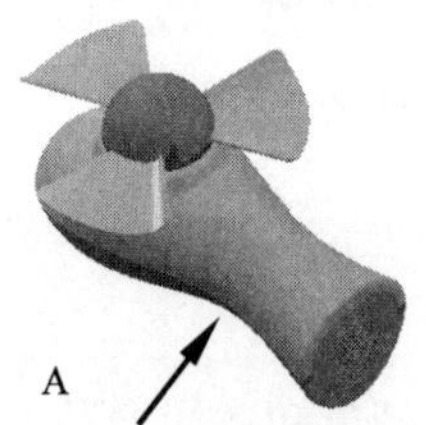

图 44.1　玩具风扇模型

在使用自顶向下的设计方法进行设计时，首先引入一个新的概念——控件，即控制元件，用于控制模型的外观及尺寸等，在设计过程中起着承上启下的作用。最高级别的控件（通常称为“一级控件”，是在整个设计开始时创建的原始结构模型）所承接的是整体模型与所有零件之间的位置及配合关系；一级控件之外的控件（二级控件或更低级别的控件）从上一级别控件得到外形和尺寸等，再把这种关系传递给下一级控件或零件。在整个设计过程中，一级控件的作用非常重要，创建之初就把整个模型的外观勾勒出来，后续工作都是对一级控件的分割与细化，在整个设计过程中创建的所有控件或零件都与一级控件存在着根本的联系。本例中的一级控件是一种特殊的零件模型，或者说它是一个装配体的 3D 布局。

下面介绍在 SolidWorks 2013 软件中自顶向下的设计思路及方法。

设计思路：首先创建产品的整体外形，然后将整体外形分割从而得到各个零部件，再对零部件各结构进行细节设计。

操作方法：首先，在装配环境中通过选择下拉菜单 插入(I) → 零部件(O) → 新零件(N)... 命令，新建一个零件文件；然后在新建的零件文件中通过下拉菜单 插入(I) → 零件(A)... 命令，插入所需控件；通过下拉菜单 插入(I) → 切除(C) → 使用曲面(W)... 命令，分割控件；最后，对分割后的零部件进行细节设计得到所需要的零件模型。

本例中玩具风扇的设计流程图如图 44.2 所示。

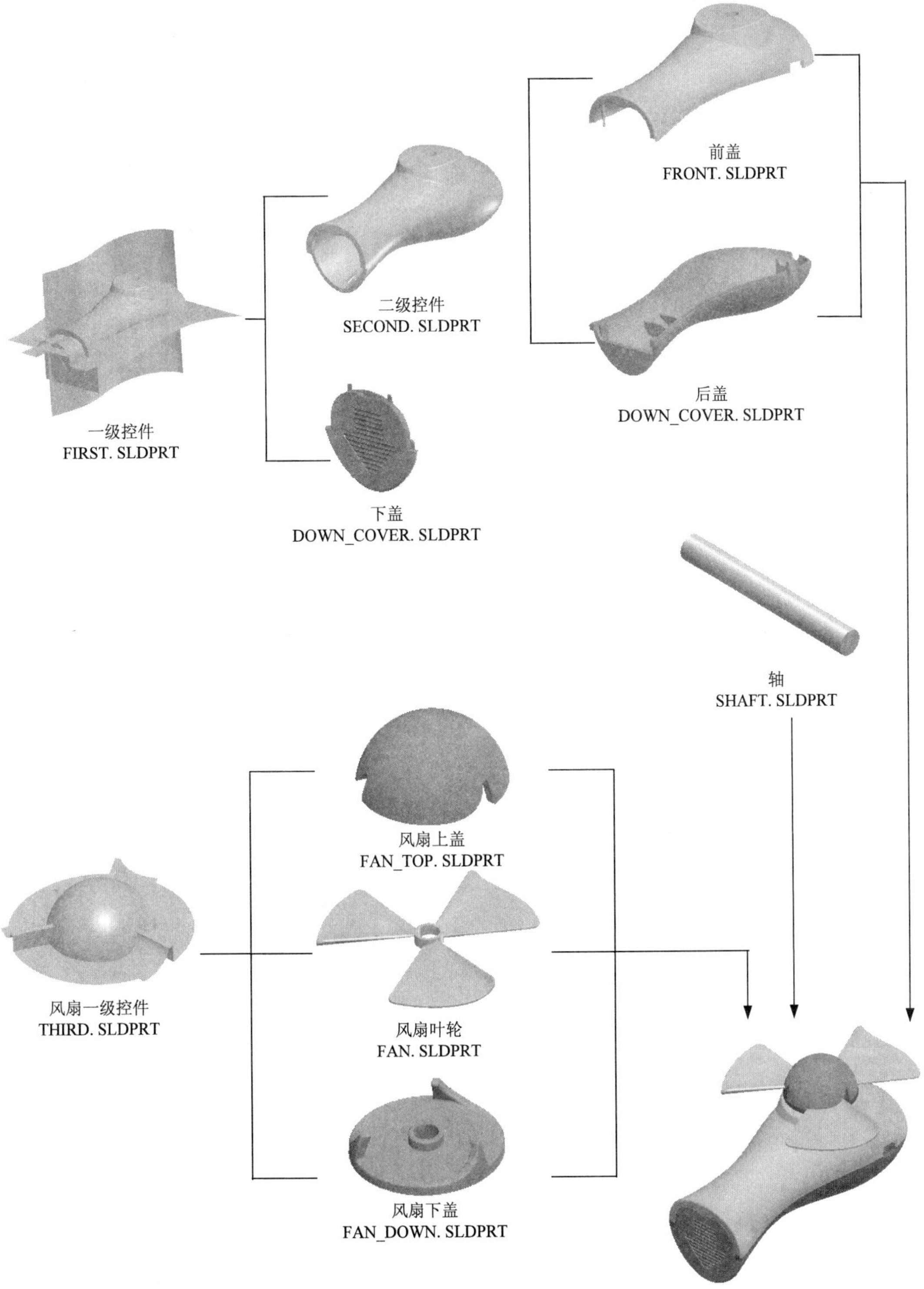

前盖
FRONT. SLDPRT

二级控件
SECOND. SLDPRT

一级控件
FIRST. SLDPRT

后盖
DOWN_COVER. SLDPRT

下盖
DOWN_COVER. SLDPRT

轴
SHAFT. SLDPRT

风扇上盖
FAN_TOP. SLDPRT

风扇一级控件
THIRD. SLDPRT

风扇叶轮
FAN. SLDPRT

风扇下盖
FAN_DOWN. SLDPRT

最终模型

图 44.2 设计流程图

44.2 一级控件

下面讲解一级控件的创建过程。一级控件在整个设计过程中起着十分重要的作用，它不仅为二级控件提供原始模型，并且确定了产品的整体外观形状。零件模型及设计树如图 44.3 所示。

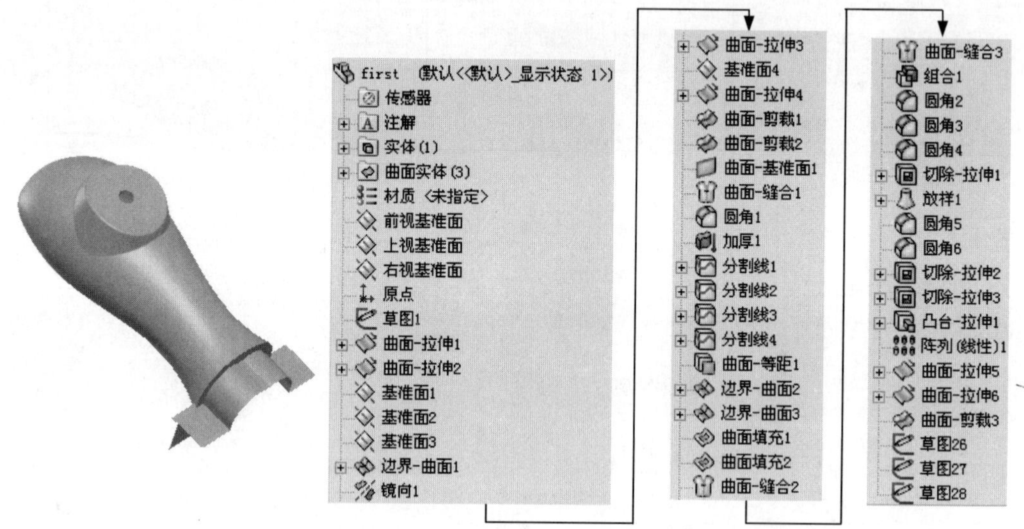

图 44.3　零件模型及设计树

Step 1 新建一个零件模型文件，进入建模环境。

Step 2 创建图 44.4 所示的草图 1。

（1）选择命令。选择下拉菜单 插入(I) → 草图绘制 命令。

（2）选取前视基准面作为草绘基准面，绘制图 44.4 所示的草图 1。

（3）选择下拉菜单 插入(I) → 退出草图 命令，退出草图绘制环境。

说明：图 44.4 所示草图为两条构造线。

Step 3 选取前视基准面作为草绘基准面，绘制图 44.5 所示的草图 2。

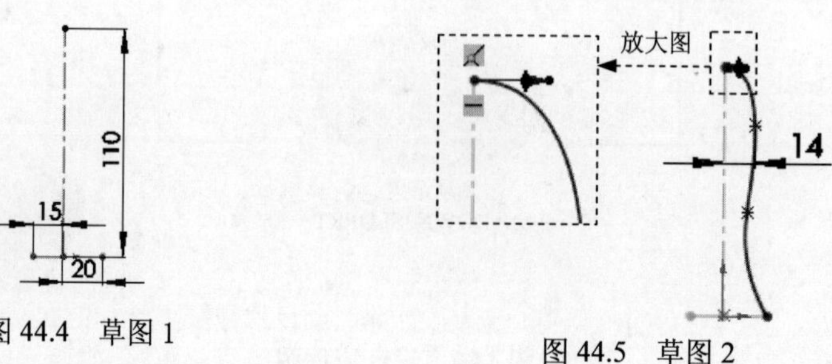

图 44.4　草图 1

图 44.5　草图 2

Step 4　选取前视基准面作为草绘基准面，绘制图 44.6 所示的草图 3。

Step 5　创建图 44.7 所示的曲面-拉伸 1。

（1）选择命令。选择下拉菜单 插入(I) → 曲面(S) → 拉伸曲面(E)... 命令。

（2）选取前视基准面作为草绘基准面，绘制图 44.8 所示的横断面草图。

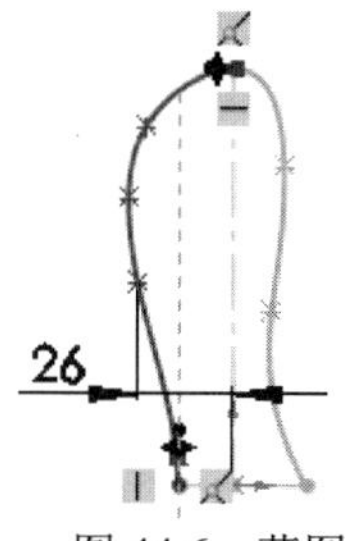

图 44.6　草图 3

图 44.7　曲面-拉伸 1

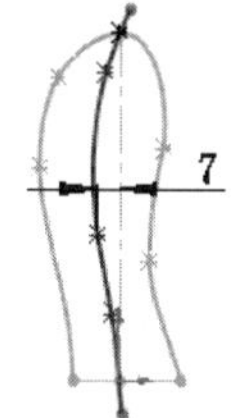

图 44.8　横断面草图（草图 4）

（3）在“曲面-拉伸”窗口 方向 1 区域后的下拉列表框中选择 两侧对称 选项，输入深度值 100.0。

（4）单击✓按钮，完成曲面-拉伸 1 的创建。

Step 6　创建图 44.9 所示的曲面-拉伸 2。

（1）选择命令。选择下拉菜单 插入(I) → 曲面(S) → 拉伸曲面(E)... 命令。

（2）选取右视基准面作为草绘基准面，绘制图 44.10 所示的横断面草图。

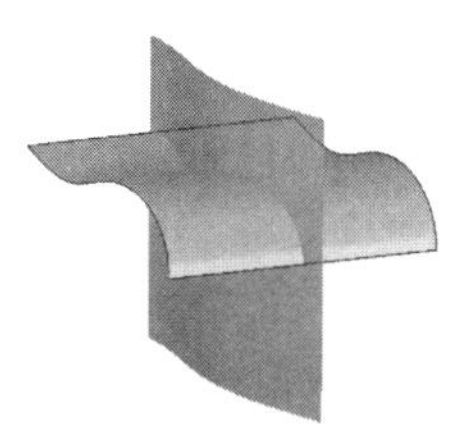

图 44.9　曲面-拉伸 2

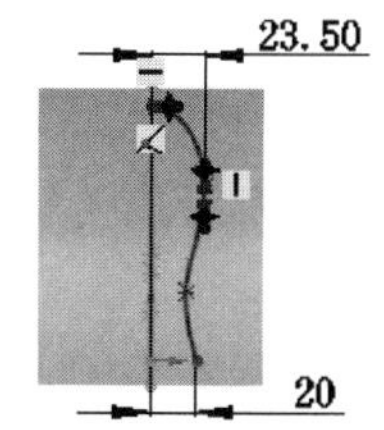

图 44.10　横断面草图（草图 5）

（3）在“曲面-拉伸”窗口 方向 1 区域后的下拉列表框中选择 两侧对称 选项，输入深度值 100.0。

（4）单击✓按钮，完成曲面-拉伸 2 的创建。

Step 7　创建交叉曲线 1。选择下拉菜单 工具(T) → 草图工具(T) → 交叉曲线 命令，在图区选取曲面-拉伸 1 和曲面-拉伸 2，单击两次“交叉曲线”窗口中的✓按钮，此时系统会自动生成图 44.11 所示的 3D 草图 1，在图形区单击按钮，退出草图环境。

Step 8　创建图 44.12 所示的草图 6。选取上视基准面作为草绘基准面，绘制图 44.13 所示的草图 6。

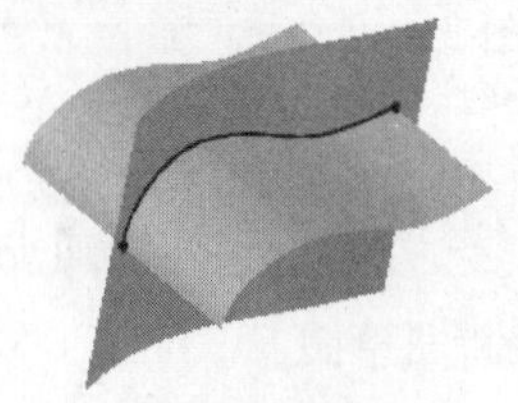
图 44.11 3D 草图 1

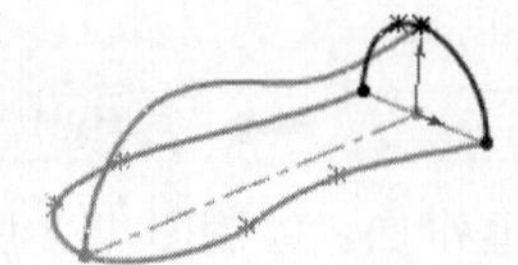
图 44.12 草图 6（建模环境）

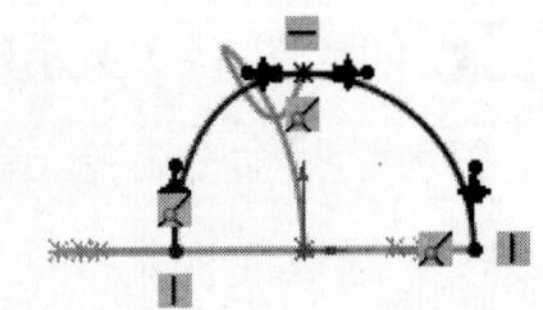
图 44.13 草图 6（草图环境）

Step 9 创建图 44.14 所示的基准面 1。

（1）选择下拉菜单 插入(I) ➡ 参考几何体(G) ➡ 基准面(P)... 命令。

（2）选取上视基准面作为参考实体，选取图 44.14 所示的点为参考点。

（3）单击窗口中的✓按钮，完成基准面 1 的创建。

Step 10 创建图 44.15 所示的基准面 2。

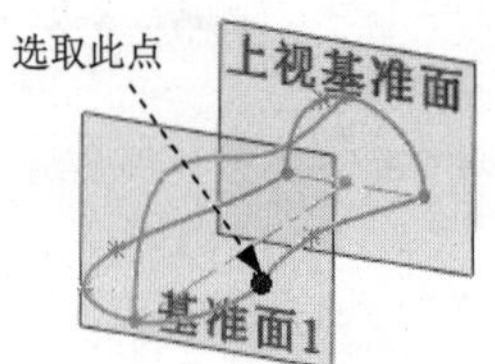

图 44.14 基准面 1

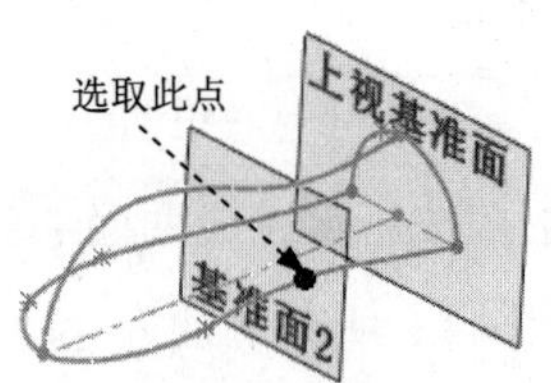

图 44.15 基准面 2

（1）选择下拉菜单 插入(I) ➡ 参考几何体(G) ➡ 基准面(P)... 命令。

（2）选取上视基准面作为参考实体，选取图 44.15 所示的点为参考点。

（3）单击窗口中的✓按钮，完成基准面 2 的创建。

说明： 图 44.14 和图 44.15 所示的点分别为图 44.5 所示的草图 2 上的点。

Step 11 创建图 44.16 所示的草图 7。选取基准面 1 作为草绘基准面，绘制图 44.17 所示的草图 7。

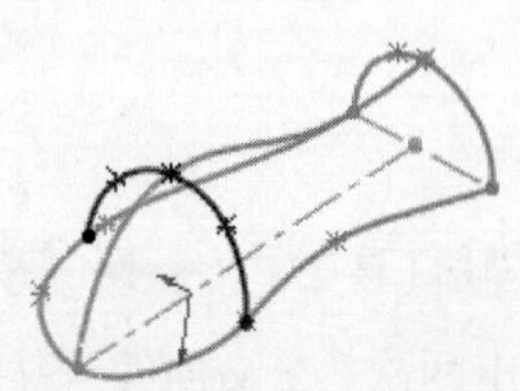
图 44.16 草图 7（建模环境）

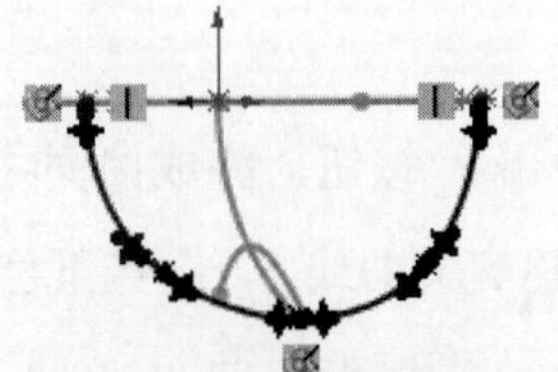
图 44.17 草图 7（草图环境）

Step 12 创建图 44.18 所示的草图 8。选取基准面 2 作为草图基准面，绘制图 44.19 所示的草图 8。

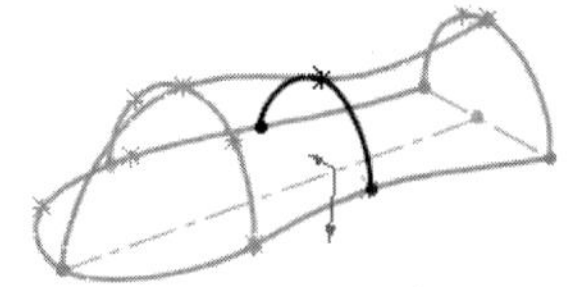

图 44.18　草图 8（建模环境）

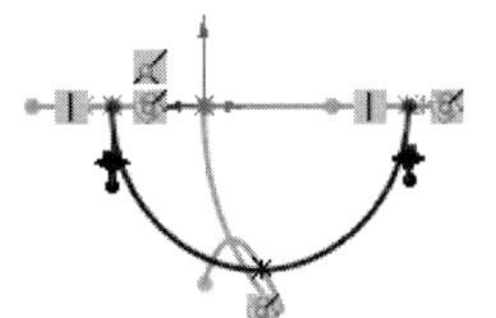

图 44.19　草图 8（草图环境）

Step 13 创建图 44.20 所示的基准面 3。

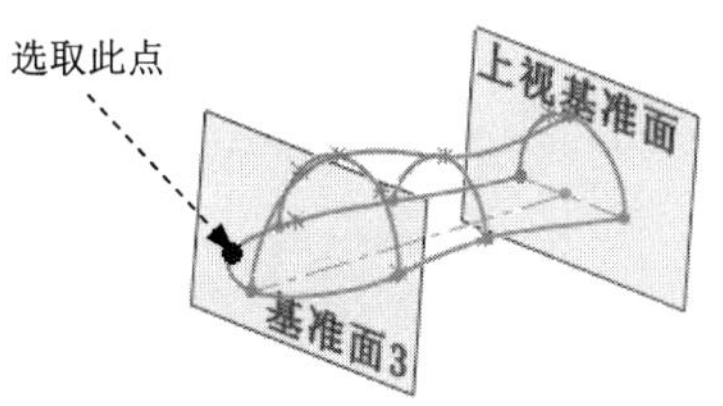

图 44.20　基准面 3

（1）选择下拉菜单 插入(I) ➡ 参考几何体(G) ➡ 基准面(P)... 命令。

（2）选取上视基准面作为参考实体，选取图 44.20 所示的点为参考点。

（3）单击窗口中的 ✔ 按钮，完成基准面 3 的创建。

说明：图 44.20 所示的点为图 44.6 所示的草图 3 上的一点。

Step 14 创建图 44.21 所示的草图 9。选取基准面 3 作为草绘基准面，绘制图 44.22 所示的草图 9。

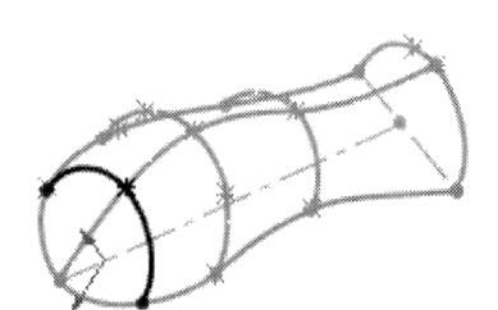

图 44.21　草图 9（建模环境）

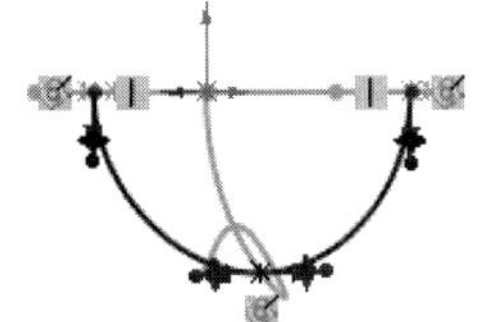

图 44.22　草图 9（草图环境）

Step 15 创建图 44.23 所示的边界-曲面 1。

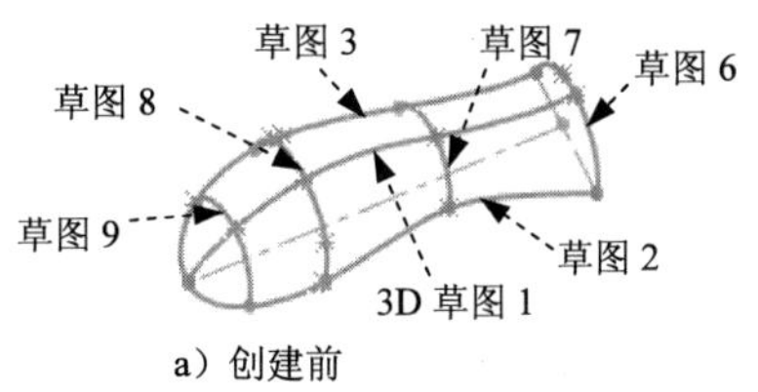

a）创建前

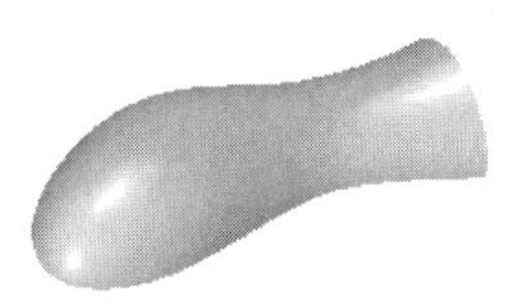

b）创建后

图 44.23　边界-曲面 1

（1）选择命令。选择下拉菜单 插入(I) ➡  曲面(S) ➡  边界曲面(B)... 命令，系

5 Chapter

统弹出“边界-曲面”窗口。

（2）定义方向 1 的边界曲线。依次选取草图 2、3D 草图 1 和草图 3 作为 方向1 上的边界曲线，并设置草图 2 和草图 3 的相切类型均为 垂直于轮廓，采用系统默认的相切长度值。

（3）定义方向 2 的边界曲线。依次选取草图 6、草图 8、草图 7 和草图 9 作为 方向2 上的边界曲线。

（4）单击✔按钮，完成边界-曲面 1 的创建。

Step 16 创建图 44.24b 所示的镜像 1。

a）镜像前　　b）镜像后

图 44.24 镜像 1

（1）选择下拉菜单 插入(I) → 阵列/镜向(E) → 镜向(M)... 命令，系统弹出“镜像”窗口。

（2）定义镜像基准面。选取前视基准面为镜像基准面。

（3）定义镜像对象。在“镜像”窗口 要镜向的实体(B) 区域中单击，在图形区选取图 44.24a 所示的曲面作为要镜像的实体，在 选项(O) 区域中选中 ☑ 缝合曲面(K) 和 ☑ 延伸视象属性(P) 复选框。

（4）单击窗口中的✔按钮，完成镜像 1 的创建。

Step 17 创建图 44.25 所示的曲面-拉伸 3。

（1）选择命令。选择下拉菜单 插入(I) → 曲面(S) → 拉伸曲面(E)... 命令。

（2）选取前视基准面作为草绘基准面，选取草图 3，使用“等距实体”命令，绘制图 44.26 所示的横断面草图。

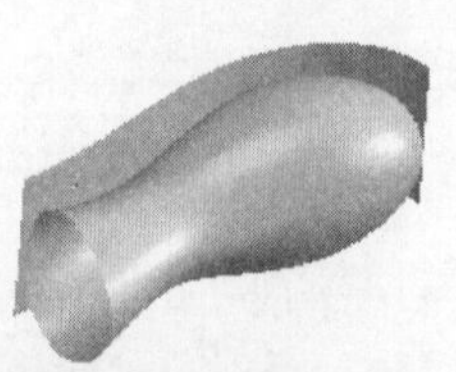

图 44.25 曲面-拉伸 3

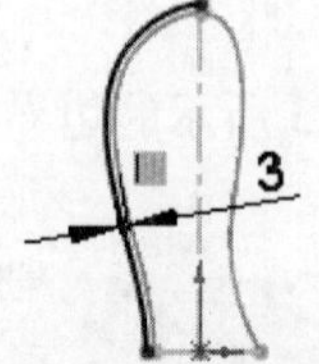

图 44.26 横断面草图（草图 10）

（3）在“曲面-拉伸”窗口 方向1 区域的下拉列表框中选择 两侧对称 选项，输入深度值 40.0。

（4）单击✔按钮，完成曲面-拉伸 3 的创建。

Step 18 创建图 44.27 所示的基准面 4。

（1）选择下拉菜单 插入(I) ➡ 参考几何体(G) ➡ 基准面(P)... 命令。

（2）选取右视基准面作为参考实体，在后的文本框中输入等距距离 33.0，选中 ☑ 反转 复选框。

（3）单击窗口中的✔按钮，完成基准面 4 的创建。

Step 19 创建图 44.28 所示的曲面-拉伸 4。

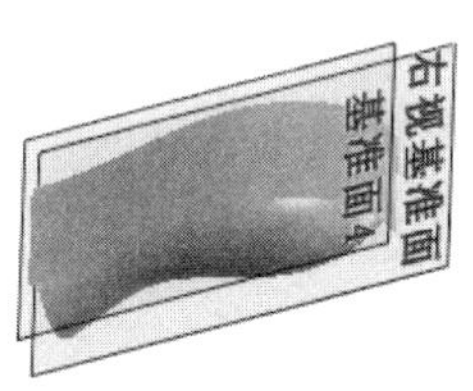

图 44.27 基准面 4

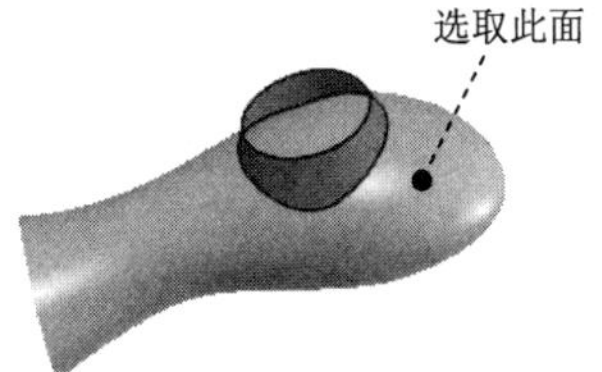

图 44.28 曲面-拉伸 4

（1）选择命令。选择下拉菜单 插入(I) ➡ 曲面(S) ➡ 拉伸曲面(E)... 命令。

（2）选取基准面 4 作为草绘基准面，绘制图 44.29 所示的横断面草图。

（3）在“曲面-拉伸”窗口 方向 1 区域的下拉列表框中选择 成形到一面 选项，在绘图区选取图 44.28 所示的面为拉伸终止面；单击“拔模开/关”按钮，在其后的文本框中输入拔模值 20.0，并选中 ☑ 向外拔模(O) 复选框。

说明：由于开始创建的曲面大小不能确定，所以此处拔模角度也是不确定的，可根据曲面的大小设定。

（4）单击✔按钮，完成曲面-拉伸 4 的创建。

Step 20 创建图 44.30 所示的曲面-剪裁 1。

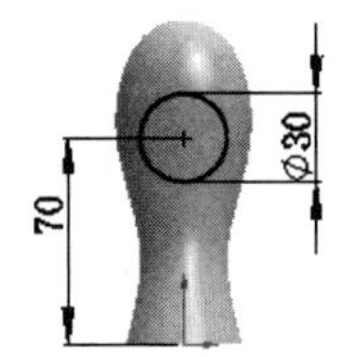

图 44.29 横断面草图（草图 11）

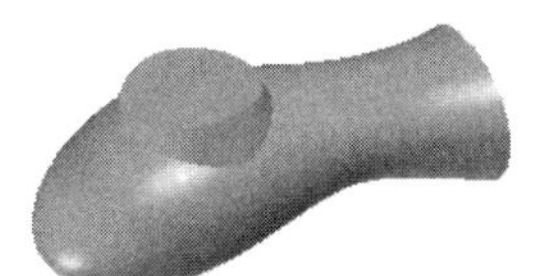
图 44.30 曲面-剪裁 1

（1）选择下拉菜单 插入(I) ➡ 曲面(S) ➡ 剪裁曲面(T)... 命令，系统弹出“剪裁曲面”窗口。

（2）定义剪裁类型。在窗口的 剪裁类型(T) 区域中选中 ⊙ 相互(M) 单选按钮。

（3）定义剪裁对象。

① 定义剪裁工具。在绘图区选取曲面-拉伸 3 和曲面-拉伸 4 为要剪裁的曲面。

② 定义选择方式。选中 ⊙ 保留选择(K) 单选按钮，然后选取图 44.31 所示的面 1 和面 2

为要保留部分。

（4）单击窗口中的✔按钮，完成曲面-剪裁1的创建。

Step 21 创建曲面-剪裁2。

（1）选择下拉菜单 插入(I) → 曲面(S) → 剪裁曲面(T)... 命令，系统弹出“剪裁曲面”窗口。

（2）定义剪裁类型。在窗口的 剪裁类型(T) 区域中选中 ⊙ 标准(D) 单选按钮。

（3）定义剪裁对象。

① 定义剪裁工具。在设计树中选择 曲面-剪裁1 为剪裁工具。

② 定义选择方式。选中 ⊙ 保留选择(K) 单选按钮，然后选取图44.32所示的曲面为要保留部分。

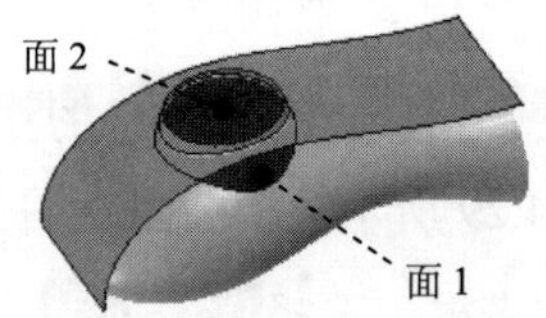

图44.31 定义裁剪参数

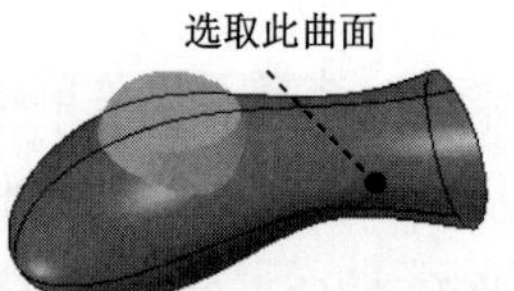

图44.32 定义保留部分

（4）单击窗口中的✔按钮，完成曲面-剪裁2的创建。

Step 22 创建图44.33所示的曲面-基准面1。

（1）选择命令。选择下拉菜单 插入(I) → 曲面(S) → 平面区域(P)... 命令。

（2）定义平面区域。选取图44.34所示的边线为平面区域。

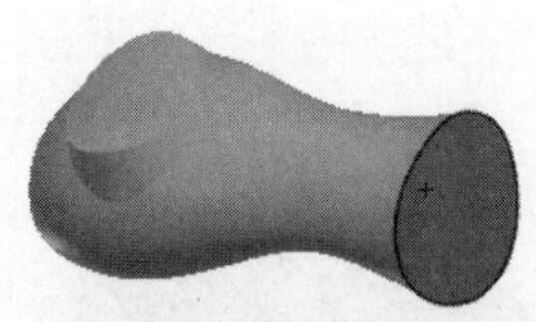
图44.33 曲面-基准面1

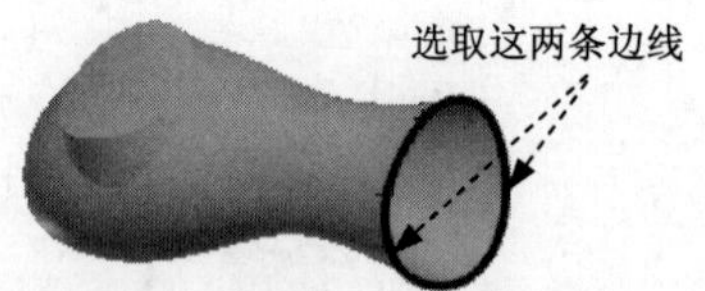

图44.34 定义平面区域

（3）单击✔按钮，完成曲面-基准面1的创建。

Step 23 创建曲面-缝合1。

（1）选择命令。选择下拉菜单 插入(I) → 曲面(S) → 缝合曲面(K)... 命令，系统弹出“缝合曲面”窗口。

（2）定义缝合对象。在设计树中选取 曲面-剪裁1、曲面-剪裁2 和 曲面-基准面1 为缝合对象。

（3）单击窗口中的✔按钮，完成曲面-缝合1的创建。

Step 24 创建图 44.35b 圆角 1。选取图 44.35a 所示的两条边链为倒圆角参照，其圆角半径值为 1.0。

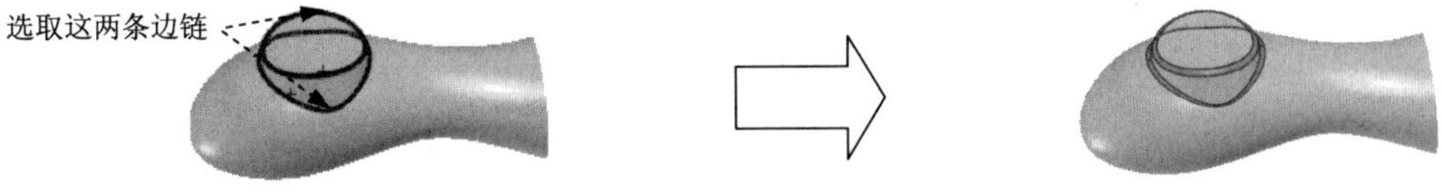

选取这两条边链

a）圆角前　　b）圆角后

图 44.35　圆角 1

Step 25 创建零件特征——加厚 1。

（1）选择下拉菜单 插入(I) → 凸台/基体(B) → 加厚(T)... 命令，系统弹出“加厚”窗口。

（2）定义要加厚的曲面。在绘图区选取整个曲面作为要加厚的曲面。

（3）定义加厚方向。在“加厚”窗口的 加厚参数(T) 区域中单击 按钮（加厚边侧 2）。

（4）定义厚度。在“加厚”窗口的 加厚参数(T) 区域中的 T1 后的文本框中输入数值 2.0。

（5）单击窗口中的 ✔ 按钮，完成加厚 1 的创建。

Step 26 创建草图 12。选取右视基准面作为草绘基准面，绘制图 44.36 所示的草图 12。

Step 27 创建图 44.37 所示的分割线 1。

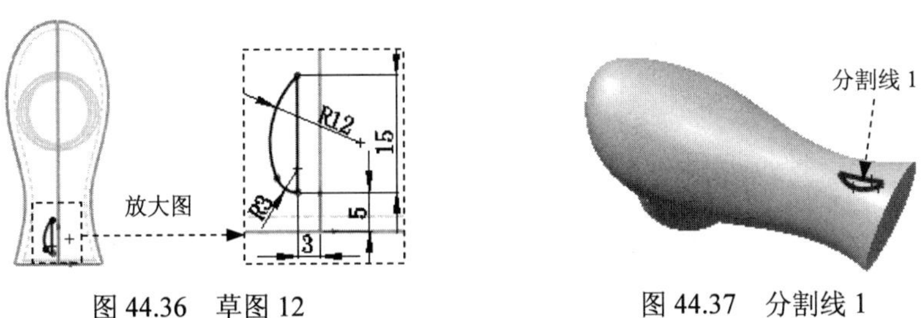

图 44.36　草图 12　　图 44.37　分割线 1

（1）选择命令。选择下拉菜单 插入(I) → 曲线(U) → 分割线(S)... 命令，系统弹出“分割线”窗口。

（2）定义分割类型。在“分割线”窗口 分割类型 区域中选中 ⊙ 投影(P) 单选按钮。

（3）定义要投影的草图。在绘图区选取图 44.36 所示的草图 12 作为要投影的草图。

（4）定义分割面。选取图 44.38 所示的模型表面为要分割的面，并选中 ☑ 单向(D) 和 ☑ 反向(R) 复选框，其他参数采用系统默认设置值。

（5）单击窗口中的 ✔ 按钮，完成分割线 1 的创建。

Step 28 创建草图 13。选取右视基准面作为草绘基准面，绘制图 44.39 所示的草图 13。

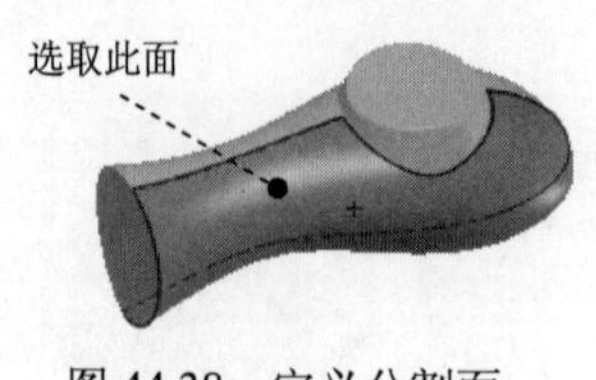

图 44.38　定义分割面

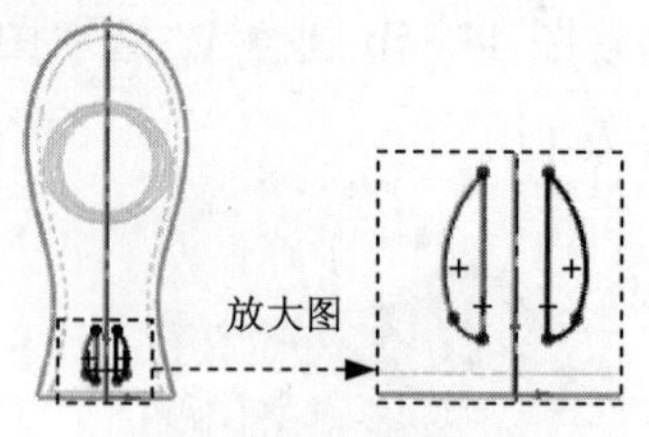

图 44.39　草图 13

说明：草图 13 是在草图环境下，使用“转换实体引用”和“镜像实体”命令将草图 8 镜像得到的。

Step 29　创建图 44.40 所示的分割线 2。

（1）选择命令。选择下拉菜单 插入(I) → 曲线(U) → 分割线(S)... 命令，系统弹出“分割线”窗口。

（2）定义分割类型。在“分割线”窗口 **分割类型** 区域中选中 ⊙ 投影(P) 单选按钮。

（3）定义要投影的草图。在绘图区选取图 44.39 所示的草图 13 作为要投影的草图。

（4）定义分割面。选取图 44.41 所示的模型表面为要分割的面，并选中 ☑ 单向(D) 和 ☑ 反向(R) 复选框，其他参数采用系统默认设置值。

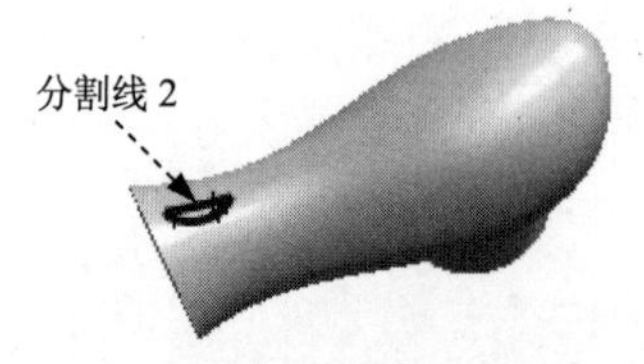

图 44.40　分割线 2

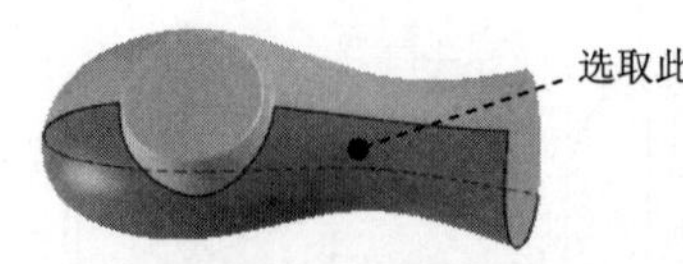

图 44.41　定义分割面

（5）单击窗口中的 ✔ 按钮，完成分割线 2 的创建。

Step 30　创建草图 14。选取右视基准面作为草绘基准面，选取草图 12，使用“等距实体”命令，向内偏距值为 0.5，绘制图 44.42 所示的草图 14。

Step 31　创建图 44.43 所示的分割线 3。

（1）选择命令。选择下拉菜单 插入(I) → 曲线(U) → 分割线(S)... 命令，系统弹出“分割线”窗口。

（2）定义分割类型。在“分割线”窗口 **分割类型** 区域中选中 ⊙ 投影(P) 单选按钮。

（3）定义要投影的草图。在绘图区选取图 44.42 所示的草图 14 作为要投影的草图。

（4）定义分割面。选取图 44.44 所示的模型表面为要分割的面，并选中 ☑ 单向(D) 和 ☑ 反向(R) 复选框，其他参数采用系统默认设置值。

（5）单击窗口中的 ✔ 按钮，完成分割线 3 的创建。

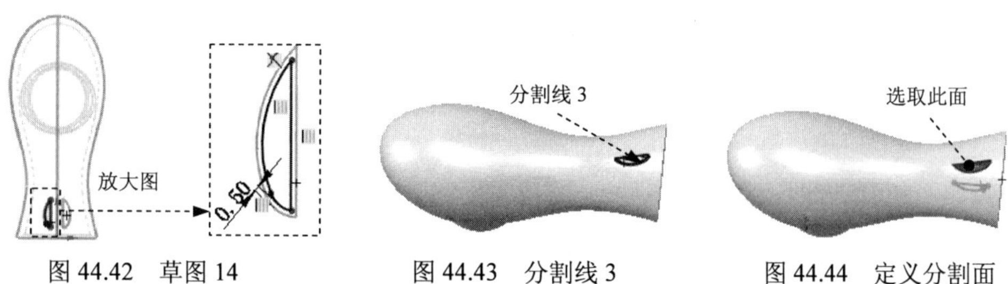

图 44.42　草图 14　　图 44.43　分割线 3　　图 44.44　定义分割面

Step 32 创建草图 15。选取右视基准面作为草绘基准面，选取草图 13，使用“等距实体”命令，向内偏距值为 0.5，绘制图 44.45 所示的草图 15。

Step 33 创建图 44.46 所示的分割线 4。

（1）选择命令。选择下拉菜单 插入(I) → 曲线(U) → 分割线(S)... 命令，系统弹出“分割线”窗口。

（2）定义分割类型。在“分割线”窗口 分割类型 区域中选中 投影(P) 单选按钮。

（3）定义要投影的草图。在绘图区选取图 44.45 所示的草图 15 作为要投影的草图。

（4）定义分割面。选取图 44.47 所示的模型表面为要分割的面，并选中 ☑ 单向(D) 和 ☑ 反向(R) 复选框，其他参数采用系统默认设置值。

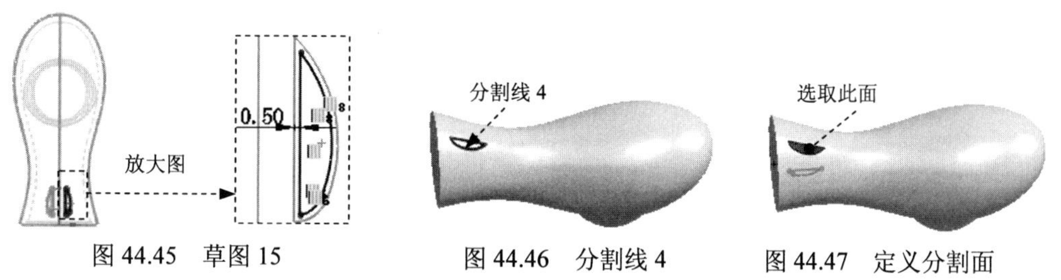

图 44.45　草图 15　　图 44.46　分割线 4　　图 44.47　定义分割面

（5）单击窗口中的 ✔ 按钮，完成分割线 4 的创建。

Step 34 创建曲面-等距 1。

（1）选择命令。选择下拉菜单 插入(I) → 曲面(S) → 等距曲面(O)... 命令，系统弹出“等距曲面”窗口。

（2）定义曲面及参数。在绘图区选取图 44.48 所示的面，输入数值 0.5，采用系统默认方向。

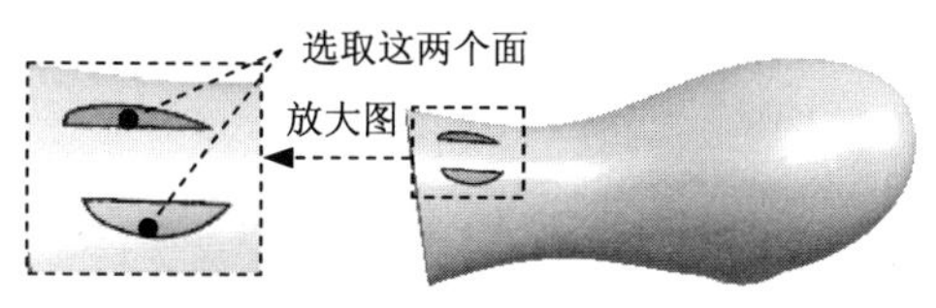

图 44.48　定义等距面

（3）单击窗口中的✓按钮，完成曲面-等距 1 的创建。

Step 35 创建组合曲线 1。

（1）选择命令。选择下拉菜单 插入(I) → 曲线(U) → 组合曲线(C)... 命令，系统弹出“组合曲线”窗口。

（2）定义曲线。在绘图区选取图 44.49 所示的曲线。

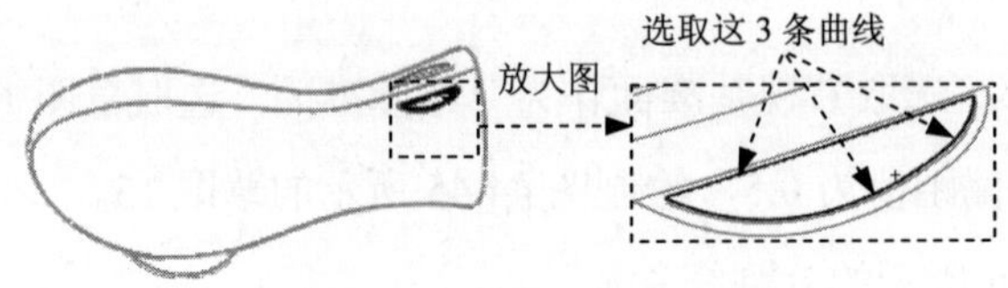

图 44.49　组合曲线 1

（3）单击窗口中的✓按钮，完成组合曲线 1 的创建。

Step 36 创建组合曲线 2。

（1）选择命令。选择下拉菜单 插入(I) → 曲线(U) → 组合曲线(C)... 命令，系统弹出“组合曲线”窗口。

（2）定义曲线。在绘图区选取图 44.50 所示的曲线。

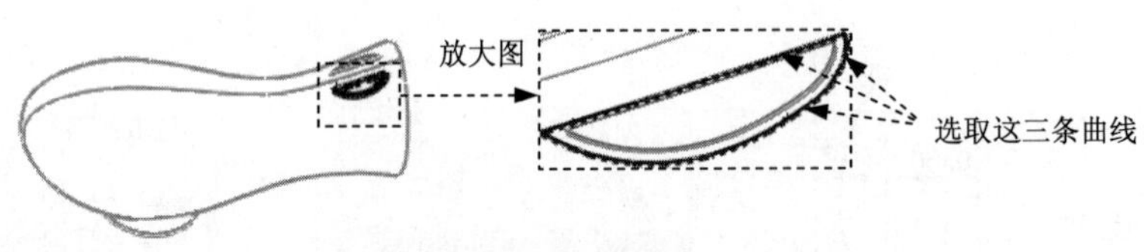

图 44.50　组合曲线 2

（3）单击窗口中的✓按钮，完成组合曲线 2 的创建。

Step 37 创建图 44.51 所示的边界-曲面 2。

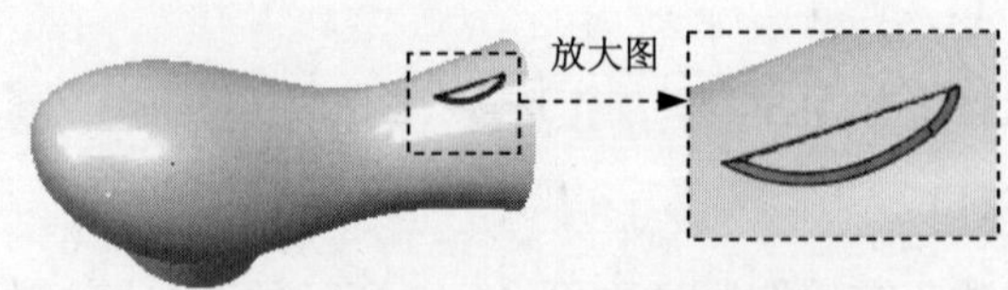

图 44.51　边界-曲面 2

（1）选择命令。选择下拉菜单 插入(I) → 曲面(S) → 边界曲面(B)... 命令，系统弹出“边界-曲面”窗口。

（2）定义方向 1 的边界曲线。在设计树中选取 组合曲线2 和 组合曲线1 作为方向 1 的边界曲线，其他参数采用系统默认设置值。

（3）单击窗口中的✓按钮，完成边界-曲面 2 的创建。

Step 38 创建组合曲线 3。

（1）选择命令。选择下拉菜单 插入(I) → 曲线(U) → 组合曲线(C)... 命令，系统弹出“组合曲线”窗口。

（2）定义曲线。在绘图区选取图 44.52 所示的曲线。

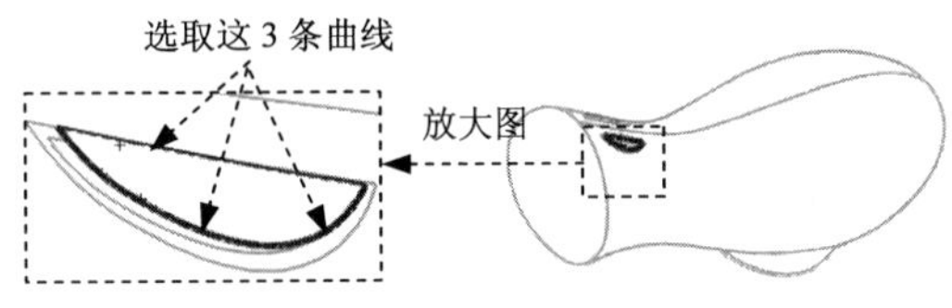

图 44.52　组合曲线 3

（3）单击窗口中的✓按钮，完成组合曲线 3 的创建。

Step 39 创建组合曲线 4。

（1）选择命令。选择下拉菜单 插入(I) → 曲线(U) → 组合曲线(C)... 命令，系统弹出“组合曲线”窗口。

（2）定义曲线。在绘图区选取图 44.53 所示的曲线。

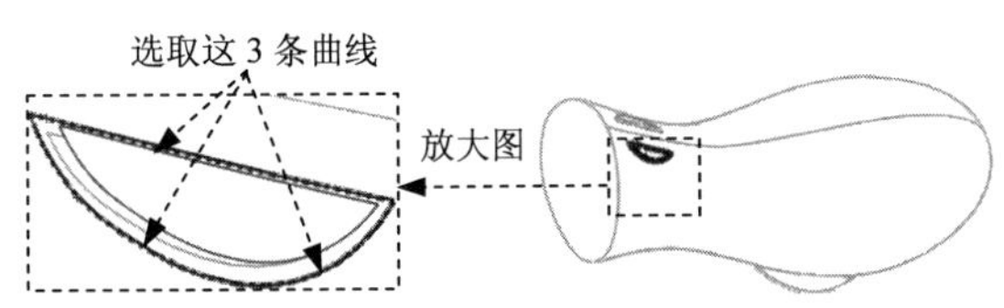

图 44.53　组合曲线 4

（3）单击窗口中的✓按钮，完成组合曲线 4 的创建。

Step 40 创建图 44.54 所示的边界-曲面 3。

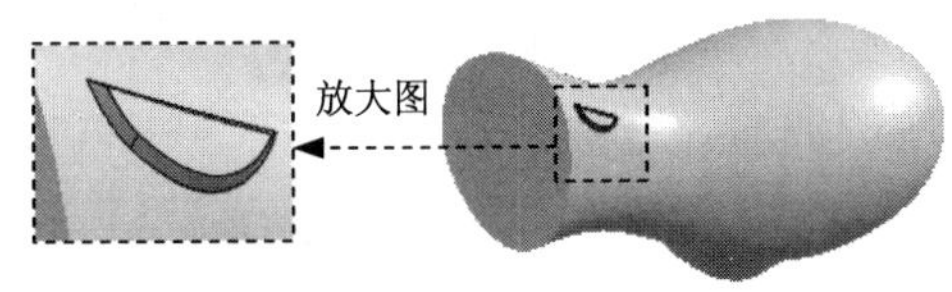

图 44.54　边界-曲面 3

（1）选择命令。选择下拉菜单 插入(I) → 曲面(S) → 边界曲面(B)... 命令，系统弹出“边界-曲面”窗口。

（2）定义方向 1 的边界曲线。在设计树中选取选取 组合曲线3 和 组合曲线4 作为方向 1 的边界曲线，其他参数采用系统默认设置值。

（3）单击窗口中的✓按钮，完成边界-曲面 3 的创建。

5 Chapter

Step 41 创建曲面-缝合 2。

（1）选择命令。选择下拉菜单 插入(I) → 曲面(S) → 缝合曲面(K)... 命令，系统弹出“缝合曲面”窗口。

（2）定义缝合对象。选取图 44.55 所示的两个曲面为要缝合的曲面。

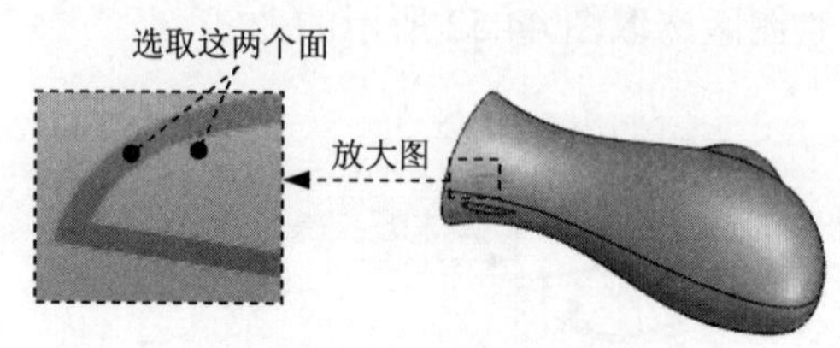

图 44.55 定义缝合对象

（3）单击窗口中的 ✓ 按钮，完成曲面-缝合 2 的创建。

说明：*在选取曲面时可先将边界-曲面 2 和边界-曲面 3 隐藏。*

Step 42 创建曲面-缝合 3。

（1）选择命令。选择下拉菜单 插入(I) → 曲面(S) → 缝合曲面(K)... 命令，系统弹出“缝合曲面”窗口。

（2）定义缝合对象。选取图 44.56 所示的两个曲面为要缝合的曲面。

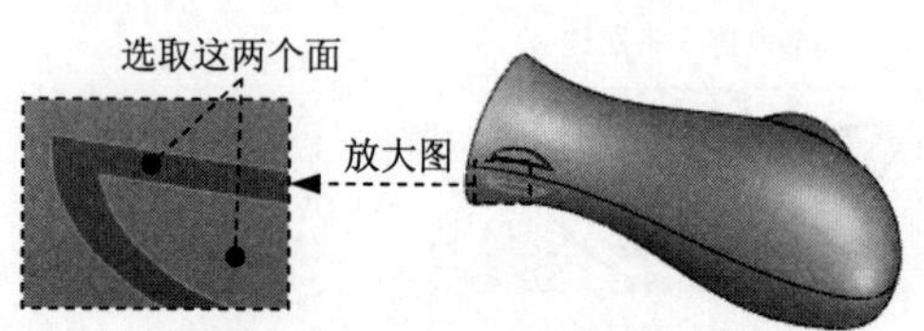

图 44.56 定义缝合对象

（3）单击窗口中的 ✓ 按钮，完成曲面-缝合 3 的创建。

Step 43 创建曲面-缝合 4。选择下拉菜单 插入(I) → 曲面(S) → 缝合曲面(K)... 命令，在设计树中选取 曲面-缝合3 和 边界-曲面3 及在曲面-等距 1 中创建的在曲面-缝合 3 所在侧的曲面为缝合对象，并选中 ☑ 尝试形成实体(T) 复选框。

Step 44 创建曲面-缝合 5。选择下拉菜单 插入(I) → 曲面(S) → 缝合曲面(K)... 命令，在设计树中选取 曲面-缝合2 、 边界-曲面2 及在曲面-等距 1 中创建的在曲面-缝合 2 所在侧的曲面缝合对象，并选中 ☑ 尝试形成实体(T) 复选框。

Step 45 创建组合 1。

（1）选择命令。选择下拉菜单 插入(I) → 特征(F) → 组合(B)... 命令，系统弹出“组合”窗口。

（2）定义组合类型。在“组合”窗口 操作类型(O) 区域中选中 ⊙ 添加(A) 单选按钮。

（3）定义要组合的实体。在图形区选择所有实体作为要组合的对象。

（4）单击窗口中的✔按钮，完成组合1的创建。

Step 46 创建图44.57b 圆角2。选取图44.57a 所示的4条边线为圆角参照，圆角半径值为0.3。

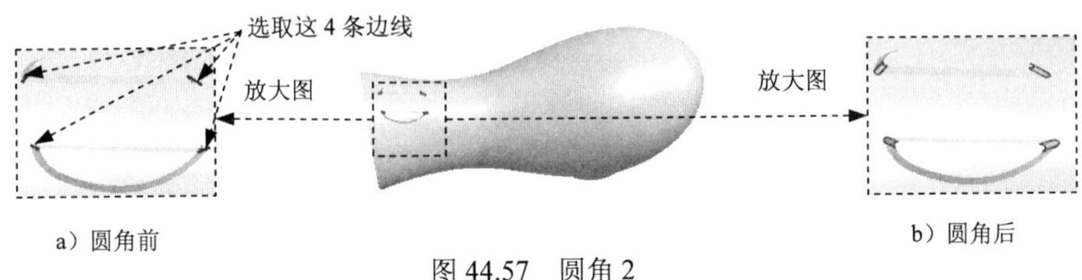

a）圆角前 b）圆角后

图44.57 圆角2

Step 47 创建图44.58b 圆角3。选取图44.58a 所示的两条边链为倒圆角参照，圆角半径值为0.5。

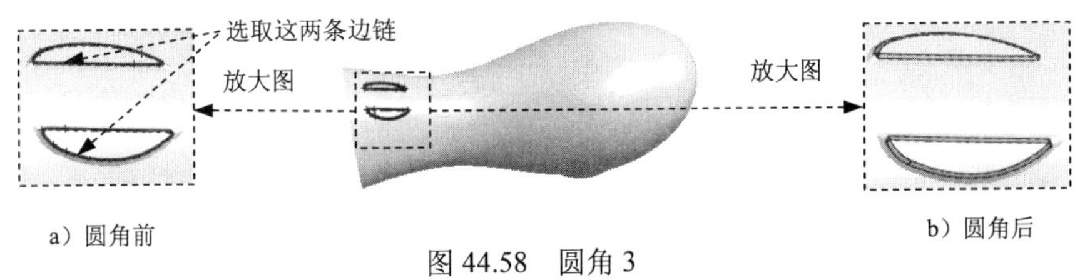

a）圆角前 b）圆角后

图44.58 圆角3

Step 48 创建图44.59b 圆角4。选取图44.59a 所示的两条边链为倒圆角参照，其圆角半径值为0.5。

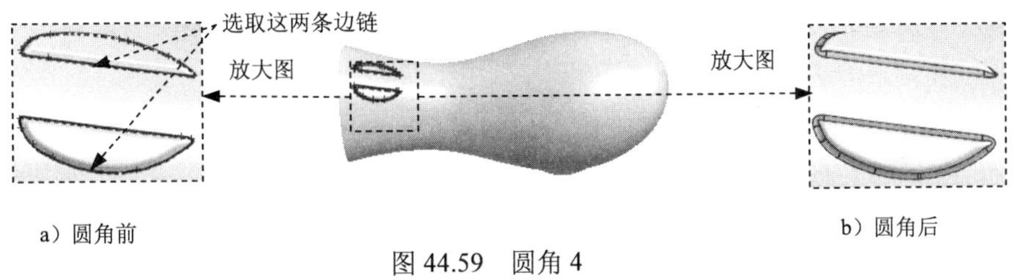

a）圆角前 b）圆角后

图44.59 圆角4

Step 49 创建图44.60所示的切除-拉伸1。

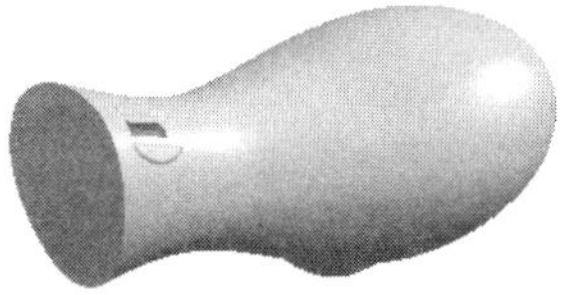

图44.60 切除-拉伸1

（1）选择下拉菜单 插入(I) ➡ 切除(C) ➡ 拉伸(E)... 命令。

（2）选取右视基准面为草绘基准面，绘制图 44.61 所示的横断面草图。

（3）定义拉伸方向及类型。在“切除-拉伸”窗口 方向1 区域的下拉列表框中选择 完全贯穿 选项，并单击“反向”按钮。

（4）单击 按钮，完成切除-拉伸 1 的创建。

Step 50 创建草图 17。选择前视基准面作为草绘基准面，绘制图 44.62 所示的草图 17。

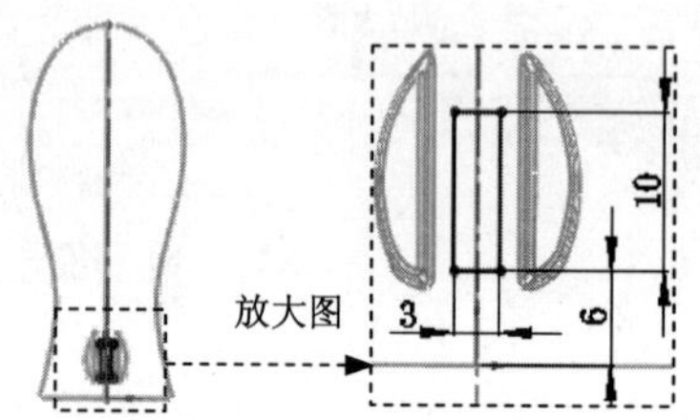

图 44.61　横断面草图（草图 16）

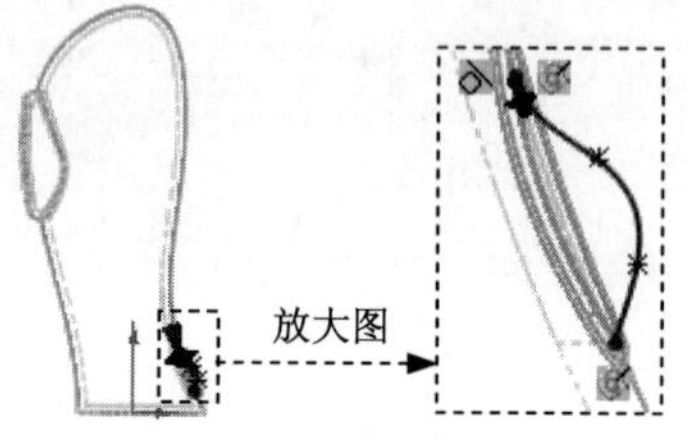

图 44.62　草图 17

说明：草图 17 中样条曲线的两个端点分别与图 44.60 所示的切除-拉伸 1 的外边线为穿透关系。

Step 51 创建草图 18。选取图 44.63 所示的模型表面为草绘基准面，绘制图 44.64 所示的草图 18。

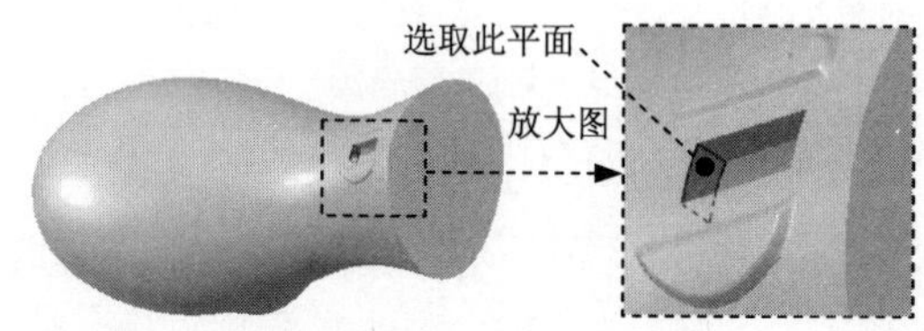

图 44.63　定义草图基准面

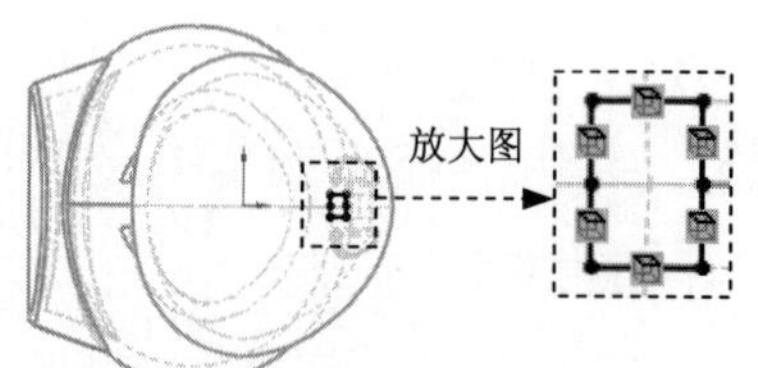

图 44.64　草图 18

Step 52 创建草图 19。选取图 44.65 所示的面作为草图基准面，绘制图 44.66 所示的草图 19。

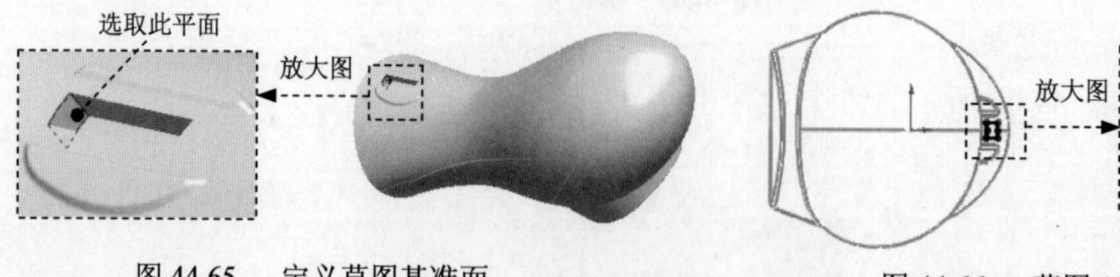

图 44.65　定义草图基准面

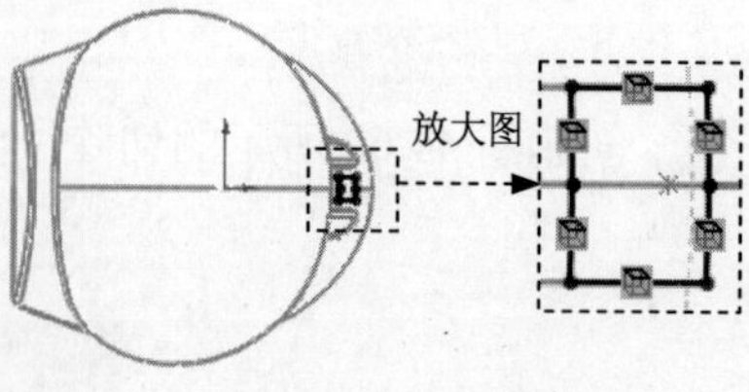

图 44.66　草图 19

Step 53 创建草图 20。选取前视基准面作为草绘基准面，绘制图 44.67 所示的草图 20。

Step 54 创建图 44.68 所示的放样 1。

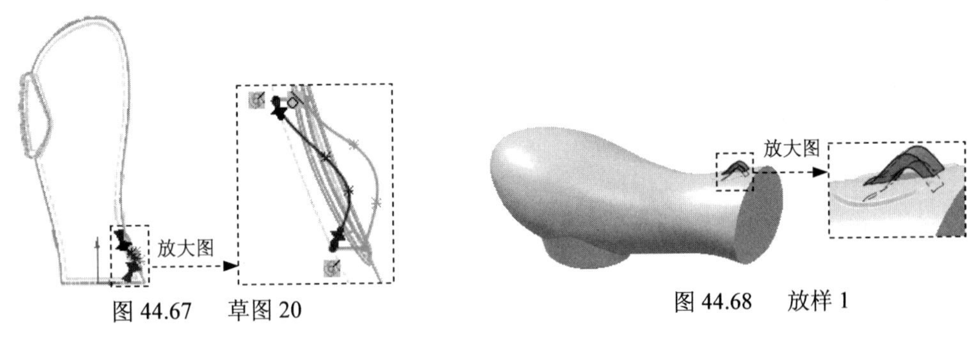

图 44.67 草图 20

图 44.68 放样 1

（1）选择命令。选择下拉菜单 插入(I) → 凸台/基体(B) → 放样(L)... 命令，系统弹出“放样”窗口。

（2）定义放样轮廓。在设计树中依次选取 草图18 和 草图19 作为放样 1 的轮廓。

（3）定义放样引导线。选取 (-)草图17 和 (-)草图20 为放样 1 的引导线，其他参数采用默认设置值。

（4）单击窗口中的 ✓ 按钮，完成放样 1 的创建。

Step 55 创建图 44.69b 圆角 5。选取图 44.69a 所示的两条边线为倒圆角参照，其圆角半径值为 0.5。

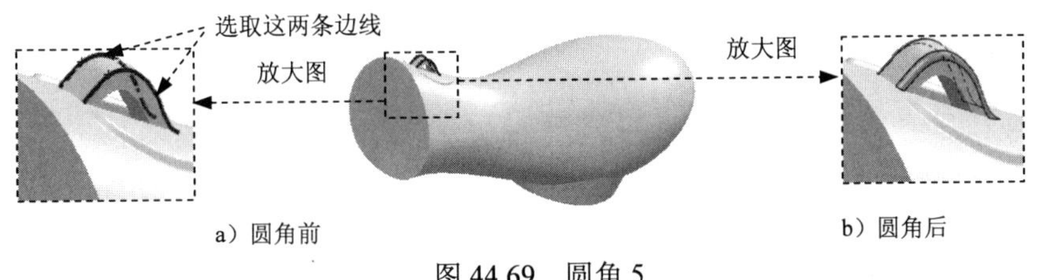

a）圆角前　b）圆角后

图 44.69 圆角 5

Step 56 创建图 44.70b 圆角 6。选取图 44.70a 所示的边线为倒圆角参照，其圆角半径值为 0.3。

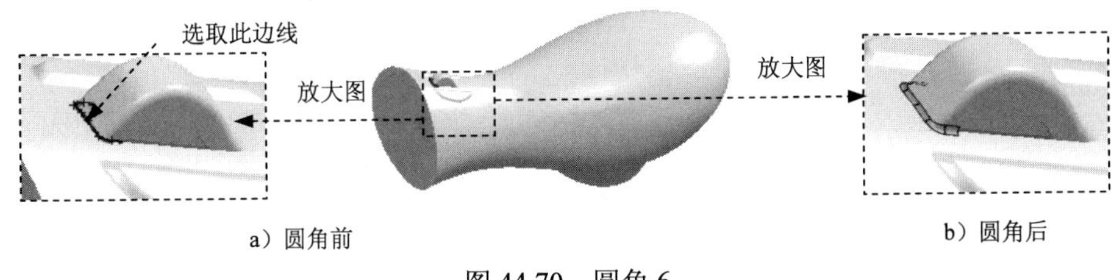

a）圆角前　b）圆角后

图 44.70 圆角 6

Step 57 创建图 44.71 所示的切除-拉伸 2。

（1）选择下拉菜单 插入(I) → 切除(C) → 拉伸(E)... 命令。

（2）选取右视基准面为草绘基准面，绘制图 44.72 所示的横断面草图。

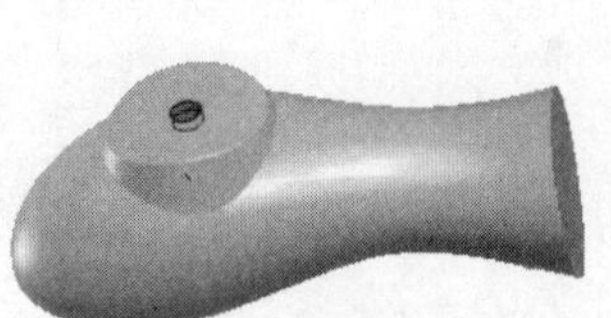

图 44.71 切除-拉伸 2

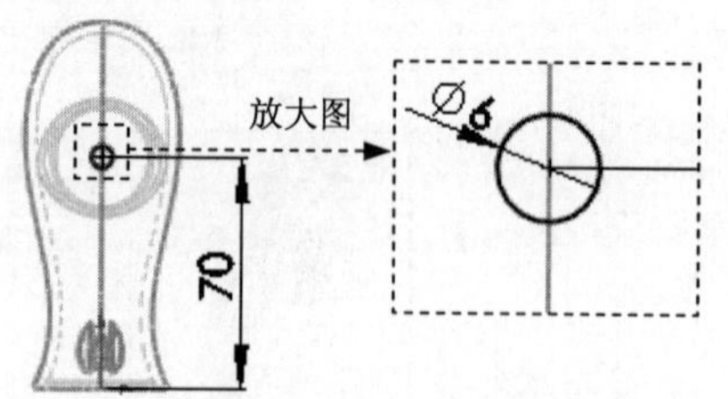

图 44.72 横断面草图（草图 21）

（3）定义拉伸方向及类型。在“切除-拉伸”窗口 方向1 区域的下拉列表框中选择 完全贯穿 选项，采用系统默认方向。

（4）单击 ✓ 按钮，完成切除-拉伸 2 的创建。

Step 58 创建图 44.73 所示的切除-拉伸 3。

（1）选择下拉菜单 插入(I) ➡ 切除(C) ➡ 拉伸(E)... 命令。

（2）选取上视基准面为草绘基准面，绘制图 44.74 所示的横断面草图。

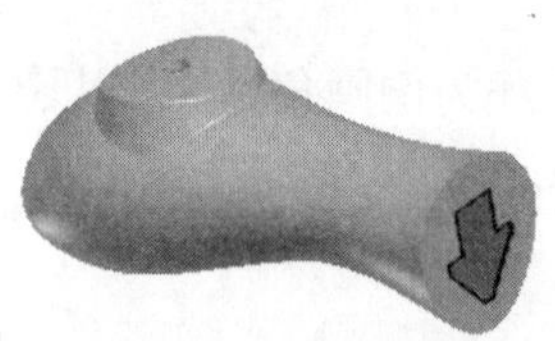

图 44.73 切除-拉伸 3

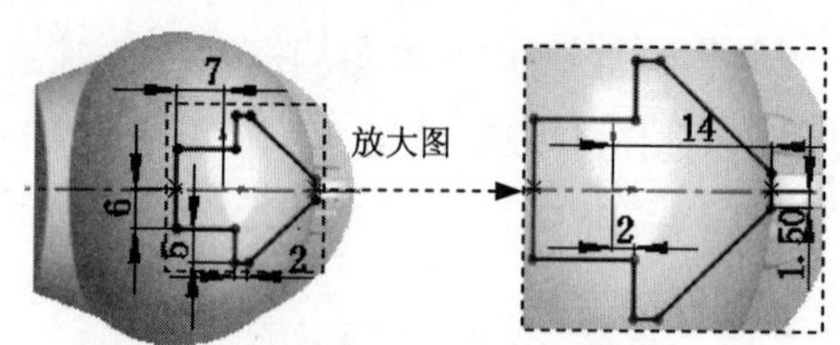

图 44.74 横断面草图（草图 22）

（3）定义拉伸方向及类型。在“切除-拉伸”窗口 方向1 区域单击 按钮，并在其后的下拉列表框中选择 给定深度 选项，输入深度值 0.5。

（4）单击 ✓ 按钮，完成切除-拉伸 3 的创建。

Step 59 创建图 44.75 所示的凸台-拉伸 1。

（1）选择下拉菜单 插入(I) ➡ 凸台/基体(B) ➡ 拉伸(E)... 命令。

（2）选取前视基准面为草绘基准面，绘制图 44.76 所示的横断面草图。

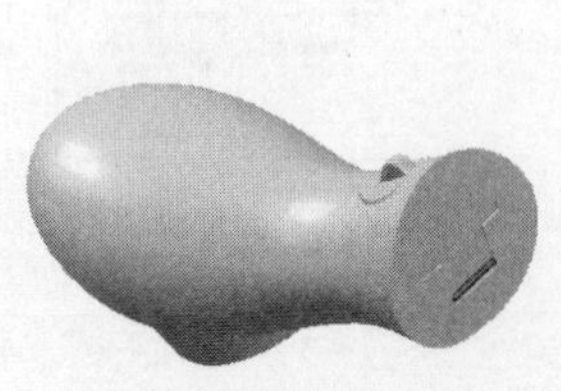

图 44.75 凸台-拉伸 1

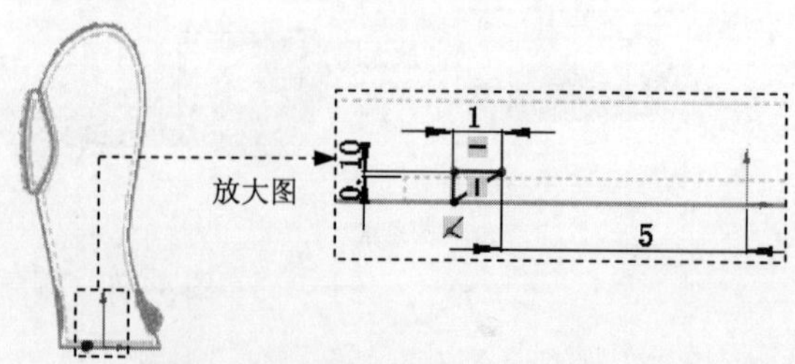

图 44.76 横断面草图（草图 23）

（3）定义拉伸方向及类型。在“凸台-拉伸”窗口 方向1 区域的下拉列表框中选择 两侧对称 选项，输入深度值 24，并选中 ☑ 合并结果(M) 复选框。

（4）单击 ✔ 按钮，完成凸台-拉伸 1 的创建。

Step 60 创建图 44.77 所示的阵列（线性）1。

（1）选择命令。选择下拉菜单 插入(I) ➡ 阵列/镜向(E) ➡ 线性阵列(L)... 命令，系统弹出“线性阵列”窗口。

（2）选取图 44.78 所示的模型边线为参考方向，在 后的文本框中输入数值 1.50；在 文本框中输入数值 14。

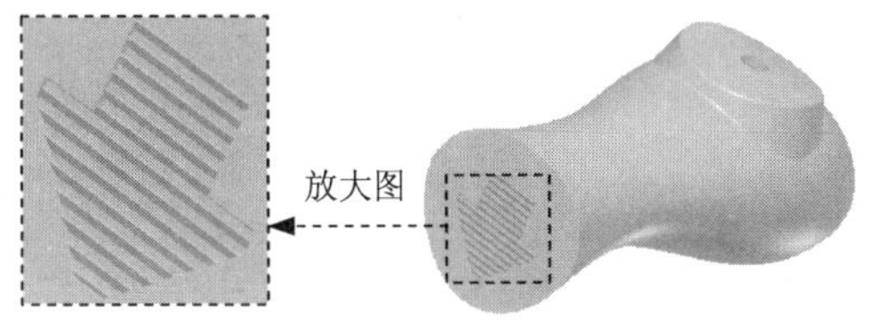

图 44.77 阵列（线性）1

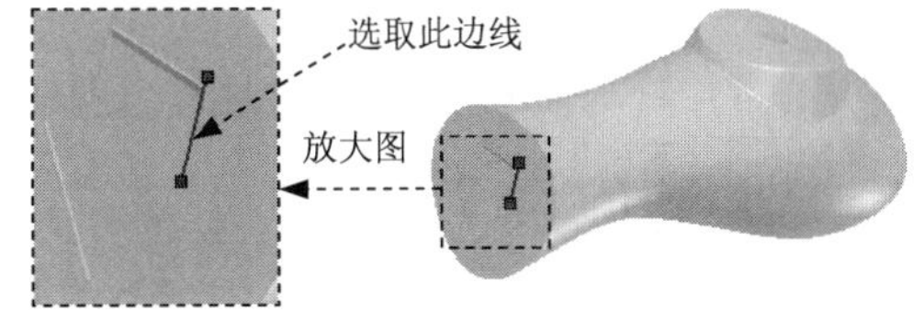

图 44.78 定义参考方向

（3）定义阵列源特征。在设计树中选取 凸台-拉伸1 作为要阵列的特征，在 选项(O) 区域中取消选中 几何体阵列(G) 复选框。

（4）单击窗口中的 ✔ 按钮，完成阵列（线性）1 的创建。

说明：图 44.78 所示的直线为图 44.74 所示的横断面草图中的直线。

Step 61 创建图 44.79 所示的曲面-拉伸 5。

（1）选择命令。选择下拉菜单 插入(I) ➡ 曲面(S) ➡ 拉伸曲面(E)... 命令。

（2）选取右视基准面作为草绘基准面，绘制图 44.80 所示的横断面草图。

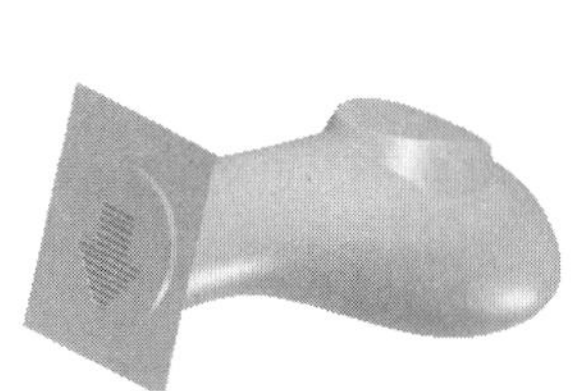
图 44.79 曲面-拉伸 5

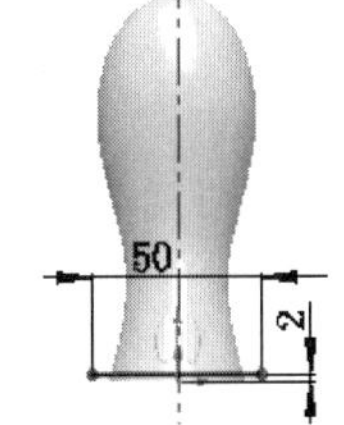

图 44.80 横断面草图（草图 24）

（3）采用系统默认的拉伸方向，在 方向 1 区域的下拉列表框中选择 两侧对称 选项，输入深度值 50.0。

（4）单击 ✔ 按钮，完成曲面-拉伸 5 的创建。

Step 62 创建图 44.81 所示的曲面-拉伸 6。

（1）选择命令。选择下拉菜单 插入(I) ➡ 曲面(S) ➡ 拉伸曲面(E)... 命令。

（2）选取上视基准面作为草绘基准面，绘制图 44.82 所示的横断面草图。

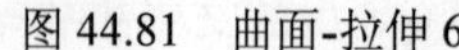

图 44.81　曲面-拉伸 6

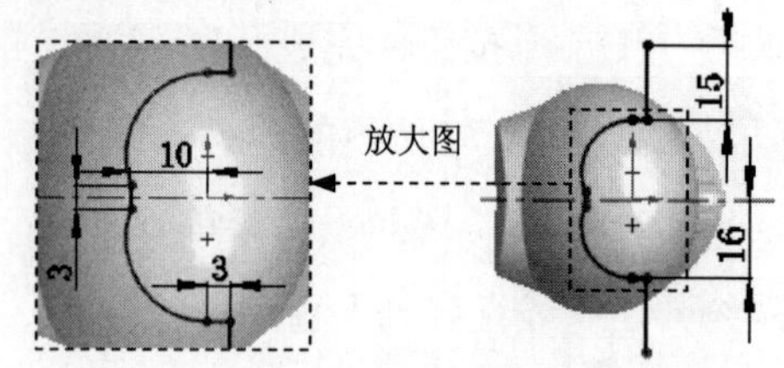

图 44.82　横断面草图（草图 25）

（3）采用系统默认的拉伸方向，在 方向 1 区域的下拉列表框中选择 两侧对称 选项，输入深度值 30.0。

（4）单击 ✓ 按钮，完成曲面-拉伸 6 的创建。

Step 63 创建曲面-剪裁 3。

（1）选择下拉菜单 插入(I) ➡ 曲面(S) ➡ 剪裁曲面(T)... 命令，系统弹出“剪裁曲面”窗口。

（2）定义剪裁类型。在窗口的 剪裁类型(T) 区域中选中 ⊙ 相互(M) 单选按钮。

（3）定义剪裁对象。

① 定义剪裁工具。在绘图区选取曲面-拉伸 5 和曲面-拉伸 6 为要剪裁的曲面，如图 44.83 所示。

② 定义选择方式。选中 ⊙ 保留选择(K) 单选按钮，然后选取图 44.84 所示的面 1 和面 2 为要保留部分。

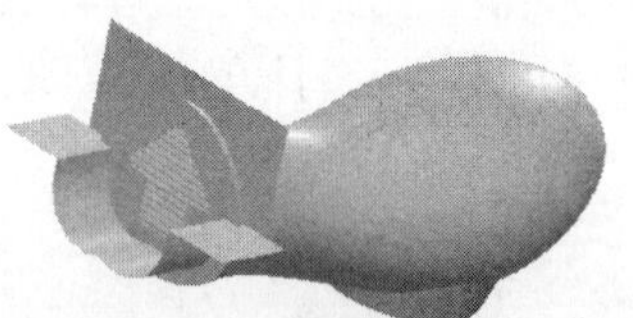

图 44.83　曲面-剪裁 3

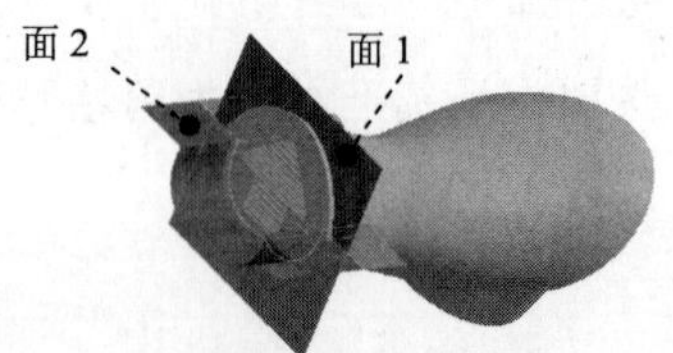

图 44.84　定义裁剪参数

（4）单击窗口中的 ✓ 按钮，完成曲面-剪裁 3 的创建。

Step 64 创建草图 26。选取前视基准面作为草绘基准面，绘制图 44.85 所示的草图 26。

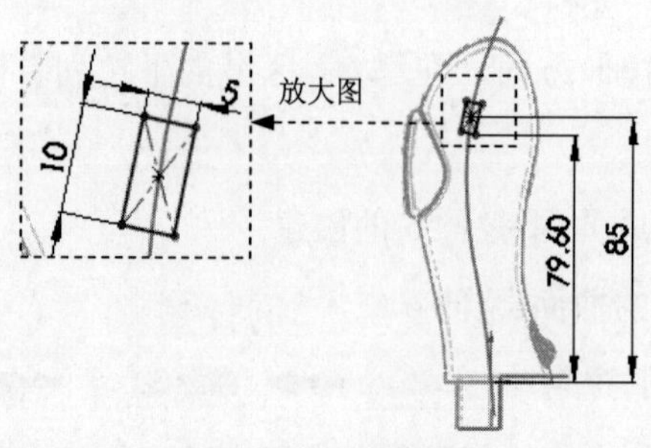

图 44.85　草图 26

说明：在绘制草图 26 前，在设计树中选取 曲面-拉伸1 特征并将其显示。

Step 65 创建草图 27。选取上视基准面作为草绘基准面，绘制图 44.86 所示的草图 27。

图 44.86 草图 27

Step 66 创建草图 28。选取右视基准面作为草绘基准面，绘制图 44.87 所示的草图 28（在左视的状态下）。

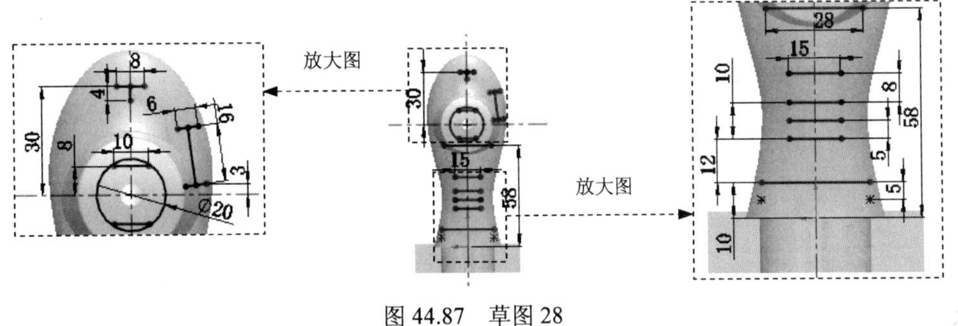

图 44.87 草图 28

Step 67 至此，一级控件模型创建完毕。选择下拉菜单 文件(F) → 保存(S) 命令，命名为 first，即可保存零件模型。

44.3 二级控件

下面讲解二级控件的创建过程。二级控件是从一级控件中分割出来的，在创建前盖和后盖时，二级控件又会作为原始模型使用。零件模型及设计树如图 44.88 所示。

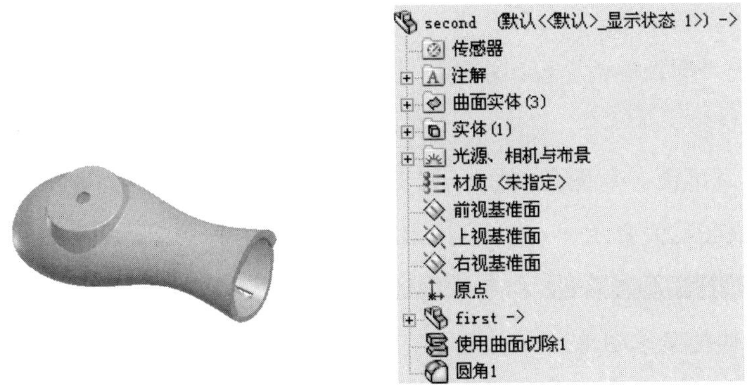

图 44.88 零件模型及设计树

Step 1 新建一个装配文件。选择下拉菜单 文件(F) → 新建(N)... 命令，在系统弹出的“新建 SolidWorks 文件”对话框中选择“装配体”选项，单击 确定 按钮，打开新窗口，并进入装配体环境。

Step 2 引入一级控件零件模型。

(1) 引入零件。进入装配环境后，单击“开始装配体”窗口中的 浏览(B)... 按钮，在系统弹出的“打开”对话框中选取 D:\sw13in\work\ins44\first.SLDPRT，单击 打开(O) 按钮。

(2) 单击窗口中的 ✔ 按钮，将零件固定在原点位置。

Step 3 隐藏一级控件零件模型。在设计树中单击 (固定) first<1>，在系统弹出的快捷菜单中单击 按钮。

Step 4 插入新零件。选择下拉菜单 插入(I) → 零部件(O) → 新零件(N)... 命令。在系统 请选择放置新零件的面或基准面。 的提示下，在图形区任意位置单击，完成新零件的放置。

Step 5 打开新零件。在设计树中右击 (固定) [零件1^装配体1]<1>，在系统弹出的快捷菜单中单击 按钮，打开新窗口，并进入建模环境。

Step 6 插入零件。

(1) 选择命令。选择下拉菜单 插入(I) → 零件(A)… 命令，系统弹出“打开”对话框。

(2) 选择模型文件。选中 D:\ sw13in\work\ins44\first.SLDPRT 文件，单击 打开(O) 按钮，系统弹出“插入零件”窗口。

(3)定义零件属性。在“插入零件”窗口 转移(T) 区域选中 ☑ 实体(D)、☑ 曲面实体(S)、☑ 基准轴(A)、☑ 基准面(P)、☑ 装饰螺蚊线(C)、☑ 吸收的草图(B) 和 ☑ 解除吸收的草图(U) 复选框，取消选中 ☐ 自定义属性(O) 和 ☐ 坐标系 复选框，并在 找出零件(L) 区域中取消选中 ☐ 以移动/复制特征找处零件(M) 复选框。

(4) 单击“插入零件”窗口中的 ✔ 按钮，完成零件的插入，此时系统自动将零件放置在原点处。

Step 7 隐藏基准面、草图和曲面。在 视图(V) 下拉菜单中，分别取消选择 草图(S) 和 基准面(P) 命令，在设计树中单击 曲面实体(3) 前的节点，选取 <first>-<曲面-拉伸1> 和 <first>-<曲面-拉伸2> 为要隐藏的曲面并右击，在系统弹出的快捷菜单中单击 按钮，完成基准面、草图和曲面的隐藏，结果如图 44.89 所示。

Step 8　创建图 44.90 所示的特征——使用曲面切除 1。

（1）选择命令。选择下拉菜单 插入(I) → 切除(C) → 使用曲面(W)... 命令，系统弹出“使用曲面切除”窗口。

（2）选择曲面。在设计树中单击 first -> 前的节点，单击其下的 曲面实体(3) 前的节点，选取 <first>-<曲面-剪裁3> 为剪裁曲面。

（3）定义切除方向。在 曲面切除参数(P) 区域中单击按钮，反转切除方向。

（4）单击窗口中的按钮，完成使用曲面切除 1 的创建。

Step 9　隐藏曲面实体。在设计树中右击 <first>-<曲面-剪裁3>，在系统弹出的快捷菜单中选择命令，隐藏曲面实体，如图 44.91 所示。

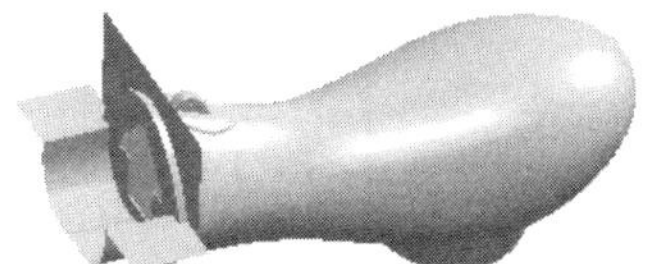

图 44.89　插入零件并隐藏基准面

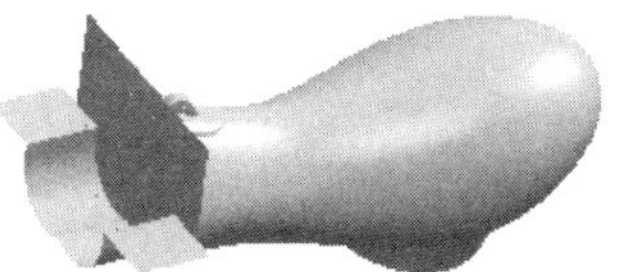

图 44.90　使用曲面切除 1

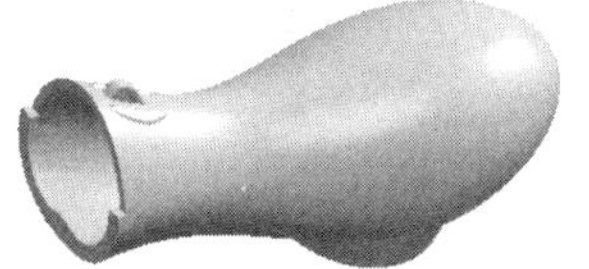

图 44.91　隐藏曲面实体

Step 10　创建图 44.92 圆角 1。选取图 44.93 所示的边线为倒圆角参照，其圆角半径值为 0.5。

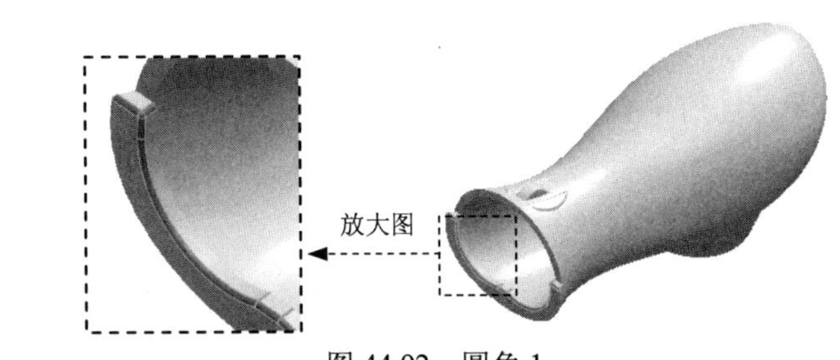

图 44.92　圆角 1

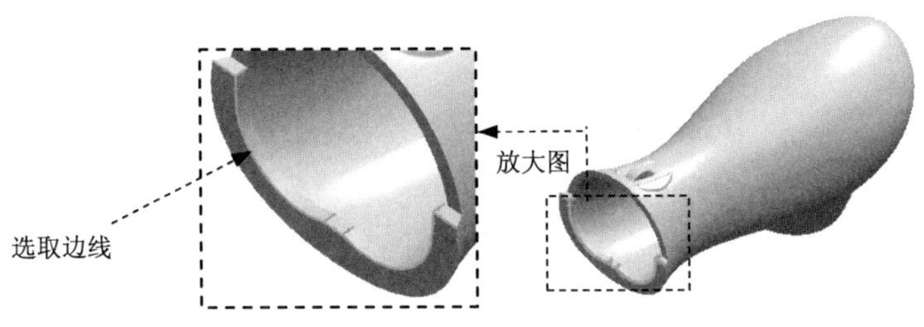

图 44.93　圆角参照

Step 11　保存零件模型。选择下拉菜单 文件(F) → 另存为(A)... 命令，将零件模型命名为 second 保存，并关闭窗口，显示装配体窗口。

44.4 前盖

下面讲解前盖的创建过程。前盖零件模型是从二级控件中分割出来的，为了保证前盖和后盖模型在配合时更加完美，在创建前盖和后盖模型时使用同一草图作参考。零件模型及设计树如图 44.94 所示。

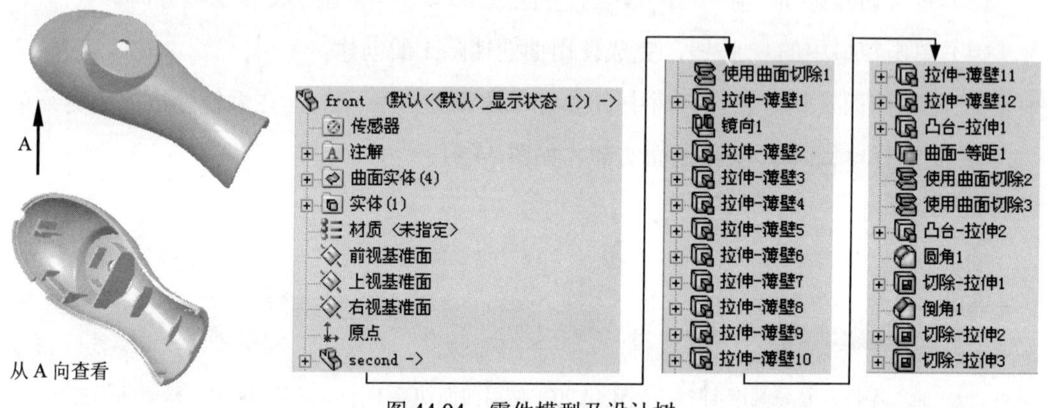

图 44.94 零件模型及设计树

Step 1 插入新零件。在上一节的装配环境中，选择下拉菜单 插入(I) → 零部件(O) → 新零件(N)... 命令。在 请选择放置新零件的面或基准面。 的提示下，在图形区任意位置单击，完成新零件的放置。

Step 2 打开新零件。在设计树中右击 (固定)[零件2^装配体1]<1>，在系统弹出的快捷菜单中单击 按钮，打开新窗口，并进入建模环境。

Step 3 插入零件。

（1）选择命令。选择下拉菜单 插入(I) → 零件(A)... 命令，系统弹出“打开”对话框。

（2）选择模型文件。选中 D:\ sw13in\work\ins44\second.SLDPRT 文件，单击 打开(O) 按钮，系统弹出“插入零件”窗口。

（3）定义零件属性。在“插入零件”窗口 转移(T) 区域选中 ☑ 实体(D)、☑ 曲面实体(S)、☑ 基准轴(A)、☑ 装饰螺蚊线(C)、☑ 基准面(P)、☑ 吸收的草图(B) 和 ☑ 解除吸收的草图(U) 复选框，取消选中 ☐ 自定义属性(O) 和 ☐ 坐标系 复选框，在 找出零件(L) 区域中取消选中 ☐ 以移动/复制特征找处零件(M) 复选框。

（4）单击“插入零件”窗口中的 ✓ 按钮，完成零件的插入，此时系统自动将零件放置在原点处。

Step 4 隐藏基准面、草图和曲面。在 视图(V) 下拉菜单中，分别取消选择 草图(S) 和基准面(P)命令，在设计树中单击曲面实体(3)前的节点，然后在节点下选取并右击 <second>-<<first>-<曲面-拉伸2>> 和 <second>-<<first>-<曲面-剪裁3>>，在系统弹出的快捷菜单中选择命令，完成基准面、草图和曲面的隐藏，结果如图 44.95 所示。

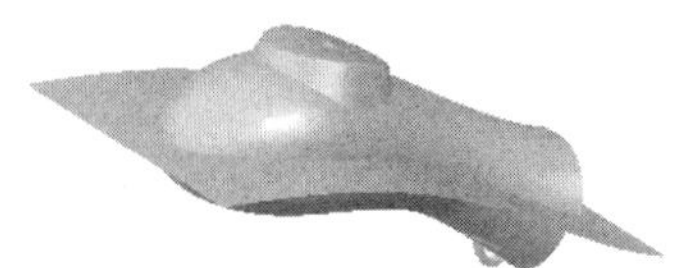

图 44.95　插入零件并隐藏基准面

Step 5　创建图 44.96 所示的特征——使用曲面切除 1。

（1）选择命令。选择下拉菜单 插入(I) ➡ 切除(C) ➡ 使用曲面(W)... 命令，系统弹出“使用曲面切除”窗口。

（2）选择曲面。在绘图区选取图 44.97 所示的面为切除面，调整切除方向如图 44.97 所示。

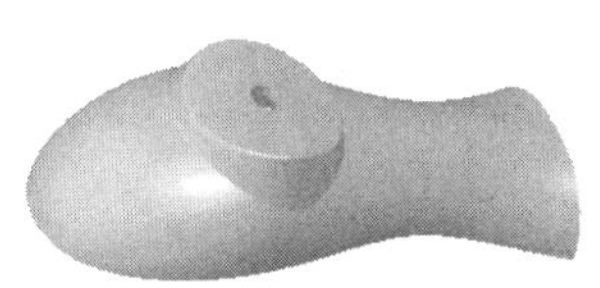

图 44.96　使用曲面切除 1

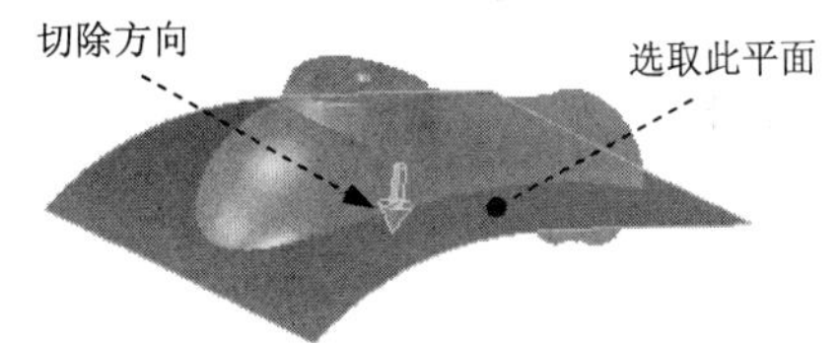

图 44.97　定义切除面

（3）单击窗口中的 ✓ 按钮，完成使用曲面切除 1 的创建。

Step 6　参照 Step4 的方法，将 <second>-<<first>-<曲面-拉伸1>> 隐藏。

Step 7　创建图 44.98 所示的拉伸-薄壁 1。

（1）选择下拉菜单 插入(I) ➡ 凸台/基体(B) ➡ 拉伸(E)... 命令。

（2）选取右视基准面作为草绘基准面，绘制图 44.99 所示的横断面草图。

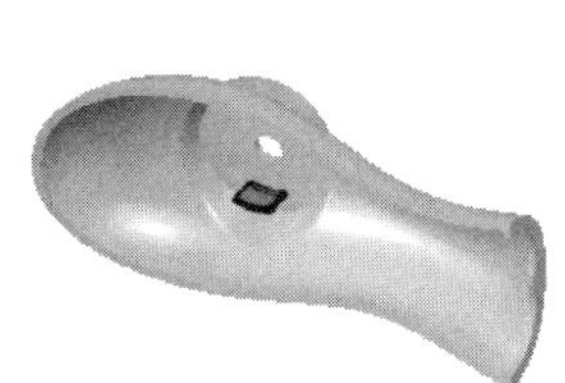

图 44.98　拉伸-薄壁 1

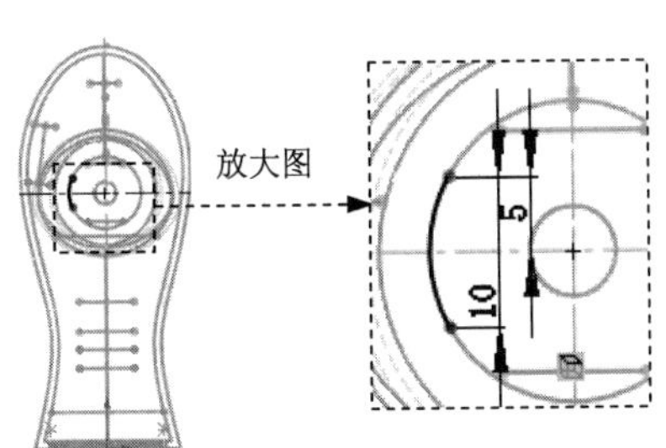

图 44.99　横断面草图（草图 1）

（3）选择拉伸类型。在“凸台-拉伸”窗口中选中 薄壁特征(T) 复选框。

（4）定义拉伸方向。在“凸台-拉伸”窗口 从(F) 区域的下拉列表框中选择 等距 选项，输入等距值 20.0，并单击“反向”按钮；在 方向 1 区域的下拉列表框中选择 成形到一面 选项，选取图 44.100 所示的面为拉伸终止面，选中 合并结果(M) 复选框；在 薄壁特征(T) 区域的下拉列表框中选择 两侧对称 选项，在文本框中输入厚度值 1.0。

（5）单击按钮，完成拉伸-薄壁 1 的创建。

说明：图 44.99 所示的横断面草图为一级控件中图 44.87 所示的草图 28 上的一部分。在绘制此横断面草图时，在 视图(V) 下拉菜单中选取 草图(S) 命令，即可将图 44.88 所示的草图显示，以下类似情况采用相同方法，故不再说明。

Step 8 创建图 44.101 所示的镜像 1。

（1）选择下拉菜单 插入(I) → 阵列/镜向(E) → 镜向(M)... 命令。

（2）定义镜像基准面。在设计树中选取 前视基准面 为镜像基准面。

（3）定义镜像对象。在设计树中选取 拉伸-薄壁1 作为要镜像的特征。在 选项(O) 区域中选中 延伸视象属性(P) 复选框。

（4）单击窗口中的按钮，完成镜像 1 的创建。

Step 9 创建图 44.102 所示的拉伸-薄壁 2。

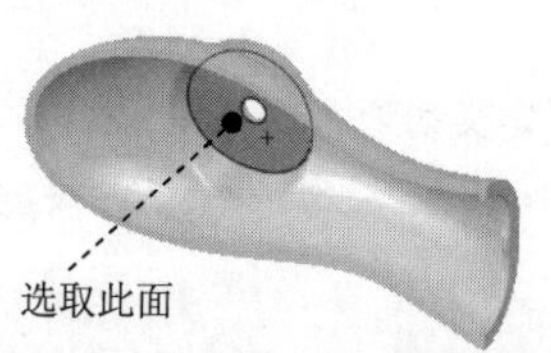

图 44.100 定义拉伸终止面

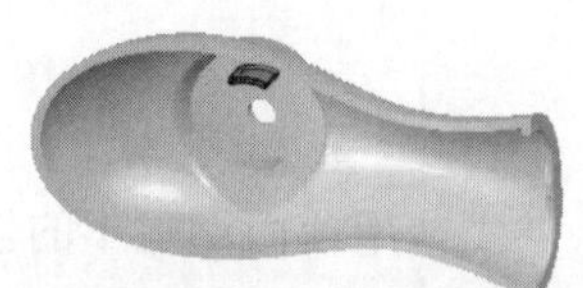
图 44.101 镜像 1

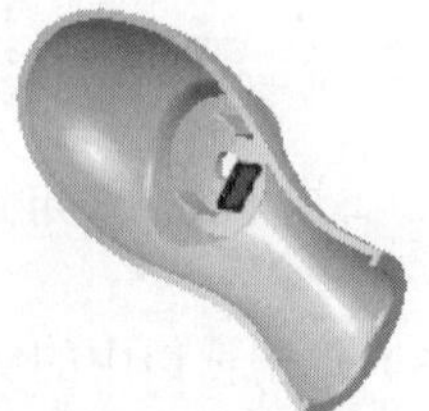
图 44.102 拉伸-薄壁 2

（1）选择下拉菜单 插入(I) → 凸台/基体(B) → 拉伸(E)... 命令。

（2）在绘图区选取图 44.103 所示的直线为横断面草图。

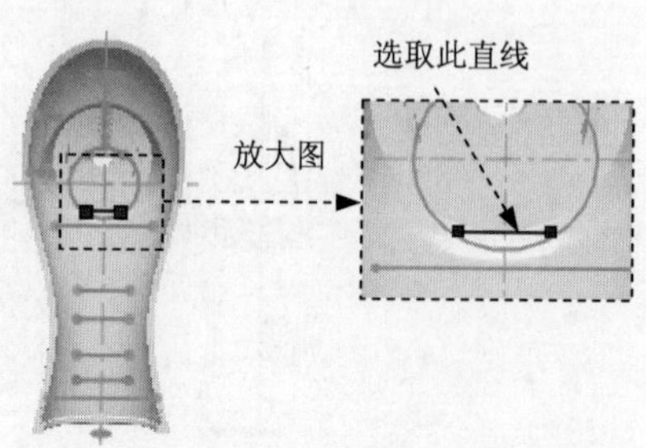

图 44.103 横断面草图（草图 2）

（3）选择拉伸类型。在“凸台-拉伸”窗口中选中 ☑ 薄壁特征(T) 复选框。

（4）定义拉伸方向。在“凸台-拉伸”窗口 从(F) 区域的下拉列表框中选择 等距 选项，输入等距值 20.0，并单击“反向”按钮；在 方向 1 区域的下拉列表框中选择 成形到一面 选项，选取图 44.104 所示的面为拉伸终止面；在 ☑ 薄壁特征(T) 区域的下拉列表框中选择 单向 选项，在文本框中输入厚度值 1.0。

（5）单击按钮，完成拉伸-薄壁 2 的创建。

Step 10　创建图 44.105 所示的拉伸-薄壁 3。

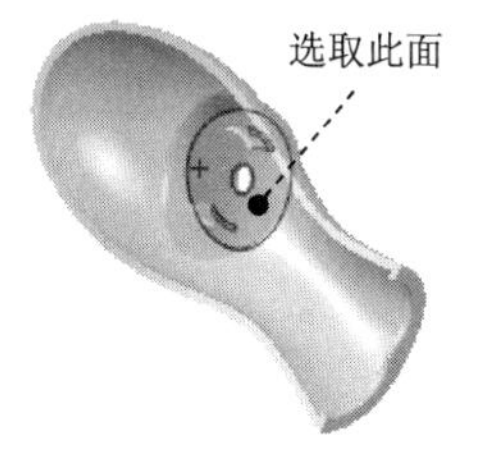

图 44.104　定义拉伸终止面

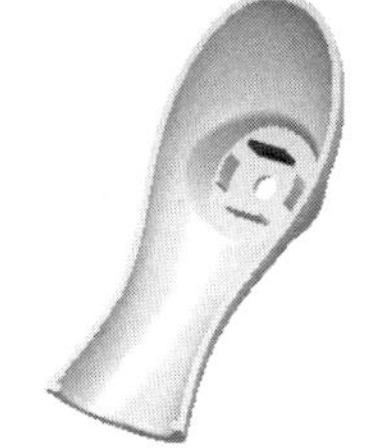
图 44.105　拉伸-薄壁 3

（1）选择下拉菜单 插入(I) → 凸台/基体(B) → 拉伸(E)... 命令。

（2）在绘图区选取图 44.106 所示的直线为横断面草图。

（3）选择拉伸类型。在“凸台-拉伸”窗口中选中 ☑ 薄壁特征(T) 复选框。

（4）定义拉伸方向。在“凸台-拉伸”窗口 从(F) 区域的下拉列表框中选择 等距 选项，输入等距值 20.0，并单击“反向”按钮；在 方向 1 区域的下拉列表框中选择 成形到下一面 选项，并单击“反向”按钮；在 ☑ 薄壁特征(T) 区域的下拉列表框中选择 单向 选项，在文本框中输入厚度值 1.0。

（5）单击按钮，完成拉伸-薄壁 3 的创建。

Step 11　创建图 44.107 所示的拉伸-薄壁 4。

（1）选择下拉菜单 插入(I) → 凸台/基体(B) → 拉伸(E)... 命令。

（2）在绘图区选取图 44.108 所示的直线为横断面草图。

（3）选择拉伸类型。在“凸台-拉伸”窗口中选中 ☑ 薄壁特征(T) 复选框。

（4）定义拉伸方向。在“凸台-拉伸”窗口 从(F) 区域的下拉列表框中选择 等距 选项，输入等距值 7.0，并单击“反向”按钮；在 方向 1 区域的下拉列表框中选择 成形到下一面 选项，并单击“反向”按钮；在 ☑ 薄壁特征(T) 区域的下拉列表框中选择 单向 选项，在文本框中输入厚度值 1.0。

（5）单击按钮，完成拉伸-薄壁 4 的创建。

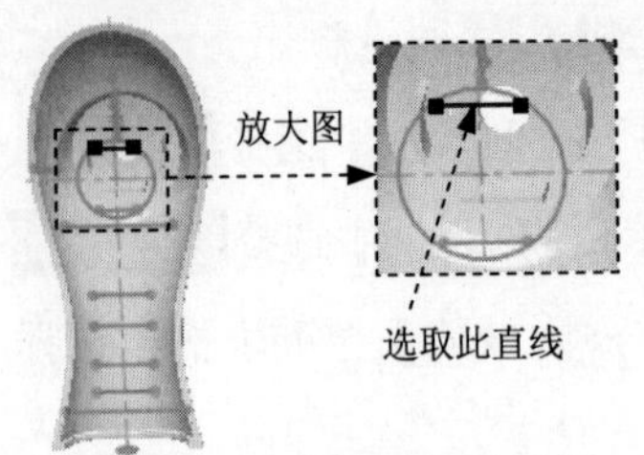

图 44.106　横断面草图（草图 3）

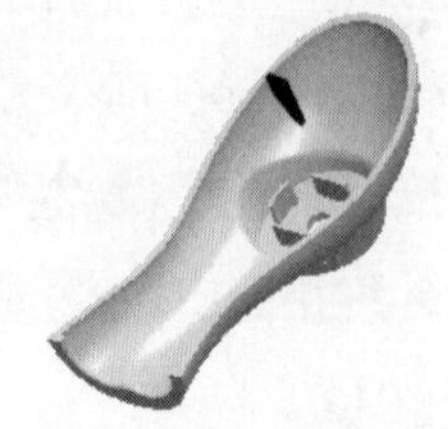
图 44.107　拉伸-薄壁 4

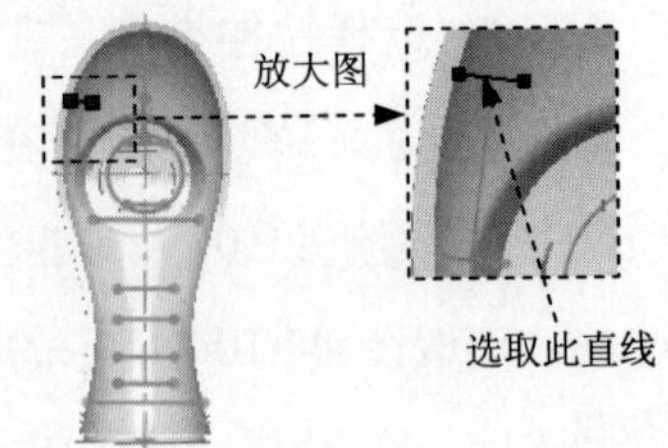

图 44.108　横断面草图（草图 4）

Step 12 创建图 44.109 所示的拉伸-薄壁 5。

（1）选择下拉菜单 插入(I) → 凸台/基体(B) → 拉伸(E)... 命令。

（2）在绘图区选取图 44.110 所示的直线为横断面草图。

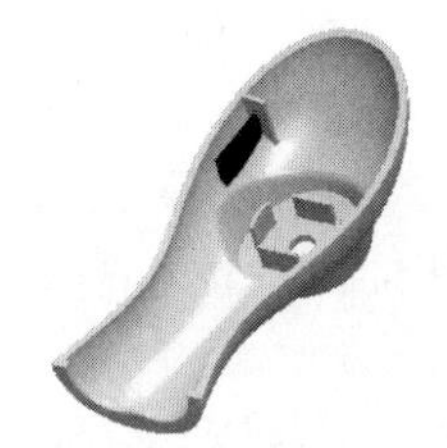
图 44.109　拉伸-薄壁 5

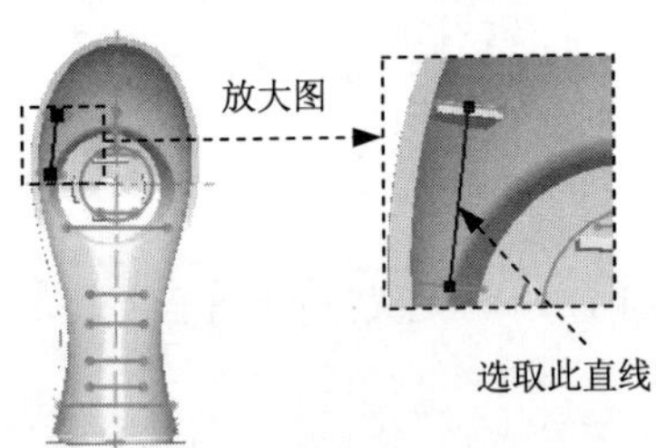

图 44.110　横断面草图（草图 5）

（3）选择拉伸类型。在“凸台-拉伸”窗口中选中 薄壁特征(T) 复选框。

（4）定义拉伸方向。在“凸台-拉伸”窗口 从(F) 区域的下拉列表框中选择 等距 选项，输入等距值 10.0，并单击“反向”按钮；在 方向 1 区域的下拉列表框中选择 成形到下一面 选项，并单击“反向”按钮；在 薄壁特征(T) 区域的下拉列表框中选择 单向 选项，在 T1 文本框中输入厚度值 1.0。

（5）单击 ✓ 按钮，完成拉伸-薄壁 5 的创建。

Step 13 创建图 44.111 所示的拉伸-薄壁 6。

（1）选择下拉菜单 插入(I) → 凸台/基体(B) → 拉伸(E)... 命令。

（2）在绘图区选取图 44.112 所示的直线为横断面草图。

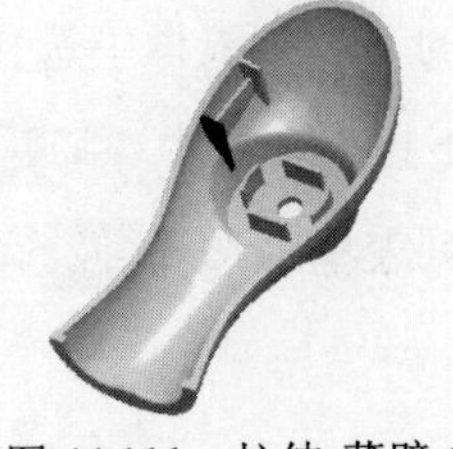
图 44.111　拉伸-薄壁 6

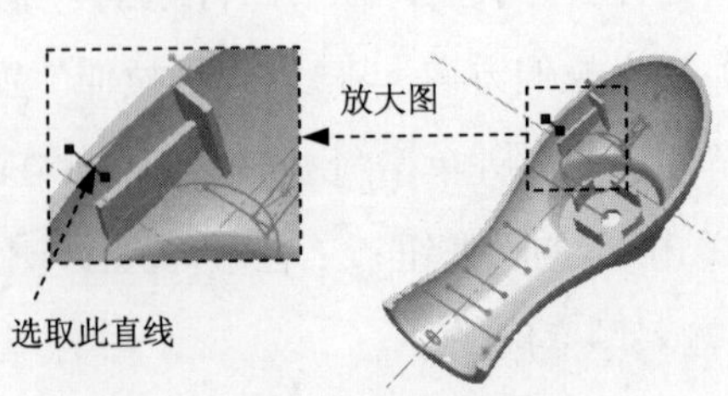

图 44.112　横断面草图（草图 6）

（3）选择拉伸类型。在“凸台-拉伸”窗口中选中 ☑ 薄壁特征(T) 复选框。

（4）定义拉伸方向。在“凸台-拉伸”窗口 从(F) 区域的下拉列表框中选择 等距 选项，输入等距值 9.0，并单击“反向”按钮；在 方向1 区域的下拉列表框中选择 成形到下一面 选项，并单击“反向”按钮；在 ☑ 薄壁特征(T) 区域的下拉列表框中选择 单向 选项，在文本框中输入厚度值 1.0。

（5）单击✓按钮，完成拉伸-薄壁 6 的创建。

Step 14 创建图 44.113 所示的拉伸-薄壁 7。

（1）选择下拉菜单 插入(I) → 凸台/基体(B) → 拉伸(E)... 命令。

（2）在绘图区选取图 44.114 所示的直线为横断面草图。

图 44.113　拉伸-薄壁 7

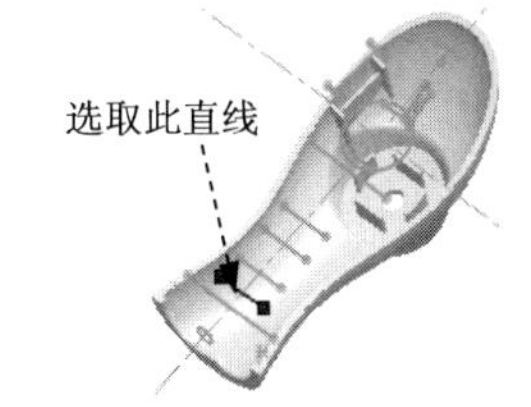

图 44.114　横断面草图（草图 7）

（3）选择拉伸类型。在“凸台-拉伸”窗口中选中 ☑ 薄壁特征(T) 复选框。

（4）定义拉伸方向。在“凸台-拉伸”窗口 从(F) 区域的下拉列表框中选择 等距 选项，输入等距值 1.0，并单击“反向”按钮；在 方向1 区域的下拉列表框中选择 成形到下一面 选项，并单击“反向”按钮；在 ☑ 薄壁特征(T) 区域的下拉列表框中选择 单向 选项，在文本框中输入厚度值 1.0。

（5）单击✓按钮，完成拉伸-薄壁 7 的创建。

Step 15 创建图 44.115 所示的拉伸-薄壁 8。

（1）选择下拉菜单 插入(I) → 凸台/基体(B) → 拉伸(E)... 命令。

（2）在绘图区选取图 44.116 所示的直线为横断面草图。

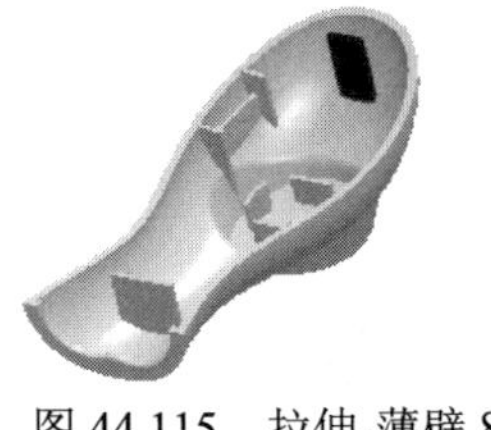

图 44.115　拉伸-薄壁 8

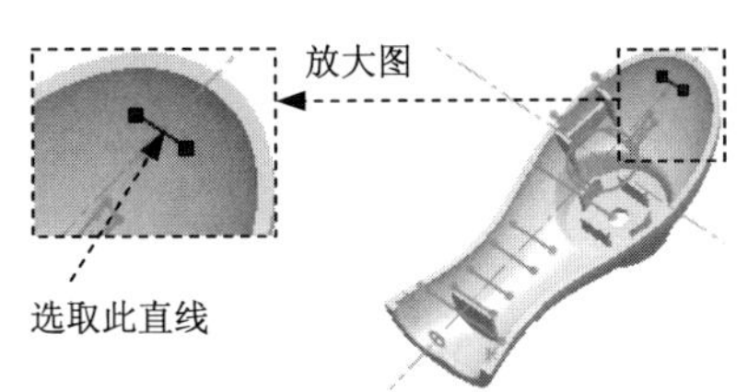

图 44.116　横断面草图（草图 8）

（3）选择拉伸类型。在“凸台-拉伸”窗口中选中 ☑ 薄壁特征(T) 复选框。

（4）定义拉伸方向。在“凸台-拉伸”窗口 方向 1 区域的下拉列表框中选择 成形到下一面 选项，并单击“反向”按钮；在 薄壁特征(T) 区域的下拉列表框中选择 单向 选项，在 T1 文本框中输入厚度值 1.0。

（5）单击 ✓ 按钮，完成拉伸-薄壁 8 的创建。

Step 16 创建图 44.117 所示的拉伸-薄壁 9。

（1）选择下拉菜单 插入(I) → 凸台/基体(B) → 拉伸(E)... 命令。

（2）在绘图区选取图 44.118 所示的直线为横断面草图。

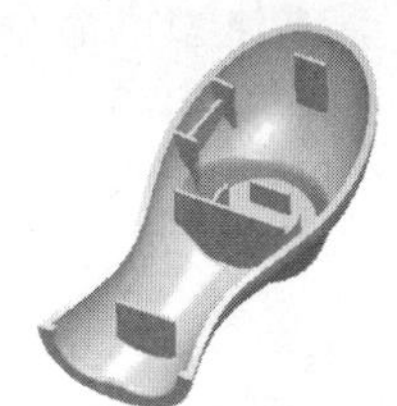

图 44.117 拉伸-薄壁 9

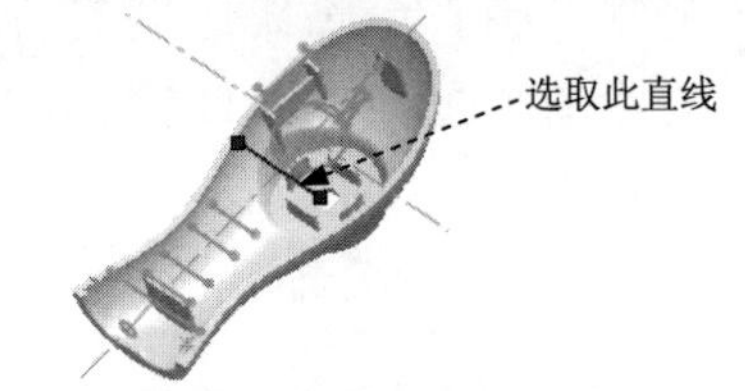

图 44.118 横断面草图（草图 9）

（3）选择拉伸类型。在“凸台-拉伸”窗口中选中 薄壁特征(T) 复选框。

（4）定义拉伸方向。在“凸台-拉伸”窗口 从(F) 区域的下拉列表框中选择 等距 选项，输入等距值 10.0，并单击“反向”按钮；在 方向 1 区域的下拉列表框中选择 成形到下一面 选项，并单击“反向”按钮；在 薄壁特征(T) 区域的下拉列表框中选择 单向 选项，在 T1 文本框中输入厚度值 1.0。

（5）单击 ✓ 按钮，完成拉伸-薄壁 9 的创建。

Step 17 创建图 44.119 所示的拉伸-薄壁 10。

（1）选择下拉菜单 插入(I) → 凸台/基体(B) → 拉伸(E)... 命令。

（2）在绘图区选取图 44.120 所示的直线为横断面草图。

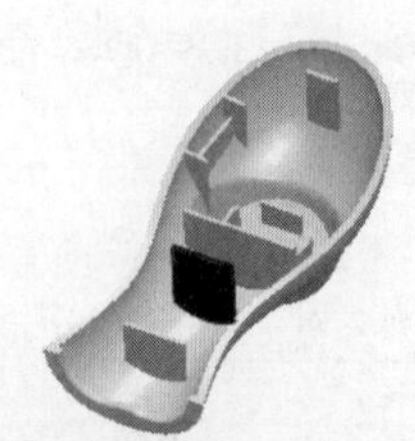

图 44.119 拉伸-薄壁 10

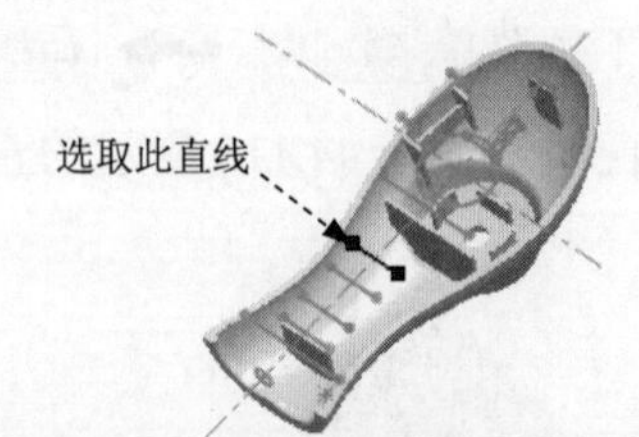

图 44.120 横断面草图（草图 10）

（3）选择拉伸类型。在“凸台-拉伸”窗口中选中 薄壁特征(T) 复选框。

（4）定义拉伸方向。在“凸台-拉伸”窗口 方向 1 区域的下拉列表框中选择 成形到下一面 选项，并单击“反向”按钮；在 薄壁特征(T) 区域的下拉列表框中选择 单向 选项，在 T1

文本框中输入厚度值 1.0。

（5）单击✓按钮，完成拉伸-薄壁 10 的创建。

Step 18 创建图 44.121 所示的拉伸-薄壁 11。

（1）选择下拉菜单 插入(I) ➡ 凸台/基体(B) ➡ 拉伸(E)... 命令。

（2）在绘图区选取图 44.122 所示的直线为横断面草图。

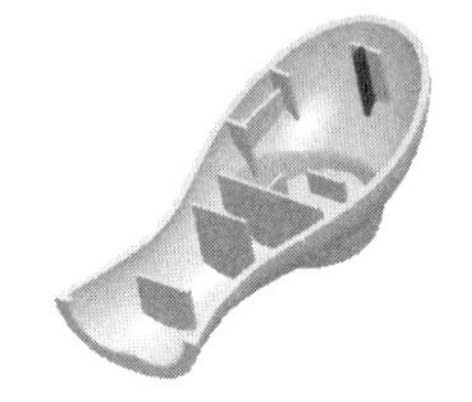

图 44.121 拉伸-薄壁 11

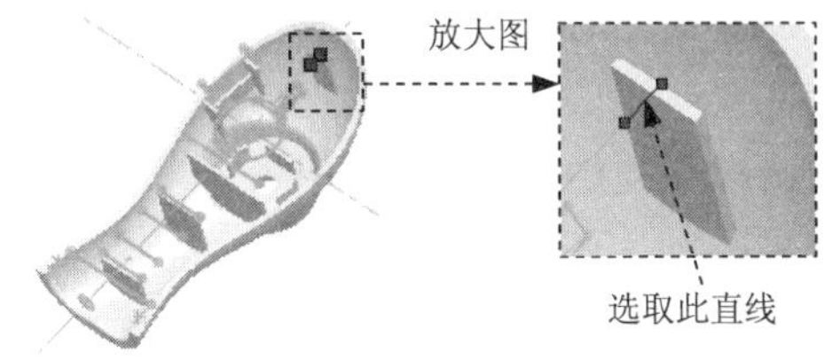

图 44.122 横断面草图（草图 11）

（3）选择拉伸类型。在“凸台-拉伸”窗口中选中 ☑ 薄壁特征(T) 复选框。

（4）定义拉伸方向。在“凸台-拉伸”窗口 方向 1 区域的下拉列表框中选择 成形到下一面 选项，并单击“反向”按钮；在 ☑ 薄壁特征(T) 区域的下拉列表框中选择 单向 选项，在 T1 文本框中输入厚度值 1.0。

（5）单击✓按钮，完成拉伸-薄壁 11 的创建。

Step 19 创建图 44.123 所示的拉伸-薄壁 12。

（1）选择下拉菜单 插入(I) ➡ 凸台/基体(B) ➡ 拉伸(E)... 命令。

（2）选取右视基准面作为草绘基准面，绘制图 44.124 所示的横断面草图。

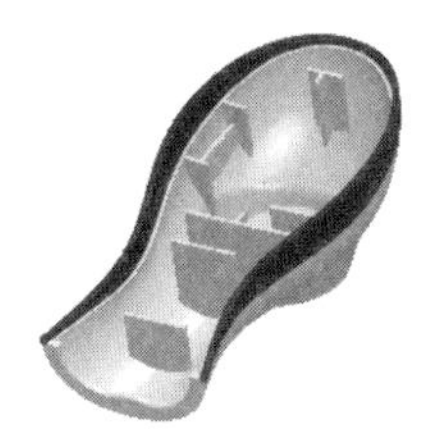

图 44.123 拉伸-薄壁 12

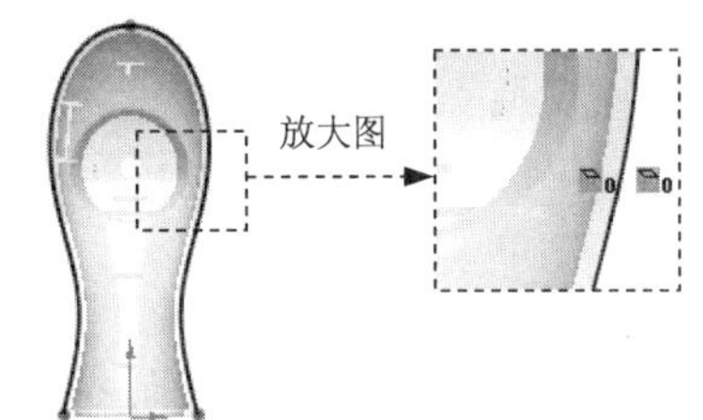

图 44.124 横断面草图（草图 12）

（3）选择拉伸类型。在“凸台-拉伸”窗口中选中 ☑ 薄壁特征(T) 复选框。

（4）定义拉伸方向。在“凸台-拉伸”窗口 从(F) 区域的下拉列表框中选择 等距 选项，输入等距值 1.0；在 方向 1 区域的下拉列表框中选择 成形到一面 选项，选取图 44.125 所示的面为拉伸终止面；在 ☑ 薄壁特征(T) 区域的下拉列表框中选择 单向 选项，并单击“反向”按钮，在 T1 文本框中输入厚度值 1.0。

（5）单击✓按钮，完成拉伸-薄壁 12 的创建。

Step 20 创建图 44.126 所示的凸台-拉伸 1。

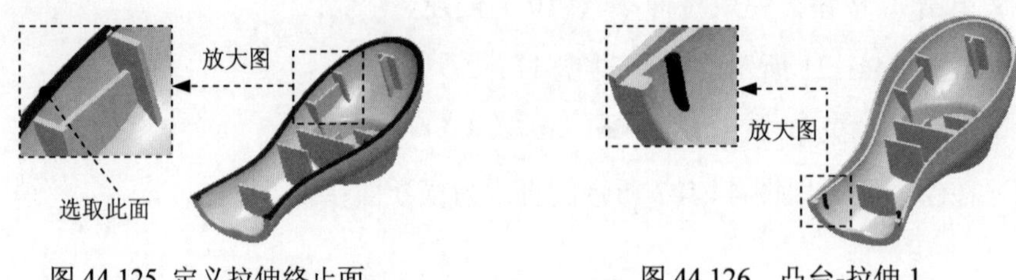

图 44.125 定义拉伸终止面　　　　图 44.126 凸台-拉伸 1

（1）选择下拉菜单 插入(I) ➡ 凸台/基体(B) ➡ 拉伸(E)... 命令。

（2）选取右视基准面作为草绘基准面，绘制图 44.127 所示的横断面草图。

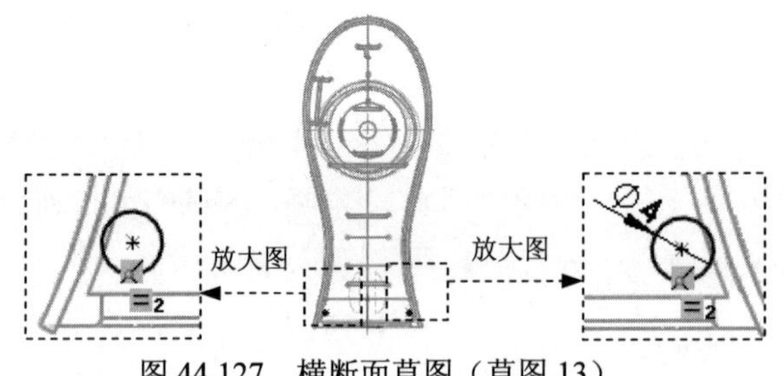

图 44.127 横断面草图（草图 13）

（3）定义拉伸方向。在“凸台-拉伸”窗口 方向 1 区域单击“反向”按钮，在其后的下拉列表框中选择 成形到下一面 选项。

（4）单击✔按钮，完成凸台-拉伸 1 的创建。

说明：图 44.127 所示圆的圆心与一级控件中图 44.87 所示的草图 28 中的点重合。

Step 21 创建曲面-等距 1。

（1）选择命令。选择下拉菜单 插入(I) ➡ 曲面(S) ➡ 等距曲面(O)... 命令，系统弹出“等距曲面”窗口。

（2）定义曲面及参数。在设计树中单击 曲面实体(3) 前的节点，然后在节点下选取 <second>-<<first>-<曲面-拉伸1>> 为要等距的曲面，输入等距值 1，并单击“反向”按钮。

（3）单击窗口中的✔按钮，完成曲面-等距 1 的创建。

Step 22 创建图 44.128b 所示的特征——使用曲面切除 2。

（1）选择命令。选择下拉菜单 插入(I) ➡ 切除(C) ➡ 使用曲面(W)... 命令，系统弹出“使用曲面切除”窗口。

（2）选择曲面。在绘图区选取图 44.128a 所示的曲面为切除面，采用系统默认方向。

（3）单击窗口中的✔按钮，完成使用曲面切除 2 的创建。

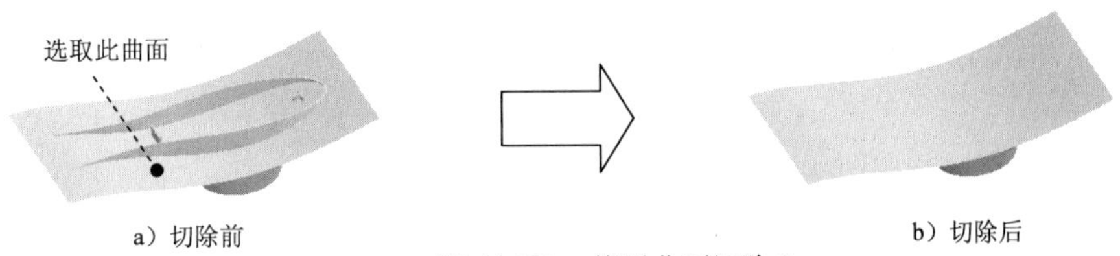

图 44.128　使用曲面切除 2

Step 23　创建使用曲面切除 3。

（1）选择命令。选择下拉菜单 插入(I) → 切除(C) → 使用曲面(W)... 命令，系统弹出“使用曲面切除”窗口。

（2）选择曲面。在设计树中单击 上视基准面 为要进行切除的面，采用系统默认方向。

（3）单击窗口中的 ✓ 按钮，完成使用曲面切除 3 的创建。

Step 24　创建图 44.129 所示的凸台-拉伸 2。

（1）选择下拉菜单 插入(I) → 凸台/基体(B) → 拉伸(E)... 命令。

（2）选取右视基准面作为草绘基准面，绘制图 44.130 所示的横断面草图。

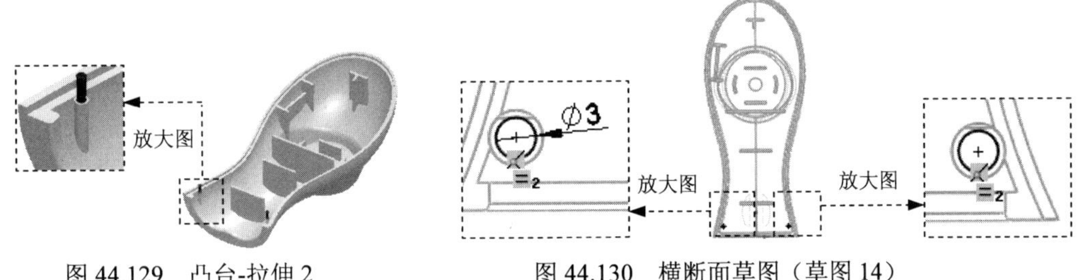

图 44.129　凸台-拉伸 2　　图 44.130　横断面草图（草图 14）

（3）定义拉伸方向。在“凸台-拉伸”窗口 方向 1 区域的下拉列表框中选择 给定深度 选项，输入深度值 3。

（4）单击 ✓ 按钮，完成凸台-拉伸 2 的创建。

Step 25　创建图 44.131b 圆角 1。选取图 44.131a 所示的边线为倒圆角参照，其圆角半径值为 1.0。

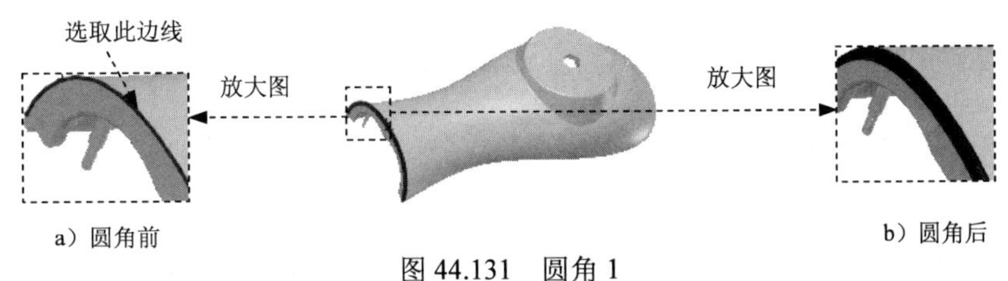

图 44.131　圆角 1

Step 26 创建图 44.132 所示的切除-拉伸 2。

（1）选择下拉菜单 插入(I) → 切除(C) → 拉伸(E)... 命令。

（2）在绘图区选取图 44.133 所示的圆为横断面草图。

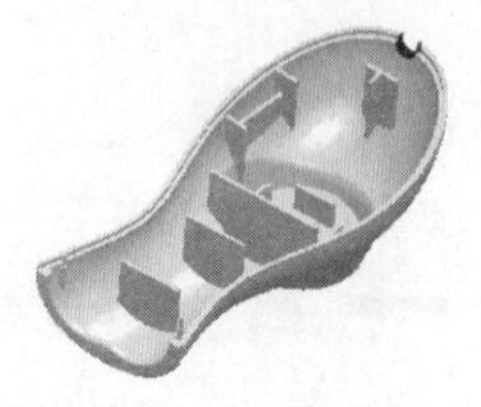

图 44.132 切除-拉伸 1

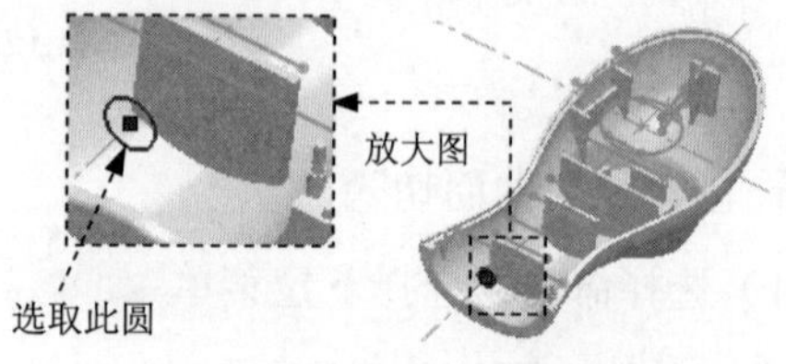

图 44.133 横断面草图（草图 15）

（3）定义拉伸方向。在“切除-拉伸”窗口 从(F) 区域的下拉列表框中选择 等距 选项，输入等距值 105.0；在 方向 1 区域的下拉列表框中选择 完全贯穿 选项，并单击“反向”按钮。

（4）单击 按钮，完成切除-拉伸 1 的创建。

Step 27 创建图 44.134b 所示的倒角 1。在“倒角”窗口中选中 距离-距离(D) 单选按钮，选取图 44.134a 所示的边线为倒角参照，输入距离值均为 1.0。

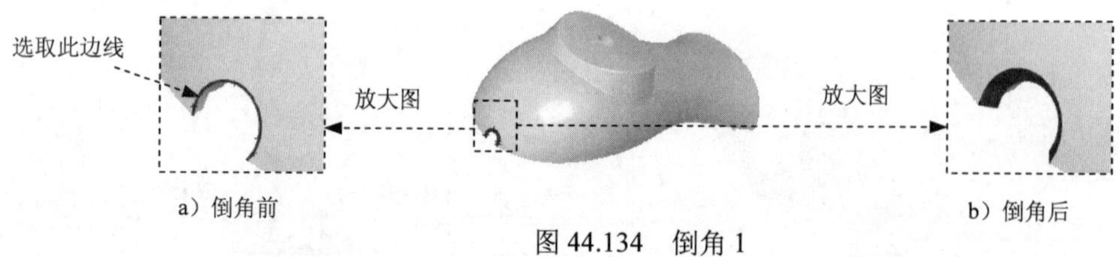

图 44.134 倒角 1

Step 28 创建图 44.135 所示的切除-拉伸 2。

（1）选择下拉菜单 插入(I) → 切除(C) → 拉伸(E)... 命令。

（2）在绘图区选取图 44.136 所示的草图为横断面草图。

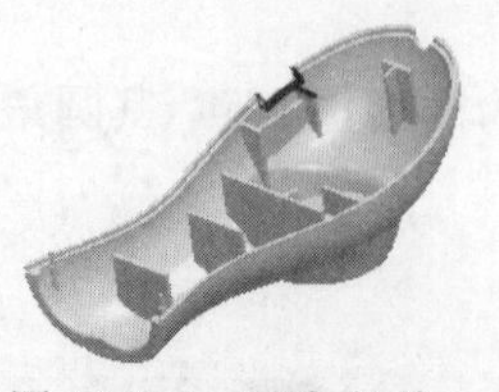

图 44.135 切除-拉伸 2

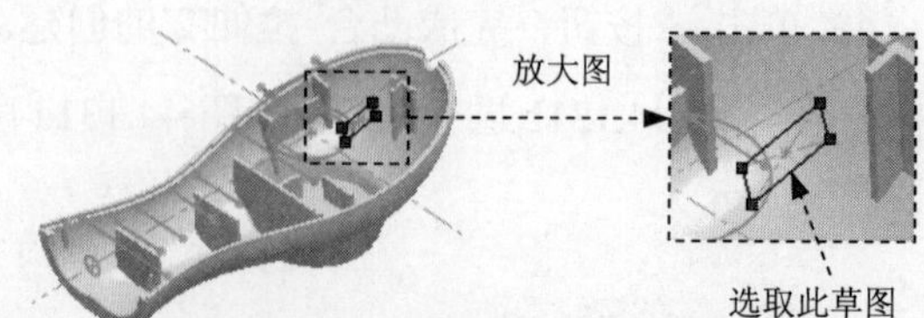

图 44.136 横断面草图（草图 16）

（3）定义拉伸方向。在“切除-拉伸”窗口 方向 1 区域的下拉列表框中选择 完全贯穿 选项，并单击“反向”按钮。

（4）单击 按钮，完成切除-拉伸 2 的创建。

Step 29　创建图 44.137 所示的切除-拉伸 3。

（1）选择下拉菜单 插入(I) → 切除(C) → 拉伸(E)... 命令。

（2）选取上视基准面作为草图基准面，绘制图 44.138 所示的横断面草图。

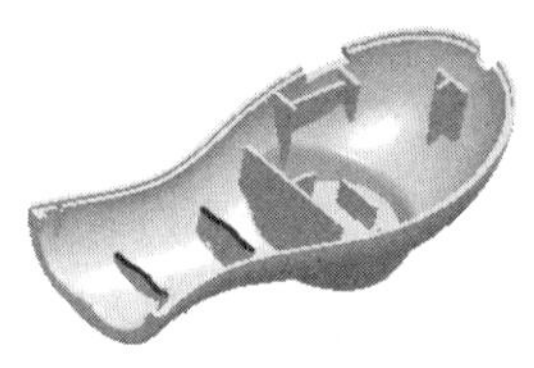

图 44.137　切除-拉伸 3

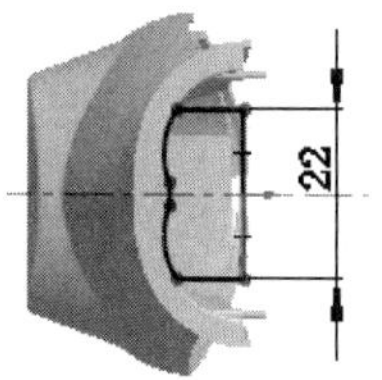

图 44.138　横断面草图（草图 17）

（3）定义拉伸方向。在“切除-拉伸”窗口 方向 1 区域的下拉列表框中选择 给定深度 选项，输入深度值 45，并单击“反向”按钮。

（4）单击 ✔ 按钮，完成切除-拉伸 3 的创建。

Step 30　保存零件模型。选择下拉菜单 文件(F) → 另存为(A)... 命令，将零件模型命名为 front 保存，并关闭窗口。

44.5　后盖

下面讲解后盖的创建过程。零件模型及设计树如图 44.139 所示。

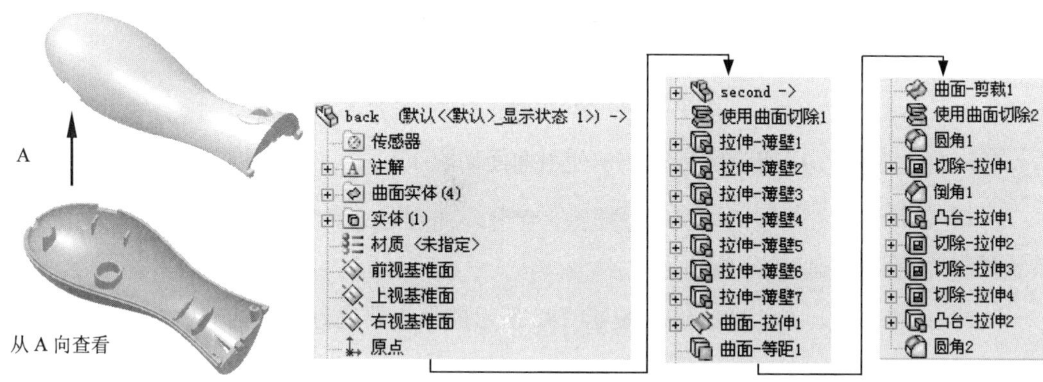

图 44.139　零件模型及设计树

Step 1　插入新零件。在上一节的装配环境中，选择下拉菜单 插入(I) → 零部件(O) → 新零件(N)... 命令。在 请选择放置新零件的面或基准面。的提示下，在图形区任意位置单击，完成新零件的放置。

Step 2　打开新零件。在设计树中右击 (固定) [零件3^装配体1]<1>，在系统弹出的快捷菜单中单击按钮，打开新窗口，并进入建模环境。

Step 3　插入零件。

（1）选择命令。选择下拉菜单 插入(I) ➡ 零件(A)... 命令，系统弹出“打开”对话框。

（2）选择模型文件。选中 D:\sw13in\work\ins44\second.SLDPRT 文件，单击 打开(O) 按钮，系统弹出“插入零件”窗口。

（3）定义零件属性。在“插入零件”窗口 转移(T) 区域选中 ☑ 实体(D)、☑ 曲面实体(S)、☑ 基准轴(A)、☑ 基准面(P)、☑ 装饰螺蚊线(C)、☑ 吸收的草图(B) 和 ☑ 解除吸收的草图(U) 复选框，取消选中 ☐ 自定义属性(O) 和 ☐ 坐标系 复选框，在 找出零件(L) 区域中取消选中 ☐ 以移动/复制特征找处零件(M) 复选框。

（4）单击“插入零件”窗口中的 ✔ 按钮，完成零件的插入，此时系统自动将零件放置在原点处。

Step 4 隐藏基准面、草图和曲面。在 视图(V) 下拉菜单中，分别取消选择 草图(S) 和 基准面(P) 命令，然后在设计树中单击 曲面实体(3) 前的节点，然后在节点下选取 <second>-<<first>-<曲面-拉伸2>> 和 <second>-<<first>-<曲面-剪裁3>> 为要隐藏的曲面并右击，在系统弹出的快捷菜单中选取 命令，完成基准面、草图和曲面的隐藏。结果如图 44.140 所示。

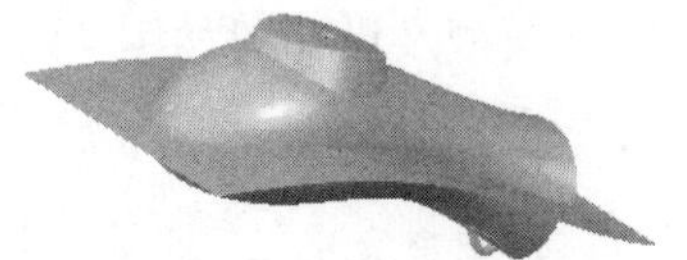

图 44.140 插入零件并隐藏基准面

Step 5 创建图 44.141 所示的特征——使用曲面切除 1。

（1）选择命令。选择下拉菜单 插入(I) ➡ 切除(C) ➡ 使用曲面(W)... 命令，系统弹出“使用曲面切除”窗口。

（2）选择曲面。在绘图区选取图 44.142 所示的面为要进行切除的曲面。

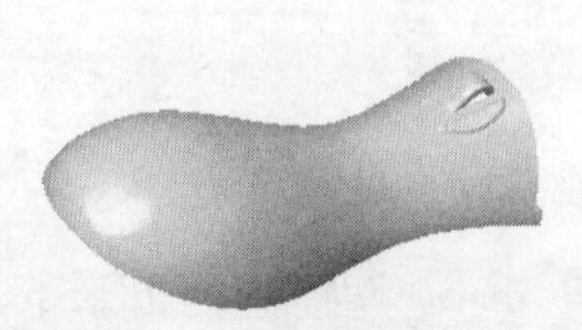

图 44.141 使用曲面切除 1

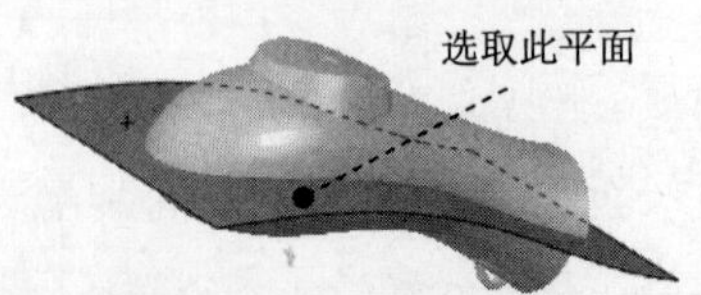

图 44.142 定义切除面

（3）单击窗口中的 ✔ 按钮，完成使用曲面切除 1 的创建。

（4）参照 Step4 的方法将 <second>-<<first>-<曲面-拉伸1>> 隐藏。

Step 6 创建图 44.143 所示的拉伸-薄壁 1。

（1）选择下拉菜单 插入(I) → 凸台/基体(B) → 拉伸(E)... 命令。

（2）在绘图区选取图 44.144 所示的直线为横断面草图。

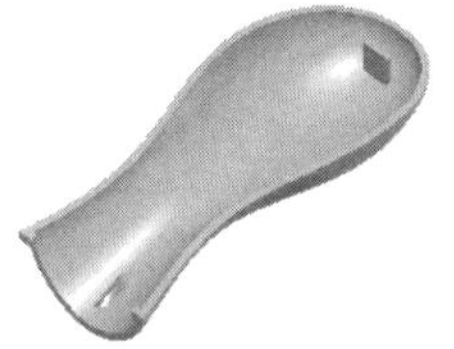

图 44.143 拉伸-薄壁 1

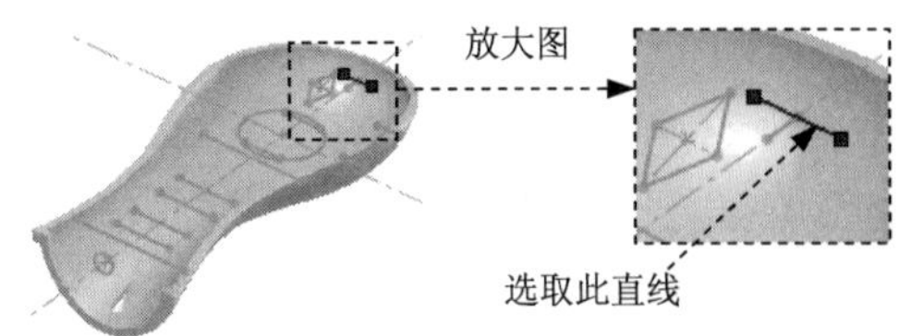

图 44.144 横断面草图（草图 1）

（3）选择拉伸类型。在“凸台-拉伸”窗口中选中 ☑ 薄壁特征(T) 复选框。

（4）定义拉伸方向。在“凸台-拉伸”窗口 方向 1 区域的下拉列表框中选择 成形到下一面 选项；在 ☑ 薄壁特征(T) 区域的下拉列表框中选择 单向 选项，并单击“反向”按钮，在 T1 文本框中输入厚度值 1.0。

（5）单击 ✔ 按钮，完成拉伸-薄壁 1 的创建。

说明： 图 44.144 所示的横断面草图为一级控件中图 44.87 所示的草图 28 上的一部分。在绘制此横断面草图时，在 视图(V) 下拉菜单中选取 草图(S) 命令，即可将图 44.87 所示的草图显示，以下类似情况采用相同方法，故不再说明。

Step 7 创建图 44.145 所示的拉伸-薄壁 2。

（1）选择下拉菜单 插入(I) → 凸台/基体(B) → 拉伸(E)... 命令。

（2）在绘图区选取图 44.146 所示的直线为横断面草图。

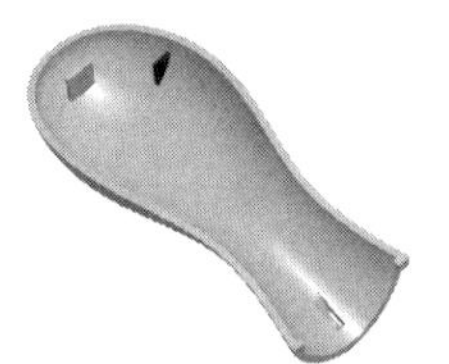

图 44.145 拉伸-薄壁 2

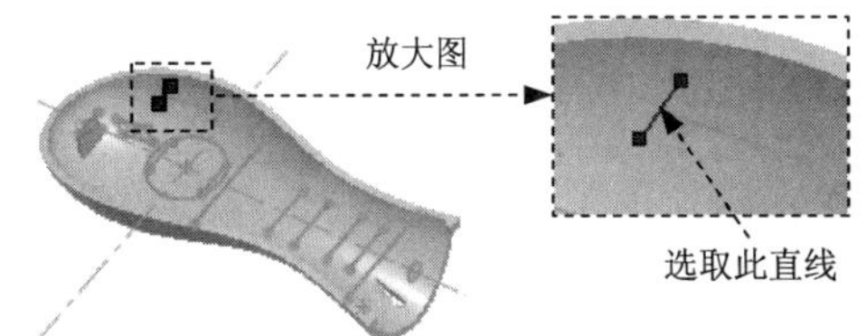

图 44.146 横断面草图（草图 2）

（3）选择拉伸类型。在“凸台-拉伸”窗口中选中 ☑ 薄壁特征(T) 复选框。

（4）定义拉伸方向。在“凸台-拉伸”窗口 方向 1 区域的下拉列表框中选择 成形到下一面 选项；在 ☑ 薄壁特征(T) 区域的下拉列表框中选择 单向 选项，在 T1 文本框中输入厚度值 1.0。

（5）单击 ✔ 按钮，完成拉伸-薄壁 2 的创建。

Step 8 创建图 44.147 所示的拉伸-薄壁 3。

（1）选择下拉菜单 插入(I) → 凸台/基体(B) → 拉伸(E)... 命令。

（2）在绘图区选取图 44.148 所示的直线为横断面草图。

（3）选择拉伸类型。在“凸台-拉伸”窗口中选中 ☑ 薄壁特征(T) 复选框。

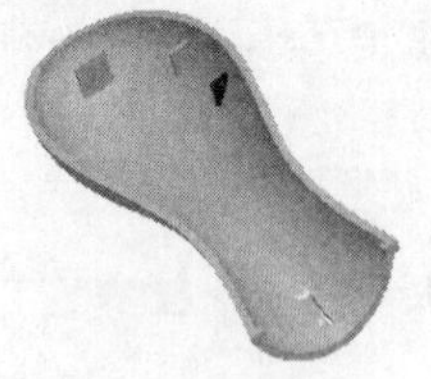

图 44.147 拉伸-薄壁 3

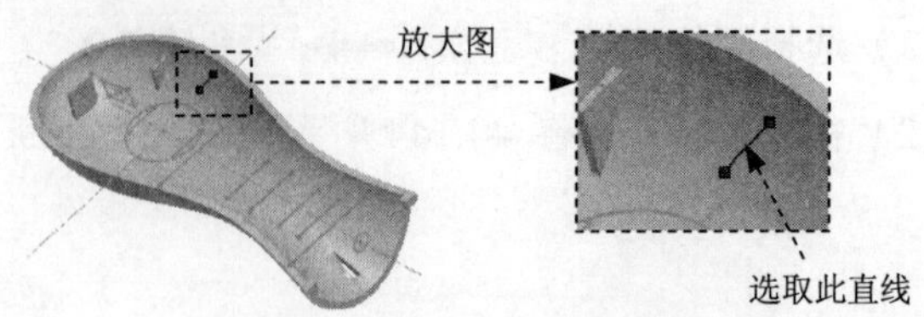

图 44.148 横断面草图（草图 3）

（4）定义拉伸方向。在“凸台-拉伸”窗口 方向 1 区域的下拉列表框中选择 成形到下一面 选项；在 ☑ 薄壁特征(T) 区域的下拉列表框中选择 单向 选项，在 T_1 文本框中输入厚度值 1.0。

（5）单击 ✔ 按钮，完成拉伸-薄壁 3 的创建。

Step 9 创建图 44.149 所示的拉伸-薄壁 4。

（1）选择下拉菜单 插入(I) ➡ 凸台/基体(B) ➡ 拉伸(E)... 命令。

（2）选取右视基准面作为草绘基准面，绘制图 44.150 所示的横断面草图。

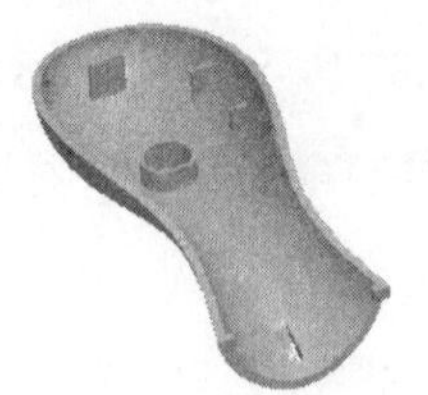

图 44.149 拉伸-薄壁 4

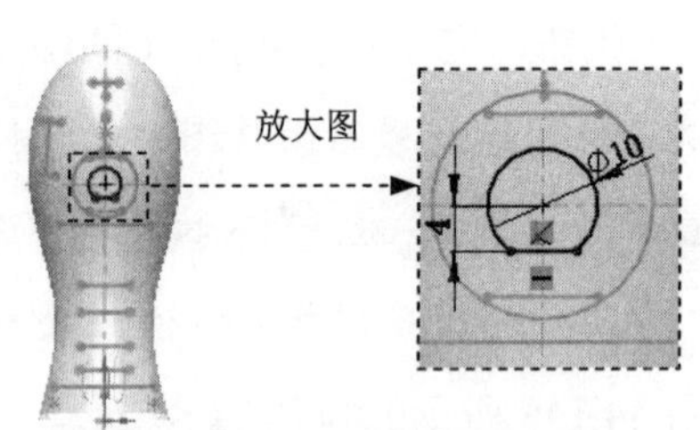

图 44.150 横断面草图（草图 4）

（3）选择拉伸类型。在“凸台-拉伸”窗口中选中 ☑ 薄壁特征(T) 复选框。

（4）定义拉伸方向。在“凸台-拉伸”窗口 从(F) 区域的下拉列表框中选择 等距 选项，输入等距值 5.0；在 方向 1 区域的下拉列表框中选择 成形到下一面 选项；在 ☑ 薄壁特征(T) 区域的下拉列表框中选择 单向 选项，在 T_1 文本框中输入厚度值 1.0。

（5）单击 ✔ 按钮，完成拉伸-薄壁 4 的创建。

Step 10 创建图 44.151 所示的拉伸-薄壁 5。

（1）选择下拉菜单 插入(I) ➡ 凸台/基体(B) ➡ 拉伸(E)... 命令。

（2）在绘图区选取图 44.152 所示的直线为横断面草图。

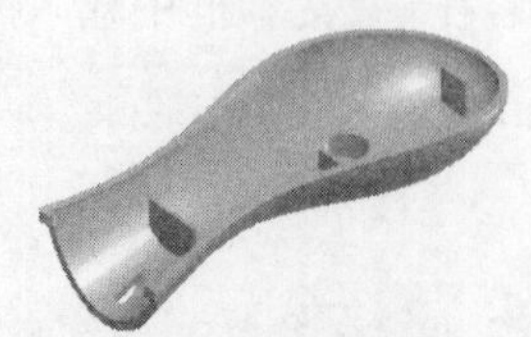

图 44.151 拉伸-薄壁 5

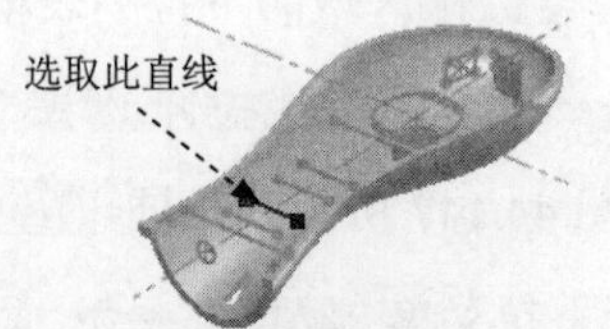

图 44.152 横断面草图（草图 5）

（3）选择拉伸类型。在“凸台-拉伸”窗口中选中 ☑ 薄壁特征(T) 复选框。

（4）定义拉伸方向。在“凸台-拉伸”窗口 方向1 区域的下拉列表框中选择 成形到下一面 选项；在 ☑ 薄壁特征(T) 区域的下拉列表框中选择 单向 选项，在 文本框中输入厚度值 1.0。

（5）单击 ✔ 按钮，完成拉伸-薄壁 5 的创建。

Step 11 创建图 44.153 所示的拉伸-薄壁 6。

（1）选择下拉菜单 插入(I) → 凸台/基体(B) → 拉伸(E)... 命令。

（2）在绘图区选取图 44.154 所示的直线为横断面草图。

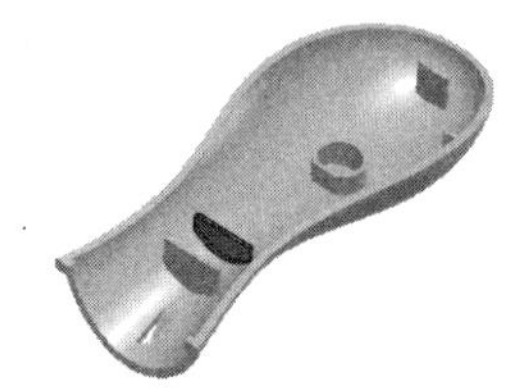
图 44.153 拉伸-薄壁 6

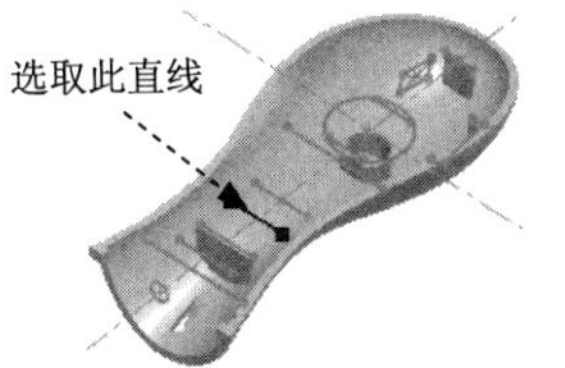

图 44.154 横断面草图

（3）选择拉伸类型。在“凸台-拉伸”窗口中选中 ☑ 薄壁特征(T) 复选框。

（4）定义拉伸方向。在“凸台-拉伸”窗口 方向1 区域的下拉列表框中选择 成形到下一面 选项；在 ☑ 薄壁特征(T) 区域的下拉列表框中选择 单向 选项，在 文本框中输入厚度值 1.0。

（5）单击 ✔ 按钮，完成拉伸-薄壁 6 的创建。

Step 12 创建图 44.155 所示的拉伸-薄壁 7。

（1）选择下拉菜单 插入(I) → 凸台/基体(B) → 拉伸(E)... 命令。

（2）选取右视基准面作为草绘基准面，绘制图 44.156 所示的横断面草图。

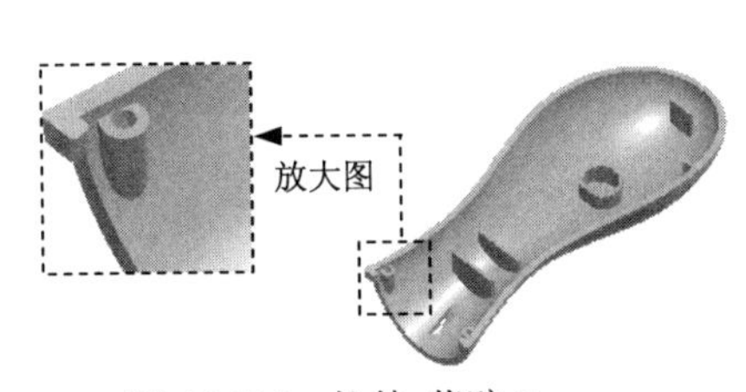

图 44.155 拉伸-薄壁 7

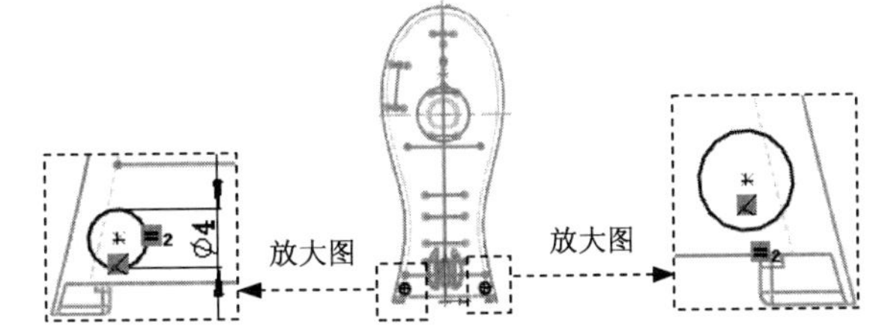

图 44.156 横断面草图（草图 6）

（3）选择拉伸类型。在“凸台-拉伸”窗口中选中 ☑ 薄壁特征(T) 复选框。

（4）定义拉伸方向。在“凸台-拉伸”窗口 从(F) 区域的下拉列表框中选择 等距 选项，输入等距值 1.0；在 方向1 区域的下拉列表框中选择 成形到下一面 选项；在 ☑ 薄壁特征(T) 区域的下拉列表框中选择 两侧对称 选项，在 文本框中输入厚度值 1.0。

（5）单击 ✔ 按钮，完成拉伸-薄壁 7 的创建。

说明：图 44.156 所示圆的圆心与一级控件中图 44.87 所示的草图 28 中的点重合。

Step 13 创建图 44.157 所示的曲面-拉伸 1。

（1）选择命令。选择下拉菜单 插入(I) → 曲面(S) → 拉伸曲面(E)... 命令。

（2）选取右视基准面作为草绘基准面，绘制图 44.158 所示的横断面草图。

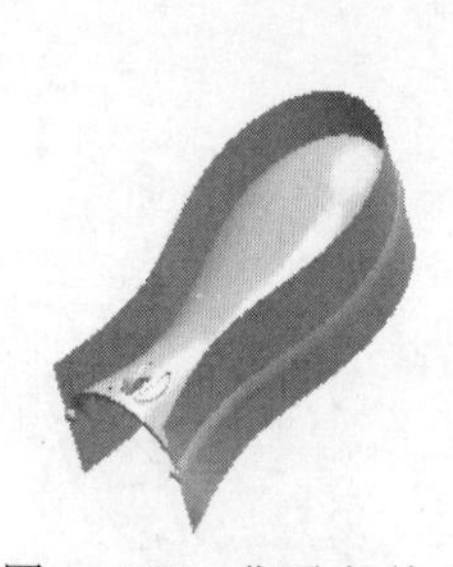
图 44.157 曲面-拉伸 1

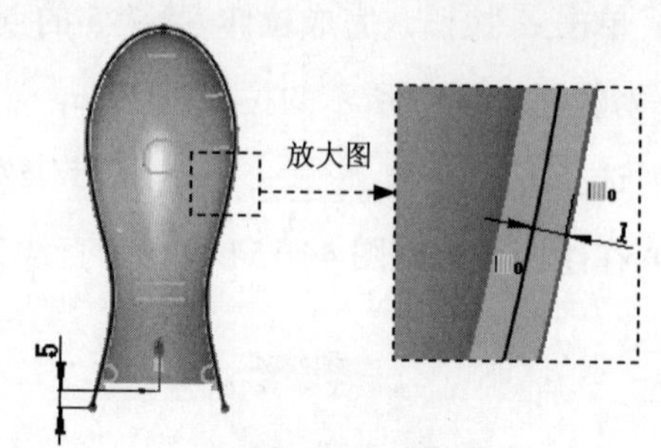

图 44.158 横断面草图（草图 7）

（3）在“曲面-拉伸”窗口 方向 1 区域的下拉列表框中选择 两侧对称 选项，输入深度值 45.0。

（4）单击 ✔ 按钮，完成曲面-拉伸 1 的创建。

Step 14 创建曲面-等距 1。

（1）选择命令。选择下拉菜单 插入(I) → 曲面(S) → 等距曲面(O)... 命令，系统弹出“等距曲面”窗口。

（2）定义曲面及参数。在设计树中单击 曲面实体(4) 前的节点，然后在节点下选取 <second>-<<first>-<曲面-拉伸1>> 为要等距的曲面，输入等距值 1，并单击“反向”按钮。

（3）单击窗口中的 ✔ 按钮，完成曲面-等距 1 的创建。

Step 15 创建图 44.159 所示的曲面-剪裁 1。

（1）选择下拉菜单 插入(I) → 曲面(S) → 剪裁曲面(T)... 命令，系统弹出“剪裁曲面”窗口。

（2）定义剪裁类型。在窗口的 剪裁类型(T) 区域中选中 ⊙ 相互(M) 单选按钮。

（3）定义剪裁对象。

① 定义剪裁工具。在绘图区选取曲面-拉伸 1 和曲面-等距 1 为要剪裁的曲面。

② 定义选择方式。选中 ⊙ 保留选择(K) 单选按钮，然后选取图 44.160 所示的面 1 和面 2 为要保留部分。

图 44.159 曲面-剪裁 1

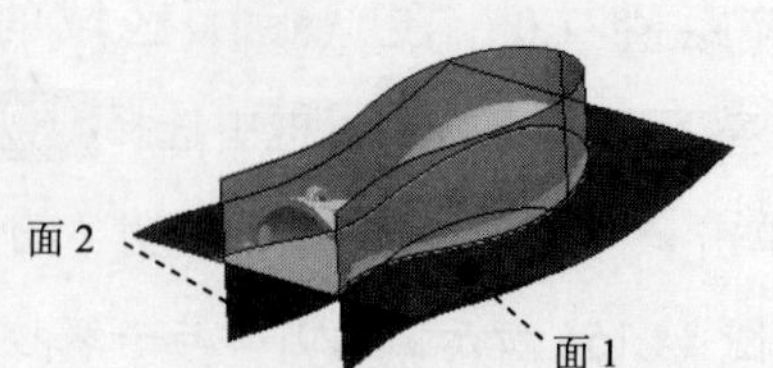

图 44.160 定义裁剪参数

（4）单击窗口中的✓按钮，完成曲面-剪裁1的创建。

Step 16 创建使用曲面切除2。

（1）选择命令。选择下拉菜单 插入(I) → 切除(C) → 使用曲面(W)... 命令，系统弹出“使用曲面切除”窗口。

（2）选择曲面。在设计树中选取 曲面-剪裁1 为切除面，并单击“反向”按钮。

（3）单击窗口中的✓按钮，完成使用曲面切除2的创建。

Step 17 创建图44.161b所示的圆角1。选取图44.161a所示的两条边链为倒圆角参照，圆角半径值为1.0。

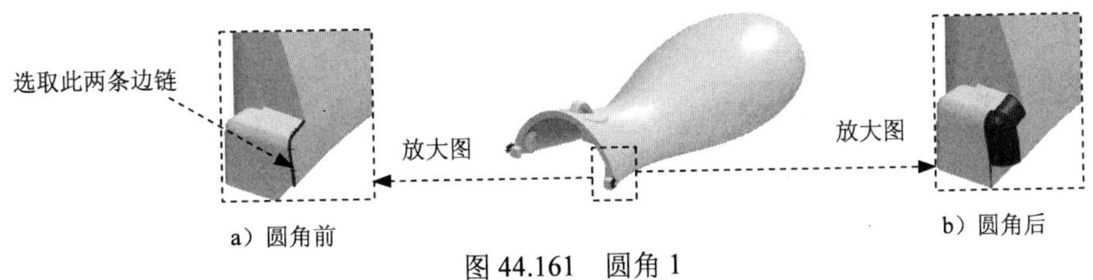

图44.161　圆角1

Step 18 创建图44.162所示的切除-拉伸1。

（1）选择下拉菜单 插入(I) → 切除(C) → 拉伸(E)... 命令。

（2）在绘图区选取图44.163所示的草图为横断面草图。

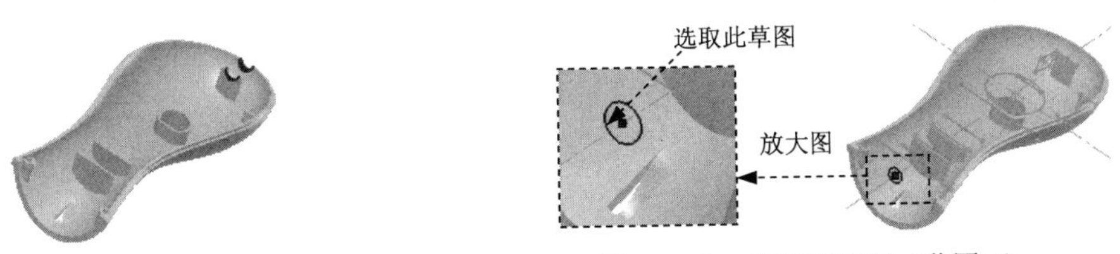

图44.162　切除-拉伸1

图44.163　横断面草图（草图8）

（3）定义拉伸方向。在“切除-拉伸”窗口 从(F) 区域的下拉列表框中选择 等距 选项，输入等距值90.0；在 方向1 区域的下拉列表框中选择 完全贯穿 选项，并单击“反向”按钮。

（4）单击✓按钮，完成切除-拉伸1的创建。

Step 19 创建图44.164b所示的倒角1。在“倒角”窗口中选中 ⊙ 角度距离(A) 单选按钮，选取图44.164a所示的边线为倒斜角参照，输入距离值为1.0，角度值为45。

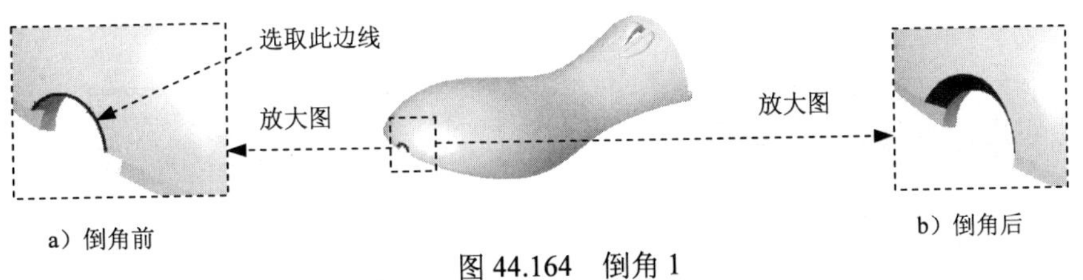

图44.164　倒角1

Step 20 创建图 44.5165 所示的凸台-拉伸 1。

（1）选择下拉菜单 插入(I) ➡ 凸台/基体(B) ➡ 拉伸(E)... 命令。

（2）选取图 44.166 所示的面作为草绘基准面，绘制图 44.167 所示的横断面草图。

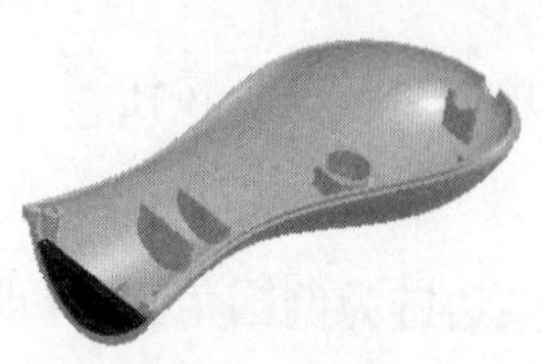

图 44.165 凸台-拉伸 1

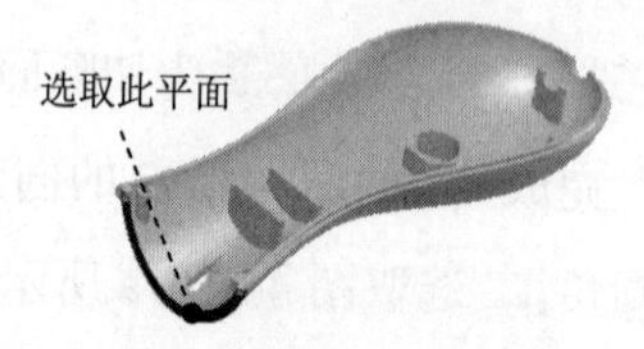

图 44.166 定义草绘基准面

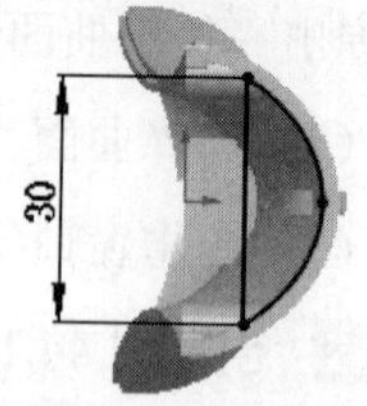

图 44.167 横断面草图（草图 9）

（3）定义拉伸类型及方向。在“凸台-拉伸”窗口 方向 1 区域的下拉列表框中选择 给定深度 选项，输入深度值 1.0，并单击“反向”按钮。

（4）单击✔按钮，完成凸台-拉伸 1 的创建。

Step 21 创建图 44.168 所示的切除-拉伸 2。

（1）选择下拉菜单 插入(I) ➡ 切除(C) ➡ 拉伸(E)... 命令。

（2）在绘图区选取图 44.169 所示的草图为横断面草图。

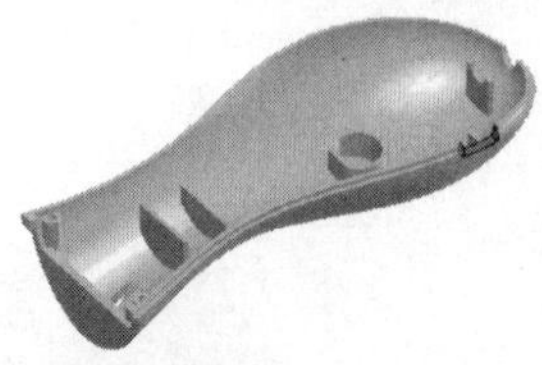

图 44.168 切除-拉伸 2

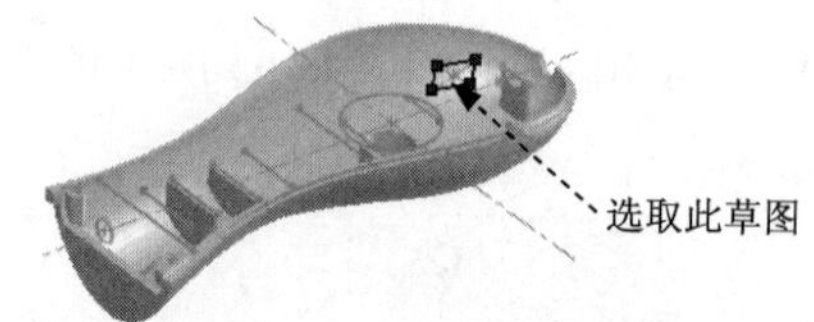

图 44.169 横断面草图（草图 10）

（3）定义拉伸类型及方向。在“切除-拉伸”窗口 方向 1 区域的下拉列表框中选择 完全贯穿 选项，并单击“反向”按钮。

（4）单击✔按钮，完成切除-拉伸 2 的创建。

Step 22 创建图 44.170 所示的切除-拉伸 3。

（1）选择下拉菜单 插入(I) ➡ 切除(C) ➡ 拉伸(E)... 命令。

（2）选取上视基准面作为草绘基准面，绘制图 44.171 所示的横断面草图。

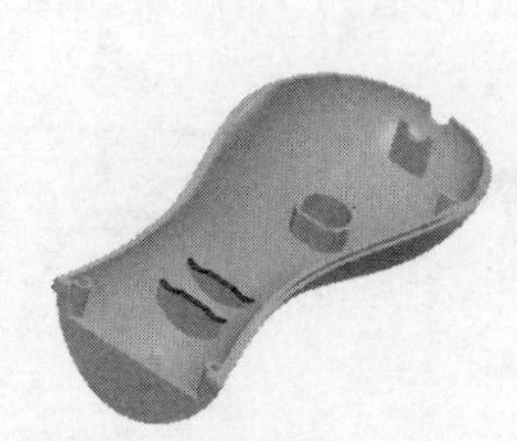

图 44.170 切除-拉伸 3

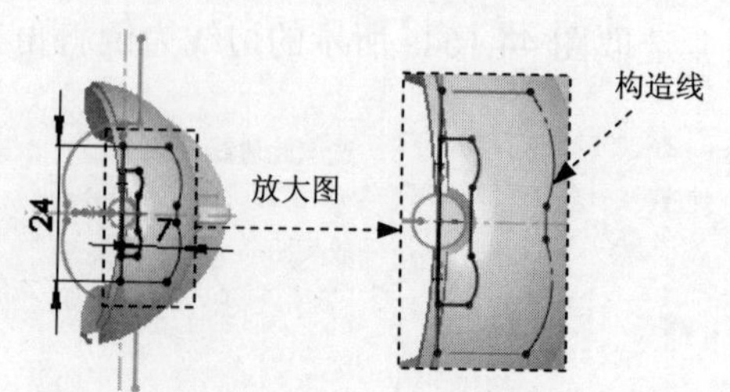

图 44.171 横断面草图（草图 11）

（3）定义拉伸类型及方向。在“切除-拉伸”窗口 从(F) 区域的下拉列表框中选择 等距 选项，输入等距值 20.0；在 方向 1 区域的下拉列表框中选择 给定深度 选项，输入深度值 22.0，并单击“反向”按钮。

（4）单击✓按钮，完成切除-拉伸 3 的创建。

说明：

① 在创建此横断面草图时，在设计树中单击 second -> 前的节点，然后单击 草图(29) 前的节点，选取 (-) 草图25-first-second 将其显示。

② 选中 (-) 草图25-first-second，单击“草图（K）”工具栏中的“转换实体引用”按钮将其转换实体引用，并将其转换为构造线。

③ 单击“草图（K）”工具栏中的“镜向实体”按钮，将所绘制的构造线绕过原点的竖直中心线镜像，如图 44.171 所示。再单击“等距实体”按钮，反向偏距值为 7，从而得到图 44.171 所示的横断面草图。

Step 23 创建图 44.172 所示的切除-拉伸 4。

（1）选择下拉菜单 插入(I) → 切除(C) → 拉伸(E)... 命令。

（2）选取上视基准面作为草绘基准面，绘制图 44.173 所示的横断面草图。

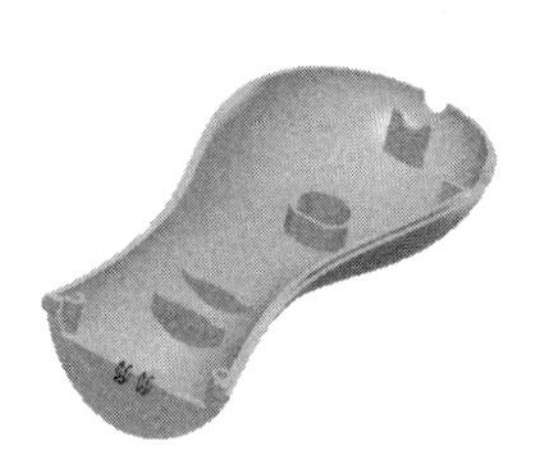

图 44.172 切除-拉伸 4

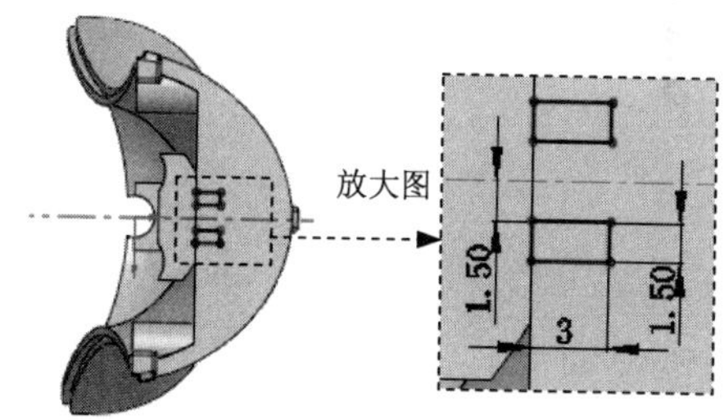

图 44.173 横断面草图（草图 12）

（3）定义拉伸类型及方向。在“切除-拉伸”窗口 方向 1 区域的下拉列表框中选择 成形到下一面 选项，并单击“反向”按钮。

（4）单击✓按钮，完成切除-拉伸 4 的创建。

Step 24 创建图 44.174 所示的凸台-拉伸 2。

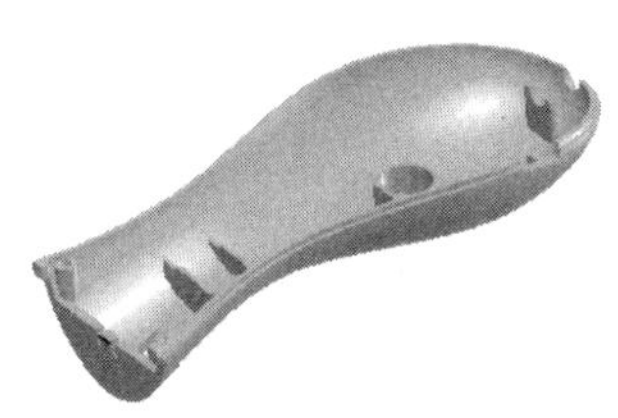

图 44.174 凸台-拉伸 2

5 Chapter

（1）选择下拉菜单 插入(I) → 凸台/基体(B) → 拉伸(E)... 命令。

（2）选取图 44.175 所示的面作为草绘基准面，绘制图 44.176 所示的横断面草图。

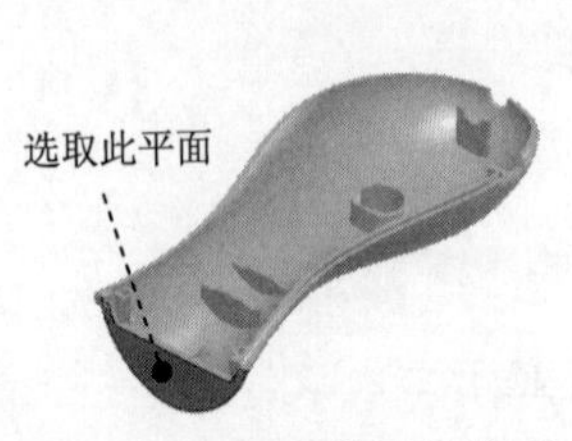

图 44.175 定义草图基准面

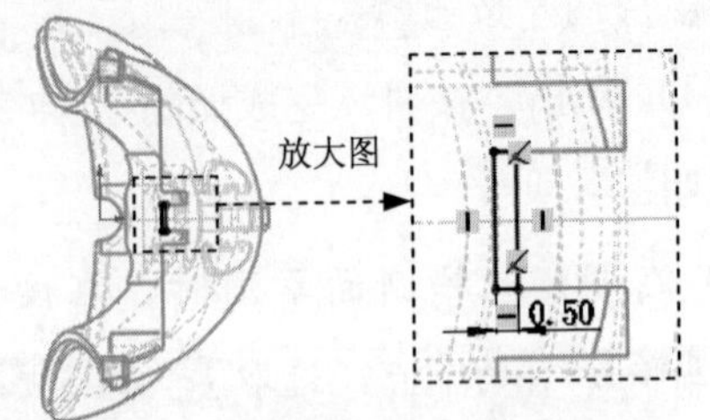

图 44.176 横断面草图（草图 13）

（3）定义拉伸类型及方向。在“凸台-拉伸”窗口 方向 1 区域的下拉列表框中选择 给定深度 选项，输入深度值 0.5。

（4）单击✓按钮，完成凸台-拉伸 2 的创建。

Step 25 创建图 44.177 所示的圆角 2。

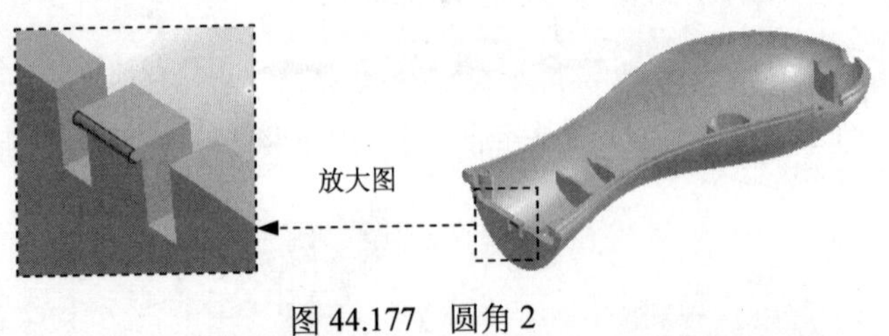

图 44.177 圆角 2

（1）选择下拉菜单 插入(I) → 特征(F) → 圆角(F)... 命令。

（2）定义圆角类型。在“圆角”窗口 圆角类型(Y) 区域中选中 ⊙ 完整圆角(F) 单选按钮。

（3）定义圆角项目。在绘图区选取图 44.178 所示的面为边侧面组 1，选取图 44.179 所示的面 1 为中央面组，选取面 2 为边侧面组 2。

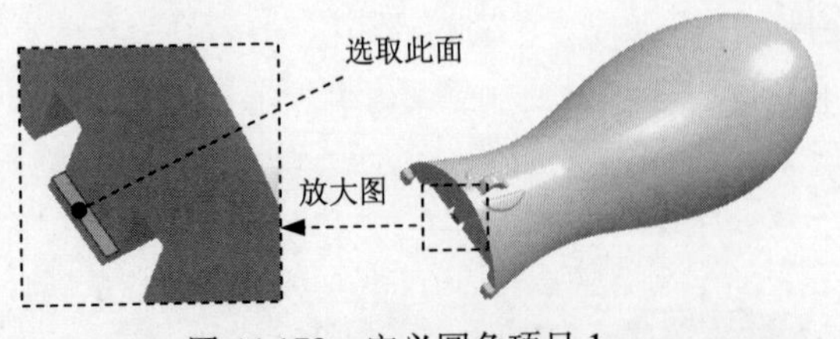

图 44.178 定义圆角项目 1

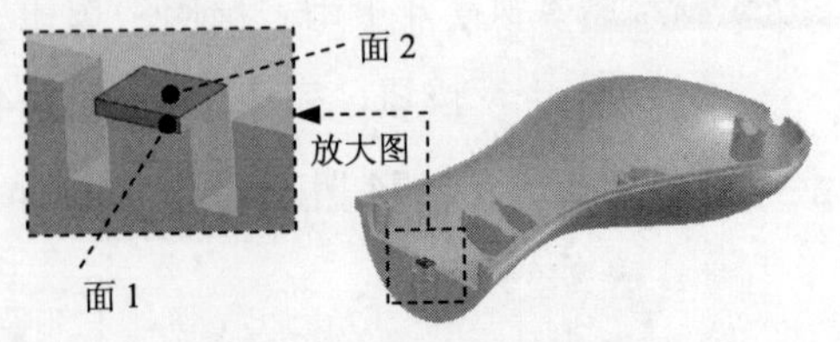

图 44.179 定义圆角项目 2

（4）单击✓按钮，完成圆角 2 的创建。

Step 26 保存零件模型。选择下拉菜单 文件(F) → 另存为(A)... 命令，将零件模型命名为 back 保存，并关闭窗口。

44.6 下盖

下面讲解下盖的创建过程。下盖零件是从一级控件中分割出来的，零件模型及设计树如图 44.180 所示。

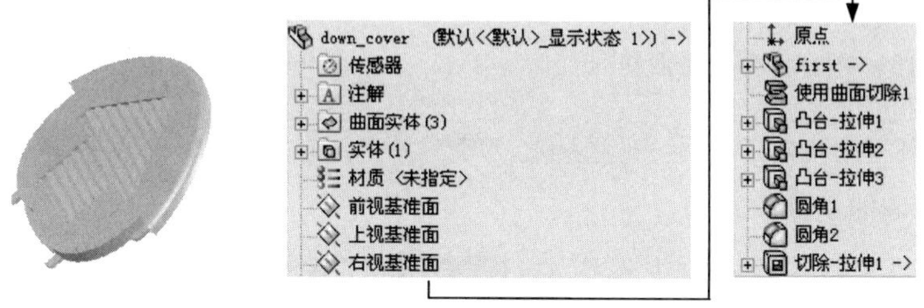

图 44.180 零件模型及设计树

Step 1 插入新零件。在上一节的装配环境中，选择下拉菜单 插入(I) → 零部件(O) → 新零件(N)... 命令。在 请选择放置新零件的面或基准面。 的提示下，在图形区任意位置单击，完成新零件的放置。

Step 2 打开新零件。在设计树中右击 (固定) [零件4^装配体1]<1> ，在系统弹出的快捷菜单中单击按钮，打开新窗口，进入建模环境。

Step 3 插入零件。

（1）选择命令。选择下拉菜单 插入(I) → 零件(A)... 命令，系统弹出“打开”对话框。

（2）选择模型文件。选中 D:\ sw13in\work\ins44\ first.SLDPRT 文件，单击 打开(O) 按钮，系统弹出“插入零件”窗口。

（3）定义零件属性。在“插入零件”窗口 转移(T) 区域选中 实体(D)、 曲面实体(S)、 基准轴(A)、 基准面(P)、 装饰螺蚊线(C)、 吸收的草图(B) 和 解除吸收的草图(U) 复选框，取消选中 自定义属性(O) 和 坐标系 复选框，在 找出零件(L) 区域中取消选中 以移动/复制特征找处零件(M) 复选框。

（4）单击“插入零件”窗口中的 ✔ 按钮，完成零件的插入，此时系统自动将零件放置在原点处。

Step 4 隐藏基准面、草图和曲面。在 视图(V) 下拉菜单中，分别取消选择 草图(S) 和 基准面(P) 命令，在设计树中单击 曲面实体(3) 前的节点，然后在节点下选取并右击 <second>-<<first>-<曲面-拉伸1>> 和 <second>-<<first>-<曲面-拉伸2>> ，在系统弹出的快捷菜单中选择命令，完成基准面、草图和曲面的隐藏，结果如图 44.181 所示。

Step 5 创建图 44.182 所示的特征——使用曲面切除 1。

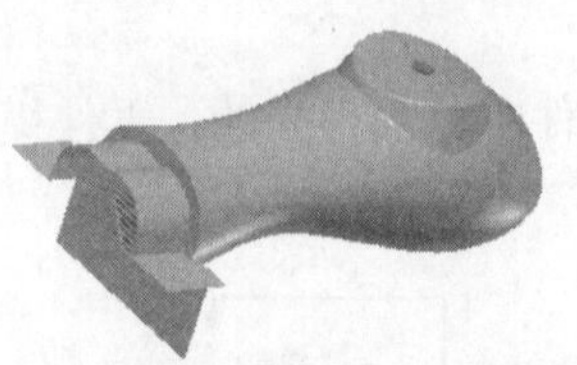
图 44.181 插入零件并隐藏基准面

图 44.182 使用曲面切除 1

（1）选择命令。选择下拉菜单 插入(I) → 切除(C) → 使用曲面(W)... 命令，系统弹出“使用曲面切除”窗口。

（2）选择曲面。在设计树中选取 <second>-<<first>-<曲面-剪裁3>> 为要进行切除的曲面。

（3）调整切除方向，单击窗口中的 ✔ 按钮，完成使用曲面切除 1 的创建。

（4）参照 Step4 的方法将 <second>-<<first>-<曲面-剪裁3>> 隐藏。

Step 6 创建图 44.183 所示的凸台-拉伸 1。

（1）选择下拉菜单 插入(I) → 凸台/基体(B) → 拉伸(E)... 命令。

（2）选取图 44.184 所示的面作为草图基准面，绘制图 44.185 所示的横断面草图。

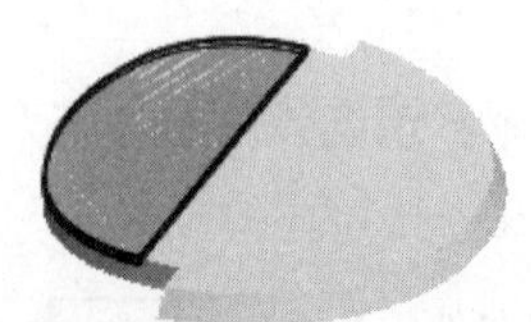
图 44.183 凸台-拉伸 1

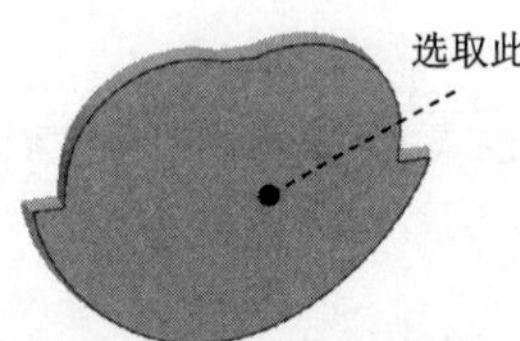

图 44.184 定义草图平面

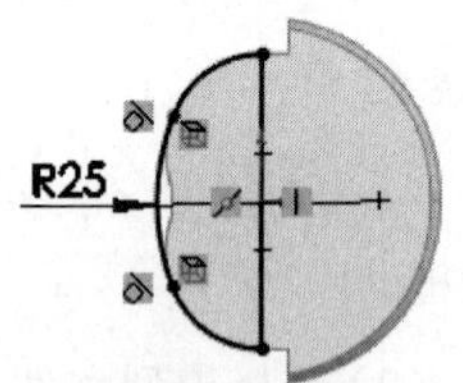

图 44.185 横断面草图（草图 1）

（3）定义拉伸类型及方向。在“凸台-拉伸”窗口 方向 1 区域的下拉列表框中选择 给定深度 选项，输入深度值 0.5，并单击“反向”按钮。

（4）单击 ✔ 按钮，完成凸台-拉伸 1 的创建。

Step 7 创建图 44.186 所示的凸台-拉伸 2。

（1）选择下拉菜单 插入(I) → 凸台/基体(B) → 拉伸(E)... 命令。

（2）选取图 44.187 所示的面作为草图基准面，绘制图 44.188 所示的横断面草图。

图 44.186 凸台-拉伸 2

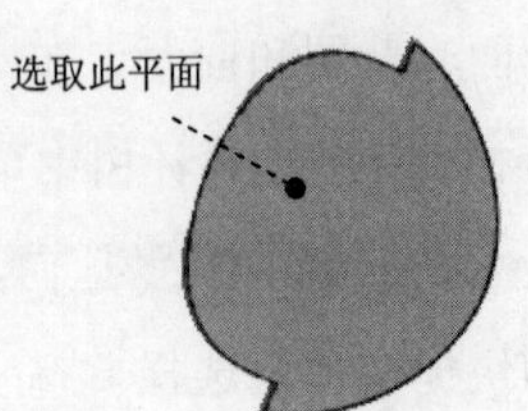

图 44.187 定义草图基准面

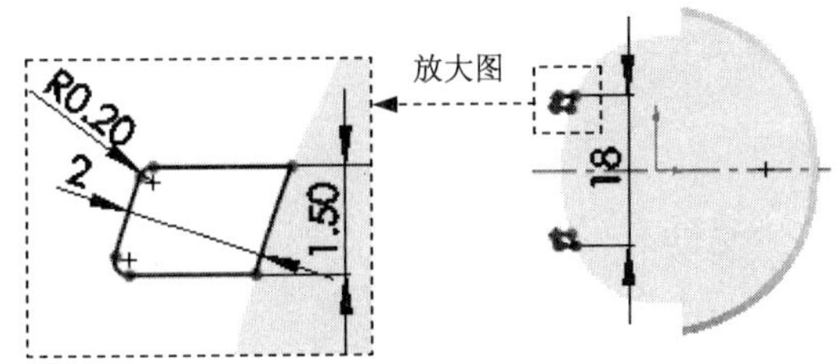

图 44.188　横断面草图（草图 2）

（3）定义拉伸类型及方向。在“凸台-拉伸”窗口 方向1 区域的下拉列表框中选择 给定深度 选项，输入深度值 0.5，并单击“反向”按钮。

（4）单击✔按钮，完成凸台-拉伸 2 的创建。

Step 8 创建图 44.189 所示的凸台-拉伸 3。

（1）选择下拉菜单 插入(I) → 凸台/基体(B) → 拉伸(E)... 命令。

（2）选取图 44.190 所示的面作为草图基准面，绘制图 44.191 所示的横断面草图。

（3）定义拉伸类型及方向。在“凸台-拉伸”窗口 方向1 区域的下拉列表框中选择 给定深度 选项，输入深度值 0.5，并单击“反向”按钮。

（4）单击✔按钮，完成凸台-拉伸 3 的创建。

图 44.189　凸台-拉伸 3

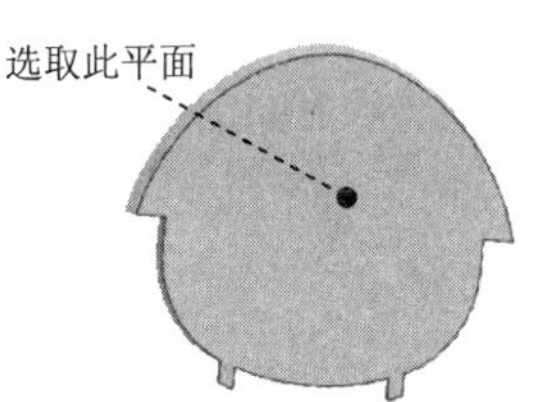

图 44.190　定义草图基准面

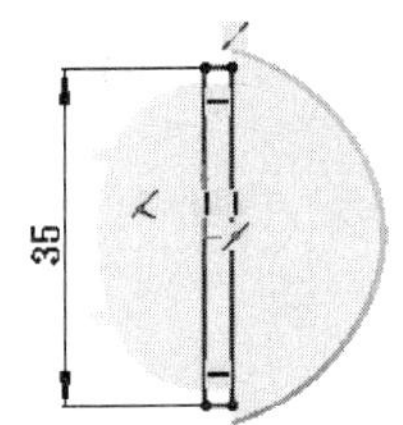

图 44.191　横断面草图（草图 3）

Step 9 创建图 44.192b 所示的圆角 1。选取图 44.192a 所示的两条边线为倒圆角参照，其圆角半径值为 1.0。

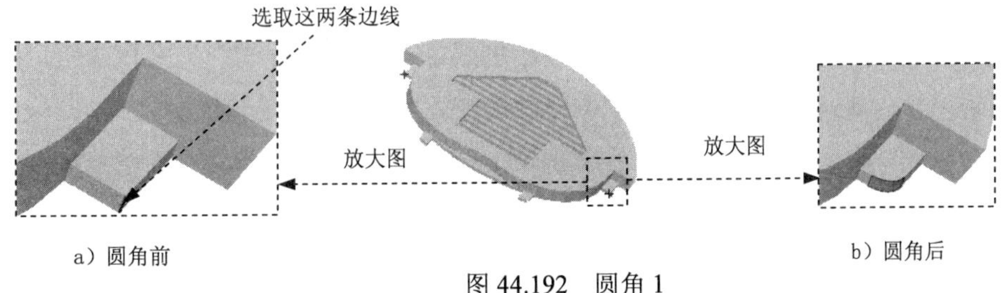

a）圆角前　　b）圆角后

图 44.192　圆角 1

Step 10 创建图 44.193b 所示的圆角 2。选取图 44.193a 所示的边线为倒圆角参照，其圆角半径值为 1.0。

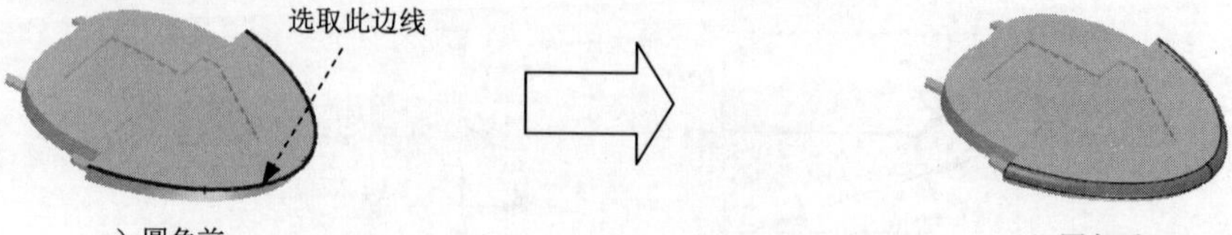

选取此边线

a）圆角前　　b）圆角后

图 44.193　圆角 2

Step 11　创建图 44.194 所示的切除-拉伸 1。

（1）选择下拉菜单 插入(I) → 切除(C) → 拉伸(E)... 命令。

（2）选取图 44.195 所示的面作为草绘基准面，绘制图 44.196 所示的横断面草图。

图 44.194　切除-拉伸 1　　图 44.195　定义草图基准面

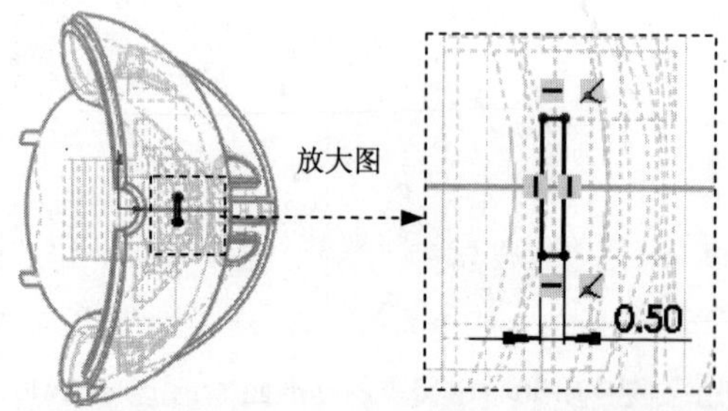

图 44.196　横断面草图（草图 4）

（3）定义拉伸类型及方向。在“切除-拉伸”窗口 方向 1 区域的下拉列表框中选择 给定深度 选项，输入深度值 0.5。

（4）单击 ✓ 按钮，完成切除-拉伸 1 的创建。

说明：在创建此特征时，先将窗口切换至装配体窗口，然后再创建此拉伸特征。由于装配图中的零件较多，致使不太方便绘制此横断面草图，可以将除 (固定) back<1> -> 之外的其他零件隐藏。

Step 12　保存零件模型。先将窗口切换至零件模型窗口，选择下拉菜单 文件(F) → 另存为(A)... 命令，将零件模型命名为 down_cover 保存，关闭零件窗口，显示装配体窗口。

44.7 轴

下面讲解轴的创建过程。此轴是在装配环境中创建的，由于简化装配内部结构，此轴在装配体模型中处于“悬空”状态。零件模型及设计树如图 44.197 所示。

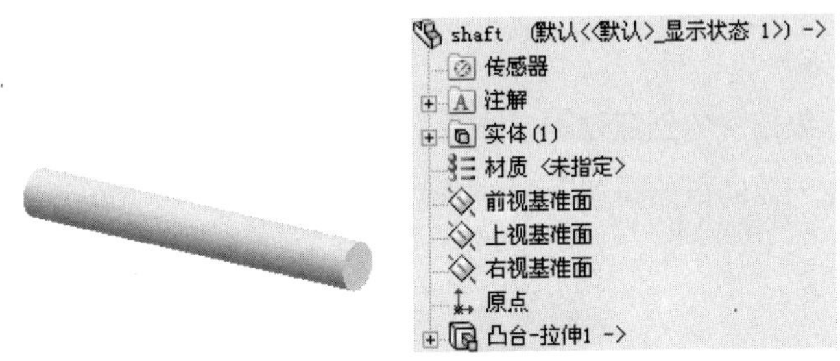

图 44.197　零件模型及设计树

Step 1 插入新零件。在上一节的装配环境中，选择下拉菜单 插入(I) → 零部件(O) → 新零件(N)... 命令。在 请选择放置新零件的面或基准面。的提示下，在图形区任意位置单击，完成新零件的放置。

Step 2 打开新零件。在设计树中右击 (固定)[零件5^装配体1]<1>，在系统弹出的快捷菜单中单击按钮，打开新窗口，并进入建模环境。

Step 3 创建图 44.198 所示的零件特征——凸台-拉伸 1。

（1）将窗口切换至装配窗口，单击 (固定)[零件5^装配体1]<1>，从系统弹出的快捷菜单中单击“编辑”按钮。

（2）选择下拉菜单 插入(I) → 凸台/基体(B) → 拉伸(E)... 命令。

（3）在设计树中单击 (固定) first<1> (默认<<默认>_显示状态 1>) 前的节点，选取 基准面4 为草图基准面，绘制图 44.199 所示的横断面草图。

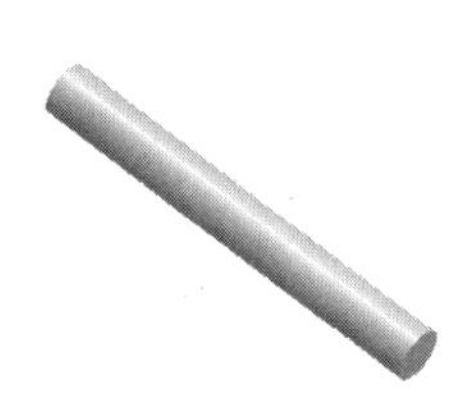

图 44.198　凸台-拉伸 1

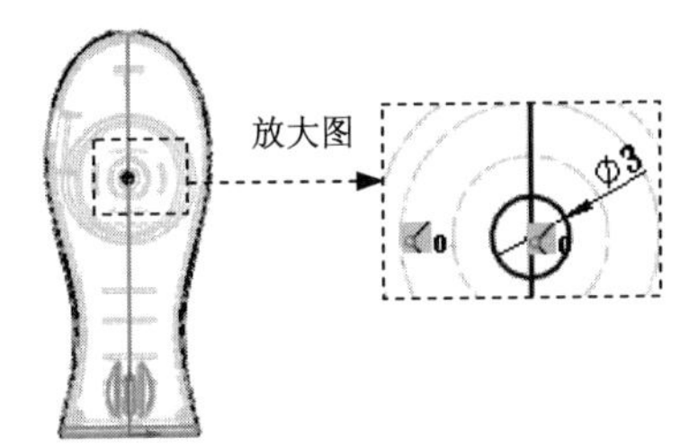

图 44.199　横断面草图（草图 1）

（4）定义拉伸类型及方向。在“凸台-拉伸”窗口 方向 1 区域的下拉列表框中选择 给定深度 选项，输入深度值 20；选中 ☑ 方向 2 复选框，并在其下的下拉列表框中选择给定深度选项，输入深度值 5。

（5）单击✓按钮，完成凸台-拉伸 1 的创建。

Step 4 保存零件模型。先将窗口切换至零件模型窗口，选择下拉菜单 文件(F) ➡ 另存为(A)... 命令，将零件模型命名为 shaft 保存，并关闭窗口。

44.8 风扇一级控件

下面讲解风扇一级控件的创建过程，该模型是在装配体中创建的，并将被用作风扇上盖、风扇叶轮和风扇下盖的原始模型。零件模型及设计树如图 44.200 所示。

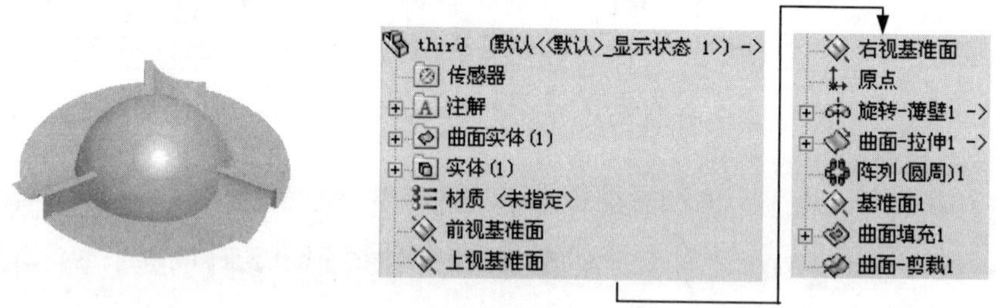

图 44.200 零件模型及设计树

Step 1 插入新零件。在上一节的装配环境中，选择下拉菜单 插入(I) ➡ 零部件(O) ➡ 新零件(N)... 命令，在 请选择放置新零件的面或基准面。的提示下，在图形区任意位置单击，完成新零件的放置。

Step 2 打开新零件。在设计树中右击 (固定) [零件6^装配体1]<1> ，在系统弹出的快捷菜单中单击按钮，打开零件窗口。

Step 3 创建图 44.201 所示的零件特征——旋转-薄壁 1。

（1）将窗口切换至装配窗口，单击 (固定) [零件6^装配体1]<1> 节点，在系统弹出的快捷菜单中单击按钮。

（2）选择命令。选择下拉菜单 插入(I) ➡ 凸台/基体(B) ➡ 旋转(R)... 命令。

（3）选取前视基准面作为草绘基准面，绘制图 44.202 所示横断面草图（包括旋转中心线）。

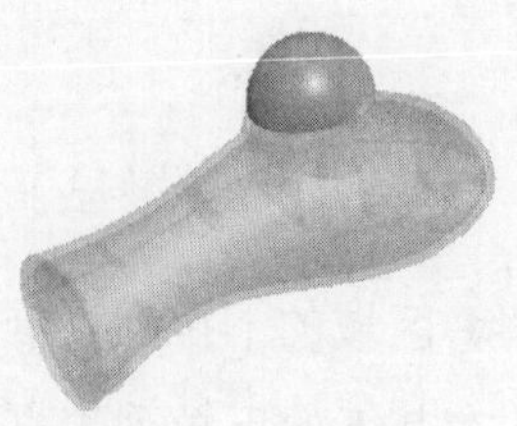

图 44.201 旋转-薄壁 1

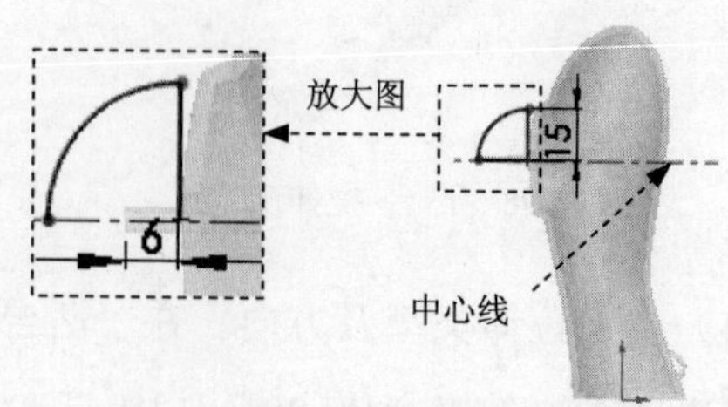

图 44.202 横断面草图（草图 1）

（4）定义旋转轴线。采用草图中绘制的中心线作为旋转轴线。

（5）选择拉伸类型。在“旋转”窗口中选中 ☑ 薄壁特征(T) 复选框。

（6）定义旋转属性。在“旋转”窗口 旋转参数(R) 区域的下拉列表框中选择 单向 选项，采用系统默认的旋转方向，在 文本框中输入数值 360.0；在 ☑ 薄壁特征(T) 区域的下拉列表框中选择 单向 选项，在 文本框中输入厚度值 2.0，并单击“反向”按钮 。

（7）单击窗口中的 ✓ 按钮，完成旋转-薄壁 1 的创建。

说明：由于此横断面草图是开放的，所以在退出草图环境时，系统会弹出“SolidWorks”对话框，单击此对话框中的 否(N) 按钮即可。

Step 4 创建图 44.203 所示的曲面-拉伸 1。

（1）选择命令。选择下拉菜单 插入(I) → 曲面(S) → 拉伸曲面(E)... 命令。

（2）选取前视基准面作为草绘基准面，绘制图 44.204 所示的横断面草图。

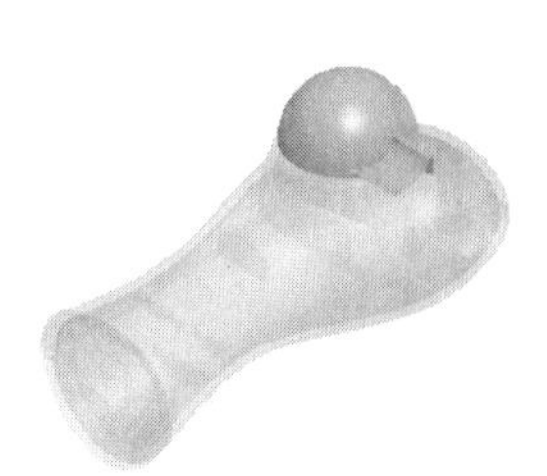

图 44.203 曲面-拉伸 1

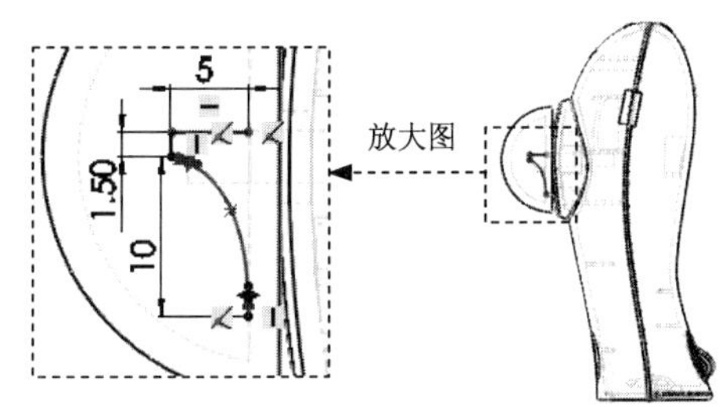

图 44.204 横断面草图（草图 5）

（3）在“曲面-拉伸”窗口 从(F) 区域的下拉列表框中选择 等距 选项，输入等距值 5.0；方向 1 区域的下拉列表框中选择 给定深度 选项，输入深度值 20。

（4）单击 ✓ 按钮，完成曲面-拉伸 1 的创建。

Step 5 创建图 44.205b 所示的阵列（圆周）1。

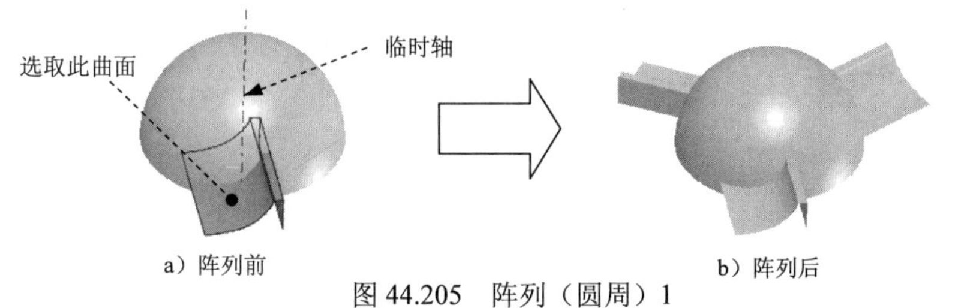

图 44.205 阵列（圆周）1

（1）选择命令。将窗口切换至零件窗口，选择下拉菜单 插入(I) → 阵列/镜向(E) → 圆周阵列(C)... 命令，系统弹出“圆周阵列”窗口。

（2）定义阵列源特征。单击以激活 要阵列的实体(B) 区域中的文本框，选取图 44.205a

所示的曲面实体特征作为阵列的源特征。

（3）定义阵列参数。

① 定义阵列轴。选择下拉菜单 视图(V) → 临时轴(X) 命令，图形中即显示临时轴，选取图 44.205a 所示的临时轴作为圆周阵列轴。

② 定义阵列间距。在 参数(P) 区域的按钮后的文本框中输入数值 120.0。

③ 定义阵列实例数。在 参数(P) 区域的按钮后的文本框中输入数值 3，取消选中 □ 等间距(E) 复选框。

（4）单击窗口中的按钮，完成阵列（圆周）1 的创建。

Step 6 创建图 44.206 所示的基准面 1。

（1）选择下拉菜单 插入(I) → 参考几何体(G) → 基准面(P)... 命令。

（2）选取图 44.207 所示的面作为基准面的参考实体，输入距离值 2.0，选中 ☑ 反转 复选框。

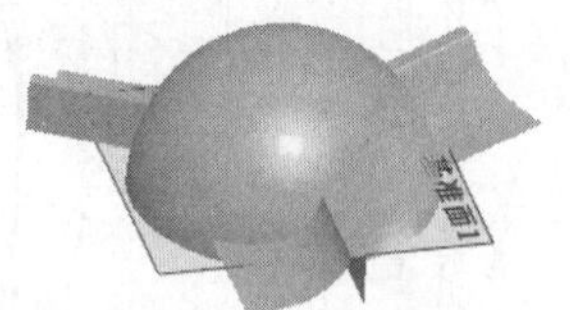

图 44.206 基准面 1

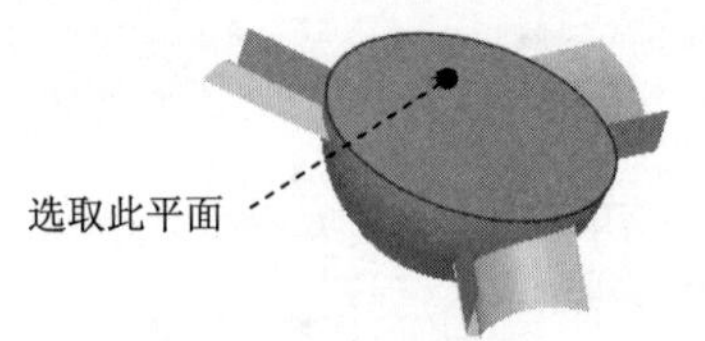

图 44.207 定义基准面参照

（3）单击窗口中的按钮，完成基准面 1 的创建。

Step 7 创建图 44.208 所示的草图 6。

（1）选择命令。选择下拉菜单 插入(I) → 草图绘制 命令。

（2）选取基准面 1 作为草绘基准面，绘制图 44.208 所示的草图 6。

（3）选择下拉菜单 插入(I) → 退出草图 命令，退出草图绘制环境。

Step 8 创建图 44.209 所示的曲面填充 1。

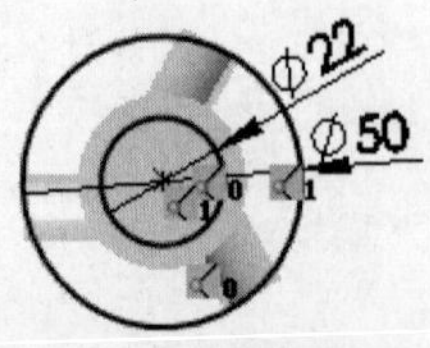

图 44.208 草图 6

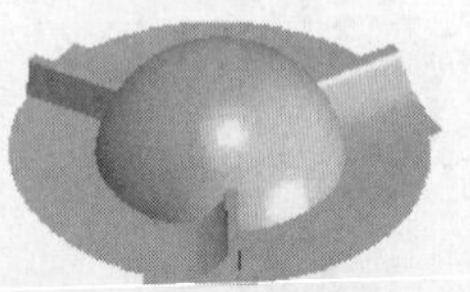

图 44.209 曲面填充 1

（1）选择下拉菜单 插入(I) → 曲面(S) → 填充(I)... 命令，系统弹出“填充曲面”窗口。

（2）定义曲面的修补边界。在设计树中选取 草图3 为曲面的修补边界。

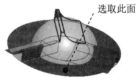

（3）单击窗口中的✔按钮，完成曲面填充 1 的创建。

Step 9　创建图 44.210b 所示的曲面-剪裁 1。

（1）选择下拉菜单 插入(I) → 曲面(S) → 剪裁曲面(T)... 命令，系统弹出“剪裁曲面”窗口。

（2）定义剪裁类型。在窗口的 剪裁类型(T) 区域中选中 ⦿ 相互(M) 单选按钮。

（3）定义剪裁对象。

① 定义剪裁工具。在设计树中选取 曲面填充1、曲面-拉伸1 -> 和 阵列(圆周)1 为要剪裁的曲面。

② 定义选择方式。选中 ⦿ 保留选择(K) 单选按钮，然后分别选取图 44.211 所示的面为要保留部分。

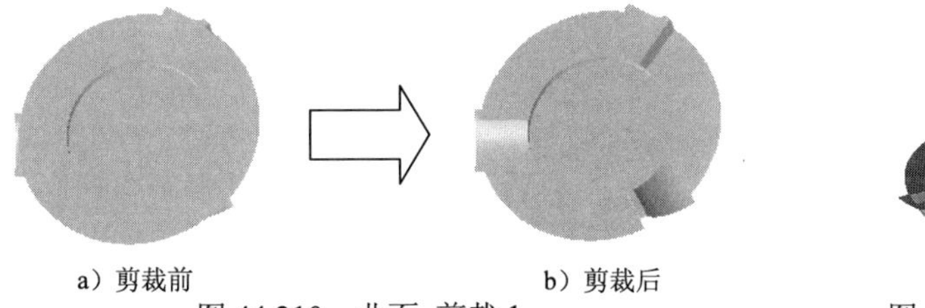

a）剪裁前　b）剪裁后

图 44.210　曲面-剪裁 1　　图 44.211　定义保留对象

（4）单击窗口中的✔按钮，完成曲面-剪裁 1 的创建。

Step 10　保存零件模型。先将窗口切换至零件模型窗口，选择下拉菜单 文件(F) → 另存为(A)... 命令，将零件模型命名为 third 保存，并关闭窗口。

44.9　风扇下盖

下面讲解风扇下盖的创建过程。零件模型及设计树如图 44.212 所示。

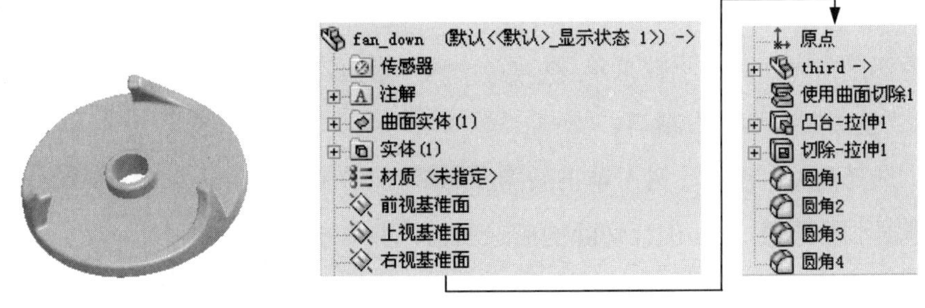

图 44.212　零件模型及设计树

Step 1　插入新零件。在上一节的装配环境中，选择下拉菜单 插入(I) → 零部件(O) → 新零件(N)... 命令。在 请选择放置新零件的面或基准面。的提示下，在图形区任意位置单击，完成新零件的放置。

Step 2 打开新零件。在设计树中右击 (固定) [零件7^装配体1]<1> ，在系统弹出的快捷菜单中单击按钮，打开新窗口，并进入建模环境。

Step 3 插入零件。

（1）选择命令。选择下拉菜单 插入(I) → 零件(A)… 命令，系统弹出“打开”对话框。

（2）选择模型文件。选中 D:\ sw13in\work\\ins44\third.SLDPRT 文件，单击 打开(O) 按钮，系统弹出“插入零件”窗口。

（3）定义零件属性。在“插入零件”窗口 转移(T) 区域选中 ☑ 实体(D) 、☑ 曲面实体(S) 、☑ 基准轴(A) 、☑ 基准面(P) 、☑ 装饰螺蚊线(C) 、☑ 吸收的草图(B) 和 ☑ 解除吸收的草图(U) 复选框，取消选中 ☐ 自定义属性(O) 和 ☐ 坐标系 复选框，在 找出零件(L) 区域中取消选中 ☐ 以移动/复制特征找处零件(M) 复选框。

（4）单击“插入零件”窗口中的✓按钮，完成零件的插入，此时系统自动将零件放置在原点处。

Step 4 隐藏基准面和草图。在 视图(V) 下拉菜单中，分别取消选择 草图(S) 和 基准面(P) 命令，完成基准面和草图的隐藏。结果如图 44.213 所示。

Step 5 创建图 44.214 所示的特征——使用曲面切除 1（曲面已隐藏）。

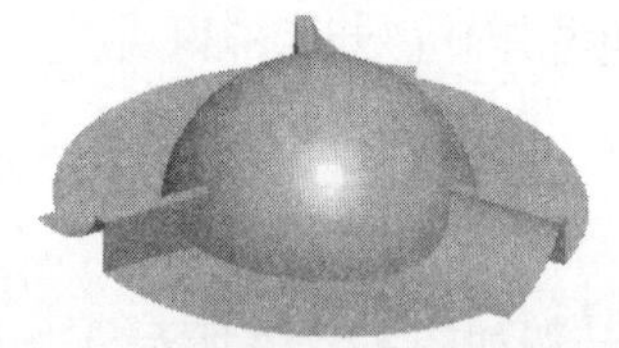

图 44.213 插入零件并隐藏基准面

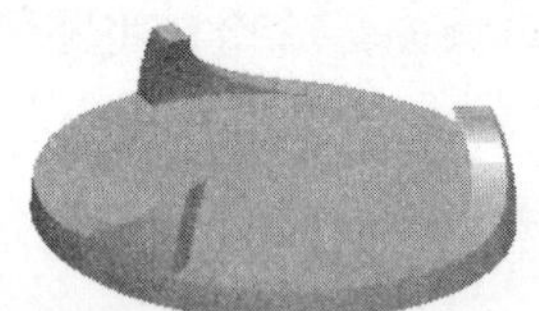

图 44.214 使用曲面切除 1

（1）选择命令。选择下拉菜单 插入(I) → 切除(C) → 使用曲面(W)... 命令，系统弹出“使用曲面切除”窗口。

（2）选择曲面。在设计树中单击 third-> 前的节点，展开 曲面实体(1) ，选取 <third>-<曲面-剪裁1> 为要进行切除的所选曲面，并单击“反向”按钮。

（3）单击窗口中的✓按钮，完成使用曲面切除 1 的创建。

Step 6 创建图 44.215 所示的特征——凸台-拉伸 1。

（1）选择下拉菜单 插入(I) → 凸台/基体(B) → 拉伸(E)... 命令。

（2）选取图 44.216 所示的面为草绘基准面，绘制图 44.217 所示的横断面草图。

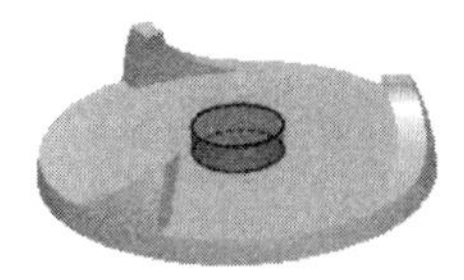
图 44.215 凸台-拉伸 1

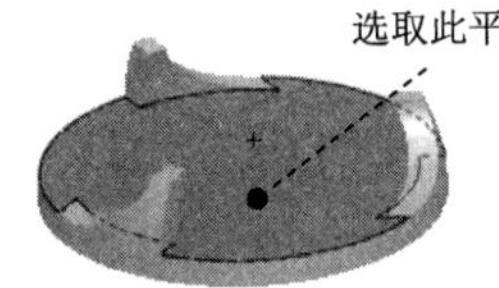

图 44.216 定义草绘基准面

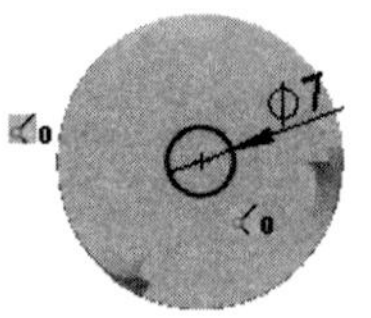

图 44.217 横断面草图（草图 1）

（3）定义拉伸类型及方向。在“凸台-拉伸”窗口 方向1 区域的下拉列表框中选择 给定深度 选项，输入深度值 2.0。

（4）单击✓按钮，完成凸台-拉伸 1 的创建。

Step 7 创建图 44.218 所示的切除-拉伸 1。

（1）选择下拉菜单 插入(I) → 切除(C) → 拉伸(E)... 命令。

（2）选取图 44.219 所示的面为草绘基准面，绘制图 44.220 所示的横断面草图。

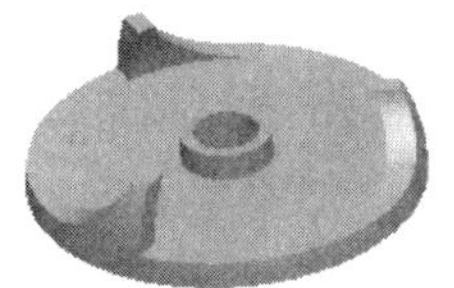
图 44.218 切除-拉伸 1

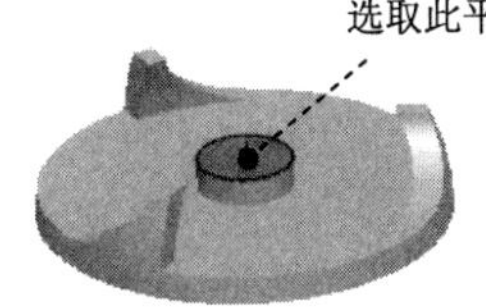

图 44.219 草绘基准面

图 44.220 横断面草图（草图 2）

（3）定义拉伸类型及方向。在“切除-拉伸”窗口 方向1 区域的下拉列表框中选择 完全贯穿 选项。

（4）单击✓按钮，完成切除-拉伸 1 的创建。

Step 8 创建图 44.221b 所示的圆角 1。选取图 44.221a 所示的 6 条边线为倒圆角参照，其圆角半径值为 0.5。

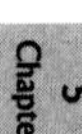

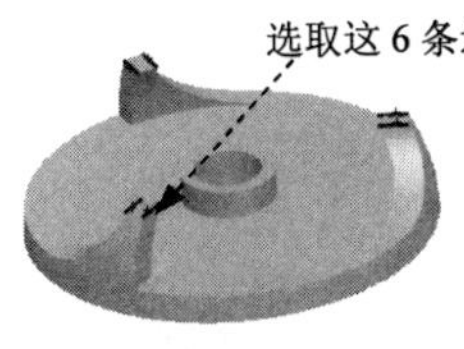

a）圆角前

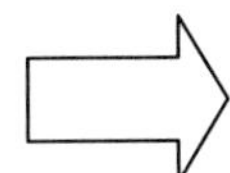

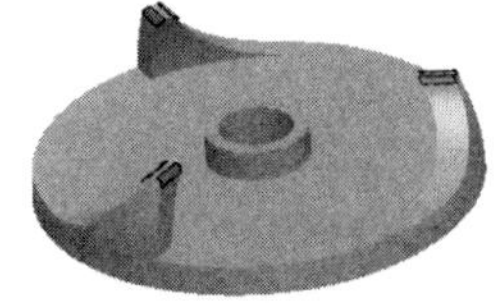
b）圆角后

图 44.221 圆角 1

Step 9 创建图 44.222b 所示的圆角 2。选取图 44.222a 所示的 6 条边链为倒圆角参照，其圆角半径值为 0.5。

Step 10 创建图 44.223b 所示的圆角 3。选取图 44.223a 所示的 3 条边链为倒圆角参照，其圆角半径值为 0.5。

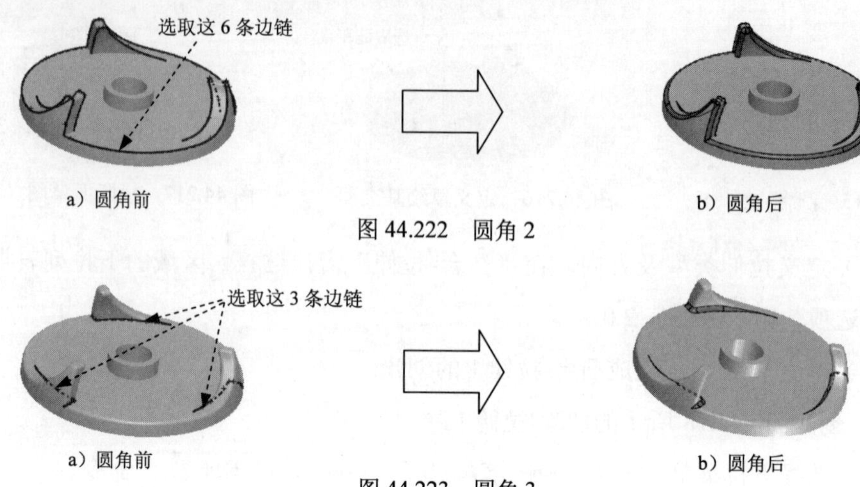

图 44.222　圆角 2

图 44.223　圆角 3

Step 11　创建图 44.224b 所示的圆角 4。选取图 44.224a 所示边链为倒圆角参照，其圆角半径值为 0.5。

Step 12　保存零件模型。将零件模型命名为 fan_down 并保存，关闭此零件窗口。

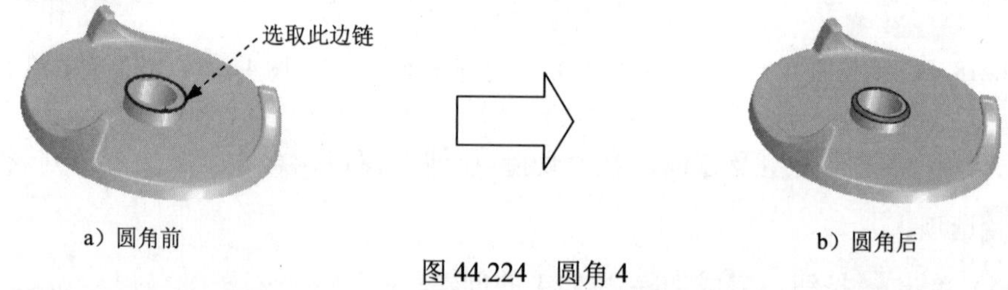

图 44.224　圆角 4

44.10　风扇上盖

下面讲解风扇上盖的创建过程。零件模型及设计树如图 44.225 所示。

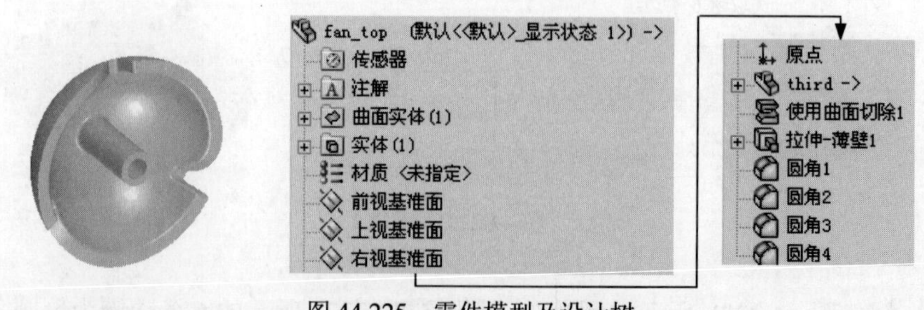

图 44.225　零件模型及设计树

Step 1　插入新零件。在上一节的装配环境中，选择下拉菜单 插入(I) → 零部件(O) → 新零件(N)... 命令。在 请选择放置新零件的面或基准面。的提示下，在图形区任意位置单击，完成新零件的放置。

Step 2 打开新零件。在设计树中右击 (固定) [零件8^装配体1]<1>，在系统弹出的快捷菜单中单击按钮，打开新窗口，并进入建模环境。

Step 3 插入零件。

(1) 选择命令。选择下拉菜单 插入(I) → 零件(A)… 命令，系统弹出“打开”对话框。

(2) 选择模型文件。选中 D:\ sw13in\work\ins44\third.SLDPRT 文件，单击 打开(O) 按钮，系统弹出“插入零件”窗口。

(3) 定义零件属性。在“插入零件”窗口 转移(T) 区域选中 ☑ 实体(D)、☑ 曲面实体(S)、☑ 基准轴(A)、☑ 基准面(P)、☑ 装饰螺蚊线(C)、☑ 吸收的草图(B) 和 ☑ 解除吸收的草图(U) 复选框，取消选中 ☐ 自定义属性(O) 和 ☐ 坐标系 复选框，在 找出零件(L) 区域中取消选中 ☐ 以移动/复制特征找处零件(M) 复选框。

(4) 单击“插入零件”窗口中的 ✔ 按钮，完成零件的插入，此时系统自动将零件放置在原点处。

Step 4 隐藏基准面和草图。在 视图(V) 下拉菜单中，分别取消选择 草图(S) 和 基准面(P) 命令，完成基准面和草图的隐藏。结果如图 44.226 所示。

Step 5 创建图 44.227 所示的特征——使用曲面切除 1（曲面已隐藏）。

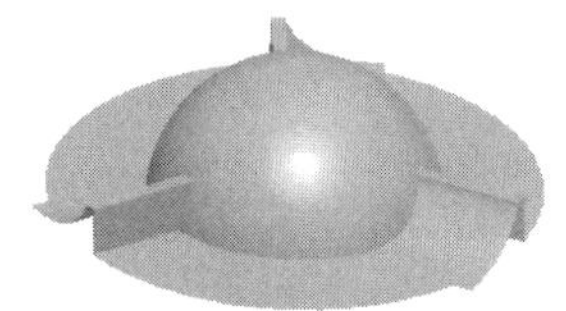

图 44.226 插入零件并隐藏基准面

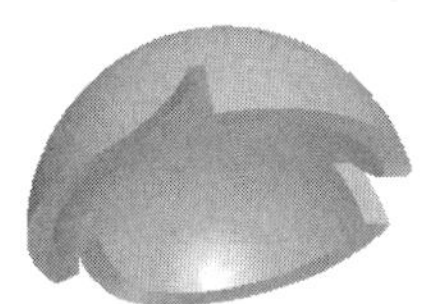

图 44.227 使用曲面切除 1

(1) 选择命令。选择下拉菜单 插入(I) → 切除(C) → 使用曲面(W)... 命令，系统弹出“使用曲面切除”窗口。

(2) 选择曲面。在设计树中单击 third -> 前的节点，展开 曲面实体(1)，选取 <third>-<曲面-剪裁1> 为切除面。

(3) 单击窗口中的 ✔ 按钮，完成使用曲面切除 1 的创建。

Step 6 创建图 44.228 所示的拉伸-薄壁 1。

(1) 选择下拉菜单 插入(I) → 凸台/基体(B) → 拉伸(E)... 命令。

(2) 在设计树中单击 third -> 前的节点，展开 基准面(4)，选取 基准面1-third 基准面作为草绘基准面，绘制图 44.229 所示的横断面草图。

(3) 选择拉伸类型。在“凸台-拉伸”窗口中选中 ☑ 薄壁特征(T) 复选框。

5 Chapter

图 44.228 拉伸-薄壁 1

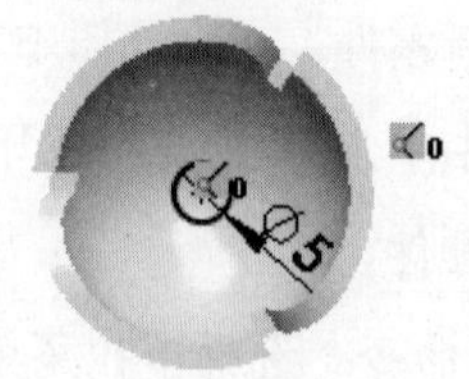

图 44.229 横断面草图（草图 1）

（4）采用系统默认的拉伸方向，在“凸台-拉伸”窗口 方向1 区域单击“反向”按钮，并在其后的下拉列表框中选择 成形到下一面 选项；选中 方向2 复选框，并在其下的下拉列表框中选择 给定深度 选项，输入深度值 2.0；在 薄壁特征(T) 区域的下拉列表框中选择 单向 选项，在文本框中输入厚度值 1.0，并单击“反向”按钮。

（5）单击窗口中的按钮，完成拉伸-薄壁 1 的创建。

Step 7 创建图 44.230b 所示的圆角 1。选取图 44.230a 所示的 6 条边线为倒圆角参照，其圆角半径值为 0.5。

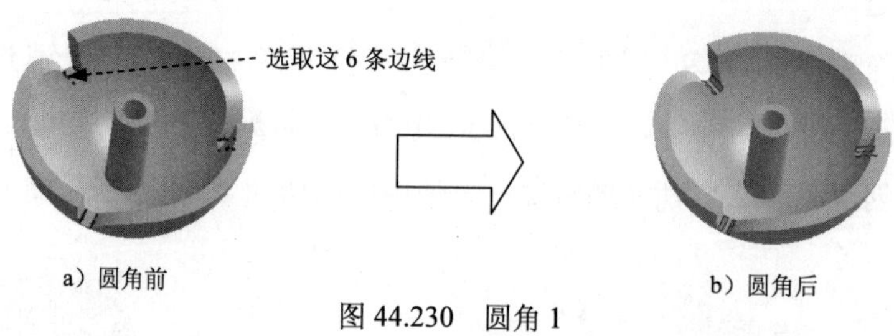

a）圆角前 b）圆角后

图 44.230 圆角 1

Step 8 创建图 44.231b 所示的圆角 2。选取图 44.231a 所示的 3 条边线为倒圆角参照，其圆角半径值为 0.5。

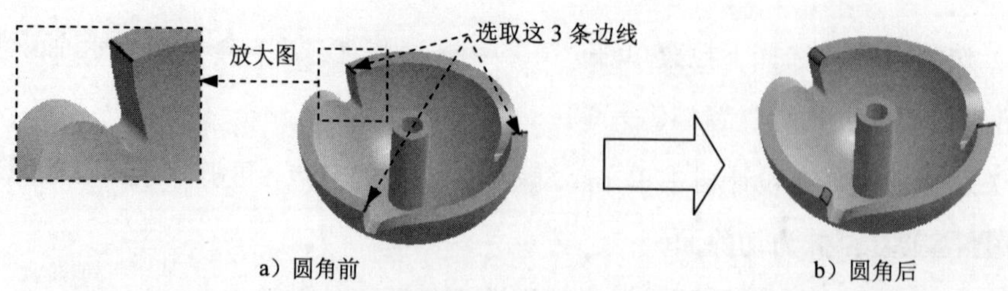

a）圆角前 b）圆角后

图 44.231 圆角 2

Step 9 创建图 44.232b 所示的圆角 3。选取图 44.232a 所示的边链为倒圆角参照，其圆角半径值为 0.5。

Step 10 创建图 44.233b 所示的圆角 4。选取图 44.233a 所示的边链为倒圆角参照，其圆角半径值为 0.5。

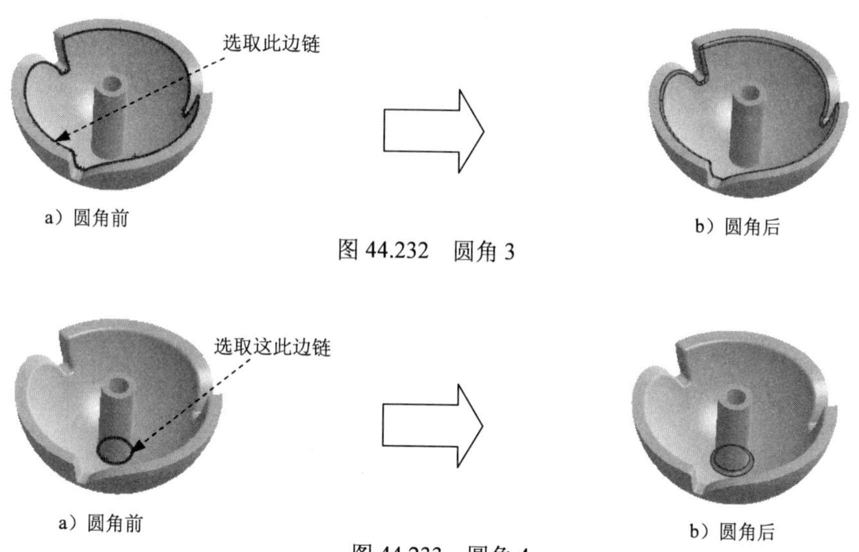

图 44.232　圆角 3

图 44.233　圆角 4

Step 11　保存零件模型。选择下拉菜单 文件(F) → 另存为(A)... 命令，将零件模型命名为 fan_top 保存，并关闭窗口。

44.11　风扇叶轮

下面讲解风扇叶轮的创建过程，该模型不是直接从三级控件中分割出来的，而是参考三级控件创建的。零件模型及设计树如图 44.234 所示。

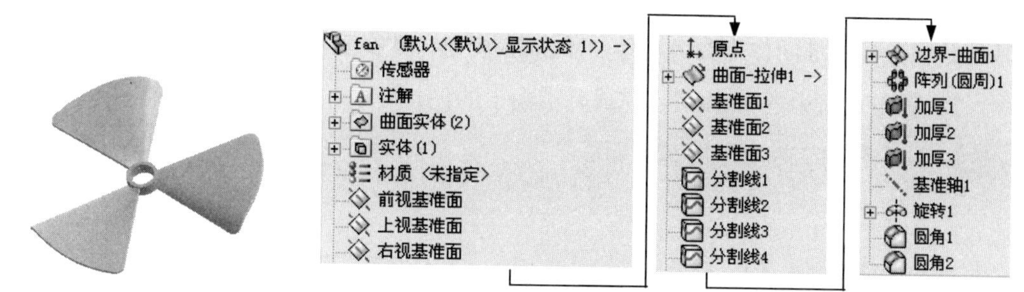

图 44.234　零件模型及设计树

Step 1　插入新零件。在上一节的装配环境中，选择下拉菜单 插入(I) → 零部件(O) → 新零件(N)... 命令。在 请选择放置新零件的面或基准面。的提示下，在图形区任意位置单击，完成新零件的放置。

Step 2　打开新零件。在设计树中右击 (固定) [零件9^装配体1]<1>，在系统弹出的快捷菜单中单击按钮，打开新窗口，并进入建模环境。

Step 3　创建图 44.235 所示的曲面-拉伸 1。

（1）将窗口切换至装配环境。在设计树中右击 (固定) [零件9^装配体1]<1> 节点，在系统弹出的快捷菜单中单击按钮，选择下拉菜单 插入(I) → 曲面(S) → 拉伸曲面(E)... 命令。

（2）在设计树中单击 third-> 前的节点，展开 third-> ，选取 基准面1 作为草绘基准面，绘制图 44.236 所示的横断面草图。

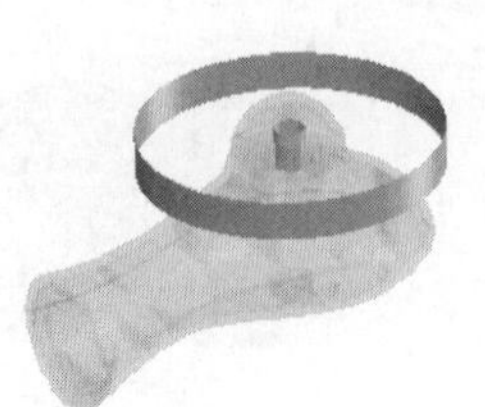

图 44.235 曲面-拉伸 1

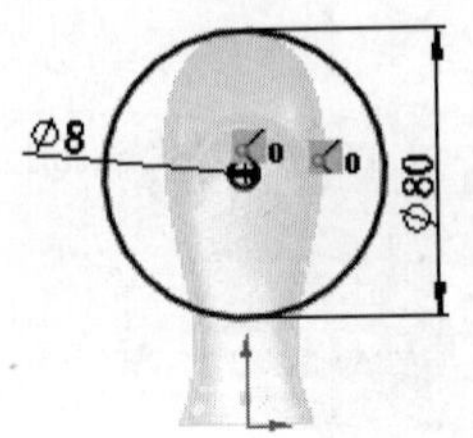

图 44.236 横断面草图（草图 1）

（3）在“曲面-拉伸”窗口 方向 1 区域的下拉列表框中选择 两侧对称 选项，输入深度值 10.0。

（4）单击✔按钮，完成曲面-拉伸 1 的创建。

Step 4 创建图 44.237 所示的基准面 1。

（1）将窗口切换至零件窗口。选择下拉菜单 插入(I) → 参考几何体(G) → 基准面(P)... 命令。

（2）选择下拉菜单 视图(V) → 临时轴(X) 命令，图形中即显示临时轴，选取临时基准轴和上视基准面作为参考实体，单击按钮，并在其后的文本框中输入数值 10.0。

（3）单击窗口中的✔按钮，完成基准面 1 的创建。

Step 5 创建图 44.238 所示的基准面 2。

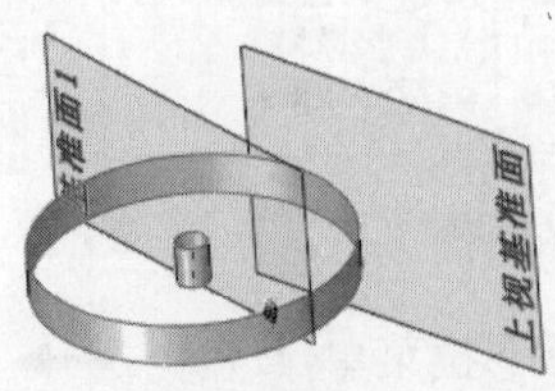

图 44.237 基准面 1

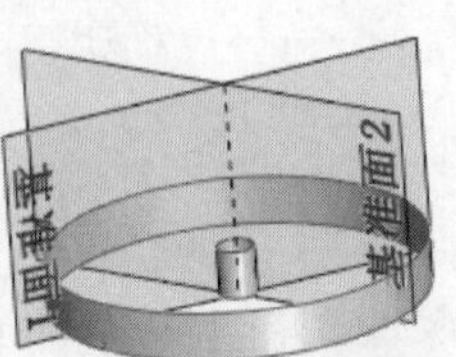

图 44.238 基准面 2

（1）选择下拉菜单 插入(I) → 参考几何体(G) → 基准面(P)... 命令。

（2）选取临时基准轴和基准面 1 作为参考实体，单击按钮，并在其后的文本框中输入数值 60.0。

（3）单击窗口中的✔按钮，完成基准面 2 的创建。

Step 6　创建图 44.239 所示的基准面 3。

（1）选择下拉菜单 插入(I) ➡ 参考几何体(G) ➡ 基准面(P)... 命令。

（2）选取临时基准轴和前视基准面作为参考实体，单击按钮，并在其后的文本框中输入数值 150.0，选中 ☑ 反转 复选框。

（3）单击窗口中的 ✔ 按钮，完成基准面 3 的创建。

Step 7　创建图 44.240 所示的分割线 1。

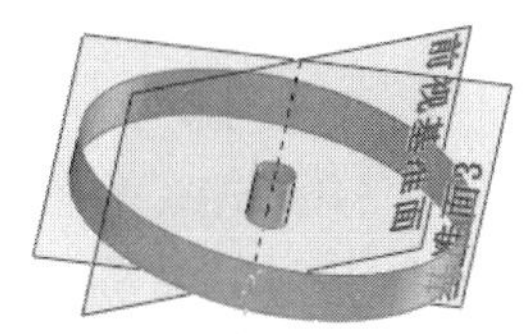

图 44.239　基准面 3

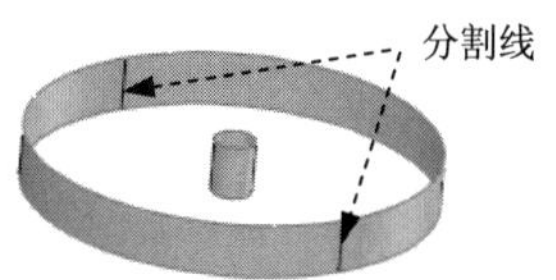

图 44.240　分割线 1

（1）选择命令。选择下拉菜单 插入(I) ➡ 曲线(U) ➡ 分割线(S)... 命令，系统弹出“分割线”窗口。

（2）定义分割类型。在“分割线”窗口 分割类型 区域中选中 ⊙ 轮廓(S) 单选按钮。

（3）定义分割面。在设计树中选取 基准面1 为拔模方向，在绘图区选取图 44.241 所示的面为要分割的面，其他参数采用系统默认设置值。

（4）单击窗口中的 ✔ 按钮，完成分割线 1 的创建。

Step 8　创建图 44.242 所示的分割线 2。

（1）选择命令。选择下拉菜单 插入(I) ➡ 曲线(U) ➡ 分割线(S)... 命令，系统弹出“分割线”窗口。

（2）定义分割类型。在“分割线”窗口 分割类型 区域中选中 ⊙ 轮廓(S) 单选按钮。

（3）定义分割面。在设计树中选取 基准面2 为拔模方向，在绘图区选取图 44.243 所示的面为要分割的面，其他参数采用系统默认设置值。

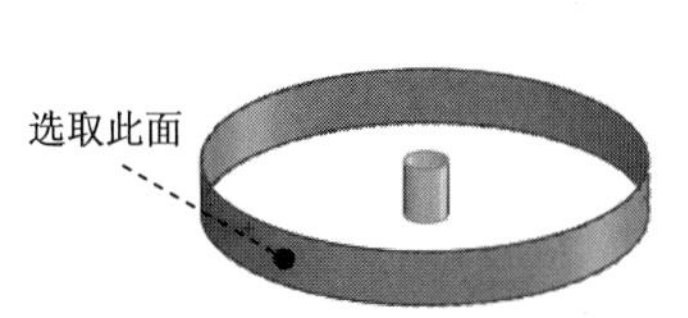

图 44.241　定义要分割的面

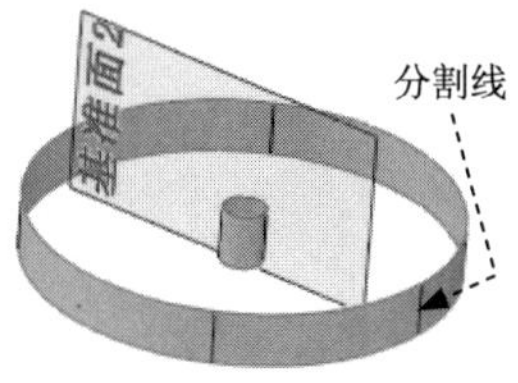

图 44.242　分割线 2

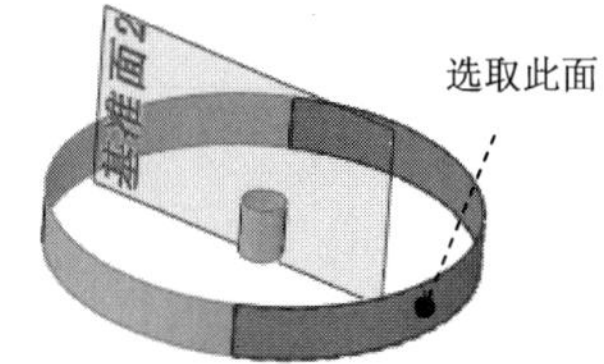

图 44.243　定义要分割的面

（4）单击窗口中的 ✔ 按钮，完成分割线 2 的创建。

Step 9　创建图 44.244 所示的分割线 3。

（1）选择命令。选择下拉菜单 插入(I) → 曲线(U) → 分割线(S)... 命令，系统弹出“分割线”窗口。

（2）定义分割类型。在“分割线”窗口 分割类型 区域中选中 ⊙ 轮廓(S) 单选按钮。

（3）定义分割面。在设计树中选取 基准面1 为拔模方向，在绘图区选取图 44.245 所示的面为要分割的面，其他参数采用系统默认设置值。

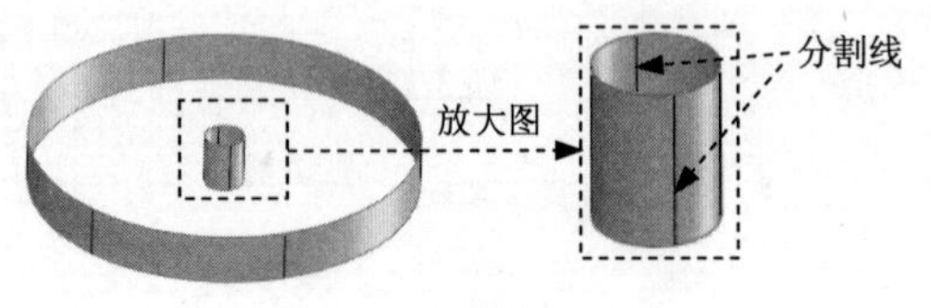

图 44.244　分割线 3

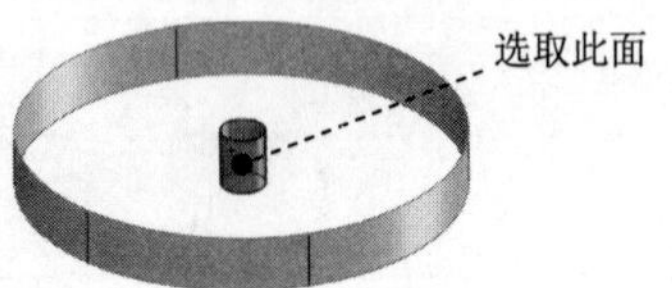

图 44.245　定义分割面

（4）单击窗口中的 ✔ 按钮，完成分割线 3 的创建。

Step 10 创建图 44.246 所示的分割线 4。

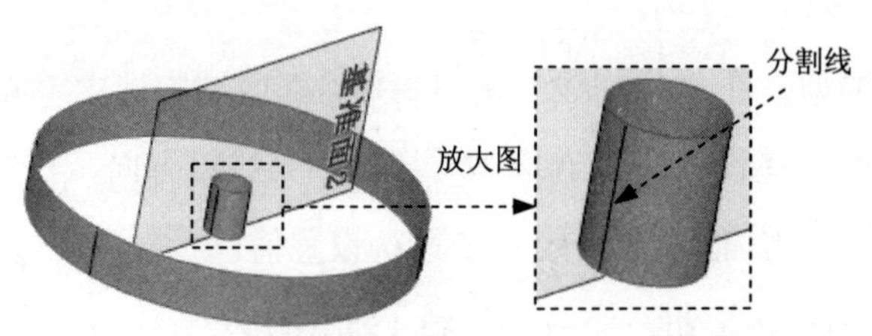

图 44.246　分割线 4

（1）选择命令。选择下拉菜单 插入(I) → 曲线(U) → 分割线(S)... 命令，系统弹出“分割线”窗口。

（2）定义分割类型。在“分割线”窗口 分割类型 区域中选中 ⊙ 轮廓(S) 单选按钮。

（3）定义分割面。在设计树中选取 基准面2 为拔模方向，在绘图区选取图 44.247 所示的面为要分割的面，其他参数采用系统默认设置值。

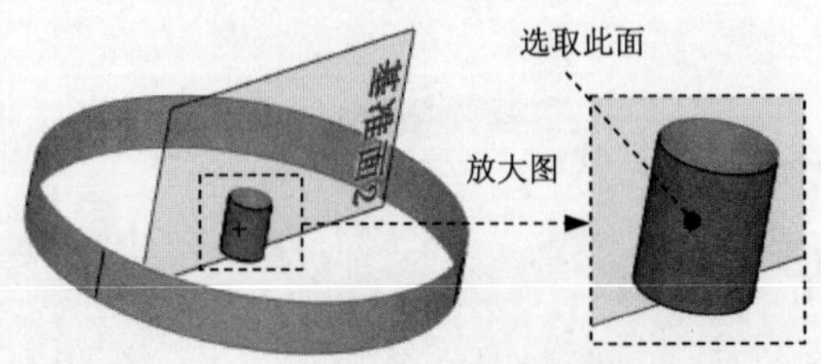

图 44.247　定义分割面

（4）单击窗口中的 ✔ 按钮，完成分割线 4 的创建。

Step 11 创建图 44.248 所示的草图 2。

（1）选择命令。选择下拉菜单 插入(I) ➡ 草图绘制 命令。

（2）选取基准面 3 作为草图基准面，绘制图 44.249 所示的草图 2。

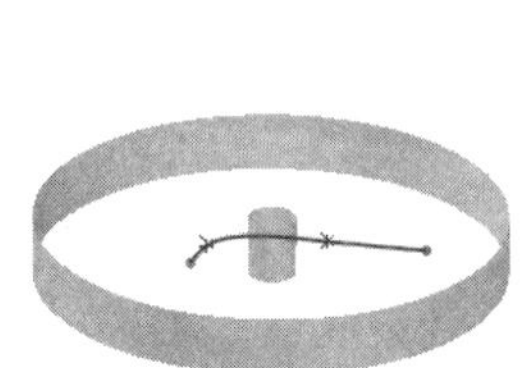
图 44.248　草图 2（建模环境）

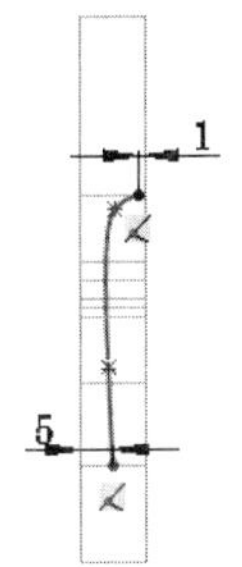

图 44.249　草图 2

（3）选择下拉菜单 插入(I) ➡ 退出草图 命令，退出草图绘制环境。

Step 12 创建图 44.250 所示的草图 3。选取基准面 3 作为草图基准面，绘制图 44.250 所示的草图 3。

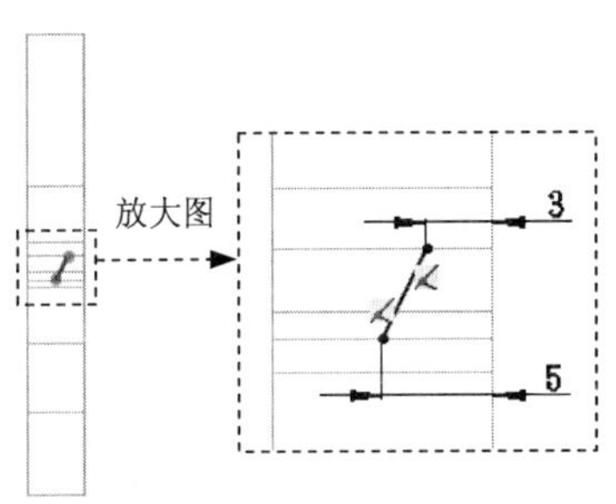

图 44.250　草图 3

Step 13 创建图 44.251 所示的投影曲线 1。

（1）选择命令。选择下拉菜单 插入(I) ➡ 曲线(U) ➡ 投影曲线(P)... 命令。

（2）定义投影类型。在“投影曲线”窗口 选择(S) 区域下的 投影类型: 区域中选中 面上草图(K) 单选按钮。

（3）定义投影对象。在绘图区选取草图 2 为要投影的草图，选取图 44.252 所示的面为投影面。

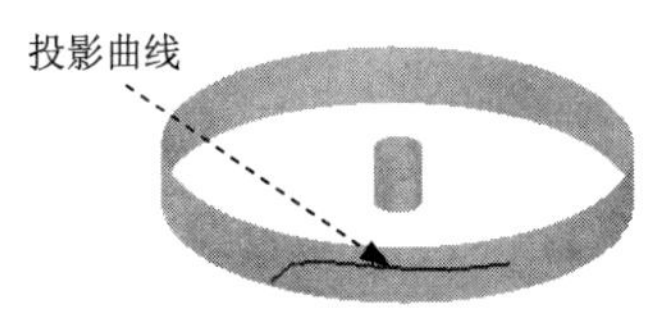

图 44.251　投影曲线 1

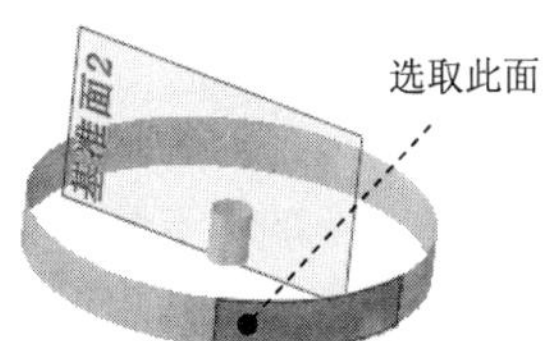

图 44.252　定义投影面

（4）单击窗口中的 ✔ 按钮，完成投影曲线 1 的创建。

Step 14 创建投影曲线 2。

（1）选择命令。选择下拉菜单 插入(I) ➡ 曲线(U) ➡ 投影曲线(P)... 命令。

（2）定义投影类型。在“投影曲线”窗口 选择(S) 区域下的 投影类型: 区域中选中 ⊙ 面上草图(K) 单选按钮。

（3）定义投影对象。在绘图区选取草图 3 为要投影的草图，选取图 44.253 所示的面为投影面。

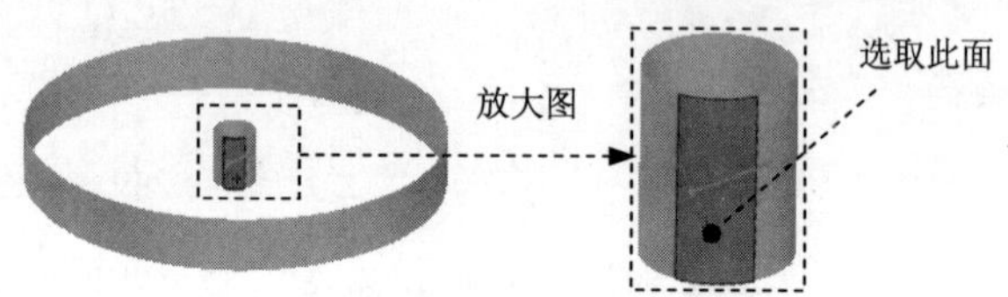

图 44.253 定义投影面

（4）单击窗口中的 ✔ 按钮，完成投影曲线 2 的创建。

Step 15 创建图 44.254 所示的草图 4。选取基准面 1 作为草图基准面，绘制图 44.254 所示的草图 4（草图中直线的两个端点分别与两投影曲线的端点重合）。

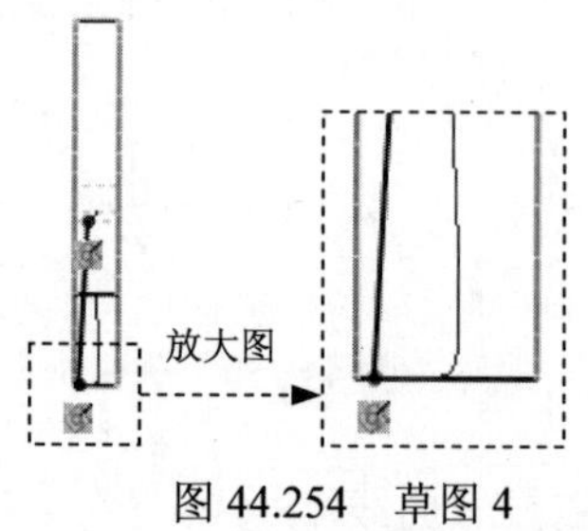

图 44.254 草图 4

Step 16 创建图 44.255 所示的草图 5。选取基准面 2 作为草绘基准面，绘制图 44.256 所示的草图 5。

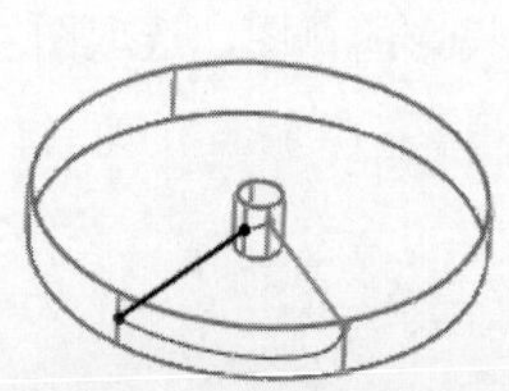

图 44.255 草图 5（建模环境）

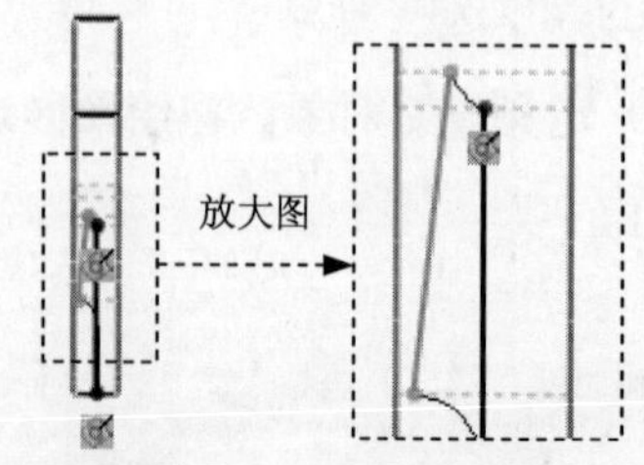

图 44.256 草图 5（草绘环境）

说明：草图 4 和草图 5 也可在 3D 草图中绘制。

Step 17 创建图 44.257 所示的边界-曲面 1。

（1）选择命令。选择下拉菜单 插入(I) ➡ 曲面(S) ➡ 边界曲面(B)... 命令，系统弹出“边界-曲面”窗口。

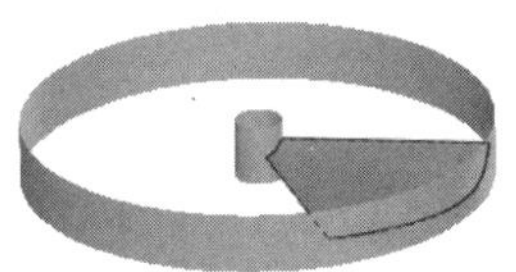

图 44.257　边界-曲面 1

（2）定义方向 1 的边界曲线。在设计树中选取 曲线1 和 曲线2 作为 方向 1 上的边界曲线。

（3）定义方向 2 的边界曲线。在绘图区依次选取草图 4 和草图 5 作为 方向 2 上的边界曲线。

（4）单击 ✓ 按钮，完成边界-曲面 1 的创建。

Step 18 创建图 44.258b 所示的阵列（圆周）1。

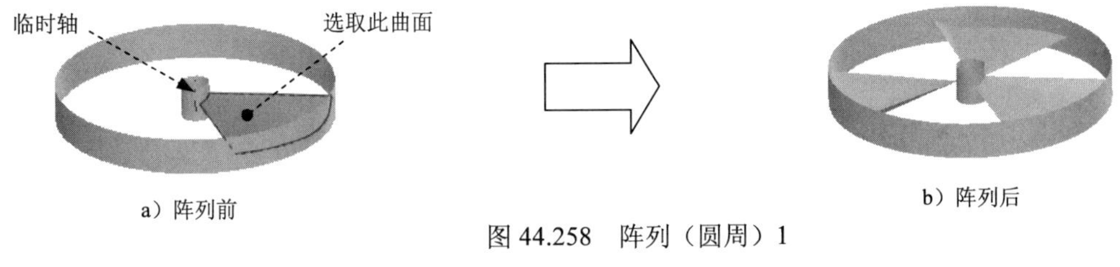

图 44.258　阵列（圆周）1

（1）选择命令。选择下拉菜单 插入(I) → 阵列/镜向(E) → 圆周阵列(C)... 命令，系统弹出“圆周阵列”窗口。

（2）定义阵列源特征。单击以激活 要阵列的实体(B) 区域中的文本框，选取图 44.258a 所示的曲面实体特征作为阵列的源特征。

（3）定义阵列参数。

① 定义阵列轴。选择下拉菜单 视图(V) → 临时轴(X) 命令，图形中即显示临时轴，选取图 44.258a 所示的临时轴作为圆周阵列轴。

② 定义阵列间距。在 参数(P) 区域的 按钮后的文本框中输入数值 120.0。

③ 定义阵列实例数。在 参数(P) 区域的 按钮后的文本框中输入数值 3，取消选中 □ 等间距(E) 复选框。

（4）单击窗口中的 ✓ 按钮，完成阵列（圆周）1 的创建。

Step 19 创建图 44.259 所示的加厚 1（曲面-拉伸 1 已隐藏）。

（1）选择下拉菜单 插入(I) → 凸台/基体(B) → 加厚(T)... 命令，系统弹出“加厚”窗口。

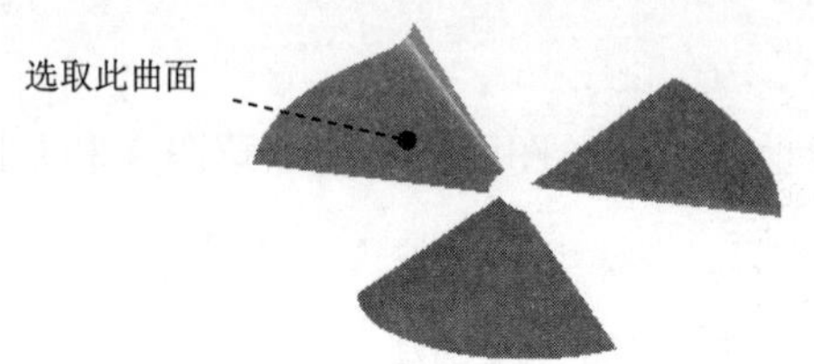

图 44.259　加厚 1

（2）定义要加厚的曲面。在绘图区选取图 44.260 所示的曲面作为要加厚的曲面。

选取此曲面

图 44.260　定义加厚曲面

（3）定义加厚方向。在“加厚”窗口的**加厚参数(T)**区域中选择“加厚两侧”按钮。

（4）定义厚度。在“加厚”窗口的**加厚参数(T)**区域中的后的文本框中输入数值 0.5。

（5）单击窗口中的按钮，完成加厚 1 的创建。

说明：若此步不能一次将 3 个曲面进行加厚，可通过 3 次来完成。

Step20 创建图 44.261 所示的基准轴 1。

（1）选择命令。选择下拉菜单 插入(I) → 参考几何体(G) → 基准轴(A)... 命令。

（2）选取基准面 1 和基准面 2 为基准轴的参考实体。

（3）单击窗口中的按钮，完成基准轴 1 的创建。

Step21 创建图 44.262 所示的旋转 1。

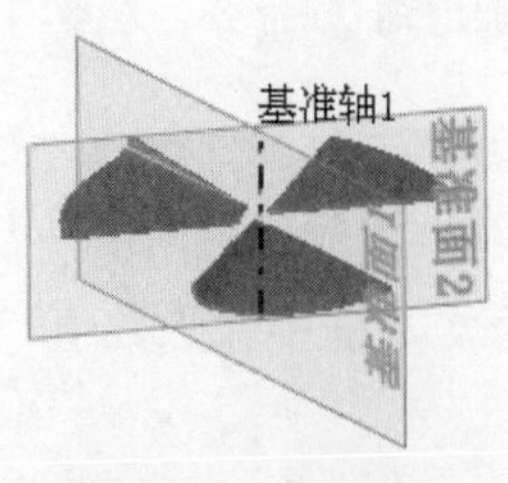

图 44.261　基准轴 1

图 44.262　旋转 1

（1）选择命令。选择下拉菜单 插入(I) → 凸台/基体(B) → 旋转(R)... 命令。

（2）选取基准面 1 作为草绘基准面，绘制图 44.263 所示的横断面草图。

（3）定义旋转轴线。在设计树中选取 基准轴1 为旋转轴线。

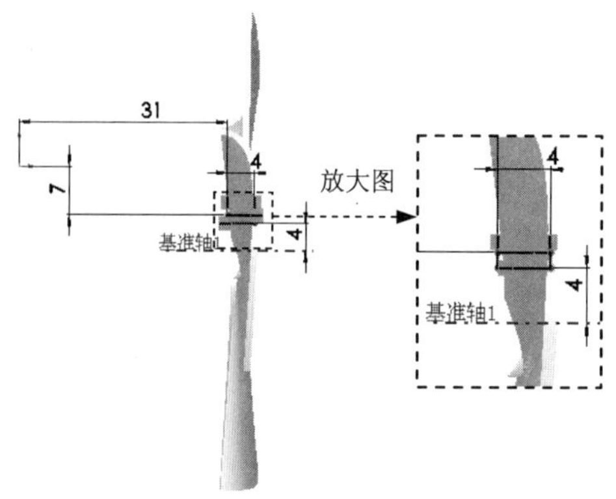

图 44.263 横断面草图（草图 6）

（4）定义旋转属性。在“旋转”窗口 旋转参数(R) 区域的下拉列表框中选择 给定深度 选项，采用系统默认的旋转方向，在 文本框中输入数值 360.0。

（5）单击窗口中的 ✓ 按钮，完成旋转 1 的创建。

Step 22 创建图 44.264b 所示的圆角 1。选取图 44.264a 所示的 6 条边线为倒圆角参照，圆角半径值为 2。

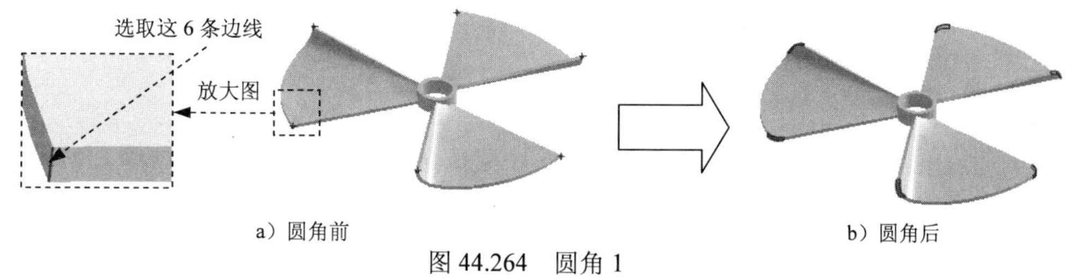

a）圆角前 b）圆角后

图 44.264 圆角 1

Step 23 创建图 44.265b 所示的圆角 2。选取图 44.265a 所示的 6 条边链为倒圆角参照，圆角半径值为 0.2。

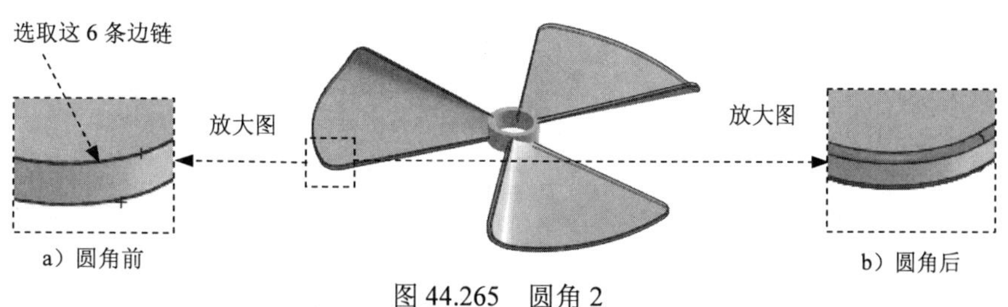

a）圆角前 b）圆角后

图 44.265 圆角 2

Step 24 保存零件模型。另存此零件模型并命名为 fan，关闭零件模型窗口。

Step 25 保存装配体模型。在装配环境的设计树中同时选取 (固定) first<1> 、 (固定) second<1> -> 和 (固定) third<1>->? 节点，右击，在系统弹出的快捷菜单中单击“隐藏零部件”按钮 ，隐藏控件，然后另存此装配体模型，并命名为 toy_fan。

6

钣金设计实例

实例 45　卷尺挂钩

本实例讲解了卷尺挂钩的设计过程，该设计过程分为创建成形工具和创建主体零件模型两个部分。成形工具的设计主要运用基本实体建模命令，其重点是将模型转换成成形工具；主体零件是由一些钣金基本特征构成的，其中要注意成形特征的创建方法。钣金件模型及设计树如图 45.1 所示。

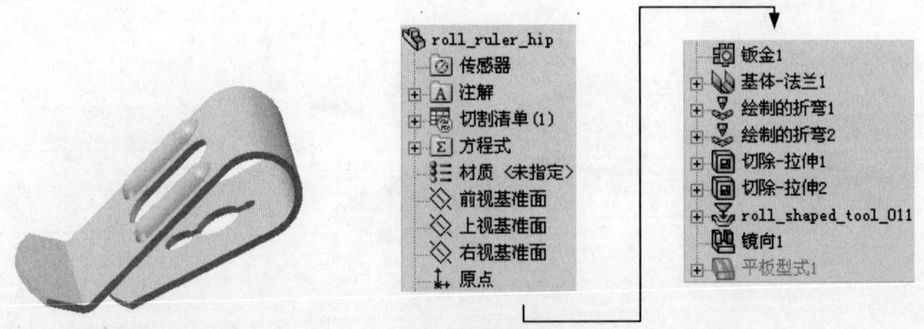

图 45.1　钣金件模型及设计树

Task1．创建成形工具

成形工具模型及设计树如图 45.2 所示。

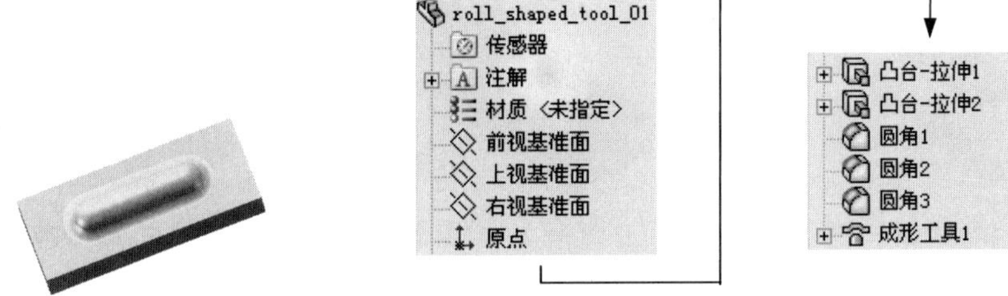

图 45.2 成形工具模型及设计树

Step 1 新建模型文件。选择下拉菜单 文件(F) → 新建(N)... 命令，在系统弹出的“新建 SolidWorks 文件”对话框中选择“零件”模块，单击 确定 按钮，进入建模环境。

Step 2 创建图 45.3 所示的零件基础特征——凸台-拉伸 1。

（1）选择命令。选择下拉菜单 插入(I) → 凸台/基体(B) → 拉伸(E)... 命令。

（2）定义特征的横断面草图。选取前视基准面作为草图平面；在草图环境中绘制图 45.4 所示的横断面草图。

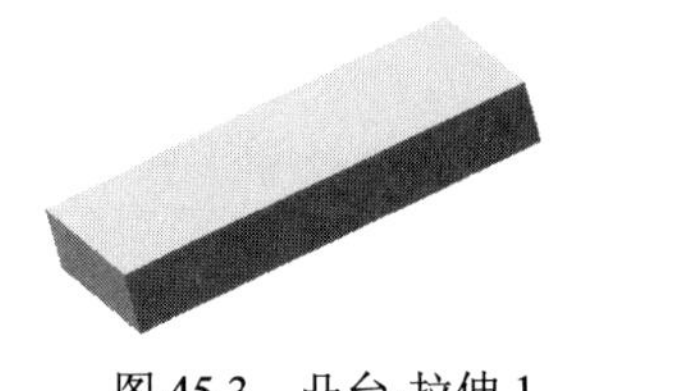

图 45.3 凸台-拉伸 1

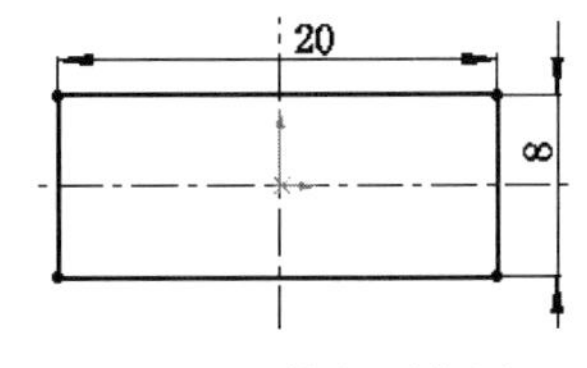

图 45.4 横断面草图

（3）定义拉伸深度属性。

① 定义深度方向。采用系统默认的深度方向。

② 定义深度类型和深度值。在 方向 1 区域的下拉列表框中选择 给定深度 选项，在 D1 文本框中输入深度值 3.0。

（4）单击✓按钮，完成凸台-拉伸 1 的创建。

Step 3 创建图 45.5 所示的零件基础特征——凸台-拉伸 2。

（1）选择命令。选择下拉菜单 插入(I) → 凸台/基体(B) → 拉伸(E)... 命令（或单击“特征（F）”工具栏中的按钮）。

（2）定义特征的横断面草图。选取图 45.6 所示的模型表面作为草图平面；在草图环境中绘制图 45.7 所示的横断面草图。

（3）定义拉伸深度属性。采用系统默认的深度方向；在 方向 1 区域的下拉列表框中选择 给定深度 选项，在 D1 文本框中输入深度值 1.5。选中 ☑ 合并结果(M) 复选框。

图 45.5　凸台-拉伸 2

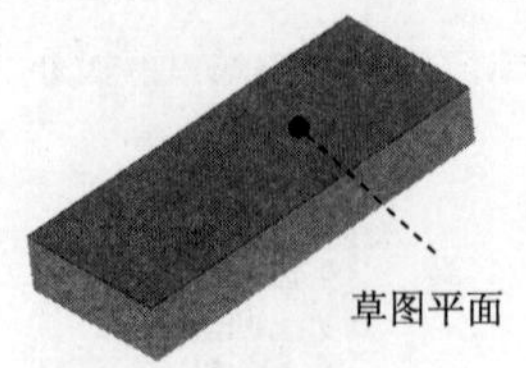

图 45.6　草图平面

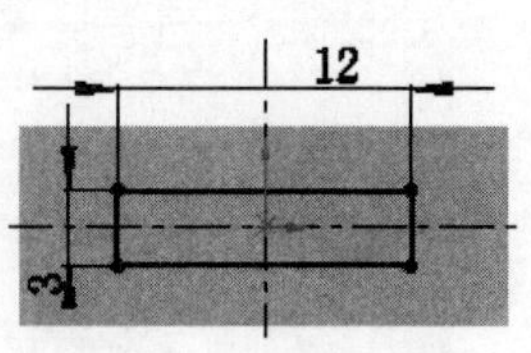

图 45.7　横断面草图

（4）单击✔按钮，完成凸台-拉伸 2 的创建。

Step 4　创建图 45.8 所示的圆角 1。

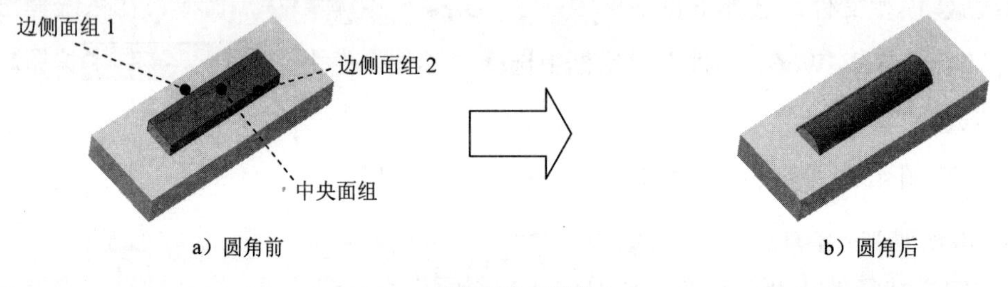

图 45.8　圆角 1

（1）选择命令。选择下拉菜单 插入(I) ➡ 特征(F) ➡ 圆角(F)... 命令（或单击按钮），系统弹出“圆角”对话框。

（2）定义圆角类型。在 圆角类型(Y) 区域选中 ⊙ 完整圆角(F) 单选按钮。

（3）定义圆角对象。

① 定义边侧面组 1。选取图 45.8a 所示的边侧面组 1。

② 定义中央面组。单击激活中央面组，选取图 45.8a 所示的中央面组。

③ 定义边侧面组 2。单击激活边侧面组 2，选取图 45.8a 所示的边侧面组 2。

（4）单击✔按钮，完成圆角 1 的创建。

Step 5　创建图 45.9 所示的圆角 2。选择下拉菜单 插入(I) ➡ 特征(F) ➡ 圆角(F)... 命令；选取图 45.9a 所示的边线为要圆角的对象，在 圆角项目(I) 区域的文本框中输入圆角半径值 1.5，选取 ☑ 切线延伸(G) 复选框。单击✔按钮，完成圆角 2 的创建。

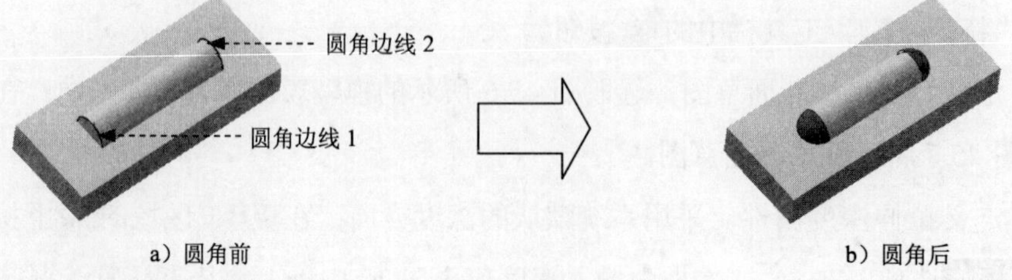

图 45.9　圆角 2

Step 6 创建图 45.10 所示的圆角 3。选择下拉菜单 插入(I) → 特征(F) → 圆角(F)... 命令；选取图 45.10a 所示的边线为要圆角的对象，在 圆角项目(I) 区域的文本框中输入圆角半径值 1.2。单击✓按钮，完成圆角 3 的创建。

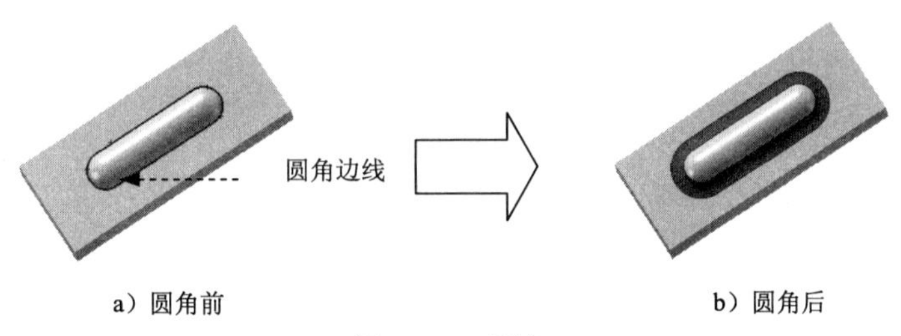

图 45.10 圆角 3

Step 7 创建图 45.11 所示的零件特征——成形工具 1。

（1）选择命令。选择下拉菜单 插入(I) → 钣金(H) → 成形工具 命令。

（2）定义成形工具属性。选取图 45.11 所示的模型表面为成形工具的停止面。

（3）单击✓按钮，完成成形工具 1 的创建。

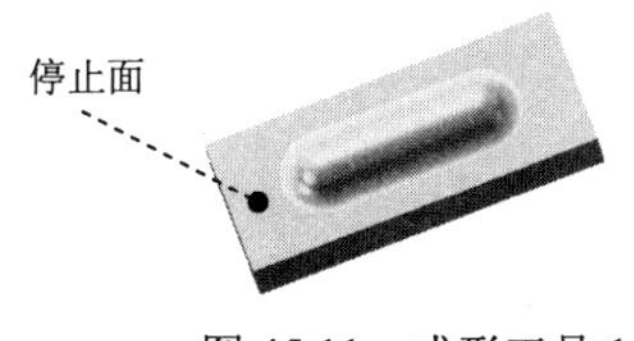

图 45.11 成形工具 1

Step 8 至此，成形工具模型创建完毕。选择下拉菜单 文件(F) → 另存为(A)... 命令，把模型保存于 D:\sw13in\work\ins45\中，并命名为 roll_shaped_tool_01。

Step 9 将成形工具调入设计库。

（1）单击任务窗格中的“设计库”按钮，打开“设计库”对话框。

（2）在“设计库”对话框中单击“添加文件位置”按钮，系统弹出“选取文件夹”对话框，在查找范围(I):下拉列表框中找到 D:\sw13in\work\ins45 文件夹后，单击 确定 按钮。

（3）此时在设计库中出现 ins45 节点，右击该节点，在系统弹出的快捷菜单中单击 成形工具文件夹 命令。完成成形工具调入设计库的设置。

Task2. 创建主体零件模型

Step 1 新建模型文件。选择下拉菜单 文件(F) → 新建(N)... 命令，在系统弹出的“新建 SolidWorks 文件”对话框中选择“零件”模块，单击 确定 按钮，进入建模环境。

Step 2 创建图 45.12 所示的钣金基础特征——基体-法兰 1。

（1）选择命令。选择下拉菜单 插入(I) → 钣金(H) → 基体法兰(A)... 命令（或单击“钣金”工具栏上的“基体法兰/薄片”按钮）。

（2）定义特征的横断面草图。

① 定义草图平面。选取前视基准面作为草图平面。

② 定义横断面草图。在草图环境中绘制图 45.13 所示的横断面草图。

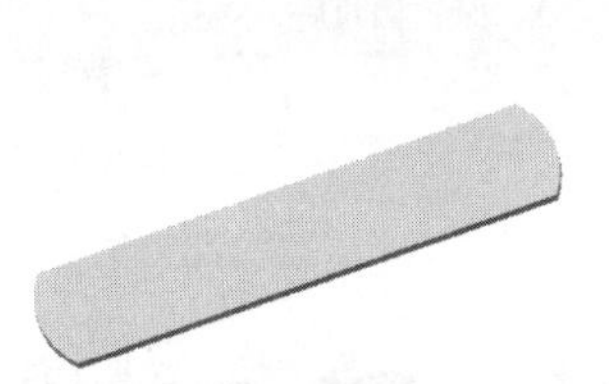

图 45.12　基体-法兰 1

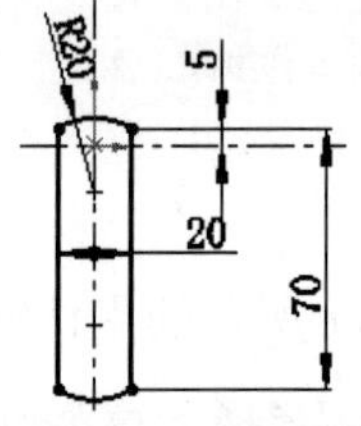

图 45.13　横断面草图

③ 选择下拉菜单 插入(I) → 退出草图 命令，退出草图环境，此时系统弹出“基体法兰”对话框。

（3）定义钣金参数属性。

① 定义钣金参数。在钣金参数(S)区域的文本框中输入厚度值 1.0。

② 定义钣金折弯系数。在折弯系数(A)区域的下拉列表框中选择K 因子选项，把文本框 K 的因子系数改为 0.4。

③ 定义钣金自动切释放槽类型。在自动切释放槽(T)区域的下拉列表框中选择矩形选项，选中 使用释放槽比例(A) 复选框，在 比例(T): 文本框中输入比例系数值 0.5。

（4）单击按钮，完成基体-法兰 1 的创建。

Step 3 创建图 45.14 所示的钣金特征——绘制的折弯 1。

（1）选择命令。选择下拉菜单 插入(I) → 钣金(H) → 绘制的折弯(S)... 命令（或单击“钣金”工具栏上的“绘制的折弯”按钮）。

（2）定义特征的折弯线。

① 定义折弯线草图平面。选取图 45.15 所示的模型表面作为折弯线草图平面。

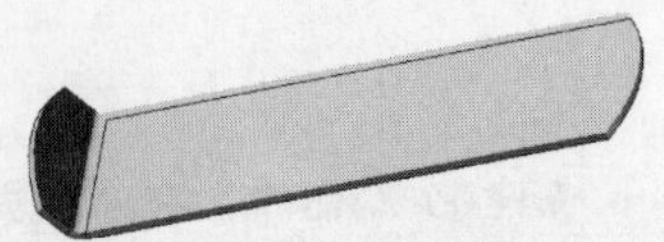

图 45.14　绘制的折弯 1

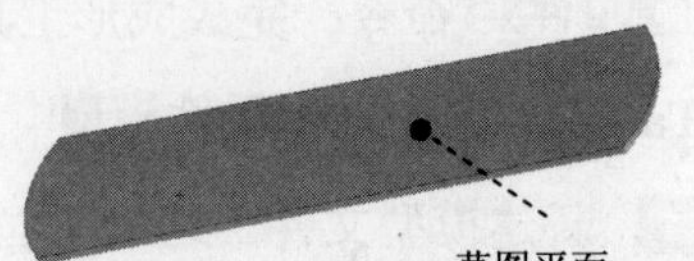

图 45.15　折弯线草图平面

② 定义折弯线草图。在草图环境中绘制图 45.16 所示的折弯线。

③ 选择下拉菜单 插入(I) ➡ 退出草图 命令，退出草图环境，此时系统弹出“绘制的折弯”对话框。

（3）定义折弯固定侧。在图 45.17 所示的位置处单击，确定折弯固定侧。

图 45.16 绘制的折弯线

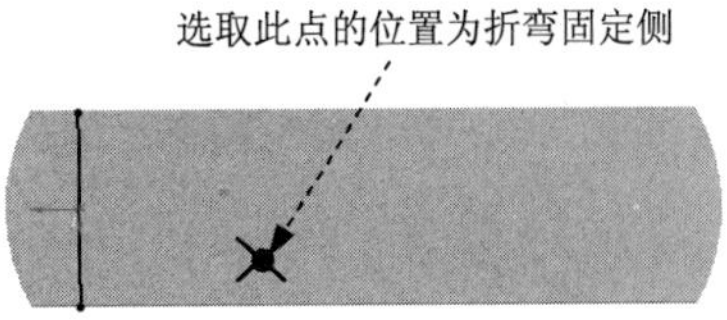

选取此点的位置为折弯固定侧

图 45.17 固定侧的位置

（4）定义钣金参数属性。在 折弯参数(P) 区域的文本框中输入折弯角度值 60.0，在 折弯位置: 区域中单击“材料在内”按钮。在文本框中输入折弯半径值 1。

（5）单击按钮，完成绘制的折弯 1 的创建。

Step 4 创建图 45.18 所示的钣金特征——绘制的折弯 2。

（1）选择命令。选择下拉菜单 插入(I) ➡ 钣金(H) ➡ 绘制的折弯(S)... 命令（或单击“钣金”工具栏上的“绘制的折弯”按钮）。

（2）定义特征的折弯线。

① 定义折弯线草图平面。选取图 45.19 所示的模型表面作为折弯线草图平面。

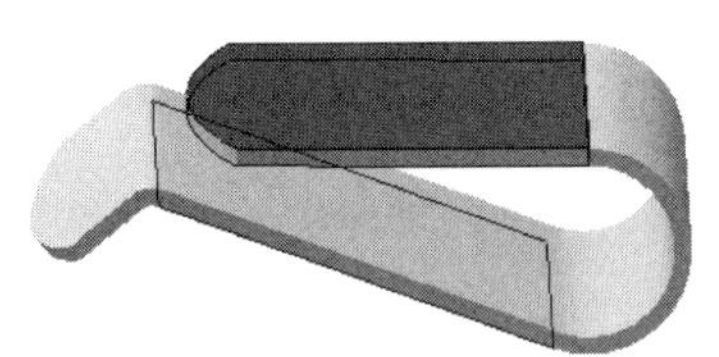

图 45.18 绘制的折弯 2

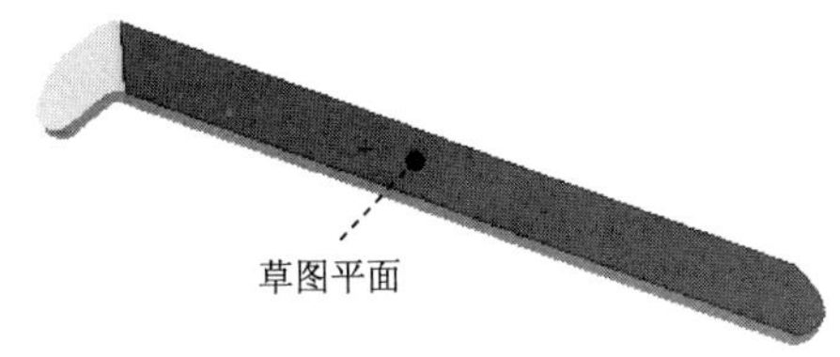

图 45.19 折弯线草图平面

② 定义折弯线草图。在草图环境中绘制图 45.20 所示的折弯线。

③ 选择下拉菜单 插入(I) ➡ 退出草图 命令，退出草图环境，此时系统弹出“绘制的折弯”对话框。

（3）定义折弯固定侧。在图 45.21 所示的位置处单击，确定折弯固定侧。

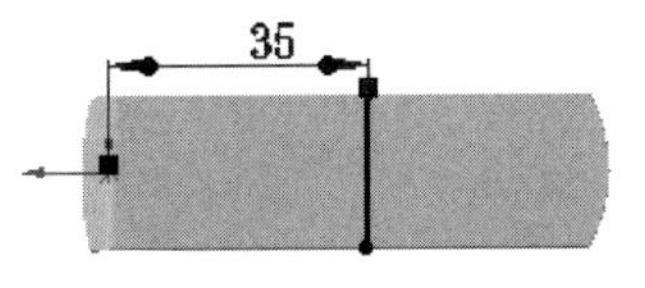

图 45.20 绘制的折弯线

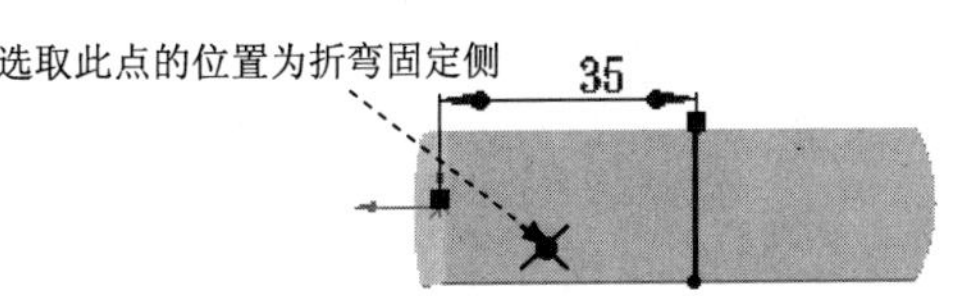

图 45.21 固定侧的位置

（4）定义钣金参数属性。在 折弯参数(P) 区域的文本框中输入折弯角度值 200，单击 折弯位置: 区域中“折弯中心线”按钮，在文本框中输入折弯半径值 5。

（5）单击✔按钮，完成绘制的折弯 2 的创建。

Step 5 创建图 45.22 所示的切除-拉伸 1。

（1）选择命令。选择下拉菜单 插入(I) → 切除(C) → 拉伸(E)... 命令。

（2）定义特征的横断面草图。选取图 45.23 所示的模型表面作为草图平面；在草图环境中绘制图 45.24 所示的横断面草图。

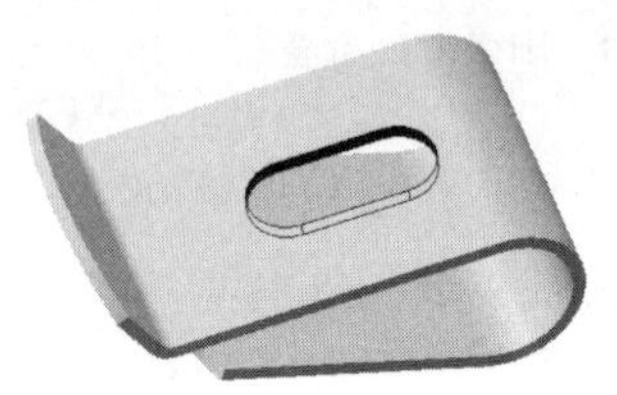
图 45.22 切除-拉伸 1

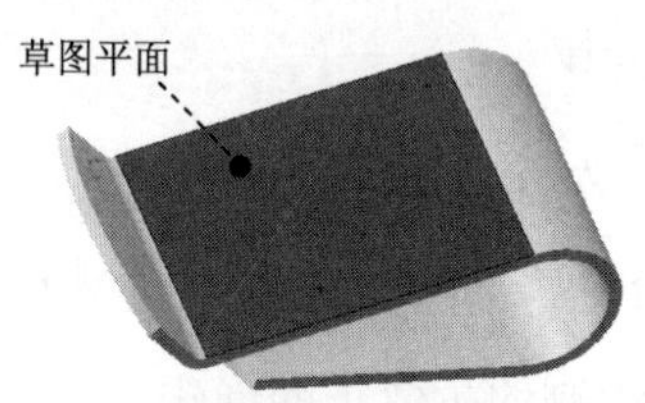

图 45.23 草图平面

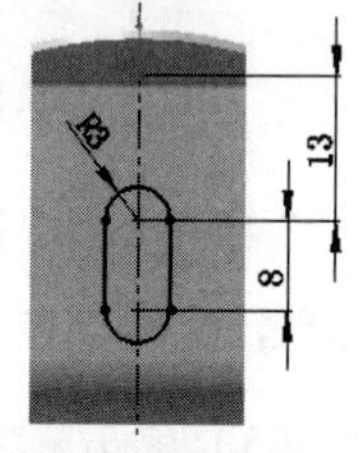

图 45.24 横断面草图

（3）定义切除深度属性。在“切除-拉伸”对话框的 方向 1 区域的下拉列表框中选择 成形到下一面 选项，选中 ☑ 正交切除(N) 复选框。其他选择默认设置值。

（4）单击✔按钮，完成切除-拉伸 1 的创建。

Step 6 创建图 45.25 所示的切除-拉伸 2。

图 45.25 切除-拉伸 2

（1）选择命令。选择下拉菜单 插入(I) → 切除(C) → 拉伸(E)... 命令。

（2）定义特征的横断面草图。选取图 45.26 所示的模型表面作为草图平面；在草图环境中绘制图 45.27 所示的横断面草图。

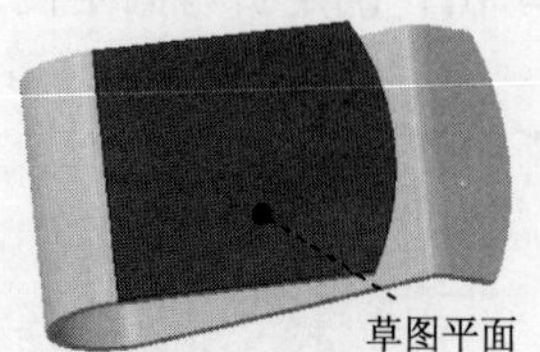

图 45.26 草图平面

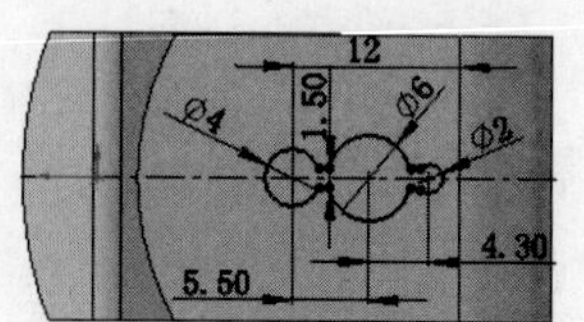

图 45.27 横断面草图

（3）定义切除深度属性。在“切除-拉伸”对话框的**方向1**区域的下拉列表框中选择**成形到下一面**选项，选中 ☑ 正交切除(N) 复选框。其他采用系统默认设置值。

（4）单击✓按钮，完成切除-拉伸 2 的创建。

Step 7 创建图 45.28 所示的成形特征 1。

（1）单击任务窗格中的“设计库”按钮，打开设计库对话框。

（2）单击设计库对话框中的 ins45 节点，在设计库下部的列表框中选择“rool_shaped_tool_01”文件，并拖动到图 45.28 所示的平面，在系统弹出的“成形工具特征”对话框 **旋转角度(A)** 文本框中输入 90，单击✓按钮。

（3）单击设计树中 roll_shaped_tool_011 节点前的“加号”，右击 (-) 草图8 特征，在系统弹出的快捷菜单中单击命令，进入草图环境。

（4）编辑草图，如图 45.29 所示。退出草图环境，完成成形特征 1 的创建。

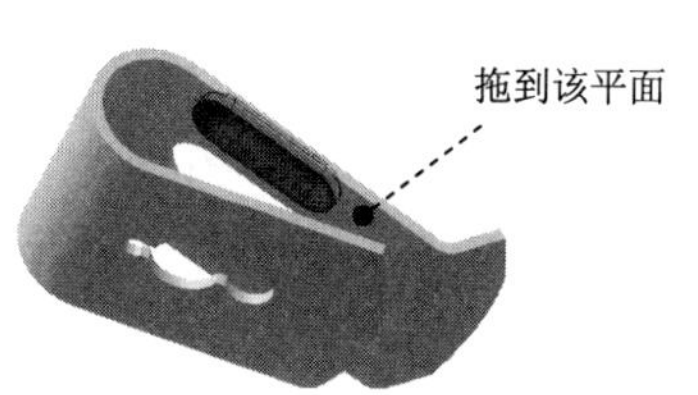

图 45.28 成形特征 1

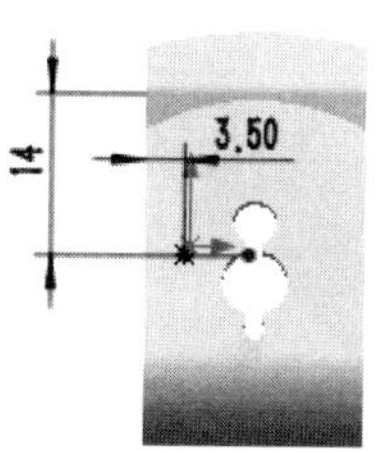

图 45.29 编辑草图

Step 8 创建图 45.30 所示的镜像 1。

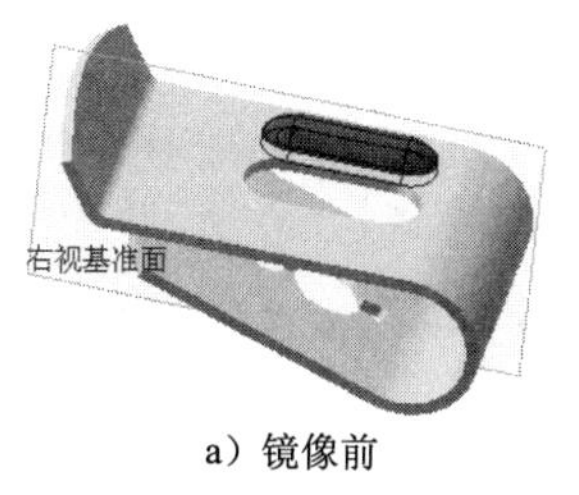

a）镜像前

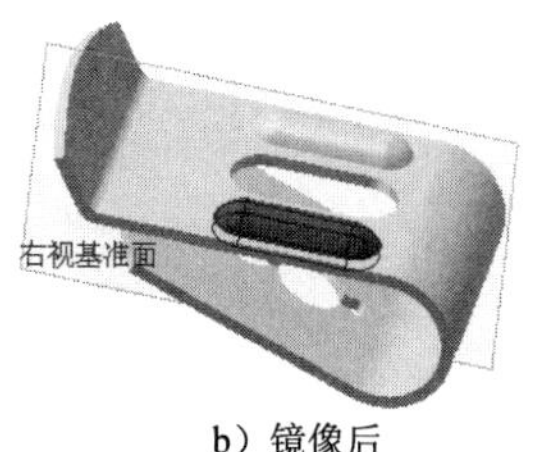

b）镜像后

图 45.30 镜像 1

（1）选择命令。选择下拉菜单 插入(I) → 阵列/镜向(E) → 镜向(M)... 命令。

（2）定义镜像基准面。选取右视基准面作为镜像基准面。

（3）定义镜像对象。选择成形特征 1 作为镜像 1 的对象。

（4）单击✓按钮，完成镜像 1 的创建。

Step 9 至此，钣金件模型创建完毕。选择下拉菜单 文件(F) → 保存(S) 命令，将模型命名为 roll_ruler_hip，即可保存钣金件模型。

实例 46 暖气罩

本实例讲解了暖气罩的设计过程：首先创建成形工具，成形工具的创建主要运用基本实体建模命令，重点是将实体零件模型转换成成形工具；之后是主体零件的创建，所用命令都为钣金常用命令，其中创建成形特征尤为重要。钣金件模型及设计树如图 46.1 所示。

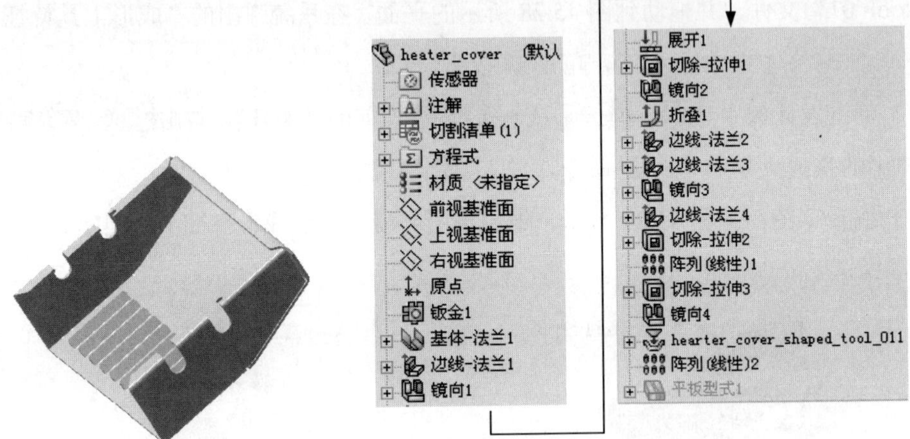

图 46.1 钣金件模型及设计树

Task1. 创建成形工具

成形工具模型及设计树如图 46.2 所示。

图 46.2 成形工具模型及设计树

Step 1 新建模型文件。选择下拉菜单 文件(F) → 新建(N)... 命令，在系统弹出的“新建 SolidWorks 文件”对话框中选择“零件”模块，单击 确定 按钮，进入建模环境。

Step 2 创建图 46.3 所示的零件基础特征——凸台-拉伸 1。

（1）选择命令。选择下拉菜单 插入(I) → 凸台/基体(B) → 拉伸(E)... 命令（或单击“特征（F）”工具栏中的按钮）。

（2）定义特征的横断面草图。

① 定义草图基准面。选取前视基准面作为草绘基准面。

② 定义横断面草图。在草图环境中绘制图 46.4 所示的横断面草图。

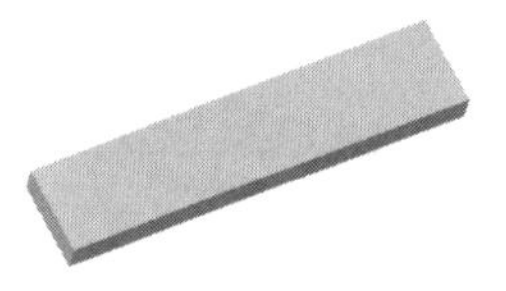

图 46.3 凸台-拉伸 1

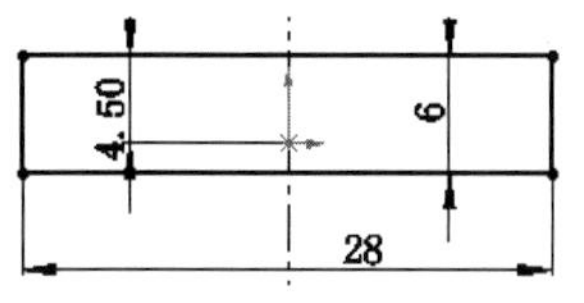

图 46.4 横断面草图

③ 选择下拉菜单 插入(I) → 退出草图 命令，退出草图环境，此时系统弹出“凸台-拉伸”对话框。

（3）定义拉伸深度属性。

① 定义深度方向。采用系统默认的深度方向。

② 定义深度类型和深度值。在“凸台-拉伸”对话框的 **方向 1** 区域的下拉列表框中选择 **给定深度** 选项，在 D1 文本框中输入深度值 2.0。

（4）单击✔按钮，完成凸台-拉伸 1 的创建。

Step 3 创建图 46.5 所示的零件基础特征——凸台-拉伸 2。

（1）选择命令。选择下拉菜单 插入(I) → 凸台/基体(B) → 拉伸(E)... 命令。

（2）定义特征的横断面草图。

① 定义草绘基准面。选取右视基准面作为草绘基准面。

② 定义横断面草图。在草图环境中绘制图 46.6 所示的横断面草图。

图 46.5 凸台-拉伸 2

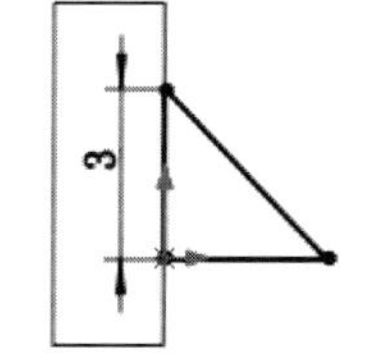

图 46.6 横断面草图

③ 选择下拉菜单 插入(I) → 退出草图 命令，退出草图环境，此时系统弹出“凸台-拉伸”对话框。

（3）定义拉伸深度属性。

① 定义深度方向。采用系统默认的深度方向。

② 定义深度类型和深度值。在 **方向 1** 区域的下拉列表框中选择 **两侧对称** 选项，在

文本框中输入深度值 25.0；选中 ☑ 合并结果(M) 复选框。

（4）单击✔按钮，完成凸台-拉伸 2 的创建。

Step 4 创建图 46.7 所示的圆角 1。

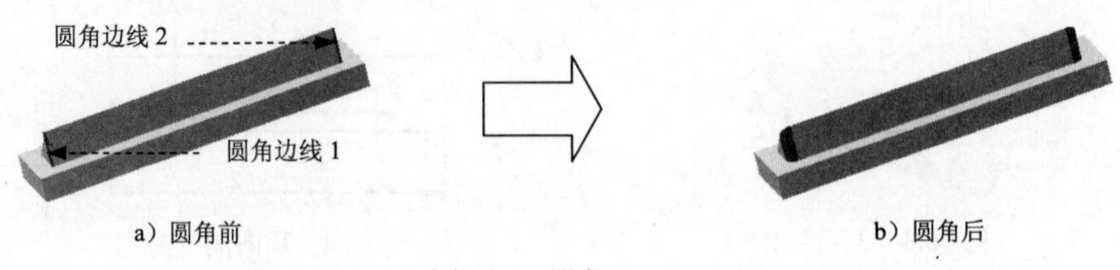

图 46.7 圆角 1

（1）选择命令。选择下拉菜单 插入(I) → 特征(F) → 圆角(F)... 命令（或单击按钮），系统弹出“圆角”对话框。

（2）定义圆角类型。采用系统默认的圆角类型。

（3）定义圆角对象。选取图 46.7a 所示的边线为要圆角的对象。

（4）定义圆角的半径。在 **圆角项目(I)** 区域的文本框中输入圆角半径值 0.8。

（5）单击✔按钮，完成圆角 1 的创建。

Step 5 创建图 46.8 所示的圆角 2。选择下拉菜单 插入(I) → 特征(F) → 圆角(F)... 命令；选取图 46.8a 所示的边线为要圆角的对象，在 **圆角项目(I)** 区域的文本框中输入圆角半径值 1.5。

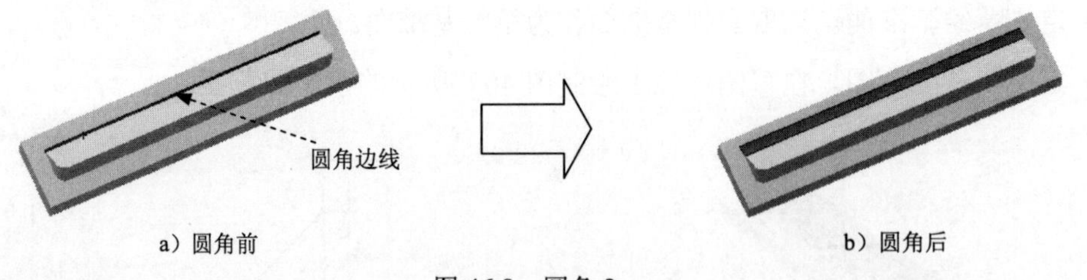

图 46.8 圆角 2

Step 6 创建图 46.9 所示的零件特征——成形工具 1。

（1）选择命令。选择下拉菜单 插入(I) → 钣金(H) → 成形工具 命令。

（2）定义成形工具属性。

① 定义停止面。选取图 46.9 所示的模型表面作为成形工具的停止面。

② 定义移除面。激活“成形工具”对话框的 **要移除的面** 区域，选取图 46.9 所示的模型表面作为成形工具的移除面。

（3）单击✔按钮，完成成形工具 1 的创建。

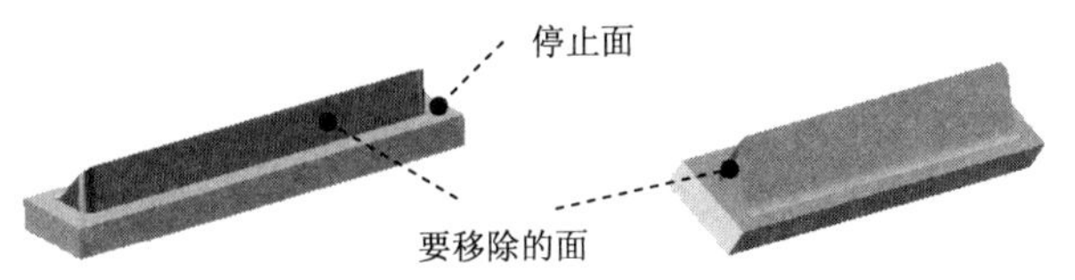

图 46.9 成形工具 1

Step 7 至此，成形工具模型创建完毕。选择下拉菜单 文件(F) → 另存为(A)... 命令，把模型保存于 D:\sw13in\work\ins46\中，并命名为 hearter_cover_shaped_tool_01。

Step 8 将成形工具调入设计库。

（1）单击任务窗格中的“设计库”按钮，打开“设计库”对话框。

（2）在“设计库”对话框中单击“添加文件位置”按钮，系统弹出“选取文件夹”对话框，在查找范围(I):下拉列表框中找到 D:\sw13in\work\ins46 文件夹后，单击 确定 按钮。

（3）此时在设计库中出现 ins46 节点，右击该节点，在系统弹出的快捷菜单中单击 成形工具文件夹 命令。完成成形工具调入设计库的设置。

Task2. 创建主体零件模型

Step 1 新建模型文件。选择下拉菜单 文件(F) → 新建(N)... 命令，在系统弹出的“新建 SolidWorks 文件”对话框中选择“零件”模块，单击 确定 按钮，进入建模环境。

Step 2 创建图 46.10 所示的钣金基础特征——基体-法兰 1。

（1）选择命令。选择下拉菜单 插入(I) → 钣金(H) → 基体法兰(A)... 命令（或单击“钣金”工具栏上的“基体法兰/薄片”按钮）。

（2）定义特征的横断面草图。选取前视基准面作为草绘基准面，在草图环境中绘制图 46.11 所示的横断面草图；此时系统弹出“基体法兰”对话框。

图 46.10 基体-法兰 1

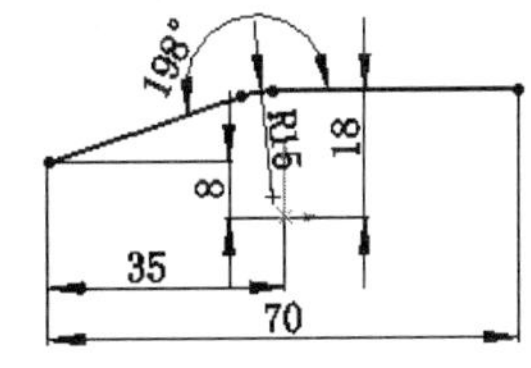

图 46.11 横断面草图

（3）定义拉伸深度属性。在 方向 1 区域的下拉列表框中选择 两侧对称 选项，在 文本框中输入深度值 80.0。

（4）定义钣金参数属性。

① 定义钣金参数。在钣金参数(S)区域的文本框中输入厚度值 0.2，在文本框中输入折弯半径值 0.2。

② 定义钣金折弯系数。在折弯系数(A)区域的下拉列表框中选择K因子选项，把文本框K的因子系数改为 0.4。

③ 定义钣金自动切释放槽类型。在自动切释放槽(T)区域的下拉列表框中选择矩形选项，选中使用释放槽比例(A)复选框，在比例(T):文本框中输入比例系数值 0.5。

（5）单击按钮，完成基体-法兰 1 的创建。

Step 3 创建图 46.12 所示的钣金特征——边线-法兰 1。

（1）选择命令。选择下拉菜单 插入(I) → 钣金(H) → 边线法兰(E)... 命令（或单击“钣金”工具栏中的按钮）。

（2）定义特征的边线。选取图 46.13 所示的模型边缘为生成的边线法兰的边线。

图 46.12 边线-法兰 1

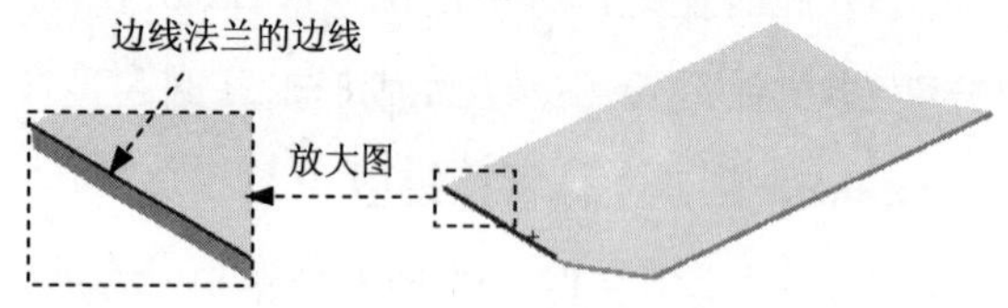

图 46.13 边线法兰的边线

（3）定义法兰参数。

① 定义法兰角度值。在角度(G)区域的文本框中输入角度值 90.0。

② 定义长度类型和长度值。在法兰长度(L)区域的下拉列表框中选择给定深度选项，在文本框中输入深度值 1.0。

③ 定义法兰位置。在法兰位置(N)区域中，单击“材料在内”按钮。

（4）单击按钮，完成边线-法兰 1 的初步创建。

（5）编辑边线-法兰 1 的草图。在设计树的边线-法兰1上右击，在系统弹出的快捷菜单中单击命令，系统进入草图环境。绘制图 46.14 所示的草图。退出草图环境，此时系统完成边线-法兰 1 的创建。

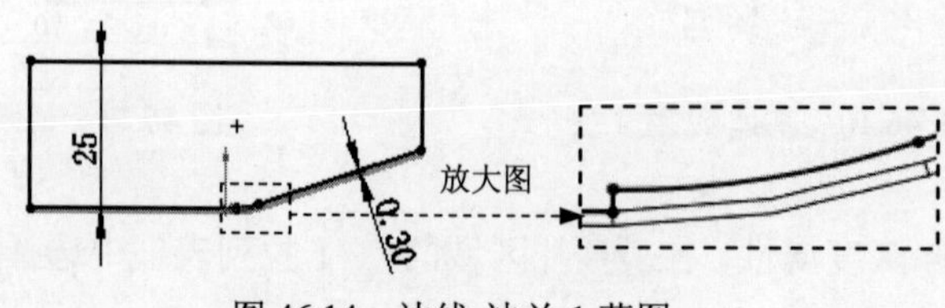

图 46.14 边线-法兰 1 草图

Step 4 创建图 46.15 所示的镜像 1。

a）镜像前　　b）镜像后

图 46.15　镜像 1

（1）选择命令。选择下拉菜单 插入(I) ➡ 阵列/镜向(E) ➡ 镜向(M)... 命令。

（2）定义镜像基准面。选取前视基准面作为镜像基准面。

（3）定义镜像对象。选择边线法兰 1 作为镜像 1 的对象。

（4）单击✔按钮，完成镜像 1 的创建。

Step 5 创建图 46.16 所示的钣金特征——展开 1。

（1）选择命令。选择下拉菜单 插入(I) ➡ 钣金(H) ➡ 展开(U)... 命令（或单击“钣金”工具栏上的“展开”按钮），系统弹出“展开”对话框。

（2）定义固定面。选取图 46.17 所示的模型表面为固定面。

图 46.16　展开 1

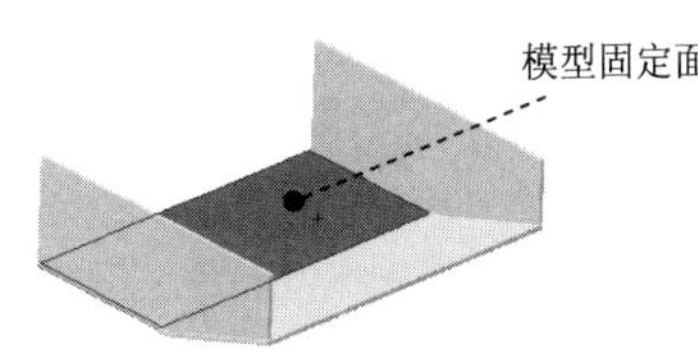

图 46.17　模型固定面

（3）定义展开的折弯特征。在“展开”对话框中单击 收集所有折弯(A) 按钮，系统将模型中所有可展开的折弯特征显示在 要展开的折弯: 列表框中，然后选择边线折弯 1 和镜像折弯 1。

（4）单击✔按钮，完成展开 1 的创建。

Step 6 创建图 46.18 所示的切除-拉伸 1。

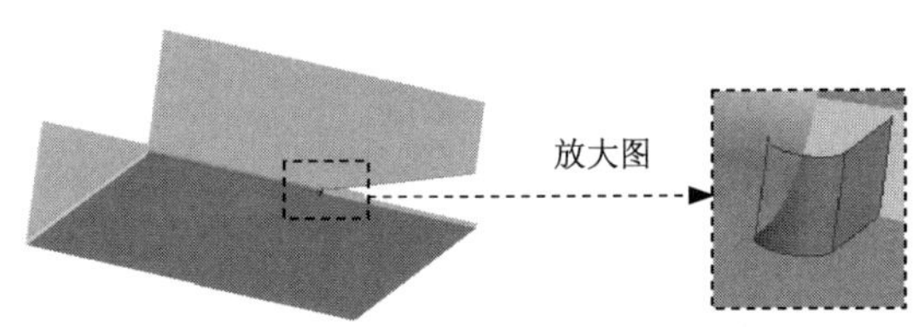

图 46.18　切除-拉伸 1

（1）选择命令。选择下拉菜单 插入(I) ➡ 切除(C) ➡ 拉伸(E)... 命令。

（2）定义特征的横断面草图。

① 定义草图基准面。选取图 46.19 所示的模型表面作为草绘基准面。

② 定义横断面草图。在草图环境中绘制图 46.20 所示的横断面草图。

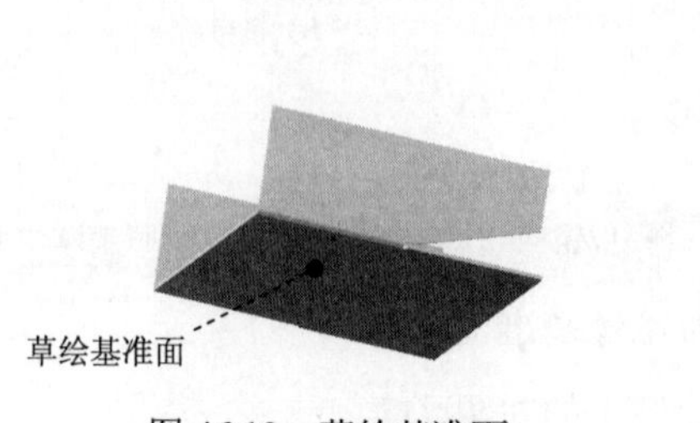

图 46.19 草绘基准面

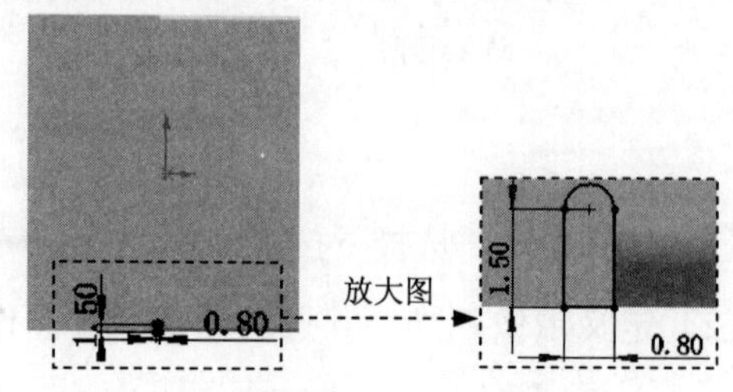

图 46.20 横断面草图

（3）定义切除深度属性。在“切除-拉伸”对话框的方向1区域选中☑与厚度相等(L)复选框和☑正交切除(N)复选框，其他采用系统默认设置值。

（4）单击✔按钮，完成切除-拉伸 1 的创建。

Step 7 创建图 46.21 所示的镜像 2。

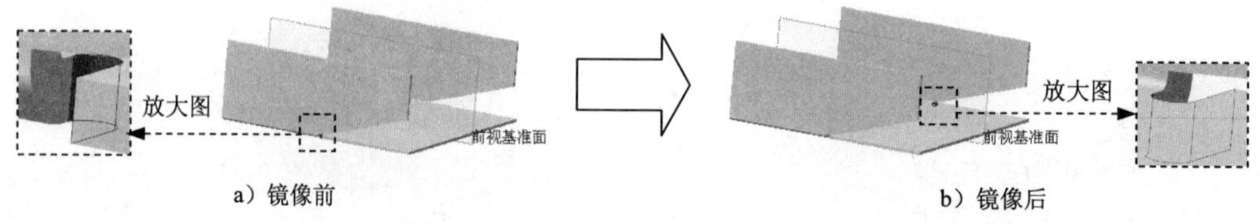

a）镜像前　　b）镜像后

图 46.21 镜像 2

（1）选择命令。选择下拉菜单 插入(I) ➡ 阵列/镜向(E) ➡ 镜向(M)... 命令。

（2）定义镜像基准面。选取前视基准面作为镜像基准面。

（3）定义镜像对象。选择切除-拉伸 1 作为镜像 2 的对象。

（4）单击✔按钮，完成镜像 2 的创建。

Step 8 创建图 46.22 所示的钣金特征——折叠 1。

（1）选择命令。选择下拉菜单 插入(I) ➡ 钣金(H) ➡ 折叠(F)... 命令（或单击“钣金”工具栏上的“折叠”按钮），系统弹出 “折叠”对话框。

（2）定义固定面。选取展开 1 特征的固定面为固定面。

（3）定义折叠的折弯特征。在“折叠”对话框中单击收集所有折弯(A)按钮，系统将模型中所有可折叠的折弯特征显示在要折叠的折弯:列表框中。

（4）单击✔按钮，完成折叠 1 的创建。

Step 9 创建图 46.23 所示的钣金特征——边线-法兰 2。

图 46.22 折叠 1

图 46.23 边线-法兰 2

（1）选择命令。选择下拉菜单 插入(I) → 钣金(H) → 边线法兰(E)... 命令（或单击“钣金”工具栏中的按钮）。

（2）定义特征的边线。选取图 46.24 所示的模型边缘为生成的边线法兰的边线。

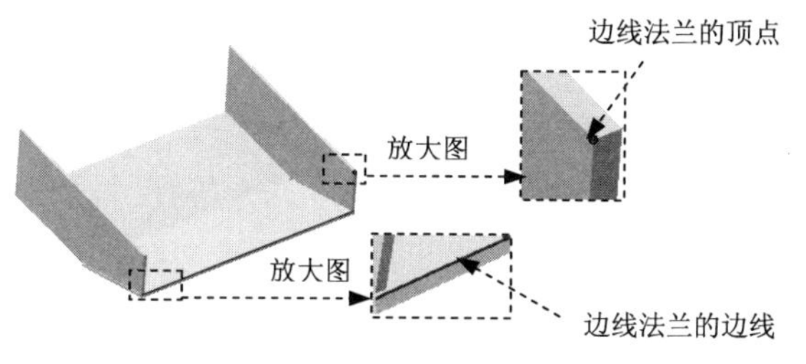

图 46.24 边线法兰的边线

（3）定义法兰参数。

① 定义法兰角度值。在 角度(G) 区域的文本框中输入角度值 72.0。

② 定义长度类型和长度值。在“边线法兰”对话框的 法兰长度(L) 区域的下拉列表框中选择 成形到一顶点 选项，激活文本框，选取图 46.24 所示的顶点。

③ 定义法兰位置。在 法兰位置(N) 区域中单击“折弯在外”按钮。

（4）单击按钮，完成边线-法兰 2 的创建。

Step 10 创建图 46.25 所示的钣金特征——边线-法兰 3。

（1）选择命令。选择下拉菜单 插入(I) → 钣金(H) → 边线法兰(E)... 命令（或单击“钣金”工具栏中的按钮）。

（2）定义特征的边线。选取图 46.26 所示的模型边缘为生成的边线法兰的边线。

图 46.25 边线-法兰 3

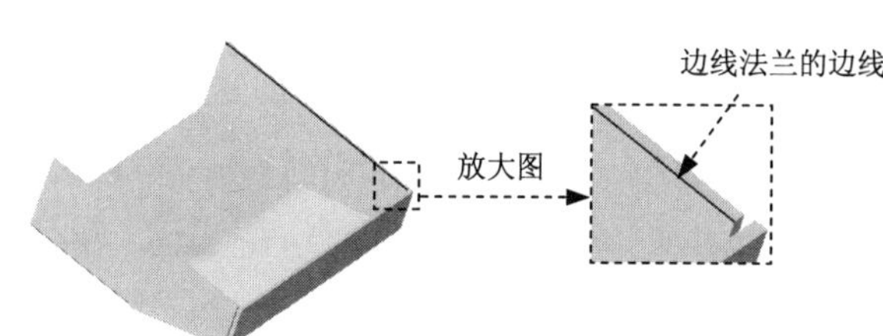

图 46.26 边线法兰的边线

（3）定义法兰参数。

① 定义法兰参数。在 法兰参数(P) 区域的 文本框中输入折弯半径值 0.5。

② 定义法兰角度值。在 角度(G) 区域的 文本框中输入角度值 90.0。

③ 定义长度类型和长度值。在“边线法兰”对话框的 法兰长度(L) 区域的 下拉列表框中选择 给定深度 选项，在 文本框中输入深度值 1.0。

④ 定义法兰位置。在 法兰位置(N) 区域中，单击“材料在外”按钮 。

（4）单击 按钮，完成边线-法兰 3 的初步创建。

（5）编辑边线-法兰 3 的草图。在设计树的 边线-法兰3 上右击，在系统弹出的快捷菜单中单击 命令，系统进入草图环境。绘制图 46.27 所示的草图。退出草图环境，此时系统完成边线-法兰 3 的创建。

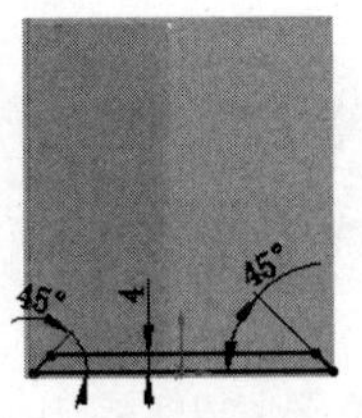

图 46.27　边线-法兰 3 草图

Step 11　创建图 46.28 所示的镜像 3。

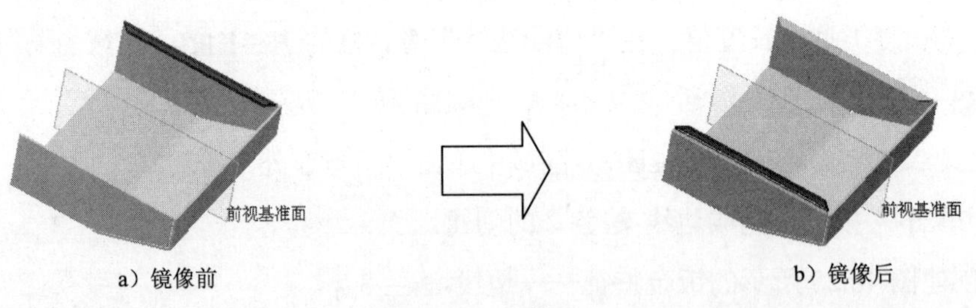

图 46.28　镜像 3

（1）选择命令。选择下拉菜单 插入(I) → 阵列/镜向(E) → 镜向(M)... 命令。

（2）定义镜像基准面。选取前视基准面作为镜像基准面。

（3）定义镜像对象。选择边线法兰 3 作为镜像 3 的对象。

（4）单击 按钮，完成镜像 3 的创建。

Step 12　创建图 46.29 所示的钣金特征——边线-法兰 4。

（1）选择命令。选择下拉菜单 插入(I) → 钣金(H) → 边线法兰(E)... 命令（或单击“钣金”工具栏中的 按钮）。

（2）定义特征的边线。选取图 46.30 所示的模型边缘为生成的边线法兰的边线。

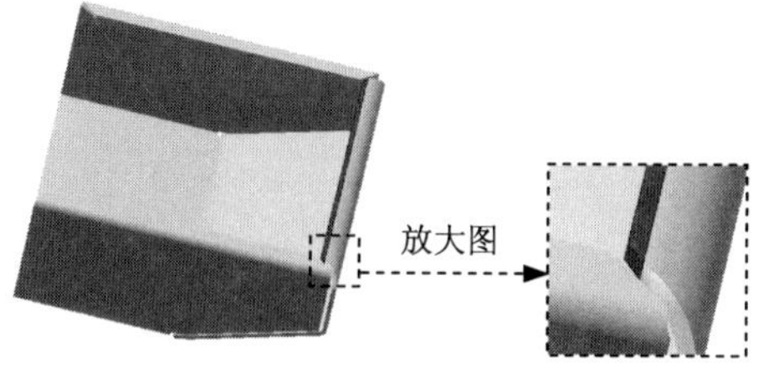

图 46.29 边线-法兰 4

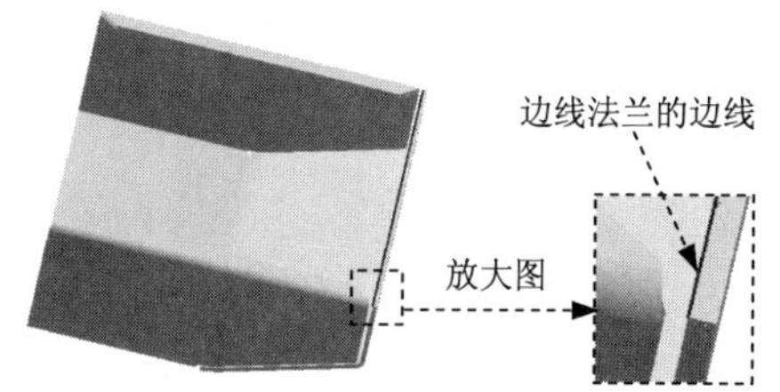

图 46.30 边线法兰的边线

（3）定义法兰参数。

① 定义法兰参数。在 法兰参数(P) 区域的文本框中输入折弯半径值 3.0。

② 定义法兰角度值。在 角度(G) 区域的文本框中输入角度值 90.0。

③ 定义长度类型和长度值。在“边线法兰”对话框的 法兰长度(L) 区域的下拉列表框中选择 给定深度 选项，在文本框中输入深度值 5，在此区域中单击“外部虚拟交点”按钮。

④ 定义法兰位置。在 法兰位置(N) 区域中单击“折弯在外”按钮。

（4）单击✔按钮，完成边线-法兰 4 的初步创建。

（5）编辑边线-法兰 4 的草图。在设计树的上 边线-法兰4 右击，在系统弹出的快捷菜单中单击按钮，系统进入草图环境。绘制图 46.31 所示的草图。退出草图环境，此时系统完成边线-法兰 4 的创建。

（6）编辑边线-法兰 4 的特征。在设计树的上 边线-法兰4 右击，在系统弹出的快捷菜单中单击按钮，系统弹出边线-法兰 4 对话框。在 法兰位置(N) 区域中单击“材料在外”按钮，然后单击✔按钮，完成边线-法兰 4 的编辑。

Step 13 创建图 46.32 所示的切除-拉伸 2。

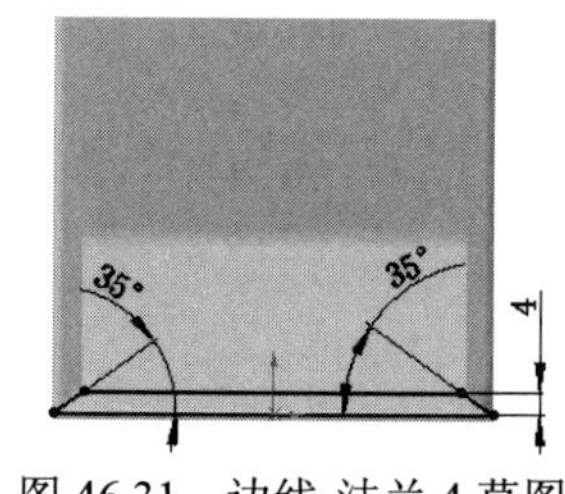

图 46.31 边线-法兰 4 草图

图 46.32 切除-拉伸 2

（1）选择命令。选择下拉菜单 插入(I) ➡ 切除(C) ➡ 拉伸(E)... 命令。

（2）定义特征的横断面草图。

① 定义草绘基准面。选取图 46.33 所示的模型表面作为草绘基准面。

② 定义横断面草图。在草图环境中绘制图 46.34 所示的横断面草图。

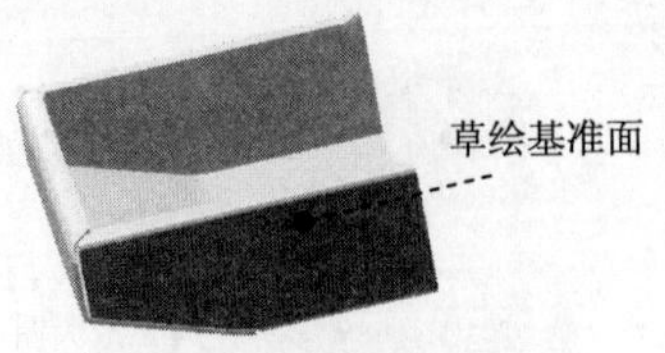

图 46.33 草绘基准面

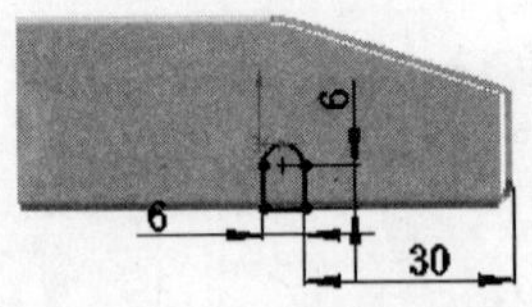

图 46.34 横断面草图

（3）定义切除深度属性。在“切除-拉伸”对话框的方向1区域的下拉列表框中选择完全贯穿选项，选中☑正交切除(N)复选框，其他采用系统默认设置值。

（4）单击✓按钮，完成切除-拉伸 2 的创建。

Step 14 创建图 46.35 所示的阵列（线性）1。

（1）选择下拉菜单插入(I) ➡ 阵列/镜向(E) ➡ 线性阵列(L)... 命令，系统弹出 “线性阵列”对话框。

（2）定义阵列源特征。单击要阵列的特征(F)区域中的文本框，选取切除-拉伸 2 作为阵列的源特征。

（3）定义阵列参数。

① 定义方向 1 的参考边线。选择图 46.36 所示的边线为方向 1 的参考边线。

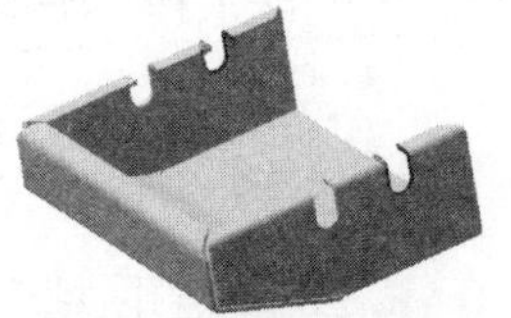

图 46.35 阵列（线性）1

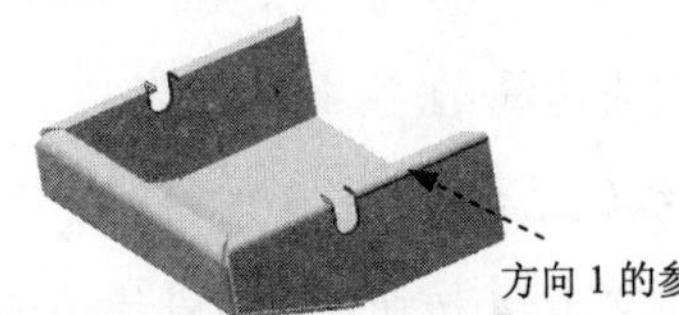

图 46.36 选择参考边线

② 定义方向 1 的参数。在方向1区域的文本框中输入数值 20.0；在文本框中输入数值 2。

（4）单击✓按钮，完成阵列（线性）1 的创建。

Step 15 创建图 46.37 所示的切除-拉伸 3。

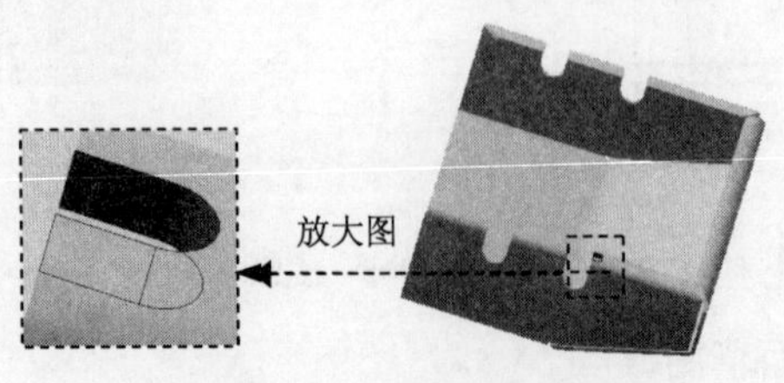

图 46.37 切除-拉伸 3

（1）选择命令。选择下拉菜单插入(I) ➡ 切除(C) ➡ 拉伸(E)... 命令。

（2）定义特征的横断面草图。

① 定义草绘基准面。选取图 46.38 所示的模型表面作为草绘基准面。

② 定义横断面草图。在草图环境中绘制图 46.39 所示的横断面草图。

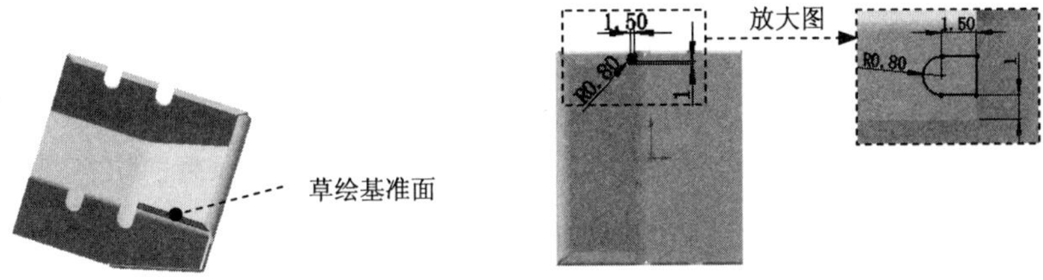

图 46.38 草绘基准面

图 46.39 横断面草图

（3）定义切除深度属性。在"切除-拉伸"对话框的 方向1 区域的下拉列表框中选择 给定深度 选项，选中 与厚度相等(L) 复选框与 正交切除(N) 复选框，其他采用系统默认设置值。

（4）单击✔按钮，完成切除-拉伸 3 的创建。

Step 16 创建图 46.40 所示的镜像 4。

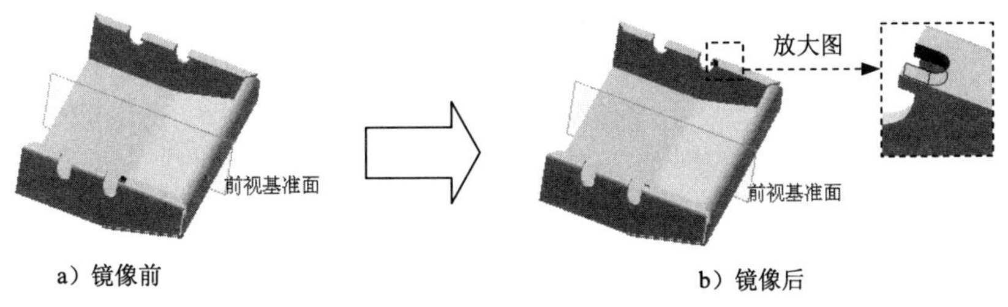

a）镜像前

b）镜像后

图 46.40 镜像 4

（1）选择命令。选择下拉菜单 插入(I) → 阵列/镜向(E) → 镜向(M)... 命令。

（2）定义镜像基准面。选取前视基准面作为镜像基准面。

（3）定义镜像对象。选择切除-拉伸 3 作为镜像 4 的对象。

（4）单击✔按钮，完成镜像 4 的创建。

Step 17 创建图 46.41 所示的成形特征 1。

（1）单击任务窗格中的"设计库"按钮，打开"设计库"对话框。

（2）单击"设计库"对话框中的 ins46 节点，在设计库下部的列表框中选择"hearter_cover_shaped_tool_01"文件，并拖动到图 46.41 所示的平面，在系统弹出的"成形工具特征"对话框中单击✔按钮。

（3）单击设计树中 hearter_cover_shaped_tool_011 节点前的"加号"，右击 (-) 草图19 特征，在系统弹出的快捷菜单中单击命令，进入草图环境。

6 Chapter

（4）编辑草图，如图 46.42 所示。退出草图环境，完成成形特征 1 的创建。

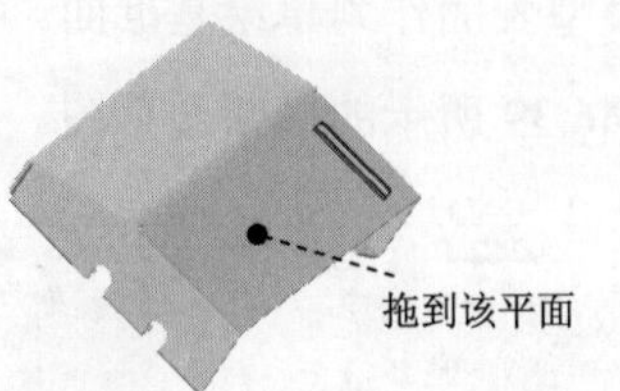

图 46.41　成形特征 1

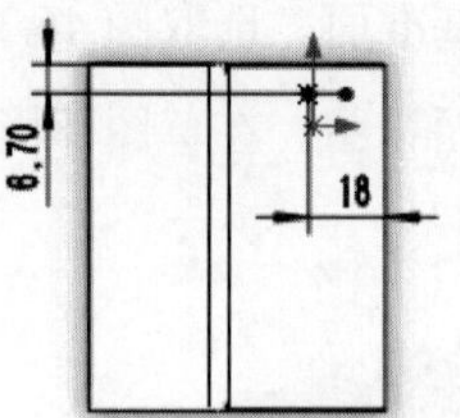

图 46.42　编辑草图

Step 18　创建图 46.43 所示的阵列（线性）2。

图 46.43　阵列（线性）2

（1）选择下拉菜单 插入(I) ➡ 阵列/镜向(E) ➡ 线性阵列(L)... 命令，系统弹出“线性阵列”对话框。

（2）定义阵列源特征。单击 **要阵列的特征(F)** 区域中的文本框，选取成形特征 1 作为阵列的源特征。

（3）定义阵列参数。

① 定义方向 1 的参考边线。选择图 46.44 所示的边线为方向 1 的参考边线。

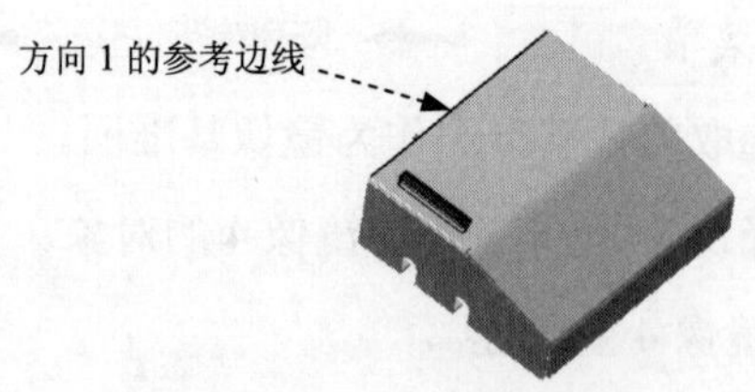

图 46.44　选择参考边线

② 定义方向 1 的参数。在 **方向 1** 区域的 文本框中输入数值 7.0；在 文本框中输入数值 10。

（4）单击 按钮，完成阵列（线性）2 的创建。

Step 19　至此，钣金件模型创建完毕。选择下拉菜单 文件(F) ➡ 另存为(A)... 命令，将模型命名为 heater_cover，即可保存钣金件模型。

实例 47 软驱托架

实例概述：

本实例介绍了软驱托架的设计过程，该设计过程较为复杂，应用的命令较多，重点要掌握成形工具的创建及应用方法。另外，还要注意褶边的创建过程。钣金件模型及设计树如图 47.1 所示。

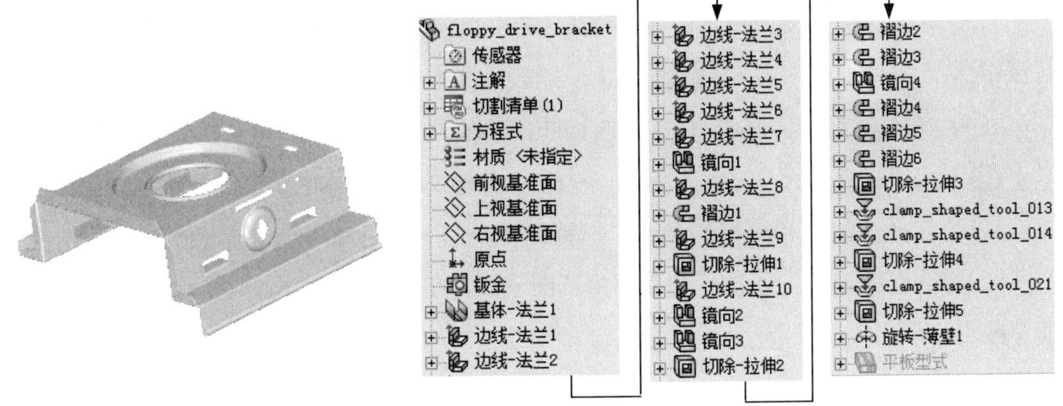

图 47.1 钣金件模型及设计树

Task1. 创建成形工具 1

成形工具模型及设计树如图 47.2 所示。

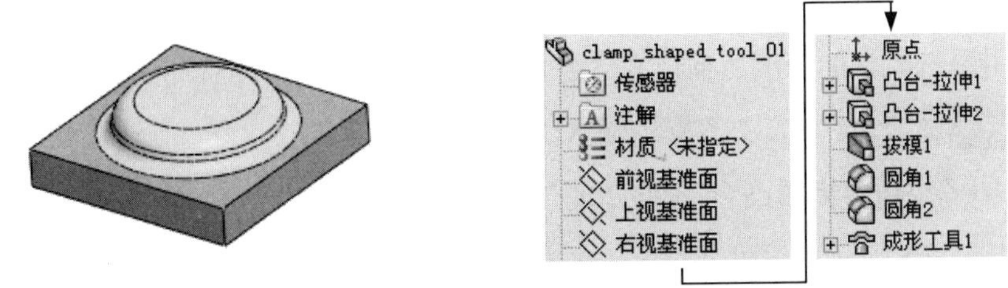

图 47.2 成形工具模型及设计树

Step 1 新建模型文件。选择下拉菜单 文件(F) → 新建(N)... 命令，在系统弹出的“新建 SolidWorks 文件”对话框中选择“零件”模块，单击 确定 按钮，进入建模环境。

Step 2 创建图 47.3 所示的零件基础特征——凸台-拉伸 1。

（1）选择命令。选择下拉菜单 插入(I) → 凸台/基体(B) → 拉伸(E)... 命令（或单击“特征（F）”工具栏中的 按钮）。

6 Chapter

（2）定义特征的横断面草图。选取前视基准面作为草图平面，在草图环境中绘制图 47.4 所示的横断面草图。

图 47.3　凸台-拉伸 1

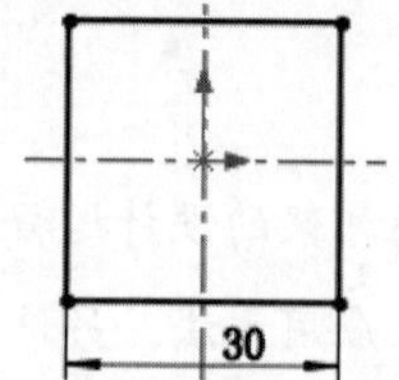

图 47.4　横断面草图（草图 1）

（3）定义拉伸深度属性。采用系统默认的深度方向；在“凸台-拉伸”对话框的方向1区域中下拉列表框中选择给定深度选项，在文本框中输入深度值 5.0。

（4）单击按钮，完成凸台-拉伸 1 的创建。

Step 3　创建图 47.5 所示的零件特征——凸台-拉伸 2。

（1）选择下拉菜单 插入(I) → 凸台/基体(B) → 拉伸(E)... 命令。

（2）选取图 47.6 所示的模型表面为草图平面，在草图环境中绘制图 47.7 所示的横断面草图。

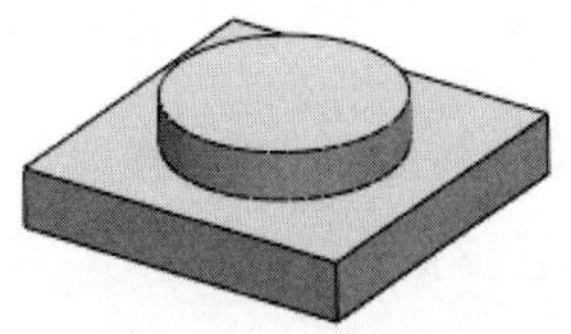

图 47.5　凸台-拉伸 2

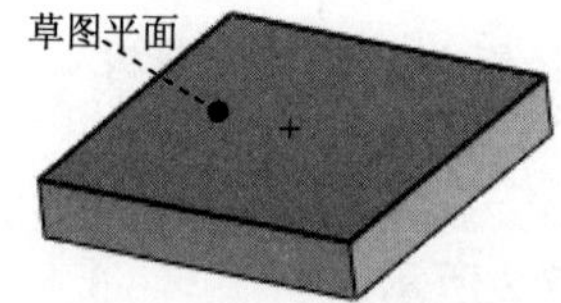

图 47.6　选取草图平面

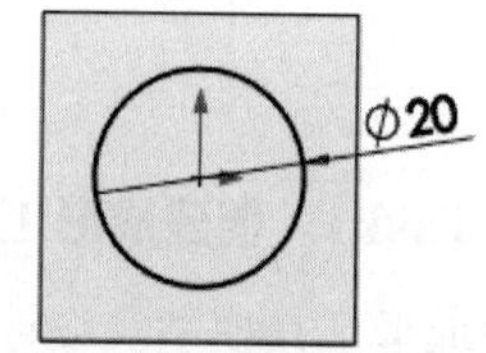

图 47.7　横断面草图（草图 7）

（3）采用系统默认的深度方向；在“凸台-拉伸”对话框的方向1区域中下拉列表框中选择给定深度选项，在文本框中输入深度值 4.0。

（4）单击按钮，完成凸台-拉伸 2 的创建。

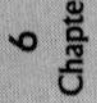

Step 4　创建图 47.8 所示的零件特征——拔模 1。

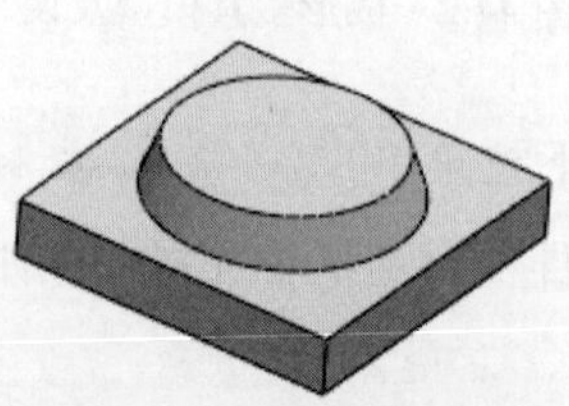

图 47.8　拔模特征 1

（1）选择命令。选择下拉菜单 插入(I) → 特征(F) → 拔模(D)... 命令（或单击“特征（F）”工具栏中的拔模按钮）。

（2）定义要拔模的项目。在**要拔模的项目(I)**区域后的文本框中选取图 47.9 所示的拔模中性面和拔模面，在后文本框中输入拔模角度值 20。

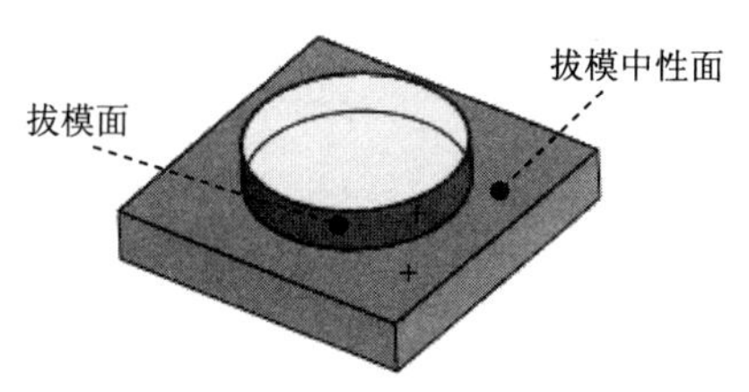

图 47.9 拔模参考面

说明：单击按钮可以改变拔模方向。

（3）单击按钮，完成拔模 1 的创建。

Step 5 创建图 47.10 所示的圆角 1。

图 47.10 圆角 1

（1）选择命令。选择下拉菜单 插入(I) ➡ 特征(F) ➡ 圆角(U)... 命令，系统弹出“圆角”对话框。

（2）定义圆角类型。采用系统默认的圆角类型。

（3）定义圆角对象。选取图 47.10a 所示的边链为要圆角的对象。

（4）定义圆角的半径。在**圆角项目(I)**区域的文本框中输入圆角半径值 3.0。

（5）单击“圆角”对话框中的按钮，完成圆角 1 的创建。

Step 6 创建图 47.11 所示的圆角 2。选择下拉菜单 插入(I) ➡ 特征(F) ➡ 圆角(U)... 命令；选取图 47.11a 所示的边链为要圆角的对象，在文本框中输入圆角半径值 2.0。单击按钮，完成圆角 2 的创建。

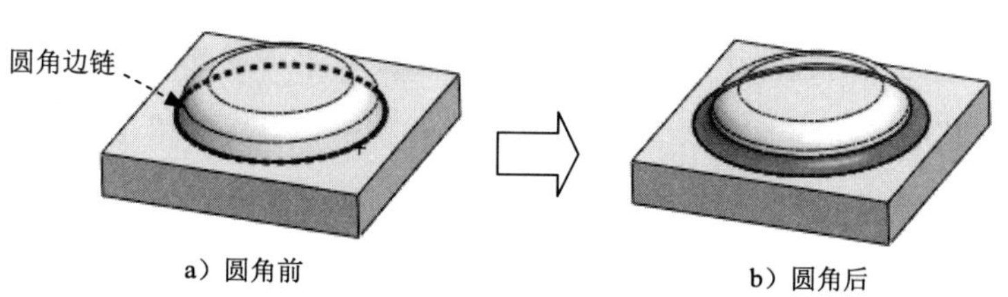

图 47.11 圆角 2

Step 7 创建图 47.12 所示的零件特征——成形工具 1。

图 47.12 成形工具 1

（1）选择命令。选择下拉菜单 插入(I) → 钣金(H) → 成形工具 命令。

（2）定义成形工具属性。选取图 47.12 所示的模型表面为成形工具的停止面。

（3）单击✔按钮，完成成形工具 1 的创建。

Step 8 至此，成形工具模型创建完毕。选择下拉菜单 文件(F) → 另存为(A)... 命令，把模型保存于 D:\ sw13in\work\ins47 中，并命名为 clamp_shaped_tool_01。

Step 9 将成形工具调入设计库。

（1）单击任务窗格中的“设计库”按钮，打开设计库对话框。

（2）在“设计库”对话框中单击“添加文件位置”按钮，弹出“选取文件夹”对话框，在查找范围(I):下拉列表框中找到 D:\sw13in\work\ins47 文件夹后，单击 确定 按钮。

（3）此时在设计库中出现“ins47”节点，右击该节点，在系统弹出的快捷菜单中选择 成形工具文件夹 命令。完成成形工具调入设计库的设置。

Task2. 创建成形工具 2

成形工具模型及设计树如图 47.13 所示。

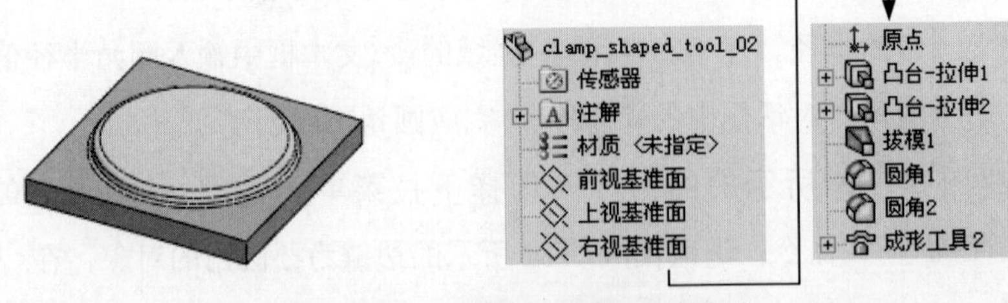

图 47.13 成形工具模型及设计树

Step 1 新建模型文件。选择下拉菜单 文件(F) → 新建(N)... 命令，在系统弹出的“新建 SolidWorks 文件”对话框中选择“零件”模块，单击 确定 按钮，进入建模环境。

Step 2 创建图 47.14 所示的零件特征——凸台-拉伸 1。

（1）选择命令。选择下拉菜单 插入(I) → 凸台/基体(B) → 拉伸(E)... 命令（或单击“特征（F）”工具栏中的按钮）。

（2）定义特征的横断面草图。选取前视基准面作为草图平面，在草图环境中绘制图47.15所示的横断面草图。

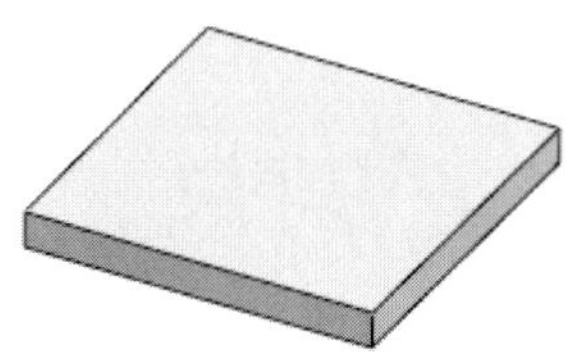
图 47.14 凸台-拉伸 1

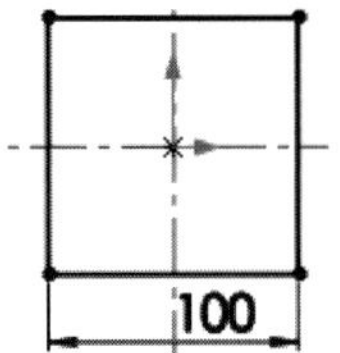

图 47.15 横断面草图（草图 1）

（3）定义拉伸深度属性。采用系统默认的深度方向；在“凸台-拉伸”对话框的**方向1**区域中下拉列表框中选择**给定深度**选项，在文本框中输入深度值10.0。

（4）单击按钮，完成凸台-拉伸1的创建。

Step 3 创建图47.16所示的零件特征——凸台-拉伸2。

（1）选择下拉菜单 插入(I) → 凸台/基体(B) → 拉伸(E)... 命令。

（2）选取图47.17所示的模型表面为草图平面，在草图环境中绘制图47.18所示的横断面草图。

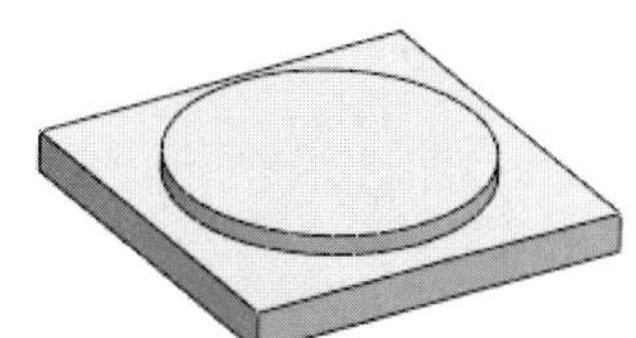
图 47.16 凸台-拉伸 2

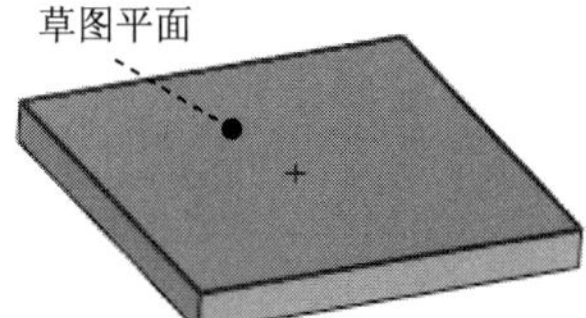

图 47.17 选取草图平面

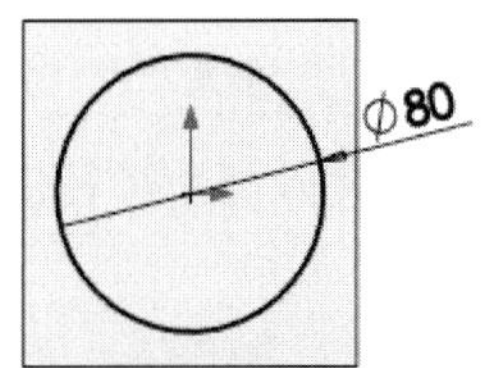

图 47.18 横断面草图（草图 2）

（3）采用系统默认的深度方向；在“凸台-拉伸”对话框的**方向1**区域中下拉列表框中选择**给定深度**选项，在文本框中输入深度值4.0。

（4）单击按钮，完成凸台-拉伸2的创建。

Step 4 创建图47.19所示的零件特征——拔模1。

（1）选择命令。选择下拉菜单 插入(I) → 特征(F) → 拔模(D)... 命令（或单击“特征（F）”工具栏中的 拔模 按钮）。

（2）定义要拔模的项目。在**要拔模的项目(I)**区域的后的文本框中选取图47.20所示的拔模中性面和拔模面，在后文本框中输入拔模角度值20。

说明：单击按钮可以改变拔模方向。

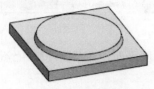

图 47.19　拔模特征 1

图 47.20　拔模参考面

（3）单击✓按钮，完成拔模 1 的创建。

Step 5　创建图 47.21 所示的圆角 1。

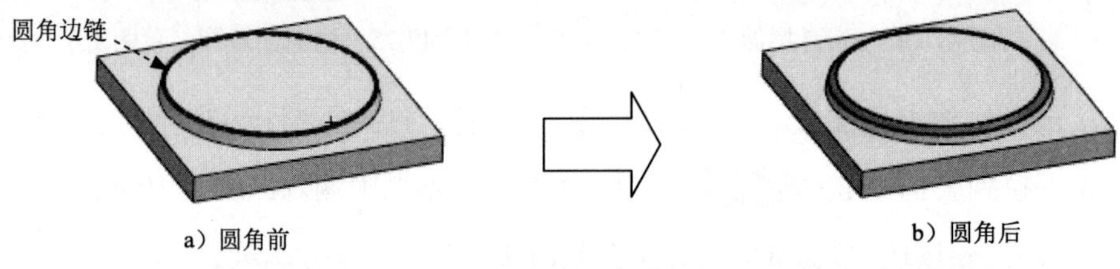

图 47.21　圆角 1

（1）选择下拉菜单 插入(I) → 特征(F) → 圆角(U)... 命令。

（2）选取图 47.21a 所示的边链为要圆角的对象，在文本框中输入圆角半径值 3.0。

（3）单击“圆角”对话框中的✓按钮，完成圆角 1 的创建。

Step 6　创建图 47.22 所示的圆角 2。选择下拉菜单 插入(I) → 特征(F) → 圆角(U)... 命令；选取图 47.22a 所示的边链为要圆角的对象，在文本框中输入圆角半径值 2.0。单击✓按钮，完成圆角 2 的创建。

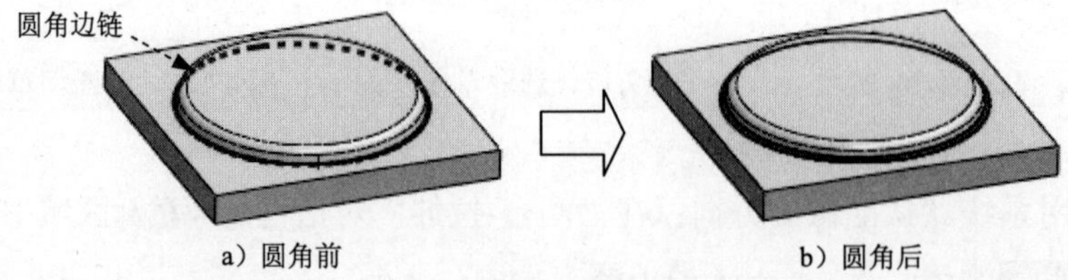

图 47.22　圆角 2

Step 7　创建图 47.23 所示的零件特征——成形工具 2。

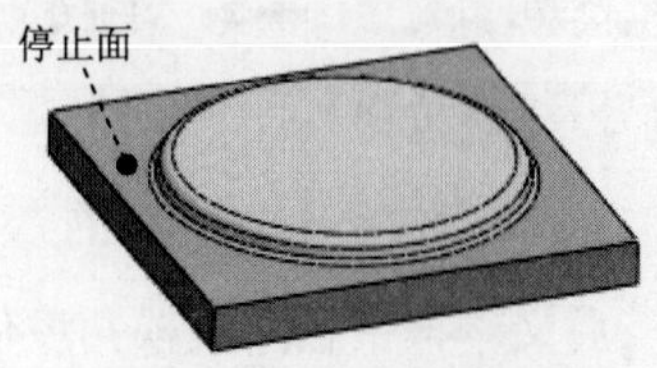

图 47.23　成形工具 2

（1）选择命令。选择下拉菜单 插入(I) → 钣金(H) → 成形工具 命令。

（2）定义成形工具属性。选取图 47.23 所示的模型表面为成形工具的停止面。

（3）单击✓按钮，完成成形工具 2 的创建。

Step 8 至此，成形工具模型创建完毕。选择下拉菜单 文件(F) → 另存为(A)... 命令，把模型保存于 D:\ sw13in\work\ins47 文件夹中，并命名为 clamp_shaped_tool_02。

Task3. 创建主体零件模型

说明：本实例前面的详细操作过程请参见随书光盘中 video\ins47\reference\文件下的语音视频讲解文件 floppy_drive_bracket-r01.avi。

Step 1 打开文件 D:\sw13in\work\ins47\floppy_drive_bracket_ex.SLDPRT。

Step 2 创建图 47.24 所示的钣金特征——边线-法兰 8。

（1）选择下拉菜单 插入(I) → 钣金(H) → 边线法兰(E)... 命令。

（2）选取图 47.25 所示的模型边线为生成的边线-法兰 8 的边线。

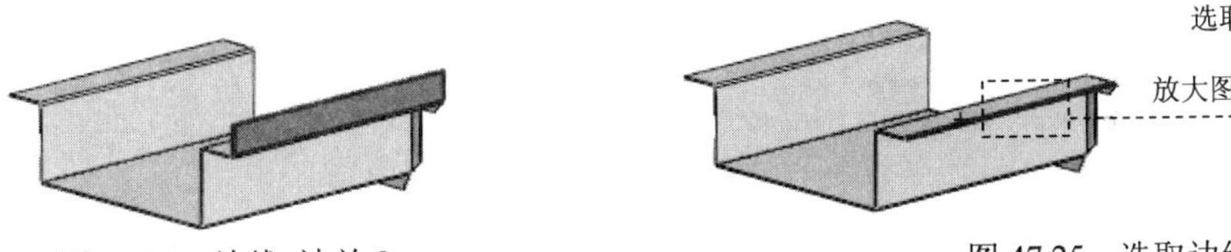

图 47.24 边线-法兰 8　　图 47.25 选取边线

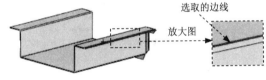

（3）取消选中 使用默认半径(U) 复选框，在文本框中输入圆角半径值 0.2。

（4）定义法兰参数。

① 定义法兰角度值。在 角度(G) 区域的文本框中输入角度值 90.0。

② 定义长度类型和长度值。在“边线-法兰”对话框 法兰长度(L) 区域，单击按钮，并在其后的下拉列表框中选择 给定深度 选项，在文本框中输入深度值 15.0，在此区域中单击“外部虚拟交点”按钮。

③ 定义法兰位置。在 法兰位置(N) 区域中单击“折弯在外”按钮。

（5）单击✓按钮，完成边线-法兰 8 的创建。

Step 3 创建图 47.26 所示的钣金特征——褶边 1。

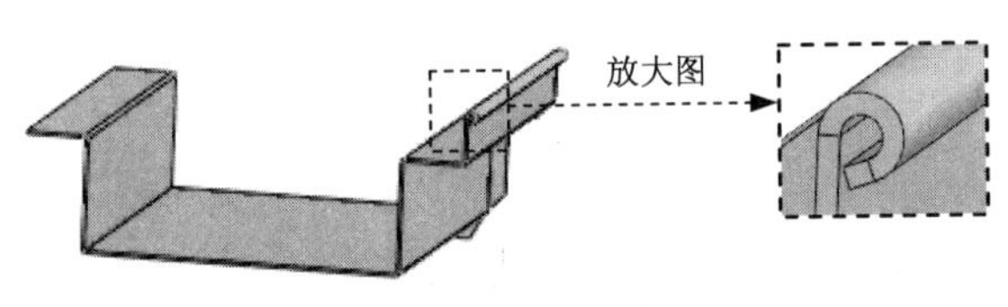

图 47.26 褶边 1

（1）选择命令。选择下拉菜单 插入(I) ➡ 钣金(H) ➡ 褶边(H)... 命令。

（2）定义褶边边线。选取图 47.27 所示的边线为褶边边线。

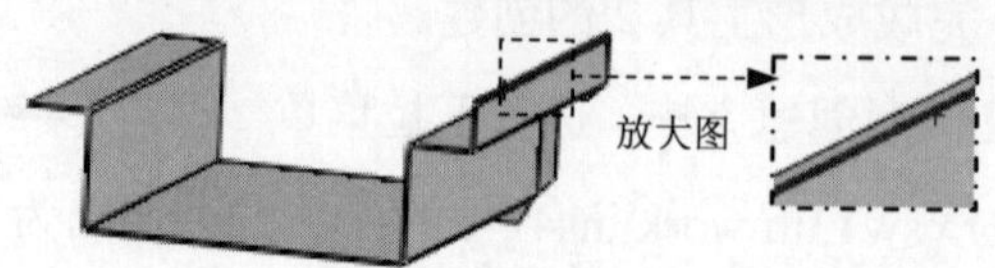

图 47.27　褶边边线

（3）定义褶边位置。在“褶边”对话框的 边线(E) 区域中，单击“折弯在外”按钮。

（4）定义类型和大小。在“褶边”对话框的 类型和大小(T) 区域中单击“撕裂形”按钮；在（角度）文本框中输入数值 250，在（半径）文本框中输入数值 1。

（5）定义折弯系数。在“褶边”对话框中，选中 ☑自定义折弯系数(A) 复选框。在此区域的下拉列表框中选择 K-因子 选项，并在 K 文本框中输入数值 0.5。

（6）单击“褶边”对话框中的 ✓ 按钮，完成褶边操作。

Step 4　创建图 47.28 所示的钣金特征——边线-法兰 9。

（1）选择下拉菜单 插入(I) ➡ 钣金(H) ➡ 边线法兰(E)... 命令。

（2）选取图 47.29 所示的模型边线为生成的边线-法兰 9 的边线。

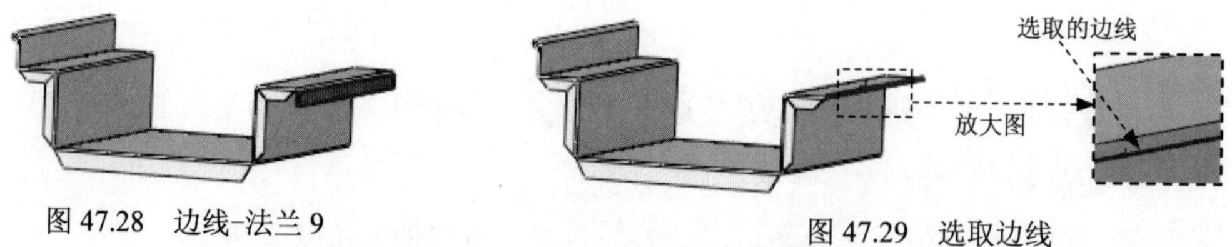

图 47.28　边线-法兰 9　　图 47.29　选取边线

（3）取消选中 □使用默认半径(U) 复选框，在文本框中输入圆角半径 0.2。

（4）定义法兰参数。

① 定义法兰角度值。在 角度(G) 区域的文本框中输入角度值 90.0。

② 定义长度类型和长度值。在“边线-法兰”对话框 法兰长度(L) 区域，单击按钮，并在其后的下拉列表框中选择 给定深度 选项，在文本框中输入深度值 8.0，在此区域中单击“外部虚拟交点”按钮。

③ 定义法兰位置。在 法兰位置(N) 区域中单击“折弯在外”按钮。

（5）单击 ✓ 按钮，完成边线-法兰 9 的创建。

Step 5　创建图 47.30 所示的切除-拉伸 1。

（1）选择命令。选择下拉菜单 插入(I) ➡ 切除(C) ➡ 拉伸(E)... 命令。

（2）定义特征的横断面草图。选取图 47.31 所示的模型表面作为草绘基准面，在草绘环境中绘制图 47.32 所示的横断面草图。

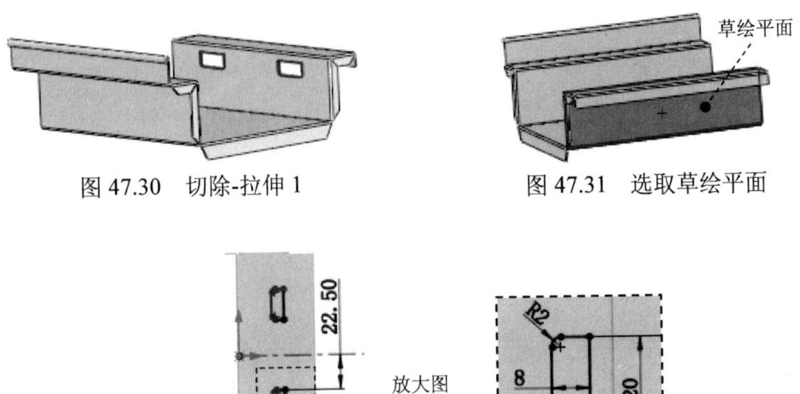

图 47.30 切除-拉伸 1

图 47.31 选取草绘平面

图 47.32 横断面草图（草图 5）

（3）定义切除深度属性。采用系统默认的拉伸方向，在“切除-拉伸”对话框**方向 1**区域后的下拉列表框中选择**成形到下一面**选项，选中☑**正交切除(N)**复选框；其他参数选择系统默认设置值。

（4）单击对话框中的✓按钮，完成切除-拉伸 1 的创建。

Step 6 创建图 47.33 所示的钣金特征——边线-法兰 10。

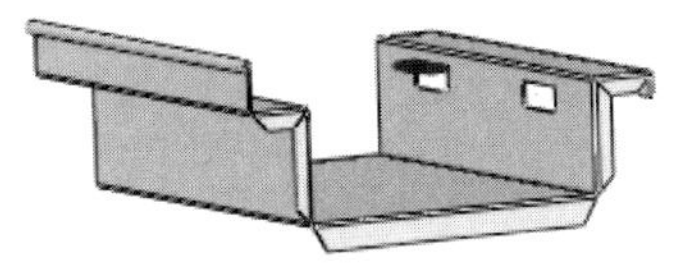

图 47.33 边线-法兰 10

（1）选择下拉菜单**插入(I)** → **钣金(H)** → **边线法兰(E)...**命令。

（2）选取图 47.34 所示的模型边线为生成的边线-法兰 10 的边线。

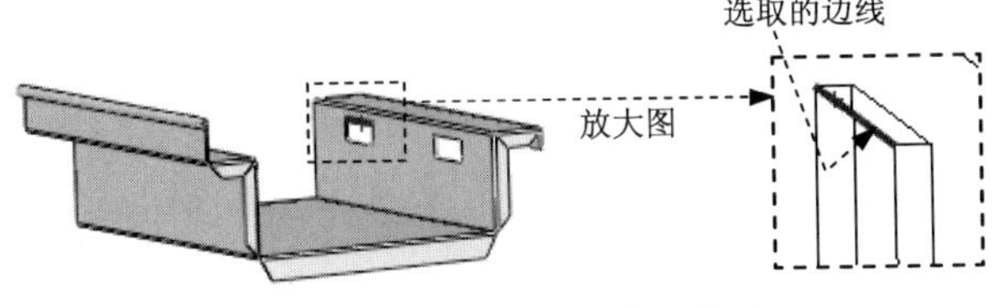

图 47.34 选取边线

（3）取消选中□**使用默认半径(U)**复选框，在文本框中输入圆角半径 0.2。

（4）定义法兰参数。

① 定义法兰角度值。在**角度(G)**区域的文本框中输入角度值 90.0。

② 定义长度类型和长度值。在“边线-法兰”对话框 法兰长度(L) 区域的下拉列表框中选择 给定深度 选项，在 文本框中输入深度值 9.0，在此区域中单击“外部虚拟交点”按钮。

③ 定义法兰位置。在 法兰位置(N) 区域中单击“折弯在外”按钮。

④ 定义钣金折弯系数。在 ☑自定义折弯系数(A) 区域的下拉列表框中选择 K 因子 选项，把文本框 K 的因子系数改为 0.2。

（5）单击 按钮，完成边线-法兰 10 的创建。

Step 7 创建图 47.35 所示的镜像 2。

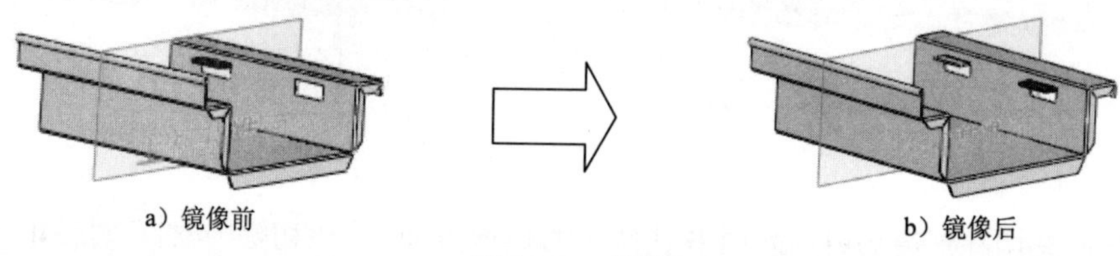

a）镜像前　　b）镜像后

图 47.35　镜像 2

（1）选择命令。选择下拉菜单 插入(I) → 阵列/镜向(E) → 镜向(M)... 命令。

（2）定义镜像基准面。选取上视基准面作为镜像基准面。

（3）定义镜像对象。选取边线-法兰 10 作为镜像源。

（4）单击该对话框中的 按钮，完成镜像 2 的创建。

Step 8 创建图 47.36 所示的镜像 3。

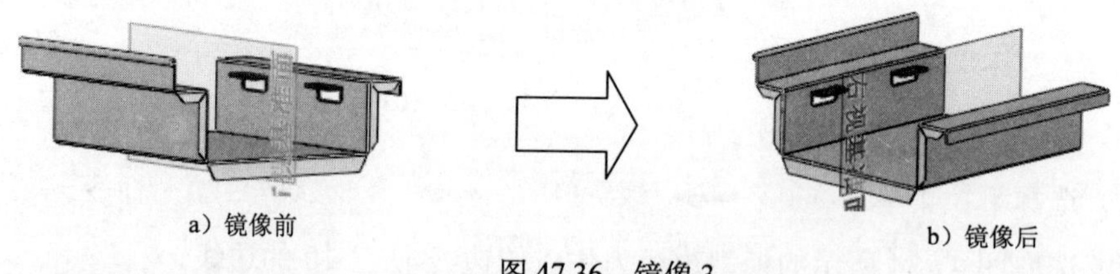

a）镜像前　　b）镜像后

图 47.36　镜像 3

（1）选择命令。选择下拉菜单 插入(I) → 阵列/镜向(E) → 镜向(M)... 命令。

（2）定义镜像基准面。选取上视基准面作为镜像基准面。

（3）定义镜像对象。选取边线-法兰 10、切除-拉伸和镜像 2 作为镜像源。

（4）单击该对话框中的 按钮，完成镜像 3 的创建。

Step 9 创建图 47.37 所示的切除-拉伸 2。

（1）选择命令。选择下拉菜单 插入(I) → 切除(C) → 拉伸(E)... 命令。

（2）定义特征的横断面草图。选取图 47.38 所示的模型表面作为草绘基准面，在草绘环境中绘制图 47.39 所示的横断面草图。

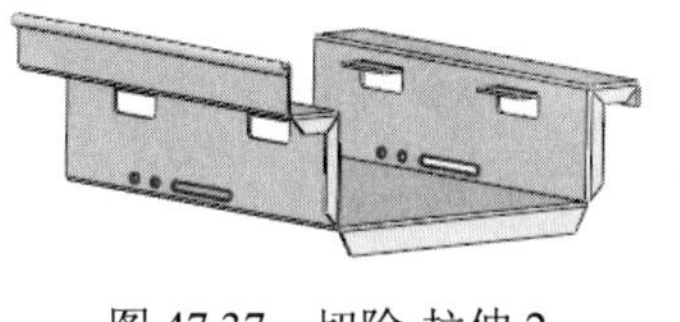
图 47.37　切除-拉伸 2

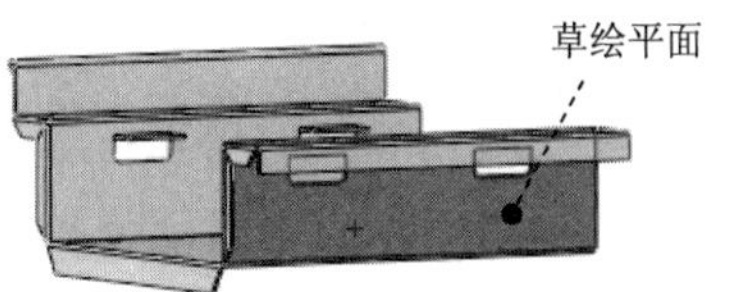

图 47.38　选取草绘平面

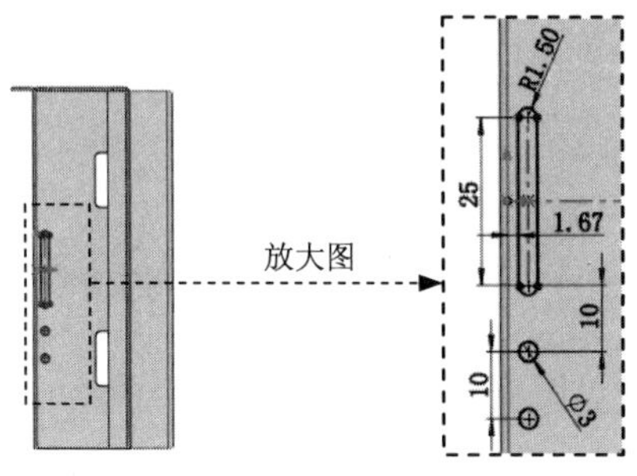

图 47.39　横断面草图（草图 6）

（3）定义切除深度属性。采用系统默认的拉伸方向，在“切除-拉伸”对话框 **方向1** 区域后的下拉列表框中选择 **完全贯穿** 选项，选中 ☑ 正交切除(N) 复选框。

（4）单击对话框中的 ✓ 按钮，完成切除-拉伸 2 的创建。

Step 10　创建图 47.40 所示的钣金特征——褶边 2。

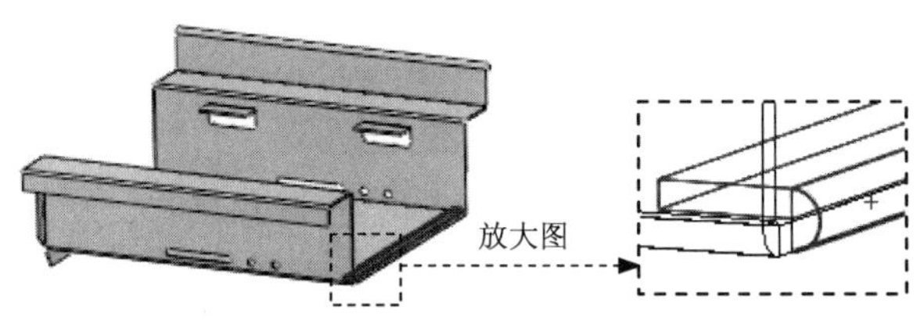

图 47.40　褶边 2

（1）选择命令。选择下拉菜单 插入(I) → 钣金(H) → 褶边(H)... 命令。

（2）定义褶边边线。选取图 47.41 所示的边线为褶边边线。

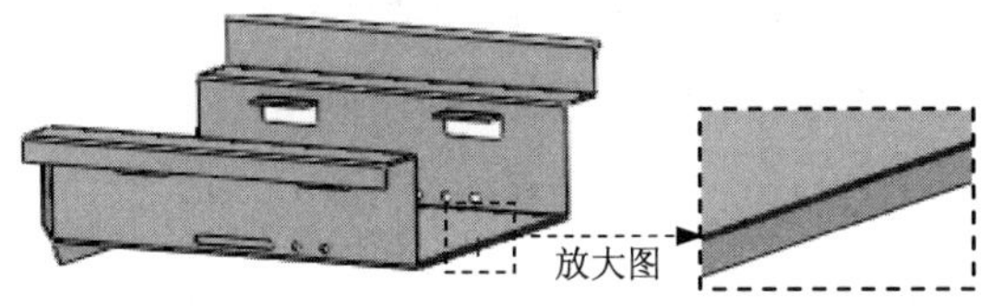

图 47.41　褶边边线

（3）定义褶边位置。在“褶边”对话框的 **边线(E)** 区域中，单击“折弯在外”按钮。

（4）定义类型和大小。在“褶边”对话框的 **类型和大小(T)** 区域中单击“闭合”按钮；

在(长度)文本框中输入数值 6.0。

(5) 单击"褶边"对话框中的✓按钮，完成褶边 2 的初步创建。

(6) 编辑褶边 2 的轮廓草图。在设计树的 褶边2 上右击，在系统弹出的快捷菜单上单击按钮，在弹出的"褶边 2"对话框中单击 编辑褶边宽度 按钮，系统自动进入轮廓草图，编辑图 47.42 所示的草图。

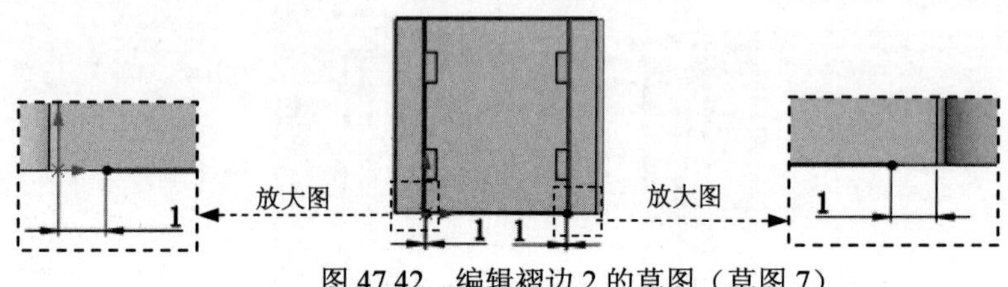

图 47.42 编辑褶边 2 的草图（草图 7）

(7) 完成草图编辑后，单击 完成 按钮，此时系统自动完成褶边 2 的创建。

Step 11 创建图 47.43 所示的钣金特征——褶边 3。

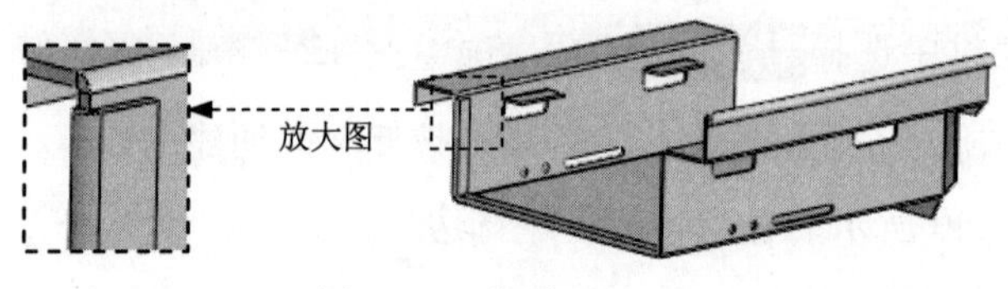

图 47.43 褶边 3

(1) 选择命令。选择下拉菜单 插入(I) ➡ 钣金(H) ➡ 褶边(H)... 命令。

(2) 定义褶边边线。选取图 47.44 所示的边线为褶边边线。

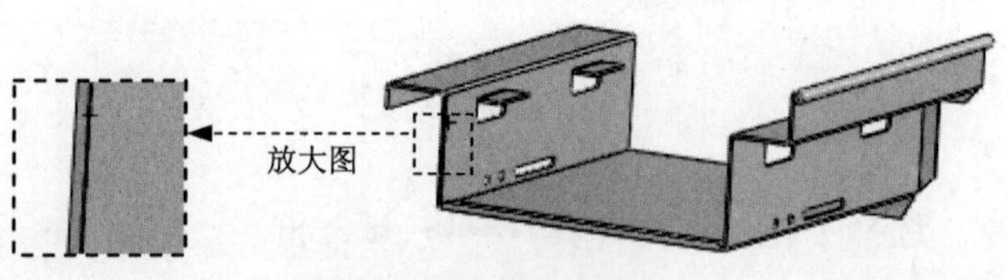

图 47.44 褶边边线

(3) 定义褶边位置。在"褶边"对话框的 **边线(E)** 区域中，单击"折弯在外"按钮。

(4) 定义类型和大小。在"褶边"对话框的 **类型和大小(T)** 区域中单击"闭合"按钮；在(长度)文本框中输入数值 6.0。

(5) 单击"褶边"对话框中的✓按钮，完成褶边 3 的初步创建。

(6) 编辑褶边 3 的轮廓草图。在设计树的 褶边3 上右击，在系统弹出的快捷菜单上单击按钮，在弹出的"褶边 3"对话框中单击 编辑褶边宽度 按钮，系统自动进入轮廓草图，编辑图 47.45 所示的草图。

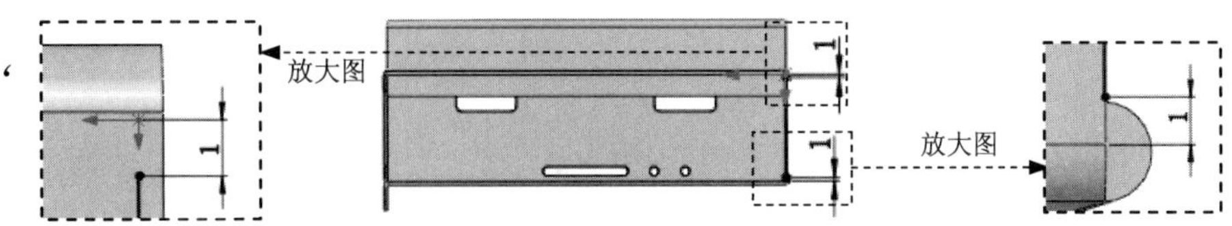

图 47.45 编辑褶边 3 的草图（草图 8）

（7）完成草图编辑后，单击 完成 按钮，此时系统自动完成褶边 3 的创建。

Step 12 创建图 47.46 所示的镜像 4。

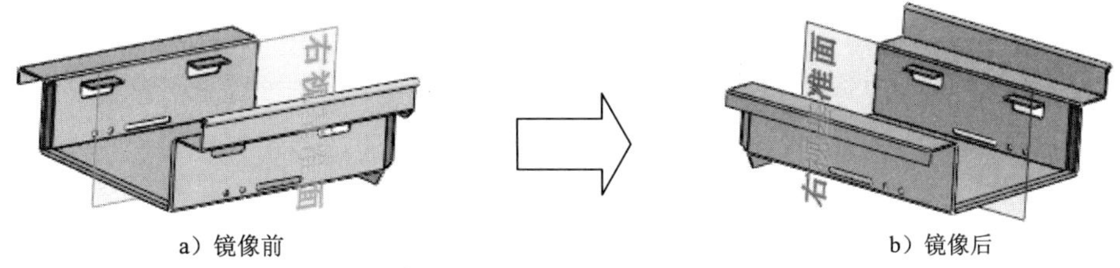

a）镜像前　　b）镜像后

图 47.46 镜像 4

（1）选择下拉菜单 插入(I) → 阵列/镜向(E) → 镜向(M)... 命令。

（2）定义镜像基准面。选取右视基准面作为镜像基准面。

（3）定义镜像对象。选取褶边 3 作为镜像源。

（4）单击该对话框中的 ✓ 按钮，完成镜像 4 的创建。

Step 13 创建图 47.47 所示的钣金特征——褶边 4。

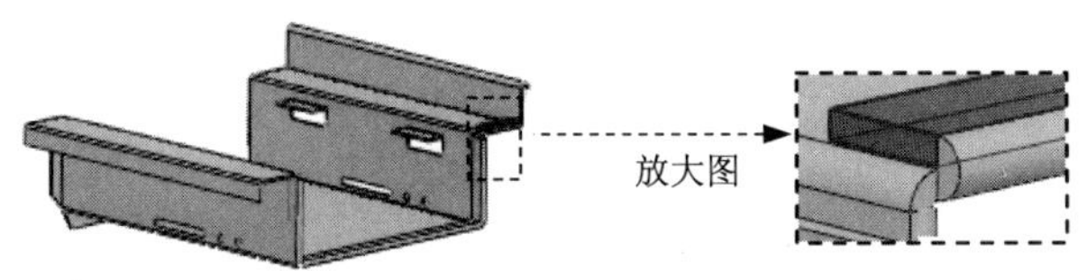

图 47.47 褶边 4

（1）选择命令。选择下拉菜单 插入(I) → 钣金(H) → 褶边(H)... 命令。

（2）定义褶边边线。选取图 47.48 所示的边线为褶边边线。

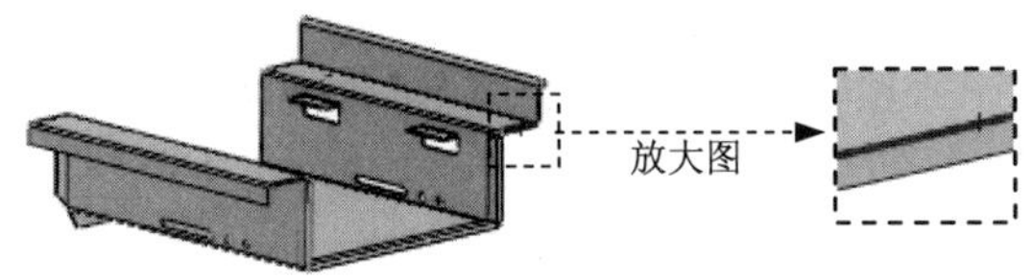

图 47.48 褶边边线

（3）定义褶边位置。在“褶边”对话框的 **边线(E)** 区域中，单击“折弯在外”按钮。

（4）定义类型和大小。在“褶边”对话框的 **类型和大小(T)** 区域中单击“闭合”按钮；

在（长度）文本框中输入数值 6.0。

（5）单击“褶边”对话框中的按钮，完成褶边 4 的创建。

Step 14 创建图 47.49 所示的钣金特征——褶边 5。

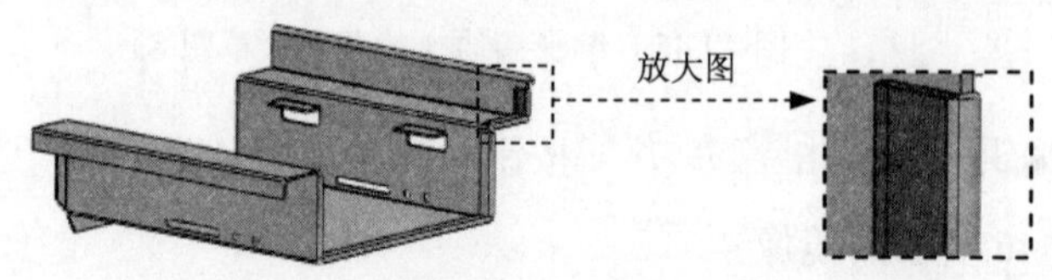

图 47.49 褶边 5

（1）选择命令。选择下拉菜单 插入(I) → 钣金(H) → 褶边(H)... 命令。

（2）定义褶边边线。选取图 47.50 所示的边线为褶边边线。

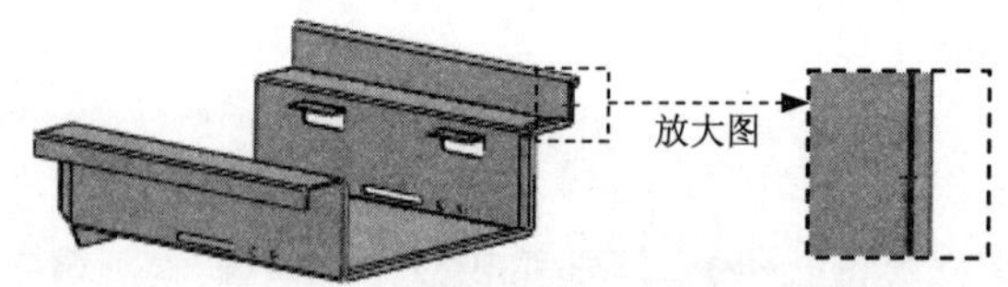

图 47.50 褶边边线

（3）定义褶边位置。在“褶边”对话框的 边线(E) 区域中，单击“折弯在外”按钮。

（4）定义类型和大小。在“褶边”对话框的 类型和大小(T) 区域中单击“闭合”按钮；在（长度）文本框中输入数值 6.0。

（5）单击“褶边”对话框中的按钮，完成褶边 5 的初步创建。

（6）编辑褶边 5 的轮廓草图。在设计树的 褶边5 上右击，在系统弹出的快捷菜单上单击按钮，在弹出的“褶边 5”对话框中单击 编辑褶边宽度 按钮，系统自动进入轮廓草图，编辑图 47.51 所示的草图。

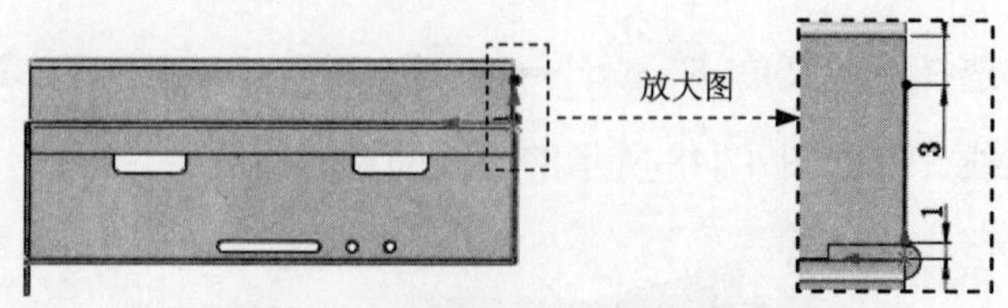

图 47.51 编辑褶边 5 的草图(草图 9)

（7）完成草图编辑后，单击 完成 按钮，此时系统自动完成褶边 5 的创建。

Step 15 创建图 47.52 所示的钣金特征——褶边 6。

（1）选择命令。选择下拉菜单 插入(I) → 钣金(H) → 褶边(H)... 命令。

（2）定义褶边边线。选取图 47.53 所示的边线为褶边边线。

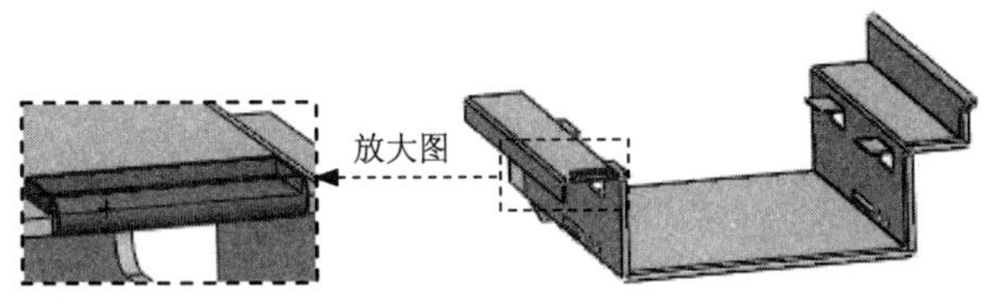

图 47.52 褶边 6

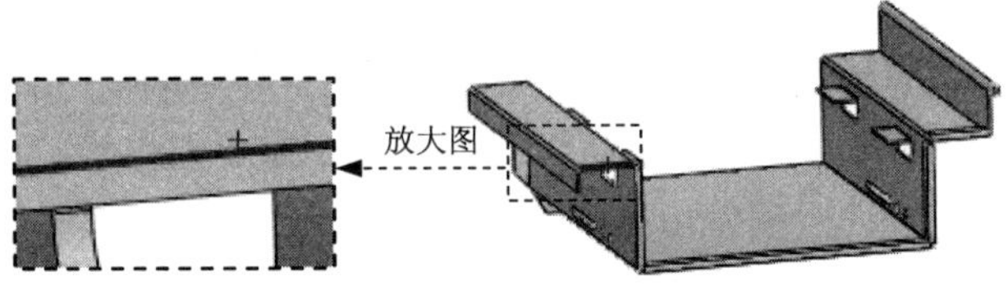

图 47.53 褶边边线

（3）定义褶边位置。在“褶边”对话框的 边线(E) 区域中，单击“折弯在外”按钮。

（4）定义类型和大小。在“褶边”对话框的 类型和大小(T) 区域中单击“闭合”按钮；在（长度）文本框中输入数值 6.0。

（5）单击“褶边”对话框中的 ✓ 按钮，完成褶边 6 的初步创建。

（6）编辑褶边 6 的轮廓草图。在设计树的 褶边6 上右击，在系统弹出的快捷菜单上单击按钮，在弹出的“褶边 6”对话框中单击 编辑褶边宽度 按钮，系统自动进入轮廓草图，编辑图 47.54 所示的草图。

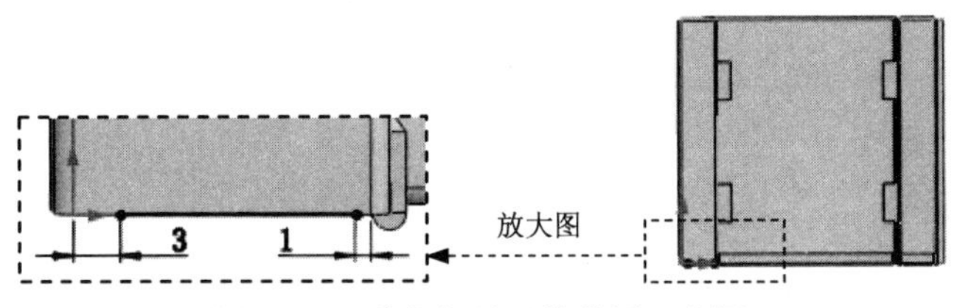

图 47.54 编辑褶边 6 的草图（草图 10）

（7）完成草图编辑后，单击 完成 按钮，此时系统自动完成褶边 6 的创建。

Step 16 创建图 47.55 所示的切除-拉伸 3。

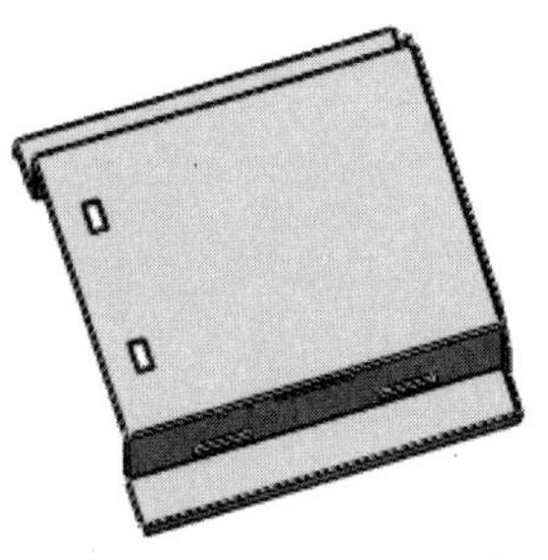
图 47.55 切除-拉伸 3

（1）选择下拉菜单 插入(I) → 切除(C) → 拉伸(E)... 命令。

（2）选取图 47.56 所示的模型表面作为草图平面，绘制图 47.57 所示的横断面草图。

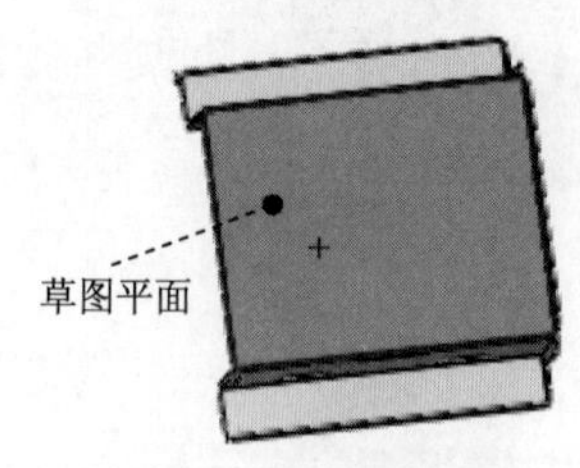

图 47.56 草图平面

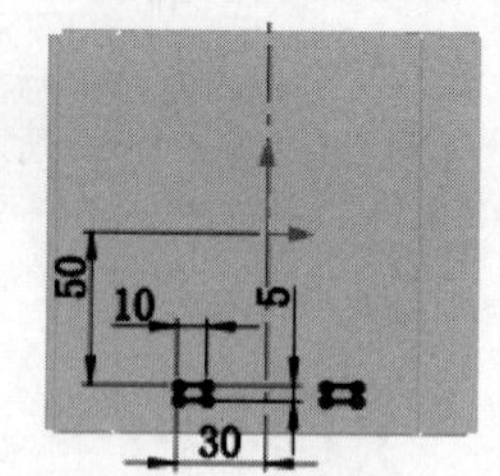

图 47.57 横断面草图（草图 11）

（3）在**方向 1**区域的下拉列表框中选择完全贯穿选项，选中☑ 正交切除(N)复选框。

（4）单击✔按钮，完成切除-拉伸 3 的创建。

Step 17 创建图 47.58 所示的成形特征 1。

（1）单击任务窗格中的“设计库”按钮，打开设计库对话框。

（2）单击设计库对话框中的 ins47 节点，在设计库下部的列表框中选择“clamp_haped_tool_01”文件，并拖动到图 47.59 所示的平面，在系统弹出的“成形工具特征”对话框中单击✔按钮。

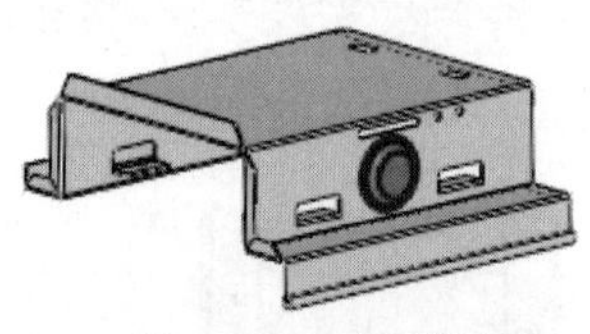

图 47.58 成形特征 1

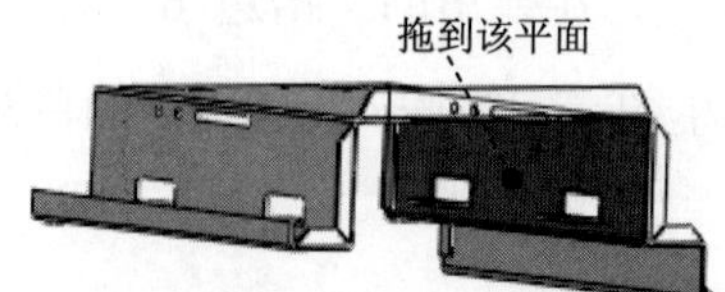

图 47.59 定义放置面

（3）单击设计树中 clamp_shaped_tool_011节点前的“加号”，右击 (-) 草图49特征，在系统弹出的快捷菜单中单击命令，进入草图环境。

（4）编辑草图，如图 47.60 所示。退出草图环境，完成成形特征 1 的创建。

Step 18 创建图 47.61 所示的成形特征 2。详细步骤参照 Step17，选择“clamp_haped_tool_01”文件作为成形工具，并拖动至图 47.62 所示的平面，编辑草图如图 47.63 所示。

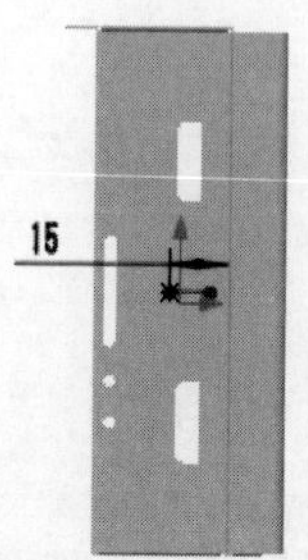

图 47.60 编辑草图（草图 12）

图 47.61 成形特征 2

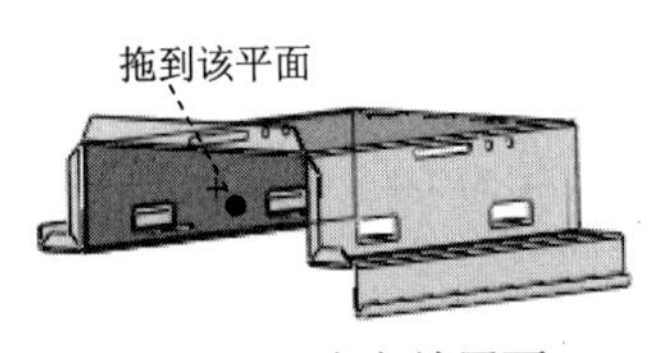

图 47.62 定义放置面

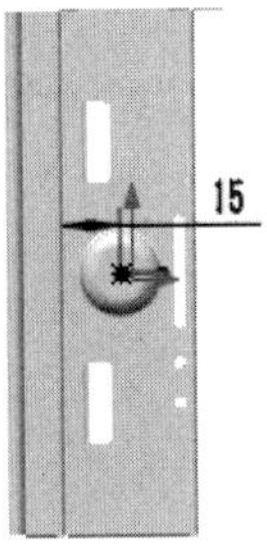

图 47.63 编辑草图（草图 13）

Step 19 后面的详细操作过程请参见随书光盘中 video\ins47\reference\文件下的语音视频讲解文件 floppy_drive_bracket-r02.avi。

实例 48 文件夹钣金组件

48.1 实例概述

本实例详细讲解了一款文件夹中的钣金组件的设计过程。该钣金组件由 3 个钣金件组成（图 48.1），这 3 个零件在设计过程中应用了“绘制的折弯”、“边线法兰”及“成形工具”等命令，设计的大概思路是先创建“基体法兰”，之后再使用“边线法兰”、“绘制的折弯”等命令创建出最终模型。

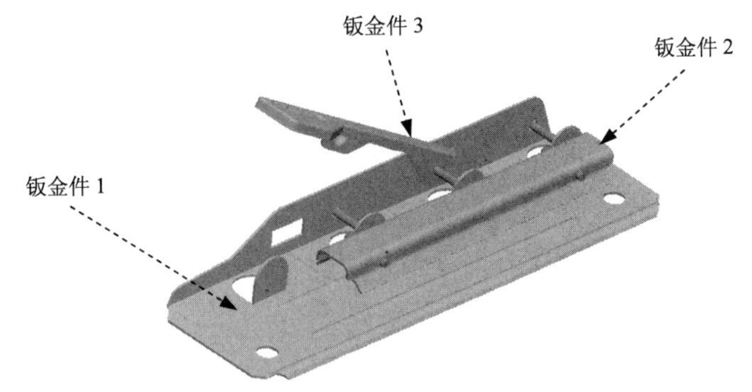

图 48.1 文件夹钣金组件

48.2 钣金件 1

Task1. 创建成形工具 1

成形工具用于创建模具成形特征，在该模具零件中，主要运用一些基本建模思想。下面就来创建用于成形特征的成形工具 1，成形工具 1 的零件模型及设计树如图 48.2 所示。

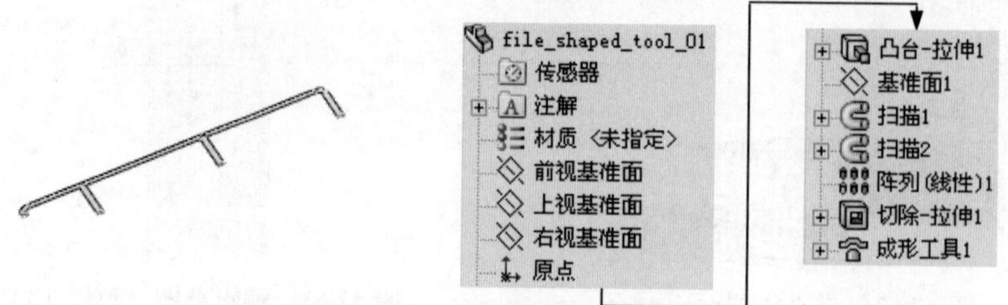

图 48.2　零件模型及设计树

Step 1　新建模型文件。选择下拉菜单 文件(F) → 新建(N)... 命令，在系统弹出的"新建 SolidWorks 文件"对话框中选择"零件"模块，单击 确定 按钮，进入建模环境。

Step 2　创建图 48.3 所示的零件基础特征——凸台-拉伸 1。

（1）选择命令。选择下拉菜单 插入(I) → 凸台/基体(B) → 拉伸(E)... 命令（或单击"特征（F）"工具栏中的按钮）。

（2）定义特征的横断面草图。选取前视基准面作为草绘基准面；在草图环境中绘制图 48.4 所示的横断面草图。

图 48.3　凸台-拉伸 1

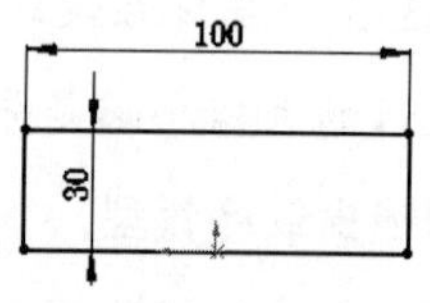

图 48.4　横断面草图

（3）定义拉伸深度属性。

① 定义深度方向。采用系统默认的深度方向。

② 定义深度类型和深度值。在"凸台-拉伸"对话框 方向1 区域的下拉列表框中选择 给定深度 选项，在 D1 中输入深度值 10.0。

（4）单击✓按钮，完成凸台-拉伸 1 的创建。

Step 3　创建图 48.5 所示的草图 1。选取图 48.6 所示的表面作为草绘基准面；在草图环境中绘制图 48.5 所示的草图 1。

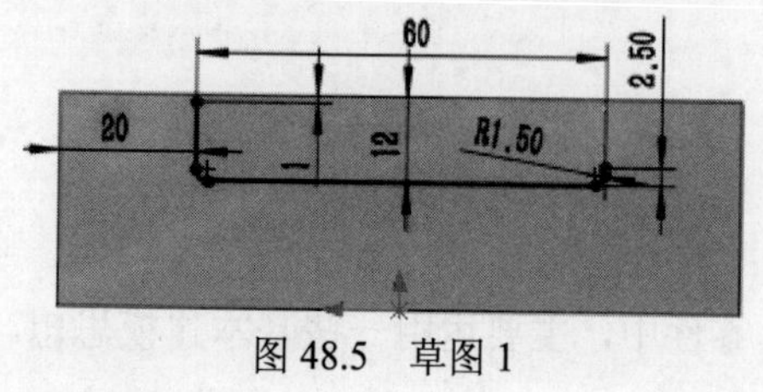

图 48.5　草图 1

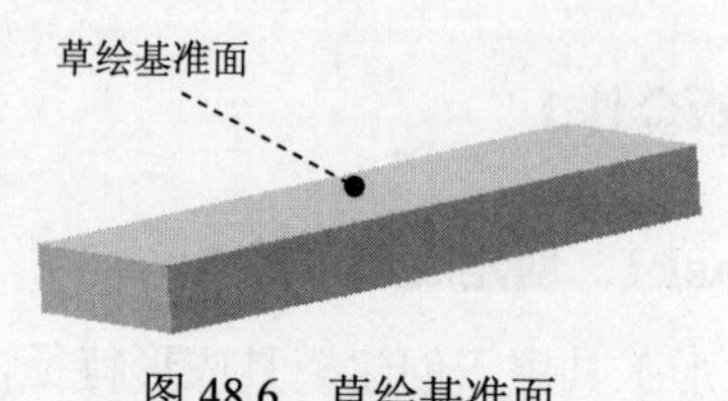

图 48.6　草绘基准面

6 Chapter

Step 4 创建图 48.7 所示的基准面 1。

（1）选择下拉菜单 插入(I) → 参考几何体(G) → 基准面(P)... 命令，系统弹出“基准面”对话框。

（2）选取参考实体。选取图 48.8 所示的点和面为参考实体。

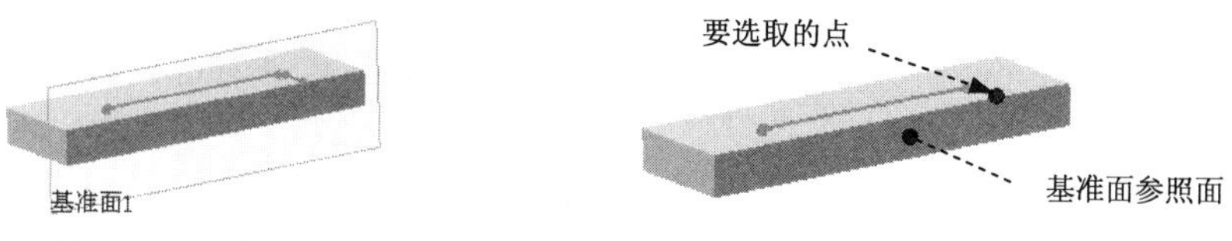

图 48.7 基准面 1

图 48.8 基准面参照

（3）单击✓按钮，完成基准面 1 的创建。

Step 5 创建图 48.9 所示的草图 2。选取基准面 1 作为草绘基准面；在草图环境中绘制图 48.9 所示的草图 2。

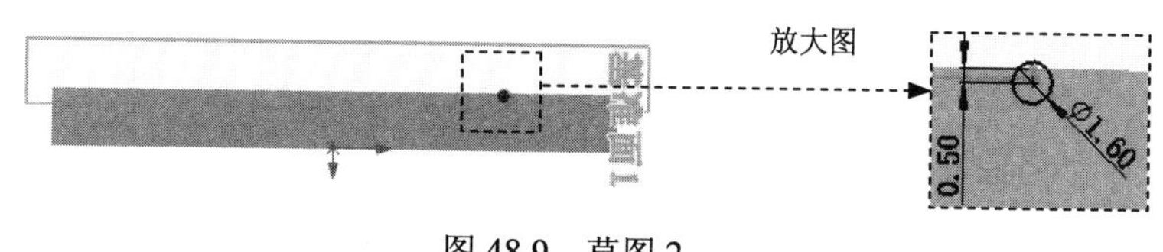

图 48.9 草图 2

Step 6 创建图 48.10 所示的扫描 1。

（1）选择下拉菜单 插入(I) → 凸台/基体(B) → 扫描(S)... 命令，系统弹出“扫描”对话框。

（2）定义扫描特征的轮廓。选择草图 2 作为扫描 1 特征的轮廓。

（3）定义扫描特征的路径。选择草图 1 作为扫描 1 特征的路径。

（4）单击✓按钮，完成扫描 1 的创建。

Step 7 创建图 48.11 所示的草图 4。选取草图 1 的基准面作为草绘基准面；在草图环境中绘制图 48.11 所示的草图 3。

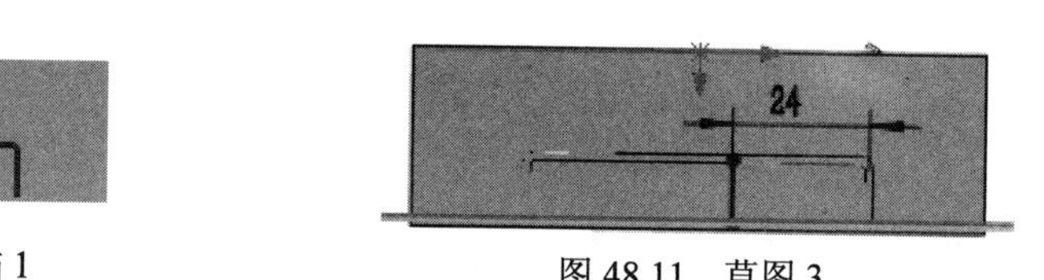

图 48.10 扫描 1

图 48.11 草图 3

Step 8 创建图 48.12 所示的草图 4。选取基准面 1 作为草绘基准面；在草图环境中绘制图 48.12 所示的草图 4。

6 Chapter

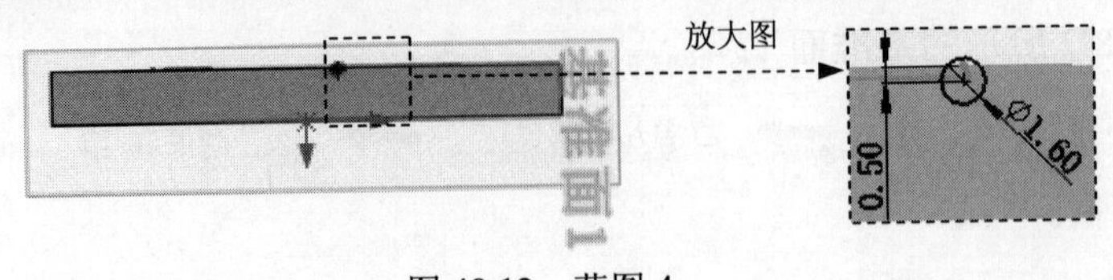

图 48.12 草图 4

Step 9 创建图 48.13 所示的扫描 2。

（1）选择下拉菜单 插入(I) → 凸台/基体(B) → 扫描(S)... 命令，系统弹出“扫描”对话框。

（2）定义扫描特征的轮廓。选择草图 4 作为扫描 2 特征的轮廓。

（3）定义扫描特征的路径。选择草图 3 作为扫描 2 特征的路径。

（4）单击✔按钮，完成扫描 2 的创建。

Step 10 创建图 48.14 所示的阵列（线性）1。

图 48.13 扫描 2

图 48.14 阵列（线性）1

（1）选择下拉菜单 插入(I) → 阵列/镜向(E) → 线性阵列(L)... 命令。

（2）定义阵列的对象。单击后的文本框，选择扫描 2 作为要阵列的对象。

（3）定义阵列方向。选取图 48.14 所示的边线作为阵列引导边线。

说明：通过按钮可以更改阵列方向。

（4）定义阵列的参数。在对话框中输入间距值 24.0，在文本框中输入实例数 2。

（5）单击✔按钮，完成阵列（线性）1 的创建。

Step 11 创建图 48.15 所示的拉伸-切除 1。

（1）选择命令。选择下拉菜单 插入(I) → 切除(C) → 拉伸(E)... 命令。

（2）定义特征的横断面草图。选取图 48.16 所示的模型表面作为草绘基准面，绘制图 48.17 所示的横断面草图。

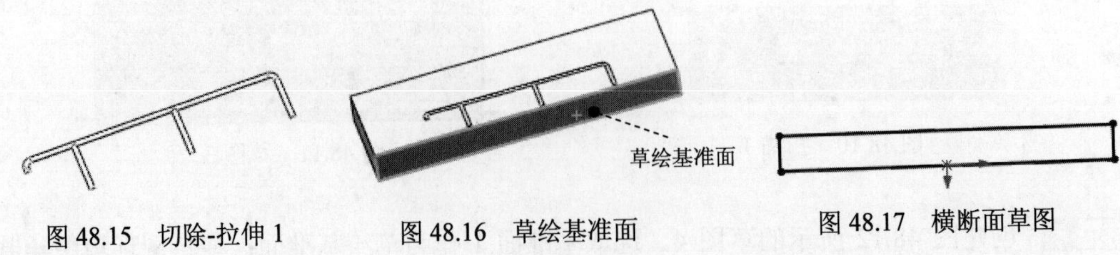

图 48.15 切除-拉伸 1

图 48.16 草绘基准面

图 48.17 横断面草图

（3）定义切除深度属性。在“切除-拉伸”对话框的 方向 1 区域的下拉列表框中选择完全贯穿选项，其他采用系统默认设置值。

（4）单击✔按钮，完成切除-拉伸 1 的创建。

Step 12 创建图 48.18 所示的零件特征——成形工具 1。

图 48.18 成形工具 1

（1）选择命令。选择下拉菜单 插入(I) ➡ 钣金(H) ➡ 成形工具 命令。

（2）定义成形工具属性。激活“成形工具”对话框的 停止面 区域，选取图 48.18 所示的模型表面作为成形工具的停止面。

（3）单击✔按钮，完成成形工具 1 的创建。

Step 13 至此，成形工具 1 模型创建完毕。选择下拉菜单 文件(F) ➡ 另存为(A)... 命令，把模型保存于 D:\sw13in\work\ins48\中，并命名为 file_shaped_tool_01。

Step 14 将成形工具调入设计库。

（1）单击任务窗格中的“设计库”按钮，打开“设计库”对话框。

（2）在“设计库”对话框中单击“添加文件位置”按钮，系统弹出“选取文件夹”对话框，在查找范围(I):下拉列表框中找到 D:\sw13in\work\ins48 文件夹后，单击 确定 按钮。

（3）此时在设计库中出现 ins48 节点，右击该节点，在系统弹出的快捷菜单中单击 成形工具文件夹 命令，完成成形工具调入设计库的设置。

Task2. 创建成形工具 2

成形工具 2 的零件模型和设计树如图 48.19 所示。

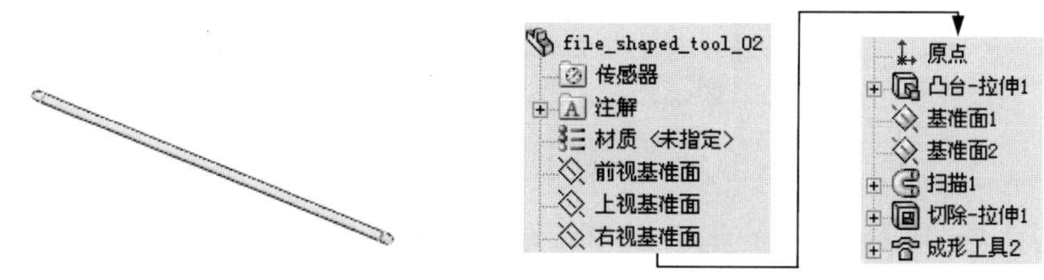

图 48.19 零件模型及设计树

Step 1 新建模型文件。选择下拉菜单 文件(F) ➡ 新建(N)... 命令，在系统弹出的“新建 SolidWorks 文件”对话框中选择“零件”模块，单击 确定 按钮，进入建模环境。

Step 2 创建图 48.20 所示的零件基础特征——凸台-拉伸 1。选择下拉菜单 插入(I) ➡ 凸台/基体(B) ➡ 拉伸(E)... 命令；选取前视基准面作为草绘基准面，绘制图 48.21 所示的横断面草图；采用系统默认的深度方向；在 方向1 区域的下拉列表框中选择 给定深度 选项，在 D1 中输入深度值 10.0。单击 ✓ 按钮，完成凸台-拉伸 1 的创建。

图 48.20 凸台-拉伸 1

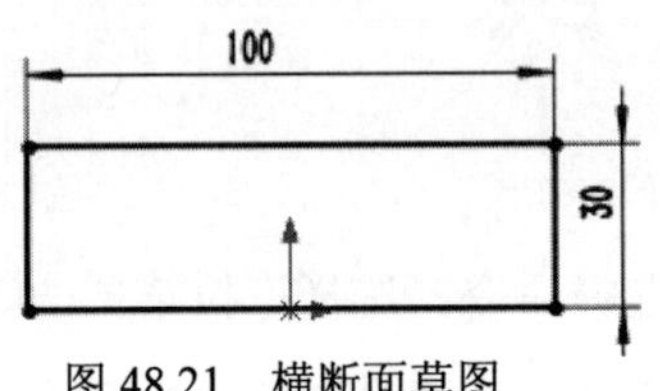

图 48.21 横断面草图

Step 3 创建图 48.22 所示的基准面 1。选择下拉菜单 插入(I) ➡ 参考几何体(G) ➡ 基准面(P)... 命令；选取图 48.22 所示的模型表面为参考实体，在 文本框中输入等距距离值 22.0，并选中 ☑ 反转 复选框。单击 ✓ 按钮，完成基准面 1 的创建。

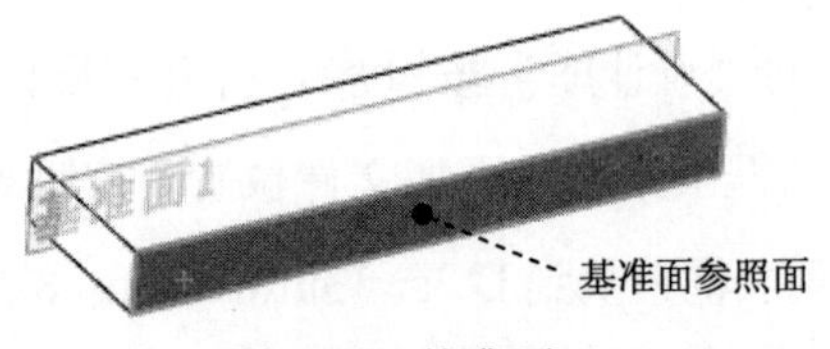

图 48.22 基准面 1

Step 4 创建图 48.23 所示的草图 1。选取基准面 1 作为草图平面，绘制图 48.23 所示的草图 2。

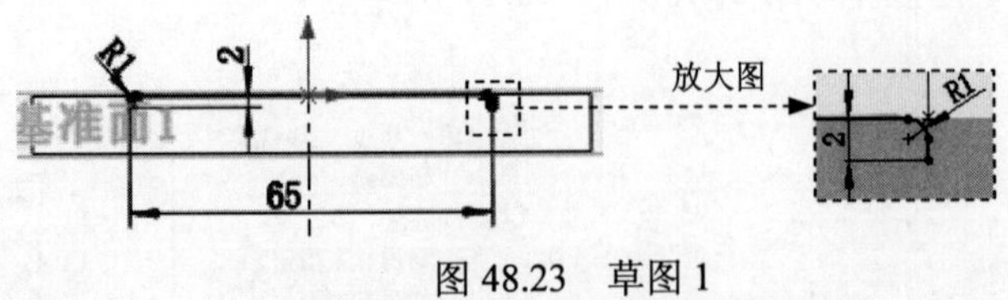

图 48.23 草图 1

Step 5 创建图 48.24 所示的基准面 2。选择下拉菜单 插入(I) ➡ 参考几何体(G) ➡ 基准面(P)... 命令；选取图 48.25 所示的点和面为参考实体。

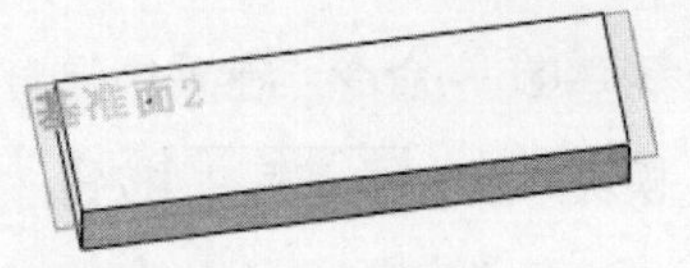

图 48.24 基准面 2

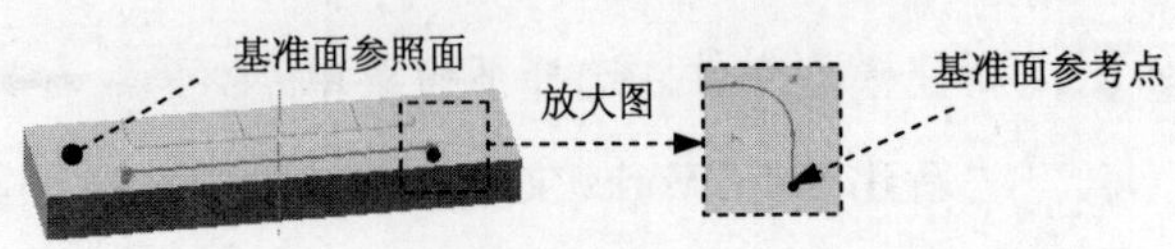

图 48.25 基准面参照实体

Step 6 创建图 48.26 所示的草图 2。选取基准面 2 所示的表面作为草图平面，绘制图 48.26 所示的草图 3。

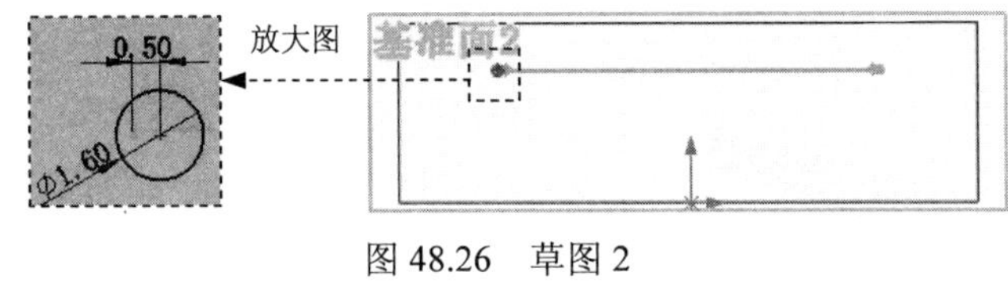

图 48.26 草图 2

Step 7 创建图 48.27 所示的扫描 1。

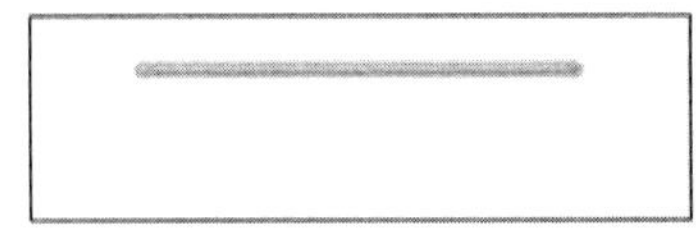

图 48.27 扫描 1

（1）选择下拉菜单 插入(I) → 凸台/基体(B) → 扫描(S)... 命令，系统弹出“扫描”对话框。

（2）定义扫描特征的轮廓。选择草图 2 作为扫描 1 特征的轮廓。

（3）定义扫描特征的路径。选择草图 1 作为扫描 1 特征的路径。

（4）单击✔按钮，完成扫描 1 的创建。

Step 8 创建图 48.28 所示的圆角 1。选择下拉菜单 插入(I) → 特征(F) → 圆角(F)... 命令；选取图 48.28a 所示的边线为要圆角的对象，在文本框中输入圆角半径值 1。

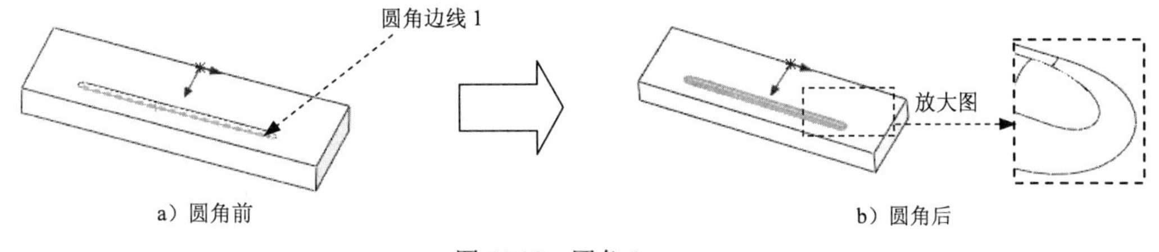

a）圆角前　　b）圆角后

图 48.28 圆角 1

Step 9 创建图 48.29 所示的拉伸-切除 1。

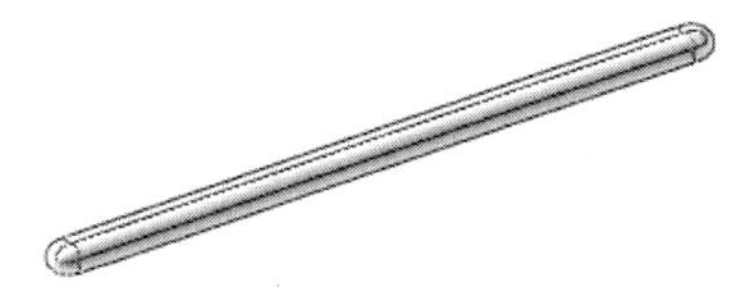

图 48.29 切除-拉伸 1

（1）选择命令。选择下拉菜单 插入(I) ➡ 切除(C) ➡ 拉伸(E)... 命令。

（2）定义特征的横断面草图。选取图 48.30 所示的模型表面作为草绘基准面，绘制图 48.31 所示的横断面草图。

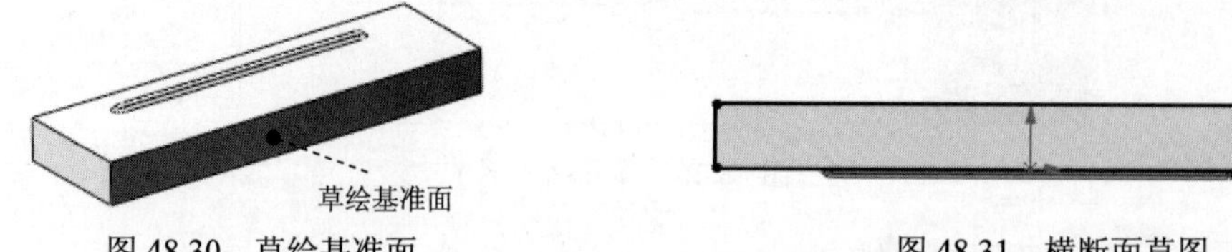

图 48.30　草绘基准面　　　图 48.31　横断面草图

（3）定义切除深度属性。在“切除-拉伸”对话框的 方向1 区域的下拉列表框中选择 完全贯穿 选项，其他采用系统默认设置值。

（4）单击✔按钮，完成切除-拉伸 1 的创建。

Step 10　创建图 48.32 所示的零件特征——成形工具 2。

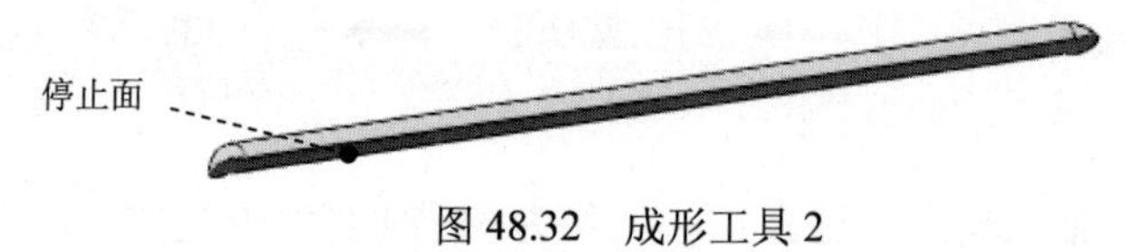

图 48.32　成形工具 2

（1）选择命令。选择下拉菜单 插入(I) ➡ 钣金(H) ➡ 成形工具 命令。

（2）定义成形工具属性。激活“成形工具”对话框的 停止面 区域，选取图 48.32 所示的模型表面作为成形工具的停止面。

（3）单击✔按钮，完成成形工具 2 的创建。

Step 11　至此，成形工具 2 模型创建完毕。选择下拉菜单 文件(F) ➡ 另存为(A)... 命令，把模型保存于 D:\sw13in\work\ins48\中，并命名为 file_shaped_tool_02。

Task3．创建主体钣金件模型

主体钣金件的钣金件模型及设计树如图 48.33 所示。

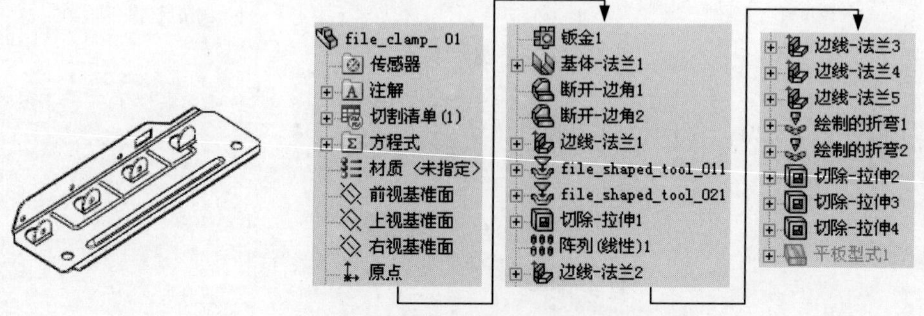

图 48.33　钣金件模型及设计树

Step 1 新建模型文件。选择下拉菜单 文件(F) → 新建(N)... 命令，在系统弹出的"新建 SolidWorks 文件"对话框中选择"零件"模块，单击 确定 按钮，进入建模环境。

Step 2 创建图 48.34 所示的钣金基础特征——基体-法兰 1。

（1）选择命令。选择下拉菜单 插入(I) → 钣金(H) → 基体法兰(A)... 命令。

（2）定义特征的横断面草图。选取前视基准面作为草绘基准面，绘制图 48.35 所示的横断面草图。

图 48.34 基体-法兰 1

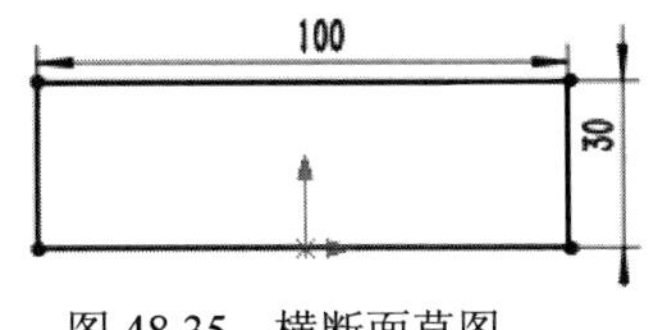

图 48.35 横断面草图

（3）定义钣金参数属性。

① 定义钣金参数。在 钣金参数(S) 区域的 文本框中输入厚度值 0.5。

② 定义钣金折弯系数。在 折弯系数(A) 区域的下拉列表框中选择 K 因子 选项，把 K 文本框的因子系数改为 0.4。

③ 定义钣金自动切释放槽类型。在 自动切释放槽(T) 区域的下拉列表框中选择 矩形 选项，选中 使用释放槽比例(A) 复选框，在 比例(T): 文本框中输入比例系数值 0.5。

（4）单击 ✓ 按钮，完成基体-法兰 1 的创建。

Step 3 创建图 48.36 所示的钣金特征——断开-边角 1。

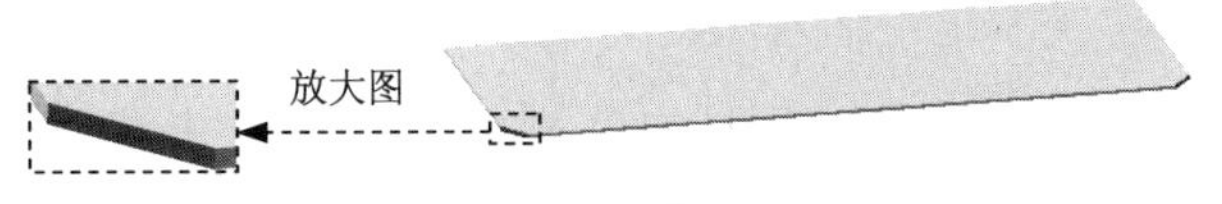

图 48.36 断开-边角 1

（1）选择命令。选择下拉菜单 插入(I) → 钣金(H) → 断裂边角(K)... 命令（或在工具栏中选择 → 断开边角/边角剪裁 命令）。

（2）定义折断边角选项。激活 折断边角选项(B) 区域的 ，选取图 48.37 所示的断开边角线。在 折断类型: 文本框中选取"倒角"按钮 ，在 文本框中输入距离值 3.0。

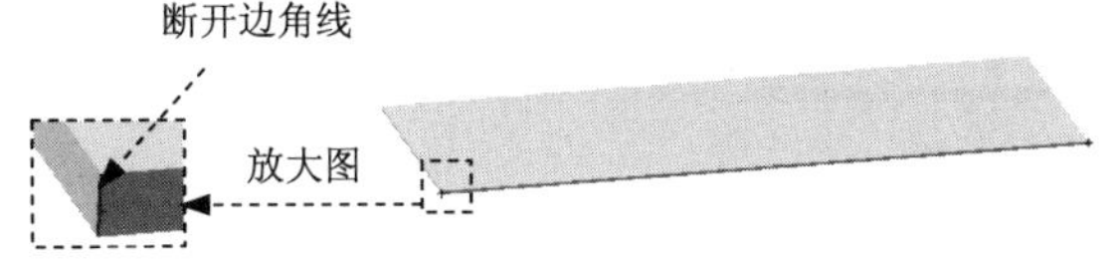

图 48.37 断开边角线

（3）单击✓按钮，完成断开-边角 1 的创建。

Step 4 创建图 48.38 所示的钣金特征——断开-边角 2。选择下拉菜单 插入(I) → 钣金(H) → 断裂边角(K)... 命令；激活 折断边角选项(B) 区域的，选取图 48.39 所示的各边线。在 折断类型: 文本框中选取“倒角”按钮，在文本框中输入距离值 5.0。单击✓按钮，完成断开-边角 2 的创建。

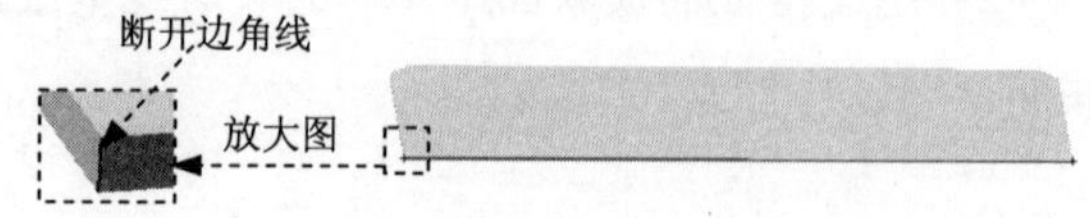

图 48.38 断开-边角 2　　图 48.39 断开边角线

Step 5 创建图 48.40 所示的钣金特征——边线-法兰 1。

（1）选择命令。选择下拉菜单 插入(I) → 钣金(H) → 边线法兰(E)... 命令。

（2）定义特征的边线。选取图 48.41 所示的模型边线为生成的边线法兰的边线。

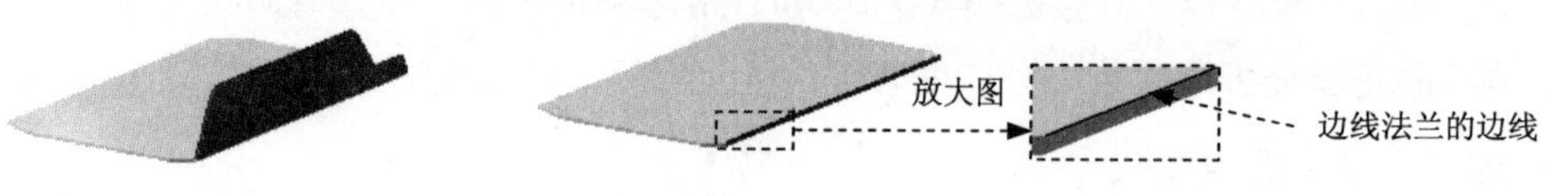

图 48.40 边线-法兰 1　　图 48.41 边线法兰的边线

（3）定义法兰参数。

① 定义法兰角度值。在 角度(G) 区域的文本框中输入角度值 90.0。

② 定义长度类型和长度值。在“边线法兰”对话框 法兰长度(L) 区域的下拉列表框中选择 给定深度 选项，在文本框中输入深度值 4.0。

③ 定义法兰位置。在 法兰位置(N) 区域中单击“折弯在外”按钮。

（4）单击✓按钮，完成边线-法兰 1 的初步创建。

（5）编辑边线-法兰 1 的草图。在设计树的 边线-法兰1 上右击，在系统弹出的快捷菜单中单击命令，系统进入草图环境。绘制图 48.42 所示的草图。退出草图环境，此时系统完成边线-法兰 1 的创建。

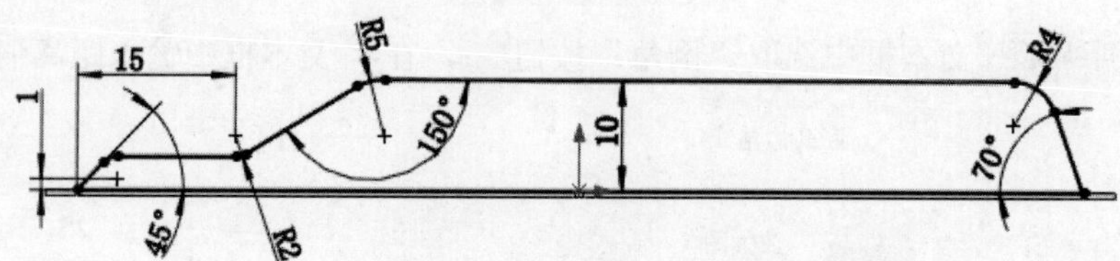

图 48.42 边线-法兰 1 草图

Step 6　创建图 48.43 所示的成形特征 1。

（1）单击任务窗格中的“设计库”按钮，打开设计库对话框。

（2）单击“设计库”对话框中的 ins48 节点，在“设计库”下部的列表框中选择“file_shaped_tool_01”文件并拖动到图 48.43 所示的平面，在系统弹出的“成形工具特征”对话框中单击✔按钮。

（3）单击设计树中 file_shaped_tool_011 节点前的“加号”，右击 (-) 草图7 特征，在系统弹出的快捷菜单中单击命令，进入草图环境。

（4）编辑草图，如图 48.44 所示。退出草图环境，完成成形特征 1 的创建。

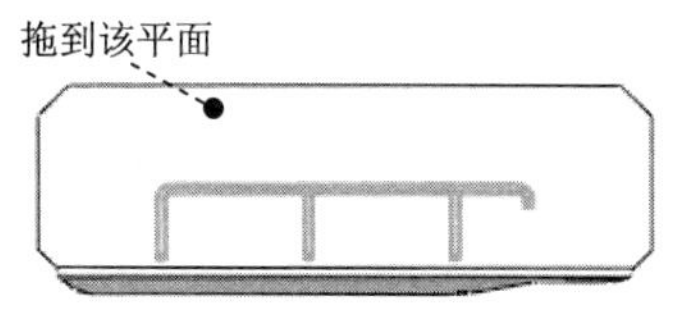

图 48.43　成形特征 1

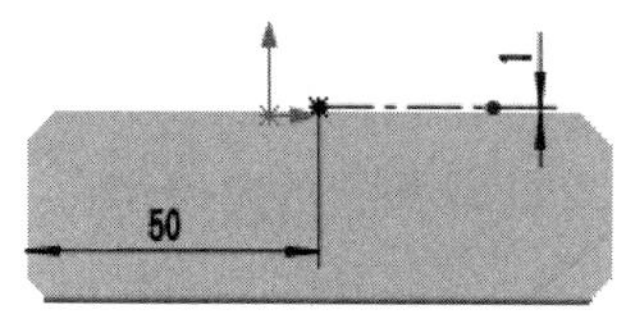

图 48.44　编辑草图

Step 7　创建图 48.45 所示的成形特征 2。

（1）单击任务窗格中的“设计库”按钮，打开设计库对话框。

（2）单击“设计库”对话框中的 ins48 节点，在“设计库”下部的列表框中选择“file_shaped_tool_02”文件并拖动到图 48.45 所示的平面，在系统弹出的“成形工具特征”对话框中单击✔按钮。

（3）单击设计树中 file_shaped_tool_021 节点前的“加号”，右击 (-) 草图9 特征，在系统弹出的快捷菜单中单击命令，进入草图环境。

（4）编辑草图，如图 48.46 所示。退出草图环境，完成成形特征 2 的创建。

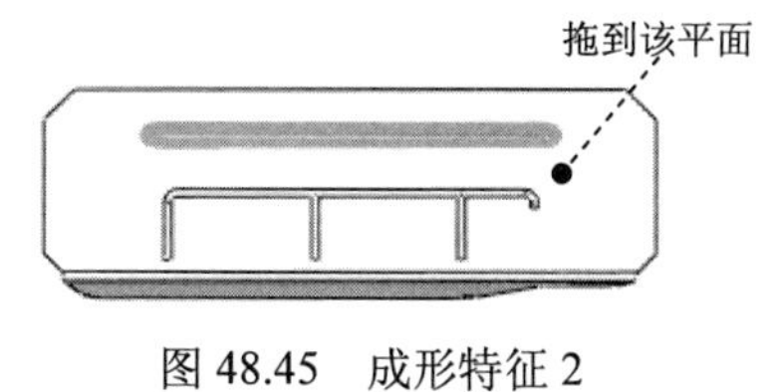

图 48.45　成形特征 2

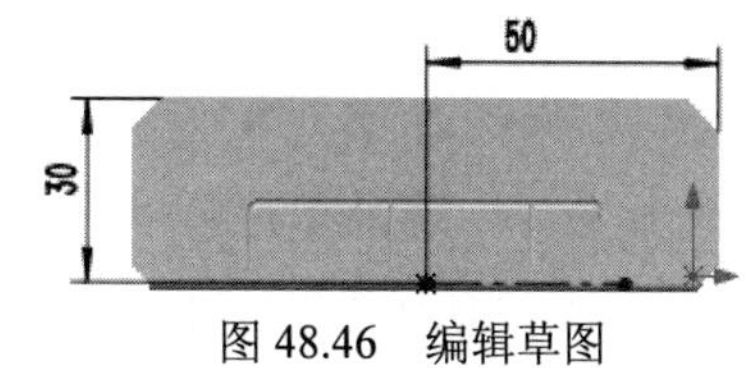

图 48.46　编辑草图

Step 8　创建图 48.47 所示的切除-拉伸 1。

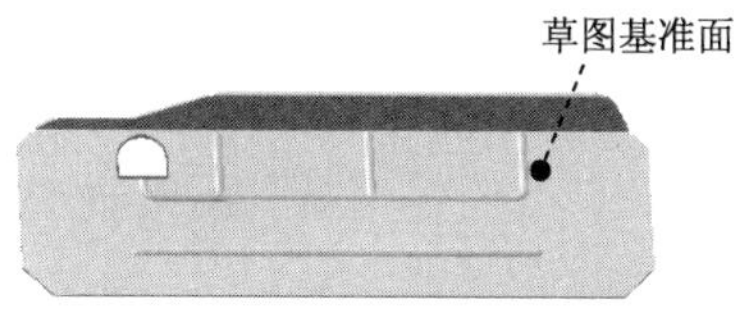

图 48.47　切除-拉伸 1

（1）选择命令。选择下拉菜单 插入(I) → 切除(C) → 拉伸(E)... 命令。

（2）定义特征的横断面草图。选取图 48.47 所示的模型表面作为草绘基准面，绘制图 48.48 所示的横断面草图。

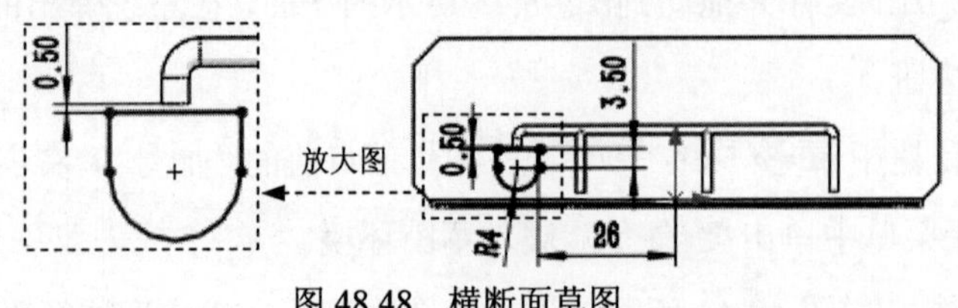

图 48.48　横断面草图

（3）定义切除深度属性。在“切除-拉伸”对话框 方向 1 区域的选中 ☑ 与厚度相等(L) 复选框与 ☑ 正交切除(N) 复选框。其他采用系统默认设置值。

（4）单击 ✔ 按钮，完成切除-拉伸 1 的创建。

Step 9　创建图 48.49 所示的阵列（线性）1。

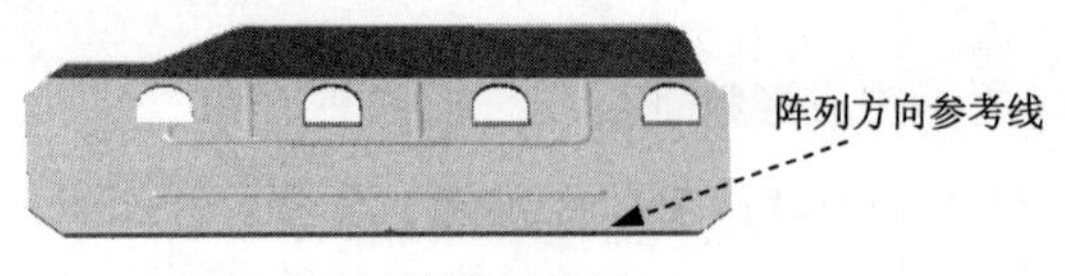

图 48.49　阵列（线性）1

（1）选择下拉菜单 插入(I) → 阵列/镜向(E) → 线性阵列(L)... 命令。

（2）定义阵列的对象。单击 后的文本框，选取切除-拉伸 1 作为要阵列的对象。

（3）定义阵列方向。单击 方向 1 区域的 后的文本框，选取图 48.49 所示的线作为阵列方向参考线。

（4）定义阵列的参数。在 文本框中输入间距值 24.0，在 文本框中输入实例数 4。

（5）单击 ✔ 按钮，完成阵列（线性）1 的创建。

Step 10　创建图 48.50 所示的钣金特征——边线-法兰 2。

（1）选择命令。选择下拉菜单 插入(I) → 钣金(H) → 边线法兰(E)... 命令（或单击“钣金”工具栏中的 按钮）。

（2）定义特征的边线。选取图 48.51 所示的模型边线为生成的边线法兰的边线。

图 48.50　边线-法兰 2

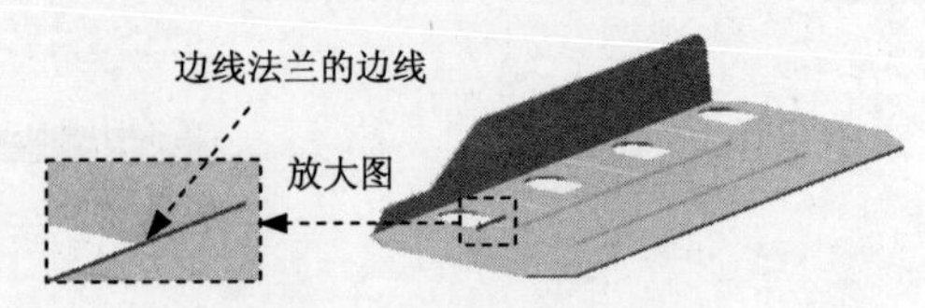

图 48.51　边线法兰的边线

（3）定义法兰参数。

① 定义法兰角度值。在 角度(G) 区域的 本框中输入角度值 90.0。

② 定义长度类型和长度值。在“边线法兰”对话框 法兰长度(L) 区域的 下拉列表框中选择 给定深度 选项，在 文本框中输入深度值 1.0。

③ 定义法兰位置。在 法兰位置(N) 区域中单击“折弯在外”按钮 。

（4）单击 按钮，完成边线-法兰 2 的初步创建。

（5）编辑边线-法兰 2 的草图。在设计树的 边线-法兰2 上右击，在系统弹出的快捷菜单中单击 命令，系统进入草图环境。绘制图 48.52 所示的草图。退出草图环境，此时系统完成边线-法兰 2 的创建。

Step 11 创建钣金特征——边线-法兰 3、边线-法兰 4、边线-法兰 5（图 48.53）。由于它们的创建过程与边线-法兰 2 类似，这里不再叙述，详细操作请参照随书光盘。

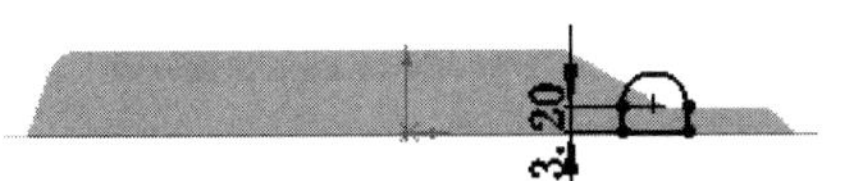

图 48.52　边线-法兰 2 草图

图 48.53　边线-法兰 3、4、5

Step 12 创建图 48.54 所示的钣金特征——绘制的折弯 1。

（1）选择命令。选择下拉菜单 插入(I) ➡ 钣金(H) ➡ 绘制的折弯(S)... 命令（或单击“钣金”工具栏上的“绘制的折弯”按钮 ）。

（2）定义特征的折弯线。

① 定义折弯线基准面。选取图 48.54 所示的模型表面作为折弯线基准面。

② 定义折弯线草图。在草图环境中绘制图 48.55 所示的折弯线。

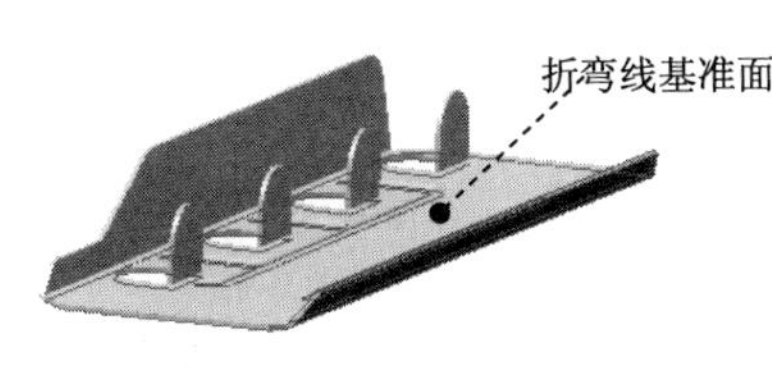

图 48.54　绘制的折弯 1

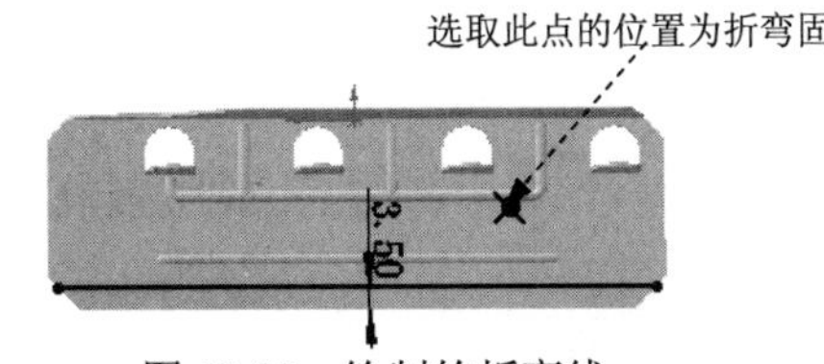

图 48.55　绘制的折弯线

（3）定义折弯固定侧。在图 48.55 所示的位置处单击，确定折弯固定侧。

（4）定义钣金参数属性。在 折弯参数(P) 区域的 文本框中输入折弯角度值 60.0，在 折弯位置: 区域中单击“折弯中心线”按钮 ，在 文本框中输入折弯半径值 0.2。

（5）单击 按钮，完成绘制的折弯 1 的创建。

Step 13 创建图 48.56 所示的钣金特征——绘制的折弯 2。

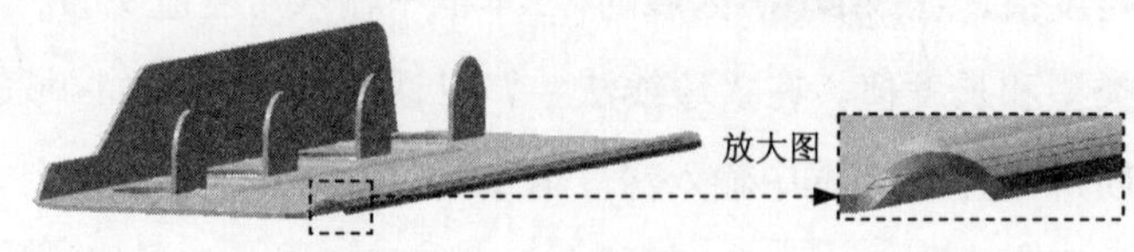

图 48.56 绘制的折弯 2

（1）选择命令。选择下拉菜单 插入(I) → 钣金(H) → 绘制的折弯(S)... 命令（或单击“钣金”工具栏上的“绘制的折弯”按钮）。

（2）定义特征的折弯线。

① 定义折弯线基准面。选取图 48.57 所示的模型表面作为折弯线基准面。

② 定义折弯线草图。在草图环境中绘制图 48.58 所示的折弯线。

图 48.57 折弯线基准面

图 48.58 绘制的折弯线

（3）定义折弯固定侧。在图 48.58 所示的位置处单击，确定折弯固定侧。

（4）定义钣金参数属性。在 折弯参数(P) 区域的文本框中输入折弯角度值 120.0，在 折弯位置: 区域中单击“折弯在外”按钮，在文本框中输入折弯半径值 1.0。

（5）单击按钮，完成绘制的折弯 2 的创建。

Step 14 创建图 48.59 所示的切除-拉伸 2。

（1）选择命令。选择下拉菜单 插入(I) → 切除(C) → 拉伸(E)... 命令。

（2）定义特征的横断面草图。选取图 48.60 所示的表面作为草绘基准面，绘制图 48.60 所示的横断面草图。

图 48.59 切除-拉伸 2

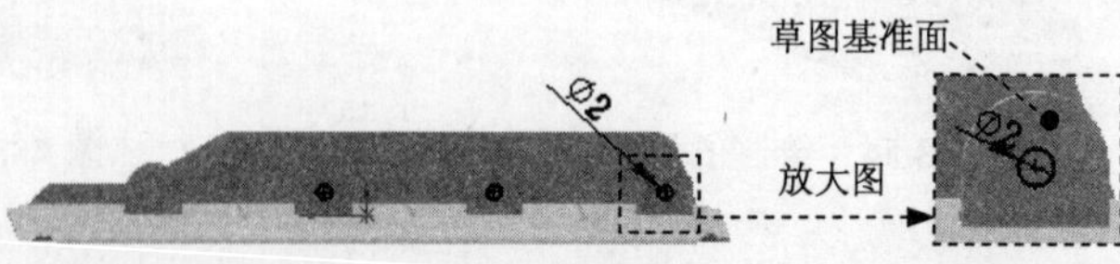

图 48.60 横断面草图

（3）定义切除深度属性。在“切除-拉伸”对话框 方向 1 区域的下拉列表框中选择 完全贯穿 选项，选中 ☑ 正交切除(N) 复选框，其他采用系统默认设置值。

（4）单击✔按钮，完成切除-拉伸 2 的创建。

Step 15 创建图 48.61 所示的切除-拉伸 3。

（1）选择命令。选择下拉菜单 插入(I) ➡ 切除(C) ➡ 拉伸(E)... 命令。

（2）定义特征的横断面草图。选取图 48.61 所示的表面作为草绘基准面，绘制图 48.62 所示的横断面草图。

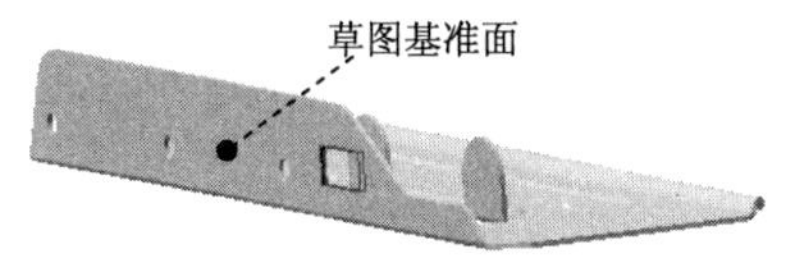

图 48.61 切除-拉伸 3

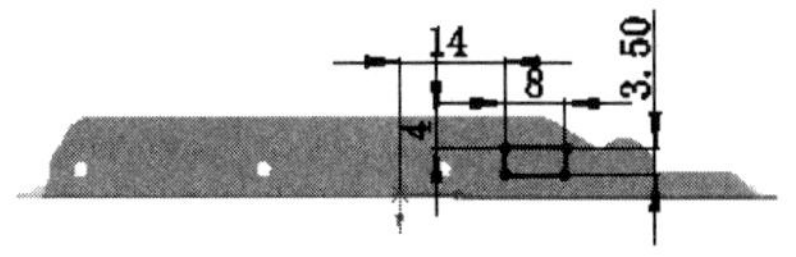

图 48.62 横断面草图

（3）定义切除深度属性。在“切除-拉伸”对话框 方向 1 区域选中 ☑ 与厚度相等(L) 复选框与 ☑ 正交切除(N) 复选框。其他采用系统默认设置值。

（4）单击✔按钮，完成切除-拉伸 3 的创建。

Step 16 创建图 48.63 所示的切除-拉伸 4。

（1）选择命令。选择下拉菜单 插入(I) ➡ 切除(C) ➡ 拉伸(E)... 命令。

（2）定义特征的横断面草图。选取图 48.63 所示的表面作为草绘基准面，绘制图 48.64 所示的横断面草图。

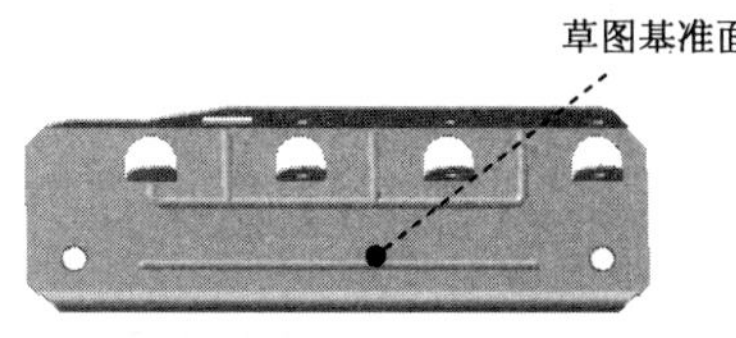

图 48.63 切除-拉伸 4

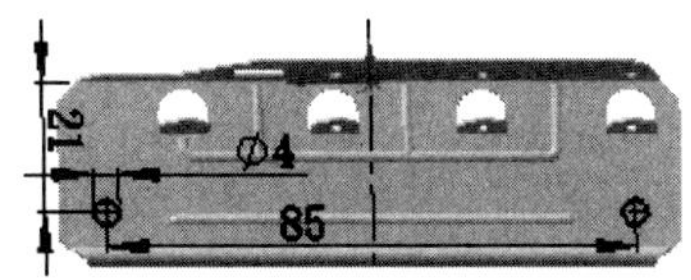

图 48.64 横断面草图

（3）定义切除深度属性。在“切除-拉伸”对话框 方向 1 区域选中 ☑ 与厚度相等(L) 复选框与 ☑ 正交切除(N) 复选框。其他采用系统默认设置值。

（4）单击✔按钮，完成切除-拉伸 4 的创建。

Step 17 至此，钣金件 1 模型创建完毕。选择下拉菜单 文件(F) ➡ 另存为(A)... 命令，将模型命名为 file_clamp_ 01，即可保存钣金件模型。

48.3 钣金件 2

钣金件 2 的钣金件模型及设计树如图 48.65 所示。

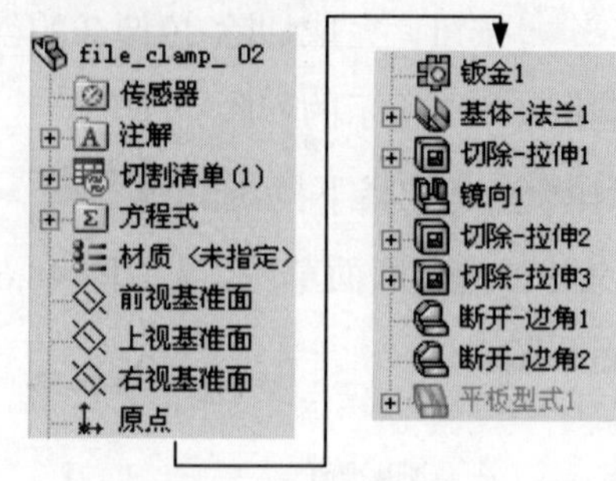

图 48.65 钣金件模型及设计树

Step 1 新建模型文件。选择下拉菜单 文件(F) → 新建(N)... 命令，在系统弹出的“新建 SolidWorks 文件”对话框中选择“零件”模块，单击 确定 按钮，进入建模环境。

Step 2 创建图 48.66 所示的钣金基础特征——基体-法兰 1。

（1）选择命令。选择下拉菜单 插入(I) → 钣金(H) → 基体法兰(A)... 命令（或单击“钣金”工具栏上的“基体法兰/薄片”按钮）。

（2）定义特征的横断面草图。选取前视基准面作为草绘基准面，绘制图 48.67 所示的横断面草图。

图 48.66 基体-法兰 1

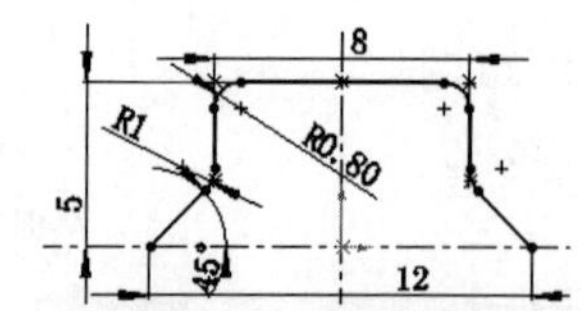

图 48.67 横断面草图

（3）定义钣金参数属性。在 方向 1 区域的下拉列表框中选择 两侧对称 选项，在文本框中输入深度值 65.0；在 钣金参数(S) 区域的文本框中输入厚度值 0.15，在文本框中输入折弯半径值 1.0。

（4）单击按钮，完成基体-法兰 1 的创建。

Step 3 创建图 48.68 所示的切除-拉伸 1。

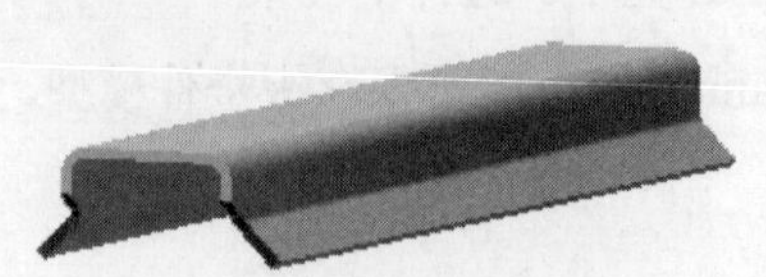

图 48.68 切除-拉伸 1

（1）选择命令。选择下拉菜单 插入(I) → 切除(C) → 拉伸(E)... 命令。

（2）定义特征的横断面草图。选取右视基准面作为草绘基准面，绘制图 48.69 所示的横断面草图。

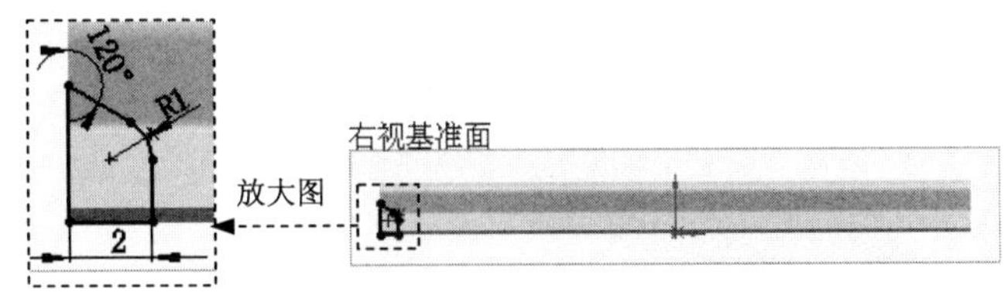

图 48.69 横断面草图

（3）定义切除深度属性。在“切除-拉伸”对话框**方向 1**区域的下拉列表框中选择**完全贯穿**选项，选中☑正交切除(N)复选框，选中☑方向 2复选框，其他采用系统默认设置值。

（4）单击✔按钮，完成切除-拉伸 1 的创建。

Step 4 创建图 48.70 所示的镜像 1。选择下拉菜单 插入(I) ➡ 阵列/镜向(E) ➡ 镜向(M)... 命令；选取前视基准面作为镜像基准面；选择切除-拉伸 1 作为镜像 1 的对象；单击✔按钮，完成镜像 1 的创建。

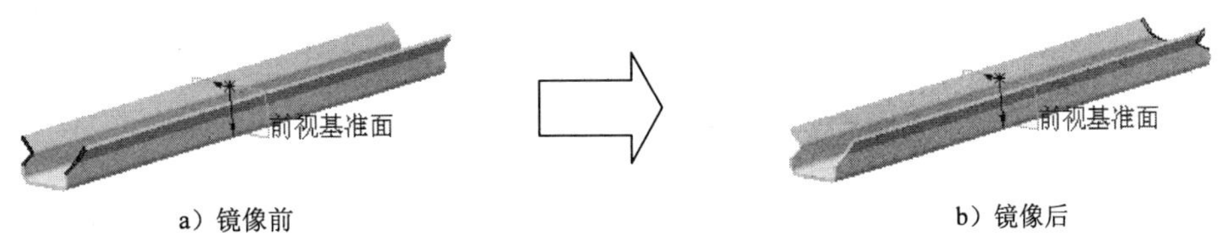

a）镜像前　　b）镜像后

图 48.70 镜像 1

Step 5 创建图 48.71 所示的切除-拉伸 2。选择下拉菜单 插入(I) ➡ 切除(C) ➡ 拉伸(E)... 命令；选取图 48.71 所示的模型表面作为草绘基准面，绘制图 48.72 所示的横断面草图；在**方向 1**区域的下拉列表框中选择**完全贯穿**选项，选中☑正交切除(N)复选框。单击✔按钮，完成切除-拉伸 2 的创建。

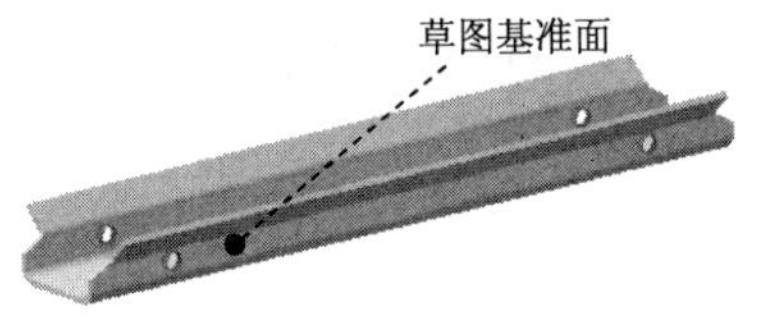

图 48.71 切除-拉伸 2

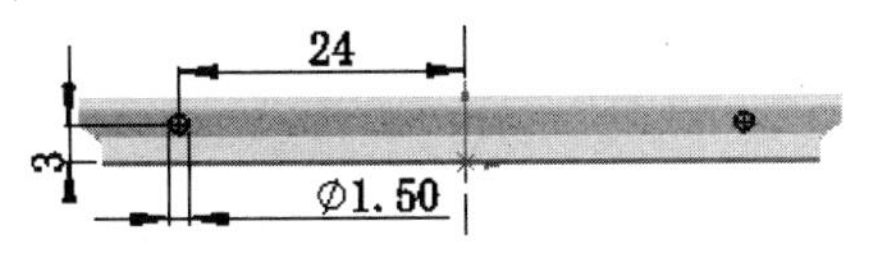

图 48.72 横断面草图

Step 6 创建图 48.73 所示的切除-拉伸 3。选择下拉菜单 插入(I) ➡ 切除(C) ➡ 拉伸(E)... 命令；选取图 48.73 所示的模型表面作为草绘基准面，绘制

图 48.74 所示的横断面草图；在 方向1 区域的 下拉列表框中选择 完全贯穿 选项，选中 ☑ 正交切除(N) 复选框。单击 ✓ 按钮，完成切除-拉伸 3 的创建。

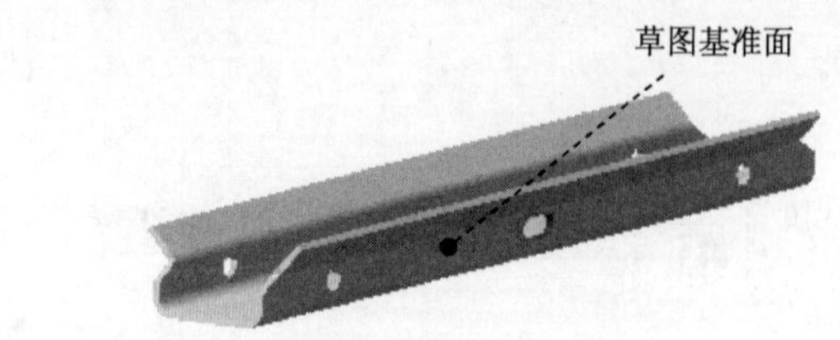

图 48.73 切除-拉伸 3

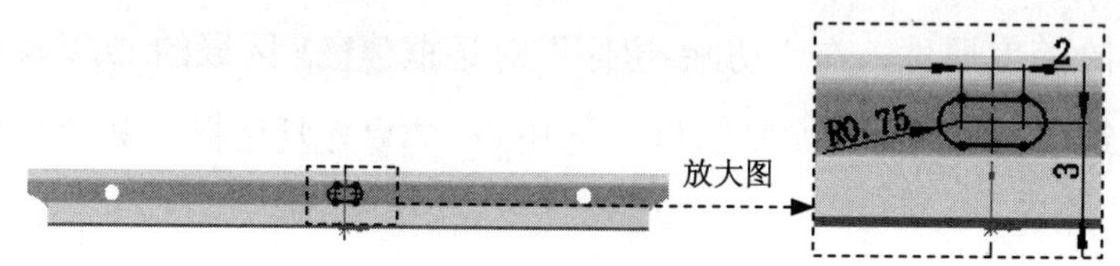

图 48.74 横断面草图

Step 7 创建图 48.75 所示的钣金特征——断开-边角 1。

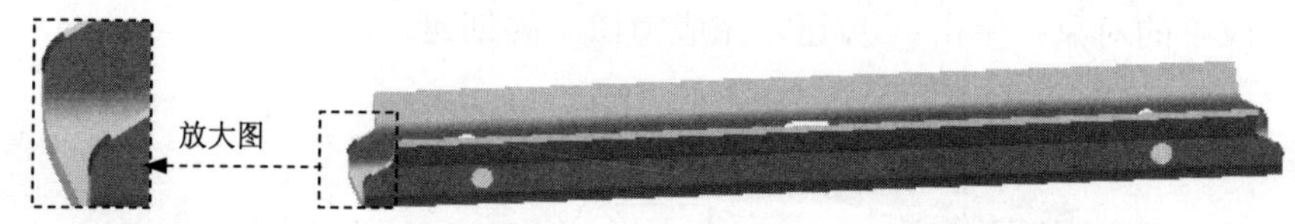

图 48.75 断开-边角 1

（1）选择命令。选择下拉菜单 插入(I) → 钣金(H) → 断裂边角(K)... 命令（或在工具栏中选择 → 断开边角/边角剪裁 命令）。

（2）定义折断边角选项。激活 折断边角选项(B) 区域的 ，选取图 48.76 所示的各边线为断开边角线。在 折断类型: 文本框中单击“圆角”按钮 ，在 文本框中输入折弯半径值 1.0。

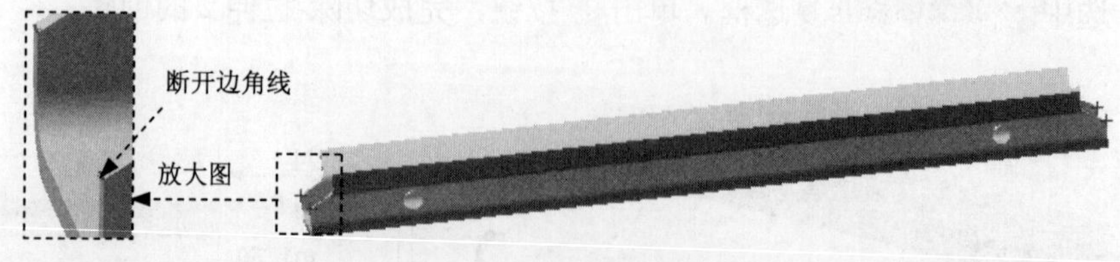

图 48.76 断开边角线

（3）单击 ✓ 按钮，完成断开-边角 1 的创建。

Step 8 创建图 48.77 所示的钣金特征——断开-边角 2。由于它的创建过程与断开-边角 1 的类似，这里不再赘述，详细操作请参照随书光盘。

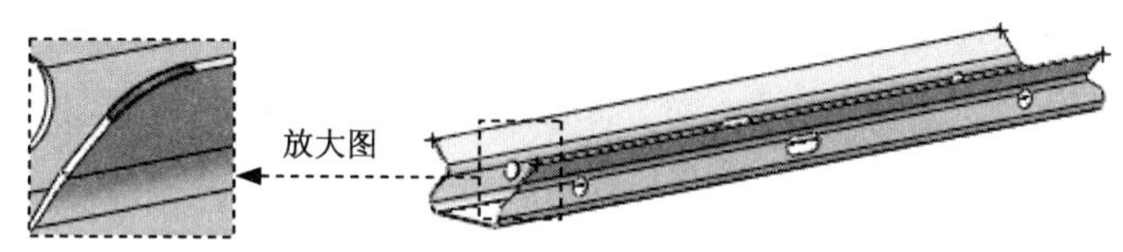

图 48.77　断开-边角 2

Step 9　至此，钣金件 2 模型创建完毕。选择下拉菜单 文件(F) → 保存(S) 命令，将模型命名为 file_clamp_ 02，即可保存钣金件模型。

48.4 钣金件 3

Task1. 创建成形工具 3

成形工具 3 的零件模型及设计树如图 48.78 所示。

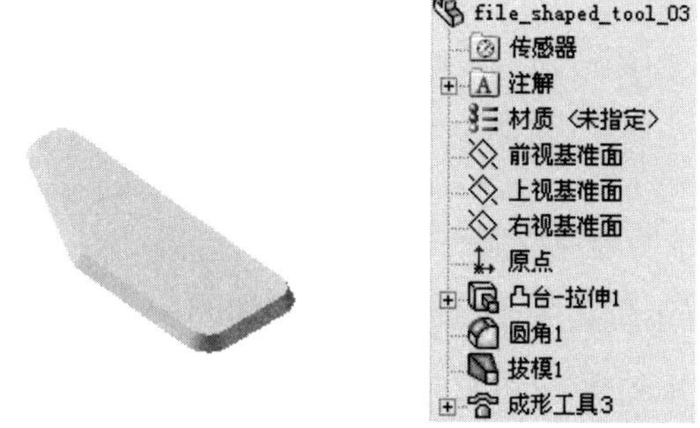

图 48.78　零件模型及设计树

Step 1　新建模型文件。选择下拉菜单 文件(F) → 新建(N)... 命令，在系统弹出的“新建 SolidWorks 文件”对话框中选择“零件”模块，单击 确定 按钮，进入建模环境。

Step 2　创建图 48.79 所示的零件基础特征——凸台-拉伸 1。

（1）选择命令。选择下拉菜单 插入(I) → 凸台/基体(B) → 拉伸(E)... 命令（或单击“特征（F）”工具栏中的按钮）。

（2）定义特征的横断面草图。选取前视基准面作为草绘基准面，绘制图 48.80 所示的横断面草图。

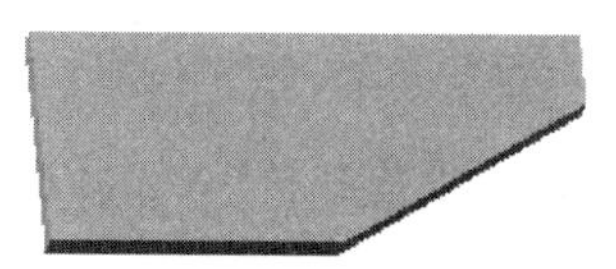

图 48.79　凸台-拉伸 1

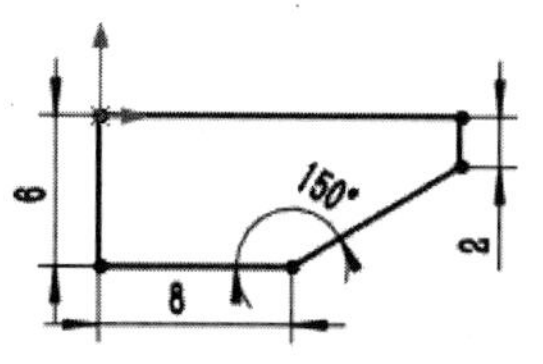

图 48.80　横断面草图

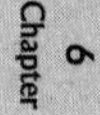

（3）定义拉伸深度属性。采用系统默认的深度方向；在“凸台-拉伸”对话框 方向1 区域的 下拉列表框中选择 给定深度 选项，在 中输入深度值 0.7。

（4）单击 按钮，完成凸台-拉伸 1 的创建。

Step 3 创建图 48.81 所示的圆角 1。选择下拉菜单 插入(I) → 特征(F) → 圆角(F)... 命令；选取图 48.81a 所示的边线为要圆角的对象。在 圆角项目(I) 区域的 文本框中输入圆角半径值 1，选中 ☑ 切线延伸(G) 复选框。单击 按钮，完成圆角 1 的创建。

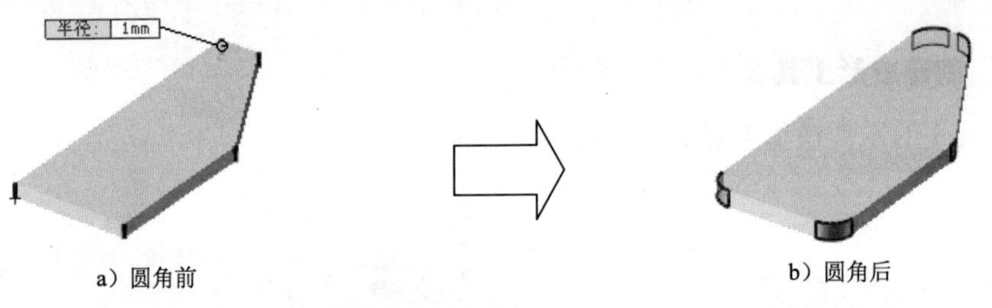

a）圆角前　　b）圆角后

图 48.81　圆角 1

Step 4 创建图 48.82 所示的零件特征——拔模 1。

（1）选择命令。选择下拉菜单 插入(I) → 特征(F) → 拔模(D)... 命令（或单击“特征（F）”工具栏中的 按钮）。

（2）定义拔模类型。选中 拔模类型(T) 区域的 ⊙ 中性面(E) 单选按钮。

（3）定义拔模中性面。在 中性面(N) 区域的 中选取图 48.83 所示的模型表面作为拔模中性面。

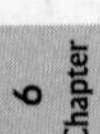

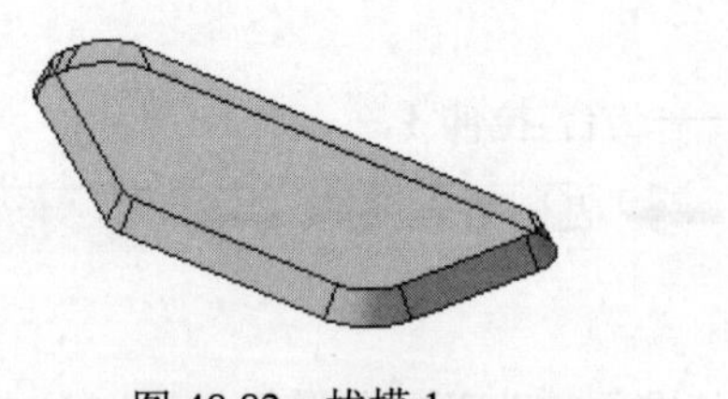

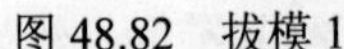

图 48.82　拔模 1

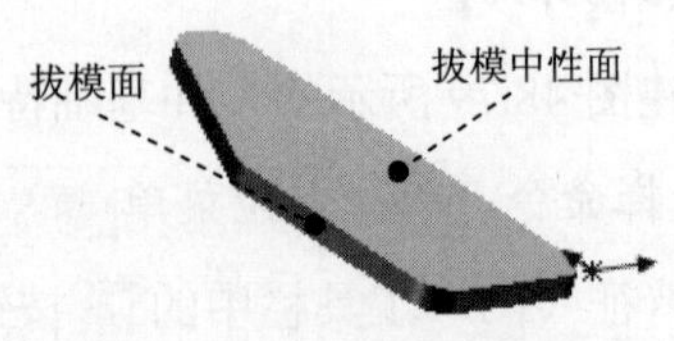

图 48.83　拔模参考面

说明：单击 按钮可以改变拔模方向。

（4）定义拔模面。在 拔模面(F) 区域的 中选取图 48.83 所示的模型表面作为拔模面（由于尺寸太小，具体选取请参照随书光盘），在 拔模沿面延伸(A): 中选取 沿切面 选项。

（5）定义拔模角度。在“拔模”对话框中 拔模角度(G) 区域的 文本框后输入值 30.0。

（6）单击 按钮，完成拔模 1 的创建。

Step 5 创建图 48.84 所示的零件特征-成形工具 3。

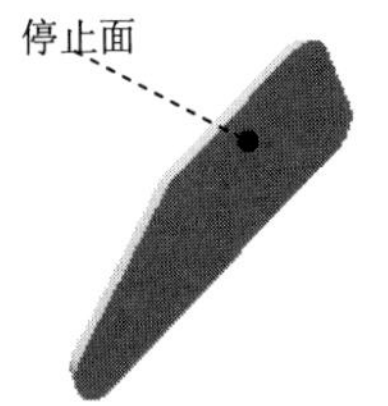

图 48.84 成形工具 3

（1）选择命令。选择下拉菜单 插入(I) → 钣金(H) → 成形工具 命令。

（2）定义成形工具属性。定义停止面。激活“成形工具”对话框的 停止面 区域，选取图 48.84 所示的模型表面作为成形工具的停止面。

（3）单击✓按钮，完成成形工具 3 的创建。

Step 6 至此，成形工具 3 模型创建完毕。选择下拉菜单 文件(F) → 另存为(A)... 命令，把模型保存于 D:\sw13in\work\ins48\中，并命名为 file_shaped_tool_03。

Task2. 创建成形工具 4

成形工具 4 的零件模型及设计树如图 48.85 所示。

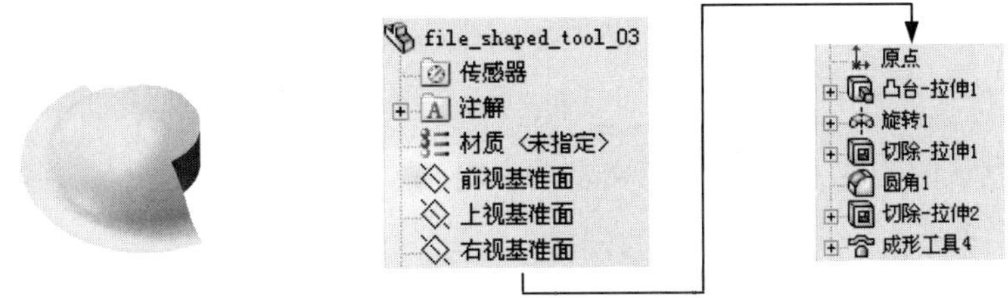

图 48.85 零件模型及设计树

Step 1 新建模型文件。选择下拉菜单 文件(F) → 新建(N)... 命令，在系统弹出的“新建 SolidWorks 文件”对话框中选择“零件”模块，单击 确定 按钮，进入建模环境。

Step 2 创建图 48.86 所示的零件基础特征——凸台-拉伸 1。

（1）选择命令。选择下拉菜单 插入(I) → 凸台/基体(B) → 拉伸(E)... 命令（或单击“特征（F）”工具栏中的按钮）。

（2）定义特征的横断面草图。选取前视基准面作为草绘基准面，绘制图 48.87 所示的横断面草图。

（3）定义拉伸深度属性。采用系统默认的深度方向；在“凸台-拉伸”对话框 方向 1 区域的下拉列表框中选择 给定深度 选项，在 D1 中输入深度值 3.0。

图 48.86　凸台-拉伸 1

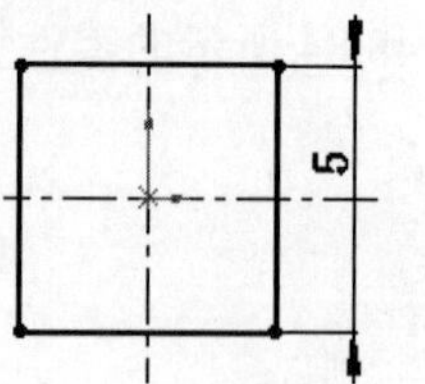

图 48.87　横断面草图

（4）单击✔按钮，完成凸台-拉伸 1 的创建。

Step 3　创建图 48.88 所示的零件基础特征——旋转 1。

（1）选择命令。选择下拉菜单 插入(I) → 凸台/基体(B) → 旋转(R)... 命令。

（2）定义特征的横断面草图。选取上视基准面作为草绘基准面，绘制图 48.89 所示的横断面草图。

图 48.88　旋转 1

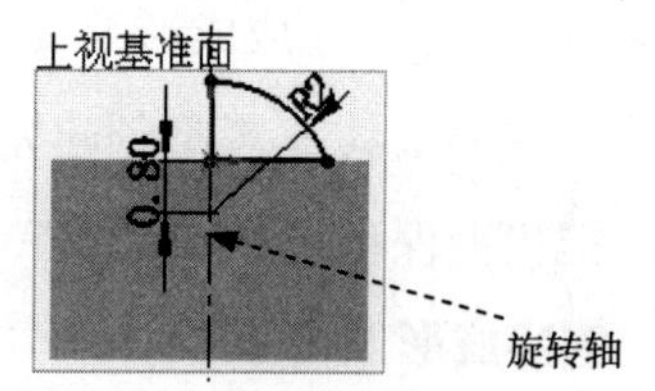

图 48.89　横断面草图

（3）定义旋转轴线。采用图 48.89 所示的中心线作为旋转轴线。

（4）定义旋转属性。在“旋转”对话框 方向1 区域的下拉列表框中选择 给定深度 选项，采用系统默认的旋转方向。在文本框中输入数值 360，选中 ☑ 合并结果(M) 复选框。

（5）单击✔按钮，完成旋转 1 的创建。

Step 4　创建图 48.90 所示的切除-拉伸 1。选择下拉菜单 插入(I) → 切除(C) → 拉伸(E)... 命令；选取图 48.90 所示的表面作为草绘基准面，绘制图 48.91 所示的横断面草图；单击 方向1 区域的按钮，并在其下拉列表框中选择 完全贯穿 选项。其他采用系统默认设置值。单击✔按钮，完成切除-拉伸 1 的创建。

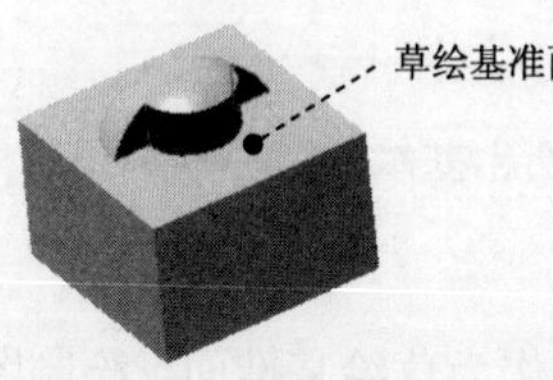

图 48.90　切除-拉伸 1

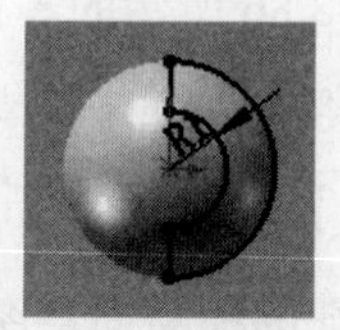

图 48.91　横断面草图

说明：单击按钮可以改变切除-拉伸方向。

Step 5　创建图 48.92 所示的圆角 1。

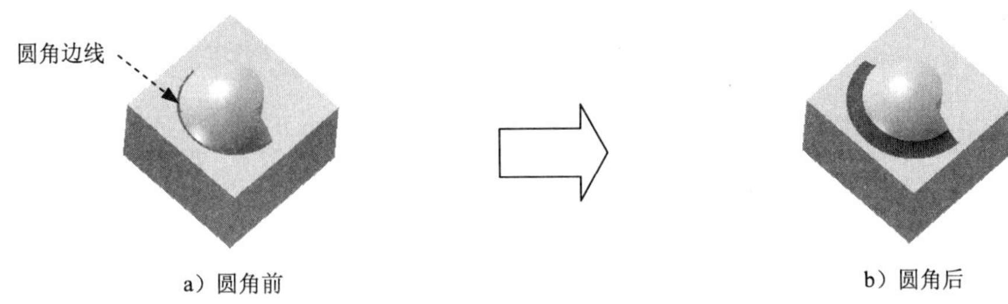

图 48.92 圆角 1

（1）选择命令。选择下拉菜单 插入(I) ➡ 特征(F) ➡ 圆角(F)... 命令（或单击按钮），系统弹出“圆角”对话框。

（2）定义圆角类型。采用系统默认的圆角类型。

（3）定义圆角对象。选取图 48.92a 所示的边线为要圆角的对象。

（4）定义圆角的半径。在 圆角项目(I) 区域的文本框中输入圆角半径值 0.5。

（5）单击按钮，完成圆角 1 的创建。

Step 6 创建图 48.93 所示的切除-拉伸 2。选择下拉菜单 插入(I) ➡ 切除(C) ➡ 拉伸(E)... 命令；选取图 48.94 所示的模型表面作为草绘基准面，绘制图 48.94 所示的横断面草图。在 方向 1 区域的下拉列表框中选择 完全贯穿 选项。单击按钮，完成切除-拉伸 2 的创建。

图 48.93 切除-拉伸 2

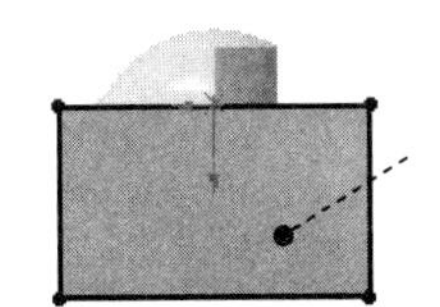

图 48.94 横断面草图

Step 7 创建图 48.95 所示的零件特征——成形工具 4。

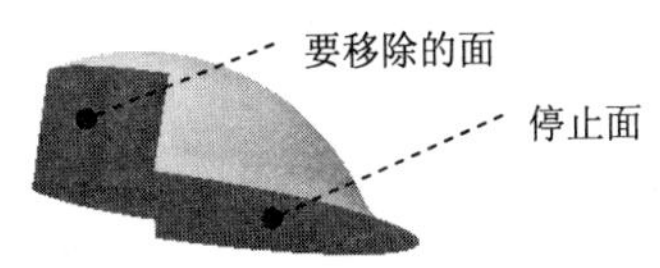

图 48.95 成形工具 4

（1）选择命令。选择下拉菜单 插入(I) ➡ 钣金(H) ➡ 成形工具 命令。

（2）定义成形工具属性。

① 定义停止面。激活“成形工具”对话框的 停止面 区域，选取图 48.95 所示的模型表面作为成形工具的停止面。

② 定义移除面。激活“成形工具”对话框的 要移除的面 区域，选取图 48.95 所示的模型表面作为成形工具的移除面。

（3）单击✔按钮，完成成形工具 4 的创建。

Step 8 至此，成形工具 4 模型创建完毕。选择下拉菜单 文件(F) → 另存为(A)... 命令，把模型保存于 D:\sw13in\work\ins48\中，并命名为 file_shaped_tool_04。

Task3. 创建主体钣金件模型

主体钣金件的钣金件模型和设计树如图 48.96 所示。

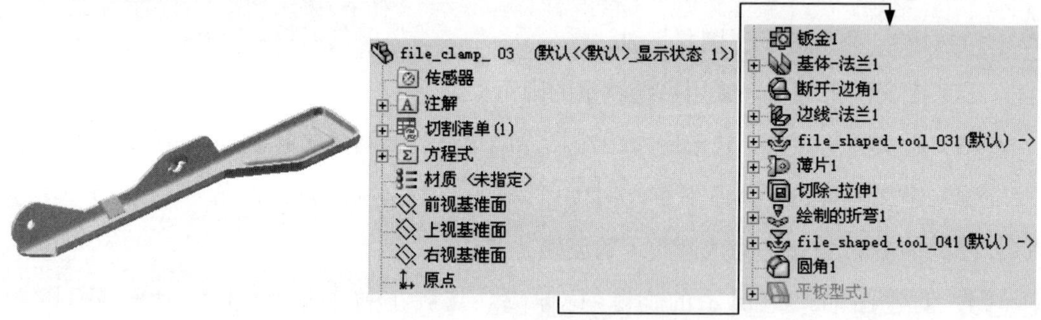

图 48.96　钣金件模型及设计树

Step 1 新建模型文件。选择下拉菜单 文件(F) → 新建(N)... 命令，在系统弹出的“新建 SolidWorks 文件”对话框中选择“零件”模块，单击 确定 按钮，进入建模环境。

Step 2 创建图 48.97 所示的钣金基础特征——基体-法兰 1。

（1）选择命令。选择下拉菜单 插入(I) → 钣金(H) → 基体法兰(A)... 命令（或单击“钣金”工具栏上的“基体法兰/薄片”按钮）。

（2）定义特征的横断面草图。选取前视基准面作为草绘基准面，绘制图 48.98 所示的横断面草图。

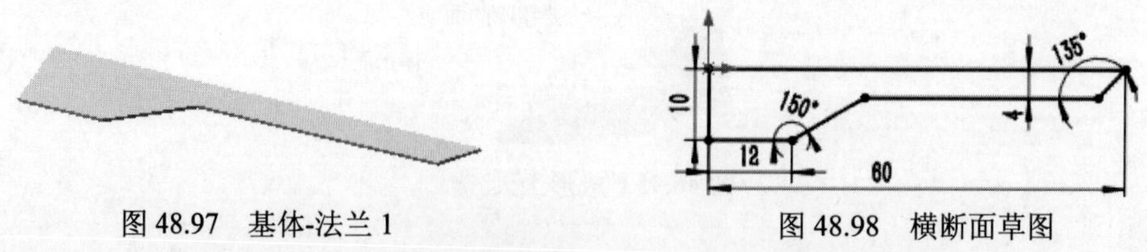

图 48.97　基体-法兰 1　　图 48.98　横断面草图

（3）定义钣金参数属性。在 钣金参数(S) 区域的文本框 T1 中输入厚度值 0.5。其他采用系统默认设置值。

（4）单击✔按钮，完成基体-法兰 1 的创建。

Step 3 创建图 48.99 所示的钣金特征——断开-边角 1。

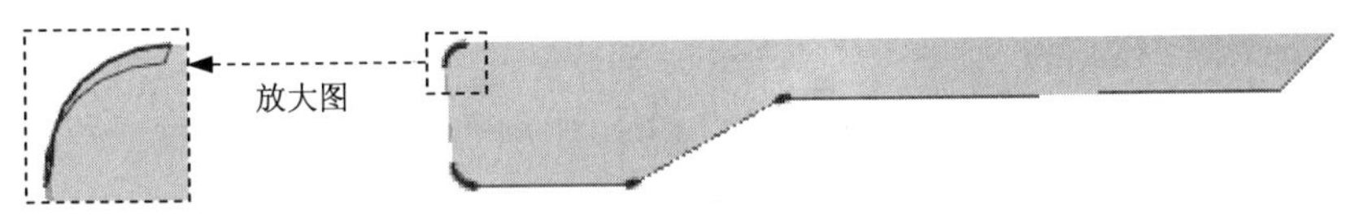

图 48.99　断开-边角 1

（1）选择命令。选择下拉菜单 插入(I) → 钣金(H) → 断裂边角(K)... 命令（或单击“钣金”工具栏中的按钮）。

（2）定义折断边角选项。激活 折断边角选项(B) 区域的，选取图 48.100 所示的各边线。在 折断类型: 文本框中选取“圆角”按钮，在文本框中输入圆角半径值 1.5。

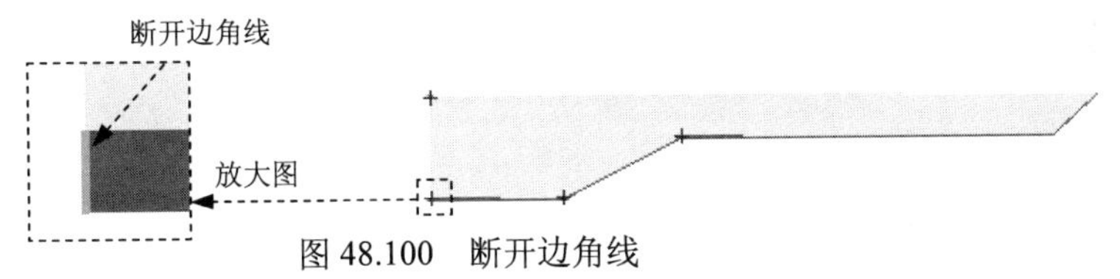

图 48.100　断开边角线

（3）单击按钮，完成断开-边角 1 的创建。

Step 4 创建图 48.101 所示的钣金特征——边线-法兰 1。选择下拉菜单 插入(I) → 钣金(H) → 边线法兰(E)... 命令，选取图 48.102 所示的模型边线为生成的边线法兰的边线；并取消选中 □ 使用默认半径(U) 复选框，在其下面的文本框中输入半径值 0.6；在 角度(G) 区域的文本框中输入角度值 90.0；在 法兰长度(L) 区域的下拉列表框中选择 给定深度 选项，在文本框中输入深度值 2。在 法兰位置(N) 区域中单击“折弯在外”按钮。单击按钮，完成边线法兰的创建。

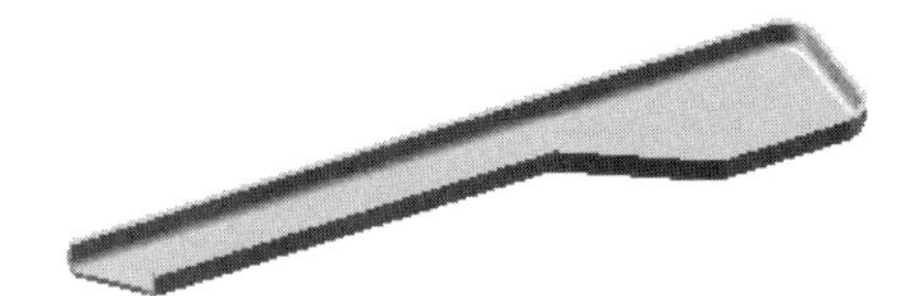

图 48.101　边线-法兰 1

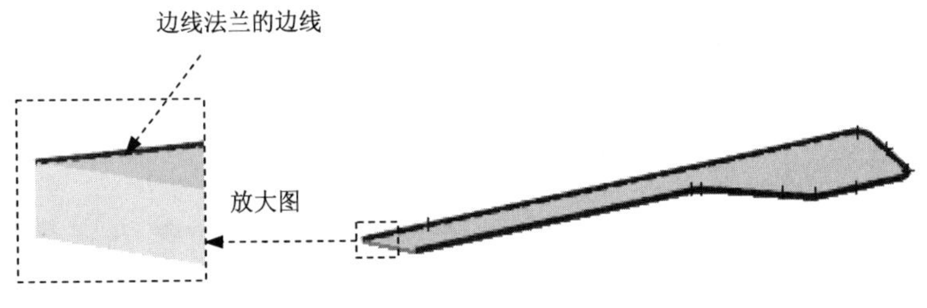

图 48.102　边线法兰的边线

Step 5 创建图 48.103 所示的成形特征 1。

（1）单击任务窗格中的“设计库”按钮，打开“设计库”对话框。

（2）单击“设计库”对话框中的 ins48 节点，在设计库下部的列表框中选择“file_shaped_tool_03”文件并拖动到图 48.103 所示的平面，在弹出的“成形工具特征”对话框中单击✓按钮。

（3）单击设计树中 file_shaped_tool_031 节点前的“加号”，右击 (-) 草图6 特征，在系统弹出的快捷菜单中单击命令，进入草图环境。

（4）编辑草图，如图 48.104 所示。退出草图环境，完成成形特征 1 的创建。

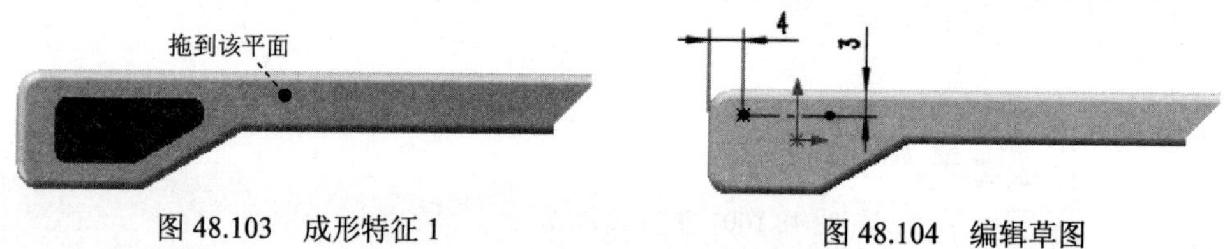

图 48.103 成形特征 1

图 48.104 编辑草图

Step 6 创建图 48.105 所示的钣金特征——薄片 1。

（1）选择命令。选择下拉菜单 插入(I) → 钣金(H) → 基体法兰(A)... 命令（或单击“钣金”工具栏上的“基体法兰/薄片”按钮）。

（2）定义特征的横断面草图。选取图 48.105 所示的表面作为草绘基准面；在草图环境中绘制图 48.106 所示的横断面草图。

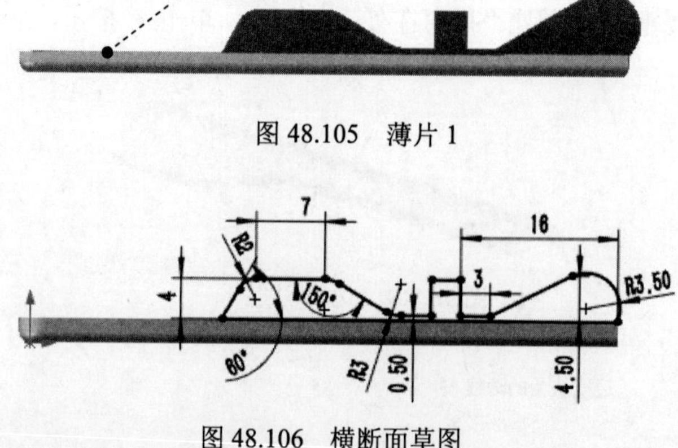

图 48.105 薄片 1

图 48.106 横断面草图

Step 7 创建图 48.107 所示的切除-拉伸 2。

（1）选择命令。选择下拉菜单 插入(I) → 切除(C) → 拉伸(E)... 命令。

（2）定义特征的横断面草图。

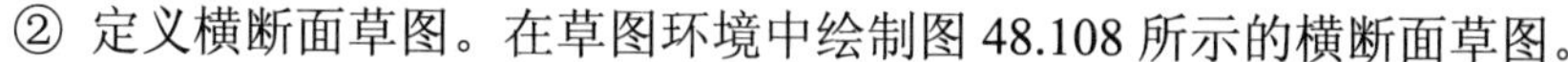

① 定义草绘基准面。选取图 48.107 所示的表面作为草绘基准面。

② 定义横断面草图。在草图环境中绘制图 48.108 所示的横断面草图。

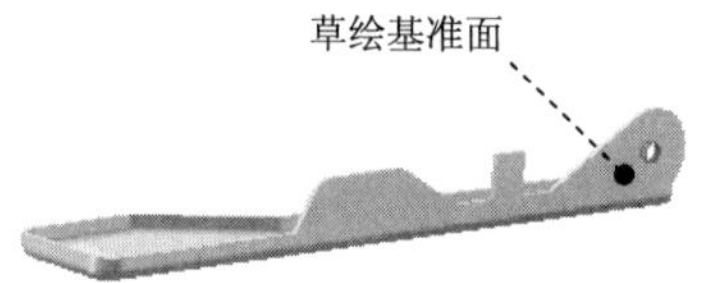

图 48.107 切除-拉伸 2

图 48.108 横断面草图

（3）定义切除深度属性。在“切除-拉伸”对话框 方向1 区域的 下拉列表框中选择 给定深度 选项，选中 ☑ 与厚度相等(L) 复选框与 ☑ 正交切除(N) 复选框。其他选择默认设置值。

（4）单击 ✓ 按钮，完成切除-拉伸 1 的创建。

Step 8 创建图 48.109 所示的钣金特征——绘制的折弯 1。

（1）选择命令。选择下拉菜单 插入(I) ➡ 钣金(H) ➡ 绘制的折弯(S)... 命令（或单击“钣金”工具栏上的“绘制的折弯”按钮 ）。

（2）定义特征的折弯线。

① 定义折弯线基准面。选取图 48.110 的模型表面作为折弯线基准面。

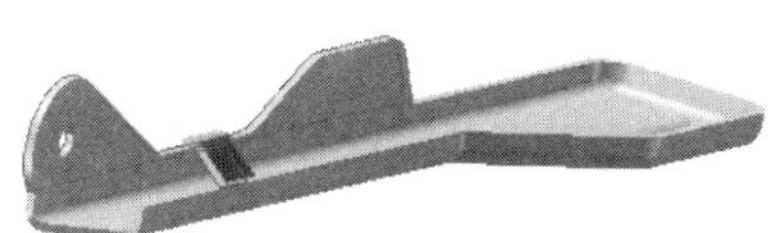

图 48.109 绘制的折弯 1

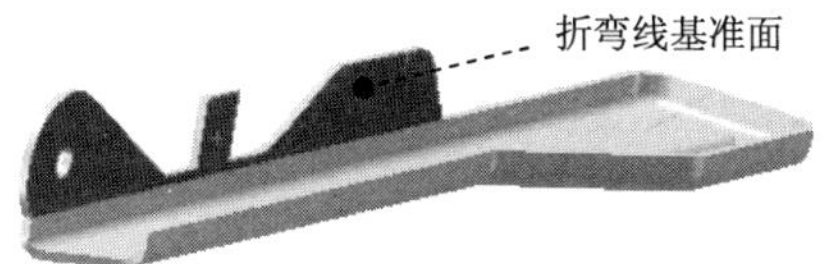

图 48.110 折弯线基准面

② 定义折弯线草图。在草图环境中绘制图 48.111 所示的折弯线。

③ 选择下拉菜单 插入(I) ➡ 退出草图 命令，退出草图环境，此时系统弹出“绘制的折弯”对话框。

（3）定义折弯固定侧。在图 48.112 所示的位置处单击，确定折弯固定侧。

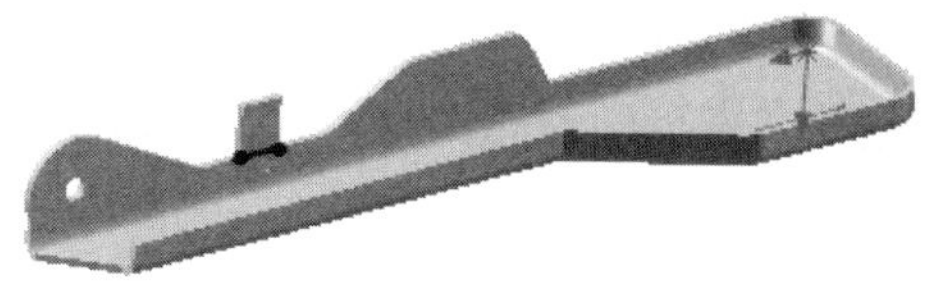

图 48.111 绘制的折弯线

图 48.112 确定折弯固定侧

（4）定义钣金参数属性。在 折弯参数(P) 区域的 文本框中输入折弯角度值 130，在 文本框中输入折弯半径值 0.2。在 折弯位置: 区域中单击“折弯在外”按钮 。

（5）单击✓按钮，完成折弯 1 的创建。

Step 9 创建图 48.113 所示的成形特征 2。

（1）单击任务窗格中的“设计库”按钮，打开“设计库”对话框。

（2）单击“设计库”对话框中的 ins48节点，在设计库下部的列表框中选择“file_shaped_tool_04”文件并拖动到图 48.113 所示的平面，在弹出的“成形工具特征”对话框中单击✓按钮。

（3）单击设计树中 file_shaped_tool_041 节点前的“加号”，右击 (-) 草图11特征，在系统弹出的快捷菜单中单击命令，进入草图环境。

（4）编辑草图，如图 48.114 所示。退出草图环境，完成成形特征 2 的创建。

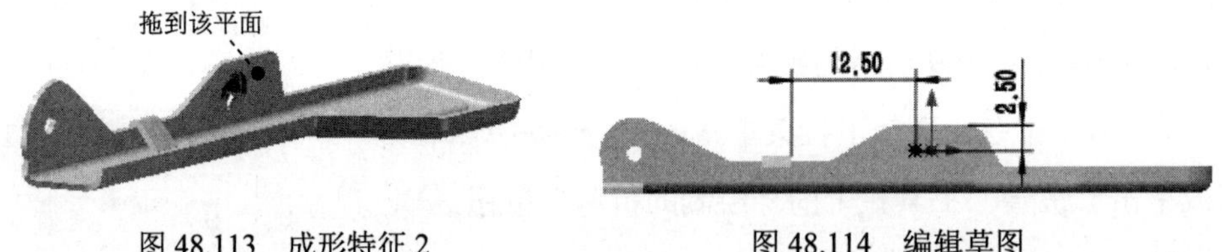

图 48.113　成形特征 2　　图 48.114　编辑草图

Step 10 创建图 48.115 所示的圆角 1。

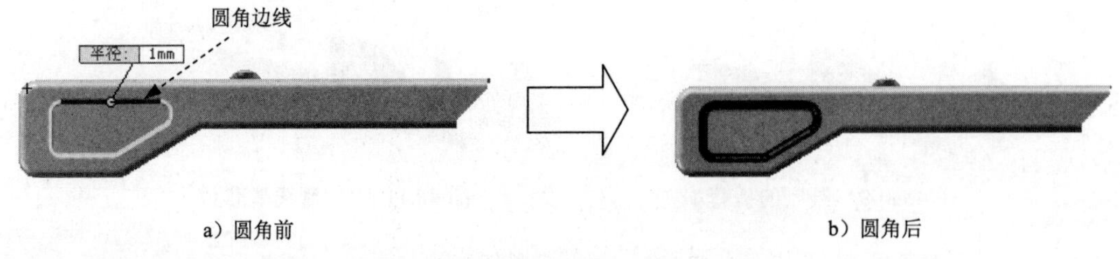

a）圆角前　　b）圆角后

图 48.115　圆角 1

（1）选择命令。选择下拉菜单 插入(I) → 特征(F) → 圆角(F)... 命令（或单击按钮），系统弹出“圆角”对话框。

（2）定义圆角类型。采用系统默认的圆角类型。

（3）定义圆角对象。选取图 48.115a 所示的边线为要圆角的对象。

（4）定义圆角的半径。在 圆角项目(I) 区域的文本框中输入圆角半径值 1.0。

（5）单击✓按钮，完成圆角 1 的创建。

Step 11 至此，钣金件 3 模型创建完毕。选择下拉菜单 文件(F) → 保存(S) 命令，将模型命名为 file_clamp_03，即可保存钣金件模型。

7

模型的外观设置与渲染实例

实例 49　贴图贴画及渲染

本实例讲解了如何在模型表面进行贴图，如图 49.1 所示。

图 49.1　贴图及渲染实例

Task1. 激活 PhotoView 360 插件

Step 1　选择命令。选择下拉菜单 工具(T) → 插件(D)... 命令，系统弹出图 49.2 所示的“插件”对话框。

Step 2　在“插件”对话框中选中 ☑ PhotoView 360 ☑ 复选框，如图 49.2 所示。

Step 3　单击 确定 按钮，完成 PhotoView 360 插件的激活。

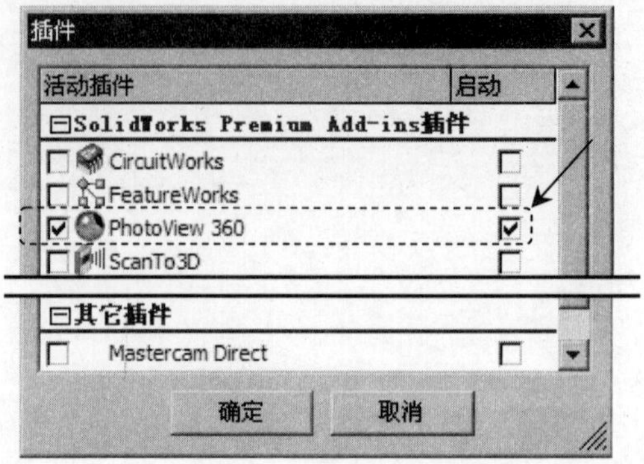

图 49.2 “插件”对话框

Task2. 准备贴画图像文件

Step 1 在模型上贴图，首先要准备一个图像文件，这里编者已经准备了一个含有文字的图像文件 decal.bmp，如图 49.3 所示。

水利水电社

图 49.3 图形文件

Step 2 打开模型文件 D:\ sw13in\work\ins49\block.SLDPRT。

Task3. 在模型的表面上设置贴画外观

Step 1 选择下拉菜单 PhotoView 360 → 编辑贴图(D) 命令。

Step 2 设置图像属性（注：本步的详细操作过程请参见随书光盘中 video\ins49\reference\ 文件下的语音视频讲解文件 block-r01.avi）。

Task4. 设置模型基本外观

Step 1 选择下拉菜单 编辑(E) → 外观(A) → 外观(A). 命令。

Step 2 单击 基本 标签，在 颜色 区域参数设置为如图 49.4 所示。

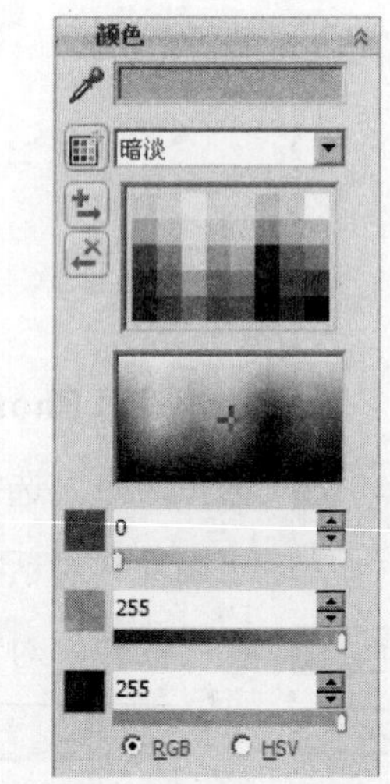

图 49.4 “颜色”对话框

Step 3 单击“颜色”对话框中的 ✔ 按钮。

Task 5. 预览渲染

Step 1 选择下拉菜单 PhotoView 360 → 预览渲染(V) 命令。效果如图 49.5 所示。

Step 2 单击预览渲染对话框中的 ☒ 按钮。

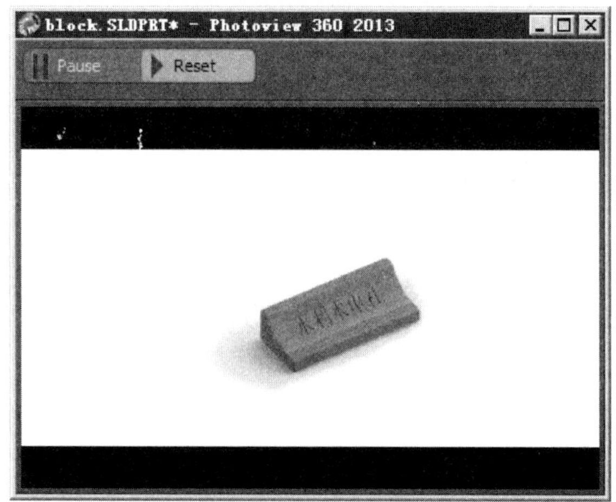

图 49.5 预览渲染图

Task 6. 保存模型

选择下拉菜单 文件(F) → 保存(S) 命令，保存模型。

实例 50 钣金件外观设置与渲染

实例概述：

本实例介绍的是一个钣金件的渲染过程。在渲染前，为模型添加外观、布景和外观颜色，并添加环境光源等。值得注意的是，调节光源的颜色和光源的位置，它直接影响到渲染的效果，如图 50.1 所示。具体操作过程如下：

a）图像文件

b）模型

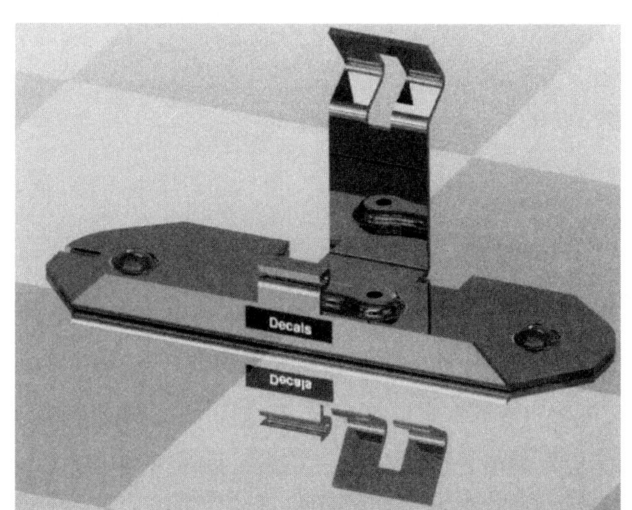

c）最终渲染效果

图 50.1 钣金件的渲染

Task1. 设置模型外观

Step 1 打开模型文件 D: \sw13in\work\ins50\flycol.SLDPRT 文件。

Step 2 设置模型外观（注：本步的详细操作过程请参见随书光盘中 video\ins50\reference\文件下的语音视频讲解文件 flyco-r01.avi）。

Step 3 添加贴图。

（1）选择命令。选择下拉菜单 PhotoView 360 ➡ 编辑贴图(D)... 命令，系统弹出“贴图”对话框和“外观、布景和贴图”任务窗口。

（2）选择贴图文件。在“外观、布景和贴图”任务窗口中单击 贴图 前的节点，然后单击 标志 文件夹，在贴图预览区域中双击“贴图标志”图案。此时，“贴图”对话框如图 50.2 所示。

图 50.2 “贴图”对话框

（3）调整贴图。

① 设置贴图的映射。在“贴图”对话框中单击 映射 选项卡，在 所选几何体 区域激活 按钮，选取图 50.3 所示的面为贴图面；在 映射 区域下拉列表框中选择 投影，在 ➡ 后的文本框中输入水平位置 0.0，在 ⬆ 后的文本框中输入竖直位置 0.5。

② 设置贴图大小和方向。在 大小/方向 区域中选中 ☑ 固定高宽比例(F) 复选框，然后在 文本框中输入宽度值 7.00，在 后的文本框中输入贴图旋转角度值 0.0，并选中 ☑ 水平镜向 和 ☑ 竖直镜向 复选框。

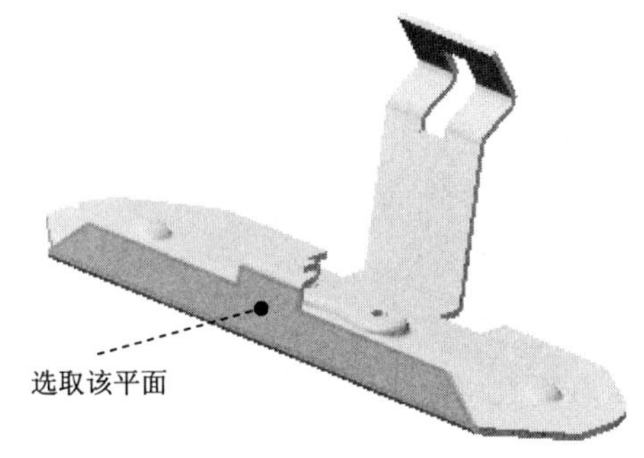

图 50.3　选择要贴图的面

③ 设置照明度。在对话框中单击 照明度 选项卡，选中 ☑ 使用内在外观 复选框。

（4）单击✔按钮，完成贴图的添加，添加贴图后的模型如图 50.4 所示。

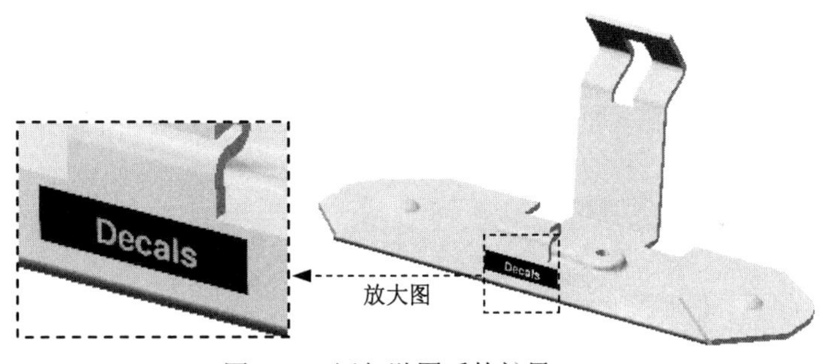

图 50.4　添加贴图后的效果

Step 4　设置模型布景。

（1）选择命令。选择下拉菜单 PhotoView 360 ➡ 编辑布景(S)... 命令，系统弹出“编辑布景”对话框和“外观、布景和贴图”任务窗口。

（2）设置工作间环境。在“外观、布景和贴图”窗口中单击 布景 节点，选择该节点下的 工作间布景 文件夹，在布景预览区域双击 反射方格地板 ，即可将布景添加到模型中。

（3）设置编辑布景参数。在图 50.5 所示的“编辑布景”对话框中的 楼板(F) 区域的 将楼板与此对齐: 下拉列表框中选择 所选基准面 选项，选取图 50.6 所示的面 1 为楼板基准面，单击按钮调整反转楼板方向。

（4）单击✔按钮，完成布景的编辑。

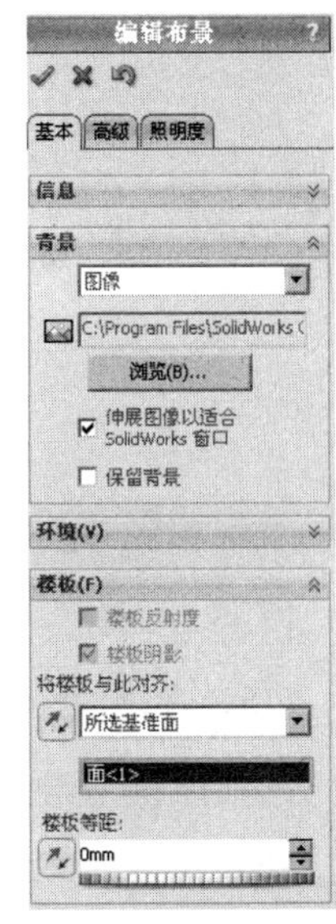

图 50.5　“编辑布景”对话框

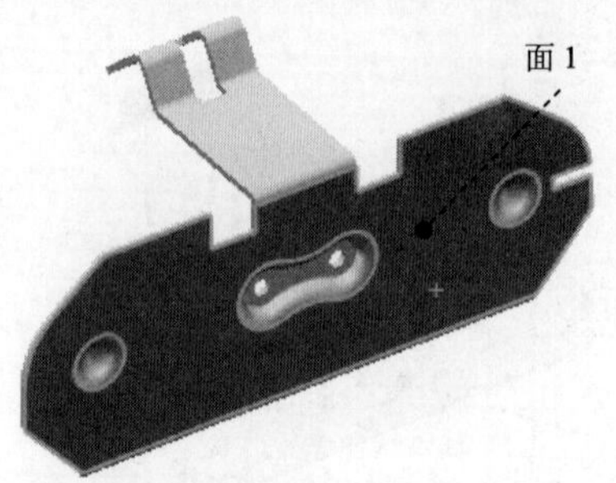

图 50.6　选取“楼板”面

Task2. 设置光源

Step 1 添加聚光源。选择下拉菜单 视图(V) → 光源与相机(L) → 添加聚光源(S) 命令，系统弹出“聚光源 1”对话框，同时在图形区显示一个聚光灯。

Step 2 编辑聚光源基本参数。在图 50.7 所示的“聚光源 1”对话框中单击 编辑颜色(E)... 按钮，系统弹出图 50.8 所示的“颜色”对话框，在对话框中选中图 50.7 所示的颜色，在 明暗度(B): 文本框中输入光源强度值 0.2。

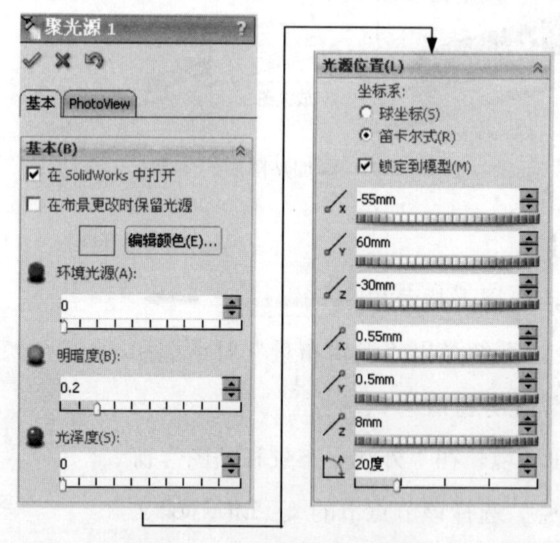

图 50.7　“聚光源 1”对话框

Step 3 编辑聚光源的位置。在图 50.7 所示的“聚光源 1”对话框的 光源位置(L) 区域选中 笛卡尔式(R) 单选按钮和 锁定到模型(M) 复选框，在 X 后的文本框中输入数值 -55，在 Y 后的文本框中输入数值 60，在 Z 后的文本框中输入数值-30，在 X 后的文本框中输入数值 0.55，在 Y 后的文本框中输入数值 0.5，在 Z 后的文本框中输入数值 8，在 后的文本框中输入锥角度数 20；单击 ✔ 按钮，完成聚光源 1 的设置，结果如图 50.9 所示。

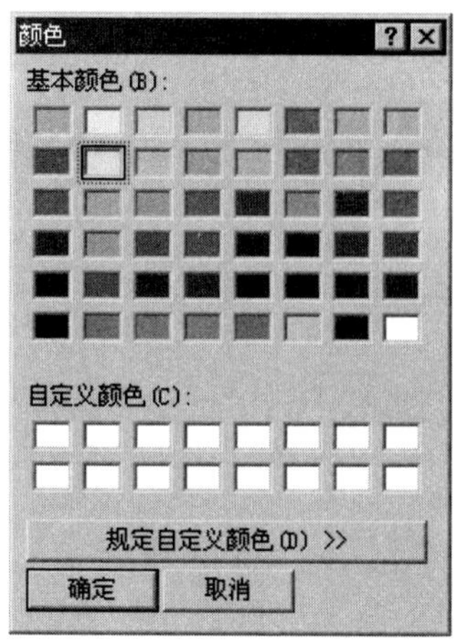

图 50.8　“颜色”对话框

图 50.9　添加聚光源

Step 4　添加点光源。选择下拉菜单 视图(V) → 光源与相机(L) → 添加点光源(P) 命令，系统弹出“点光源 1”对话框，同时在图形区显示一个光源。

Step 5　编辑点光源基本参数。在图 50.10 所示的“点光源 1”对话框的 明暗度(B): 文本框中输入光源强度值 0.1。

图 50.10　“点光源 1”对话框

Step 6　编辑点光源的位置。在对话框的 光源位置(L) 区域中选中 笛卡尔式(R) 单选按钮和 锁定到模型(M) 复选框，在 X 后的文本框中输入数值 5，在 Y 后的文本框中输入数值 0.8，在 Z 后的文本框中输入数值 7，单击 ✔ 按钮，完成点光源 1 的设置，结果如图 50.11 所示。

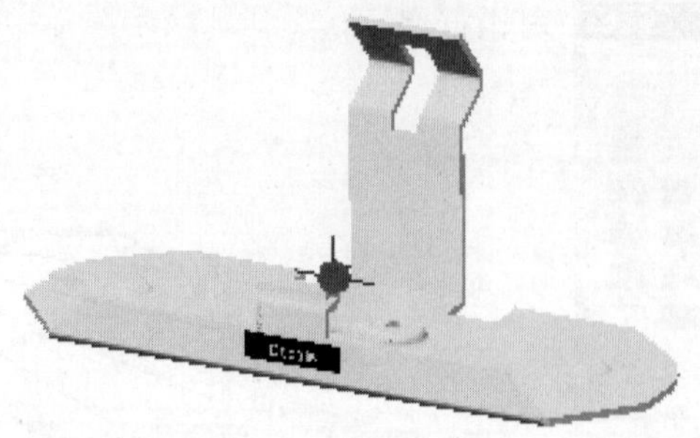

图 50.11　添加点光源

Task3. 设置渲染选项

Step 1　选择命令。选择下拉菜单 PhotoView 360 → 选项(O)... 命令，系统弹出图 50.12 所示的“PhotoView 360 选项”对话框。

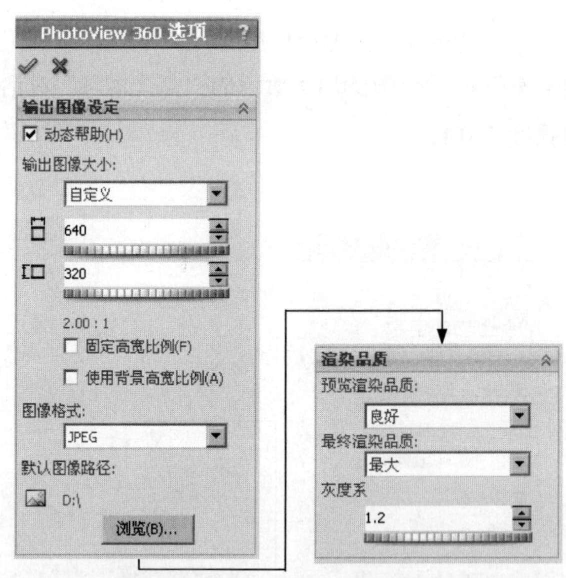

图 50.12　“PhotoView 360 选项”对话框

Step 2　参数设置。在输出图像设定区域中选中 动态帮助(H) 复选框，在输出图像大小:下拉列表框中选择自定义选项，取消选中 固定高宽比例(F) 复选框；在下的文本框中输入数值 640，在下的文本框中输入数值 320，在渲染品质区域中的灰度系文本框中输入数值 1.2。

Step 3　单击✓按钮，完成 PhotoView 360 系统选项的设置。

Task4. 设置相机

Step 1　选择命令。选择下拉菜单 视图(V) → 光源与相机(L) → 添加相机(C) 命令，系统弹出“相机 1”对话框，同时在图形区右侧弹出相机透视图窗口。

Step 2　选择相机类型。在“相机 1”对话框的 相机类型 区域中选择相机类型为 ⊙ 对准目标，选中 ☑ 显示数字控制 和 ☑ 锁定除编辑外的相机位置 复选框。

Step 3　定义目标点。在图 50.13 所示的模型中选取一点（大致在红点位置）。

Step 4　定义相机位置。设置图 50.14 所示的参数。

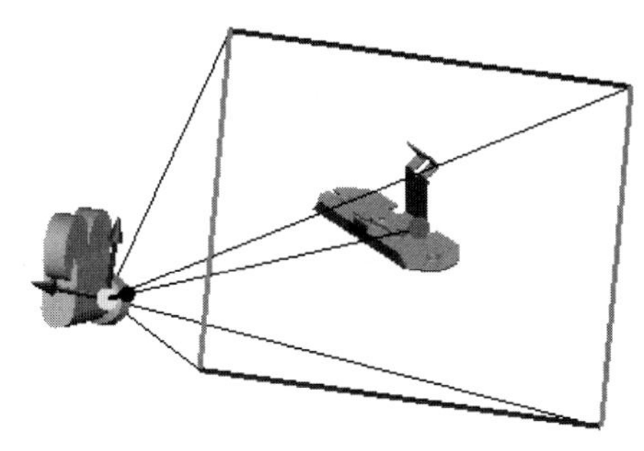

图 50.13　选取目标点

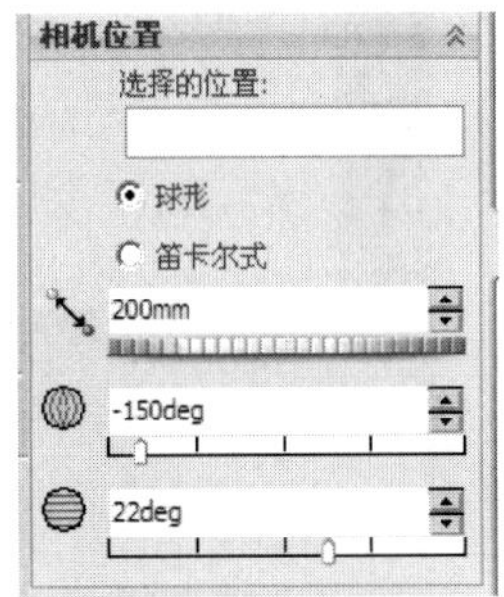

图 50.14　相机位置

Step 5　设置相机旋转角度。在“相机 1”对话框的 相机旋转 区域设置相机的旋转角度：选中 ☑ 透视图 复选框，在其下的下拉列表框中选择 自定义角度 选项，将角度设置为 14.0 度。

Step 6　设置相机视野。在“相机 1”对话框的 视野 区域中，在 *ℓ* 文本框中输入数值 350，在 *h* 文本框中输入数值 86。

Step 7　设置景深。在“相机 1”对话框选中 ☑ 景深 复选框，☑ 景深 区域将被展开，激活 ☑ 选择的锁焦: 下的文本框后，在模型中选取图 50.15 所示的边线为锁焦边线，在 文本框中输入数值 50，在 *f* 文本框中输入数值 20。

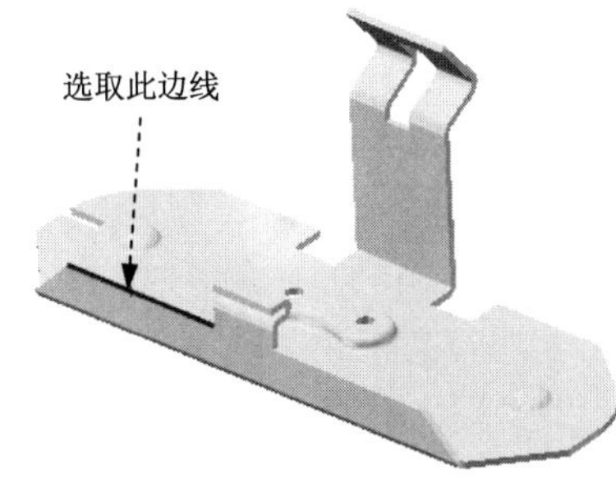

图 50.15　选取锁焦边线

Step 8　单击 ✔ 按钮，完成相机的添加。

Task5. 渲染

Step 1　选择命令。选择下拉菜单 PhotoView 360 → 最终渲染(F) 命令，系统弹出图 50.16 所示的“最终渲染”窗口。

7 Chapter

图 50.16 “最终渲染”窗口

Step 2 设置渲染后图形文件的属性。单击窗口中的保存图像按钮，系统弹出“保存图像”对话框，在文件名(N):后的文本框中设置图像文件名为 flyco，在保存类型(T):后的下拉列表框中选择Windows BMP (*.BMP)选项，单击保存(S)按钮，最终渲染效果如图 50.1 所示。

Step 3 单击 × 按钮，关闭“最终渲染”窗口。即可保存文件。

Step 4 保存文件。选择下拉菜单文件(F) → 另存为(A)... 命令，将模型命名为 flyco_ok。

8

运动仿真及动画实例

实例 51　齿轮机构仿真

齿轮运动机构通过两个元件进行定义，需要注意的是两个元件上并不一定需要真实的齿形。要定义齿轮运动机构，必须先进入“机构”环境，然后还需定义“运动轴”。齿轮机构的传动比是通过两个分度圆的直径来决定的。

下面举例说明一个齿轮运动机构的创建过程。

Step 1　新建一个装配文件，进入装配环境。

Step 2　单击开始装配体中的关闭按钮 ✖。创建图 51.1 所示的基准轴 1。选择下拉菜单 插入(I) ➡ 参考几何体(G) ➡ 基准轴(A)... 命令；单击 选择(S) 区域中 两平面(T) 按钮，选取装配体的前视基准面与右视基准面作为参考实体。确认 视图(V) 下拉菜单中的 基准轴(A) 命令前的按钮被按下。

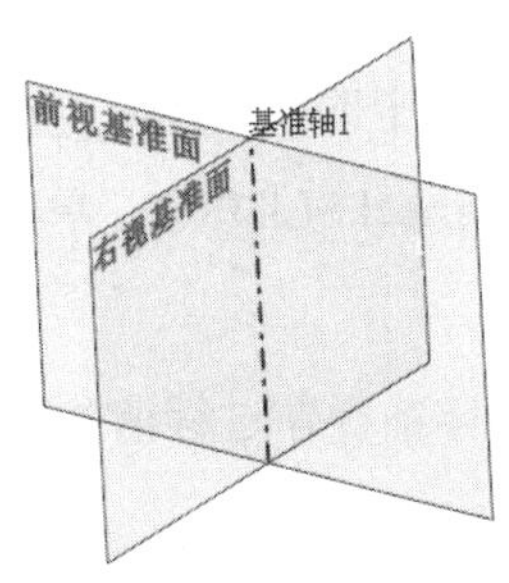

图 51.1　基准轴 1

Step 3 创建图 51.2 所示的基准面 1。选择下拉菜单 插入(I) → 参考几何体(G) → 基准面(P)... 命令；选取右视基准面作为所要创建的基准面的参考实体，在后的文本框中输入数值 232.5。确认 视图(V) 下拉菜单中的 基准面(P) 命令前的按钮被按下。

图 51.2 基准面 1

Step 4 创建图 51.3 所示的基准轴 2。选择下拉菜单 插入(I) → 参考几何体(G) → 基准轴(A). 命令；单击 选择(S) 区域中 两平面(T) 按钮，选取装配体的前视基准面与基准面 1 作为参考实体。

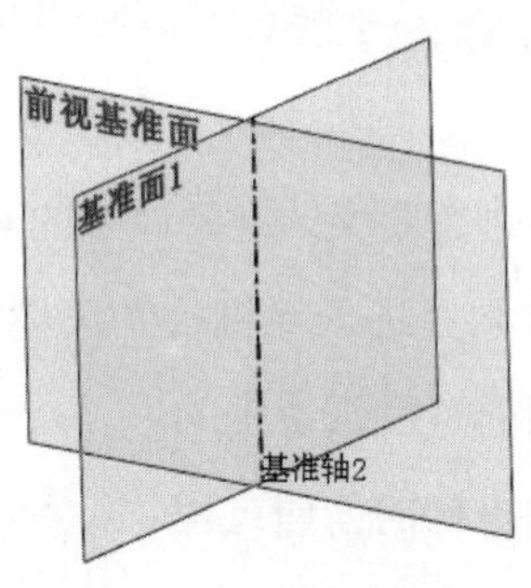

图 51.3 基准轴 2

Step 5 添加图 51.4 所示的大齿轮零件并定位。

（1）引入零件。

① 选择命令。选择下拉菜单 插入(I) → 零部件(O) → 现有零件/装配体(E)... 命令，系统弹出“插入零部件”对话框。

② 单击“插入零部件”对话框中的 浏览(B)... 按钮，在系统弹出的“打开”对话框中选取 D:\sw13in\work \ins51\gearwheel.SLDPRT，单击 打开(O) 按钮。

③ 将零件放置在合适的位置。

（2）添加配合（注：本步的详细操作过程请参见随书光盘中 video\ins51\reference\文件下的语音视频讲解文件 gearwheel-r01.avi）。

Step 6 添加图 51.5 所示的小齿轮零件并定位。

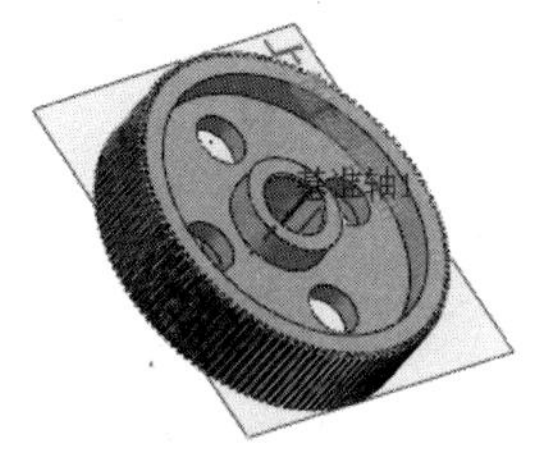

图 51.4　放置大齿轮零件

图 51.5　放置小齿轮零件

（1）选择命令。选择下拉菜单 插入(I) ➡ 零部件(O) ➡ 现有零件/装配体(E)... 命令，系统弹出“插入零部件”对话框。

（2）单击“插入零部件”对话框中的 浏览(B)... 按钮，在系统弹出的“打开”对话框中选取 D:\ sw13in\work\ins51\pinion.SLDPRT，单击 打开(O) 按钮。

（3）将零件放置在合适的位置。

① 选择下拉菜单 插入(I) ➡ 配合(M)... 命令，系统弹出“配合”对话框。

② 添加“同轴心”配合。单击“配合”对话框中的◎按钮，选取图 51.6 所示一个面与一个轴为同轴心，在快捷工具条中单击✔按钮。

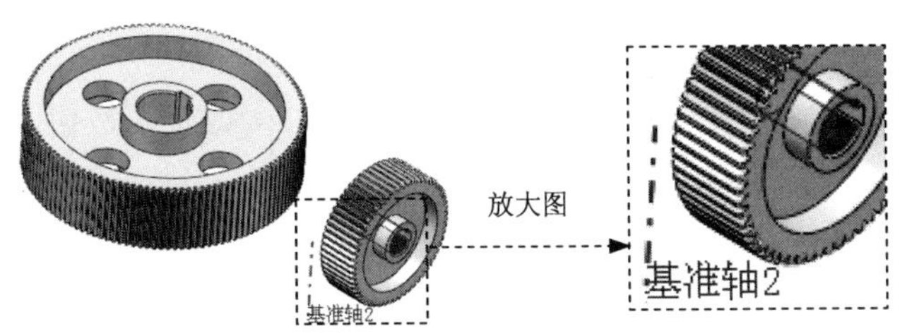

图 51.6　添加“重合”配合

③ 添加“重合”配合。在设计树中分别选取零件“pinon”的“右视基准面”和装配体的“上视基准面”，单击快捷工具条中的✔按钮。

④ 添加“齿轮”配合。选择 机械配合(A) 区域下的 齿轮(G)，依次选取图 51.7 所示的面 1 与面 2，输入比率为 312.5:150.

⑤ 单击“配合”对话框的✔按钮，完成零件的定位。

Step 7　展开运动算例界面。在运动算例工具栏后单击 按钮，在“马达”对话框中的 零部件/方向(D) 区域中激活 后文本框，然后在图像区选取图 51.8 所示的模型表面，在 运动(M) 区域的类型下拉列表框中选择 等速 选项，调整转速为 100rpm（r/min），其他参数采用系统默认设置值，在“马达”对话框中单击✔按钮，完成马达的添加。

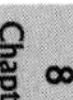

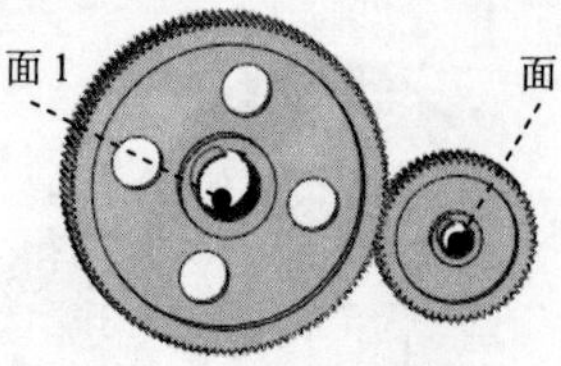

图 51.7 添加“齿轮”配合

图 51.8 选取旋转方向

Step 8 在运动算例界面的工具栏中单击▷按钮，可以观察动画，在工具栏中单击按钮，命名为 gearwheel.avi 并保存动画。

Step 9 运动算例完毕。选择下拉菜单 文件(F) ➡ 另存为(A)... 命令，命名为 gearwheel，即可保存模型。

实例 52 凸轮运动仿真

凸轮运动机构通过两个关键元件（凸轮和滑滚）进行定义，需要注意的是凸轮和滑滚两个元件必须有真实的形状和尺寸。下面讲述说明一个凸轮运动机构的创建过程。

Step 1 新建一个装配文件，进入装配环境。

Step 2 添加固定挡板模型。

（1）引入零件。单击“开始装配体”对话框中的 浏览(B)... 按钮，在系统弹出的“打开”对话框中选择 D:\sw13in\work\ins52\fixed-plate.SLDPRT，单击 打开(O) 按钮。

（2）单击✓按钮，将模型固定在原点位置，如图 52.1 所示。

Step 3 添加图 52.2 所示的连杆零件并定位。

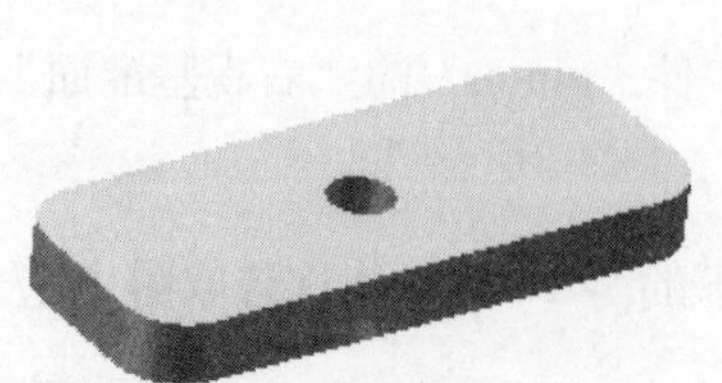

图 52.1 添加固定挡板零件

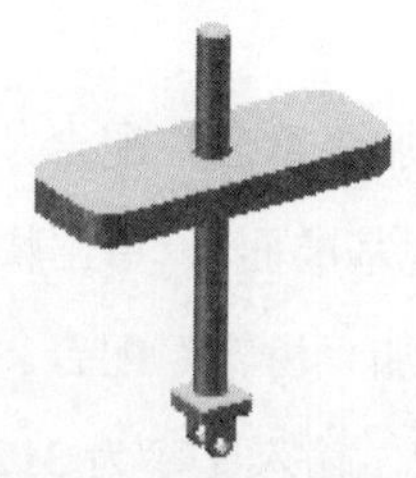

图 52.2 添加连杆零件

（1）引入零件。

① 选择命令。选择下拉菜单 插入(I) ➡ 零部件(O) ➡ 现有零件/装配体(E)... 命令，系统弹出“插入零部件”对话框。

② 单击“插入零部件”对话框中的 浏览(B)... 按钮，在系统弹出的“打开”对话框中选取 rod.SLDPRT，单击 打开(O) 按钮。

③ 将零件放置在合适的位置。

（2）添加配合。

① 选择下拉菜单 插入(I) ➡ 配合(M)... 命令，系统弹出“配合”对话框。

② 添加“同轴心”配合。单击“配合”对话框中的◎按钮，选取图 52.3 所示的两个面为同轴心面，单击快捷工具条中的✔按钮（若方向不同可单击按钮）。完成后如图 52.4 所示。

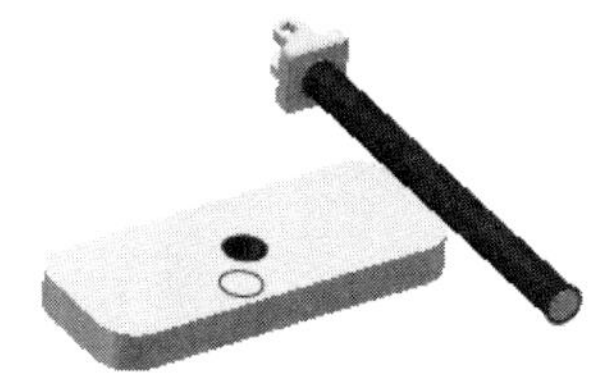
图 52.3 添加“同轴心”配合

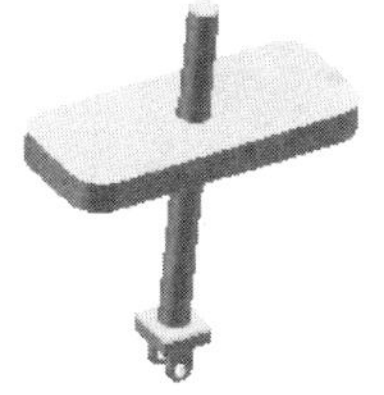
图 52.4 添加“同轴心”配合后

③ 添加“平行”配合。单击 标准配合(A) 区域中的按钮，选取图 52.5 所示的面 1 与面 2 为平行面，单击快捷工具条中的✔按钮。

④ 单击“配合”对话框的✔按钮，完成零件的定位。

Step 4 添加图 52.6 所示的销零件并定位。

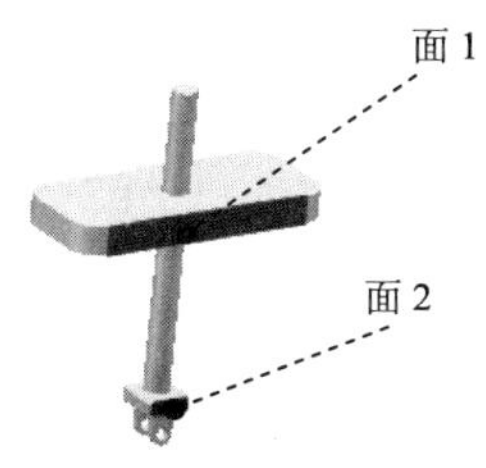

图 52.5 添加“平行”配合

图 52.6 添加销零件

（1）引入零件。

① 选择命令。选择下拉菜单 插入(I) ➡ 零部件(O) ➡ 现有零件/装配体(E)... 命令，系统弹出“插入零部件”对话框。

② 单击“插入零部件”对话框中的 浏览(B)... 按钮，在系统弹出的“打开”对话框中选取 pin.SLDPRT，单击 打开(O) 按钮。

③ 将零件放置在合适的位置。

（2）添加配合。

① 选择下拉菜单 插入(I) ➡ 配合(M)... 命令，系统弹出“配合”对话框。

② 添加“同轴心”配合。单击“配合”对话框中的◎按钮，选取图 52.7 所示的两个

面为同轴心面，单击快捷工具条中的✓按钮。

③ 添加“重合”配合。在设计树中分别选取零件“pin”的“右视基准面”和零件“rod”的“上视基准面”，单击快捷工具条中的✓按钮。

④ 单击“配合”对话框的✓按钮，完成零件的定位。

Step 5 添加图 52.8 所示的滑滚零件并定位。

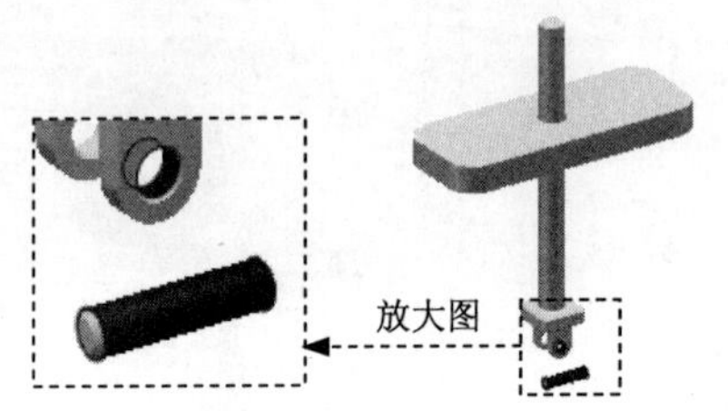

图 52.7 添加“同轴心”配合

图 52.8 添加滑滚零件

（1）引入零件。

① 选择命令。选择下拉菜单 插入(I) → 零部件(O) → 现有零件/装配体(E)... 命令，系统弹出“插入零部件”对话框。

② 单击“插入零部件”对话框中的 浏览(B)... 按钮，在系统弹出的“打开”对话框中选取 wheel.SLDPRT，单击 打开(O) 按钮。

③ 将零件放置在合适的位置。

（2）添加配合。

① 选择下拉菜单 插入(I) → 配合(M)... 命令，系统弹出“配合”对话框。

② 添加“同轴心”配合。单击“配合”对话框中的◎按钮，选取图 52.9 所示的两个面为同轴心面，在快捷工具条中单击✓按钮。

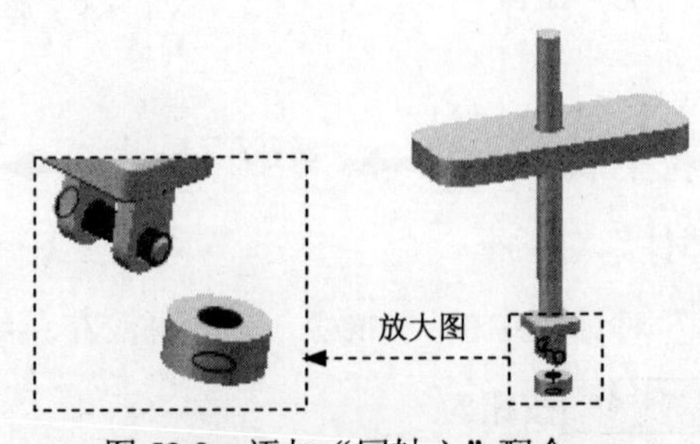

图 52.9 添加“同轴心”配合

③ 添加“重合”配合。在设计树中分别选取零件“wheel”的“上视基准面”和零件“pin”的“右视基准面”，单击快捷工具条中的✓按钮。

④ 单击“配合”对话框的✓按钮，完成零件的定位。

Step 6 创建图 52.10 所示的基准面 1。选择下拉菜单 插入(I) → 参考几何体(G) → 基准面(P)... 命令。选取图 52.10 所示的平面为参考实体，采用系统默认的偏移方向，输入偏移距离值 240.0。单击 ✔ 按钮，完成基准面 1 的创建。

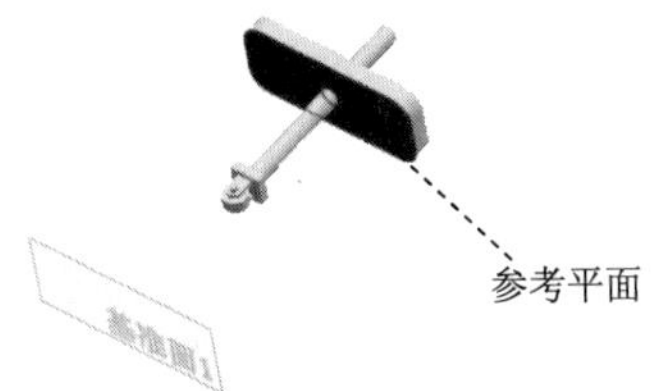

图 52.10　基准面 1

Step 7 创建基准轴 1（注：本步的详细操作过程请参见随书光盘中 video\ins52\reference\ 文件下的语音视频讲解文件 fixed-plate-r01.avi）。

Step 8 添加图 52.11 所示的凸轮零件并定位。

（1）引入零件。

① 选择命令。选择下拉菜单 插入(I) → 零部件(O) → 现有零件/装配体(E)... 命令，系统弹出“插入零部件”对话框。

② 单击“插入零部件”对话框中的 浏览(B)... 按钮，在系统弹出的“打开”对话框中选取 cam.SLDPRT，单击 打开(O) 按钮。

③ 将零件放置在合适的位置。

（2）添加配合。

① 选择下拉菜单 插入(I) → 配合(M)... 命令，系统弹出“配合”对话框。

② 添加“重合”配合。在设计树中分别选取图 52.12 所示的两个基准轴。单击快捷工具条中的 ✔ 按钮。

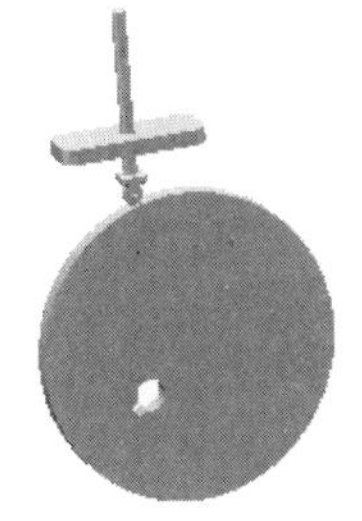

图 52.11　添加凸轮零件

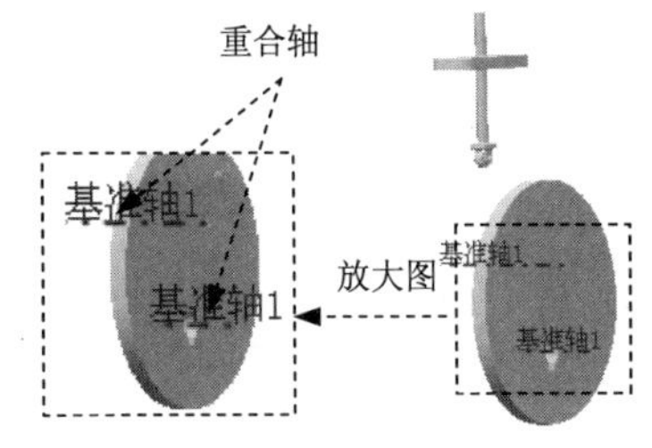

图 52.12　添加“重合”配合

③ 添加“重合”配合。在设计树中分别选取零件“cam”的“前视基准面”和装配体的“前视基准面”，单击快捷工具条中的 ✔ 按钮。

④ 添加“相切”配合。单击“配合”对话框中的 相切(T) 按钮，选取图 52.13 所示的两个面为相切面。在快捷工具条中单击 按钮。

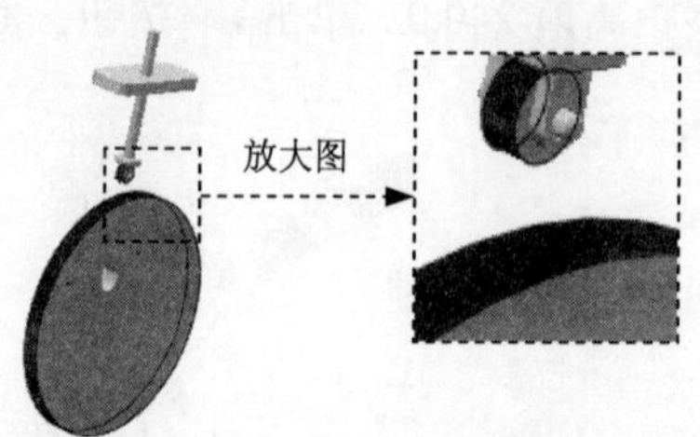

图 52.13 添加“相切”配合

⑤ 单击“配合”对话框的 按钮，完成零件的定位。

Step 9 展开运动算例界面。在运动算例工具栏后单击 按钮，在“马达”对话框中的 零部件/方向(D) 区域中激活 后文本框，然后在图像区选取图 52.14 所示的模型表面，在 运动(M) 区域的类型下拉列表框中选择 等速 选项，调整转速为 30rpm（r/min），其他参数采用系统默认设置值，在“马达”对话框中单击 按钮，完成马达的添加。

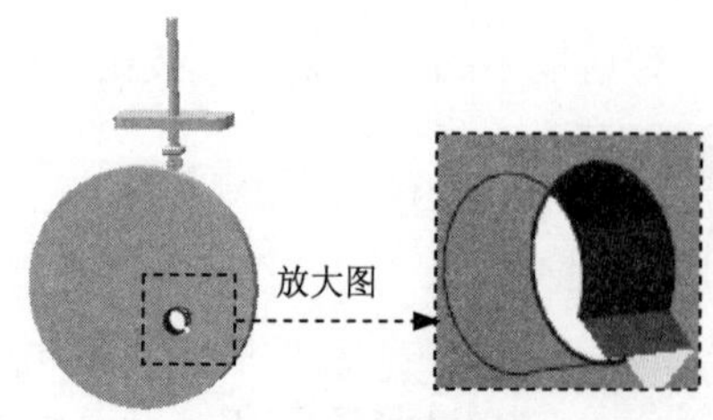

图 52.14 选取旋转方向

Step 10 在运动算例界面的工具栏中单击 按钮，可以观察动画，在工具栏中单击 按钮，命名为 cam.avi 并保存动画。

Step 11 运动算例完毕。选择下拉菜单 文件(F) → 另存为(A)... 命令，命名为 cam，即可保存模型。

实例 53 自动回转工位机构仿真

本实例介绍的是一个自动回转工位机构装置的仿真动画，用来自动切换加工工位，其基本原理运用了间歇机构作为驱动。

如图 53.1 所示，要加工的是圆盘零件上的 4 个均匀分布的小圆孔，可以用该装置实现加工工位的自动切换。通过本实例的学习，使读者能够熟练掌握 Solidworks 2013 中仿真和动画的一些常用知识。

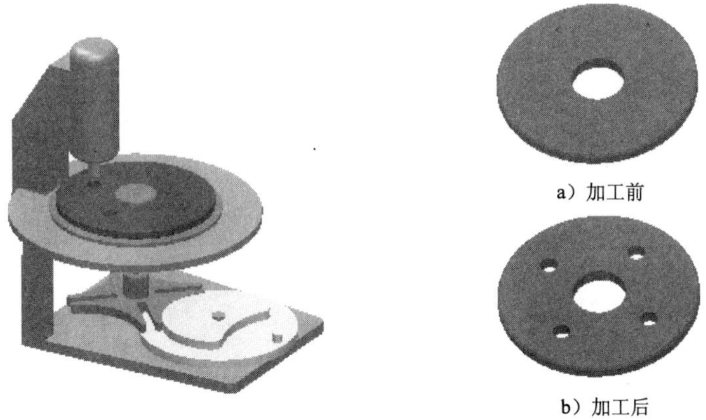

图 53.1 自动回转工位机构仿真

Task1. 装配模型

Step 1 新建一个装配文件，进入装配环境。

Step 2 添加底座模型。

（1）引入零件。单击“开始装配体”对话框中的 浏览(B)... 按钮，在弹出的“打开”对话框中选择 D: \sw13in\work\ins53\BASE_FRAME.SLDPRT，单击 打开(O) 按钮。

（2）单击 ✔ 按钮，将模型固定在原点位置，如图 53.2 所示。

Step 3 添加图 53.3 所示的驱动轮模型。

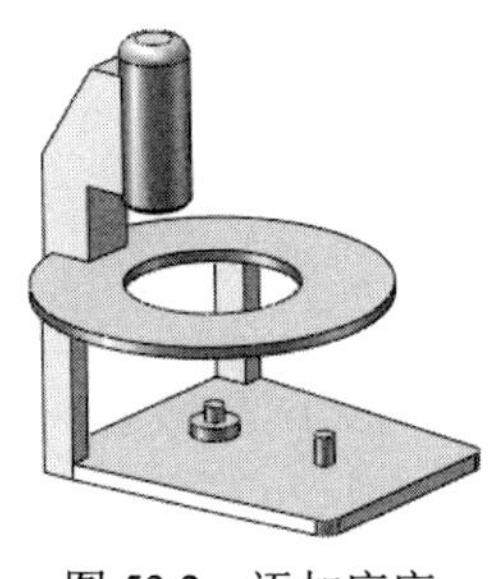

图 53.2 添加底座

图 53.3 添加驱动轮

（1）引入零件。

① 选择命令，选择下拉菜单 插入(I) ➡ 零部件(O) ➡ 现有零件/装配体(E)... 命令，系统弹出“插入零部件”对话框。

② 单击“插入零部件”对话框中的 浏览(B)... 按钮，在弹出的“打开”对话框中选择 GENEVA_DRIVER.SLDPRT，单击 打开(O) 按钮。

③ 将零件放置到图 53.4 所示的位置。

（2）添加重合配合。

① 选择命令。选择下拉菜单 插入(I) ➡ 配合(M)... 命令，系统弹出“配合”对话框。

② 添加“重合”配合。单击 标准配合(A) 对话框中的“重合”按钮，分别选取图 53.5 所示的重合面，单击快捷工具条中的按钮。

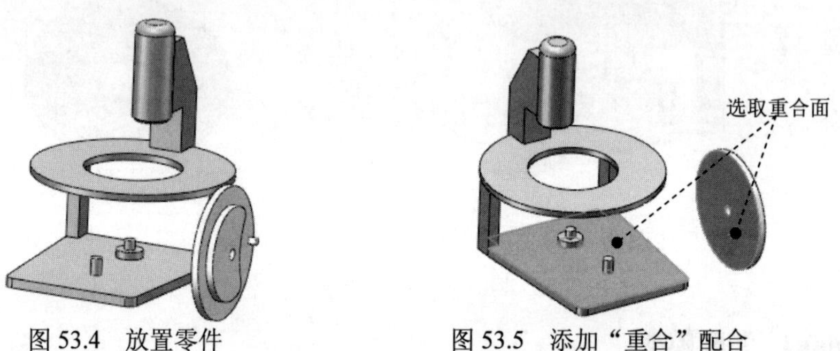

图 53.4　放置零件　　图 53.5　添加“重合”配合

③ 添加“同轴心”配合。选取图 53.6 所示的两个圆柱为同轴心面，在快捷工具条中单击按钮。

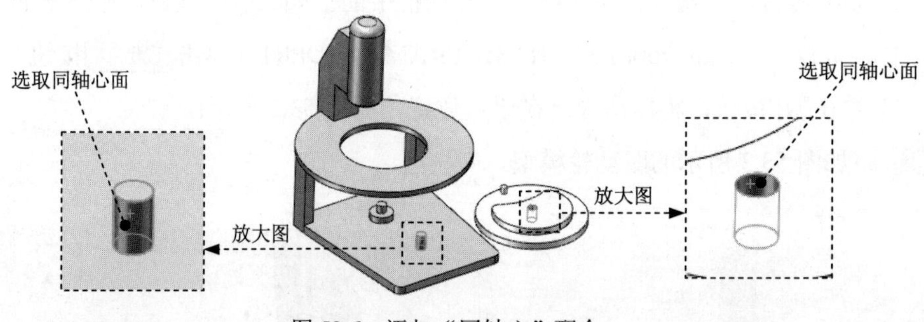

图 53.6　添加“同轴心”配合

注意：此处添加一个“重合”约束和一个“同轴心”约束就足够了，不需要将零件完全约束，完全约束的零件在仿真过程中是无法运动的。

④ 单击“配合”对话框中的按钮，完成零件的定位。

Step 4　添加图 53.7 所示的间歇轮模型。

（1）引入零件。

① 选择命令。选择下拉菜单 插入(I) ➡ 零部件(O) ➡ 现有零件/装配体(E)... 命令，系统弹出“插入零部件”对话框。

② 单击“插入零部件”对话框中的 浏览(B)... 按钮，在弹出的“打开”对话框中选

取 GENEVA_GEAR.SLDPRT，单击 打开(O) 按钮。

③ 将零件放置在合适的位置（图 53.8）。

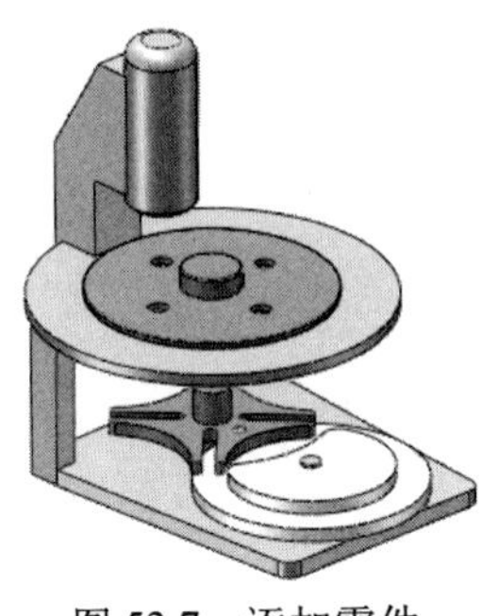

图 53.7　添加零件

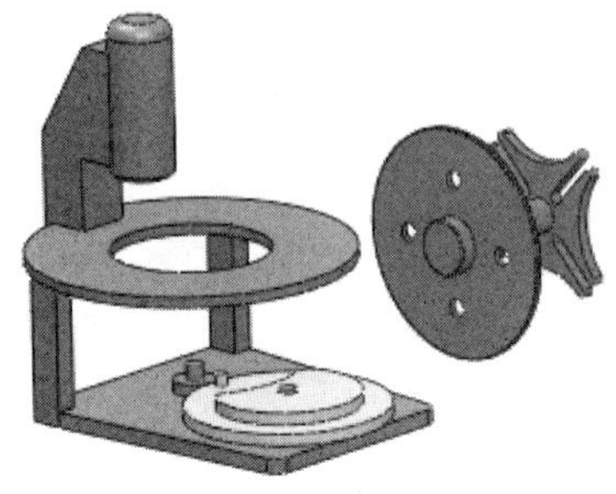

图 53.8　放置零件

（2）添加重合配合。

① 选择命令。选择下拉菜单 插入(I) → 配合(M)... 命令，系统弹出“配合”对话框。

② 添加“重合”配合。单击 标准配合(A) 对话框中的 按钮，分别选取图 53.9 所示的重合面，单击快捷工具条中的 按钮。

③ 添加“同轴心”配合。选取图 53.10 所示的两个圆柱为同轴心面，在快捷工具条中单击 按钮。

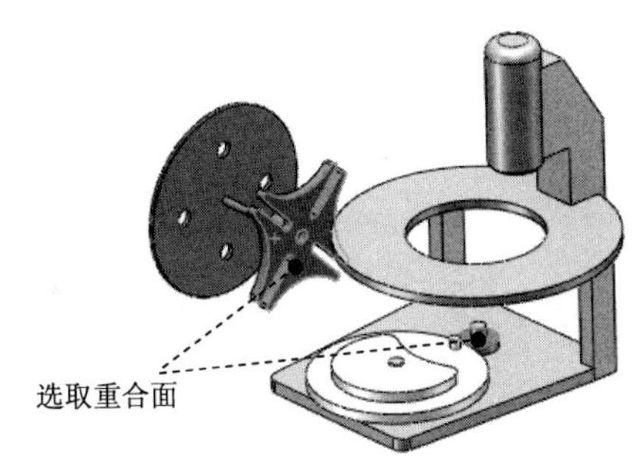

图 53.9　添加“重合”配合

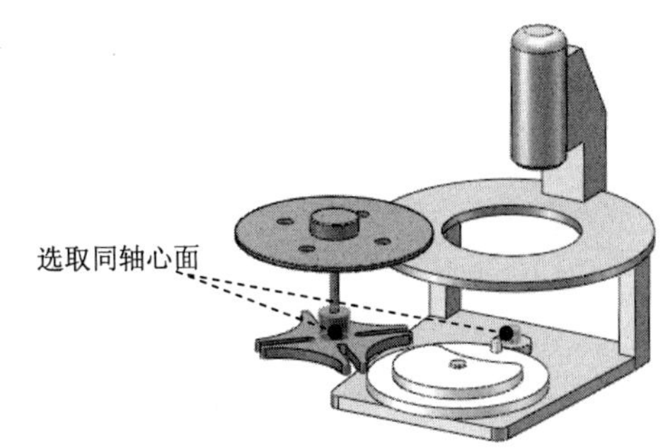

图 53.10　添加“同轴心”配合

④ 单击“配合”对话框中的 按钮，完成零件的定位。

Step 5　添加图 53.11 所示的零件并定位。

（1）引入零件。

① 选择命令。选择下拉菜单 插入(I) → 零部件(O) → 现有零件/装配体(E)... 命令，系统弹出“插入零部件”对话框。

② 单击“插入零部件”对话框中的 浏览(B)... 按钮，在弹出的“打开”对话框中选

取 CAST.SLDPRT，单击 打开(O) 按钮。

③ 将零件放置在合适的位置（图 53.12）。

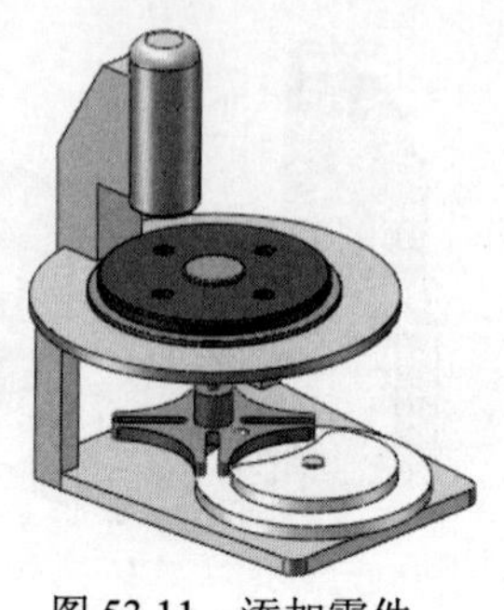

图 53.11　添加零件

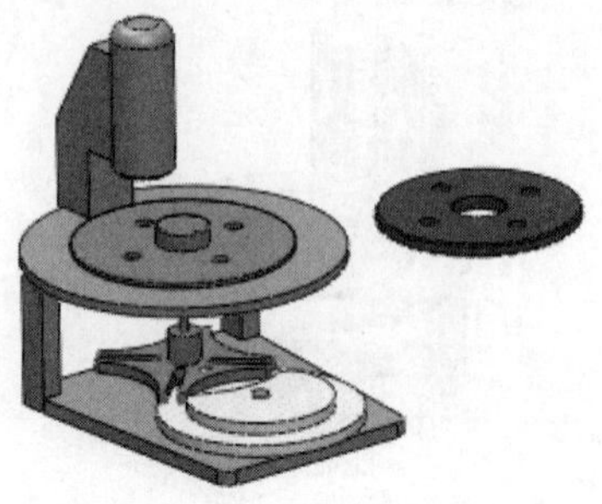

图 53.12　放置零件

（2）添加重合配合。

① 选择命令。选择下拉菜单 插入(I) ➡ 配合(M)... 命令，系统弹出“配合”对话框。

② 添加“重合”配合。单击 标准配合(A) 对话框中的 按钮，分别选取图 53.13 所示的重合面，单击快捷工具条中的 按钮，然后单击 按钮，完成重合配合的定位。

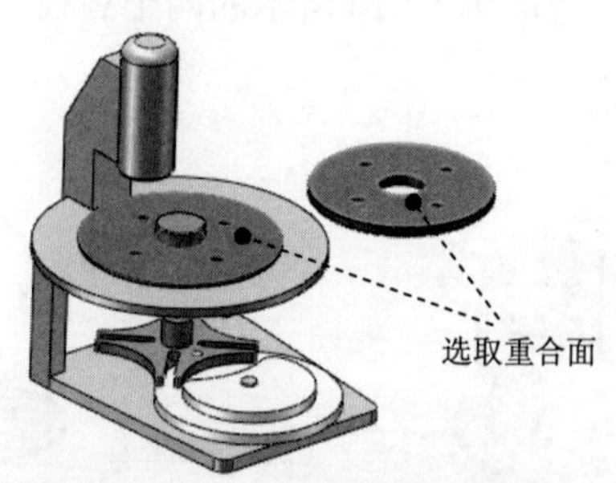

图 53.13　添加“重合”配合

③ 添加“同轴心”配合。选取图 53.14 所示的两个圆柱面为同轴心面，在快捷工具条中单击 按钮。

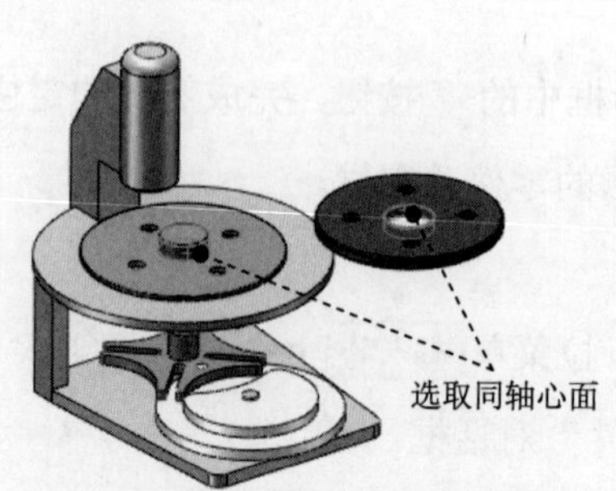

图 53.14　添加“同轴心”配合

④ 添加“同轴心”配合。选取图 53.15 所示的两个圆柱面为同轴心面，在快捷工具条中单击✔按钮。

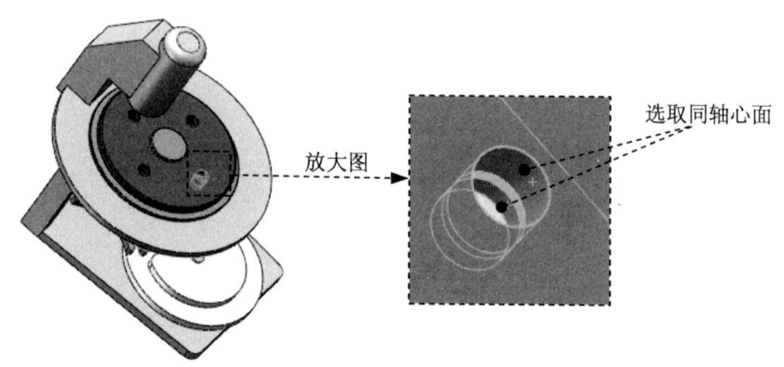

图 53.15 添加“同轴心”配合

说明：此处添加“同轴心”约束，目的是为了使圆盘零件能够和间歇轮零件一起运动，模拟在仿真过程中间歇轮“带动”工件运动。

⑤ 单击“配合”对话框中的✔按钮，完成零件的定位。

Step 6 添加图 53.16 所示的零件并定位。

（1）引入零件。

① 选择命令。选择下拉菜单 插入(I) ➡ 零部件(O) ➡ 现有零件/装配体(E)... 命令，系统弹出“插入零部件”对话框。

② 单击“插入零部件”对话框中的 浏览(B)... 按钮，在弹出的“打开”对话框中选取 ROD.SLDPRT，单击 打开(O) 按钮。

③ 将零件放置在合适的位置（图 53.17）。

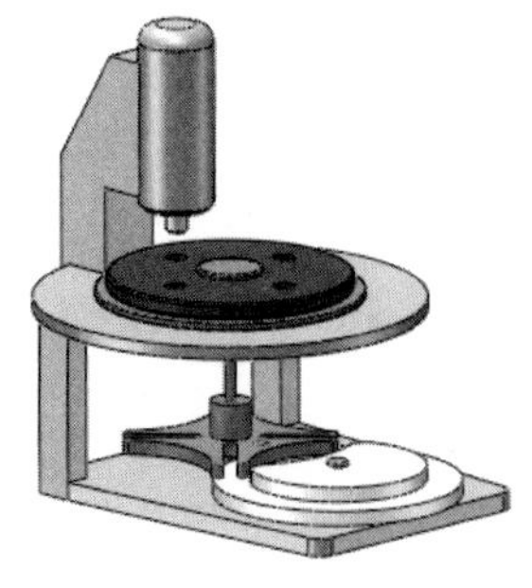

图 53.16 添加零件

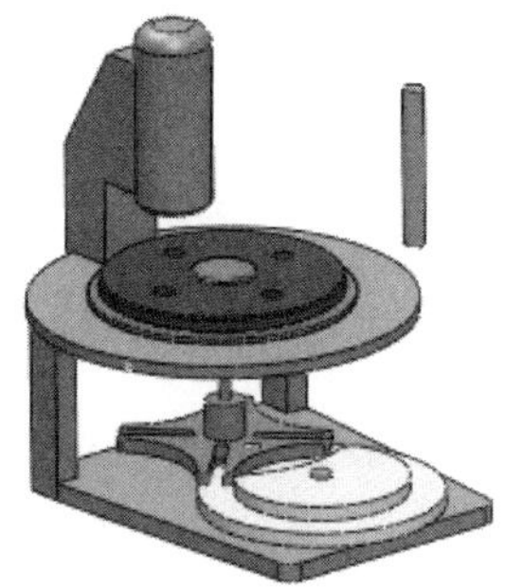

图 53.17 放置零件

（2）添加同轴心配合。

① 选择命令。选择下拉菜单 插入(I) ➡ 配合(M)... 命令，系统弹出“配合”对

话框。

② 添加“同轴心”配合。单击标准配合(A)对话框中的◎按钮，选取图 53.18 所示的两个圆柱为同轴心面，在快捷工具条中单击✓按钮。

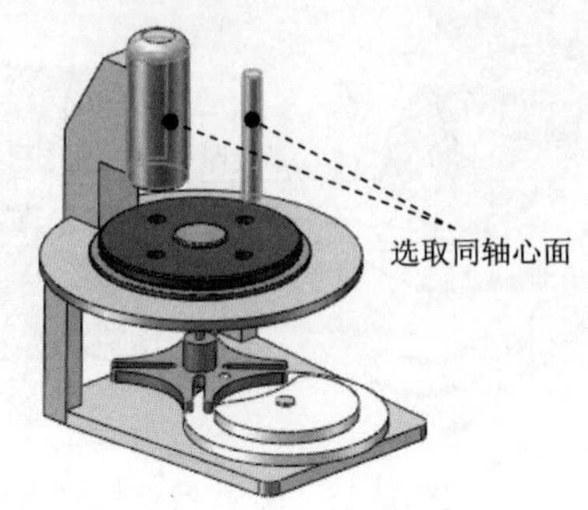

图 53.18 添加“同轴心”配合

③ 单击“配合”对话框中的✓按钮，完成零件的定位。

注意：此处只需添加一个“同轴心”约束，不需要将零件进行完全约束，完全约束的零件在仿真过程中是无法运动的。

Step 7 添加图 53.19 所示的零件并定位。

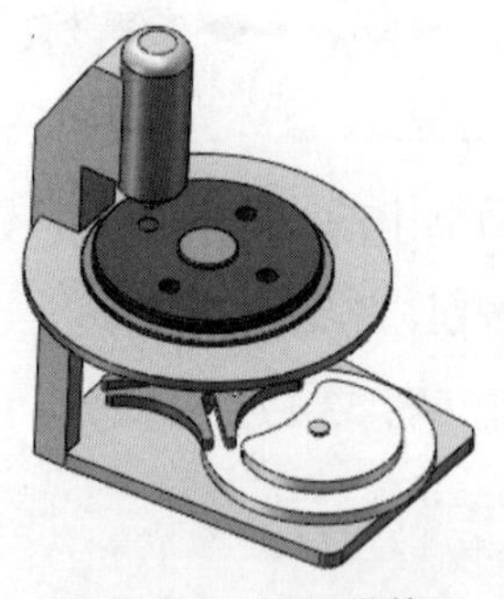

图 53.19 添加零件

（1）引入零件。

① 选择命令。选择下拉菜单 插入(I) ➡ 零部件(O) ➡ 现有零件/装配体(E)... 命令，系统弹出“插入零部件”对话框。

② 单击“插入零部件”对话框中的 浏览(B)... 按钮，在弹出的“打开”对话框中选取 PART.SLDPRT，单击 打开(O) 按钮。

③ 将零件放置在合适的位置。

（2）添加重合配合。

① 选择命令。选择下拉菜单 插入(I) ➡ 配合(M)... 命令，系统弹出“配合”对

话框。

② 添加“重合”配合。单击标准配合(A)对话框中的按钮，分别选取图 53.20 所示的重合面，单击快捷工具条中的按钮。

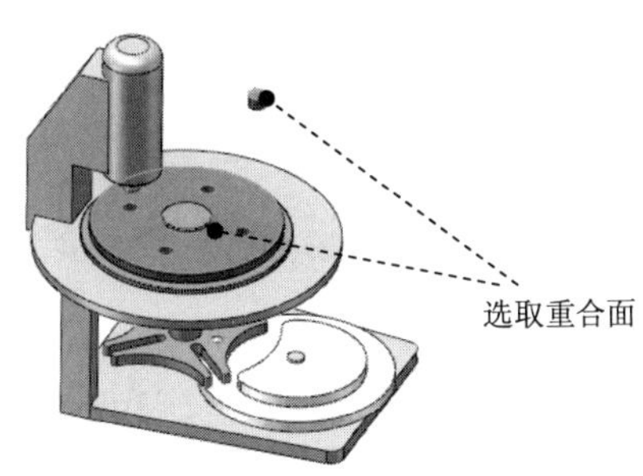

图 53.20 添加“重合”配合

③ 添加“同轴心”配合。选取图 53.21 所示的两个圆柱为同轴心面，在快捷工具条中单击按钮。

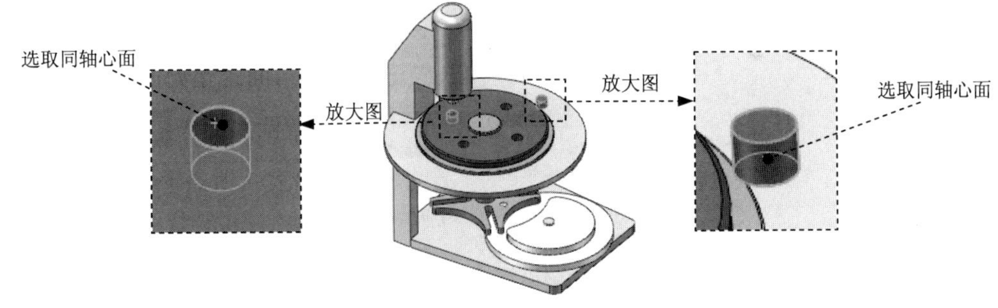

图 53.21 添加“同轴心”配合

④ 单击“配合”对话框中的按钮，完成零件的定位。

Step 8 参照 Step7 步骤添加剩余的 3 个圆柱零件（图 53.22）。

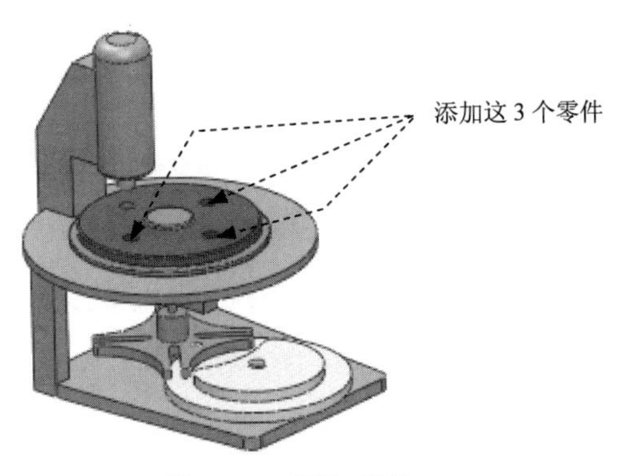

图 53.22 添加零件

注意：此处在装配 4 个 Part 零件时，要注意装配的顺序，本例采用逆时针顺序（圆孔“加工”顺序）装配 4 个 Part 零件，具体操作请参看随书光盘录像。

Task2. 调整初始位置

装配完成后，要调试机构的初始位置，初始位置的调整直接关系到机构能否按照预期设想进行运动。

Step 1　添加角度配合 1。

（1）选择命令。选择下拉菜单 插入(I) → 配合(M)... 命令，系统弹出“配合”对话框。

（2）添加“角度”配合。激活 **配合选择(S)** 区域的文本框，分别选取图 53.23 所示的表面，单击工具条中的按钮，在弹出的文本框中输入数值 45，单击快捷工具条中的按钮。

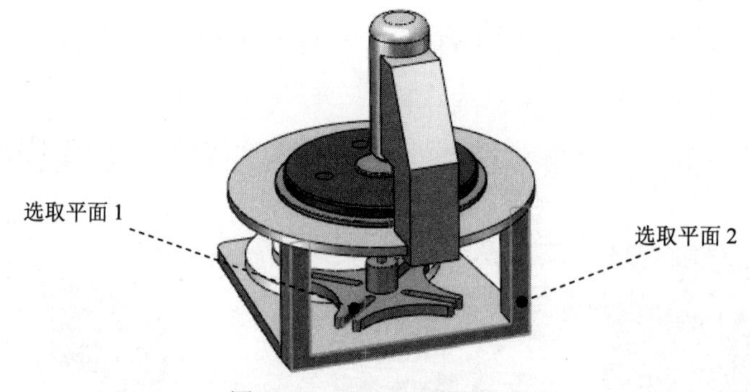

图 53.23　添加“角度”配合

（3）单击“配合”对话框中的按钮，完成零件的定位。

Step 2　在设计树中单击 配合 选项前的“+”图标，选取 角度1 选项，右击，在弹出的快捷菜单中选取 删除 (E) 命令，在系统弹出的“确认删除”对话框中单击 是(Y) 按钮。

注意：此处添加一个“角度”约束后，一定要将其删除；否则间歇轮零件是完全约束的，完全约束的零件在仿真过程中无法运动，下同。

Step 3　添加角度配合 2。

（1）选择命令。选择下拉菜单 插入(I) → 配合(M)... 命令，系统弹出“配合”对话框。

（2）添加“角度”配合。激活 **配合选择(S)** 区域的文本框，在设计树中选取 GENEVA_DRIVER 零件的上视基准面和图 53.24 所示的平面，单击工具条中的按钮，在弹出的文本框中输入数值 90，然后单击“反向对齐”按钮，单击按钮。

（3）单击“配合”对话框中的按钮，完成零件的定位。

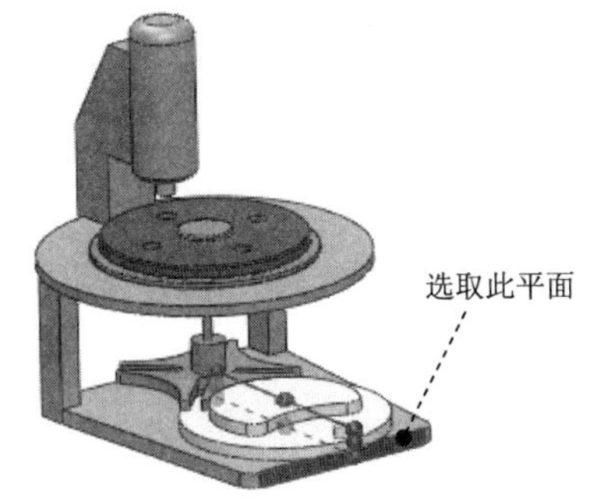

图 53.24 添加“角度”配合

Step 4 在设计树中单击配合选项前的“+”图标，选取角度2选项，右击，在弹出的快捷菜单中选取删除 (E)命令，然后单击对话框中的是(Y)按钮。

Step 5 添加距离配合。

（1）选择命令。选择下拉菜单插入(I) → 配合(M)... 命令，系统弹出“配合”对话框。

（2）添加“距离”配合。激活配合选择(S)区域的文本框，分别选取图 53.25 所示的两个平面，单击工具条中的按钮，在弹出的文本框中输入数值 20，单击按钮。

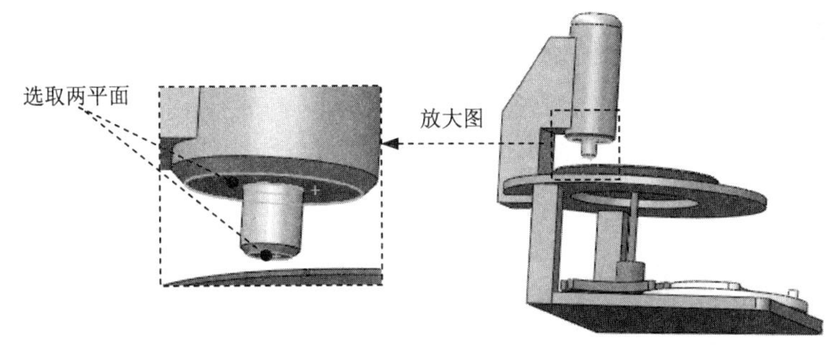

图 53.25 添加“距离”配合

（3）单击“配合”对话框中的按钮，完成零件的定位。

Step 6 在设计树中单击配合选项前的“+”图标，选取距离1选项，右击，在弹出的快捷菜单中选取删除 (E)命令，然后单击对话框中的是(Y)按钮。

Task3. 添加仿真条件

Step 1 激活插件。选择下拉菜单工具(T) → 插件 (D)...命令，在“插件”对话框中选中 SolidWorks Motion 选项，单击确定按钮，完成插件的激活。

Step 2 展开运动算例界面。单击运动算例 1 按钮，展开运动算例界面。

Step 3 添加旋转马达。在运动算例工具栏后单击“马达”按钮，系统弹出图 53.26 所示的“马达”对话框。

（1）定义马达类型。在马达类型(T)区域中单击“旋转马达”按钮，然后选取图 53.27 所示的圆柱面放置马达。

图 53.26 “马达”对话框

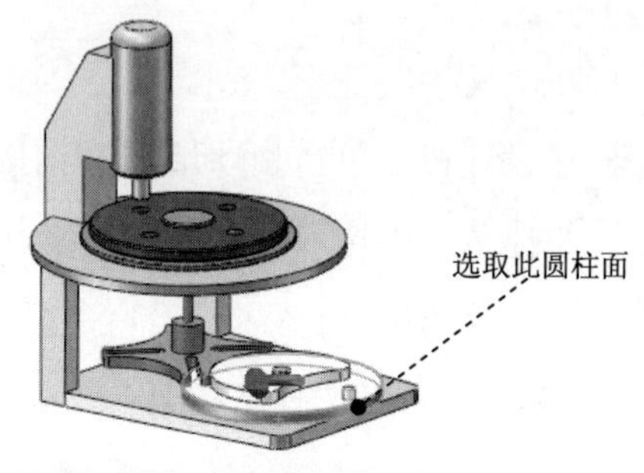

图 53.27 马达放置面

（2）定义马达运动参数。在运动(M)区域的下拉列表框中选择数据点选项，系统弹出图 53.28 所示的“函数编制程序“对话框，单击 数据点 选项卡，在值(y):的下拉列表框中选择位移(度)选项，在自变量(x):下拉列表框中选取时间(秒)选项，在插值类型:下拉列表中选取立方样条曲线选项；单击 输入数据... 下方表格中的单击以添加行选项，在表格中输入图 53.29 所示的数据，同时在显示图表:区域中显示出图 53.30 所示的“位移（度）”图表，单击 确定 按钮，完成马达运动参数的设置。

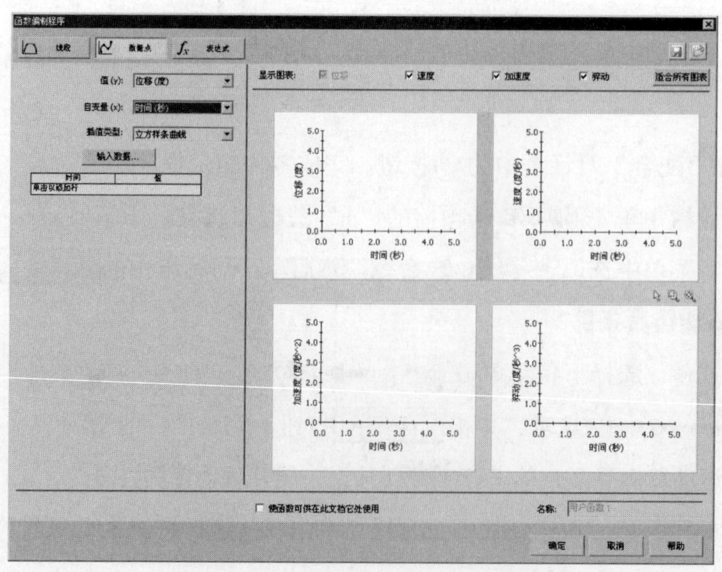

图 53.28 “函数编制程序”对话框

时间	值
0s	0.00度
4s	180.00度
8s	360.00度
12s	540.00度
16s	720.00度
20s	900.00度
24s	1080.00度
单击以添加行	

图 53.29　定义参数

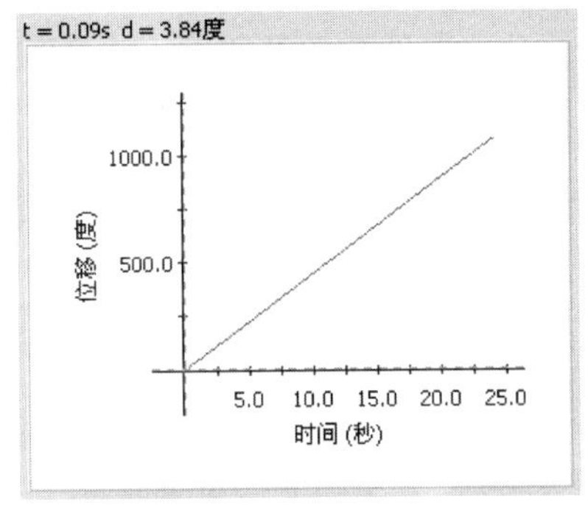

图 53.30　“位移（度）”图表

（3）在“马达”对话框中单击✓按钮，完成马达的添加。

Step 4 调整时间栏。选中时间栏中的键码，将其拖动到图 53.31 所示的位置（24 秒位置），并单击运动算例界面右下角的🔍或🔍按钮，控制标准界面网格线之间的距离至合适位置。

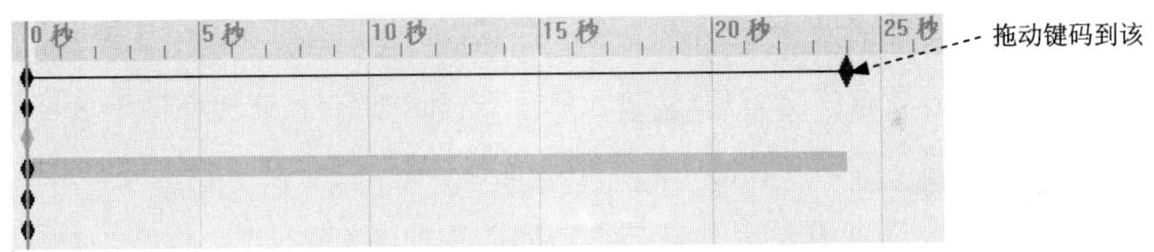

图 53.31　调整时间栏

Step 5 添加线性马达。在运动算例工具栏后单击“马达”按钮，系统弹出“马达”对话框，如图 53.32 所示。

图 53.32　“马达”对话框

（1）定义马达类型和放置。在马达类型(T)区域中单击“线性马达”按钮，在“马达”对话框中的零部件/方向(D)区域中单击文本框，选取图 53.33 所示的平面；选取图 53.33 所示的圆柱面，单击按钮调整马达方向；单击文本框，选取图 53.33 所示的实体。

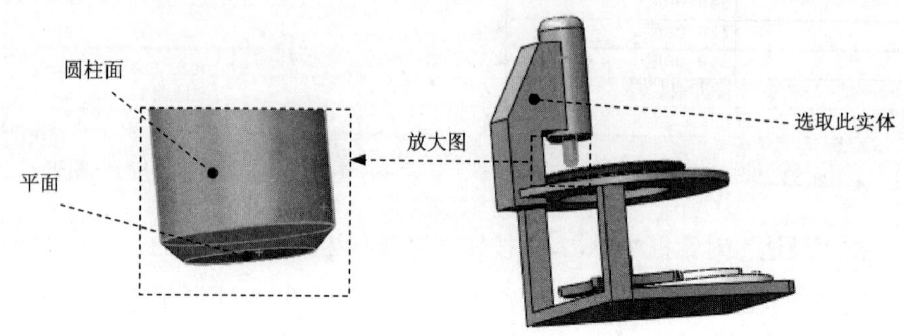

图 53.33　编辑马达

（2）定义参数。在运动(M)区域的下拉列表框中选取数据点选项，系统弹出“函数编制程序“对话框，单击数据点选项卡，在值(y):的下拉列表框中选取位移(mm)选项，在自变量(x):下拉列表框中选取时间(秒)选项，在插值类型:下拉列表框中选取立方样条曲线选项；单击输入数据...下方表格中的单击以添加行选项，在表格中输入图 53.34 所示的数据，同时在显示图表:区域中显示出图 53.35 所示的“位移”图表，单击确定按钮，完成参数的设置。

时间（秒）	值
0s	0.00mm
2s	15.00mm
3s	0.00mm
6s	0.00mm
8s	15.00mm
9s	0.00mm
14s	0.00mm
16s	15.00mm
17s	0.00mm
22s	0.00mm
23s	15.00mm
24s	0.00mm
单击以添加行	

图 53.34　定义运动参数

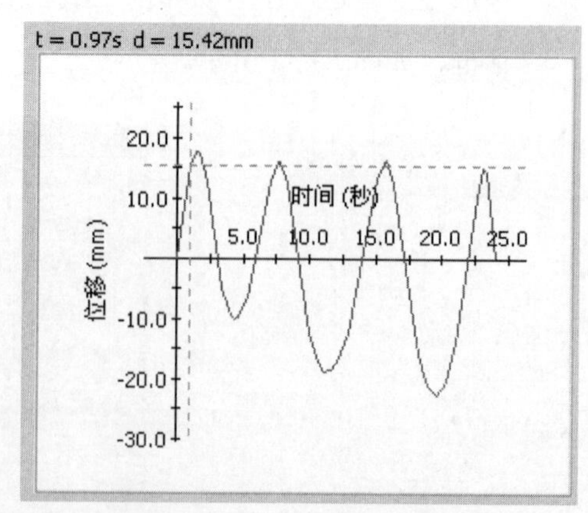

图 53.35　“位移”图表

（3）在“马达”对话框中单击按钮，完成马达的添加。

Step 6　添加接触条件（注：本步的详细操作过程请参见随书光盘中 video\ins53\reference\文件下的语音视频讲解文件 BASE_FRAME-r01.avi）。

Task4. 设置动画显示

Step 1 设置第一个零件的显示。在 (-) PART<1>->?节点对应的 2 秒时间栏上右击，然后在弹出的快捷菜单中选择 放置键码(K) 命令，在时间栏上添加键码。然后选中添加的键码，在设计树中右击 (-) PART<1>->?选项，单击按钮。

Step 2 设置第二个零件的显示。在 (-) PART<2>->?节点对应的 9 秒时间栏上右击，然后在弹出的快捷菜单中选择 放置键码(K) 命令，在时间栏上添加键码。然后选中添加的键码，在设计树中右击 (-) PART<2>->?选项，单击按钮。

Step 3 设置第三个零件的显示。在 (-) PART<3>->?节点对应的 17 秒时间栏上右击，然后在弹出的快捷菜单中选择 放置键码(K) 命令，在时间栏上添加键码。然后选中添加的键码，在设计树中右击 (-) PART<3>->?选项，单击按钮。

Step 4 设置第四个零件的显示。在 (-) PART<4>->?节点对应的 24 秒时间栏上右击，然后在弹出的快捷菜单中选择 放置键码(K) 命令，在时间栏上添加键码。然后选中添加的键码，在设计树中右击 (-) PART<4>->?选项，单击按钮。设置各零件显示后时间栏如图 53.36 所示。

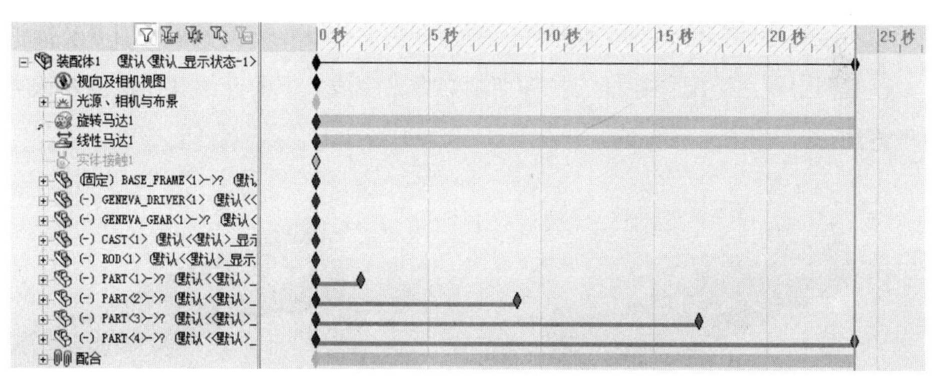

图 53.36 时间栏

Task5. 仿真并保存动画

Step 1 在运动算例界面的下拉列表框中选取 Motion 分析 选项，然后在运动算例工具栏后单击按钮，开始仿真。

Step 2 保存动画。在工具栏中单击按钮，系统弹出图 53.37 所示的“保存动画到文件”对话框，输入文件名称 AUTO_MOTION，单击 保存(S) 按钮，系统弹出图 53.38 所示的“视频压缩”对话框，单击 确定 按钮，即可保存动画。

Step 3 保存模型文件。选择下拉菜单 文件(F) → 保存(S) 命令，命名为 AUTO_MOTION，即可保存模型。

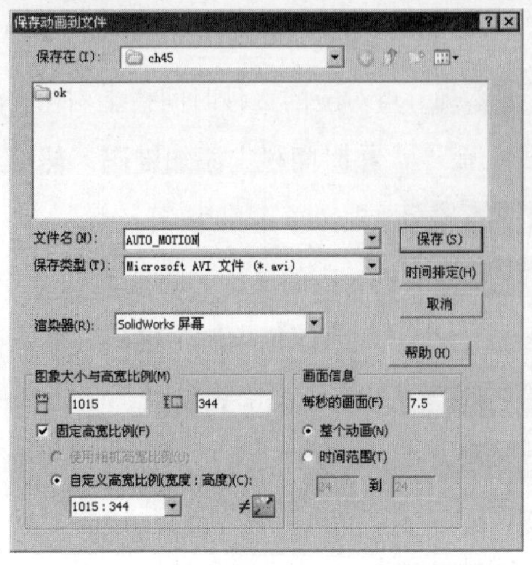

图 53.37 “保存动画到文件”对话框

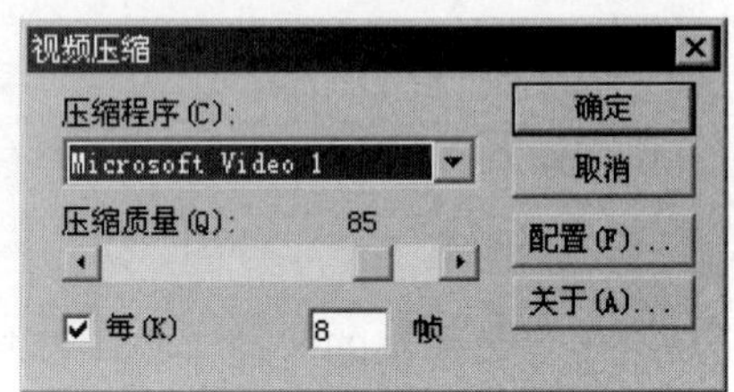

图 53.38 “压缩视频”对话框

实例 54 车削加工仿真

本实例简单地讲解了车削加工仿真动画的设计过程，如图 54.1 所示，将左边的工件毛坯加工成右边所示的零件，对于这种涉及模型变形的仿真，需要灵活使用 SW 提供的一些工具，该实例中使用装配体特征的拉伸切削命令来完成。下面介绍其用法以及该类型的仿真实现方法。

a）车削前

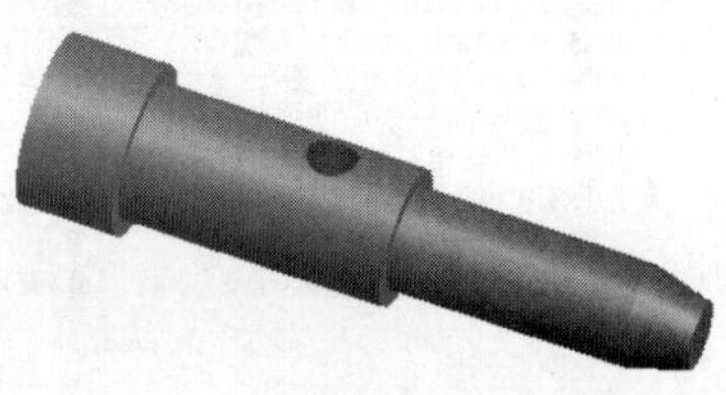

b）车削后

图 54.1 车削加工

Task1. 车削加工过程

基于工程图 54.2 所示的零件，可通过拉伸切削命令将零件加工过程简单地分为以下步骤来完成：

Step 1 第一次车削：按图 54.3 所示进行外圆车削 1。

Step 2 第二次车削：按图 54.4 所示进行外圆车削 2。

Step 3 第三次车削：按图 54.5 所示进行倒角车削。

Step 4 第四次车削：按图 54.6 所示进行钻孔。

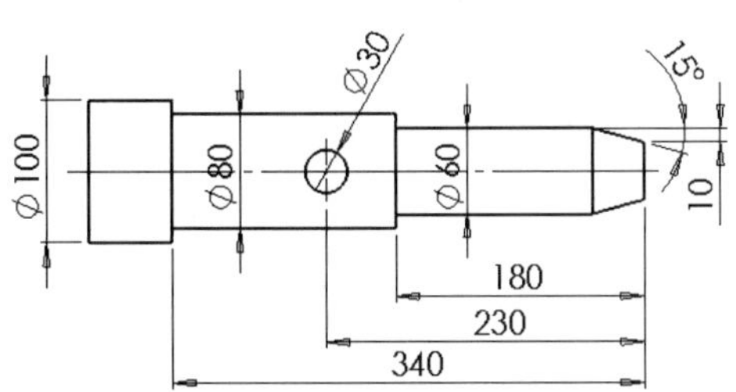

图 54.2　零件工程图

图 54.3　外圆车削 1

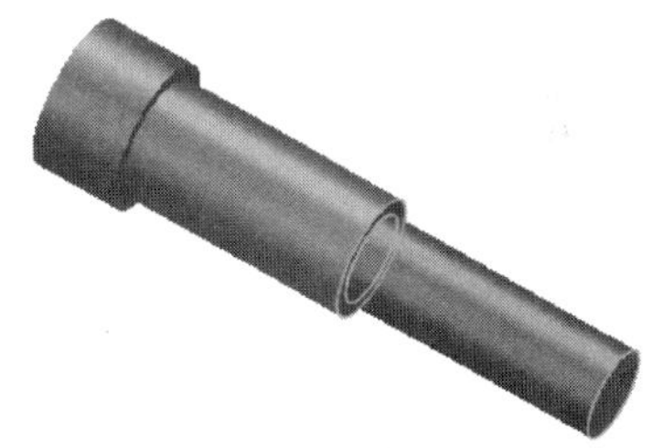

图 54.4　外圆车削 2

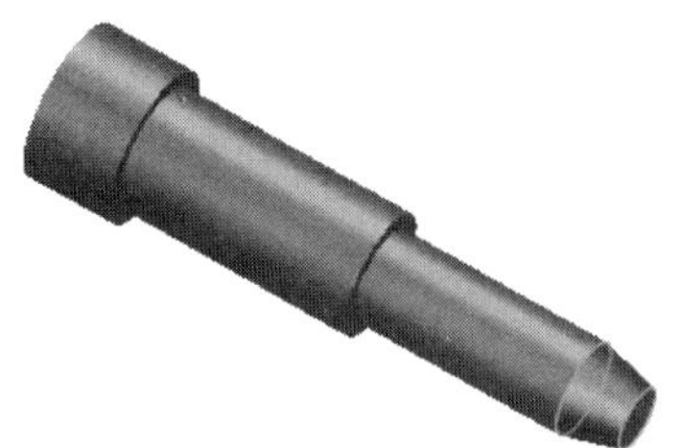

图 54.5　倒角车削

图 54.6　钻孔

Task2．车削加工仿真过程

Step 1　新建一个装配模型文件。进入装配体环境，系统弹出“开始装配体”对话框。

Step 2　首先将工件装配到机床的夹具上，夹具和工件间完全约束，保证夹具的转动能够带动工件的转动（图 54.7），其具体操作过程如下：

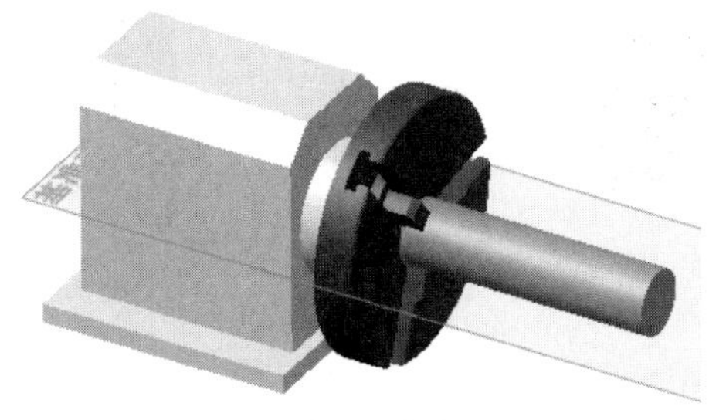

图 54.7　装配结果图

（1）添加基座模型。

① 引入零件。单击“开始装配体”对话框中的 浏览(B)... 按钮，在系统弹出的“打开”对话框中选择 D:\sw13in\ins54\base，单击 打开(O) 按钮。

② 单击 ✔ 按钮，将模型固定在原点位置，如图 54.8 所示。

图 54.8 添加基座模型

（2）添加零件卡盘。

① 选择命令。选择下拉菜单 插入(I) → 零部件(O) → 现有零件/装配体(E)... 命令，系统弹出“插入零部件”对话框。

② 单击“插入零部件”对话框中的 浏览(B)... 按钮，在弹出的“打开”对话框中选取 fix_part.SLDPRT，单击 打开(O) 按钮。

③ 将零件放置在合适的位置。

（3）添加配合，使卡盘零件不完全定位。

① 选择命令。选择下拉菜单 插入(I) → 配合(M)... 命令，系统弹出“配合”对话框。

② 添加“同轴心”配合。单击 标准配合(A) 区域中的 ◎ 按钮，选取图 54.9a 所示的两个面为同轴心面，单击快捷工具条中的 ✔ 按钮。

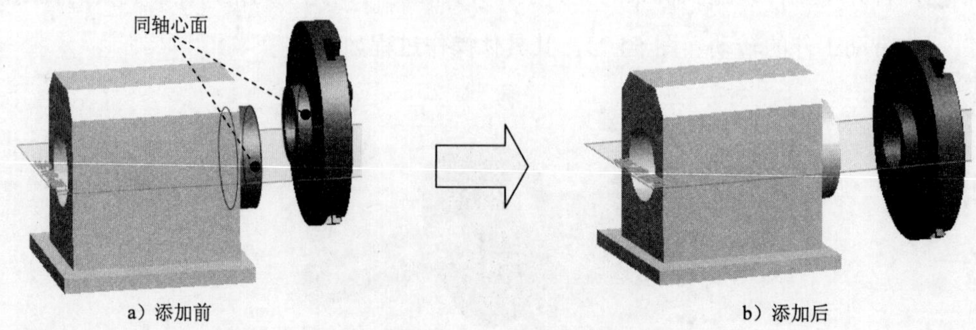

图 54.9 添加“同轴心”配合

③ 添加“重合”配合。单击 标准配合(A) 区域中的 按钮，选取图 54.10a 所示的两个面为重合面，单击快捷工具条中的 按钮。

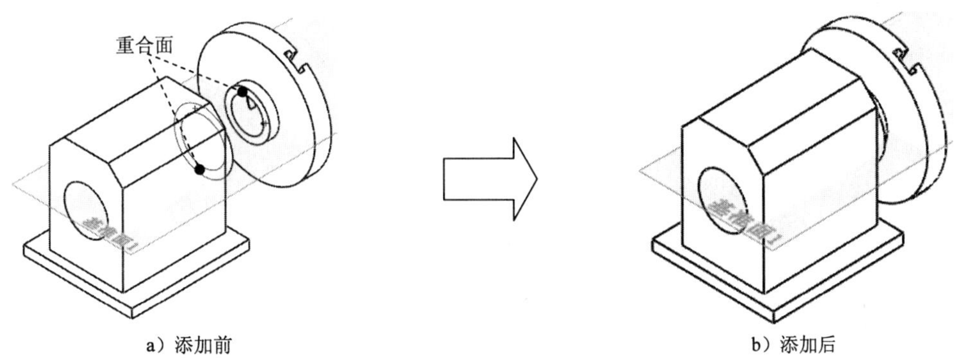

图 54.10　添加“重合”配合

④ 单击“配合”对话框中的 按钮，完成零件的定位。

（4）添加工件模型。

① 选择命令。选择下拉菜单 插入(I) ➡ 零部件(O) ➡ 现有零件/装配体(E)... 命令，系统弹出“插入零部件”对话框。

② 单击“插入零部件”对话框中的 浏览(B)... 按钮，在弹出的“打开”对话框中选取 cast_part.SLDPRT，单击 打开(O) 按钮。

③ 将零件放置在合适的位置。

（5）添加配合，使工件完全定位。

① 选择命令。选择下拉菜单 插入(I) ➡ 配合(M)... 命令，系统弹出“配合”对话框。

② 添加“同轴心”配合。单击 标准配合(A) 区域中的 按钮，选取图 54.11a 所示的两个面为同轴心面，单击快捷工具条中的 按钮。

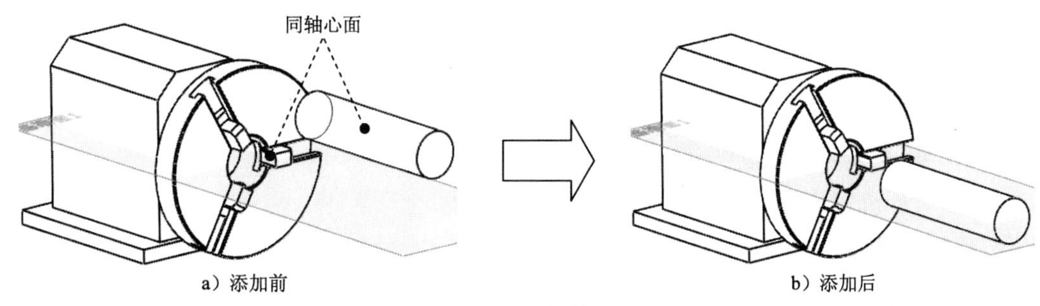

图 54.11　添加“同轴心”配合

③ 添加“重合”配合。单击标准配合(A)区域中的按钮，选取图 54.12a 所示的两个面为重合面，单击快捷工具条中的按钮。

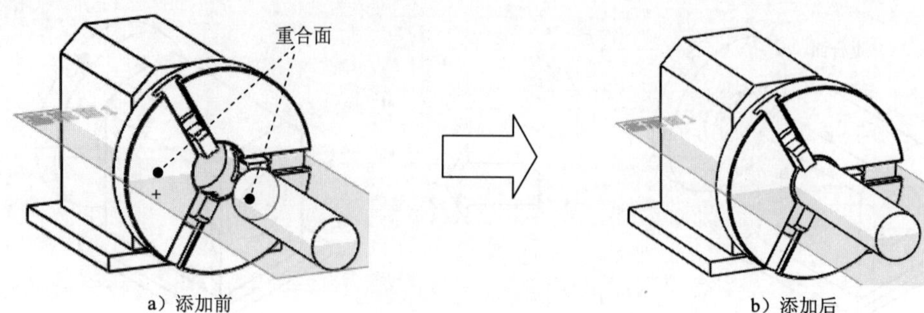

a）添加前　　b）添加后

图 54.12　添加“重合”配合

④ 添加“重合”配合。单击标准配合(A)区域中的按钮，选取工件零件的上视基准面和卡盘零件的右视基准面为重合面，单击快捷工具条中的按钮。

⑤ 单击“配合”对话框中的按钮，完成零件的定位。

（6）至此，完成工件装配到机床的夹具上的创建。

Step 3　添加图 54.13 所示的第一把车刀。

图 54.13　添加第一把车刀

（1）引入零件。

① 选择命令。选择下拉菜单 插入(I) → 零部件(O) → 现有零件/装配体(E)... 命令，系统弹出“插入零部件”对话框。

② 单击“插入零部件”对话框中的 浏览(B)... 按钮，在弹出的“打开”对话框中选取 knife01.SLDPRT，单击 打开(O) 按钮。

③ 将零件放置于合适的位置。

（2）添加配合，使零件完全定位。

① 选择命令。选择下拉菜单 插入(I) → 配合(M)...命令，系统弹出“配合”对话框。

② 添加“重合”配合。单击 标准配合(A) 区域中的按钮，选取图 54.14 所示的面与基准面 1 为重合面，然后单击“同向对齐”按钮，单击快捷工具条中的按钮。

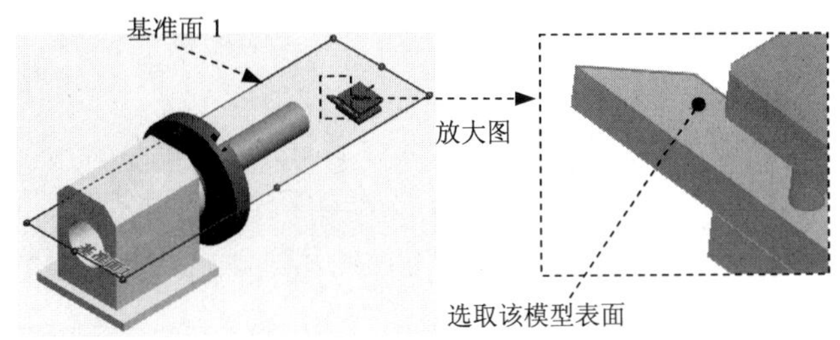

图 54.14　添加“重合”配合

③ 添加“距离”配合。单击“配合”对话框中的按钮，选取图 54.15 所示的两个面为相距面，输入距离值 0，单击快捷工具条中的按钮。

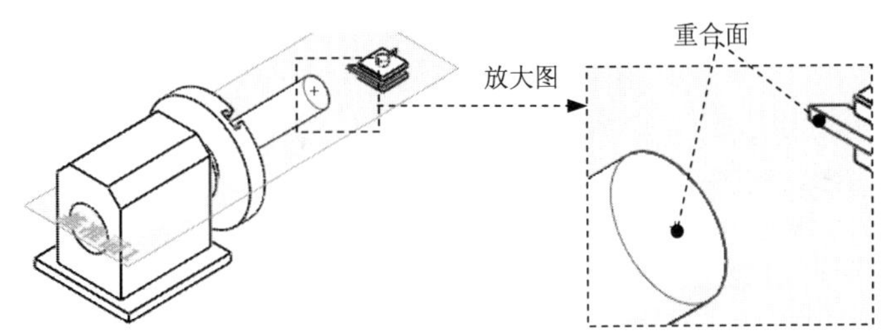

图 54.15　选取相距面

④ 添加“距离”配合。单击“配合”对话框中的按钮，选取图 54.16 所示的两个面为相距面，输入距离值 58，单击按钮调整方向，单击快捷工具条中的按钮。

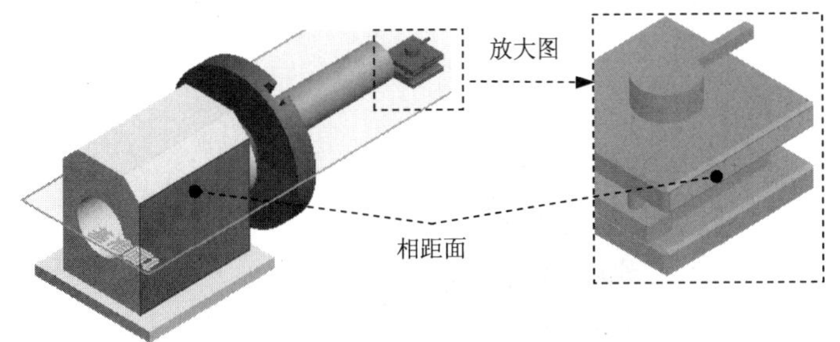

图 54.16　选取相距面

⑤ 单击“配合”对话框中的按钮，完成零件的定位。

Step 4　使用装配拉伸切除命令创建第一处车削。

（1）选择下拉菜单 插入(I) → 装配体特征(S) → 切除(C) → 拉伸(E)... 命令。

（2）定义特征的横断面草图。选取图 54.17 所示的车刀表面作为草绘基准面，绘制图 54.18 所示的横断面草图。

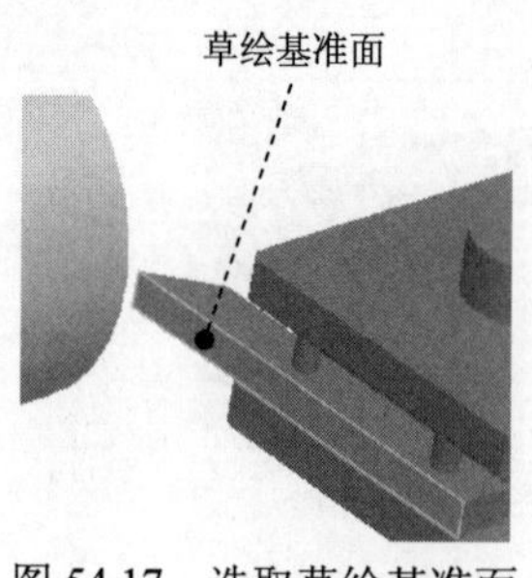

图 54.17　选取草绘基准面

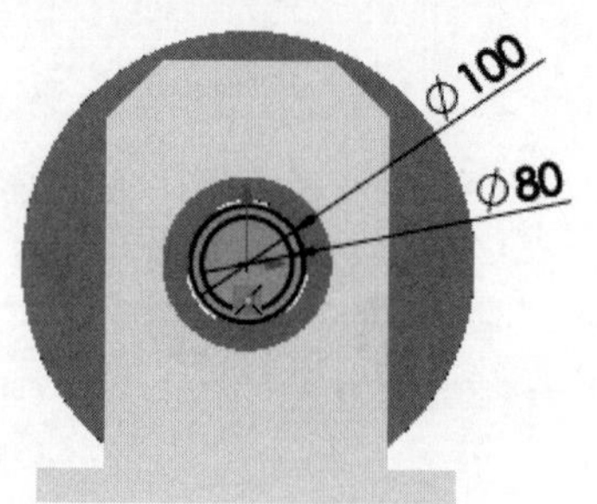

图 54.18　横断面草图（草图 1）

（3）定义切除深度属性（图 54.19）。在"切除-拉伸"对话框 方向 1 区域的下拉列表框中选择 给定深度 选项，深度值为 400.00；在 特征范围(F) 区域中取消选中 □ 自动选择(O) 复选框，并在其下面系统弹出的文本框中单击，选取工件作为切除对象。

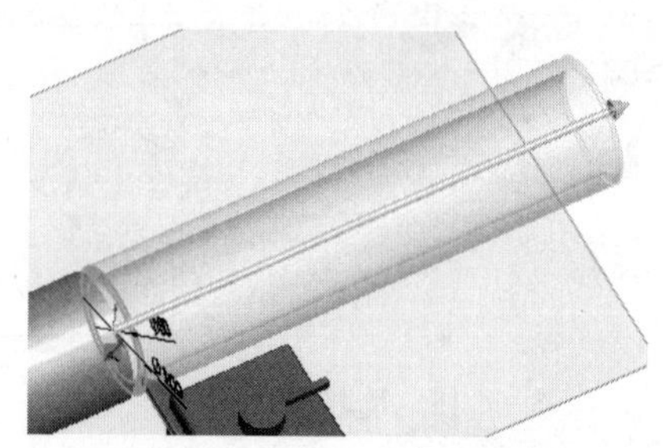

图 54.19　定义切除深度属性

（4）单击对话框中的 ✔ 按钮，完成切除-拉伸 1 的创建。

Step 5　添加图 54.20 所示的第二把 knife02.SLDPRT 车刀（将第一把车刀隐藏）。

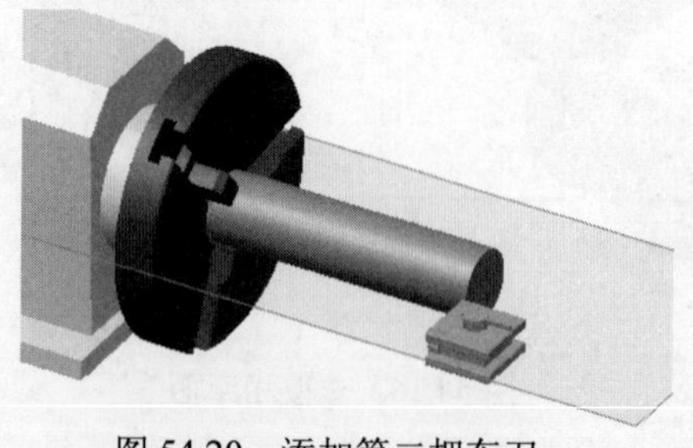

图 54.20　添加第二把车刀

由于与第一把车刀位置重合，这里将不再赘述，故具体操作参照 Step3 进行。

Step 6　使用装配拉伸切除命令创建第二处车削。选择下拉菜单 插入(I) ➡ 装配体特征(S) ➡ 切除(C) ➡ 拉伸(E)... 命令；选取图 54.21 所示的车刀表面作为草绘基准面，绘制图 54.22 所示的横断面草图；在“切除-拉伸”对话框 方向1 区域的下拉列表框中选择 给定深度 选项，深度值为 400.00；在 特征范围(F) 区域中取消选中 □ 自动选择(O) 复选框，并在其下面系统弹出的文本框中单击，选取工件作为切除对象；单击 ✓ 按钮，完成切除-拉伸 2 的创建。

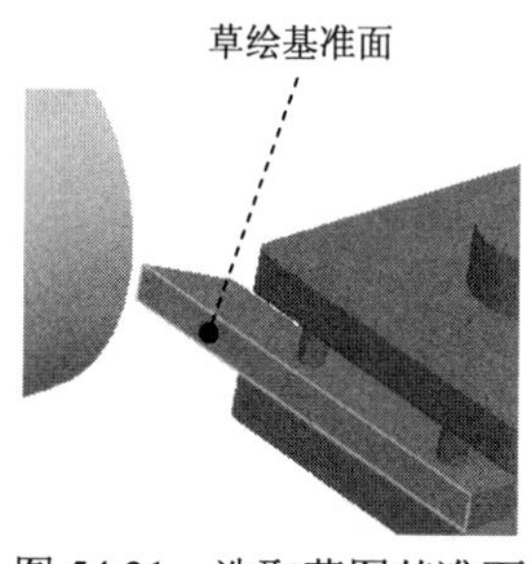

图 54.21 选取草图基准面

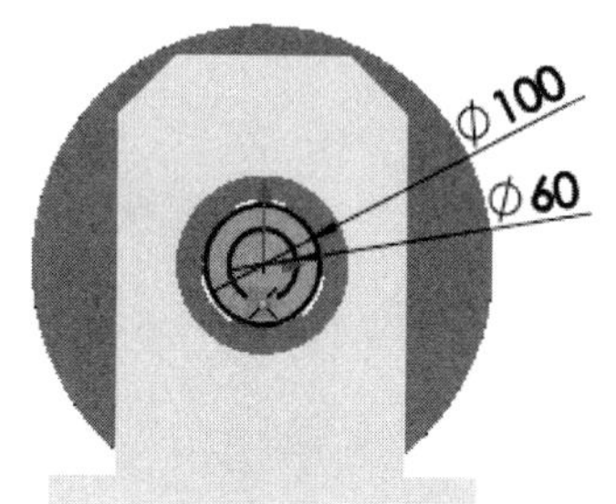

图 54.22 横断面草图（草图 2）

Step 7 添加第三把 knife02.SLDPRT 车刀（将第二把车刀隐藏）。

由于与前两把车刀位置重合。这里将不再赘述，故具体操作参照 Step3 进行。

Step 8 使用装配拉伸切除命令创建第三处车削（注：本步的详细操作过程请参见随书光盘中 video\ins54\reference\文件下的语音视频讲解文件 base-r01.avi）。

Step 9 添加图 54.23 所示的刀具（钻头）。

图 54.23 添加刀具（钻头）

（1）引入零件。

① 选择命令。选择下拉菜单 插入(I) ➡ 零部件(O) ➡ 现有零件/装配体(E)... 命令，系统弹出“插入零部件”对话框。

② 单击“插入零部件”对话框中的 浏览(B)... 按钮，在弹出的“打开”对话框中选取 hole_tool.SLDPRT，单击 打开(O) 按钮。

③ 将零件放置于合适的位置。

（2）添加配合，使零件完全定位。

① 选择命令。选择下拉菜单 插入(I) ➡ 配合(M)... 命令，系统弹出“配合”对话框。

② 添加“平行”配合。单击 标准配合(A) 区域中的按钮，选取图 54.24 所示的两个面为平行面，单击按钮调整方向，单击快捷工具条中的按钮。

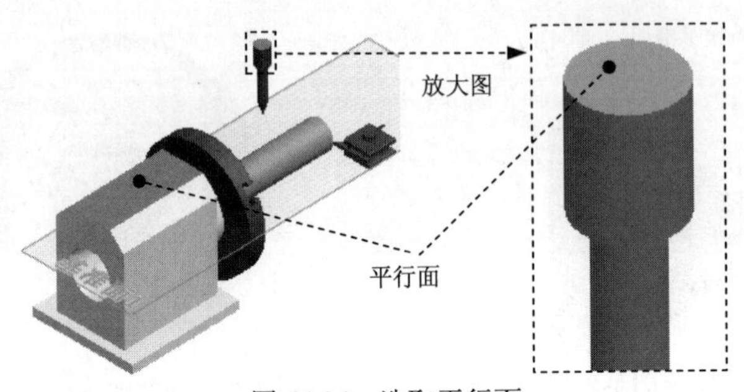

图 54.24 选取平行面

③ 添加“重合”配合。单击 标准配合(A) 区域中的按钮，选取基座的右视基准面与钻头的右视基准面为重合面；单击快捷工具条中的按钮。

④ 添加“距离”配合。单击“配合”对话框中的按钮，选取图 54.25 所示面与钻头的前视基准面为相距面，输入距离数值 230，单击快捷工具条中的按钮。

⑤ 单击“配合”对话框中的按钮，完成零件的定位。

Step 10 使用装配拉伸切除命令创建第四处车削。选择下拉菜单 插入(I) ➡ 装配体特征(S) ➡ 切除(C) ➡ 拉伸(E)... 命令；选取图 54.26 所示的车刀表面作为草绘基准面，绘制图 54.27 所示的横断面草图；如图 54.28 所示，在“切除-拉伸”对话框 方向 1 区域的下拉列表框中选择 给定深度 选项，深度值为 170；在 特征范围(F) 区域中取消选中 □ 自动选择(O) 复选框，并在其下面系统弹出的文本框中单击，选取工件作为切除对象；单击按钮，完成切除-拉伸 4 的创建。

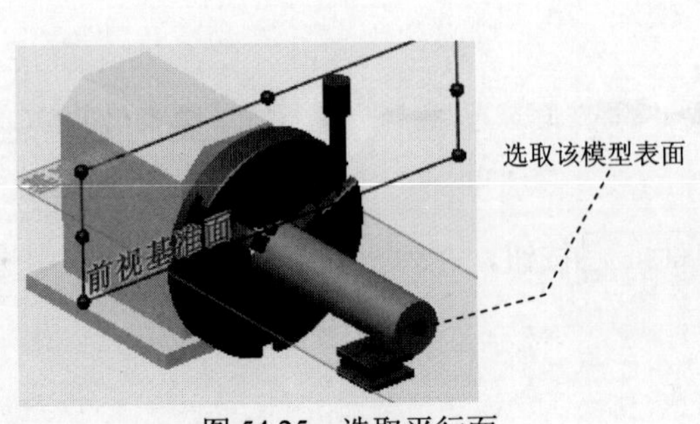

图 54.25 选取平行面

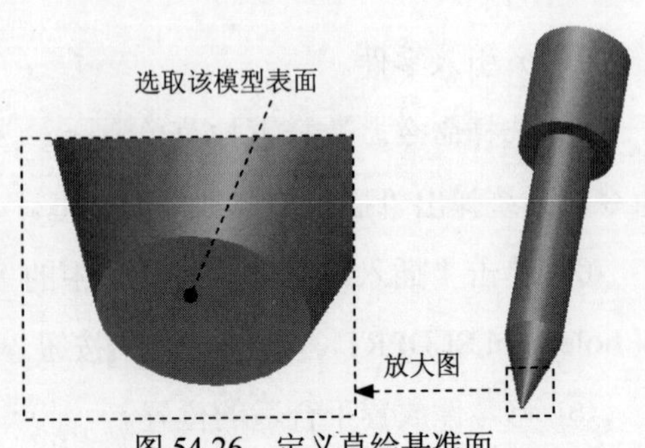

图 54.26 定义草绘基准面

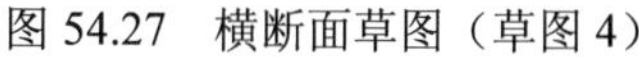

图 54.27　横断面草图（草图 4）

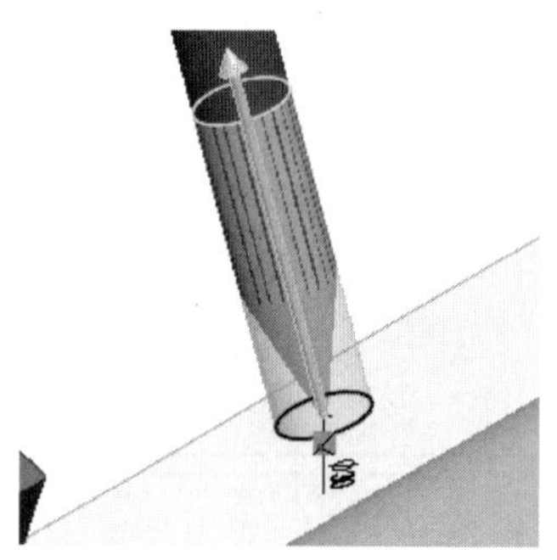

图 54.28　定义切除深度属性

Step 11　添加马达。在机床主轴上面添加马达，使其带动机床夹具运动。

（1）在图形区将模型调整到合适的角度并显示隐藏的元件。单击 运动算例 1 按钮，展开运动算例界面。

（2）在运动算例工具栏中选择运动算例类型为 动画，然后单击 按钮，系统弹出“马达”对话框。

（3）在“马达”对话框中的 零部件/方向(D) 区域中激活马达方向，然后在图形区选取图 54.29 所示的模型表面，系统显示的方向如图 54.29 所示，在 运动(M) 区域的类型下拉列表框中选择 等速 选项，调整转速为 100.0rpm，其他参数采用系统默认设置值，在“马达”对话框中单击 按钮，完成马达的设置。

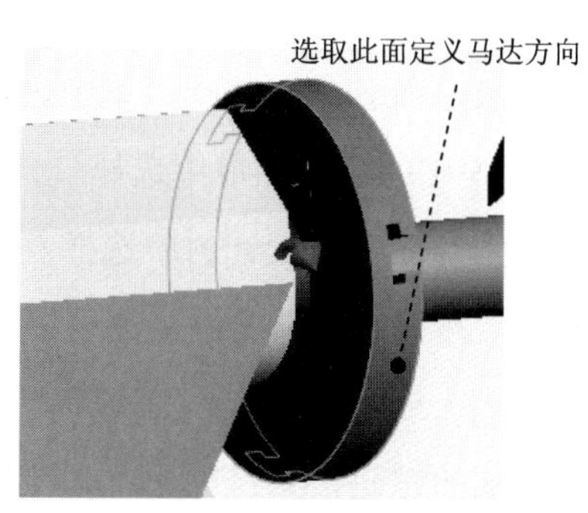

图 54.29　定义马达方向

Step 12　前 3 把车刀的运动使用配合动画模式（图 54.30）。

（1）选中键码调整结束时间至 25 秒，并单击运动算例界面右下角的 或 按钮，控制标准界面网格线之间的距离至合适位置。

（2）添加键码。在运动算例界面特征设计树中选择 配合 节点下的 距离1 子节点对应的 5 秒时间栏上右击，在系统弹出的快捷菜单中选择 放置键码(K) 命令，在时间栏上添加键码。

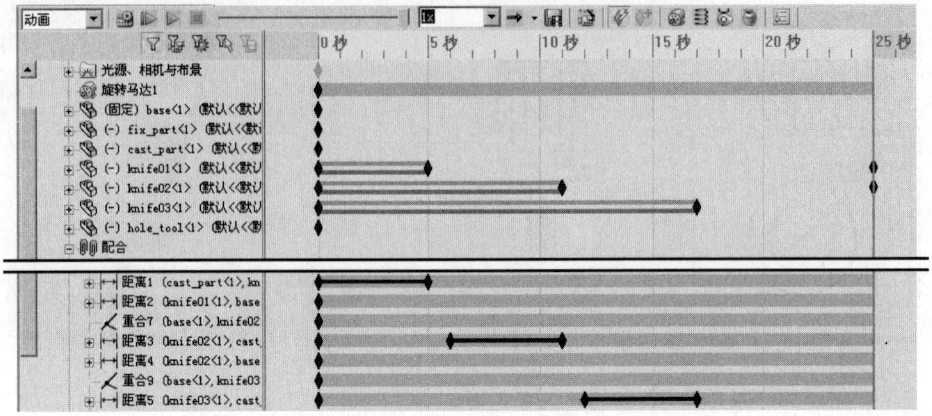

图 54.30 运动算例界面

（3）修改距离。双击新添加的键码，系统弹出“修改”对话框，在“修改”对话框中输入尺寸值 340，然后单击✔按钮，完成尺寸的修改。

说明：若刀具不是向工件一侧进行移动，可反转距离约束中的尺寸方向。

（4）隐藏刀具。在运动算例界面特征设计树中选择 (-) knife01<1>节点对应的 5 秒时间栏上右击，在系统弹出的快捷菜单中选择 放置键码(K)命令，并将其第一把刀隐藏。

（5）验证动画。在运动算例界面中的工具栏中单击按钮，可以观察到外圆车削 1 的过程。

（6）复制键码。在运动算例界面特征设计树中选择 配合节点下的 距离3子节点对应的 0 秒时间栏上右击，在系统弹出的快捷菜单中选择 复制(C)命令，并在其对应的 6 秒时间栏上右击，在系统弹出的快捷菜单中选择 粘帖(P)命令。

（7）添加键码。在运动算例界面特征设计树中选择 配合节点下的 距离3子节点对应的 11 秒时间栏上右击，在系统弹出的快捷菜单中选择 放置键码(K)命令，在时间栏上添加键码。

（8）修改距离。双击新添加的键码，系统弹出“修改”对话框，在“修改”对话框中输入尺寸值 180，然后单击✔按钮，完成尺寸的修改。

（9）隐藏刀具。在运动算例界面特征设计树中选择 (-) knife02<1>节点对应的 11 秒时间栏上右击，在系统弹出的快捷菜单中选择 放置键码(K)命令，并将其第二把刀隐藏。

（10）复制键码。在运动算例界面特征设计树中选择 配合节点下的 距离5子节点对应的 0 秒时间栏上右击，在系统弹出的快捷菜单中选择 复制(C)命令，并在其对应的 12 秒时间栏上右击，在系统弹出的快捷菜单中选择 粘帖(P)命令。

（11）添加键码。在运动算例界面特征设计树中选择 配合节点下的 距离5子节点对应的17秒时间栏上右击，在系统弹出的快捷菜单中选择 放置键码(K) 命令，在时间栏上添加键码。

（12）修改距离。双击新添加的键码，系统弹出“修改”对话框，在“修改”对话框中输入尺寸值28，然后单击 按钮，完成尺寸的修改。

（13）隐藏刀具。在运动算例界面特征设计树中选择 (-) knife03<1> 节点对应的17秒时间栏上右击，在系统弹出的快捷菜单中选择 放置键码(K) 命令，并将其第三把刀隐藏。

Step 13 第四把车刀使用插值动画模式。4秒钟完成动作（图54.31）。

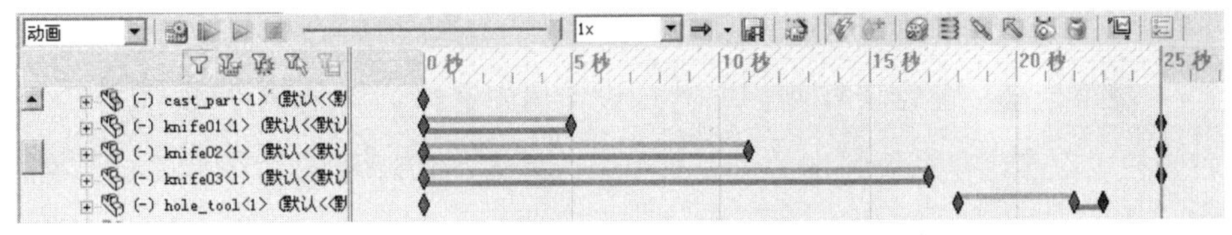

图54.31 运动算例界面

（1）复制键码。在运动算例界面特征设计树中选择 (-) hole_tool<1> 节点对应的0秒时间栏上右击，在系统弹出的快捷菜单中选择 复制(C) 命令，并在其对应的18秒时间栏上右击，在系统弹出的快捷菜单中选择 粘帖(P) 命令。

（2）添加键码。在运动算例界面特征设计树中选择 (-) hole_tool<1> 节点对应的22秒时间栏上单击，然后将“hole_tool”零件拖动到图54.32b所示的位置B，即在时间栏上添加键码。

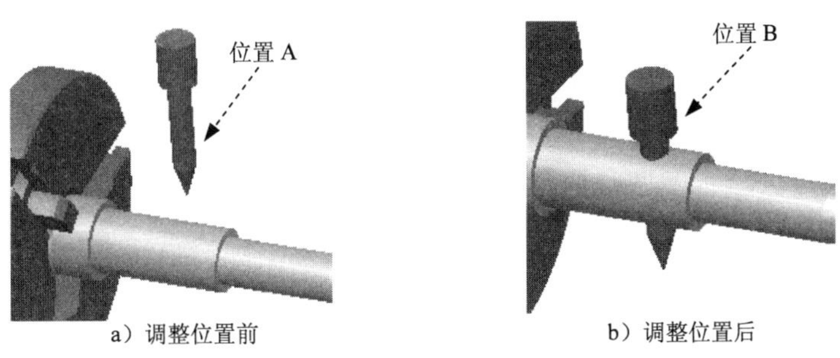

a）调整位置前 b）调整位置后

图54.32 插值动画

（3）隐藏刀具。在运动算例界面特征设计树中选择 (-) hole_tool<1> 节点对应的23秒时间栏上单击，选中22秒时间栏上对应的键码并隐藏刀具（钻头），即在时间栏上添加键码。

Step 14 编辑各部件的属性动画。要求加工完成后机床隐藏起来（图54.33），只显示加工完成的零件。

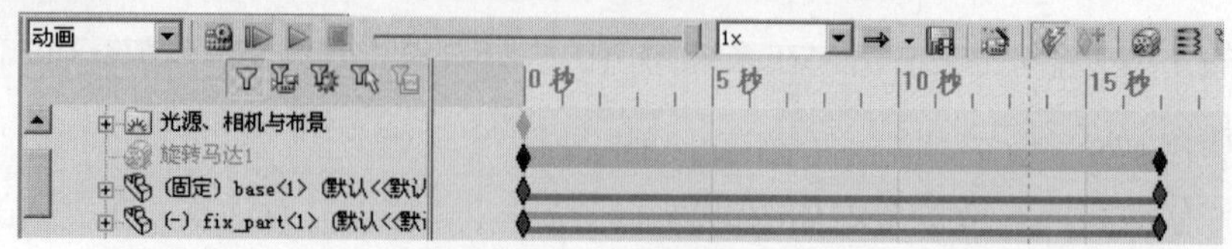
图 54.33　运动算例界面

（1）关闭马达。在运动算例界面特征设计树中选择 旋转马达1 节点对应的 17 秒时间栏上右击，在系统弹出的快捷菜单中选择 关闭 命令。

（2）隐藏基座。在运动算例界面特征设计树中选择 (固定) base<1> 节点对应的 17 秒时间栏上右击，在系统弹出的快捷菜单中选择 放置键码(K) 命令，并将基座隐藏。

（3）隐藏卡盘。在运动算例界面特征设计树中选择 (-) fix_part<1> 节点对应的 17 秒时间栏上右击，在系统弹出的快捷菜单中选择 放置键码(K) 命令，并将卡盘隐藏。

Step 15　编辑工件的定向视图动画（图 54.34）。

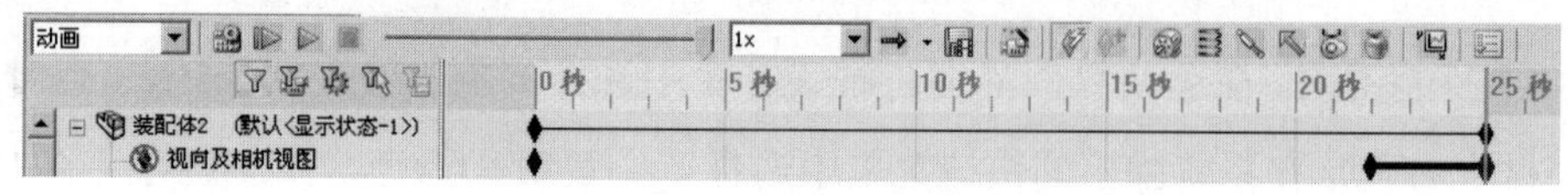
图 54.34　运动算例界面

（1）复制键码。在运动算例界面特征设计树中选择 视向及相机视图 节点对应的 0 秒时间栏上右击，在系统弹出的快捷菜单中选择 复制(C) 命令，并在其对应的 22 秒时间栏上右击，在系统弹出的快捷菜单中选择 粘帖(P) 命令。

（2）添加键码。在运动算例界面特征设计树中选择 视向及相机视图 节点对应的 25 秒时间栏上右击，在系统弹出的快捷菜单中选择 放置键码(K) 命令，在时间栏上添加键码。

（3）调整视图。在新添加的键码上右击，在弹出的快捷菜单中选择 视图定向 → 等轴测(G) 命令，将视图调整到等轴测视图（图 54.35）。

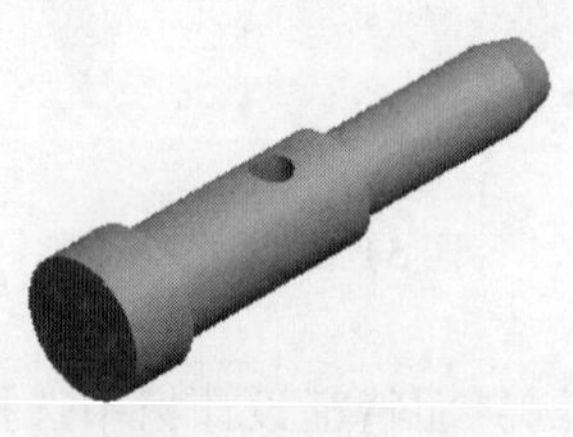
图 54.35　最终结果

Step 16　保存动画。在运动算例界面中的工具栏中单击 按钮，可以观察装配件视图的旋转，在工具栏中单击 按钮，命名为 machining_motion，保存动画。

Step 17　保存零件模型。

实例55 自动化机构仿真

实例概述：

在一些企业的车间里，经常会看见各种各样的自动化设备，代替工人运送一些比较危险或是比较沉重的机械零部件，下面就是简单的自动化设备上面的一个典型机构，主要是用来运送机械零部件的，红色零件为取物杆，下端可以安装各种取物机构，比如机械手等。

Step 1 新建一个装配文件，进入装配环境。

Step 2 添加支架模型。

（1）引入零件。单击“开始装配体”对话框中的 浏览(B)... 按钮，在系统弹出的“打开”对话框中选择 D:\sw13in\work\ins55\base.sldprt，单击 打开(O) 按钮。

（2）单击✔按钮，将模型固定在原点位置，如图55.1所示。

Step 3 添加图55.2所示的汽缸零件并定位。

（1）引入零件。

① 选择命令。选择下拉菜单 插入(I) ➡ 零部件(O) ➡ 现有零件/装配体(E)... 命令，系统弹出“插入零部件”对话框。

② 单击“插入零部件”对话框中的 浏览(B)... 按钮，在系统弹出的“打开”对话框中选择 link01.SLDPRT，单击 打开(O) 按钮。

③ 将零件放置到图55.3所示的位置。

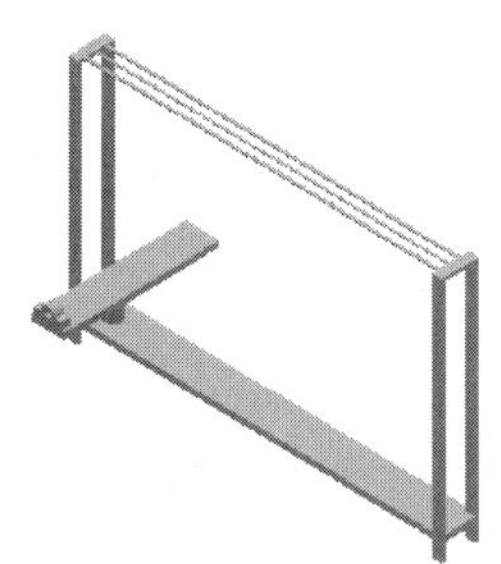
图55.1 放置支架模型

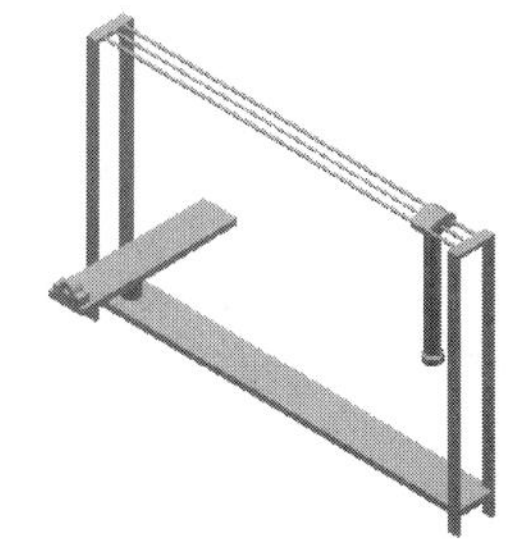
图55.2 添加汽缸零件

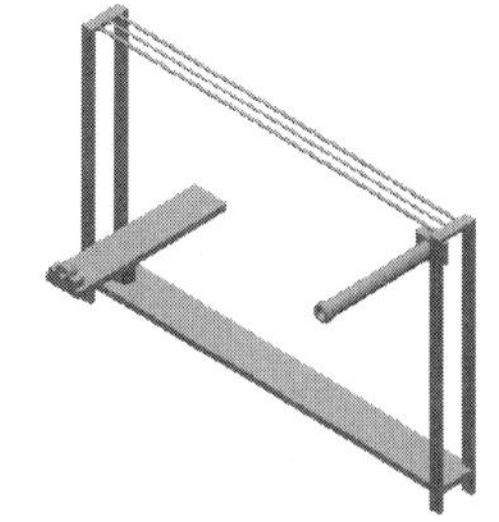
图55.3 放置汽缸零件

（2）添加配合，使零件定位。

① 选择下拉菜单 插入(I) ➡ 配合(M)... 命令，系统弹出“配合”对话框。

② 添加“同轴心”配合。单击 标准配合(A) 对话框中的◎按钮，分别选取图55.4所示的重合面，单击快捷工具条中的✔按钮。

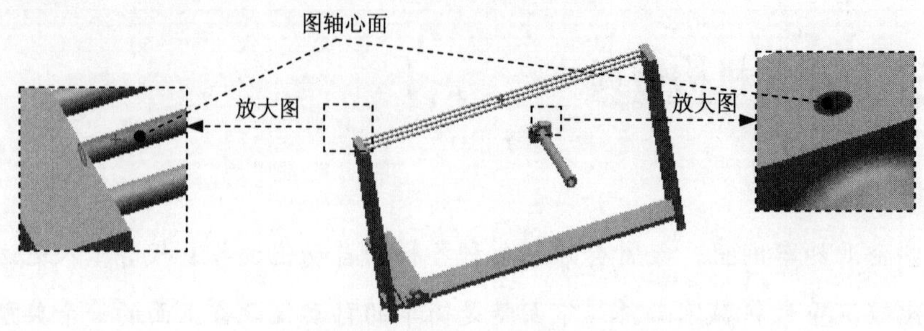

图 55.4　添加“同轴心”配合

③ 添加“平行”配合。单击 标准配合(A) 对话框中的 平行(R) 按钮，分别选取图 55.5 所示的平行面，并单击按钮，单击快捷工具条中的按钮。

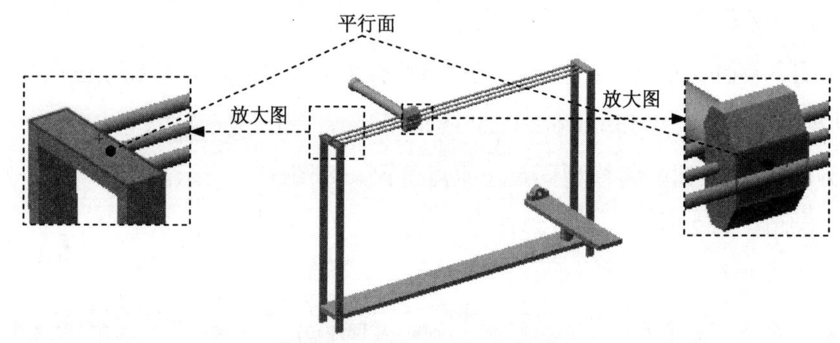

图 55.5　添加“平行”配合

（3）验证连接的有效性：按住鼠标左键可拖动 link01.SLDPRT 零件。

Step 4　添加图 55.6 所示的取物杆零件并定位。

（1）引入零件。

① 选择命令。选择下拉菜单 插入(I) ➡ 零部件(O) ➡ 现有零件/装配体(E)... 命令，系统弹出“插入零部件”对话框。

② 单击“插入零部件”对话框中的 浏览(B)... 按钮，在系统弹出的“打开”对话框中选择 link02.SLDPRT，单击 打开(O) 按钮。

③ 将零件放置到图 55.7 所示的位置。

图 55.6　添加取物杆零件

图 55.7　放置取物杆零件

（2）添加配合，使零件定位。

① 选择下拉菜单 插入(I) → 配合(M)... 命令，系统弹出“配合”对话框。

② 添加“同轴心”配合。单击 标准配合(A) 对话框中的◎按钮，分别选取图 55.8 所示的重合面，单击快捷工具条中的✓按钮。

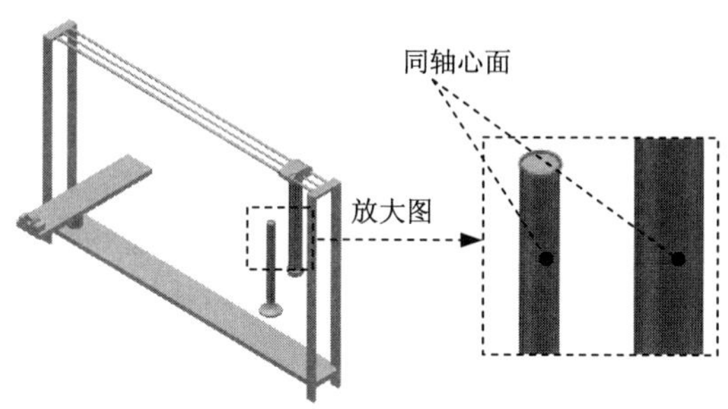

图 55.8　添加“同轴心”配合

（3）验证连接的有效性：按住鼠标左键可拖动 link02.SLDPRT 零件。

Step 5　添加图 55.9 所示的推杆零件并定位。

（1）引入零件。

① 选择命令。选择下拉菜单 插入(I) → 零部件(O) → 现有零件/装配体(E)... 命令，系统弹出“插入零部件”对话框。

② 单击“插入零部件”对话框中的 浏览(B)... 按钮，在系统弹出的“打开”对话框中选择 push_part.SLDPRT，单击 打开(O) 按钮。

③ 将零件放置到图 55.10 所示的位置。

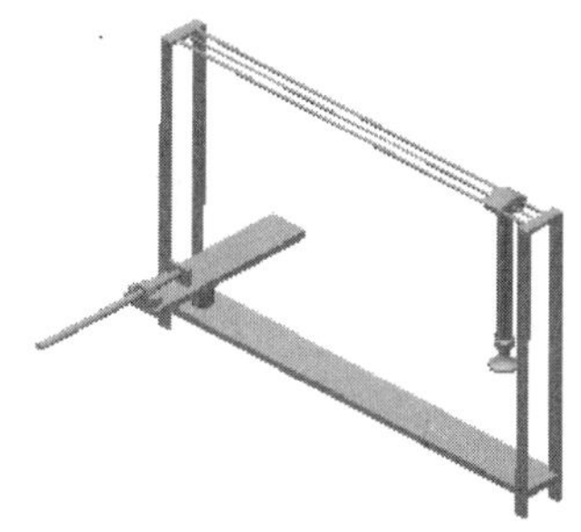
图 55.9　添加推杆零件

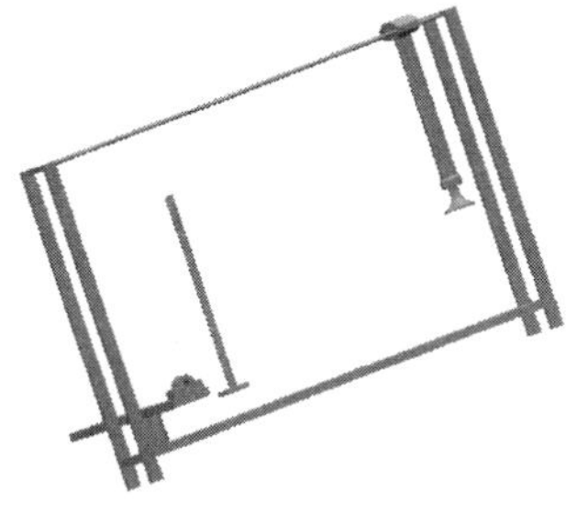
图 55.10　放置推杆零件

（2）添加配合，使零件定位。

① 选择下拉菜单 插入(I) → 配合(M)... 命令，系统弹出“配合”对话框。

② 添加“同轴心”配合。单击 标准配合(A) 对话框中的◎按钮，分别选取图 55.11 所示的重合面，单击按钮。单击快捷工具条中的✓按钮。

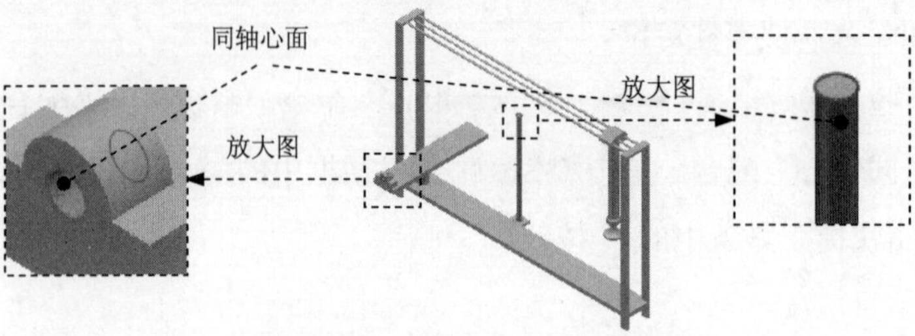

同轴心面

放大图

放大图

图 55.11　添加“同轴心”配合

③　添加“平行”配合。单击**标准配合(A)**对话框中的 平行(R) 按钮，分别选取图 55.12 所示的平行面，并单击按钮，单击快捷工具条中的按钮。

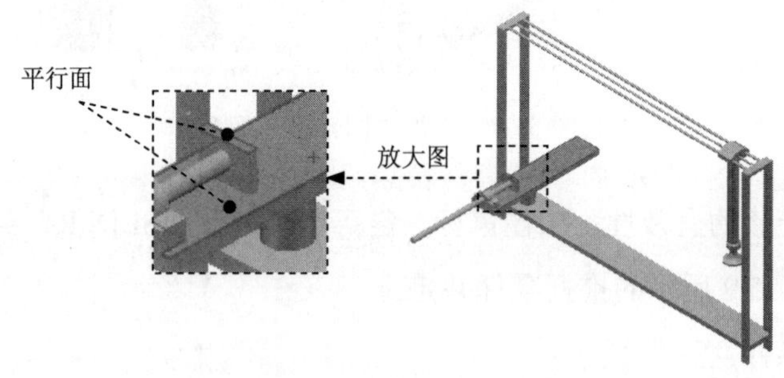

图 55.12　添加“平行”配合

（3）验证连接的有效性：按住鼠标左键可拖动 push_part.SLDPRT 零件。

Step 6　展开运动算例界面。单击**运动算例 1**按钮，展开运动算例界面。

Step 7　在运动算例工具栏后单击按钮，在“马达”对话框中的**马达类型(T)**区域中选择 线性马达(驱动器)(L) 选项。在**零部件/方向(D)**区域中激活后文本框，然后在图像区选取图 55.13 所示的模型表面，单击按钮。在**运动(M)**区域的类型下拉列表框中选择**数据点**选项，系统弹出函数编制程序对话框。在“值”区域中的下拉列表框中选择**位移**选项。在“插值类型”区域的下拉列表框中选择**线性**选项。单击输入数据下的“单击以添加行”，输入图 55.14 所示的数据。单击 确定 按钮。在“马达”对话框中单击按钮，完成马达 1 的添加。

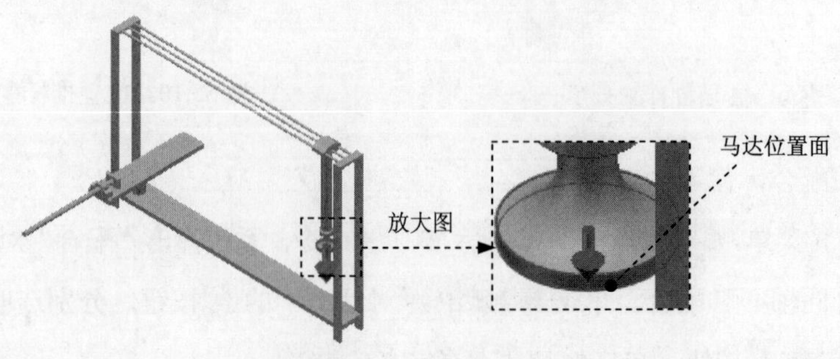

图 55.13　添加马达 1

时间	值
0s	0.00mm
1s	0.00mm
2s	0.00mm
3s	620.00mm
4s	620.00mm
5s	0.00mm
6s	0.00mm
7s	400.00mm
8s	400.00mm
9s	0.00mm
10s	0.00mm
11s	0.00mm
12s	0.00mm
单击以添加行	

图 55.14 输入数据

Step 8 在运动算例工具栏后再次单击按钮，在“马达”对话框中的马达类型(T)区域中选择线性马达(驱动器)(L)选项。在零部件/方向(D)区域中激活后文本框，然后在图像区选取图 55.15 所示的模型表面。在运动(M)区域的类型下拉列表框中选择数据点选项，系统弹出函数编制程序对话框。在“值”区域中的下拉列表框中选择位移选项。在“插值类型”区域的下拉列表框中选择线性选项。单击输入数据下的“单击以添加行”，输入图 55.16 所示的数据。单击确定按钮。在“马达”对话框中单击✓按钮，完成马达 2 的添加。

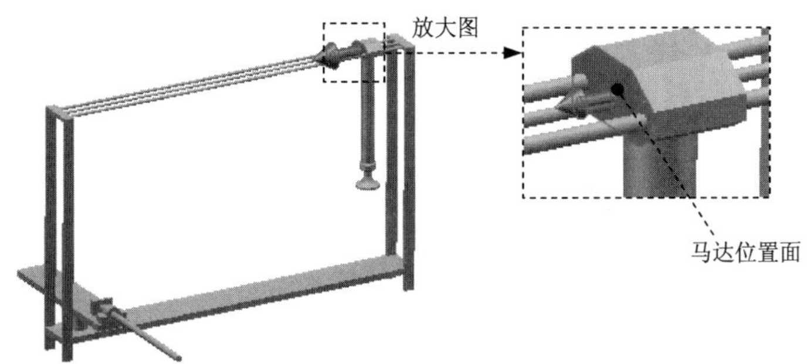

图 55.15 添加马达 2

时间（秒）	值
0s	0.00mm
5s	0.00mm
6s	2500.00mm
7s	2500.00mm
8s	2500.00mm
9s	2500.00mm
10s	2500.00mm
12s	0.00mm
单击以添加行	

图 55.16 输入数据

Step 9 在运动算例工具栏后再次单击按钮，在“马达”对话框中的马达类型(T)区域中选择线性马达(驱动器)(L)选项。在零部件/方向(D)区域中激活后文本框，然后在图像区选取图 55.17 所示的模型表面，并单击按钮。在运动(M)区域的类型下拉列表框中选择数据点选项，系统弹出“函数编制程序”对话框。在“值”区域中的下拉列表框中选择位移选项。在“插值类型”区域的下拉列表框中 5 选择线性选项。单击输入数据下的“单击以添加行”，输入图 55.18 所示的数据。单击确定按钮。在“马达”对话框中单击按钮，完成马达 3 的添加。

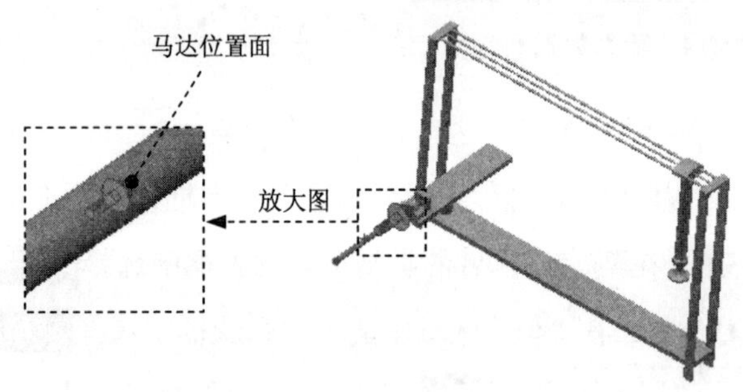

图 55.17 添加马达 3

时间（秒）	值
0s	0.00mm
9s	0.00mm
10s	920.00mm
11s	920.00mm
12s	0.00mm
单击以添加行	

图 55.18 输入数据

Step 10 拖动键码至 12 秒，如图 55.19 所示。

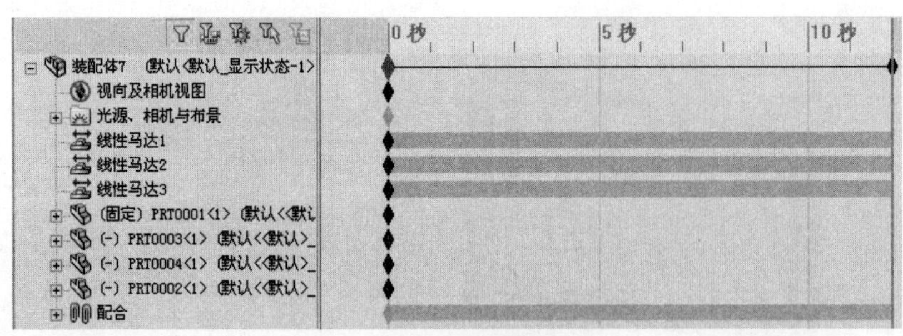

图 55.19 运动时间表图

Step 11 在运动算例界面中的工具栏中单击按钮，观察机械手的运动，在工具栏中单击按钮，命名为 auto_motion.avi 保存动画。

Step 12 运动算例完毕。选择下拉菜单 文件(F) → 另存为(A)... 命令，命名为 auto_motion，即可保存模型。

9

模具设计实例

实例 56　带型芯的模具设计

本实例将介绍一个杯子的模具设计（图 56.1）。在设计该杯子的模具时，如果将模具的开模方向定义为竖直方向，那么杯子中盲孔的轴线方向就与开模方向垂直，这就需要设计型芯模具元件才能构建该孔。下面介绍该模具的设计过程。

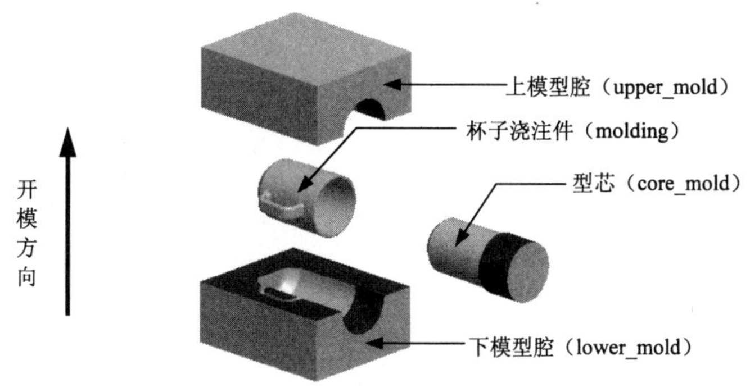

图 56.1　杯子的模具设计

Task1．导入零件模型

Step 1　打开文件 D:\sw13in\work\ins56\CUP.SLDPRT，如图 56.2 所示。

图 56.2　零件模型

Task2. 定义缩放比例

Step 1　在“模具工具”工具栏中单击按钮，系统弹出“缩放比例”对话框。

Step 2　设定比例参数。

（1）选择比例缩放点。在比例参数(P)区域的比例缩放点(S):下拉列表框中选择重心选项。

（2）设定比例因子。选中☑ 统一比例缩放(U)复选框，在其文本框中输入数值 1.05。

Step 3　单击“缩放比例”对话框中的✔按钮，完成模型比例缩放的设置。

Task3. 分割模型表面

Step 1　在“模具工具”工具栏中单击按钮，系统弹出“分割线”对话框。

Step 2　设定参数。在分割类型(T)区域选中 ⊙ 交叉点(I) 单选按钮。

Step 3　选择分割基准面。激活选择(E)区域中的第一个按钮后的区域。选择上视基准面为分割曲面。

Step 4　选择被分割曲面。激活第二个按钮后的区域，选择图 56.3 所示的曲面为要分割的曲面。

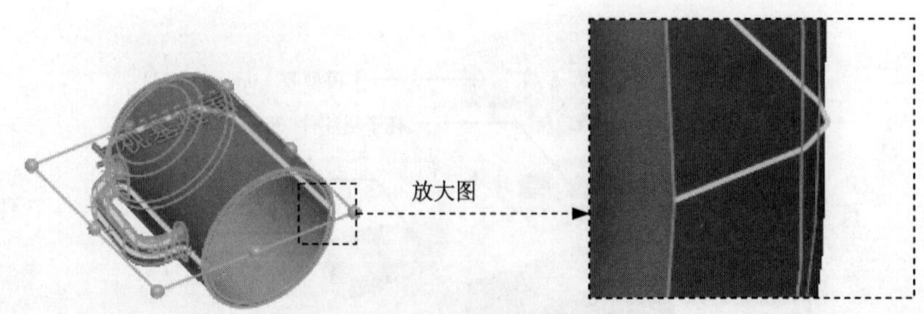

图 56.3　横断面草图（草图 1）

Step 5　单击“分割线”对话框中的✔按钮，完成模型分割线的创建。

Task4. 创建分型线

Step 1　在“模具工具”工具栏中单击按钮，系统弹出“分型线”对话框。

Step 2　设定模具参数。

（1）选取拔模方向。选取上视基准面作为拔模方向。

（2）定义拔模角度。在拔模角度文本框中输入数值 1.0。

（3）定义分型线。选中 ☑ 用于型心/型腔分割(U) 复选框，单击 拔模分析(D) 按钮。

Step 3 定义分型线。选取图 56.4 所示的边线作为分型线。

Step 4 单击“分型线”对话框中的 ✓ 按钮，完成分型线的创建。

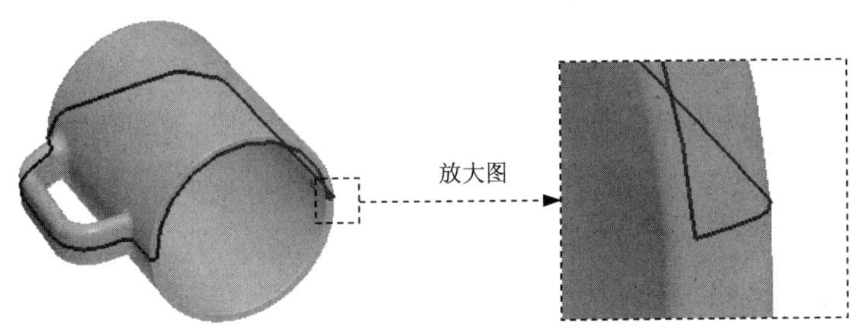

图 56.4 分型线

Task5. 关闭曲面

Step 1 在“模具工具”工具栏中单击按钮，系统弹出“关闭曲面”对话框。

Step 2 选取边链。手动选择取图 56.5a 所示的边链。取消选中 ☐ 缝合(K) 复选框。

Step 3 单击“关闭曲面”对话框中的 ✓ 按钮，完成图 56.5b 所示的关闭曲面的创建。

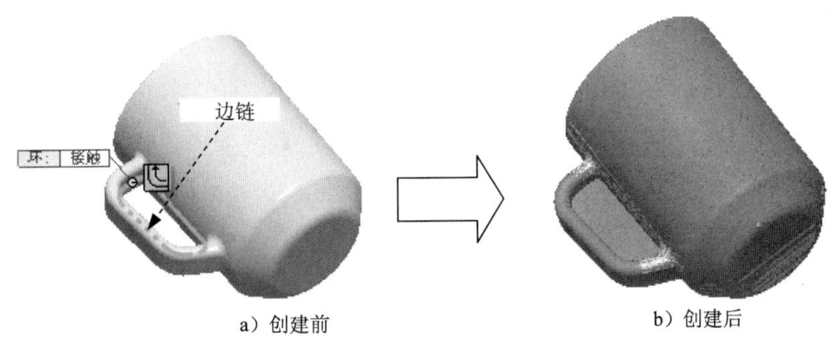

图 56.5 关闭曲面

Task6. 创建分型面

Step 1 在“模具工具”工具栏中单击按钮，系统弹出“分型面”对话框。

Step 2 设定分型面。

（1）定义分型面类型。在 模具参数(M) 区域中选中 ⊙ 垂直于拔模(P) 单选按钮。

（2）选取分型线。在设计树中选取分型线 1。

（3）定义分型面的大小。在“反转等距方向”按钮的文本框中输入数值 60.0，并单击按钮。

（4）定义平滑类型和大小。单击“平滑”按钮，在距离文本框中输入数值 1.50，其他选项采用系统默认设置值。在 选项(O) 区域选中 ☑ 手工模式 复选框。

Step 3 单击“分型面”对话框中的 ✔ 按钮，完成分型面的创建，如图 56.6 所示。

Task7. 切削分割

Stage1. 绘制分割轮廓

Step 1 选择命令。选择下拉菜单 插入(I) → 草图绘制 命令，系统弹出“编辑草图”对话框。

Step 2 绘制草图。选取上视基准面为草绘基准面，绘制图 56.7 所示的横断面草图。

图 56.6 创建分型面

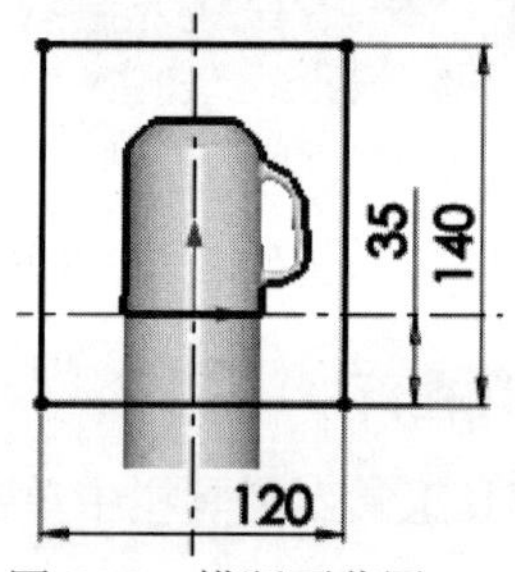

图 56.7 横断面草图

Step 3 选择下拉菜单 插入(I) → 退出草图 命令，完成横断面草图的绘制。

Stage2. 切削分割

Step 1 在“模具工具”工具栏中单击按钮，系统弹出“信息”对话框。

Step 2 定义草图。选择 Stage1 中绘制的横断面草图，系统弹出“切削分割”对话框。

Step 3 定义块的大小。在 块大小(B) 区域的方向 1 深度文本框中输入数值 60.0，在方向 2 深度文本框中输入数值 30.0。

说明：系统会自动在 型心(C) 区域中出现生成的型芯曲面实体，在 型腔(A) 区域中出现生成的型腔曲面实体，在 分型面(P) 区域中出现生成的分型面曲面实体。

Step 4 单击“切削分割”对话框中的 ✔ 按钮，完成切削分割的创建。

Task8. 创建侧型芯

Stage1. 绘制侧型芯草图

Step 1 选择命令。选择下拉菜单 插入(I) → 草图绘制 命令，系统弹出“编辑草图”对话框。

Step 2 选取草绘基准面。选取图 56.8 所示的模型表面为草绘基准面。

Step 3 绘制草图。绘制图 56.9 所示的横断面草图。

Step 4 选择下拉菜单 插入(I) → 退出草图 命令，完成横断面草图的绘制。

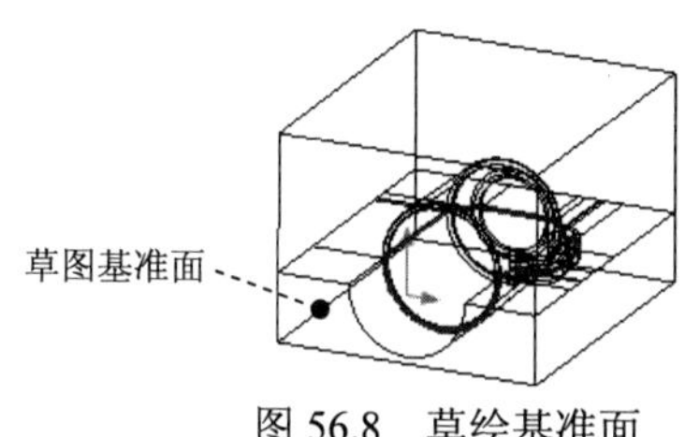

图 56.8　草绘基准面

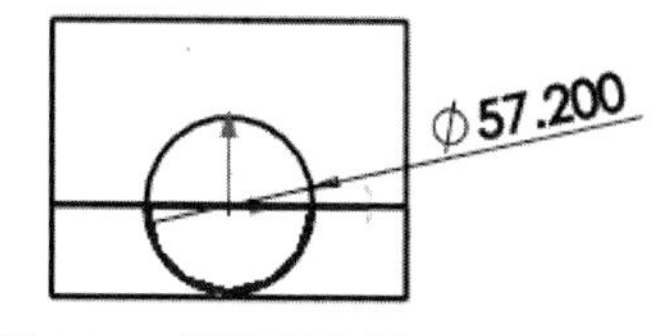

图 56.9　横断面草图

Stage2. 创建侧型芯

Step 1　在“模具工具”工具栏中单击按钮，系统弹出“信息”对话框。

Step 2　选择草图。选择 Stage1 中绘制的横断面草图，此时系统弹出“型心”对话框。

Step 3　选择从中抽取的实体。在设计树中选择实体(3)节点下的切削分割1[2]作为从中抽取的实体。在参数(P)区域的方向 1 深度文本框中输入数值 31.0，在方向 2 深度文本框中输入数值 90.0。取消选中 顶端加盖(C) 复选框。

Step 4　单击“型心”对话框中的按钮，完成侧型芯的创建。

Task9. 创建模具零件

Stage1. 将曲面实体隐藏

将模型中的型腔曲面实体、型芯曲面实体和分型面实体隐藏后，则工作区中模具模型中的这些元素将不再显示，这样可使屏幕简洁，方便后面的模具开启操作。

Step 1　隐藏曲面实体。在设计树中，右击曲面实体(23)节点下的型腔曲面实体(2)，从系统弹出的快捷菜单中选择命令；用同样的操作步骤，把型心曲面实体(2)和分型面实体(19)隐藏。

Step 2　显示上色状态。单击“视图”工具栏中的“上色”按钮，即可将模型的虚线框显示方式切换到上色状态。

Stage2. 开模步骤 1：移动滑块 1

Step 1　选择命令。选择下拉菜单 插入(I) → 特征(F) → 移动/复制(V)... 命令，系统弹出“移动/复制实体”对话框。

Step 2　选取移动的实体。单击 平移/旋转(R) 按钮。选取滑块作为移动的实体。

Step 3　定义移动距离。在 平移 区域的 ΔZ 文本框中输入数值 100.0。

Step 4　单击“移动/复制实体”对话框中的按钮，完成图 56.9 所示的滑块的移动。

Stage3. 开模步骤 2：移动型腔

Step 1　选择命令。选择下拉菜单 插入(I) → 特征(F) → 移动/复制(V)... 命令，系统弹出“移动/复制实体”对话框。

Step 2　选取移动的实体。选取图 56.10 所示的型腔作为移动的实体。

Step 3 定义移动距离。在 平移 区域中的 ΔY 文本框中输入数值 100.0。

Step 4 单击“移动/复制实体”对话框中的 ✓ 按钮，完成图 56.11 所示的型腔的移动。

Stage4. 开模步骤 3：移动型芯

参考开模步骤 2，选取型芯，在 平移 区域中的 ΔY 文本框中输入-100.0，完成图 56.12 所示的型芯的移动。

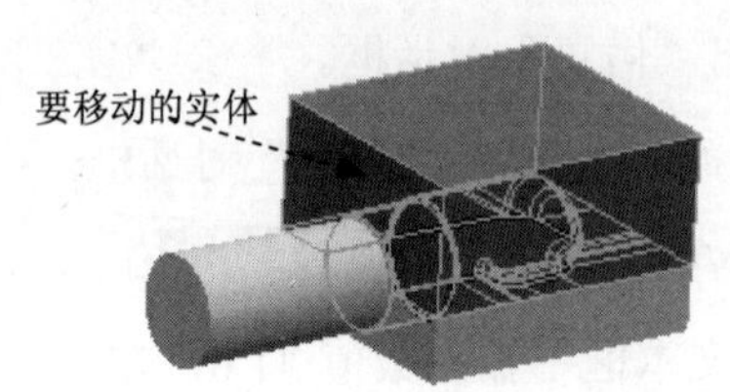

图 56.10 要移动的实体

图 56.11 移动型腔

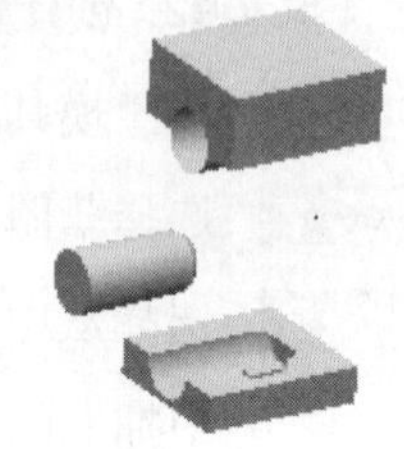
图 56.12 移动型芯

Stage5. 保存模具元件

Step 1 保存滑块 1。在设计树中右击 实体(4) 节点下的 实体-移动/复制1，从系统弹出的快捷菜单中选择 插入到新零件... (G) 命令，在“另存为”对话框中，命名文件为“CUP_SLIDER”，然后关闭此文件。

Step 2 保存型腔。单击 窗口(W) 下拉菜单，在列表中选择 1 CUP.SLDPRT 命令，返回总文件。在设计树中右击 实体(4) 节点下的 实体-移动/复制2，从系统弹出的快捷菜单中选择 插入到新零件... (G) 命令，在“另存为”对话框中，命名文件为“CUP_cavity.sldprt”，然后关闭此文件。

Step 3 保存型芯。单击 窗口(W) 下拉菜单，在列表中选择 1 CUP.SLDPRT 命令，返回总文件。单击 实体(4) 节点下的 实体-移动/复制3（即型芯实体），从系统弹出的快捷菜单中选择 插入到新零件... (G) 命令，在“另存为”对话框中，命名文件为“CUP_core.sldprt”，然后关闭此文件。

Step 4 保存设计结果。单击 窗口(W) 下拉菜单，在列表中选择 1 CUP.SLDPRT ，返回总文件。选择下拉菜单 文件(F) ➡ 保存(S) 命令，即可保存模具设计结果。

实例 57 具有复杂外形的模具设计

图 57.1 所示为一个下盖（DOWN_COVER）的模型，该模型的表面有多个破孔，要使其能够顺利分出上、下模具，必须将破孔填补才能完成，本例将详细介绍如何来设计该模具。图 57.2 所示为下盖的模具开模图。

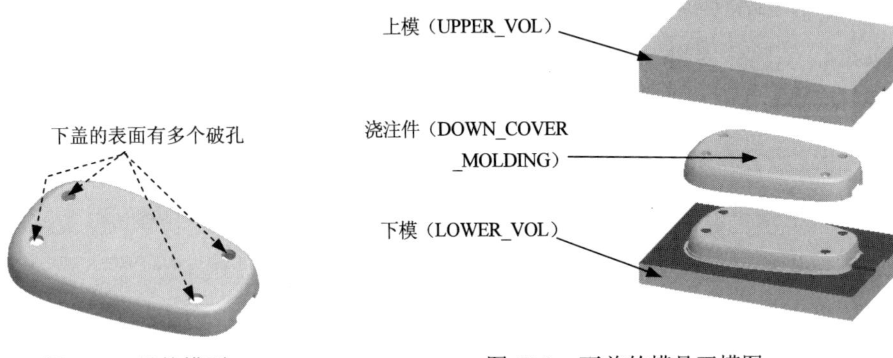

图 57.1 零件模型

图 57.2 下盖的模具开模图

Task1. 导入零件模型

打开文件 D:\sw13in\work\ins57\DOWN_COVER.SLDPRT。

Task2. 拔模分析

Step 1 在“模具工具”工具栏中单击按钮，系统弹出“拔模分析”对话框。

Step 2 设定分析参数。

（1）选取拔模方向。选取前视基准面作为拔模方向。单击按钮。

（2）定义拔模角度。在拔模角度文本框中输入数值 1.0。

（3）选取检查面。在 分析参数 区域中选中 ☑ 面分类 和 ☑ 查找陡面 复选框，在 颜色设定 区域中显示各类拔模面的个数，同时，模型中对应显示不同的拔模面。

Step 3 单击“拔模分析”对话框中的 ✔ 按钮，单击“模具工具”工具栏中按钮，完成拔模分析。

Task3. 定义缩放比例

Step 1 在“模具工具”工具栏中单击按钮，系统弹出“缩放比例”对话框。

Step 2 设定比例参数。

（1）选择比例缩放点。在 比例参数(P) 区域的 比例缩放点(S): 下拉列表框中选择 重心 选项。

（2）设定比例因子。选中 ☑ 统一比例缩放(U) 复选框，在其文本框中输入数值 1.05，如图 57.3 所示。

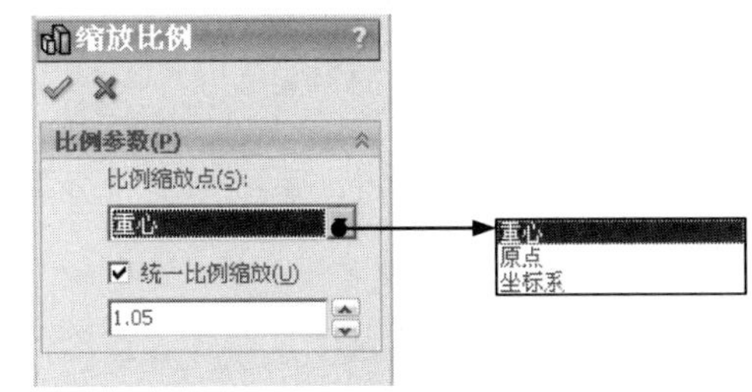

图 57.3 “缩放比例”对话框

Step 3 单击“缩放比例”对话框中的✔按钮，完成模型比例缩放的设置。

Task4. 创建分型线

Step 1 在“模具工具”工具栏中单击⊖按钮，系统弹出“分型线”对话框。

Step 2 设定模具参数。

（1）选取拔模方向。选取前视基准面作为拔模方向，单击↗按钮。

（2）定义拔模角度。在拔模角度文本框中输入数值 1.0。

（3）定义分型线。选中☑ 用于型心/型腔分割(U) 复选框，单击 拔模分析(D) 按钮。

Step 3 定义分型线。选取图 57.4 所示的边线作为分型线。

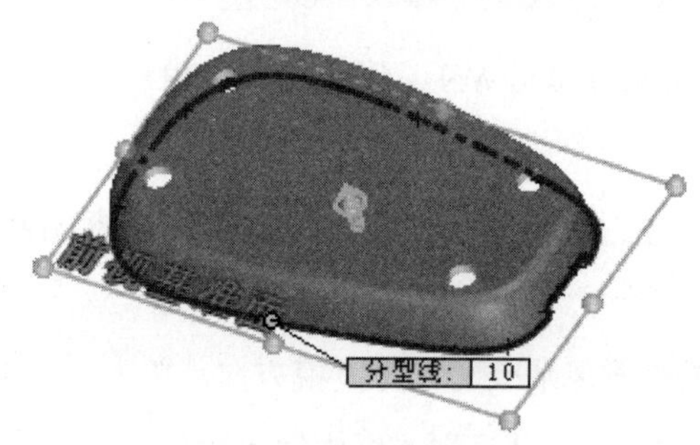

图 57.4 定义分型线

Step 4 单击“分型线”对话框中的✔按钮，完成分型线的创建。

Task5. 关闭曲面

Step 1 在“模具工具”工具栏中单击按钮，系统弹出“关闭曲面”对话框。

Step 2 单击“关闭曲面”对话框中的✔按钮，完成图 57.5 所示的关闭曲面的创建。

图 57.5 关闭曲面

Task6. 创建分型面

Step 1 在“模具工具”工具栏中单击按钮，系统弹出“分型面”对话框。

Step 2 设定分型面。

（1）定义分型面类型。在 模具参数(M) 区域中选中 ⊙ 垂直于拔模(P) 单选按钮。

（2）选取分型线。在设计树中选取分型线 1。

（3）定义分型面的大小。在“反转等距方向”按钮后的文本框中输入数值 40.0，并单击按钮。

（4）定义平滑类型和大小。单击“平滑”按钮，在距离文本框中输入数值 1.50，其他选项采用系统默认设置。在 选项(O) 区域选中 ☑ 手工模式 复选框。

Step 3　单击“分型面”对话框中的✓按钮，完成分型面的创建，如图 57.6 所示。

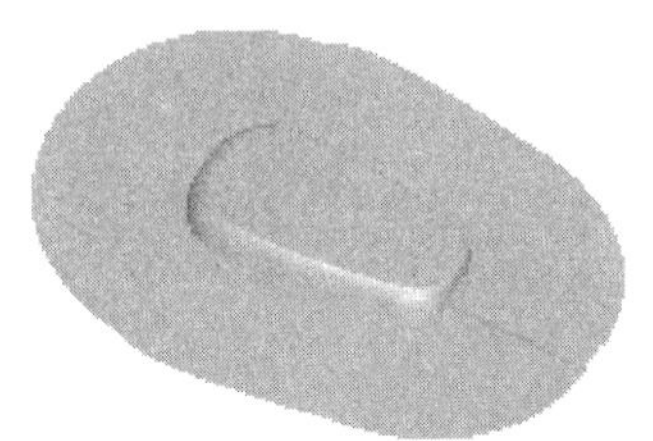

图 57.6　创建分型面

Task7. 切削分割

Stage1. 绘制分割轮廓

Step 1　选择命令。选择下拉菜单 插入(I) → 草图绘制 命令，系统弹出“编辑草图”对话框。

Step 2　绘制草图。选取前视基准面为草绘基准面，绘制图 57.7 所示的横断面草图。

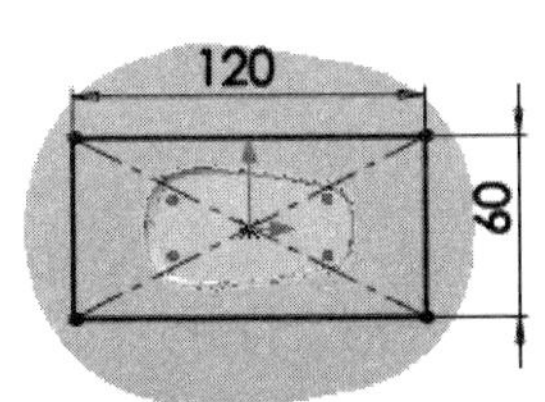

图 57.7　横断面草图（草图 1）

Step 3　选择下拉菜单 插入(I) → 退出草图 命令，完成横断面草图的绘制。

Stage2. 切削分割

Step 1　在“模具工具”工具栏中单击按钮，系统弹出“信息”对话框。

Step 2　定义草图。选择 Stage1 中绘制的横断面草图，系统弹出“切削分割”对话框。

Step 3　定义块的大小。在 块大小(B) 区域的方向 1 深度文本框中输入数值 25.0，在方向 2 深度文本框中输入数值 8.0。

说明：系统会自动在 型心(C) 区域中出现生成的型芯曲面实体，在 型腔(A) 区域中出现生成的型腔曲面实体，在 分型面(P) 区域中出现生成的分型面曲面实体。

Step 4　单击“切削分割”对话框中的✓按钮，完成切削分割的创建。

Task8. 创建模具零件

Stage1. 将曲面实体隐藏

将模型中的型腔曲面实体、型芯曲面实体和分型面实体隐藏后，则工作区中模具模型中的这些元素将不再显示，这样可使屏幕简洁，方便后面的模具开启操作。

Step 1 隐藏曲面实体。在设计树中，右击 曲面实体(3) 节点下的 型腔曲面实体(5)，从系统弹出的快捷菜单中选择 命令；用同样的操作步骤，把 型心曲面实体(5) 和 分型面实体(1) 隐藏。

Step 2 显示上色状态。单击“视图”工具栏中的“上色”按钮，即可将模型的虚线框显示方式切换到上色状态。

Stage2. 开模步骤 1：移动型腔

Step 1 选择命令。选择下拉菜单 插入(I) → 特征(F) → 移动/复制(V)... 命令，系统弹出“移动/复制实体”对话框。

Step 2 选取移动的实体。选取图 57.8 所示的型腔作为移动的实体，

Step 3 定义移动距离。在 平移 区域的 ΔZ 文本框中输入数值-50.0。

Step 4 单击“移动/复制实体”对话框中的 按钮，完成图 57.9 所示的型腔的移动。

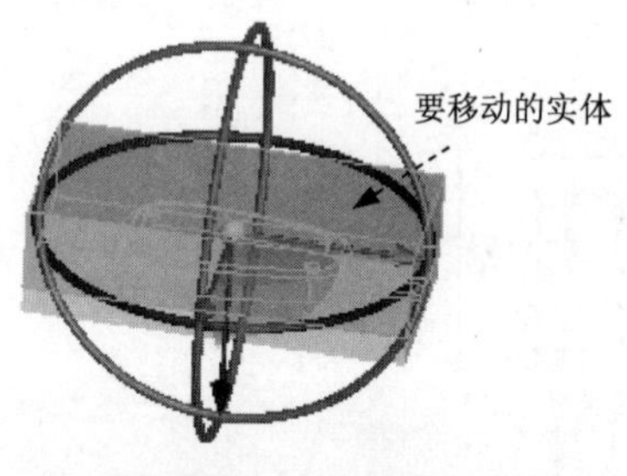

图 57.8 移动型腔

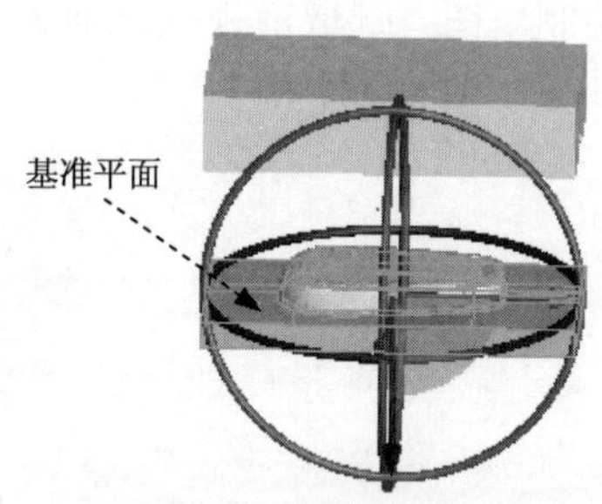

图 57.9 移动主型腔芯

Stage3. 开模步骤 2：移动主型芯

Step 1 同开模步骤 1，选取主型芯作为移动的实体，在 平移 区域的 ΔZ 文本框中输入数值 50.0。

Step 2 单击“移动/复制实体”对话框中的 按钮，完成图 57.10 所示的主型芯的移动。

图 57.10 移动主型芯

Stage4. 保存模具元件

Step 1 保存型腔。右击 实体(3) 节点下的 实体-移动/复制1 （即型腔实体），从系统弹出的快捷菜单中选择 插入到新零件... (G) 命令，在“另存为”对话框中，命名文件为“down_cover _cavity.sldprt”。然后关闭文件。

Step 2 保存主型芯。右击 实体(3) 节点下的 实体-移动/复制2（即主型芯实体），从系统弹出的快捷菜单中选择 插入到新零件... (G) 命令，在“另存为”对话框中，命名文件为“down_cover-core.SLDPRT”。然后关闭此文件。

Step 3 保存设计结果。选择下拉菜单 文件(F) → 保存(S) 命令，即可保存模具设计结果。

实例 58 带破孔的模具设计

本节将介绍一款香皂盒盖（SOAP_BOX）的模具设计（图 58.1）。由于设计元件中有破孔，所以在模具设计时必须将这一破孔填补，才可以顺利地分出上、下模具，使其顺利脱模。下面介绍该模具的主要设计过程。

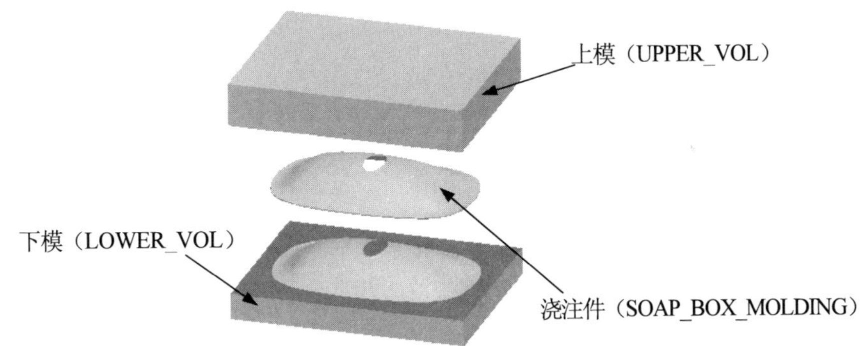

图 58.1 香皂盒盖的模具设计

Task1. 导入零件模型

打开文件 D:\sw13in\work\ins58\soap_box.SLDPRT，如图 58.2 所示。

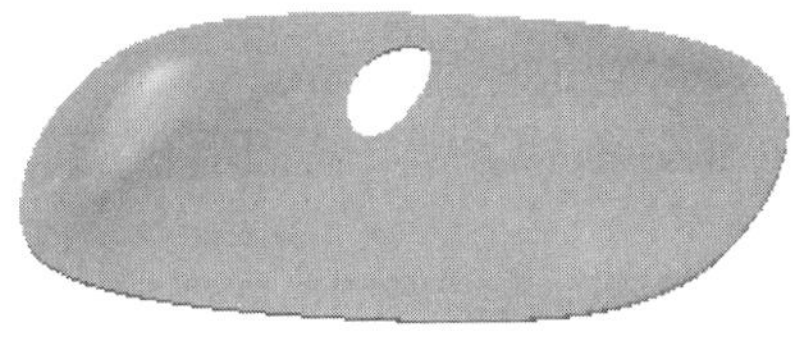

图 58.2 零件模型

Task2. 拔模分析

Step 1 在“模具工具”工具栏中单击 按钮，系统弹出“拔模分析”对话框。

Step 2 定义拔模参数。

（1）选取拔模方向。选取前视基准面为拔模方向，单击按钮。

（2）定义拔模角度。在拔模角度文本框中输入数值 1.0。

（3）显示计算结果。选中☑面分类复选框，在颜色设定区域中显示出各类拔模面的个数，同时，模型中对应显示不同的拔模面，如图 58.3 所示。

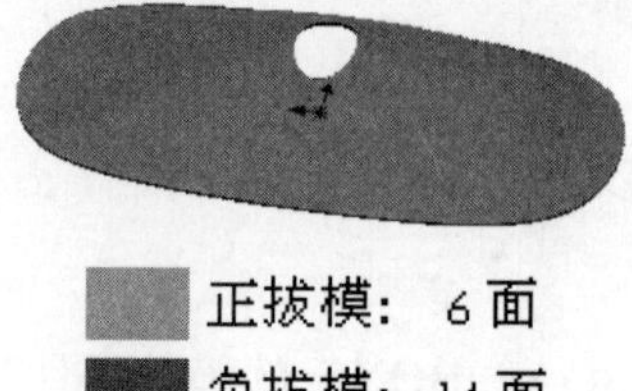

正拔模： 6 面
负拔模： 14 面
负陡面： 8 面

图 58.3 “拔模分析”结果

Step 3 单击“拔模分析”对话框中的✓按钮，单击“模具工具”工具栏中按钮，完成拔模分析。

Task3. 设置缩放比例

Step 1 在“模具工具”工具栏中单击按钮，系统弹出“缩放比例”对话框。

Step 2 定义比例参数。

（1）选择比例缩放点。在比例参数(P)区域的比例缩放点(S):下拉列表框中选择重心选项。

（2）设定比例因子。选中☑统一比例缩放(U)复选框，在其文本框中输入数值 1.05。

Step 3 单击“缩放比例”对话框中的✓按钮。完成比例缩放的设置。

Task4. 创建分型线

Step 1 在“模具工具”工具栏中单击按钮，系统弹出“分型线”对话框。

Step 2 设定模具参数。

（1）选取拔模方向。选取前视基准面作为拔模方向。单击按钮。

（2）定义拔模角度。在拔模角度文本框中输入 1。

（3）定义分型线。选中☑用于型心/型腔分割(U)复选框。

（4）单击拔模分析(D)按钮，系统自动选取图 58.4 所示的边线作为分型线。

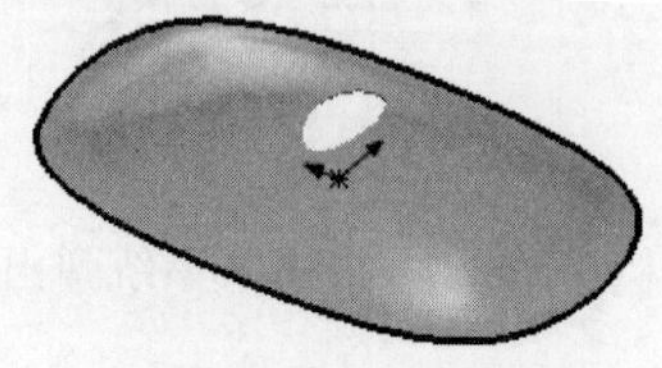

图 58.4 分型线

Step 3 单击“分型线”对话框中的✓按钮，完成分型线的创建。

Task5. 关闭曲面

Step 1 在“模具工具”工具栏中单击按钮，系统弹出“关闭曲面”对话框。

Step 2 选取边链。系统自动选择取图 58.5a 所示的边链。取消选中 □ 缝合(K) 复选框。

Step 3 单击“关闭曲面”对话框中的✓按钮，完成图 58.5b 所示的关闭曲面的创建。

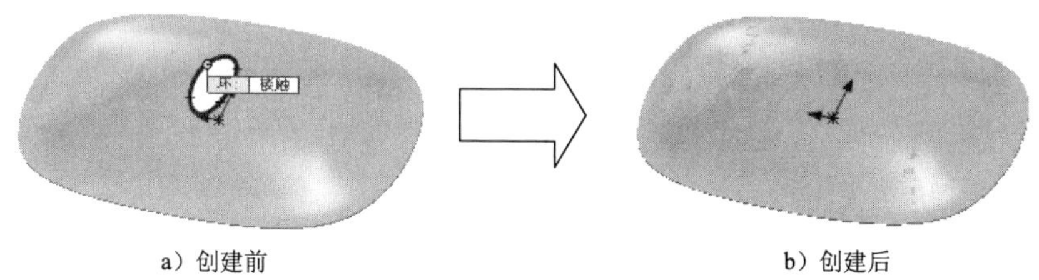

a）创建前　　b）创建后

图 58.5 关闭曲面

Task6. 创建分型面

Step 1 在“模具工具”工具栏中单击按钮，系统弹出“分型面”对话框。

Step 2 设定分型面。

（1）定义分型面类型。在 模具参数(M) 区域中选中 ⊙ 垂直于拔模(P) 单选按钮。

（2）选取分型线。系统自动选取分型线 1。

（3）定义分型面的大小。在“反转等距方向”按钮后的文本框中输入数值 60.0，并单击按钮。

（4）定义平滑类型和大小。单击“平滑”按钮，在距离文本框中输入数值 1.50，其他选项采用系统默认设置。在 选项(O) 区域选中 ☑ 手工模式 复选框。

Step 3 单击“分型面”对话框中的✓按钮，完成分型面的创建，如图 58.6 所示。

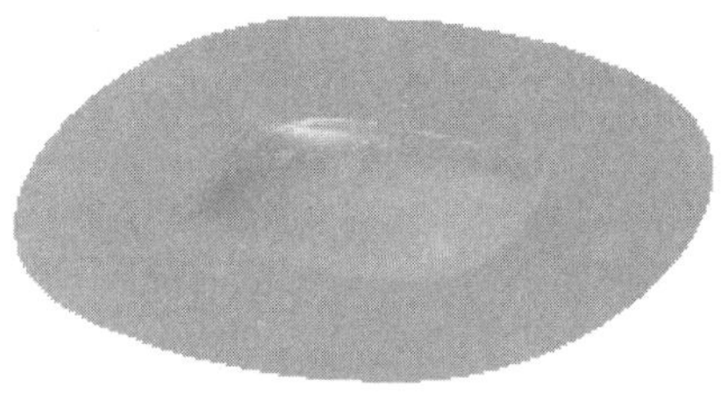

图 58.6 创建分型面

Task7. 切削分割

Stage1. 绘制分割轮廓

Step 1 选择命令。选择下拉菜单 插入(I) → 草图绘制 命令，系统弹出“编辑草图”对话框。

Step 2 绘制草图。选取前视基准面为草绘基准面，绘制图 58.7 所示的横断面草图。

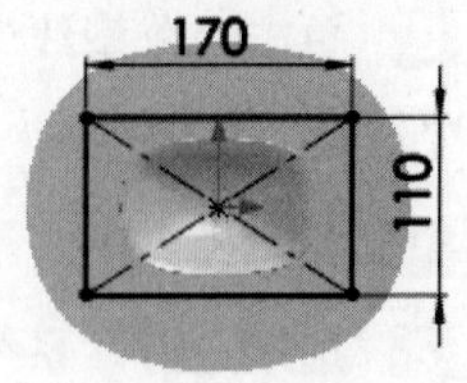

图 58.7 横断面草图（草图 1）

Step 3 选择下拉菜单 插入(I) → 退出草图 命令，完成横断面草图的绘制。

Stage2. 切削分割

Step 1 在“模具工具”工具栏中单击按钮，系统弹出“信息”对话框。

Step 2 定义草图。选择 Stage1 中绘制的横断面草图，系统弹出“切削分割”对话框。

Step 3 定义块的大小。在 块大小(B) 区域的方向 1 深度文本框中输入数值 30.0，在方向 2 深度文本框中输入数值 10.0。

说明：系统会自动在 型心(C) 区域中出现生成的型芯曲面实体，在 型腔(A) 区域中出现生成的型腔曲面实体，在 分型面(P) 区域中出现生成的分型面曲面实体。

Step 4 单击“切削分割”对话框中的按钮，完成切削分割的创建。

Task8. 创建模具零件

Stage1. 将曲面实体隐藏

将模型中的型腔曲面实体、型芯曲面实体和分型面实体隐藏后，则工作区中模具模型中的这些元素将不再显示，这样可使屏幕简洁，方便后面的模具开启操作。

Step 1 隐藏曲面实体。在设计树中，右击 曲面实体(5) 节点下的 型腔曲面实体(2)，从系统弹出的快捷菜单中选择命令；用同样的操作步骤，把 型心曲面实体(2) 和 分型面实体(1) 隐藏。

Step 2 显示上色状态。单击“视图”工具栏中的“上色”按钮，即可将模型的虚线框显示方式切换到上色状态。

Stage2. 开模步骤 1：移动型腔

（注：本步的详细操作过程请参见随书光盘中 video\ins58\reference\文件下的语音视频讲解文件 soap_box-r01.avi）

Stage3. 开模步骤 2：移动型芯

（注：本步的详细操作过程请参见随书光盘中 video\ins58\reference\文件下的语音视频讲解文件 soap_box-r02.avi）

Stage4. 保存模具元件

（注：本步的详细操作过程请参见随书光盘中 video\ins58\reference\文件下的语音视频讲解文件 soap_box-r03.avi）

实例 59 烟灰缸的模具设计

本实例将介绍一个烟灰缸的模具设计，如图 59.1 所示。在此烟灰缸模具的设计过程中，将采用“裙边法”对模具分型面进行设计。通过本实例的学习，希望读者能够对“裙边法”这一设计方法有一定的了解。下面介绍该模具的设计过程。

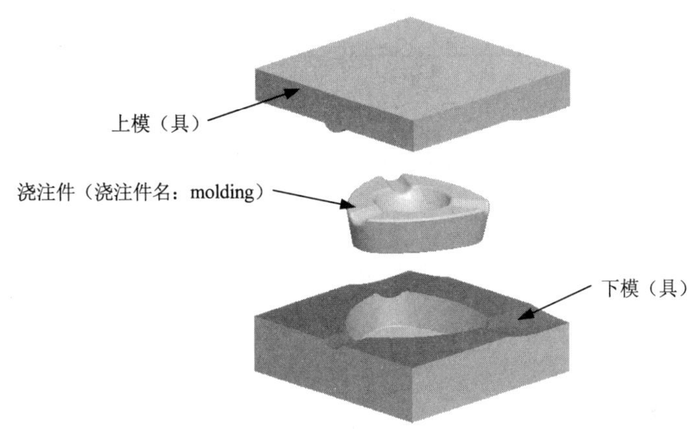

图 59.1 烟灰缸的模具设计

Task1. 导入模具模型

打开文件 D:\ sw13in\work\ins59\ashtray.SLDPRT，如图 59.2 所示。

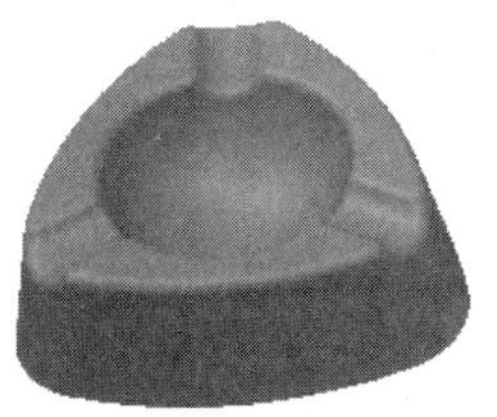

图 59.2 模具模型

Task2. 拔模分析

Step 1 在“模具工具”工具栏中单击按钮，系统弹出“拔模分析”对话框。

Step 2 设定分析参数。

（1）选取拔模方向。选取上视基准面作为拔模方向。

（2）定义拔模角度。在拔模角度文本框中输入数值 1.0。

（3）选取检查面。在 分析参数 区域中选中 ☑ 面分类 和 ☑ 查找陡面 复选框，在 颜色设定 区域中显示各类拔模面的个数，同时，模型中对应显示不同的拔模面。

Step 3 单击“拔模分析”对话框中的✓按钮，单击“模具工具”工具栏中按钮，完成拔模分析。

Task3. 定义缩放比例

Step 1 在“模具工具”工具栏中单击按钮，系统弹出“缩放比例”对话框。

Step 2 设定比例参数。

(1) 选择比例缩放点。在比例参数(P)区域的比例缩放点(S):下拉列表框中选择重心选项。

(2) 设定比例因子。选中☑统一比例缩放(U)复选框，在其文本框中输入数值 1.05。

Step 3 单击“缩放比例”对话框中的✓按钮，完成模型比例缩放的设置。

Task4. 创建分型线

Step 1 在“模具工具”工具栏中单击按钮，系统弹出“分型线”对话框。

Step 2 设定模具参数。

(1) 选取拔模方向。选取上视基准面作为拔模方向。

(2) 定义拔模角度。在拔模角度文本框中输入 1.0。

(3) 定义分型线。选中☑用于型心/型腔分割(U)复选框，单击拔模分析(D)按钮。

Step 3 定义分型线。选取图 59.3 所示的边线作为分型线。

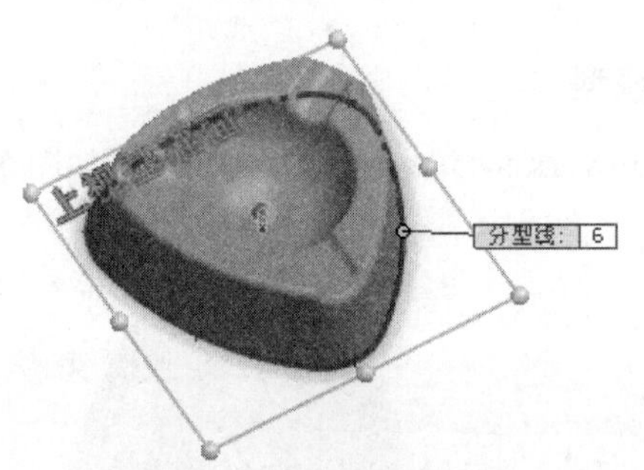

图 59.3 定义分型线

Step 4 单击“分型线”对话框中的✓按钮，完成分型线的创建。

Task5. 创建分型面

Step 1 在“模具工具”工具栏中单击按钮，系统弹出“分型面”对话框。

Step 2 设定分型面。

(1) 定义分型面类型。在模具参数(M)区域中选中⊙垂直于拔模(P)单选按钮。

(2) 选取分型线。在设计树中选取分型线 1。

(3) 定义分型面的大小。在“反转等距方向”按钮后的文本框中输入数值 80.0，并单击按钮。

（4）定义平滑类型和大小。单击“平滑”按钮，在距离文本框中输入数值 1.50，其他选项采用系统默认设置。

Step 3　单击“分型面”对话框中的✓按钮，完成分型面的创建，如图 59.4 所示。

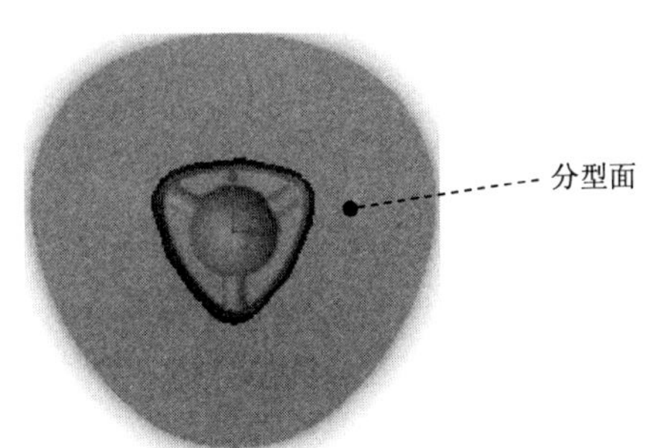

图 59.4　分型面

Task6. 切削分割

Stage1. 绘制分割轮廓

Step 1　选择命令。选择下拉菜单 插入(I) → 草图绘制 命令，系统弹出“编辑草图”对话框。

Step 2　绘制草图。选取上视基准面为草绘基准面，绘制图 59.5 所示的横断面草图。

Step 3　选择下拉菜单 插入(I) → 退出草图 命令，完成横断面草图的绘制。

Stage2. 切削分割

Step 1　在“模具工具”工具栏中单击按钮，系统弹出“信息”对话框。

Step 2　定义草图。选择 Stage1 中绘制的横断面草图，系统弹出“切削分割”对话框。

Step 3　定义块的大小。在 块大小(B) 区域的方向 1 深度文本框中输入数值 60.0，在方向 2 深度文本框中输入数值 30.0。

说明：系统会自动在 型心(C) 区域中出现生成的型芯曲面实体，在 型腔(A) 区域中出现生成的型腔曲面实体，在 分型面(P) 区域中出现生成的分型面曲面实体。

Step 4　单击“切削分割”对话框中的✓按钮，完成图 59.6 所示的切削分割的创建。

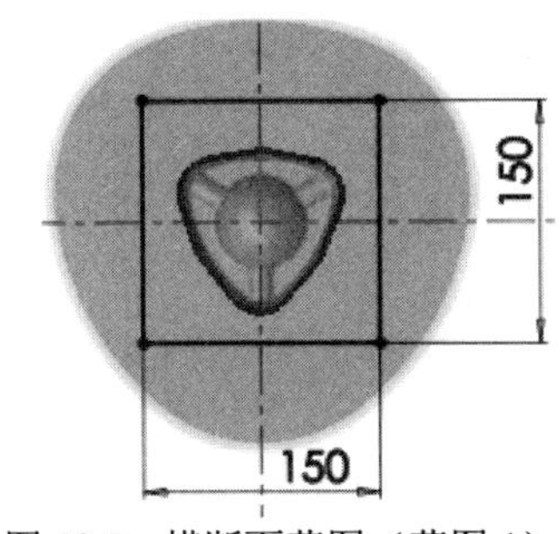

图 59.5　横断面草图（草图 1）

图 59.6　切削分割

Task7. 创建模具零件

Stage1. 将曲面实体隐藏

将模型中的型腔曲面实体、型芯曲面实体和分型面实体隐藏后，则工作区中模具模型中的这些元素将不再显示，这样可使屏幕简洁，方便后面的模具开启操作。

Step 1 隐藏曲面实体。在设计树中，右击 曲面实体(3) 节点下的 型腔曲面实体(1)，从系统弹出的快捷菜单中选择命令；用同样的操作步骤，把 型心曲面实体(1) 和 分型面实体(1) 隐藏。

Step 2 显示上色状态。单击“视图”工具栏中的“上色”按钮，即可将模型的虚线框显示方式切换到上色状态。

Stage2. 开模步骤 1：移动型腔

（注：本步的详细操作过程请参见随书光盘中 video\ins59\reference\文件下的语音视频讲解文件 ashtray-r01.avi）

Stage3. 开模步骤 2：移动主型芯

（注：本步的详细操作过程请参见随书光盘中 video\ins59\reference\文件下的语音视频讲解文件 ashtray-r02.avi）

Stage4. 保存模具元件

（注：本步的详细操作过程请参见随书光盘中 video\ins59\reference\文件下的语音视频讲解文件 ashtray-r03.avi）

实例 60　带滑块的模具设计

本实例将介绍一个带滑块的模具设计（图 60.1），希望读者能够熟练掌握带斜抽机构模具设计的方法和技巧。下面介绍该模具的设计过程。

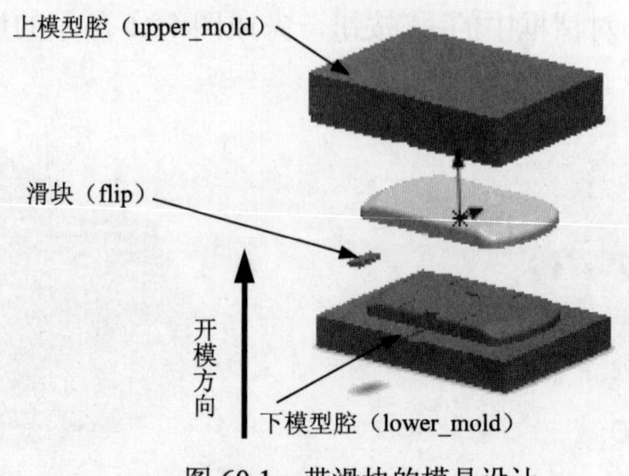

图 60.1　带滑块的模具设计

Task1. 导入模具模型

打开文件 D:\ sw13in\work\ins60\CAP.SLDPRT，如图 60.2 所示。

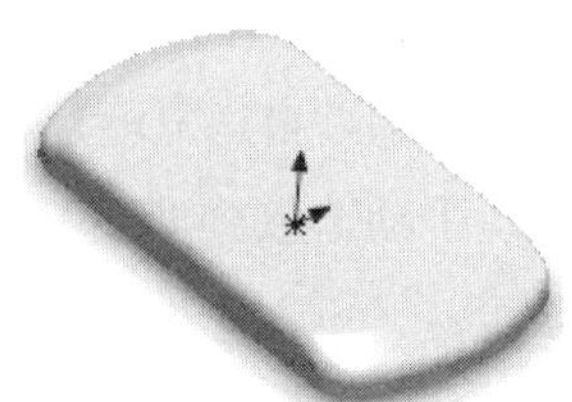

图 60.2 模具模型

Task2. 拔模分析

Step 1 在“模具工具”工具栏中单击按钮，系统弹出“拔模分析”对话框。

Step 2 定义拔模参数。

（1）选取拔模方向。选取上视基准面为拔模方向。

（2）定义拔模角度。在拔模角度文本框中输入数值 1.0。

（3）显示计算结果。选中 ☑ 面分类 复选框，在颜色设定区域中显示出各类拔模面的个数，同时，模型中对应显示不同的拔模面，如图 60.3 所示。

Step 3 单击“拔模分析”对话框中的 ✔ 按钮，单击“模具工具”工具栏中按钮，完成拔模分析。

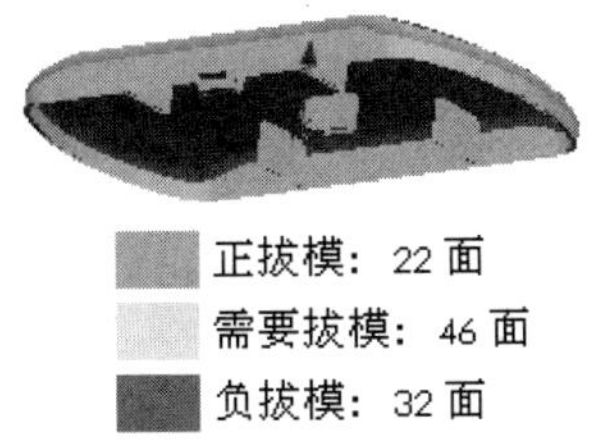

正拔模：22 面
需要拔模：46 面
负拔模：32 面

图 60.3 “拔模分析”结果

Task3. 设置缩放比例

Step 1 在“模具工具”工具栏中单击按钮，系统弹出“缩放比例”对话框。

Step 2 定义比例参数。

（1）选择比例缩放点。在比例参数(P)区域的比例缩放点(S):下拉列表框中选择重心选项。

（2）设定比例因子。选中 ☑ 统一比例缩放(U) 复选框，在其文本框中输入数值 1.05。

Step 3 单击“缩放比例”对话框中的 ✔ 按钮。完成比例缩放的设置。

Task4. 创建分型线

Step 1 在“模具工具”工具栏中单击按钮，系统弹出“分型线”对话框。

Step 2 设定模具参数。

（1）选取拔模方向。选取上视基准面作为拔模方向。

（2）定义拔模角度。在拔模角度文本框中输入数值 1。

（3）定义分型线。选中☑ 用于型心/型腔分割(U) 复选框。

（4）单击 拔模分析(D) 按钮，手动选取分型线如图 60.4 所示，在分型线(P)区域中显示出所有的分型线段。

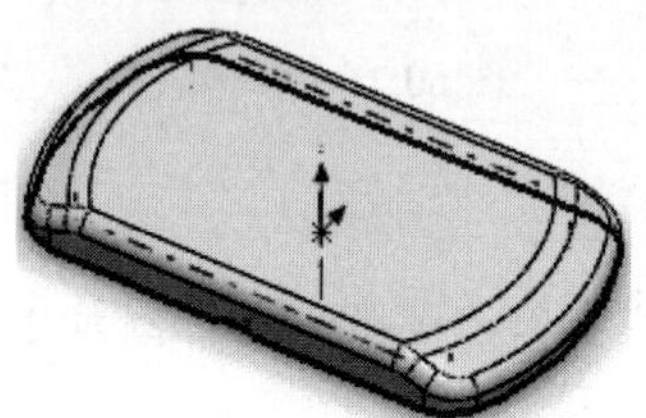

图 60.4 分型线

Step 3 单击“分型线”对话框中的✔按钮，完成分型线的创建。

Task5. 创建分型面

Step 1 在“模具工具”工具栏中单击按钮，系统弹出“分型面”对话框。

Step 2 定义分型面。

（1）定义分型面类型。在模具参数(M)区域中选中⦿ 垂直于拔模(P) 单选按钮。

（2）定义分型线。系统默认选取“分型线 1”。

（3）定义分型面的大小。在“反转等距方向”按钮的文本框中输入数值 100.0，其他选项采用系统默认设置值。

Step 3 单击“分型面”对话框中的✔按钮，完成分型面的创建，如图 60.5 所示。

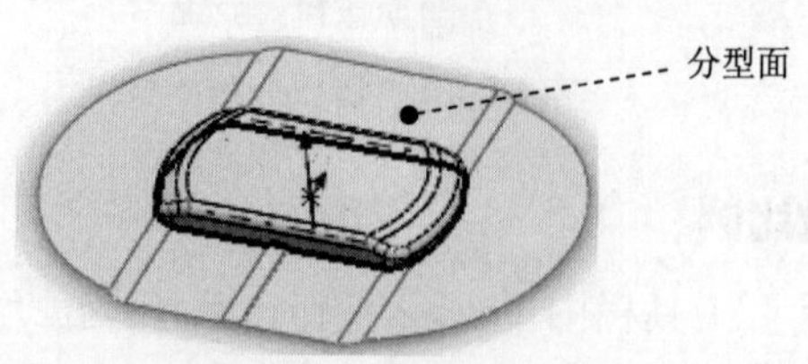

图 60.5 分型面

Task6. 切削分割

Stage1. 定义切削分割块轮廓

Step 1 选择命令。选择下拉菜单 插入(I) → 草图绘制 命令，系统弹出“编辑草图”对话框。

Step 2 绘制草图。选取上视基准面为草绘基准面，绘制图 60.6 所示的横断面草图。

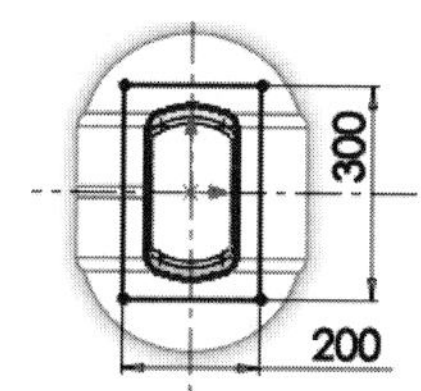

图 60.6 横断面草图（草图 1）

Step 3 选择下拉菜单 插入(I) → 退出草图 命令，完成横断面草图的绘制。

Stage2. 定义切削分割块

Step 1 在“模具工具”工具栏中单击按钮，系统弹出“信息”对话框。

Step 2 选择草图。选择 Stage1 中绘制的横断面草图，系统弹出“切削分割”对话框。

Step 3 定义块的大小。在 **块大小(B)** 区域的方向 1 深度文本框中输入数值 60.0，在方向 2 深度文本框中输入数值 40.0。

说明：在“切削分割”对话框中，系统会自动在 **型心(C)** 区域中显示型芯曲面实体，在 **型腔(A)** 区域中显示型腔曲面实体，在 **分型面(P)** 区域中显示分型面曲面实体。

Step 4 单击“切削分割”对话框中的按钮，完成图 60.7 和图 60.8 所示的切削分割块的创建。

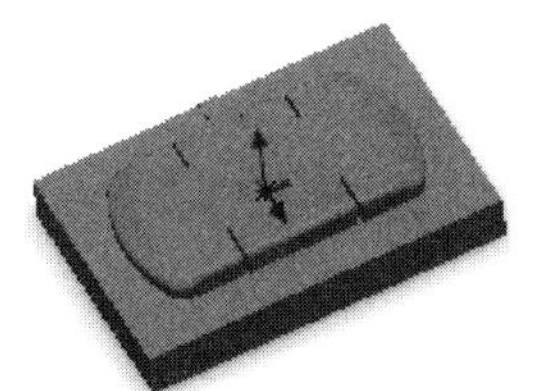

图 60.7 切削分割块 1

图 60.8 切削分割块 2

Task7. 创建侧型芯

Stage1. 绘制侧型芯草图

Step 1 选择命令。选择下拉菜单 插入(I) → 草图绘制 命令，系统弹出“编辑草图”对话框。

Step 2 选取草绘基准面。选取图 60.9 所示的模型表面为草绘基准面。

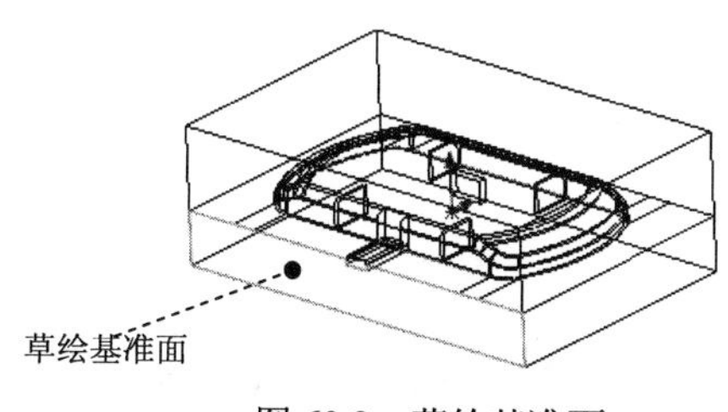

图 60.9 草绘基准面

Step 3 绘制草图。绘制图 60.10 所示的横断面草图。

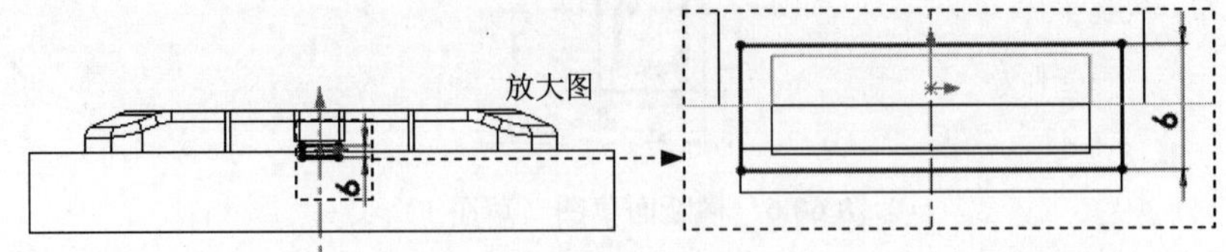

图 60.10 横断面草图（草图 1）

Step 4 选择下拉菜单 插入(I) → 退出草图 命令，完成横断面草图的绘制。

Stage2. 创建侧型芯

Step 1 在“模具工具”工具栏中单击按钮，系统弹出“信息”对话框。

Step 2 选择草图。选择 Stage1 中绘制的横断面草图，此时系统弹出“型心”对话框。

Step 3 选择从中抽取的实体。在设计树中选择 实体(3) 节点下的 切削分割1[1] 选项作为从中抽取的实体。

Step 4 定义抽取实体深度和方向，在 选择(S) 区域中单击按钮，在 参数(P) 区域的深度限制下拉列表框中选择 成形到下一面 选项。

Step 5 单击“型心”对话框中的 ✓ 按钮，完成图 60.11 所示的侧型芯的创建。

图 60.11 侧型芯

Task8. 创建模具零件

Stage1. 隐藏曲面实体

（注：本步的详细操作过程请参见随书光盘中 video\ins60\reference\文件下的语音视频讲解文件 CAP-r01.avi）

Stage2. 开模步骤 1：移动型腔

（注：本步的详细操作过程请参见随书光盘中 video\ins60\reference\文件下的语音视频讲解文件 CAP-r02.avi）

Stage3. 开模步骤 2：移动型芯

（注：本步的详细操作过程请参见随书光盘中 video\ins60\reference\文件下的语音视频

讲解文件 CAP-r03.avi）

Stage4. 开模步骤 3：移动滑块

（注：本步的详细操作过程请参见随书光盘中 video\ins60\reference\文件下的语音视频讲解文件 CAP-r04.avi）

Stage5. 保存模具元件

（注：本步的详细操作过程请参见随书光盘中 video\ins60\reference\文件下的语音视频讲解文件 CAP-r05.avi）

10

管道与电缆设计实例

实例 61　车间管道布线

实例概述：

本实例详细介绍了管道的设计全过程。在设计过程中，要注意 3D 草图的创建方法和步路点的选择顺序，不同的选择顺序会导致生成不同的管道路径。管道模型和设计树如图 61.1 所示。

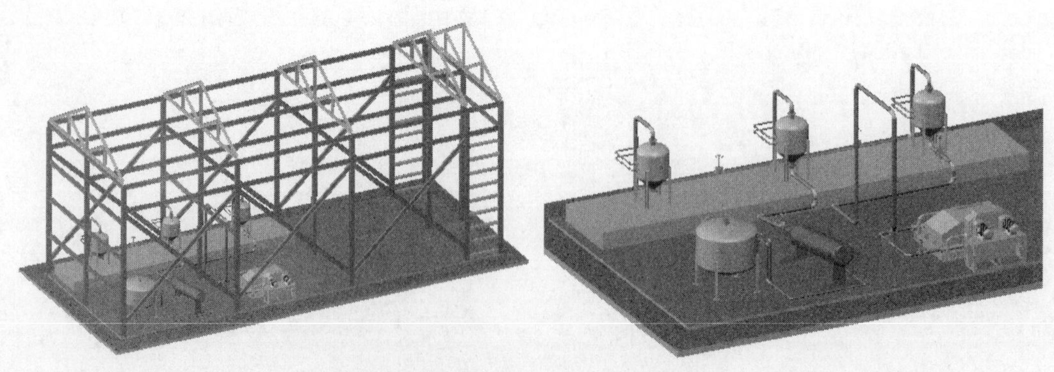

图 61.1　车间管道布线

Task1. 激活 Routing 插件

选择下拉菜单 工具(T) ➡ 插件(D)... 命令，系统弹出图 61.2 所示的“插件”对话框，在“插件”对话框中选中☑ SolidWorks Routing ☑ 复选框，单击 确定 按钮，完成 Routing 插件的激活。

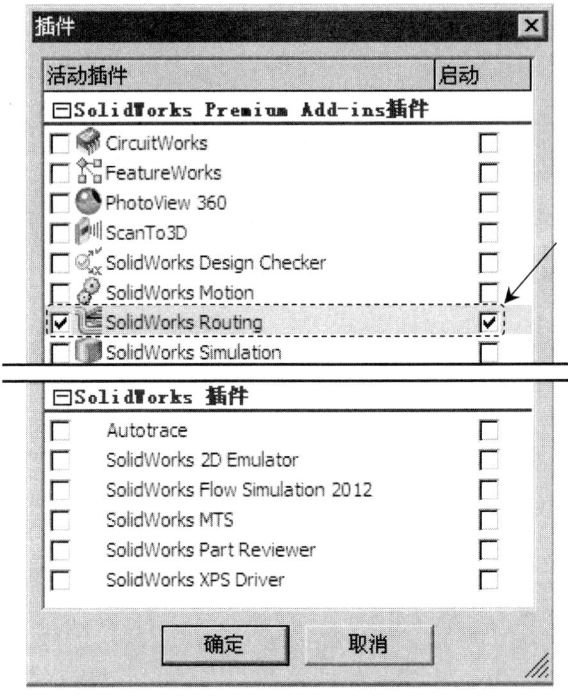

图 61.2 “插件”对话框

Task2. 创建管道线路

打开装配体文件 D:\sw13in\work\ins61\tubing_system_design.SLDASM，如图 61.3 所示。

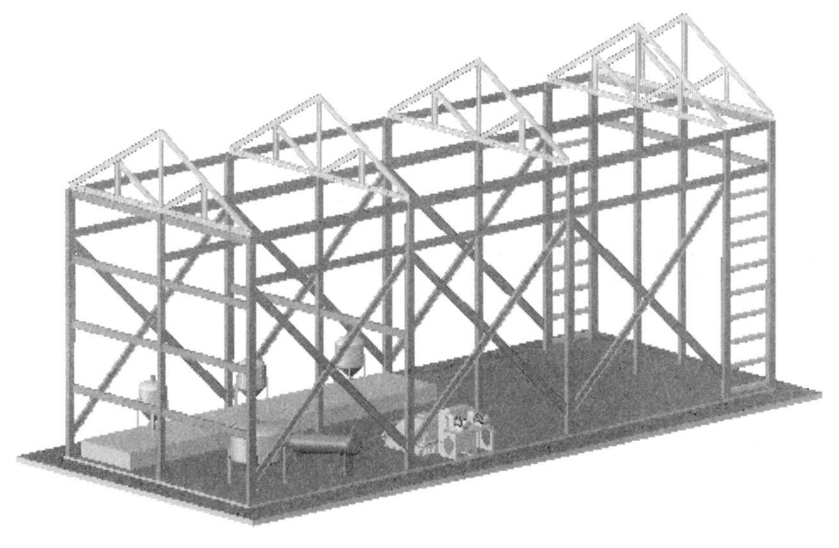

图 61.3 装配体

Stage1. 创建图 61.4 所示的第一条管道线路

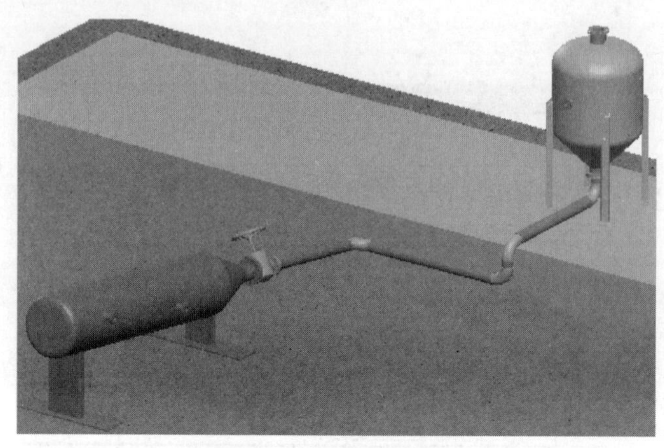

图 61.4 第一条管道线路

Step 1 选择命令。选择下拉菜单 Routing → 管道设计(P) → 通过拖/放来开始(D) 命令，系统弹出图 61.5 所示的“信息”对话框和“设计库”窗口（图 61.6）。

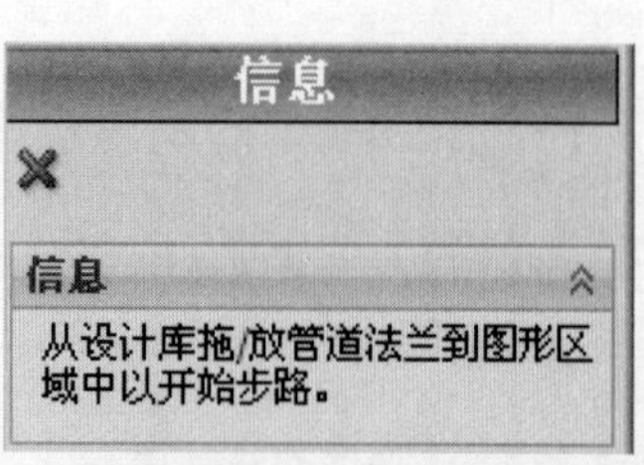

图 61.5 “信息”对话框

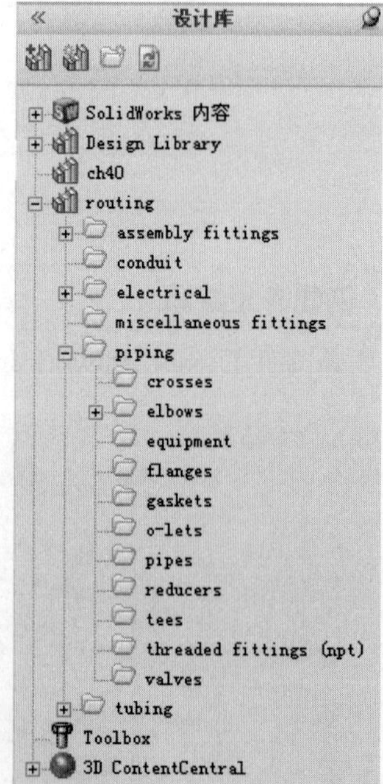

图 61.6 “设计库”窗口

Step 2 定义拖放对象。

（1）打开设计库中的 routing\piping\flanges 文件夹。

（2）在预览区域选择图 61.7 所示的 slip on weld flange 法兰为拖放对象，将法兰拖放到图 61.8 所示的位置。

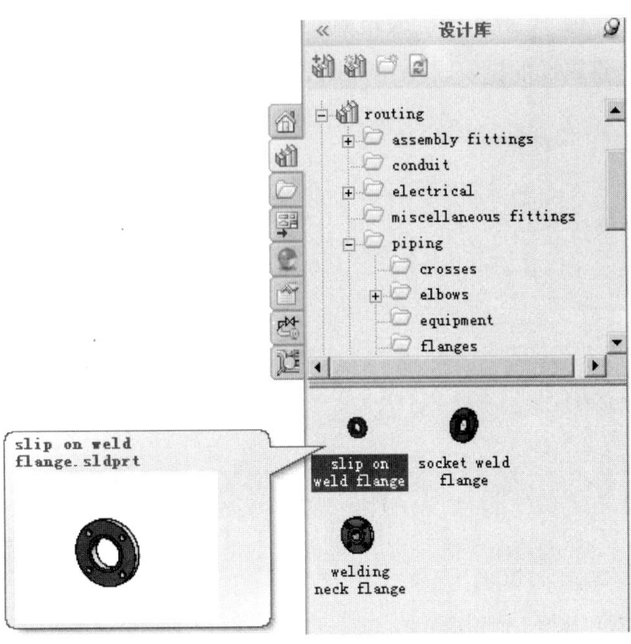

图 61.7　选取拖放对象

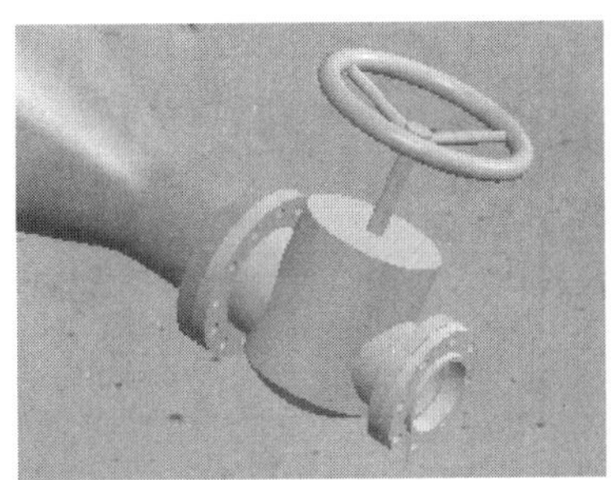

图 61.8　拖放位置

Step 3　定义配置和线路属性。

（1）完成拖放后，系统弹出图 61.9 所示的“选择配置”对话框，在该对话框中选择 Slip On Flange 150-NPS5 配置，单击 确定(O) 按钮。

图 61.9　“选择配置”对话框

（2）系统弹出图 61.10 所示的“线路属性”对话框，直接单击“线路属性”对话框中的 ✓ 按钮，完成线路属性的定义，结果如图 61.11 所示。

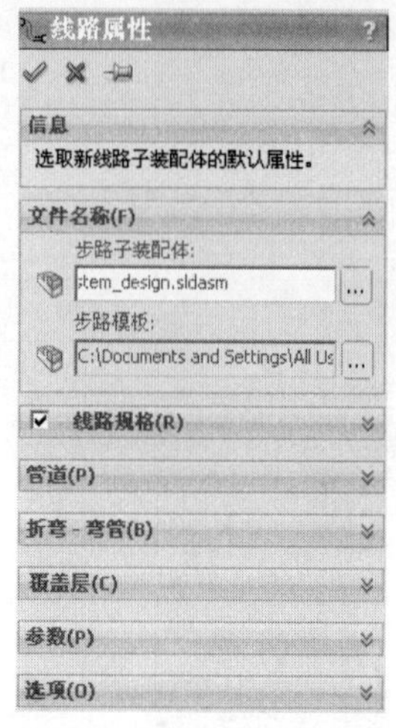

图 61.10　“线路属性”对话框

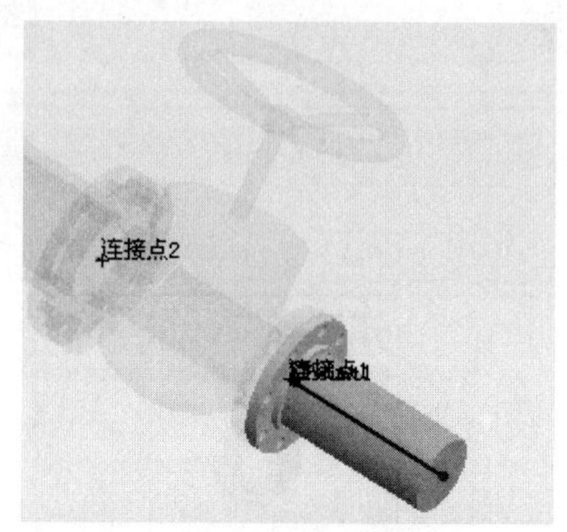

图 61.11　第一条管道线路起点

Step 4　参照 Step1～Step3 步骤。

（1）拖放另一个法兰到图 61.12 所示的位置，系统弹出图 61.13 所示的“选择配置”对话框，在该对话框中选择 Slip On Flange 150-NPS5 配置，单击 确定(O) 按钮。

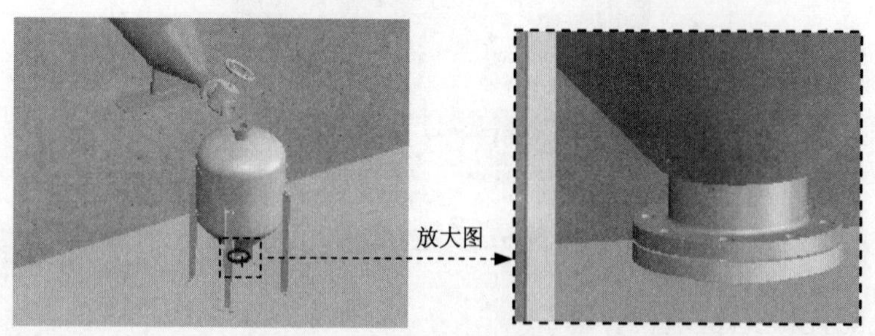

图 61.12　拖放位置 2

（2）系统弹出图 61.14 所示的“插入零部件”对话框，单击对话框中的 ✖ 按钮，完成第一条管道终点的定义。

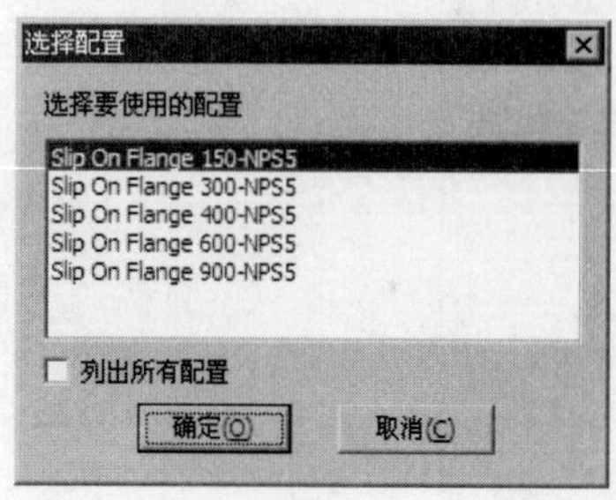

图 61.13　“选择配置”对话框

图 61.14　“插入零部件”对话框

Step 5 绘制管道线路。

（1）绘制初步的管道线路。完成以上操作后，系统自动进入 3D 草图环境，绘制图 61.15 所示的初步 3D 管道线路。

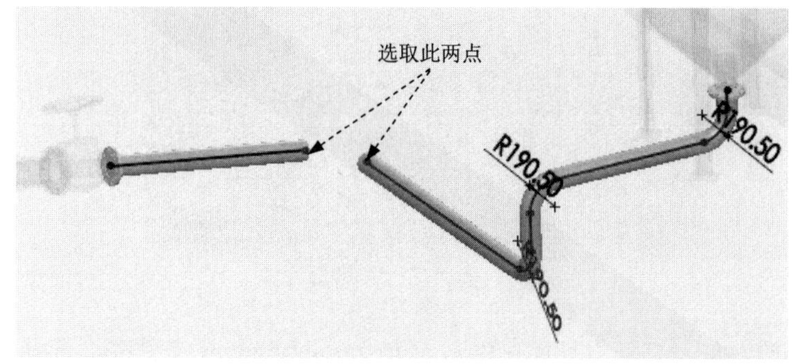

图 61.15 绘制初步管道线路

注意：

- 在绘制管道线路时，各拐角处尽量绘制成直角，方便后面添加标准直角管接头。
- 在绘制 3D 直线时，按键盘上的 Tab 键切换坐标轴。

（2）编辑管道线路。按住 Ctrl 键选择图 61.15 所示的两点，系统弹出图 61.16 所示的"属性"对话框，在对话框中单击 合并(G) 按钮，添加图 61.17 所示的尺寸标注。

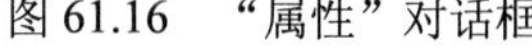

图 61.16 "属性"对话框

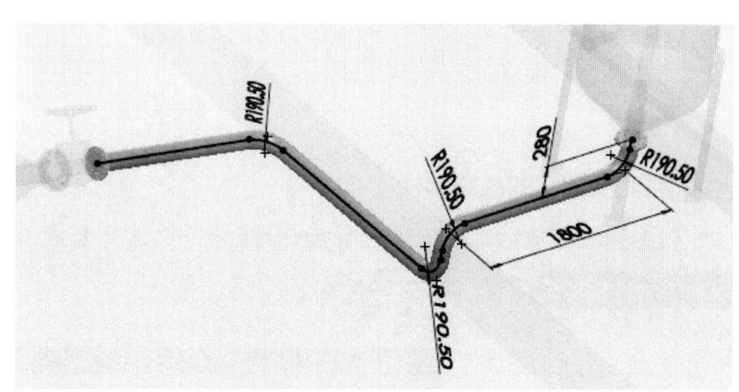

图 61.17 标注尺寸

Step 6 在图形区单击按钮退出草图环境，然后单击按钮，退出编辑环境，完成第一条管道线路的创建。

Stage2. 创建图 61.18 所示的第二条管道

Step 1 选择命令。选择下拉菜单 Routing → 管道设计(P) → 通过拖/放来开始(D) 命令，系统弹出"信息"对话框和"设计库"窗口。

图 61.18　创建第二条管道线路

Step 2 定义拖放对象。打开设计库中的 routing\piping\flanges 文件夹，选择 slip on weld flange 法兰为拖放对象，将法兰拖放到图 61.19 所示的位置。

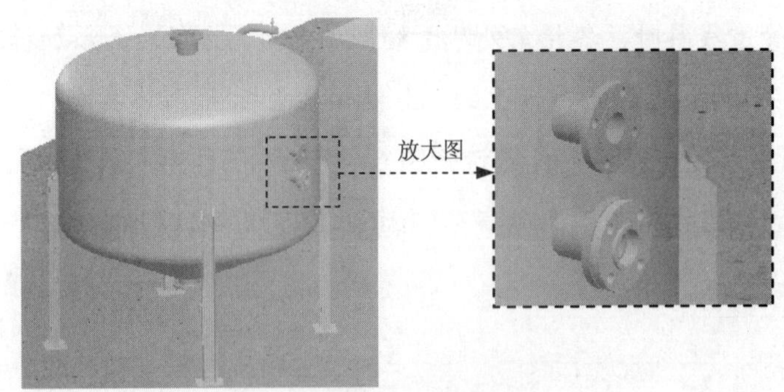

图 61.19　拖放位置

Step 3 定义配置和线路属性。

（1）完成拖放后，系统弹出图 61.20 所示的“选择配置”对话框，在该对话框中选择 Slip On Flange 150-NPS2 配置，单击 确定(O) 按钮。

图 61.20　“选择配置”对话框

（2）单击“线路属性”对话框中的 ✓ 按钮，完成线路属性的定义，结果如图 61.21 所示。

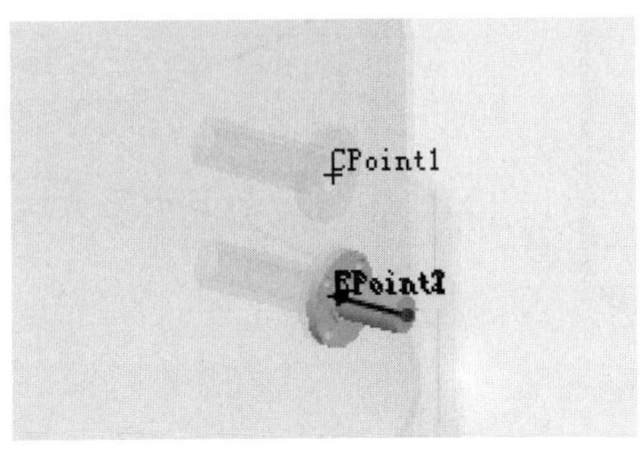

图 61.21 拖放结果

Step 4 参照 Step1 步骤。拖放另一个法兰到图 61.22 所示的位置，系统弹出图 61.23 所示的“选择配置”对话框，选中 ☑ 列出所有配置 复选框，然后在对话框中选择 Slip On Flange 150-NPS2 配置，单击 确定(O) 按钮。系统弹出“插入零部件”对话框，单击对话框中的 ✕ 按钮。

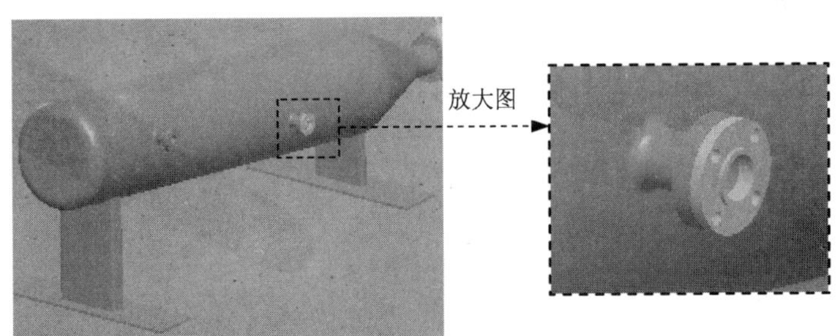

图 61.22 拖放位置

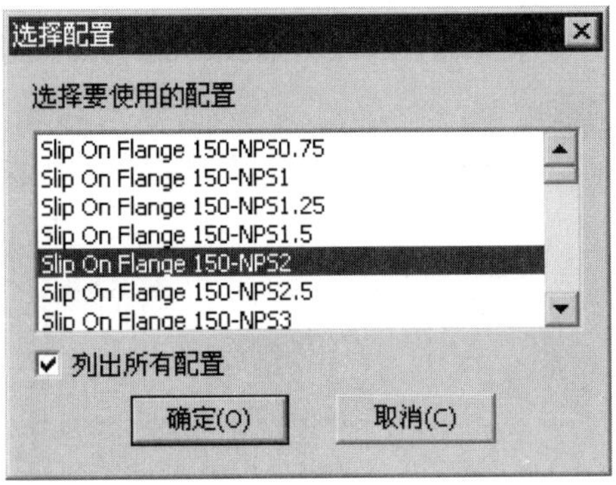

图 61.23 “选择配置”对话框

Step 5 绘制管道线路。绘制图 61.24 所示的初步 3D 管道线路。

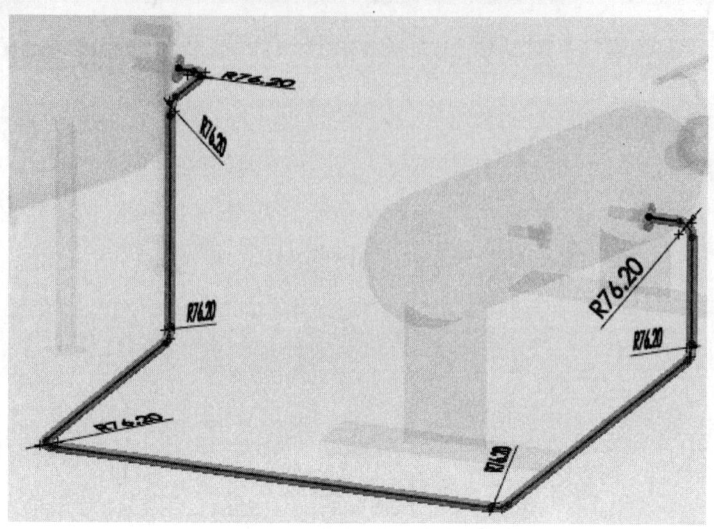

图 61.24　绘制初步的管道线路

Step 6　添加第三个法兰。参照 Step1 步骤。拖放第三个法兰到图 61.25 所示的位置，选择Slip On Flange 150-NPS2配置。

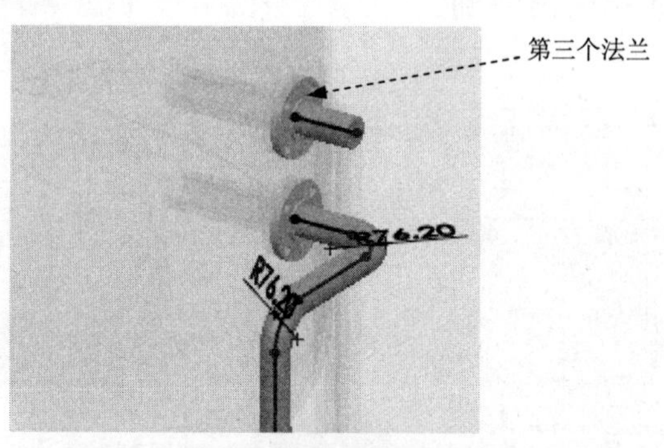

图 61.25　添加第三个法兰

Step 7　添加第四个法兰。参照 Step1 步骤。拖放第四个法兰到图 61.26 所示的位置，选择Slip On Flange 150-NPS2配置。

图 61.26　添加第四个法兰

Step 8　添加管道线路。绘制图 61.27 所示的初步 3D 管道线路。

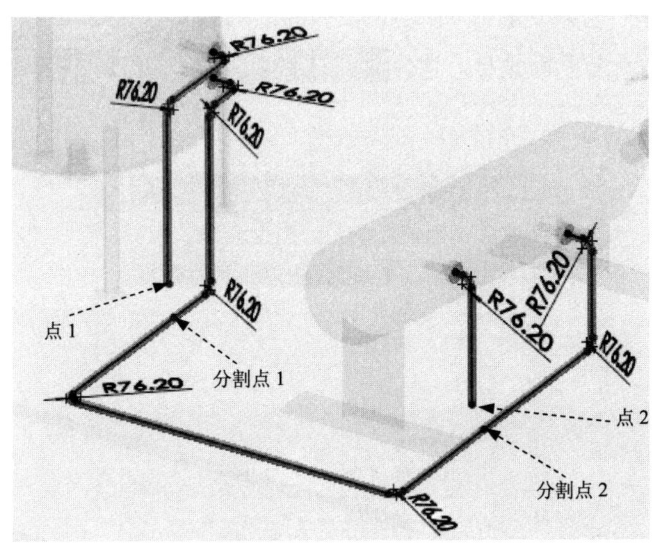

图 61.27　绘制管道线路

Step 9　编辑管道线路。

（1）分割管道线路。选择下拉菜单 Routing → Routing 工具(R) → 分割线路(S) 命令。在图 61.27 所示的分割点 1 和分割点 2 位置单击以确定两分割点位置。

（2）合并管道线路。按住 Ctrl 键分别选择图 61.27 所示的点 1 和分割点 1；点 2 和分割点 2，在系统弹出的“属性”对话框中单击 合并(G) 按钮。

（3）标注线路尺寸。标注管道线路尺寸，结果如图 61.28 所示。

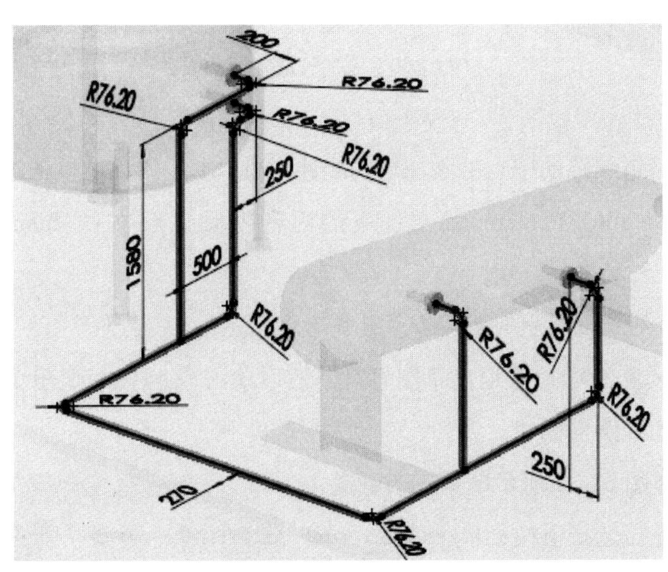

图 61.28　标注尺寸

Step 10 添加三通管。打开设计库中的\routing\piping\tees 文件夹，选择 straight tee inch 为拖放对象，将其分别拖放至分割点 1 和分割点 2 位置处。系统弹出图 61.29 所示的“选择配置”对话框，选择Tee Inch 2 Sch40配置，单击确定(O)按钮。结果如图 61.30 所示。

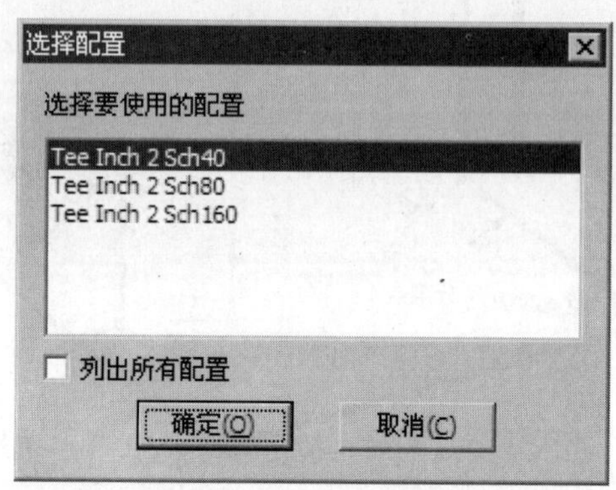

图 61.29 “选择配置”对话框

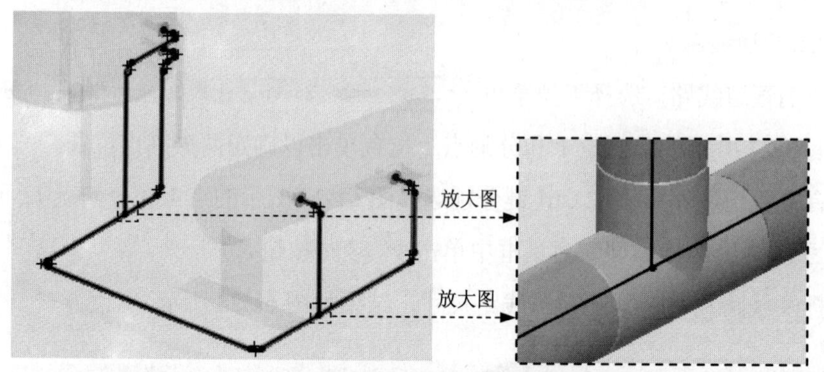

图 61.30 添加三通管配件

Step 11 在 4 条管道线路的中点处添加球阀配件（注：本步的详细操作过程请参见随书光盘中 video\ins61\reference\文件下的语音视频讲解文件 tubing_system_design-r01.avi）。

注意：4 个分割点位置分别是 4 条管道线路中点。

Step 12 在图形区单击按钮退出草图环境，然后单击按钮，退出编辑环境，完成第二条管道线路的创建。

Stage3. 创建图 61.31 所示的第三条管道

Step 1 选择命令。选择下拉菜单 Routing → 管道设计(P) → 通过拖/放来开始(D) 命令，系统弹出“信息”对话框和“设计库”窗口。

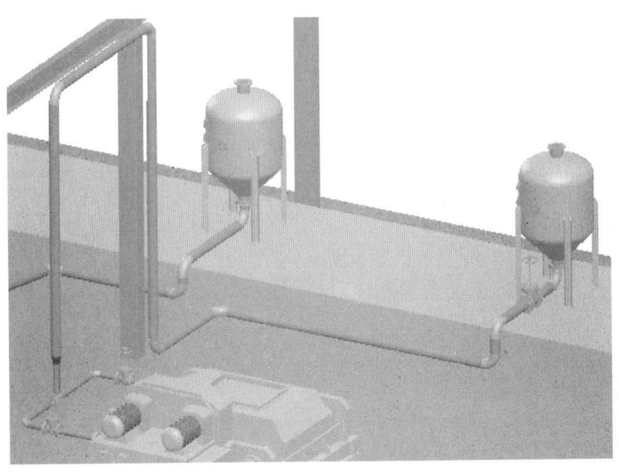

图 61.31　创建第三条管道

Step 2 定义拖放对象。打开设计库中的 routing\piping\flanges 文件夹，选择 slip on weld flange 法兰为拖放对象，将法兰拖放到图 61.32 所示的位置。

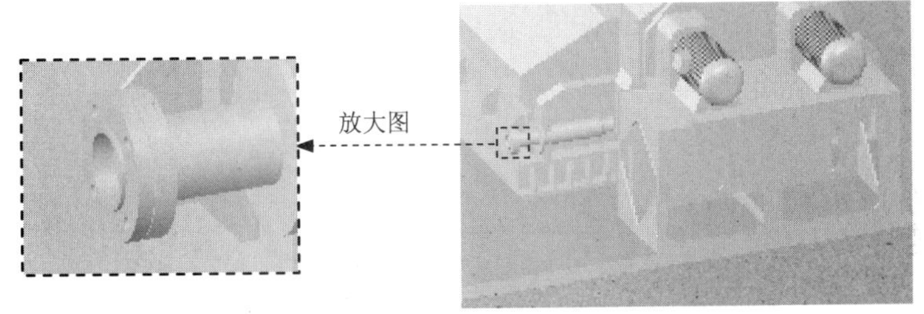

图 61.32　拖放位置

Step 3 定义配置和线路属性。完成拖放后，此时系统弹出图 61.33 所示的“选择配置”对话框，确认选中 ☑ 列出所有配置 复选框。选择 Slip On Flange 150-NPS3 选项为法兰的配置，单击“线路属性”对话框中的 ✔ 按钮，完成线路属性的定义。

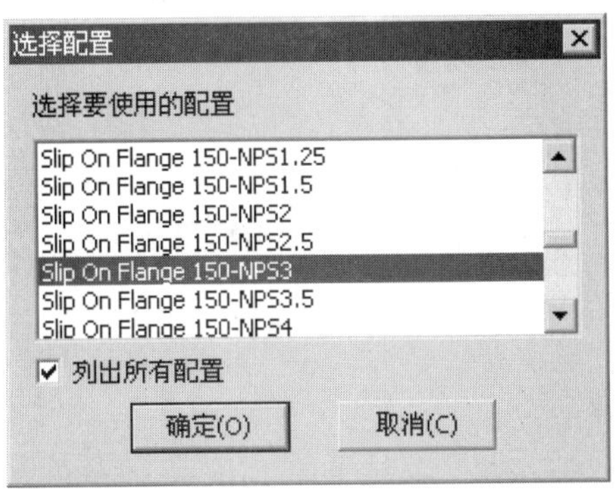

图 61.33　“选择配置”对话框

Step 4 添加第二个法兰。在设计库中选择 slip on weld flange 法兰为拖放对象，将法兰拖放到图 61.34 所示的位置，在系统弹出的“选择配置”对话框中选择 Slip On Flange 150-NPS3 配置。

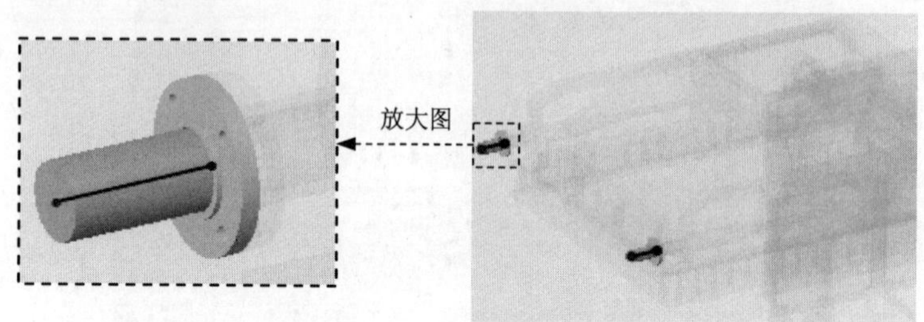

图 61.34　添加第二个法兰

Step 5　添加第三个法兰。在设计库中选择 slip on weld flange 法兰为拖放对象，将法兰拖放到图 61.35 所示的位置，在弹出的“选择配置”对话框中选择 Slip On Flange 150-NPS5 配置，如图 61.36 所示，单击“插入零部件”对话框中的 ✖ 按钮，完成第三个法兰的添加。

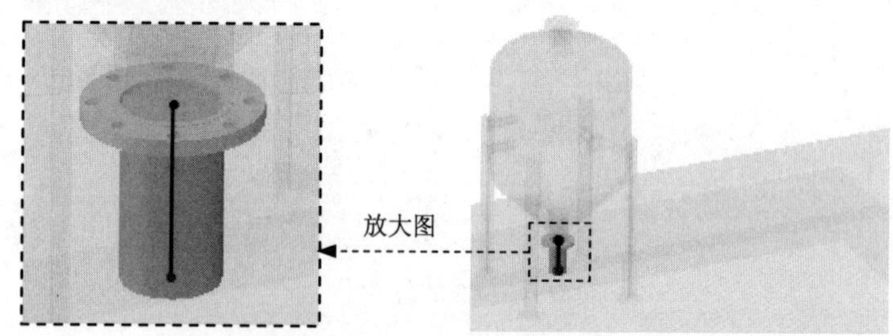

图 61.35　添加第三个法兰

图 61.36　“选择配置”对话框

Step 6　绘制初步管道线路一。

（1）绘制管道线路。绘制图 61.37 所示的初步管道线路一。

（2）合并管道线路。按住 Ctrl 键分别选择图 61.37 所示的两点；在系统弹出的“属性”对话框中单击 合并(G) 按钮。

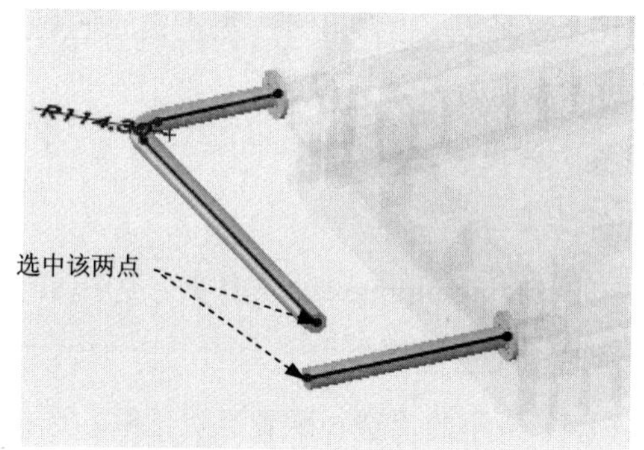

图 61.37　绘制初步管道线路一

（3）分割线路。选择下拉菜单 Routing → Routing 工具(R) → 分割线路(S) 命令。在模型中单击图 61.38 所示的点作为要分割的点。

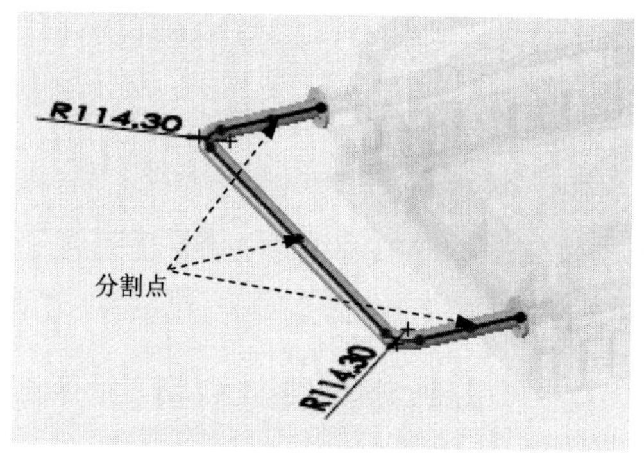

图 61.38　分割管道线路

注意：3 个分割点位置分别是 3 段管道线路中点。

Step 7　绘制初步管道线路二。

（1）绘制管道线路。绘制图 61.39 所示的初步管道线路二。

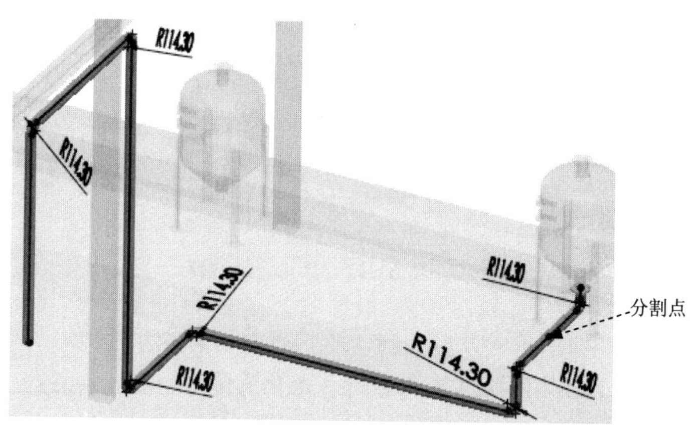

图 61.39　绘制初步管道线路二

（2）分割线路。选择下拉菜单 Routing → Routing 工具(R) → 分割线路(S) 命令。在模型中单击图 61.39 所示点作为要分割的点。

注意：该分割点位置为该段管道线路中点。

Step 8 添加三通管配件。

（1）打开设计库中的\routing\piping\tees 文件夹，选择 straight tee inch 为拖放对象，将其拖放至图 61.40 所示的相交点位置。

（2）系统弹出图 61.41 所示的“选择配置”对话框，选择 Tee Inch 3 Sch40 配置，单击 确定(O) 按钮。

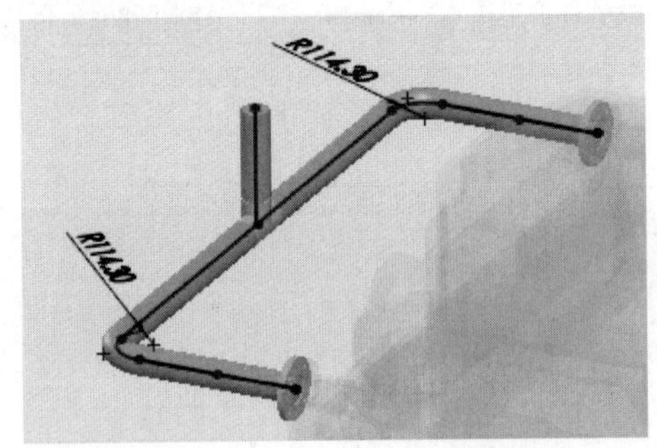

图 61.40 添加三通管配件

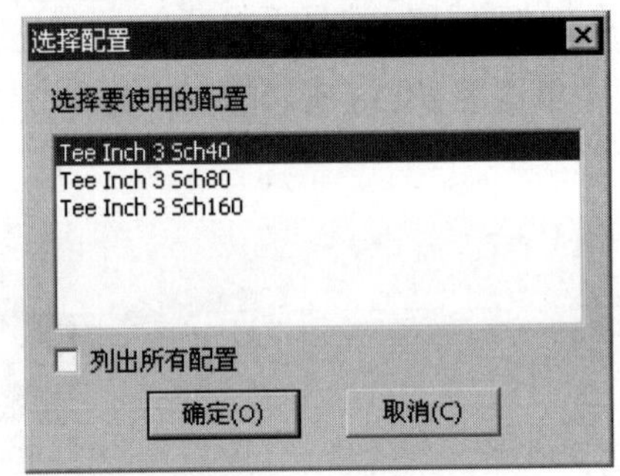

图 61.41 “选择配置”对话框

Step 9 合并管道线路。按住 Ctrl 键，选择图 61.42 所示的两点，在系统弹出的“属性”对话框中单击 合并(G) 按钮。

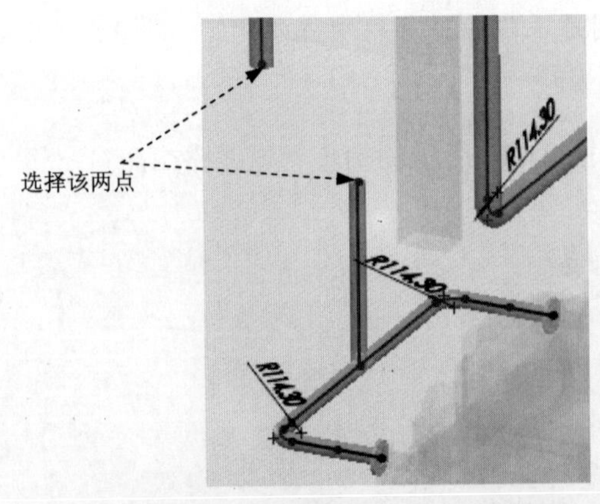

图 61.42 合并管道线路

说明：此处在进行管道合并时，为了方便操作，在合并之前，可以在其中某一条管道上添加一段辅助管道，具体操作请参看随书光盘录像。

Step 10 添加变径管配件。

（1）打开设计库中的\routing\piping\reducer 文件夹，选择 reducer 为拖放对象，将其拖放至图 61.43 所示的位置（上一步合并点位置）。

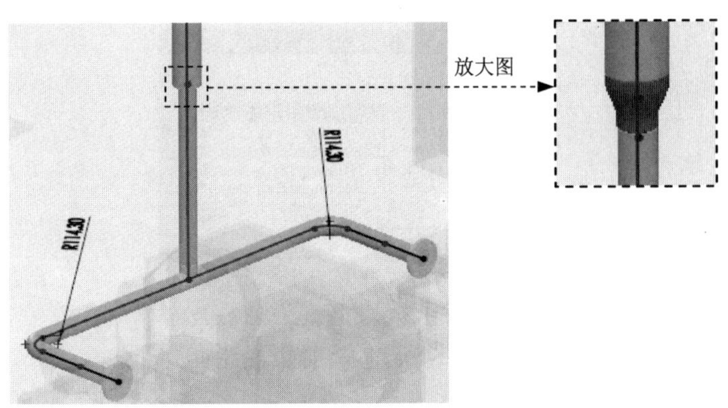

图 61.43 添加变径管配件

（2）系统弹出图 61.44 所示的“选择配置”对话框，选择REDUCER 5 x 3 SCH 160配置，单击 确定(O) 按钮。

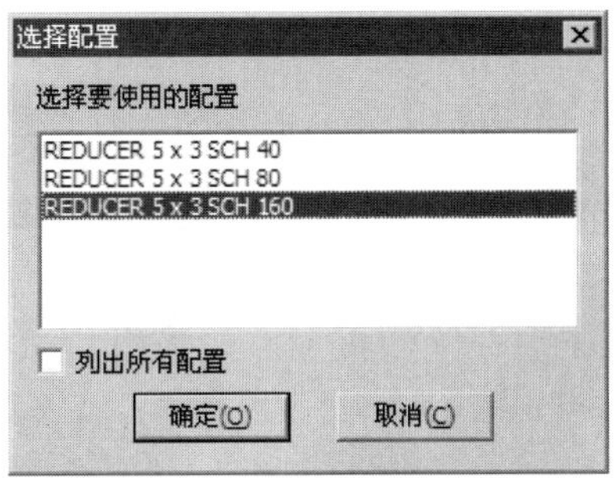

图 61.44 “选择配置”对话框

Step 11 添加阀配件。

（1）打开设计库中的\routing\piping\valves 文件夹，选择 globe valve (asme b16.34) fl - 150-2500 为拖放对象，将其拖放到图 61.45 所示的分割点位置。

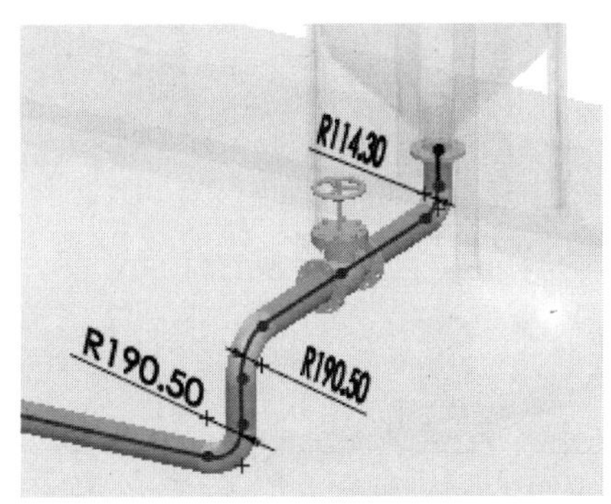

图 61.45 添加配件

（2）此时系统弹出图 61.46 所示的“选择配置”对话框，选择默认的配置选项，单击 确定(O) 按钮。单击“插入零部件”对话框中的 按钮，完成阀配件的添加。

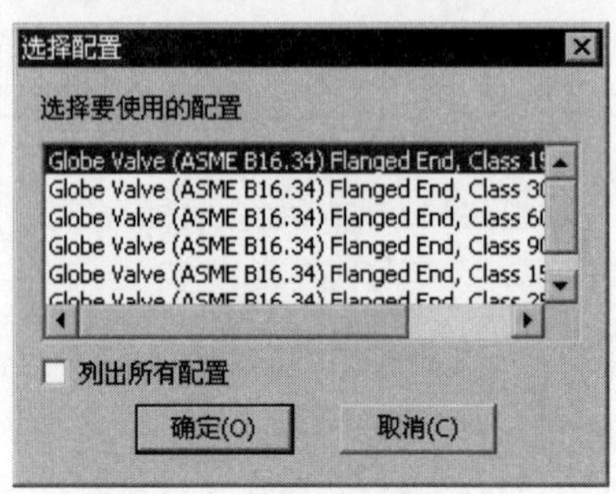

图 61.46 “选择配置”对话框

Step 12 添加法兰配件。打开设计库中的 routing\piping\flanges 文件夹，选择 slip on weld flange 法兰为拖放对象，将法兰拖放到图 61.47 所示的位置，系统弹出图 61.48 所示的“选择配置”对话框，选择 Slip On Flange 150-NPS5 配置，单击“插入零部件”对话框中的 按钮。

图 61.47 添加法兰配件

图 61.48 “选择配置”对话框

Step 13 参照 Step9～Step10 步骤，在图 61.49 所示位置添加剩余管道配件（两个阀配件和 4 个法兰配件），采用系统默认配置。

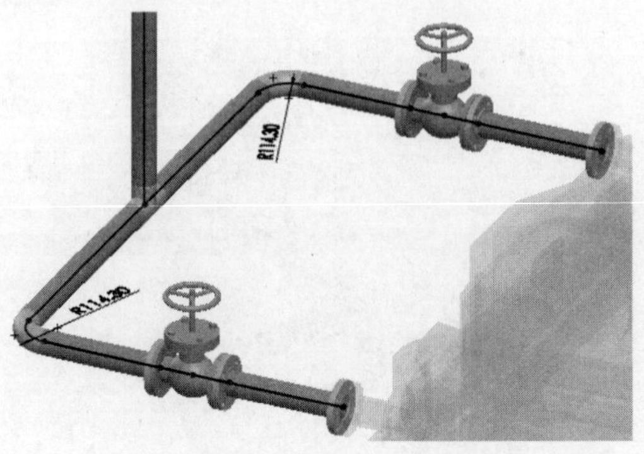

图 61.49 添加剩余管道配件

Step 14 标注管道线路尺寸，结果如图 61.50 所示。

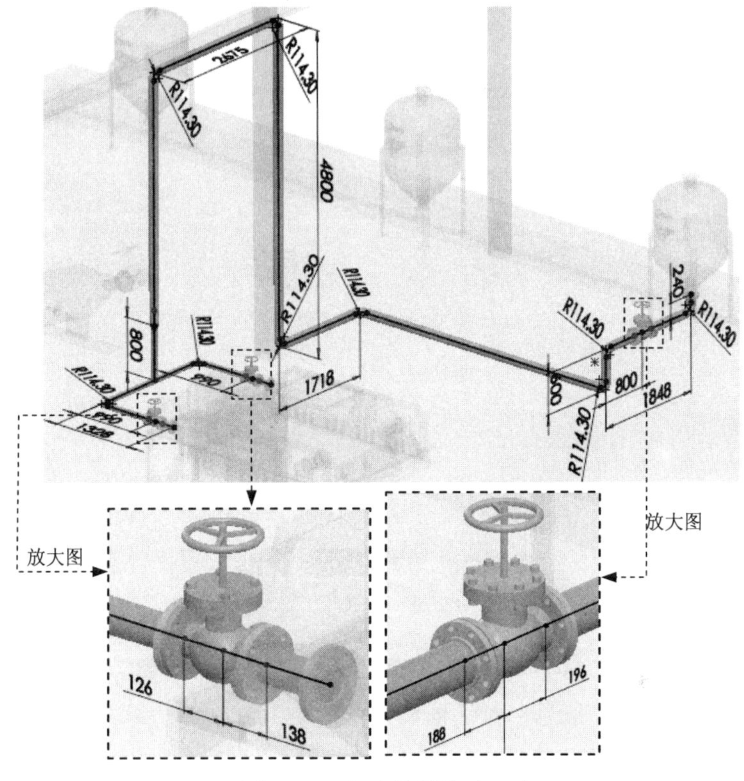

图 61.50 标注管道线路尺寸

Step 15 在图形区单击按钮退出草图环境，系统弹出图 61.51 所示的“SolidWorks”对话框，单击 确定 按钮，系统弹出图 61.52 所示的“折弯-弯管”对话框，采用系统默认的配置，单击对话框中的 确定 按钮。

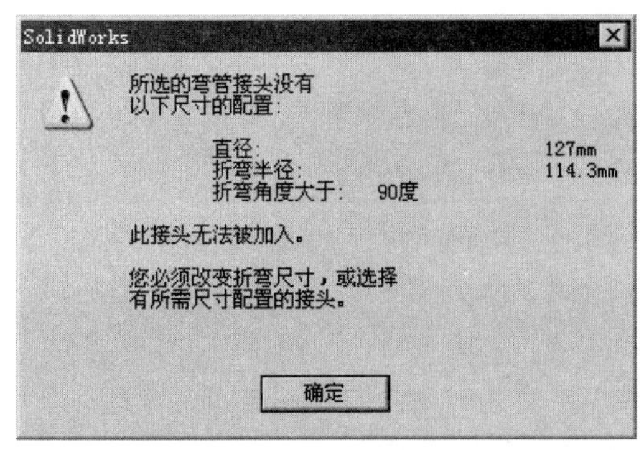

图 61.51 “SolidWorks”对话框

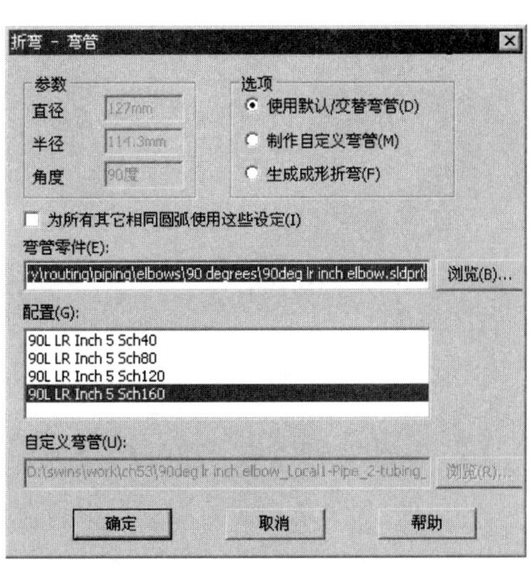

图 61.52 “折弯-弯管”对话框

Step 16 在图形区单击按钮，退出编辑环境，完成第三条管道线路的创建。

Stage4. 创建图 61.53 所示的第四条管道

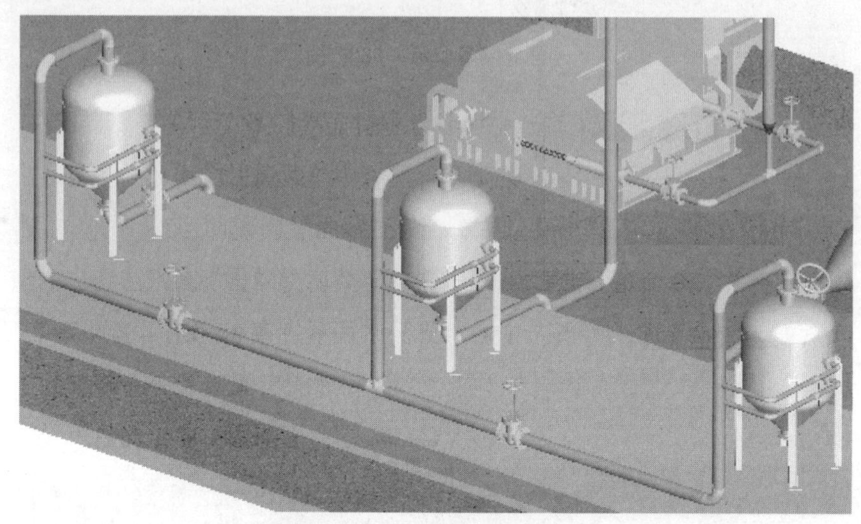

图 61.53 创建第四条管道线路

Step 1 选择命令。选择下拉菜单 Routing ➡ 管道设计(P) ➡ 通过拖/放来开始(D) 命令，系统弹出“信息”对话框和“设计库”窗口。

Step 2 定义拖放对象。打开设计库中的 routing\piping\flanges 文件夹，选择 slip on weld flange 法兰为拖放对象。将法兰拖放到图 61.54 所示的位置，系统弹出图 61.55 所示的“选择配置”对话框，选择 Slip On Flange 150-NPS5 配置，单击 确定(O) 按钮。单击“线路属性”对话框中的按钮。

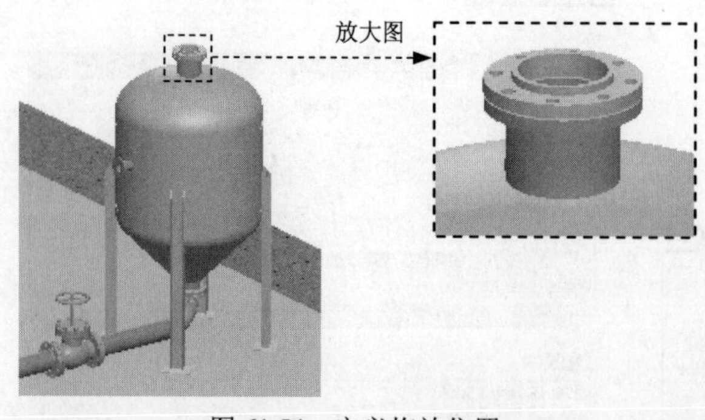

图 61.54 定义拖放位置

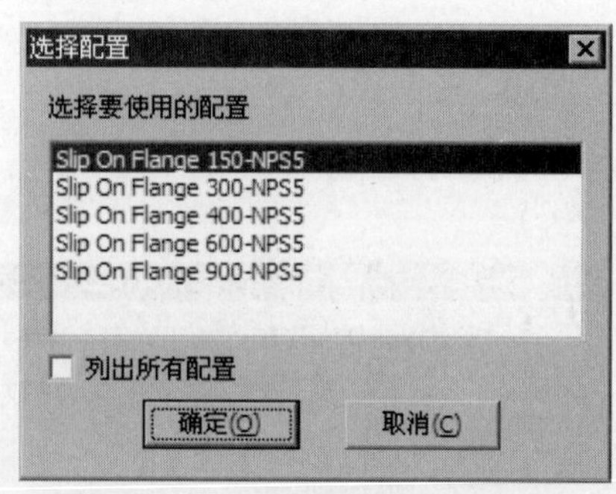

图 61.55 “选择配置”对话框

Step 3 参照 Step2 步骤，在图 61.56 所示的位置添加法兰，选择图 61.57 所示的配置，单击“插入零部件”对话框中的按钮。

Step 4 绘制初步的管道线路。绘制图 61.58 所示的初步管道线路。

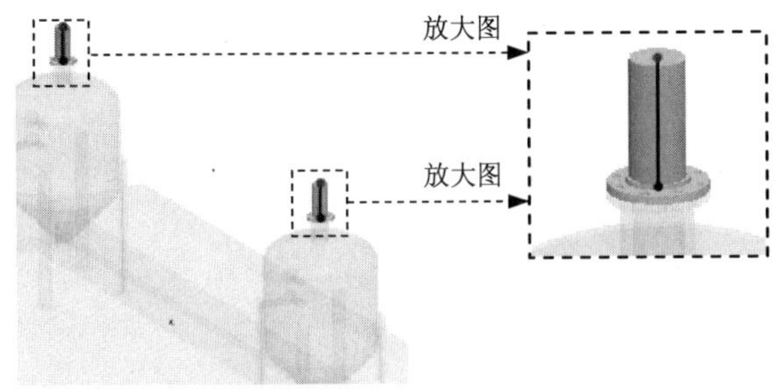

图 61.56 添加法兰

图 61.57 “选择配置”对话框

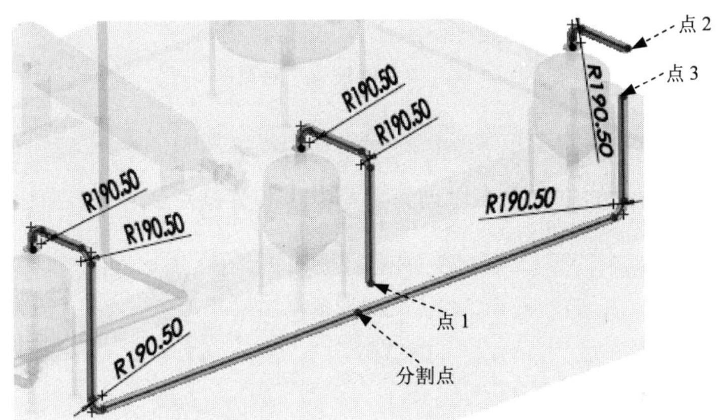

图 61.58 分割与合并线路

Step 5 分割线路。选择下拉菜单 Routing → Routing 工具(R) → 分割线路(S) 命令。在图 61.58 所示的分割点位置单击以创建分割点。

Step 6 合并管道线路。按住 Ctrl 键，分别选择图 61.58 所示的点 1 和分割点，以及点 2 和点 3 为合并对象，在系统弹出的“属性”对话框中单击 合并(S) 按钮。

Step 7 添加三通管配件。

（1）打开设计库中的\routing\piping\tees 文件夹，选择 straight tee inch 为拖放对象，将其拖放到图 61.59 所示的分割点位置。

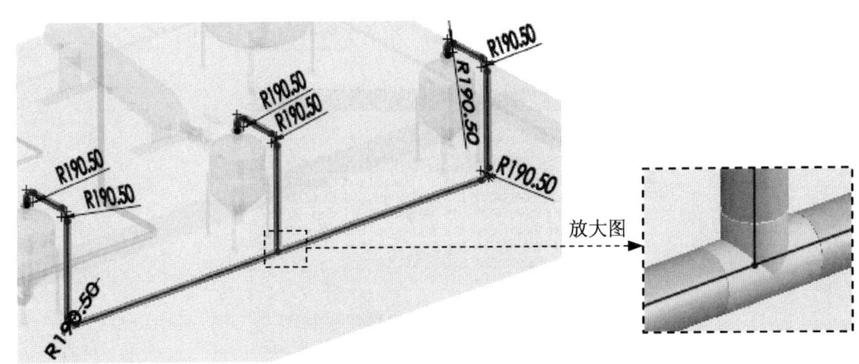

图 61.59 添加三通管配件

（2）系统弹出图 61.60 所示的“选择配置”对话框，选择 Tee Inch 5 Sch40 配置，单击 确定(O) 按钮。单击“插入零部件”对话框中的 ✕ 按钮。

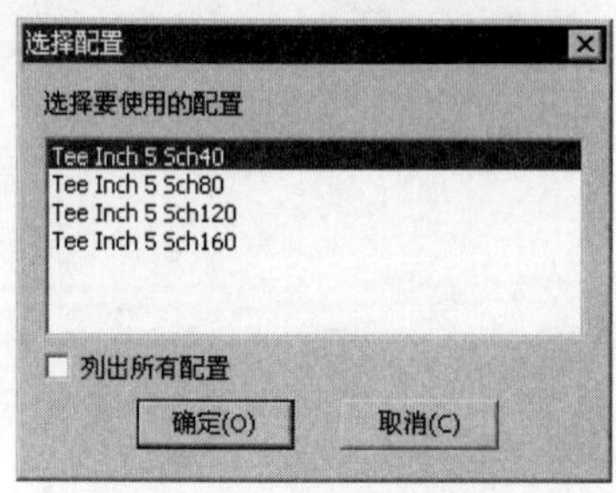

图 61.60 “选择配置”对话框

Step 8 分割线路。选择下拉菜单 Routing → Routing 工具(R) → 分割线路(S) 命令。在图 61.61 所示的位置单击以创建分割点 1 和分割点 2。

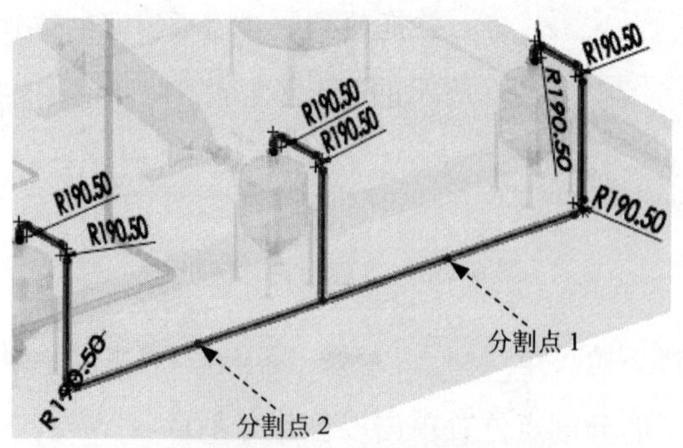

图 61.61 分割线路

注意：此处分割点 1 和分割点 2 分别为两段管道线路的中点。

Step 9 添加阀配件。

（1）打开设计库中的\routing\piping\valves 文件夹，选择 gate valve (asme b16.34) fl - 150-2500 为拖放对象，将其拖放至 Step8 创建的两个分割点处。此时系统弹出图 61.62 所示的“选择配置”对话框，选择默认的配置，单击 确定(O) 按钮。

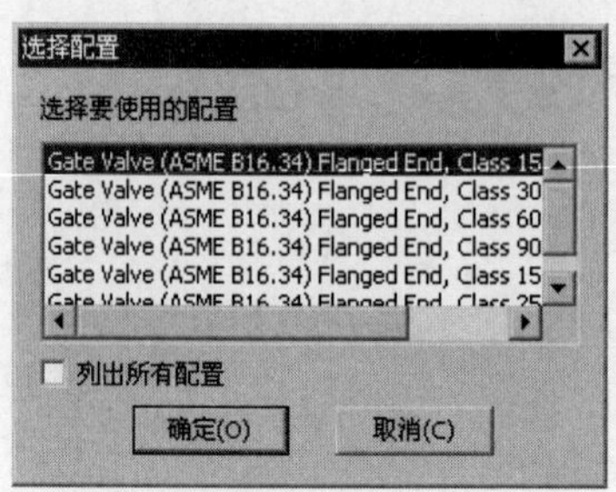

图 61.62 “选择配置”对话框

（2）单击“插入零部件”对话框中的 ✖ 按钮。结果如图 61.63 所示。

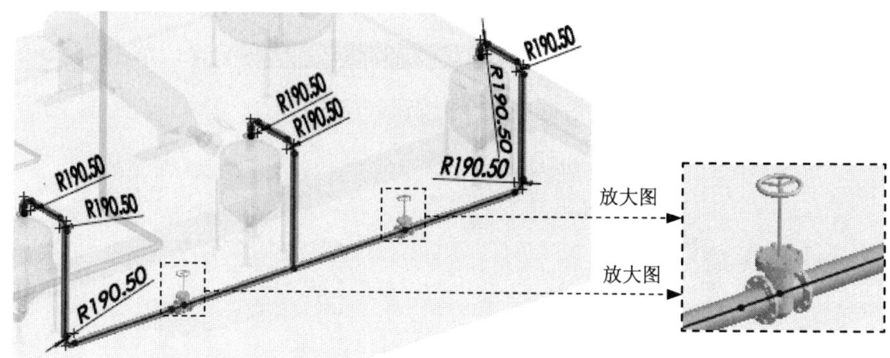

图 61.63　添加阀配件

Step 10 添加法兰配件。打开设计库中的 routing\piping\flanges 文件夹，选择 slip on weld flange 法兰为拖放对象。将法兰拖放到图 61.64 所示的位置（上一步添加的阀配件两段），系统弹出图 61.65 所示的“选择配置”对话框，选择 Slip On Flange 150-NPS5 配置，单击 确定(O) 按钮，单击“插入零部件”对话框中的 ✖ 按钮。结果如图 61.64 所示。

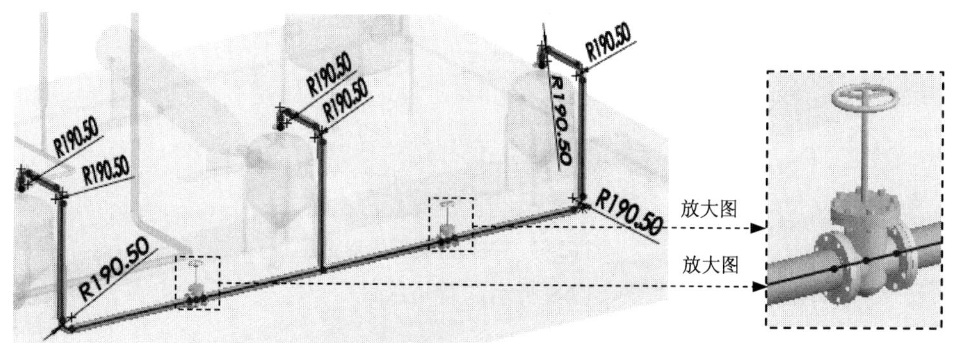

图 61.64　添加法兰配件

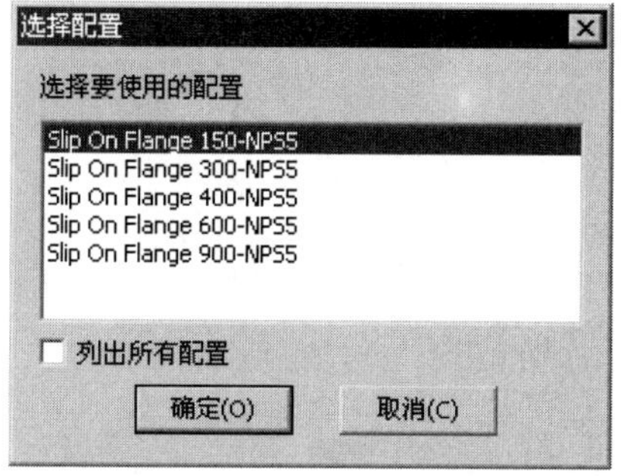

图 61.65　“选择配置”对话框

Step 11 添加法兰。打开设计库中的 routing\piping\flanges 文件夹，选择 slip on weld flange 法兰为拖放对象。将法兰拖放到图 61.66 所示的位置，此时系统弹出图 61.67 所示的“选择配置”对话框，选择 Slip On Flange 150-NPS2 配置，单击 确定(O) 按钮。单击“插入零部件”对话框中的 ✖ 按钮。

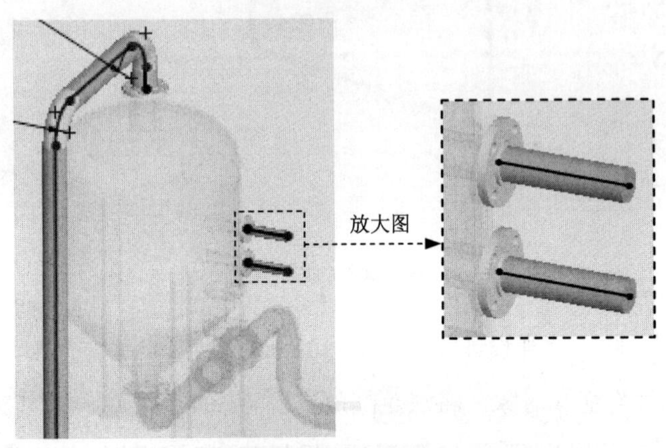

图 61.66　添加法兰

图 61.67　“选择配置”对话框

Step 12 绘制管道线路。绘制图 61.68 所示的管道线路。

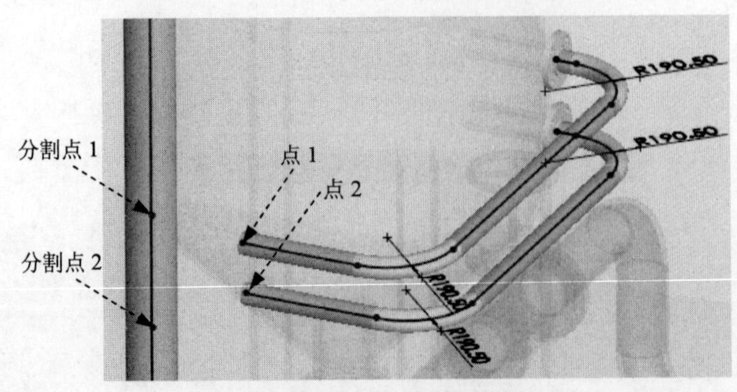

图 61.68　绘制管道线路

Step 13 分割线路。选择下拉菜单 Routing → Routing 工具(R) → 分割线路(S) 命令。在图 61.68 所示的位置单击以创建分割点 1 和分割点 2。

Step 14 合并点。按住 Ctrl 键，分别选择图 61.68 所示的点 1 和分割点 1，点 2 和分割点 2 为合并对象，在系统弹出的“属性”对话框中单击 合并(G) 按钮。结果如图 61.69 所示。

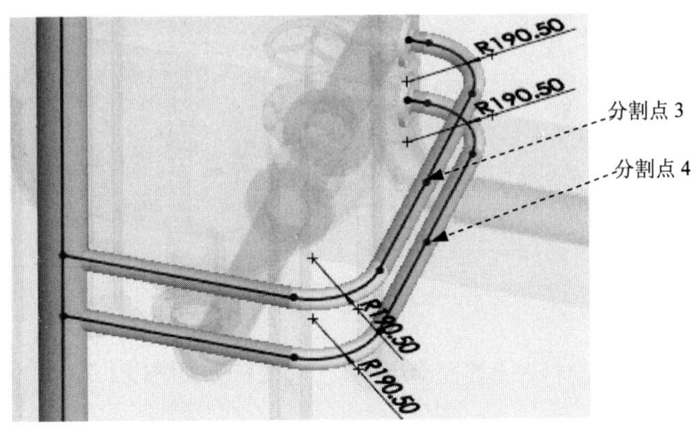

图 61.69 合并与分割线路

Step 15 分割线路。选择下拉菜单 Routing → Routing 工具(R) → 分割线路(S) 命令。在图 61.69 所示的位置单击以创建分割点 3 和分割点 4。

注意：此处分割点 3 和分割点 4 分别为两段管道线路的中点。

Step 16 添加球阀配件。打开设计库中的\routing\piping\valaves 文件夹，选择 sw3dps-1_2 in ball valveflange 法兰为拖放对象，将其拖放至 Step13 所创建的分割点 3 和分割点 4 位置。结果如图 61.70 所示。单击“插入零部件”对话框中的 按钮。

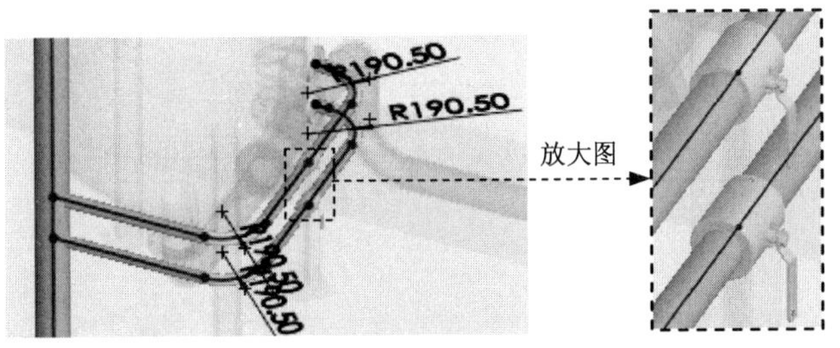

图 61.70 添加球阀配件

Step 17 参照 Step11~Step16 的步骤，创建图 61.71 所示的管道支路一。

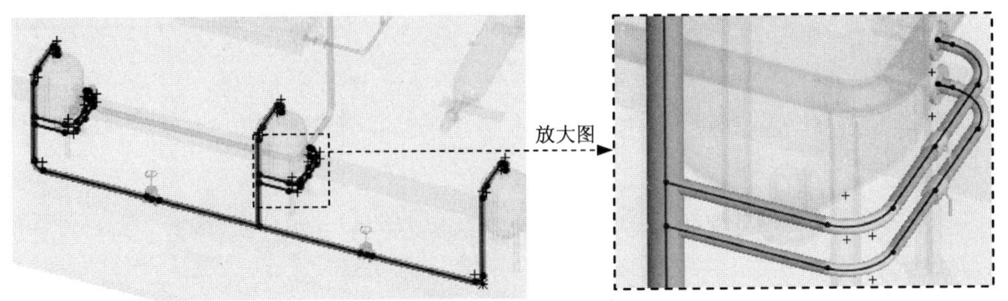

图 61.71 管道支路一

Step 18 参照 Step8～Step13 的步骤，创建图 61.72 所示的管道支路二。

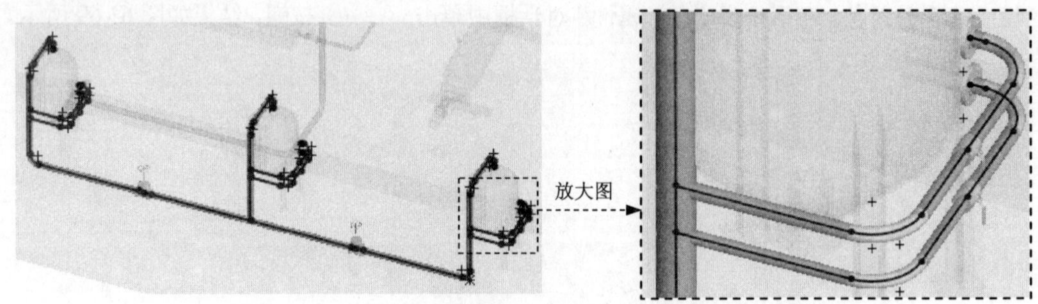

图 61.72　管道支路二

Step 19 标注线路管道尺寸，使其完全约束，完成结果如图 61.73 所示。

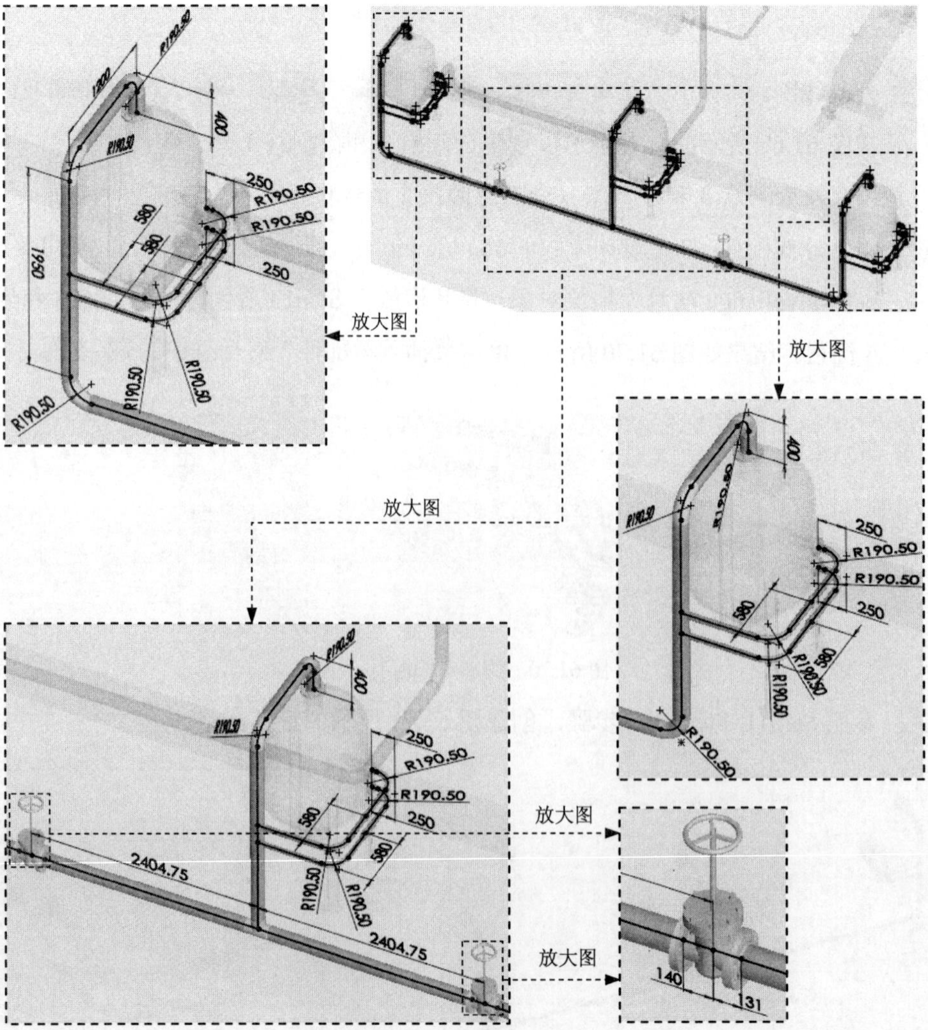

图 61.73　标注尺寸

Step 20 在图形区单击按钮退出草图环境，系统弹出 “SolidWorks”对话框，单击 确定 按钮，在系统弹出的“折弯-弯管”对话框中单击 确定 按钮。

Step 21 在图形区单击按钮，退出编辑环境，完成第四条管道线路的创建。

Step 22 选择下拉菜单 文件(F) ➡ 打包(K)... 命令，系统弹出“打包”对话框，单击 保存(S) 按钮，保存文件。

实例 62 电缆设计

实例概述：

本实例介绍电缆设计，模型如图 62.1 所示。

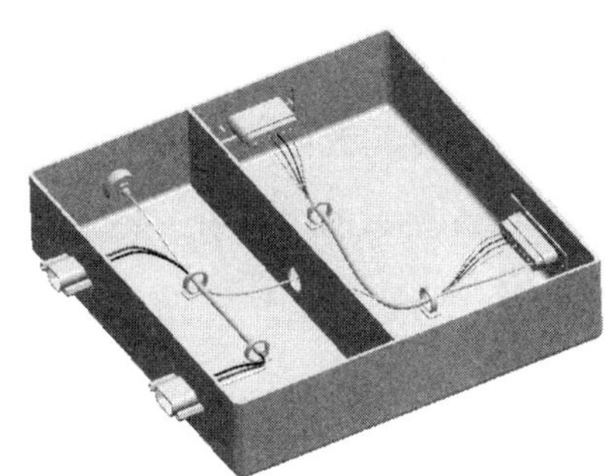

图 62.1 电缆设计模型

说明：在开始本实例的练习之前，请激活 SolidWorks 的 Routing 插件。

Task1. 定义连接器的接入点和配合参考

Stage1. 定义连接器 port1

Step 1 打开文件 D:\sw13in\work\ins62\ex\port1.SLDPRT。

Step 2 创建连接点 1。

（1）选择下拉菜单 Routing ➡ Routing 工具(R) ➡ 生成连接点(C) 命令，系统弹出“连接点”对话框。

（2）在“连接点”对话框中设置图 62.2 所示的参数，选取图 62.3 所示的面为连接点设置参考。

（3）单击对话框中的按钮，完成图 62.3 所示的连接点的创建。

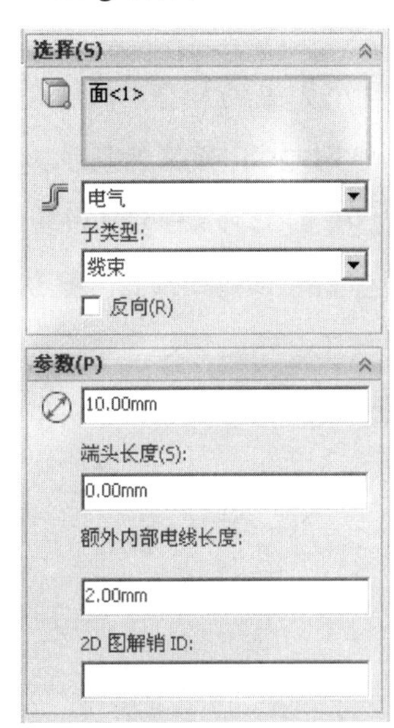

图 62.2 选择路径

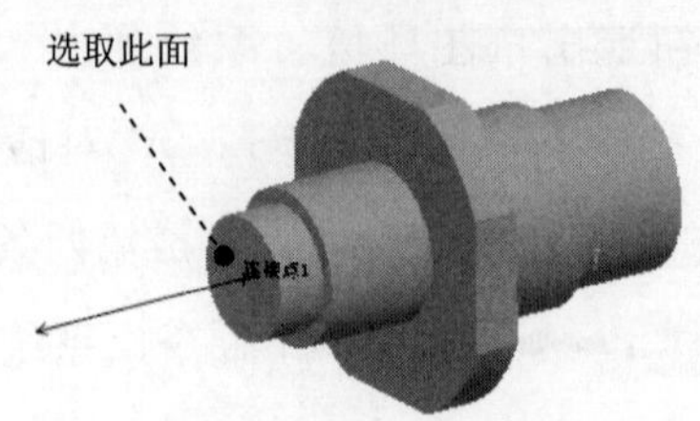

图 62.3　创建连接点

Step 3　定义配合参考（注：本步的详细操作过程请参见随书光盘中 video\ins62\reference\文件下的语音视频讲解文件 routing_electric-r01.avi）。

Step 4　保存模型，然后关闭模型。

Stage2. 定义连接器 port2

Step 1　打开文件 D:\sw13in\work\ins62\ex\port2.SLDPRT。

Step 2　创建连接点。参考 Stage1 中的操作步骤，分别选取图 62.4 所示的边线 1 和边线 2 为参考，创建连接点 1 和连接点 2。

Step 3　定义配合参考。选取图 62.5 所示的边线为主要配合参考。

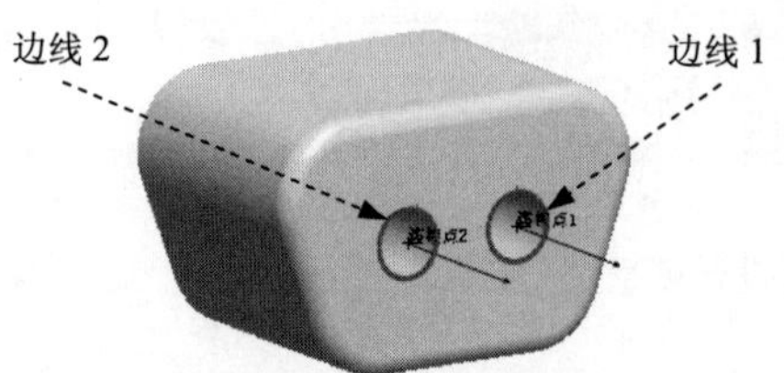

图 62.4　创建连接点

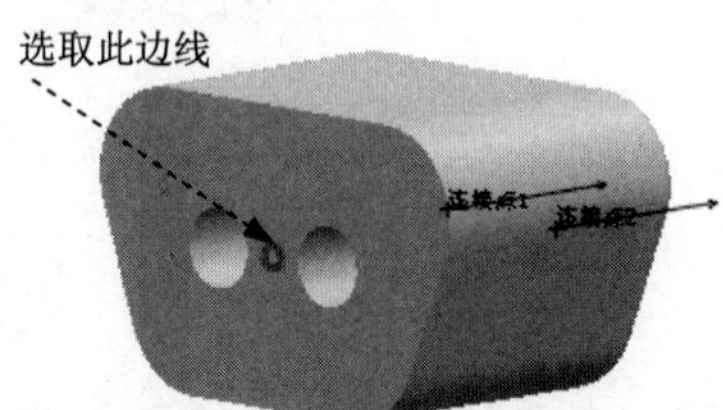

图 62.5　定义配合参考

Step 4　保存模型，然后关闭模型。

Stage3. 定义连接器 port3

Step 1　打开文件 D:\sw13in\work\ins62\ex\port3.SLDPRT。

Step 2　创建连接点。参考 Stage1 中的操作步骤，分别选取图 62.6 所示的 3 条边线为参考，创建 3 个连接点。

Step 3　定义配合参考。选取图 62.7 所示的边线为主要配合参考。

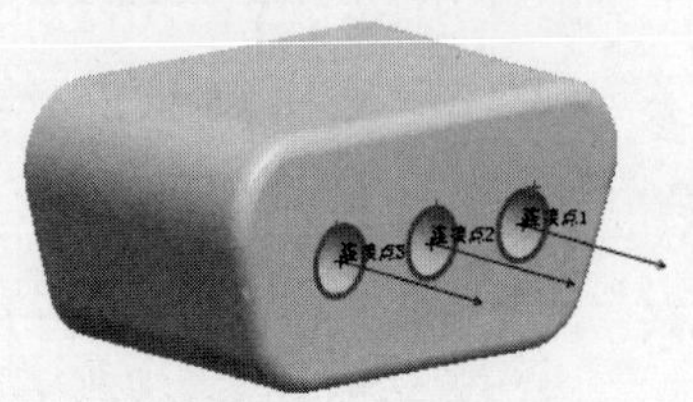

图 62.6　创建连接点

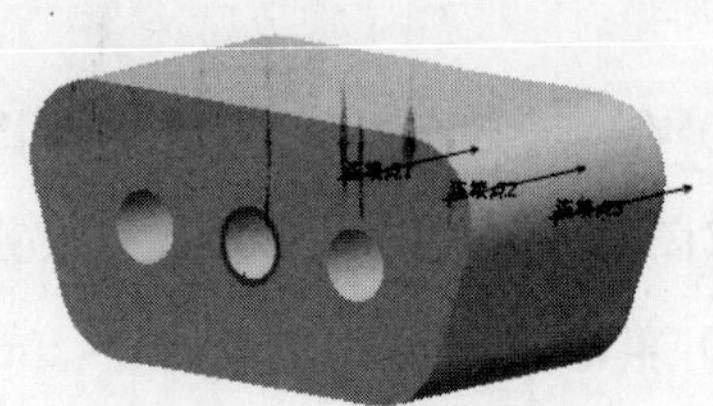

图 62.7　定义配合参考

Step 4 保存模型，然后关闭模型。

Task2. 布置线束 1

Stage1. 装配接头 port1

Step 1 选择命令。打开文件 D:\sw13in\work\ins62\ex\routing_electric.SLDASM，选择下拉菜单 插入(I) ➡ 零部件(O) ➡ 现有零件/装配体(E)... 命令，系统弹出“插入零部件”对话框。

Step 2 选择要添加的模型。在“插入零部件”对话框的 要插入的零件/装配体(P) 区域中单击 浏览(B)... 按钮，系统弹出“打开”对话框，在 D:\sw13in\work\ins62\ex\下选择模型文件 port1.SLDPRT，再单击 打开(O) 按钮。

Step 3 在图形区中图 62.8 所示的位置单击放置零件。

说明：由于连接器中预先定义了配合参考，所以在放置零件时会自动捕捉装配约束。

Step 4 定义线路属性。

（1）在设计树中右击 (-) port1<1> 选项，然后在弹出的快捷菜单中选择 开始步路 (B) 命令，系统弹出“线路属性”对话框。

（2）在“线路属性”对话框中设置图 62.9 所示的参数，单击对话框中的 ✔ 按钮。

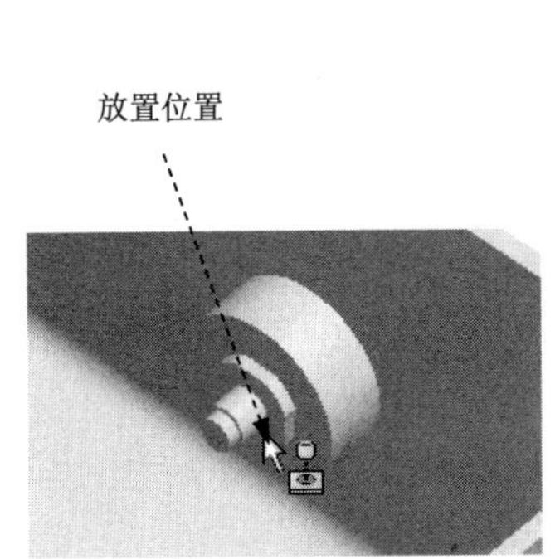

图 62.8 放置零件 port1

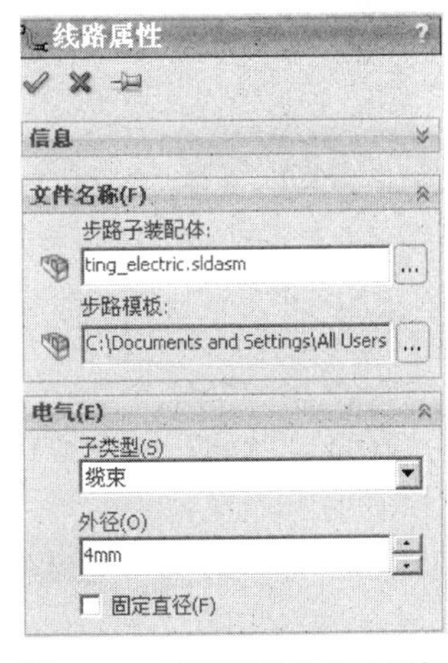

图 62.9 “线路属性”对话框

Step 5 此时系统弹出“自动步路”对话框，直接单击该对话框中的 ✖ 按钮。

Stage2. 引入接头 port2 和 port3

Step 1 选择命令。选择下拉菜单 Routing ➡ 电气(E) ➡ 插入接头(C) 命令，系统弹出“插入接头”对话框。

Step 2 选择要添加的模型。在“插入接头”对话框的 要插入的零件/装配体(P) 区域中

单击 浏览(B)... 按钮，系统弹出“打开”对话框，在 D:\sw13in\work\ins62\ex\下选择模型文件 port2.SLDPRT，再单击 打开(O) 按钮。

Step 3 在图形区中图 62.10 所示的位置单击放置零件 port2。

Step 4 单击“插入接头”对话框中的 浏览(B)... 按钮，选择模型文件 port3.SLDPRT，在图形区中图 62.11 所示的位置单击放置零件 port3。

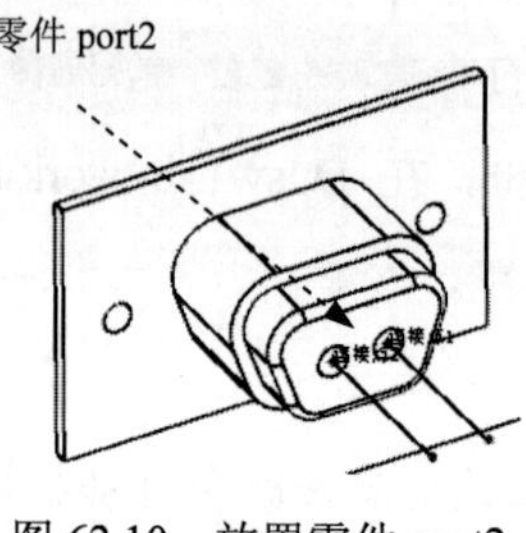

图 62.10 放置零件 port2

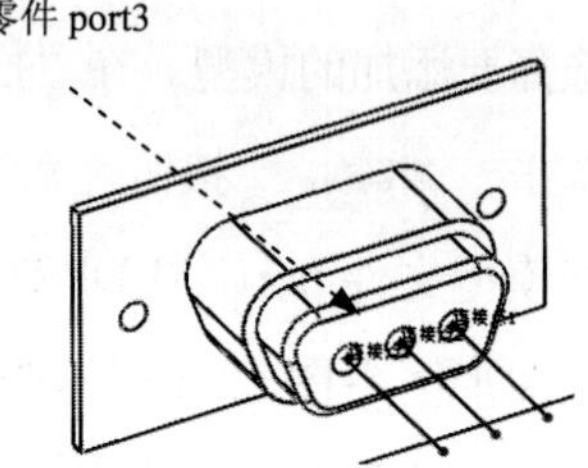

图 62.11 放置零件 port3

注意：在放置模型时应将显示样式先调整到“消除隐藏线”的显示状态，在放置 port2 时可以将模型局部尽量放大显示，鼠标移动到图 62.12 所示的边线附近，以便自动捕捉配合参考，放置 port3 时可以将鼠标移动到图 62.13 所示的边线附近。

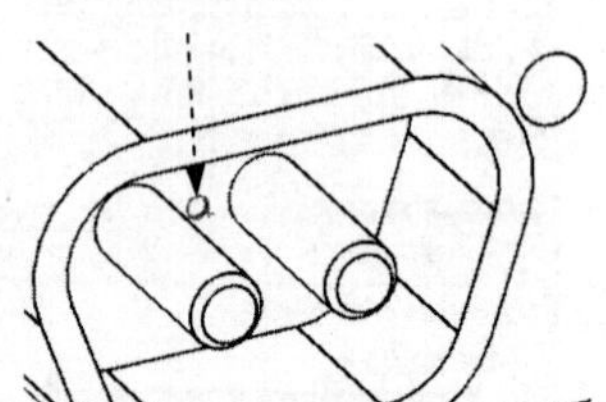

图 62.12 port2 的放置位置

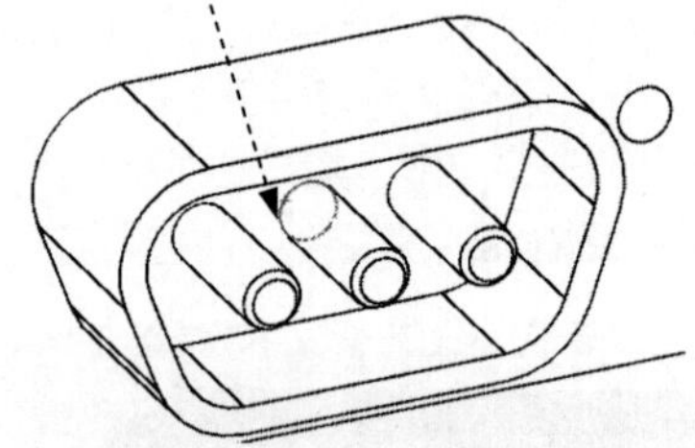

图 62.13 port3 的放置位置

Step 5 单击“插入接头”对话框中的 ✔ 按钮，此时模型局部如图 62.14 所示。

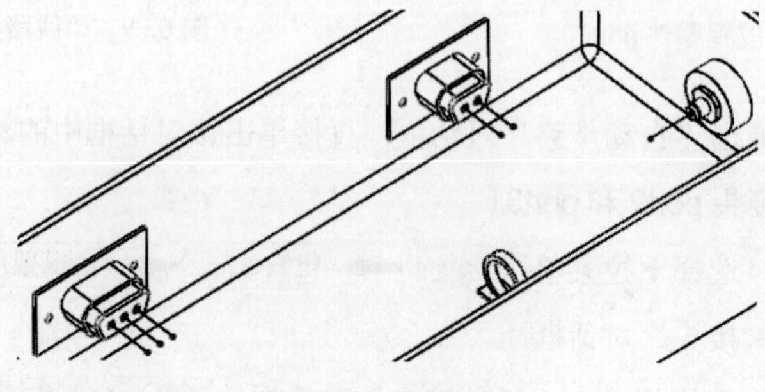

图 62.14 模型局部

Stage3. 定义路径 1

Step 1 定义初步的路径 1。

（1）选择下拉菜单 工具(T) → 草图绘制实体(K) → 样条曲线(S) 命令。

（2）在模型中选取图 62.15 所示的点 1 和点 2 为参考点，单击“样条曲线”对话框中的 ✓ 按钮。

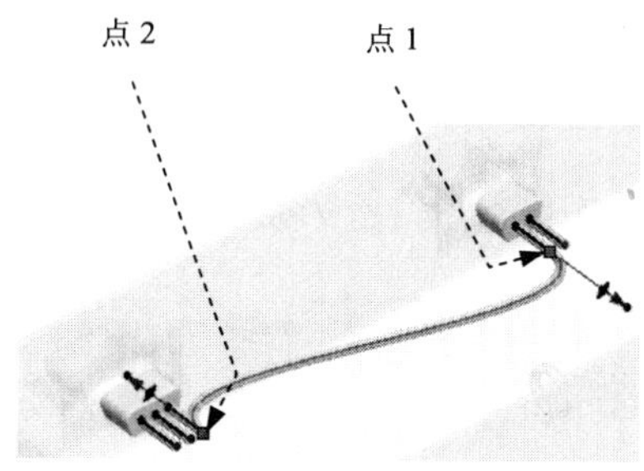

图 62.15 定义初步的路径 1

Step 2 定义通过线夹。

（1）选择命令。选择下拉菜单 Routing → Routing 工具(R) → 步路通过线夹(T) 命令，系统弹出“步路通过线夹”对话框。

（2）选取线路。选取初步路径 1 以及图 62.16 所示的线夹 1 的轴线和线夹 2 的轴线。

（3）单击对话框中的 ✓ 按钮。

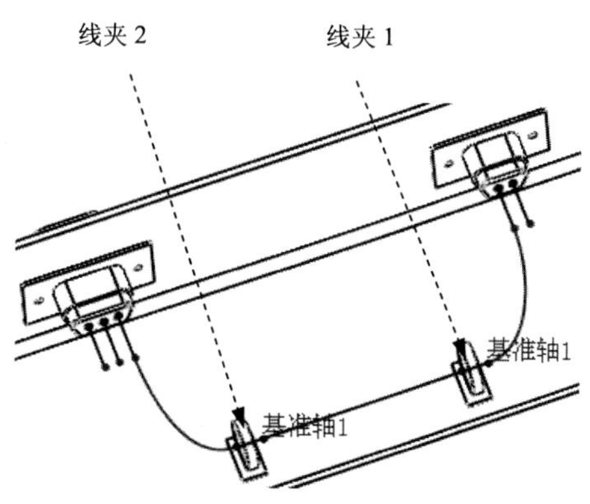

图 62.16 定义通过线夹

Stage4. 定义路径 2

Step 1 定义初步的路径 2。选择下拉菜单 工具(T) → 草图绘制实体(K) → 样条曲线(S) 命令；在模型中选取图 62.17 所示的点 3 和点 4 作为参考点，单击“样条曲线”对话框中的 ✓ 按钮。

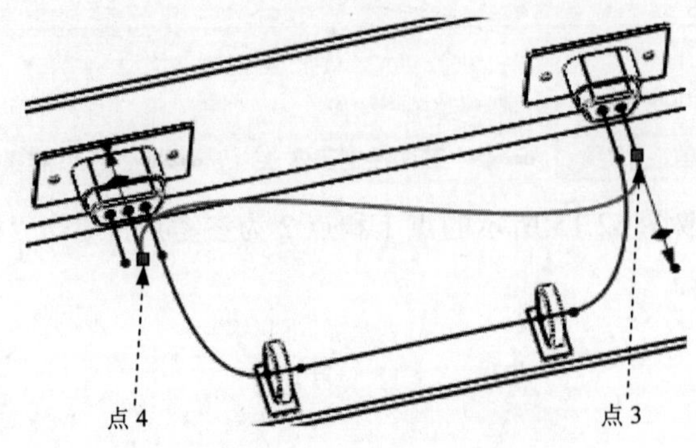

图 62.17　定义初步的路径 2

Step 2　定义通过线夹。选择下拉菜单 Routing → Routing 工具(R) → 步路通过线夹(T) 命令；选取初步路径 2 以及线夹 1 和线夹 2 的轴线；单击对话框中的 ✓ 按钮，如图 62.18 所示。

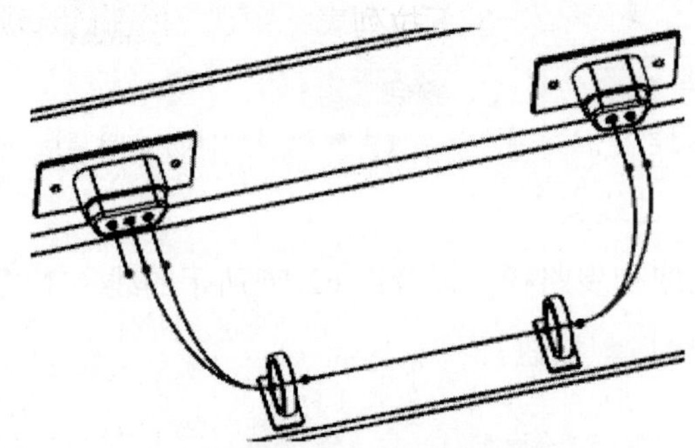

图 62.18　定义通过线夹

Stage5. 定义路径 3

Step 1　定义初步的路径 3。利用样条曲线绘制工具在模型中选取图 62.19 所示的点 5 和点 6 作为参考点，绘制初步的路径 3。

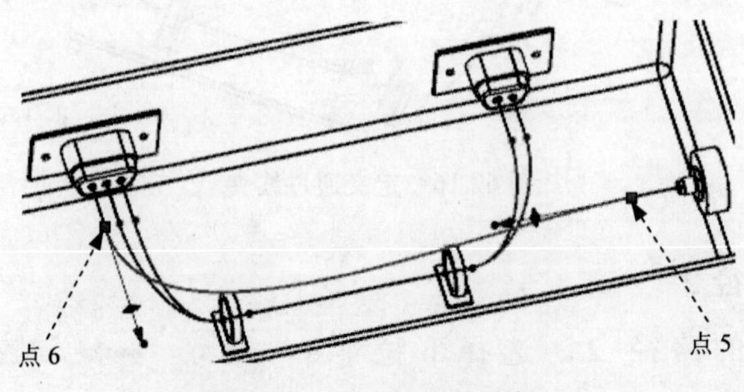

图 62.19　定义初步的路径 3

Step 2　定义通过线夹。定义初步路径 3 通过线夹 1 和线夹 2 的轴线，如图 62.20 所示。

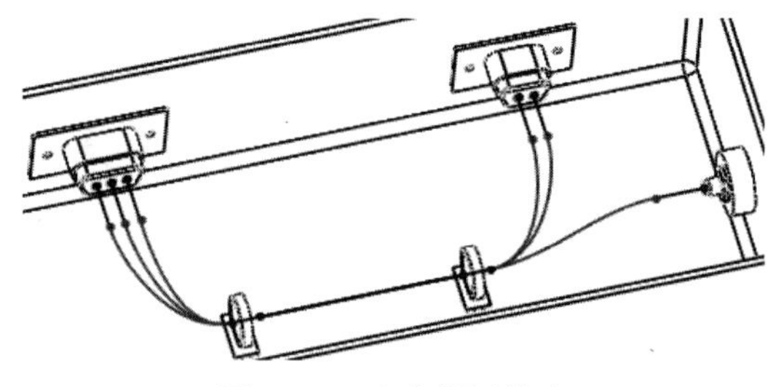

图 62.20 定义通过线夹

Stage6. 编辑电线

Step 1 编辑电线。

（1）选择命令。选择下拉菜单 Routing → 电气(E) → 编辑电线(W) 命令，系统弹出“编辑电线”对话框。

（2）选择电力库。单击“编辑电线”对话框中的添加电线按钮，系统弹出“电力库”对话框，按住 Ctrl 键，在 选择电线 下拉列表框中选择 20g blue 选项、20g red 选项和 20g white 选项， 单击 添加 按钮，然后单击 确定 按钮。

（3）定义电线 1。选中 20g blue，单击“编辑电线”对话框中的 选择路径(S) 按钮，选取路径 1（依次选取图 62.21 所示的 5 条分段）为定义对象，单击对话框中的 ✓ 按钮。

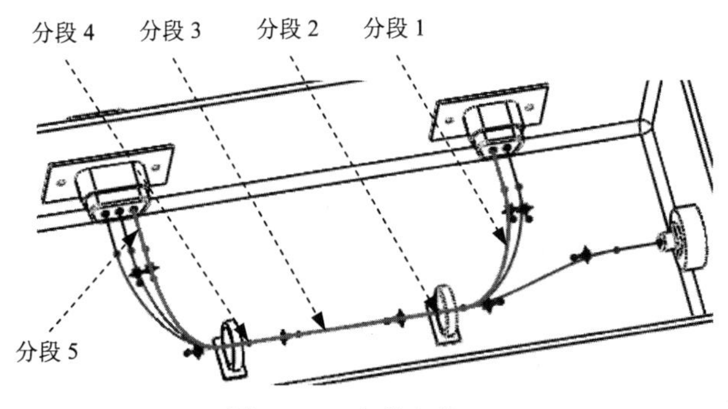

图 62.21 定义电线 1

（4）定义电线 2。选中 20g red，单击“编辑电线”对话框中的 选择路径(S) 按钮，选取路径 2（依次选取 5 条分段）为定义对象，单击对话框中的 ✓ 按钮。

（5）定义电线 3。选中 20g white，单击“编辑电线”对话框中的 选择路径(S) 按钮，选取路径 3（依次选取 5 条分段）为定义对象，单击对话框中的 ✓ 按钮。

（6）完成电线编辑。单击“编辑电线”对话框中的 ✓ 按钮。

Step 2 单击退出草图按钮，退出 3D 草图环境。

Step 3 退出装配体的编辑状态，此时模型局部如图 62.22 所示。

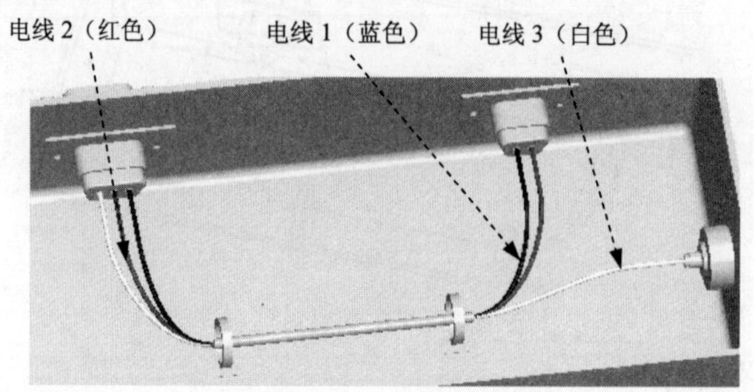

图 62.22　模型局部 1

Stage7. 保存模型

选择下拉菜单 文件(F) → 保存(S) 命令，在“保存修改的文档”对话框中单击 保存所有(S) 按钮，在“另存为”对话框中选中 ⊙ 外部保存(指定路径)(E) 单选按钮，选择 电缆 选项，单击 与装配体相同(S) 按钮，单击 确定(K) 按钮。

Task3. 布置线束 2

Stage1. 定义线路点

Step 1　定义起始点。

（1）选择命令。选择下拉菜单 Routing → 电气(E) → 启始于点(P) 命令，系统弹出“连接点”对话框。

（2）在模型中选取图 62.23 所示的边线，选中 选择(S) 区域中的 ☑ 反向(R) 复选框。

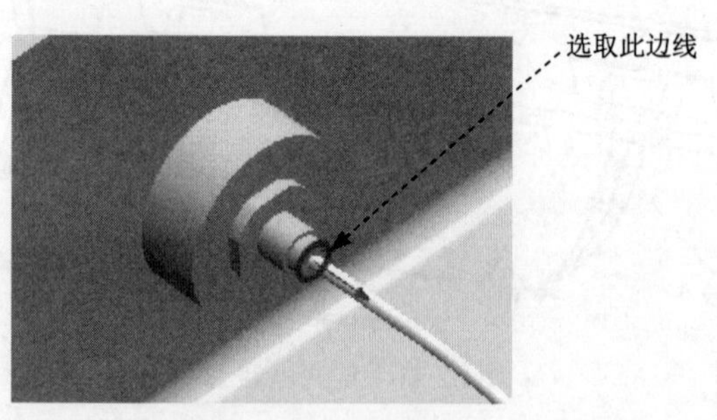

图 62.23　定义起始点

（3）单击对话框中的 ✓ 按钮。

（4）单击“线路属性”对话框中的 ✓ 按钮，单击“自动步路”对话框中的 ✗ 按钮。

Step 2　定义终点。选择下拉菜单 Routing → 电气(E) → 添加点(T) 命令，系统弹出“连接点”对话框；在模型中选取图 62.24 所示的边线为参考；单击对话框中的 ✓ 按钮。

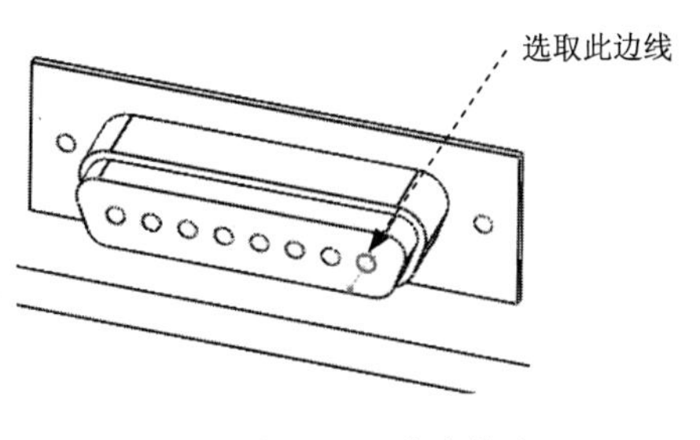

图 62.24 定义终点

Stage2. 定义路径

Step 1 定义初步的路径。选择下拉菜单 工具(T) → 草图绘制实体(K) → 样条曲线(S) 命令；选取图 62.25 所示的点 1 和点 2 为参考点。

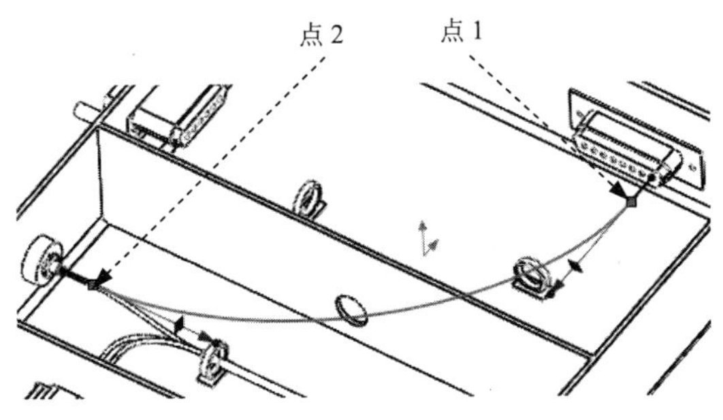

图 62.25 定义初步路径

Step 2 定义通过线夹。选择下拉菜单 Routing → Routing 工具(R) → 步路通过线夹(T) 命令；选取初步路径以及图 62.26 所示的线夹 1 的轴线、孔 1 的轴线和线夹 3 的轴线为参考。

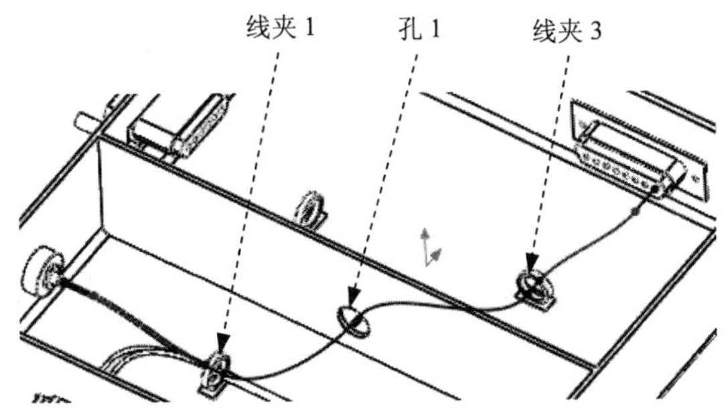

图 62.26 定义通过线夹

Stage3. 编辑电线

Step 1 编辑电线。选择下拉菜单 Routing → 电气(E) → 编辑电线(W) 命令，系统弹出“编辑电线”对话框；单击“编辑电线”对话框中的“添加电线”按钮，系统弹出“电力库”对话框，在 选择电线 下拉列表框中选择 20g yellow 选项，单击 添加 按钮，然后单击 确定 按钮；选中 20g yellow，单击“编辑电线”对话框中的 选择路径(S) 按钮，选取 Stage2 创建的路径为定义对象，单击对话框中的 ✔ 按钮。

Step 2 单击“编辑电线”对话框中的 ✔ 按钮。

Step 3 单击退出草图按钮，退出 3D 草图环境。

Step 4 退出装配体的编辑状态，此时模型局部如图 62.27 所示。

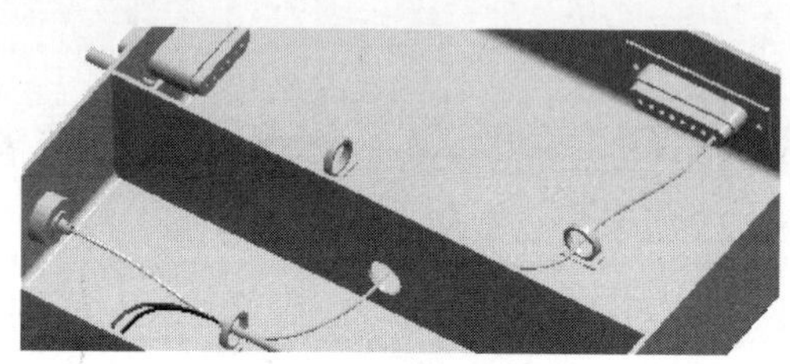

图 62.27 模型局部

Stage4. 保存模型

选择下拉菜单 文件(F) → 保存(S) 命令，在“保存修改的文档”对话框中单击 保存所有(S) 按钮，在“另存为”对话框中选中 ⊙ 外部保存(指定路径)(E) 单选按钮，单击 电缆 选项两次，将名称修改为“电缆 1”，按 Enter 键确认，单击 与装配体相同(S) 按钮，单击 确定(K) 按钮。

Task4. 布置线束 3

Stage1. 定义线路点

Step 1 定义起始点。

（1）选择命令。选择下拉菜单 Routing → 电气(E) → 启始于点(P) 命令，系统弹出“连接点”对话框。

（2）在模型“jack6”中选取图 62.28 所示的边线为参考，在 端头长度(S): 文本框中输入数值 12。

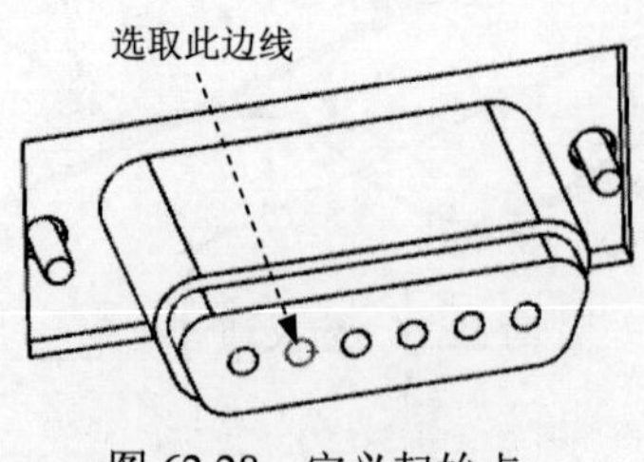

图 62.28 定义起始点

（3）单击对话框中的 ✔ 按钮。

（4）单击“线路属性”对话框中的 ✔ 按钮，单击“自动步路”对话框中的 ✖ 按钮。

Step 2 定义其他点。选择下拉菜单 Routing ➡ 电气(E) ➡ 添加点(T) 命令，系统弹出“连接点”对话框；在模型“jack6”中选取图 62.29 所示的边线为参考，在 端头长度(S): 文本框中输入数值 12；单击对话框中的 ✔ 按钮。

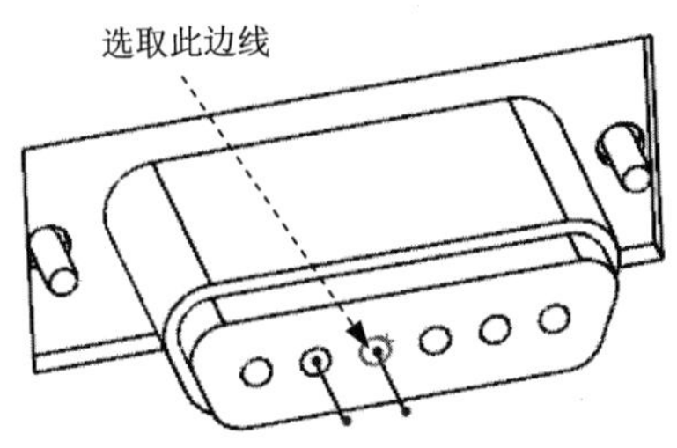

图 62.29 定义其他点

Step 3 参考 Step2 的操作步骤，在零件“jack6”中创建其他两个线路点，如图 62.30 所示。

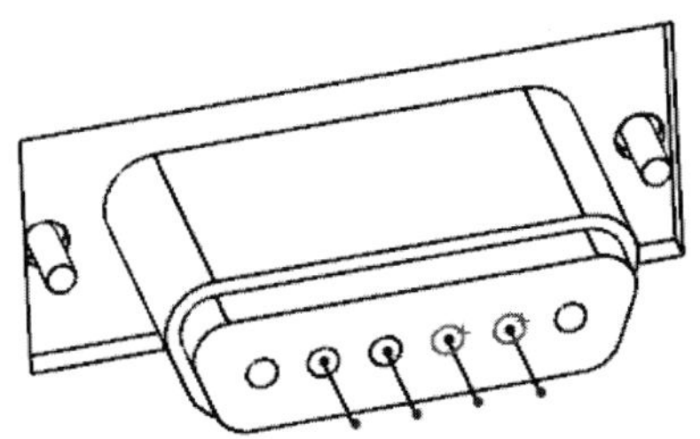

图 62.30 定义“jack6”中的其他点

Step 4 参考 Step2 的操作步骤，在零件“jack8”中创建其他 4 个线路点，如图 62.31 所示。

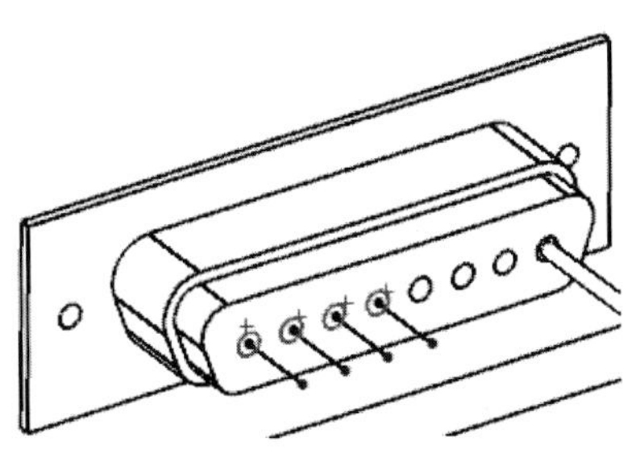

图 62.31 定义“jack8”中的其他点

Stage2. 定义路径

Step 1 定义初步的路径。

（1）利用样条曲线，选取图 62.32 所示的点 1 和点 5 为参考点创建路径 1。

（2）利用样条曲线，选取图 62.32 所示的点 2 和点 6 为参考点创建路径 2。

（3）利用样条曲线，选取图 62.32 所示的点 3 和点 7 为参考点创建路径 3。

（4）利用样条曲线，选取图 62.32 所示的点 4 和点 8 为参考点创建路径 4。

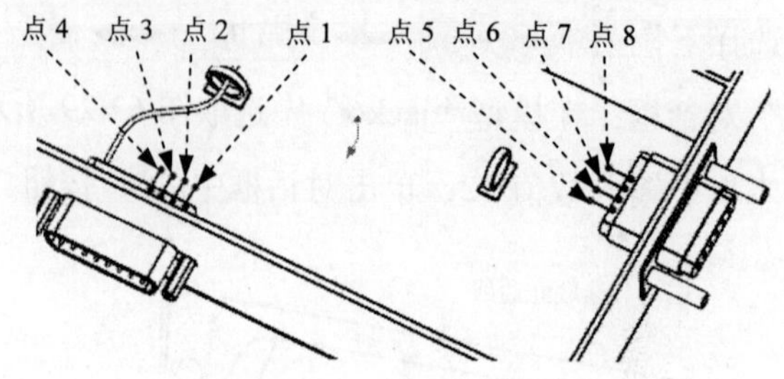

图 62.32　定义初步的路径

Step 2　定义通过线夹。分别定义 Step1 中创建的 4 条初步路径，通过图 62.33 所示的线夹 3 和线夹 4 的轴线。

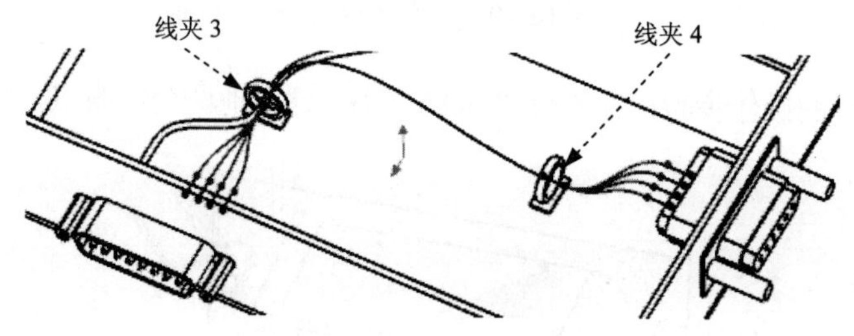

图 62.33　定义通过线夹

Stage3. 编辑电线

Step 1　编辑电线。

（1）选择下拉菜单 Routing → 电气(E) → 编辑电线(W) 命令，系统弹出“编辑电线”对话框；单击“编辑电线”对话框中的“添加电线”按钮，系统弹出“电力库”对话框，在 选择电线 下拉列表框中选择“C1”选项，单击 添加 按钮，然后单击 确定 按钮。

（2）选中“C1_1”，单击“编辑电线”对话框中的 选择路径(S) 按钮，选取图 62.34 所示的路径 1 中的段 2、段 3 和段 4 作为参考，单击对话框中的 ✔ 按钮。

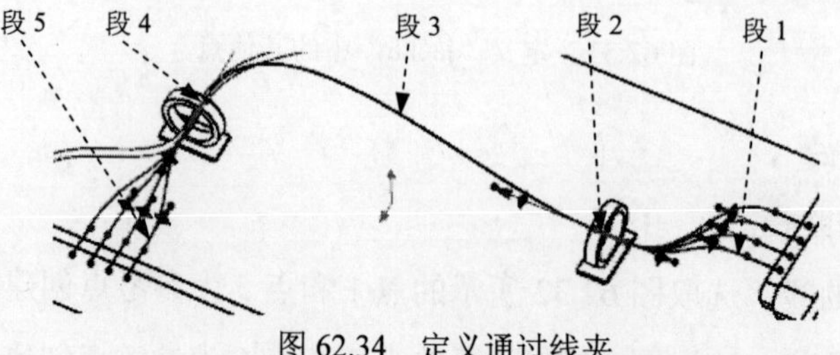

图 62.34　定义通过线夹

（3）选中“W1”，单击“编辑电线”对话框中的 选择路径(S) 按钮，选取图 62.34 所示的路径 1 中的段 1 和段 5 为参考，单击对话框中的 ✔ 按钮。

（4）选中“W2”，单击“编辑电线”对话框中的 选择路径(S) 按钮，选取路径 2 中的段 1 和段 5 为参考，单击对话框中的 ✓ 按钮。

（5）选中“W3”，单击“编辑电线”对话框中的 选择路径(S) 按钮，选取路径 3 中的段 1 和段 5 为参考，单击对话框中的 ✓ 按钮。

（6）选中“W4”，单击“编辑电线”对话框中的 选择路径(S) 按钮，选取路径 4 中的段 1 和段 5 为参考，单击对话框中的 ✓ 按钮。

Step 2 单击“编辑电线”对话框中的 ✓ 按钮。

Step 3 单击退出草图按钮，退出 3D 草图环境。

Step 4 退出装配体的编辑状态，此时模型局部如图 62.35 所示。

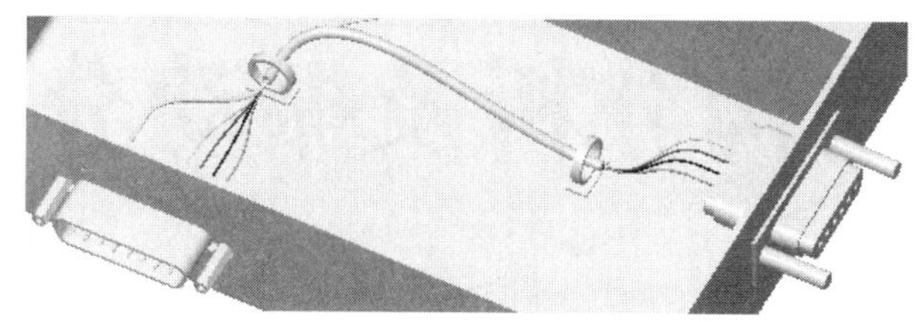

图 62.35 模型局部

Stage4. 保存模型

选择下拉菜单 文件(F) → 保存(S) 命令，在“保存修改的文档”对话框中单击 保存所有(S) 按钮，在“另存为”对话框中选中 ⊙ 外部保存(指定路径)(E) 单选按钮，单击 电缆 选项两次，将名称修改为“电缆 2”，按 Enter 键确认，单击 与装配体相同(S) 按钮，单击 确定(K) 按钮。

11 有限元结构分析及振动分析实例

实例 63　零件结构分析

下面以图 63.1 所示的零件模型为例，介绍有限元分析的一般过程。

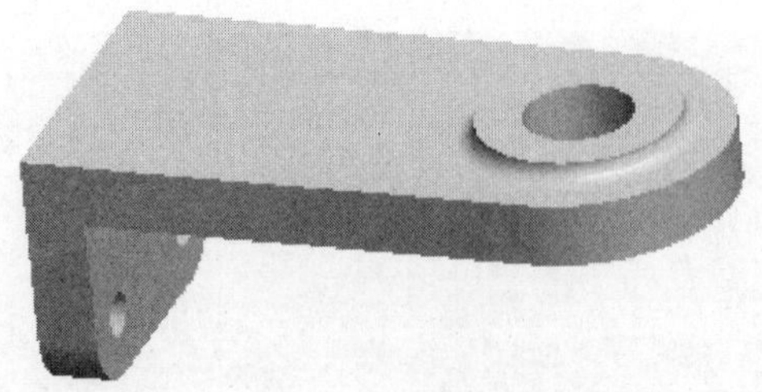

图 63.1　分析对象

Task1．激活 Solidworks Simulation 插件

Step 1　选择命令。选择下拉菜单 工具(T) → 插件(I)... 命令，系统弹出图 63.2 所示的“插件”对话框。

Step 2　在“插件”对话框中选中 SolidWorks Simulation 复选框，如图 63.2 所示。

Step 3　单击 确定 按钮，完成 SolidWorks Simulation 插件的激活。

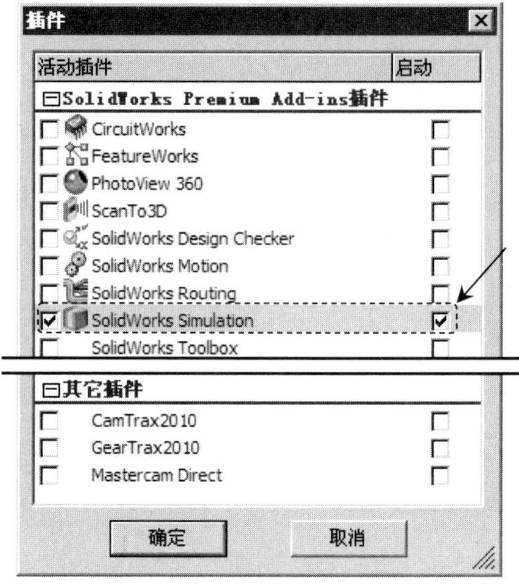

图 63.2 “插件”对话框

Task2. 打开模型文件，新建分析算例

Step 1 打开文件 D:\sw13in\work\ins63\anlysis_part.SLDPRT。

Step 2 新建一个算例。选择下拉菜单 Simulation → 算例(S)… 命令，

Step 3 定义算例类型。在算例名称对话框中输入 study，在“算例”对话框的 类型 区域中单击“静应力分析”按钮。

Step 4 单击对话框中的 ✓ 按钮，完成算例新建。

Task3. 应用材料

Step 1 选择下拉菜单 Simulation → 材料(T) → 应用材料到所有(Y)… 命令，系统弹出“材料”对话框。

Step 2 在对话框中的材料列表中依次单击 solidworks materials → 钢 前的节点，然后在展开列表中选择 铸造合金钢 材料。

Step 3 单击对话框中的 应用(A) 按钮，将材料应用到模型中。

Step 4 单击对话框中的 关闭(C) 按钮，关闭“材料”对话框。

Task4. 添加夹具

Step 1 选择下拉菜单 Simulation → 载荷/夹具(L) → 夹具(I)... 命令，系统弹出“夹具”对话框。

Step 2 定义夹具类型。在对话框中的 标准(固定几何体) 区域单击 固定几何体 按钮，即添加固定几何体约束。

Step 3 定义约束面。在图形区选取图 63.3 所示的 3 个表面为约束面，即将该面完全固定。

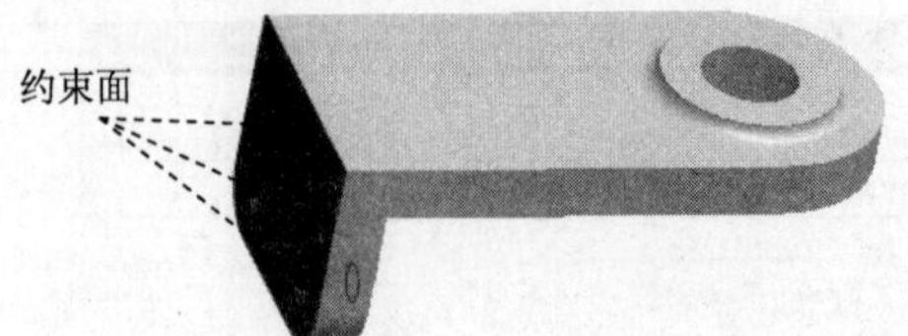

图 63.3　定义约束面

Step 4　单击对话框中的✔按钮，完成夹具添加。

Task5．添加外部载荷

Step 1　选择下拉菜单 Simulation → 载荷/夹具(L) → 力(F)... 命令，系统弹出“力/扭矩”对话框。

Step 2　定义载荷面。在图形区选取图 63.4 所示的模型表面为载荷面。

图 63.4　定义载荷面

Step 3　定义力参数。在对话框的 **力/扭矩** 区域的文本框中输入力的大小值为 1000N，选中 ⊙ 法向 单选按钮，其他选项采用系统默认设置值。

Step 4　单击对话框中的✔按钮，完成外部载荷力的添加。

Task6．生成网格

Step 1　选择下拉菜单 Simulation → 网格(M) → 生成(C)… 命令，系统弹出“网格”对话框，选中 ☑ **网格参数** 复选框，在其区域的下输入数值 4.0。选中 ☑ 自动过渡 复选框。

Step 2　单击对话框中的✔按钮，系统弹出图 63.5 所示的“网格进展”对话框，显示网格划分进展。

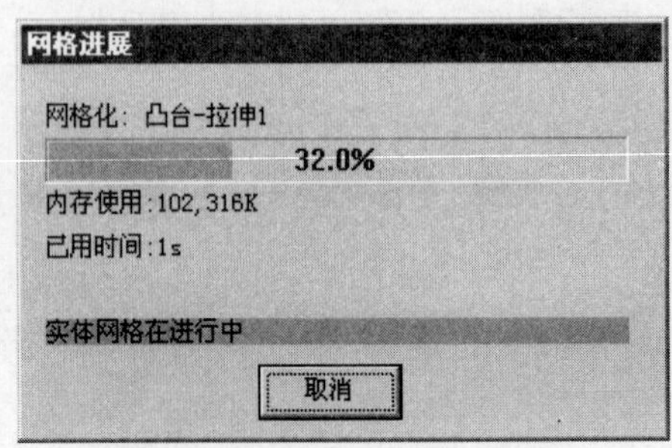

图 63.5　“网格进展”对话框

Step 3 完成网格划分，结果如图 63.6 所示。

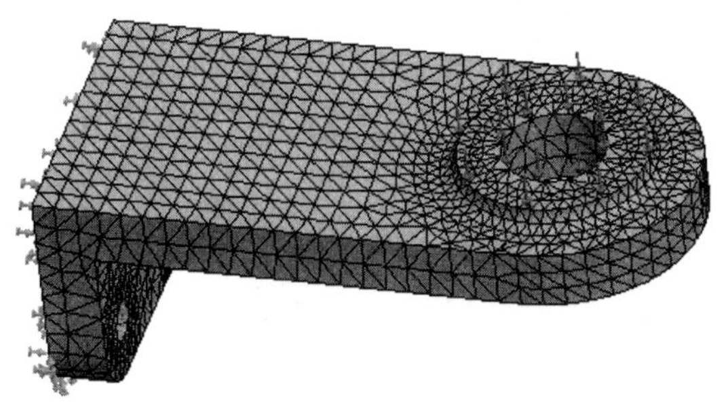

图 63.6 划分网格

Task7. 运行算例

Step 1 选择下拉菜单 Simulation ➡ 运行(U)… 命令。系统弹出图 63.7 所示的对话框，显示求解进程。

Step 2 求解结束后，在算例树的结果下面生成应力、位移和应变图解。

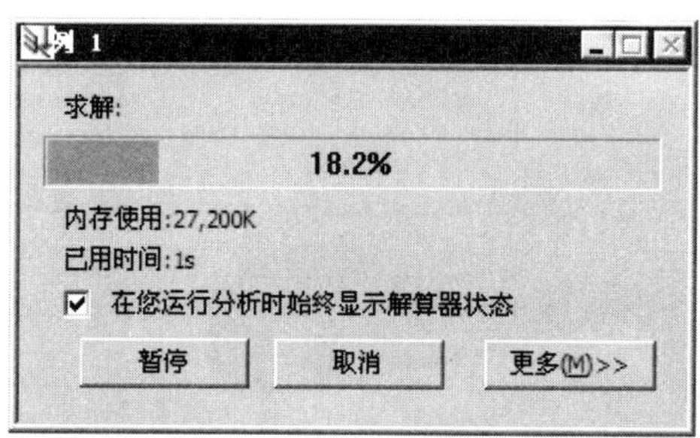

图 63.7 “求解”对话框

Task8. 结果查看与评估

Step 1 在算例树中右击 位移1 (-合位移-)，在弹出的快捷菜单中选择 显示(S) 命令，系统显示图 63.8 所示的位移（合位移）图解。

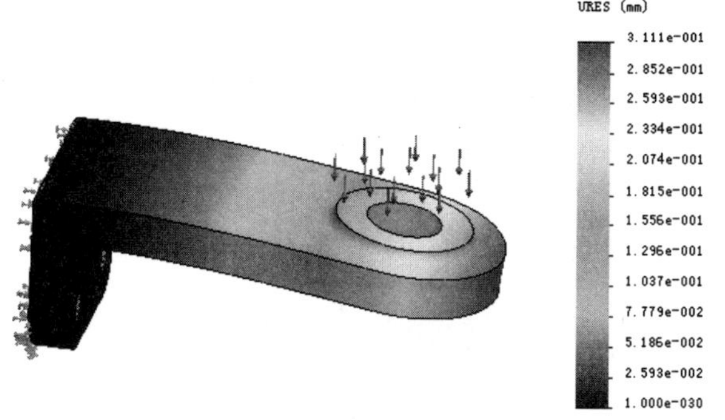

图 63.8 位移（合位移）图解

Step 2 在算例树中右击 应变1（-等量-），在弹出的快捷菜单中选择 显示(S) 命令，系统显示图 63.9 所示的应变（等量）图解。

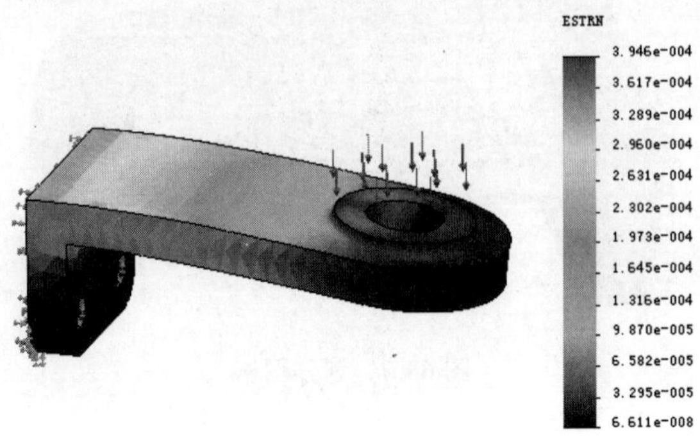

图 63.9　应变（等量）图解

Step 3 在算例树中右击 应力1（-vonMises-），在弹出的快捷菜单中选择 显示(S) 命令，系统显示图 63.10 所示的应力（vonMises）图解。

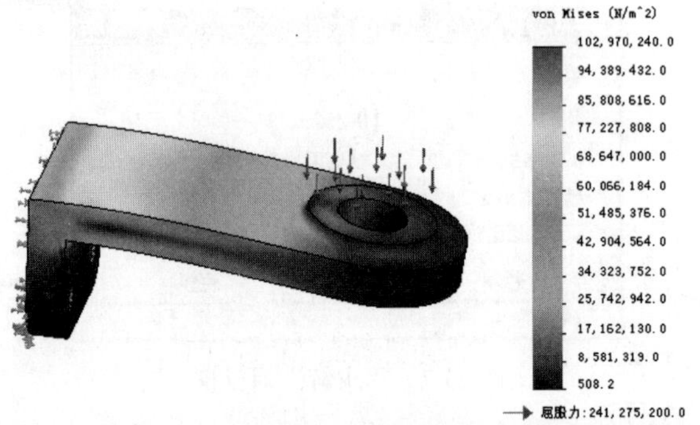

图 63.10　应力图解

实例 64　装配件结构分析

下面以图 64.1 所示的装配件模型为例，介绍有限元分析的一般过程。

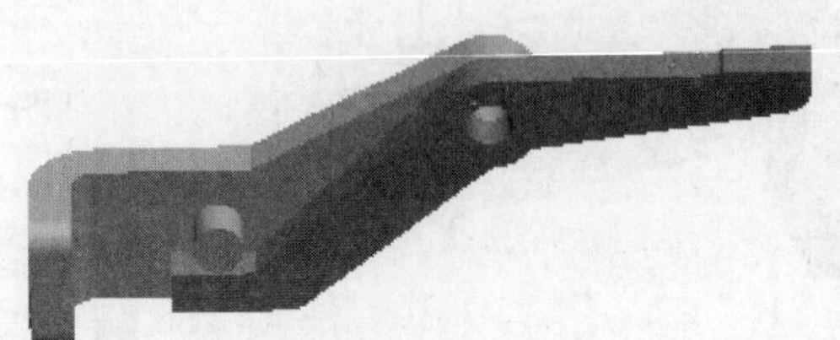

图 64.1　分析对象

Step 1 打开文件 D:\sw13in\work\ins64\anlysis_asm_ex.SLDASM。选择下拉菜单 Simulation → 算例(S)…命令，采用系统默认的算例名称，在“算例”对话框的类型区域中单击“静应力分析”按钮，单击对话框中的✓按钮，完成算例新建。

Step 2 选择下拉菜单 Simulation → 材料(T) → 应用材料到所有(Y)…命令，在对话框中的材料列表中依次单击 solidworks materials → 钢前的节点，然后在展开的列表中选择合金钢材料。单击对话框中的应用(A)按钮。

Step 3 定义接触（注：本步的详细操作过程请参见随书光盘中 video\ins64\reference\文件下的语音视频讲解文件 anlysis_asm-r01.avi）。

Step 4 定义约束。选择下拉菜单 Simulation → 载荷/夹具(L) → 夹具(I)...命令，在对话框中的标准(固定几何体)区域下单击固定几何体按钮，在图形区选取图 64.2 所示的两个面为约束面，单击对话框中的✓按钮。

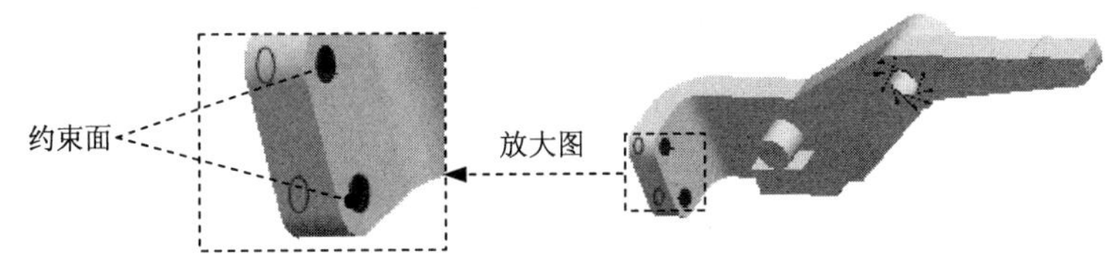

图 64.2 定义约束面

Step 5 定义载荷。选择下拉菜单 Simulation → 载荷/夹具(L) → 力(F)...命令，在图形区选取图 64.3 所示的模型表面为载荷面。在对话框的力/扭矩区域的文本框中输入力的大小值为 200N，选中法向单选按钮，其他选项采用系统默认设置值。单击对话框中的✓按钮。

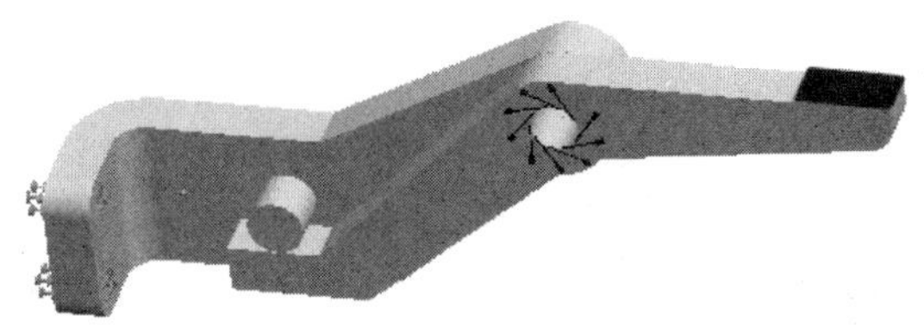

图 64.3 定义载荷面

Step 6 划分网格。

（1）选择下拉菜单 Simulation → 网格(M) → 生成(C)…命令，选中网格参数复选框，在其区域的下输入数值 2.0。选中自动过渡复选框。单击对话框中的✓按钮，系统弹出图 64.4 所示的“网格进展”对话框，显示网格划分进展。

（2）完成网格划分，结果如图 64.5 所示。

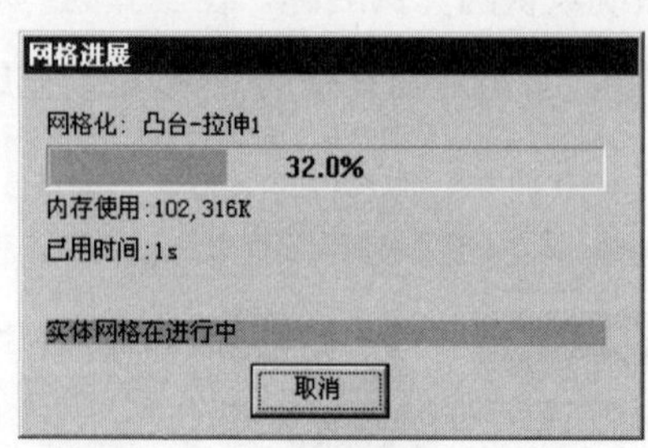

图 64.4 “网格进展”对话框

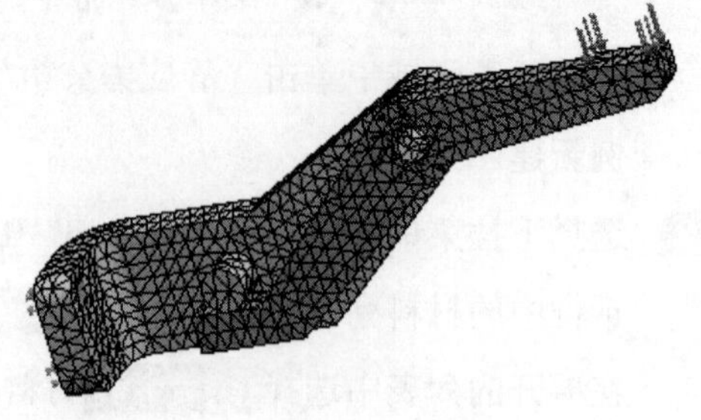
图 64.5 划分网格

Step 7 求解。选择下拉菜单 Simulation → 运行(U)… 命令。系统弹出图 64.6 所示的“求解”对话框，显示求解进程。求解结束后，在算例树的结果下面生成应力、位移和应变图解。

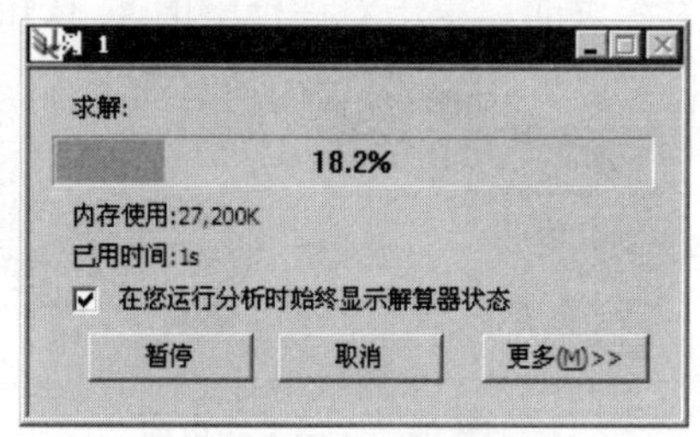

图 64.6 “求解”对话框

Step 8 结果查看与评估

（1）在算例树中右击 位移1（-合位移-），在弹出的快捷菜单中选择 显示(S) 命令，系统显示图 64.7 所示的位移（合位移）图解。

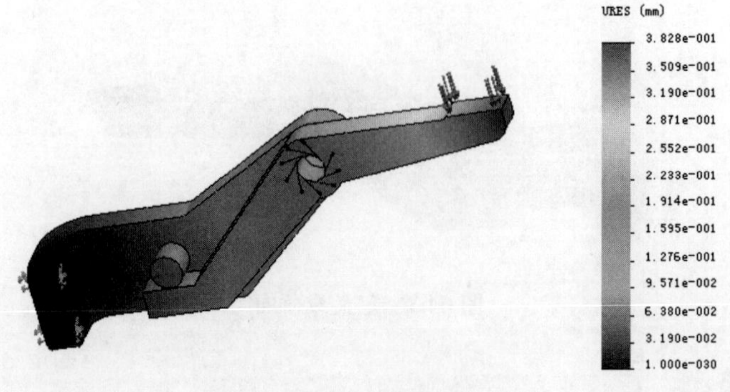

图 64.7 位移（合位移）图解

（2）在算例树中右击 应变1（-等量-），在弹出的快捷菜单中选择 显示(S) 命令，系统显示图 64.8 所示的应变（等量）图解。

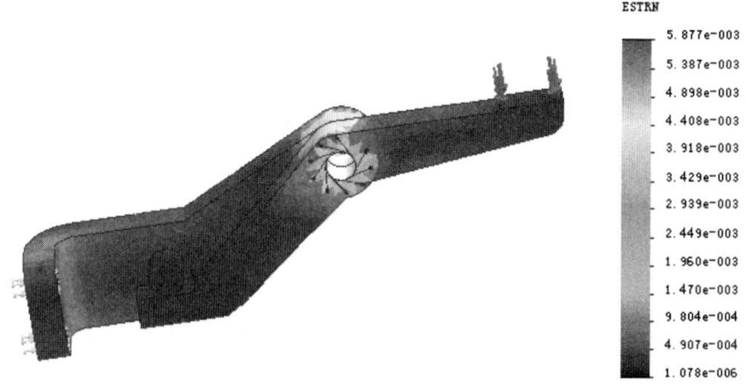

图 64.8　应变（等量）图解

（3）在算例树中右击 应力1（-vonMises-），在弹出的快捷菜单中选择 显示(S) 命令，系统显示图 64.9 所示的应力（vonMises）图解。

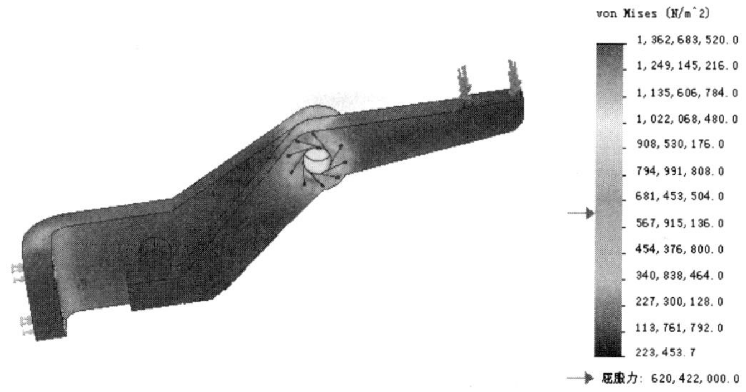

图 64.9　应力图解

实例 65　振动分析

实例概述：

本实例为图 65.1 所示的弹性板零件，材料为合金钢，其左端部位完全固定约束，右端边线位置承受一个大小为 50N 的瞬态载荷，分析此时的动态响应。

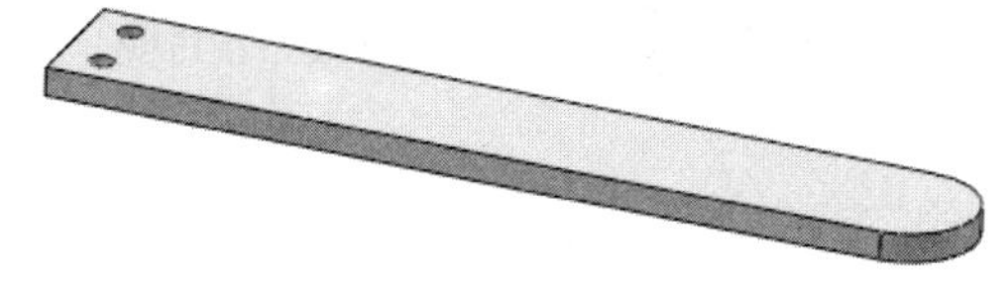

图 65.1　弹性板零件

在运行动态分析之前，首先要运行一次静态算例，以验证静态应力是低于材料屈服强度的。然后逐渐增大载荷，研究在不同情况下的结果。如果载荷加载足够慢，静态算例的结果能够很好地体现模型的性能，然而，如果载荷加载非常突然，则静态算例的结果会有很大不同。下面介绍具体的操作过程。

Task1. 静力分析

下面使用线性静态分析求解该问题，假定作用力加载十分缓慢，所有惯性和阻力效应都可以忽略。

Step 1 打开文件 D:\sw13in\work\ins65\vibration_analysis.SLDPRT。

Step 2 新建一个静态分析算例。选择下拉菜单 Simulation → 算例(S)… 命令，系统弹出图 65.2 所示的“算例”对话框，输入算例名称“算例 1”，在“算例”对话框的类型区域中单击“静应力分析”按钮，即新建一个静态分析算例。

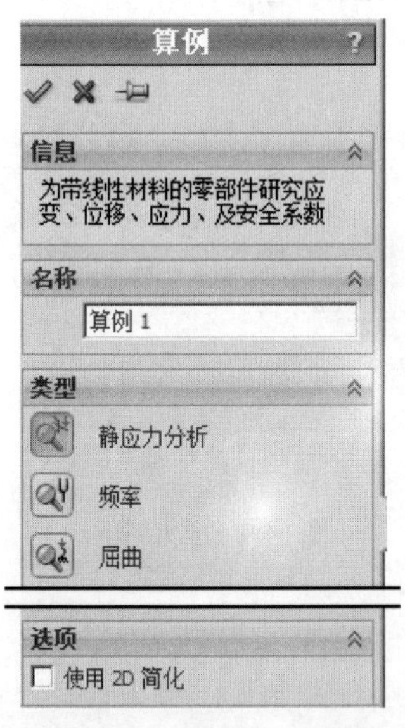

图 65.2 “算例”对话框

Step 3 定义材料属性。选择下拉菜单 Simulation → 材料(T) → 应用材料到所有(Y)… 命令，系统弹出图 65.3 所示的“材料”对话框。在对话框中的材料列表中依次单击 solidworks materials → 钢 前的节点，然后在展开列表中选择 合金钢 材料，单击对话框中的 应用(A) 按钮，将材料应用到模型中；单击 关闭(C) 按钮，关闭“材料”对话框。

Step 4 定义夹具。选择下拉菜单 Simulation → 载荷/夹具(L) → 夹具(I)... 命令，系统弹出图 65.4 所示的“夹具”对话框。在该对话框中的标准 (固定几何体) 区域下单击“固定几何体”按钮，在图形区选取图 65.5 所示的圆柱面为约束面，单击对话框中的 ✔ 按钮，完成夹具的定义。

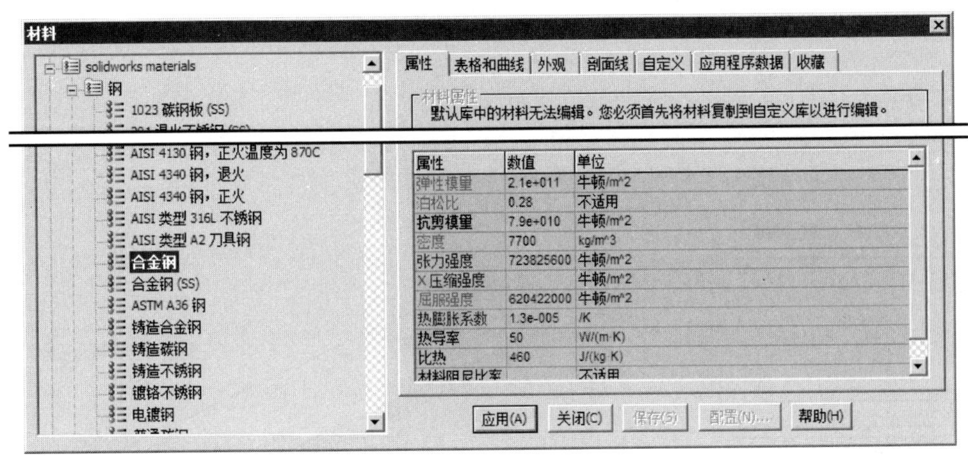

图 65.3　“材料”对话框

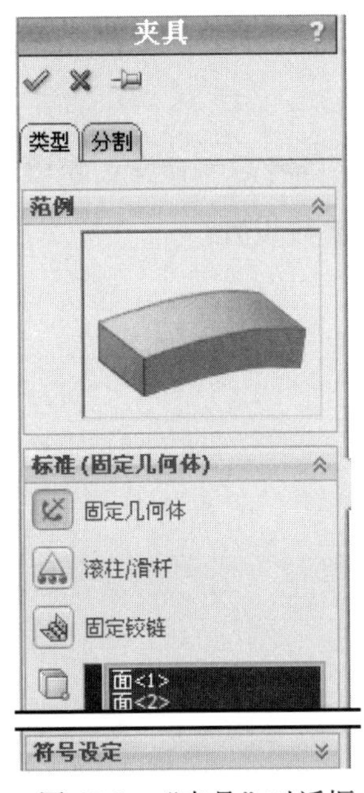

图 65.4　“夹具”对话框

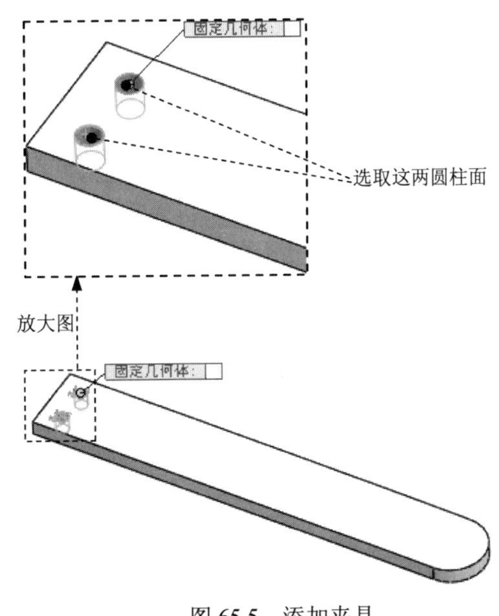

图 65.5　添加夹具

Step 5　添加力。选择下拉菜单 Simulation → 载荷/夹具(L) → 力(F)... 命令，系统弹出图 65.6 所示的“力/扭矩”对话框。在图形区选取图 65.7 所示的模型边线为载荷对象，在对话框的 **力/扭矩** 区域单击“力”按钮，选中 选定的方向 单选按钮，选取上视基准面为方向参考；在 **力** 区域中单击“垂直于基准面”按钮，在其后的文本框中输入力的大小值 50N，选中 反向 复选框，单击对话框中的 ✔ 按钮，完成外部载荷力的添加。

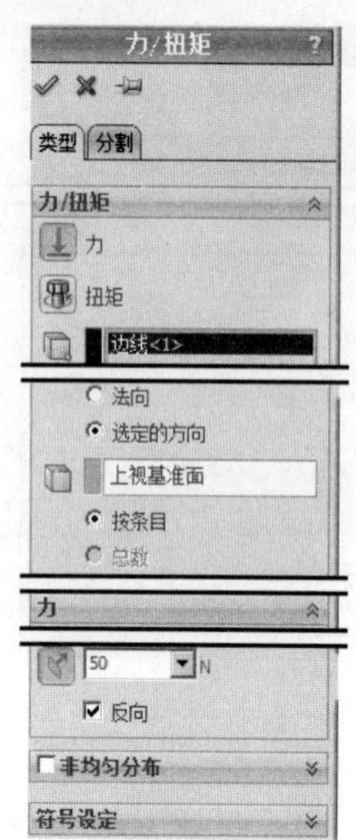

图 65.6 “力/扭矩”对话框

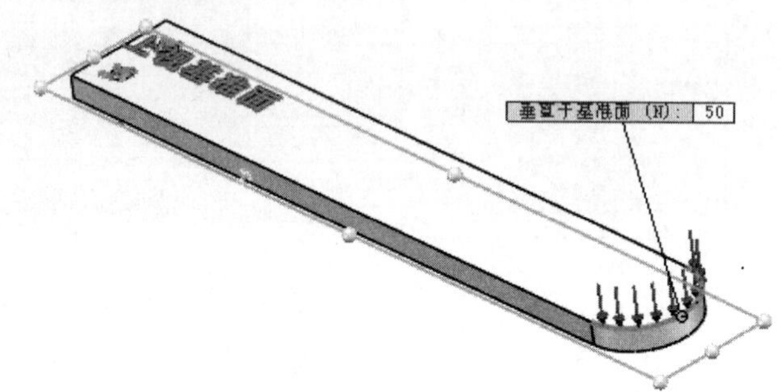

图 65.7 定义载荷对象

Step 6 划分网格。

（1）选择下拉菜单 Simulation → 网格(M) → 生成(C)… 命令，系统弹出图 65.8 所示的“网格”对话框，在该对话框中采用系统的默认参数设置。

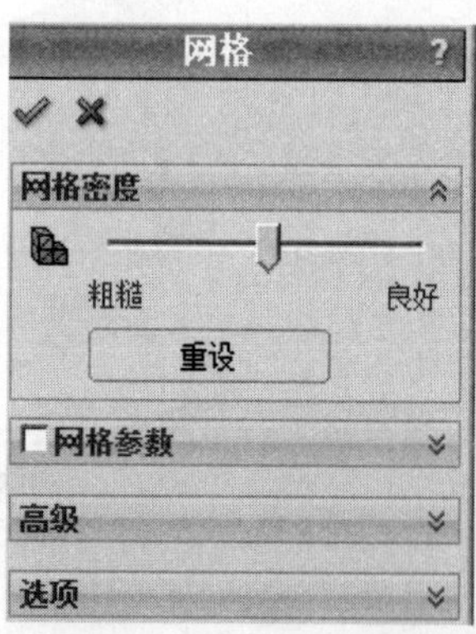

图 65.8 “网格”对话框

（2）单击 ✓ 按钮，系统弹出“网格进展”对话框。结果如图 65.9 所示。

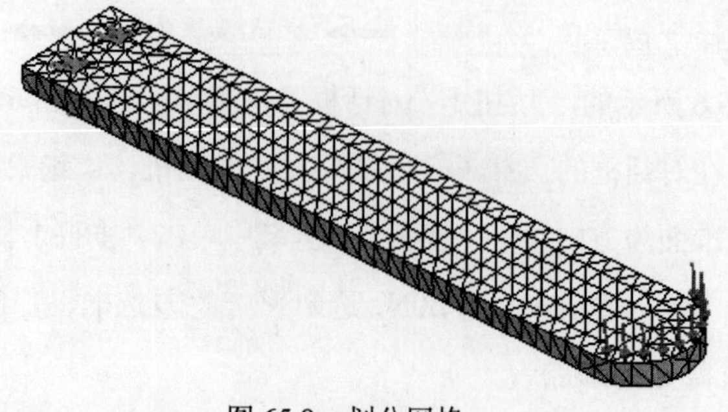

图 65.9 划分网格

Step 7 运行算例。选择下拉菜单 Simulation → 运行(U)... 命令。系统弹出图 65.10 所示的对话框，显示求解进程。

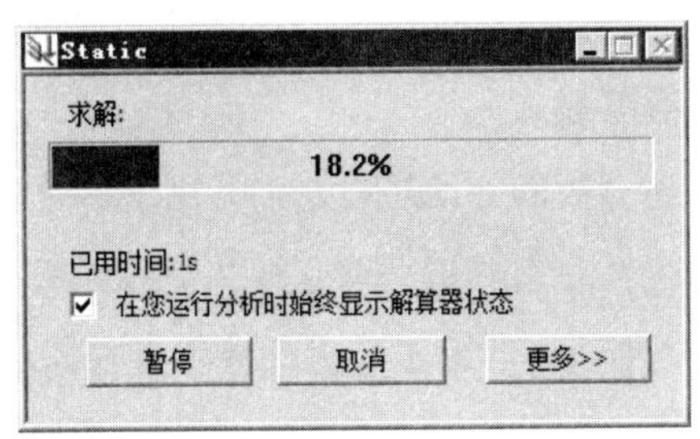

图 65.10 “Static”对话框

Step 8 查看应力结果图解。在算例树中右击 应力1 (-vonMises-)，在系统弹出的快捷菜单中选择 显示(S) 命令，系统显示图 65.11 所示的应力（vonMises）图解。

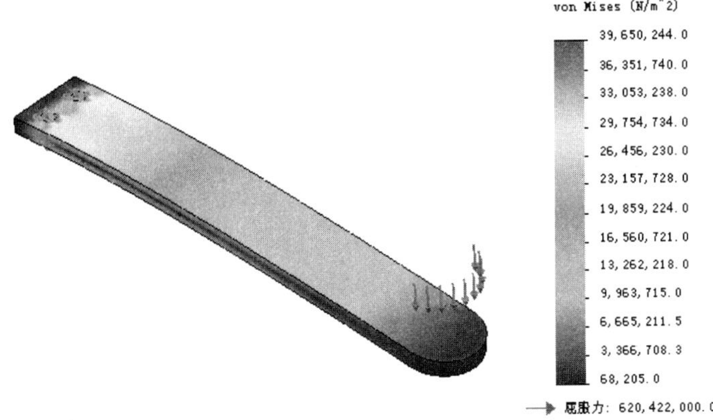

图 65.11 应力（vonMises）图解

Step 9 查看位移图解。在算例树中右击 位移1 (-合位移-)，在弹出的快捷菜单中选择 显示(S) 命令，系统显示图 65.12 所示的位移（合位移）图解。

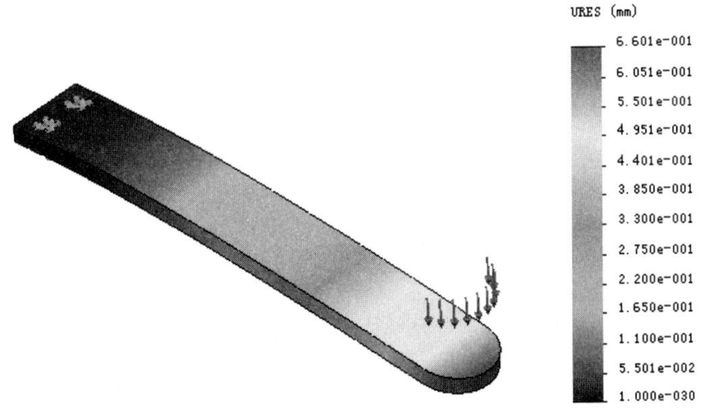

图 65.12 位移（合位移）图解

Task2. 频率分析

一般而言，在尝试动态分析之前，首先需要运行一次频率分析。自然频率和振动模式在结构特征中是非常重要的，它们可以提供一些预见性的信息，如一个结构件如何发生摆动以及载荷是否会激发某些重要模式。

线性动态分析将使用模态分析的方法进行求解，由于这个方法需要用到结构的自然频率模式，因此在进行实际的线性动态分析之前需要先进行频率分析。

Step 1 新建一个频率分析算例（注：本步的详细操作过程请参见随书光盘中 video\ins65\reference\文件下的语音视频讲解文件 vibration_analysis-r01.avi）。

Step 2 定义材料属性。选择下拉菜单 Simulation → 材料(T) → 应用材料到所有(Y)… 命令，系统弹出“材料”对话框。在该对话框中的材料列表中依次单击 solidworks materials → 钢 前的节点，然后在展开列表中选择 合金钢 材料，单击对话框中的 应用(A) 按钮，将材料应用到模型中；单击 关闭(C) 按钮，关闭“材料”对话框。

Step 3 因为完成该频率算例所需要的夹具和网格与 Task1 中的静态算例相同，使用复制粘贴的方法将静态算例中的夹具和网格分别复制到新建的频率算例中（具体操作请参看随书光盘）。

Step 4 选择下拉菜单 Simulation → 运行(U)… 命令。运行频率算例。

Step 5 查看频率结果。在算例树中右击 结果 选项，在弹出的快捷菜单中选择 列举共振频率... 命令，系统弹出图 65.13 所示的“列举模式”对话框，在该对话框中列举出该零件的前 5 个自然频率。

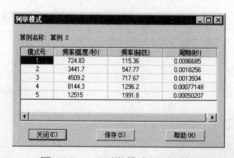

列举模式

算例名称：算例 2

模式号	频率(弧度/秒)	频率(赫兹)	周期(秒)
1	724.83	115.36	0.0086685
2	3441.7	547.77	0.0018256
3	4509.2	717.67	0.0013934
4	8144.3	1296.2	0.00077148
5	12515	1991.8	0.00050207

关闭(C)　保存(S)　帮助(H)

图 65.13 “列举模式”对话框

注意：从“列举模式”对话框中可以看到，最大周期大约为 0.01s，下面查看的结果图解分别是这些频率下的变形。

Step 6 查看结果图解。在算例树中右击 位移1 (-合位移 - 模式形状 1-)，在弹出的快捷菜单中选择 显示(S) 命令，系统显示图 65.14 所示的位移 1 图解。

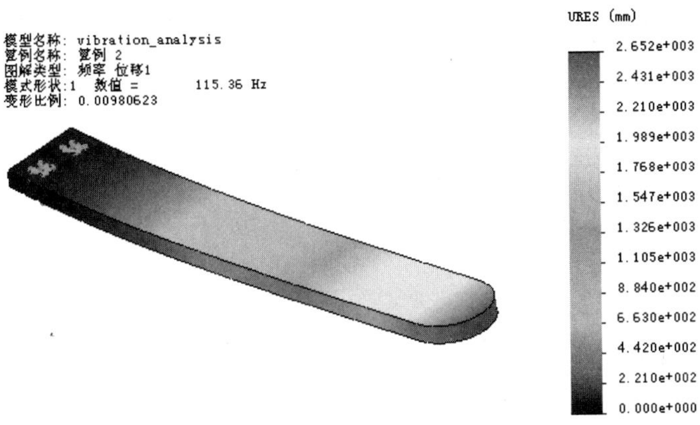

图 65.14 位移 1 结果图解

说明：设置叠加样式显示的操作方法：在算例树中右击 位移1 (-合位移 - 模式形状 1-)，在弹出的快捷菜单中选择 设定(T)... 命令，系统弹出图 65.15 所示的“设定”对话框，在该对话框中选中 ☑ 将模型叠加于变形形状上 复选框，在其下的文本框中输入“透明度”值 0.28。

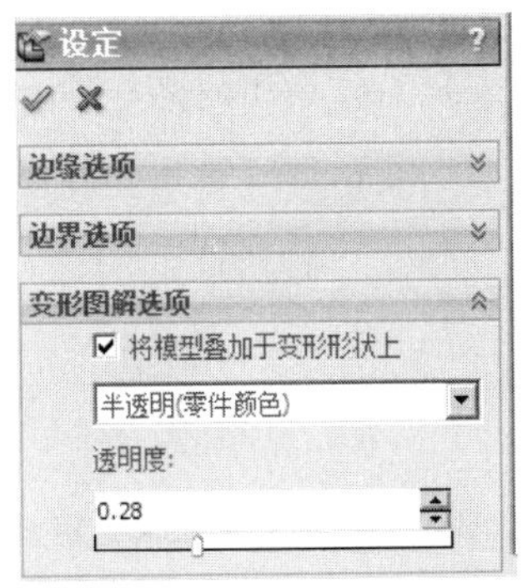

图 65.15 “设定”对话框

Step 7 参照 Step6 步骤，查看其余位移结果图解，如图 65.16 至图 65.19 所示。

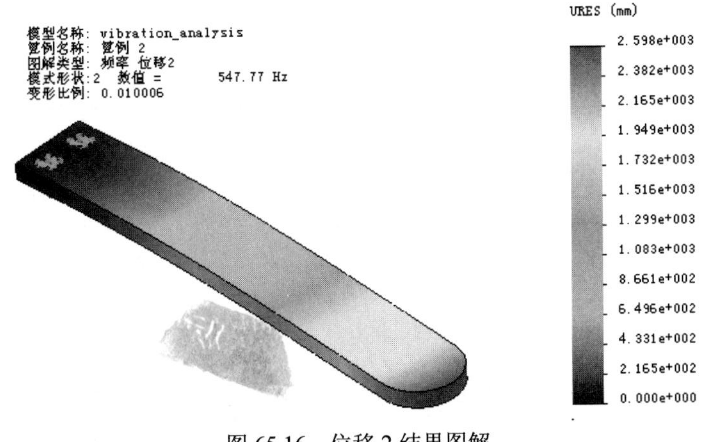

图 65.16 位移 2 结果图解

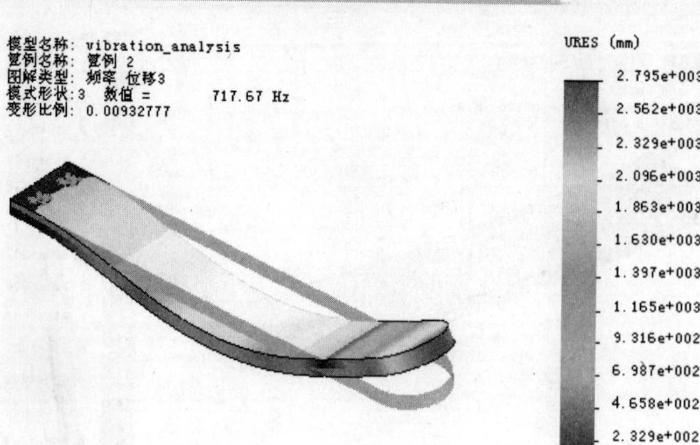

图 65.17 位移 3 结果图解

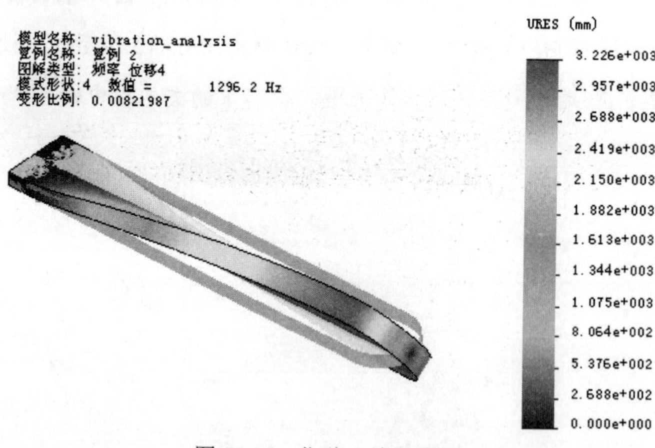

图 65.18 位移 4 结果图解

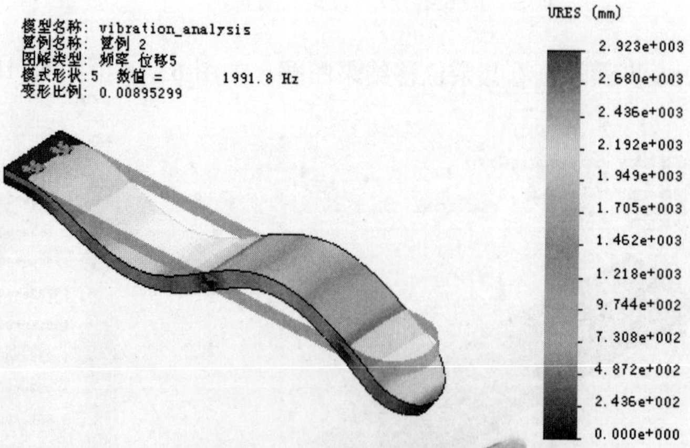

图 65.19 位移 5 结果图解

说明：位移的大小并不代表振动结构的真实位移，在频率分析中，如果结构件在给定模式下发生振动，位移大小可以确定结构上特定位置相对于其他位置的位移。